Cirurgia Endoscópica da Coluna Vertebral

Thieme Revinter

Confira vídeos *on-line* de passo a passo da técnica e estudos de caso em MediaCenter.Thieme.com!

Visite a página MediaCenter.Thieme.com e, quando solicitado durante o processo de registro, digite o código abaixo para iniciar.

Y45Q-36E6-24WV-L66Z

	WINDOWS & MAC	TABLET
Navegador(es) Recomendado(s)	Versões mais recentes de navegador nas principais plataformas e qualquer sistema operacional móvel que suporte reprodução de vídeo HTML5. *Todos os navegadores devem estar habilitados para JavaScript*	
Plug-in Flash Player	*Flash Player* 9 ou Superior. Para usuários de Mac: ATI Rage 128 GPU não suporta o modo de tela cheia com escalonamento do equipamento.	Tablet, PCs com Android e OS suportam Flash 10.1.
Recomendado para melhor aproveitamento	Resoluções do monitor: • Normal (4:3) 1024 × 768 ou superior • Panorâmico (16:9) 1280 × 720 ou superior • Panorâmico (16:10) 1440 × 900 ou superior Conexão à internet de alta velocidade (mínima 384 kbps) é sugerida.	Conexão Wi-Fi ou dados móveis é necessário.

Conecte-se conosco nas redes sociais

Cirurgia Endoscópica da Coluna Vertebral
Segunda Edição

Daniel H. Kim, MD, FAANS, FACS
The Nancy, Clive, and Pierce Runnells Distinguished Chair in Neuroscience
Professor, Director of Spinal Neurosurgery
Reconstructive Peripheral Nerve Surgery
Director of Microsurgical Robotic Lab
Department of Neurosurgery
University of Texas Health Science Center at Houston
Houston, Texas, USA

Gun Choi, MD, PhD
President
Pohang Wooridul Hospital
Pohang, South Korea

Sang-Ho Lee, MD, PhD
President and Chairman
Wooridul Spine Hospital
Seoul, South Korea

Richard G. Fessler, MD, PhD
Professor
Department of Neurosurgery
Rush University Medical Center
Chicago, Illinois, USA

1.094 ilustrações

Thieme
Rio de Janeiro • Stuttgart • New York • Delhi

Dados Internacionais de Catalogação na Publicação (CIP)

K49c

Kim, Daniel H.
  Cirurgia Endoscópica da Coluna Vertebral/Daniel H. Kim, Gun Choi, Sang-Ho Lee & Richard G. Fessler; tradução de Edianez Chimello et al. – 2. Ed. – Rio de Janeiro – RJ: Thieme Revinter Publicações, 2019.

  384 p.: il; 21 x 28 cm.
  Título Original: *Endoscopic spine surgery*
  Inclui Índice Remissivo e Referências.
  ISBN 978-85-5465-182-4

  1. Coluna Vertebral – Cirurgia. 2. Endoscopia. I. Choi, Gun. II. Lee, Sang-Ho. III. Fessler, Richard G. IV. Título.

CDD: 617.56059
CDU: 617.547:616-072.1

Nota: O conhecimento médico está em constante evolução. À medida que a pesquisa e a experiência clínica ampliam o nosso saber, pode ser necessário alterar os métodos de tratamento e medicação. Os autores e editores deste material consultaram fontes tidas como confiáveis, a fim de fornecer informações completas e de acordo com os padrões aceitos no momento da publicação. No entanto, em vista da possibilidade de erro humano por parte dos autores, dos editores ou da casa editorial que traz à luz este trabalho, ou ainda de alterações no conhecimento médico, nem os autores, nem os editores, nem a casa editorial, nem qualquer outra parte que se tenha envolvido na elaboração deste material garantem que as informações aqui contidas sejam totalmente precisas ou completas; tampouco se responsabilizam por quaisquer erros ou omissões ou pelos resultados obtidos em consequência do uso de tais informações. É aconselhável que os leitores confirmem em outras fontes as informações aqui contidas. Sugere-se, por exemplo, que verifiquem a bula de cada medicamento que pretendam administrar, a fim de certificar-se de que as informações contidas nesta publicação são precisas e de que não houve mudanças na dose recomendada ou nas contraindicações. Esta recomendação é especialmente importante no caso de medicamentos novos ou pouco utilizados. Alguns dos nomes de produtos, patentes e design a que nos referimos neste livro são, na verdade, marcas registradas ou nomes protegidos pela legislação referente à propriedade intelectual, ainda que nem sempre o texto faça menção específica a esse fato. Portanto, a ocorrência de um nome sem a designação de sua propriedade não deve ser interpretada como uma indicação, por parte da editora, de que ele se encontra em domínio público.

Tradução:

EDIANEZ CHIMELLO (CAPS. 1 A 10)
Tradutora Especializada na Área da Saúde, SP

SANDRA MALLMAN (CAPS. 11 A 20)
Tradutora Especializada na Área da Saúde, RS

LUCIANA CRISTINA BALDINI PERUCA (CAPS. 21 A 23)
Tradutora Especializada na Área da Saúde, SP

RIVO FISCHER (CAPS. 24 A 26)
Tradutor Especializado na Área da Saúde, RS

ISIS REZENDE NUNES (CAPS. 27 E 28)
Tradutora Especializada na Área da Saúde, RJ

KLEBER MEDEIROS (CAPS. 29 E 30)
Tradutor Especializado na Área da Saúde, RS

ISIS DE VITTA (CAPS. 31 A 40)
Tradutora Especializada na Área da Saúde, SP

ELISEANNE NOPPER (CAPS. 41 A 53)
Tradutora Especializada na Área da Saúde, SP

Revisão Técnica:

CARLOS ALEXANDRE M. ZICARELLI
Membro Titular da Sociedade Brasileira de Neurocirurgia
Membro Titular da Academia Brasileira de Neurocirurgia
Professor-Assistente de Neurocirurgia do Departamento de Cirurgia da Universidade Estadual de Londrina
Supervisor do Programa de Residência Médica em Neurocirurgia do Hospital Evangélico de Londrina

Título original:
Endoscopic spine surgery, second edition
Copyright © 2018 Thieme Medical Publishers, Inc.
ISBN 978-1-62623-264-8

© 2019 Thieme Revinter Publicações Ltda.
Rua do Matoso, 170, Tijuca
20270-135, Rio de Janeiro – RJ, Brasil
http://www.ThiemeRevinter.com.br

Thieme Medical Publishers
http://www.thieme.com

Impresso no Brasil por Zit Editora e Gráfica Ltda.
5 4 3 2 1
ISBN 978-85-5465-182-4

Todos os direitos reservados. Nenhuma parte desta publicação poderá ser reproduzida ou transmitida por nenhum meio, impresso, eletrônico ou mecânico, incluindo fotocópia, gravação ou qualquer outro tipo de sistema de armazenamento e transmissão de informação, sem prévia autorização por escrito.

Para minha esposa Anslie e meus filhos Elise, Rebecca, Sarah e Isaiah.

– Daniel H. Kim, MD, FAANS, FACS

Agradeço aos meus colaboradores Alfonso García, Akarawit Asawasaksakul, Ketan Dilip Deshpande, Chetan Pophale e Leo Acedillo que me ajudaram a escrever este livro, junto com minha família sempre solidária, minha esposa e meus dois filhos, GangHyuk e Gangwoo.

Expresso também minha sincera gratidão a Daniel Kim por me conceder a oportunidade de fazer parte desta obra.

– Gun Choi, MD, PhD

Dedico este livro aos meus pacientes a quem me dediquei para aprender com amor e fazer tudo o que eu puder para tratar seu transtorno espinal.

– Sang-Ho Lee, MD, PhD

Este livro é dedicado a todos os pioneiros que continuam na busca de meios para melhorar os cuidados e os resultados para seus pacientes.

– Richard G. Fessler, MD, PhD

Sumário

Sumário de Vídeos x

Prefácio xii

Colaboradores xiii

1. **Anatomia Aplicada e Abordagens Percutâneas à Coluna Lombar** 1
   Alfonso García ▪ Akarawit Asawasaksakul ▪ Gun Choi

2. **Discectomia Lombar Endoscópica Percutânea: Abordagem Transforaminal** 11
   Akarawit Asawasaksakul ▪ Ketan Deshpande ▪ Gun Choi ▪ Alfonso García

3. **Discectomia Lombar Endoscópica Percutânea: Abordagem Extraforaminal** 17
   Akarawit Asawasaksakul ▪ Alfonso García ▪ Gun Choi

4. **Discectomia Lombar Endoscópica Percutânea para Hérnia de Disco Lombar Migrada** 23
   Akarawit Asawasaksakul ▪ Gun Choi ▪ Ketan Deshpande

5. **Discectomia Lombar Endoscópica Percutânea com Foraminotomia** 31
   Akarawit Asawasaksakul ▪ Gun Choi ▪ Alfonso García

6. **Técnica Cirúrgica para Anuloplastia/Nucleoplastia com *Laser* Endoscópico Percutâneo** 37
   Akarawit Asawasaksakul ▪ Gun Choi

7. **Abordagem Cirúrgica Interlaminar para Anuloplastia/Nucleoplastia com *Laser* Endoscópico Percutâneo** 43
   Akarawit Asawasaksakul ▪ Alfonso García ▪ Ketan Deshpande ▪ Gun Choi

8. **Discectomia Endoscópica Percutânea Lombar Interlaminar: Técnica de Preservação Estrutural para Núcleo Pulposo Herniado de L5-S1** 51
   Hyeun Sung Kim ▪ Ji Soo Jang ▪ Il Tae Jang ▪ Sung Hoon Oh ▪ Chang Il Ju

9. **Laminectomia e Foraminotomia Endoscópicas Percutâneas de Descompressão** 67
   Gun Choi ▪ Ketan Deshpande ▪ Akarawit Asawasaksakul

10. **Descompressão Endoscópica Biportal Unilateral para Estenose da Coluna Lombar** 75
    Jin Hwa Eum ▪ Sang Kyu Son ▪ Ketan Deshpande ▪ Alfonso García

11. **Discectomia Endoscópica Biportal Unilateral Percutânea e Descompressão para Doença Degenerativa Lombar** ... 81
    Dong Hwa Heo ▪ Jin Hwa Eum ▪ Sang Kyu Son

12. **Anuloplastia Epiduroscópica Transforaminal a *Laser* para Dor Discogênica** 89
    Victor Lo ▪ Jongsun Lee ▪ Ashley E. Brown ▪ Alissa Redko ▪ Daniel H. Kim

13. **Laminoforaminotomia e Discectomia Endoscópica Lombar Tubular [1]** 97
    Mick Perez-Cruet ▪ Mengqiao Alan Xi

14. **Laminoforaminotomia e Discectomia Endoscópica Lombar Tubular [2]** 103
    Joachim M. Oertel ▪ Benedikt W. Burkhardt

15. **Laminectomia Descompressiva Lombar Tubular e Foraminotomia** 109
    Mengqiao Alan Xi ▪ Mick Perez-Cruet

16. **Hemilaminectomia e Foraminotomia Lombar Endoscópica Tubular** 117
    Benedikt W. Burkhardt ▪ Joachim M. Oertel

17. **Dissectores Ósseos Ultrassônicos em Cirurgia Espinal Minimamente Invasiva** 123
    Shrinivas M. Rohidas

18. Descompressão Tubular Minimamente Invasiva para Estenose Foraminal **131**
Jung-Woo Hur ▪ Jin-Sung Luke Kim

19. Técnica de Destandau: Abordagem Interlaminar (Discectomia Lombar com Descompressão do Canal) **139**
Shrinivas M. Rohidas

20. Fusão Intersomática Lombar Transforaminal Endoscópica e Instrumentação **147**
Faheem A. Sandhu

21. Técnica Endoscópica/Percutânea de Fixação de Parafuso Pedicular Lombar **155**
Faheem A. Sandhu ▪ Josh Ryan ▪ R. Tushar Jha

22. Fusão Intercorporal Lombar Transforaminal Minimamente Invasiva Endoscopicamente Assistida em 360° **163**
Alvaro Dowling ▪ Sebastián Casanueva Eliceiry ▪ Gabriela C. Chica Heredia ▪ Jonathan S. Schuldt

23. Técnica de Fixação Facetária Percutânea Translaminar e Ipsolateral **173**
Ricardo B. V. Fontes ▪ Richard G. Fessler

24. Fusão Endoscópica Lateral Direta de Intercorpo Lombar e sua Instrumentação **177**
Jin-Sung Luke Kim ▪ Choon Keun Park

25. Remoção Endoscópica de Lesões Ocupantes do Espaço Extramedular Intradural **183**
Shrinivas M. Rohidas

26. Fusão Oblíqua do Intercorpo Lombar Orientada por Laparoscópio e Endoscópio **187**
Ji-Hoon Seong ▪ Jin-Sung Luke Kim

27. Denervação Endoscópica por Radiofrequência para Tratamento da Lombalgia Crônica **199**
Won-Suh Choi ▪ Jin-Sung Luke Kim

28. Monitor Operacional do Telescópio de Vídeo para Cirurgia da Coluna Vertebral **203**
Doniel Drazin ▪ Adam N. Mamelak

29. Anatomia Aplicada e Abordagens Percutâneas da Coluna Torácica **209**
Gun Choi ▪ Alfonso García ▪ Ketan Deshpande ▪ Akarawit Asawasaksakul

30. Técnicas Cirúrgicas na Discectomia Endoscópica Percutânea Torácica **215**
Gun Choi ▪ Akarawit Asawasaksakul ▪ Alfonso García

31. Discectomia Endoscópica Torácica Posterolateral **221**
John C. Chiu

32. Discectomia Transpedicular Endoscópica Tubular **231**
Ricardo B. V. Fontes ▪ Manish Kasliwal ▪ John O'Toole ▪ Richard G. Fessler

33. Discectomia Toracoscópica **235**
Victor Lo ▪ Alissa Redko ▪ Ashley E. Brown ▪ Daniel H. Kim ▪ J. Patrick Johnson

34. Laminectomia Descompressiva Torácica Endoscópica Tubular **241**
Ryan Khanna ▪ Zachary A. Smith

35. Descompressão Toracoscópica e Fixação em Lesões do Tórax e da Junção Toracolombar **245**
Ricky Raj S. Kalra ▪ Meic H. Schmidt ▪ Rudolf Beisse

36. Abordagens Endoscópicas para Tumores, Traumas e Infecções Torácicas **249**
Christopher C. Gillis ▪ John O'Toole

37. Abordagens Toracoscópicas para a Correção de Deformidades [1] **257**
Leok-Lim Lau ▪ Hee-Kit Wong

38. **Abordagens Toracoscópicas para a Correção de Deformidades [2]** 263
    Rudolph J. Schrot ▪ George D. Picetti III

39. **Anatomia Aplicada para Abordagens Percutâneas à Coluna Cervical** 275
    Gun Choi ▪ Alfonso García ▪ Akarawit Asawasaksakul ▪ Ketan Deshpande

40. **Uma Abordagem Endonasal para a Junção Craniocervical** 279
    Juan Barges Coll ▪ Luis Alberto Ortega-Porcayo ▪ Gabriel Armando Castillo Velázquez

41. **Abordagens Endoscópicas Transnasais à Junção Craniocervical** 285
    Sarfaraz Mubarak Banglawala ▪ Jenna Rebelo ▪ Kesava (Kesh) Reddy ▪ Doron Sommer

42. **Abordagens Endoscópicas Transorais à Junção Craniocervical** 291
    James H. Stephen ▪ John Y. K. Lee

43. **Descompressão do Forame Magno em Malformação de Chiari, Usando Retratores Tubulares Minimamente Invasivos** 295
    Renée Kennedy ▪ Mohammed Aref ▪ Jetan Badhiwala ▪ Brian Vinh ▪ Saleh Almenawer ▪ Kesava (Kesh) Reddy

44. **Discectomia Endoscópica Percutânea Cervical** 299
    Gun Choi ▪ Alfonso García ▪ Akarawit Asawasaksakul ▪ Ketan Deshpande

45. **Discectomia Endoscópica Anterior Cervical e Descompressão da Medula** 309
    Shrinivas M. Rohidas

46. **Discectomia Cervical Anterior Assistida por Vídeo e Instrumentação** 317
    Keith A. Kerr ▪ Victor Lo ▪ Ashley E. Brown ▪ Alissa Redko ▪ Daniel H. Kim

47. **Laminoforaminotomia Cervical com Endoscópio no Canal de Trabalho** 321
    Gun Choi ▪ Akarawit Asawasaksakul

48. **Foraminotomia Cervical e Discectomia Endoscópica Percutânea Posterior: Apresentação de Caso e Técnica Cirúrgica** 327
    Chi Heon Kim ▪ Chun Kee Chung

49. **Discectomia Cervical Posterior Endoscópica Tubular** 333
    Alejandro J. Lopez ▪ Zachary A. Smith ▪ Richard G. Fessler ▪ Nader S. Dahdaleh

50. **Laminectomia e Foraminotomia Cervical Endoscópica Tubular Posterior** 337
    Albert P. Wong ▪ Youssef J. Hamade ▪ Zachary A. Smith ▪ Nader S. Dahdaleh ▪ Richard G. Fessler

51. **Abordagens Endoscópicas a Tumores Cervicais, Trauma e Infecção** 343
    Christopher C. Gillis ▪ John O'Toole

52. **Cirurgia Tridimensional da Coluna: Aplicação Clínica de Sistemas Endoscópicos Estereotubulares 3D** 349
    Dong Hwa Heo ▪ Jin-Sung Luke Kim

53. **Ressecção Microcirúrgica Minimamente Invasiva de Lesões Extramedulares Intradurais Espinais** 353
    Dragos Catana ▪ Mohammed Aref ▪ Jetan Badhiwala ▪ Brian Vinh ▪ Saleh Almenawer ▪ Kesava (Kesh) Reddy

Índice Remissivo 357

Sumário de Vídeos

2.1. PELD transforaminal direita 2 níveis L4-S1
2.2. PELD transilíaca esquerda L5-S1 com disco recorrente

4.1. PELD com disco com migração ascendente e descendente em FBSS
4.2. PELD transforaminal grande direita de L4-L5
4.3. PELD direita com migração ascendente de L3-L4 com raiz neural bifurcada

5.1. PELD (foraminoplastia) esquerda de L4-L5 com migração descendente

6.1. PELAN L4-L5

8.1. Marcação da pele
8.2. Cromodiscografia evocativa
8.3a. Visualização da cirurgia: inserção de canal de trabalho chanfrado
8.3b. Visualização fluoroscópica: inserção de canal de trabalho chanfrado
8.4. Técnica de ressecção do ligamento amarelo
8.5. Procedimentos cirúrgicos de preservação estrutural PEILD: 1
8.6. Procedimentos cirúrgicos de preservação estrutural PEILD: 2
8.7. PEILD de preservação estrutural para alto comprometimento do canal: 1
8.8. PEILD de preservação estrutural para alto comprometimento do canal: 2
8.9. PEILD de preservação estrutural para alto comprometimento do canal: 3
8.10. PEILD de preservação estrutural para HNP de L5-S1 de migração ascendente de alto grau
8.11. PEILD contralateral de preservação estrutural
8.12. PEILD de revisão de preservação estrutural para HNP recorrente após discectomia lombar aberta
8.13. PEILD de revisão de preservação estrutural após PEILD de preservação estrutural anterior
8.14. HNP de L5-S1 sintomática e parcialmente calcificada: técnica flutuante de calcificação

9.1. Foraminotomia endoscópica posterior L5-S1

10.1. Hérnia de disco recorrente

11.1. Discectomia endoscópica biportal unilateral percutânea, 1
11.2. Discectomia endoscópica biportal unilateral percutânea, 2 (hérnia de disco migrada)
11.3. Descompressão endoscópica biportal unilateral percutânea (laminotomia unilateral com descompressão bilateral: abordagem pelo lado direito)
11.4 Discectomia endoscópica biportal unilateral percutânea (abordagem paraespinal de Wiltse)

12.1 Anuloplastia transforaminal com *laser* epiduroscópico para hérnia de disco de L4-L5 direita
12.2 Anuloplastia transforaminal com *laser* epiduroscópico para hérnia de disco de L3-L4 direita

13.1 Microdiscectomia

14.1 Aplicação do sistema tubular endoscópico
14.2 Discectomia lombar endoscópica com ajuda tubular

15.1 Estenose lombar

16.1 Descompressão lombar endoscópica bilateral com ajuda tubular

18.1 Descompressão tubular minimamente invasiva, L5-S1, lt

20.1 TLIF minimamente invasiva

21.1 Inserção de parafusos de pedículo percutâneos

22.1 Fusão intersomática lombar transforaminal minimamente invasiva com ajuda endoscópica em 360°

23.1 Parafuso de faceta percutâneo

24.1 Exposição de camadas musculares para fusão intersomática lombar endoscópica lateral direta
24.2 Procedimentos cirúrgicos sob a orientação do braço-C

Sumário de Vídeos

26.1 MiniOLIF assistida com endoscopia espinal

27.1 Rizotomia endoscópica de RF para LBP crônica

28.1 Técnica cirúrgica de discectomia cervical anterior usando o telescópio de vídeo VITOM

30.1 PETD

32.1 Transpedicular endoscópica

34.1 Descompressão tubular endoscópica torácica

37.1 Abordagens toracoscópicas para correção de deformidade

38.1 Artrodese assistida por toracoscopia para correção de deformidade posterior

40.1 Odontoidectomia

41.1 Abordagens transnasais endoscópicas à junção craniocervical
41.2 Abordagens transnasais endoscópicas à junção craniocervical
41.3 Abordagens transnasais endoscópicas à junção craniocervical

42.1 Lee – Cirurgia Robótica Transoral (TORS)

43.1 Chiari

44.1 PECD esquerda C5-C6

46.1 Anterior com ajuda de vídeo

47.1 Foraminotomia cervical endoscópica posterior de C6-C7

48.1 Percutânea posterior

49.1 MED Cervical

50.1 MEDS 2D cervical

51.1 Tumor MIS extramedular intradural

52.1 Cirurgia da coluna cervical usando endoscópio 3D

53.1 Tumor

Prefácio

Durante décadas a endoscopia tem sido amplamente adotada em muitas disciplinas médicas e cirúrgicas, mas seu uso ficou atrasado no tratamento de transtornos da coluna vertebral. Atualmente, com o refinamento das ferramentas endoscópicas, já é possível conquistar as metas há muito tempo perseguidas de procedimentos minimamente invasivos para pacientes de coluna vertebral: internações hospitalares curtas e recuperação funcional precoce. A tecnologia endoscópica avançou até o ponto em que os médicos podem agora acessar, visualizar e tratar doenças da coluna vertebral antes acessíveis somente por meios cirúrgicos abertos. Com os guias passo a passo detalhados neste livro, os neurocirurgiões podem usar com sucesso as habilidades endoscópicas no tratamento de seus pacientes.

A audiência visada para este texto inclui todos os cirurgiões interessados em aumentar seu conhecimento do diagnóstico e das opções de tratamento disponíveis para transtornos da coluna vertebral, incluindo médicos praticantes, bolsistas e residentes. Este livro também pode ser interessante para enfermeiros(as), fisioterapeutas, quiropráticos e profissionais de dispositivos médicos. Com os guias passo a passo detalhados neste livro, os cirurgiões poderão aprender e usar com sucesso as técnicas endoscópicas no tratamento de transtornos da coluna de seus pacientes.

Esta segunda edição de *Cirurgia Endoscópica da Coluna Vertebral* contém mais de 1.000 imagens, incluindo fotos de procedimentos e ilustrações médicas. Além disso, os vídeos que acompanham o texto contêm casos reais ilustrando doenças da coluna e procedimentos. Os vídeos variam de demonstrações de casos a demonstrações da técnica passo a passo. As imagens, vídeos e explicações acompanhantes suplementam a compreensão e fornecem percepção substancial para os cirurgiões iniciantes e experientes.

Este livro é organizado anatomicamente, começando com os procedimentos para a coluna lombar e terminando com os procedimentos para a coluna cervical. Ele oferece uma visão profunda das diferentes abordagens da cirurgia endoscópica da coluna vertebral, assim como dos instrumentos usados para tratar várias doenças da coluna, apresentados como procedimentos do tipo passo a passo. O texto é organizado em itens com numerosas ilustrações, facilitando o encontro de informações específicas.

As regiões cervical, torácica e lombar possuem diferenças microanatômicas sutis, e mesmo um cirurgião experiente pode ficar desorientado por causa da visualização endoscópica estreita. Tendo isto em mente, o livro contém descrições e imagens do que a equipe cirúrgica verá quando visualizar as estruturas endoscopicamente. Outras informações úteis incluem como melhor abordar cirurgicamente a coluna vertebral torácica e como remover efetivamente doenças, discos calcificados e osteófitos que possam causar estenose foraminal sintomática. Não só esses procedimentos e técnicas são tratados, como também cada seção oferece sugestões para evitar as complicações cirúrgicas – conhecimento tão importante quanto como conduzir a própria cirurgia.

Cirurgia Endoscópica da Coluna Vertebral, Segunda Edição, leva dos atuais e futuros cirurgiões o cuidado com seus pacientes de coluna vertebral por meio de equipamento endoscópico espinal, técnicas e habilidades o mais atualizados possíveis, um passo de cada vez, permitindo que esses profissionais recolham essa experiência de anos de prática de editores e autores.

Daniel H. Kim, MD, FAANS, FACS
Gun Choi, MD, PhD
Sang-Ho Lee, MD, PhD
Richard G. Fessler, MD, PhD

Colaboradores

Saleh Almenawer, MD
Staff Neurosurgeon
Hamilton Health Sciences
Hamilton, Ontario, Canada

Mohammed Aref, MD
Division of Neurosurgery
McMaster University Medical Centre
Hamilton, Ontario, Canada

Akarawit Asawasaksakul, MD
Spine Surgeon, MIS Spine Surgeon
Department of Orthopaedic
Paolo Memorial Hospital Paholyothin
Bangkok, Thailand

Jetan Badhiwala, MD
University of Toronto
Toronto, Ontario, Canada

Sarfaraz Mubarak Banglawala, MD, FRCSC
Assistant Professor (Clinical)
Department of Surgery–Otolaryngology/Head and Neck
    Surgery Division
McMaster University Medical Centre
Hamilton, Ontario, Canada
Lecturer, University of Toronto
Rhinology and Skull Base Surgery
Otolaryngology–Head and Neck Surgery
William Osler Health System
Toronto, Ontario, Canada

Juan Barges Coll, MD, MSc
Co-Director, Education
Assistant Professor Neurosurgery
National Institute of Neurology and Neurosurgery
    "Manuel Velasco Suárez"
Mexico City, Mexico

Rudolf Beisse, MD
Medical Director
Chief Surgeon
Department of Spine Surgery
Benedictus Hospital Tutzing
Tutzing, Germany

Ashley E. Brown, BS
Department of Neurosurgery
University of Texas Health Science Center at Houston
Houston, Texas, USA

Benedikt W. Burkhardt, MD
Department of Neurosurgery
Saarland University Medical Center and Saarland
    University Faculty of Medicine
Homburg-Saar, Germany

Sebastián Casanueva Eliceiry, MD
Universidad Complutense de Madrid
Madrid, Spain
Clínica Kennedy of Endoscopic Spine Surgery
Santiago, Chile

Gabriel Armando Castillo Velázquez, MD
Neurosurgery Department
Centro Medico Puerta de Hierro
Guadalajara Jalisco, Mexico

Dragos Catana, MD
Division of Neurosurgery
McMaster University Medical Centre
Hamilton, Ontario, Canada

Gabriela C. Chica Heredia, MD
Universidad de Cuenca
Cuenca, Ecuador
Clinica Kennedy of Endoscopic Spine Surgery
Santiago, Chile

John C. Chiu, MD, FRCS, DSc
Diplomate American Board of Neurological Surgery
President
California Spine Institute
Thousand Oaks, California

Gun Choi, MD, PhD
President
Pohang Wooridul Hospital
Pohang, South Korea

Won-Suh Choi, MD
Department of Neurosurgery
Seoul St Mary's Hospital
The Catholic University of Korea
Seoul, South Korea

Chun Kee Chung, MD, PhD
Department of Neurosurgery
Seoul National University College of Medicine and Hospital
Seoul, South Korea

Nader S. Dahdaleh, MD
Department of Neurological Surgery
Northwestern University Feinberg School of Medicine
Chicago, Illinois, USA

Ketan Deshpande, MD
Endoscopic and Minimally Invasive Spine Surgeon
Saishree Hospital
Pune, India

Alvaro Dowling, MD
Orthopaedic and Traumatology Surgeon
Cape Town University
Cape Town, South Africa
Universidad de Chile
Clínica Kennedy of Endoscopic Spine Surgery
Santiago, Chile

Doniel Drazin, MD, MA
Department of Neurosurgery
Spine Center
Cedars-Sinai Medical Center
Los Angeles, California, USA

Jin Hwa Eum, MD
Neurosurgeon
Department of Neurosurgery
Kimhae Jungang Hospital
Kimhae, South Korea

Richard G. Fessler, MD, PhD
Professor
Department of Neurosurgery
Rush University Medical Center
Chicago, Illinois, USA

Ricardo B. V. Fontes, MD, PhD
Assistant Professor
Department of Neurosurgery
Rush University Medical Center
Chicago, Illinois, USA

Alfonso García, MD
Spine Surgeon
MK Spine Health
Tijuana, Mexico

Christopher C. Gillis, MD
Assistant Professor
Division of Neurosurgery
University of Nebraska Medical Center
Omaha, Nebraska, USA

Youssef J. Hamade, MD, MSCI
Department of Neurological Surgery
Mayo Clinic
Phoenix, Arizona, USA

Dong Hwa Heo, MD, PhD
Department of Neurosurgery
Spine Center
The Leon Wiltse Memorial Hospital
Suwon, South Korea

Jung-Woo Hur, MD
Assistant Professor
Department of Neurosurgery
Seoul St. Mary's Hospital
The Catholic University of Korea
Seoul, South Korea

Il Tae Jang, MD, PhD
Department of Neurosurgery
Nanoori Gangnam Hospital
Seoul, South Korea

Ji Soo Jang, MD, PhD
Department of Neurosurgery
Nanoori Suwon Hospital
Suwon, South Korea

R. Tushar Jha, MD
Department of Neurosurgery
Medstar Georgetown University Hospital
Washington, DC, USA

J. Patrick Johnson, MD
Director, Cedars-Sinai Institute for Spinal Disorders
University of California at Los Angeles
Los Angeles, California, USA

Chang Il Ju, MD, PhD
Department of Neurosurgery
College of Medicine, Chosun University
Gwangju, South Korea

Ricky Raj S. Kalra, MD
Department of Neurosurgery
University of Utah
Salt Lake City, Utah, USA

Manish Kasliwal, MD
Department of Neurosurgery
Rush University Medical Center
Chicago, Illinois, USA

Renée Kennedy, MD
Division of Neurosurgery
McMaster University Medical Centre
Hamilton, Ontario, Canada

Keith A. Kerr, MD
Department of Neurosurgery
University of Texas Health Science Center at Houston
Houston, Texas, USA

Ryan Khanna, BS
Department of Neurosurgery
Northwestern University Feinberg School of Medicine
Chicago, Illinois, USA

Chi Heon Kim, MD, PhD
Department of Neurosurgery
Seoul National University College of Medicine and Hospital
Seoul, South Korea

Daniel H. Kim, MD, FAANS, FACS
The Nancy, Clive, and Pierce Runnells Distinguished Chair in Neuroscience
Professor, Director of Spinal Neurosurgery
Reconstructive Peripheral Nerve Surgery
Director of Microsurgical Robotic Lab
Department of Neurosurgery
University of Texas Health Science Center at Houston
Houston, Texas, USA

Hyeun Sung Kim, MD, PhD
Department of Neurosurgery
Nanoori Suwon Hospital
Suwon, South Korea

Jin-Sung Luke Kim, MD, PhD
Associate Professor
Department of Neurosurgery
Seoul St. Mary's Hospital
The Catholic University of Korea
Seoul, South Korea

Leok-Lim Lau, MD
University Spine Centre
University Orthopaedics
Hand and Reconstructive Microsurgery Cluster
National University Hospital
Singapore

John Y. K. Lee, MD, MSCE
Associate Professor
Department of Neurosurgery
University of Pennsylvania
Philadelphia, Pennsylvania, USA

Jongsun Lee, MD, PhD
Department of Neurosurgery
Sewoori Spine and Joint Hospital
Daejeon, South Korea

Sang-Ho Lee, MD, PhD
President and Chairman
Wooridul Spine Hospital
Seoul, South Korea

Victor Lo, MD, MPH
Clinical Assistant Professor
Department of Neurosurgery
Mischer Neuroscience Associates
University of Texas Health Science Center at Houston
Houston, Texas, USA

Alejandro J. Lopez, BS
Department of Neurological Surgery
Northwestern University Feinberg School of Medicine
Chicago, Illinois, USA

Adam N. Mamelak, MD, FACS, FAANS
Professor
Director of Functional Neurosurgery
Co-Director of Pituitary Center
Cedars-Sinai Medical Center
Los Angeles, California, USA

Joachim M. Oertel, MD, PhD
Chief, Department of Neurosurgery
Saarland University Medical Center
Saarland University Faculty of Medicine
Homburg-Saar, Germany

Sung Hoon Oh, MD, PhD
Department of Neurosurgery
Nanoori Incheon Hospital
Incheon, South Korea

Luis Alberto Ortega-Porcayo, MD
Department of Neurological Surgery
National Institute of Neurology and Neurosurgery "Manuel Velasco Suárez"
Mexico City, Mexico

John O'Toole, MD, MS
Associate Professor
Department of Neurosurgery
Rush University Medical Center
Chicago, Illinois, USA

Choon Keun Park, MD, PhD
Department of Neurosurgery
The Wilste Memorial Hospital
Suwon, South Korea

Mick Perez-Cruet, MD, MS
Vice-Chairman and Professor
Department of Neurosurgery
Oakland University William Beaumont School of Medicine
Royal Oak, Michigan, USA

George D. Picetti III, MD
Orthopedic Spine Surgeon
Sutter Neuroscience Institute
Sutter Medical Center Sacramento
Sacramento, California, USA

Jenna Rebelo, MD
Department of Surgery–Otolaryngology/Head and Neck Surgery Division
McMaster University Medical Centre
Hamilton, Ontario, Canada

Kesava (Kesh) Reddy, MBBS, FRCSC, FACS, FAANS, DABNS
Clinical Professor, McMaster University Degroot School of Medicine
Chief of Surgery
Hamilton General Site
Hamilton Health Sciences
Hamilton, Ontario, Canada

Alissa Redko, BA
Department of Neurosurgery
University of Texas Health Science Center at Houston
Houston, Texas, USA

Josh Ryan, MD
Department of Neurosurgery
Medstar Georgetown University Hospital
Washington, DC, USA

Shrinivas M. Rohidas, MD
Neurosurgeon
Dr. Rohidas's Centre for Minimally Invasive Spine and Neurosurgery
Prakruti Clinic
Maharashtra State, India

Faheem Sandhu, MD, PhD
Professor of Neurosurgery
Director of Spine Surgery
Co-Director, Center for Minimally Invasive Spine Surgery
Medstar Georgetown University Hospital
Washington, DC, USA

Meic H. Schmidt, MD, MBA, FAANS, FACS
Director, WMC Brain and Spine Institute
Professor and Department Chair of Neurosurgery
New York Medical College
Director of Neurosurgery
Westchester Medical Center and Health Network
Valhalla, New York, USA

Rudolph J. Schrot, MD, MAS
Neurosurgeon
Sutter Neuroscience Institute
Sutter Medical Center Sacramento
Sacramento, California

Jonathan S. Schuldt, MD
Universidad Catolica Santiago de Guayaquil, Guayaquil, Ecuador
Clínica Kennedy of Endoscopic Spine Surgery
Santiago, Chile

Ji-Hoon Seong, MD
Clinical Instructor
Department of Neurosurgery
Seoul St. Mary's Hospital
The Catholic University of Korea
Seoul, South Korea

Zachary A. Smith, MD
Department of Neurosurgery
Northwestern University Feinberg School of Medicine
Chicago, Illinois, USA

Doron Sommer, MD, FRCSC
Clinical Professor
Rhinology and Endoscopic Surgery of the Skull Base
Department of Surgery–Otolaryngology/Head and Neck Surgery Division
McMaster University Medical Centre
Hamilton, Ontario, Canada

Sang Kyu Son
Suwon, South Korea

James H. Stephen, MD, MSE
Department of Neurosurgery
University of Pennsylvania
Philadelphia, Pennsylvania, USA

Brian Vinh, BS
Research Coordinator
Division of Neurosurgery
McMaster University Medical Centre
Hamilton, Ontario, Canada

Albert P. Wong, MD
Department of Neurological Surgery
Stanford University
Stanford, California, USA

Hee-Kit Wong, MD
University Spine Centre
University Orthopaedics
Hand and Reconstructive Microsurgery Cluster
National University Hospital
Singapore

Mengqiao Alan Xi, BS
Department of Neurosurgery
Oakland University William Beaumont School of Medicine
Rochester, Michigan, USA

Cirurgia Endoscópica da Coluna Vertebral

Thieme Revinter

1 Anatomia Aplicada e Abordagens Percutâneas à Coluna Lombar

Alfonso García ▪ Akarawit Asawasaksakul ▪ Gun Choi

1.1 Introdução

Após revisão cuidadosa da anatomia da coluna em seres humanos e em vários primatas, Putz e Müller-Gerbl concluíram que a porção lombar da coluna vertebral tem a estrutura ideal para aperfeiçoar simultaneamente as funções de mobilidade e estabilidade.[1] Entretanto, a dor lombar é a razão predominante dos pacientes para buscar aconselhamento médico na era moderna e, para o cirurgião de coluna, é necessário ter um conhecimento completo das anatomias clínica e cirúrgica dessa região. Uma vez que este texto se concentre em cirurgias endoscópicas percutâneas de disco, a discussão restringe-se à anatomia relevante à cirurgia endoscópica da coluna.

1.2 Anatomia de Superfície

- Embora a identificação do nível vertebral apropriado para um procedimento percutâneo possa ser facilmente obtida por fluoroscopia, o conhecimento da anatomia de superfície é necessário para uma orientação topográfica melhor para a cirurgia.
- Os mais proeminentes e, possivelmente, os únicos marcos palpáveis da parte inferior das costas são os processos espinhosos lombares. Em comparação aos processos espinhosos torácicos, eles apresentam superfície mais plana na ponta posterior.
- Os processos espinhosos de L4 e L5 são mais curtos que outros segmentos lombares e, às vezes, difíceis de palpar, especialmente o processo espinhoso de L5. O processo espinhoso de L4 é o último processo a mostrar movimento na palpação durante a amplitude de movimento (ROM) de flexão-extensão.
- Geralmente, o processo espinhoso de L4 está em um plano horizontal com a fronteira superior da crista ilíaca; em 20% da população, porém, a crista ilíaca está alinhada ao processo espinhoso de L5.[2]
- As pontas dos processos transversos estão localizadas a cerca de 5 cm da linha média e não são palpáveis.
- O nível da borda superior da crista ilíaca em relação ao espaço de disco correspondente é importante no processo de tomada de decisão do cirurgião.

1.3 Anatomia Óssea

1.3.1 Corpos Vertebrais

- Quando visualizados de cima, os corpos vertebrais da coluna lombar são grandes e em formato de um rim.
- Eles são maiores nos homens em comparação às mulheres.

1.3.2 Pedículos

- Os pedículos das vértebras lombares são curtos e fortes.
- A incisura vertebral superior é menos distinta que na região cervical, mas a incisura vertebral inferior profunda forma o teto do forame neural.

1.3.3 Processos Transversos

- Os processos transversos se projetam em direção posterolateral após surgirem da junção da lâmina e do pedículo do mesmo lado.
- Eles ficam anteriores ao processo articular, mas posteriores ao forame intervertebral (IVF).
- Os processos transversos lombares são bem extensos, aquele de L3 sendo o mais longo.
- A distância intertransversal em L4-L5 é muito menor que de L3-L4 e ainda menor que em L5-S1.
- O processo acessório se projeta da parte posteroinferior do processo transverso com a lâmina correspondente.

1.3.4 Processos Articulares

Processos Articulares Superiores

- Dois processos articulares superiores são encontrados para cada vértebra lombar, com a faceta hialina coberta de cartilagem no final de cada processo.
- As facetas são orientadas em um plano vertical. Cada faceta articular lombar está voltada para o sentido posteromedial.
- A orientação da faceta articular superior varia com os diferentes níveis vertebrais; por exemplo, as facetas superiores de L4 (articulação L3-L4) têm orientação mais sagital que as facetas de L5 (articulação L4-L5). Além disso, a articulação de L5-S1 tem orientação mais coronal que a faceta de L5 (articulação L4-L5).

Processos Articulares Inferiores

- Há dois processos articulares inferiores, cada um com uma faceta que se conforma exatamente com a faceta superior do corpo vertebral inferior.

Articulações de Faceta

- As facetas dos processos articulares superior e inferior de uma vértebra formam a articulação zigapofisária.
- A articulação de faceta é um tipo de articulação sinovial cercada por uma cápsula de articulação ao redor (**Fig. 1.1**).

1.4 Anatomia do Forame Intervertebral

O IVF é uma área de grande importância para procedimentos endoscópicos percutâneos, tanto porque protege a raiz neural de saída e outras estruturas vasculares quanto porque está na área de entrada para acesso espinal endoscópico (**Fig. 1.2**).

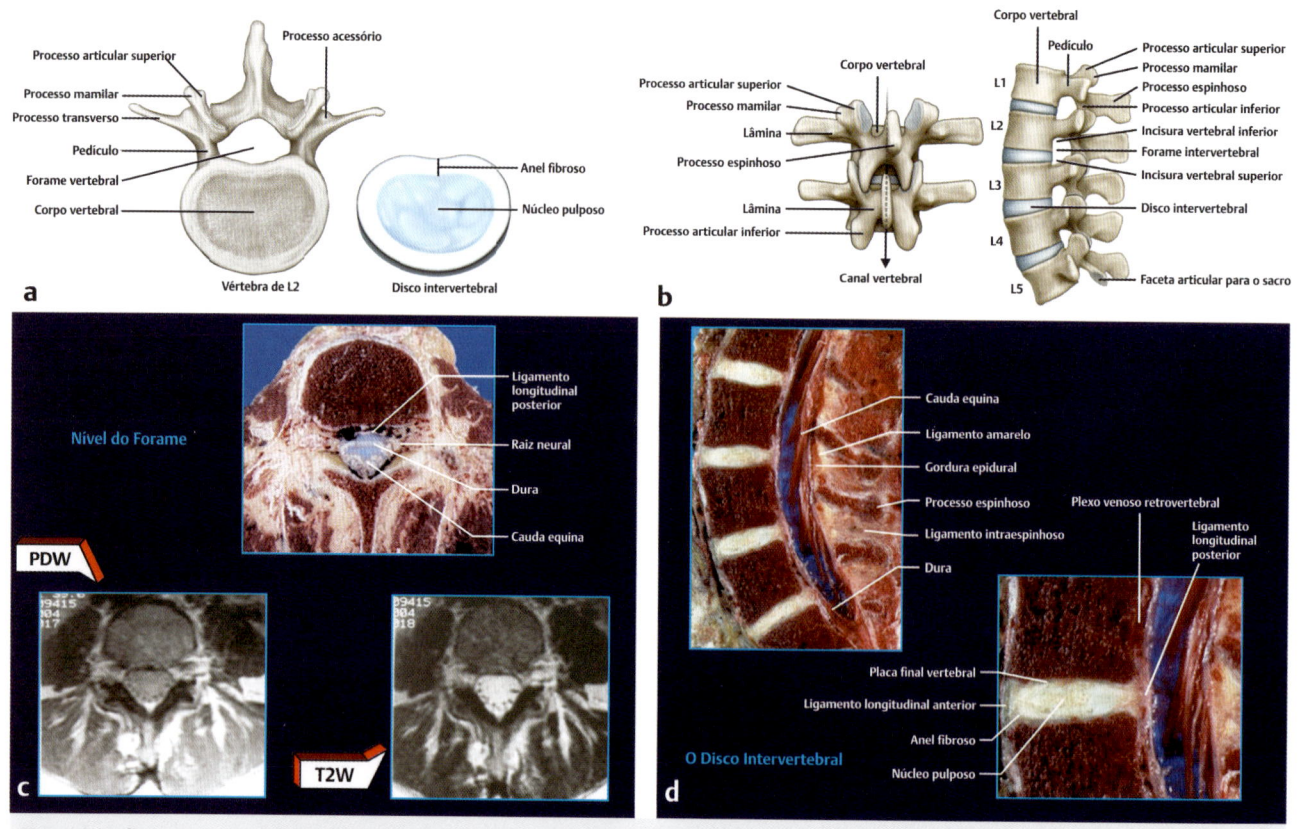

Fig. 1.1 (a-d) Anatomia geral da coluna. (Cortesia de Laser Anatomy videodisc series Clinical and Imaging Anatomy of the Lumbar Spine and Sacrum by Wolfgang Rauschning, MD, PhD.)

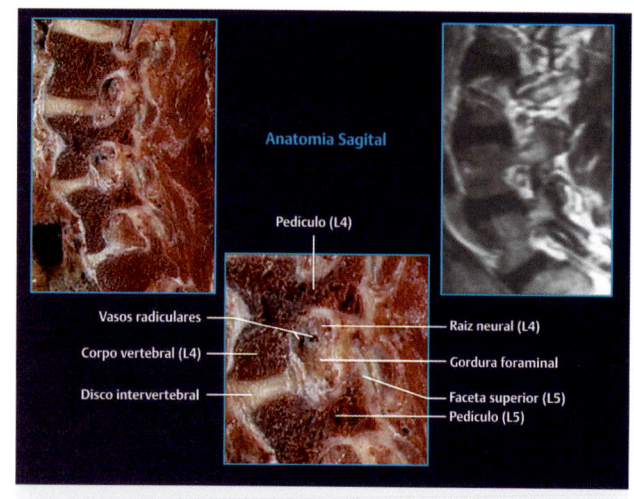

Fig. 1.2 Anatomia do forame intervertebral e sua fronteira. (Cortesia de Laser Anatomy videodisc series Clinical and Imaging Anatomy of the Lumbar Spine and Sacrum by Wolfgang Rauschning, MD, PhD.)

1.4.1 Limites do Forame

Os limites do forame contêm duas articulações móveis – a do disco intervertebral (IVD) e a zigapofisária. Por causa da mobilidade dessas articulações, as dimensões do forame se alteram dinamicamente. Esses limites são:
- Teto: incisura vertebral inferior do pedículo da vértebra superior e ligamento amarelo em sua borda livre externa.
- Assoalho: incisura vertebral superior do pedículo da vértebra inferior e margem posterossuperior do corpo vertebral inferior.
- Parede anterior: o aspecto posterior dos corpos vertebrais adjacentes, a IVD, a expansão lateral do ligamento longitudinal posterior e o seio venoso longitudinal anterior.
- Parede posterior: limitada posteriormente pelos processos articulares superior e inferior da articulação de faceta, no mesmo nível que os do forame, e pelo prolongamento lateral do ligamento amarelo.
- Parede medial: manga da dura.
- Parede lateral: uma folha da fáscia e músculo psoas como cobertura.

1.4.2 Estruturas no Forame Intervertebral

- Nervos espinais (raízes ventral e dorsal combinadas na bainha da raiz).
- Manga da raiz dural, que se torna contínua com o epineuro do nervo espinal na extremidade distal do forame.
- Canais linfáticos.
- O ramo espinal de uma artéria segmentar, que, após entrar no forame, divide-se em três ramos para suprir o arco posterior, as estruturas neural e intracanal e a parte posterior dos corpos vertebrais.
- Veias comunicantes entre os plexos venosos vertebrais interno e externo.
- Dois a quatro nervos meníngeos recorrentes (sinovertebrais).
- Tecido adiposo cercando todas as estruturas.

1.4.3 Características do Forame Intervertebral

- A maior dimensão superoinferior do IVF está em L2-L3, e essa dimensão diminui de cima para baixo, o que significa que ela é menor em L5-S1.
- A dimensão anteroposterior permanece mais ou menos constante em todos os níveis na coluna lombar e é menor que as dimensões superoinferiores (em L5-S1, porém, a dimensão anteroposterior é maior que a superoinferior).
- De L1 a L4 o IVF tem a forma semelhante à de uma pera invertida, enquanto em L5 o forame é mais oval.
- As dimensões do IVF no homem são levemente maiores que na mulher.
- Com o envelhecimento e a degeneração, as dimensões do forame se alteram.

1.4.4 Ligamentos Acessórios do Forame Intervertebral

- O conhecimento mais recente dos ligamentos sugere que eles são encontrados principalmente em três sítios no forame: as zonas interna, intraforaminal e externa.
- Os ligamentos internos são encontrados no aspecto inferior da porção medial do forame, anexando o aspecto posterolateral do disco à superfície anterior do processo articular superior, fazendo uma ligação da incisura vertebral superior da vértebra inferior e convertendo a incisura em um compartimento por meio do qual as veias normalmente cursam.
- Os ligamentos intraforaminais têm três tipos básicos:
  - O primeiro tipo corre desde a base do pedículo até a borda inferior do mesmo corpo vertebral. O nervo meníngeo recorrente e um ramo da artéria espinal são geralmente encontrados no compartimento formado por este ligamento.
  - O segundo tipo de ligamento se une ao ângulo formado pela extremidade posterior do pedículo com a base do processo transverso e estende-se para a parte posterolateral do mesmo corpo vertebral. Um grande ramo da artéria segmentar viaja por esse compartimento anterossuperior.
  - O terceiro tipo de ligamento se origina desde a porção anterior superior da faceta articular superior, estendendo-se para o corpo posterolateral da vértebra acima. A raiz de saída fica diretamente sobre este ligamento.
- Os ligamentos externos possuem um anexo comum à base do processo transverso. Desse sítio, eles se expandem em três direções diferentes: superior, inferior e transversa, anexando-se ao corpo vertebral próprio ou a uma vértebra abaixo. Eles também formam muitos compartimentos pequenos pelos quais os elementos neurovasculares passam para ou do canal espinal.
- Durante a discectomia lombar endoscópica percutânea os ligamentos não são distinguidos separadamente, pois eles têm efeito mínimo no sucesso da cirurgia.

1.5 Anatomia Vascular da Região Foraminal

1.5.1 Suprimento Venoso

Plexo Venoso Externo

- O plexo de veias que cerca o aspecto externo da coluna vertebral é chamado de plexo venoso externo.
- As veias podem ser divididas em anteriores e posteriores, dependendo da localização em relação ao corpo vertebral.
- Elas se comunicam com as veias segmentares e também com o plexo venoso interno por meio do IVF e dos canais transósseos.

Plexo Venoso Interno

- O plexo venoso interno é composto de veias localizadas por baixo dos elementos ósseos dos forames vertebrais (ou seja, lâminas, processos espinhosos, pedículos e corpos) e embutido em uma camada de tecido adiposo solto.
- As veias contêm muitos canais longitudinais interligados correndo anterior e posteriormente ao canal, formando o plexo de Batson.
- A peculiaridade desse plexo é o fato de ele não possuir válvulas.
- A maior parte do sangramento cirúrgico é proveniente do plexo venoso ao redor da área foraminal. Isto pode se constituir em perigo potencial no tecido adiposo do forame, exigindo atenção cuidadosa durante a dissecção na área. Para uma cirurgia bem-sucedida, é fundamental evitar ou controlar o sangramento.

1.5.2 Suprimento Arterial

Externo

- O suprimento arterial externo para a coluna lombar é fornecido pelas artérias segmentares lombares.
- As artérias segmentares lombares enviam ramos espinais para o canal vertebral por meio do IVF.

Interno

- Ao penetrar no IVF, cada ramo espinal se divide em outros três ramos.
- Um ramo corre posteriormente para suprir as lâminas, ligamento amarelo, processos espinhosos, processos articulares, tecido epidural posterior e a dura.
- O ramo anterior supre o aspecto posterior do corpo vertebral.
- Um terceiro ramo (ramo neural) corre para o nervo espinal e supre as raízes ventral e dorsal.
- É importante revisar a MRI sagital do forame para quaisquer artérias anormais na parte inferior do forame no sítio de entrada para o procedimento. Uma artéria anormal pode ser uma contraindicação cirúrgica.

1.6 Nervos da Coluna Lombar em Relação ao Forame Intervertebral

As estruturas neurais importantes aos procedimentos percutâneos são descritas aqui.

1.6.1 Raízes Dorsal e Ventral e Nervos Espinais

- A medula espinal geralmente termina no ou ao redor do nível inferior da vértebra lombar de L1, por causa do crescimento diferencial da medula espinal e dos somitos das vértebras.
- As raízes dorsal e ventral que se originam ao redor do nível da junção toracolombar viajam pela cisterna lombar como a cauda equina antes de penetrar na bainha da dura.
- A raiz do nervo lombar tem de viajar uma distância considerável no canal da raiz neural (a região em que o nervo se divide da dura para o limite lateral do IVF relevante) com curso mais oblíquo antes de atingir o IVF de destino.

1.6.2 Gânglios da Raiz Dorsal

- A dilatação ao final da raiz dorsal, bem perto do ponto onde ela se junta à raiz ventral, é chamada de gânglio da raiz dorsal (DRG).
- O DRG aumenta em diâmetro de L1 a L5.
- Uma vez que o canal da raiz de S1 seja curto, o DRG para S1 fica principalmente em sítio intraespinal.
- Hasegawa *et al.* (1996) classificaram os gânglios topograficamente como intraespinais (dentro do canal), foraminais (dentro do IVF) e extraforaminais.[3]
- O DRG da raiz de L1-L5 fica mais interno no IVF, com os gânglios superiores ficando mais lateralmente e os inferiores, mais medialmente no IVF.
- Como mencionado, o gânglio da raiz de S1 é mais intraespinal.
- Todo cuidado deve ser tomado para prevenir a manipulação ou lesão de calor ao DRG, pois a complicação mais frequente é um quadro de disestesia pós-operatória.

1.6.3 Nervos Meníngeos Recorrentes

- Os nervos meníngeos recorrentes são também chamados de nervos sinovertebrais de von Luschka.
- Esses nervos se originam da porção proximal do ramo ventral e recebem uma ramficação do ramo cinza de comunicação mais próximo da cadeia simpática antes de atravessar o IVF.
- Esses nervos também fornecem inervação sensorial para o periósteo posterior do corpo vertebral, anel posterior, ligamento longitudinal posterior e aspecto anterior da dura espinal.

1.6.4 Anatomia da Zona Triangular de Segurança

- A zona triangular de segurança é uma área para acesso endoscópico seguro à doença (ou seja, herniação de disco; **Fig. 1.3**).
- Essa área de segurança foi descrita, em 1991, pelo Doutor Parviz Kambin[4] como uma zona anular triangular margeada anteriormente pela raiz de saída, inferiormente pela placa terminal do segmento lombar inferior, posteriormente pelo processo articular superior da vértebra inferior e medialmente pela raiz transversa do nervo.
- A área máxima de segurança para inserção da manga endoscópica é a terminação medial do triângulo.
- A superfície do anel nessa região é coberta na maior parte por tecido adiposo.
- A área anular é rica em nervos e suprimento vascular. Este aspecto é clinicamente significativo durante uma anulotomia (**Fig. 1.4**).
- A saída da raiz neural forma o limite anterior da zona de trabalho, enquanto o limite inferior é a placa terminal da vértebra inferior, e medialmente o limite se estende para a raiz do nervo transverso e bolsa dural, que é sombreada em excesso pela articulação de faceta. Na verdade, o pedículo e o espaço discal são escolhidos como pontos de referência, pois são marcos radiográficos aceitos durante procedimentos percutâneos.
- O ponto de inserção é sempre referenciado entre as linhas verticais desenhadas ao longo das linhas pediculares medial, média e lateral e as linhas horizontais desenhadas paralelas às placas terminais. Com esses pontos de referência, a extensão medial da zona de trabalho segura é a linha pedicular medial.
- O conhecimento das dimensões da zona de trabalho segura é crucial na seleção das dimensões dos instrumentos a serem usados e o diâmetro da cânula de trabalho a ser inserida.
- Mirkovic *et al.*[5] investigaram a anatomia foraminal intervertebral das vértebras de L2 a S1 para determinar as dimensões

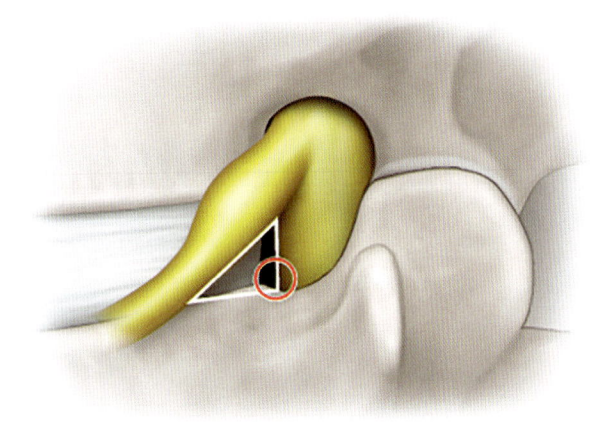

Fig. 1.3 Zona triangular de segurança (triângulo de Kambin): a zona de acesso seguro à doença (herniação de disco) via instrumentos endoscópicos.

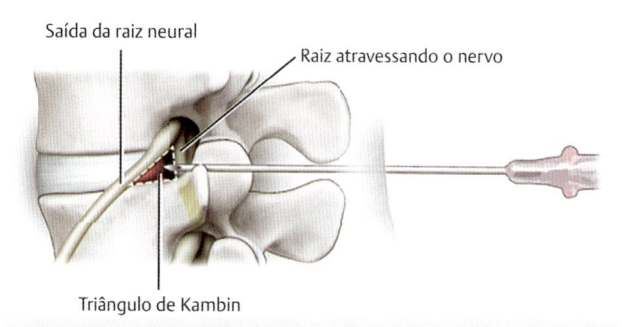

Fig. 1.4 Triângulo de Kambin.

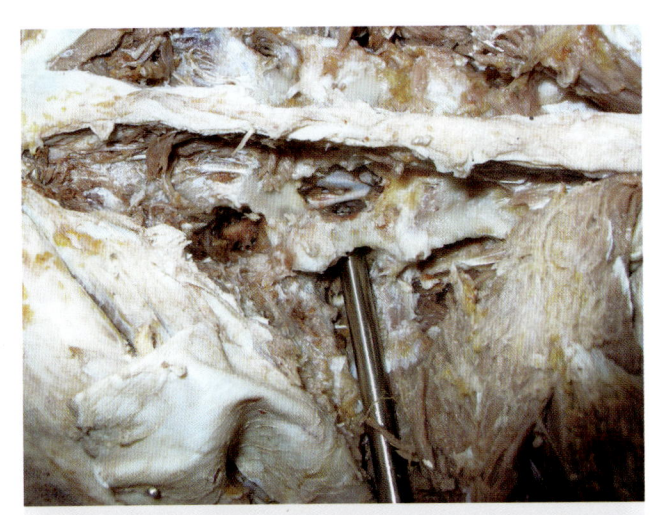

Fig. 1.5 Cânula chanfrada colocada excentricamente na zona segura e dentro do disco.

da zona de trabalho segura e da maior cânula de trabalho que pode ser usada. Eles informaram as dimensões médias da zona triangular de segurança como tendo 18,9 mm de largura, altura de 12,3 mm e hipotenusa de 23 mm. Uma cânula com diâmetro de 6,3 mm colocada na linha médio-pedicular e levemente em sentido cefálico à linha média do disco parece ser segura. Desviando-se o ponto de inserção medialmente para o terço medial do pedículo e levemente em sentido cefálico para a linha média do disco permite a inserção segura de uma cânula de trabalho de diâmetro maior (7,5 mm).

- Em um estudo de dissecção cadavérica para determinar dimensões de zona de segurança, Wimmer e Maurer[6] concluíram que o diâmetro máximo de canal seguro era de 8 mm, em média, dos níveis de L1-L2 a L3-L4. De L4-L5 até L5-S1 o diâmetro ótimo pareceu diminuir para 7 mm. Os autores atribuíram a redução à presença de um grau maior de degeneração de disco nesses níveis. Eles também concluíram que um diâmetro de cânula de trabalho menor deve ser usado, se circunstâncias limitantes precisarem ser consideradas.
- Em ambos os estudos, o impacto da morfologia de faceta sobre o espaço tridimensional disponível para a passagem da cânula não foi considerado.
- Assim, articulações de faceta hipertróficas com espessamento do ligamento amarelo podem limitar ainda mais as dimensões reais da zona de trabalho segura.
- Vale também mencionar que o diâmetro real da cânula de trabalho pode ser maior que a altura do disco, pois é possível colocar a cânula chanfrada excentricamente na zona segura e dentro do disco. A cânula também ajuda a dilatar o espaço discal (**Fig. 1.5**).
- Min *et al.*, em dissecção cadavérica da zona de saída do IVF para analisar a zona de trabalho da discectomia endoscópica, demonstraram que a distância média desde a raiz neural até a borda lateral do processo articular superior da vértebra inferior era de 11,6 mm ± 4,6 mm (faixa, 4,1-24,3 mm).[7] O ângulo médio entre a raiz neural e o disco foi de 79,6 graus ± 7,6 graus (faixa, 56,0-90,0 graus). Os autores afirmaram que a zona real de trabalho não é um triângulo, mas sim um espaço trapezoidal unido pelo processo articular superior e a saída da raiz neural nas laterais e completado por linhas imaginárias paralelas às placas terminais inferior e superior da vértebra. O estudo foi um dos poucos que estudaram a anatomia da raiz de um nervo em três dimensões sem remover a articulação de faceta e, por isso, analisando sua relação com o nervo, em vez de com o saco dural. O ângulo do lado oblíquo diminui, e as dimensões da base aumentam quando se procede desde os níveis lombares superiores para os níveis lombares inferiores. Isto é muito importante para posicionamento e tamanho de instrumentos. Concluindo, os autores recomendaram evitar a punção cega do anel e, em vez disso, recomendaram visualização direta do anel por endoscopia antes da anulotomia. Se os estudos pré-operatórios de imagem foram cuidadosamente examinados, então pode ser possível evitar este passo. Para o iniciante, a recomendação é muito útil se houver qualquer dúvida sobre o posicionamento do instrumento. Recomenda-se também que a cânula seja posicionada o mais próximo possível, raspando a articulação de faceta, para ganhar mais espaço (**Fig. 1.6**).[8]
- Osman e Marsolais estudaram as relações anatômicas do sítio de discectomia (punção do disco) no canto posterolateral em um único espécime cadavérico com altura de 1,82 m. A discectomia foi realizada com um trépano de 3 mm dentro de uma cânula.[9] A distância desde a borda medial do portal de discectomia até a borda lateral da dura foi de 11,5 mm, e a distância média desde a linha interpendicular média até a dura foi de 9,8 mm. A distância média dos ramos ventrais desde a discectomia foi de 2,3 mm (faixa, 2-3 mm). Por isso, o saco dural nunca está em risco de lesão direta durante a colocação das ferramentas de trabalho, mas a saída da raiz neural está muito próxima do portal de entrada. Os autores também afirmaram que, com portais de 7,5 a 10 cm desde a linha média, a discoscopia poderia ser realizada com segurança na zona triangular na faixa angular de 38 a 60 graus em T12-L3 e na faixa angular de 40 a 65 graus em L3-S1.
- Por causa das variações anatômicas na zona de trabalho, o procedimento percutâneo de discectomia é feito sob anestesia local. Isto permite monitoramento de perto e avaliação da resposta da dor aos instrumentos inseridos.
- Antes da cirurgia, é também necessário examinar os estudos de imagem do paciente para identificar qualquer anomalia congênita na raiz neural distorcendo a anatomia normal e, assim, a zona de trabalho segura. Isto pode colocar em perigo a raiz neural anômala durante a abordagem pelo forame.

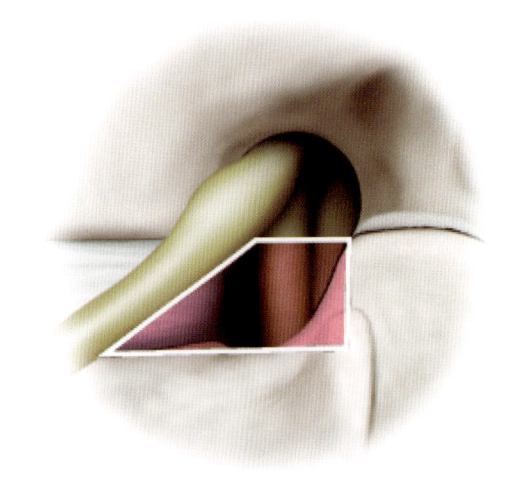

Fig. 1.6 Diagrama mostrando a zona de trabalho real.

1.7 Passagem Segura da Agulha e Anatomia Aplicada

- Durante a passagem posterolateral da agulha em direção ao disco, deve-se decidir a distância correta a partir da linha média e as angulações corretas para o tipo de doença sendo tratado.
- O alvo da agulha é o mais fácil em todos os outros níveis lombares, exceto o nível discal de L5-S1, que requer consideração especial.
- As estruturas em risco de lesão durante a passagem da agulha deverão ser conhecidas e, portanto, evitadas.
- Se a agulha for direcionada muito verticalmente, haverá a chance de penetração do conteúdo peritoneal, especialmente o cólon sigmoide do lado esquerdo.
- Isto será muito preocupante se a mesma agulha que penetrou o cólon por engano for usada para penetrar o disco, pois incorre em chance muito alta de contaminação do espaço avascular do disco e, portanto, de infecção pós-operatória.
- A saída da raiz neural fica muito próxima à via dos instrumentos. Uma passagem horizontal extrema da agulha pode causar lesão dural se for tentada a penetração do disco além da linha pedicular média.

1.8 Anatomia do Forame Neural

- O IVF (**Fig. 1.7**) tem formato oval, auricular ou de uma lágrima invertida, dependendo da extensão do pedículo, altura do disco e proeminência da faceta e do disco intervertebral.
- Trata-se de um canal osteofibroso, em vez de um forame.
- A porção inferior do forame neural é usada para a entrada do canal de trabalho.
- Foi observado que a parte superior do forame foi ocupada por mais de 50% de tecido neural.[10] As dimensões médias do forame eram: altura de 13 a 16 mm (mais em L1-L2 que em L5 e S1), largura de 7 a 9 mm e área de 83 a 103 mm². As medições cadavéricas diretas das alturas dos forames lombares variaram de 11 a 19 mm.[8,9,10,11]
- Magnusson também informou sobre a largura do forame lombar. A medição média da frente para trás do forame foi de 7 mm.[11]
- A investigação por imagens de ressonância magnética também foi conduzida em sujeitos sadios para medir os valores normais para a altura do IVF. As alturas médias do forame foram informadas como: 17,1 ± 2 mm em L1-L2, 18,4 ± 1,7 mm em L2-L3, 18,1 ± 1,5 mm em L3-L4 e 17,1 ± 3,6 mm em L4-L5. À medida que a raiz neural desliza sob a borda medial do pedículo, ela toma direção inferior e oblíqua para longe desse pedículo.
- A localização do DRG com relação ao forame pode variar significativamente. Entretanto, algumas tendências gerais são coerentemente reproduzidas em estudos anatômicos.
- A maioria dos DRGs lombares está localizada dentro dos limites anatômicos do IVF. Mas, geralmente, o DRG está localizado diretamente por baixo do forame. Somente no nível de S1 essa regra não se aplica. Estudos informaram que o DRG de S1 fica dentro do canal espinal cerca de 80% das vezes (**Fig. 1.8**).[3,12]

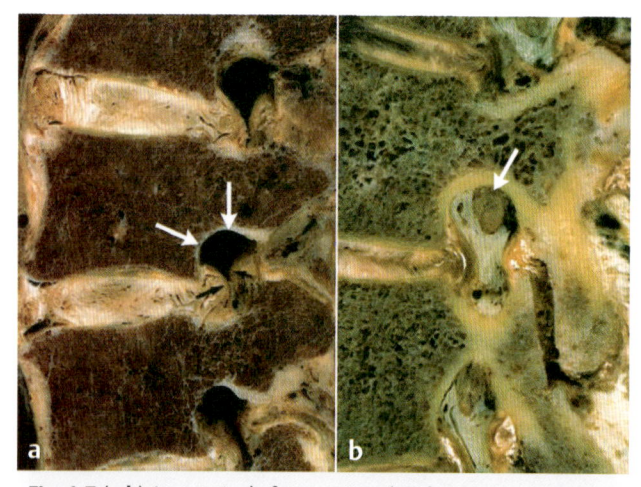

Fig. 1.7 (a,b) Anatomia do forame neural. O forame intervertebral tem a forma oval, auricular ou de lágrima invertida, dependendo da extensão do pedículo, altura do disco e proeminência da faceta e do disco intervertebral.

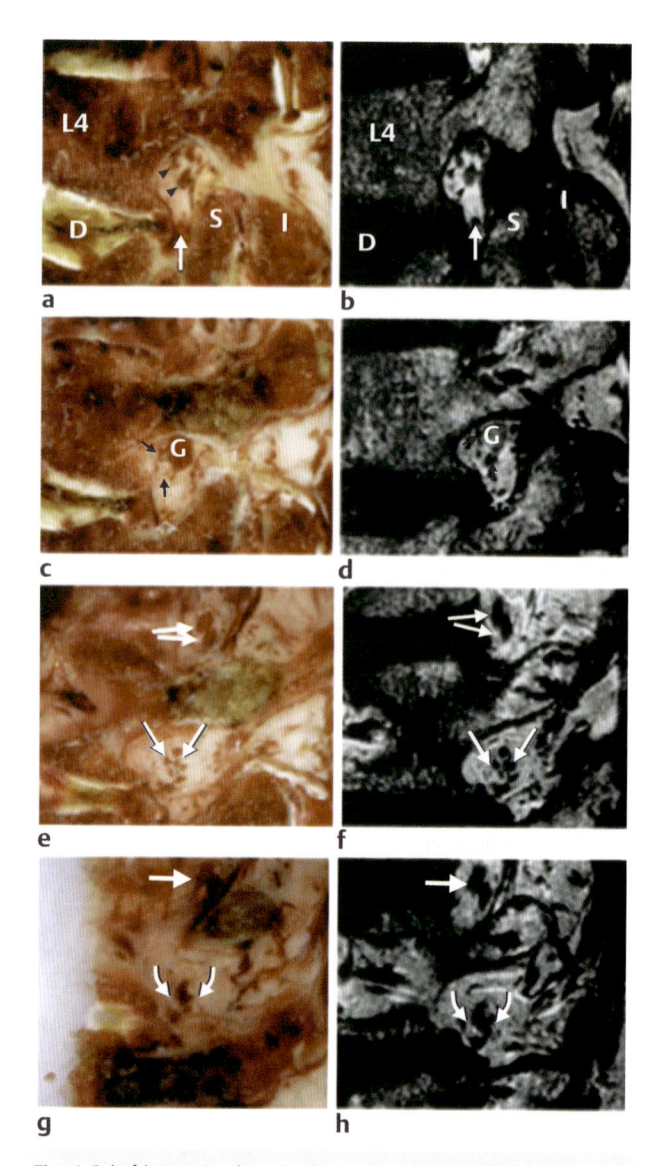

Fig. 1.8 (a-h) Posição dos gânglios de raiz dorsal (DRGs) no forame neural. A maioria dos DRGs nos níveis lombares está localizada dentro dos limites anatômicos do forame intervertebral. Mas, geralmente, DRGs dentro do forame estão localizados diretamente por baixo do forame. D: disco intervertebral; S: processo articular superior; I: processo articular inferior; G: gânglio de raiz dorsal. (Cortesia de Kostelic *et al.*, 1991.)

- Quando o nervo espinal atinge a saída do forame, ele faz uma curva em direção anterolateral ao redor da base do pedículo subjacente e o processo transverso. Ao redor dessa zona de saída do forame, o nervo espinal se divide em ramos primários anterior e posterior.
- Existe também condensação do tecido conjuntivo dentro do forame, que forma os ligamentos transforaminais. Eles são um achado coerente em todo forame neural, mas variam em aparência de um disco para outro. Eles não são facilmente isolados na dissecção cadavérica bruta e dividem o forame nos chamados compartimentos, separando as estruturas neurais das estruturas vasculares (**Fig. 1.9**).
- Além de observar a aparência endoscópica dos tecidos no forame dentro e fora do disco, é preciso correlacionar a aparência com a resposta à palpação para confirmar a natureza do tecido.
- É fundamental que se identifiquem tanto o nervo que atravessa como a saída da raiz neural, enquanto se conduz o procedimento.
- Sendo mais cauteloso, o iniciante geralmente presume que a estrutura dorsal visível no endoscópio é o nervo que atravessa e tende a evitá-lo. Esta presunção tem, naturalmente, um efeito sobre a descompressão atingida.
- A discectomia endoscópica é um procedimento visual e dever-se-á identificar a raiz livre do nervo descomprimido claramente, seja ela a raiz neural que atravessa ou a saída da raiz neural.

- Por isso, é essencial conhecer a aparência endoscópica da anatomia local.
- Cuidado ao usar *laser* e cauterização. Qualquer resposta de dor intensa pode ser causada pelo contato com tecidos neurais.
- Uma vez dentro do disco, não há ponto de referência no espaço discal para guiar o endoscópio e os instrumentos para o sítio da herniação.
- É somente com o planejamento cirúrgico conciso e em seguida a referência intraoperatória com a figura do intensificador de imagens que se pode ser orientado para a herniação.

1.9 Anatomia Endoscópica

- Na artroscopia de articulações (joelho, tornozelo etc.) existe uma cavidade bem definida para se trabalhar. Em cirurgia endoscópica de disco essa cavidade bem definida não existe e é preciso criar espaço para se dissecar um caminho para a doença.
- A aparência endoscópica se altera com o grau de angulação do osciloscópio selecionado e a distância a partir da ponta da cânula. Um endoscópio de coluna de 20° é mais bem adequado para trabalhar na área foraminal e intradiscal.
- Com um endoscópio de 20°, o campo de visão que pode ser obtido mostra a visualização direta em frente, assim como um cone de visão significativo de um lado.
- Não existe ponto cego direto em frente.
- Com um endoscópio de coluna de 30 graus ou mais, surge o ponto cego em frente, especialmente quando se está trabalhando com o endoscópio muito próximo aos tecidos.
- A anatomia endoscópica pode ser aprendida desde o início do procedimento por meio de figuras ilustrativas.
- Antes da anulotomia, podem-se visualizar as estruturas perianulares para garantir que o nervo espinal não esteja no caminho do trépano.
- As estruturas perianulares consistem em tecido fibroso levemente trançado com tecido gorduroso de cobertura (**Fig. 1.10**).
- Uma vez eliminado o tecido gorduroso com a ajuda do cautério bipolar de radiofrequência, podem-se observar a camada superficial das fibras anulares e a expansão lateral do ligamento longitudinal posterior. As estruturas não podem ser muito bem diferenciadas nesse nível no forame.

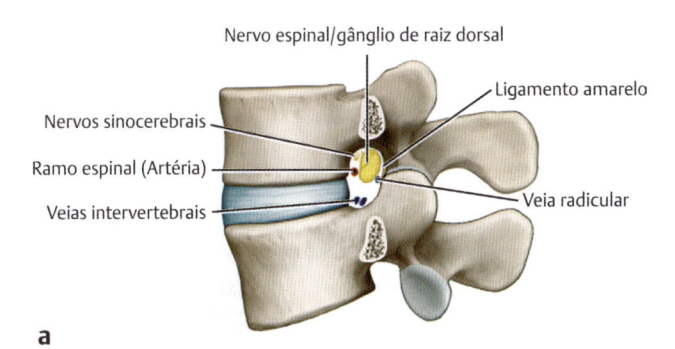

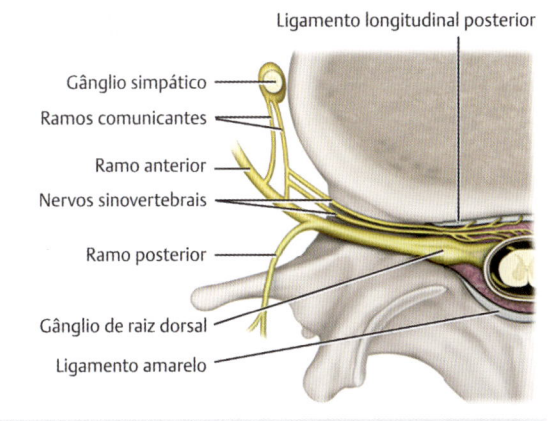

Fig. 1.9 (a,b) Relação anatômica entre os nervos, artérias e veias no forame neural. Existe condensação do tecido conjuntivo dentro do forame, que forma os ligamentos transforaminais. Eles não são facilmente isolados na dissecção cadavérica bruta e dividem o forame nos chamados compartimentos, separando estruturas neurais das vasculares.

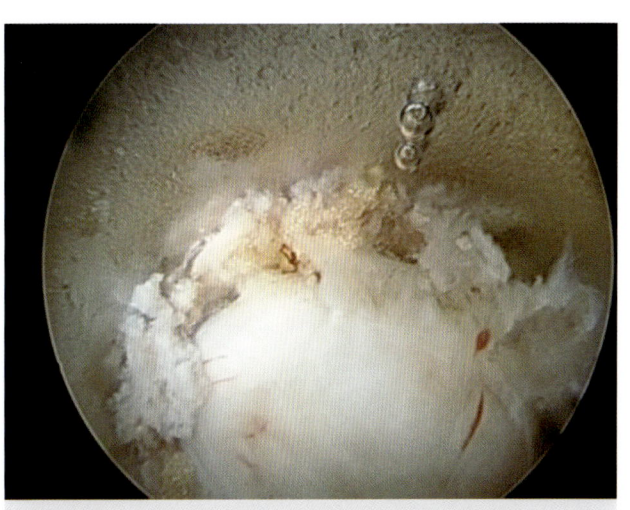

Fig. 1.10 Imagem endoscópica. As estruturas perianulares consistem em tecido fibroso trançado solto com tecido gorduroso de cobertura.

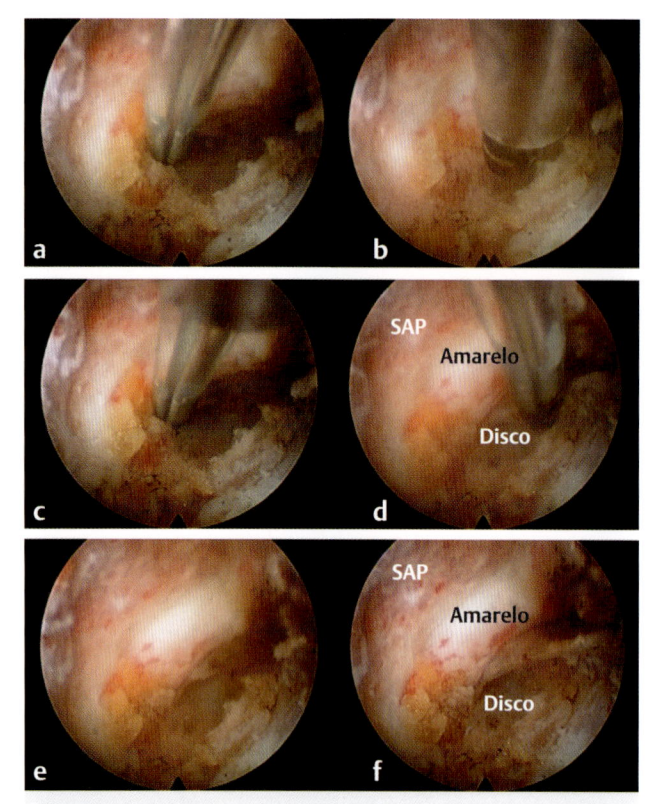

Fig. 1.11 (a-f) Uma vez eliminado o tecido gorduroso, a camada superficial das fibras anulares e a parte lateral do ligamento longitudinal posterior ficam expostas. A superfície inferior sobreposta da articulação de faceta e a extensão lateral do ligamento amarelo que se funde à cápsula da articulação de faceta também ficam expostas. (Nas figuras, o processo articular superior também é parcialmente removido.)

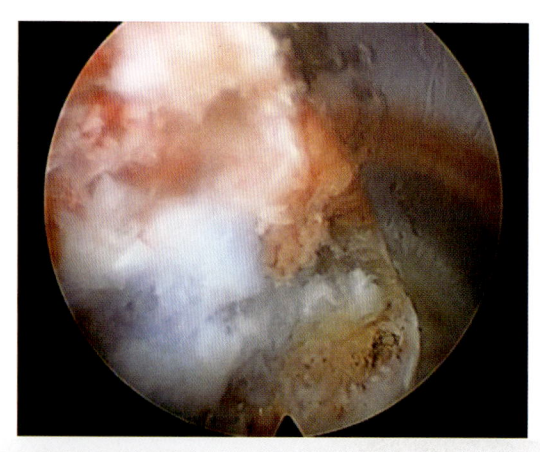

Fig. 1.12 Dentro do núcleo, o endoscópio mostra tecido nuclear com a aparência de algodão macio.

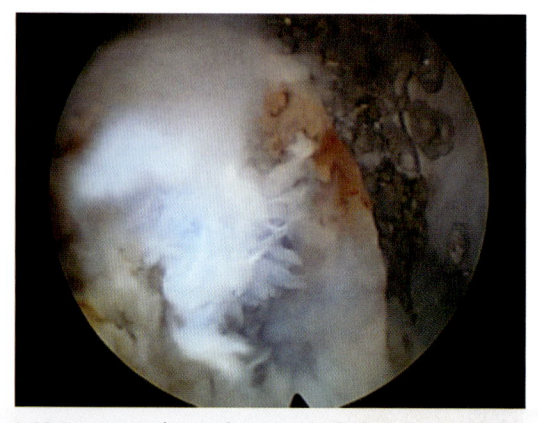

Fig. 1.13 Fragmento herniado. A cauda do fragmento herniado pode ser visível dentro da laceração anular.

Se examinarmos as mesmas estruturas com uma cânula em forma de um bisel aberto, estaremos observando a superfície inferior sobreposta da articulação de faceta e embaixo desta a extensão lateral do ligamento amarelo que também se transforma como a cápsula da articulação de faceta (**Fig. 1.11**).

- Não há espaço visível entre o ligamento amarelo e as estruturas anulares na maioria dos indivíduos nessa profundidade no forame, de modo que geralmente as estruturas epidurais não estão à vista.
- A visualização da saída da raiz neural nesse estágio não é nem necessária rotineiramente nem recomendável. Além disso, essa raiz pode ser vista após girar-se o osciloscópio em sentido craniano e posteriormente ao longo da cânula de trabalho biselada.
- A raiz neural é visualizada coberta com tecido adiposo e vasos sanguíneos sobrepostos que se mostram muito sensíveis à pressão.
- A visibilidade da raiz neural é dificultada por causa da presença de ligamentos transforaminais que se estendem desde a superfície do disco até a articulação de faceta e a base do processo transverso.
- Em um caso de rotina, as fibras anulares são dilatadas com um dilatador de ponta cega sobre o fio-guia. A seguir, a cânula é ancorada no disco, sobre o dilatador. Pode-se indicar o uso de um trépano, se o anel for duro e a passagem do dilatador for difícil.

- Com a técnica de dentro para fora, a cânula penetra completamente na parte posterior do disco e faz um espaço dentro do disco, o que ajuda a prosseguir em direção à parte posterior da junção anular nuclear e, assim, para a parte herniada.
- O principal aspecto de diferenciação entre as projeções endoscópicas intra e extradiscal é a ausência de vasos hemorrágicos no disco. Só ocasionalmente se encontra neovascularização dentro do disco por causa de inflamação.
- No sequestro e em amostras de extrusão transligamentosa, tecido de granulação contendo macrófagos foi observado com frequência.[13]
- No núcleo, o endoscópio mostra tecido nuclear semelhante a algodão macio (**Fig. 1.12**).
- Quando colorido com índigo-carmim, o tecido nuclear acídico degenerado fica azul e, por isso, pode ser facilmente diferenciado do tecido nuclear branco normal.
- Parte do tecido nuclear degenerado também é fragmentada e fica solta.
- O tecido anular, por outro lado, é muito firme e fica em camadas de fibras.
- A sonda bipolar dissolve o tecido nuclear.
- Por outro lado, as fibras anulares se encolhem até certo ponto, mas não se desintegram.
- Na maioria dos discos degenerados, a junção do anel e do núcleo é indistinta e, portanto, não definível pelo endoscópio. Portanto, remove-se o material nuclear no terço posterior do disco para criar espaço para melhorar a visualização do anel.

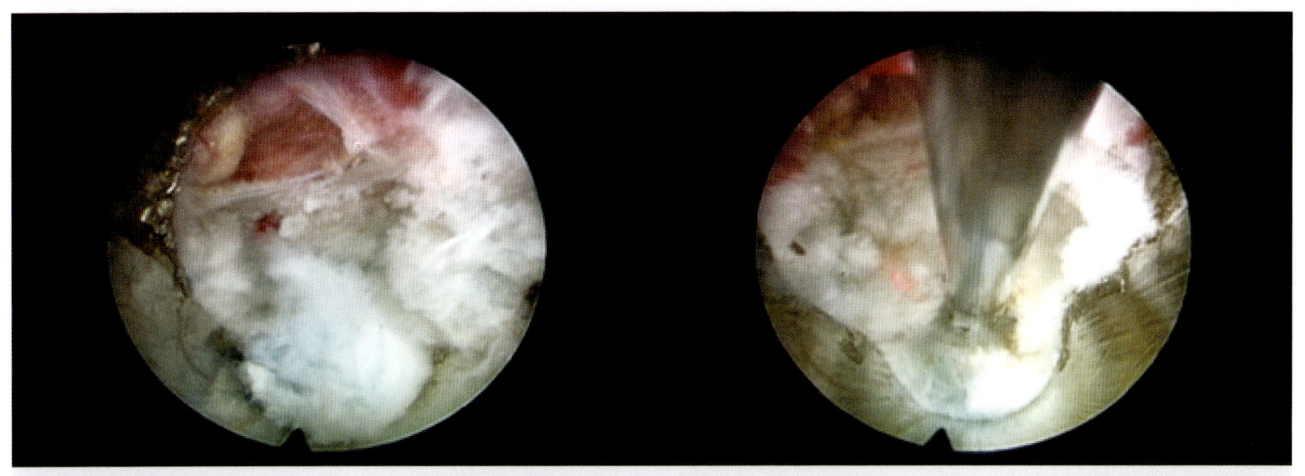

Anatomia Aplicada e Abordagens Percutâneas à Coluna Lombar

Fig. 1.14 Fragmentos nucleares aprisionados dentro de fibras anulares também são visualizados em muitos casos. Nesses pacientes, é necessário dissecar essas fibras com a ajuda do *laser* Ho:YAG.

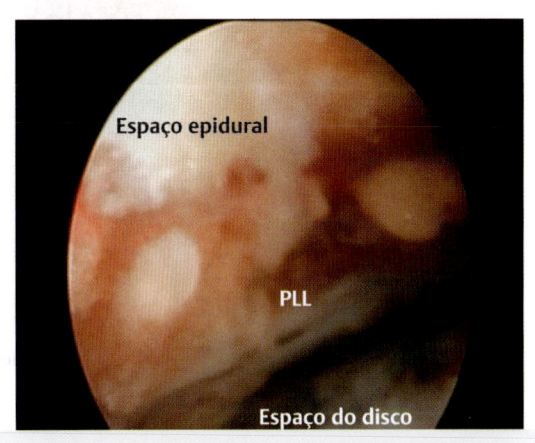

Fig. 1.15 O tecido adiposo epidural tem tendência a se movimentar para dentro e para fora da cânula de trabalho, quando o paciente inala e exala ou com a aplicação de sucção.

- Se houver uma laceração anular significativa posteriormente que tenha levado à herniação, ela será visualizada como um grande buraco negro, com descontinuidade das fibras anulares.
- A cauda do fragmento herniado pode ser visível dentro da laceração anular (**Fig. 1.13**).
- Fragmentos nucleares aprisionados nas fibras anulares também são visualizados em muitos casos e nesses pacientes será necessário dissecar essas fibras de seu anexo ao corpo vertebral com a ajuda do *laser* hólmio:ítrio-alumínio-granada (Ho:YAG). Isto separa mais distintamente o material nuclear (**Fig. 1.14**).
- A maioria das discectomias e fragmentectomias artroscópicas é realizada via uma abordagem subligamentosa ao disco intervertebral.
- Portanto, o cirurgião encarregado da cirurgia deve estar familiarizado com o diagnóstico visual e ser capaz de diferenciar entre gordura epidural e tecido adiposo perianular.
- Geralmente, os pedaços de tecido adiposo epidural são maiores que a gordura perianular; além disso, enquanto o tecido gorduroso perianular é estacionário, o tecido adiposo epidural tem tendência a se movimentar para dentro e para fora da cânula de trabalho, quando o paciente inala e exala, ou com a aplicação de sucção (**Fig. 1.15**).
- Na região lombar o ligamento longitudinal posterior é uma faixa fibrosa, dura e estreita, destacada e móvel ao nível dos corpos vertebrais.
- Entretanto, ao nível do disco intervertebral, as fibras do ligamento longitudinal posterior ficam entrelaçadas com a camada superficial do anel e isto se estende como uma expansão lateralmente sobre o anel dorsolateral (**Fig. 1.16**).

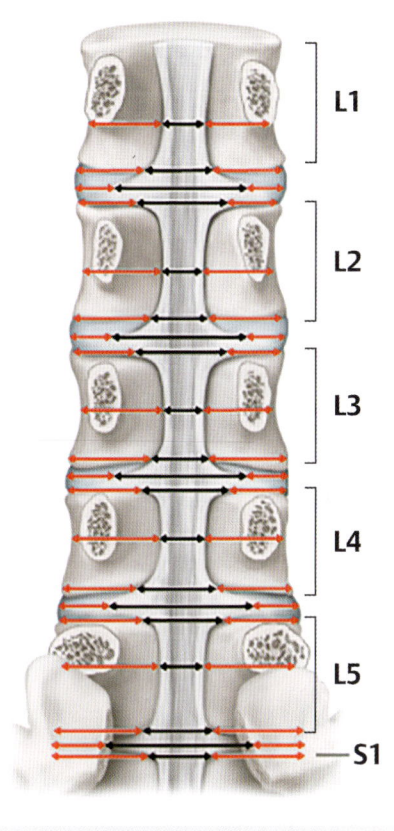

Fig. 1.16 As fibras do ligamento longitudinal posterior ao nível do disco intervertebral.

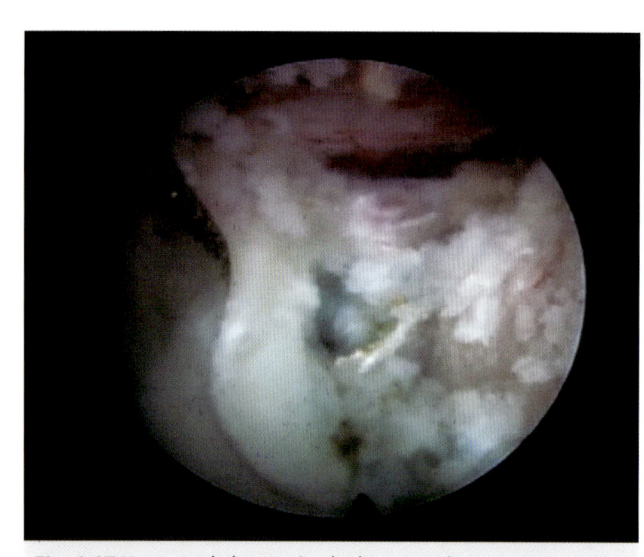

Fig. 1.17 Um caso de herniação de disco transligamentosa. O defeito é grande, e as estruturas epidurais são facilmente visualizadas.

- Essa expansão é ricamente inervada; por isso, se a anestesia local tópica usada não for suficiente, a estimulação pode resultar em dor intensa durante a manipulação.
- A aparência endoscópica do ligamento longitudinal posterior é a de filamentos fibrosos que correm perpendiculares às placas terminais, em oposição à orientação oblíqua das lamelas anulares.
- O ligamento longitudinal posterior na superfície inferior é avascular, mas pode mostrar neovascularização em certos casos de herniação de disco.
- Em hérnias de disco extrudadas que são transligamentosas, o defeito é grande, e as estruturas epidurais são, portanto, facilmente visualizadas (**Fig. 1.17**).
- Podem-se também encontrar estruturas ligamentosas pequenas, estreitas e quase filiformes ligando o aspecto lateral da manga radicular dural no começo da raiz atravessando para o ligamento longitudinal posterior. Esses ligamentos foram descritos como ligamentos laterais de Hoffman e são nitidamente visualizados por meio do endoscópio (**Fig. 1.18**).
- Uma vez removido o fragmento, a raiz transversa também poderá ser visualizada, se o forame for suficientemente largo e se houver uma laceração anular significativa pela qual a herniação ocorreu (**Vídeo 15.1**).

1.10 Considerações Especiais para Acesso Transforaminal ao Disco de L5-S1

- Ao contrário de outros níveis vertebrais lombares, L5-S1 tem limitações anatômicas únicas: a crista ilíaca alta, a presença de asa, a articulação de faceta grande e o forame estreito dificultam a abordagem transforaminal percutânea.
- Ebraheim *et al.*[14] analisaram a localização das raízes extraforaminais do nervo lombar em relação ao espaço intertransverso por meio de dissecção cadavérica e informaram que o nível de L5-S1 apresenta dificuldade em atingir a raiz neural de L5 e remover a herniação de disco extraforaminal via o espaço intertransverso estreito, por causa da curvatura lordótica e da crista ilíaca alta. A raiz extraforaminal do nervo lombar cruza o disco e por isso não se pode ser cuidadoso demais em tentar evitar a lesão a essa raiz. O estudo de Ebraheim *et al.* mostrou aumentos no ângulo e no diâmetro da raiz extraforaminal do nervo e a distância entre a faceta superior e o limite lateral da raiz neural de cima para baixo. A altura e a largura do espaço intertransverso foram maiores no nível de L3-L4 e menores no nível de L5-S1.

Referências

1. Putz RL, Müller-Gerbl M. The vertebral column—a phylogenetic failure? A theory explaining the function and vulnerability of the human spine. *Clin Anat* 1996;9(3):205–212
2. Oliver J, Middleditch A. *Functional Anatomy of the Spine*. 2nd ed. Philadelphia, PA: Elsevier; 2005
3. Hasegawa T, Mikawa Y, Watanabe R, An HS. Morphometric analysis of the lumbosacral nerve roots and dorsal root ganglia by magnetic resonance imaging. *Spine* 1996;21(9):1005–1009
4. Kambin P. Arthroscopic microdiskectomy. *Mt Sinai J Med* 1991;58(2):159–164
5. Mirkovic SR, Schwartz DG, Glazier KD. Anatomic considerations in lumbar posterolateral percutaneous procedures. *Spine* 1995;20(18):1965–1971
6. Wimmer C, Maurer H. Anatomic consideration for lumbar percutaneous interbody fusion. *Clin Orthop Relat Res* 2000; Oct;(379):236–241
7. Min JH, Jang JS, Jung Bj, et al. The clinical characteristics and risk factors for the adjacent segment degeneration in instrumented lumbar fusion. *J Spinal Disord Tech* 2008;21(5):305–309
8. Epstein BS, Epstein JA, Lavine L. The effect of anatomic variations in the lumbar vertebrae and spinal canal on cauda equina and nerve root syndromes. *Am J Roentgenol Radium Ther Nucl Med* 1964;91:1055–1063
9. Osman SG, Marsolais EB. Posterolateral arthroscopic discectomies of the thoracic and lumbar spine. *Clin Orthop Relat Res* 1994; Jul;(304):122–129
10. McPhee SJ, Papadakis MA, Tierney LM. *Current Medical Diagnosis and Treatment*. 44th ed. New York, NY: McGraw-Hill; 2005
11. Magnuson PB. Differential diagnosis of causes of pain in the lower back accompanied by sciatic pain. *Ann Surg* 1944;119(6):878–891
12. Hasue M, Kunogi J, Konno S, Kikuchi S. Classification by position of dorsal root ganglia in the lumbosacral region. *Spine* 1989;14(11):1261–1264
13. Harada A, Okuizumi H, Miyagi N, Genda E. Correlation between bone mineral density and intervertebral disc degeneration. *Spine* 1998;23(8):857–861
14. Ebraheim NA, Xu R, Huntoon M, Yeasting RA. Location of the extraforaminal lumbar nerve roots. An anatomic study. *Clin Orthop Relat Res* 1997; Jul;(340):230–235

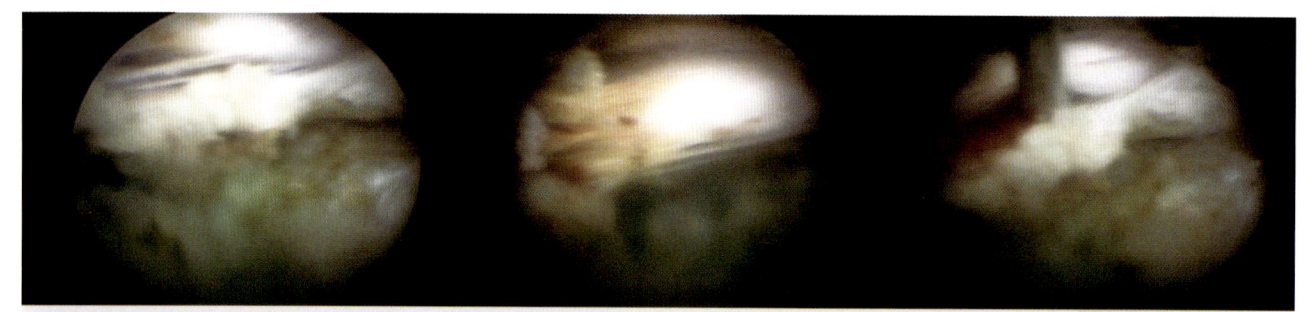

Fig. 1.18 Estruturas ligamentosas filiformes ligando o aspecto lateral da manga radicular dural no início da raiz atravessando para o ligamento longitudinal posterior.

2 Discectomia Lombar Endoscópica Percutânea: Abordagem Transforaminal

Akarawit Asawasaksakul ▪ Ketan Deshpande ▪ Gun Choi ▪ Alfonso García

2.1 Introdução

Kambin e Sampson, em 1986,[1] e Hijikata,[2] em 1989, realizaram uma nucleotomia sem visualização via uma abordagem posterolateral. Desde então, por causa dos avanços em tecnologia e desenvolvimento do sistema de visualização endoscópica, junto com o canal de irrigação e o portal de trabalho, assim como de instrumentos endoscópicos específicos, a cirurgia endoscópica da coluna tornou-se popular e leva a resultados melhores como nunca.[3,4,5,6,7,8]

Além da abordagem interlaminar, descrita por Choi *et al.*, em 2006,[9] a abordagem posterolateral transforaminal é uma abordagem endoscópica que pode ser usada para vários tipos de doença de disco.[6,10,11,12] Este capítulo descreve a técnica cirúrgica e delineia os pontos cruciais no procedimento (**Vídeo 2.1** e **Vídeo 2.2**).

2.2 Passo 1: Posição e Anestesia

- A discectomia lombar endoscópica percutânea (PELD) pela abordagem transforaminal é realizada sob sedação consciente, com o paciente em posição prona em uma mesa de cirurgia radiolucente.
- Os quadris e os joelhos do paciente deverão estar em flexão para evitar estiramento do plexo lombossacral (**Fig. 2.1**).
- A lordose lombar deverá ser obliterada usando uma armação de Wilson ou almofadas de esponja; isto ajuda a aumentar as dimensões anteroposteriores do forame, o que facilita a passagem da cânula de trabalho (**Fig. 2.2**).
- A marcação do nível é feita antes da escovação/preparação do campo cirúrgico para facilitar alterações na posição, se necessário (**Fig. 2.3**).
- A sedação consciente fornece analgesia adequada e permite *feedback* simultâneo e contínuo do paciente, o que ajuda a evitar dano às estruturas neurais.

- Midazolam (0,05 mg/kg IM) é administrado meia hora antes da cirurgia, seguido de 50 μg de fentanil ou remifentanil intraoperatoriamente, conforme o necessário para a dor.

2.3 Passo 2: Ponto de Entrada na Pele

- A MRI ou CT axial é usada para obter ideia aproximada da distância entre o ponto de entrada na pele e a linha média (**Fig. 2.4**). A trajetória da agulha é planejada para visar o fragmento rompido, evitando o conteúdo da bolsa peritoneal.

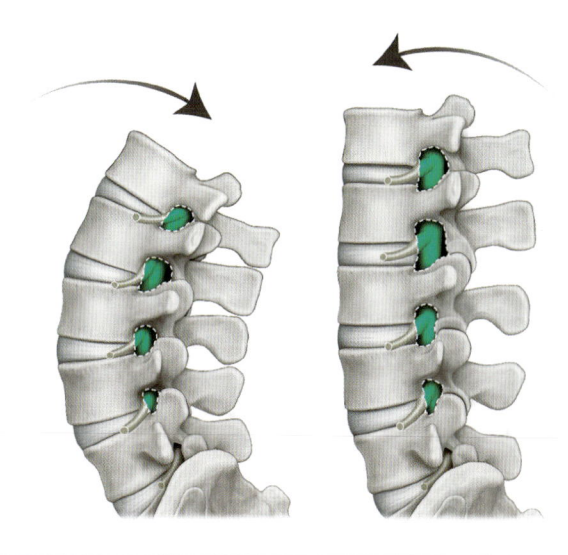

Fig. 2.2 Diagrama ilustrando o aumento nas dimensões do forame com destruição da lordose lombar.

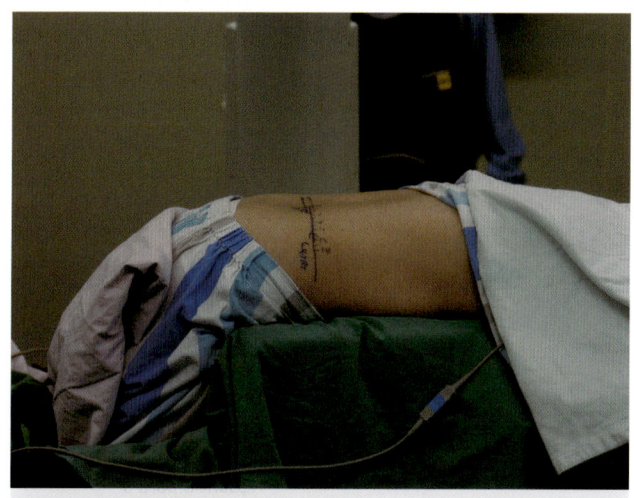

Fig. 2.1 Posicionamento do paciente.

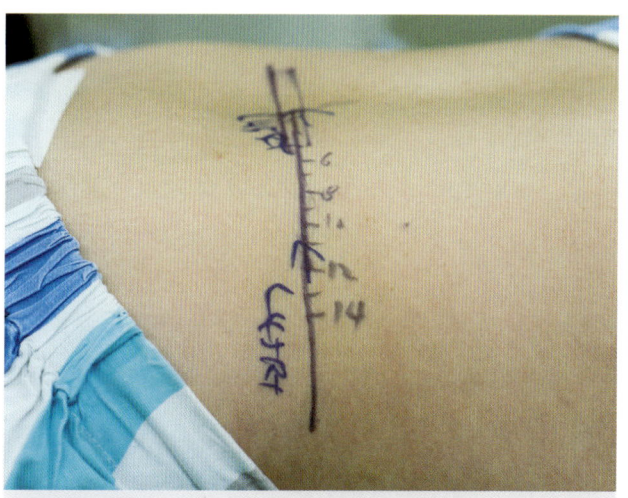

Fig. 2.3 Marcação de nível.

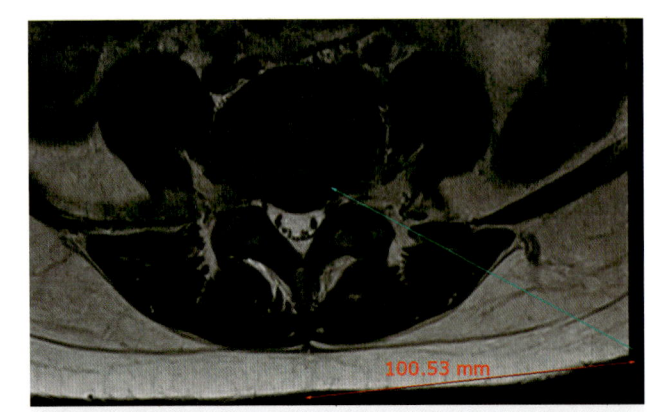

Fig. 2.4 Estimativa do ponto de entrada da agulha em MRI pré-operatória.

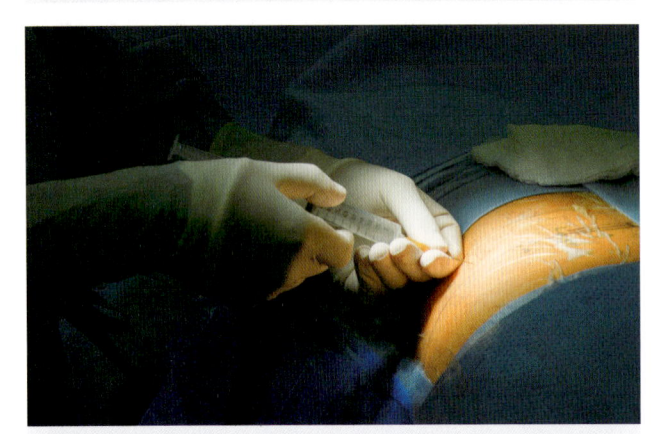

Fig. 2.5 Infiltração da pele com anestésico local.

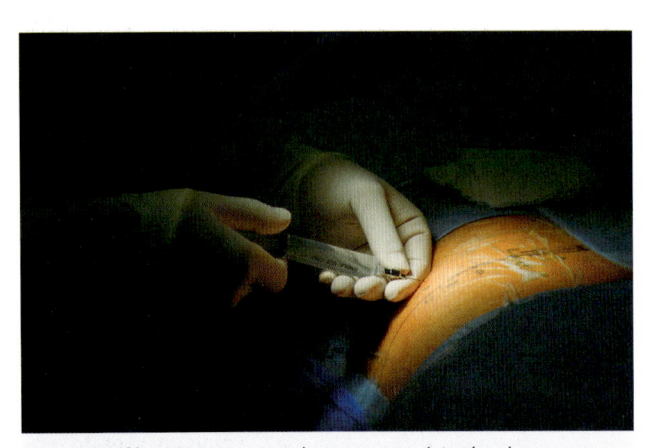

Fig. 2.6 Infiltração intramuscular com anestésico local.

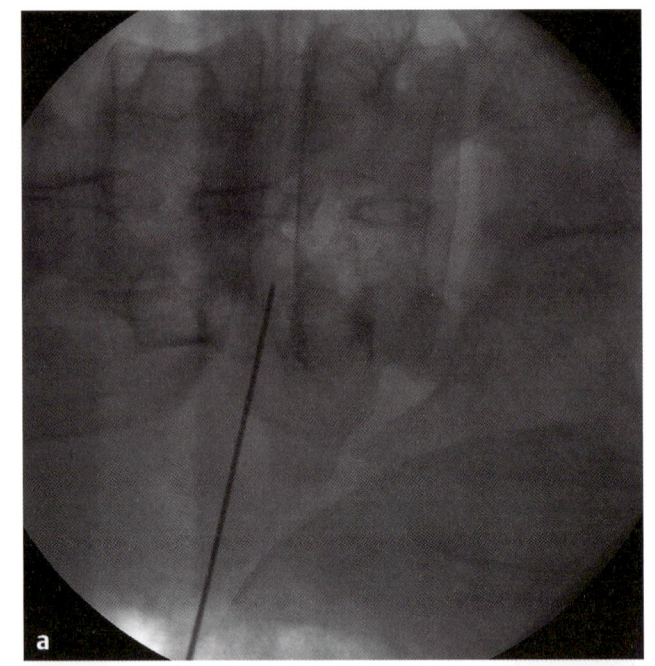

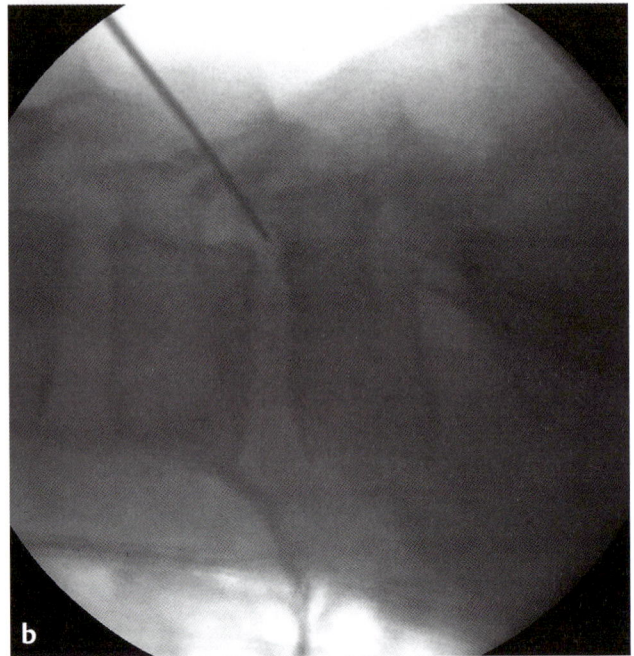

Fig. 2.7 (a,b) Localização da ponta da agulha nas incidências AP e LAT.

2.4 Passo 3: Inserção da Agulha

- A pele é infiltrada com lidocaína a 1% (~2-3 mL) e o plano intramuscular recebe 3 a 4 mL de lidocaína a 1% por meio de uma agulha espinal 23 G (**Fig. 2.5, Fig. 2.6**).
- A inclinação da trajetória da agulha é altamente subjetiva e varia de paciente para paciente, dependendo da localização da doença, mas geralmente a agulha é direcionada de craniana para caudal em direção à placa terminal inferior e em um ângulo de 10 a 15 graus.
- A primeira resistência óssea encontrada é a faceta superior; neste estágio deve-se confirmar a localização da agulha em ambas as incidências anteroposterior (AP) e lateral (LAT) na fluoroscopia com braço-C.
- A extremidade chanfrada da agulha pode ser usada para passar de ventral para a faceta. Quando o chanfro da agulha está voltado em sentido dorsal, a agulha tenderá a se mover em sentido ventral; isto ajuda a ponta da agulha a passar por fora da superfície inferior da faceta.
- A localização da ponta da agulha é novamente confirmada nos planos AP e LAT (**Fig. 2.7**).
- Anestesia epidural: uso liberal de solução de lidocaína a 1% (~5-6 mL) ao redor da região epidural é recomendado antes da punção do anel; este passo ajuda a reduzir a dor gerada durante a entrada do dilatador no anel.

Discectomia Lombar Endoscópica Percutânea: Abordagem Transforaminal

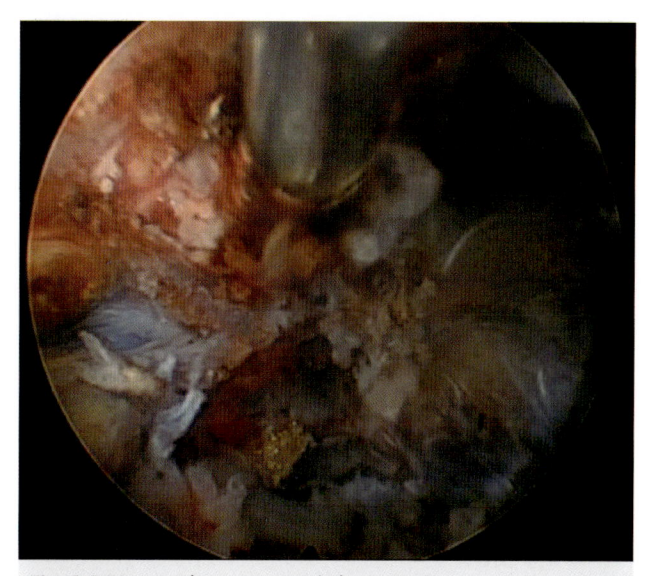

Fig. 2.9 Disco azul com corante índigo-carmim.

2.6 Passo 5: Colocação de Instrumento

- A agulha é substituída por um fio-guia de 0,9 mm de ponta cega, e um dilatador cônico cego é passado sobre o fio-guia em movimentos semicirculares até que a ponta do dilatador fique firmemente ancorada no anel.
- O dilatador tem dois canais e o segundo canal pode ser usado para complementar a anestesia epidural, se o paciente se queixar de dor durante a penetração do anel.
- Durante este passo alguns pacientes podem-se queixar de dor localizada nas costas que não precisa de atenção especial, mas se o paciente se queixar de dor irradiando para baixo na coxa ou perna, então a localização do dilatador deverá ser confirmada. Geralmente, mudando-se a angulação do dilatador para mais caudal ajuda a mover o dilatador para longe da raiz de saída e reduz a dor.
- Em caso de dor persistente, pode-se considerar o uso de dilatadores sequenciais (1 mm, 2 mm, 4 mm, 5 mm), o que ajuda a empurrar a raiz de saída para longe da trajetória-alvo sem dor significativa, ou, às vezes, pode ser necessário remover o dilatador e o fio-guia e alterar a direção a partir do primeiro passo.
- A dor radicular que surge de uma raiz transversa é rara, pois essa raiz geralmente é empurrada em sentido mais dorsal e está protegida pelo próprio fragmento do disco rompido. Além disso, se houver suspeita de proximidade a essa raiz, então o dilatador poderá ser angulado mais em sentido ventral para se distanciar da raiz transversa.
- Uma vez o dilatador ancorado no anel, o fio-guia é removido, e o dilatador empurrado para dentro do disco até atingir o processo espinhoso na projeção AP fluoroscópica com braço-C (**Fig. 2.10**). Segue-se a passagem de uma cânula de trabalho chanfrada de 7,5 mm sobre o dilatador em movimentos circulares em sentido horário do lado direito e anti-horário no lado esquerdo.
- A extremidade chanfrada deverá ficar de frente para a raiz de saída e mais tarde será girada para ficar de frente em sentido dorsal enquanto cruza a faceta, o que ajuda a proteger a raiz de saída e deslizar a cânula facilmente por baixo da faceta.
- Por fim, a cânula de trabalho deverá estar voltada em sentido dorso-inferior na visualização AP (**Fig. 2.11**).

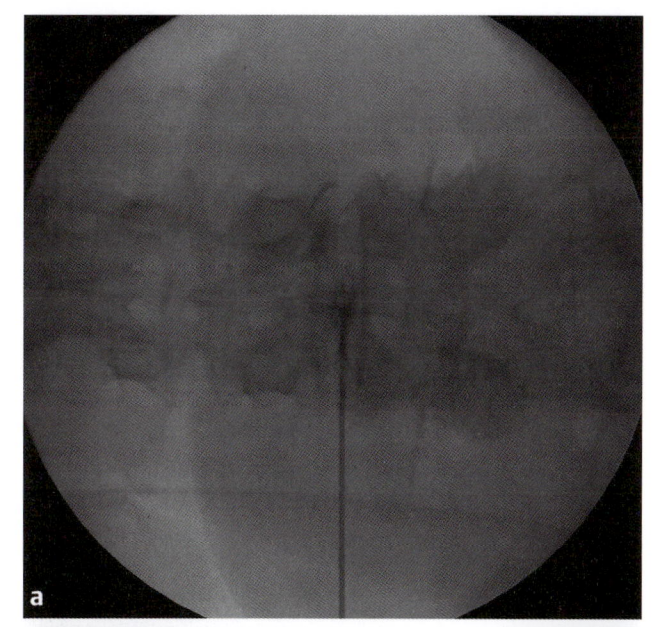

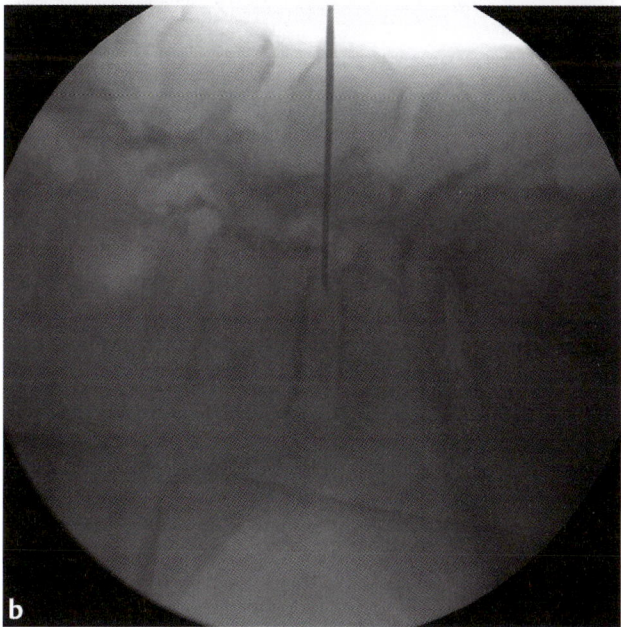

Fig. 2.8 (a,b) Discografia.

2.5 Passo 4: Discografia

- A discografia é feita com índigo-carmim, um corante radiopaco e solução de soro fisiológico normal na proporção 2:1:2. O corante será visto vazando pela laceração anular para o espaço epidural, de acordo com a direção da herniação do fragmento (**Fig. 2.8**).
- O índigo-carmim, um indicador de pH, cora seletivamente o núcleo acídico degenerado e o torna azul, o que ajuda na fácil identificação do disco doente em incidências endoscópicas (**Fig. 2.9**).

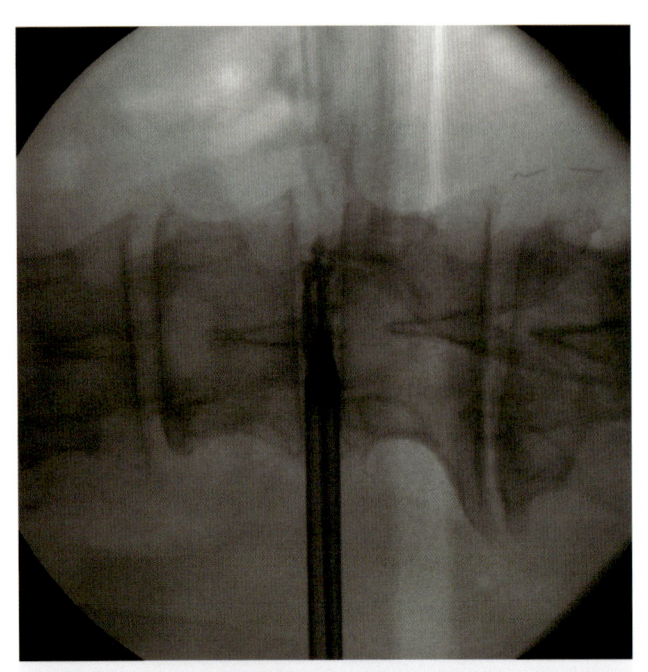

Fig. 2.10 Inserção de dilatador.

- O retorno do paciente sobre a dor na perna é mais importante para prevenir lesão à raiz de saída ou à raiz transversa.

2.7 Passo 6: Fragmentectomia Direcionada

- O princípio básico de PELD é excisar a herniação de disco restringida ou não restringida, o que, às vezes, exige dilatação da abertura anular para liberar o disco rompido.
- Recomenda-se manter o ângulo do endoscópio paralelo ao chanfro da cânula de trabalho. Isto maximiza a área de superfície da projeção endoscópica.
- O primeiro passo após a passagem do endoscópio dentro do disco é obter um campo limpo, o que é feito, usando-se cautério de radiofrequência (RF) para liberação de partes moles e hemostasia (**Fig. 2.12**).
- Na maioria dos casos, se a colocação da agulha for precisa, o disco corado de azul será facilmente visualizado no centro do campo e poderá ser facilmente removido usando endofórceps.
- A descompressão se estende de medial a lateral. Após movimento livre do anel posterior e da confirmação de PLL*, a cânula poderá ser lentamente retraída até atingir a linha pedicular medial e o forame na projeção AP.
- A adequação da descompressão pode ser avaliada por inspeção visual da mobilidade do saco dural junto com a raiz transversa (**Fig. 2.13**). Uma sonda cega é ainda usada para palpar e buscar por qualquer tecido residual do disco, que pode ser removido de modo que a MRI também possa confirmar a adequação da descompressão.

2.8 Evitar Complicações

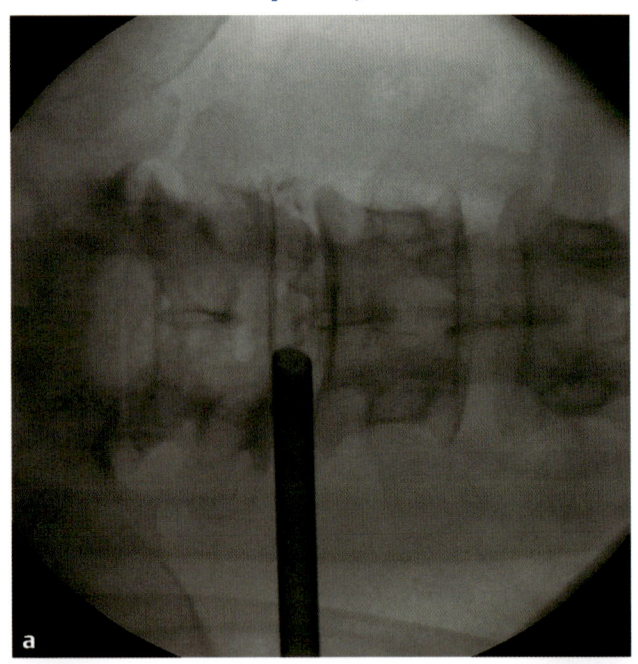

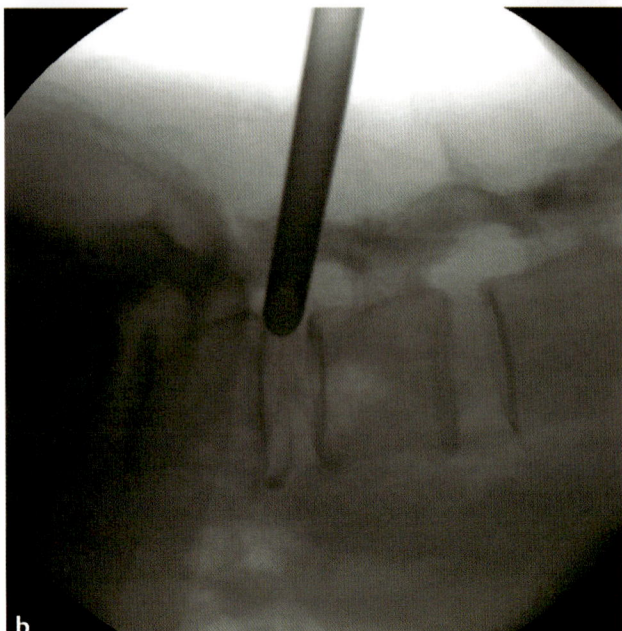

Fig. 2.11 (a,b) Inserção de cânula.

- Os dois sítios mais doloridos em PELD transforaminal são a pele e a entrada do anel; a infiltração copiosa de anestésico nesses dois sítios pode facilmente prevenir a dor durante o procedimento.
- Todo o procedimento é realizado mediante irrigação constante de solução normal de soro fisiológico frio infundido de antibióticos. Uma Arthropump (Karl Storz GmbH & Co.) controla o índice da irrigação. A pressão recomendada para PELD é de 20 a 40 mm Hg com taxa de fluxo de 100%. As pressões podem ser ajustadas dependendo da clareza do campo visual, mas deve-se ter em mente que pressões excessivas prolongadas podem levar a cefaleias pós-operatórias e, raramente, convulsões.

---
* NT: ligamento longitudinal posterior.

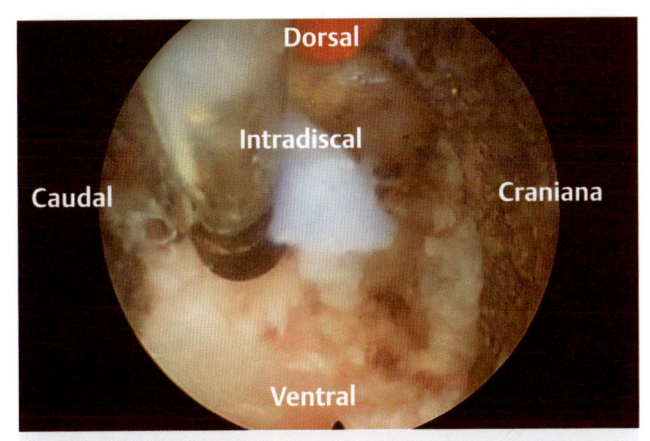

Fig. 2.12 Sonda de radiofrequência na projeção endoscópica.

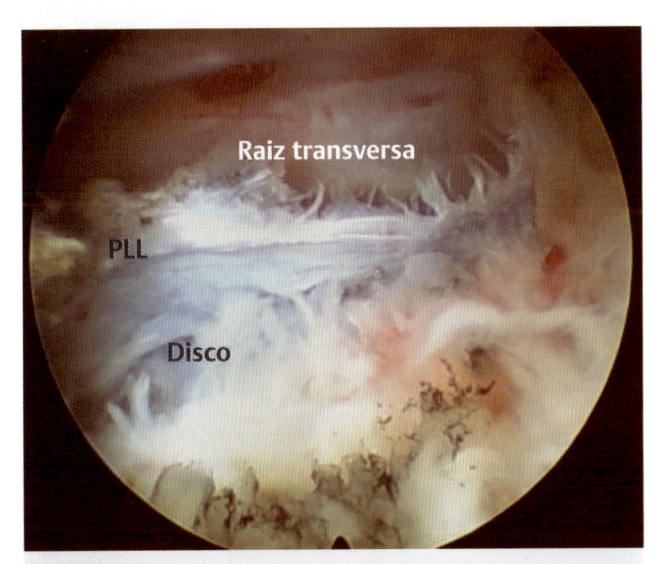

Fig. 2.13 Raiz transversa livre.

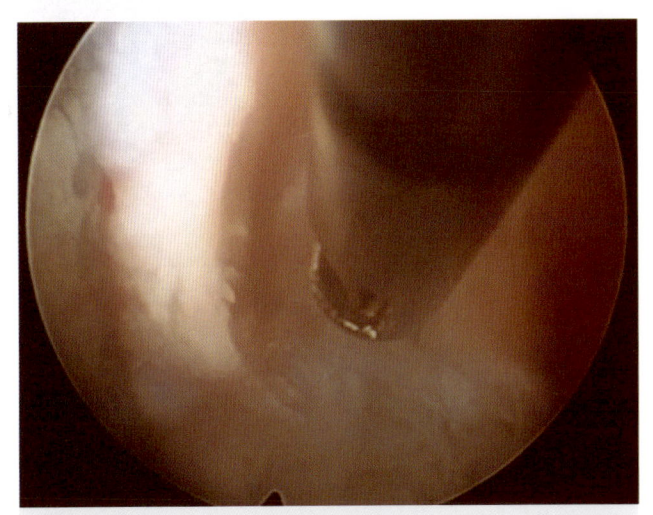

Fig. 2.14 Sonda *laser* de disparo lateral em projeção endoscópica.

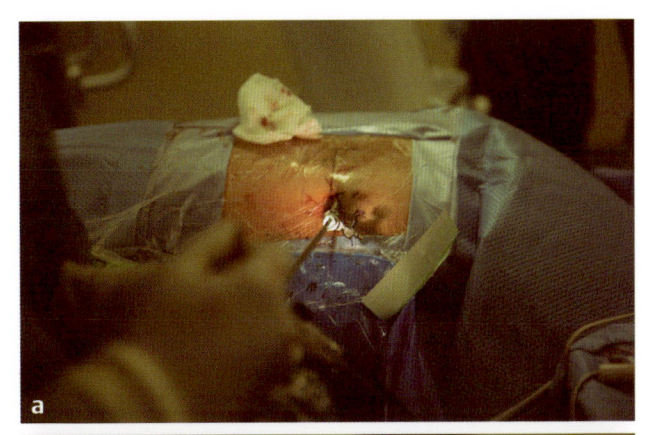

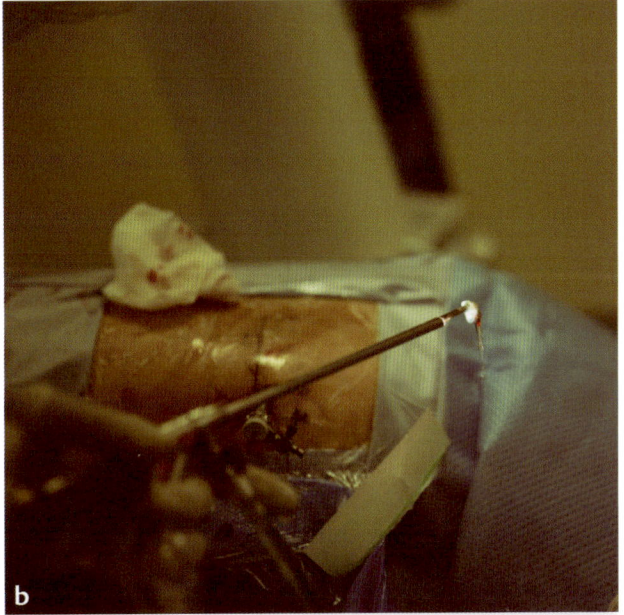

Fig. 2.15 (a,b) Remoção de um fragmento grande de disco, puxando-se o escopo e o fórceps juntos.

- As vantagens da irrigação são:
  - O campo fica limpo com a lavagem e remoção de pequenos coágulos de sangue.
  - O soro fisiológico normal frio ajuda a se obter a hemostasia.
  - O dano térmico aos tecidos ao redor é evitado pela distribuição de calor durante o uso de radiofrequência bipolar e *laser*.
  - Soro fisiológico infundido de antibióticos ajuda a prevenir a infecção bacteriana.
- Um *laser* de disparo lateral (Ho:YAG) com profundidade de penetração de 0,3 a 0,5 mm (**Fig. 2.14**) fornece precisão e previne dano colateral. A configuração preferida é o modo pulsado, para permitir tempo para a dissipação do calor, e energia de 1,5 a 2 J por segundo na frequência de 20 Hz, dando energia total a *laser* de 30 a 40 W.
- O *laser* deve ser usado mediante visualização endoscópica estrita, e todas as estruturas importantes devem ser visualizadas e identificadas antes do uso real de *lasers*.
- Evitar *laser* direto nas placas terminais para evitar necrose térmica.
- Deve-se manter distância adequada entre a lente do endoscópio e a ponta do *laser* para evitar dano às lentes.
- A remoção de um fragmento grande de disco pode ser difícil com o canal de trabalho do endoscópio. Nessas circunstâncias, pode-se agarrar o fragmento com um fórceps e remover o endoscópio e o fragmento juntos, mantendo a cânula de trabalho no lugar (**Fig. 2.15**).

2.9 Conclusão

A discectomia lombar endoscópica percutânea (PELD) é uma das opções mais seguras a se oferecer aos pacientes, já que ela pode ser conduzida mediante anestesia local, e o cirurgião poderá se comunicar com o paciente e monitorá-lo em todos os passos do procedimento. Além do procedimento dependente do cirurgião, um diagnóstico preciso é da maior importância para se chegar ao melhor resultado. A aprendizagem e o trabalho contínuos sob o comando de um cirurgião endoscópico experiente são recomendados para o iniciante.

Referências

1. Kambin P, Sampson S. Posterolateral percutaneous suction-excision of herniated lumbar intervertebral discs. Report of interim results. *Clin Orthop Relat Res* 1986; Jun;(207):37–43
2. Hijikata S. Percutaneous nucleotomy. A new concept technique and 12 years' experience. *Clin Orthop Relat Res* 1989; Jan;(238):9–23
3. Onik G, Helms CA, Ginsburg L, Hoaglund FT, Morris J. Percutaneous lumbar diskectomy using a new aspiration probe. *AJR Am J Roentgenol* 1985;*144*(6):1137–1140
4. Mathews HH. Transforaminal endoscopic microdiscectomy. *Neurosurg Clin N Am* 1996;*7*(1):59–63
5. Lee SH, Chung SE, Ahn Y, Kim TH, Park JY, Shin SW. Comparative radiologic evaluation of percutaneous endoscopic lumbar discectomy and open microdiscectomy: a matched cohort analysis. *Mt Sinai J Med* 2006;73(5):795–801
6. Choi G, Lee SH, Lokhande P, et al. Percutaneous endoscopic approach for highly migrated intracanal disc herniations by foraminoplastic technique using rigid working channel endoscope. *Spine* 2008;*33*(15):E508–E515
7. Osman SG, Marsolais EB. Posterolateral arthroscopic discectomies of the thoracic and lumbar spine. *Clin Orthop Relat Res* 1994; Jul;(304):122–129
8. Ahn Y, Lee SH, Lee JH, Kim JU, Liu WC. Transforaminal percutaneous endoscopic lumbar discectomy for upper lumbar disc herniation: clinical outcome, prognostic factors, and technical consideration. *Acta Neurochir (Wien)* 2009;*151*(3):199–206
9. Choi G, Lee SH, Raiturker PP, Lee S, Chae YS. Percutaneous endoscopic interlaminar discectomy for intracanalicular disc herniations at L5-S1 using a rigid working channel endoscope. *Neurosurgery* 2006;*58*(1, Suppl)
10. Choi G, Lee SH, Bhanot A, Raiturker PP, Chae YS. Percutaneous endoscopic discectomy for extraforaminal lumbar disc herniations: extraforaminal targeted fragmentectomy technique using working channel endoscope. *Spine* 2007;*32*(2):E93–E99
11. Ruetten S, Komp M, Godolias G. An extreme lateral access for the surgery of lumbar disc herniations inside the spinal canal using the full-endoscopic uniportal transforaminal approach—technique and prospective results of 463 patients. *Spine* 2005;*30*(22):2570–2578
12. Mayer HM, Brock M. Percutaneous endoscopic discectomy: surgical technique and preliminary results compared to microsurgical discectomy. *J Neurosurg* 1993;*78*(2):216–225

3 Discectomia Lombar Endoscópica Percutânea: Abordagem Extraforaminal

Akarawit Asawasaksakul ▪ *Alfonso García* ▪ *Gun Choi*

3.1 Introdução

As herniações extraforaminais de disco, ou "*the hidden zone*", como descrito por Macnab, estendem-se para fora dos confins do canal espinal. Essas regiões do canal só foram recentemente compreendidas, porque o material de contraste mielográfico usado para delinear a doença era incapaz de atingir a região distante lateral. McCulloch e Young também descreveram como os pacientes submetidos a uma cirurgia exploratória acordaram com dor na perna, porque o disco estava localizado fora do canal espinal, lateral a uma das *pars*.[1] A síndrome clínica só se tornou esclarecida depois que Abdullah,[2] em 1974, descreveu a herniação discal lateral extrema.

O diagnóstico de herniação discal extraforaminal (EFDH) tornou-se mais frequente por causa da disponibilidade dos modernos métodos de investigação por imagens, como CT e MRI. Mas o procedimento cirúrgico ainda envolvia ou a remoção de uma porção significativa da articulação de faceta ou a ressecção da *pars articularis*, que levava à instabilidade e dor nas costas.[3,4,5,6,7] A introdução da abordagem paraespinal de separação do músculo (de Wiltse) alterou o resultado, e índices de sucesso de 71 para 88% foram informados.[2,3,4]

O desenvolvimento de técnicas e ferramentas cirúrgicas, como o endoscópio, o *laser* com sonda de disparo lateral e a sonda dirigível de radiofrequência, tornou possível a abordagem percutânea e ajuda a evitar instabilidade pós-operatória.[8,9,10,11,12] Choi et al. informaram uma abordagem endoscópica extraforaminal, chamada *targeted fragmentectomy approach*.[13] Essa abordagem tem alguns aspectos distintos em comparação à abordagem transforaminal regular:

- Ponto de entrada mais medial.
- Ângulo íngreme da agulha.
- Fragmentectomia direcionada com pouca ou nenhuma remoção de conteúdo intradiscal.

3.2 Apresentação Clínica

A apresentação clínica de uma EFDH difere da herniação discal canalicular em muitos aspectos distintos:

- Mais comum em pacientes jovens (idade média de 40 ± 2 anos).
- Dor radicular assustadoramente mais intensa.
- Dor lombar menos significativa.
- Manobras de Valsalva (tosse ou espirro) não aumentam a dor.
- Dor referida na virilha, causada por irritação do músculo psoas.

3.3 Técnica Cirúrgica

3.3.1 Posição e Anestesia

- A discectomia lombar endoscópica percutânea (PELD) pela abordagem extraforaminal é conduzida com o paciente sob sedação consciente na posição prona, em mesa de cirurgia radiolucente.
- Quadris e joelhos do paciente deverão estar flexionados para evitar estiramento do plexo lombossacral.
- A marcação do nível é feita antes da escovação/preparo do campo cirúrgico para facilitar alterações na posição, se necessário.
- A sedação consciente fornece analgesia adequada e permite simultaneamente o *feedback* contínuo do paciente, o que ajuda a evitar dano às estruturas neurais.
- Midazolam é administrado na dose de 0,05 mg/kg IM meia hora antes da cirurgia, seguido de 50 μg de fentanil ou remifentanil intraoperatórios, se necessário para a dor.

3.3.2 Ponto de Entrada na Pele

- A MRI ou CT axial é usada para aproximar a distância do ponto de entrada na pele à linha média, e a trajetória da agulha visa o fragmento rompido para evitar o conteúdo da bolsa peritoneal (**Fig. 3.1**).

3.3.3 Inserção da Agulha

- Os espaços de disco ao nível do alvo são marcados sob a imagem do ampliador e deverão ser feitos paralelos uns aos outros, inclinando-se o ampliador em angulação craniocaudal.
- O processo espinhoso e a crista ilíaca são marcados da mesma maneira.
- O ponto de entrada, como calculado nas imagens axiais da CT ou MRI pré-operatórias, é marcado desde o processo espinhoso no lado sintomático.
- O ponto-alvo é a linha pedicular média próxima à placa terminal superior da vértebra caudal na projeção AP e a margem do corpo vertebral posterior na projeção LAT (**Fig. 3.2**).
- Após infiltração cutânea com lidocaína a 1%, uma agulha espinal de calibre 18 é navegada mediante orientação fluoroscópica em direção ao ponto-alvo.

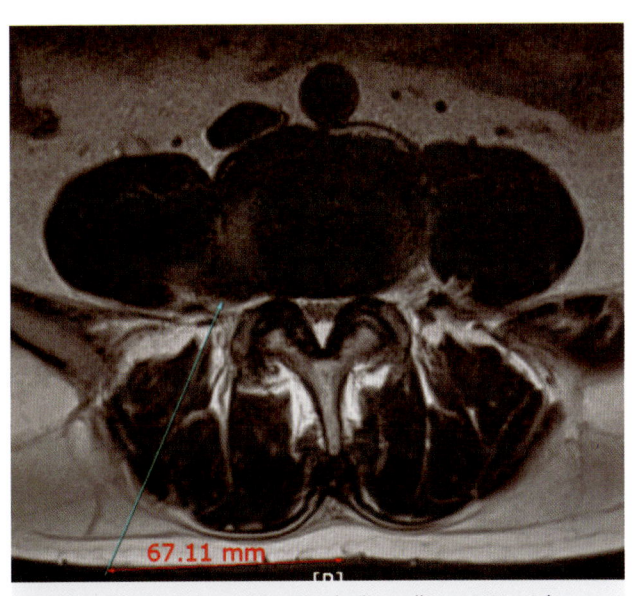

Fig. 3.1 Cálculo do ponto de entrada da agulha na MRI axial.

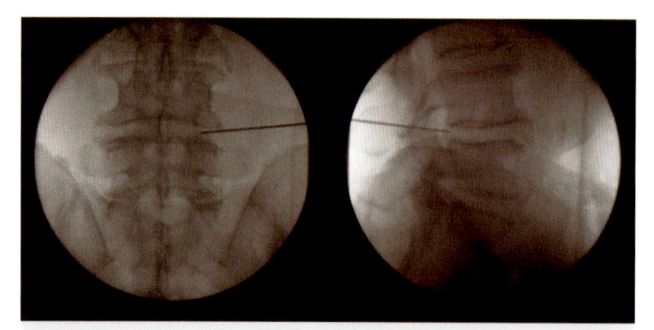

Fig. 3.2 Ponto-alvo da agulha – linha pedicular média na projeção AP e margem do corpo posterior na projeção LAT.

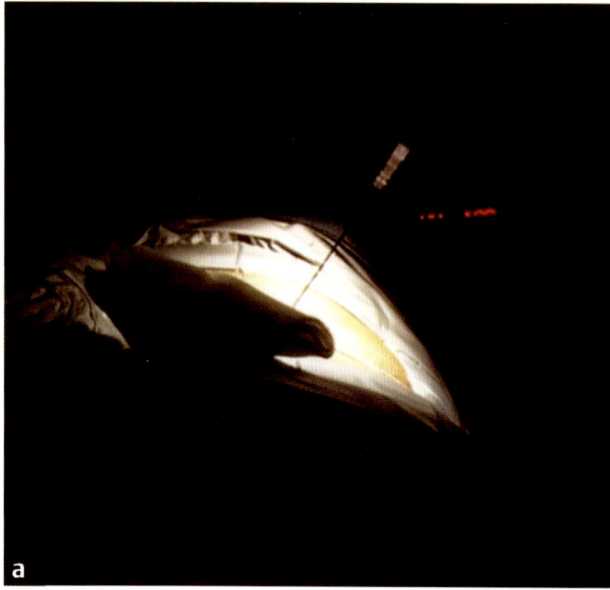

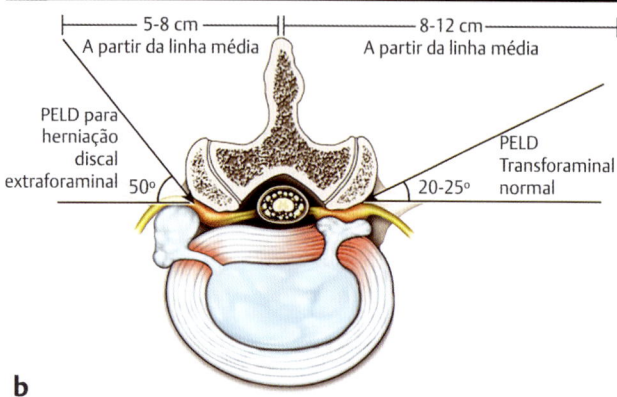

Fig. 3.3 (a,b) Inserção da agulha, demonstrando a diferença entre PELD transforaminal normal e PELD extraforaminal.

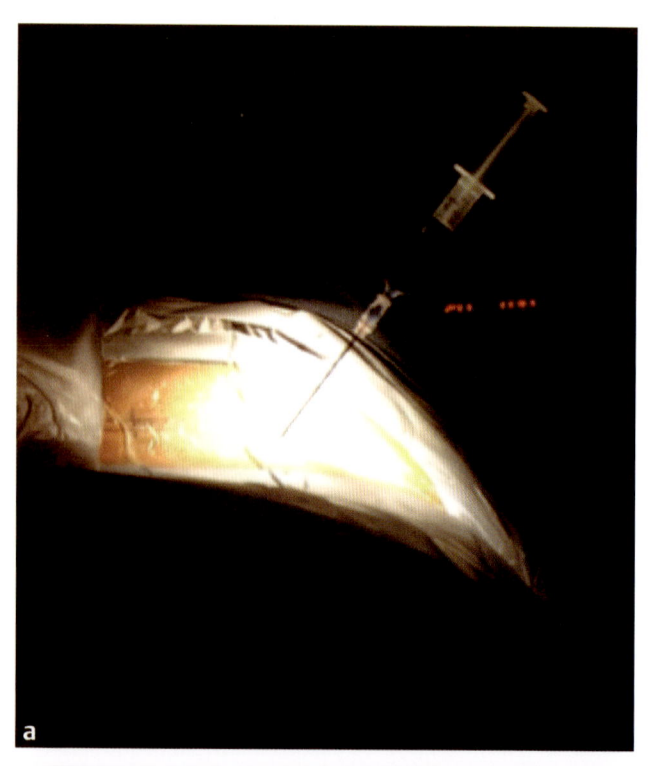

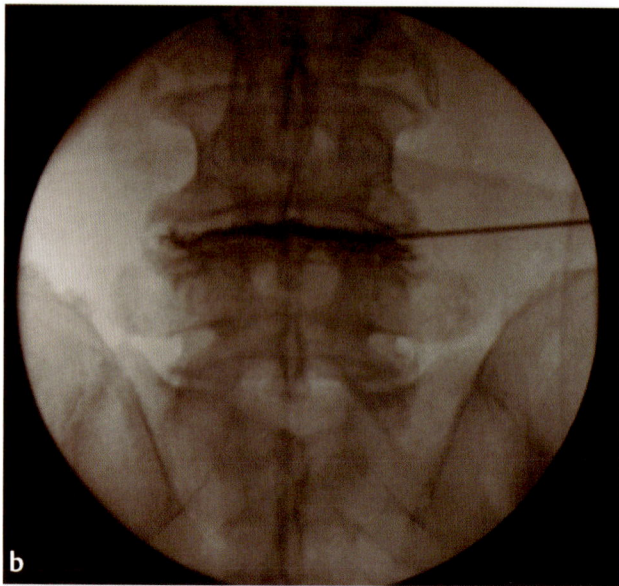

Fig. 3.4 (a,b) Discografia.

- O ângulo de entrada da agulha é muito íngreme em comparação àquele de uma abordagem transforaminal de rotina, variando entre 10 e 50 graus, conforme a localização da doença (**Fig. 3.3**).
- A infiltração local adicional é feita quando a agulha atinge o ponto-alvo, para facilitar a entrada do obturador no anel.
- A agulha então avança no disco, e a discografia é feita usando-se 2 a 3 mL de uma mistura de corante radiopaco, índigo-carmim e soro fisiológico normal na proporção de 2:1:2 (**Fig. 3.4**).

3.3.4 Inserção de Dilatador e Cânula

- A agulha é substituída por um fio-guia de 0,8 mm, de ponta cega, e o trato é dilatado por um obturador de ponta cega. Nesse momento, alguns pacientes podem-se queixar de dor radicular na perna, causada pela irritação da raiz e saída do nervo.
- Se os pacientes se queixarem de dor, recomenda-se o uso de dilatadores em série, de 1 a 5 mm, em movimentos semicirculares lentos. Esses dilatadores podem empurrar a raiz de saída para cima, para longe do campo cirúrgico.

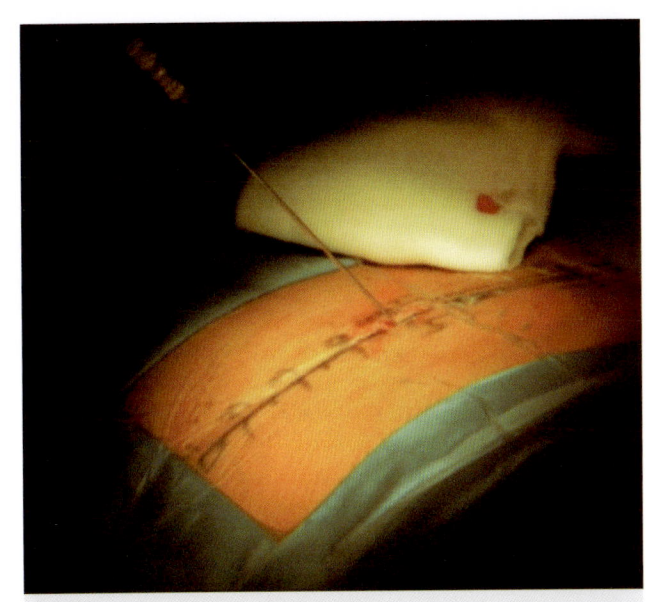

Fig. 3.5 Inserção da cânula de trabalho.

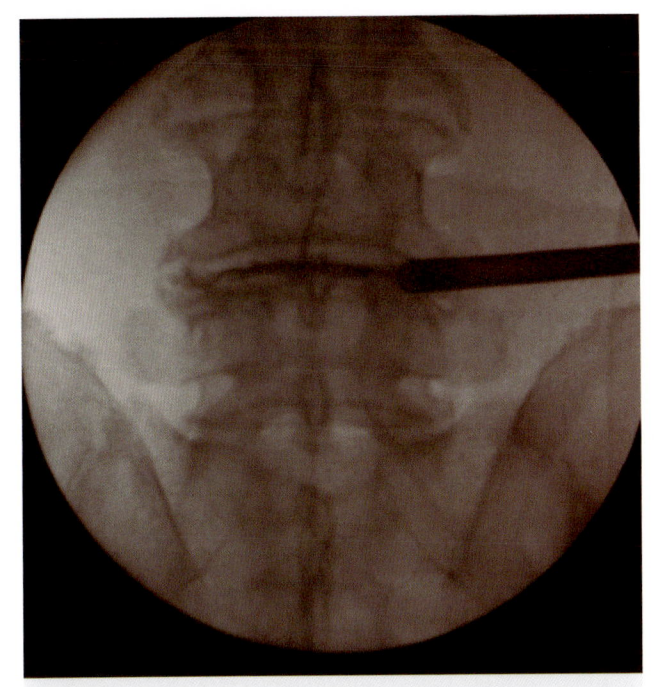

Fig. 3.6 Localização da cânula na linha pedicular média na projeção AP.

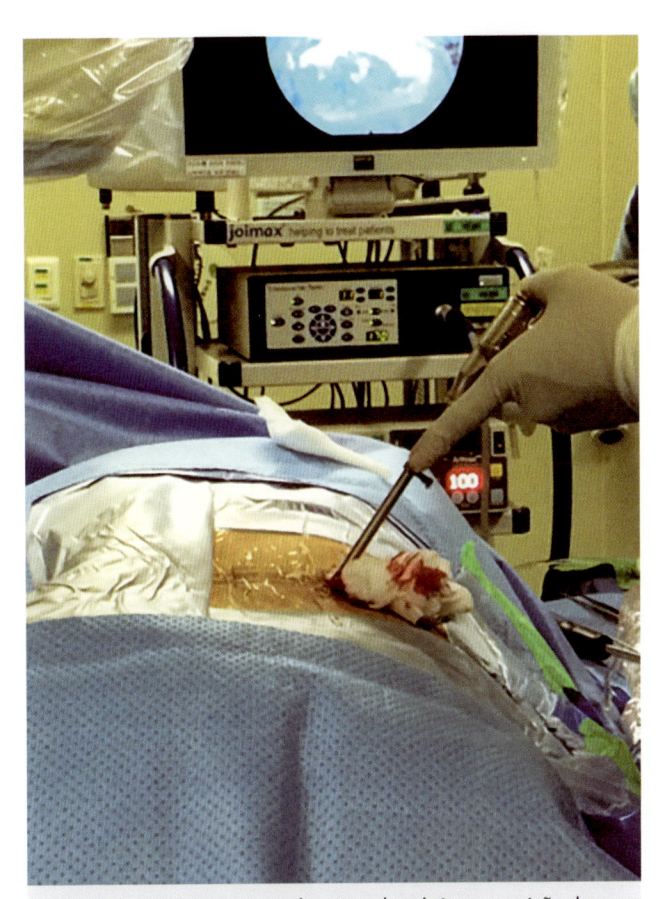

Fig. 3.7 Cirurgião manuseando um endoscópio em posição de angulação alta.

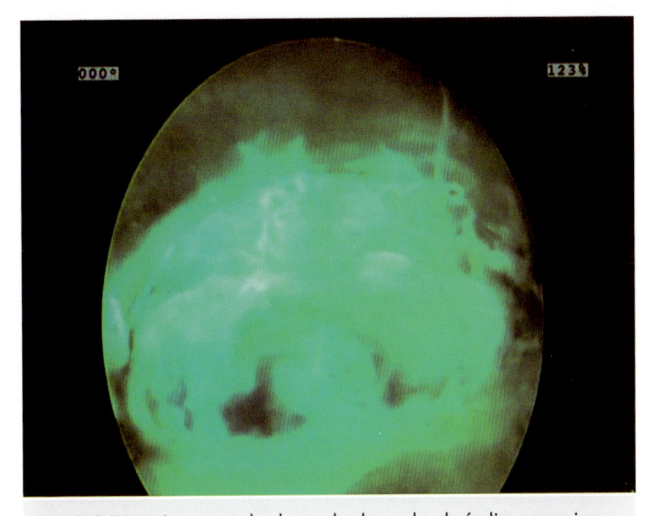

Fig. 3.8 Disco intervertebral corado de azul pelo índigo-carmim.

- Após a retirada dos dilatadores, o obturador regular de ponta cega é passado sobre o fio-guia, e sua ponta é ancorada no anel.
- Agora uma cânula de trabalho circular é passada sobre o obturador, com sua ponta sobre a superfície externa do disco (**Fig. 3.5, Fig. 3.6**). Embora a cânula circular ofereça visibilidade comprometida, se comparada à cânula chanfrada, sua maior vantagem é a proteção da raiz de saída de modo que o restante do procedimento pode ser conduzido com segurança.
- Um endoscópio de canal de trabalho de 25 graus é então passado pela cânula (**Fig. 3.7**).

3.3.5 Projeção Endoscópica

- A liberação de partes moles é feita com radiofrequência bipolar com ponta flexível.
- O disco herniado corado de azul é visualizado diretamente no centro da cânula (**Fig. 3.8**).
- O anel é penetrado com cautério de RF, e a abertura é suficientemente alargada usando-se ou RF ou *laser* de disparo lateral.

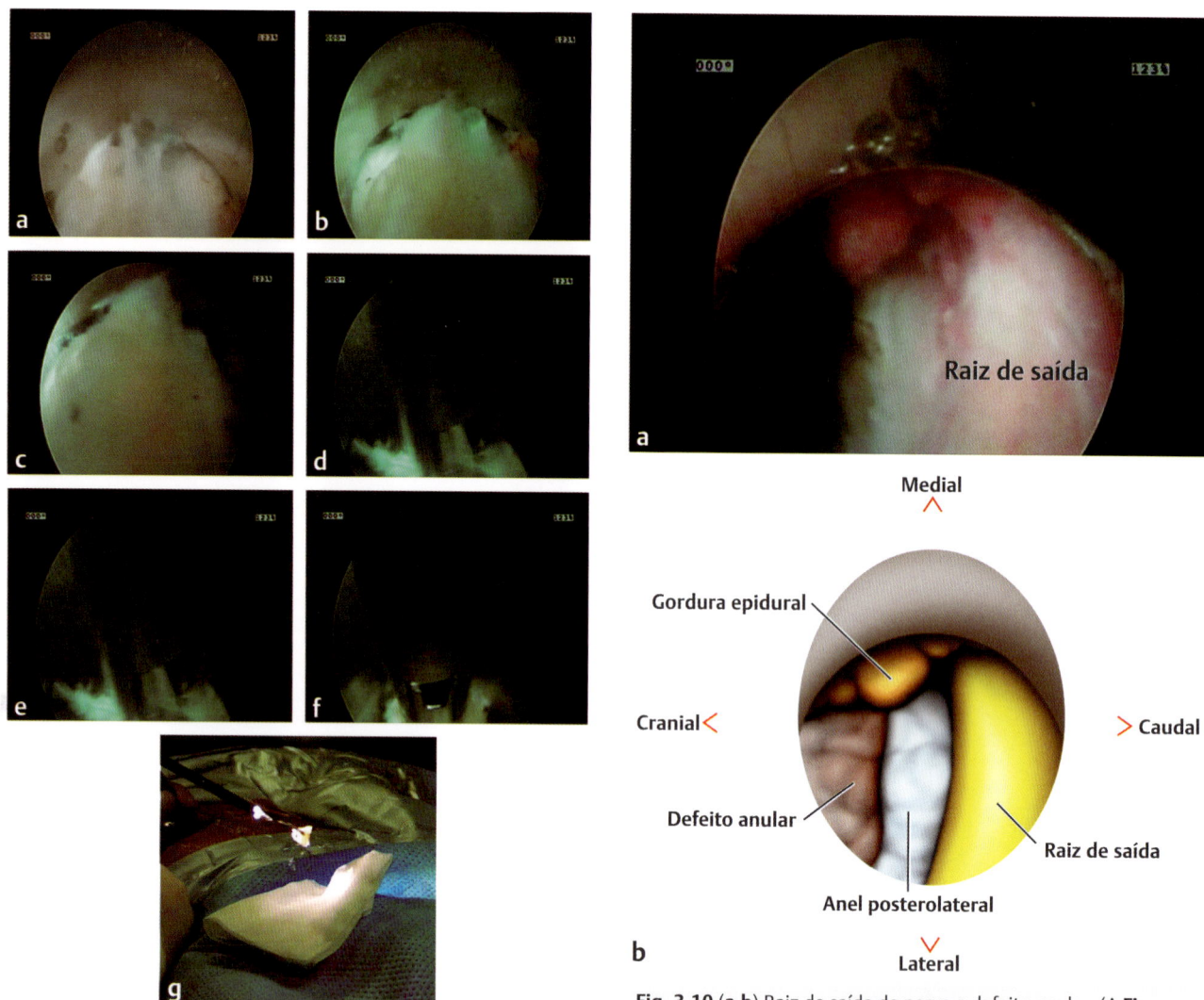

Fig. 3.9 (a-c) Fragmento de disco surgindo de um defeito anular e que pode ser facilmente removido com fórceps. **(d-g)** Fragmentos de disco podem ser removidos facilmente com fórceps e agarrando sua cauda.

- O fragmento herniado começa, geralmente, a surgir pela abertura anular. A remoção posterior do disco doente pode ser feita com fórceps endoscópico (**Fig. 3.9a-c**).
- O fragmento também pode ser enviado ao campo por meio da sonda cega. Agarrar a cauda do fragmento e aplicar tração suave é, em geral, suficiente para sua remoção (**Fig. 3.9d-g**).
- Uma vez removido o fragmento principal, uma sonda com ponta cega é usada para palpar em busca de qualquer resíduo de disco.
- A adequação da descompressão é confirmada por inspeção visual da raiz de saída. Isto pode ser feito girando-se lentamente a cânula para trás, o que permitirá que a raiz de saída chegue ao centro do campo (**Fig. 3.10**).
- Da mesma forma, o ombro da raiz de saída deverá ser inspecionado quanto à retenção de qualquer material do disco.
- A hemostasia deverá ser obtida por coagulação bipolar, e um dreno de sucção poderá ser inserido, se necessário.
- A pele poderá ser fechada com uma única sutura não absorvível.

Fig. 3.10 (a,b) Raiz de saída de nervo e defeito anular. (A **Fig. 3.10b** é uma ilustração simplificada da **Fig. 3.10a**).

3.4 Evitando Complicações

- Primeiro, a inserção da agulha é crucial para o sucesso do procedimento, uma vez que determine o ponto de ancoragem. O cálculo pré-operatório é absolutamente exigido.
- Segundo, é possível conduzir o procedimento sem o corante índigo-carmim, mas recomendamos efetuar a discografia com ele, pois a coloração azul de fragmentos de disco acídicos é muito útil para distinguir material de disco de estruturas neurais ou de disco normal.
- A fragmentectomia direcionada é preferida para minimizar a instabilidade criada pela citorredução central.
- A irrigação contínua com solução de soro fisiológico normal com infusão de antibióticos também é importante; ela expulsa o sangue para fora, aumentando a visualização e reduzindo o índice de infecção.
- É preciso sempre se certificar de que a pressão de irrigação não seja alta demais, e se o paciente se queixar de dor no pescoço durante o procedimento, suspender a irrigação e diminuir a pressão imediatamente.
- Um dreno a vácuo é preferível para evitar hematoma pós-operatório em casos de controle inadequado do sangramento antes do final do procedimento.

3.5 Conclusão

A abordagem extraforaminal para discectomia lombar endoscópica percutânea (PELD) é um pouco diferente da PELD regular, uma vez que a inserção da agulha seja mais íngreme, permitindo a ida diretamente ao fragmento herniado, não ao forame. Uma vez que o procedimento carregue risco de lesão da raiz de saída, recomenda-se anestesia local com sedação consciente para a condução do procedimento com segurança. Mediante visualização endoscópica, a diferenciação da herniação e da raiz neural pode ser problemática, de modo que colorir o disco inicialmente com Índigo carmim é uma boa opção para tornar o procedimento mais seguro.

Referências

1. McCulloch JA, Young PH. Foraminal and extraforaminal lumbar disc herniations. In: McCulloch JA, Young PH, eds. *Essentials of Spinal Microsurgery*. Philadelphia, PA: Lippincott-Raven; 1998:383–428
2. Abdullah AF, Ditto EW III, Byrd EB, Williams R. Extreme-lateral lumbar disc herniations. Clinical syndrome and special problems of diagnosis. *J Neurosurg* 1974;*41*(2):229–234
3. Epstein NE. Different surgical approaches to far lateral lumbar disc herniations. *J Spinal Disord* 1995;*8*(5):383–394
4. Epstein NE. Evaluation of varied surgical approaches used in the management of 170 far-lateral lumbar disc herniations: indications and results. *J Neurosurg* 1995;*83*(4):648–656
5. Tessitore E, de Tribolet N. Far-lateral lumbar disc herniation: the microsurgical transmuscular approach. *Neurosurgery* 2004;*54*(4):939–942
6. Garrido E, Connaughton PN. Unilateral facetectomy approach for lateral lumbar disc herniation. *J Neurosurg* 1991;*74*(5):754–756
7. Jackson RP, Glah JJ. Foraminal and extraforaminal lumbar disc herniation: diagnosis and treatment. *Spine* 1987;*12*(6):577–585
8. Choi G, Lee SH, Raiturker PP, Lee S, Chae YS. Percutaneous endoscopic interlaminar discectomy for intracanalicular disc herniations at L5–S1 using a rigid working channel endoscope. *Neurosurgery* 2006;*58*
9. Yeung AT, Tsou PM. Posterolateral endoscopic excision for lumbar disc herniation: surgical technique, outcome, and complications in 307 consecutive cases. *Spine* 2002;*27*(7):722–731
10. Lew SM, Mehalic TF, Fagone KL. Transforaminal percutaneous endoscopic discectomy in the treatment of far-lateral and foraminal lumbar disc herniations. *J Neurosurg* 2001;*94*(2, Suppl):216–220
11. Jang JS, An SH, Lee SH. Transforaminal percutaneous endoscopic discectomy in the treatment of foraminal and extraforaminal lumbar disc herniations. *J Spinal Disord Tech* 2006;*19*(5):338–343
12. Lübbers T, Abuamona R, Elsharkawy AE. Percutaneous endoscopic treatment of foraminal and extraforaminal disc herniation at the L5–S1 level. *Acta Neurochir (Wien)* 2012;*154*(10):1789–1795
13. Choi G, Lee SH, Bhanot A, Raiturker PP, Chae YS. Percutaneous endoscopic discectomy for extraforaminal lumbar disc herniations: extraforaminal targeted fragmentectomy technique using working channel endoscope. *Spine (Phila Pa 1976)* 2007;*32*(2):E93–E99

4 Discectomia Lombar Endoscópica Percutânea para Hérnia de Disco Lombar Migrada

Akarawit Asawasaksakul ▪ *Gun Choi* ▪ *Ketan Deshpande*

4.1 Introdução

Desde a introdução do conceito de nucleotomia pós-lateral percutânea por Kambin, em 1973, a discectomia lombar endoscópica percutânea (PELD) evoluiu.[1,2,3,4,5,6,7] Esse procedimento tem sido cada vez mais o tratamento preferido para hérnia de disco lombar. A abordagem transforaminal oferece várias vantagens: primeiro, fornece proteção para as estruturas ligamentosas e ósseas posteriores, com menor incidência de instabilidade pós-operatória,[8,9,10] artropatia da articulação facetária e estreitamento do espaço discal.[2,3,4,5,11,12,13,14,15,16,17,18,19,20,21] Segundo, não há interferência com o sistema venoso epidural que pudesse levar a edema neural crônico e fibrose.[2,14,15,16,22] E, por último, a cicatrização epidural, uma sequela comum da discectomia aberta e que leva a sintomas clínicos em mais de 10% dos pacientes, é rara em PELD.[23,24,25]

A janela transforaminal estreita fornece acesso limitado que se prova adequado para a remoção de hérnia de disco não migrada ou de baixo grau, mas o acesso limitado pode tornar o procedimento de PELD ineficaz em casos de migrações de alto grau.[6,7,25] A hérnia de disco intracanalicular migrada, especialmente a migração de alto grau, impõe um desafio maior, mesmo para um cirurgião endoscópico experiente. O sucesso do procedimento de PELD depende consideravelmente da colocação apropriada dos instrumentos de trabalho em uma trajetória otimizada para visualização e acesso direto ao fragmento rompido e migrado.[19,26,27] A trajetória inadequada é causa importante de falha do procedimento, e a maior dificuldade encontrada durante a recuperação de uma hérnia de disco migrada de alto grau é a obtenção da melhor trajetória possível,[26] porque ela fica impedida pelos obstáculos naturais da anatomia normal e piorada pelas alterações degenerativas.

Por causa dessas limitações, a foraminoplastia ajuda a tratar essa questão. Definimos foraminoplastia como dilatação do forame por meio de um corte por baixo de uma parte ventral (não articular) da faceta superior e, às vezes, da parte superior do pedículo inferior, junto com a ablação do ligamento foraminal para visualizar o espaço epidural anterior e seu conteúdo. Isto pode ser obtido com a ajuda de trépanos ou alargadores, uma broca endoscópica, cinzéis endoscópicos e *laser* Ho:YAG (hólmio:ítrio-alumínio-granada) (**Vídeo 4.1, Vídeo 4.2** e **Vídeo 4.3**).

4.2 Considerações Anatômicas

A foraminoplastia é necessária, especialmente para acessar a hérnia de disco intracanicular migrada de alto grau, porque:
- A hérnia de disco lombar é comum em níveis mais baixos, onde o diâmetro do forame intervertebral é pequeno, em comparação ao diâmetro em níveis mais altos.[28]
- As alterações degenerativas que levam à hipertrofia, sobreposição de facetas e espessamento do ligamento foraminal podem causar estreitamento adicional da janela transforaminal.

Tabela 4.1 Estruturas de obstáculo

1	Processo articular superior (SAP)
2	Parte craniana do pedículo inferior
3	Osteófito de corpo vertebral posterior
4	Processo articular inferior (IAP)

- A hérnia de disco migrada de alto grau fica na região do canal espinal que fica escondido da projeção endoscópica por barreiras anatômicas naturais.
- As barreiras evitam acesso direto ao fragmento migrado (**Tabela 4.1**).
- Min *et al.*[29] demonstraram que as dimensões da zona de trabalho no plano sagital, especificamente a dimensão da base, são clinicamente importantes na prática atual de cirurgia endoscópica.
- A foraminoplastia fornece espaço de trabalho adequado para excisão do fragmento rompido mediante visão endoscópica direta pelo forame dilatado.

4.3 Hérnia de Disco Migrada

- Seja expelida ou não, a hérnia deslocada para cima ou para baixo do nível da placa terminal é chamada de hérnia de disco migrada.
- Este tipo de hérnia é classificado em dois graus, dependendo da extensão da migração.
- Se a extensão da migração for maior que a altura medida do espaço discal marginal posterior em MRI sagital ponderada em T2, ela é denominada migração de alto grau.[26,27,30,31]
- A migração com extensão menor que a altura do espaço discal é classificada como migração de baixo grau (**Fig. 4.1**).[32]

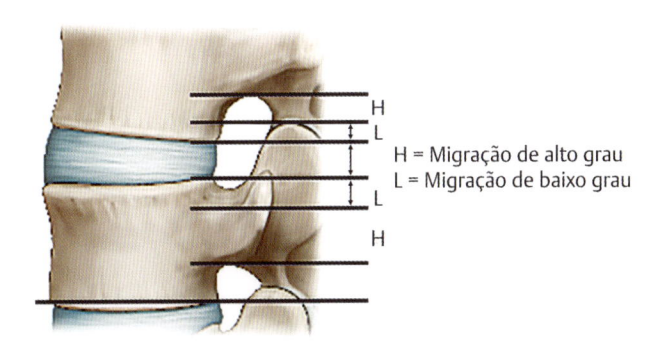

Fig. 4.1 O grau de migração do fragmento herniado em relação à altura posterior do espaço discal.

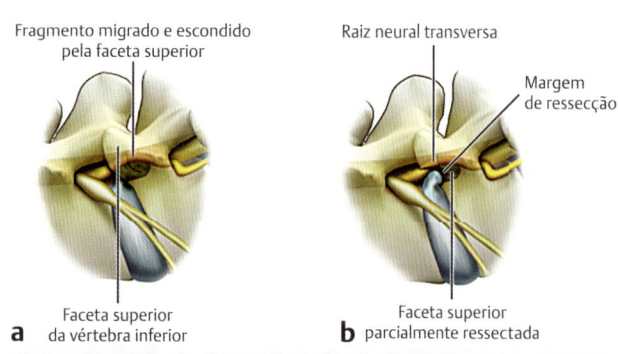

Fig. 4.2 Alteração anatômica do forame neural (**a**) antes e (**b**) depois da foraminoplastia.

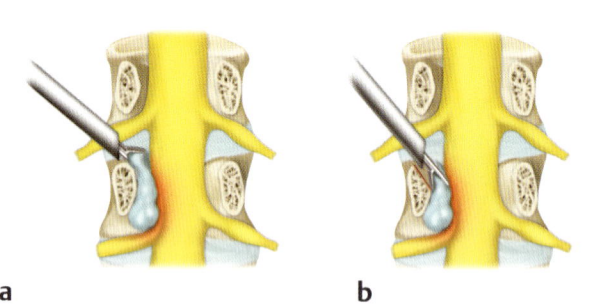

Fig. 4.3 Pediculectomia parcial. A remoção das paredes superior e medial do pedículo (**a**), junto com o corte por baixo da faceta superior (**b**), pode ajudar a visualização do fragmento rompido e seu acesso.

4.4 Tipos de Foraminoplastia

A foraminoplastia é classificada em dois tipos, dependendo da extensão da ressecção óssea.

4.4.1 Foraminoplastia Convencional

- A foraminoplastia convencional envolve, essencialmente, o corte por baixo da parte não articular da faceta superior e remoção da borda lateral do ligamento amarelo em casos de hérnia de disco com migração caudal.
- Ela envolve a liberação do ligamento foraminal superior e do ligamento amarelo em casos de hérnia de disco com migração ascendente.
- A necessidade de cortar por baixo a faceta pode diminuir nos níveis acima de L3-L4.
- Uma vez que a parte superior do forame seja mais ampla que a parte inferior e não haja faceta superior para obstruir a visualização do espaço epidural anterior, o corte do osso não é necessário em casos de hérnia de disco com migração cefálica (**Fig. 4.2**).

4.4.2 Foraminoplastia estendida (Foraminoplastia com Pediculectomia Parcial)

- Em hérnia de disco com migração significativamente caudal, em que o fragmento rompido se encontra em contato íntimo com a parede medial do pedículo, a parte superior do pedículo inferior pode impedir sua visualização direta.

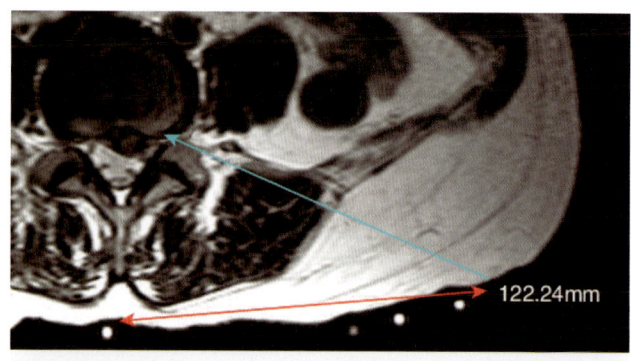

Fig. 4.4 Planejamento pré-operatório. MRI ou CT axiais são usadas para calcular a distância do ponto de entrada da agulha na pele desde a linha média, e a trajetória da agulha visa atingir o fragmento rompido e, ao mesmo tempo, evitar o conteúdo da bolsa peritoneal.

- A remoção das paredes superior e medial do pedículo junto com o corte por baixo da faceta superior pode ajudar na visualização do e acesso ao fragmento rompido (**Fig. 4.3**).
- A inclinação para baixo da trajetória endoscópica permite o corte oblíquo da parte superior do pedículo.

4.5 Técnica Cirúrgica

4.5.1 Posição e Anestesia

- A PELD é conduzida mediante anestesia local com o paciente em posição prona em uma mesa de cirurgia radiolucente sob a orientação da fluoroscopia com braço-C.
- A sedação consciente com midazolam e fentanil permite retorno contínuo do paciente durante todo o procedimento para evitar causar dano às estruturas neurais.
- Midazolam é administrado na dose de 0,05 mg/kg IM 30 minutos antes da cirurgia, seguido de outra dose intravenosa durante a cirurgia, se necessário.
- A dosagem de fentanil é de 0,8 μg/kg intravenosamente 10 minutos antes da cirurgia, seguida de doses adicionais durante a cirurgia, se necessário.

4.5.2 Planejamento Pré-operatório

- A MRI ou CT axial é usada para calcular a distância do ponto de entrada da agulha na pele desde a linha média.
- As varreduras também podem ser usadas para calcular a trajetória da agulha, visando o fragmento rompido, ao mesmo tempo evitando o conteúdo da bolsa peritoneal (**Fig. 4.4**).

4.5.3 Técnica de Inserção da Agulha

- Encontrar a colocação apropriada da agulha é imperativo, e isto pode ser facilitado pelas diretrizes a seguir:
  - O sítio da punção anular pela ponta da agulha deverá estar em linha pedicular medial na projeção anteroposterior e em linha vertebral posterior na projeção lateral na investigação fluoroscópica por imagens (**Fig. 4.5**). Isto corresponde ao triângulo de segurança de Kambin entre raízes neurais de saída e transversa.
  - A linha pedicular média deverá ser considerada para hérnia de disco lombar superior (L3, L4 e acima) para evitar lesão neural, pois a bolsa dural é maior, com mais tecidos neurais

com a ponta da agulha direcionada para baixo em um ângulo de 30° em direção à placa terminal inferior, atingindo a parte inferior do disco na linha pedicular medial (**Fig. 4.5**).
- A direção caudal permite acesso fácil ao fragmento com migração caudal.
- Da mesma forma, para um disco com migração cefálica, o ponto de entrada na pele é planejado abaixo do nível do disco.

4.5.5 Discografia
- A discografia é feita injetando-se 2 a 3 mL de uma solução de corante radiopaco, índigo-carmim e soro fisiológico normal misturado na proporção 2:1:2.
- O corante vaza pela laceração anular e para o interior do espaço epidural, em direção coerente com a localização anatômica do fragmento rompido.
- O índigo-carmim, sendo a base, colore seletivamente de azul o núcleo acídico degenerado, o que ajuda na identificação do fragmento herniado durante a visualização endoscópica.[37]
- A agulha é substituída por um fio-guia sobre o qual é passado um obturador cônico cego.
- A seguir o obturador é substituído por uma cânula de trabalho de 7 mm.
- Uma cânula chanfrada é usada para hérnia com migração caudal e uma cânula redonda para a hérnia com migração cefálica.

4.6 Hérnias com Migração Caudal
- O corte por baixo da faceta superior geralmente é necessário para acessar hérnias com migração caudal.
- A foraminoplastia pode ser conduzida com trépanos ósseos ou uma broca endoscópica, com leves diferenças de técnica de acordo.

4.6.1 Foraminoplastia com Trépanos Ósseos
- Todo o procedimento é realizado mediante estrito controle fluoroscópico, pois ele não é executado com visualização endoscópica.
- A cânula chanfrada é inserida até tocar a faceta superior.
- Sua posição é confirmada em projeções anteroposteriores e laterais na fluoroscopia.
- Um trépano ósseo de 5 ou 7 mm é então inserido pela cânula de trabalho, dependendo da quantidade de osso a ser removida.
- O corte do osso é feito com um movimento de torcer envolvendo uma quantidade moderada de força e mediante controle fluoroscópico constante, confirmando que não esteja ocorrendo dano à articulação de faceta.
- O afunilamento intermitente e cuidadoso do trépano com um bastão poderá apressar o procedimento.
- A extremidade serrilhada do alargador não deve ultrapassar a borda medial da articulação facetária, para evitar lesão neural.
- O pedaço de osso geralmente fica impactado dentro do trépano e é extraído junto com ele.

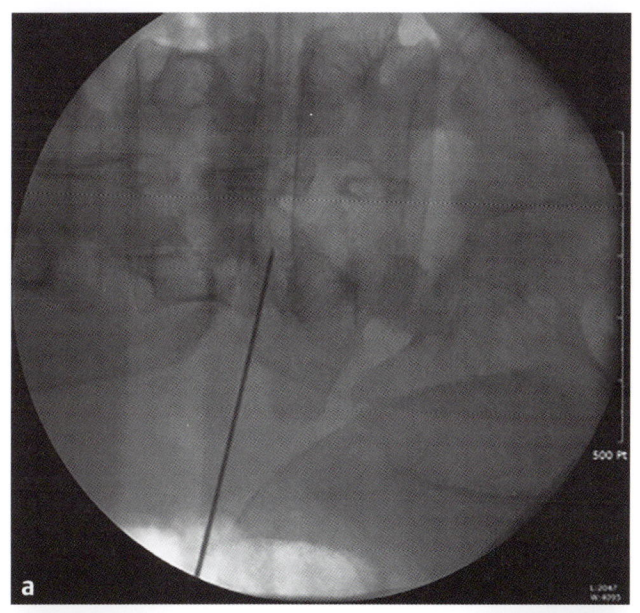

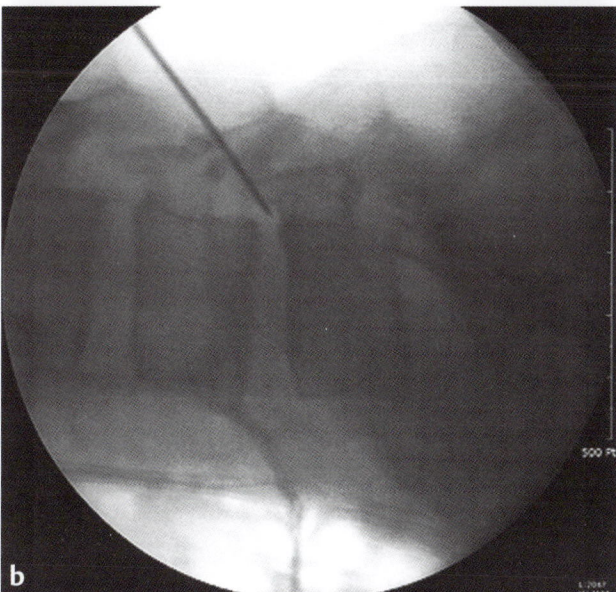

Fig. 4.5 Projeções fluoroscópicas mostrando a posição da ponta da agulha (**a**) na linha do pedículo medial na projeção AP e (**b**) na linha vertebral posterior na projeção lateral. Observar a inclinação para baixo da trajetória da agulha na projeção AP.

e fica mais lateralmente, por causa da largura estreita dos pedículos nos níveis superiores.[33,34,35,36]

4.5.4 Inclinação da Trajetória da Agulha
- A agulha é direcionada para baixo ou para cima dependendo de onde existe um disco com migração caudal ou cefálica.
- A agulha é inclinada para fazer um ângulo correspondente ao sítio da hérnia.
- No caso de hérnia com migração para baixo, a entrada da agulha na pele começa levemente acima do nível do disco,

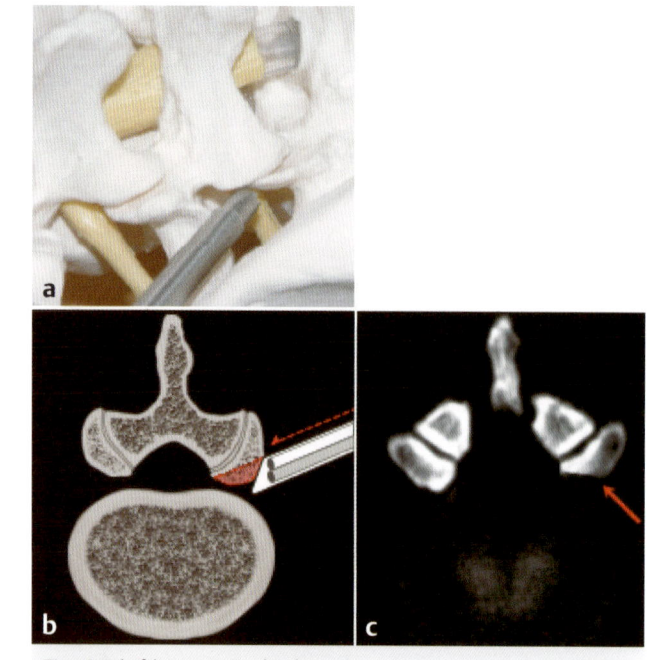

Fig. 4.6 (a,b) A posição do alargador endoscópico na face inferior da faceta superior. Ele não está violando a articulação facetária. **(c)** Varredura por CT axial mostrando o corte por baixo da faceta superior sem violação da articulação facetária.

- Se isso não ocorrer, ele poderá ser removido com fórceps mediante controle fluoroscópico.
- Não há muito sangramento, se o procedimento for feito cuidadosamente (**Fig. 4.6**).

4.6.2 Foraminoplastia com Broca Endoscópica

- O procedimento todo é conduzido mediante visualização endoscópica direta.
- Um endoscópio de 6,9 × 6,5 mm e canal de trabalho de 3,7 mm são inseridos pela cânula de trabalho chanfrada.
- A principal estrutura anatômica que obstrui a visualização apropriada do fragmento rompido é a grande faceta superior coberta com o ligamento capsular (**Fig. 4.7**).
- A face inferior da faceta superior (a parte não articular) é removida com uma broca endoscópica (**Fig. 4.8**).
- Usa-se uma broca redonda com ponta de diamante de 3,0 ou 3,5 mm.
- A broca de diamante, por causa de suas características de alargamento fino e delicado, tem menor probabilidade de causar lesão às estruturas neurais.
- A função hemostática da poeira, pó fino de osso, formada durante a perfuração é uma vantagem adicional.
- A perfuração intermitente com irrigação contínua de soro fisiológico frio minimiza a elevação da temperatura e de seu efeito substancial sobre os nervos e outras estruturas.
- Uma vez que o procedimento de corte de osso seja feito mediante visualização endoscópica, a lesão direta da raiz neural é raridade.
- A borda lateral do ligamento amarelo, que previne o contato direto da broca giratória com a raiz neural, oferece proteção adicional.

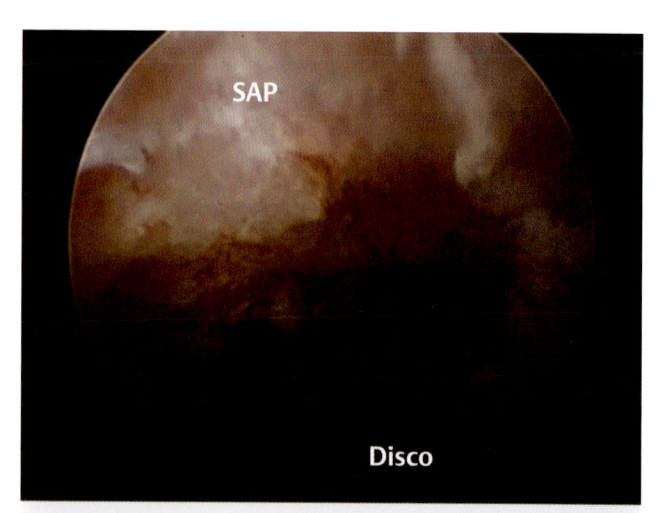

Fig. 4.7 Visualização endoscópica e ilustração mostrando a grande faceta superior.

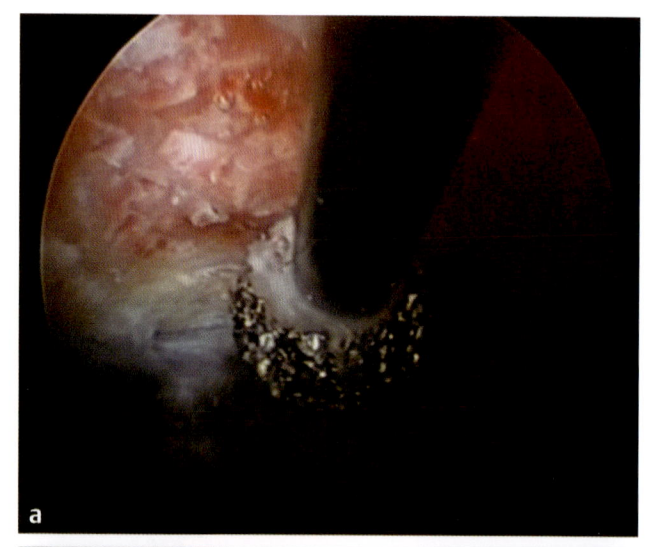

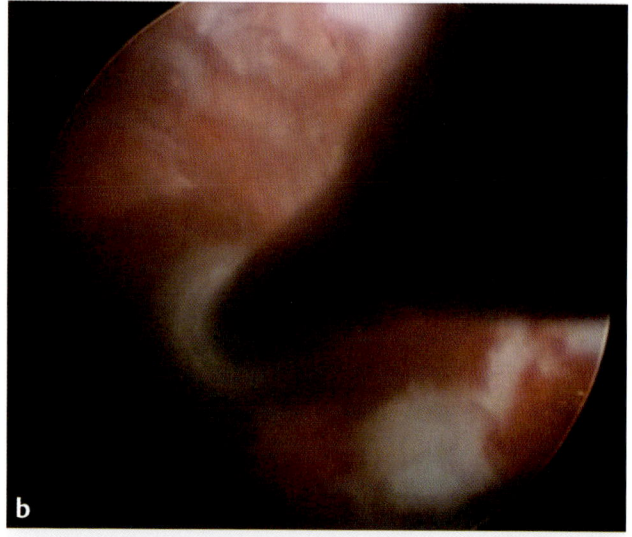

Fig. 4.8 (a,b) Projeção endoscópica e ilustração mostrando o corte por baixo da faceta superior com broca endoscópica.

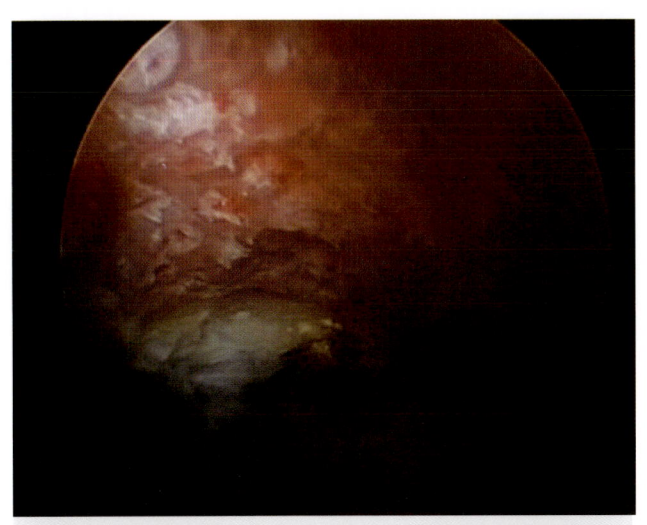

Fig. 4.9 Projeção endoscópica e ilustração mostrando a faceta superior cortada por baixo e o ligamento amarelo exposto.

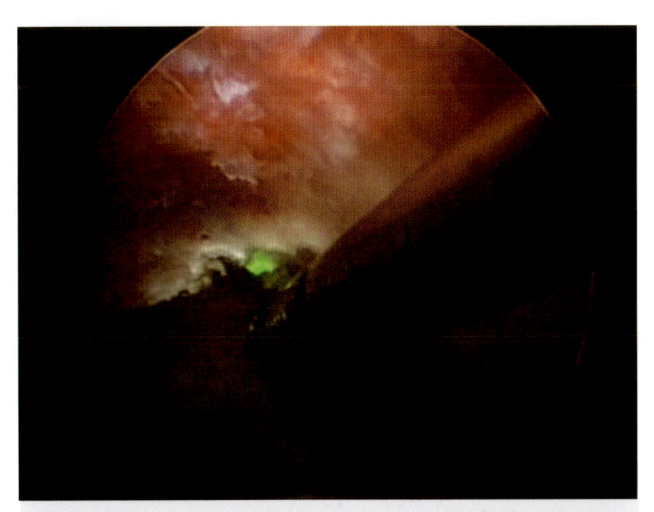

Fig. 4.10 Projeção endoscópica e ilustração mostrando remoção do ligamento amarelo com *laser*.

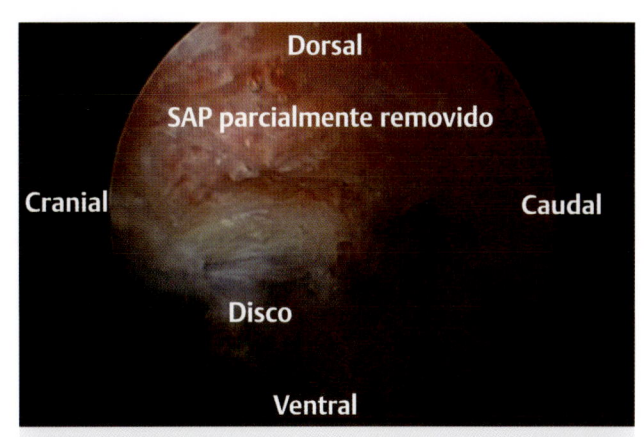

Fig. 4.11 Projeção endoscópica e ilustração mostrando fragmento rompido exposto.

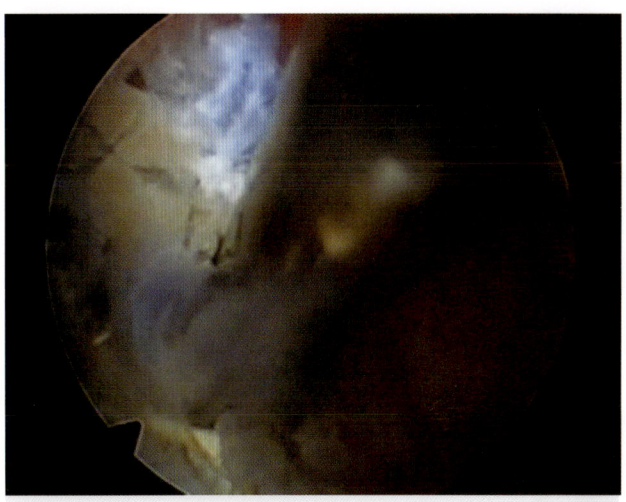

Fig. 4.12 Projeção endoscópica e ilustração mostrando fórceps agarrando o fragmento rompido.

- Em casos de migração extrema, o fragmento rompido pode ficar muito próximo à parede medial do pedículo da vértebra inferior, escondido da visualização endoscópica.
- Uma pediculectomia parcial envolvendo a remoção da borda superior e parte da borda medial do pedículo pode ajudar a ganhar acesso ao fragmento.

4.6.3 Procedimento de Discectomia

- Após corte por baixo da faceta superior, a borda lateral do ligamento amarelo fica exposta (**Fig. 4.9**).
- Ela cobre o fragmento rompido e evita que ele seja visualizado.
- O ligamento amarelo é removido com *laser* Ho:YAG de disparo lateral (**Fig. 4.10**).
- Manobras adicionais, como alavancar a cânula para torná-la mais horizontal e inclinando para baixo, podem ajudar a localizar o fragmento.
- A remoção de algumas faixas fibróticas junto com parte do anel expõe o fragmento completamente (**Fig. 4.11**).

- Após a remoção do ligamento amarelo e liberação adequada do anel, o fragmento rompido e corado de azul pode ser claramente visualizado.
- O fragmento exposto é então removido com fórceps mediante visualização direta (**Fig. 4.12, Fig. 4.13**).
- Após recuperação do fragmento rompido, a raiz transversa com o ligamento longitudinal posterior pode ser facilmente visualizada.
- O sangramento é controlado com a ajuda de uma sonda de radiofrequência bipolar flexível.
- A ponta da sonda, sendo curva, é usada para palpar em busca de fragmentos remanescentes (**Fig. 4.14**).
- O controle da pressão por bloqueio intermitente da saída do fluido de irrigação com o polegar permite que a raiz neural transversa se movimente livremente, o que confirma a descompressão completa (**Fig. 4.14**).[2,3,4,5,13,15,16,38] Esta é uma manobra semelhante à de Valsalva.

4.7 Hérnias com Migração Cefálica

- Na hérnia de disco com migração cefálica, a agulha da abordagem tem como alvo a porção inferior do espaço discal para proteger a raiz neural de saída deslocada posteriormente (**Fig. 4.15, Fig. 4.16**).

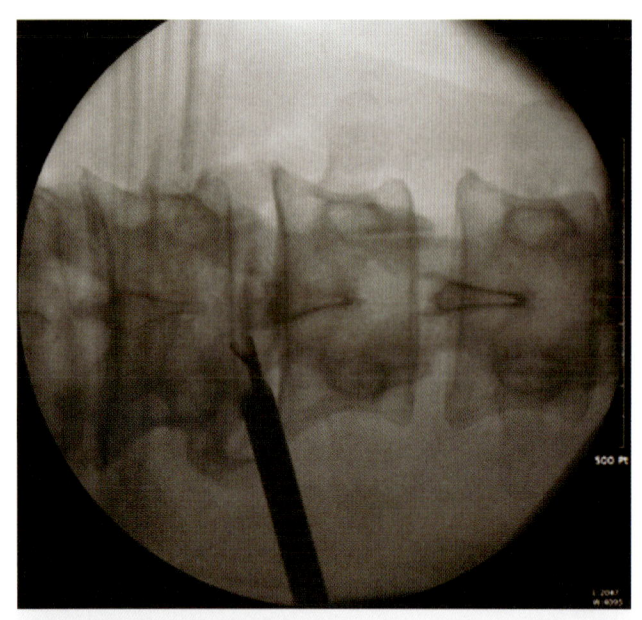

Fig. 4.13 Imagem fluoroscópica mostrando a posição do fórceps enquanto agarra o fragmento.

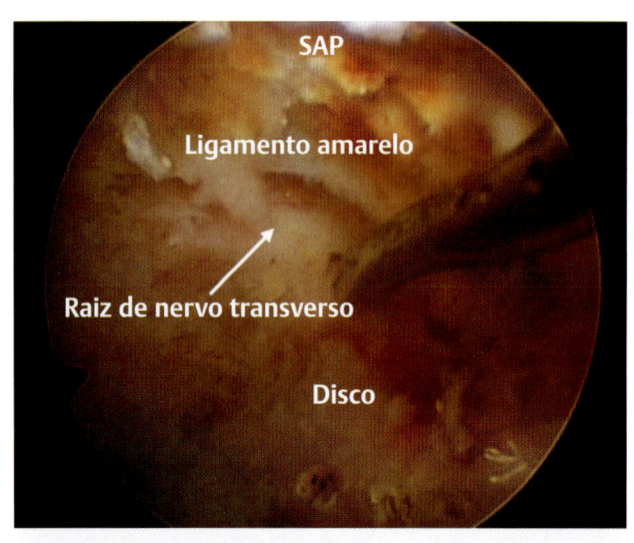

Fig. 4.14 Imagem endoscópica e ilustração mostrando a ponta da sonda bipolar palpando em busca de fragmentos remanescentes. SAP, processo articular superior.

- Se a hérnia apresentou migração cefálica completa sem qualquer componente intradiscal, o procedimento é feito seguindo o princípio de fragmentectomia direcionada.
- Fragmentectomia direcionada significa remoção só do fragmento rompido, sem danificar o disco central normal.
- Para esta finalidade, o obturador não deverá ser inserido muito profundamente no disco.
- Uma cânula de trabalho de ponta redonda é usada em vez da cânula chanfrada para evitar penetração do anel.
- Inicialmente, esta cânula redonda é colocada na superfície do anel, ao nível do espaço discal (**Fig. 4.17**).
- Após a exploração inicial do espaço epidural, a cânula é gradualmente movida para cima, retraindo a raiz existente e cercando as partes moles com suas bordas.

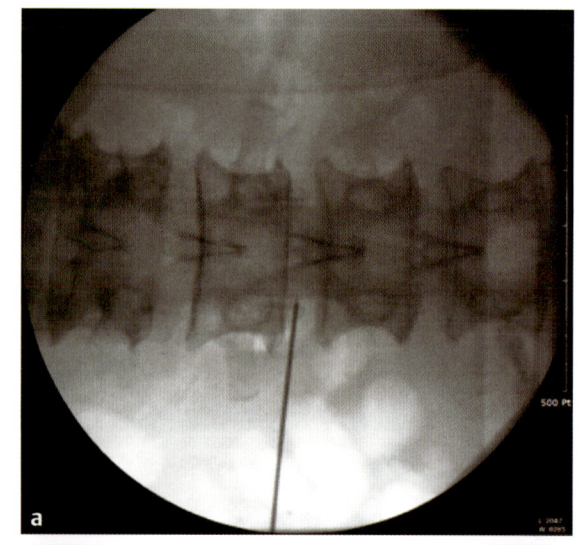

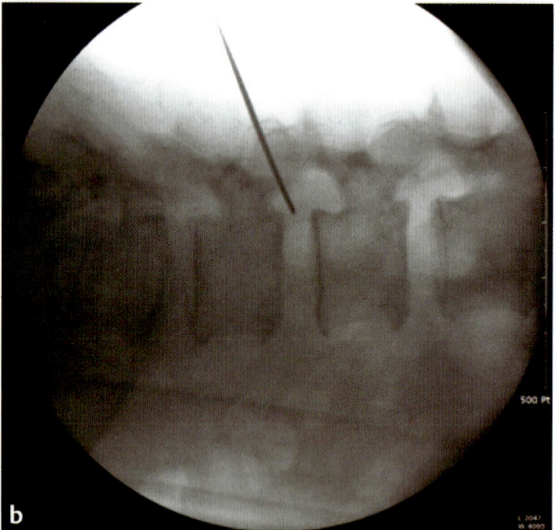

Fig. 4.15 Posições da agulha mostradas em visualizações (**a**) AP e (**b**) lateral.

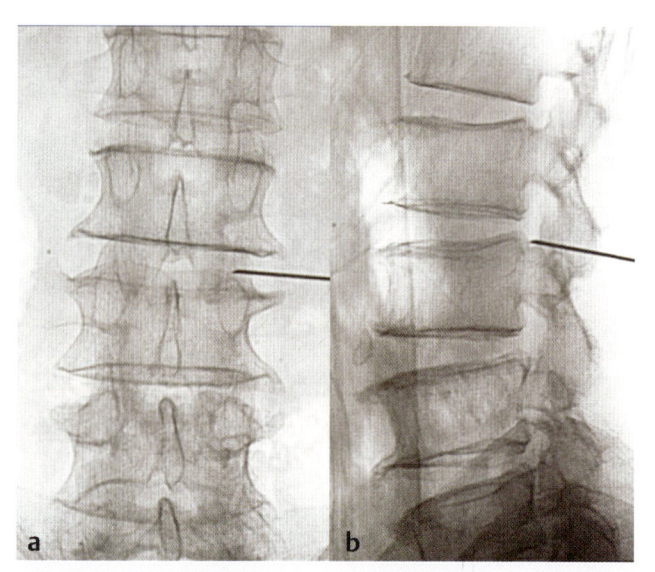

Fig. 4.16 O fragmento rompido durante discografia em projeções (**a**) AP e (**b**) lateral.

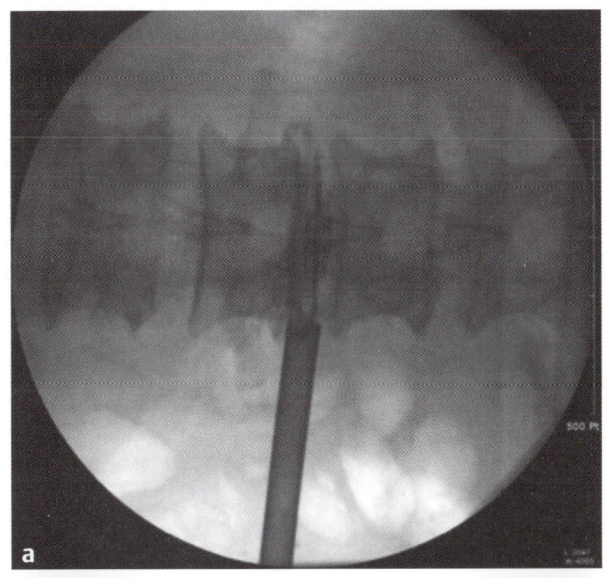

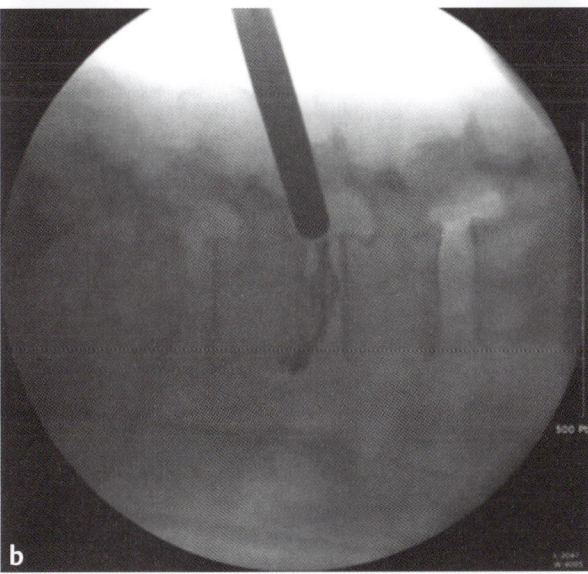

Fig. 4.17 Posição inicial da cânula redonda na superfície do anel mostrada em projeções (**a**) AP e (**b**) lateral.

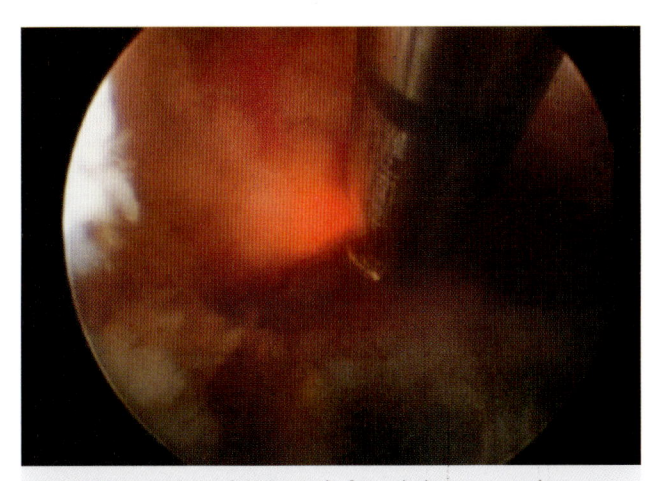

Fig. 4.18 Projeção endoscópica do feixe de *laser* apontado para o ligamento foraminal (na posição de 10 horas). Esse ligamento é liberado com a ajuda do *laser*.

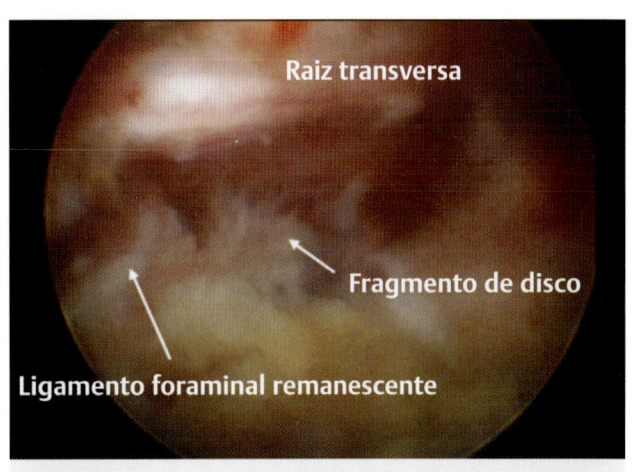

Fig. 4.19 Projeção endoscópica do fragmento rompido exposto após liberação do ligamento foraminal.

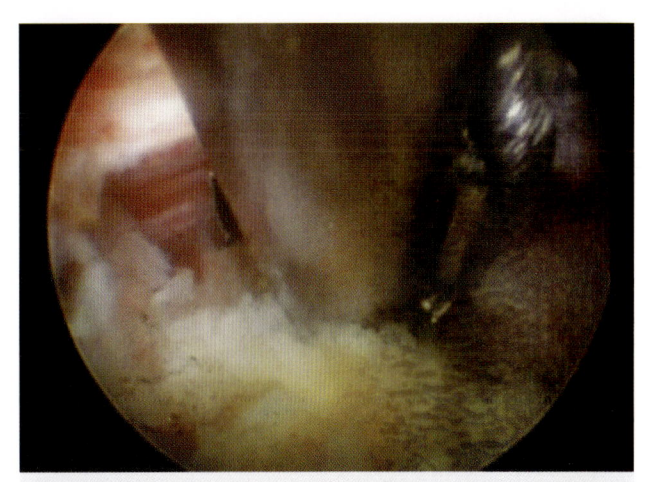

Fig. 4.20 Projeção endoscópica do fórceps agarrando o fragmento rompido.

- Neste ponto, o fragmento rompido pode ser visualizado na axila, entre as raízes de saída e transversa, parcialmente coberto pelo ligamento foraminal superior e pelo ligamento amarelo do outro lado.
- A liberação dos ligamentos com o *laser* Ho:YAG expõe o fragmento rompido (**Fig. 4.18, Fig. 4.19**).
- O fragmento rompido é então removido manualmente com fórceps (**Fig. 4.20, Fig. 4.21**).
- Se existir um fragmento migrado sem qualquer componente intradiscal, a cânula permanecerá no espaço epidural sem penetrar no anel, permitindo a realização da fragmentectomia direcionada.
- No caso de haver um componente intradiscal, o fragmento migrado será recuperado primeiro, seguido da remoção do componente intradiscal.

4.8 Evitando Complicações

1. A parte mais importante do procedimento é determinar onde o disco está e como chegar ao sítio da hérnia. Não permitir colocação não apropriada da agulha, pois isto dificultará o procedimento.

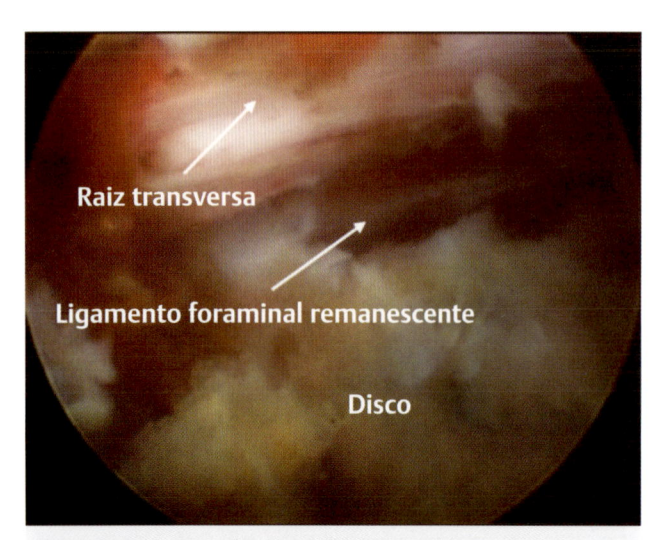

Fig. 4.21 Projeção endoscópica da raiz neural transversa descomprimida após remoção do fragmento rompido.

2. Recomendamos a broca com ponta de diamante para foraminoplastia, já que ela pode ser visualizada diretamente no endoscópio, e o risco de lesão à raiz neural é mínimo.
3. A discografia com índigo-carmim é plenamente recomendada, já que o disco colorido de azul com o corante é facilmente identificado e distinto das outras estruturas.
4. Deve-se agarrar o disco pela cauda e puxar suavemente, com o devido cuidado para não quebrar, evitando assim a necessidade de mais trabalho ósseo para remover o que sobrar.
5. Ao agarrar o disco, girar o endoscópio um pouco para visualizar a boca do fórceps e fornecer melhor exposição do que está sendo agarrado.

4.9 Conclusão

Com a hérnia migrada, é difícil pegar os fragmentos, de modo que a trajetória de inserção da agulha é crucial para um resultado bem-sucedido. Para a hérnia com migração caudal, a direção cefalocaudal é a correta, e para a hérnia com migração cefálica, a direção caudal-cefálica deverá ser tentada. Se os fragmentos ainda não puderem ser atingidos (especialmente com a hérnia migrada de alto grau), a foraminoplastia via remoção do processo articular superior e a pediculectomia parcial usando uma broca serão úteis. Por fim, o cirurgião deverá estar ciente das dificuldades e deverá dominar a PELD regular antes de tentar o tratamento de indicações mais extensas.

Referências

1. Hijikata S, Yamagishi M, Nakayma T. Percutaneous discectomy: a new treatment method for lumbar disc herniation. *J Tokyo Denryoku Hosp* 1975;5:39–44
2. Kambin P, O'Brien E, Zhou L, Schaffer JL. Arthroscopic microdiscectomy and selective fragmentectomy. *Clin Orthop Relat Res* 1998; Feb;(347):150–167
3. Yeung AT, Tsou PM. Posterolateral endoscopic excision for lumbar disc herniation: surgical technique, outcome, and complications in 307 consecutive cases. *Spine* 2002;27(7):722–731
4. Yeung AT. Minimally invasive disc surgery with the Yeung endoscopic spine system (YESS). *Surg Technol Int* 1999;8:267–277
5. Yeung AT. The evolution of percutaneous spinal endoscopy and discectomy: state of the art. *Mt Sinai J Med* 2000;67(4):327–332
6. Mayer HM, Brock M. Percutaneous endoscopic lumbar discectomy (PELD). *Neurosurg Rev* 1993;16(2):115–120
7. Mayer HM, Brock M. Percutaneous endoscopic discectomy: surgical technique and preliminary results compared to microsurgical discectomy. *J Neurosurg* 1993;78(2):216–225
8. Macnab I. Negative disc exploration. An analysis of the causes of nerve-root involvement in sixty-eight patients. *J Bone Joint Surg Am* 1971;53(5):891–903
9. McCulloch JA, Young PH. Microsurgery for lumbar disc herniation. In: McCulloch JA, Young PH, eds. *Essentials of Spinal Microsurgery*. Philadelphia, PA: Lippincott-Raven; 1998:329–382
10. Osman SG, Nibu K, Panjabi MM, Marsolais EB, Chaudhary R. Transforaminal and posterior decompressions of the lumbar spine. A comparative study of stability and intervertebral foramen area. *Spine* 1997;22(15):1690–1695
11. Iida Y, Kataoka O, Sho T, et al. Postoperative lumbar spinal instability occurring or progressing secondary to laminectomy. *Spine* 1990;15(11):1186–1189
12. Kambin P, Cohen LF, Brooks M, Schaffer JL. Development of degenerative spondylosis of the lumbar spine after partial discectomy. Comparison of laminotomy, discectomy, and posterolateral discectomy. *Spine* 1995;20(5):599–607
13. Kambin P, Casey K, O'Brien E, Zhou L. Transforaminal arthroscopic decompression of lateral recess stenosis. *J Neurosurg* 1996;84(3):462–467
14. Kambin P, Sampson S. Posterolateral percutaneous suction-excision of herniated lumbar intervertebral discs. Report of interim results. *Clin Orthop Relat Res* 1986; Jun;(207):37–43
15. Kambin P, Gellman H. Percutaneous lateral discectomy of the lumbar spine: a preliminary report. *Clin Orthop Relat Res* 1983;174:127–132
16. Kambin P. Posterolateral percutaneous lumbar discectomy and decompression. In: Kambin P, ed. *Arthroscopic Microdiscectomy: Minimal Intervention in Spinal Surgery*. Baltimore, MD: Urban & Schwarzenberg; 1991:67–100
17. Mochida J, Toh E, Nomura T, Nishimura K. The risks and benefits of percutaneous nucleotomy for lumbar disc herniation. A 10-year longitudinal study. *J Bone Joint Surg Br* 2001;83(4):501–505
18. Natarajan RN, Andersson GB, Patwardhan AG, Andriacchi TP. Study on effect of graded facetectomy on change in lumbar motion segment torsional flexibility using three-dimensional continuum contact representation for facet joints. *J Biomech Eng* 1999;121(2):215–221
19. Schaffer JL, Kambin P. Percutaneous posterolateral lumbar discectomy and decompression with a 6.9-millimeter cannula. Analysis of operative failures and complications. *J Bone Joint Surg Am* 1991;73(6):822–831
20. Weber BR, Grob D, Dvorák J, Müntener M. Posterior surgical approach to the lumbar spine and its effect on the multifidus muscle. *Spine* 1997;22(15):1765–1772
21. Zander T, Rohlmann A, Klöckner C, Bergmann G. Influence of graded facetectomy and laminectomy on spinal biomechanics. *Eur Spine J* 2003;12(4):427–434
22. Parke WW. The significance of venous return impairment in ischemic radiculopathy and myelopathy. *Orthop Clin North Am* 1991;22(2):213–221
23. Cooper RG, Mitchell WS, Illingworth KJ, Forbes WS, Gillespie JE, Jayson MI. The role of epidural fibrosis and defective fibrinolysis in the persistence of postlaminectomy back pain. *Spine* 1991;16(9):1044–1048
24. Ross JS, Robertson JT, Frederickson RC, et al; ADCON-L European Study Group. Association between peridural scar and recurrent radicular pain after lumbar discectomy: magnetic resonance evaluation. *Neurosurgery* 1996;38(4):855–861
25. Hermantin FU, Peters T, Quartararo L, Kambin P. A prospective, randomized study comparing the results of open discectomy with those of video-assisted arthroscopic microdiscectomy. *J Bone Joint Surg Am* 1999;81(7):958–965
26. Lee SH, Kang BU, Ahn Y, et al. Operative failure of percutaneous endoscopic lumbar discectomy: a radiologic analysis of 55 cases. *Spine* 2006;31(10):E285–E290
27. Lee S, Kim SK, Lee SH, et al. Percutaneous endoscopic lumbar discectomy for migrated disc herniation: classification of disc migration and surgical approaches. *Eur Spine J* 2007;16(3):431–437
28. Ditsworth DA. Endoscopic transforaminal lumbar discectomy and reconfiguration: a postero-lateral approach into the spinal canal. *Surg Neurol* 1998;49(6):588–597
29. Min JH, Kang SH, Lee JB, Cho TH, Suh JK, Rhyu IJ. Morphometric analysis of the working zone for endoscopic lumbar discectomy. *J Spinal Disord Tech* 2005;18(2):132–135
30. Ahn Y, Lee SH, Park WM, Lee HY. Posterolateral percutaneous endoscopic lumbar foraminotomy for L5–S1 foraminal or lateral exit zone stenosis. Technical note. *J Neurosurg* 2003;99(3, Suppl):320–323
31. Fardon DF, Milette PC; Combined Task Forces of the North American Spine Society, American Society of Spine Radiology, and American Society of Neuroradiology. Nomenclature and classification of lumbar disc pathology. Recommendations of the Combined Task Forces of the North American Spine Society, American Society of Spine Radiology, and American Society of Neuroradiology. *Spine* 2001;26(5):E93–E113
32. Choi G, Lee SH, Raiturker PP, Lee S, Chae YS. Percutaneous endoscopic interlaminar discectomy for intracanalicular disc herniations at L5–S1 using a rigid working channel endoscope. *Neurosurgery* 2006;58
33. Attar A, Ugur HC, Uz A, Tekdemir I, Egemen N, Genc Y. Lumbar pedicle: surgical anatomic evaluation and relationships. *Eur Spine J* 2001;10(1):10–15
34. Kim NH, Lee HM, Chung IH, Kim HJ, Kim SJ. Morphometric study of the pedicles of thoracic and lumbar vertebrae in Koreans. *Spine* 1994;19(12):1390–1394
35. Söyüncü Y, Yildirim FB, Sekban H, Ozdemir H, Akyildiz F, Sindel M. Anatomic evaluation and relationship between the lumbar pedicle and adjacent neural structures: an anatomic study. *J Spinal Disord Tech* 2005;18(3):243–246
36. Zindrick MR, Wiltse LL, Doornik A, et al. Analysis of the morphometric characteristics of the thoracic and lumbar pedicles. *Spine* 1987;12(2):160–166
37. Lew SM, Mehalic TF, Fagone KL. Transforaminal percutaneous endoscopic discectomy in the treatment of far-lateral and foraminal lumbar disc herniations. *J Neurosurg* 2001;94(2, Suppl):216–220
38. Yeung AT, Yeung CA. Advances in endoscopic disc and spine surgery: foraminal approach. *Surg Technol Int* 2003;11:255–263

5 Discectomia Lombar Endoscópica Percutânea com Foraminotomia

Akarawit Asawasaksakul ▪ Gun Choi ▪ Alfonso García

5.1 Introdução

No mundo moderno, o núcleo pulposo herniado é um dos problemas mais comuns da coluna e pode ser tratado com endoscopia, mas existem alguns desafios na técnica endoscópica para tratar hérnias difíceis ou complicadas, como é o caso de discos com hérnias de migração caudal ou cefálica, ou em pacientes com diâmetro foraminal estreito. O principal desafio é a limitação de espaço que impede a inclinação do cinescópio e a visualização de todas as estruturas relacionadas e que limita a trajetória dos instrumentos endoscópicos. Nesta situação, a foraminoplastia é uma grande ajuda, pois aumenta o diâmetro foraminal para acomodar a necessidade de espaço (**Vídeo 5.1**).

5.2 Anatomia Foraminal

5.2.1 Distribuição Normal

Antes de tentar a foraminoplastia, o conhecimento da anatomia normal do forame é crucial para o planejamento cirúrgico e a preparação para situações inesperadas. Consulte o Capítulo 1 para a discussão completa dessa anatomia.

Uma vez que a raiz de saída do nervo tenha curso por baixo do pedículo cefálico, essa raiz pode ser visualizada à esquerda do cirurgião na abordagem transforaminal esquerda. As estruturas vasculares geralmente correm ao longo da raiz neural e raramente são encontradas em situações normais. A extensão lateral do ligamento amarelo também pode ser claramente visualizada pelo endoscópio.

5.2.2 Obstáculo Possível

A MRI de corte foraminal é muito útil para determinar o que se deve esperar durante o procedimento e qual parede do forame precisará ser parcialmente removida. As considerações incluem a posição do disco, o tamanho do forame e se alguma parte óssea da parede foraminal está colidindo com a raiz neural. Por exemplo, se o disco tiver migração caudal, a pediculectomia caudal parcial deverá ser considerada para permitir melhor angulação para o procedimento endoscópico, ou, se existirem esporões ósseos do corpo vertebral posterior, caso a parte ventral do processo articular superior colida com a raiz neural de saída, ou se o forame for pequeno demais para acomodar o endoscópio, a remoção da colisão junto ao alargamento do diâmetro foraminal é importante.

Vasos foraminais, especialmente artérias, também deverão ser considerados quanto a sangramento potencial. Uma artéria situada no terço inferior do forame é a que está em maior risco.

5.3 Hérnia de Disco Migrada

Normalmente usamos a altura do disco marginal posterior para determinar a extensão da migração. Se o disco migrou mais do que essa altura, conforme medido a partir da terminação adjacente do nível da placa, isto será considerado como migração de alto grau; se a migração for menor, ela será chamada de migração de baixo grau.[1,2,3]

Na maior parte das vezes em que a foraminoplastia é considerada, o disco foi além da migração de baixo grau (**Fig. 5.1**).

5.4 Seleção de Paciente

As possíveis indicações para o procedimento incluem:[4]

1. Dor predominante unilateral na perna, com ou sem dor lombar associada.
2. Sinal de tensão positiva na raiz neural.
3. Achados correspondentes na CT e na MRI.
4. Hérnia de disco mole.
5. Falha no tratamento conservador por mais de seis semanas.

As possíveis contraindicações incluem:

1. Estenose espinal óssea associada.
2. Disco calcificado.
3. Instabilidade espinal.
4. Hérnia no nível de L5-S1 com crista ilíaca alta e processo transverso espesso.

5.5 Técnica Cirúrgica

A maioria dos casos que precisam de foraminoplastia envolve hérnia com migração caudal, especialmente as migrações altas. Com a hérnia de migração cefálica, uma vez que o sítio de trabalho fique na parte mais alta e mais larga do forame, a foraminoplastia geralmente não é necessária.

5.5.1 Passo 1: Posição do Paciente e Planejamento Pré-Operatório

- O paciente é colocado em posição prona com quadris e joelhos flexionados.
- É preferível a anestesia local com sedação consciente.
- O ponto de entrada na pele pode ser calculado usando a MRI axial.

5.5.2 Passo 2: Inserção da Agulha

- A inserção da agulha depende da localização dos fragmentos migrados, mas geralmente a inclinação da trajetória fica em um ângulo de aproximadamente 30 graus em relação à placa terminal.
- Para a migração caudal, a trajetória da agulha deverá ser cefalocaudal.
  - Por isso, o ponto de entrada na pele deverá ser cefálico em relação ao nível do disco.
- Ao inserir a agulha, tentar visar em direção aos fragmentos discais.
- A posição final da agulha deverá estar na linha pedicular medial na projeção anteroposterior (AP) para L4-L5 e abaixo; para a espinha lombar superior (L3-L4 e acima) a linha pedicular média é mais segura para evitar lesão neural, pois

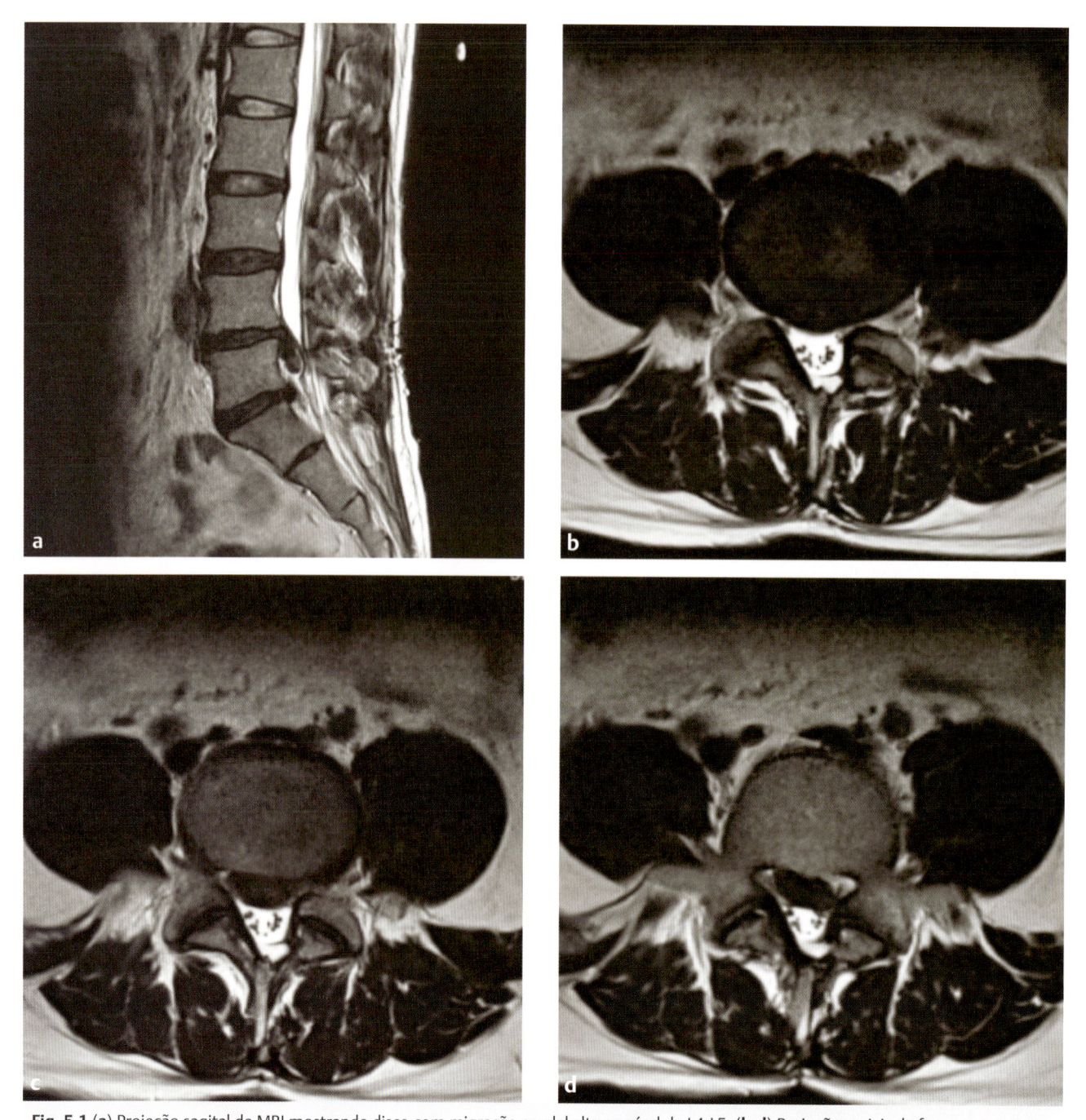

Fig. 5.1 (**a**) Projeção sagital de MRI mostrando disco com migração caudal alta ao nível de L4-L5. (**b-d**) Projeções axiais de fragmentos com migração caudal.

o saco dural é maior, com mais tecido nervoso.[5,6,7,8] Na projeção lateral, a ponta da agulha deverá estar na linha vertebral posterior.[9,10,11,12,13,14,15,16] (**Fig. 5.2**).

5.5.3 Passo 3: Discografia
- A discografia (**Fig. 5.3**) usa 2 a 3 mL de uma solução de corante opaco, índigo-carmim e soro fisiológico normal (na proporção de 2:1:2).
- A drenagem do corante para o espaço epidural deverá estar na mesma direção que a hérnia de fragmento.

5.5.4 Passo 4: Inserção de Fio-Guia e Incisão da Pele
- O mesmo que PELD normal.

5.5.5 Passo 5: Inserção de Dilatador e de Cânula de Trabalho
- O mesmo que PELD normal.

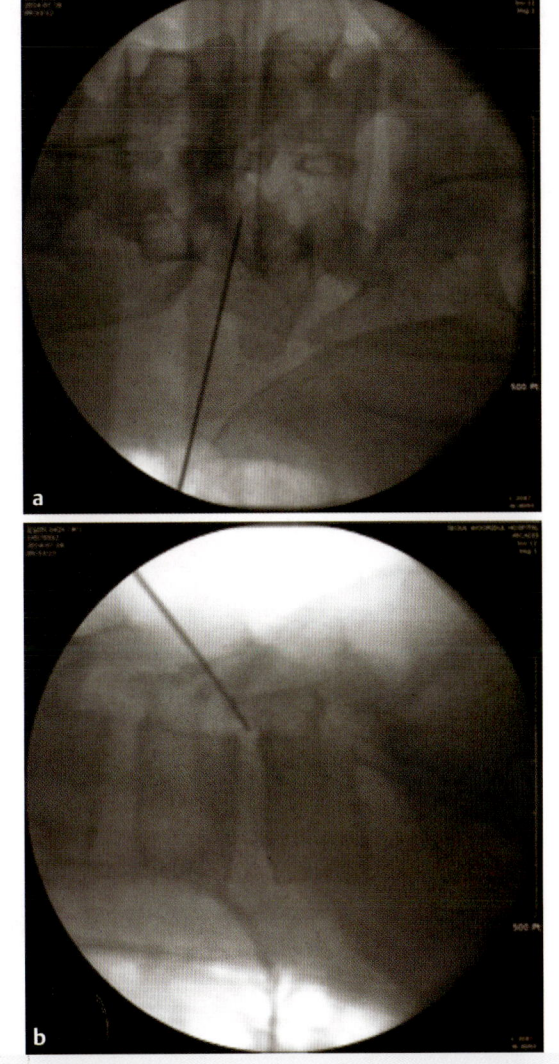

Discectomia Lombar Endoscópica Percutânea com Foraminotomia

Fig. 5.2 (a) Posição da agulha em projeção anteroposterior (AP). **(b)** Posição da agulha em projeção lateral.

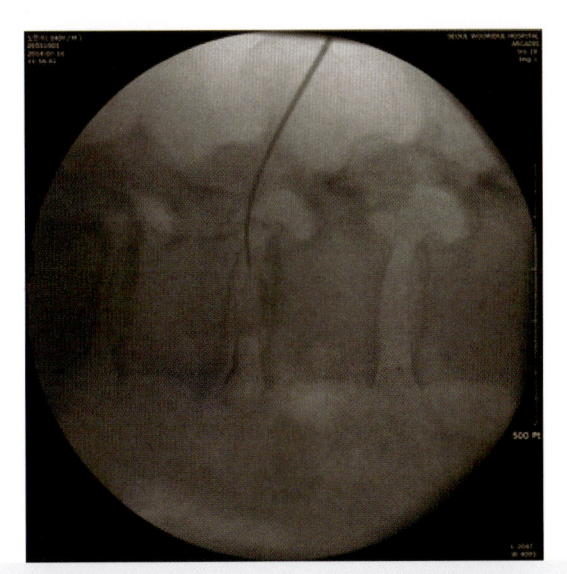

Fig. 5.3 Drenagem do corante para o espaço epidural após discografia.

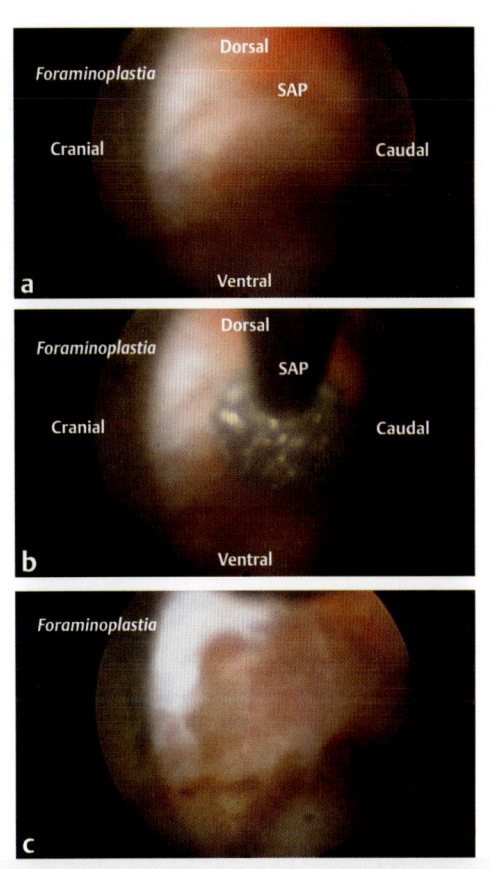

Fig. 5.4 (a-c) Remoção da faceta superior usando broca endoscópica de diamante com ponta redonda.

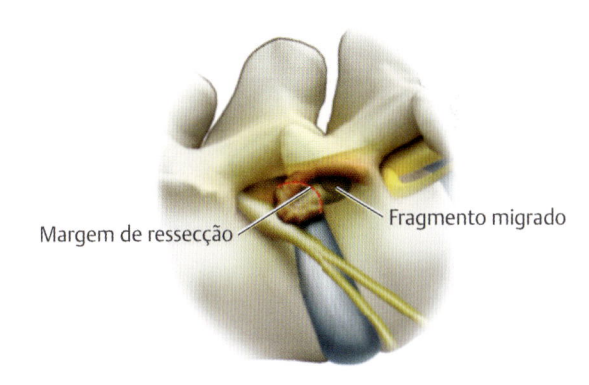

Fig. 5.5 Remoção da parte óssea do forame, incluindo a parede superior do pedículo, para acomodar a direção do cinescópio.

5.5.6 Passo 6: Procedimentos Endoscópicos

- Após a colocação apropriada da cânula de trabalho, o endoscópio é introduzido e a foraminoplastia é iniciada.
  - Na hérnia de migração caudal o processo articular superior da vértebra caudal geralmente impede a visualização do fragmento migrado; portanto, a remoção da face inferior da superfície dessa parte óssea alarga o forame e fornece melhor exposição do disco (**Fig. 5.4**).[17,18]
  - Em alguns casos de migração de alto grau, a pediculectomia é uma grande ajuda para acomodar a trajetória do cinescópio e em fornecer melhor visualização dos fragmentos atrás do pedículo (**Fig. 5.5**).

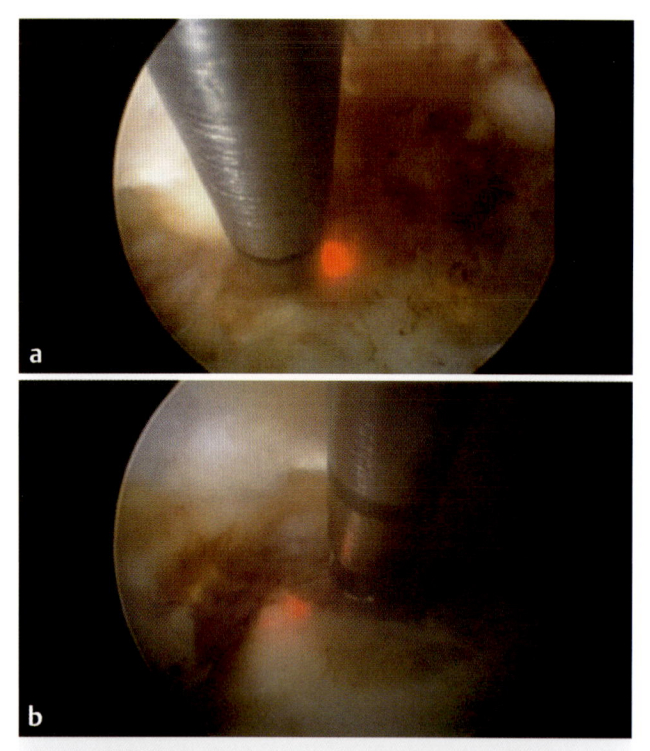

Fig. 5.6 (a,b) Remoção do ligamento amarelo e dos ligamentos foraminais com *laser* Ho:YAG com sonda de disparo lateral.

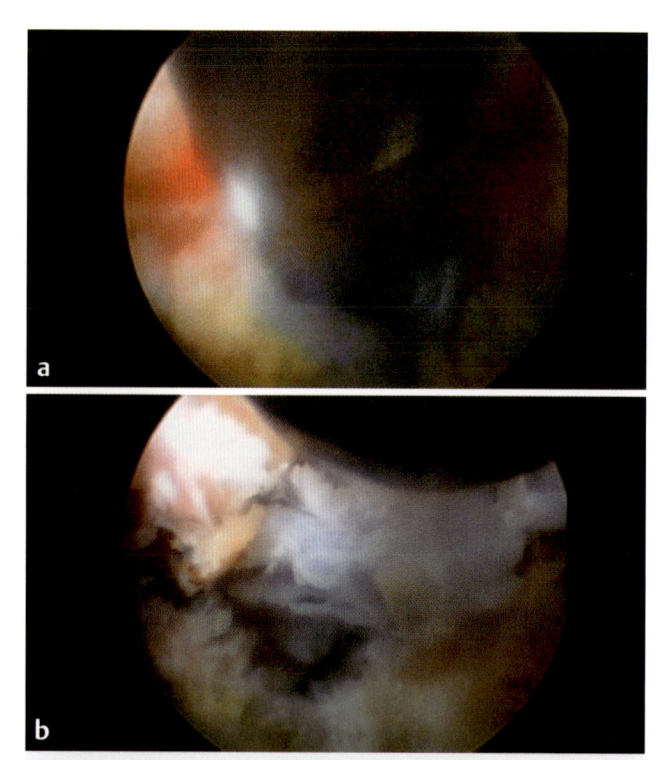

Fig. 5.8 (a,b) Remoção de fragmento usando fórceps endoscópico.

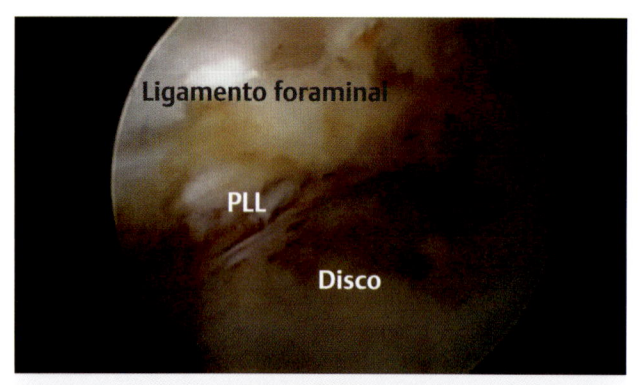

Fig. 5.7 Exposição do disco após remoção de ligamento foraminal.

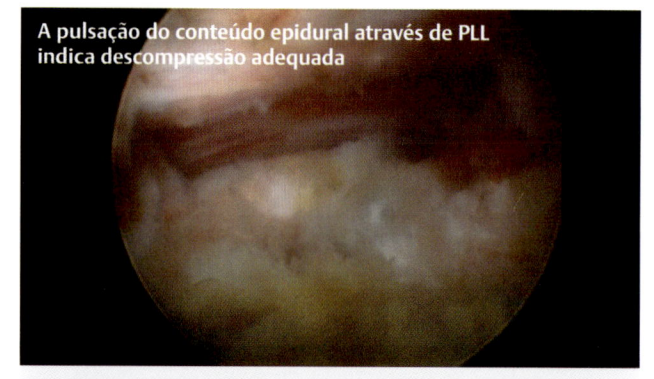

Fig. 5.9 Descompressão total da raiz neural após remoção do fragmento migrado.

- Recomenda-se uma broca de diamante para o procedimento, pois ela ajuda a controlar o sangramento pela criação de pó de osso.
- A extensão do ligamento amarelo e de outros ligamentos foraminais é removida com *laser* Ho:YAG e sonda de disparo lateral (**Fig. 5.6**).
- Durante o procedimento, alavancar o cinescópio horizontalmente às vezes ajuda a se obter melhor visualização dos fragmentos (**Fig. 5.7**).
- Em situações em que somente a cauda do fragmento pode ser visualizada, agarrar a cauda com o fórceps endoscópico e puxar suavemente o fragmento para fora geralmente é suficiente (**Fig. 5.8**).

5.5.7 Passo 7: Verificar a Adequação da Descompressão

- A sonda bipolar de RF é útil para verificar a presença de qualquer fragmento remanescente.
- Após a descompressão, a raiz neural totalmente descomprimida e o conteúdo epidural pulsante deverão ser visualizados (**Fig. 5.9**).
- A quantidade de fragmentos de disco removidos deverá ser correlacionada com os achados da MRI. Se não combinarem, uma busca adicional pelos resíduos deverá ser conduzida.

5.6 Evitando Complicações

As complicações deste procedimento começam com a inserção da agulha. Se a agulha for inserida em uma posição que não se correlacione com o fragmento herniado que precisa ser removido, o cirurgião acabará realizando mais foraminoplastia e, assim, aumentando o risco de sangramento. A pediculectomia parcial é outra causa de sangramento, se a remoção do pedículo for excessiva. A broca de diamante de ponta redonda ajuda a reduzir o sangramento. Para pacientes submetidos à foraminoplastia recomendamos que um dreno a vácuo seja colocado para reduzir o hematoma pós-operatório.

O planejamento pré-operatório com MRI e CT é muito importante. Determinar o tamanho e a quantidade de fragmentos e a trajetória do cinescópio para o procedimento é uma grande ajuda para prevenir eventos não esperados que afetem o resultado e para permitir que o cirurgião planeje como lidar com os desenvolvimentos correspondentes.

A adequação da descompressão pode ser determinada comparando-se o disco removido à investigação por imagens, observando o conteúdo epidural pulsante e o sangramento após remoção dos principais fragmentos (em decorrência da liberação da congestão venosa) e pela visualização direta da raiz neural descomprimida.

5.7 Conclusão

A foraminoplastia é um método útil para atingir um sítio de hérnia com migração caudal, ao arrancar o processo articular superior junto com o aspecto superior do pedículo. Recomenda-se o uso de broca de diamante, pois ela tem a vantagem sobre o barbeador endoscópico regular em termos de controle de sangramento. A foraminoplastia permite a recuperação de fragmentos herniados em casos difíceis e é útil também em casos de estenose foraminal.

Referências

1. Lee SH, Kang BU, Ahn Y, et al. Operative failure of percutaneous endoscopic lumbar discectomy: a radiologic analysis of 55 cases. *Spine* 2006;*31*(10):E285–E290
2. Lee S, Kim SK, Lee SH, et al. Percutaneous endoscopic lumbar discectomy for migrated disc herniation: classification of disc migration and surgical approaches. *Eur Spine J* 2007;*16*(3):431–437
3. Fardon DF, Milette PC; Combined Task Forces of the North American Spine Society, American Society of Spine Radiology, and American Society of Neuroradiology. Nomenclature and classification of lumbar disc pathology recommendations of the Combined Task Forces of the North American Spine Society, American Society of Spine Radiology, and American Society of Neuroradiology. *Spine* 2001;*26*(5):E93–E113
4. Choi G, Lee SH, Lokhande P, et al. Percutaneous endoscopic approach for highly migrated intracanal disc herniations by foraminoplastic technique using rigid working channel endoscope. *Spine* 2008;*33*(15):E508–E515
5. Attar A, Ugur HC, Uz A, Tekdemir I, Egemen N, Genc Y. Lumbar pedicle: surgical anatomic evaluation and relationships. *Eur Spine J* 2001;*10*(1):10–15
6. Kim NH, Lee HM, Chung IH, Kim HJ, Kim SJ. Morphometric study of the pedicles of thoracic and lumbar vertebrae in Koreans. *Spine* 1994;*19*(12):1390–1394
7. Söyüncü Y, Yildirim FB, Sekban H, Ozdemir H, Akyildiz F, Sindel M. Anatomic evaluation and relationship between the lumbar pedicle and adjacent neural structures: an anatomic study. *J Spinal Disord Tech* 2005;*18*(3):243–246
8. Zindrick MR, Wiltse LL, Doornik A, et al. Analysis of the morphometric characteristics of the thoracic and lumbar pedicles. *Spine* 1987;*12*(2):160–166
9. Kambin P, O'Brien E, Zhou L, Schaffer JL. Arthroscopic microdiscectomy and selective fragmentectomy. *Clin Orthop Relat Res* 1998; Feb;(347):150–167
10. Kambin P, Casey K, O'Brien E, Zhou L. Transforaminal arthroscopic decompression of lateral recess stenosis. *J Neurosurg* 1996;*84*(3):462–467
11. Kambin P, Gellman H. Percutaneous lateral discectomy of the lumbar spine. A preliminary report. *Clin Orthop Relat Res* 1983;*174*:127–132
12. Kambin P. Posterolateral percutaneous lumbar discectomy and decompression. In: Kambin P, ed. *Arthroscopic Microdiscectomy: Minimal Intervention in Spinal Surgery*. Baltimore, MD: Urban & Schwarzenberg; 1991:67–100
13. Yeung AT, Tsou PM. Posterolateral endoscopic excision for lumbar disc herniation: Surgical technique, outcome, and complications in 307 consecutive cases. *Spine* 2002;*27*(7):722–731
14. Yeung AT. Minimally invasive disc surgery with the Yeung endoscopic spine system (YESS). *Surg Technol Int* 1999;*8*:267–277
15. Yeung AT. The evolution of percutaneous spinal endoscopy and discectomy: state of the art. *Mt Sinai J Med* 2000;*67*(4):327–332
16. Yeung AT, Yeung CA. Advances in endoscopic disc and spine surgery: foraminal approach. *Surg Technol Int* 2003;*11*:255–263
17. Min JH, Kang SH, Lee JB, Cho TH, Suh JK, Rhyu IJ. Morphometric analysis of the working zone for endoscopic lumbar discectomy. *J Spinal Disord Tech* 2005;*18*(2):132–135
18. Hijikata S, Yamagishi M, Nakayma T. Percutaneous discectomy: a new treatment method for lumbar disc herniation. *J Tokyo Den-ryoku Hosp* 1975;*5*:39–44

6 Técnica Cirúrgica para Anuloplastia/Nucleoplastia com *Laser* Endoscópico Percutâneo

Akarawit Asawasaksakul ▪ *Gun Choi*

6.1 Introdução

A dor discogênica é uma das dores lombares mais difíceis de distinguir por sintomas clínicos. A fisiopatologia de dor lombar discogênica envolve crescimento de tecido de granulação para dentro do espaço do disco via um defeito anular (fissura, laceração ou fenda) resultando ou de doença degenerativa ou de trauma. O tecido de granulação resulta em angiogênese, crescimento livre do nervo para dentro e um processo inflamatório crônico intradiscal que irrita as terminações do nervo livre na área.[1,2] Há muitos processos para lidar com a dor discogênica, como cirurgia de fusão ou substituição total do disco, mas, desde o advento das técnicas minimamente invasivas, existem hoje mais opções.

A era do tratamento intradiscal começou, em 1975, quando Hijikata *et al.* informaram uma nucleotomia intradiscal posterolateral percutânea para descompressão indireta de raiz neural[3] e avançou novamente, em 1983, com o relatório de Kambin *et al.* sobre o resultado da discectomia lateral percutânea da coluna lombar.[4] Os métodos não visualizados continuaram a ser desenvolvidos por muitos cirurgiões,[5,6,7,8] mas, após a introdução do endoscópio, muitos cirurgiões de coluna aplicaram e desenvolveram o uso do tratamento endoscópico espinal, incluindo Kambin *et al.*, que usaram o artroscópio para microdiscectomia, em 1997;[9] Yeung *et al.*, que introduziram a descompressão foraminal endoscópica, em 2002;[10,11] e Choi *et al.*, que introduziram a discectomia endoscópica percutânea via abordagem interlaminar, em 2005.[12] Isto levou ao conceito de usar procedimentos endoscópicos para tratar a dor discogênica lombar, a nucleoplastia para tratar uma inflamação e a anuloplastia para estreitar o defeito anular.

Em 2002, Yeung *et al.* introduziram a discoplastia e anuloplastia térmicas, usando o endoscópio YESS via abordagem transforaminal;[11] no mesmo ano, eles foram seguidos por Tsou *et al.*, que descreveram a técnica cirúrgica para discectomia e anuloplastia posterolaterais transformainais para dor discogênica nas costas e lombar crônica[10] e, em 2010, por Lee, que introduziu o uso de *laser* para esses dois procedimentos (**Vídeo 6.1**).[13]

6.2 Diagnóstico

Há muitas causas para a dor na região inferior das costas, como: instabilidade mecânica, doença de disco intervertebral, dor em articulação facetária, dor neurogênica e causas diversas,[13] mas geralmente 40% dessa dor é discogênica.[14] Os desafios clínicos com a dor discogênica nas costas começam em como elaborar o diagnóstico mais preciso com o método menos invasivo. Como se sabe, as características de dor lombar discogênica incluem: intolerância em permanecer sentado, dificuldade para levantar objetos pesados, aumento da dor após um dia de trabalho duro e perda de habilidade para manter a postura por 30 minutos, mas todos esses sintomas são, na maioria, não específicos. Por causa disso, a MRI e a discografia provocativa são testes diagnósticos muito úteis para a dor discogênica nas costas.

A MRI pode mostrar um defeito anular tanto em T1 como em T2, e pode mostrar também o espessamento da porção posterior do anel e do disco aprisionado dentro do defeito. A HIZ (zona de alta intensidade) também é um achado útil em MRI

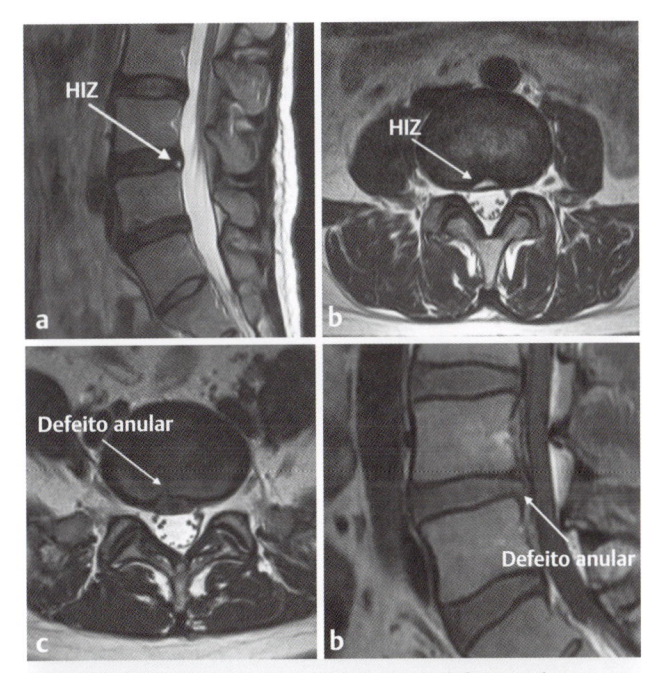

Fig. 6.1 (a,b) Zona de alta intensidade (HIZ), defeito anular. **(c,d)** Defeito anular.

ponderada em T2 (**Fig. 6.1**). Se houver correlação entre as características da dor e os achados da MRI, o diagnóstico poderá ser confirmado por meio da discografia provocativa.[15] Durante a discografia, uma dor aguda e penetrante está presente mediante injeção ao nível patológico, por causa do aumento na pressão intradiscal que estimula as terminações neurais. Além disso, a drenagem do corante vinda do defeito anular pode ser encontrada. Se os sintomas da dor nas costas estiverem claramente estabelecidos, a discografia poderá ser feita no mesmo cenário com anuloplastia/nucleoplastia com *laser* endoscópico percutâneo. O importante sobre essa discografia provocativa é o fato de o examinador também obter uma referência normal de um nível de disco normal (**Tabela 6.1**).

Tabela 6.1 Resumo de achados de investigação

Ferramenta Diagnóstica	Achado Positivo
Sintomas Clínicos	Intolerância a ficar sentado Dificuldade de levantar objetos pesados Captura de extensão Aumento da dor após dia duro de trabalho Perda da habilidade de manter a postura por 30 minutos
MRI	Defeito anular em ambas as investigações por imagens em T1 e T2 Espessamento do ânulo posterior HIZ (zona de alta intensidade) na investigação por imagens em T2
Discografia provocativa	Positivo com dor aguda e penetrante

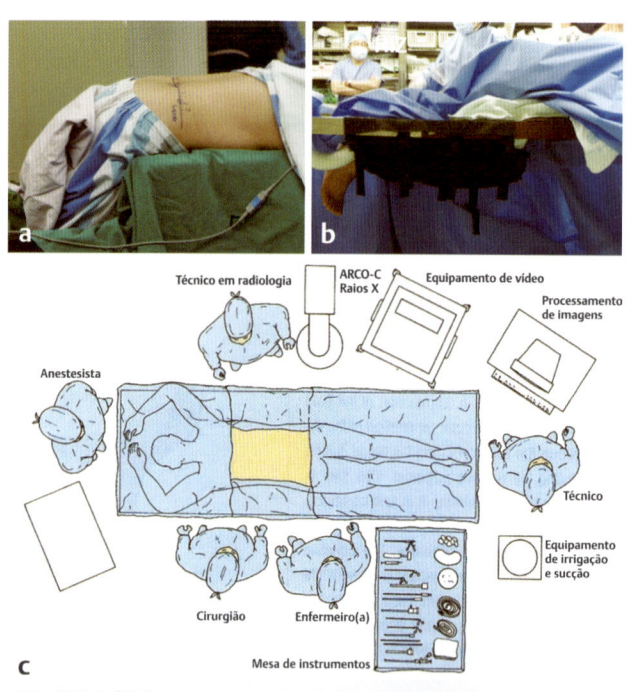

Fig. 6.2 (a,b) Posicionamento do paciente. **(c)** Configuração do equipamento.

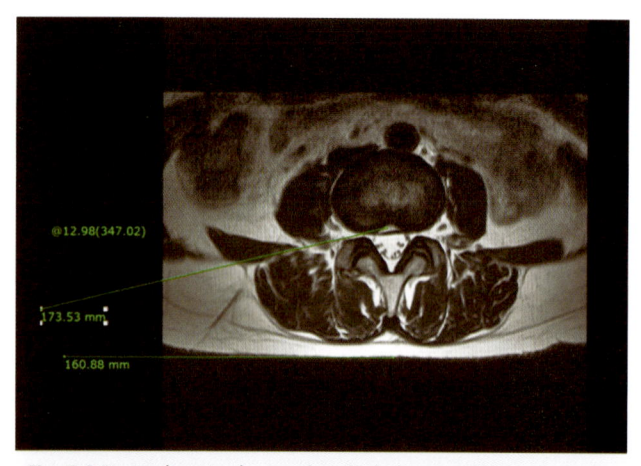

Fig. 6.3 Ponto de entrada na pele calculado com MRI.

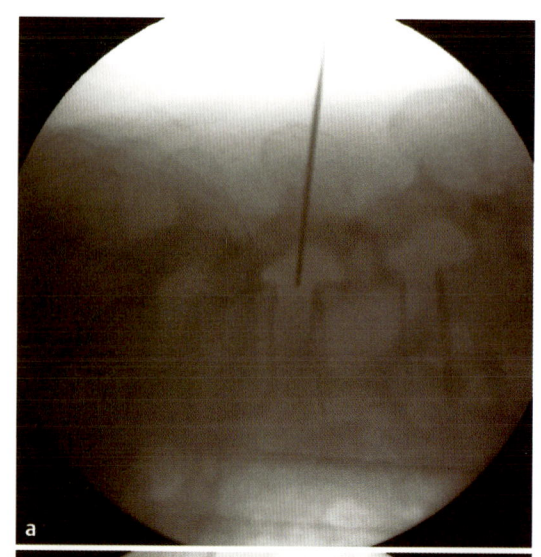

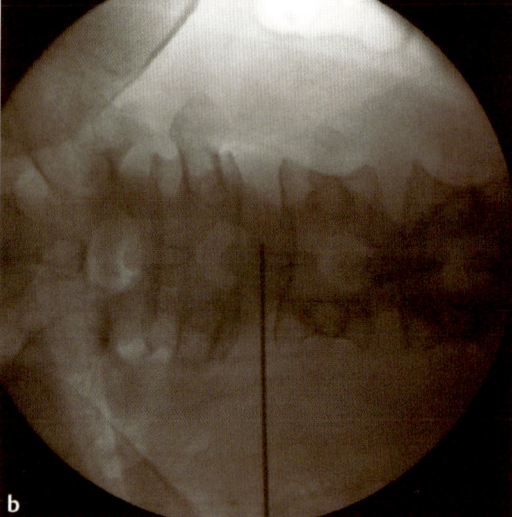

Fig. 6.4 Inserção da agulha: trajetória e angulação. **(a)** Visualização lateral. **(b)** Visualização AP.

6.3 Etiologia e Indicações para Cirurgia

Uma vez que a dor discogênica na parte inferior das costas tenha várias causas, como: ruptura interna do disco (IDD), doença degenerativa do disco (DDD), núcleo pulposo herniado (HNP) e dano ao anel, existem ainda algumas controvérsias sobre qual procedimento ser o melhor para tratar dor discogênica, mas as indicações relativas comuns para cirurgia são:
- Dor discogênica incapacitante nas costas, confirmada por discografia provocativa.
- Tratamento conservador sem sucesso (como medicamentos, exercícios e fisioterapia) por mais de seis meses.

6.4 Técnica Cirúrgica

6.4.1 Posição e Configuração

Para a abordagem transforaminal posterolateral, o paciente é colocado em posição prona, com um enchimento de reforço na pelve e no abdome, em uma mesa de cirurgia de coluna. Os quadris e os joelhos ficam flexionados (**Fig. 6.2a,b**). O cirurgião deverá ficar em pé sempre do lado sintomático, e o ampliador de imagens intraoperatórias deverá estar localizado do lado oposto (**Fig. 6.2c**). A marcação de nível e a preparação do campo cirúrgico são realizadas. Uma ponta dos lençóis da preparação deve deixar os tornozelos e ambos os pés expostos de modo que, quando solicitado, o paciente possa mover os tornozelos para que o cirurgião possa observar o movimento e assegurar a segurança do estado neurológico.

6.4.2 Anestesia e Sedação Consciente

Recomendamos a sedação consciente usando remifentanil e propofol e anestesia local com a infiltração na pele de 2 ou 3 mL de lidocaína a 1% e infiltração no músculo paraespinal de 6 a 8 mL; aguardar 1 minuto para o efeito total. Os pontos mais doloridos

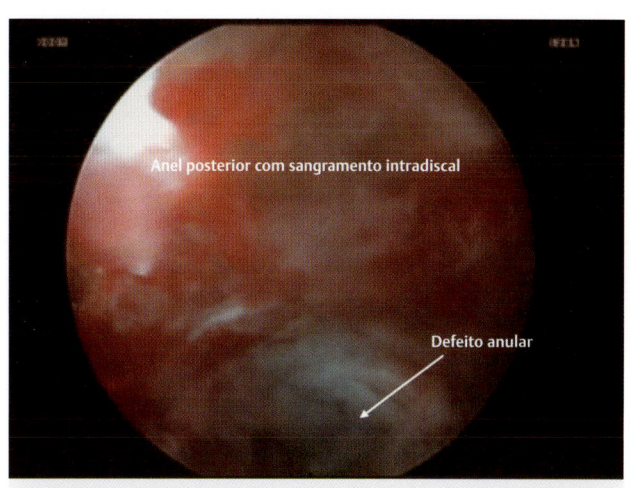

Fig. 6.6 Projeção endoscópica de defeito anular posterior com rótulo.

6.4.3 Inserção da Agulha e Estabelecimento do Canal de Trabalho

A inserção da agulha é considerada o passo mais importante para o estabelecimento do canal de trabalho e para a melhor visualização possível. Nossa recomendação é usar agulha espinal 18 G introduzida mediante orientação fluoroscópica, de acordo com a localização da doença. O ponto de entrada é calculado antes da cirurgia por meio da MRI (**Fig. 6.3**). Geralmente, o ponto de entrada fica 8 a 12 cm distantes da linha média. Em comparação à PELD, o ângulo da agulha deverá ser um pouco mais horizontal, e a posição final da ponta da agulha deverá estar na linha do corpo vertebral posterior, na projeção lateral, e logo na borda pedicular medial na projeção anteroposterior (AP). Diferentemente da PELD, a inserção é mais posterior. A discografia usando a solução índigo-carmim, contraste e solução normal de soro fisiológico na proporção de 2:1:2 é feita depois da inserção da agulha,[12,16] seguida da inserção do fio-guia pela agulha (**Fig. 6.4**).

A incisão da pele é necessária antes da colocação no dilatador. Este é inserido para estabelecer um portal de trabalho para o endoscópio sob orientação de imagens intraoperatórias. Depois que o dilatador passar a borda pedicular medial, o martelamento suave pode atingir o ponto logo após a linha média. Durante a inserção do obturador chanfrado, certificar-se de que o chanfrado esteja voltado para o lado dorsal (**Fig. 6.5**).

6.4.4 Procedimento de Anuloplastia/Nucleoplastia

Uma vez estabelecido o canal de trabalho apropriado e atingido o disco mais posterior, um endoscópio com angulação de 20° e a cânula chanfrada tornam possível a visualização da parte interna do anel posterior. O defeito anular pode ser localizado, e parte do núcleo pulposo aprisionado e corado pelo índigo-carmim poderá ser visualizada dentro do defeito (**Fig. 6.6**). Neste ponto, uma vez que a dor nas costas seja resultado da inflamação e do crescimento para dentro do tecido de granulação, pode-se observar um sangramento intradiscal. Esse sinal confirma o diagnóstico e indica que o resultado do procedimento será benéfico ao paciente (**Fig. 6.6**).

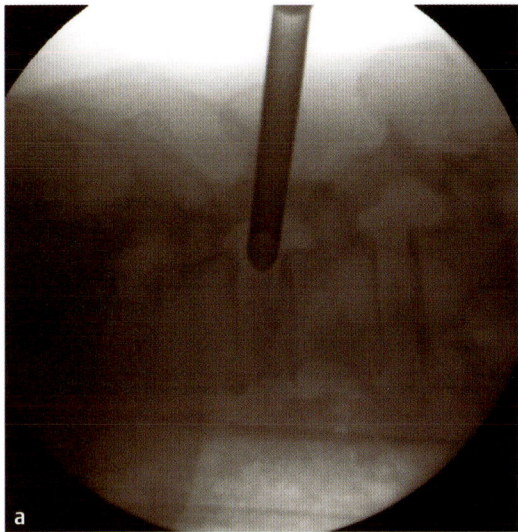

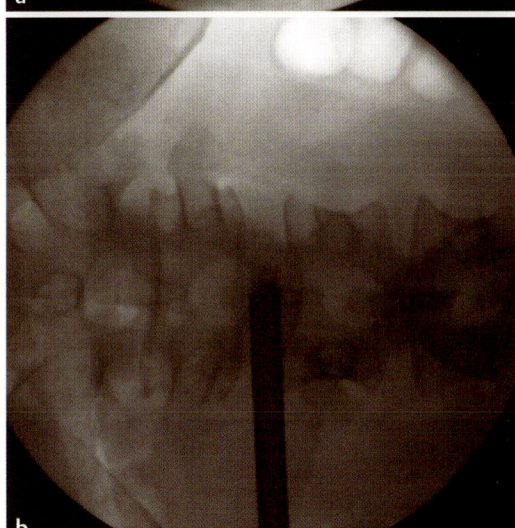

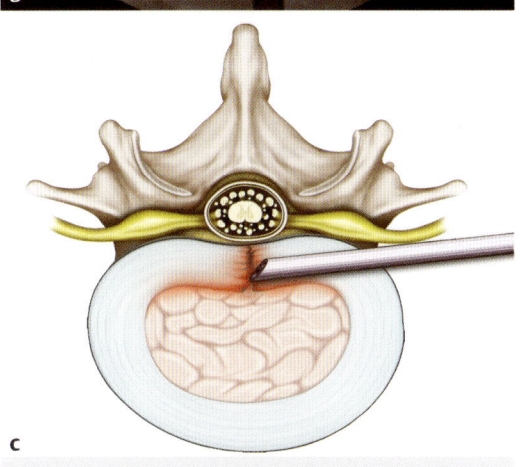

Fig. 6.5 Inserção do obturador. (**a**) Projeção lateral. (**b**) Projeção AP. (**c**) Diagrama da posição do obturador.

no procedimento são a penetração na pele e a penetração no anel; por isso, recomendamos também a infiltração de mais 2 ou 3 mL de lidocaína a 1% logo antes da penetração no anel; isto será suficiente para minimizar a dor. Uma concentração mais forte (p. ex., a 2%) poderá paralisar a função motora também e poderá comprometer a proteção contra a lesão neural iatrogênica.

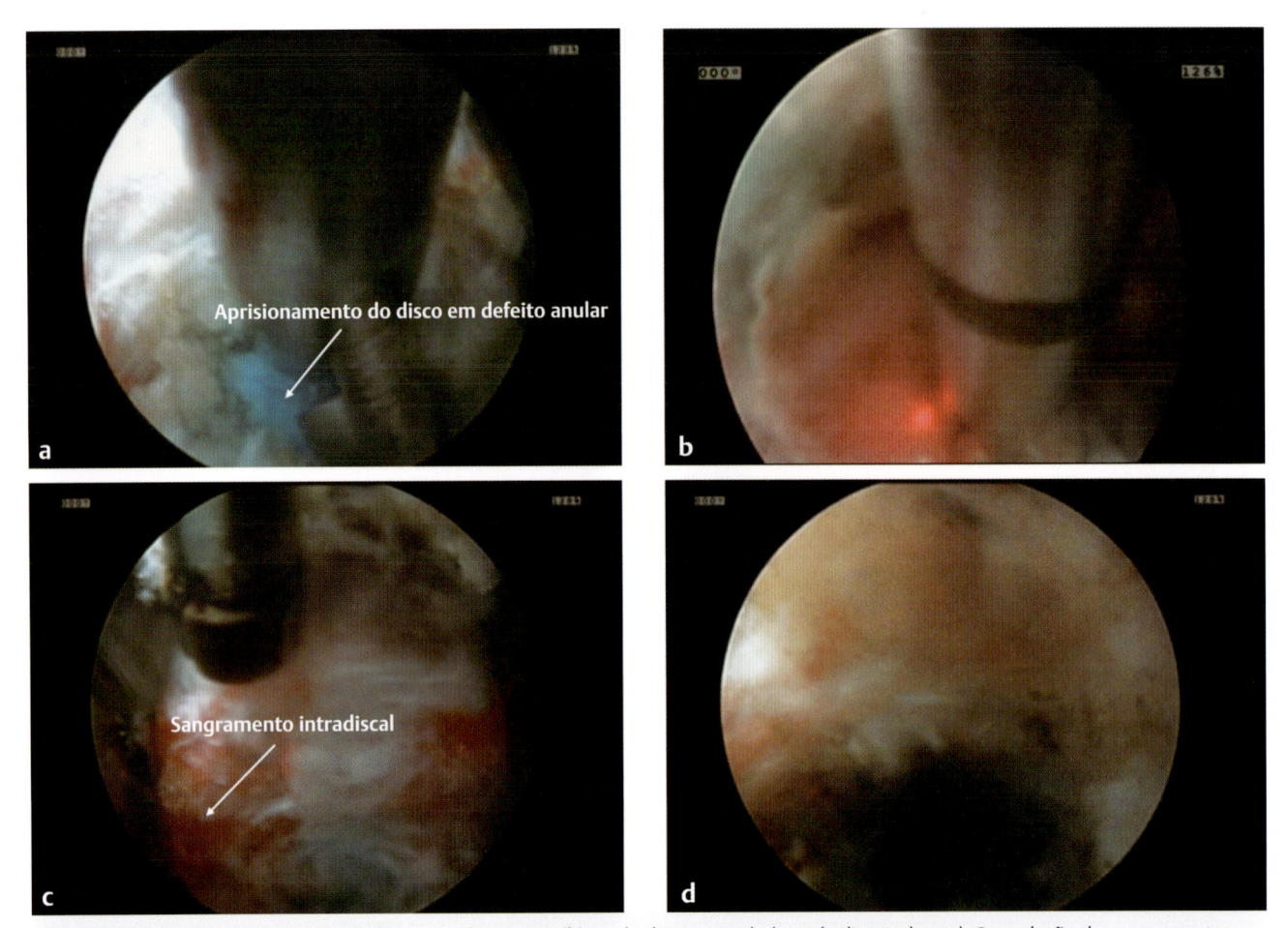

Fig. 6.7 (**a**) Remoção do disco usando fórceps endoscópico. (**b**) Anuloplastia usando *laser* de disparo lateral. Coagulação do sangramento e do tecido de inflamação usando cautério bipolar de radiofrequência (RF), (**c**) antes da coagulação e (**d**) após coagulação e anuloplastia concluída.

Após identificação do defeito anular e do material de disco aprisionado, o disco é removido com fórceps endoscópico. Se o disco aprisionado for muito grande, a abertura do defeito poderá ser ampliada com *laser* de hólmio:ítrio-alumínio–granada (Ho:YAG) de disparo lateral para acomodar a remoção. Após a remoção, a anuloplastia é feita usando o *laser* Ho:YAG de disparo lateral. O tecido inflamado e o sangramento são tratados com *laser* Ho:YAG de disparo lateral e cautério bipolar endoscópico de radiofrequência (RF) (**Fig. 6.7**).

Por fim, se necessário, a raiz transversa e o espaço epidural podem ser visualizados removendo gradualmente o obturador e o endoscópio.

6.5 Evitando Complicações

Durante o procedimento, uma vez que o paciente permaneça consciente, o cirurgião pode avaliar continuamente a função neurológica desse paciente e evitar complicações. Estas são raras, mas possíveis e deverão ser prevenidas.

- A lesão neural decorrente da inserção descuidada da agulha é rara, pois os próprios pacientes são o melhor sistema de neuromonitoramento.
- A laceração neural é possível, mas raramente observada neste procedimento, pois a ponta da cânula fica ancorada no anel, e o conteúdo epidural não precisa ser visualizado.
- A dor no pescoço é causada pelo aumento na pressão intracraniana por causa do influxo do fluido de irrigação. Recomendamos ajustar o fluxo de acordo com o sangramento e reduzir a pressão após se conseguir o controle hemostático com o cautério bipolar de RF.
- Em nossa experiência até agora, a infecção pós-operatória é desconhecida por causa do uso de irrigação intraoperatória contínua com soro fisiológico infundido com antibióticos.
- Sintomas persistentes após a cirurgia são evitados com a seleção estrita só de pacientes que apresentam dor nas costas de natureza discogênica. Recomendamos fortemente o uso de discografia para diagnóstico de dor nas costas discogênica. Se a inflamação e o sangramento intradiscal forem observados durante a cirurgia, podemos confirmar que o paciente deverá melhorar após o procedimento.

6.6 Conclusão

A anuloplastia/nucleoplastia percutânea com *laser* endoscópico tem o benefício de visualização da doença intradiscal e a remoção do fragmento aprisionado que é a causa principal da inflamação crônica que leva à dor nas costas discogênica. A visualização clara e o uso do *laser* Ho:YAG com sonda de disparo lateral permitem ao cirurgião executar a anuloplastia e a nucleoplastia no mesmo procedimento.

Referências

1. Kauppila LI. Ingrowth of blood vessels in disc degeneration. Angiographic and histological studies of cadaveric spines. *J Bone Joint Surg Am* 1995;77(1):26–31
2. Tsou PM, Alan Yeung C, Yeung AT. Posterolateral transforaminal selective endoscopic discectomy and thermal annuloplasty for chronic lumbar discogenic pain: a minimal access visualized intradiscal surgical procedure. *Spine J* 2004;4(5):564–573
3. Hijikata S, Yamagishi M, Nakayma T. Percutaneous discectomy: a new treatment method for lumbar disc herniation. *J Tokyo Den-ryoku Hosp* 1975;5:39–44
4. Kambin P, Gellman H. Percutaneous lateral discectomy of the lumbar spine. A preliminary report. *Clin Orthop Relat Res* 1983; *174*:127–132
5. Onik G, Helms CA, Ginsberg L, Hoaglund FT, Morris J. Percutaneous lumbar diskectomy using a new aspiration probe: porcine and cadaver model. *Radiology* 1985;*155*(1):251–252
6. Hayashi K, Thabit G III, Bogdanske JJ, Mascio LN, Markel MD. The effect of nonablative laser energy on the ultrastructure of joint capsular collagen. *Arthroscopy* 1996;*12*(4):474–481
7. Saal JA, Saal JS. Intradiscal electrothermal treatment for chronic discogenic low back pain: prospective outcome study with a minimum 2-year follow-up. *Spine* 2002;*27*(9):966–973
8. Hermantin FU, Peters T, Quartararo L, Kambin P. A prospective, randomized study comparing the results of open discectomy with those of video-assisted arthroscopic microdiscectomy. *J Bone Joint Surg Am* 1999;*81*(7):958–965
9. Kambin P. Arthroscopic microdiscectomy. In: Frymoyer JW, ed. *The Adult Spine: Principle and Practice*. 2nd ed. Philadelphia: Lippincott-Raven Publishers; 1997:2023–2036
10. Tsou PM, Yeung AT. Transforaminal endoscopic decompression for radiculopathy secondary to non-contained intracanal lumbar disc herniation. *Spine J* 2002;*2*:41–48
11. Yeung AT, Tsou PM. Posterolateral endoscopic excision for lumbar disc herniation: Surgical technique, outcome, and complications in 307 consecutive cases. *Spine* 2002;*27*(7):722–731
12. Choi G, Lee SH, Raiturker PP, Lee S, Chae YS. Percutaneous endoscopic interlaminar discectomy for intracanalicular disc herniations at L5–S1 using a rigid working channel endoscope. *Neurosurgery* 2006;*58*
13. Lee SH, Kang HS. Percutaneous endoscopic laser annuloplasty for discogenic low back pain. *World Neurosurg* 2010;*73*(3):198–206
14. Schwarzer AC, Aprill CN, Derby R, Fortin J, Kine G, Bogduk N. The prevalence and clinical features of internal disc disruption in patients with chronic low back pain. *Spine* 1995;*20*(17):1878–1883
15. Guyer RD, Ohnmeiss DD. Lumbar discography. Position statement from the North American Spine Society Diagnostic and Therapeutic Committee. *Spine* 1995;*20*(18):2048–2059
16. Choi G, Lee SH, Deshpande K, Choi H. Working channel endoscope in lumbar spine surgery. *J Neurosurg Sci* 2014;*58*(2):77–85

7 Abordagem Cirúrgica Interlaminar para Anuloplastia/Nucleoplastia com *Laser* Endoscópico Percutâneo

Akarawit Asawasaksakul ▪ *Alfonso García* ▪ *Ketan Deshpande* ▪ *Gun Choi*

7.1 Introdução

Além da abordagem transforaminal para anuloplastia/nucleoplastia com *laser* endoscópico percutâneo, a abordagem interlaminar é, atualmente, uma das técnicas mais populares para procedimentos percutâneos de descompressão. Em 2006, Choi et al.[1] relataram, pela primeira vez, a remoção endoscópica bem-sucedida de uma hérnia de disco de L5-S1 usando essa abordagem. Em 2008, Ruetten et al.[2] compararam a discectomia endoscópica à microdiscectomia e descobriram resultados clínicos comparáveis, mas com menos trauma aos tecidos com a técnica endoscópica. Recentemente, muitos autores também relataram a aplicação dessa abordagem e resultados bem-sucedidos.[3,4,5,6]

7.2 Considerações Anatômicas

O conhecimento completo da anatomia é uma exigência essencial em todas as especialidades cirúrgicas.
- A cirurgia endoscópica da coluna é um procedimento orientado para o alvo que se baseia na projeção mental precisa de uma lesão patológica e em suas relações com os marcos ósseos ao redor.
- Diferentemente da microcirurgia, na cirurgia endoscópica o cirurgião não tem a liberdade de identificar visualmente os marcos ósseos e então passar por eles para encontrar as estruturas neurológicas.
- O cirurgião deve conhecer a relação das várias estruturas neurais com o osso ao redor e deve confiar fortemente na orientação fluoroscópica para inserir a agulha no ponto-alvo exato identificado no plano pré-operatório, além de evitar todas as estruturas anatômicas importantes que ficam entre eles.
- Outro aspecto importante da cirurgia endoscópica da coluna é a familiaridade com a aparência endoscópica das várias estruturas anatômicas.

Este capítulo descreve a discectomia endoscópica interlaminar percutânea ao nível de L5-S1 em três seções:
- Discussão dos aspectos anatômicos únicos do segmento L5-S1 que o torna receptivo à abordagem interlaminar.
- Descrição dos métodos usados para projetar várias estruturas anatômicas importantes (como definido na CT e na MRI) nas radiografias e elaborar o plano pré-operatório.
- Descrição das aparências endoscópicas de várias estruturas anatômicas visualizadas durante o procedimento de modo que o leitor possa ter uma ideia justa do que esperar antes de embarcar nesse procedimento.

A abordagem interlaminar se aplica não só ao nível de L5-S1, mas também a outros níveis.

7.3 Aspectos Únicos da Anatomia de L5-S1

O nível de L5-S1 tem aspectos anatômicos únicos que se aplicam à discectomia endoscópica interlaminar:

- A maioria dos discos lombares possui uma saliência laminar significando que a lâmina da vértebra superior se estende inferiormente, de modo que o espaço do disco fica em um nível relativamente superior à margem inferior da lâmina. Entretanto, a saliência laminar sobre o espaço do disco diminui a partir do nível lombar superior para o lombar inferior. No nível de L5-S1, a distância cefalocaudal entre a margem inferior da lâmina de L5 e a margem superior do espaço de disco de L5-S1 varia de 3,0 a 8,5 mm. Essa é a menor saliência laminar dos níveis lombares.
- A pequena saliência laminar ao nível de L5-S1 cria um espaço interlaminar relativamente maior.
- As margens inferiores da lâmina superior ficam em um nível relativamente posterior àquele das margens superiores da lâmina inferior no total da coluna lombar. Essa diferença é visualizada mais claramente ao nível de L5-S1 que em outros níveis.
- Em combinação com um espaço interlaminar mais amplo e uma saliência laminar irrelevante, esse arranjo cria uma configuração trapezoidal que permite mais espaço de trabalho para a cânula externa e sua manipulação durante o procedimento, especialmente se a trajetória inicial da agulha for mantida em um ângulo caudocraniano de 5 a 10°.
- A largura interlaminar máxima, conforme definido pela distância medida entre os aspectos mais inferomediais das facetas inferiores, é também maior no espaço de L5-S1 que nos níveis superiores (**Fig. 7.1**).
- A largura interlaminar média em L5-S1 é de 31 mm (faixa de 21 mm a 40 mm), em comparação à largura média de 23,5 mm ao nível de L4-L5, por causa das lâminas relativamente mais largas de L5.[7]
- A largura interlaminar mais ampla fornece a passagem fácil da cânula de trabalho (**Fig. 7.1**).
- A raiz neural de S1 tem saída relativamente cefálica da bolsa tecal, em comparação aos níveis lombares superiores. O S1 à raiz sai da bolsa tecal ao nível do espaço de disco de L5-S1 ou acima dele. Em sua análise de cadáveres da origem das raízes espinais lombares em relação ao disco intervertebral, Suh et al. relataram que a raiz neural de S1 se originava acima do nível do disco L5-S1 em 75% dos sujeitos e ao nível do disco em 25%, mas nunca abaixo do nível do disco.[8,9,10,11]

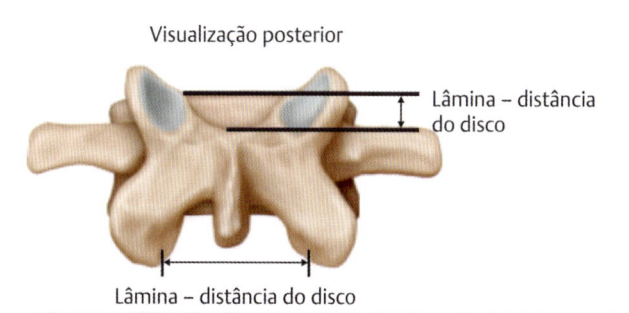

Fig. 7.1 Ilustração da largura interlaminar máxima ao nível de L5-S1.

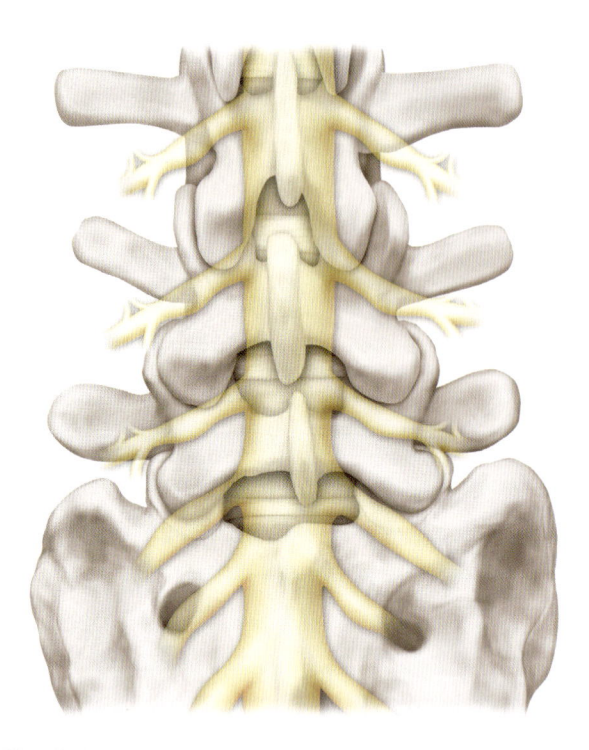

Fig. 7.2 Ilustração da raiz neural de S1, que escapa em um ângulo relativamente menor da bolsa tecal.

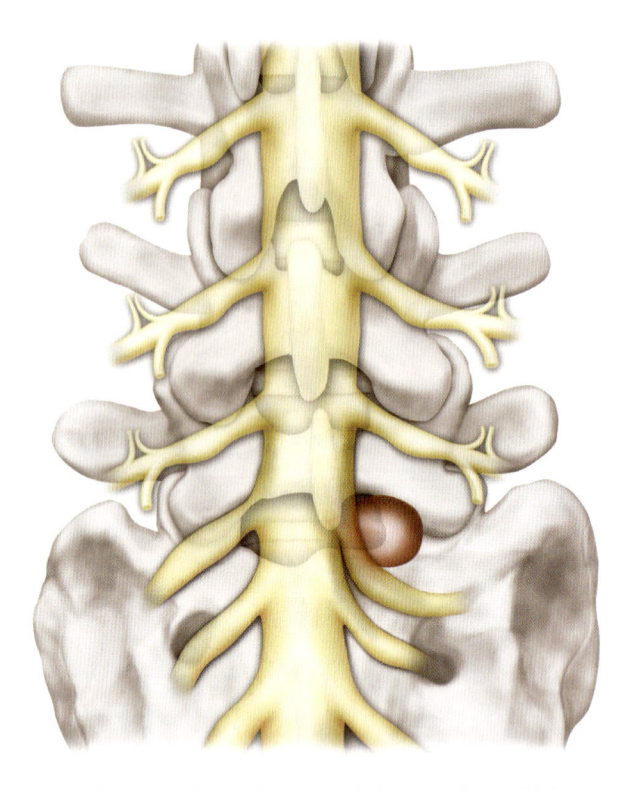

Fig. 7.4 Ilustração de uma hérnia de disco cervical ao nível de L5-S1, que empurra a raiz neural de S1 medialmente, em direção à bolsa tecal.

- A hérnia de disco axilar também pode deslocar a raiz neural de S1 para longe na região subarticular, criando um espaço potencial entre a bolsa tecal e a raiz neural. Esse espaço artificial criado pela lesão patológica pode ser explorado com lucro para conduzir uma discectomia endoscópica interlaminar segura (**Fig. 7.3**).
- A hérnia de disco localizada no ombro da raiz ao nível de L5-S1 é relativamente incomum; neste caso, o disco herniado empurra a raiz neural de S1 medialmente, em direção à bolsa tecal, e a agulha pode ser direcionada diretamente sobre a massa da hérnia que fica em contato direto do pedículo (**Fig. 7.4**).
- O ligamento amarelo é uma estrutura amarela e espessa de 2 a 6 mm que abrange o espaço interlaminar. Trata-se de um ligamento ativo que tem papel biomecânico essencial. Ele também atua como barreira protetora para a bolsa tecal, e qualquer lesão a ele provavelmente terá consequências.[12]
- A fibrose peridural é a consequência direta da intrusão para o interior do canal espinal com a quebra no ligamento amarelo, pois a fibrose peridural ocorre por causa dos fibroblastos derivados do músculo sobrejacente destacado que ganhou acesso ao canal espinal.[12,13,14]
- Embora o ligamento amarelo seja mais fino ao nível de L5-S1, ele é a única barreira protetora principal para as estruturas neurais nesse nível, por causa da saliência laminar mínima. Portanto, a conservação da integridade e continuidade do ligamento amarelo ao nível de L5-S1 é muito importante.
- Durante a discectomia endoscópica interlaminar percutânea de L5-S1, a divisão das fibras do ligamento amarelo em sentido longitudinal e a seguir a ampliação do orifício pela passagem de dilatadores sequenciais criam uma abertura. Mediante retirada da cânula de trabalho e do endoscópio, a

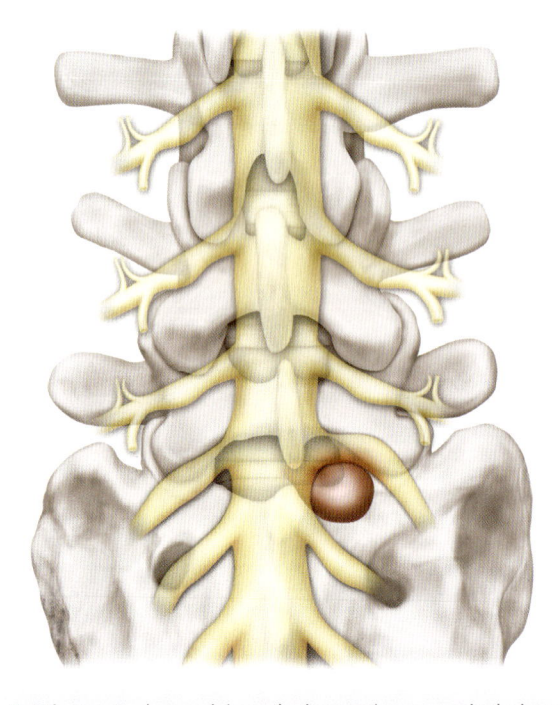

Fig. 7.3 Ilustração de uma hérnia de disco axilar que pode deslocar a raiz neural de S1 para longe na região subarticular, criando um espaço potencial entre a bolsa tecal e a raiz neural.

- O ângulo médio de escape da raiz neural de S1 da bolsa tecal é de 17,9 ± 5,8 graus. Embora esse ângulo seja relativamente menor que aquele nos níveis lombares superiores, uma hérnia de disco em L5-S1 é mais provavelmente axilar por causa da saída cefálica da raiz neural de S1 em frente ao espaço de disco de L5-S1 (**Fig. 7.2**).[10,11]

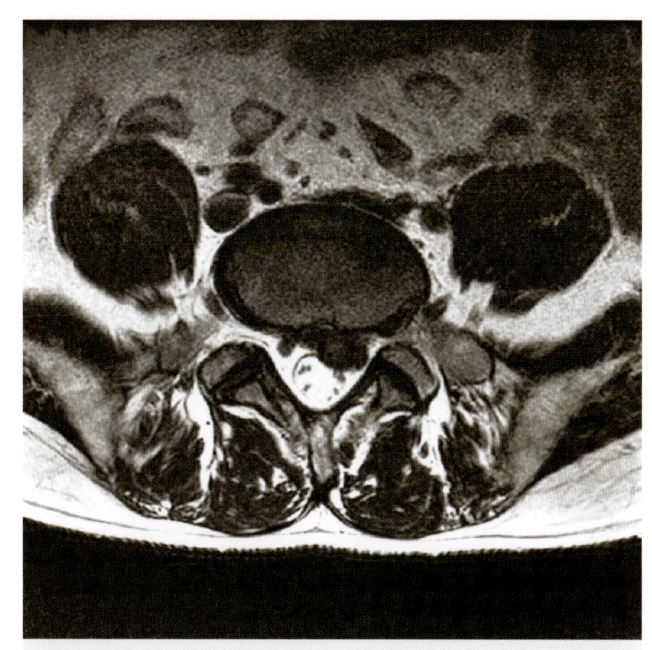

Abordagem Cirúrgica Interlaminar para Anuloplastia/Nucleoplastia com *Laser* Endoscópico Percutâneo

Fig. 7.5 MRI sagital ponderada em T2 mostrando migração caudal leve do disco de L5-S1 herniado.

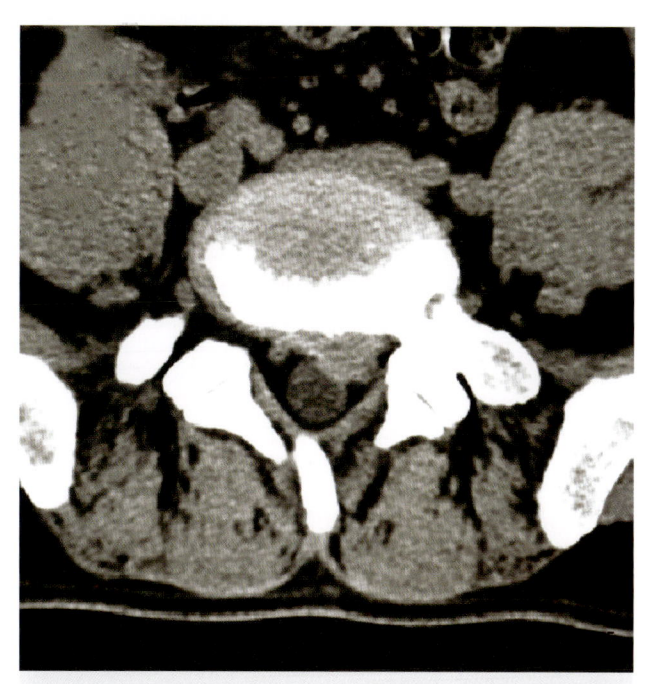

Fig. 7.7 CT axial mostrando hérnia mole sequestrada do disco de L5-S1 no lado esquerdo.

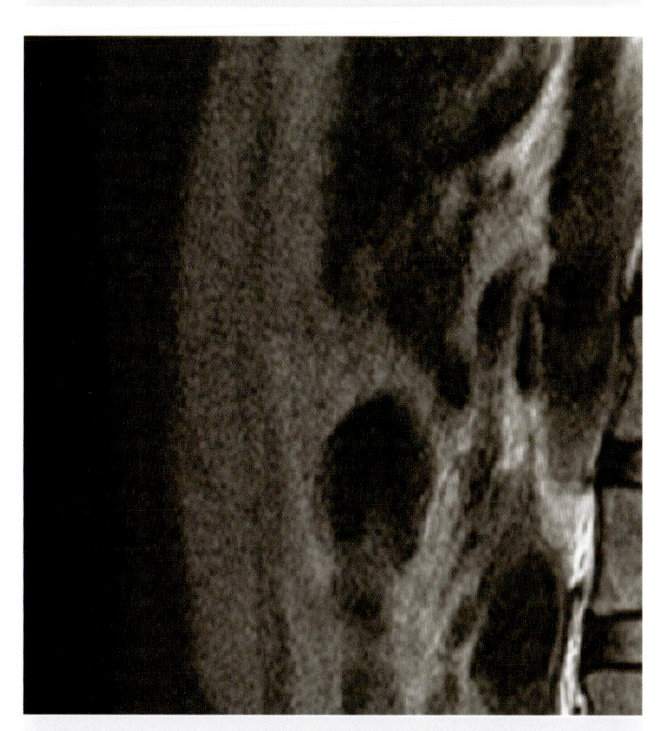

Fig. 7.6 MRI axial ponderada em T2 mostrando hérnia sequestrada do disco de L5-S1 do lado esquerdo.

abertura no ligamento amarelo se fecha espontaneamente e restaura a continuidade da barreira protetora.
- Quando a raiz neural de S1 deixa a bolsa tecal ao nível do espaço discal de L5-S1 e se coloca diretamente oposta ao disco, o alvo inicial da agulha é identificado inferior ao espaço de disco na axila da raiz de S1. Essa anatomia ajuda a evitar qualquer dano à raiz neural de S1 pelo avanço da agulha.

- Assim que a ponta da agulha for localizada ao nível da placa terminal superior da vértebra S1 na projeção lateral com braço-C, o fio-guia é inserido. A seguir, os dilatadores sequenciais são passados sobre o fio-guia para criar espaço de trabalho. Esses passos ajudam a empurrar a raiz do nervo de S1 para mais longe da área de trabalho, visando a protegê-la.

7.4 Planejamento Pré-operatório

A correlação de várias estruturas anatômicas e a lesão patológica, como identificado por varreduras de CT e de MRI e suas projeções nas radiografias, é vital ao planejamento pré-operatório (**Fig. 7.5**).
- Na MRI sagital pode-se notar a extensão das migrações caudal e cefálica do disco herniado (**Fig. 7.5, Fig. 7.6, Fig. 7.7**).
- Na MRI e CT axiais, a localização do disco herniado e sua relação com a raiz neural, junto com qualquer desvio da raiz neural em causa e a endentação da bolsa tecal pelo disco herniado são identificados.
- A CT axial também é usada para calcular o sítio do ponto de entrada na pele com relação à linha pedicular medial e a linha espinal média (**Fig. 7.8**).
- A seguir, todos esses achados são projetados em radiografias anteroposteriores (AP) para criar o plano pré-operatório que guiará o cirurgião durante o procedimento.
  • Primeiro, os pedículos das vértebras L5 e S1 são identificados e marcados na imagem de raios X.
  • Em seguida, linhas imaginárias são desenhadas para representar a bolsa tecal e a saída de várias raízes neurais dessa bolsa, junto com sua relação com os marcos ósseos ao redor. Dos achados da CT e da MRI, a raiz neural de S1 deslocada, junto com a bolsa tecal que foi recortada pelo fragmento de disco herniado, poderá ser desenhada (**Fig. 7.9**). O ponto-alvo intencionado para posicionamento inicial da agulha também pode ser desenhado.

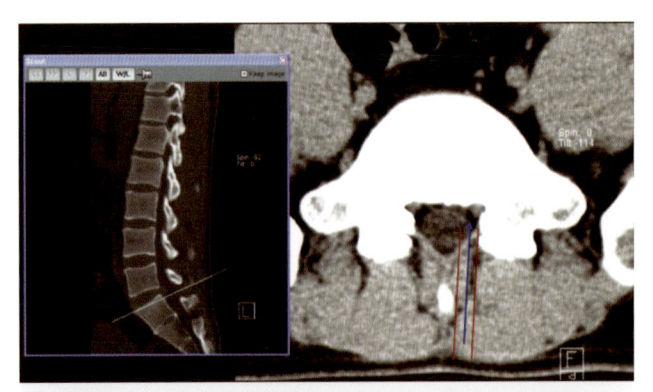

Fig. 7.8 Topograma à esquerda mostrando o nível da imagem axial (ao nível da placa terminal superior de S1) a ser usado para o planejamento pré-operatório.

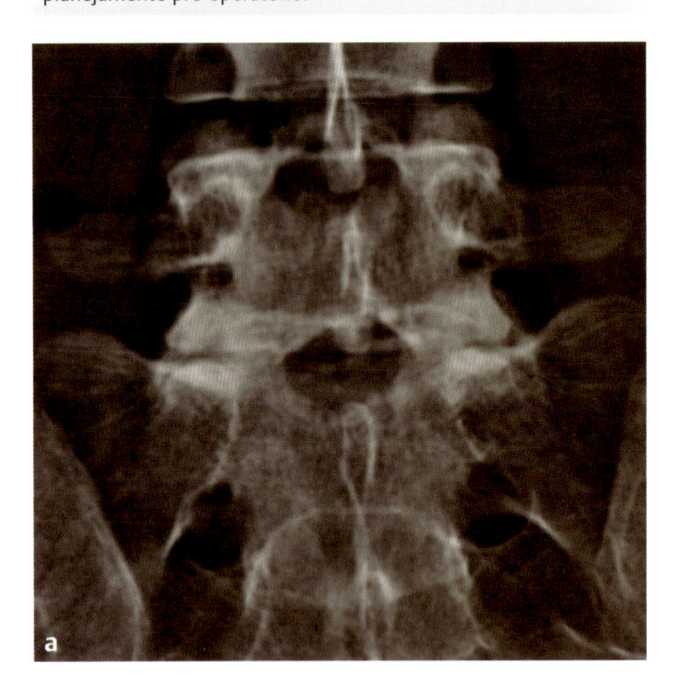

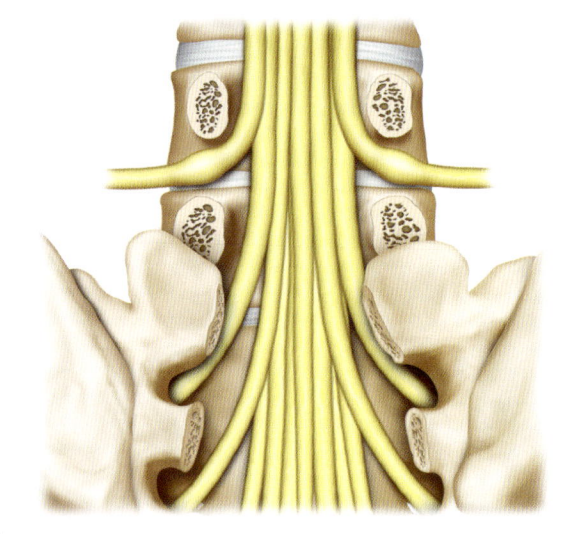

Fig. 7.9 (a,b) Linhas imaginárias da raiz desenhadas usando CT ou MRI axiais fechadas.

- Nem sempre é fácil identificar a raiz neural de S1 na CT ou MRI, mas tentativas devem ser feitas para visualizar e obter imagens da raiz usando as fatias da CT ou MRI axiais fechadas (**Fig. 7.9**).

7.5 Identificação de Estruturas Anatômicas na Visualização Endoscópica

Há dois métodos de se ganhar acesso ao espaço epidural:

7.5.1 Primeiro Método

- No primeiro método, considerado mais seguro que o segundo, a ponta da agulha avança para penetrar no ligamento amarelo, e então dilatadores em série são inseridos sobre o fio-guia para criar uma via de trabalho.
- Neste estágio, a cânula de trabalho de ponta circular é introduzida, e sua ponta é ancorada sobre a junção espinolaminar, e a posição é confirmada com fluoroscopia lateral com braço-C (**Fig. 7.10a**). O endoscópio do canal de trabalho é introduzido, e o ligamento amarelo é identificado por suas fibrilas amarelas e pálidas correndo verticalmente, em direção cefalocaudal.
- O ligamento amarelo é uma estrutura de duas camadas consistindo em uma camada posterior superficial e uma camada anterior profunda. As duas camadas desse ligamento podem ser separadas longitudinalmente com a ajuda de uma sonda de dissecção cega para ganhar acesso ao espaço epidural (**Fig. 7.10b**).
- Se o ligamento amarelo for espesso, uma tesoura endoscópica também poderá ser usada para cortá-lo, mas isto criará um defeito pós-operatório.
- Depois que as fibras do ligamento amarelo forem separadas, a cânula de trabalho, junto com o endoscópio, avança mais anteriormente. A próxima estrutura a ser visualizada é geralmente a gordura epidural, que pode ser identificada como glóbulos pequenos, amarelos e brilhantes intercalados com vasos sanguíneos de pequeno calibre, dando a ela um matiz avermelhado (**Fig. 7.11**).
- Após a coagulação dos vasos e da gordura epidural com a ajuda da sonda bipolar de radiofrequência, a cânula de trabalho avança ainda mais, e a próxima estrutura a ser visualizada poderá ser tecido neural, tecido corado de azul do disco herniado ou o ligamento longitudinal posterior (PLL), dependendo da natureza da doença. Mais usualmente, o tecido do disco herniado corado de azul pelo índigo-carmim injetado para discografia ou o PLL é visualizado primeiro, junto com um pouco de tecido da gordura epidural anterior (**Fig. 7.12**).
- Se o tecido neural for visualizado primeiro, isto significa que o espaço de trabalho disponível ainda é pequeno.
- Nesse caso, o fio-guia é introduzido novamente mediante visualização endoscópica, evitando qualquer dano ao tecido neural ao redor.
- A ponta do fio-guia é avançada até a superfície posterior do corpo vertebral de S1, logo abaixo da placa terminal superior da vértebra S1. Agora se retira o endoscópio, e um espaço de trabalho é criado no espaço epidural pela inserção de dilatadores sequenciais sobre o fio-guia.
- A seguir, a cânula de trabalho é substituída por uma ponta chanfrada. A cânula chanfrada pode fornecer uma vantagem em proteger a raiz neural por rotação do bisel mediante

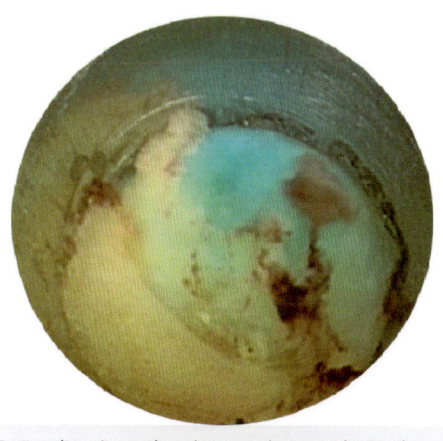

Abordagem Cirúrgica Interlaminar para Anuloplastia/Nucleoplastia com *Laser* Endoscópico Percutâneo

Fig. 7.12 Visualização endoscópica após coagulação dos vasos e a gordura epidural. A cânula de trabalho é avançada um pouco mais, e a próxima estrutura a ser visualizada poderá ser tecido neural, tecido do disco herniado corado de azul ou o ligamento longitudinal posterior.

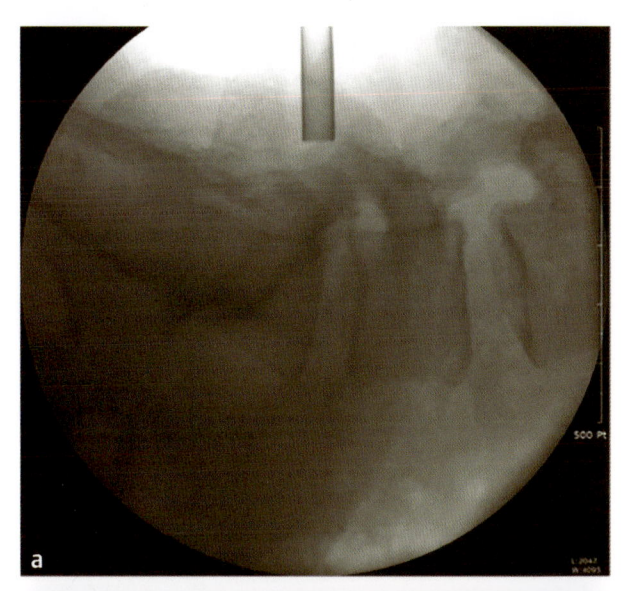

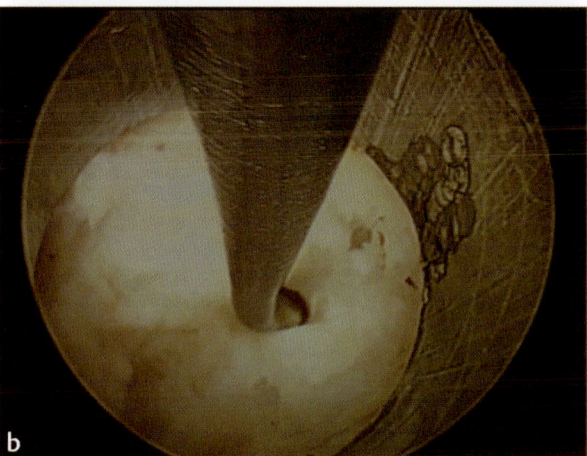

Fig. 7.10 (a) Visualização fluoroscópica da cânula de trabalho de ponta circular ancorada no córtex dorsal da lâmina de L5. **(b)** Projeção endoscópica das duas camadas do ligamento amarelo que podem ser separadas longitudinalmente com a ajuda de uma sonda de dissecção cega para ganhar acesso ao espaço epidural.

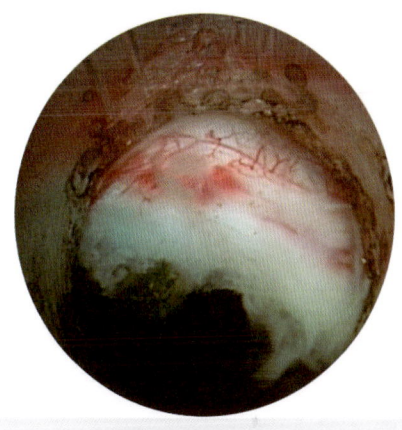

Fig. 7.13 Visualização endoscópica de parte do ligamento longitudinal posterior, que pode captar a cor azul do índigo-carmim.

visualização endoscópica. Isto ajuda a empurrar gradualmente para longe a raiz neural de S1 e ampliar o espaço axilar ou do ombro.
- Ao se introduzir o endoscópio neste estágio, geralmente o tecido do disco herniado corado de azul, junto com alguma gordura epidural poderão ser visualizados (**Fig. 7.12**).
- Após remoção do tecido extrudado do disco herniado, podem-se visualizar os resíduos do PLL, que podem ser identificados pela presença de uma arcada de múltiplos vasos de pequeno calibre correndo irregularmente ao longo de sua superfície branca e brilhante.
- Uma parte do PLL também pode captar a cor azul do índigo-carmim devido à presença duradoura de fragmentos nucleares muito pequenos em seu interior (**Fig. 7.13**).

7.5.2 Segundo Método
- Para o segundo método, se a hérnia for suficientemente grande para empurrar a raiz transversa em sentido medial ou lateral na MRI, poderemos inserir a agulha diretamente no disco herniado.
- Neste ponto, após estabelecimento do canal de trabalho e da inserção do cinescópio, o disco corado de azul será facilmente visualizado.

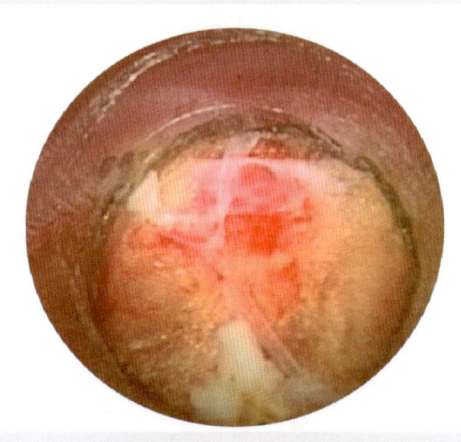

Fig. 7.11 Visualização endoscópica após separação das fibras do ligamento amarelo mostrando a gordura epidural, que pode ser identificada por seus glóbulos pequenos, amarelos e brilhantes intercalados com vasos sanguíneos de pequeno calibre cursando pelo ligamento e dando a ele um matiz avermelhado.

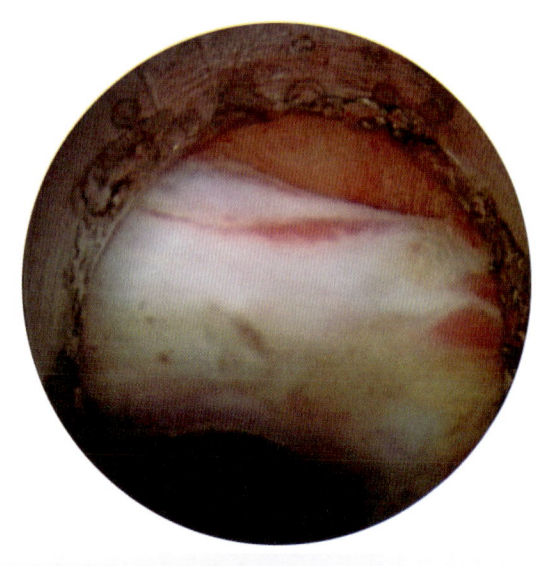

Fig. 7.14 Projeção endoscópica da raiz neural e da dura, que se mostram rosadas e geralmente possuem um ou dois vasos sanguíneos cursando longitudinalmente ao longo de suas superfícies posteriores, com ramificação mínima.

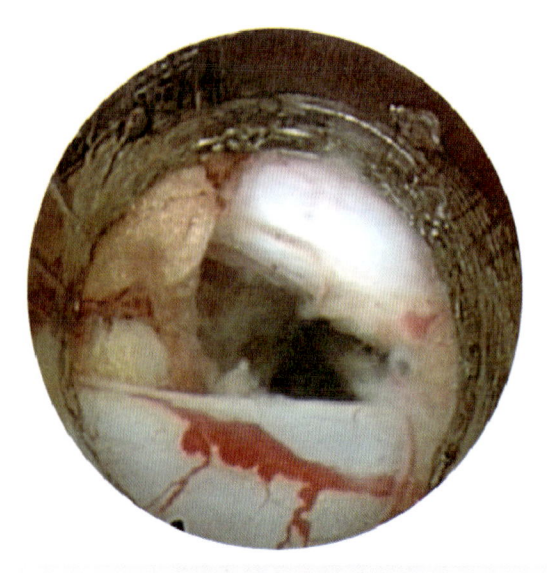

Fig. 7.16 Visualização endoscópica da raiz neural de S1, que pode ser observada cursando das posições de 11 para 3 horas. A bolsa tecal é observada cursando das posições de 4 para 7 horas. O orifício negro no centro representa o espaço oco deixado após a remoção do fragmento herniado. (A posição de 9 horas é caudal, e a de 3 horas é cefálica; a posição de 12 horas é lateral, e da de 6 horas é medial.)

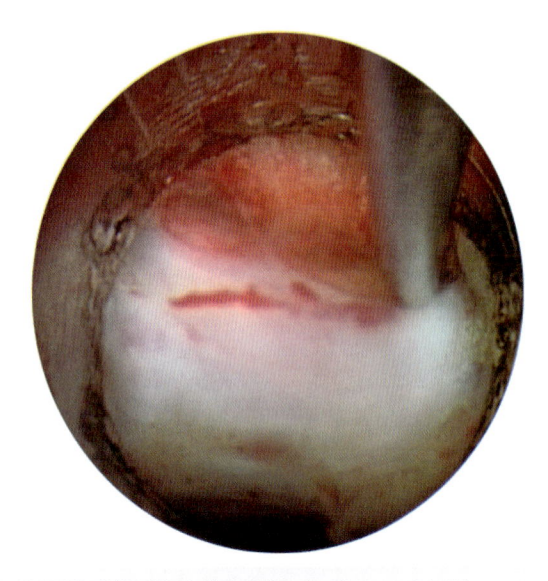

Fig. 7.15 Visualização endoscópica da raiz neural de S1, que pode ser observada com descompressão total. A adequação da descompressão pode ser verificada palpando-se com a sonda ao longo da região do ombro.

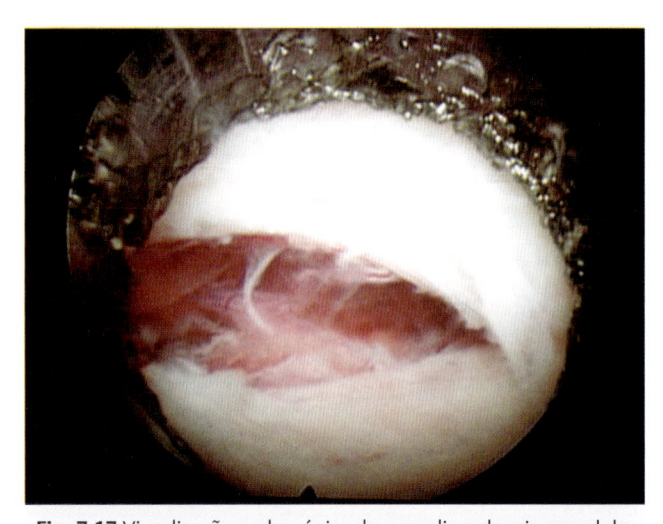

Fig. 7.17 Visualização endoscópica do curso livre da raiz neural de S1 e bolsa tecal.

- Às vezes é difícil diferenciar o PLL do tecido neural, especialmente ao nível do corpo vertebral, porque ele tem fibras superficiais correndo verticalmente que não estão ligadas muito fortemente ao osso subjacente, e por isso tornando-as relativamente móveis.[15]
- Entretanto, as duas estruturas podem ser diferenciadas pela presença de vários vasos de pequeno calibre sobre a superfície branca do PLL, enquanto a raiz neural e a dura são rosadas e geralmente possuem um ou dois vasos sanguíneos cursando longitudinalmente ao longo de suas superfícies posteriores com ramificação mínima (**Fig. 7.14**).
- Após a remoção do tecido do disco herniado, a raiz neural de S1 poderá ser visualizada com descompressão total, e a adequação da descompressão poderá ser verificada palpando com uma sonda ao longo da região do ombro (**Fig. 7.15**).
- O endoscópio e a cânula de trabalho são gradualmente retirados com movimentos suaves e circulares de torção, e a bolsa tecal e a raiz neural de S1 poderão ser visualizadas.
- A adequação da descompressão é ainda confirmada pelo curso livre da raiz neural de S1 (**Fig. 7.16**).

Após confirmação do curso livre da raiz neural de S1 e da bolsa tecal, o endoscópio e a cânula de trabalho são retirados e o fechamento espontâneo da abertura criada no ligamento amarelo poderá ser observado (**Fig. 7.17, Fig. 7.18**).

- Na nova retirada da cânula, o fechamento espontâneo da via de trabalho criada pelas fibras musculares por dilatação seriada pode ser observado sem a criação de qualquer espaço morto (**Fig. 7.19**).

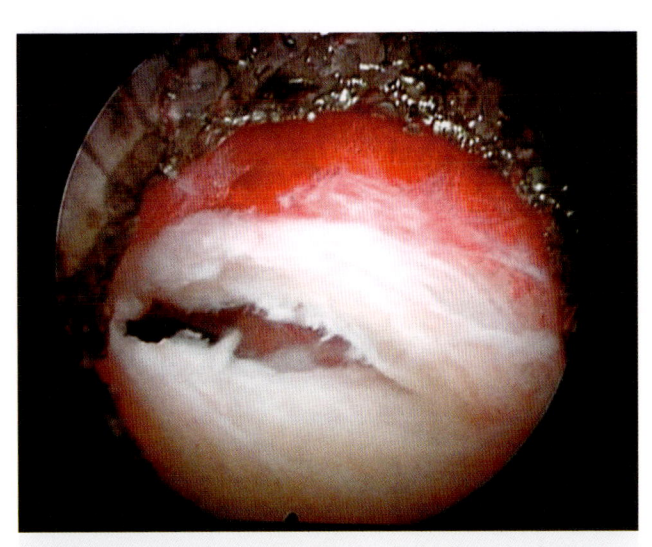

Fig. 7.18 O endoscópio e a cânula de trabalho são retirados mais um pouco, e a abertura criada no ligamento amarelo se fecha espontaneamente.

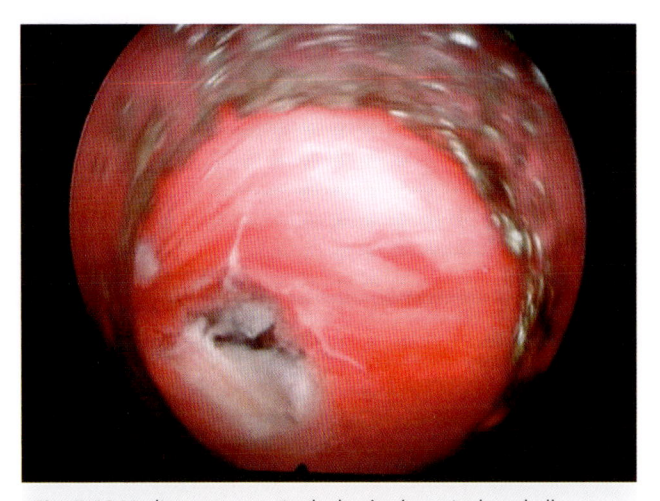

Fig. 7.19 Mediante nova retirada da cânula, a via de trabalho criada pelas fibras musculares por dilatação em série se fecha espontaneamente sem criar qualquer espaço morto.

- No segundo método, a ponta da agulha espinal é posicionada inicialmente sobre a superfície posterior do corpo vertebral de S1 logo abaixo de sua visualização lateral com braço-C.
- Nesses casos, a primeira estrutura a ser visualizada mediante inserção do endoscópio deverá ser ou a gordura epidural, junto com os vasos sanguíneos de pequeno calibre cursando por meio dela (**Fig. 7.11**) ou o tecido do disco herniado, que aparecerá azul por causa da injeção anterior de índigo-carmim no disco (**Fig. 7.12**). As outras estruturas são identificadas como descrito para o primeiro método.

7.6 Conclusão

Para procedimentos ao nível de L5-S1, a técnica interlaminar é muito útil tanto em pacientes normais quanto naqueles com crista ilíaca alta. Comparada à técnica transilíaca, a técnica interlaminar facilita a obtenção de uma boa exposição dos fragmentos. A comunicação com o paciente antes e durante a cirurgia é muito importante, uma vez que durante a rotação da cânula de trabalho, o paciente terá dor irradiante em razão do alongamento da raiz neural e, por isso, a infiltração perianular ou conversão para anestesia geral poderá ser considerada.

Referências

1. Choi G, Lee SH, Raiturker PP, Lee S, Chae YS. Percutaneous endoscopic interlaminar discectomy for intracanalicular disc herniations at L5–S1 using a rigid working channel endoscope. *Neurosurgery* 2006;58
2. Ruetten S, Komp M, Merk H, Godolias G. Full-endoscopic interlaminar and transforaminal lumbar discectomy versus conventional microsurgical technique: a prospective, randomized, controlled study. *Spine* 2008;33(9):931–939
3. Choi G, Prada N, Modi HN, Vasavada NB, Kim JS, Lee SH. Percutaneous endoscopic lumbar herniectomy for high-grade down-migrated L4–L5 disc through an L5–S1 interlaminar approach: a technical note. *Minim Invasive Neurosurg* 2010;53(3):147–152
4. Dezawa A, Sairyo K. New minimally invasive discectomy technique through the interlaminar space using a percutaneous endoscope. *Asian J Endosc Surg* 2011;4(2):94–98
5. Sencer A, Yorukoglu AG, Akcakaya MO, et al. Fully endoscopic interlaminar and transforaminal lumbar discectomy: short-term clinical results of 163 surgically treated patients. *World Neurosurg* 2014;82(5):884–890
6. Ahn Y. Percutaneous endoscopic decompression for lumbar spinal stenosis. *Expert Rev Med Devices* 2014;11(6):605–616
7. Ebraheim NA, Miller RM, Xu R, Yeasting RA. The location of the intervertebral lumbar disc on the posterior aspect of the spine. *Surg Neurol* 1997;48(3):232–236
8. Hasegawa T, Mikawa Y, Watanabe R, An HS. Morphometric analysis of the lumbosacral nerve roots and dorsal root ganglia by magnetic resonance imaging. *Spine* 1996;21(9):1005–1009
9. Cohen MS, Wall EJ, Brown RA, Rydevik B, Garfin SR. 1990 AcroMed Award in basic science. Cauda equina anatomy. II: Extrathecal nerve roots and dorsal root ganglia. *Spine* 1990;15(12):1248–1251
10. McCulloch JA, Young PH. Musculoskeletal and neuroanatomy of the lumbar spine. In: McCulloch JA, Young PH, eds. *Essentials of Spinal Microsurgery*. Philadelphia, PA: Lippincott-Raven; 1998:249–292
11. Suh SW, Shingade VU, Lee SH, Bae JH, Park CE, Song JY. Origin of lumbar spinal roots and their relationship to intervertebral discs: a cadaver and radiological study. *J Bone Joint Surg Br* 2005;87(4):518–522
12. Askar Z, Wardlaw D, Choudhary S, Rege A. A ligamentum flavum-preserving approach to the lumbar spinal canal. *Spine* 2003;28(19):E385–E390
13. Aydin Y, Ziyal IM, Duman H, Türkmen CS, Başak M, Sahin Y. Clinical and radiological results of lumbar microdiskectomy technique with preserving of ligamentum flavum comparing to the standard microdiskectomy technique. *Surg Neurol* 2002;57(1):5–13
14. Boeree N. The reduction of peridural fibrosis. In: Gunzburg R, ed. *Lumbar Disc Herniation*. Philadelphia, PA: Lippincott Williams & Wilkins; 2002:185–196
15. Loughenbury PR, Wadhwani S, Soames RW. The posterior longitudinal ligament and peridural (epidural) membrane. *Clin Anat* 2006;19(6):487–492

8 Discectomia Endoscópica Percutânea Lombar Interlaminar: Técnica de Preservação Estrutural para Núcleo Pulposo Herniado de L5-S1

Hyeun Sung Kim ▪ Ji Soo Jang ▪ Il Tae Jang ▪ Sung Hoon Oh ▪ Chang Il Ju

8.1 Introdução

A discectomia lombar microscópica tem sido a operação padrão em cirurgia de disco lombar para núcleo pulposo herniado (HNP), mas, recentemente, a discectomia endoscópica percutânea lombar (PELD) tem-se desenvolvido significativamente.[1,2,3,4,5] Esse procedimento pode ser classificado em PELD transforaminal (PETLD)[1,6,7,8,9,10,11,12,13,14,15] e PELD interlaminar (PEILD),[1,16,17,18,19,20,21] conforme a abordagem adotada. Cada método tem suas próprias vantagens e desvantagens. As indicações e as dicas anatômicas e cirúrgicas para os dois tipos de PELD são discutidas neste Capítulo.[6,17,18,19,20,21,31]

8.2 Considerações Anatômicas

8.2.1 Classificação

Consultar **Tabela 8.1**, **Tabela 8.2** e **Fig. 8.1**.

8.2.2 Limitações Anatômicas da PETLD e Base Lógica para PEILD

A condição do forame e da crista ilíaca deverá ser verificada antes de se usar a abordagem transforaminal, pois em casos associados a um forame estreito, uma área suprapedicular rasa ou uma crista ilíaca alta será difícil abordar o ponto-alvo (**Fig. 8.2**).[22,23,24,25] A base lógica para PEILD em HNP de L5-S1 é mostrada na **Fig. 8.3**. Os aspectos anatômicos do espaço interlaminar são mostrados na **Fig. 8.4**.

Tabela 8.2 Vantagens e desvantagens de duas abordagens interlaminares percutâneas diferentes

	Abordagem pelo Ombro	Abordagem pela Axila
Curva de aprendizagem	Curta	Moderada
Migração caudal	Difícil	Fácil
Migração cefálica	Fácil	Difícil
Retração da raiz do nervo	Dura	Fraca
Vedação do anel	Difícil	Fácil

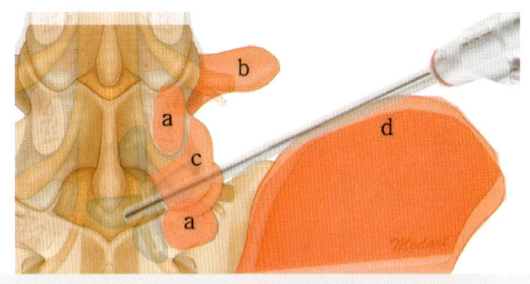

Fig. 8.2 Limitações anatômicas da discectomia endoscópica percutânea transforaminal lombar de HNP de L5-S1. a: pedículo; b: processo transverso; c: articulação facetária; d: crista ilíaca.

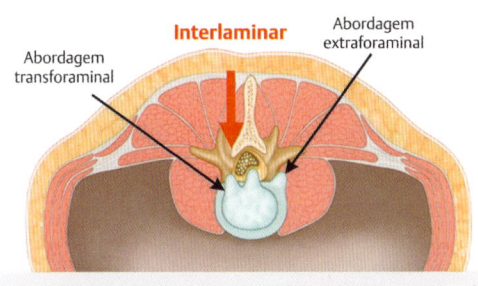

Fig. 8.1 Classificação de discectomia endoscópica percutânea lombar.

Tabela 8.1 Vantagens e desvantagens de procedimentos PELD para HNP de L5-S1

	Posterolateral	Interlaminar
Abordagem	Transforaminal / Transilíaca	Pelo ombro / Pela axila
Ligamento amarelo	Poupar	Ressecção ou poupar
Reparo do anel	Impossível	Possível
Indicações	Limitadas	Amplas
Adesão	Fraca	Fraca ou Forte

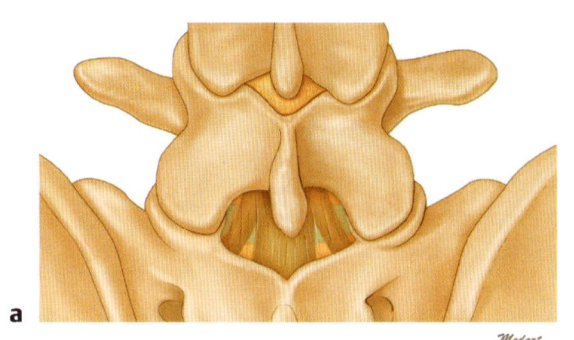

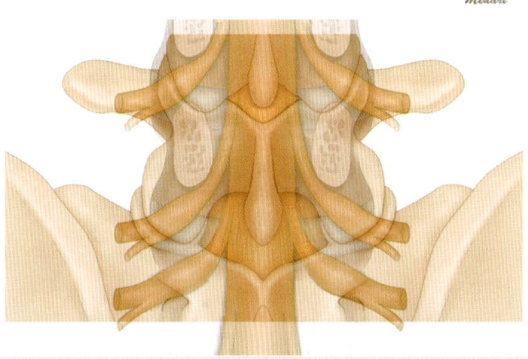

Fig. 8.3 Anatomia geral do espaço interlaminar. (**a**) O nível de L5-S1 tem um amplo espaço interlaminar e de ombro. (**b**) A área axilar está localizada mais em sentido cefálico que o nível superior.

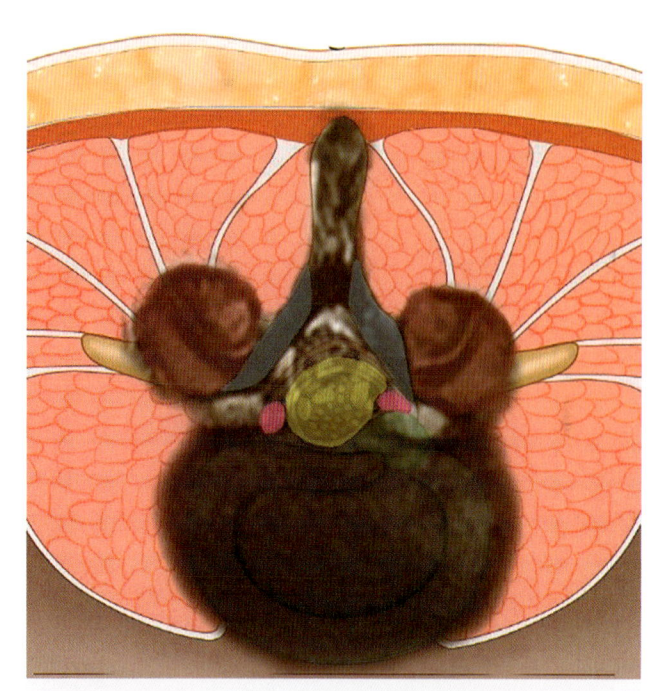

Fig. 8.4 Aspectos anatômicos do espaço interlaminar. Articulação facetária; ligamento amarelo; dura; raiz neural; núcleo pulposo herniado.

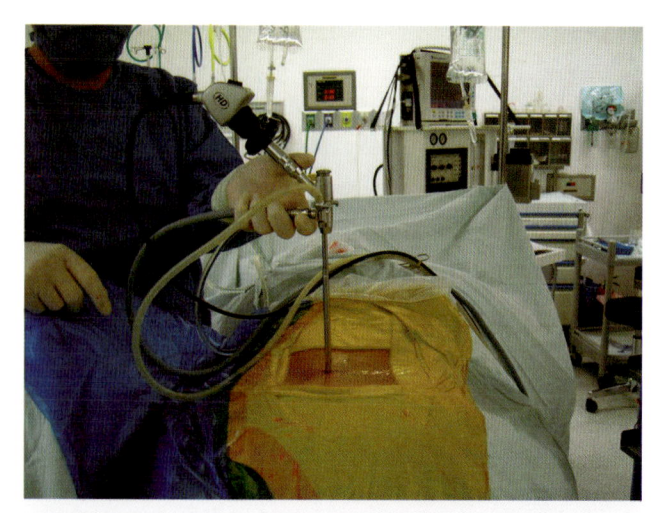

Fig. 8.6 A posição prona é mais confortável para o paciente em trabalho de discectomia endoscópica percutânea lombar.

8.4 Procedimentos Cirúrgicos

8.4.1 Configuração da Sala de Cirurgia

A **Fig. 8.5** mostra a configuração padrão para a sala de cirurgia, incluindo as posições do cirurgião, enfermeiro(a) e mesa de instrumentos, assim como as posições do equipamento de radiologia e o equipamento de vídeo e processamento de imagens.

8.4.2 Anestesia

Para a abordagem interlaminar, um bloqueio epidural ou anestesia geral é a escolha apropriada, pois as raízes neurais estão diretamente retraídas, o que causa dor intensa. A anestesia geral reduz a ansiedade do paciente e a dor durante a cirurgia, mas perde o benefício do monitoramento neural.

8.4.3 Posicionamento e Marcação da Pele

O paciente é colocado em posição prona para a PELD (**Fig. 8.6**). Planejar o ponto de entrada do canal de trabalho é importante na PEILD para a remoção bem-sucedida do disco e para evitar dano estrutural, incluindo dano neural (**Vídeo 8.1**).

O ponto de entrada para PEILD é o ponto "V":
- O ponto "V" é a intersecção entre ligamento amarelo, processo articular inferior e processo articular superior.
- Aproximadamente 1 cm da linha média do processo espinhoso.
- A porção mais profunda fica entre o ligamento amarelo e a lâmina.
- A parte mais lateral do ligamento amarelo.
- O canal de trabalho com a ponta chanfrada pode-se inserir firmemente no ponto "V" (**Fig. 8.7**).

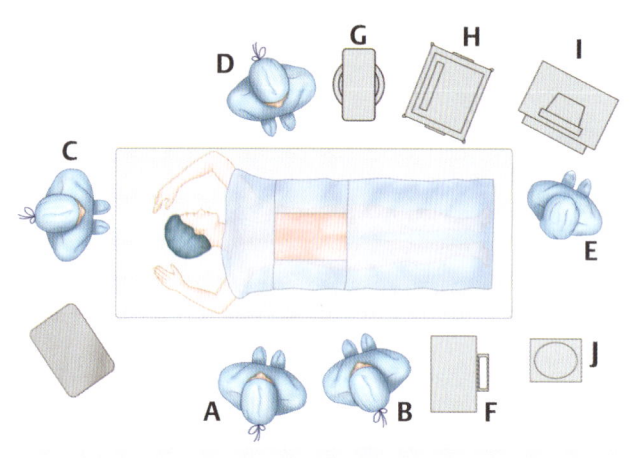

Fig. 8.5 Configuração padrão de sala de cirurgia. A: cirurgião; B: enfermeiro(a); C: anestesista; D: técnico de radiologia; E: técnico; F: mesa de instrumentos; G: equipamento de raios X com braço-C: H: equipamento de vídeo; I: processamento de imagens; J: equipamento de irrigação e sucção.

8.3 Indicações e Aplicações

Recentemente, as técnicas e dispositivos usados na PELD se desenvolveram significativamente. Assim sendo, quase todos os tipos de doença de disco lombar podem ser tratados com PELD, mas esse procedimento não é fácil de realizar por causa da curva íngreme de aprendizado, especialmente em casos difíceis e complicados.

A PEILD exige um espaço interlaminar amplo e é especialmente indicada ao nível de L5-S1.

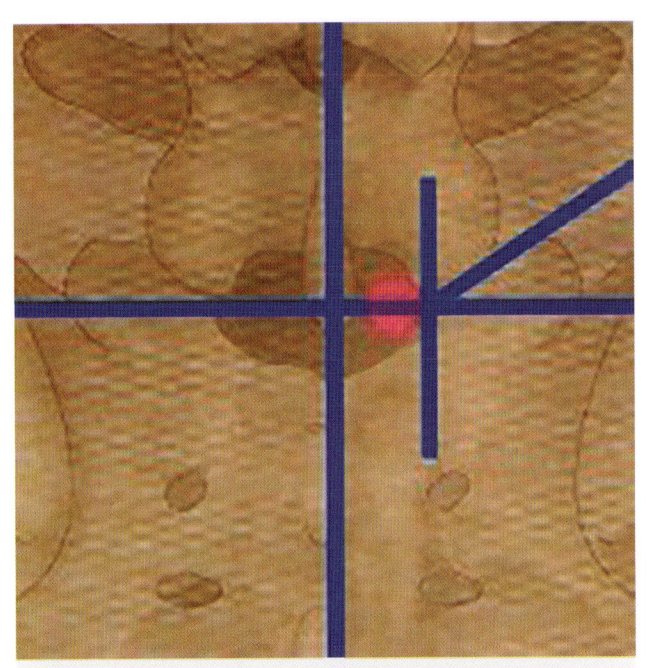

Fig. 8.7 Ponto V (mancha rosada): intersecção do ligamento amarelo, processo articular inferior e processo articular superior.

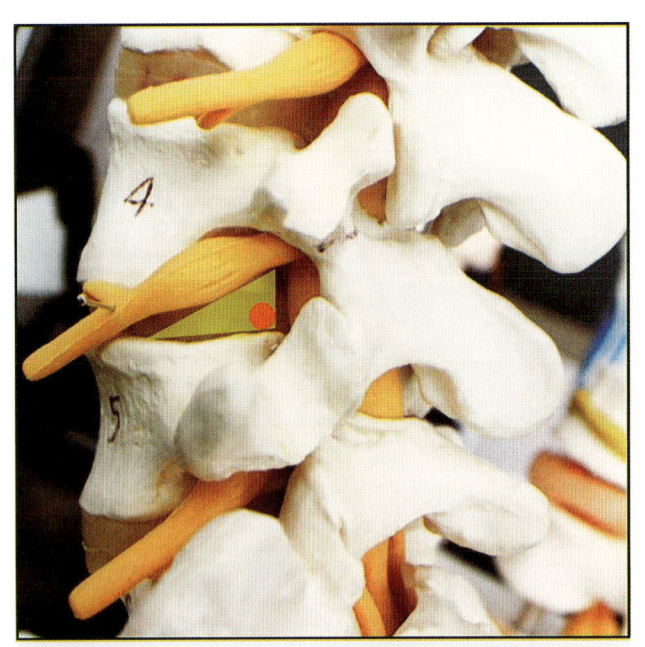

Fig. 8.9 Uma agulha 18 G é inserida no triângulo de Kambin. A inserção da agulha na área circulada de laranja fornece o melhor direcionamento.

ocorrência de lesão neural, a agulha deverá ser posicionada na parte ventral da articulação facetária (processo articular superior) no primeiro passo. Após fazer contato com estruturas ósseas seguras do processo articular superior, a agulha é reposicionada no triângulo de Kambin (**Fig. 8.8**, **Fig. 8.9**).

Após a inserção da agulha-guia, o corante índigo-carmim é injetado no espaço discal para identificar o disco degenerado ou doente (**Vídeo 8.2**).

8.4.5 Incisão da Pele e Inserção do Canal de Trabalho

Após a injeção de índigo-carmim na área de cirurgia, uma incisão é feita na pele, no ponto estimado antes da cirurgia. Após essa incisão, a fáscia subdérmica deverá ser dissecada para permitir a inserção do canal de trabalho. A seguir, o obturador é inserido no ponto-alvo. O canal de trabalho é inserido pelo obturador. Após o melhor posicionamento possível do canal de trabalho no ponto-alvo, o endoscópio percutâneo é inserido no canal de trabalho. A inserção de um canal de trabalho de ponta redonda é mostrada na **Fig. 8.10**, e a inserção de um canal de trabalho de ponta chanfrada é mostrada na **Fig. 8.11**. O ponto de abordagem anatômica para PEILD é mostrado na **Fig. 8.12** (**Vídeo 8.3 a,b**).

8.4.6 Abordagem do Ligamento Amarelo

Técnica de Ressecção do Ligamento Amarelo[19]

- Cortar o ligamento amarelo usando o saca-bocado.
- O procedimento é similar ao da discectomia microscópica convencional lombar.
- Essa técnica é especialmente indicada na abordagem pelo ombro.

Técnica de Divisão Indireta do Ligamento Amarelo[18,26]

- Inserir a agulha 18 G na axila.
- Verificar a área livre da axila após a injeção de corante.

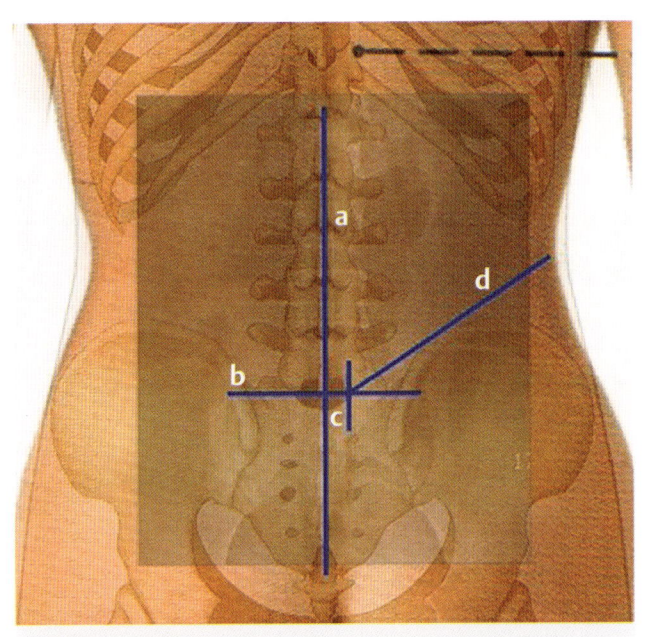

Fig. 8.8 Ilustração de discectomia endoscópica interlaminar percutânea lombar. a: linha média da coluna espinal; b: linha transversa na parte mais ampla do espaço interespinal; c: ponto "V"; d: linha de inserção do índigo-carmim no triângulo transforaminal de Kambin.

8.4.4 Cromodiscografia Evocativa: Abordagem Transforaminal

Para atingir bons resultados com a fragmentectomia direcionada, a cromodiscografia pode ser realizada para avaliar o disco degenerado ou doente usando corante índigo-carmim. A investigação por imagens fluoroscópicas é usada para determinar a colocação da ponta da agulha, que avança em direção à parte mais caudal e dorsal do triângulo de Kambin. Para reduzir a

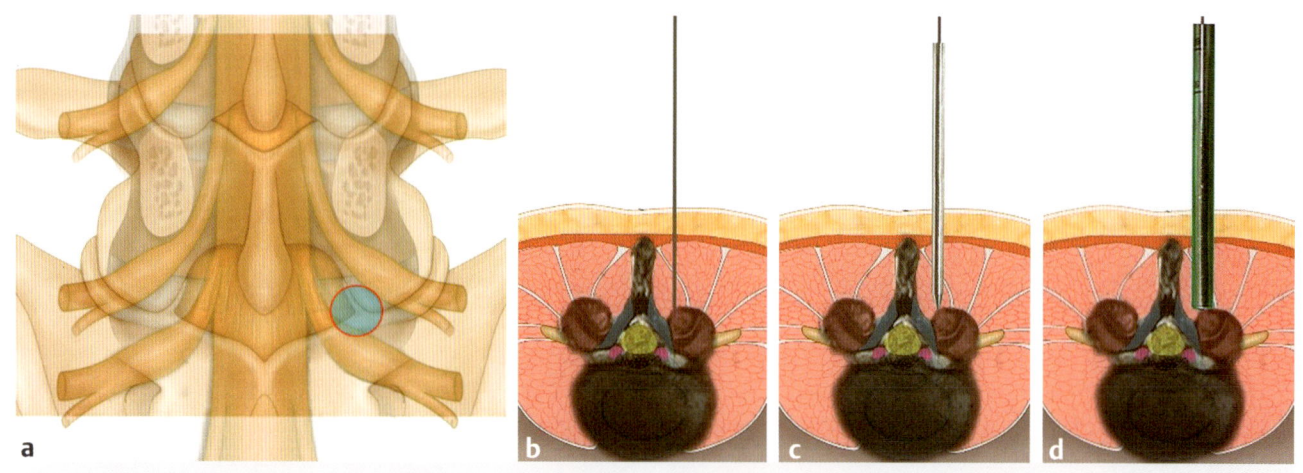

Fig. 8.10 Inserção do canal de trabalho redondo. Esse canal é mais familiar e seguro; entretanto, ele exige mais trabalho muscular e, às vezes, é difícil encontrar o ponto-alvo no ligamento amarelo. (**a**) Ponto-alvo para o canal de trabalho redondo. (**b**) O primeiro passo é a inserção da agulha-guia nas estruturas ósseas próximas ao ponto "V". (**c**) O segundo passo é a inserção do obturador pela agulha-guia. (**d**) O terceiro passo é a inserção do canal de trabalho redondo pelo obturador.

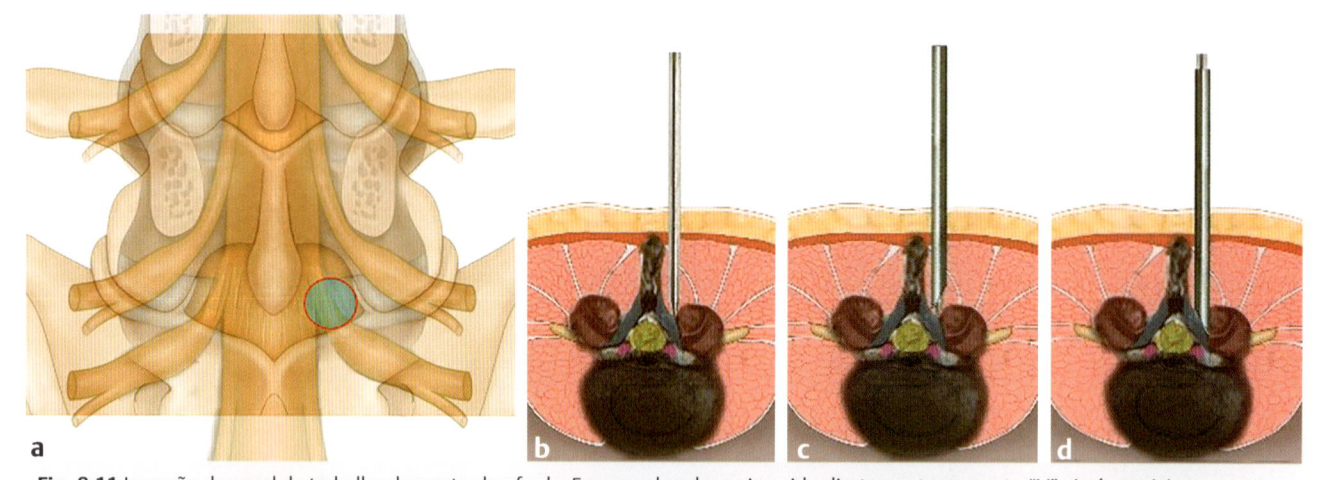

Fig. 8.11 Inserção de canal de trabalho de ponta chanfrada. Esse canal pode ser inserido diretamente no ponto "V". Após posicionar firmemente o canal no ponto "V", o trabalho muscular pode diminuir o suficiente, e a exposição do ligamento amarelo também será mais fácil. (**a**) Ponto-alvo do canal de trabalho chanfrado. (**b**) O primeiro passo é a inserção do obturador no ponto "V". (**c**) O segundo passo é a inserção do canal de trabalho chanfrado usando o lado contrário chanfrado para evitar o obstáculo ósseo da inserção desse canal. (**d**) O terceiro passo é a inserção rotacional do canal de trabalho chanfrado em direção ao ponto "V" após contato com o ligamento amarelo.

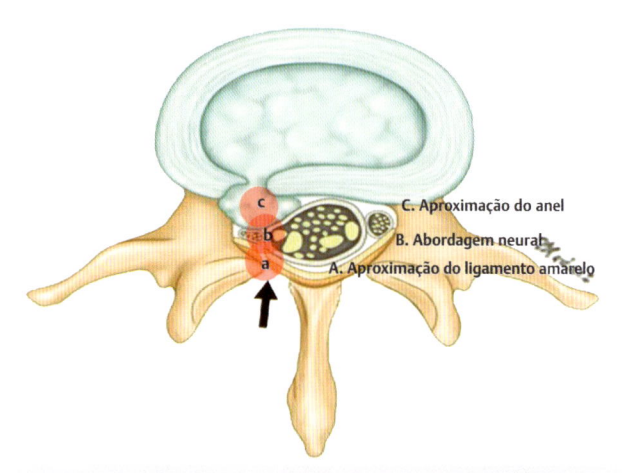

Fig. 8.12 Três pontos de abordagem anatômica para discectomia endoscópica percutânea interlaminar lombar. a: ligamento amarelo; b: estruturas neurais; c: anel pulposo.

- Inserir a agulha na área livre da axila e mudar para um fio-guia.
- Inserir o canal de trabalho, seguindo o fio-guia pelo ligamento amarelo.

Técnica de Divisão Direta do Ligamento Amarelo[17,30,31]

- Uma projeção cirúrgica nítida poderá ser garantida separando-se o ligamento amarelo com a sonda ou com outros instrumentos cirúrgicos para inserir o canal de trabalho na área doente.
- Colocar o canal de trabalho em contato com o ligamento amarelo.
- Dividir o ligamento amarelo com a sonda.
- Introduzir o canal de trabalho pelo ligamento separado.
- Preservar as estruturas anatômicas, especialmente o ligamento amarelo e a articulação facetária (**Fig. 8.13, Fig. 8.14, Fig. 8.15, Vídeo 8.4**).

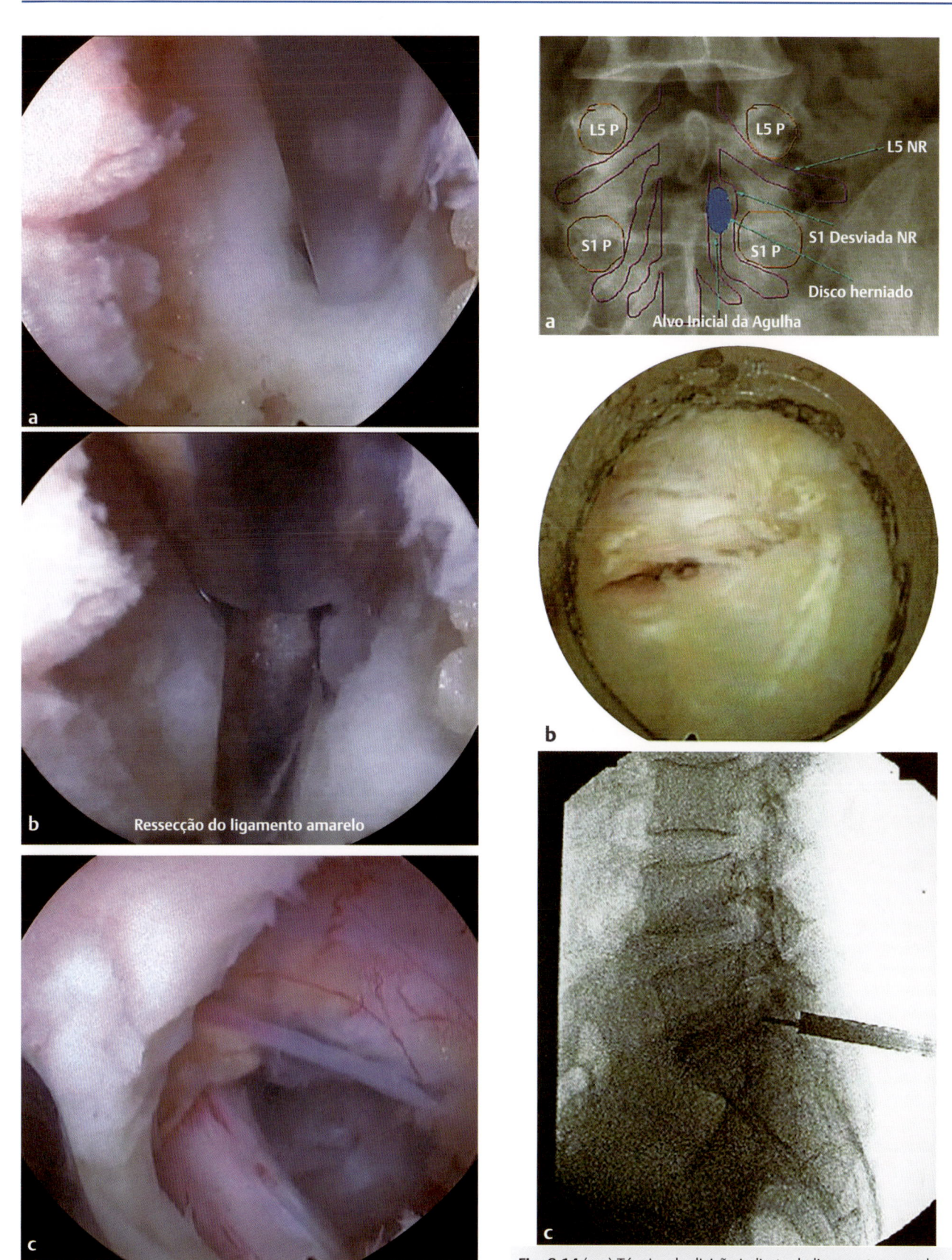

Fig. 8.13 Técnica de ressecção do ligamento amarelo. (**a**) Divisão do ligamento amarelo usando a sonda. (**b**) Ressecção do ligamento amarelo próximo ao ponto-alvo usando o saca-bocado. (**c**) Exposição do ponto-alvo após ressecção do ligamento amarelo.

Fig. 8.14 (**a-c**) Técnica de divisão indireta do ligamento amarelo. (Usada com autorização de Choi G, Lee SH, Raiturker PP, Lee S, Chae YS. Percutaneous endoscopic interlaminar diskectomy for intracanalicular disc herniations at L5-S1 using a rigid working channel endoscope. *Neurosurgery*. 2006 Feb;58 (1 Suppl):59-68.)

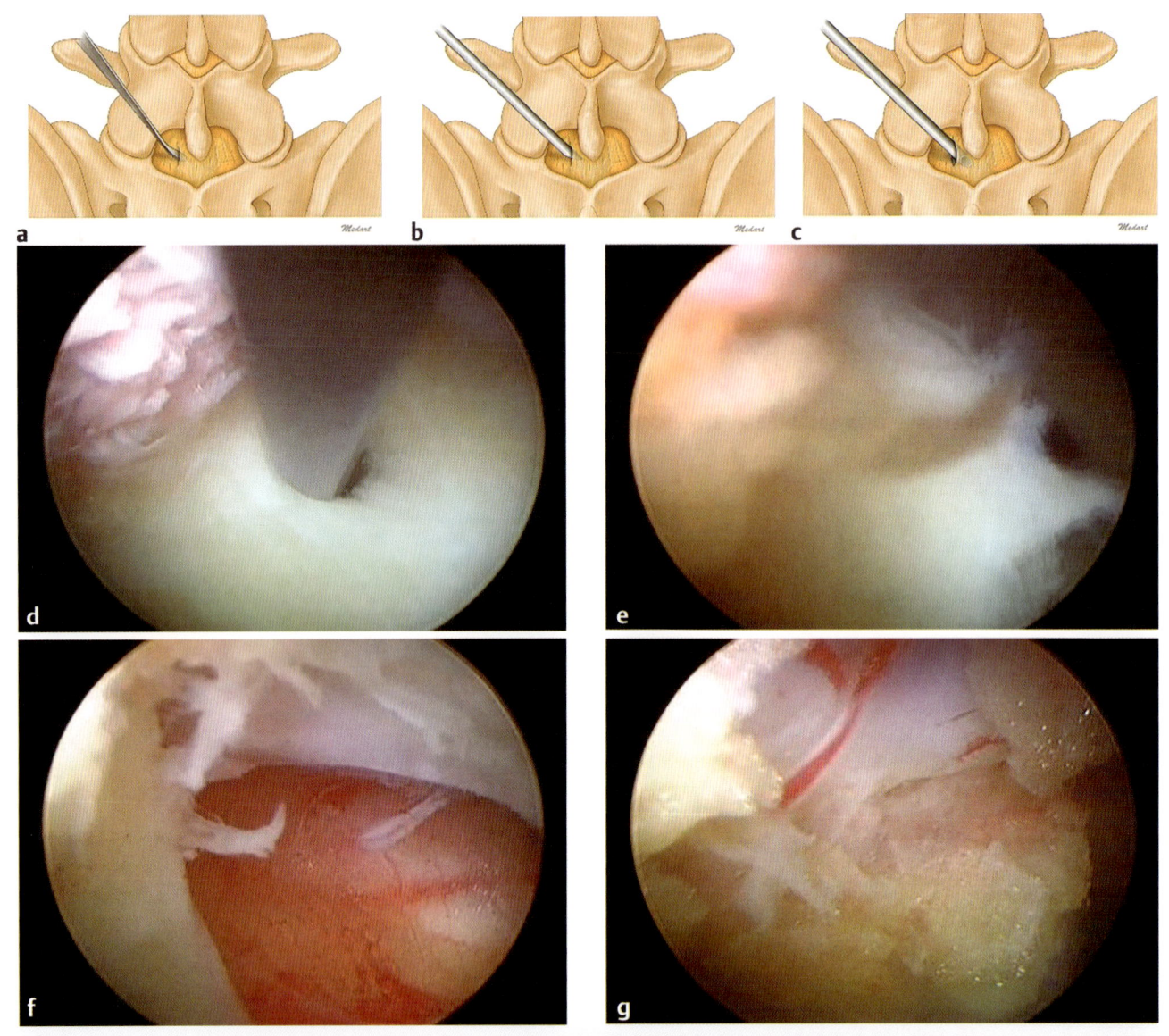

Fig. 8.15 Técnica de divisão direta do ligamento amarelo. (**a-c**) Sequência anatômica dessa técnica. (**d-g**) Sequência de vídeo da técnica de divisão direta do ligamento amarelo: divisão do ligamento amarelo usando a sonda, inserção do canal de trabalho chanfrado no ligamento dividido e inserção rotacional do canal de trabalho chanfrado no ponto-alvo. (Cortesia de Kim CH, Chung CK. Endoscopic interlaminar lombar diskectomy with splitting of the ligamentum flavum under visual control. *J Spinal Disord Tech* 2012 June;25(4):210-217.)

8.4.7 Abordagem Neural

Abordagem pelo Ombro[19,30]

- Abordagem entre as áreas laminar e do ombro da raiz neural de S1.
- A abordagem é familiar, pois é similar à abordagem convencional.
- Vantagens: útil para HNP de migração cefálica.
- Desvantagens: em casos extremos de migração caudal ou localização central, pode ser difícil usar a abordagem pelo ombro.

Abordagem pela Axila[17,18,27,28,29,30]

- Abordagem entre a raiz neural de S1 e a dura.
- Tem uma curva de aprendizado.
- Vantagens: útil para HNP de migração caudal.
- Desvantagens: difícil com HNP de migração cefálica.

    Consultar **Fig. 8.16**.

8.4.8 Abordagem do Anel: Descompressão/Discectomia

Abordagem de Ressecção do Anel (Fig. 8.17)

- Ressecar o anel ao redor da área projetada para expor o disco doente.
- A abordagem é familiar, pois é similar à abordagem convencional.
- O uso dessa abordagem está associado ao alto risco de recorrência.

Discectomia Endoscópica Percutânea Lombar Interlaminar

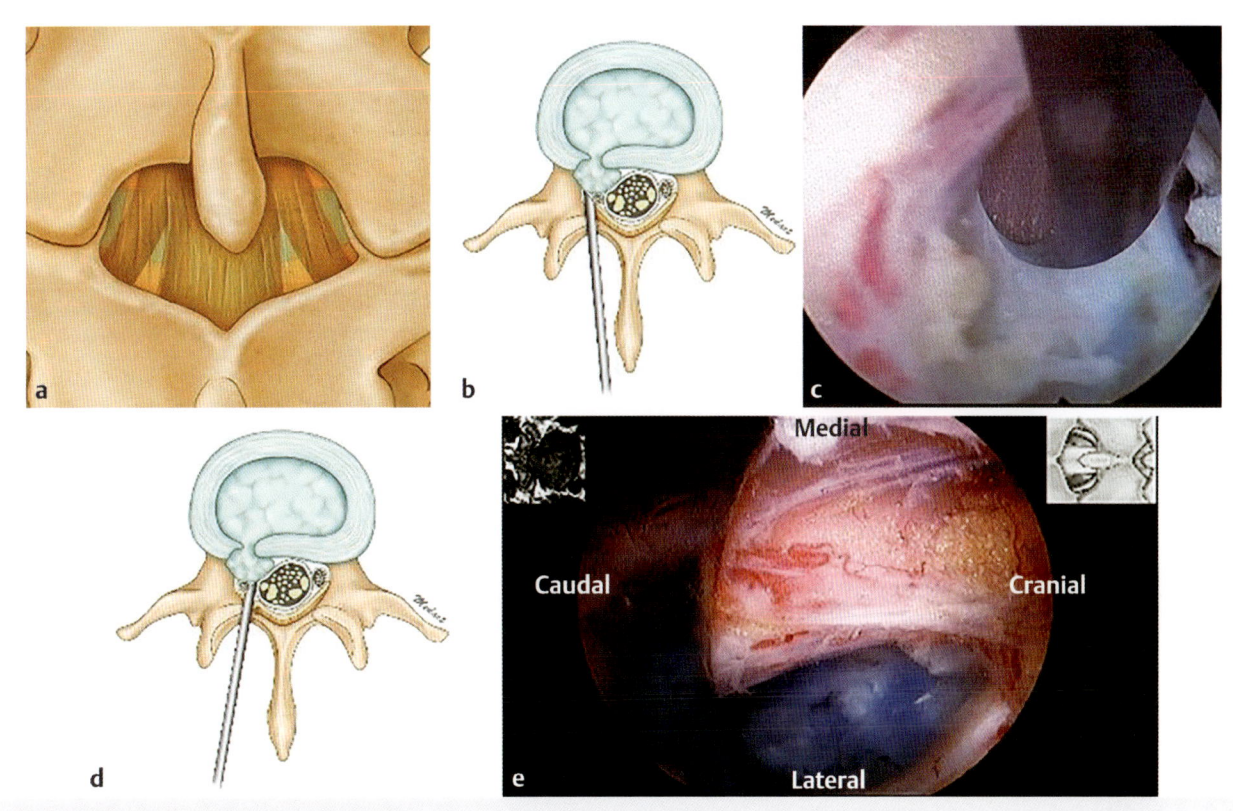

Fig. 8.16 Abordagem endoscópica percutânea interlaminar lombar para retração de raiz neural. (**a-c**) Abordagem pelo ombro. (**d, e**) Abordagem pela axila. (Cortesia de Choi G, Lee SH, Raiturker PP, Lee S, Chae YS. Percutaneous endoscopic interlaminar diskectomy for intracanalicular disk herniations at L5-S1 using a rigid working channel endoscope. *Neurosurgery* 2006 Fev;58(1 Suppl):59-68.)

Técnica de Fragmentectomia de Fissura e de Vedação Anular[19]

- Fazer uma fissura com o saca-bocado ou a sonda; a sonda é preferível por ter menor probabilidade de causar lesão ao anel.
- Às vezes, em casos com disco significativamente rompido, a fissura já está formada. Assim, é preferível tentar achar uma fissura já existente do que criar uma nova.
- Sempre tentar executar a discectomia pela fissura, a menos que seja impossível. Deve-se remover o disco doente o suficiente para garantir que não haja resíduos do disco no local.
- Se o anel abaulado for varrido com a sonda de radiofrequência da extremidade distal para a proximal da fissura, o tamanho do disco diminuirá, assim como o tamanho da fissura.
- Como passo final, realizar a coagulação ao redor da fissura e garantir que a vedação esteja firme (**Fig. 8.18, Fig. 8.19, Fig. 8.20**).

8.5 Preservação Estrutural

Os procedimentos cirúrgicos para PEILD de preservação estrutural incluem:
- Técnica de divisão do ligamento amarelo combinada com a técnica de vedação do anel.
- Vedação anular suficiente ao redor da fissura usando coagulação por radiofrequência.

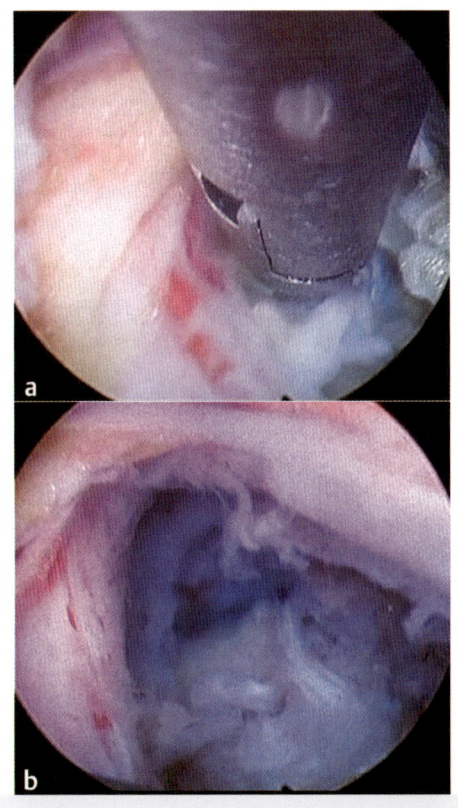

Fig. 8.17 Abordagem de ressecção do anel. (**a**) Ressecção do anel usando o saca-bocados ou fórceps. (**b**) Aparência após ressecção do anel.

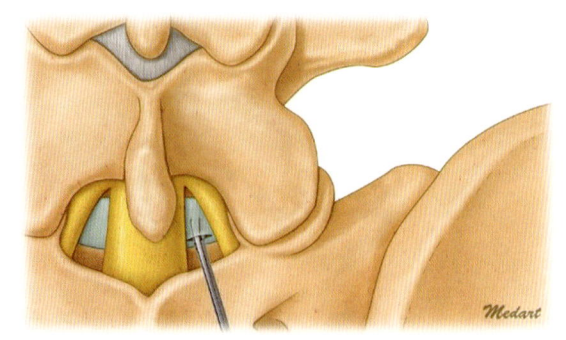

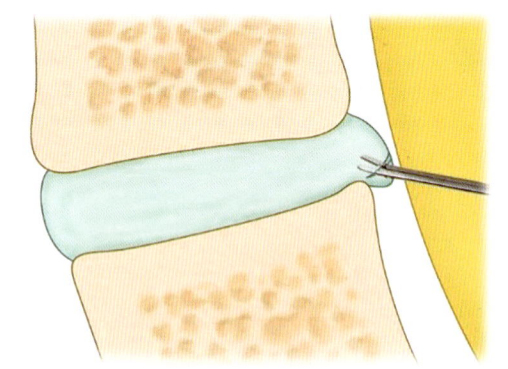

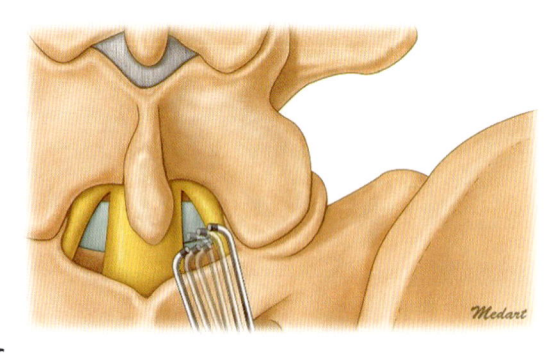

Fig. 8.18 Técnica de fragmentectomia por fissura e vedação anular. (**a,b**) Fragmentectomia por fissura. (**c**) Técnica de vedação de anel. (Cortesia de Kim HS, Park JY. Comparative assessment of different percutaneous endoscopic interlaminar lumbar diskectomy (PEID) techniques. *Pain Physician* 2013;16(4):359-367.)

Os benefícios da PEILD de preservação estrutural são:
- Estruturas anatômicas, especialmente o ligamento amarelo, a articulação facetária e o anel, são preservadas.
- O anel pulposo enfraquecido é reforçado.
- A recaída precoce é reduzida após a vedação do anel.
- As aderências pós-operatórias são reduzidas.
- Consultar **Fig. 8.21** e **8.22** (**Vídeo 8.5 e Vídeo 8.6**).

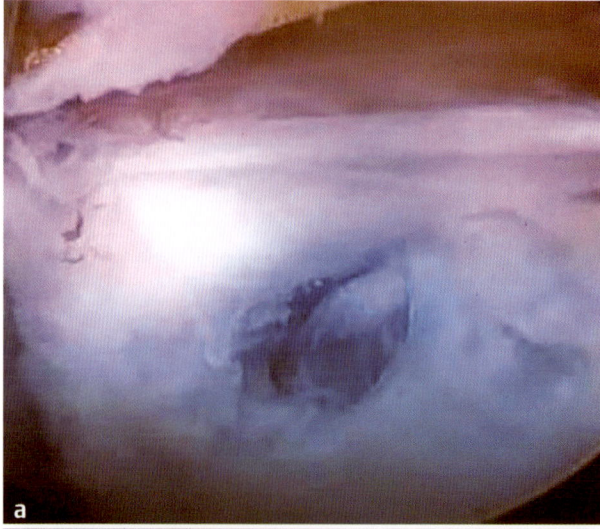

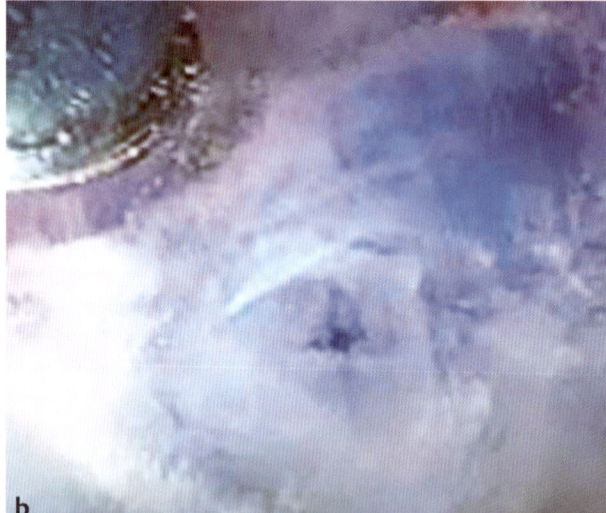

Fig. 8.19 Sequência de vídeo da técnica de vedação anular. (**a**) Construção da fissura para remoção do disco doente. (**b**) A vedação do anel deverá ser executada de fora para dentro. (**c**) Aparência depois da técnica de vedação do anel. (Cortesia de Kim HS, Park JY. Comparative assessment of different percutaneous endoscopic interlaminar lumbar diskectomy (PEID) techniques. *Pain Physician* 2013;16(4):359-367.)

Discectomia Endoscópica Percutânea Lombar Interlaminar

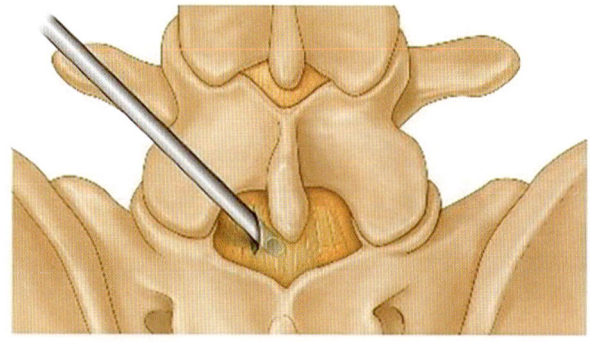

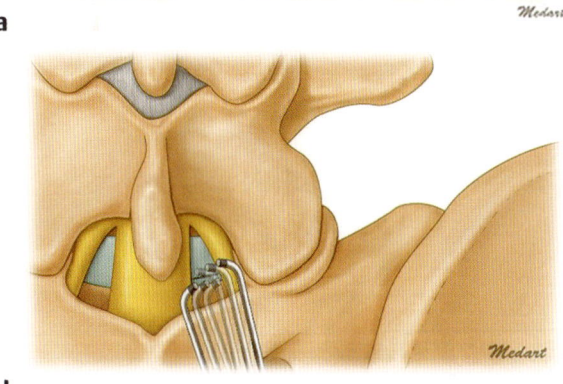

Fig. 8.21 Discectomia endoscópica percutânea interlaminar lombar de preservação estrutural para HNP de L5-S1 usando a combinação de (**a**) técnica de divisão do ligamento amarelo e (**b**) técnica de vedação de anel.

8.6 Avanços em Discectomia Endoscópica Percutânea Interlaminar Lombar

8.6.1 PEILD de Preservação Estrutural para Comprometimento Grave do Canal com HNP de L5-S1 (Fig. 8.23)

- Dividir o ligamento amarelo cuidadosamente.
- A abordagem pela axila é benéfica para comprometimento grave do canal com HNP de L5-S1.
- Verificar o lado contrário entre o anel projetado e a parte ventral da dura (**Vídeo 8.7, Vídeo 8.8 e Vídeo 8.9**).

8.6.2 PEILD de Preservação Estrutural para HNP de L5-S1 com Migração Caudal de Alto Grau (Fig. 8.24)

- A abordagem pela axila é benéfica com PEILD para um disco com migração caudal.
- Dividir a parte inferior do ligamento amarelo.
- Verificar suficientemente a área inferior.
- A manipulação do canal de trabalho em direção à área inferior é, às vezes, bloqueada pela parte superior da lâmina de S1. Pode ser necessária a perfuração endoscópica percutânea.

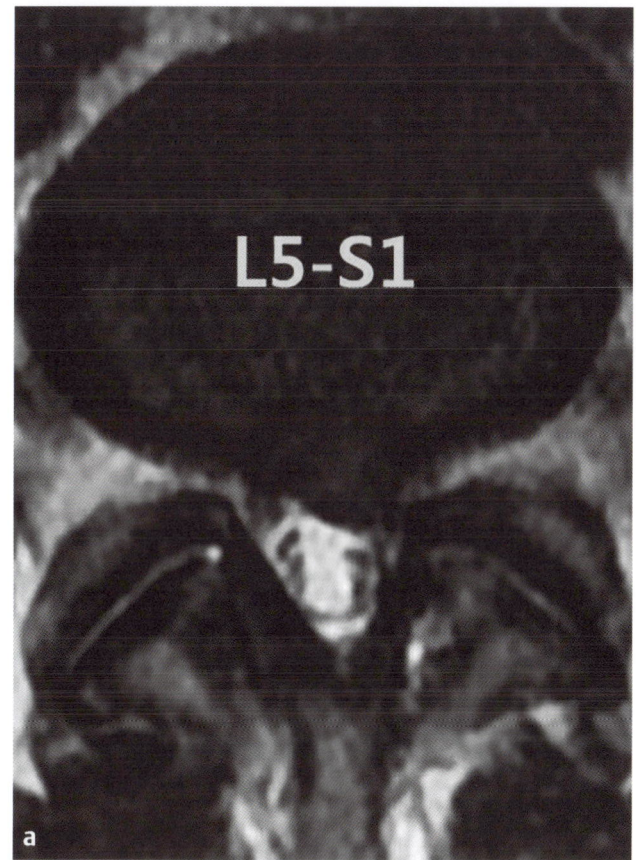

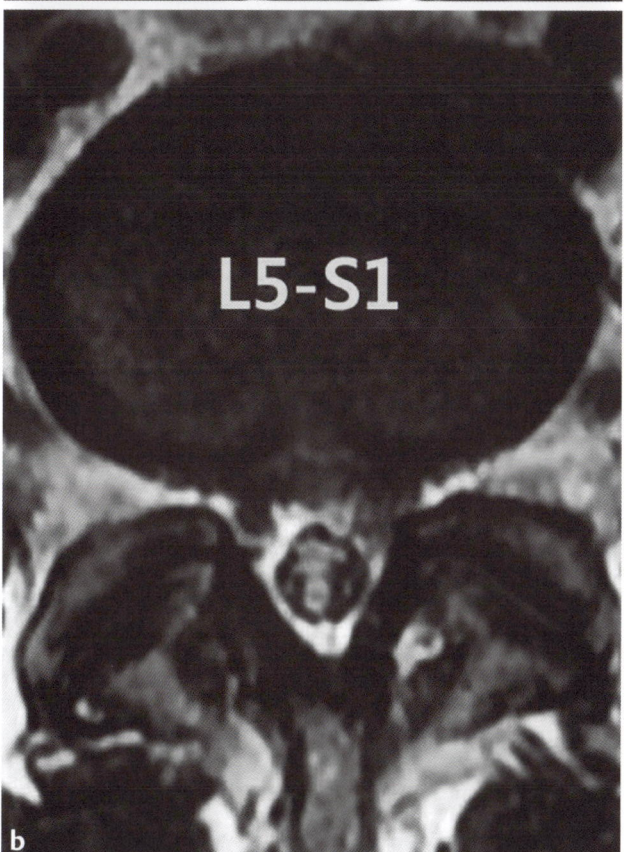

Fig. 8.20 MRI da técnica de vedação de anel. (**a**) Imagem pré-operatória. (**b**) Imagem pós-operatória.

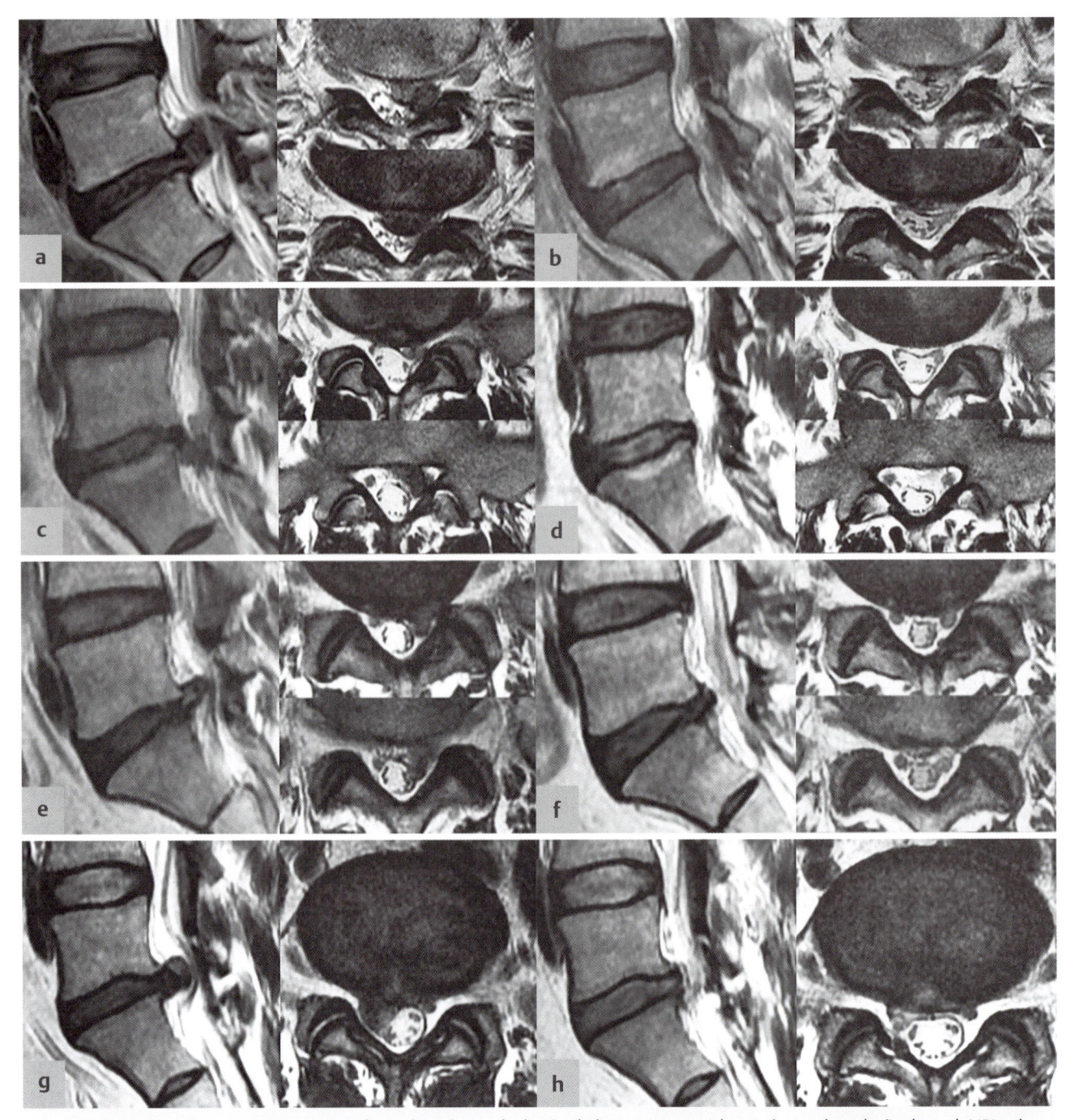

Fig. 8.22 (a-h) PEILD de preservação estrutural usando a técnica de divisão do ligamento amarelo e a técnica de vedação de anel. MRI pré-operatória (**a,c,e,g**). MRU pós-operatória (**b,d,f,h**) verificada imediatamente após a cirurgia.

8.6.3 PEILD de Preservação Estrutural para HNP de L5-S1 com Migração Cefálica (Fig. 8.25)

- A abordagem pelo ombro é benéfica com PEILD para um disco com migração cefálica.
- Dividir a parte superior do ligamento amarelo.
- Verificar a área superior o suficiente.
- A manipulação do canal de trabalho em direção à área superior é, às vezes, bloqueada pela parte inferior da lâmina de L5. Pode ser necessária a perfuração endoscópica percutânea (**Vídeo 8.10**).

8.6.4 PEILD de Preservação Estrutural para HNP de L5-S1 com Migração Foraminal Cefálica: PEILD Contralateral (Fig. 8.26)

- A abordagem interlaminar contralateral é aplicável quando uma abordagem ipsolateral transforaminal ou interlaminar não for fácil por causa da limitação anatômica imposta pela crista ilíaca, articulação facetária e lâmina de L5.

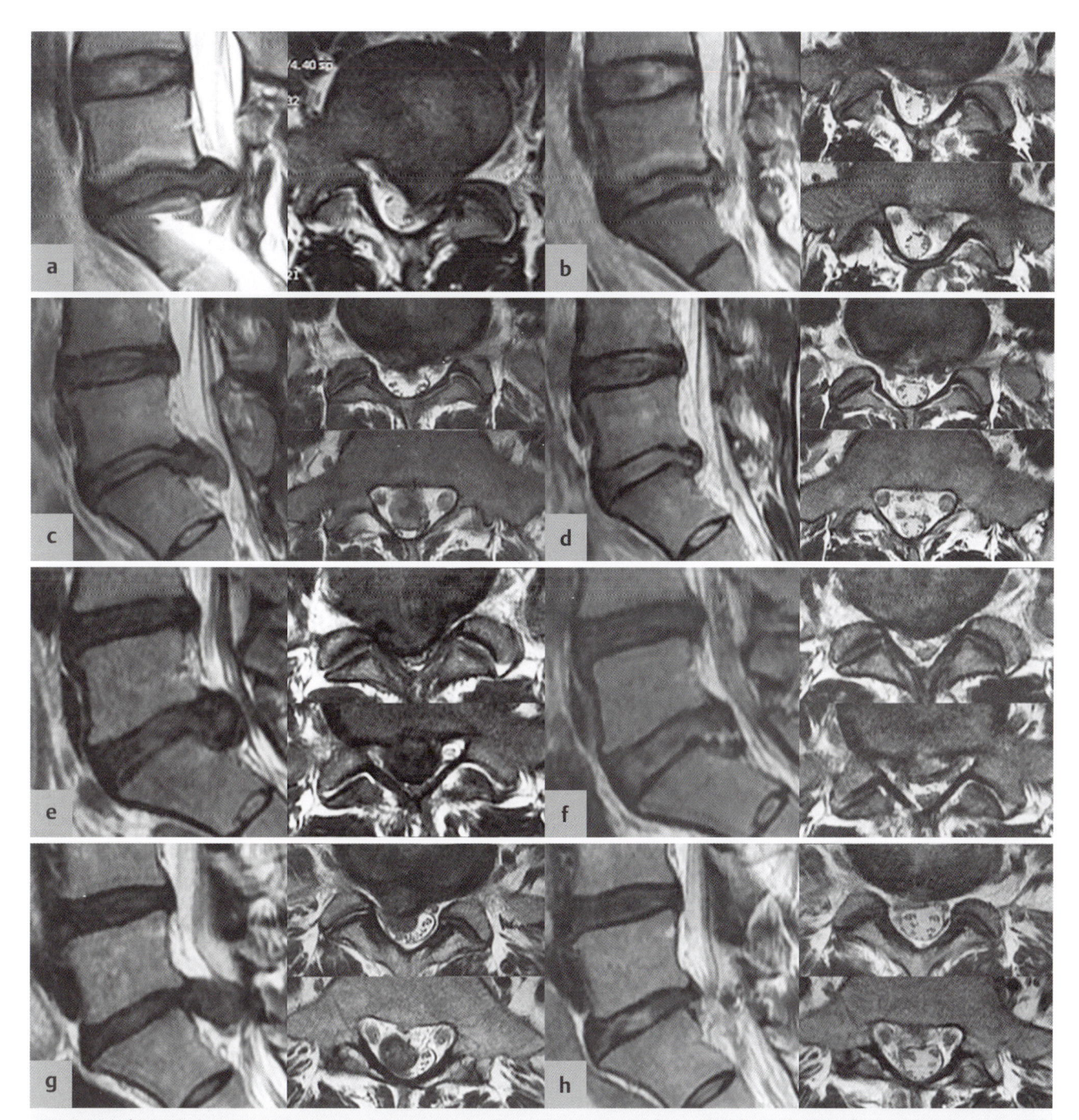

Fig. 8.23 (a-h) PEILD de preservação estrutural para comprometimento grave do canal com HNP de L5-S1. MRI pré-operatória (**a,c,e,g**). MRI pós-operatória (**b,d,f,h**) verificada imediatamente após a cirurgia.

- A abordagem interlaminar contralateral fornece acesso suficiente da parte foraminal para a parte superior do nível de L5-S1.
- A abordagem pelo ombro é benéfica com PEILD contralateral para disco migrado do forame para orientação cefálica.
- A parte superior do ligamento amarelo é dividida.
- Verificar a área do forame para superior o suficiente.
- A manipulação do canal de trabalho em direção à área foraminal para superior é, às vezes, bloqueada pela parte inferior da lâmina de L5 e pelo processo articular superior de S1. Pode ser necessária a perfuração endoscópica percutânea (**Fig. 8.27, Vídeo 8.11**).

8.6.5 PEILD de Revisão de Preservação Estrutural para HNP Recorrente após Discectomia Lombar Aberta (Fig. 8.28, Fig. 8.29)

- Primeiro, encontrar as estruturas ósseas próximas ao tecido aderente.
- Encontrar a via segura próxima às lâminas preservadas.
- Dissecar o tecido aderente das estruturas ósseas usando a sonda.
- O procedimento incorre o risco de laceração da dura ou lesão à raiz (**Vídeo 8.12**).

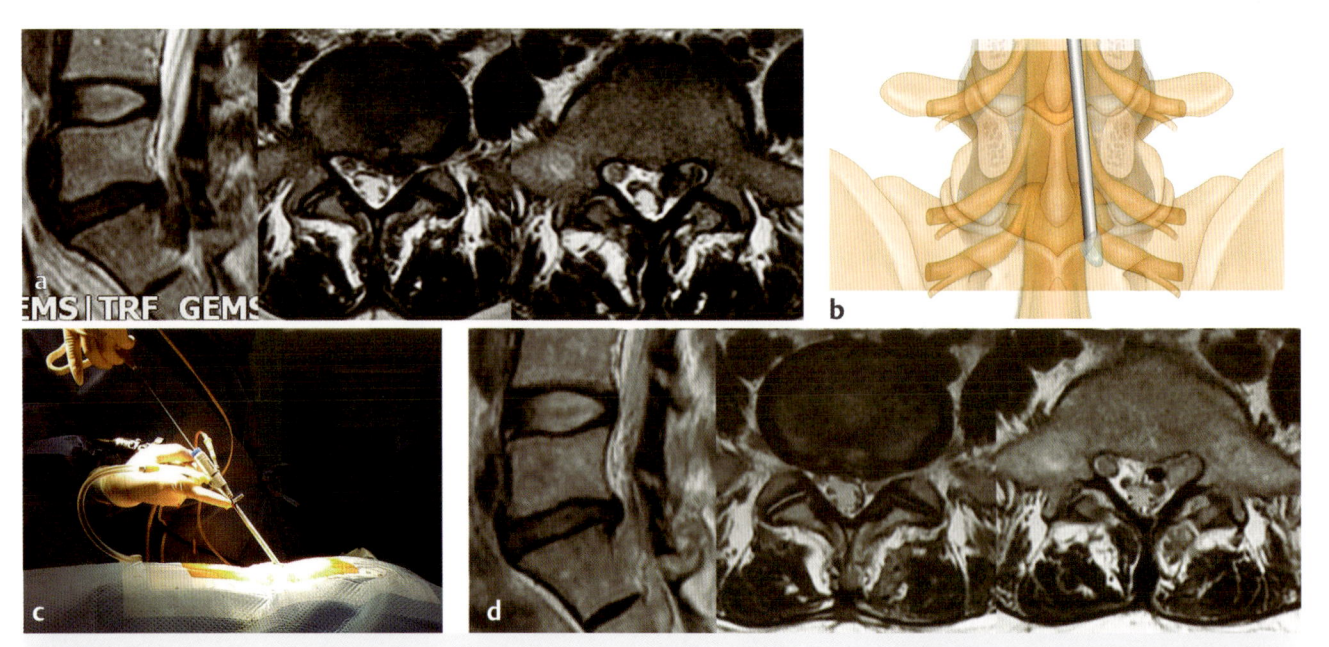

Fig. 8.24 PEILD de preservação estrutural para HNP de L5-S1 com migração caudal de alto grau. A abordagem pela axila fornece acesso fácil ao disco com migração caudal. (**a**) MRI pré-operatória. (**b**) HNP de L5-S1 com migração caudal de alto grau na axila. (**c**) Manipulação do canal de trabalho em direção à área inferior. (**d**) MRI pós-operatória verificada imediatamente após a cirurgia.

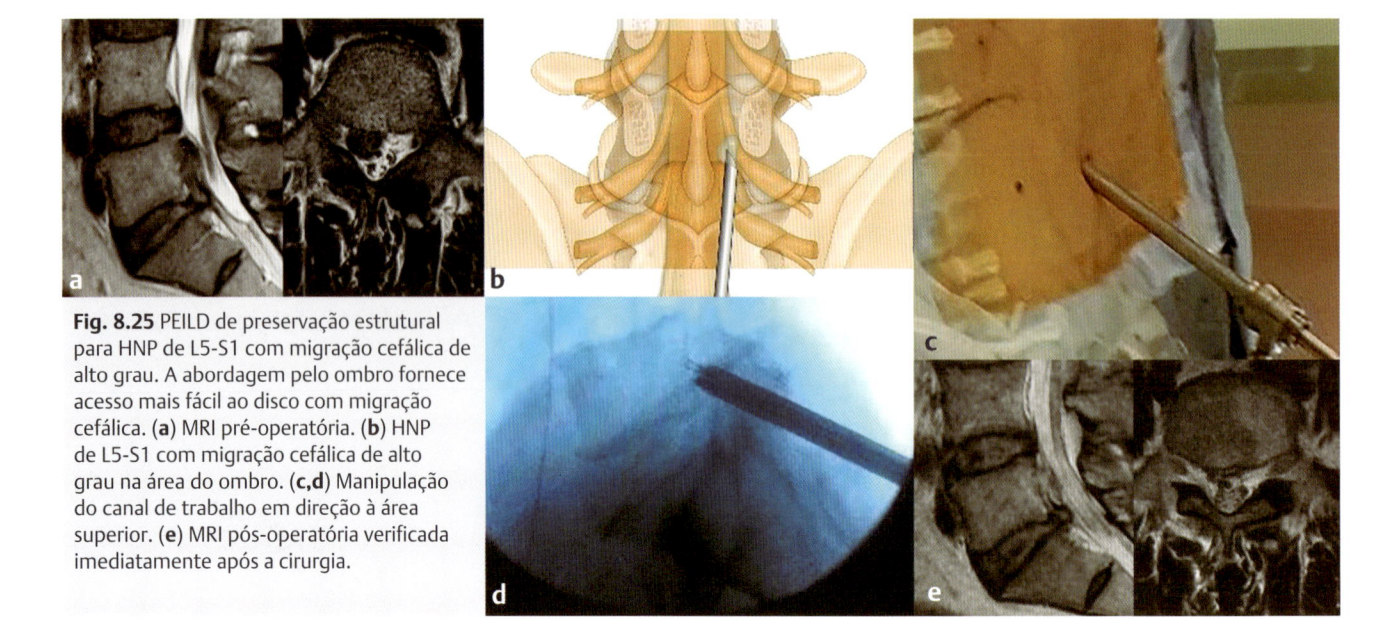

Fig. 8.25 PEILD de preservação estrutural para HNP de L5-S1 com migração cefálica de alto grau. A abordagem pelo ombro fornece acesso mais fácil ao disco com migração cefálica. (**a**) MRI pré-operatória. (**b**) HNP de L5-S1 com migração cefálica de alto grau na área do ombro. (**c,d**) Manipulação do canal de trabalho em direção à área superior. (**e**) MRI pós-operatória verificada imediatamente após a cirurgia.

8.6.6 PEILD de Revisão de Preservação Estrutural após PEILD Prévia de Preservação Estrutural (Fig. 8.30)

- A abordagem usando a mesma via é possível.
- Encontrar o espaço epidural livre.
- Dissecar cuidadosamente a área previamente operada (**Vídeo 8.13**).

8.6.7 HNP de L5-S1 com Calcificação Parcial Sintomática: Técnica de Flutuação da Calcificação

- Consultar **Fig. 8.31** e **Fig. 8.32** (**Vídeo 8.14**).

8.7 Complicações

8.7.1 Relapso Precoce

- O relapso precoce após a cirurgia pode ser reduzido pela vedação do anel.
- O repouso suficiente no leito para permitir a cicatrização do campo cirúrgico ajuda a reduzir o relapso precoce.

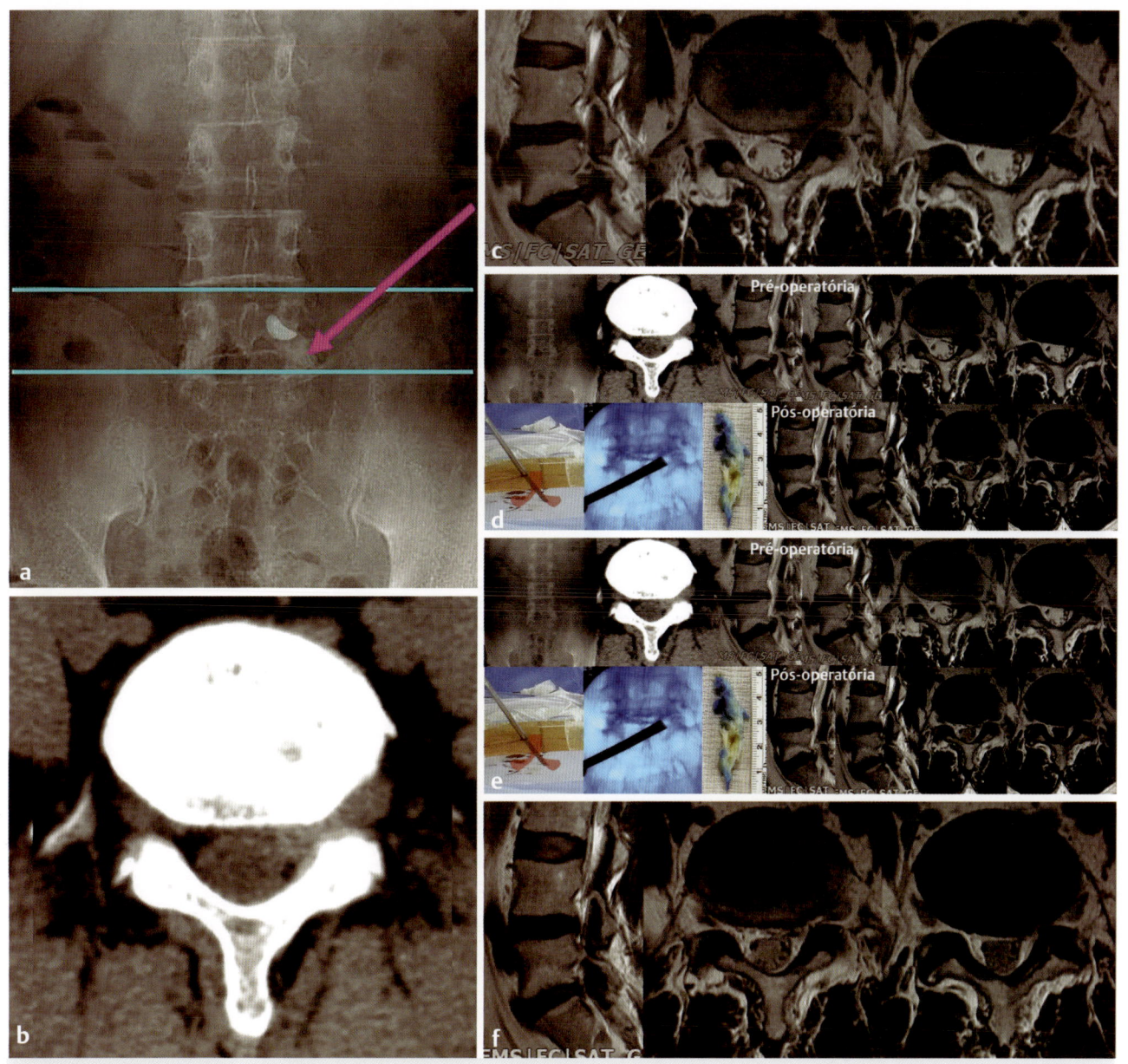

Fig. 8.26 Abordagem interlaminar contralateral de preservação estrutural para HNP de L5-S1 com migração do forame para orientação cefálica. (**a**) Radiografia pré-operatória. (**b**) CT pré-operatória. (**c**) MRI pré-operatória. (**d**) Abordagem interlaminar contralateral. (**e**) Remoção do disco gravemente rompido. (**f**) MRI pós-operatória verificada imediatamente após a cirurgia.

8.7.2 Lesão Vascular
- Não realizar a discectomia muito profundamente, para evitar uma lesão vascular.
- Todo cuidado deve ser tomado para evitar lesão à aorta pré-vertebral.

8.7.3 Lesão Neural
- As lesões neurais podem ser prevenidas com sucesso pela retração suave da raiz neural.
- Quando ocorrer laceração da dura durante a cirurgia, será melhor não continuar a cirurgia e suspender.

8.7.4 Infecção
- Para reduzir a chance de infecção pós-operatória, limpeza dos campos cirúrgicos e procedimentos de controle de infecções serão necessários.

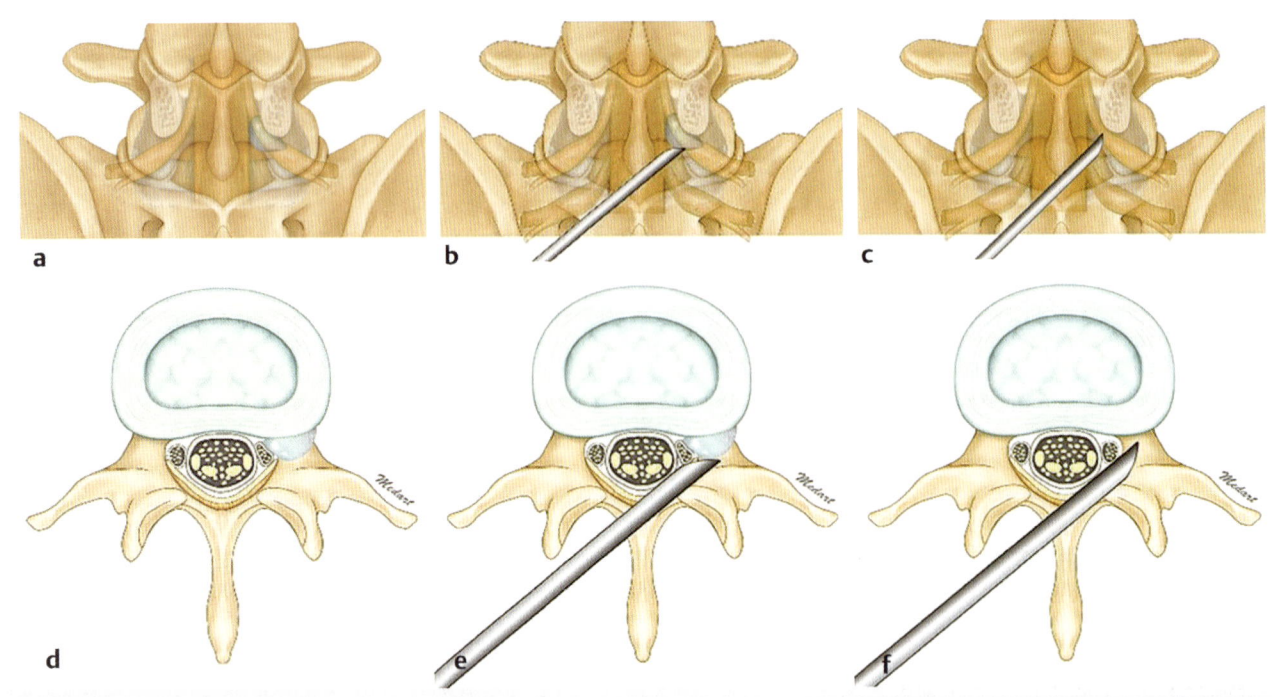

Fig. 8.27 Abordagem interlaminar contralateral de preservação estrutural para HNP de L5-S1 com migração do forame para orientação superior. (**a,d**) A abordagem interlaminar contralateral fornece acesso suficiente. (**b,e**) Exposição do ponto-alvo contralateral após divisão do ligamento amarelo usando o canal de trabalho chanfrado. (**c,f**) Após remoção do disco doente, verificar o espaço foraminal livre.

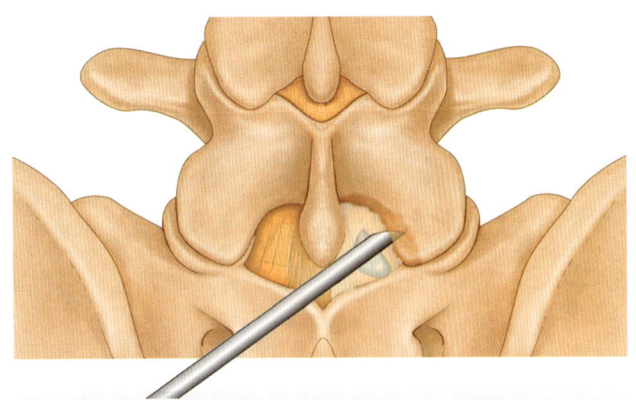

Fig. 8.28 PEILD de revisão de preservação estrutural para HNP recorrente após discectomia lombar aberta. Dissecção do tecido aderente da estrutura óssea. (Cortesia de Kim CH, Chung CK, Jahng TA, Yang HJ, Son YJ. Surgical outcome of percutaneous endoscopic interlaminar lumbar discectomy for recurrent disk herniation after open discectomy. *J Spinal Disord Tech* 2012:25(5):125-133.)

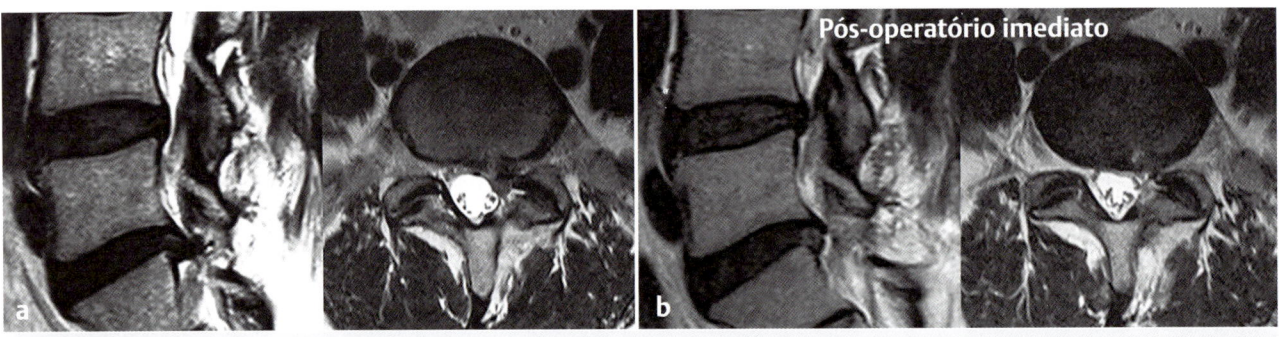

Fig. 8.29 PEILD de revisão de preservação estrutural para HNP recorrente após discectomia lombar aberta. (**a**) MRI pré-operatória. (**b**) MRI pós-operatória.

Discectomia Endoscópica Percutânea Lombar Interlaminar

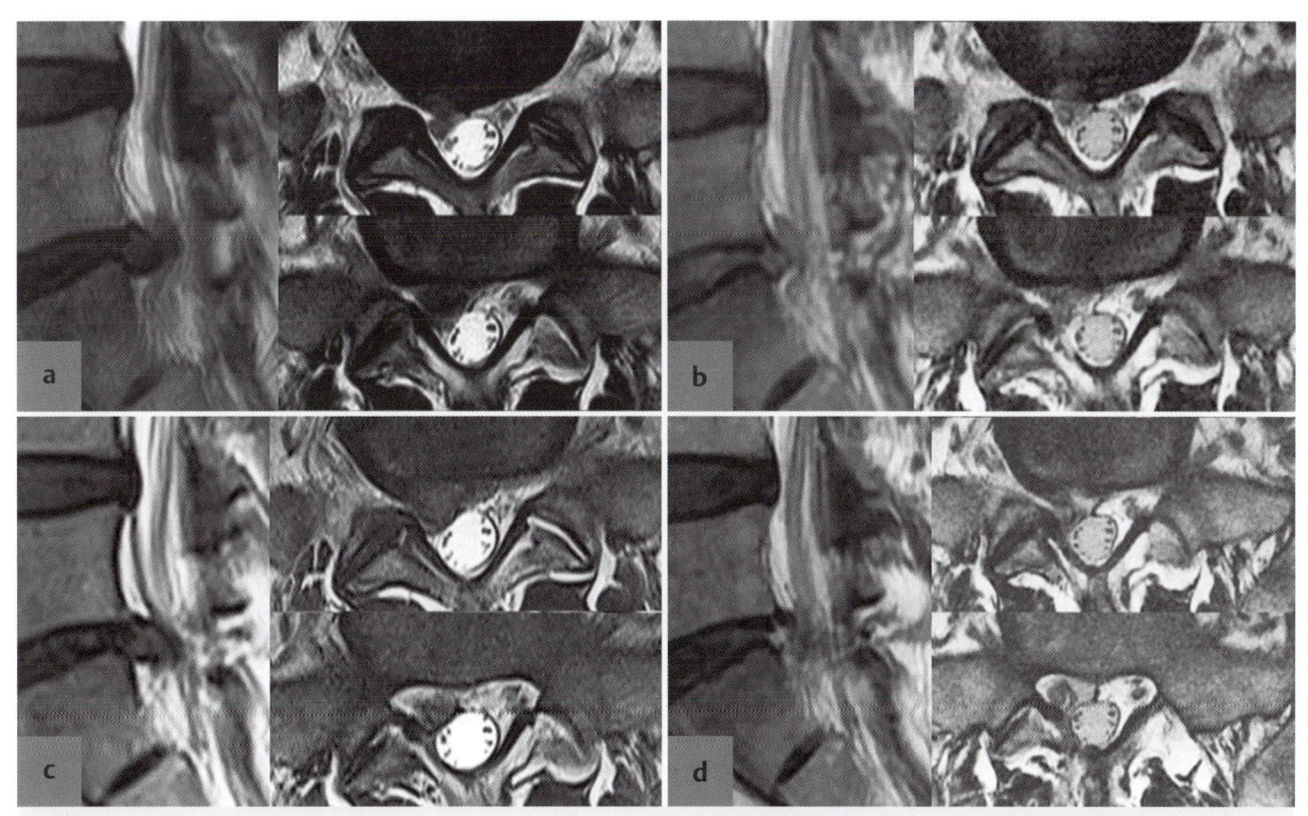

Fig. 8.30 PEILD de revisão de preservação estrutural após PEILD de preservação estrutural anterior. (**a**) MRI inicial. (**b**) MRI pós-operatória após primeira PEILD. (**c**) MRI obtida dois anos depois por causa do início abrupto de sintomas similares aos sintomas iniciais. (**d**) MRI pós-operatória após segunda PEILD. A MRI pós-operatória foi verificada imediatamente após a cirurgia.

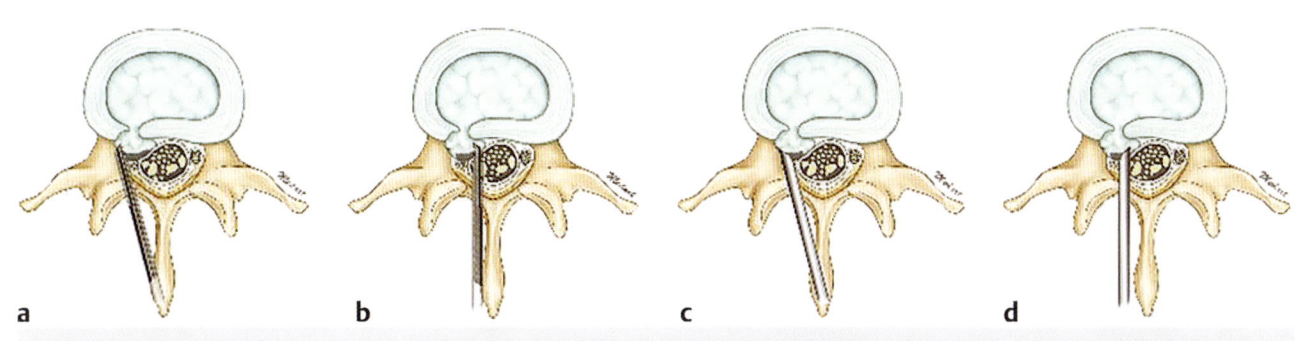

Fig. 8.31 Técnica endoscópica percutânea de flutuação de calcificação interlaminar. (**a,b**) Ressecção do anel ao redor do HNP calcificado. (**c,d**) Rotação do canal de trabalho chanfrado após envolvimento do mesmo no HNP calcificado.

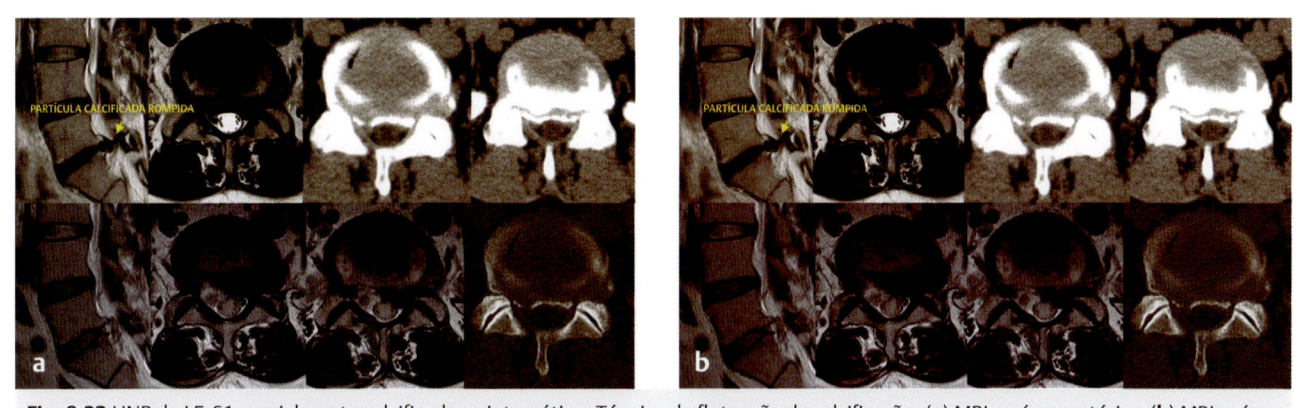

Fig. 8.32 HNP de L5-S1 parcialmente calcificado e sintomático: Técnica de flutuação da calcificação. (**a**) MRIs pré-operatórias. (**b**) MRIs pós-operatórias verificadas imediatamente após a cirurgia.

Referências

1. Kim DH, Choi G, Lee SH. *Endoscopic Spine Procedures*. Thieme Medical Publishers; 2011:11
2. Abdullah AF, Wolber PG, Warfield JR, Gunadi IK. Surgical management of extreme lateral lumbar disc herniations: review of 138 cases. *Neurosurgery* 1988;22(4):648–653
3. Ahn Y, Lee SH, Park WM, Lee HY, Shin SW, Kang HY. Percutaneous endoscopic lumbar discectomy for recurrent disc herniation: surgical technique, outcome, and prognostic factors of 43 consecutive cases. *Spine* 2004;29(16):E326–E332
4. McCulloch JA. Principles of Microsurgery for Lumbar Disc Diseases. New York: Raven Press, 1989.
5. Mekhail N, Kapural L. Intradiscal thermal annuloplasty for discogenic pain: an outcome study. *Pain Pract* 2004;4(2):84–90
6. Ditsworth DA. Endoscopic transforaminal lumbar discectomy and reconfiguration: a postero-lateral approach into the spinal canal. *Surg Neurol* 1998;49(6):588–597
7. Tsou PM, Yeung AT. Transforaminal endoscopic decompression for radiculopathy secondary to intracanal noncontained lumbar disc herniations: outcome and technique. *Spine J* 2002;2(1):41–48
8. Tsou PM, Alan Yeung C, Yeung AT. Posterolateral transforaminal selective endoscopic discectomy and thermal annuloplasty for chronic lumbar discogenic pain: a minimal access visualized intradiscal surgical procedure. *Spine J* 2004;4(5):564–573
9. Ruetten S, Komp M, Godolias G. An extreme lateral access for the surgery of lumbar disc herniations inside the spinal canal using the full-endoscopic uniportal transforaminal approach—technique and prospective results of 463 patients. *Spine* 2005;30(22):2570–2578
10. Jasper GP, Francisco GM, Telfeian AE. Endoscopic transforaminal discectomy for an extruded lumbar disc herniation. *Pain Physician* 2013;16(1):E31–E35
11. Eustacchio S, Flaschka G, Trummer M, Fuchs I, Unger F. Endoscopic percutaneous transforaminal treatment for herniated lumbar discs. *Acta Neurochir (Wien)* 2002;144(10):997–1004
12. Gibson JN, Cowie JG, Iprenburg M. Transforaminal endoscopic spinal surgery: the future 'gold standard' for discectomy?—A review. *Surgeon* 2012;10(5):290–296
13. Yeung AT, Tsou PM. Posterolateral endoscopic excision for lumbar disc herniation: surgical technique, outcome, and complications in 307 consecutive cases. *Spine* 2002;27(7):722–731
14. Yeung AT, Yeung CA. Advances in endoscopic disc and spine surgery: foraminal approach. *Surg Technol Int* 2003;11:255–263
15. Yeung AT. The evolution of percutaneous spinal endoscopy and discectomy: state of the art. *Mt Sinai J Med* 2000;67(4):327–332
16. Maroon JC. Current concepts in minimally invasive discectomy. *Neurosurgery* 2002;51(5, Suppl)S137–S145
17. Kim HS, Park JY. Comparative assessment of different percutaneous endoscopic interlaminar lumbar discectomy (PEID) techniques. *Pain Physician* 2013;16(4):359–367
18. Choi G, Lee SH, Raiturker PP, Lee S, Chae YS. Percutaneous endoscopic interlaminar discectomy for intracanalicular disc herniations at L5–S1 using a rigid working channel endoscope. *Neurosurgery* 2006;58
19. Ruetten S, Komp M, Godolias G. A new full-endoscopic technique for the interlaminar operation of lumbar disc herniations using 6-mm endoscopes: prospective 2-year results of 331 patients. *Minim Invasive Neurosurg* 2006;49(2):80–87
20. Ruetten S, Komp M, Merk H, Godolias G. Use of newly developed instruments and endoscopes: full-endoscopic resection of lumbar disc herniations via the interlaminar and lateral transforaminal approach. *J Neurosurg Spine* 2007;6(6):521–530
21. Ruetten S, Komp M, Merk H, Godolias G. Full-endoscopic interlaminar and transforaminal lumbar discectomy versus conventional microsurgical technique: a prospective, randomized, controlled study. *Spine* 2008;33(9):931–939
22. Min JH, Kang SH, Lee JB, Cho TH, Suh JK, Rhyu IJ. Morphometric analysis of the working zone for endoscopic lumbar discectomy. *J Spinal Disord Tech* 2005;18(2):132–135
23. Kim HS, Ju CI, Kim SW, Kim JG. Endoscopic transforaminal suprapedicular approach in high grade inferior migrated lumbar disc herniation. *J Korean Neurosurg Soc* 2009;45(2):67–73
24. Chae KH, Ju CI, Lee SM, Kim BW, Kim SY, Kim HS. Strategies for noncontained lumbar disc herniation by an endoscopic approach: transforaminal suprapedicular approach, semi-rigid flexible curved probe, and 3-dimensional reconstruction CT with discogram. *J Korean Neurosurg Soc* 2009;46(4):312–316
25. Ahn Y. Transforaminal percutaneous endoscopic lumbar discectomy: technical tips to prevent complications. *Expert Rev Med Devices* 2012;9(4):361–366
26. Choi G, Prada N, Modi HN, Vasavada NB, Kim JS, Lee SH. Percutaneous endoscopic lumbar herniectomy for high-grade down-migrated L4–L5 disc through an L5–S1 interlaminar approach: a technical note. *Minim Invasive Neurosurg* 2010;53(3):147–152
27. Kim JS, Choi G, Lee SH. Percutaneous endoscopic lumbar discectomy via contralateral approach: a technical case report. *Spine* 2011;36(17):E1173–E1178
28. Kim CH, Chung CK, Jahng TA, Yang HJ, Son YJ. Surgical outcome of percutaneous endoscopic interlaminar lumbar diskectomy for recurrent disk herniation after open diskectomy. *J Spinal Disord Tech* 2012;25(5):E125–E133
29. Kim CH, Chung CK, Woo JW. Surgical outcome of percutaneous endoscopic interlaminar lumbar discectomy for highly migrated disc herniation. *J Spinal Disord Tech* 2012;:15
30. Kim CH, Chung CK. Endoscopic interlaminar lumbar discectomy with splitting of the ligament flavum under visual control. *J Spinal Disord Tech* 2012;25(4):210–217
31. Lee JS, Kim HS, Jang JS, Jang IT. Structural preservation percutaneous endoscopic lumbar interlaminar discectomy for L5–S1 herniated nucleus pulposus. *BioMed Res Int* 2016;2016:6250247

9 Laminectomia e Foraminotomia Endoscópicas Percutâneas de Descompressão

Gun Choi ▪ Ketan Deshpande ▪ Akarawit Asawasaksakul

9.1 Introdução

Os avanços técnicos em instrumentos endoscópicos estão permitindo que os cirurgiões de coluna vertebral enfrentem o desafio da descompressão lombar pela abordagem mais minimamente invasiva possível. Mas o procedimento ainda está nas fases de desenvolvimento, com indicações limitadas para casos seletivos. Queremos apresentar uma breve discussão sobre a aplicação corrente da endoscopia em estenose de canal lombar (**Vídeo 9.1**).[1,2,3,4]

9.2 Escolha de Paciente

Indicações:
- Radiculopatia ou claudicação de membro inferior de origem neurológica com ou sem dor lombar e que não responde ao tratamento conservador.
- Evidência de estenose na investigação por ressonância magnética e/ou tomografia computadorizada correlacionando-se com a apresentação clínica.

Contraindicações:
- Espondilolistese degenerativa (grau 2 ou mais).
- Déficit neurológico profundo.
- Síndrome da cauda equina.

9.2.1 Classificação

Para todas as finalidades práticas, a estenose de canal pode ser dividida com base na localização.
- Estenose central.
- Estenose de recesso lateral.
- Estenose do forame.

9.3 Estenose Central

9.3.1 Técnica

Passo 1: Posição e Anestesia

- Sedação consciente (com propofol e remifentanil) suplementada com bloqueio caudal com o paciente prono, com quadris e joelhos em flexão e abdome apoiado em travesseiros.
- Marcação de nível: placas terminais de nível-alvo e a janela interlaminar são grosseiramente marcadas mediante orientação fluoroscópica.
- Ponto de entrada: aproximadamente a meio caminho entre o processo espinhoso e a extensão lateral da janela interlaminar (**Fig. 9.1**).
- Infiltração da pele e do trato pretendido: com lidocaína a 1% – em cerca de 2 a 3 mL.

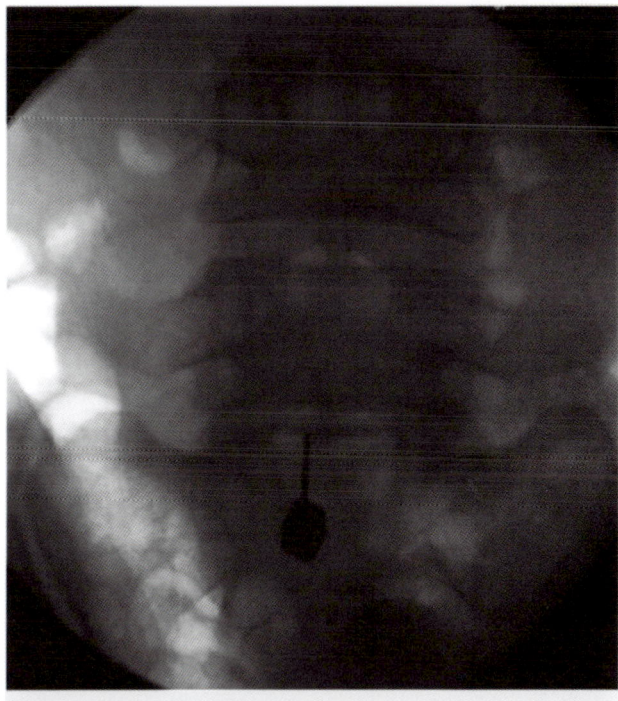

Fig. 9.1 Entrada da agulha em descompressão central – abordagem interlaminar.

Passo 2: Entrada na Pele

- Ponto-alvo: base do processo espinhoso da vértebra proximal em projeções anteroposterior (AP) e posterior à lâmina em projeção lateral (LAT).

Passo 3: Inserção da Agulha e Dilatação

- Inserção da agulha: a partir do ponto de entrada mencionado, uma agulha espinal 18 G de 90 mm é direcionada para a base do processo espinhoso em direção levemente medial e craniana até atingir o ponto desejado nas duas projeções AP e LAT.
- Dilatação serial: a agulha é substituída por um fio-guia de ponta cega e após uma incisão na pele de aproximadamente 9 a 10 mm o trato recebe dilatação seriada até o quarto dilatador (**Fig. 9.2, Fig. 9.3**); mediante orientação fluoroscópica, uma cânula de trabalho circular é passada pelo dilatador final, e o cinescópio é passado por meio dele.
- Esse procedimento completo é realizado com irrigação de pressão contínua usando soro fisiológico frio, normal e instilado com antibiótico. A RF é usada inicialmente para eliminar a gordura e as partes moles paraespinais e para reforçar a visibilidade.

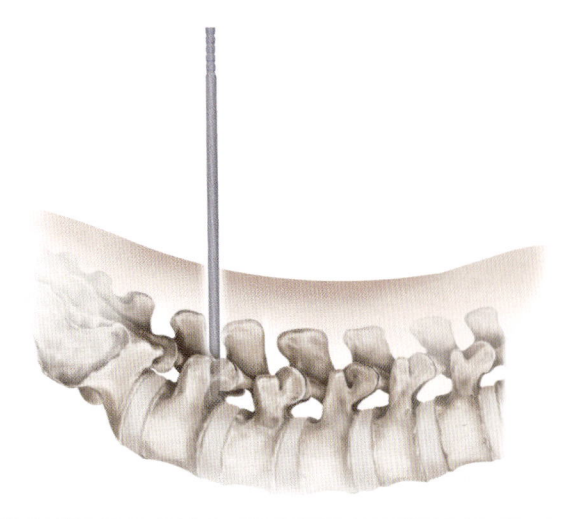

Fig. 9.2 (a,b) Mostrando a dilatação serial em projeções AP e LAT.

Passo 4: Descompressão
- A descompressão começa localizando-se a junção da lâmina superior e a base do processo espinhoso (SP) (**Fig. 9.4; Fig. 9.5**).
- Deve-se sempre manter o ligamento amarelo intacto até o final da descompressão óssea, pois ele atua para amparar a bolsa tecal e protegê-la de qualquer acidente inadvertido.
- O próximo passo é efetuar uma abertura no ligamento amarelo, que pode ser feita ou com uma sonda de ponta cega ou com tesouras endoscópicas e ampliada um pouco mais com um saca-bocados ou *laser* de disparo lateral.
- Casos de estenose central não exigem discectomia, pois após a cirurgia a bolsa tecal e seu conteúdo cairão posteriormente para longe do disco, de modo que podemos manter o disco intacto.
- Além disso, na maioria dos casos a visualização da raiz transversa não é essencial, mas pode ser facilmente visualizada, se houver necessidade, inclinando-se o cinescópio lateralmente.
- Nesse estágio, pode-se substituir a cânula circular por uma cânula chanfrada e usar a ponta chanfrada como um retrator da raiz para obter confirmação visual da adequação da descompressão (**Fig. 9.6**).
- A hemostasia é obtida usando-se o cautério de RF, e um dreno Hemovac® pode ser inserido com uma única sutura de fixação na pele.

9.4 Estenose de Recesso Lateral
Dependendo da etiologia e do nível do alvo, a escolha da abordagem pode variar (**Tabela 9.1**).

9.4.1 Técnica Interlaminar
Há dois aspectos de se escolher uma abordagem interlaminar para executar a descompressão de recesso lateral: interlaminar ipsolateral e interlaminar contralateral, com ambas as técnicas tendo suas próprias vantagens e limitações (**Tabela 9.2**).

Interlaminar Ipsolateral
- *Passo 1: Posição e Anestesia*
  - É preferível a anestesia geral com o paciente em posição prona, com quadris e joelhos flexionados e abdome apoiado em travesseiros.
  - Marcação de nível: placas terminais do nível-alvo e a janela interlaminar são grosseiramente marcadas com orientação fluoroscópica.
- *Passo 2: Ponto de Entrada na Pele*
  - Ponto mais lateral da janela interlaminar (**Fig. 9.7**).
  - Ponto-alvo: extremidade lateral da lâmina proximal em AP e posterior à lâmina em projeção LAT com braço-C.
- *Passo 3: Inserção da Agulha e Dilatação*
  - Do ponto de entrada mencionado uma agulha espinal 18 G de 90 mm é direcionada para a junção da lâmina com a faceta até atingir o ponto desejado em ambas as projeções AP e LAT.

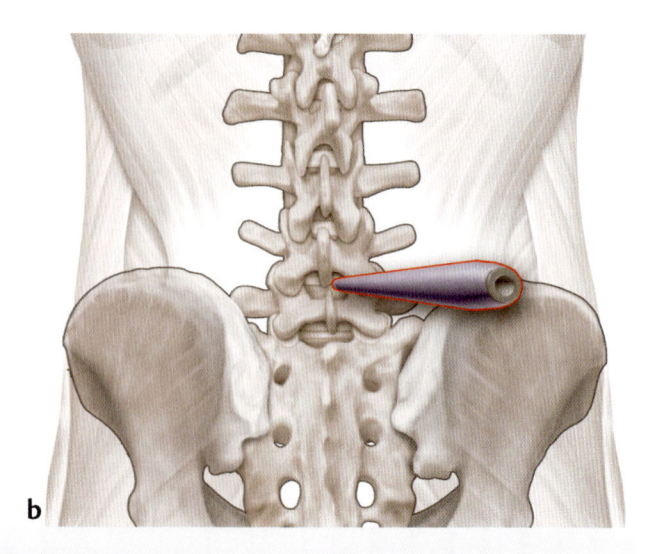

Tabela 9.1 Breve resumo da classificação e a escolha da abordagem de várias doenças estenóticas

Local	Tipo	Etiologia	Nível	Escolha da Abordagem
Central	Qualquer um	Qualquer uma	Qualquer um	Interlaminar
Recesso Lateral	Ósseo	Faceta superior	L1-L5	Transforaminal
			L5-S1	Interlaminar > Transforaminal
		Faceta inferior	Qualquer um	Interlaminar
	Partes moles	Qualquer uma	Qualquer um	Interlaminar
	Combinado	Qualquer uma	Qualquer um	Interlaminar
Foraminal	Qualquer um	Qualquer uma	Qualquer um	Transforaminal

Tabela 9.2 Prós e contras de ambas as abordagens interlaminares em descompressão de recesso lateral

Interlaminar Contralateral	Interlaminar Ipsolateral
- Facilidade de acesso ao recesso lateral - A faceta pode ser preservada ao máximo - Bom mesmo para descompressão central, pois a base do processo espinhoso e a lâmina superior podem ser acessadas	- Preservação máxima de partes moles - Abordagem familiar - A retração da raiz pode ser difícil/dolorida - Precisa de mais descompressão facetária

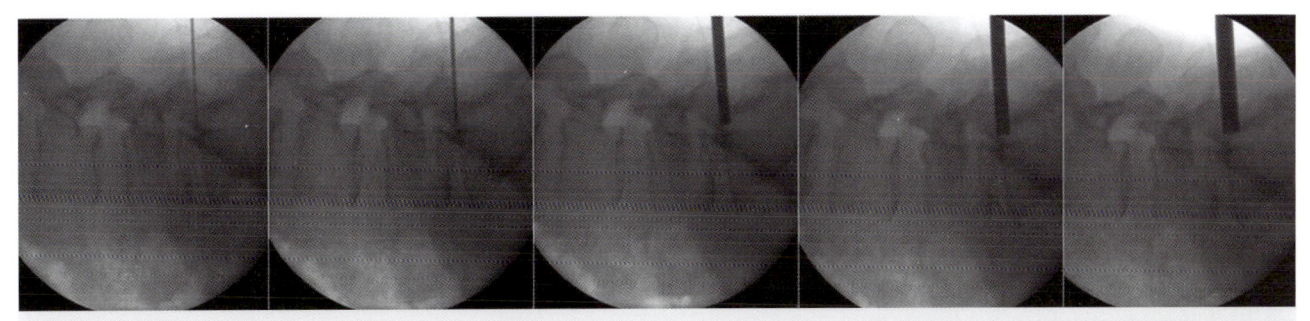

Fig. 9.3 Dilatadores seriais em projeção lateral com braço-C.

- Dilatação serial: um fio-guia de ponta cega é inserido e após uma incisão de aproximadamente 9 a 10 mm na pele o trato recebe dilatação serial até o quarto dilatador, com orientação fluoroscópica (**Fig. 9.3**); uma cânula de trabalho circular é passada sobre o dilatador final, e o cinescópio é passado por ela.
- *Passo 4: Descompressão*
  - Após a liberação das partes moles com o cautério de RF, a junção laminofacetária é identificada, e uma endo-broca é usada para perfurar a faceta hipertrofiada e a lâmina lateral. Uma lâmina *shaver* de artroscopia também vem a calhar, pois vem com uma luva anterior de proteção (**Fig. 9.8**).
  - O ligamento amarelo é cortado da mesma maneira, e a abertura é dilatada.
- O próximo passo crítico é identificar e isolar a raiz transversa. Se já se conseguiu descompressão óssea suficiente, a raiz transversa poderá ser facilmente localizada; caso contrário será preciso mais descompressão óssea com um barbeador até que a raiz seja suficientemente visualizada.
- Uma vez identificada a raiz transversa, uma cânula chanfrada é usada para isolar a raiz medialmente, distante do campo cirúrgico. A descompressão a mais poderá ser continuada com segurança usando-se uma lâmina *shaver* (**Fig. 9.9**) ou uma broca de diamante, e a discectomia poderá ser realizada, se necessário.
- O ponto final do procedimento é a confirmação visual da raiz transversa livre. O ferimento é fechado com uma única sutura sobre o dreno Hemovac®. A **Fig. 9.10** demonstra animações para resumir esta abordagem.

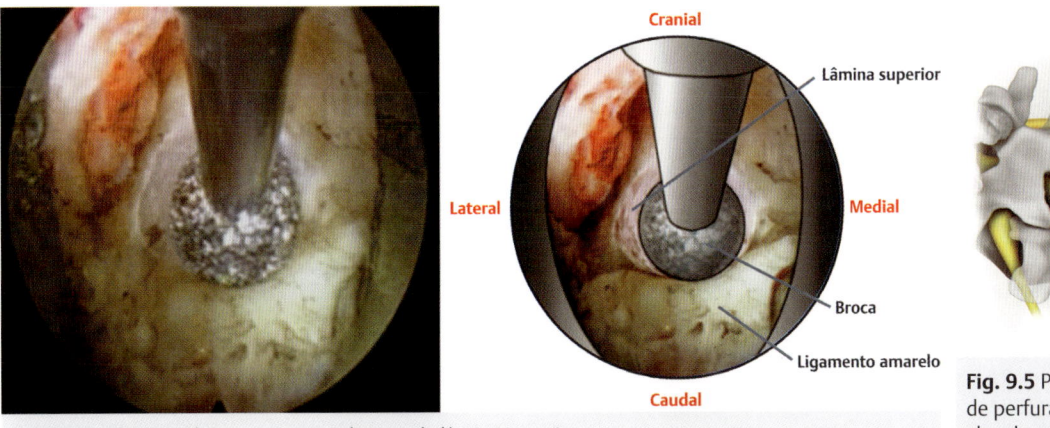

Fig. 9.4 Perfuração do processo espinhoso e da lâmina superior.

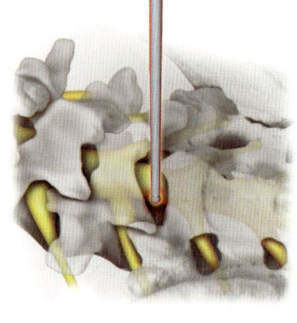

Fig. 9.5 Projeção endoscópica de perfuração de lâmina na abordagem interlaminar.

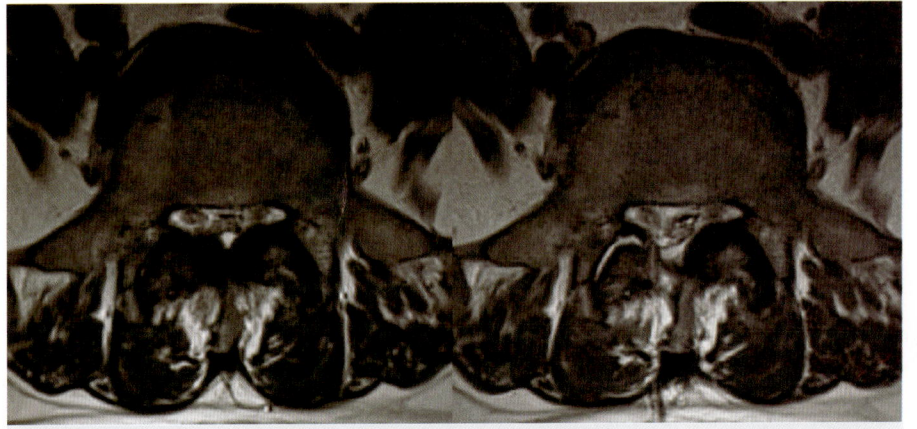

Fig. 9.6 Projeções axiais pré e pós-operatórias na abordagem interlaminar de estenose central.

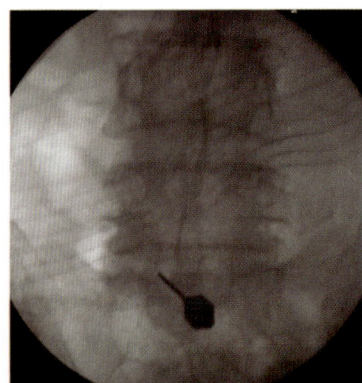

Fig. 9.7 Abordagem interlaminar de recesso lateral ipsolateral – inserção da agulha.

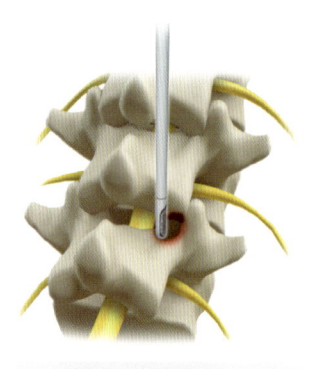

Fig. 9.8 Uso de barbeador artroscópico em recesso lateral.

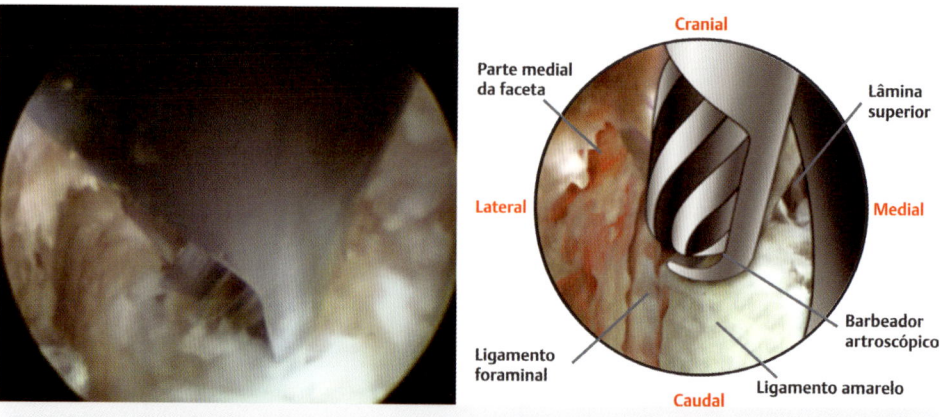

Fig. 9.9 Projeção endoscópica de barbeador em recesso lateral.

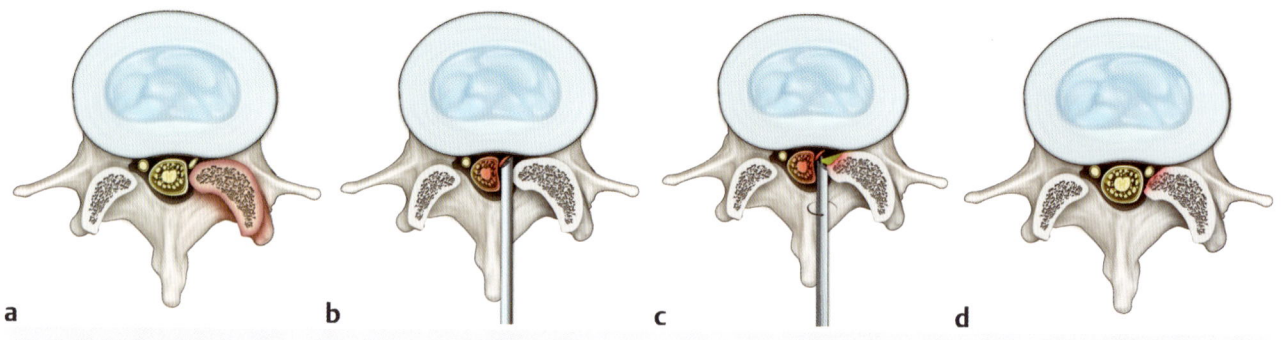

Fig. 9.10 (**a**) Estenose de recesso lateral. (**b**) Inserção de cânula chanfrada. (**c**) Rotação da cânula chanfrada para proteger a raiz transversa e descompressão do recesso lateral. (**d**) Recesso lateral descomprimido com raiz transversa livre.

Contralateral Interlaminar

- *Passo 1: Posição e Anestesia*
  - É preferível a anestesia geral com o paciente em posição prona com quadris e joelhos flexionados e o abdome apoiado em travesseiros.

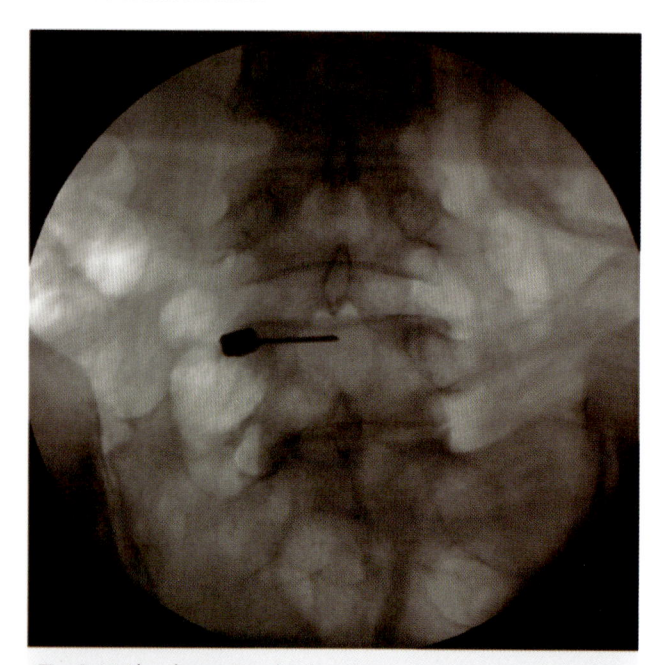

Fig. 9.11 Abordagem interlaminar do recesso lateral contralateral – inserção da agulha.

- Marcação de nível: placas terminais do nível-alvo e a janela interlaminar são grosseiramente marcadas com orientação fluoroscópica.
- *Passo 2: Ponto de Entrada na Pele*
  - Aproximadamente a meio caminho entre o processo espinhoso e a extensão lateral da janela interlaminar no lado (contralateral) assintomático (**Fig. 9.11**).
  - Ponto-alvo: base do processo espinhoso da vértebra proximal em projeção AP e posterior à lâmina em projeção LAT.
- *Passo 3: Inserção da Agulha e Dilatação*
  - Do ponto de entrada mencionado uma agulha espinal 18 G de 90 mm é direcionada para a base do processo espinhoso em direção levemente medial e craniana até atingir o ponto-alvo desejado em ambas as projeções AP e LAT.
  - Dilatação seriada: um fio-guia de ponta cega é inserido e após incisão de aproximadamente 9 a 10 mm, o trato recebe dilatação seriada até o dilatador final, com orientação fluoroscópica (**Fig. 9.3**), e uma cânula de trabalho circular é passada sobre o dilatador final, com o cinescópio inserido por ela.
- *Passo 4: Descompressão*
  - A parte inicial do procedimento é semelhante à da abordagem interlaminar para estenose central, em que as junções laminar e espinhosa são identificadas, e a base do processo espinhoso é esmigalhada para criar espaço para passar a cânula no lado contralateral.
  - A seguir a cânula progride um pouco mais em direção à faceta contralateral pela perfuração da via pela lâmina (**Fig. 9.12**).
  - O ligamento amarelo precisa ser mantido intacto para evitar dano à bolsa tecal. Ao atingir a faceta, a descompressão

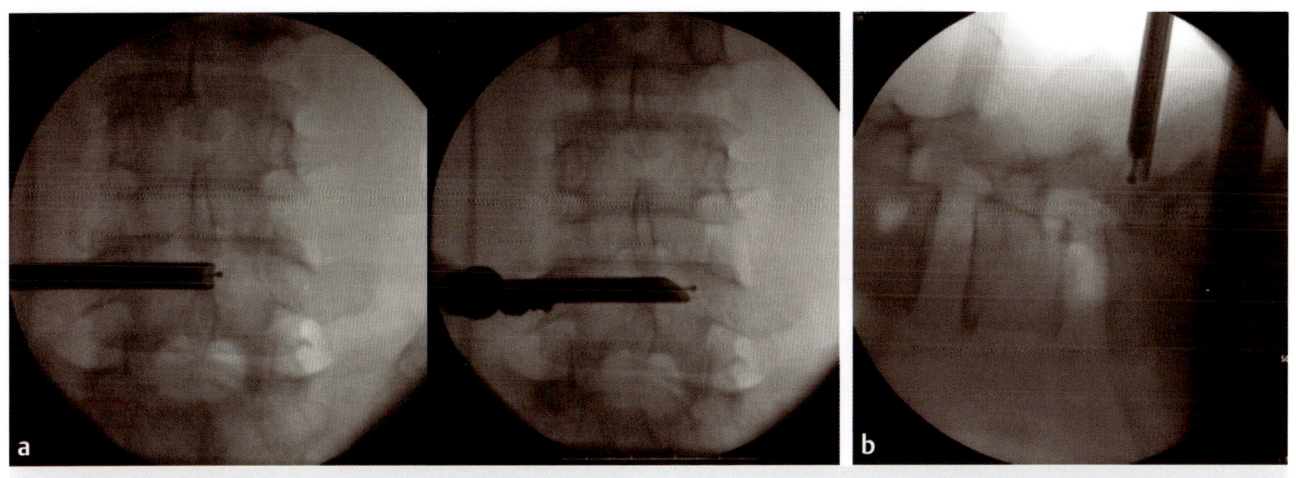

Laminectomia e Foraminotomia Endoscópicas Percutâneas de Descompressão

Fig. 9.12 (a) Mostrando progressão da cânula em direção à lâmina contralateral. **(b)** Mostrando a localização da cânula e broca para descompressão do recesso lateral em projeção lateral com braço-C.

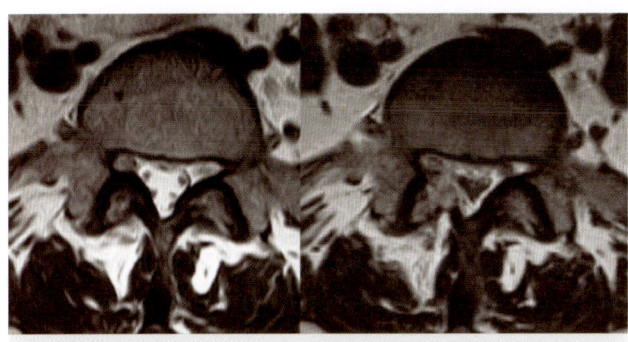

Fig. 9.13 Estenose de recesso lateral, pré e pós-operatória, abordagem interlaminar.

óssea é realizada de maneira similar usando uma broca ou lâmina *shaver*. O resto do procedimento é similar ao da abordagem ipsolateral interlaminar (já mencionada).

A abordagem contralateral fornece a angulação com a qual podemos abordar a articulação facetária, ajudando o cirurgião a deslizar a cânula por baixo dela. Dessa forma, podemos executar a descompressão visada da maior porção doente da faceta – ou seja, as porções ventral e medial do processo articular superior (SAP) – e preservar o restante da faceta. Em segundo lugar, em nossa experiência, o isolamento da raiz é também muito fácil e indolor, se o procedimento for executado com sedação consciente (**Fig. 9.13; Fig. 9.14**).

9.5 Estenose Foraminal

As raízes do nervo espinal saem pelos forames intervertebrais, e a proporção entre o tamanho do forame e o espaço relativo ocupado pela raiz determina a chance de compressão radicular no forame intervertebral. Esse forame possui, como parte de suas margens, duas articulações móveis – a articulação intervertebral anteriormente e a articulação zigapofisária posteriormente. O osso compacto dos arcos profundos da incisura vertebral inferior da vértebra acima e a incisura vertebral superior rasa da vértebra abaixo formam as margens superior e inferior, respectivamente.[5] A etiologia da estenose foraminal inclui hipertrofia de SAP, ou hipertrofia amarela, ou a combinação de ambas com ou sem disco rompido.

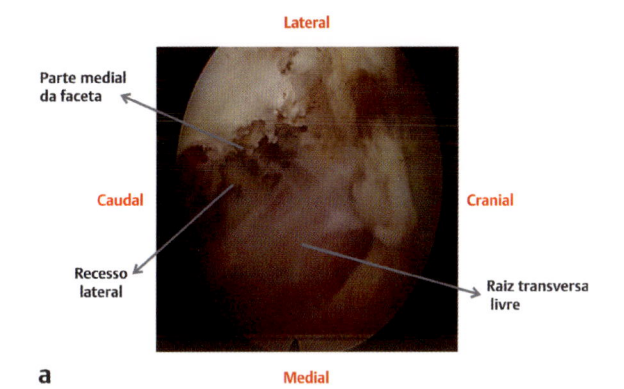

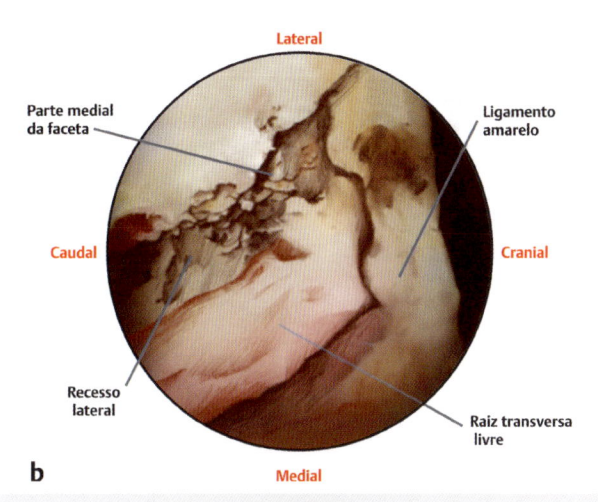

Fig. 9.14 (a,b) Projeção endoscópica de raiz transversa descomprimida após descompressão de recesso lateral.

9.5.1 Técnica de Foraminoplastia

Passo 1: Posição e Anestesia

- Sedação consciente com o paciente em posição prona, com quadris e joelhos flexionados, e o abdome apoiado em travesseiros, com o cirurgião em pé no lado sintomático.
- Marcação de nível: placas terminais do nível-alvo são marcadas, e uma linha é desenhada estendendo-se lateralmente desde SP (*spinous process*) ao nível do disco-alvo.

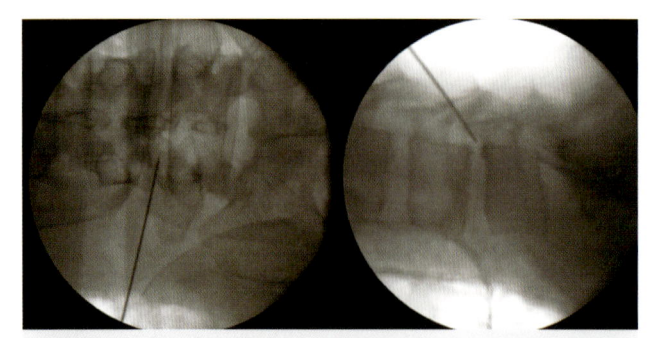

Fig. 9.15 Ponto-alvo para a agulha em foraminoplastia nas projeções AP e LAT.

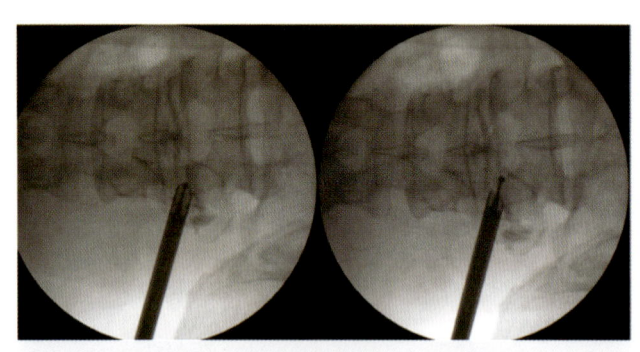

Fig. 9.17 Progressão da broca em foraminoplastia.

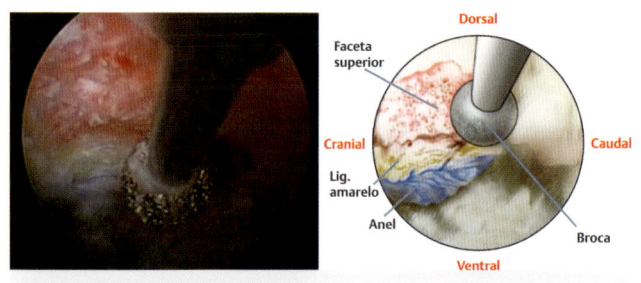

Fig. 9.16 Projeção endoscópica do uso de broca de diamante em foraminoplastia.

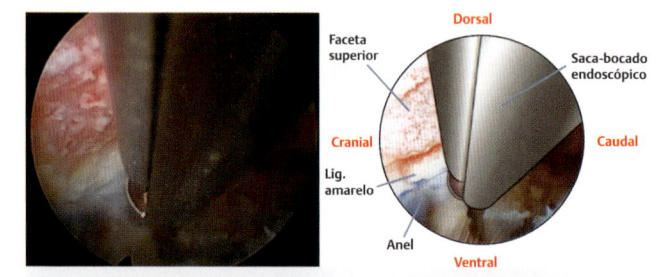

Fig. 9.18 Projeção endoscópica do uso de saca-bocado em foraminoplastia.

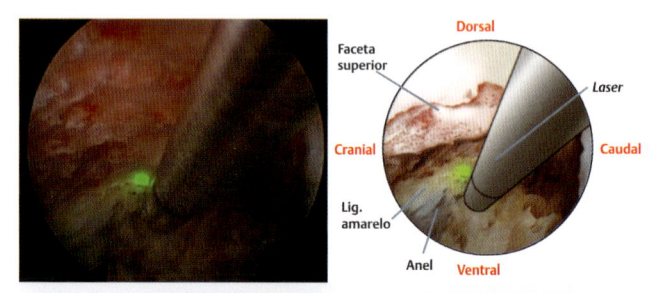

Fig. 9.19 Projeção endoscópica do uso de *laser* em foraminoplastia.

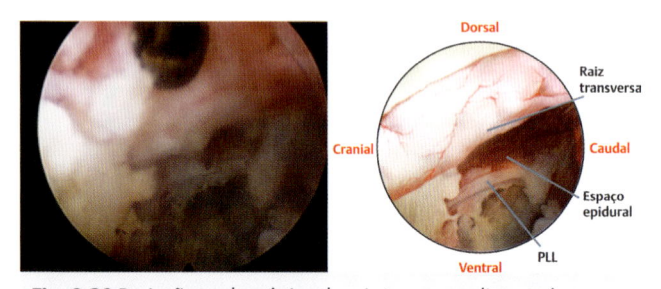

Fig. 9.20 Projeção endoscópica de raiz transversa livre após foraminoplastia.

Passo 2: Ponto de Entrada na Pele

- Calculado nas imagens axiais de MR ou CT pré-operatórias visando o forame e evitando o conteúdo do peritônio.
- Ponto-alvo: base do SAP em projeção AP e margem anterior da articulação facetária em projeção LAT (**Fig. 9.15**).
- Pele e infiltração intermuscular: usa-se lidocaína a 1%, cerca de 3 mL para a pele com agulha de calibre 24, e 6 a 7 mL com agulha espinal de calibre 23 para o plano intermuscular entregue.

Passo 3: Inserção da Agulha e Dilatação

- Entrada da agulha: uma agulha espinal de 120 mm e de calibre 18 é inserida em direção ao ponto-alvo com projeções fluoroscópicas AP e LAT e em angulação levemente craniocaudal.
- Um método alternativo é usar a projeção do túnel em braço-C; nesse método, o braço-C é inclinado ao longo do plano medial-lateral para abrir a articulação facetária no lado sintomático, que geralmente está ao redor de 35 a 40 graus. A agulha é direcionada em direção ao SAP, mantendo o eixo longo da agulha paralelo à angulação do braço-C. Em geral, a agulha progride mais ainda para ancorar no disco.
- Um fio-guia de ponta cega é passado por ela.
- O trato é dilatado usando um único dilatador cego com boca afunilada, e uma cânula chanfrada é passada sobre ele até o forame.

Passo 4: Descompressão

- Após a liberação das partes moles, a articulação facetária é identificada.
- A cápsula lateral da articulação é liberada com cautério de RF, e a faceta superior é perfurada com a endo-broca (**Fig. 9.16**; **Fig. 9.17**).
- Geralmente, sangramento ósseo é encontrado nesse estágio e pode ser controlado regulando-se o fluxo do fluido de irrigação.
- A broca é deslocada ao longo do eixo craniocaudal para descomprimir o forame. A posição da ponta da broca pode ser confirmada como intermediária com referência ao pedículo inferior na projeção AP.
- As porções superior e medial do pedículo também podem ser incluídas na zona de descompressão, dependendo do tamanho da estenose.
- Após a descompressão óssea, ligamentos foraminais mediais e o ligamento amarelo são visualizados. Essa descompressão de partes moles pode ser realizada usando um saca-bocados ou *laser* (**Fig. 9.18**; **Fig. 9.19**).

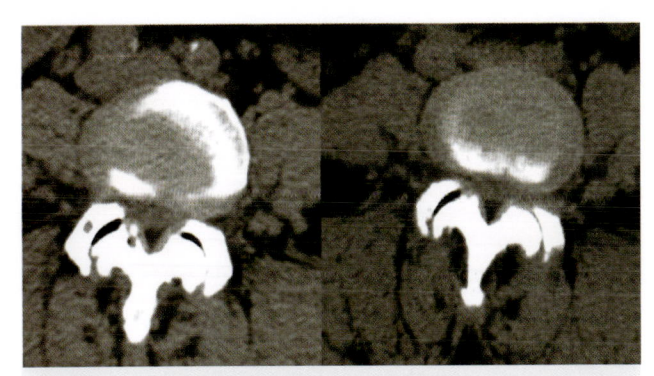

Fig. 9.21 Imagens de CT antes e após a cirurgia em foraminoplastia transforaminal.

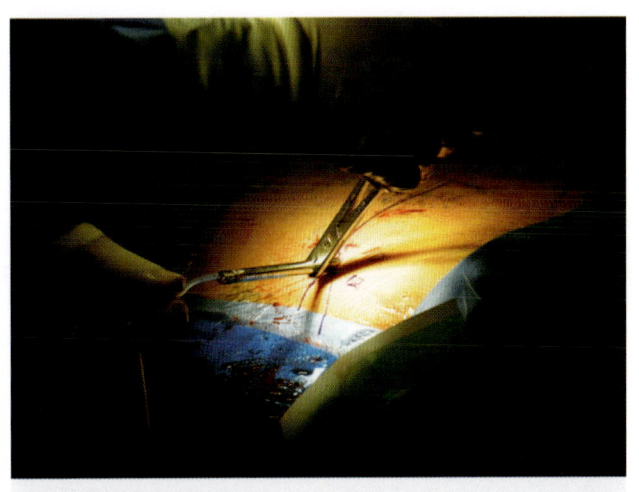

Fig. 9.22 Inserção de dreno.

- Além do ligamento amarelo fica a raiz transversa cercada por gordura epidural e vasos sanguíneos. Fragmentos livres de disco, se houver, poderão ser visualizados e facilmente removidos neste estágio.
- O movimento livre da raiz transversa e da bolsa tecal marca o ponto final da descompressão (**Fig. 9.20; Fig. 9.21**). O ferimento é fechado com uma única sutura de pele, com ou sem drenagem Hemovac® (**Fig. 9.22**).
- Se essa drenagem for usada, então ela poderá ser removida após 4 a 6 horas.

Referências

1. Lee SH, Lee SJ, Park KH, et al. [Comparison of percutaneous manual and endoscopic laser diskectomy with chemonucleolysis and automated nucleotomy]. *Orthopade* 1996;25(1):49–55
2. Knight MT, Goswami A, Patko JT, Buxton N. Endoscopic foraminoplasty: a prospective study on 250 consecutive patients with independent evaluation. *J Clin Laser Med Surg* 2001;19(2):73–81
3. Choi G, Prada N, Modi HN, Vasavada NB, Kim JS, Lee SH. Percutaneous endoscopic lumbar herniectomy for high-grade down-migrated L4-L5 disc through an L5-S1 interlaminar approach: a technical note. *Minim Invasive Neurosurg* 2010;53(3):147–152
4. Choi G, Lee SH, Deshpande K, Choi H. Working channel endoscope in lumbar spine surgery. *J Neurosurg Sci* 2014;58(2):77–85
5. Devi R, Rajagopalan N. Morphometry of lumbar intervertebral foramen. *Indian J Orthop* 2005;39(3):145–147

10 Descompressão Endoscópica Biportal Unilateral para Estenose da Coluna Lombar

Jin Hwa Eum ▪ Sang Kyu Son ▪ Ketan Deshpande ▪ Alfonso García

10.1 Introdução

Tradicionalmente, a estenose lombar é tratada com laminectomia descompressiva aberta, com foraminotomia ou com cirurgias de fusão.[1,2,3,4] Recentemente, métodos cirúrgicos espinais minimamente invasivos foram desenvolvidos para melhorar a preservação dos músculos e de outras estruturas anatômicas normais vizinhas.[3,5,6] A descompressão microscópica bilateral via uma abordagem unilateral tem sido usada no tratamento de estenose da coluna lombar.[3,5] A descompressão interlaminar endoscópica percutânea para estenose lombar continua sendo um procedimento desafiador, mesmo para um cirurgião endoscópico experiente.[7] Além disso, a visualização é restrita, e as dificuldades técnicas podem surgir, apesar do uso de um microscópio ou de um endoscópio espinal uniportal. Nossa técnica de endoscopia biportal unilateral (UBE) é uma modificação da cirurgia endoscópica epidural interlaminar uniportal percutânea. O método de descompressão por UBE baseia-se na mesma técnica cirúrgica que a de outros procedimentos cirúrgicos, como a laminotomia microscópica ipsolateral e a descompressão bilateral com pacientes na posição prona. Em comparação à cirurgia da coluna microscópica aberta, a técnica UBE pode reduzir a lesão muscular e permitir visualização excelente da raiz transversa contralateral. Este capítulo apresenta e descreve a técnica para a descompressão por UBE no tratamento da estenose da coluna lombar (**Vídeo 10.1**).[8,9]

10.2 Equipamento

O equipamento usado no procedimento endoscópico biportal unilateral é o seguinte. Durante o procedimento, usamos broca esférica de 3,5 mm (Conmed Linvatec, Utica, NY), artroscópio de 0° com diâmetro de 4 mm (Conmed Linvatec, Utica, NY), sonda flexível e bipolar de radiofrequência (Ellman), dilatadores seriais, dissector especialmente desenhado, sistema de irrigação com bomba de pressão (Smith & Nephew Inc., Memphis, TN) e instrumentos para laminectomia padronizados, como dissectores em gancho, saca-bocados de Kerrison e fórceps para hipófise.

10.3 Procedimento Cirúrgico

O procedimento da UBE é semelhante ao da artroscopia do joelho. São usados dois portais: um para irrigação contínua e visualização endoscópica, e o outro para inserção e manipulação dos instrumentos usados na descompressão (ou seja, em laminotomia e flavectomia). Consultar a **Fig. 10.1** para um procedimento da UBE do lado direito.

10.3.1 Posição e Anestesia

Os procedimentos são executados com o paciente sob anestesia geral ou epidural em mesa de cirurgia radiolucente sobre uma estrutura de Wilson. O paciente é colocado na posição prona para minimizar a pressão sobre o abdome. Um campo cirúrgico à prova d'água é aplicado após a indução da anestesia.

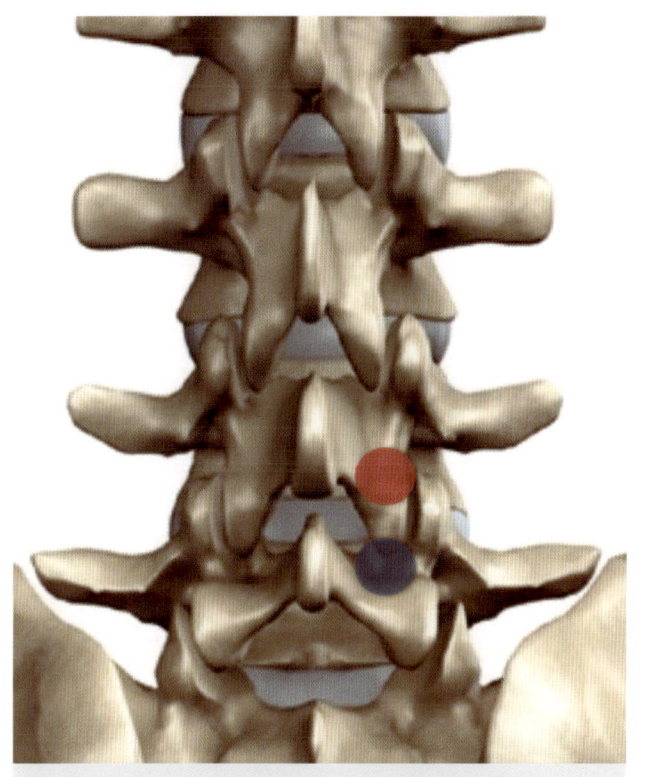

Fig. 10.1 Endoscopia biportal unilateral (UBE) de L4-L5 do lado direito. Diagrama anteroposterior do portal de trabalho representado pelo ponto vermelho e o portal do cinescópio representado pelo ponto azul.

10.3.2 O ponto-alvo

O nível estenótico patológico alvo é identificado com orientação fluoroscópica. O ponto-alvo exato é a intersecção entre a margem da lâmina inferior e 1 cm lateral ao processo espinhoso do mesmo lado, como determinado por meio dos sintomas de lateralização associados. Na ausência de sinais ou sintomas de lateralização, a abordagem do lado esquerdo será preferida para um cirurgião destro.

10.3.3 Portal do Canal de Trabalho

Para estabelecer o portal do canal de trabalho, é feita uma incisão de 1,5 cm na pele, levemente oblíqua acima do ponto-alvo, seguindo a direção das fibras do músculo multífido. Dilatadores seriais são então inseridos em direção à lâmina inferior. Após a remoção dos dilatadores, um dissector especialmente projetado é usado nessa lâmina. As partes moles interlaminares são dissectadas em sentido medial a lateral em direção à margem medial da cápsula da articulação facetária (**Fig. 10.2, Fig. 10.3, Fig. 10.4**).

10.3.4 Portal Endoscópico

O portal endoscópico é sempre feito à esquerda do portal do canal de trabalho; isto é, se for necessária a abordagem do lado direito, então esse portal será feito distal ao canal de trabalho (para um cirurgião destro), e se uma abordagem do lado esquerdo for necessária, então o portal endoscópico será feito

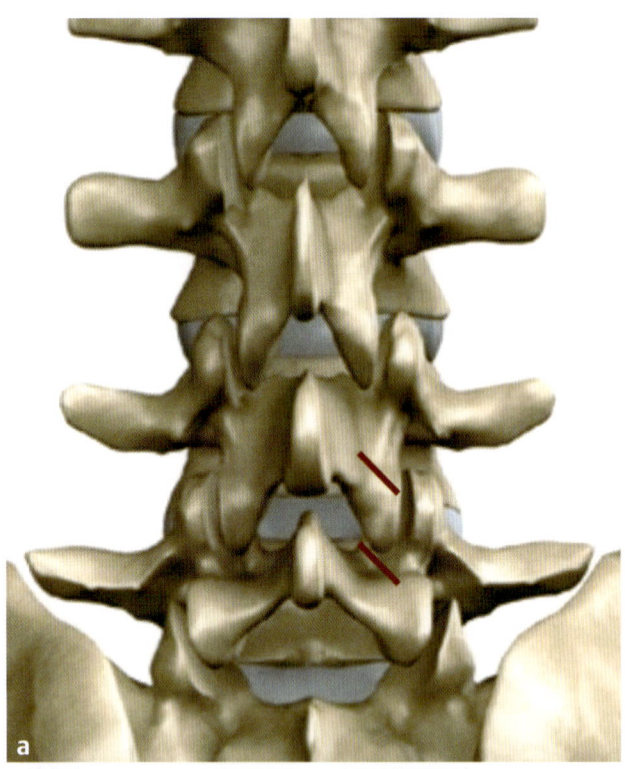

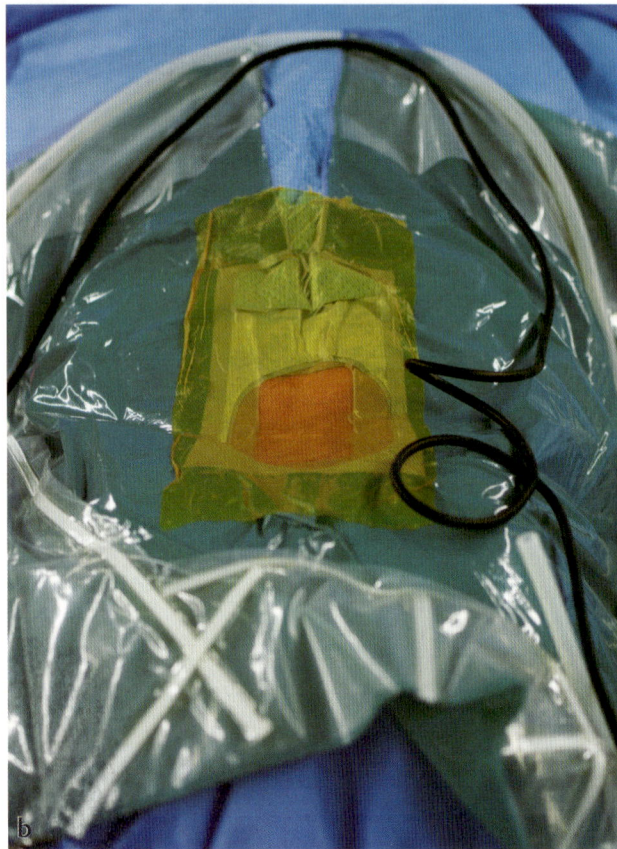

Fig. 10.2 (a,b) Para a abordagem de L4-L5 do lado direito, inicialmente o ponto-alvo é localizado com fluoroscopia com braço-C. Uma incisão de 1,5 cm levemente oblíqua é feita acima da margem inferior da lâmina L4, seguindo a direção do músculo multífido. Após a dilatação apropriada e a dissecção do músculo, uma segunda incisão oblíqua é feita 1,5 cm distal à primeira incisão.

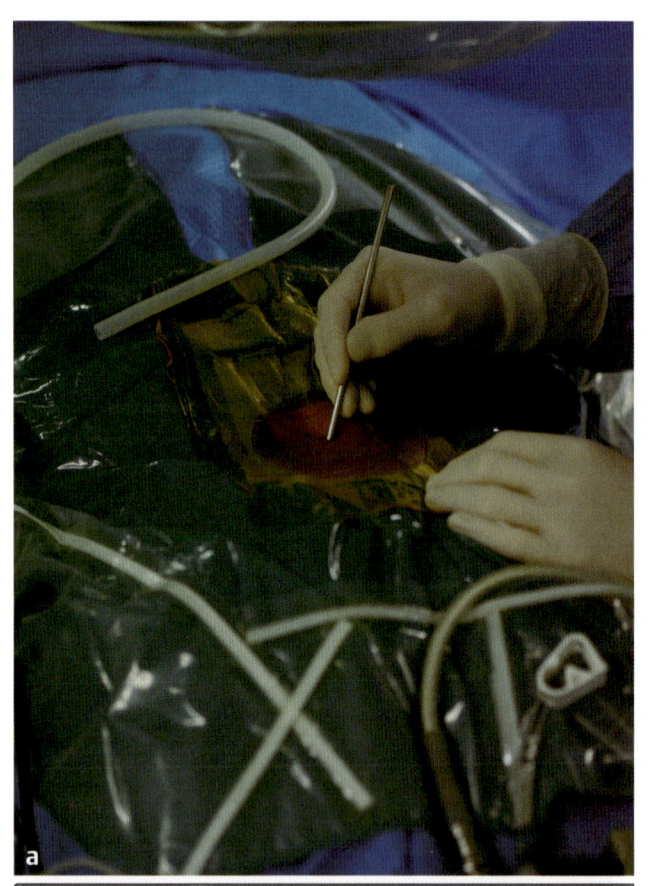

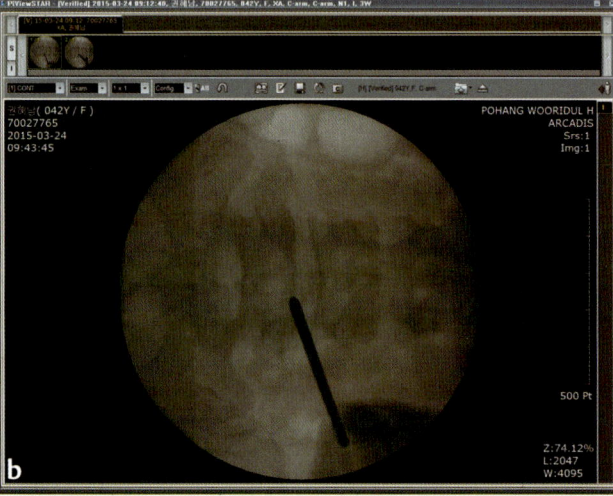

Fig. 10.3 (a) Endoscopia biportal unilateral (UBE) de L4-L5 do lado direito. Projeção anteroposterior com braço-C do dilatador inicial introduzido pelo portal do canal de trabalho e direcionado para a margem inferior da lâmina de L4, próximo à base do processo espinhoso correspondente. **(b)** Uma vez efetuada a incisão do portal de trabalho, o cirurgião introduz um dilatador e verifica o ponto-alvo, por meio de fluoroscopia com braço-C.

proximal ao canal de trabalho. Um meio fácil de lembrar essa situação é que um cirurgião destro segurará o cinescópio com a mão esquerda e os instrumentos com a mão direita.

O segundo portal é feito por meio de uma incisão de 1,0 cm na pele, cerca de 2 a 3 cm acima da borda superior da primeira incisão cutânea da porta caudal; o segundo portal serve para acomodar a inserção de uma cânula de 6 mm de diâmetro e o cinescópio. Um endoscópio de 0° é inserido pelo portal craniano após a inserção da cânula.

Uma bomba de irrigação de soro fisiológico é conectada ao endoscópio e definida para uma pressão de 20 a 30 mm Hg durante o procedimento; a irrigação de solução de soro fisiológico de fluxo contínuo e controlado é essencial para prevenir a elevação excessiva da pressão epidural. Os instrumentos cirúrgicos são inseridos pelo portal de trabalho caudal (**Fig. 10.1, Fig. 10.5**).

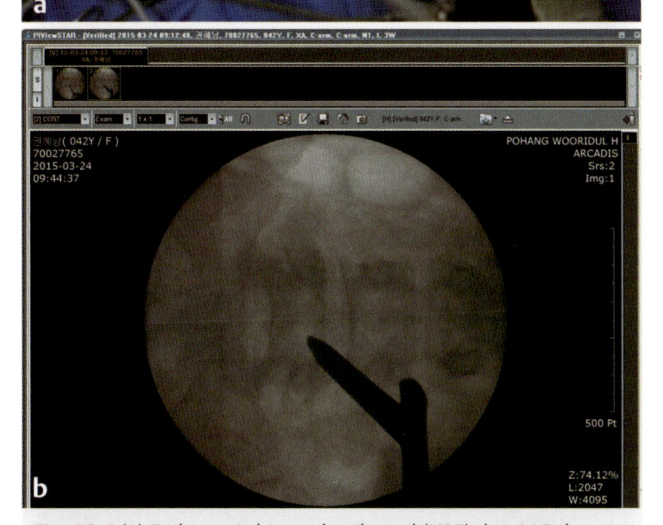

Fig. 10.4 (**a**) Endoscopia biportal unilateral (UBE) de L4-L5 do lado direito. Projeção anteroposterior do braço-C do dissector de músculo introduzido pelo portal do canal de trabalho e direcionado à margem inferior da lâmina de L4, próximo à base do processo espinhoso correspondente. (**b**) Correspondente à **Fig. 10.4a**. Após dilatação inicial de um dissector introduzido para destacar parcialmente o músculo da base do processo espinhoso, e a posição é verificada com fluoroscopia com braço-C.

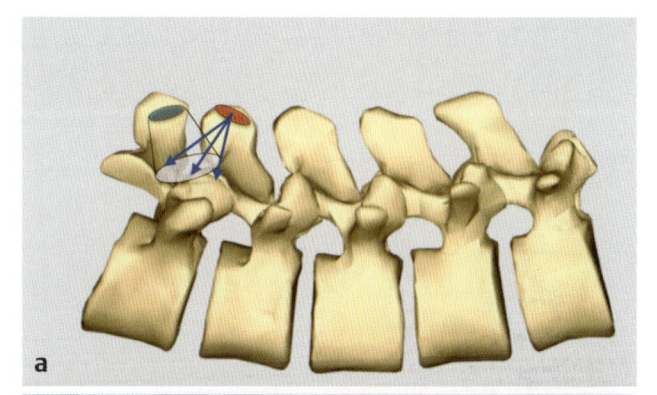

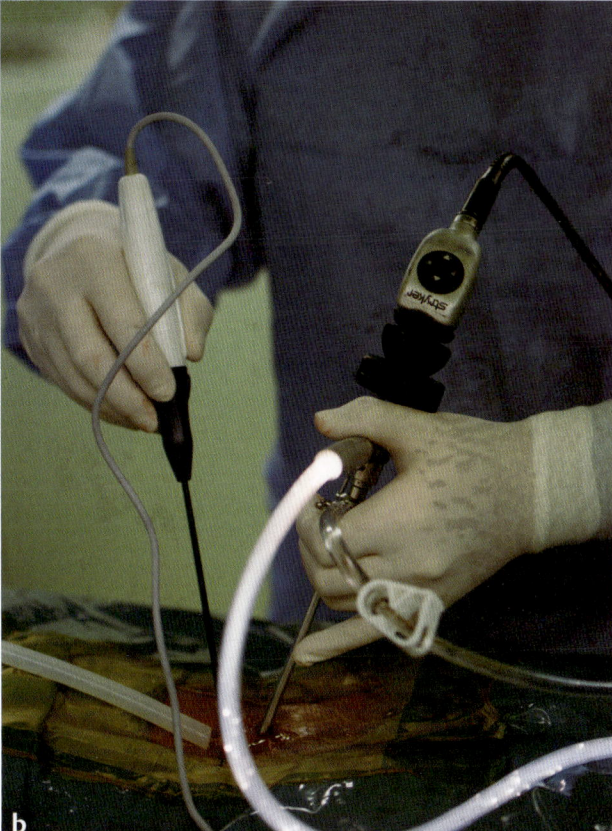

Fig. 10.5 (**a**) Endoscopia biportal unilateral (UBE) de L4-L5 do lado direito. Diagrama lateral do portal de trabalho (representado pelo ponto vermelho) e do portal do cinescópio (ponto azul). As setas translucentes oval e azul representam o campo de visão e os ângulos de trabalho dos instrumentos, respectivamente.
(**b**) Visualização frontal do cirurgião de uma abordagem por UBE do lado esquerdo. Observar que um cirurgião destro segurará o endoscópio e a câmera com a mão esquerda e os instrumentos com a mão direita.

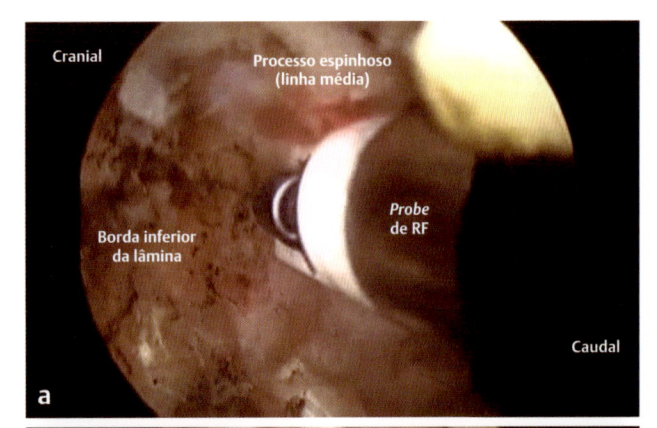

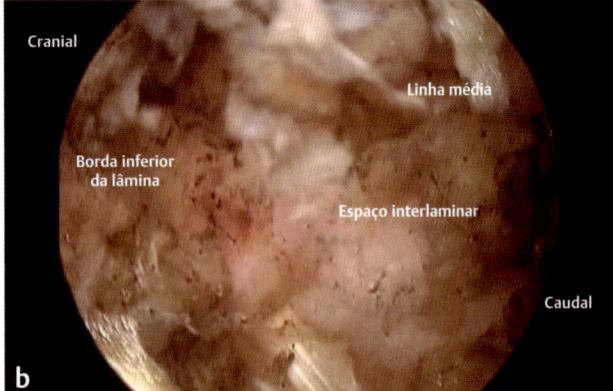

Fig. 10.6 (**a**) Visualização endoscópica após triangulação. A sonda de radiofrequência é usada para criar um espaço de trabalho por meio de ablação de tecido e coagulação. (**b**) Após uso do *probe* de RF, podemos identificar o espaço interlaminar, a borda inferior da lâmina acima e o processo espinhoso na linha média ainda coberto por partes moles.

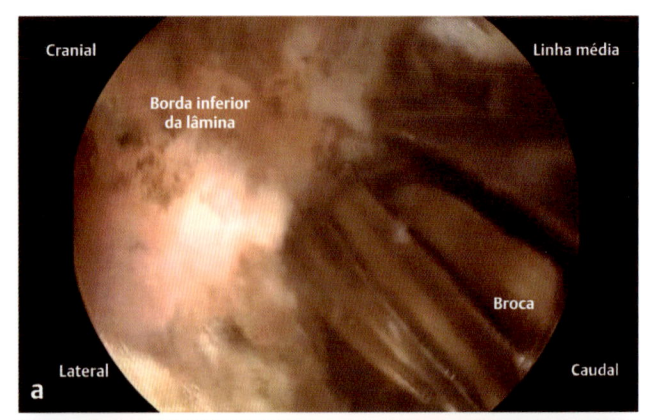

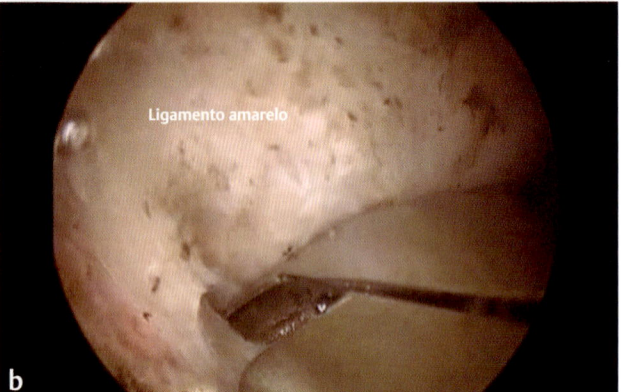

Fig. 10.7 (**a**) Visualização endoscópica do uso de broca de osso para laminectomia inicial. (**b**) Uso de pinças de Kerrison para aumentar a laminectomia. Observar que o ligamento amarelo ainda está intacto.

10.4 Procedimento de Descompressão

É importante mencionar que, já que um endoscópio 0° é usado, as pontas dos instrumentos de trabalho estão em um plano mais profundo que o cinescópio. Após a triangulação com o endoscópio e os instrumentos, consegue-se o controle de sangramento menor, e os *probes* de radiofrequência são usados para desbridamento de resíduos de partes moles sobrejacentes à lâmina e ao ligamento amarelo (**Fig. 10.6**).

Após a exposição completa da lâmina inferior, a descompressão óssea é feita com visão endoscópica ampliada, com a broca de 3,5 mm protegida de partes moles e pinças de Kerrison (**Fig. 10.7**).

O ligamento amarelo é deixado intacto para atuar como escudo de proteção para as estruturas neurais. A borda superior da lâmina inferior é removida para a foraminotomia ipsolateral, conforme o necessário. A projeção anatômica endoscópica é muito semelhante à projeção microscópica de uma laminotomia unilateral na linha média posterior.

No caso da **Fig. 10.8**, o ligamento amarelo ipsolateral foi removido, até que a mobilização total da borda lateral da raiz neural fosse atingida.

Após esse passo, a raiz neural totalmente móvel pode ser retraída, e o disco rompido é exposto e cuidadosamente removido (**Fig. 10.9**, **Fig. 10.10**).

A descompressão contralateral pode ser executada com alta ampliação e campo de visão endoscópico satisfatório. A flavectomia e a descompressão sublaminar são executadas com

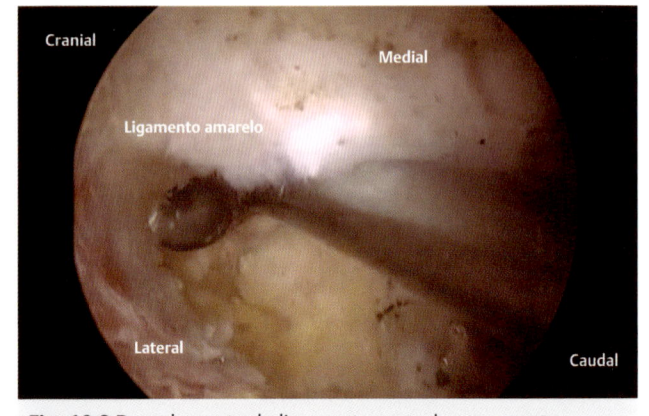

Fig. 10.8 Descolamento do ligamento amarelo com cureta.

pinças de Kerrison e cureta. O endoscópio pode ser movido para o lado contralateral tirando-se vantagem da elasticidade do músculo e da pele, em vez de se ajustar a posição do paciente ou efetuar incisões cutâneas adicionais. A descompressão contralateral é então realizada até que a raiz neural descendente possa ser claramente identificada e descomprimida. No caso de um paciente sintomático com hérnia de disco ipsolateral, o cirurgião poderá realizar a discectomia mediante visualização endoscópica, sem necessidade de fazer incisões adicionais. O nível de descompressão neural pode ser avaliado pela pulsação normal da dura induzida pela respiração e confirmada por projeção endoscópica direta e uso de uma sonda cega.

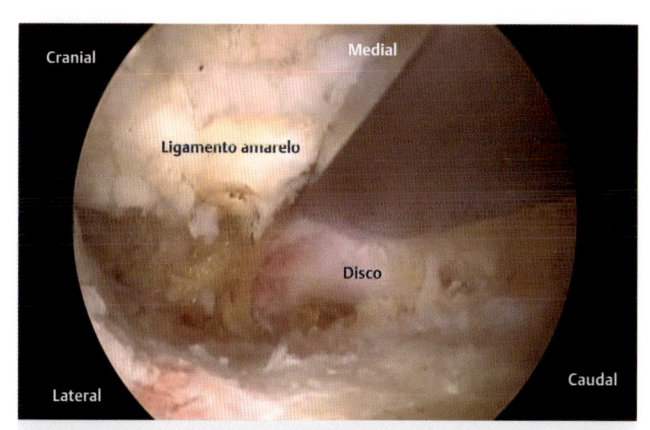

Fig. 10.9 Exposição do disco herniado usando um retrator neural regular pelo portal de instrumentos.

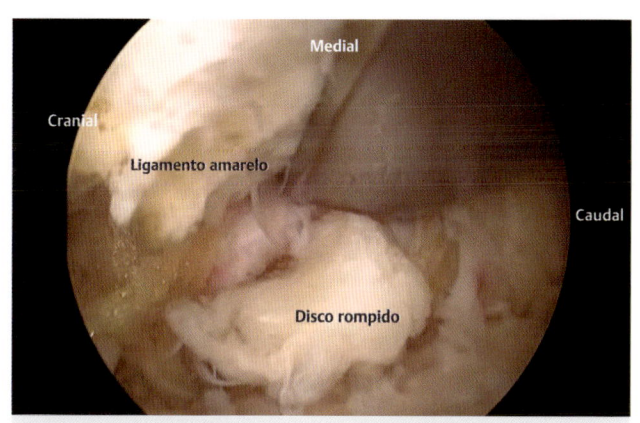

Fig. 10.10 Disco rompido.

O sangramento epidural é controlado ajustando-se a pressão da bomba e por coagulação com sondas flexíveis de radiofrequência.

As incisões da pele são fechadas após remoção dos instrumentos e do endoscópio.

10.5 Sugestões Cirúrgicas

- Esta técnica fornece visualização melhor e mais fácil das estruturas contralaterais e avaliação de áreas foraminais descomprimidas.
- A anatomia e a abordagem são familiares, semelhantes àquelas na discectomia microscópica.
- Facilidade de trabalho: a maioria dos instrumentos padrão pode ser usada pelo portal caudal.
- Sangramento reduzido: a infusão contínua de irrigação fria permite melhor controle de sangramentos.
- O fluido da irrigação de pressão contínua permite leve compressão da dura-máter e alargamento do espaço epidural contralateral durante os procedimentos. Portanto, os autores sugerem que a descompressão contralateral pode ser mais fácil de executar, com risco menor de lacerações durais.

10.6 Complicações

As possíveis complicações da técnica da UBE são classificadas em imediatas e tardias.

10.6.1 Complicações Imediatas

- Lacerações da dura: na experiência dos autores, a incidência de lacerações da dura é muito baixa, pois a técnica fornece uma abordagem familiar à coluna vertebral e, portanto, uma curva de aprendizado mais curta.
- Se uma laceração dural for encontrada durante o procedimento, ela deverá ser avaliada imediatamente após a cirurgia e deverá ser suturada no mesmo local por meio de abordagem aberta.
- Lesão das estruturas neurais: a visualização melhorada com o endoscópio e um campo visual limpo com irrigação de pressão contínua reduzem a incidência de lesão neural.
- A pressão epidural aumentada é uma complicação grave que leva à dor pós-operatória no pescoço e possíveis convulsões, mas como a UBE é um procedimento biportal, permite fluxo de saída livre do fluido de irrigação via o segundo canal de trabalho.

10.6.2 Complicações Tardias

- Infecção: o fluxo contínuo de soro fisiológico normal instilado de antibióticos evita substancialmente o acúmulo e a inoculação de micróbios.
- Recorrência da hérnia de disco: a UBE permite abordagem direcionada ao sítio de ruptura anular sem violação do anel normal. A anuloplastia pode ser realizada em todos os casos, reduzindo o risco de recorrência. Mesmo que a hérnia de disco recorrente ocorra, é possível abordar facilmente o alvo com a mesma técnica da UBE. Incentivamos a seleção cuidadosa de pacientes e a avaliação quanto ao alto risco de recorrência.

10.7 Discussão

A microdiscectomia e a discectomia minimamente invasiva reduzem a exposição cirúrgica e o trauma e apresentam índices de sucesso de aproximadamente 90%.[10,11] Já é fato bem reconhecido que *menos invasivo* significa *preservação muscular* e, portanto, menos dano a outras estruturas normais. Portanto, estas técnicas reduzem a morbidade pós-operatória e a incidência de fibrose perineural e intraneural e reforçam a preservação do sistema venoso epidural.[12]

As laminectomias abertas de descompressão comprovaram ser seguras e eficazes no tratamento de estenose lombar, mas podem também causar ruptura, dano às estruturas anatômicas normais, como o ligamento supraespinhoso, o processo espinhoso, a lâmina, as articulações facetárias, o ligamento amarelo e a musculatura paraespinal, levando à atrofia muscular intensa.[13,14,15,16,17] Uma vez que a visão do cirurgião esteja localizada fora do canal espinal na microcirurgia aberta e a amplitude de movimento dos instrumentos seja limitada em cirurgia tubular microendoscópica, a laminectomia extensiva e a mudança da posição do paciente durante a cirurgia podem ser necessárias para atingir a descompressão apropriada da raiz neural contralateral de saída ou transversa. Por essas razões, e por causa da necessidade de se preservarem os anexos musculares normais e outros estabilizadores importantes da coluna vertebral, as abordagens cirúrgicas minimamente invasivas têm apresentado rápida evolução. Embora a descompressão espinal endoscópica para estenose lombar seja recomendada, alguns cirurgiões ainda não estão familiarizados com a técnica. A UBE combina as vantagens da cirurgia padrão aberta e a cirurgia endoscópica da coluna vertebral.

Quando a UBE é realizada, um endoscópio e uma câmera de alta definição são usados para colocar a visão do cirurgião dentro do canal espinal; portanto, laminectomia e facetectomia podem ser minimizadas sob visualização excelente, sem alterar a posição do paciente. As vantagens técnicas da UBE e suas diferenças da descompressão tubular microendoscópica e da descompressão endoscópica percutânea lombar são:

1. Visão de 360° sem visão em linha reta, restrita e tubular.
2. Amplitude de movimento de instrumentos livre, não um movimento tubular restrito.
3. Facilidade de descompressão bilateral.
4. Menos sangramento por causa da irrigação de soro fisiológico de pressão contínua.

A técnica da UBE é uma modificação da endoscopia epidural translaminar usando instrumentos artroscópicos padronizados.[18,19] Este conceito é diferente das abordagens endoscópicas espinais por um portal. Duas incisões são feitas na pele, uma para o endoscópio, e outra para os instrumentos de trabalho. Por isso, o sistema endoscópico é similar à artroscopia articular, em que a triangulação de cinescópio e instrumentos é essencial. Os dois portais são ipsolaterais e, quando o endoscópio é introduzido, ele se encontra com os instrumentos na área interlaminar. A fluoroscopia com braço-C ajuda na localização do ponto de entrada cutânea correto para se atingir o disco e o forame. O influxo de irrigação de soro fisiológico passa pela cânula endoscópica, e o fluxo de saída surge pelo portal de trabalho. Instrumentos comuns de laminectomia são usados pelo canal de trabalho. Portanto, esse procedimento de cirurgia endoscópica tem os mesmos passos e "percepção" de uma cirurgia aberta, mas sem retração de músculos e projeção melhorada, como mencionado anteriormente. Já que a descompressão por UBE para estenose lombar central é feita com o paciente em posição prona, ela permite visualização excelente da anatomia ipsolateral e contralateral do canal espinal, e a descompressão em vários níveis se torna muito fácil e possível.

10.8 Conclusão

A UBE é um procedimento com assistência de vídeo que permite ao cirurgião o uso de um endoscópio para ampliar o campo de visão ao mesmo tempo em que melhora a identificação de marcos vitais. A projeção anatômica apresentada ao cirurgião é muito semelhante àquela da cirurgia aberta convencional e permite uma experiência de navegação excepcional e extraordinária pelas áreas contralateral, sublaminar e foraminal, o que torna esse procedimento mais seguro ao reforçar a visualização de estruturas neurais e vasculares. Portanto, a descompressão usando UBE pode ser uma técnica atraente e minimamente invasiva que se mostra segura para o tratamento de estenose lombar degenerativa.

Referências

1 Costa F, Sassi M, Cardia A, et al. Degenerative lumbar spinal stenosis: analysis of results in a series of 374 patients treated with unilateral laminotomy for bilateral microdecompression. *J Neurosurg Spine* 2007;7(6):579–586 PubMed
2 Martin BI, Mirza SK, Comstock BA, Gray DT, Kreuter W, Deyo RA. Reoperation rates following lumbar spine surgery and the influence of spinal fusion procedures. *Spine* 2007;32(3):382–387 PubMed
3 Mobbs RJ, Li J, Sivabalan P, Raley D, Rao PJ. Outcomes after decompressive laminectomy for lumbar spinal stenosis: comparison between minimally invasive unilateral laminotomy for bilateral decompression and open laminectomy: clinical article. *J Neurosurg Spine* 2014;21(2):179–186 PubMed
4 Javid MJ, Hadar EJ. Long-term follow-up review of patients who underwent laminectomy for lumbar stenosis: a prospective study. *J Neurosurg* 1998;89(1):1–7 PubMed
5 Poletti CE. Central lumbar stenosis caused by ligamentum flavum: unilateral laminotomy for bilateral ligamentectomy: preliminary report of two cases. *Neurosurgery* 1995;37(2):343–347 PubMed
6 Ikuta K, Tono O, Tanaka T, et al. Surgical complications of microendoscopic procedures for lumbar spinal stenosis. *Minim Invasive Neurosurg* 2007;50(3):145–149 PubMed
7 Sairyo K, Sakai T, Higashino K, Inoue M, Yasui N, Dezawa A. Complications of endoscopic lumbar decompression surgery. *Minim Invasive Neurosurg* 2010;53(4):175–178 PubMed
8 Hu ZJ, Fang XQ, Zhou ZJ, Wang JY, Zhao FD, Fan SW. Effect and possible mechanism of muscle-splitting approach on multifidus muscle injury and atrophy after posterior lumbar spine surgery. *J Bone Joint Surg Am* 2013;95(24):e192–e199(1–9) PubMed
9 Podichetty VK, Spears J, Isaacs RE, Booher J, Biscup RS. Complications associated with minimally invasive decompression for lumbar spinal stenosis. *J Spinal Disord Tech* 2006;19(3):161–166 PubMed
10 Kahanovitz N, Viola K, Muculloch J. Limited surgical discectomy and microdiscectomy. A clinical comparison. *Spine* 1989;14(1):79–81 PubMed
11 Spengler DM. Lumbar discectomy. Results with limited disc excision and selective foraminotomy. *Spine* 1982;7(6):604–607 PubMed
12 Garg B, Nagraja UB, Jayaswal A. Microendoscopic versus open discectomy for lumbar disc herniation: a prospective randomised study. *J Orthop Surg (Hong Kong)* 2011;19(1):30–34 PubMed
13 Adams MA, Hutton WC. The mechanical function of the lumbar apophyseal joints. *Spine* 1983;8(3):327–330 PubMed
14 Adams MA, Hutton WC, Stott JR. The resistance to flexion of the lumbar intervertebral joint. *Spine* 1980;5(3):245–253 PubMed
15 Cusick JF, Yoganandan N, Pintar FA, Reinartz JM. Biomechanics of sequential posterior lumbar surgical alterations. *J Neurosurg* 1992;76(5):805–811 PubMed
16 Onik G, Mooney V, Maroon JC, et al. Automated percutaneous discectomy: a prospective multi-institutional study. *Neurosurgery* 1990;26(2):228–232
17 Foley KT, Smith MM. Microendoscopic discectomy. *Tech Neurosurg* 1997;3:301–307
18 De Antony DJ, Claro ML. Argentina: translaminar epidural lumbar endoscopy in hernias occupying over 50% of the radicular canal and decompression in lateral spinal stenosis. *Arthroskopie* 1999;12(2):79–84
19 De Antoni DJ, Claro ML, Poehling GG, Hughes SS. Translaminar lumbar epidural endoscopy: anatomy, technique, and indications. *Arthroscopy* 1996;12(3):330–334

11 Discectomia Endoscópica Biportal Unilateral Percutânea e Descompressão para Doença Degenerativa Lombar

Dong Hwa Heo ▪ *Jin Hwa Eum* ▪ *Sang Kyu Son*

11.1 Introdução

Tradicionalmente, a cirurgia endoscópica espinal era realizada com a utilização de uma técnica monoportal por um canal.[1,2,3,4] A cirurgia endoscópica espinal por um portal necessita de aparelhos especialmente otimizados, havendo limitações cirúrgicas, especialmente na abordagem interlaminar. Recentemente, foi tentada cirurgia endoscópica percutânea para descompressão e fusão.[5,6] Embora instrumentos para sistemas endoscópicos por um portal tenham sido vigorosamente desenvolvidos, os tratamentos endoscópicos cirúrgicos para hérnia discal migrada e estenose espinhal ainda podem ser difíceis e têm uma curva de aprendizagem acentuada.[3,4] Além disso, existem complicações com a cirurgia endoscópica.[6] A abordagem endoscópica biportal unilateral percutânea (UBE) combina as vantagens da cirurgia espinhal microscópica e da cirurgia espinhal endoscópica.[7,8] A técnica é uma modificação e fusão da cirurgia endoscópica translaminar e cirurgia microscópica convencional.[5,7,8,9,10] O procedimento cirúrgico é semelhante ao da cirurgia toracoscópica ou artroscopia. Usamos a abordagem da UBE para o tratamento de doença degenerativa lombar, como hérnia discal lombar (incluindo discos rompidos com migração ascendente ou descendente), disco rompido extraforaminal, estenose foraminal e estenose central.[8] Este capítulo apresenta e descreve nossa técnica cirúrgica.

11.2 Indicações

As indicações para cirurgia da UBE são semelhantes àquelas para cirurgia aberta convencional e mais:
- Estenose espinal lombar sem instabilidade significativa, como espondilolistese.
- Hérnia discal lombar central: migração ascendente, migração descendente, disco calcificado.
- Hérnia discal lombar extraforaminal e foraminal.
- Hérnia discal lombar recorrente.
- Estenose foraminal.

11.3 Equipamento

Todos os instrumentos-padrão para cirurgia espinal aberta estão disponíveis para cirurgia da UBE. O endoscópio 0° é um sistema artroscópico que é usado em cirurgias de joelho ou ombro (**Fig. 11.1**). Para exposição dos espaços laminar e interlaminar, são empregados um dissector perióstico especialmente projetado e dilatadores seriais (**Fig. 11.2**). Entretanto, os instrumentos especializados podem ser substituídos por outros dilatadores seriais e um pequeno dissector ou elevador de periósteo. Para a dissecção de tecido mole e controle de hemorragia, usamos sondas de radiofrequência que já são utilizadas em cirurgia artroscópica ou cirurgia endoscópica espinal por um portal. Para a remoção de estruturas ósseas, como em laminectomia e foraminotomia, preferimos broca protegida unilateral (**Fig. 11.3**). Todos os tipos de sistemas de brocas artroscópicas e endoscópicas estão disponíveis para cirurgia endoscópica biportal. Para a irrigação salina contínua, preferimos um sistema de irrigação com bomba de pressão. Também é possível o controle simples da pressão com água usando a altura da bolsa com solução salina na posição do líquido.

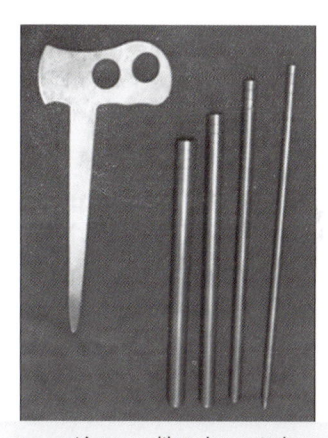

Fig. 11.2 Dissector perióstico e dilatador seriado para cirurgia endoscópica biportal.

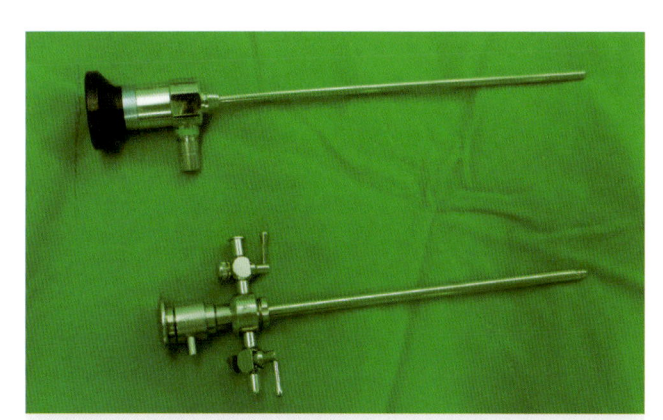

Fig. 11.1 A cirurgia espinal endoscópica biportal usa um artroscópio de 0 grau.

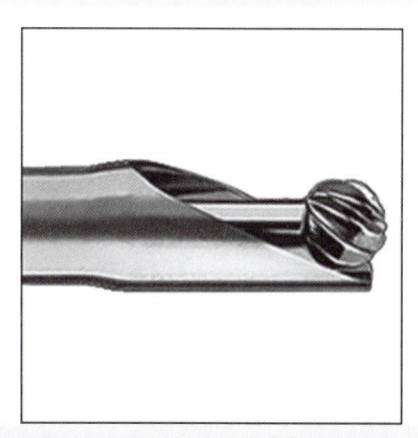

Fig. 11.3 Uma broca protegida unilateral é usada para laminotomia e facetectomia.

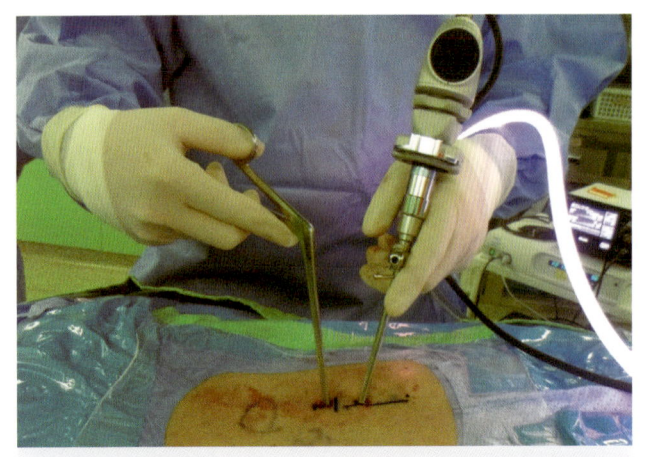

Fig. 11.4 Visão intraoperatória de cirurgia endoscópica biportal unilateral percutânea para a coluna lombar.

- Sonda de radiofrequência flexível bipolar (Ellman Trigger--Flex Probe, Ellman International, NY).
- Eletrodo de radiofrequência VAPR (DePuy Mitec, Warsaw, IN).
- Sistema de irrigação com bomba de pressão (Smith & Nephew, Inc. Memphis, Tennessee).

11.4 Procedimento Cirúrgico

A cirurgia da UBE é semelhante a uma cirurgia artroscópica ou toracoscópica (**Fig. 11.4**). O procedimento é realizado com anestesia geral ou epidural. O paciente é colocado sobre uma mesa cirúrgica radiolucente para orientação fluoroscópica. Preferimos uma mesa cirúrgica com suporte de Wilson ou mesa de Jackson para minimizar a pressão abdominal na posição prona. É aplicado um pano cirúrgico à prova d'água por causa da irrigação salina contínua.

11.4.1 Discectomia Endoscópica Biportal Unilateral Percutânea para Hérnia Discal Lombar (Vídeo 11.1 e Vídeo 11.2)

São feitos dois portais: um portal é usado para irrigação contínua e visualização endoscópica, e o outro é usado para inserção e manipulação dos instrumentos usados na discectomia e procedimentos de descompressão (p. ex., laminotomia e remoção do ligamento amarelo; **Fig. 11.4**).[8]

O nível da cirurgia é identificado sob orientação fluoroscópica com braço-C. O ponto-alvo exato é a interseção da margem inferior da lâmina e uma linha 1 cm lateral ao processo espinhoso. Os portais endoscópico e de trabalho são feitos ipsolateralmente com o disco rompido. É feita uma incisão na pele de 1 a 1,5 cm (portal caudal) verticalmente acima do ponto-alvo (**Fig. 11.5**). Tentamos fazer os dois portais dentro do tecido conjuntivo frouxo entre os fascículos do músculo multífido

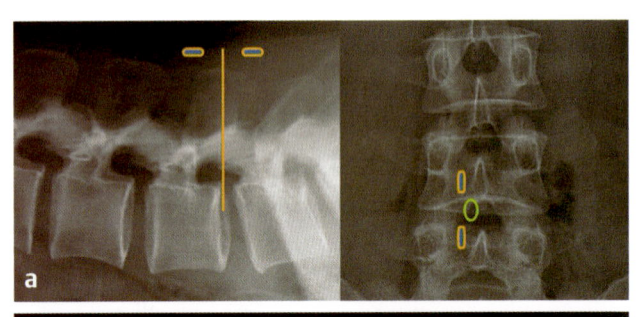

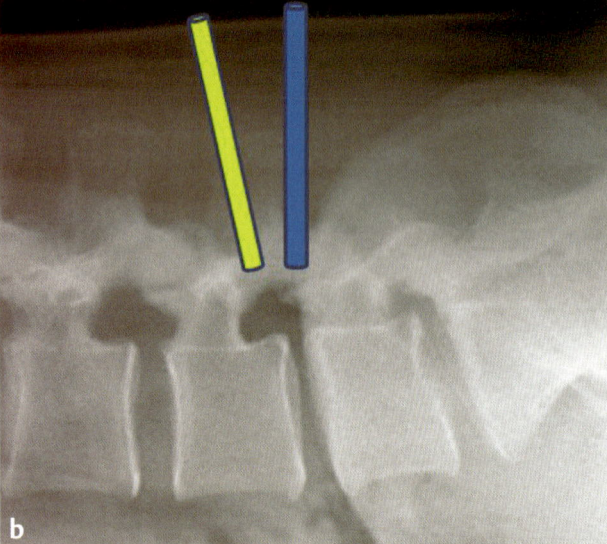

Fig. 11.5 (a) Pontos de incisão de dois portais para estenose central ou hérnia de disco. **(b)** O portal craniano é o canal endoscópico, e o portal caudal é o canal de trabalho.

- Artroscópio.
- Dissector do periósteo.
- Dilatadores seriais.
- Instrumentos-padrão de laminectomia, como dissectores em gancho, dissector duplo, pinças Kerrison e fórceps pituitário.
- Broca esférica 3,5 mm (ConmedLinvatec, Utica, NY), artroscópio 0° com 4 mm de diâmetro (ConmedLinvatec, Utica, NY).

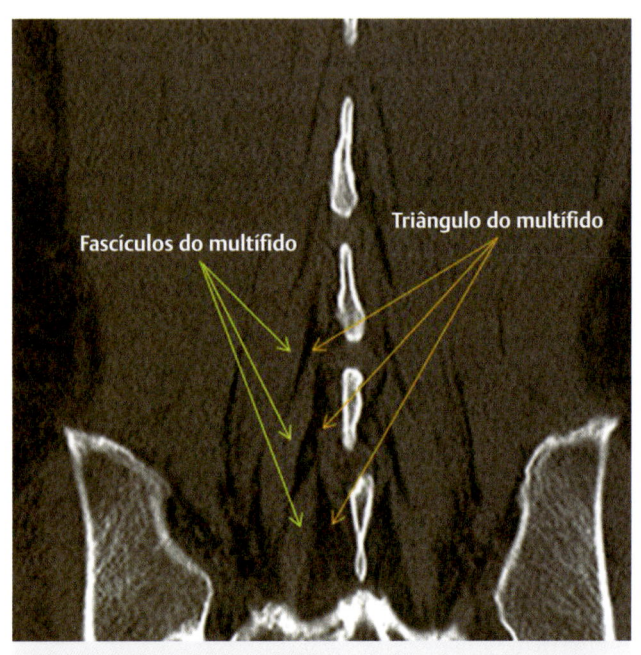

Fig. 11.6 O triângulo do multífido é uma área de tecido conjuntivo frouxo entre os fascículos do músculo multífido. Os dois portais são feitos no triângulo.

(triângulo multífido, **Fig. 11.6**). Um K-fio é introduzido pela incisão na pele na direção do ponto-alvo. Os dilatadores seriados são inseridos em direção à lâmina inferior.

Após a remoção dos dilatadores, um dissector especialmente projetado (**Fig. 11.2**) é movimentado até a lâmina inferior. O tecido mole interlaminar é dissecado lateralmente até a margem medial da cápsula facetária. É feita uma segunda incisão de 0,5 a 1 cm para o endoscópio (portal cranial), ~2 a 3 cm acima da borda superior da primeira incisão cutânea caudal (**Fig. 11.5**). Um endoscópio 0° é inserido pelo portal craniano após a inserção da cânula. Uma bomba de irrigação salina é conectada ao endoscópio e ajustado para uma pressão de 20 a 30 mm Hg (controle da altura da pressão: 150-170 cm) durante o procedimento: o fluxo contínuo da irrigação salina deve clarear a visão cirúrgica endoscópica e prevenir sangramento no campo cirúrgico. O líquido de irrigação escoa do portal do escolpo até o portal de trabalho. Os instrumentos cirúrgicos são inseridos pelo portal de trabalho caudal.

Depois da triangulação do endoscópio e instrumentos (**Fig. 11.7**), sondas de radiofrequência são usadas para desbridamento do tecido mole que recobre a lâmina e ligamento amarelo. Se os espaços laminar inferior e interlaminar forem completamente expostos, a visão endoscópica cirúrgica será mais clara por causa da expansão do espaço reservado para o fluido de irrigação. Após a exposição completa da lâmina inferior e ligamento amarelo no espaço interlaminar alvo, é realizada laminotomia parcial ipsilateral sob visão endoscópica aumentada, com uma sonda protegida no tecido mole de 3,5 mm e pinças Kerrison (**Vídeo 11.1**). A visão anatômica endoscópica é muito semelhante à visão microscópica em laminotomia posterior e discectomia. O ligamento amarelo ipsilateral é removido até a total identificação da borda lateral da raiz nervosa. A borda superior da lâmina inferior e a borda medial da faceta são removidas (facetectomia medial) para a foraminotomia ipsilateral, quando necessário. Se houver partículas de um disco rompido com migração ascendente ou descendente, uma laminectomia unilateral mais estendida da lamina superior ou inferior é realizada para a completa remoção das partículas. De acordo com a preferência do cirurgião, uma incisão anular adicional e discectomia podem ser realizadas após a remoção das partículas do disco rompido. A discectomia endoscópica biportal unilateral percutânea (UBED) é similar à microdiscectomia convencional.

Caso 1 (Vídeo 11.1)

Uma mulher de 38 anos se queixava de dor irradiante severa na perna esquerda refratária ao manejo conservador. A radiografia lombar simples mostrou estreitamento do espaço interlaminar na segunda área em L5 (**Fig. 11.8a**). A MRI pré-operatória mostrou um disco rompido com estenose da segunda L5 (**Fig. 11.8b**). Realizamos UBED (laminotomia unilateral no lado esquerdo, foraminotomia medial e remoção de partículas do disco rompido). A MRI pós-operatória mostra remoção completa das partículas do disco (**Fig. 11.8c**).

Caso 2 (Vídeo 11.2)

Um homem de 48 anos apresentava dor na perna esquerda. A MRI pré-operatória mostrou que partículas do disco rompido haviam migrado para a área dos pedículos de L4 (**Fig. 11.9a,b**). Realizamos UBED com sucesso. O disco migrado foi removido completamente (**Fig. 11.9c**). A MRI pós-operatória mostra a remoção das partículas do disco.

11.4.2 Descompressão Bilateral Endoscópica Biportal Unilateral Percutânea com Abordagem Unilateral para Estenose Central Lombar (Vídeo 11.3)

Os sítios portais são determinados pelos sintomas lateralizantes associados e o sítio da hérnia discal. Se não houver sintomas lateralizantes ou hérnia discal, é preferível uma abordagem pelo lado esquerdo feita por um cirurgião destro. UBED é realizada na área ipsilateral (laminotomia ipsilateral com foraminotomia medial). Então pode ser realizada descompressão contralateral em alta magnificação e com um bom campo de visão endoscópico (**Fig.11.10a,b**). Se o endoscópio for inclinado para a área sublaminar contralateral, as áreas sublaminar e foraminal contralaterais são claramente demonstradas (**Fig. 11.10a**).

A remoção do ligamento amarelo contralateral e a descompressão sublaminar são realizadas com uma pinça Kerrison e cureta. Se houver lâmina contralateral espessada, a porção ventral da lâmina é removida com a broca e pinça. O endoscópio é movido para o lado contralateral aproveitando o músculo e a elasticidade da pele em vez de se ajustar à posição do paciente ou fazer incisões cutâneas adicionais. É realizada descompressão contralateral até que a raiz nervosa descendente contralateral tenha sido identificada e descomprimida. Se um paciente for sintomático e tiver hérnia discal ipsilateral, é possível para o cirurgião realizar uma discectomia sob visão endoscópica. O

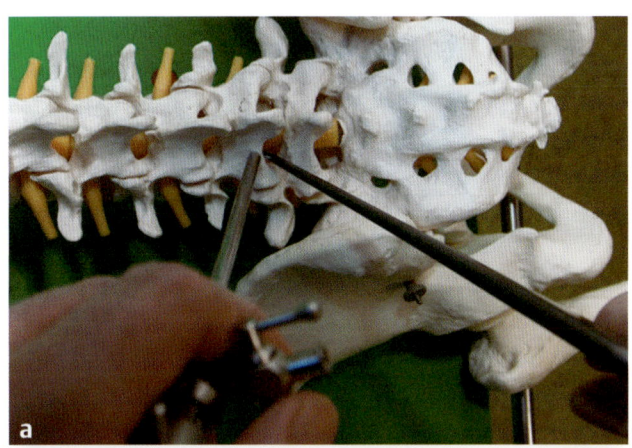

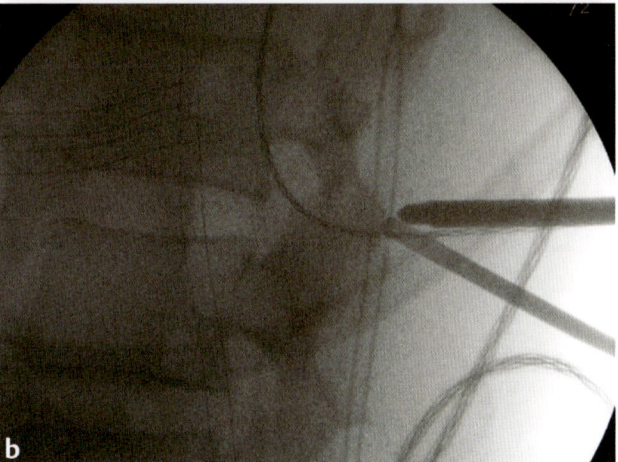

Fig. 11.7 (a,b) Triangulação com endoscópio e instrumento.

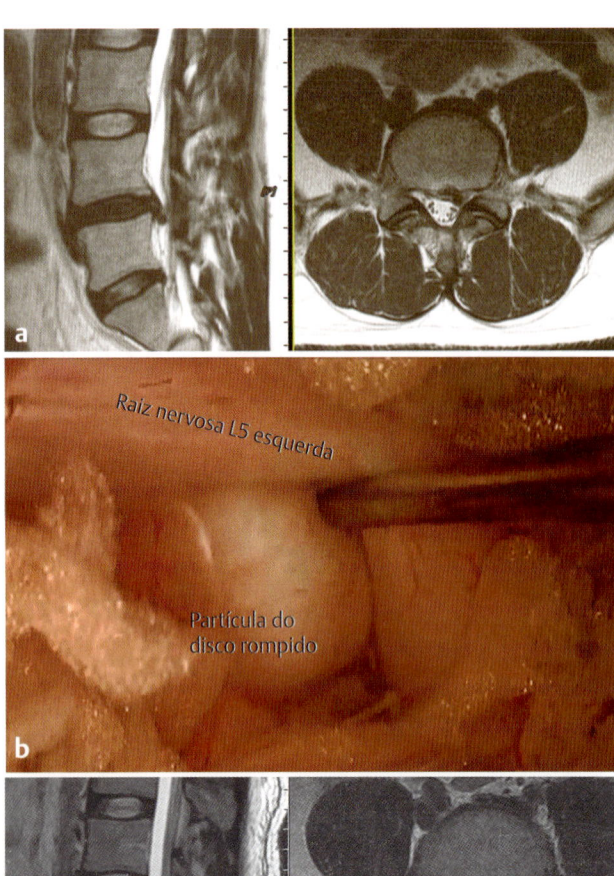

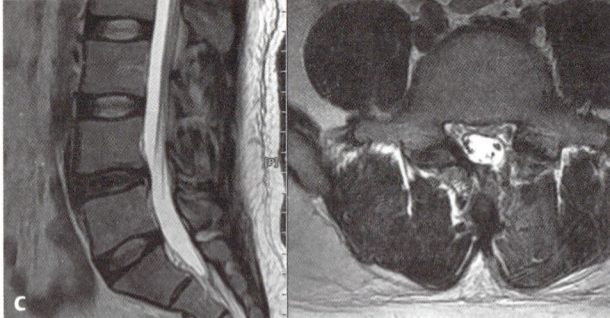

Fig. 11.8 Imagens de uma mulher de 38 anos com dor severa na perna esquerda. (**a**) A MRI pré-operatória mostra o disco rompido em L4-L5. (**b**) A imagem endoscópica intraoperatória mostra que a partícula do disco rompido comprimiu a raiz nervosa L5 esquerda. (**c**) Após discectomia da UBE percutânea, as partículas do disco rompido foram removidas.

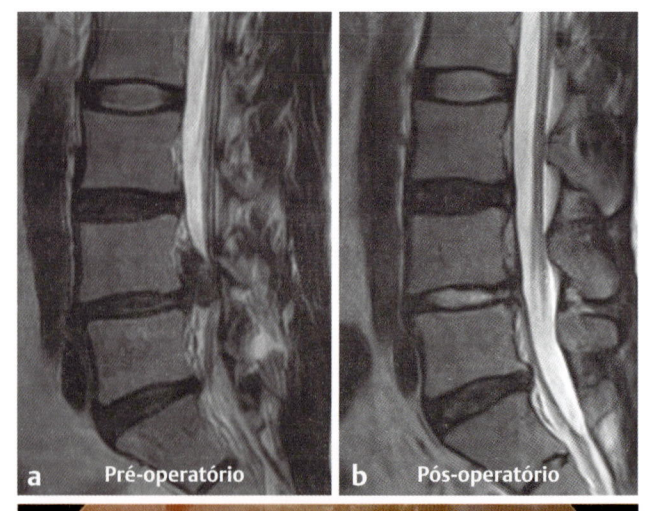

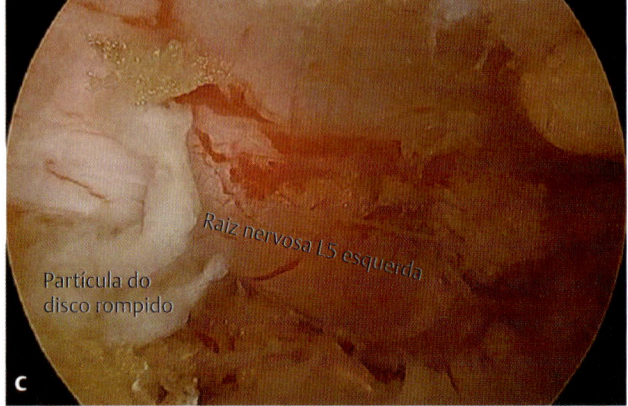

Fig. 11.9 Imagens de um homem de 42 anos com dor radicular na perna esquerda. (**a**) A MRI pré-operatória mostra que as partículas do disco rompido migraram para a área dos pedículos de L4. (**b**) Após discectomia da UBE percutânea, as partículas do disco migradas foram removidas completamente. (**c**) A imagem endoscópica mostra que partículas do disco rompido comprimiram a dura-máter.

sangramento epidural é controlado com o ajuste da pressão da bomba e por coagulação com sondas por radiofrequência flexíveis. O cateter para drenagem do sangue é inserido segundo avaliação caso a caso. As incisões cutâneas são fechadas após a remoção dos instrumentos e do endoscópio.

Caso 3 (Vídeo 11.3)

Um homem de 73 anos apresentava dor em ambas as pernas com claudicação refratária ao manejo conservador. Foi revelada estenose severa no canal central em L3-L4 na MRI pré-operatória (**Fig. 11.11a,b**). Realizamos descompressão bilateral com abordagem unilateral pelo lado esquerdo usando cirurgia endoscópica biportal. No pós-operatório, o canal espinal estava bem descomprimido, e os sintomas do paciente haviam melhorado (**Fig. 11.11c,d**).

11.4.3 Cirurgia Endoscópica Biportal Unilateral Percutânea para Estenose Foraminal Lombar e Hérnia Discal Extraforaminal (Vídeo 11.4)

Dois portais são feitos na área paraespinal. O ponto-alvo é a porção média do forame na visão lateral nos raios X. O primeiro portal de trabalho caudal é feito com a inserção de um ponto 1 cm lateral à borda lateral do pedículo e a placa terminal inferior. O segundo portal endoscópico craniano é feito na margem inferior do processo transversal do corpo vertebral superior sob orientação fluoroscópica com braço-C (**Fig. 11.12**).

Um fio-K é introduzido pela incisão cutânea na direção do ponto-alvo. Dilatadores seriais são inseridos na direção do processo transversal. Após a remoção dos dilatadores, um dissector é movido até o processo transversal. O tecido mole é dissecado no istmo e borda lateral da cápsula facetária. Um endoscópio 0° é inserido pelo portal craniano após a inserção da cânula. Após a triangulação com o endoscópio e instrumento, são usadas sondas de radiofrequência para desbridamento do tecido mole

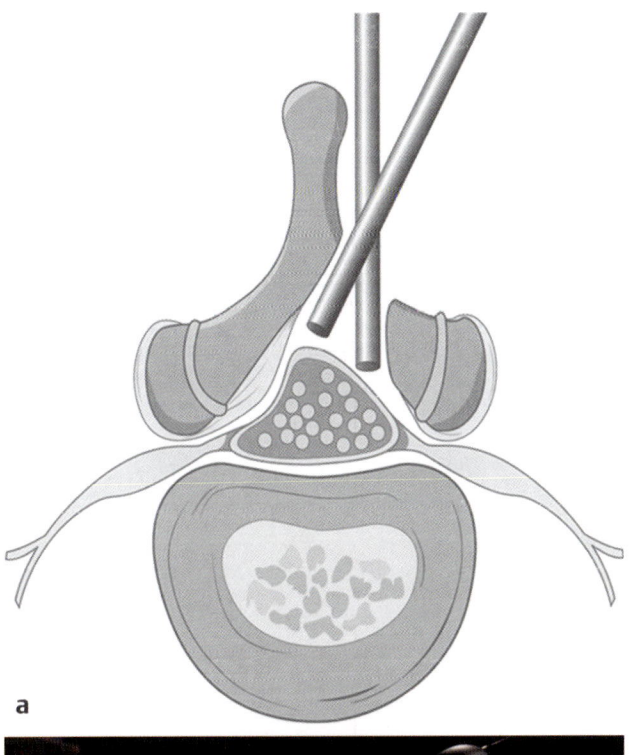

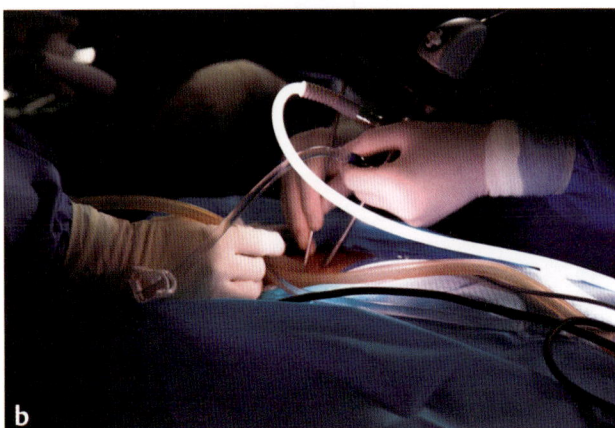

Fig. 11.10 (a) Um endoscópio é inclinado até o espaço sublaminar contralateral para descompressão contralateral. (b) Imagem intraoperatória da descompressão contralateral.

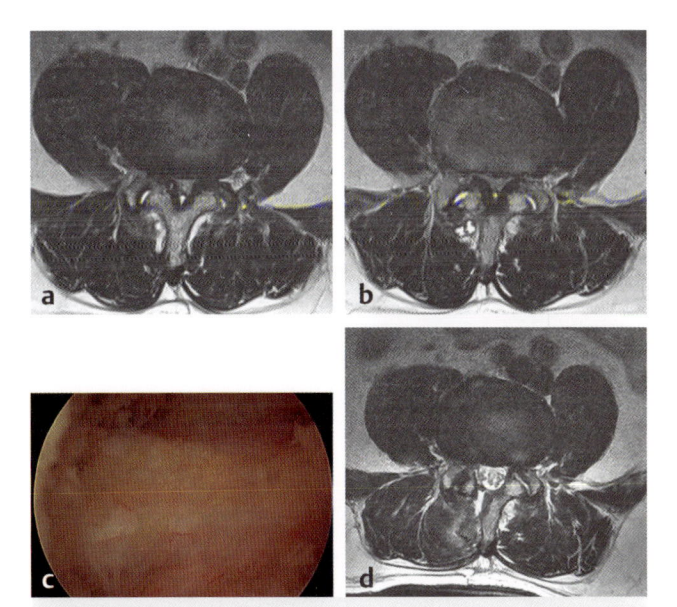

Fig. 11.11 Um homem de 73 anos apresentou dor severa em ambas as pernas com claudicação. (**a,b**) Imagens de MR pré-operatórias mostram estenose espinal em L4-L5. (**c**) Após cirurgia da UBE, o canal central está totalmente descomprimido. (**d**) Imagens de MR pós-operatórias mostram bom *status* de descompressão do canal espinal.

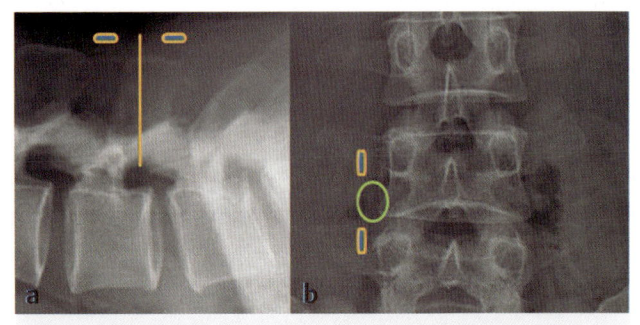

Fig. 11.12 Dois pontos para fazer portais ao tratar estenose foraminal ou hérnia discal extraforaminal. (**a**, visão lateral; **b**, visão anteroposterior). O ponto-alvo da triangulação é a porção média do forame.

que recobre o processo transversal craniano, istmo e processo articular superior. Se houver estenose foraminal decorrente de estruturas ósseas hipertrofiadas, removemos a porção inferior do processo transversal craniano, istmo e borda lateral do processo articular superior, quando necessário, usando a broca e pinça Kerrison. A porção da asa sacral é removida em casos de estenose foraminal da segunda L5, quando necessário. Depois que o ligamento intertransversal é cuidadosamente removido, exploramos a raiz existente. Se houver partículas do disco rompido ou um disco saliente, é realizada discectomia sob visão endoscópica. A visão anatômica endoscópica é muito semelhante à visão microscópica na abordagem paramediana posterior (de Wiltse).

Caso 4 (Vídeo 11.4)

Um homem de 31 anos queixava-se de dor radicular na perna esquerda. Sua história passada incluía discectomia endoscópica para hérnia discal extraforaminal esquerda de L4-L5. A MRI mostrou hérnia discal recorrente na área extraforaminal esquerda de L4-L5 (**Fig. 11.13a,b**). Os sintomas do paciente melhoraram depois da discectomia endoscópica biportal (**Fig. 11.13c,d**)

11.5 Benefícios

- Fácil manejo.
- Anatomia cirúrgica conhecida.
- Lesão muscular mínima.
- Uso dos mesmos instrumentos cirúrgicos que em cirurgia espinal aberta convencional.
- Fácil controle da pressão da irrigação salina contínua em razão do sistema biportal.

- Visão cirúrgica mais ampla do que em endoscopia com um portal.
- O disco rompido migrado pode ser abordado.
- Curva de aprendizagem curta.

Esta abordagem utiliza dois canais: um portal é usado para o endoscópio, e o outro permite a entrada dos instrumentos cirúrgicos.[8,11] Portanto, o sistema endoscópico é similar ao usado para artroscopia das articulações e usa uma abordagem de triangulação. Os dois portais são ipsolaterais, e o endoscópio encontra os instrumentos cirúrgicos na área interlaminar e epidural. Consequentemente, o manuseio dos instrumentos é fácil e irrestrito, como em cirurgia microscópica. Os instrumentos-padrão para laminectomia e discectomia podem ser inseridos e usados pelo portal de trabalho.

A abordagem endoscópica biportal combina as vantagens da cirurgia aberta convencional e cirurgia espinal endoscópica. A técnica é uma modificação e fusão da cirurgia endoscópica translaminar e cirurgia microscópica. UBE é semelhante a uma abordagem de descompressão tubular microendoscópica.[10,12] O método da UBE está baseado na mesma técnica operatória que procedimentos cirúrgicos microscópicos, como microdiscectomia e laminotomia microscópica ipsolateral e descompressão bilateral. Assim sendo, a anatomia cirúrgica e visão endoscópica são similares àquelas em cirurgia microscópica convencional. Além do mais, como a visão cirúrgica endoscópica é familiar para o cirurgião, ela pode ajudar na redução da curva de aprendizagem. A abordagem endoscópica convencional por um portal possui limitações cirúrgicas em casos de hérnia discal migrada e hérnia discal com estenose espinal concomitante. Por outro lado, a abordagem biportal permite com segurança a laminectomia estendida. O disco migrado é também uma indicação para cirurgia endoscópica biportal.

O espaço sublaminar contralateral pode ser facilmente visualizado com o deslocamento do endoscópio sem mudar a posição do paciente. A abordagem endoscópica biportal permite que a área cirúrgica seja visualizada em alta magnificação e possibilita um bom campo de visão das áreas contralateral, sublaminar e foraminal.

Técnicas cirúrgicas minimamente invasivas foram desenvolvidas para reduzir os danos aos tecidos circundantes,[9,13,14,15] e a abordagem da UBE minimiza os danos ao tecido mole. A minimização dos danos aos tecidos circundantes pode prevenir dor nas costas pós-operatória e atrofia muscular.[14,16]

11.6 Complicações

Pode ocorrer ruptura dural acidental durante a cirurgia. O sítio da ruptura dural pode ser diretamente reparada com clipagem sob visão endoscópica. Pode-se desenvolver uma pequena quantidade de hematoma epidural; em nossa experiência, ela se resolve espontaneamente com manejo conservador sem intervenção cirúrgica adicional. Embora o sistema de irrigação salina contínua possibilite boa visualização e reduza o sangramento intraoperatório, irrigação excessiva pode induzir irritação meníngea.[17,18] Os sintomas são facilmente controlados com manejo conservador, incluindo repouso no leito com medicação analgésica. (Alguns dos primeiros pacientes que se submeteram à cirurgia endoscópica biportal se queixaram de dor de cabeça e dor na nuca por irritação meníngea. Como naquela época a curva de aprendizagem era acentuada, o tempo cirúrgico era relativamente longo, e a quantidade de irrigação salina era muito maior do que em procedimentos mais recentes. Felizmente, dores de cabeça pós-operatórias não ocorrem em pacientes que

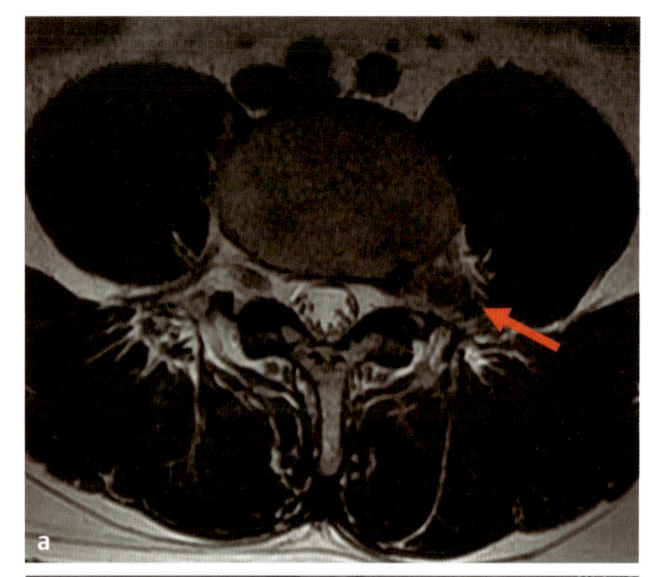

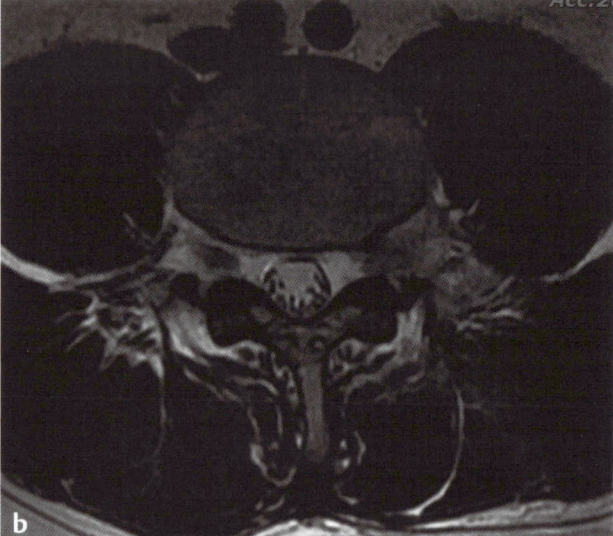

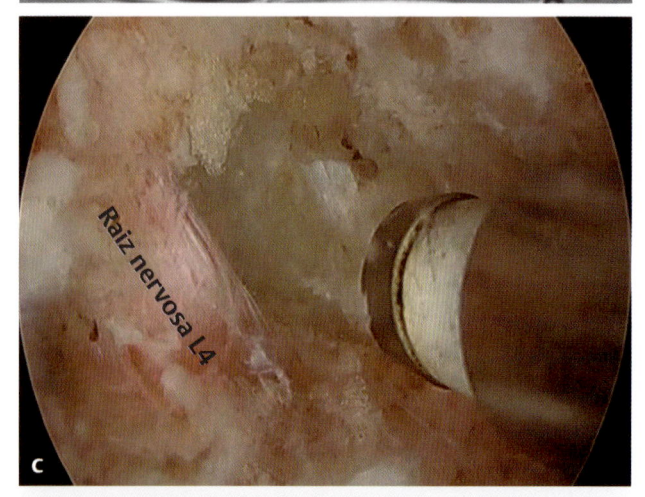

Fig. 11.13 Um homem de 31 anos apresentou dor na perna esquerda. (**a,b**) A MRI pré-operatória mostra hérnia discal na área extraforaminal do lado esquerdo em L4-L5 (seta vermelha). (**c**) MRI pós-operatória e imagem endoscópica intraoperatória mostram remoção completa do disco rompido.

foram operados mais recentemente e que tiveram um tempo cirúrgico mais curto.)

11.7 Conclusão

A visão anatômica em cirurgia da UBE é muito semelhante à da cirurgia aberta convencional e permite boa visualização das áreas contralateral, sublaminar e foraminal. UBED pode ser um procedimento alternativo e minimamente invasivo para o tratamento de estenose lombar degenerativa.

Referências

1. Yeung AT. The evolution and advancement of endoscopic foraminal surgery: one surgeon's experience incorporating adjunctive technologies. *SAS J* 2007;*1*(3):108–117 PubMed
2. Ahn Y. Percutaneous endoscopic decompression for lumbar spinal stenosis. *Expert Rev Med Devices* 2014;*11*(6):605–616 PubMed
3. Lee S, Kim SK, Lee SH, et al. Percutaneous endoscopic lumbar discectomy for migrated disc herniation: classification of disc migration and surgical approaches. *Eur Spine J* 2007;*16*(3):431–437 PubMed
4. Lee SH, Kang BU, Ahn Y, et al. Operative failure of percutaneous endoscopic lumbar discectomy: a radiologic analysis of 55 cases. *Spine* 2006;*31*(10):E285–E290 PubMed
5. Komp M, Hahn P, Oezdemir S, et al. Bilateral spinal decompression of lumbar central stenosis with the full-endoscopic interlaminar versus microsurgical laminotomy technique: a prospective, randomized, controlled study. *Pain Physician* 2015;*18*(1):61–70 PubMed
6. Sairyo K, Sakai T, Higashino K, Inoue M, Yasui N, Dezawa A. Complications of endoscopic lumbar decompression surgery. *Minim Invasive Neurosurg* 2010;*53*(4):175–178 PubMed
7. De Antoni DJ, Claro ML, Poehling GG, Hughes SS. Translaminar lumbar epidural endoscopy: anatomy, technique, and indications. *Arthroscopy* 1996;*12*(3):330–334 PubMed
8. Hwa Eum J, Hwa Heo D, Son SK, Park CK. Percutaneous biportal endoscopic decompression for lumbar spinal stenosis: a technical note and preliminary clinical results. *J Neurosurg Spine* 2016;*24*(4):602–607 PubMed
9. Costa F, Sassi M, Cardia A, et al. Degenerative lumbar spinal stenosis: analysis of results in a series of 374 patients treated with unilateral laminotomy for bilateral microdecompression. *J Neurosurg Spine* 2007;*7*(6):579–586 PubMed
10. Minamide A, Yoshida M, Yamada H, et al. Endoscope-assisted spinal decompression surgery for lumbar spinal stenosis. *J Neurosurg Spine* 2013;*19*(6):664–671 PubMed
11. Osman SG, Schwartz JA, Marsolais EB. Arthroscopic discectomy and interbody fusion of the thoracic spine: A report of ipsilateral 2-portal approach. *Int J Spine Surg* 2012;*6*:103–109 PubMed
12. Yoshimoto M, Miyakawa T, Takebayashi T, et al. Microendoscopy-assisted muscle-preserving interlaminar decompression for lumbar spinal stenosis: clinical results of consecutive 105 cases with more than 3-year follow-up. *Spine* 2014;*39*(5):E318–E325 PubMed
13. Poletti CE. Central lumbar stenosis caused by ligamentum flavum: unilateral laminotomy for bilateral ligamentectomy: preliminary report of two cases. *Neurosurgery* 1995;*37*(2):343–347 PubMed
14. Mobbs RJ, Li J, Sivabalan P, Raley D, Rao PJ. Outcomes after decompressive laminectomy for lumbar spinal stenosis: comparison between minimally invasive unilateral laminectomy for bilateral decompression and open laminectomy: clinical article. *J Neurosurg Spine* 2014;*21*(2):179–186 PubMed
15. Podichetty VK, Spears J, Isaacs RE, Booher J, Biscup RS. Complications associated with minimally invasive decompression for lumbar spinal stenosis. *J Spinal Disord Tech* 2006;*19*(3):161–166 PubMed
16. Hu ZJ, Fang XQ, Zhou ZJ, Wang JY, Zhao FD, Fan SW. Effect and possible mechanism of muscle-splitting approach on multifidus muscle injury and atrophy after posterior lumbar spine surgery. *J Bone Joint Surg Am* 2013;*95*(24):e192 (1–9) PubMed
17. Choi G, Kang HY, Modi HN, et al. Risk of developing seizure after percutaneous endoscopic lumbar discectomy. *J Spinal Disord Tech* 2011;*24*(2):83–92 PubMed
18. Joh JY, Choi G, Kong BJ, Park HS, Lee SH, Chang SH. Comparative study of neck pain in relation to increase of cervical epidural pressure during percutaneous endoscopic lumbar discectomy. *Spine* 2009;*34*(19):2033–2038 PubMed

12 Anuloplastia Epiduroscópica Transforaminal a *Laser* para Dor Discogênica

Victor Lo ▪ Jongsun Lee ▪ Ashley E. Brown ▪ Alissa Redko ▪ Daniel H. Kim

12.1 Introdução

A dor lombar pode afetar até 85% da população em algum momento da vida.[1] Na maioria dos casos, a dor lombar é autolimitada; no entanto, ela pode-se tornar crônica e incapacitante em 5% dos pacientes.[2] A causa anatômica precisa pode frequentemente ser difícil de identificar. Foi estimado que aproximadamente 40% da dor lombar crônica se origina do disco intervertebral.[3] A análise histológica do disco intervertebral revelou inervação sensorial significativa no aspecto posterolateral do ânulo fibroso.[4] A estimulação direta da parte externa do ânulo fibroso *in vivo* demonstrou dor concordante.[5]

O tratamento de dor lombar discogênica crônica tem sido desafiador. Medidas conservadoras frequentemente fracassam em reduzir a dor ou em melhorar a função. Artrodese lombar para dor discogênica reportou uma taxa de resultados clínicos satisfatórios de apenas 46%.[6] O sucesso da fusão por eliminação de um segmento com movimento doloroso não demonstrou uma melhora significativa na dor e no *status* funcional.[7] Além disso, a cirurgia está associada a seus riscos de complicação, morbidade e recuperação prolongada. Isto levou ao desenvolvimento de abordagens terapêuticas intradiscais minimamente invasivas para procedimentos cirúrgicos abertos, incluindo terapia eletrotérmica intradiscal (IDET), ablação por radiofrequência (RFA), crioterapia, discectomia endoscópica percutânea a *laser* (PELD) e anuloplastia endoscópica percutânea a *laser* (PELA).[8,9] O mecanismo de ação proposto da terapia intradiscal é uma combinação de destruição dos nociceptores anulares e encolhimento do disco intervertebral.[10,11,12]

Levando em consideração que as regiões geradoras da dor discogênica estão localizadas no aspecto posterolateral do ânulo, uma abordagem epidural extradiscal também pode ser utilizada para avaliação e tratamento. Uma abordagem epidural extradiscal tem o benefício adicional da visualização direta com um endoscópio flexível (epiduroscópio) do espaço epidural e suas estruturas. Além disso, a estrutura epidural pode ser avaliada para determinar se ela é concordante com os sintomas clínicos do paciente. Epiduroscopia lombossacral demonstrou ser mais acurada na identificação de patologia em nível vertebral do que avaliação clínica ou MRI.[13] Além disso, achados epiduroscópicos foram observados como preditivos dos resultados do tratamento.[14] A abordagem epiduroscópica foi relatada previamente para tratar estenose lombar e síndrome de dores na panturrilha.[15,16,17,18,19,20,21] No entanto, a abordagem tradicional para epiduroscopia, com seu sítio de entrada pelo hiato sacral, pode ser limitada por estenose óssea do hiato, estenose lombar ou cicatrização epidural de cirurgia prévia.[22]

Em combinação com epiduroscopia, o uso de um *laser* pode melhorar a eficácia do tratamento para dor discogênica. Uma revisão sistemática da literatura para uso de *laser* em descompressão do disco lombar demonstrou resultados positivos, com 75% dos pacientes reportando alívio significativo da dor por 12 meses ou mais.[23] A descompressão discal a *laser* também demonstrou ser comparável à discectomia.[24] Vários tipos de *lasers* foram usados no manejo de transtornos espinais.[25,26,27] Um deles, o *laser* de neodímio:ítrio-alumínio-granada (Nd:YAG), demonstrou ser efetivo no manejo de transtornos espinais em vários estudos clínicos.[28,29,30,31]

Este capítulo descreve uma abordagem para o manejo de dor discogênica utilizando um novo endoscópio espinal curvo e técnica de introdução em combinação com um *laser* Nd:YAG. O endoscópio curvo proporciona acesso transforaminal onde os endoscópios espinais rígidos ou barreiras anatômicas podem limitar a passagem (**Fig. 12.1**). Anuloplastia epiduroscópica transforaminal a *laser* (TELA) proporciona uma abordagem direta e minimamente invasiva para a avaliação e tratamento de dor discogênica.

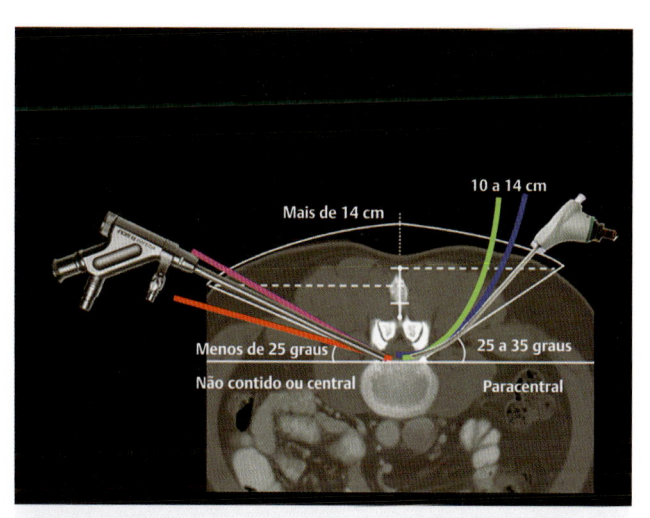

Fig. 12.1 O endoscópio-padrão (à esquerda) tem uma trajetória fixa até o forame neural a partir do sítio de entrada. Um endoscópio curvo (à direita) tem um sítio de entrada na pele similar e pode navegar para dentro do forame neural com uma trajetória menos acentuada, desta forma contornando barreiras anatômicas potenciais.

12.2 Indicações para TELA

- Ruptura do disco interno (IDD).
- Núcleo pulposo herniado (HNP) com dor nas costas predominantemente axial.
- Rasgo anular.
- Adesões secundárias à síndrome pós-laminectomia.
- Cisto discal.
- Estenose neuroforaminal leve à moderada.

12.3 Contraindicações para TELA

- HNP grande com radiculopatia.
- Estenose neuroforaminal grave.
- Instabilidade espinal.
- Alterações de Modic.
- Pacientes com crista ilíaca alta e patologia nível L5-S1.

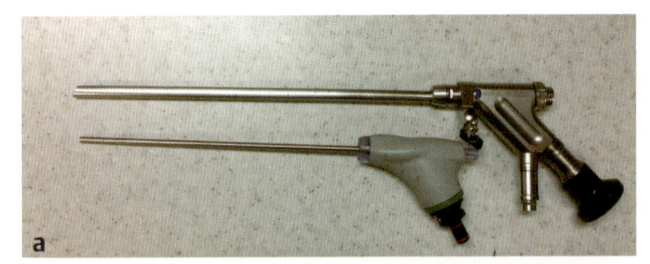

Fig. 12.2 (a,b) Microendoscópio NeedleView CH (NeedleView CH, BioVision Technologies, Golden, Colorado) comparado a um endoscópio Vertebris (Endoscópio Espinal PANOVIEW PLUS, Richard Wolf, Vernon Hills, Illinois). NeedleView CH tem um diâmetro externo de 3,4 mm com um canal de trabalho de 1,85 mm e um comprimento de trabalho de 160 mm. Vertebris têm um diâmetro externo de 6,9 mm × 5,6 mm com um canal de trabalho de 4,1 mm e um comprimento de trabalho de 205 mm.

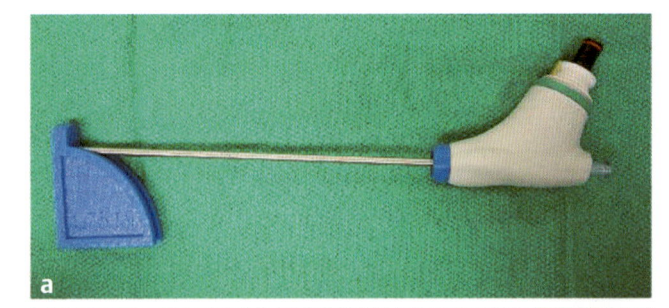

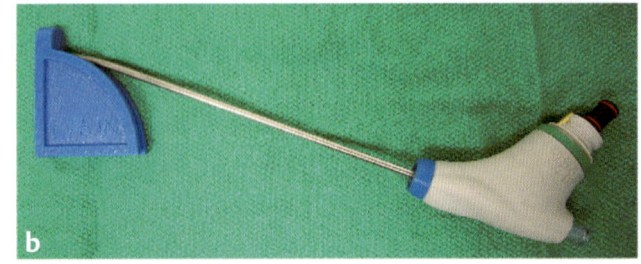

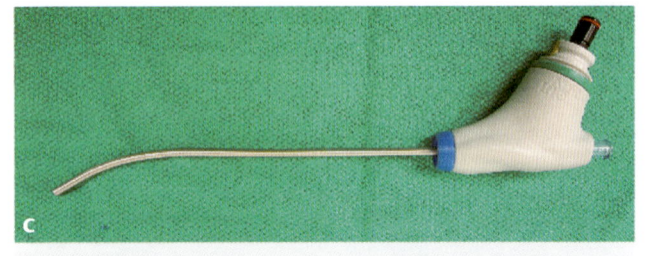

Fig. 12.3 O endoscópio é curvado até o ângulo de entrada desejado. (**a**) O endoscópio é colocado na estrutura de moldagem. (**b**) É feita uma curva na extremidade distal até o ângulo desejado. (**c**) Configuração final do endoscópio curvado.

12.4 Sistema Endoscópico HD NeedleView

- O sistema endoscópico é um microendoscópio semirrígido descartável à base de fibra óptica com um único canal de trabalho (NeedleView CH; BioVision Technologies, Golden, CO). O endoscópio tem um comprimento de trabalho de 160 mm com um diâmetro externo de 3,4 mm. Há um canal de trabalho com 1,85 mm de diâmetro e um canal de fibra óptica de 0,7 mm embutido com resolução de 17.000 pixels (**Fig. 12.2**).
- O terço distal do endoscópio pode ser curvado até um ângulo desejado para facilitar a entrada no espaço ventral epidural por uma abordagem transforaminal (**Fig. 12.3**).

12.5 Sistema de Visualização NeedleCam HD

- O sistema NeedleCam HD (NedleCam HD; BioVision Technologies) incorpora uma fonte de diodo emissor de luz (LED) e uma câmera de alta resolução em uma unidade compacta única.
- A fonte de luz e as imagens de vídeo são transmitidas por um único cabo. A saída do vídeo é conectada a uma tela de alta definição com 1.920 × 1.080 de resolução.

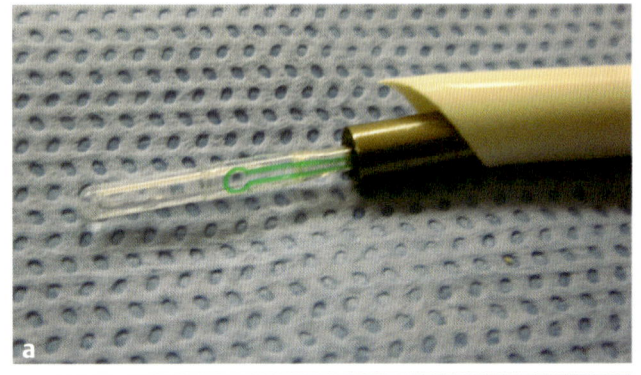

Fig. 12.4 (**a**) Ponta do *laser* Nd:Yag de liberação lateral. (**b**) Inserção do *laser* de fibra pelo endoscópio.

12.6 Aparelho a *Laser*

- Um *laser* pulsado Nd:YAG com um comprimento de onda de 1.414 mm é transmitido pela fibra de 3 m (Accuplasti; Lutronic, Goyang, South Korea).
- O *laser* é transmitido por uma abertura de liberação lateral de 550 μm (Fig. 12.4).

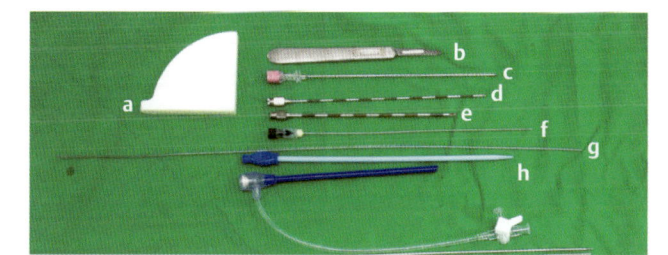

Fig. 12.5 Instrumentos necessários para introdução do endoscópio curvado. a: curvador de endoscópio; b: lâmina nº 15 para incisão na pele; c: agulha espinhal 18 G; d: agulha Tuohy 18 G; e: agulha Tuohy 14 G; f: agulha espinal 21 G; g: fio-guia; h: dilatador flexível e bainha.

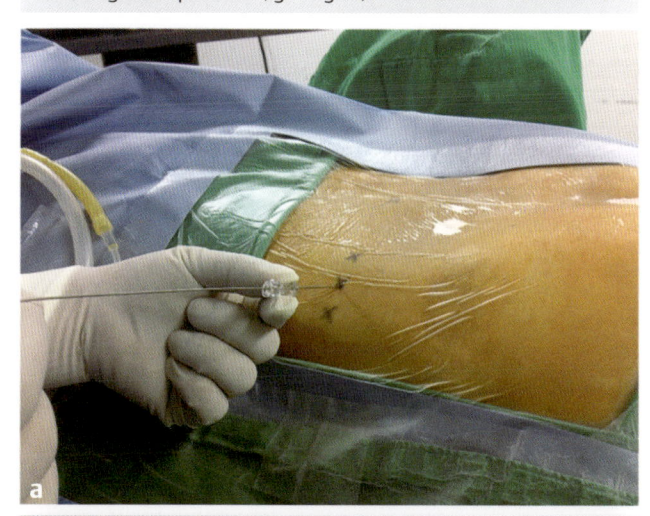

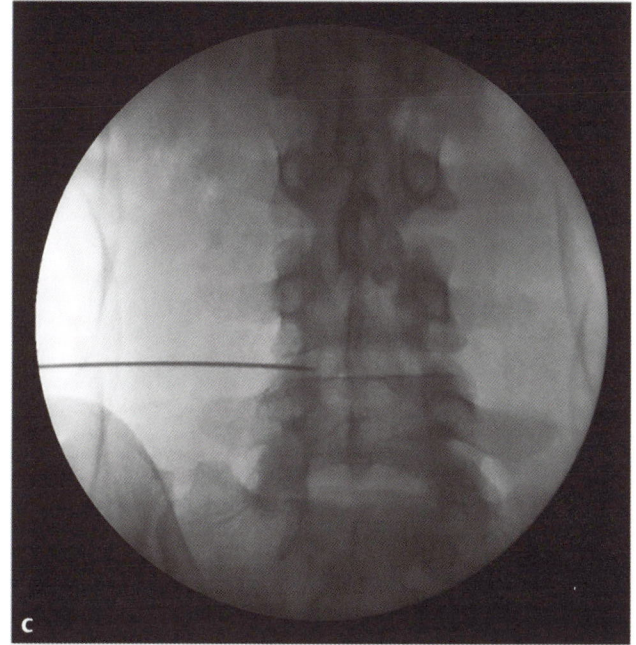

12.7 Equipamento Necessário para a Introdução do Endoscópio

Veja a **Fig. 12.5**.
- Agulha espinal 18 G.
- Agulha espinal 21 G.
- Agulha Tuohy 14 G × 127 mm.
- Agulha Tuohy 18 G × 152 mm.
- Cânula 12 F e dilatador 12 F.
- Fio-guia de 70 cm.
- Curvador de endoscópio.
- Lâmina nº 15.

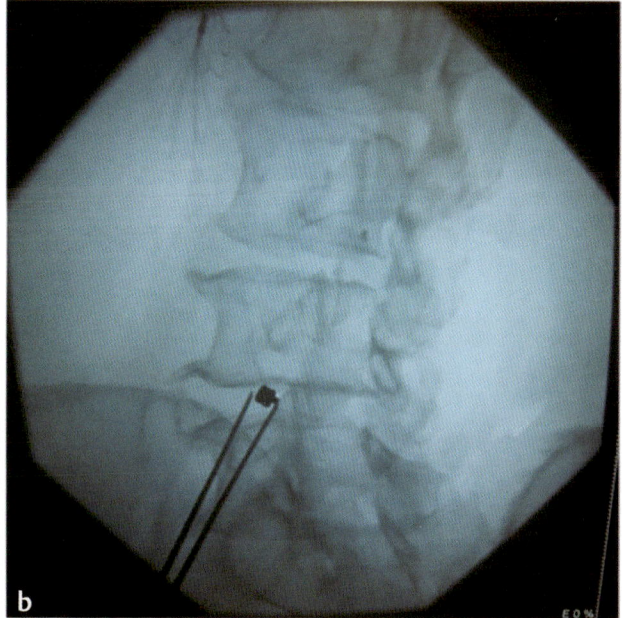

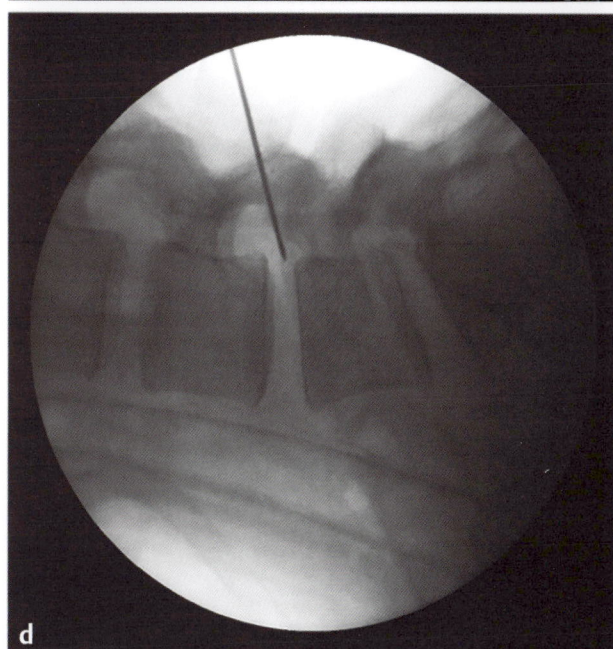

Fig. 12.6 (**a**) Inserção de agulha espinal. (**b**) Projeção fluoroscópica oblíqua para confirmar a trajetória até o espaço discal. (**c**) Imagem fluoroscópica AP para confirmar a posição da agulha no forame neural. (**d**) Imagem lateral para confirmar a posição da agulha no forame neural.

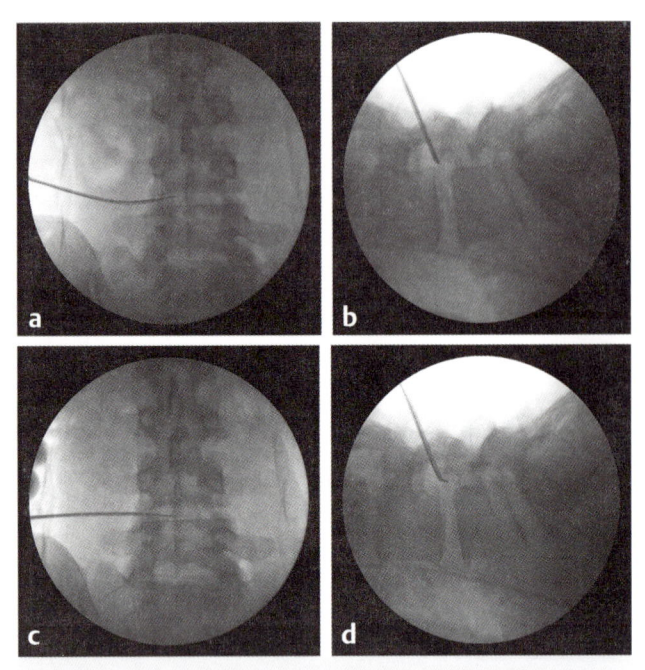

Fig. 12.7 (a) Visão AP fluoroscópica de agulha Tuohy 14 G com fio-guia no recesso lateral. **(b)** Visão lateral fluoroscópica da agulha Tuohy 14 G com fio-guia pelo forame no recesso lateral.
(c) Visão fluoroscópica AP depois do avanço do fio-guia para dentro do espaço epidural ventral. **(d)** Visão fluoroscópica lateral depois do avanço do fio-guia para dentro do espaço epidural ventral.

12.8 Anestesia
- O procedimento é realizado sob sedação consciente.
- O anestésico local é administrado no sítio de entrada na pele e ao longo da trajetória do endoscópio.

12.9 Posicionamento do Paciente
- O paciente é colocado na posição prona em uma mesa cirúrgica com suporte de Wilson e radiolucente.
- A espinha é flexionada intraoperatoriamente com o suporte de Wilson.
- A unidade do fluoroscópio com braço-C é posicionada para imagens anteroposterior (AP) e lateral.

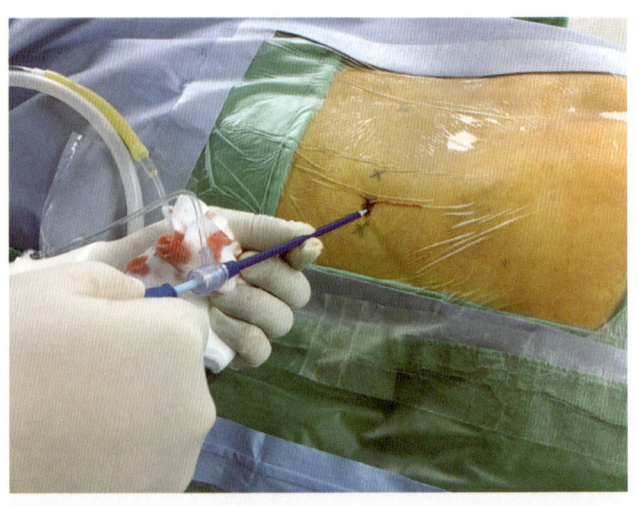

Fig. 12.8 Passagem do dilatador e bainha sobre o fio-guia para dentro do espaço epidural.

12.10 Técnica para TELA
- MRI ou CT Axial é usada para calcular a distância do sítio de entrada na pele a partir da linha mediana, com a trajetória até o forame neural. A distância típica é 9 a 13 cm a partir da linha mediana.
- Injetar o ponto de entrada na pele com anestésico local.
- A agulha espinal 18 G é inserida até que o espaço epidural seja alcançado (**Fig. 12.6a,b**). Isto é confirmado com fluoroscopia AP e lateral (**Fig. 12.6c,d**).
- O estilete é então removido, e o fio-guia é passado no espaço epidural no recesso lateral (zona subarticular). A localização epidural do fio-guia é confirmada com imagens AP e laterais.
- A agulha espinal é então removida, e a agulha Tuohy 14 G é inserida sobre o fio-guia no espaço epidural. O fio-guia é então avançado até o espaço epidural ventral (**Fig. 12.7**).
- A agulha 14 G é removida, e a localização do fio-guia é confirmada com fluoroscopia.
- O dilatador-bainha 12 F é deslizado sobre o fio-guia (**Fig. 12.8**), e a localização ventral no espaço epidural é confirmada com contraste (**Fig. 12.9a,b**).

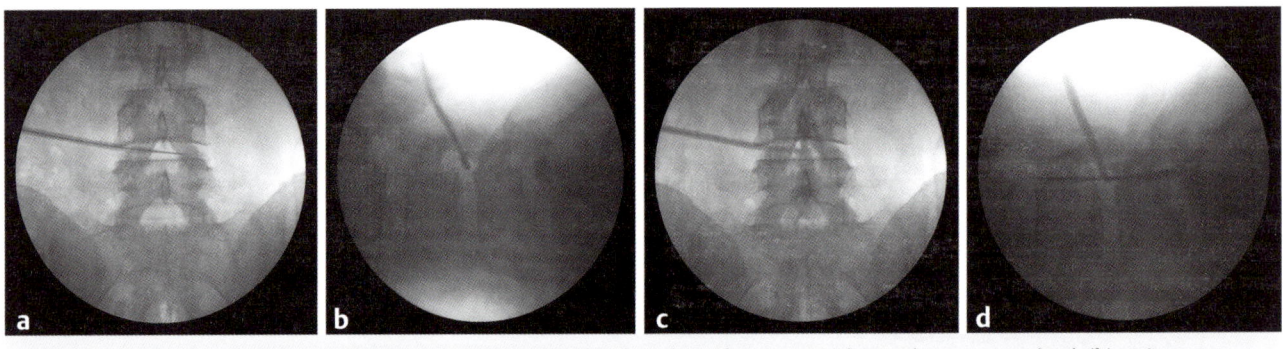

Fig. 12.9 (a) Visão fluoroscópica AP da passagem do dilatador e bainha sobre o fio-guia para dentro do espaço epidural. **(b)** Visão fluoroscópica lateral da passagem do dilatador e bainha no espaço epidural. **(c)** Injeção de contraste pela bainha confirma a localização epidural ventral com fluoroscopia AP. **(d)** Injeção de contraste pela bainha confirma a posição epidural com fluoroscopia lateral.

Anuloplastia Epiduroscópica Transforaminal a *Laser* para Dor Discogênica

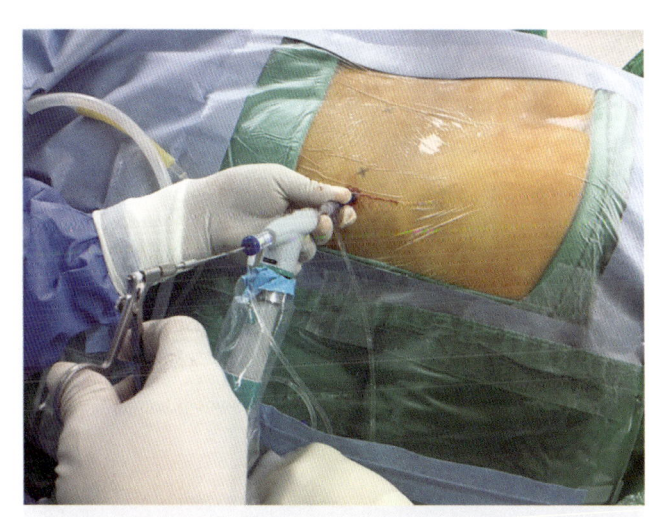

Fig. 12.10 Inserção do endoscópio no espaço epidural.

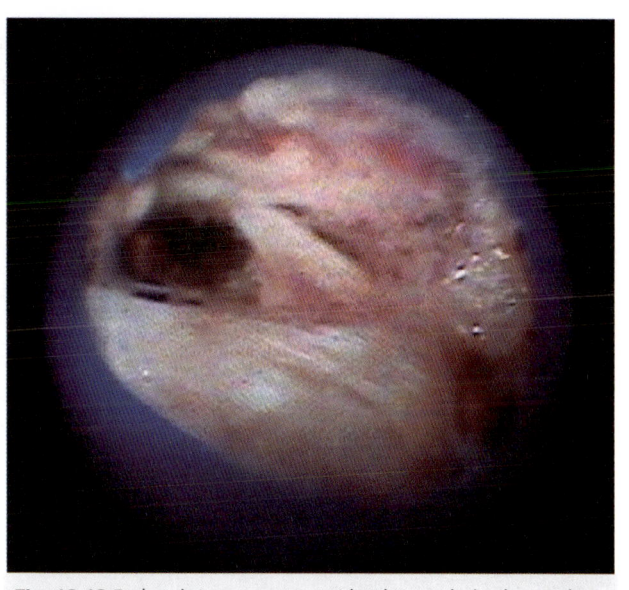

Fig. 12.12 Endoscópio no espaço epidural ventral: ânulo, gordura epidural e espaço epidural são visualizados.

- Após a remoção do dilatador, a localização ventral da bainha no espaço epidural é confirmada com fluoroscopia AP e lateral, seguida pela injeção de contraste (**Fig. 12.9c,d**).
- A câmera microendoscópica NeedleView é curvada até o ângulo desejado e é inserida na bainha, para dentro do espaço epidural (**Fig. 12.10**), e confirmada com fluoroscopia (**Fig. 12.11**). A anatomia epidural ventral é identificada com endoscopia (**Fig. 12.12**).
- Neste ponto, a região epidural pode ser sondada (**Fig. 12.13a,b**) ou pode ser realizada discografia (**Fig. 12.13c,d**). Também pode ser introduzido fórceps endoscópico para a remoção de fragmentos livres (**Fig. 12.14, Fig. 12.15**).

12.11 Anuloplastia a *Laser*

- O *laser* Nd:YAG de liberação lateral é introduzido pelo canal de trabalho no espaço epidural.
- O *laser* é aplicado (0,25 W, 150 mJ a 20 Hz, com pulsos de 0,5 a 1,0 segundo a intervalos de 1 a 2 segundos) até a entrega de uma energia total de ~500 J (**Fig. 12.16**).
- A configuração do *laser* pode ser ajustada para ablação térmica das extremidades do nervo nociceptivo ou coagulação para encolhimento anular.

12.12 Complicações Potenciais

- Lesão dural ou neural.
- Dano anular.
- Dores de cabeça ocasionadas por hipertensão intracraniana.

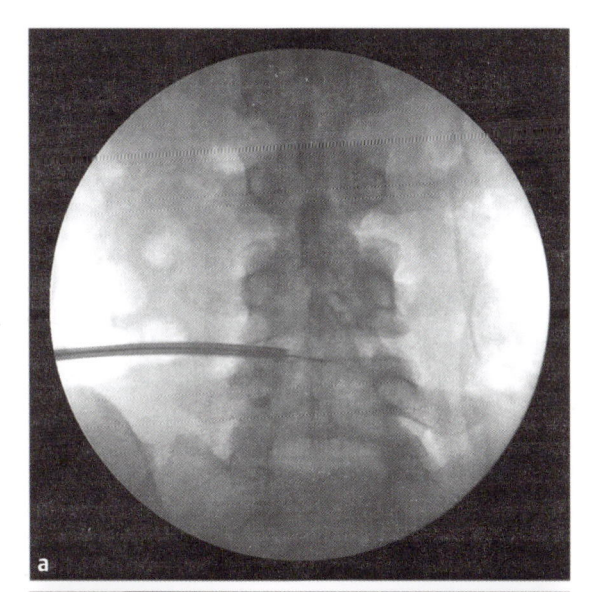

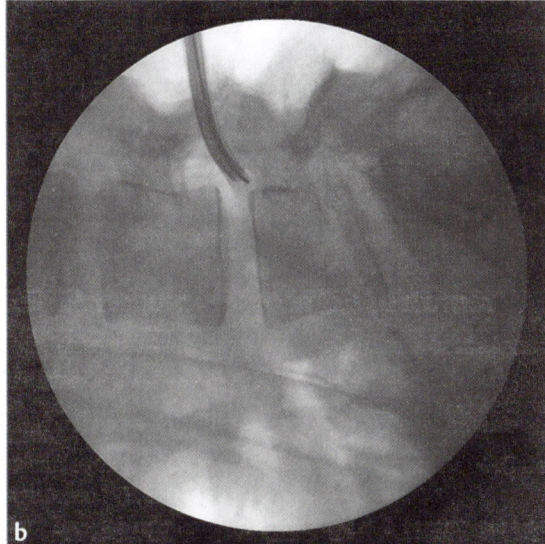

Fig. 12.11 (**a**) Confirmação fluoroscópica AP da posição do endoscópio. (**b**) Confirmação fluoroscópica lateral da posição do endoscópio.

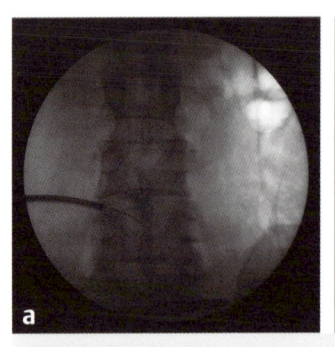

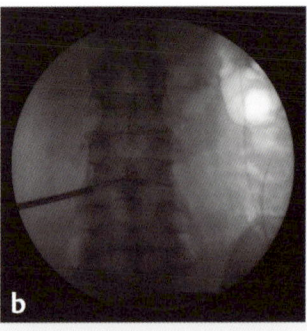

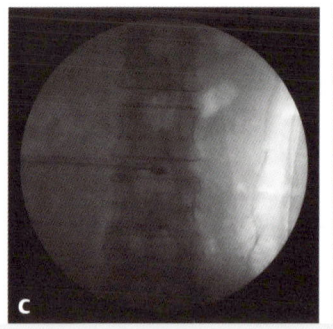

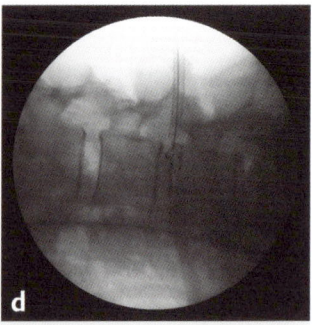

Fig. 12.13 (**a**) Fluoroscopia AP de uma sonda manobrada caudalmente no espaço epidural ventral. (**b**) Fluoroscopia AP de uma sonda manobrada rostralmente no espaço epidural ventral. (**c**) Fluoroscopia AP da discografia. (**d**) Fluoroscopia lateral de uma discografia.

12.13 Vídeos de Casos ilustrativos

Vídeo 12.1. Anuloplastia epiduroscópica transforaminal a *laser* para hérnia de disco L4-L5 direito.

Vídeo 12.2. Anuloplastia epiduroscópica transforaminal para hérnia de disco L3-L4 direito.

12.14 Conclusão

Um dos principais mecanismos da dor discogênica é dano ao ânulo posterior.[32] As extremidades nervosas nociceptivas livres no ânulo fibroso representam a origem dos sinais geradores de dor.[33,34] As opções iniciais de manejo incluem medicações e fisioterapia. É considerado um procedimento cirúrgico depois que fracassar o manejo conservador. Quando não é demonstrada eficácia no tratamento com procedimentos cirúrgicos para dor discogênica, técnicas minimamente invasivas, como IDET, RFA, PELD e PELA, oferecem opções atrativas.[6,7,8,9]

Opções de tratamento minimamente invasivo com uma abordagem intradiscal, como IDET, RFA e PELA, requerem a criação de uma abertura anular para permitir a entrada do aparelho de tratamento. Isto pode potencialmente levar a novos sintomas de dor discogênica ou hérnia de disco. Uma abordagem epidural extradiscal eliminaria o risco de mais danos ao disco intervertebral durante o processo de tratamento. Além disso, com procedimentos intradiscais, não é possível visualizar por inteiro a superfície anular dentro do canal espinal para avaliar outros sítios de patologia. Para inspecionar a superfície

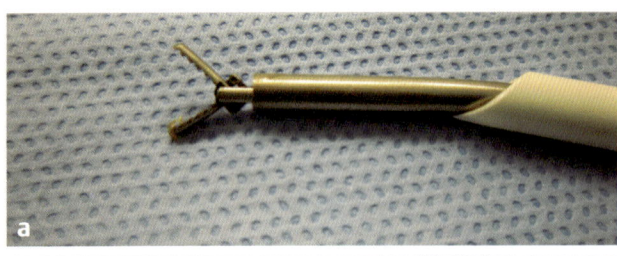

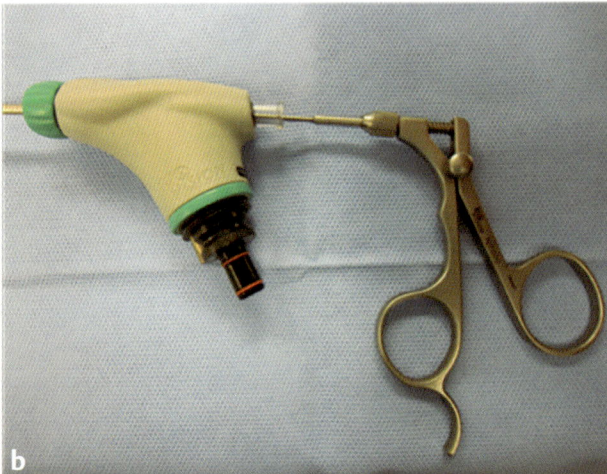

Fig. 12.14 (**a**) Fórceps endoscópico, 1,5 mm. (**b**) Fórceps endoscópico pelo canal de trabalho. (**c**) Fluoroscopia AP do fórceps endoscópico no espaço epidural ventral alcançando caudalmente. (**d**) Fluoroscopia AP do fórceps endoscópico no espaço epidural ventral alcançando rostralmente.

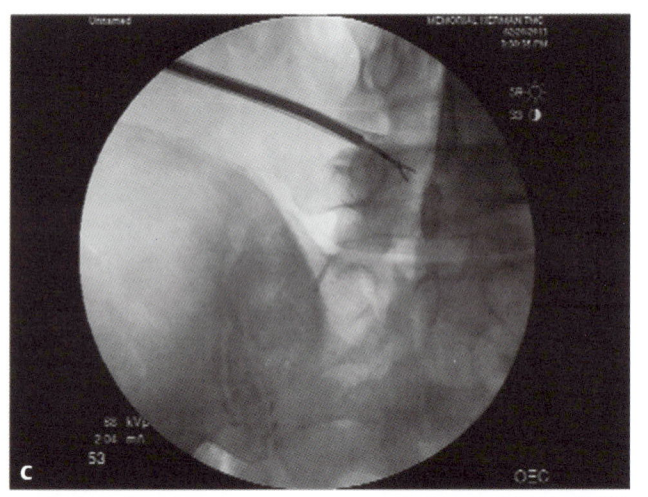

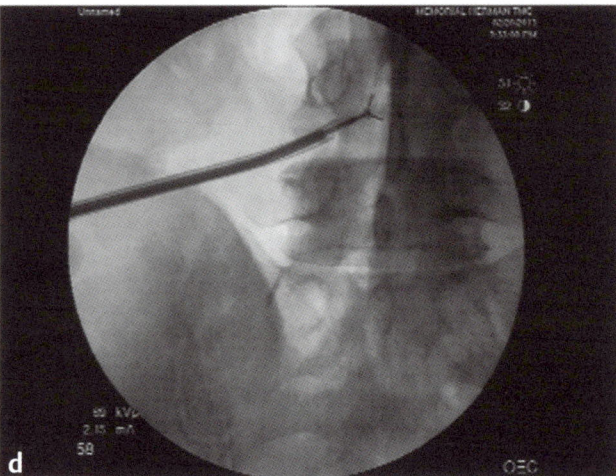

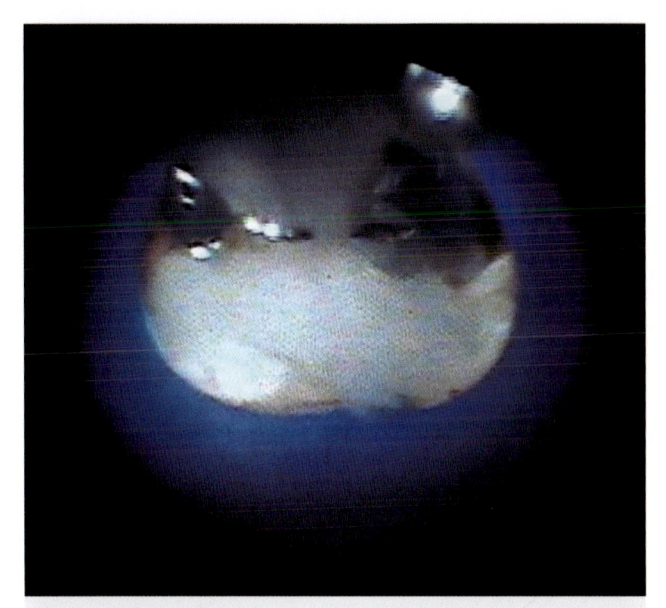

Fig. 12.15 Fórceps endoscópico removendo material discal intervertebral (seta).

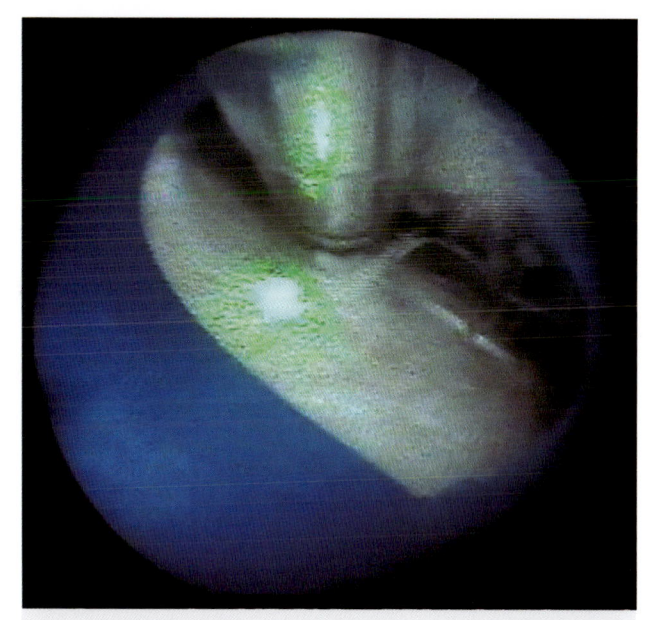

Fig. 12.16 Anuloplastia com laser Nd:YAG com liberação lateral.

anular dentro do canal espinal, pode ser usado um endoscópio para visualizar o espaço epidural. O endoscópio espinal padrão, como o que é usado em PELD, é eficaz para discectomia, com menos lesão ao tecido do que em cirurgia aberta;[3] no entanto, sua construção rígida limita a visualização por inteiro da superfície discal. Além disso, a posição do canal de trabalho é crítica para o sucesso do procedimento.[35] Para visualização por inteiro da porção anular discal, é necessário acesso para dentro do espaço epidural lombar ventral.

Epiduroscopia é uma abordagem efetiva para acessar o espaço epidural. Além disso, a epiduroscopia tem o benefício da visualização direta de estruturas dentro do espaço epidural e a habilidade de sondar para avaliar se os sintomas podem ser reproduzidos. Foi reportado que epiduroscopia pode tratar estenose lombar e síndrome de dor na panturrilha com uma abordagem pelo hiato sacral.[15,16,17,18,19,20,21] A introdução do epiduroscópio pelo hiato sacral até a patologia discal lombar requer a navegação do endoscópio por uma distância relativamente longa. Além disso, estenose óssea do hiato sacral ou o espaço epidural lombar podem tornar impossível a passagem do endoscópio até o alvo.

O capítulo descreve uma nova abordagem do espaço epidural ventral pelo forame neural lombar e a passagem de um *laser* para tratamento, a anuloplastia epiduroscópica transforaminal a *laser* (TELA). Isto é obtido pela passagem de um endoscópio curvável com 3,4 mm de diâmetro externo em combinação com uma bainha flexível para um diâmetro externo total de 4 mm. Além disso, a presença de um canal de trabalho permite a passagem de endo-fórceps ou *laser*. A técnica TELA usa um *laser* Nd:YAG com liberação lateral de 1.414 nm passado por dentro do espaço epidural para ablação térmica das extremidades nervosas livres no ânulo, além do encolhimento anular para descompressão.

Referências

1. Andersson GB. Epidemiological features of chronic low-back pain. *Lancet* 1999;*354*(9178):581–585 PubMed
2. Andersson GB, Svensson HO, Odén A. The intensity of work recovery in low back pain. *Spine* 1983;*8*(8):880–884 PubMed
3. Schwarzer AC, Aprill CN, Derby R, Fortin J, Kine G, Bogduk N. The prevalence and clinical features of internal disc disruption in patients with chronic low back pain. *Spine* 1995;*20*(17):1878–1883 PubMed
4. Yoshizawa H, O'Brien JP, Smith WT, Trumper M. The neuropathology of intervertebral discs removed for low-back pain. *J Pathol* 1980;*132*(2):95–104 PubMed
5. Kushlich SD, Ulstrom CL, Michael CJ. The tissue origin of low back pain and sciatica: a report of pain response to tissue stimulation during operations on the lumbar spine using local anesthesia. *Orthop Clin North Am* 1991;*22*:181–187
6. Wetzel FT, LaRocca SH, Lowery GL, Aprill CN. The treatment of lumbar spinal pain syndromes diagnosed by discography. Lumbar arthrodesis. *Spine* 1994;*19*(7):792–800 PubMed
7. Mirza SK, Deyo RA. Systematic review of randomized trials comparing lumbar fusion surgery to nonoperative care for treatment of chronic back pain. *Spine* 2007;*32*(7):816–823 PubMed
8. Singh K, Ledet E, Carl A. Intradiscal therapy: a review of current treatment modalities. *Spine* 2005;*30*(17, Suppl)S20–S26 PubMed
9. Lee SH, Kang HS. Percutaneous endoscopic laser annuloplasty for discogenic low back pain. *World Neurosurg* 2010;*73*(3):198–206
10. Sachs BL, Vanharanta H, Spivey MA, et al. Dallas discogram description. A new classification of CT/discography in low-back disorders. *Spine* 1987;*12*(3):287–294 PubMed
11. Zhou Y, Abdi S. Diagnosis and minimally invasive treatment of lumbar discogenic pain—a review of the literature. *Clin J Pain* 2006;*22*(5):468–481 PubMed
12. Macnab I. Negative disc exploration. An analysis of the causes of nerve-root involvement in sixty-eight patients. *J Bone Joint Surg Am* 1971;*53*(5):891–903 PubMed
13. Bosscher HA, Heavner JE. Diagnosis of the vertebral level from which low back or leg pain originates. A comparison of clinical evaluation, MRI and epiduroscopy. *Pain Pract* 2012;*12*(7):506–512 PubMed
14. Bosscher HA, Heavner JE. Lumbosacral epiduroscopy findings predict treatment outcome. *Pain Pract* 2014;*14*(6):506–514 PubMed
15. Lee GW, Jang SJ, Kim JD. The efficacy of epiduroscopic neural decompression with Ho:YAG laser ablation in lumbar spinal stenosis. *Eur J Orthop Surg Traumatol* 2014;*24*(Suppl 1):S231–S237 PubMed
16. Ruetten S, Meyer O, Godolias G. Endoscopic surgery of the lumbar epidural space (epiduroscopy): results of therapeutic intervention in 93 patients. *Minim Invasive Neurosurg* 2003;*46*(1):1–4 PubMed
17. Jo DH, Kim ED, Oh HJ. The comparison of the result of epiduroscopic laser neural decompression between FBSS or not. *Korean J Pain* 2014;*27*(1):63–67 PubMed
18. Kallewaard JW, Vanelderen P, Richardson J, Van Zundert J, Heavner J, Groen GJ. Epiduroscopy for patients with lumbosacral radicular pain. *Pain Pract* 2014;*14*(4):365–377 PubMed
19. Igarashi T, Hirabayashi Y, Seo N, Saitoh K, Fukuda H, Suzuki H. Lysis of adhesions and epidural injection of steroid/local anaesthetic during epiduroscopy potentially alleviate low back and leg pain in elderly patients with lumbar spinal stenosis. *Br J Anaesth* 2004;*93*(2):181–187 PubMed
20. Avellanal M, Diaz-Reganon G. Interlaminar approach for epiduroscopy in patients with failed back surgery syndrome. *Br J Anaesth* 2008;*101*(2):244–249 PubMed

21. Sakai T, Aoki H, Hojo M, Takada M, Murata H, Sumikawa K. Adhesiolysis and targeted steroid/local anesthetic injection during epiduroscopy alleviates pain and reduces sensory nerve dysfunction in patients with chronic sciatica. *J Anesth* 2008;22(3):242-247 PubMed
22. Manchikanti L, Abdi S, Atluri S, et al. An update of comprehensive evidence-based guidelines for interventional techniques in chronic spinal pain. Part II: guidance and recommendations. *Pain Physician* 2013;16(2, Suppl)S49-S283 PubMed
23. Brouwer PA, Brand R, van den Akker-van Marle ME, et al. Percutaneous laser disc decompression versus conventional microdiscectomy in sciatica: a randomized controlled trial. *Spine J* 2015;15(5):857-865 PubMed
24. Gottlob C, Kopchok GE, Peng SK, Tabbara M, Cavaye D, White RA. Holmium:YAG laser ablation of human intervertebral disc: preliminary evaluation. *Lasers Surg Med* 1992;12(1):86-91 PubMed
25. Pan L, Zhang P, Yin Q. Comparison of tissue damages caused by endoscopic lumbar discectomy and traditional lumbar discectomy: a randomised controlled trial. *Int J Surg* 2014;12(5):534-537 PubMed
26. Quigley MR, Shih T, Elrifai A, Maroon JC, Lesiecki ML. Percutaneous laser discectomy with the Ho:YAG laser. *Lasers Surg Med* 1992;12(6):621-624 PubMed
27. Sato M, Ishihara M, Arai T, et al. Use of a new ICG-dye-enhanced diode laser for percutaneous laser disc decompression. *Lasers Surg Med* 2001;29(3):282-287 PubMed
28. Choy DS, Case RB, Fielding W, Hughes J, Liebler W, Ascher P. Percutaneous laser nucleolysis of lumbar disks. *N Engl J Med* 1987;317(12):771-772 PubMed
29. Choy DS, Ascher PW, Ranu HS, et al. Percutaneous laser disc decompression. A new therapeutic modality. *Spine* 1992;17(8):949-956 PubMed
30. Gangi A, Dietemann JL, Ide C, Brunner P, Klinkert A, Warter JM. Percutaneous laser disk decompression under CT and fluoroscopic guidance: indications, technique, and clinical experience. *Radiographics* 1996;16(1):89-96 PubMed
31. Yonezawa T, Onomura T, Kosaka R, et al. The system and procedures of percutaneous intradiscal laser nucleotomy. *Spine* 1990;15(11):1175-1185 PubMed
32. Moneta GB, Videman T, Kaivanto K, et al. Reported pain during lumbar discography as a function of anular ruptures and disc degeneration. A re-analysis of 833 discograms. *Spine* 1994;19(17):1968-1974 PubMed
33. Bogduk N, Tynan W, Wilson AS. The nerve supply to the human lumbar intervertebral discs. *J Anat* 1981;132(Pt 1):39-56 PubMed
34. Bogduk N, Windsor M, Inglis A. The innervation of the cervical intervertebral discs. *Spine* 1988;13(1):2-8 PubMed
35. Choi KC, Lee JH, Kim JS, et al. Unsuccessful percutaneous endoscopic lumbar discectomy: a single-center experience of 10,228 cases. *Neurosurgery* 2015;76(4):372-380

13 Laminoforaminotomia e Discectomia Endoscópica Lombar Tubular [1]

Mick Perez-Cruet ▪ *Mengqiao Alan Xi*

13.1 Introdução

As abordagens cirúrgicas minimamente invasivas (MIS) para descompressão da coluna foram desenvolvidas com o objetivo de preservação dos tecidos moles espinais. Um microscópio é tipicamente usado em procedimentos MIS para oferecer uma visão tridimensional (3D) da anatomia regional.[1,2,3] No entanto, também foram descritas abordagens endoscópicas.[4,5] Dilatadores musculares de diâmetros crescentes podem ser usados para abordar a coluna, ao mesmo tempo preservando a musculatura paraespinal. Porém, desenvolvimentos recentes dos sistemas retratores permitem uma abordagem da coluna de uma forma que preserva os músculos, mas reduz o risco da inserção de fio-K ou dilatadores musculares no canal espinal (**Fig. 13.1**). Além disso, tendemos a nos afastar do sistema endoscópico e nos voltamos para o uso do microscópio, que fornece excelente visualização 3D da anatomia e ajuda a facilitar o procedimento (**Vídeo 13.1**).

O sistema METRx (Medtronic, Memphis, TN) foi um dos primeiros e é um dos conjuntos de ferramentas mais frequentemente usados em microdiscectomia minimamente invasiva. Nosso grupo possui experiência substancial com este sistema. O conjunto consiste em dilatadores musculares seriados e um retrator tubular disponível em 14, 16, 18 e 20 mm, inoxidável, ou 18 mm descartável. Os instrumentos em baioneta são finos e, portanto, minimizam grandemente aglomeração dentro do canal de trabalho.[6,7] Este capítulo descreve o uso do microscópio para realização de microdiscectomia lombar com preservação muscular e foraminotomia minimamente invasivas.

13.2 Configuração do Centro Cirúrgico e Preparo do Paciente

Deve haver espaço suficiente no centro cirúrgico para acomodar o microscópio e fluoroscópio com braço-C, ao mesmo tem-

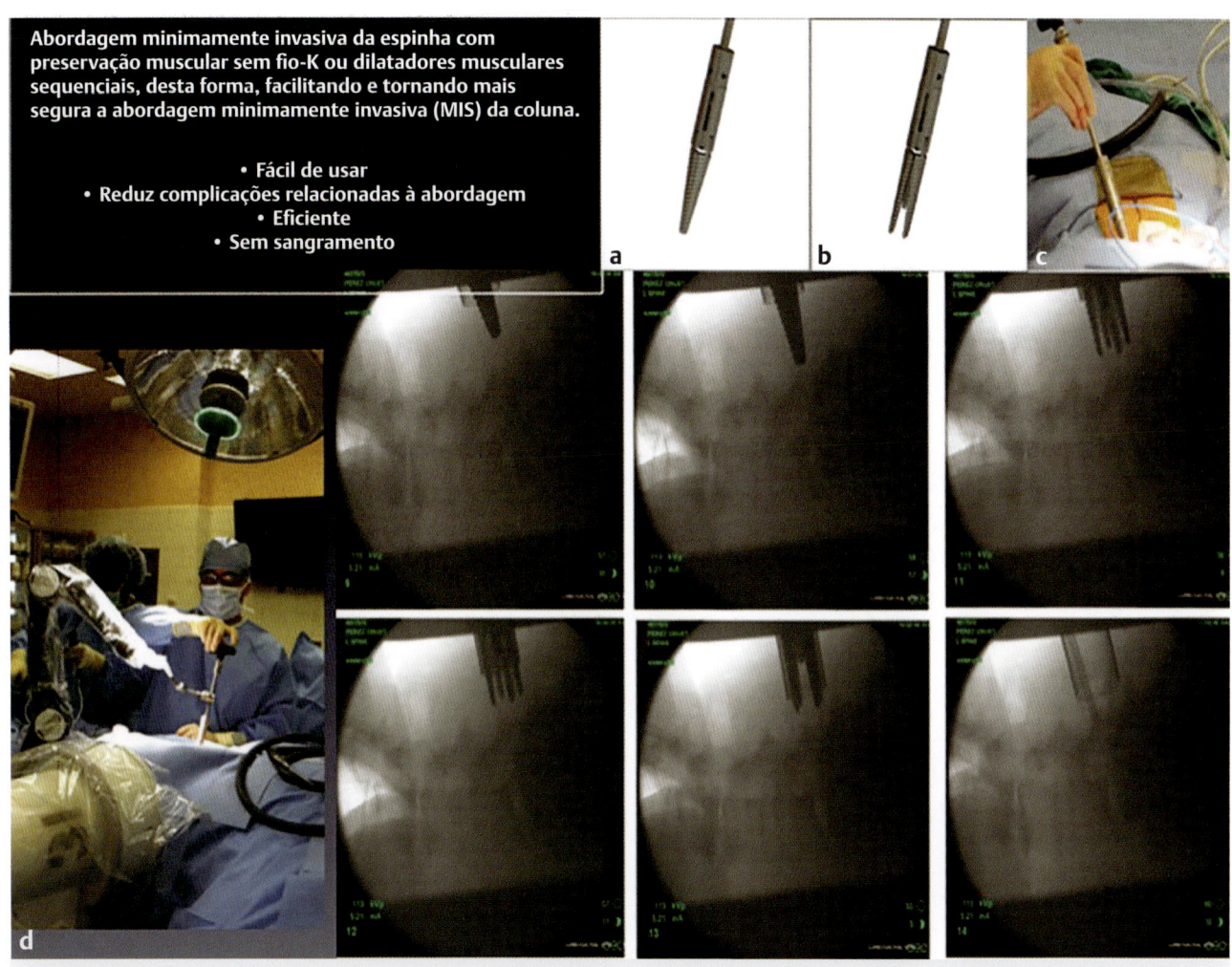

Fig. 13.1 (**a,b**) Ilustrações, (**c**) foto e (**d**) imagens fluoroscópicas intraoperatórias mostrando a aplicação do dilatador BoneBac One-Step (Thompson Mis, Salem, NH) usado em uma abordagem de divisão muscular da coluna. A técnica previne dano muscular enquanto aborda a coluna sem sangramento e elimina a necessidade de fio-K e dilatadores musculares sequenciais.

com o auxílio de fluoroscopia lateral para guiar a abordagem (**Fig. 13.3**). A incisão deve ser apenas na medida do diâmetro do retrator tubular final (geralmente < 20 mm). Deve ser tomado cuidado para não avançar o fio-K ou os dilatadores musculares para dentro do canal. Frequentemente ancoramos acima da coluna, especialmente em uma cirurgia refeita, e então abordamos a coluna diretamente sob visualização com microscópio. O dilatador One-Step ou dilatadores musculares podem ser usados para realizar esta parte dos procedimentos ancorando diretamente na faceta do osso laminar visualizado. Usando este método, não experimentamos ruptura dural ou lesão neural.

O primeiro dilatador é colocado sobre o fio-K e é avançado pelo tecido mole usando um movimento giratório. Depois que o dilatador ancora na superfície óssea e sua localização é

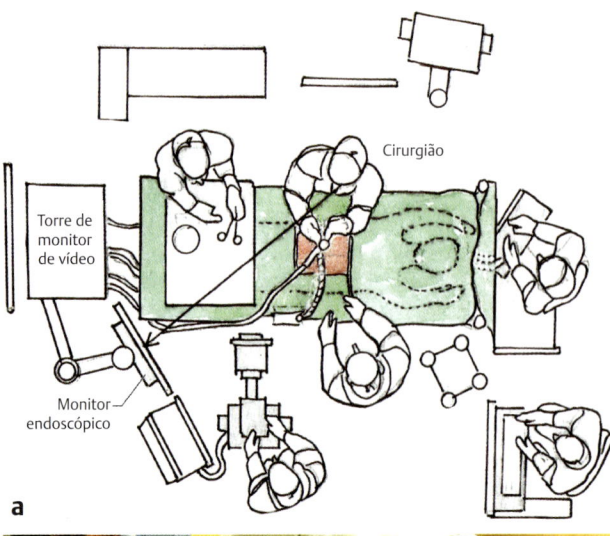

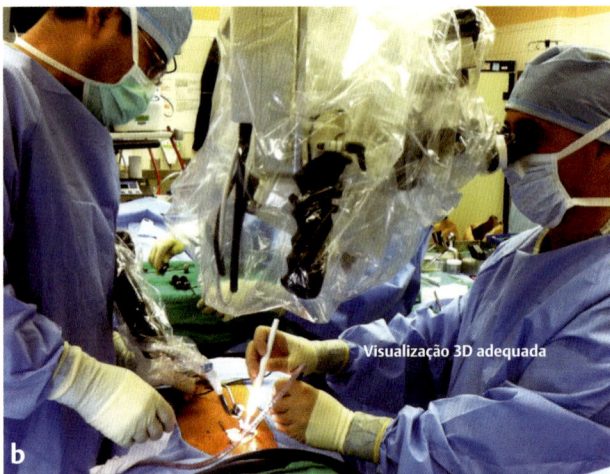

Fig. 13.2 (a) Configuração do Centro Cirúrgico permitindo que o cirurgião visualize o espaço de trabalho com esforço mínimo.
(b) O microscópio é calibrado e enrolado cirurgicamente, com um campo de visão para o cirurgião e assistente.

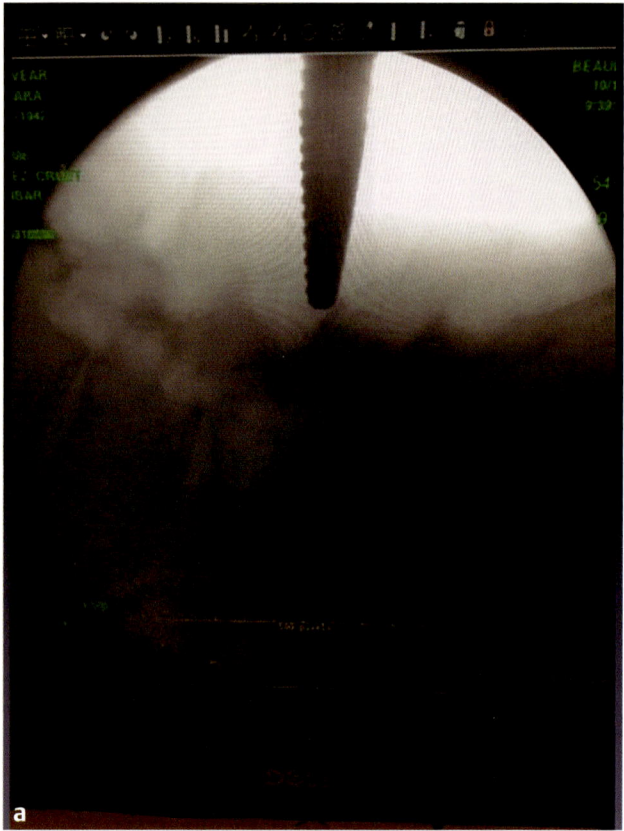

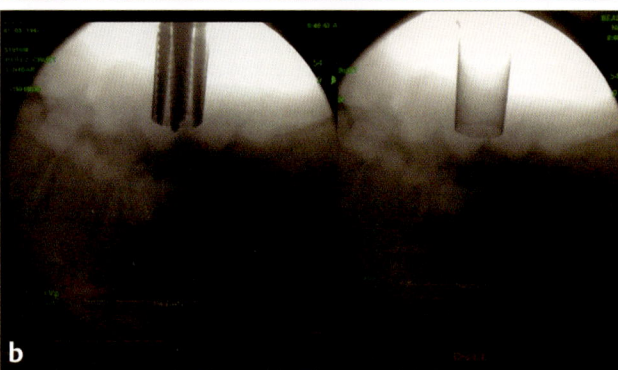

Fig. 13.3 (a,b) O dilatador One-Step (Thompson MIS) é introduzido e implantado, permitindo um canal de trabalho cilíndrico a ser estabelecido via retrator tubular. Isto elimina a necessidade de fio-K e dilatadores multipassos.

po deixando uma área de trabalho abundante para o cirurgião e a equipe do centro cirúrgico. O paciente é colocado em uma posição supina sob anestesia geral. O abdome do paciente é apoiado com rolos ou suportes para prevenir sangramento venoso excessivo que possa ofuscar a visão intraoperatória. As costas do paciente são esterilizadas e cobertas da forma rotineira (**Fig. 13.2**). O microscópio é calibrado e enrolado cirurgicamente, com um campo de visão para o cirurgião e o assistente (**Fig. 13.2**).

13.3 Abordagem da Espinha com Preservação Muscular

O nível é identificado com o uso de uma agulha espinal 18 G e fluoroscopia lateral. A agulha é posicionada 1,5 cm lateral à linha média e diretamente sobre o espaço discal de interesse. Depois que o nível foi identificado, a agulha é removida e é feita uma incisão 1,5 cm ou da largura de um dedo lateral à linha média sobre o espaço discal de interesse. A fáscia lombodorsal é cortada com cautério Bovie paralelo aos processos espinhosos. Dilatador BoneBac One-Step (ver a **Fig. 13.1**) ou fio-K e dilatadores musculares seriais podem ser usados para abordar a coluna

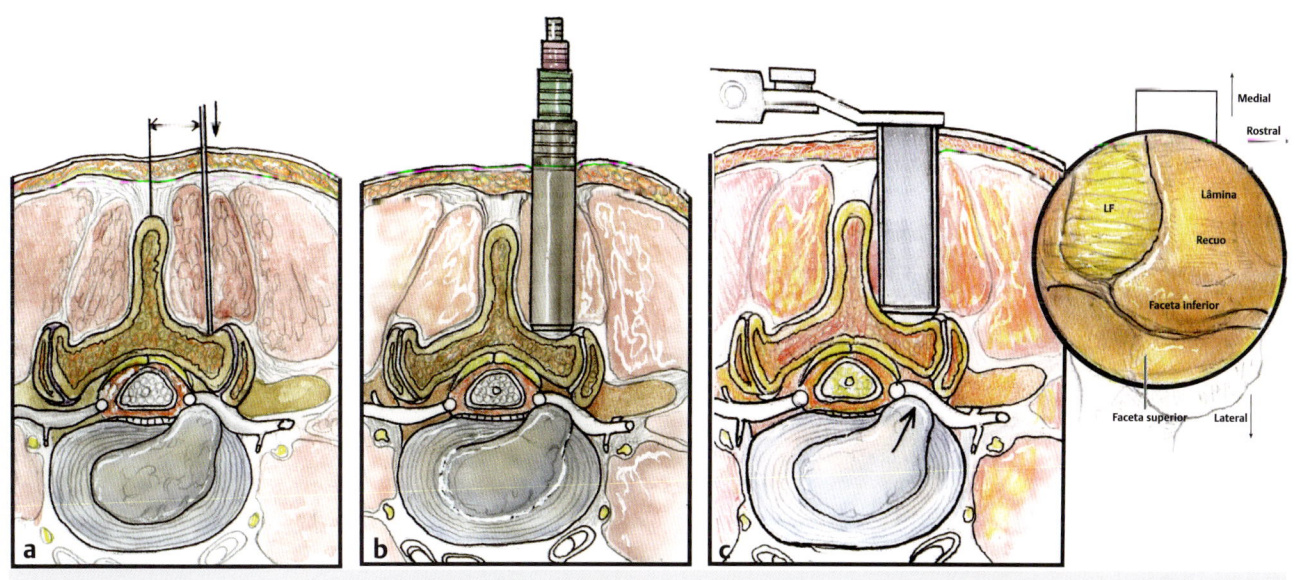

Fig. 13.4 Ilustrações mostrando (**a**) fio-K e (**b**) dilatadores musculares sequenciais sobre os quais (**c**) é colocado um retrator tubular.

confirmada na fluoroscopia, o fio-K é removido. Deve ser usada orientação fluoroscópica para este processo. É importante prestar atenção à profundidade da ponta do dilatador para que ele não entre no canal espinal. O segundo, terceiro e quarto dilatadores são telescopados sobre o dilatador inicial em sequência descendente na trajetória de trabalho até a superfície laminar (**Fig. 13.4**). O retrator muscular é então colocado sobre o dilatador final até que ele ancora na junção laminofacetária. A extremidade distal do retrator apresenta uma ponta de bisel de 20° moldada para a curvatura do osso, facilitando o contato direto e impedindo que o tecido mole migre para baixo da ponta e obstrua a visão. A aplicação de força descendente no retrator em direção à lâmina também impede a migração do tecido mole. A seguir, o retrator tubular é fixado ao braço flexível. Os dilatadores musculares são removidos, expondo um claro corredor tubular pelo qual o procedimento pode ser realizado. Uma imagem fluoroscópica lateral final é usada para confirmar que o retrator está firmemente instalado e no nível apropriado. Se for necessário reposicionamento, o retrator tubular é destravado do braço flexível, colocado na direção da localização desejada, e preso novamente ao braço flexível. Esta manobra possibilita que o cirurgião coloque os objetos de interesse no centro do campo cirúrgico e facilite o procedimento.

13.4 Laminoforaminotomia e Remoção do Ligamento Amarelo

A partir deste ponto, o cirurgião encontrará cinco camadas anatômicas, da superficial à profunda: tecido mole, lâmina e faceta óssea, ligamento amarelo, estruturas neurais e o disco intervertebral em questão. As três primeiras camadas são removidas sequencialmente. Note que cada uma das três camadas deve ser desobstruída até uma extensão suficientemente grande antes de buscar uma camada mais profunda. Caso contrário, a abertura se torna sucessivamente menor a cada nível mais profundo, restringindo o espaço de trabalho para a discectomia final.

A faceta e a lâmina óssea podem ser palpadas com uma ponta Bovie. O tecido mole é então removido circunferencialmente com cautério Bovie para expor a lâmina e o complexo facetário medial. Deve ser tomado cuidado para não prejudicar a cápsula sinovial sobreposta à articulação facetária; no entanto, não encontramos evento clínico adverso, se isto ocorre.

Depois que a lâmina e a articulação facetária são expostas, uma broca de corte M8 é usada para realizar a laminotomia. Todo o osso perfurado é coletado usando BoneBac Press e é usado para reconstruir o defeito laminar na conclusão da descompressão (**Fig. 13.5**).

Depois de realizada laminotomia adequada, é usada uma cureta pequena para separar o ligamento amarelo da parte inferior ventral da lâmina. O ligamento amarelo é deixado intacto para cobrir as estruturas neurais subjacentes durante a remoção óssea. São realizadas hemilaminotomia e facetectomia medial usando uma pinça Kerrison ou broca. O ligamento amarelo é separado a partir da borda de corte inferior da lâmina superior, usando uma pequena cureta com movimento ascendente e esculpindo sob a lâmina para separar o ligamento. Deve ser tomado

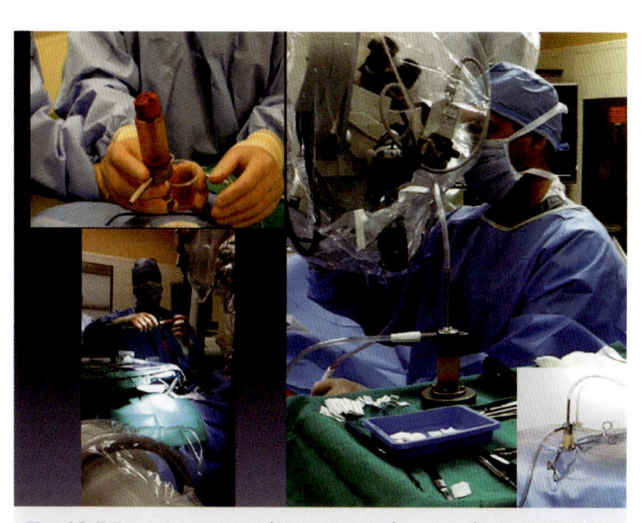

Fig. 13.5 Fotos intraoperatórias mostrando o uso de BoneBac Press (Thompson MIS, Salem, NH) para coletar autoenxerto ósseo perfurado do paciente para material de fusão.

o máximo cuidado para evitar rasgo dural acidental. O ligamento amarelo é retirado dorsal e caudalmente usando um movimento giratório e então é removido com uma pinça Kerrison (**Fig. 13.6**).

13.5 Discectomia

Depois que o ligamento amarelo foi suficientemente removido, a raiz nervosa transversal pode ser facilmente visualizada. Usando um retrator com sucção, a raiz nervosa é retraída medialmente para proteção. O espaço epidural é explorado. Fórceps de cautério bipolar ou buchas de algodão com agentes hemostáticos são usados para interromper o sangramento das veias epidurais.

A hérnia discal pode ser visualizada neste ponto. Se o material do disco já não estiver extruído, é usado um bisturi de anulotomia para introduzir uma perfuração no disco. O material do disco é removido com um *micro pituitary rongeur*. O material discal compactado pode ser removido em bloco, enquanto que o material discal sequestrado é relativamente mole e removido de forma fragmentada. O espaço discal é examinado na busca de fragmentos residuais para que o material discal seja removido ao máximo possível. Não raspamos as placas terminais do corpo vertebral adjacente, pois isto pode desvascularizar as placas terminais e potencialmente originar hérnias de disco recorrentes. Finalmente, a raiz nervosa é explorada para confirmar que foi obtida descompressão adequada (**Fig. 13.6**).

13.6 Fechamento e Cuidados Pós-Operatórios

O sítio cirúrgico é irrigado generosamente antes do fechamento, o cautério bipolar é aplicado para interromper algum sangramento dos músculos paraespinais. A fáscia é reaproximada com uma ou duas suturas interrompidas. O tecido subcutâneo é fechado de maneira invertida. Adesivo cutâneo Mastisol (Ferndale Laboratories, Ferndale, MI) e Steri-Strips são aplicados na ferida cirúrgica antes de cobri-la com curativo adesivo estéril. Ou então é usado Dermabond (Ethicon EndoSurgery Inc., Somerille, NJ) para reaproximar a pele (**Fig. 13.7**).

O procedimento é realizado em regime ambulatorial. No período pós-operatório, o paciente é levado para a enfermaria do ambulatório para observação e recuperação. O paciente geralmente pode voltar para casa dentro de um ou dois dias, assim que conseguir comer, deambular e evacuar. O primeiro acompanhamento é usualmente 2 semanas após a cirurgia. Alguns pacientes relataram alívio imediato dos sintomas, enquanto outros requerem um período de recuperação mais longo.

Além do mais, descobrimos que a reconstrução da lâmina usando autoenxerto obtido do sítio cirúrgico pode potencialmente facilitar redução na formação de cicatriz perineural, permitindo assim a restauração biológica do defeito laminar (**Fig. 13.8**).

13.7 Resultados Clínicos

Uma análise inicial de 150 pacientes consecutivos apresentou resultados promissores.[7] Os pacientes tinham entre 18 e 76 anos de idade (média = 44) e consistiam em 93 homens e 57 mulheres. O sistema METRx MED foi usado com o objetivo de reduzir a compressão neural secundária à hérnia discal. A cirurgia realizada em diferentes níveis ocorreu assim: três (2%) em L2-L3, 12 (8%) em L3-L4, 53 (35,5%) em L4-L5 e 82 (54,6%) em L5-S1. Os resultados foram baseados nos critérios modificados de MacNab. Os resultados do estudo são apresentados na **Tabela 13.1**.

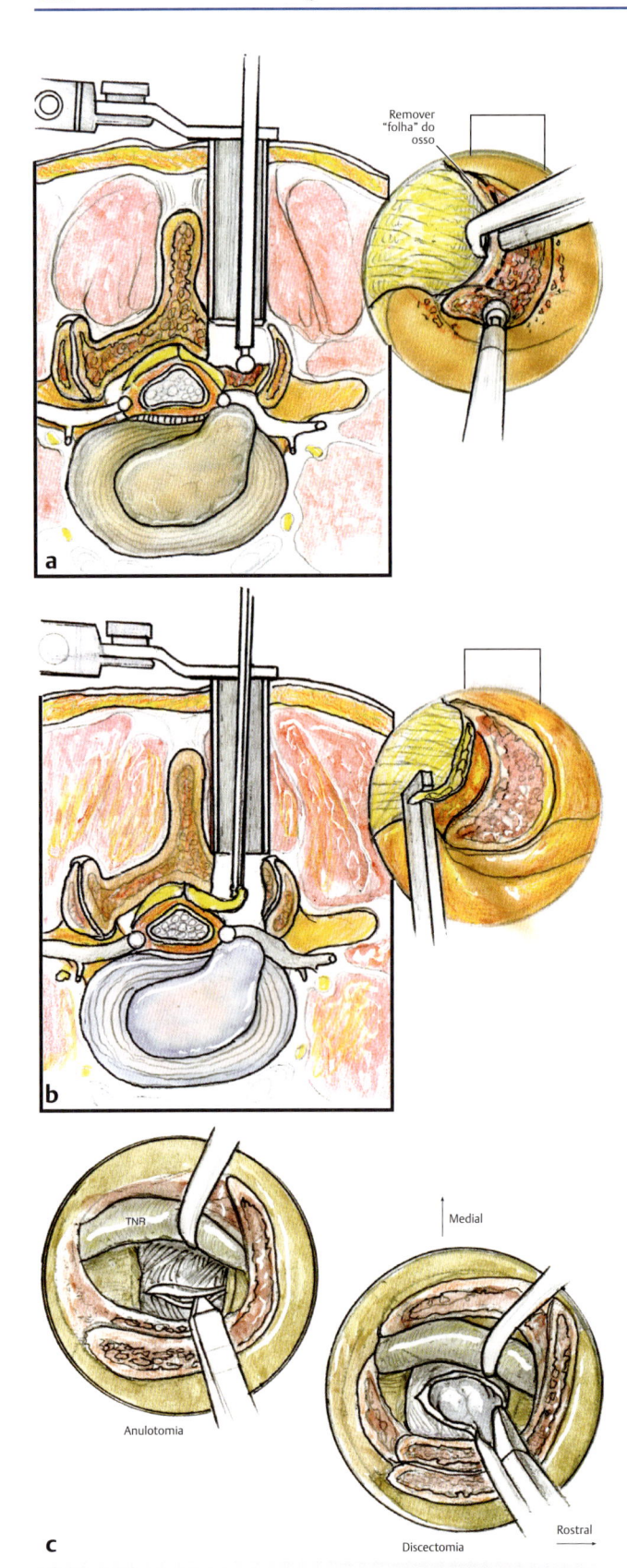

Fig. 13.6 Ilustrações mostrando (**a**) laminotomia realizada com broca e pinça Kerrison, ao mesmo tempo preservando o ligamento amarelo. (**b**) Exposição da borda rostral do ligamento amarelo e remoção do ligamento. (**c**) Exposição da raiz nervosa transversal e realização de anulotomia com bisturi lâmina 11.

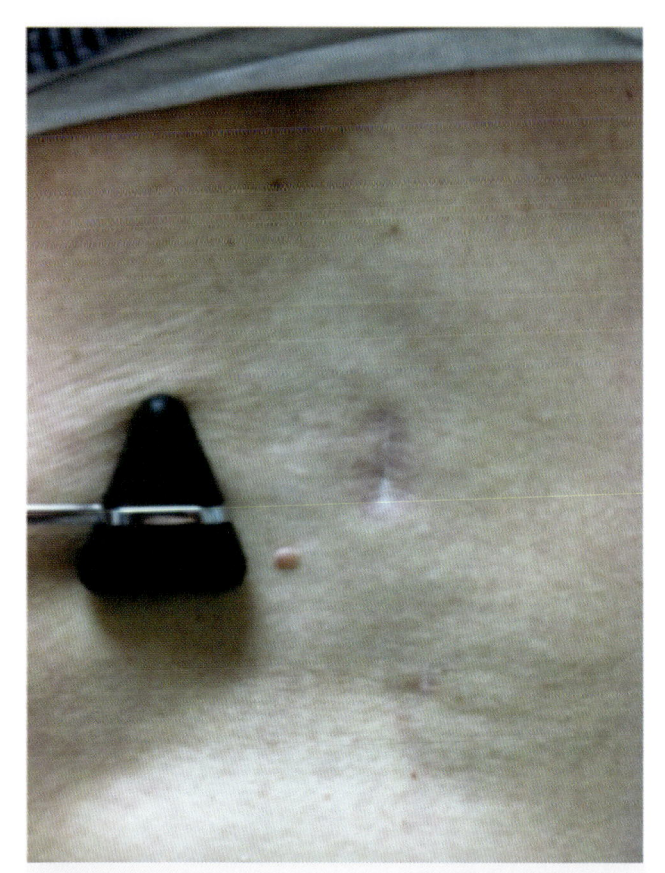

Fig. 13.7 Aparência pós-operatória de incisão após microdiscectomia lombar.

Além disso, foram demonstradas vantagens econômicas significativas com a técnica MED, com curto tempo para volta ao trabalho (média de 17 dias), redução no tempo de permanência no hospital (média de 7,7 horas) e tempo cirúrgico reduzido obtido pela proficiência operatória (75 minutos nos últimos 30 casos). Um pequeno número de pacientes desenvolveu complicações, incluindo oito (5,3%) com rasgos durais que foram posteriormente reparados, um (0,7%) com uma infecção superficial na ferida, controlada com sucesso com antibióticos orais, e um (0,7%) com uma formação tardia de pseudomeningocele.

Tabela 13.1 Resultados usando os critérios de MacNab modificados

Resultado	Taxa	Definição
Excelente	77%	Completa recuperação da dor e recuperação funcional
Bom	17%	Dor ocasional e retorno ao trabalho modificado
Regular	3%	Alguma melhora na capacidade funcional sem retorno ao trabalho
Ruim	3%	Sem melhora sintomática ou melhora funcional requerendo reoperação

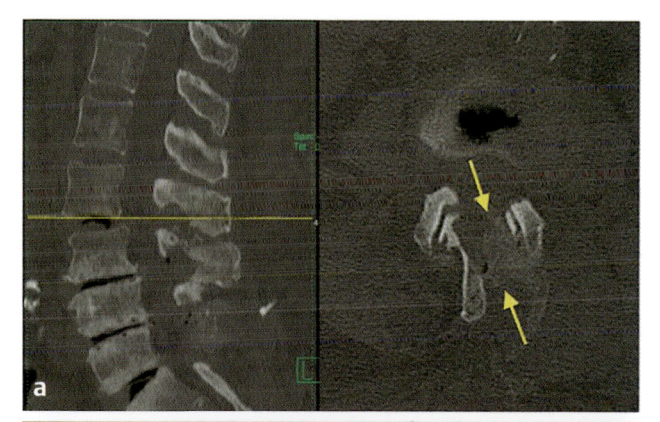

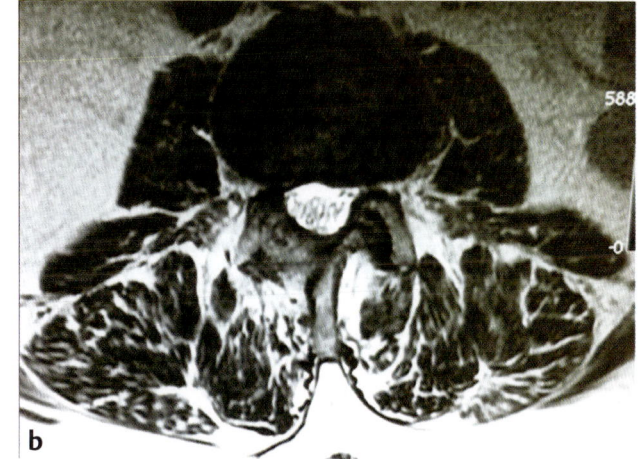

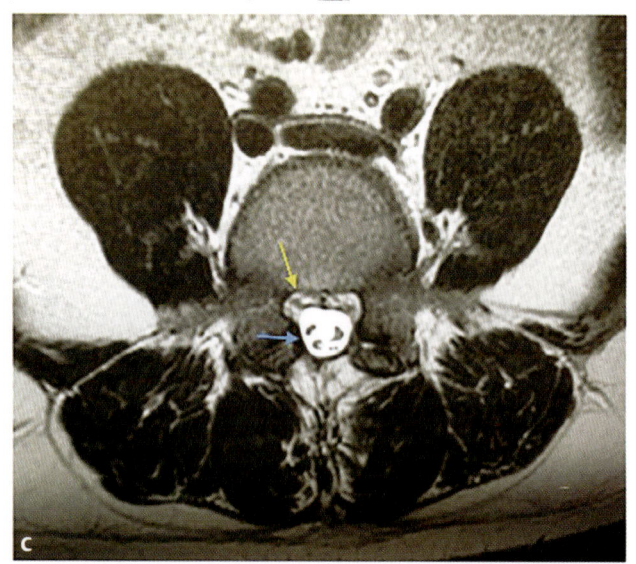

Fig. 13.8 (a) CT pós-operatória imediata após laminectomia minimamente invasiva com reconstrução laminar biológica, usando autoenxerto obtido do sítio cirúrgico com BoneBac Press. (b) MRI realizada 6 meses pós-operatório mostrando defeito laminar reconstruído do lado direito. (c) MRI pós-operatória comparativa após laminectomia lombar tradicional com formação de cicatriz neural observada e ausência de lâmina e processo espinhoso.

Outros grupos também investigaram a eficácia do sistema microendoscópico METRx.[6,8,9,10] Seus resultados refletiram os relatados anteriormente. Especificamente, a abordagem MED minimamente invasiva resultou em escores de resultados estatisticamente equivalentes aos da abordagem aberta, conforme determinado pelos sistemas de questionários validados da escala visual analógica (VAS) e o Índice de Incapacidade de Oswestry (ODI). Além disso, todos os autores relataram redução no tempo de cirurgia, redução na perda de sangue e redução na permanência no hospital.

13.8 Outros Usos da Abordagem Microendoscópica

Como já foi dito, a abordagem MED para discectomia lombar requer um período de aprendizagem um pouco estendido. À medida que o cirurgião desenvolve proficiência na condução da cirurgia com segurança e conforto, ela pode ser estendida para tratar outras doenças degenerativas da coluna. O sistema pode ser usado para realizar descompressão bilateral para estenose a partir de um único sítio ipsilateral.[11] A endoscopia possibilita que o cirurgião obtenha descompressão contralateral por causa da sua habilidade de visualizar conteúdos sublaminares além das fronteiras do retrator tubular. Os resultados associados a esta abordagem são comparáveis aos da abordagem aberta.[7,12,13,14] Ao tratar hérnia discal cervical usando a laminoforaminotomia cervical posterior e discectomia microendoscópica, Soliman relatou 91% de melhora pós-operatória boa a excelente avaliada pelo escore da Associação Japonesa de Ortopedia (JOA), os critérios Odom e escore VAS.[15] A fusão intersomática lombar transforaminal microendoscópica com instrumentação também foi usada para tratar espondilolistese lombar.[16] Todos estes estudos relataram melhora nas medidas perioperatórias, como o tempo cirúrgico, volume da perda de sangue, tempo de recuperação e dor pós-cirúrgica.

13.9 Conclusão

Microdiscectomia lombar minimamente invasiva é uma abordagem cirúrgica minimamente invasiva segura e efetiva para hérnia de disco e alterações degenerativas associadas da coluna lombar. O microscópio oferece várias vantagens em relação ao uso do endoscópio, incluindo melhor visualização. Embora esta abordagem possa apresentar um desafio inicial para cirurgiões que estão acostumados aos procedimentos abertos tradicionais, a abordagem pode ser dominada com a prática para melhorar os resultados perioperatórios e pós-operatórios do paciente, enquanto realizados em regime ambulatorial.

Referências

1. Hellinger J. Technical aspects of the percutaneous cervical and lumbar laser-disc-decompression and -nucleotomy. *Neurol Res* 1999;21(1):99–102
2. Marks RA. Transcutaneous lumbar diskectomy for internal disk derangement: a new indication. *South Med J* 2000;93(9):885–890
3. Maroon JC, Onik G, Vidovich DV. Percutaneous discectomy for lumbar disc herniation. *Neurosurg Clin N Am* 1993;4(1):125–134
4. Foley KT, Smith MM. Microendoscopic discectomy. *Tech Neurosurg* 1997;3:301–30
5. Perez-Cruet MJ, Smith M, Foley K. Microendoscopic lumbar discectomy. In: Perez-Cruet MJ, Fessler RG, eds. *Outpatient Spinal Surgery*. St Louis, MO: Quality Medical Publishing; 2002:171–18
6. Casal-Moro R, Castro-Menéndez M, Hernández-Blanco M, Bravo-Ricoy JA, Jorge-Barreiro FJ. Long-term outcome after microendoscopic diskectomy for lumbar disk herniation: a prospective clinical study with a 5-year follow-up. *Neurosurgery* 2011;68(6):1568–1575
7. Perez-Cruet MJ, Foley KT, Isaacs RE, et al. Microendoscopic lumbar discectomy: technical note. *Neurosurgery* 2002;51(5, Suppl):S129–S136
8. Jhala A, Mistry M. Endoscopic lumbar discectomy: experience of first 100 cases. *Indian J Orthop* 2010;44(2):184–190
9. Kulkarni AG, Bassi A, Dhruv A. Microendoscopic lumbar discectomy: technique and results of 188 cases. *Indian J Orthop* 2014;48(1):81–87
10. Wu X, Zhuang S, Mao Z, Chen H. Microendoscopic discectomy for lumbar disc herniation: surgical technique and outcome in 873 consecutive cases. *Spine* 2006;31(23):2689–2694
11. Perez-Cruet MJ, Bean JR, Fessler RG. Microendoscopic lumbar discectomy. In: Perez-Cruet MJ, ed. *An Anatomic Approach to Minimally Invasive Spine Surgery*. London, U.K.: CRC Press Taylor & Francis Group; 2006:539–555
12. Castro-Menéndez M, Bravo-Ricoy JA, Casal-Moro R, Hernández-Blanco M, Jorge-Barreiro FJ. Midterm outcome after microendoscopic decompressive laminotomy for lumbar spinal stenosis: 4-year prospective study. *Neurosurgery* 2009;65(1):100–110
13. Mobbs RJ, Li J, Sivabalan P, Raley D, Rao PJ. Outcomes after decompressive laminectomy for lumbar spinal stenosis: comparison between minimally invasive unilateral laminectomy for bilateral decompression and open laminectomy: clinical article. *J Neurosurg Spine* 2014;21(2):179–186
14. Pao JL, Chen WC, Chen PQ. Clinical outcomes of microendoscopic decompressive laminotomy for degenerative lumbar spinal stenosis. *Eur Spine J* 2009;18(5):672–678
15. Soliman HM. Cervical microendoscopic discectomy and fusion: does it affect the postoperative course and the complication rate? A blinded randomized controlled trial. *Spine* 2013;38(24):2064–2070
16. Isaacs RE, Podichetty VK, Santiago P, et al. Minimally invasive microendoscopy-assisted transforaminal lumbar interbody fusion with instrumentation. *J Neurosurg Spine* 2005;3(2):98–105

14 Laminoforaminotomia e Discectomia Endoscópica Lombar Tubular [2]

Joachim M. Oertel ▪ Benedikt W. Burkhardt

14.1 Introdução

A compressão das estruturas neurais na espinha lombar é frequentemente causada por hérnia de disco. Radiculopatia lombar é um dos sintomas mais comuns com que os cirurgiões da coluna têm que lidar. Se o tratamento conservador não obtiver sucesso, deve ser considerada cirurgia. Discectomia lombar e descompressão radicular têm sido os procedimentos cirúrgicos mais comumente realizados para patologias nesta região há muitas décadas.[1,2,3] Embora a abordagem aberta tradicional resultasse em danos aos músculos paraespinais, a técnica foi mais refinada pela utilização de microscópio operatório, que oferecia melhor iluminação e permitia abordagens "miniabertas" na década de 1970. Contudo, trauma iatrogênico significativo ainda estava associado à técnica.[2,3]

No início da década de 1990, sistemas de dilatação percutânea foram introduzidos à cirurgia da coluna lombar. A ideia era dilatar os músculos em vez de dissecá-los das estruturas ósseas. Em 1996, Foley e Smith introduziram um sistema que possibilitou que o cirurgião realizasse cirurgia discal lombar com uma técnica microcirúrgica bimanual aberta padrão por meio de visualização endoscópica. A abordagem da coluna lombar por meio de dilatação dos músculos paraespinais oferece a vantagem de menos dano muscular, redução da dor pós-operatória, recuperação mais rápida e tempo de internação mais curto.[4,5,6,7,8,9] Até mesmo prolapso de disco recorrente pode ser abordado de forma bem-sucedida.[10] Embora os resultados em médio prazo sejam idênticos aos da microdiscectomia padrão, os benefícios em curto prazo da aplicação de um sistema tubular são óbvios. Este capítulo descreve a técnica para laminoforaminotomia e discectomia com o uso de um sistema endoscópico tubular (EasyGO!, Karl Storz GmbH & Co. KG, Tuttlingen, Alemanha).

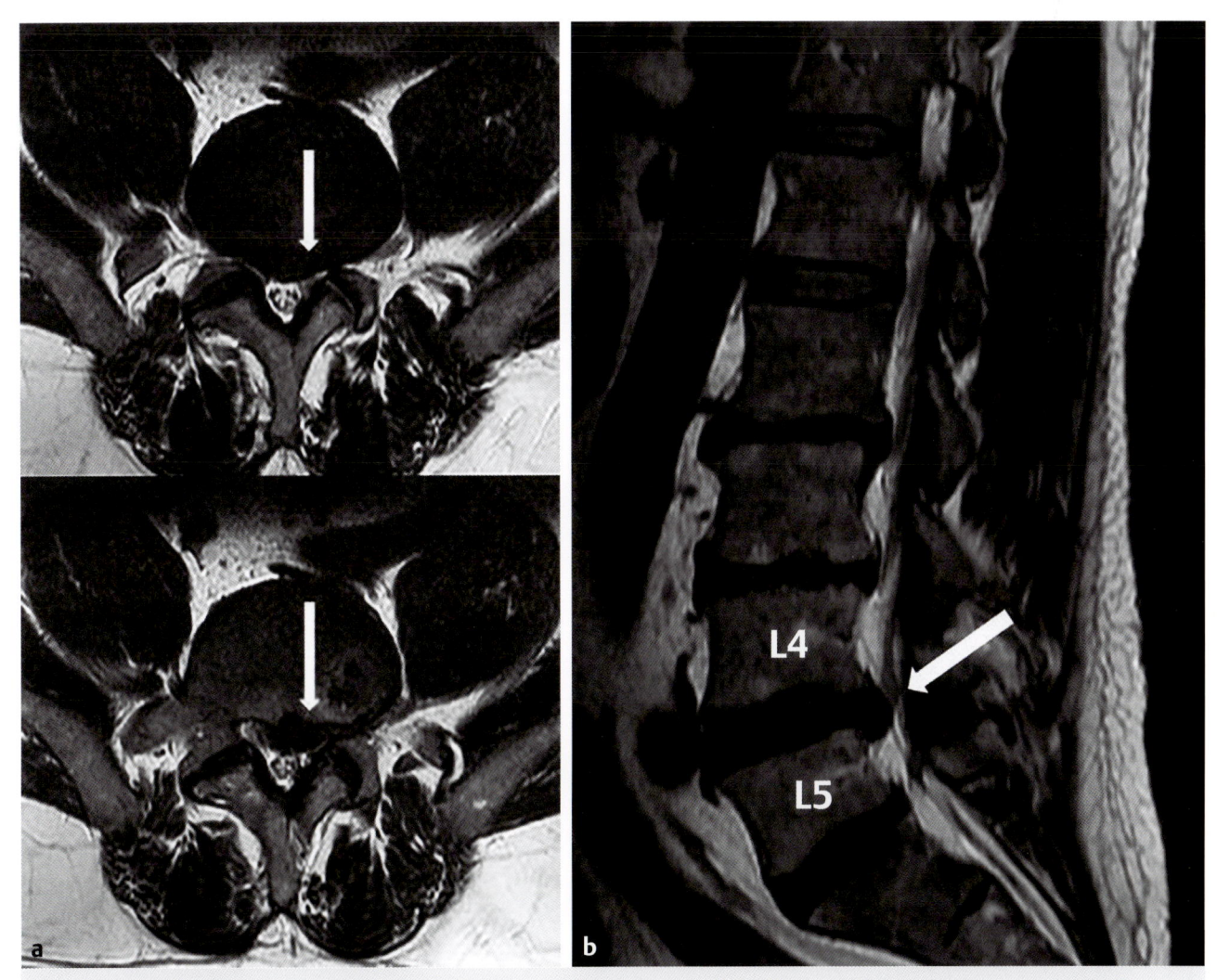

Fig. 14.1 (a) MRI sagital pré-operatória. (b) MRI axial pré-operatória mostrando a hérnia discal medial (**a,** *superior*) e o prolapso discal migrado caudalmente (**a,** *inferior*).

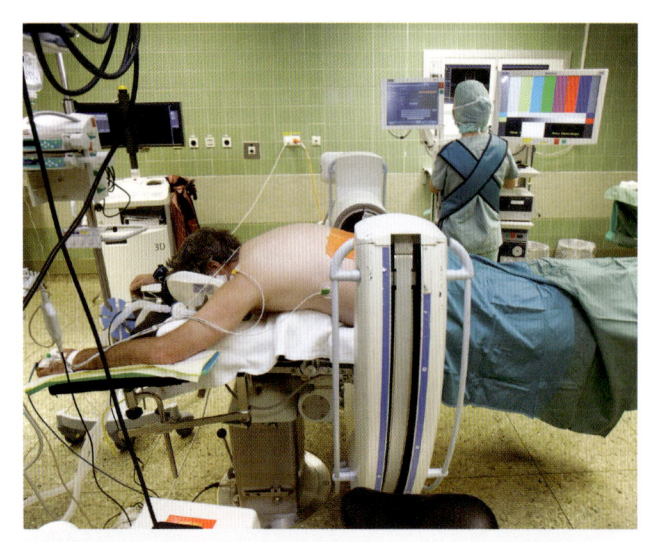

Fig. 14.2 Posicionamento do paciente e organização da sala.

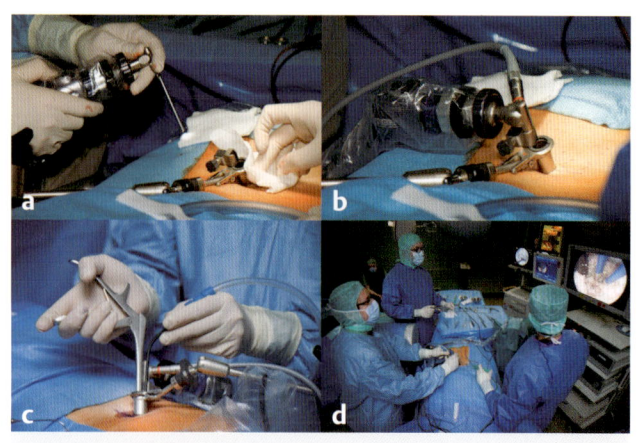

Fig. 14.3 (**a**) Incisão na pele. (**b,c**) inserção dos dilatadores e (**d**) colocação do trocarte de trabalho.

14.2 Indicações
- Hérnia de disco lombar.
- Estenose do recesso lateral.
- Estenose do canal central.
- Cisto sinovial lombar.

14.3 Critérios de Exclusão
- Instabilidade espinal.

14.4 Apresentação de Caso
- Um homem de 54 anos apresentava uma história de dor lombar leve. Por 8 semanas ele sofreu dor ciática no lado esquerdo. A dor na perna foi classificada como 8/10 no VAS. O tratamento conservado não obteve sucesso.
- Depois de levantar muito peso, ele desenvolveu pé caído (3/5 paresia) no lado esquerdo.
- A MRI mostrou uma estenose espinal central com hérnia discal medial e migração caudal parcial no segmento L4-L5 (**Fig. 14.1**).

14.5 Plano Pré-Operatório
- A análise detalhada da abordagem cirúrgica ideal é feita com base nos dados de imagem pré-operatórios (MRT, CT, mielografia, CT pós-mielografia).
- Se não puder ser excluída instabilidade espinal, são recomendados raios X laterais, em flexão e extensão.

14.6 Posicionamento do Paciente e Anestesia (Vídeo 14.1)
- O procedimento é realizado sob anestesia geral. São administrados antibióticos pré-operatórios.
- O paciente é colocado centralizado sobre mesa cirúrgica na posição prona. O pescoço fica em posição neutra, e o abdome é descomprimido em um suporte Wilson. Os pontos de pressão são forrados, e é instalado um braço-C para fluoroscopia para identificar o segmento afetado (**Fig. 14.2**).

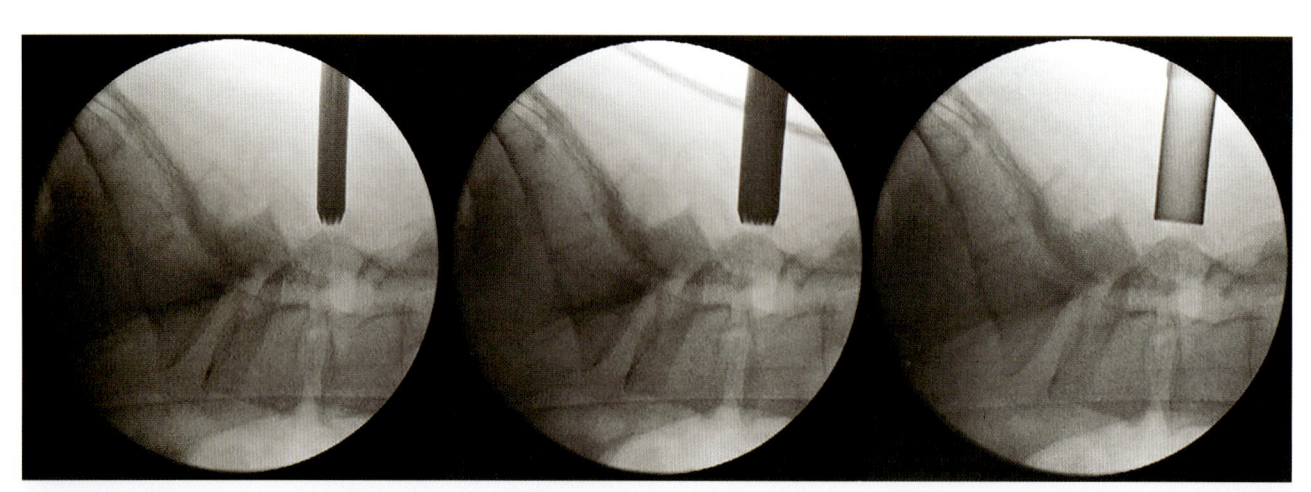

Fig. 14.4 Controle fluoroscópico durante aplicação do sistema de dilatação e posicionamento do trocarte de trabalho (*da esquerda para a direita*).

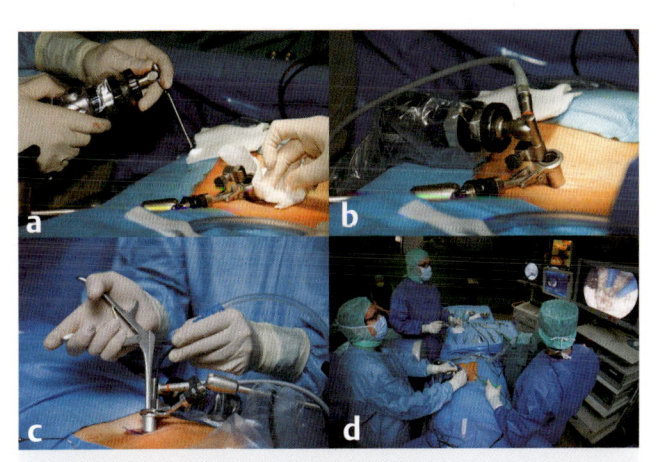

Fig. 14.5 (a,b) Inserção do endoscópio, **(c)** cirurgia bimanual e **(d)** organização da sala intraoperatória.

- A incisão na pele é de ~2 cm paramediano ao processo espinhoso no lado afetado. É feita uma incisão longitudinal de ~1,0 a 2,5 cm de comprimento, dependendo do trocarte escolhido (**Fig. 14.3**).
- A fáscia muscular é aberta. Embora alguns cirurgiões recomendem a aplicação de um fio-guia, os autores preferem colocar o dilatador menor em contato direto com a superfície óssea da lâmina vertebral superior sob controle fluoroscópico lateral. O tecido mole e músculos são afastados e dilatados com o deslizamento dos vários dilatadores um sobre o outro. Depois da dilatação do tecido, o trocarte de trabalho é colocado sobre o complexo laminofacetário e fixado na posição pela conexão com o braço fixador do endoscópio (**Fig. 14.4**).
- É introduzido o endoscópio, que está conectado à cabeça da câmera de alta definição (HD) com três *chips*, além do cabo de luz.
- A unidade endoscópica em *full* HD é geralmente posicionada contralateral ao cirurgião para que ele possa assumir uma posição confortável durante a cirurgia, usando a técnica bimanual (**Fig. 14.5**).

14.7 Técnica Cirúrgica Endoscópica (Vídeo 14.2)

- Após a inserção do endoscópio a 30° (**Fig. 14.6**), são usados cautério e pinça bipolares (*à esquerda e ao meio*) para a remoção do tecido muscular remanescente e poder exibir a parte óssea do processo espinhoso (*à esquerda, faixas brancas*), a lâmina (*estrelas brancas*) e a janela interlaminar (*setas pequenas*).
- Em casos de hiperostose e/ou ossificação do ligamento, uma broca de diamante deve ser usada para laminectomia parcial para expor o ligamento amarelo (**Fig. 14.7**). Os autores recomendam uma broca de diamante para reduzir o risco de rasco dural e de lesão aos fascículos nervosos (*linha superior*). Quando a fenestração interlaminar for suficientemente grande, é usado um dissector ou gancho nervoso (*linha inferior, figura do meio*) para separar o ligamento amarelo da superfície inferior da lâmina iniciando da medial até a lateral.
- Depois que o ligamento amarelo foi separado da lâmina, é usada uma pinça Kerrison para remover o ligamento e continuar com a laminotomia da medial para a lateral e cranial para caudal.
- Em seguida, a fenestração interlaminar é aumentada, e a descompressão é direcionada lateral e caudalmente até o neuroforame. Poderá ser necessário reposicionar o canal de trabalho para obter uma visão otimizada do campo cirúrgico.
- Se necessário, deve ser realizada ressecção da parte mais medial da faceta.
- Fluoroscopia lateral pode ser usada intraoperatoriamente para controlar a extensão da laminotomia ou foraminotomia.
- Após a foraminotomia e descompressão da raiz nervosa, um gancho nervoso deve ser passado por dentro do neuroforame para verificar a descompressão adequada (**Fig. 14.8**).
- Após a exposição e descompressão da raiz nervosa, é usado um gancho nervoso para mobilizar a raiz nervosa medialmente e expor o ligamento longitudinal posterior (PLL) para visualizar a hérnia discal subligamentosa.
- São usadas tesouras para abrir o PLL.
- Posteriormente, a hérnia discal é removida com uma pinça, e é realizada discectomia (**Fig. 14.9**).
- Após a laminoforaminotomia e discectomia, é usado um gancho nervoso para verificar a descompressão adequada.
- Em casos de sangramento difuso, é útil uma esponja de colágeno embebida com fibrinogênio de fatores de coagulação humana e trombina para controlar a hemorragia (**Fig. 14.10**).
- Após a laminoforaminotomia e discectomia, é recomendado que o trocarte de trabalho seja removido sob controle endoscópico para detectar e tratar imediatamente fontes de sangramento no músculo paraespinal. A fáscia toracolombar pode ser fechada usando suturas 2,0 interrompidas em pacientes magros. Em pacientes obesos, é aconselhável captar

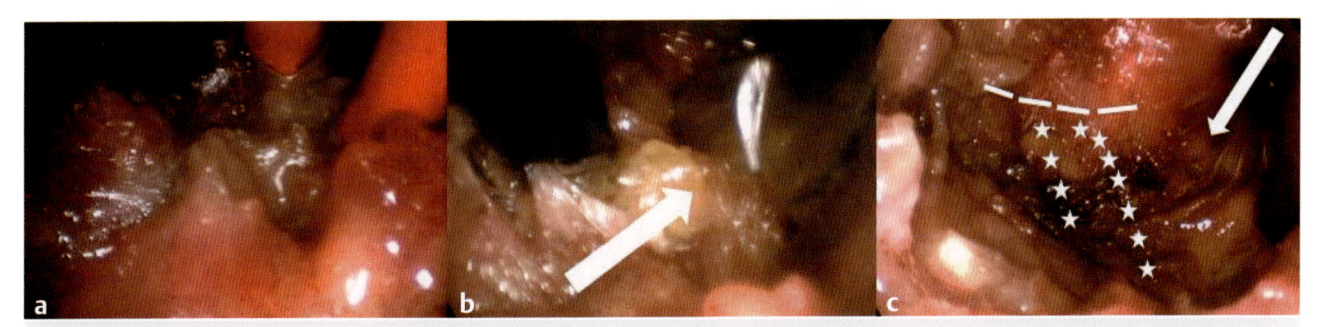

Fig. 14.6 (a,b) Remoção do músculo e tecido mole remanescentes com cautério e pinça bipolares e **(c)** exibição do processo espinhoso e janela interlaminar. *Faixas brancas*, parte do processo espinhoso; *estrelas brancas*, lâmina; *seta pequena*, janela interlaminar.

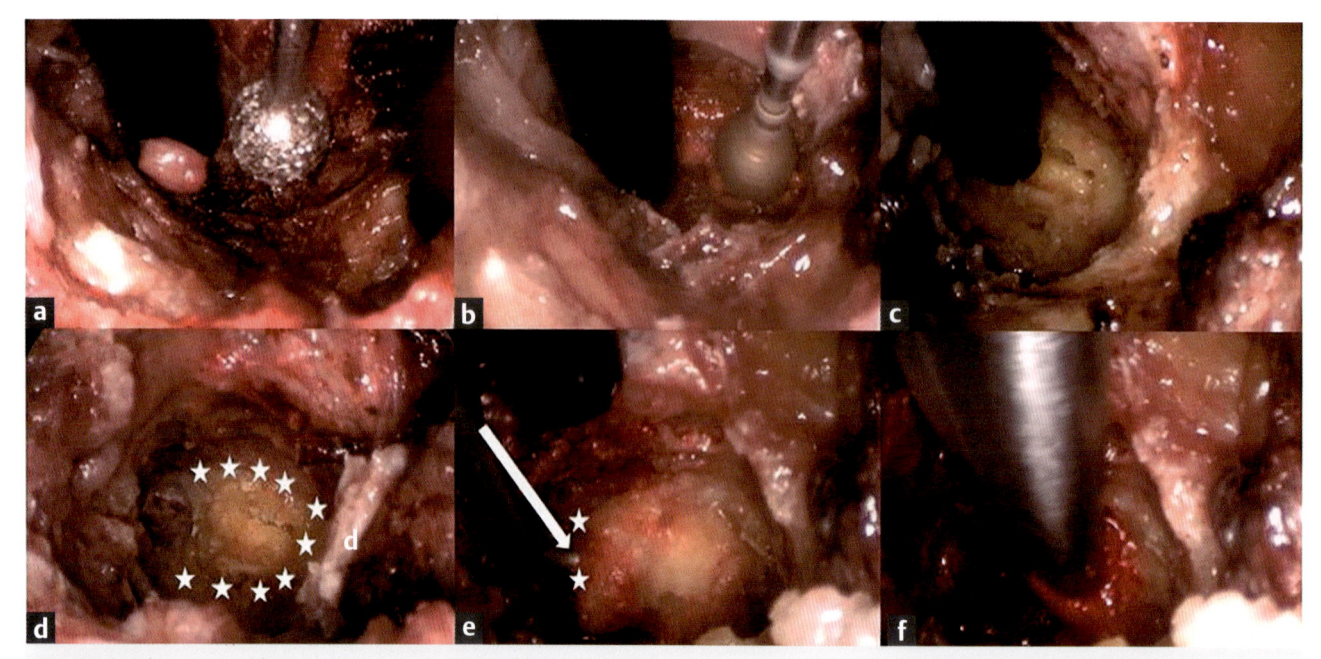

Fig. 14.7 *Linha superior (da esquerda para a direita)*: (**a,b**) Laminotomia com broca de diamante e (**c**) exposição do ligamento amarelo. (**d**) Após a identificação do ligamento amarelo (*estrelas brancas*), (**e**) o ligamento (*estrelas brancas*) é mobilizado com um gancho (*seta branca*). (**f**) Ressecção do ligamento com a pinça Kerrison. Para orientação: a parte superior de cada imagem é medial, a parte inferior de cada imagem é lateral. A esquerda é craniana, a direita é caudal.

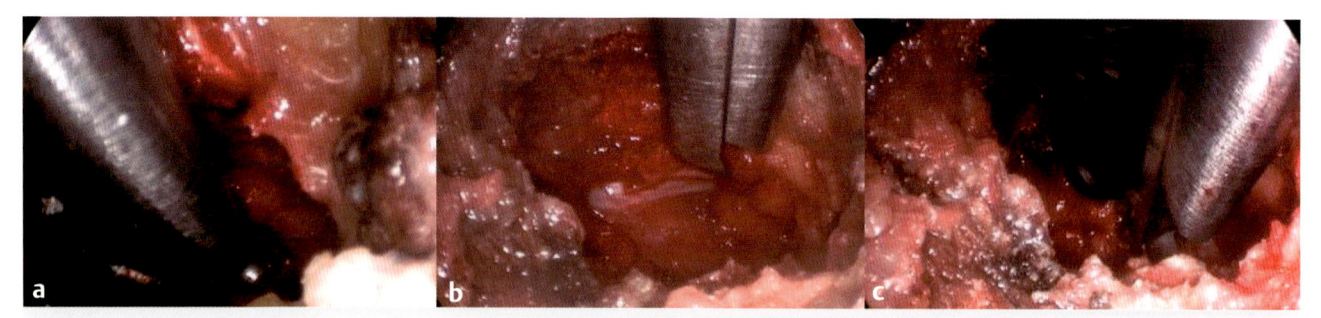

Fig. 14.8 (**a-c**) Exposição da dura e foraminotomia com pinça Kerrison para orientação: a parte superior de cada imagem é medial, a parte inferior de cada imagem é lateral. A esquerda é craniana, a direita é caudal.

tecido subcutâneo, seguido pelo uso de sutura subcuticular. Adesivo cutâneo permite que o paciente tome banho no primeiro dia pós-operatório.

14.8 Dicas

- A trajetória do trocarte deve ser perpendicular à patologia. Se não for feita uma abordagem direta no ponto-alvo, frequentemente há dificuldade com os tecidos conjuntivo e muscular remanescentes com prolapso no campo cirúrgico abaixo da bainha de trabalho. Isto pode com frequência causar atraso significativo no procedimento cirúrgico.
- Uma incisão na pele pequena demais torna difícil a inserção da bainha de trabalho. Também ocorre um risco de isquemia na pele se a bainha for inserida sob tensão excessiva.
- A aplicação do sistema de dilatação deve ser realizada sob controle fluoroscópico para assegurar uma posição perfeita da bainha de trabalho na lâmina.
- Se tiver de ser aplicado um trocarte de trabalho longo em pacientes muito obesos, utilize um diâmetro maior por causa da angulação limitada dos instrumentos em profundidade.
- Sempre exponha a dura e as raízes da medial para a lateral e craniana para caudal, a fim de evitar rasgos durais e lesões na raiz nervosa.
- O fechamento hermético da fáscia previne hematoma subcutâneo.
- Mesmo hemorragia pós-operatória mínima pode resultar em hematoma epidural significativo, já que a ferida cirúrgica é muito pequena. Assim sendo, não hesite em inserir um dreno, caso haja alguma dúvida.
- Por fim, porém muito importante:

Se você não se sentir confortável com a situação intraoperatória, então você não deve hesitar em trocar para uma exposição microcirúrgica aberta.

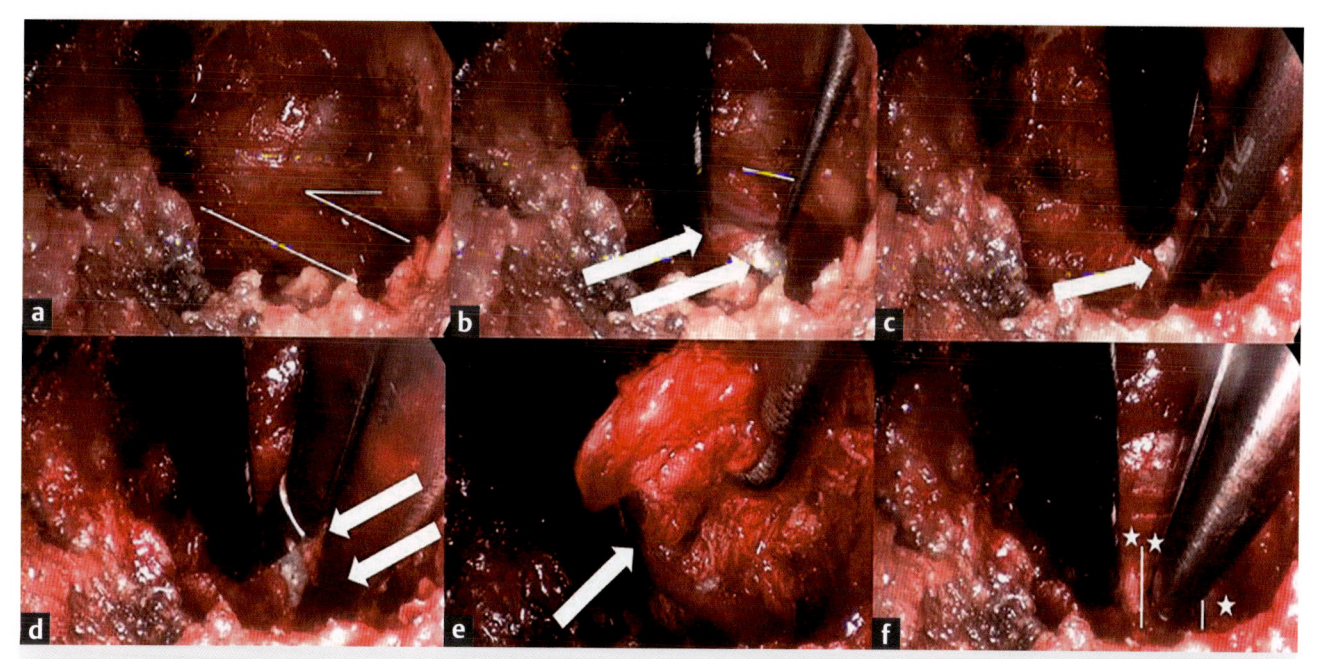

Fig. 14.9 (a) Exposição do saco dural e raiz nervosa saída lateralmente da dura (*faixas brancas*). **(b)** A hérnia de disco (*setas brancas*) é exposta pela mobilização da raiz nervosa medialmente com um gancho nervoso (axila da raiz nervosa marcada pela *faixa branca*). **(c)** Incisão do PLL com tesouras endoscópicas (*seta branca*). **(d,e)** Remoção da hérnia discal (*seta branca*) com pinça (*setas brancas*). **(f)** Posterior discectomia com pinça (*faixas*) e raiz nervosa retraída (*estrelas brancas*). Para orientação: a parte superior de cada imagem é medial. A parte inferior de cada imagem é lateral. A esquerda é craniana, a direita caudal.

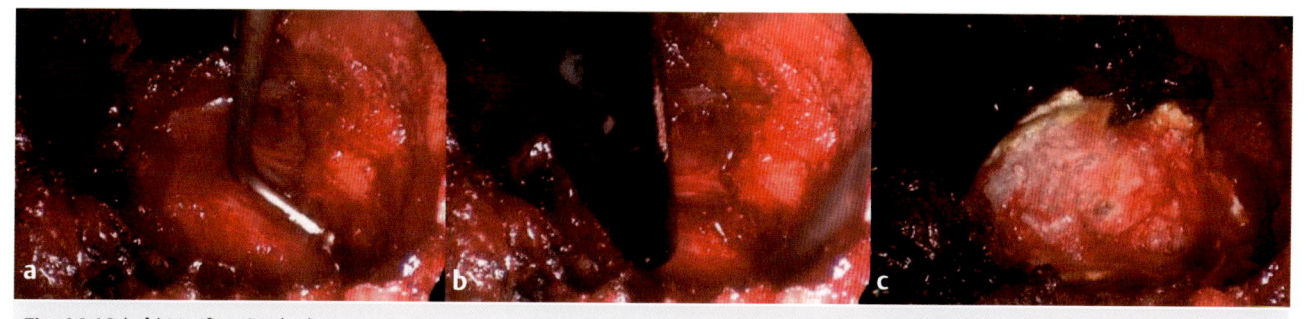

Fig. 14.10 (a,b) Verificação da descompressão com um gancho nervoso e **(c)** aplicação de adesivo de fibrina.

14.9 Manejo Pós-operatório

- A medicação para dor pós-operatória consiste em uma droga anti-inflamatória não esteroide (NSAID) em combinação com um inibidor da bomba de prótons.
- Se necessário, narcóticos orais de baixa potência podem ser usados para manejo pós-operatório.
- Mobilização no dia da cirurgia deve ser o objetivo para todos os pacientes.
- Os pacientes são encorajados a caminhar no primeiro dia pós-operatório.
- Levantar muito peso ou rotação excessiva da coluna lombar deve ser evitado por 4 a 6 semanas pós-operatoriamente.
- É recomendada a fisioterapia para fortalecimento dos músculos principais e pode ser estendida para exercícios esportivos na ocasião.

Referências

1. Mixter WJ. Rupture of the lumbar intervertebral disk: an etiologic factor for so-called "sciatic" pain. *Ann Surg* 1937;106(4):777–787
2. Caspar W. A new surgical procedure for lumbar disc herniation causing less tissue damage through a microsurgical approach. *Adv Neurosurg* 1977;4:74–80
3. Yasargil M. Microsurgical operation of herniated lumbar disc. *Adv Neurosurg* 1977;4:81
4. Khoo LT, Fessler RG. Microendoscopic decompressive laminotomy for the treatment of lumbar stenosis. *Neurosurgery* 2002;51(5, Suppl):S146–S154
5. Palmer S, Turner R, Palmer R. Bilateral decompression of lumbar spinal stenosis involving a unilateral approach with microscope and tubular retractor system. *J Neurosurg* 2002;97(2, Suppl):213–217
6. Rosen DS, O'Toole JE, Eichholz KM, et al. Minimally invasive lumbar spinal decompression in the elderly: outcomes of 50 patients aged 75 years and older. *Neurosurgery* 2007;60(3):503–509
7. O'Toole JE, Eichholz KM, Fessler RG. Surgical site infection rates after minimally invasive spinal surgery. *J Neurosurg Spine* 2009;11(4):471–476
8. Kim KT, Lee SH, Suk KS, Bae SC. The quantitative analysis of tissue injury markers after mini-open lumbar fusion. *Spine* 2006;31(6):712–716
9. Oertel JM, Mondorf Y, Gaab MR. A new endoscopic spine system: the first results with "Easy GO". *Acta Neurochir (Wien)* 2009;151(9):1027–1033
10. Smith JS, Ogden AT, Shafizadeh S, Fessler RG. Clinical outcomes after microendoscopic discectomy for recurrent lumbar disc herniation. *J Spinal Disord Tech* 2010;23(1):30–34

15 Laminectomia Descompressiva Lombar Tubular e Foraminotomia

Mengqiao Alan Xi ▪ Mick Perez-Cruet

15.1 Introdução

A estenose espinal lombar é uma das principais causas de dor lombar, dor nas pernas, incapacidade física e redução na qualidade de vida na população idosa.[1] O envelhecimento do disco vertebral tem tendência a uma série de alterações biológicas que provocam seu declínio estrutural. À medida que a altura do disco é perdida, o canal espinal e o forame neural podem-se tornar apertados, resultando em estenose do canal vertebral. Isto é ainda mais acentuado pelas alterações hipertróficas secundárias no ligamento amarelo e articulações facetárias.[2] A cirurgia representa um tratamento definitivo para a patologia subjacente, abordando diretamente a deterioração relacionada com a idade na integridade estrutural da coluna.[3] À medida que a nossa população envelhece, um número crescente de pacientes demonstra interesse em buscar intervenção cirúrgica para estenose espinal para manter sua qualidade de vida.[4]

O diagnóstico de estenose da coluna lombar depende de evidências clínicas e radiográficas. Os sintomas típicos presentes de estenose da coluna lombar incluem dor lombar unilateral ou bilateral, dor nas pernas, fraqueza, parestesia e claudicação neurogênica. Enquanto que os outros sintomas são relativamente óbvios, a claudicação neurogênica pode não ser facilmente diferenciada de claudicação vascular. Ela é caracterizada por alívio sintomático, quando a coluna lombar é colocada em flexão. Uma ferramenta diagnóstica útil é o teste de bicicleta, em que o paciente é instruído a andar numa bicicleta ergométrica enquanto se inclina para frente sobre os guidões.[5] O alívio da dor sugere claudicação neurogênica, enquanto que o agravamento da dor aponta para uma origem vascular. Os sintomas neurológicos tendem a permanecer benignos até estágios muito adiantados da doença, quando as dimensões foraminais se tornam severamente comprometidas. A incidência de cauda equina pode resultar de hérnia discal aguda no nível da estenose preexistente, levando a distúrbios autonômicos, como a perda do controle urinário.

Se uma constelação destes sintomas e sinais for evidente na consulta inicial, então devem ser consideradas inicialmente radiografias simples para explorar a existência de doenças segmentárias do movimento. Depois que isto é confirmado, o cirurgião pode prosseguir com MRI da coluna lombar. A interpretação detalhada dos tecidos moles é particularmente útil na identificação de anormalidades discais, hipertrofia facetária e do ligamento amarelo e estruturas neurais prejudicadas (**Fig. 15.1**). Como alternativa, mielografia juntamente com CT pode ser usada em pacientes inadequados para MRI ou quando o paciente tem cirurgia prévia e colocação de prótese. No entanto, é essencial compreender que um canal que parece estenótico na imagem pode não ser sintomatogênico. A cirurgia é indicada somente na presença de evidências radiográficas e clínicas, para evitar complicações associadas à descompressão desnecessária.

15.2 Opções Cirúrgicas para Descompressão Lombar

Recentemente, a cirurgia espinal minimamente invasiva (MIS) ganhou popularidade significativa entre os cirurgiões como uma alternativa para a abordagem aberta tradicional. Na descompressão aberta, o acesso à coluna lombar é obtido por uma grande incisão, os músculos paraespinais são removidos, e a lâmina é geralmente removida bilateralmente, juntamente com uma ressecção em bloco do processo espinhoso e ligamentos associados, incluindo o ligamento amarelo. Embora este método resulte em descompressão estruturalmente completa do canal espinal, ele impõe um grande número de alterações físicas à coluna já degenerada, aumentando a preocupação sobre a descompressão

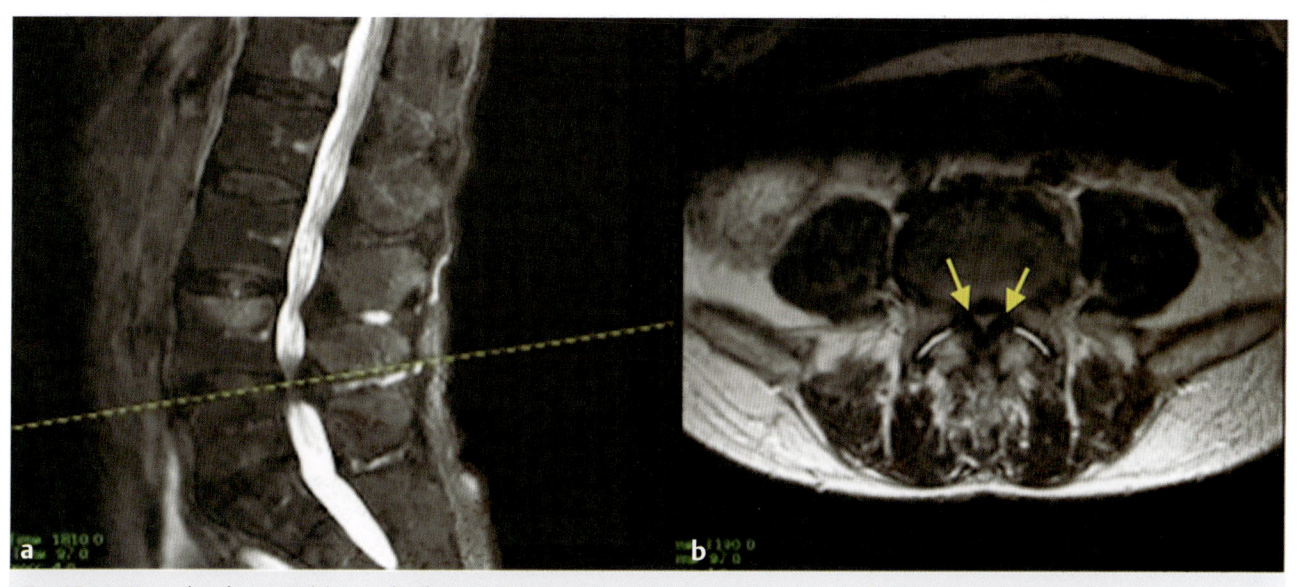

Fig. 15.1 MRI ponderada em T2 (**a**) sagital e (**b**) axial demonstra estenose espinal severa no nível de L4-L5 e hipertrofia do ligamento amarelo (*setas amarelas*).

excessiva. Além disso, são removidos elementos estruturais importantes da coluna (isto é, o processo espinhoso e o ligamento interespinhoso) que não fazem parte da patologia agressora. O trauma espinhal e os resíduos podem levar à formação de cicatriz perineural extensa, o que pode explicar os resultados abaixo do ideal associados aos procedimentos abertos (**Fig. 15.2**). Retração e lesão muscular paraespinal extensa frequentemente levam à cicatriz e lesão destes músculos de apoio estrutural importantes.

A técnica de laminotomia minimamente invasiva foi projetada como uma abordagem mais refinada para o tratamento de estenose lombar. Neste método, o acesso visual microscópico ou endoscópico é obtido por uma série de dilatações musculares tubulares, que preservam muito do revestimento da musculatura da medula espinal.[6,7] Inicialmente foi usada uma abordagem bilateral que envolvia incisões pareadas em cada lado da patologia lombar. Posteriormente, foi desenvolvida uma

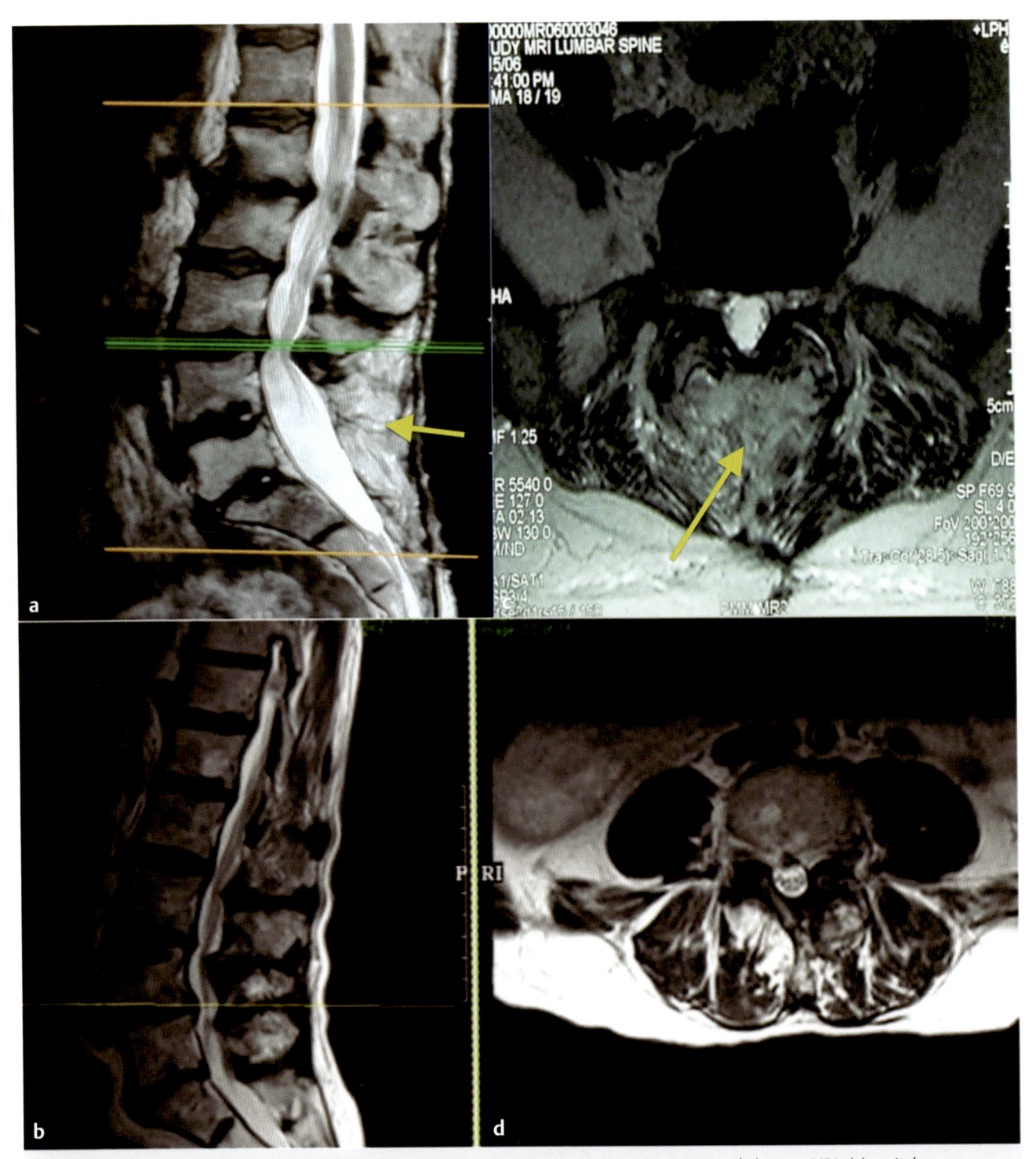

Fig. 15.2 MRIs ponderadas em T2 (**a**) sagital e (**b**) axial mostrando laminectomia aberta (*imagens no alto*) *versus* MRIs (**c**) sagital e (**d**) axial após laminectomia minimamente invasiva (*imagens inferiores*). Note a cicatriz paraespinal extensiva (*seta amarela*) secundária à descompressão aberta, enquanto a cicatriz está ausente com a abordagem minimamente invasiva.

abordagem unilateral para reduzir mais o dano ao tecido e promover a recuperação pós-operatória.[8] Isto é obtido por uma única incisão paraespinal seguida por dilatação muscular para abordar a coluna. A lâmina ipsolateral e o recesso lateral são descomprimidos primeiro. Então, o canal de trabalho é reajustado para estabelecer uma trajetória para o lado contralateral, quando então o processo espinhoso e a lâmina contralateral são rebatidos, e o forame neural contralateral é descomprimido. Após a descompressão óssea, o ligamento amarelo é removido, e é feita a fusão facetária. A técnica foi refinada para assegurar a descompressão neural adequada, ao mesmo tempo obtendo a artrodese que ajudará a prevenir recorrência da estenose.

O procedimento de descompressão contralateral, no entanto, pode apresentar um desafio aos cirurgiões porque a linha de visão está limitada pela circunferência do canal de trabalho. A câmera endoscópica captura imagens além dos limites do canal de trabalho e as projeta em um monitor. Os instrumentos podem então chegar a territórios não visíveis diretamente e podem ser manipulados com orientação da câmera. Entretanto, uma das desvantagens de usar um sistema endoscópico é que ele produz no vídeo imagens bidimensionais em vez das imagens tridimensionais estereoscópicas vistas com microscopia cirúrgica. Além disso, é necessária uma boa prática para adquirir a coordenação entre mãos e olhos para as manobras endoscópicas. Portanto, é aconselhável adiar a cirurgia em pacientes com obesidade mórbida e casos de reoperação no mesmo nível, até que seja obtida experiência considerável, uma vez que estas situações tipicamente envolvam maior nível de proficiência. Além disso, a ponta da câmera do endoscópio tende a ficar suja e frequentemente requer limpeza, o que atrasa o procedimento. Por estas razões, nos distanciamos do endoscópio e desenvolvemos uma técnica usando o microscópio. Para facilitar a descompressão contralateral, o paciente é levemente inclinado se afastando do cirurgião, o retrator tubular é posicionado lateralmente, e o processo espinhoso e lâmina contralateral são rebatidos. Desta maneira, é usada visualização microscópica excelente para obter a descompressão adequada.

O sistema METRx (Medtronic, Memphis, TN) foi um dos primeiros conjuntos de instrumentos usados para realizar laminectomia minimamente invasiva. Nosso grupo possui experiência substancial com este sistema. O retrator tubular é apresentado em diferentes diâmetros, variando de 14 mm a 26 mm em material inoxidável ou 18 mm em material descartável. Tipicamente usamos um retrator tubular com diâmetro de 18 mm para a realização de laminectomia MIS. Recentemente, foram desenvolvidos sistemas mais novos que eliminam o fio-K e dilatadores musculares e permitem uma abordagem mais segura da espinha (**Fig. 15.3**). Instrumentos com baionetas fina e longa facilitam a visualização pelo canal de trabalho. A segurança clínica e a eficácia deste sistema foram investigadas e

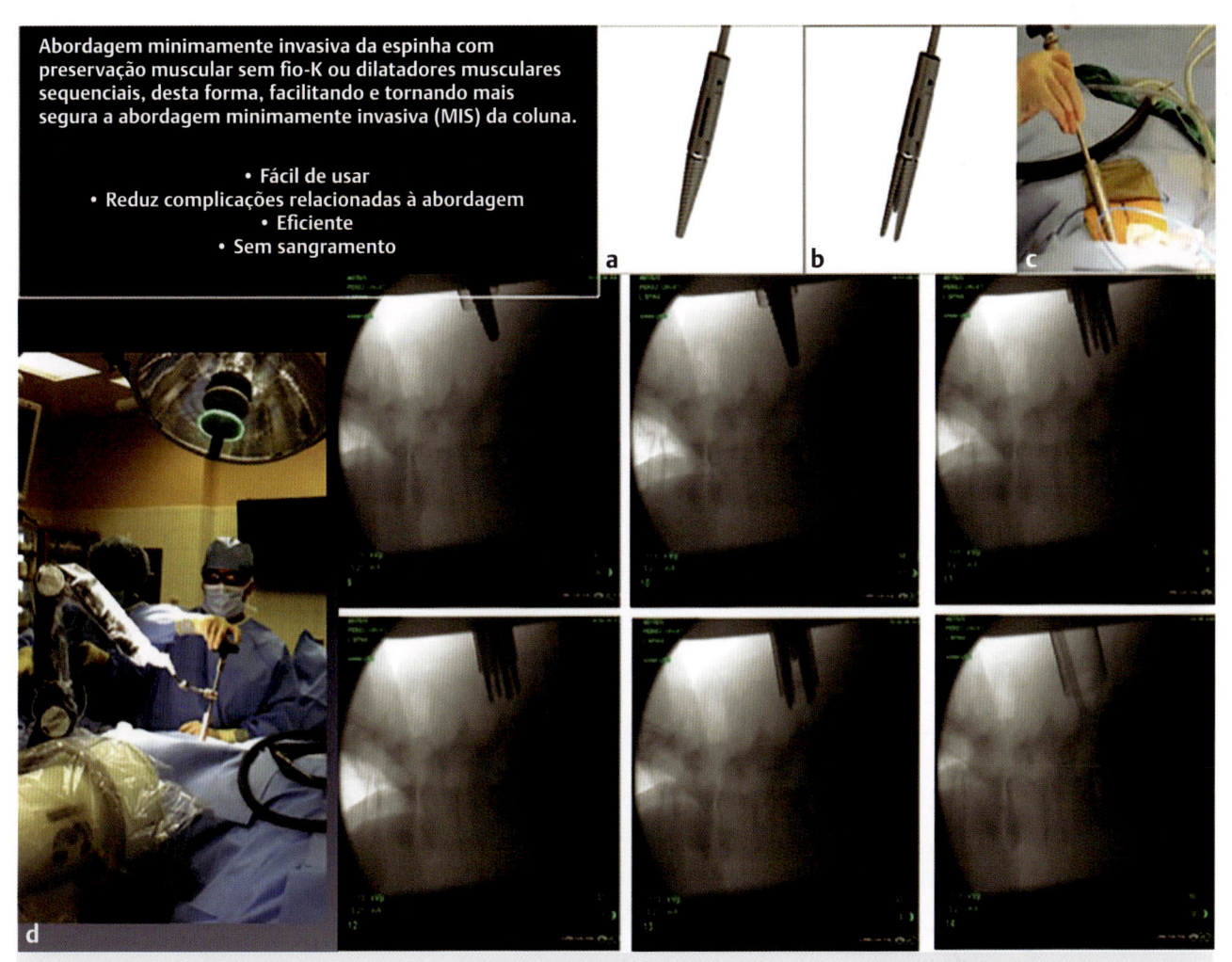

Fig. 15.3 (**a,b**) Ilustrações, (**c**) foto e (**d**) imagens fluoroscópicas mostrando a aplicação de One-Step Dilator (Thompson MIS, Salem, NH) para abordar a espinha pela divisão do músculo. A técnica previne danos ao músculo enquanto se aproxima da espinha sem sangramento.

confirmadas por vários estudos.[9,10,11] Este capítulo descreve a técnica de laminectomia MIS.

15.3 Preparo Pré-Operatório

O centro cirúrgico deve ser suficientemente grande para acomodar fluoroscopia com braço-C e o microscópio. O braço-C é ajustado para imagem lateral. O paciente é preparado e coberto da forma padrão sob anestesia geral. O paciente é posicionado prona sobre um suporte Wilson em uma mesa cirúrgica compatível com fluoroscopia. A coluna é flexionada para aumentar o espaço interlaminar e interespinhoso, proporcionando mais espaço para acomodar os instrumentos no sítio cirúrgico. O abdome tem de ficar solto por coxins para reduzir o sangramento venoso intraoperatório ao diminuir a contrapressão abdominal.

15.4 Estabelecimento do Canal de Trabalho Tubular

Com o nível cirúrgico apropriado identificado, é inserida uma agulha espinhal 18 G 1,5 cm lateral à linha mediana. É usada fluoroscopia para confirmar o nível apropriado, que deve estar diretamente sobre o espaço discal intervertebral de interesse. Ocorre estenose espinal no espaço discal; assim, posicionando o retrator tubular apropriadamente facilita a descompressão neural adequada e completa. A agulha é reposicionada, se necessário. É feita uma incisão com bisturi e cautério Bovie paralela ao processo espinhoso ~1,5 cm lateral à linha mediana acima do espaço discal de interesse. A fáscia dorsolombar também é cortada paralela ao processo espinhoso para facilitar a passagem dos dilatadores musculares pelos músculos em direção à espinha. A incisão deve ser apenas do tamanho do diâmetro do retrator tubular final.

Com a fáscia dorsolombar cortada, o One-Step Dilator é avançado pelos músculos paraespinais em direção ao complexo facetário (**Fig. 15.4**). Como alternativa, o primeiro dilatador muscular e os subsequentes podem ser usados para se aproximar da coluna, e um retrator tubular do comprimento apropriado é passado sobre o dilatador final (**Fig. 15.5**) ou o One-Step Dilator aberto. Fluoroscopia é usada para guiar a abordagem e para confirmar a ancoragem final do retrator tubular. O retrator tubular é fixado a um braço flexível, que por sua vez é ancorado na mesa cirúrgica. O ideal é escolher o retrator tubular mais curto possível para atingir a lâmina de modo que a parte mais alta do tubo se assente rente sobre a pele do paciente quando fixada no lugar.

15.5 Descompressão Ipsolateral

O microscópio é trazido para dentro do campo cirúrgico, e o tecido mole é dissecado e removido com eletrocautério para expor a lâmina ipsolateral e o complexo facetário. Se necessário, fluoroscopia lateral pode ser usada para reconfirmar o nível cirúrgico apropriado. Usando uma broca de corte M8, a lâmina ipsolateral é removida para expor a borda rostral do ligamento amarelo (**Fig. 15.6**).

Todo o autoenxerto perfurado é coletado com o uso do BoneBac Press (Thompson MIS, Salem, MA) e é usado para realizar a fusão facetária bilateral depois que a descompressão é concluída (**Fig. 15.7**).

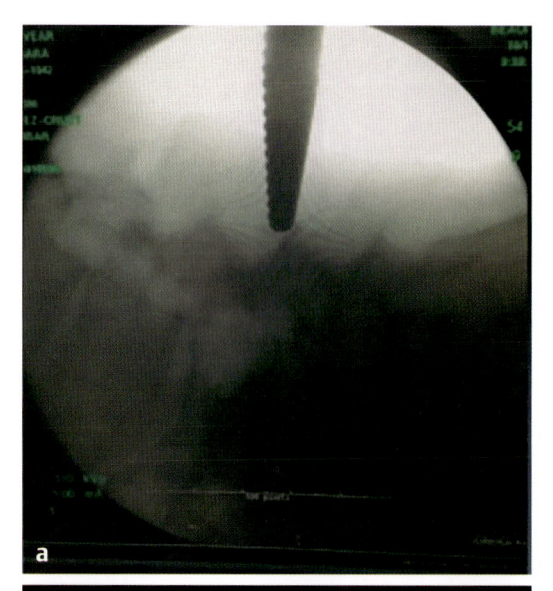

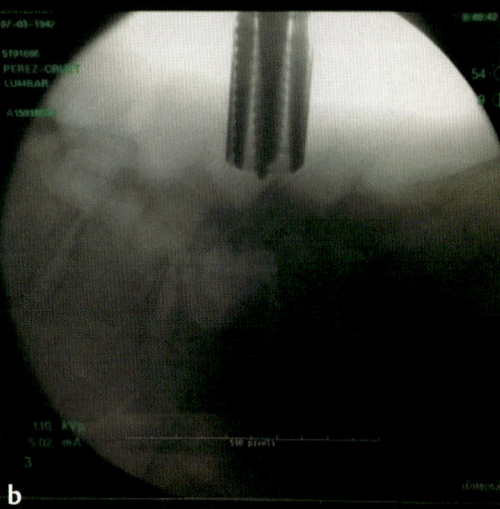

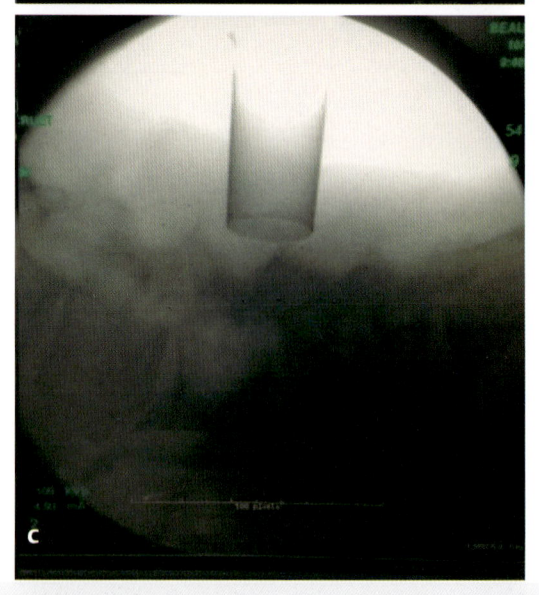

Fig. 15.4 (a) Imagens fluoroscópicas intraoperatórias mostrando o uso de One-Step Dilator para abordar a espinha. (b) Abertura do dilatador e colocação do retrator tubular sobre ele. (c) Remoção do dilatador deixando o retrator tubular no lugar.

Laminectomia Descompressiva Lombar Tubular e Foraminotomia

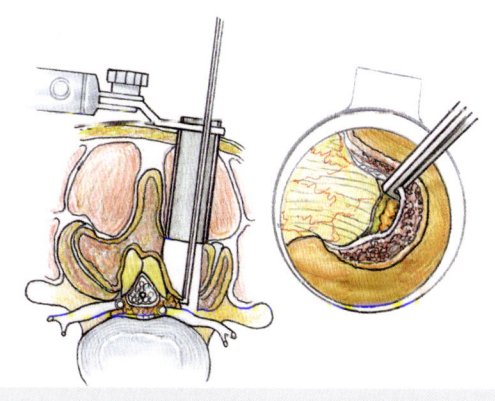

Fig. 15.6 Ilustração mostrando laminectomia ipsolateral realizada usando uma broca cortante em uma broca de alta velocidade. O ligamento amarelo é exposto, mas deixado no lugar para proteger a estrutura neural subjacente e a dura durante a descompressão óssea.

Fig. 15.5 (**a**) Colocação do dilatador muscular inicial, depois (**b**) colocação do retrator tubular, em seguida (**c**) colocação do retrator tubular sobre o dilatador muscular final. (**d,e**) Travamento do retrator tubular do braço flexível e remoção dos dilatadores musculares.

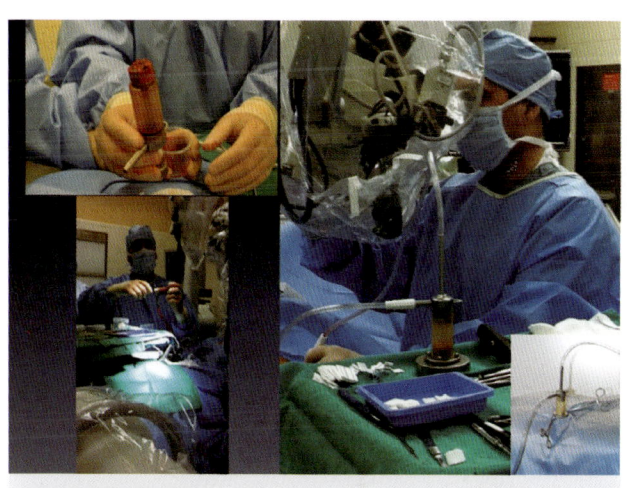

Fig. 15.7 Fotos intraoperatórias mostrando o uso de BoneBac Press (Thompson MIS) para coletar autoenxerto perfurado do sítio cirúrgico que é usado para fusão facetária posterior bilateral *in situ* após a laminectomia descompressora.

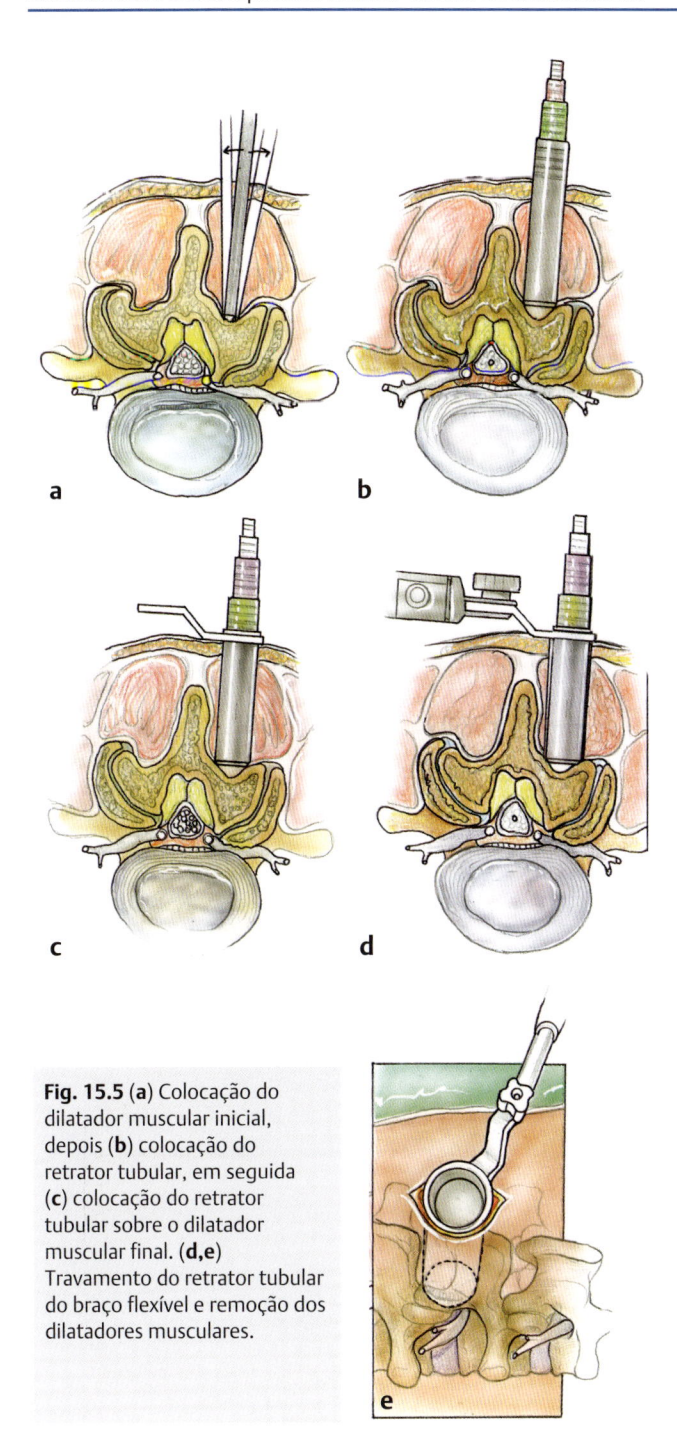

15.6 Descompressão Contralateral

Depois que a laminectomia ipsolateral é concluída, o paciente é inclinado 5 a 10° afastando-se do cirurgião com uma leve inclinação da mesa cirúrgica. Deve ser tomado cuidado para não inclinar demais a mesa e arriscar movimento do paciente. O retrator tubular é então angulado lateral a medialmente para visualizar a base do processo espinhoso no lado contralateral (**Fig. 15.8**). O segredo para a descompressão contralateral ideal e estabelecer uma boa linha de visão sem ficar numa posição desconfortável. Se necessário, a mesa cirúrgica pode ser erguida apropriadamente. O cirurgião deve manter uma postura ergonomicamente confortável.

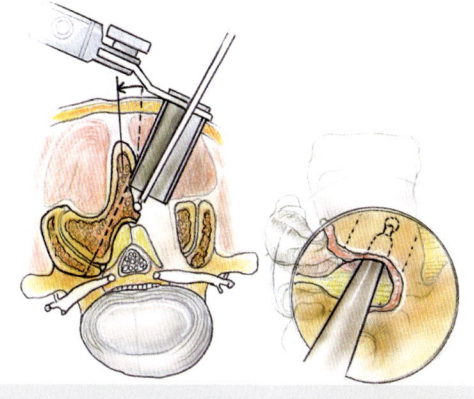

Fig. 15.8 Ilustração mostrando inclinação da mesa cirúrgica afastando do cirurgião e o movimento do retrator tubular lateralmente para visualizar a base do processo espinhoso após laminectomia ipsolateral. O tecido mole é removido na base do processo espinhoso com cautério Bovie, e a broca é usada para diminuir a espessura do processo espinhoso, da lâmina contralateral e do aspecto medial do complexo facetário contralateral.

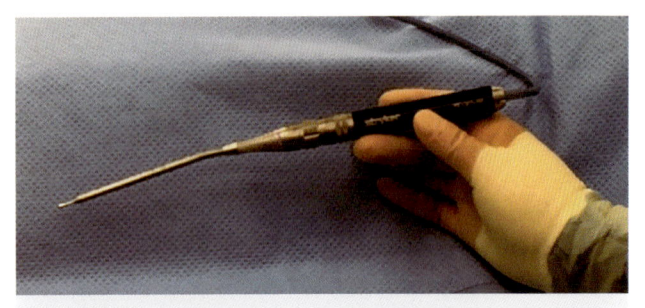

Fig. 15.9 Uma broca pontiaguda longa Stryker (Kalamazoo, MI) é usada para realizar a laminectomia MIS.

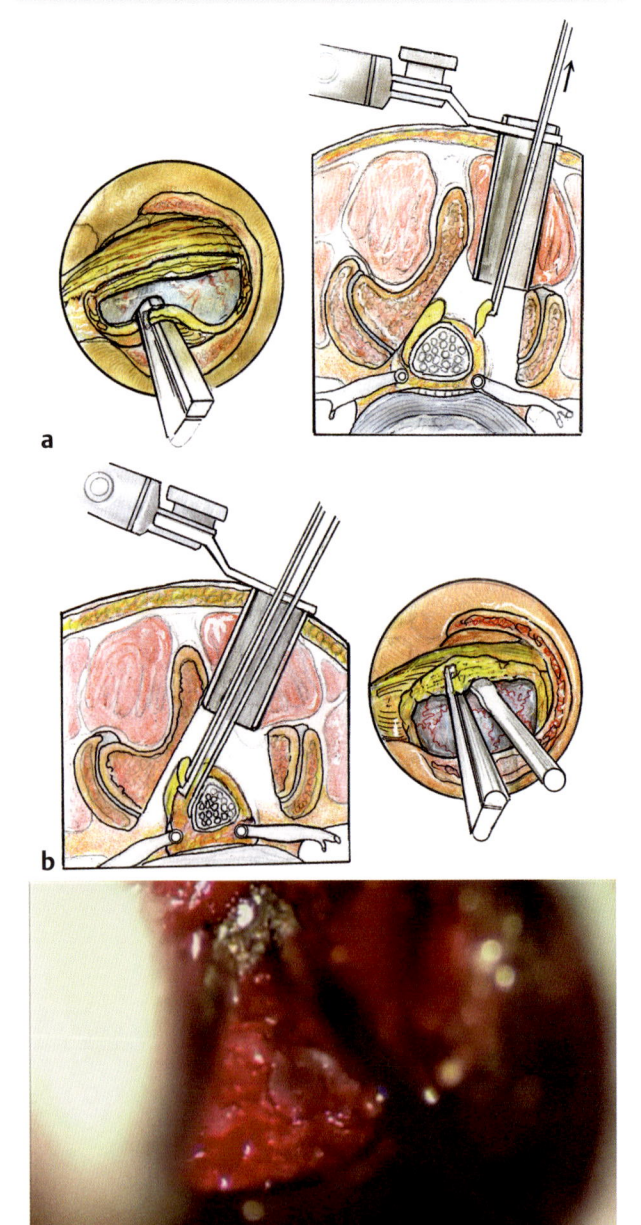

Fig. 15.10 (a) Após a descompressão óssea ser obtida, o ligamento amarelo é primeiro removido do lado ipsolateral. (b) Depois que a descompressão ipsolateral é obtida, o ligamento amarelo é removido no lado contralateral. (c) O ligamento amarelo contralateral pode ser encolhido como um *laser* CO_2 e depois removido com uma pinça Kerrison.

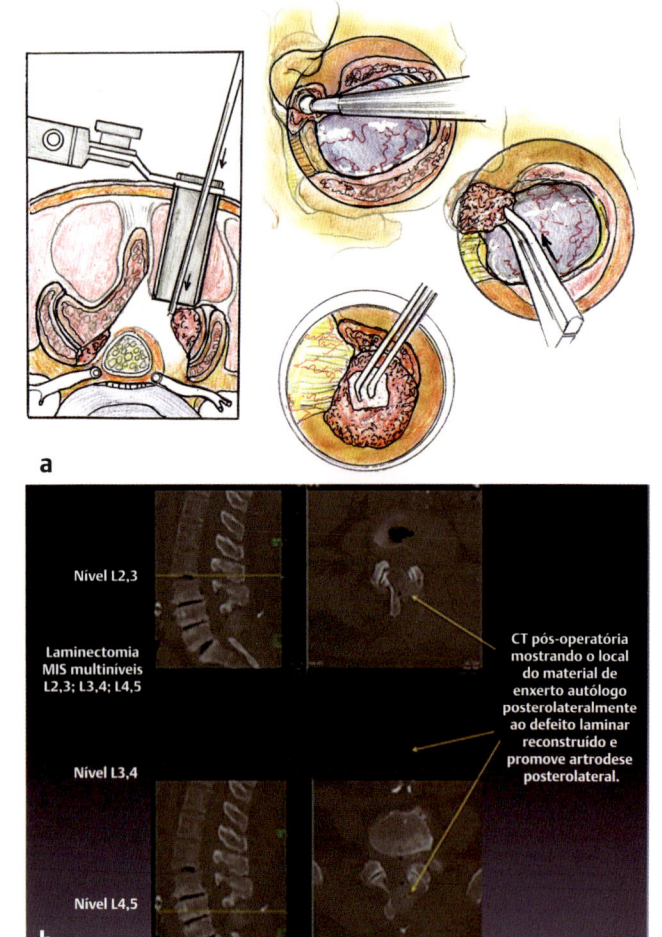

Fig. 15.11 (a) Ilustrações mostrando a colocação de autoenxerto morcelizado que foi coletado do sítio cirúrgico nos complexos facetário ispsolateral e contralateral descorticados para obter uma artrodese posterior. (b) CT pós-operatória imediata mostrando laminectomia MIS e enxerto ósseo.

O ligamento amarelo é mantido para proteger a dura durante a perfuração. Uma broca pontiaguda longa é ideal para este procedimento (**Fig. 15.9**)

As duas mangas do ligamento amarelo são deixadas no lugar, e a linha mediana é identificada pela separação entre as duas mangas. Uma carapaça óssea pode ser deixada no lugar e removida com uma pinça Kerrison ou perfurando mais depois que o ligamento amarelo for removido. Depois de atingida a descompressão óssea, o ligamento amarelo é removido primeiro no lado ipsolateral e depois no lado contralateral (**Fig. 15.10**). O encolhimento do ligamento amarelo contralateral com um *laser* CO_2 permite a remoção mais fácil e mais segura do ligamento com uma pinça Kerrison e pode reduzir a incidência de durotomia (**Fig. 15.10**).

A descompressão adequada é obtida, o autoenxerto morcelizado coletado com o uso do BoneBac Press é compactado nas articulações facetárias descorticadas bilateralmente para obter uma artrodese posterolateral. Isto ajuda a estabilizar o segmento e prevenir a recorrência de estenose lombar (**Fig. 15.11**). Tipicamente, isto também resulta em restauração do defeito da laminectomia no lado ipsolateral e demonstrou potencialmente reduzir a formação de cicatriz perineural (**Fig. 15.12, Vídeo 15.1**).

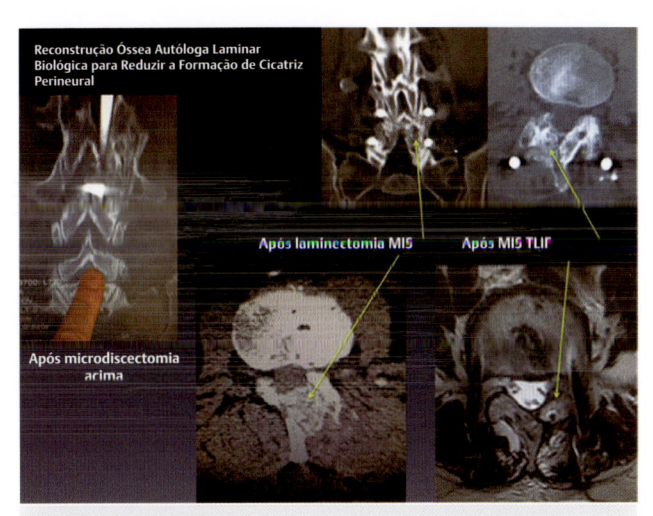

Fig. 15.12 Imagens de CT pós-operatória 6 a 12 meses após microdiscectomia lombar minimamente invasiva, laminectomia e fusão intercopórea lombar transforaminal. Observe a fusão posterior e a reconstrução do defeito da lâmina. O exame das imagens de MRI pós-operatória demonstrou redução na formação de cicatriz perineural com esta técnica.

Para descomprimir o nível adjacente, o retrator tubular é removido, e a coluna é abordada, conforme descrito previamente. O procedimento é então repetido. Até quatro níveis adjacentes de estenose já foram descomprimidos usando este método.

15.7 Fechamento e Cuidados Pós-Operatórios

Cautério Bovie, cera para osso e Gelfoam embebido em trombina são aplicados para estabelecer hemóstase completa antes do fechamento, o retrator tubular é removido, e os músculos dilatados voltam à posição anatômica normal. A fáscia lombodorsal é reaproximada usando suturas Vicryl 2-0. Suturas subcutâneas e cola cutânea são aplicadas para reaproximar as bordas da pele. A pele é tipicamente fechada com grampos cutâneos ou suturas em pacientes com obesidade mórbida ou pacientes que passaram por uma reoperação.

A incisão relativamente pequena e a preservação da anatomia paraespinal resultam em recuperação pós-operatória mais rápida. Após a cirurgia, o paciente é levado para a enfermaria do ambulatório. As atividades físicas normais podem ser retomadas quando toleradas pelo paciente. A maioria dos pacientes recebe alta dentro de dois dias.

15.8 Conclusão

Laminectomia MIS é um tratamento eficaz para estenose espinal lombar. Apesar da curva de aprendizagem inicial, a abordagem beneficia os pacientes gerando resultados positivos, ao mesmo tempo minimizando o trauma ao tecido, dor pós-operatória e o tempo de recuperação. O domínio da técnica pode ajudar o cirurgião a obter excelentes resultados clínicos de forma mais eficaz em termos de custos.

Referências

1. Deyo RA, Weinstein JN. Low back pain. *N Engl J Med* 2001;*344*(5):363–370
2. Benoist M. Natural history of the aging spine. *Eur Spine J* 2003;*12*(Suppl 2):S86–S89
3. Weinstein JN, Tosteson TD, Lurie JD, et al; SPORT Investigators. Surgical versus nonsurgical therapy for lumbar spinal stenosis. *N Engl J Med* 2008;*358*(8):794–810
4. Hofstetter CP, Hofer AS, Wang MY. Economic impact of minimally invasive lumbar surgery. *World J Orthop* 2015;*6*(2):190–201
5. Yukawa Y, Lenke LG, Tenhula J, Bridwell KH, Riew KD, Blanke K. A comprehensive study of patients with surgically treated lumbar spinal stenosis with neurogenic claudication. *J Bone Joint Surg Am* 2002;*84-A*(11):1954–1959
6. Aryanpur J, Ducker T. Multilevel lumbar laminotomies: an alternative to laminectomy in the treatment of lumbar stenosis. *Neurosurgery* 1990;*26*(3):429–432
7. Postacchini F, Cinotti G, Perugia D, Gumina S. The surgical treatment of central lumbar stenosis. Multiple laminotomy compared with total laminectomy. *J Bone Joint Surg Br* 1993;*75*(3):386–392
8. Young S, Veerapen R, O'Laoire SA. Relief of lumbar canal stenosis using multilevel subarticular fenestrations as an alternative to wide laminectomy: preliminary report. *Neurosurgery* 1988;*23*(5):628–633
9. Castro-Menéndez M, Bravo-Ricoy JA, Casal-Moro R, Hernández-Blanco M, Jorge-Barreiro FJ. Midterm outcome after microendoscopic decompressive laminotomy for lumbar spinal stenosis: 4-year prospective study. *Neurosurgery* 2009;*65*(1):100–110
10. Khoo LT, Fessler RG. Microendoscopic decompressive laminotomy for the treatment of lumbar stenosis. *Neurosurgery* 2002;*51*(5, Suppl):S146–S154
11. Mobbs RJ, Li J, Sivabalan P, Raley D, Rao PJ. Outcomes after decompressive laminectomy for lumbar spinal stenosis: comparison between minimally invasive unilateral laminectomy for bilateral decompression and open laminectomy. Clinical article. *J Neurosurg Spine* 2014;*21*(2):179–186

16 Hemilaminectomia e Foraminotomia Lombar Endoscópica Tubular

Benedikt W. Burkhardt ▪ *Joachim M. Oertel*

16.1 Introdução

Estenose do canal lombar e hérnia discal lombar podem causar claudicação ou radiculopatia lombar com dor irradiante descendo até as extremidades em uma distribuição dermatômica, déficits sensoriais e perda da força motora. Representa um dos sintomas mais comuns com os quais os cirurgiões da coluna têm de lidar. Se o tratamento conservador não obtiver sucesso, deve ser considerada cirurgia para descompressão das estruturas neurais. Discectomia lombar e laminoforaminotomia são as abordagens cirúrgicas mais comumente realizadas em cirurgia para patologias nesta região.[1] A abordagem aberta tradicional resulta em danos aos músculos paraespinais das costas em razão da dissecção do tecido, além de danos às estruturas da linha média. A abordagem cirúrgica foi mais desenvolvida com o uso de um microscópio cirúrgico, que oferecia melhor iluminação do campo cirúrgico, e consequentemente resultou em abordagens "miniabertas" na década de 1970. Contudo, trauma iatrogênico significativo ainda estava associado à técnica.[2,3] No início da década de 1990, os sistemas de dilatação tubular foram usados pela primeira vez em cirurgia da coluna lombar. A ideia era dilatar o músculo em vez de dissecá-lo das estruturas ósseas.

Foley e Smith introduziram um sistema que possibilita que o cirurgião realize cirurgia discal lombar em técnica microcirúrgica bimanual aberta via visualização microscópica e/ou adicionalmente endoscópica, em 1997. Esta técnica, com a utilização de instrumentos microcirúgicos e visualização endoscópica adicional, ficou conhecida como discectomia microendoscópica (MED). A técnica oferece as vantagens de menos lesões musculares, redução na dor pós-operatória, recuperação pós-operatória mais rápida e tempo de permanência mais curto no hospital.[4,5,6,7,8] Além do mais, o resultado clínico após a cirurgia via sistema tubular é comparável à técnica microcirúrgica padrão. Os autores demonstraram que vários transtornos degenerativos das colunas cervical e lombar podem ser tratados efetivamente por técnica microendoscópica.[9,10,11,12,13,14,15] Este capítulo descreve a técnica de hemilaminectomia e foraminotomia endoscópica lombar usando um sistema endoscópico tubular (EasyGO!, Karl Storz GmbH & Co. KG, Tuttlingen, Alemanha).[16,17]

16.2 Indicações

- Estenose do canal lombar ipsolateral mono e bissegmentar.
- Estenose do canal lombar bilateral mono e bissegmentar.
- Estenose do recesso lateral com ou sem protrusão discal subligamentar.
- Articulação facetária hipertrófica com subsequente estenose do recesso lateral lombar ou foraminal.
- Estenose foraminal óssea e cisto sinovial lombar.

16.3 Critérios de Exclusão

- Instabilidade espinal.

16.4 Apresentação de Caso

- Um homem de 65 anos apresentava uma história de dor lombar leve. Por 6 meses ele sofreu de claudicação espinal com dor irradiante na perna do lado esquerdo. A dor na perna foi classificada como 7/10 na escala visual analógica. A distância de caminhada foi reduzida para 50 a 100 m. O tratamento conservador não teve sucesso.
- O exame pré-operatório mostrou pé caído (paresia ⅘) e fraqueza no quadríceps (paresia ⅘) no lado esquerdo.
- A CT pós-mielografia mostrou uma estenose lombar central decorrente da hipertrofia do ligamento amarelo nos segmentos L3-L4 e L4-L5 (**Fig. 16.1**).

16.5 Plano Pré-Operatório

- A análise minuciosa da abordagem cirúrgica ideal é feita com base nos dados de imagem pré-operatória (MRI, CT, CT pós-mielografia).
- Se não puder ser excluída instabilidade espinal, devem ser feitos raios X lateral, em flexão e em extensão.

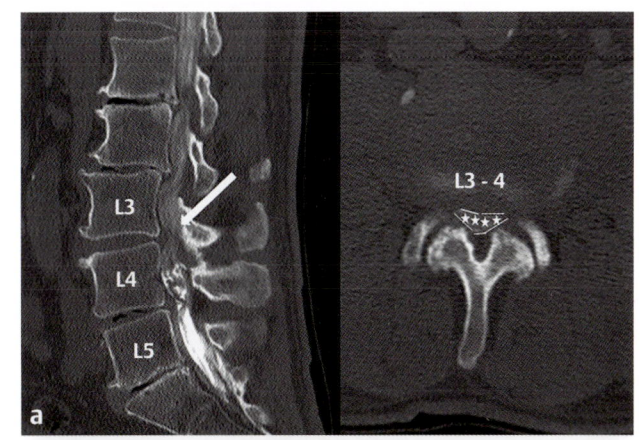

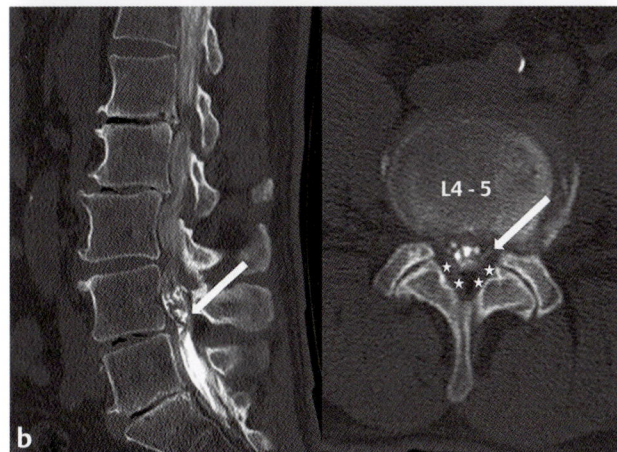

Fig. 16.1 (**a**) Varredura de CT pré-operatória pós-mielogramas sagital e axial. O saco dural (*estrelas brancas*) está severamente comprimido, e o agente de contraste está bloqueado (*seta*) no segmento L3-L4 e acima. (**b**) Varredura de CT pré-operatória pós-mielogramas sagital e axial mostra o ligamento amarelo hipertrofiado (*estrelas brancas*) e o saco dural comprimido (*seta branca, figura à direita*).

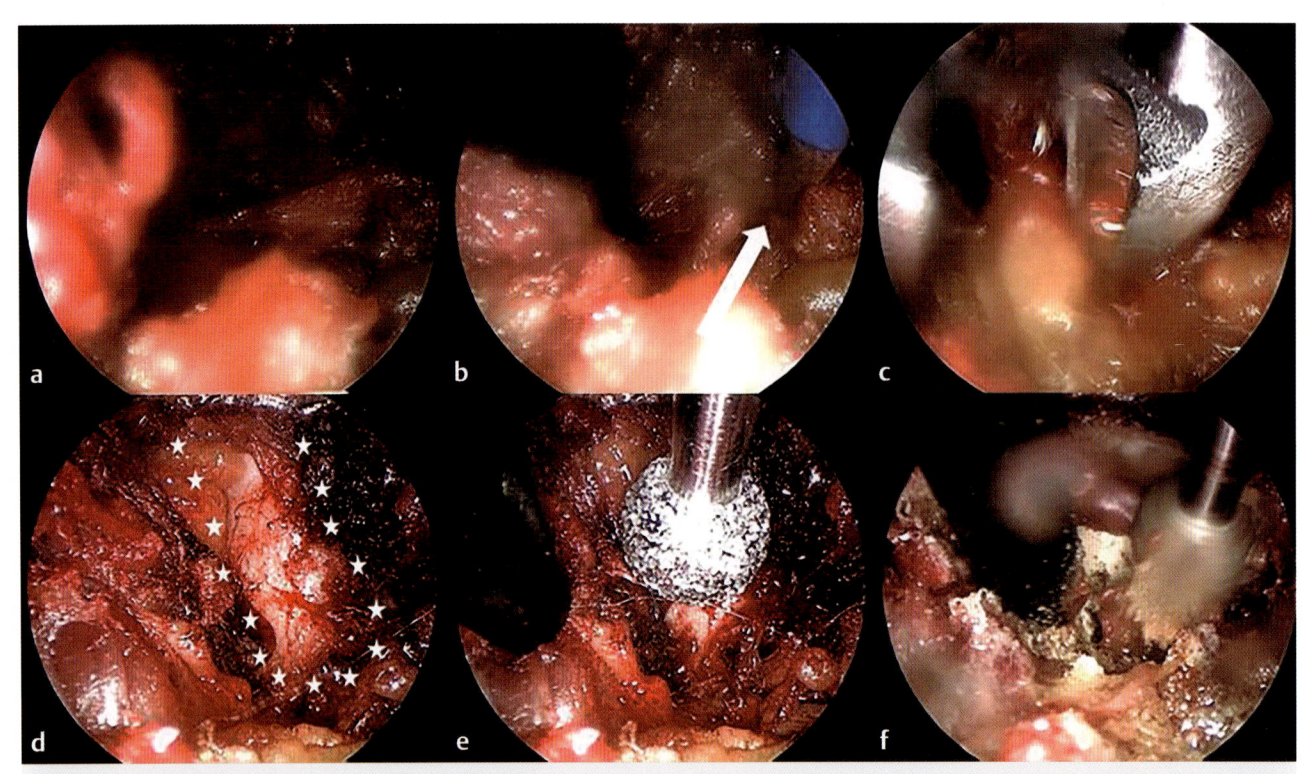

Fig. 16.2 (a-c) Remoção do tecido conjuntivo remanescente e exibição da lâmina com fórceps de apreensão e cautério bipolar. **(d)** Identificação da lâmina (*estrelas brancas*). **(e,f)** Afinamento posterior da lâmina pela broca diamantada; a parte superior de cada imagem é medial, a parte inferior de cada imagem é lateral. A esquerda é cranial a direita é caudal.

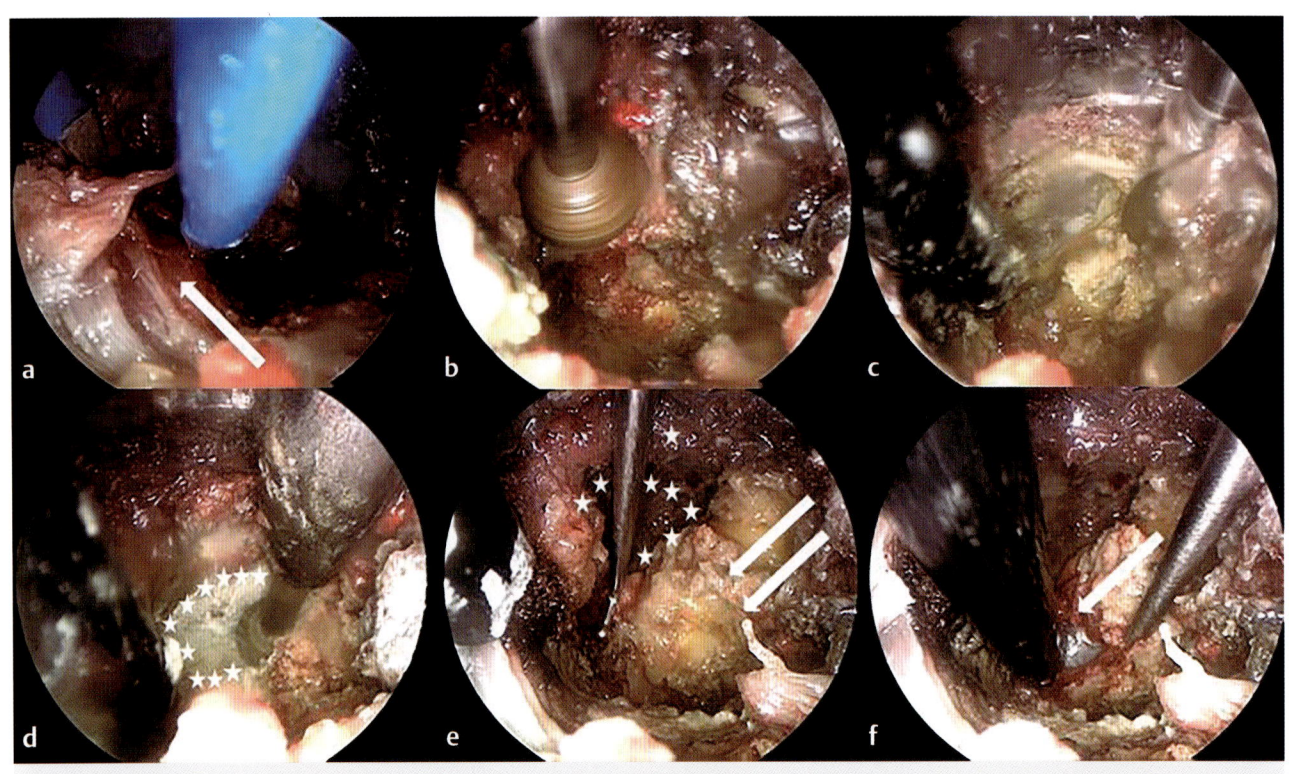

Fig. 16.3 (a) O cautério bipolar é usado para hemostase (*seta*). **(b-d)** A hemilaminectomia é realizada pelo posterior afinamento da lâmina com a broca diamantada e pinça Kerrison. **(d)** A área da hemilaminectomia está marcada com estrelas. **(e)** Para uma descompressão contralateral por desbaste, a base do processo espinhoso tem de ser identificada (*estrelas*). **(f)** A seguir, o ligamento amarelo (*setas*) é dissecado do saco dural com um microgancho. Para orientação: a parte superior de cada imagem é medial, a parte inferior de cada imagem é lateral. A esquerda é cranial, a direita é caudal.

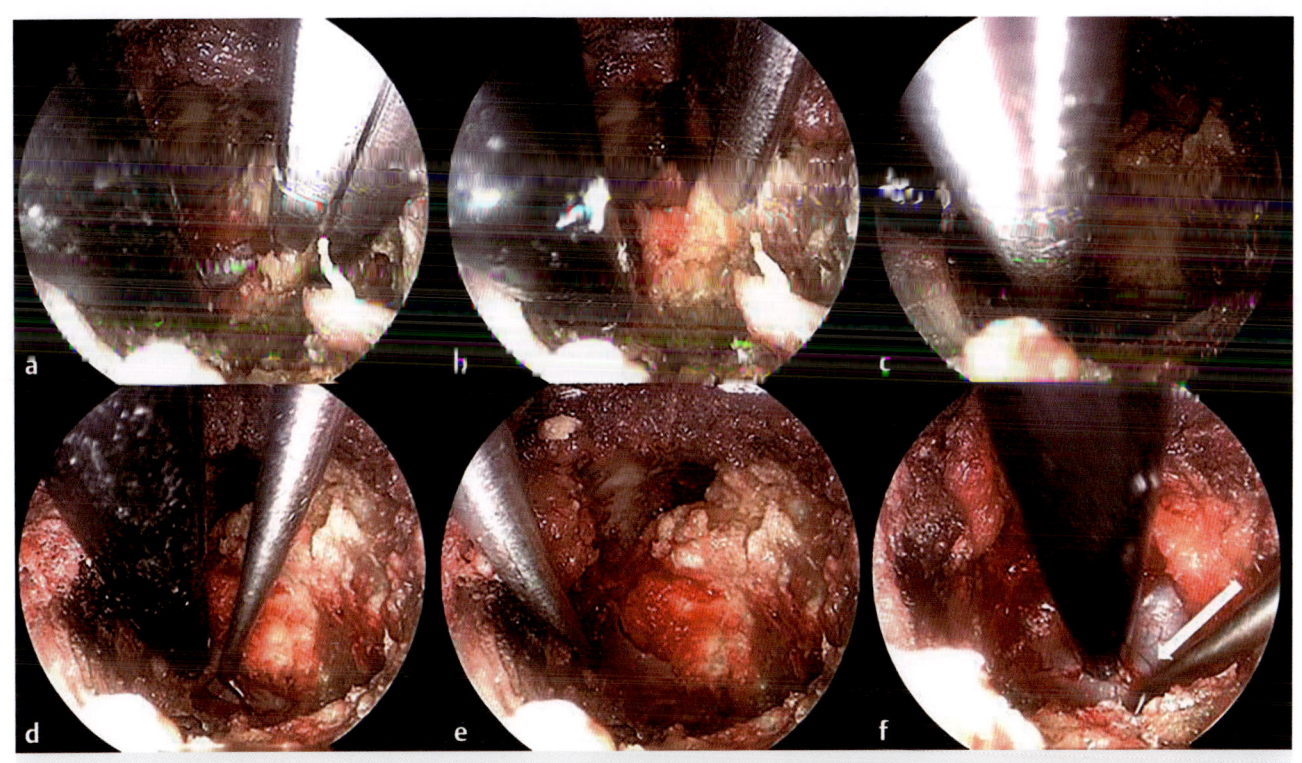

Fig. 16.4 (**a**) É usado um fórceps de apreensão para ressecção do ligamento amarelo separado. (**b,c**). Uma pinça Kerrison de 2, 3 e/ou 4 mm é usada para ressecar o ligamento amarelo do plano cranial até caudal e do plano medial até lateral. (**d**) Se houver alguma adesão, o microgancho é aplicado para separar o saco dural e o ligamento e (**e**) assegurar descompressão suficiente. (**f**) Em foraminotomia, o gancho (*seta*) é usado para garantir descompressão suficiente da raiz nervosa no interior do forame com preservação da integridade da articulação facetária. Para orientação: a parte superior de cada imagem é medial, a parte inferior de cada imagem é lateral. A esquerda é cranial, a direita é caudal.

16.6 Posição do Paciente e Anestesia (Ver Também o Capítulo 14)

- O procedimento é realizado sob anestesia geral. São administrados antibióticos perioperatórios.
- O paciente é centralizado sobre a mesa cirúrgica na posição prona, com descompressão do abdome. Os pontos de pressão são forrados, e é instalado um braço-C para fluoroscopia lateral para identificar o segmento afetado.
- A incisão cutânea é ~2 cm paramediano do processo espinhoso para descompressão ipsolateral. Para descompressão bilateral, a incisão na pele deve ser um pouco mais lateral ao processo espinhoso para melhor angulação durante a raspagem. O comprimento da incisão na pele é de 1,1 a 2,3 cm, dependendo do trocarte selecionado.
- Depois de dissecada a fáscia muscular, o dilatador menor é colocado em contato direto com a superfície óssea da lâmina vertebral superior sob controle fluoroscópico lateral. O tecido mole e os músculos são afastados para o lado e dilatados deslizando os vários dilatadores, um sobre o outro. Após a dilatação sequencial do tecido, o trocarte de trabalho é colocado sobre o complexo facetário e fixado na posição pela conexão com o braço que segura o endoscópio.
- Para uma descompressão unissegmentar, o trocarte de trabalho deve ser colocado perpendicular ao espaço intervertebral.
- Para uma descompressão bissegmentar, a trajetória do trocarte de trabalho deve ser perpendicular à lâmina.
- Dependendo do procedimento e da posição do trocarte selecionado, a incisão cutânea pode necessitar de ajuste.

16.7 Técnica Cirúrgica Endoscópica (Vídeo 16.1)

- O endoscópio 30° é inserido, e o músculo e tecido conjuntivo remanescentes (**Fig. 16.2a-c**) são removidos com fórceps de apreensão e cautério bipolar (seta) para exposição da lâmina (estrelas brancas, **Fig. 16.2d**).
- Posteriormente, a lâmina é afinada com uma broca diamantada (**Fig. 16.2e,f**).
- Se ocorrer sangramento das artérias facetárias, o cautério bipolar pode ser usado para controlá-lo (**Fig. 16.3a**).
- Depois que o ligamento amarelo é visualizado, é iniciada a descompressão com perfuração da base (estrelas brancas) do processo espinhoso antes de desbastar (**Fig. 16.3b-d**).
- Durante a descompressão, a bainha de trabalho pode ser reposicionada para obtenção de uma melhor visualização do campo cirúrgico.
- Para uma descompressão contralateral por desbaste, a base do processo espinhoso deve ser identificada (**Fig. 16.3e**).
- Depois que o ligamento amarelo está à mostra, um gancho nervoso pode ser usado para separá-lo do saco dural (**Fig. 16.3e,f**; seta branca).
- Uma pinça pode ser usada para remover o ligamento amarelo para descomprimir mais o saco dural (**Fig. 16.4a,b**).
- Então uma pinça Kerrison de 2, 3 e/ou 4 mm pode ser usada para remover o ligamento e continuar com a descompressão do plano medial até lateral e do plano cranial até caudal (**Fig. 16.4b-f**).
- Para hemilaminectomia, a lâmina pode ser diretamente abordada e ressecada (**Fig. 16.5**). Para foraminotomia, os autores em geral recomendam iniciar com uma fenestração

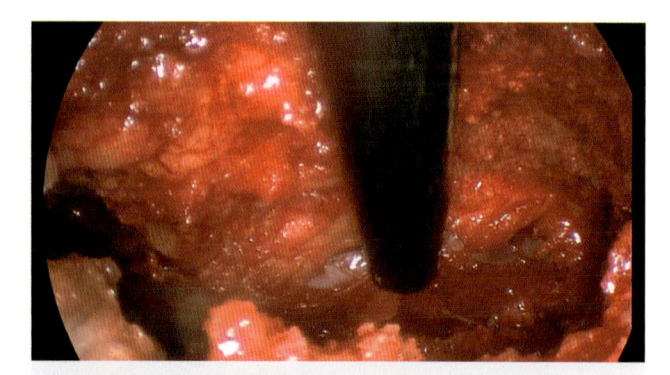

Fig. 16.5 Descompressão ipsolateral com o recesso lateral descoberto por hemilaminotomia. A raiz nervosa descomprimida é vista no canto inferior esquerdo. Para orientação: a parte superior da imagem é medial, a parte inferior da imagem é lateral. A esquerda é cranial, a direita é caudal.

interlaminar e posteriormente aumentá-la cranialmente até que a área superior do neuroforame seja alcançada. O canal de trabalho pode ter de ser reposicionado para obter uma melhor visão dentro do campo cirúrgico.
- Em casos de articulações facetárias hipertrofiadas, o terço medial da faceta deve ser ressecado para permitir o acesso ao aspecto ipsolateral e ao neuroforame.
- A extensão da descompressão pode ser verificada intraoperatoriamente por fluoroscopia lateral com a inserção de um gancho nervoso (**Fig. 16.6**).
- Também é realizada descompressão bilateral do plano cranial até caudal e do plano medial até lateral. O risco de uma durotomia incidental pode ser reduzido empurrando o saco dural gentilmente e afastando da ponta da pinça Kerrison com o equipamento de sucção (**Fig. 16.7**).
- É usado um gancho nervoso para controlar a extensão da descompressão no lado contralateral.

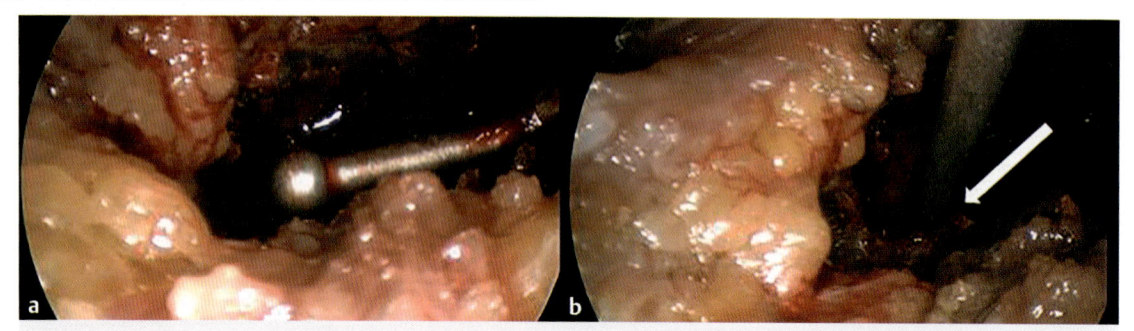

Fig. 16.6 (**a**) Um gancho nervoso pode ser usado craniocaudal ou (**b**) ele pode ser levado até o interior do neuroforame para verificação da extensão da descompressão. Para orientação: a parte superior de cada imagem é medial, a parte inferior de cada imagem é lateral. A esquerda é cranial, a direita é caudal.

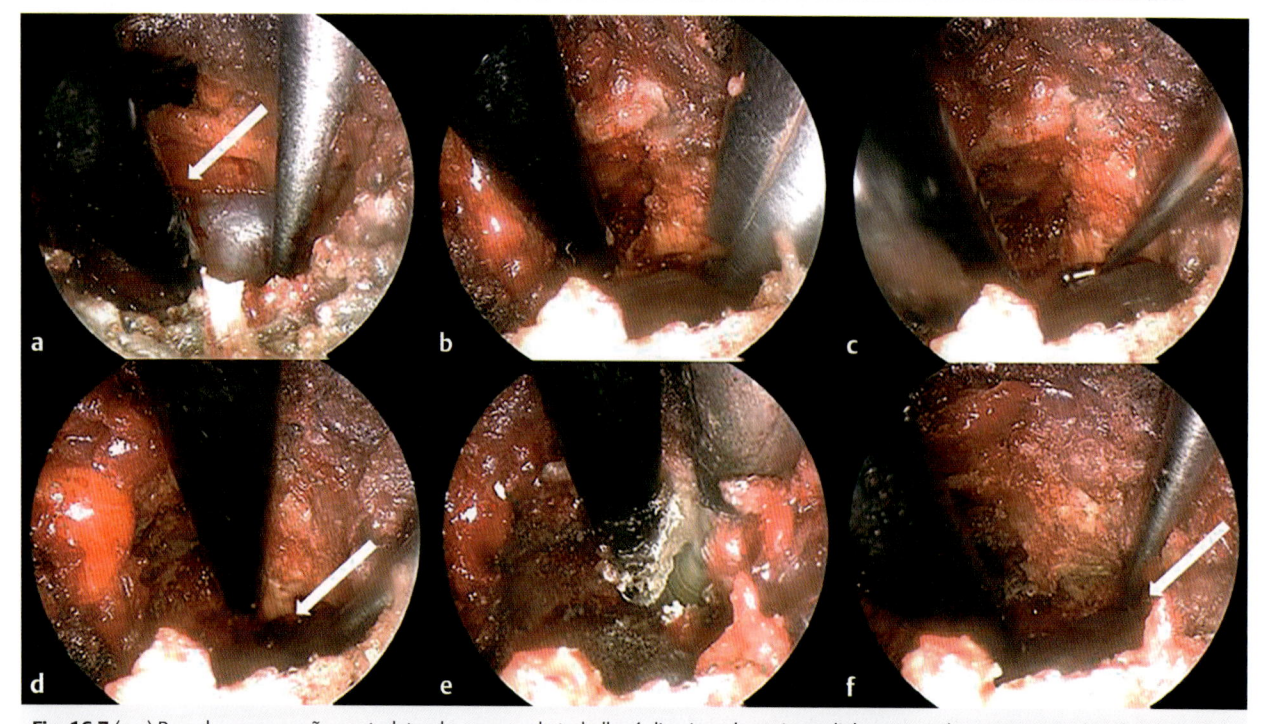

Fig. 16.7 (**a-c**) Para descompressão contralateral, o campo de trabalho é direcionado mais medialmente. A descompressão é realizada do plano cranial até caudal e do plano medial até lateral. O risco de uma durotomia incidental pode ser reduzido empurrando o saco dural gentilmente, afastando-o da ponta da pinça Kerrison com o aparelho de sucção (*seta*). (**d**) A extensão da descompressão pode ser controlada com um gancho de nervo (*seta*). (**e,f**) Posteriormente, as estruturas ligamentosas ou ósseas remanescentes podem ser perfuradas com uma broca de diamante até que seja obtida descompressão suficiente (*seta* = gancho de nervo). Para orientação: Como é uma descompressão contralateral, a parte superior de cada imagem é lateral, e a parte inferior de cada imagem é medial. A esquerda é cranial, a direita é caudal.

Hemilaminectomia e Foraminotomia Lombar Endoscópica Tubular

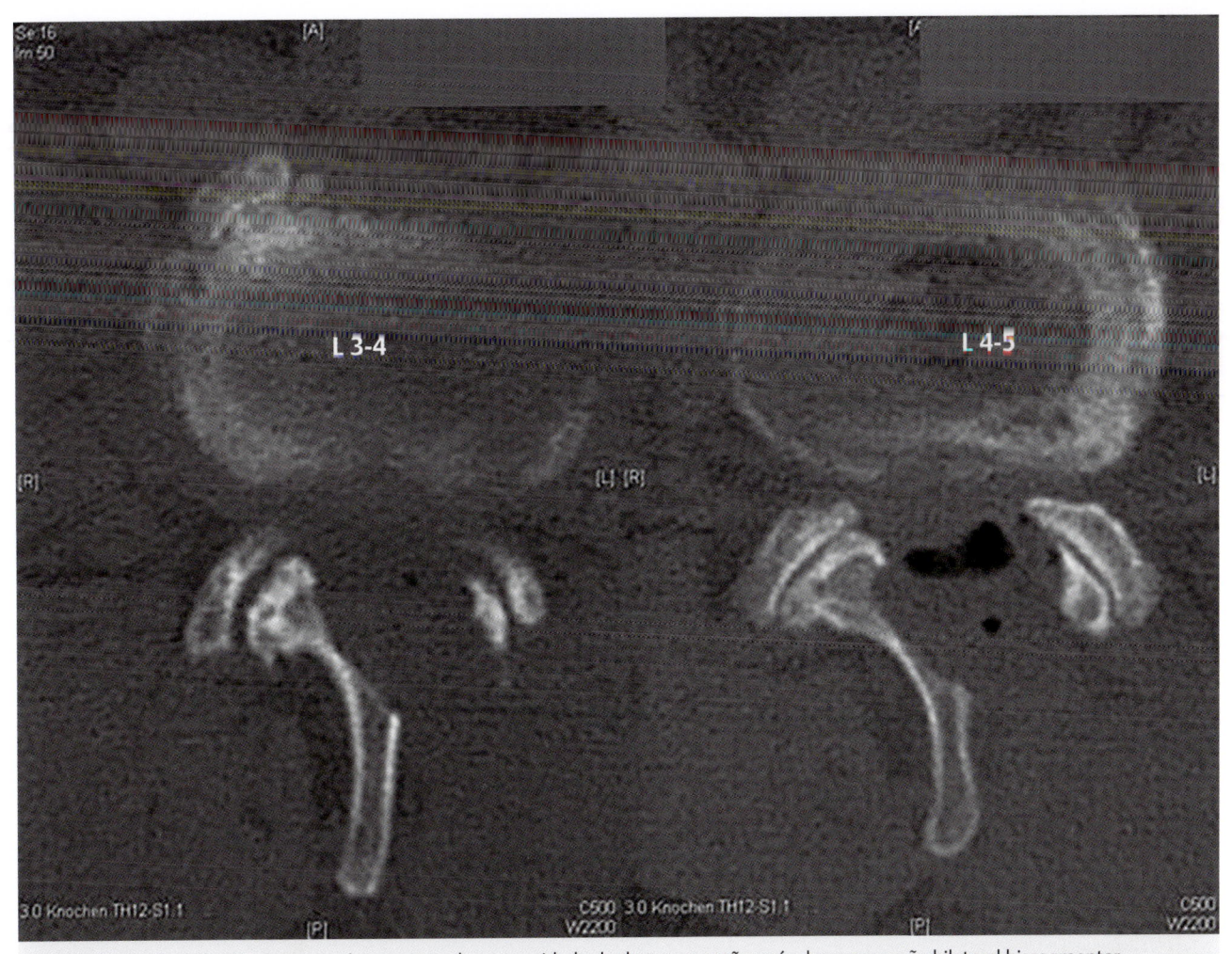

Fig. 16.8 Varredura de CT pós-operatória mostrando a quantidade de descompressão após descompressão bilateral bissegmentar.

- Se necessário, as estruturas ósseas ou ligamentosas remanescentes podem ser perfuradas e/ou ressecadas para atingir a descompressão adequada.
- Pós-operatoriamente, pode ser realizada CT e/ou MRI para demonstrar a extensão da descompressão (**Fig. 16.8**).

16.8 Dicas

- A trajetória da abordagem deve ser diretamente na área de descompressão. Se a bainha de trabalho for inclinada, os tecidos conjuntivo e muscular remanescentes terão um prolapso no campo cirúrgico.
- Para descompressão bissegmentar, o trocarte de trabalho deve ser posicionado perpendicular à lâmina entre os dois segmentos.
- Além disso, para descompressão bilateral, a incisão cutânea deve ser um pouco mais lateral (~3 cm) do que a abordagem unilateral para melhor angulação.
- Quanto mais profundo o campo cirúrgico (pacientes obesos), mais difícil será angular o campo de trabalho. Assim sendo, deve ser aplicado um campo de trabalho maior em pacientes muito obesos para permitir o maior espaço possível para manipulação.
- Para evitar rasgo dural e lesão à raiz nervosa, a descompressão deve ser sempre realizada do plano cranial até caudal e do plano medial até lateral para acompanhar o curso natural das raízes nervosas e a forma natural da superfície dural. Isto é particularmente importante em estenose do canal lombar muito avançada.

16.9 Manejo Pós-Operatório (Ver Também o Capítulo 14)

- A medicação para dor pós-operatória consiste em uma droga anti-inflamatória não esteroide (NSAID) em combinação com um inibidor da bomba de prótons.
- Se necessário, narcóticos orais de baixa potência podem ser usados para manejo pós-operatório.
- Mobilização no dia da cirurgia deve ser o objetivo em todos os pacientes.
- Em casos de rasgo dural, alguns cirurgiões prescrevem repouso no leito por 3 a 5 dias.
- Deve ser evitado levantamento de muito peso ou rotação excessiva da coluna lombar por 4 a 6 semanas no pós-operatório.
- É recomendada fisioterapia para fortalecimento dos músculos principais.

Referências

1. Mixter WJ. Rupture of the lumbar intervertebral disk: an etiologic factor for so-called "sciatic" pain. *Ann Surg* 1937;*106*(4):777–787
2. Caspar W. A new surgical procedure for lumbar disc herniation causing less tissue damage through a microsurgical approach. *Adv Neurosurg.* 1977;*4*:74–80
3. Yasargil MG. Microsurgical operation of herniated lumbar disc. *Adv Neurosurg* 1977;(*4*):81
4. Khoo LT, Fessler RG. Microendoscopic decompressive laminotomy for the treatment of lumbar stenosis. *Neurosurgery* 2002;*51*(5, Suppl):S146–S154
5. Palmer S, Turner R, Palmer R. Bilateral decompression of lumbar spinal stenosis involving a unilateral approach with microscope and tubular retractor system. *J Neurosurg* 2002;*97*(2, Suppl):213–217
6. Rosen DS, O'Toole JE, Eichholz KM, et al. Minimally invasive lumbar spinal decompression in the elderly: outcomes of 50 patients aged 75 years and older. *Neurosurgery* 2007;*60*(3):503–509
7. O'Toole JE, Eichholz KM, Fessler RG. Surgical site infection rates after minimally invasive spinal surgery. *J Neurosurg Spine* 2009;*11*(4):471–476
8. Kim KT, Lee SH, Suk KS, Bae SC. The quantitative analysis of tissue injury markers after mini-open lumbar fusion. *Spine* 2006;*31*(6):712–716
9. Full Endoscopic Interlaminar Lumbar Disc Surgery: Is it the Gold Standard Yet? Benedikt W. Burkhardt, Mohsin Qadeer, Joachim M. K. Oertel, Salman Sharif World Spinal Column Journal, Volume 5 / No: 2 / 2014
10. Endoscopic Posterior Cervical Foraminotomy as a Treatment for Osseous Foraminal Stenosis. Joachim M. Oertel, Mark Philipps, Benedikt W. Burkhardt World Neurosurg. 2016; Vol 91, p50-57
11. The influence of prior cervical surgery on surgical outcome of endoscopic posterior cervical foraminotomy for osseous foraminal stenosis. Benedikt W. Burkhardt, Simon Müller, Joachim Oertel World Neurosurg. 2016 Jul 29. pii: S1878-8750(16)30619-2. doi: 10.1016/j.wneu.2016.07.075..
12. Endoscopic Surgical Treatment of Lumbar Synovial Cyst. Joachim M. Oertel, Benedikt W. Burkhardt World Neurosurg. 2017 Feb 26. pii: S1878-8750(17)30248-6. doi: 10.1016/j.wneu.2017.02.075.
13. Endoscopic Intralaminar Approach for the Treatment of Lumbar Disc Herniation. Joachim M. Oertel, Benedikt W. Burkhardt World Neurosurg. 2017 Apr 5. pii: S1878-8750(17)30455-2. doi: 10.1016/j.wneu.2017.03.132.
14. The visualization of the surgical field in tubular assisted spine surgery: Is there a difference between HD-endoscopy and microscopy? Benedikt W. Burkhardt, Melanie Wilmes, Salman Sharif, Joachim M. Oertel Clin Neurol Neurosurg. 2017 Apr 11;158:5-11. doi: 10.1016/j.clineuro.2017.04.010.
15. Full Endoscopic Treatment of Dural Tears in Lumbar Spine Surgery Joachim M. Oertel, Benedikt W. Burkhardt Eur Spine J. 2017, May 20 doi: 10.1007/s00586-*017-5105-8.*
16. Oertel JM, Mondorf Y, Gaab MR. A new endoscopic spine system: the first results with "Easy GO". *Acta Neurochir (Wien)* 2009;*151*(9):1027–1033
17. Philipps M, Oertel J. High-definition imaging in spinal neuroendoscopy. *Minim Invasive Neurosurg* 2010;*53*(3):142–146

17 Dissectores Ósseos Ultrassônicos em Cirurgia Espinal Minimamente Invasiva

Shrinivas M. Rohidas

17.1 Introdução

Nas duas últimas décadas, a cirurgia da coluna avançou enormemente com a ajuda de microscópios cirúrgicos, brocas de alta velocidade e endoscópios com câmeras de alta definição (HD), e a cirurgia espinal está ingressando numa nova era de minimalismo com a ajuda do endoscópio e da câmera HD. A habilidade de angulação do endoscópio torna fácil o acesso a corredores estreitos do lado oposto no interior do canal espinal. Contudo, quando a broca endoscópica é usada adjacente aos tecidos moles em corredores estreitos, como a dura, raízes nervosas, coluna espinal e vasos, sempre há algum risco de danos a estes tecidos importantes por perfuração, mesmo sob visão com câmera HD magnificada. Os riscos são altos durante a remoção de massas com consistência dura perto de tecidos delicados. Além disso, é necessário fluido de resfriamento para proteger os tecidos moles de lesão por calor, e a cirurgia endoscópica frequentemente pode ter de ser interrompida para irrigação e sucção para limpar os fragmentos nas lentes, além do embaçamento das lentes. Não é recomendada a proteção do tecido mole circundante usando algodão por causa de o risco do algodão se emaranhar na broca de alta velocidade. O movimento de coice é perigoso, particularmente em corredores profundos com estruturas delicadas.

Por várias décadas, foram usados aspiradores ultrassônicos com eficiência para remover grandes tumores cerebrais e alguns tumores espinais.[1,2,3] Novas curetas ósseas ultrassônicas estão disponíveis para cirurgia da base do crânio e cirurgia da coluna.[4,5] Este capítulo discute a aplicação clínica de dissectores ósseos ultrassônicos em cirurgia da coluna minimamente invasiva com utilização da técnica de Endospine, descrita por Destandau. Suas vantagens e desvantagens em comparação às brocas são incluídas.

17.2 Material e Métodos Clínicos

O autor usou o dissector/raspador/cortador ósseo ultrassônico, Sonoca 300, em conjunção com o sistema Endospine em cirurgia para transtornos degenerativos espinhais. O aparelho cirúrgico é composto de uma unidade de fornecimento de energia com irrigação e sucção, interruptor de pé, peças de mão e várias pontas. A peça de mão é em forma de baioneta, com canais para irrigação e aspiração (**Fig. 17.1**).

A peça de mão do dissector pesa 80 g. Tem um comprimento de trabalho de 100 mm, a grossura da ponta é de 4,5 mm e a altura é de 3,5 mm. A irrigação provém do exterior por uma bainha, e a aspiração é feita pelo canal central, com uma frequência de 35 kHz (**Fig. 17.2, Fig. 17.3, Fig. 17.4**).

A peça de mão/lâmina fria que corta o osso tem um comprimento de trabalho de 100 mm, uma frequência de 35 kHz, um diâmetro da ponta de corte de 3 mm, um comprimento da ponta de corte de 7 mm, e uma amplitude de corte de 0,8 mm. A irrigação provém do exterior sem aspiração (**Fig. 17.5, Fig. 17.6**).

O raspador tem uma frequência de 35 kHz, com comprimento de trabalho de 100 mm, e a área do raspador é de 4 mm². A irrigação provém do exterior e interior sem aspiração. A peça de mão do dissector é reutilizável porque pode ser autoclavada, mas as pontas do raspador e o cortador não são

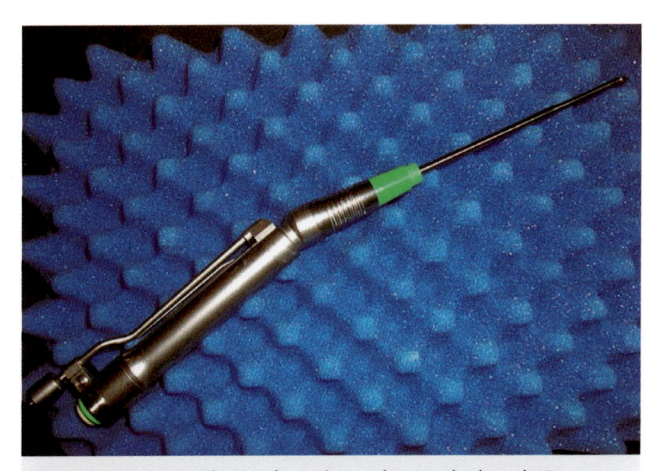

Fig. 17.1 Dissector ósseo ultrassônico desenvolvido pelo Dr. Rohidas com Soering.

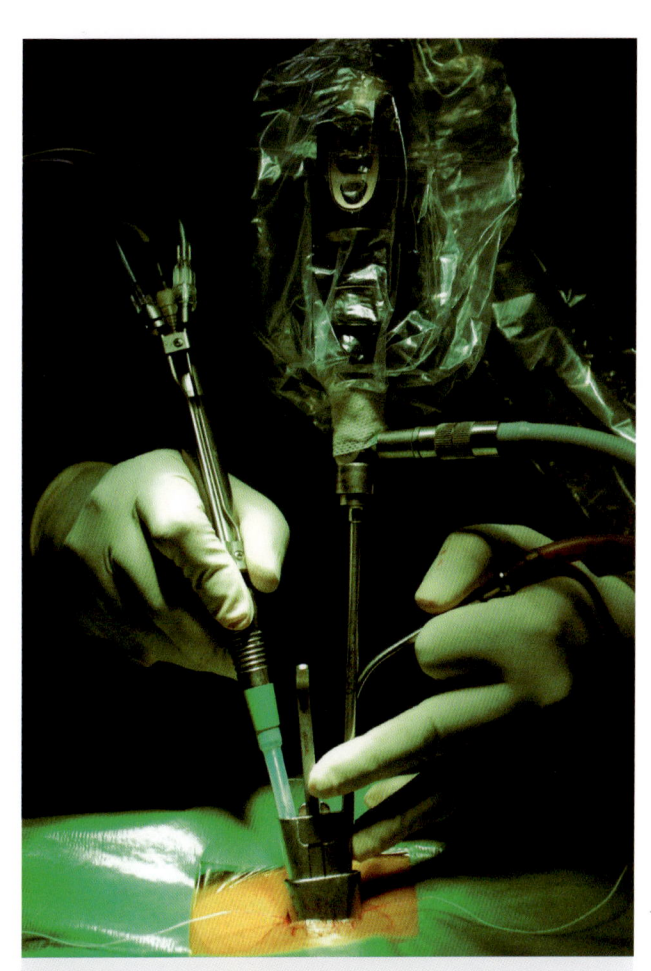

Fig. 17.2 Dissector ósseo ultrassônico usado com Endospine.

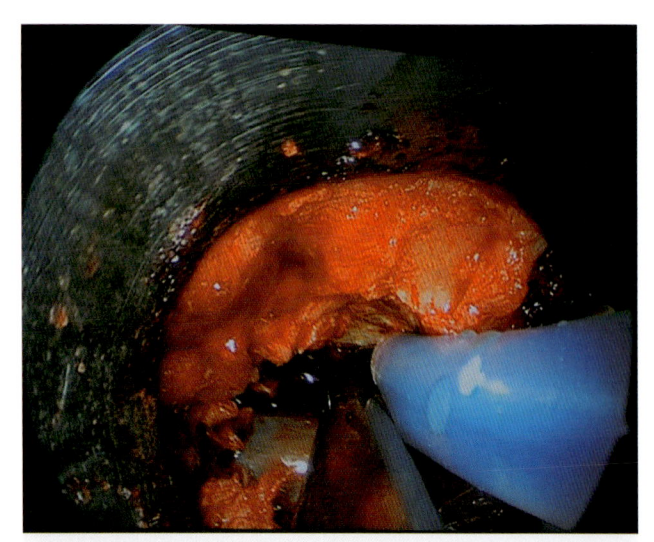

Fig. 17.3 Dissector ósseo ultrassônico usado para escavar a lâmina oposta na coluna lombar.

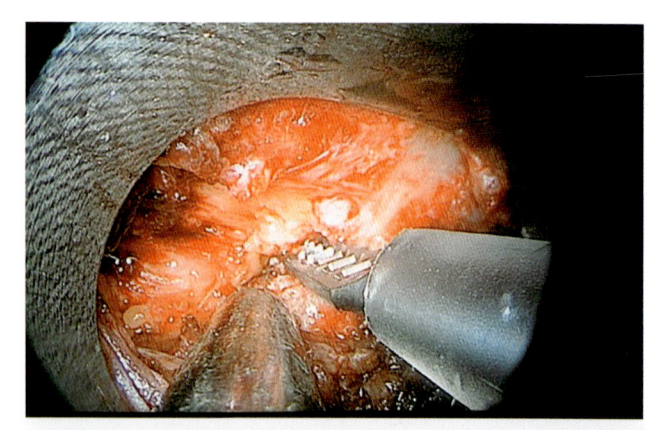

Fig. 17.6 Lâmina fria usada com Endospine.

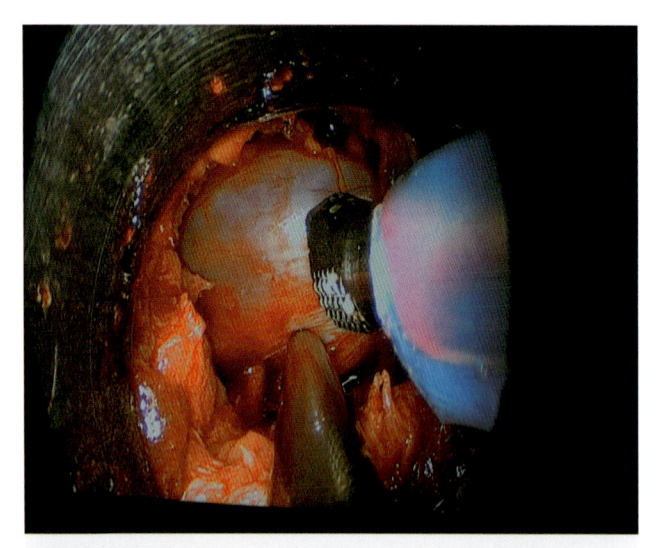

Fig. 17.4 Serrilhas na ponta do dissector ósseo ultrassônico.

Fig. 17.7 Raspador ultrassônico.

Fig. 17.5 Lâmina fria/cortador ósseo ultrassônico/alça.

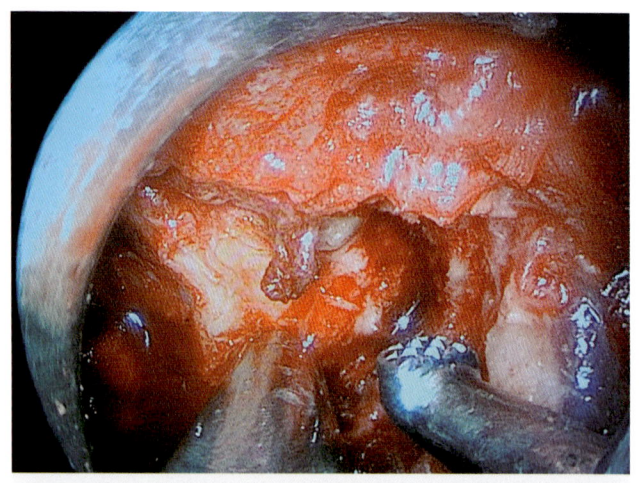

Fig. 17.8 Raspador usado com Endospine na coluna cervical.

reutilizáveis, porque as pontas ficam cegas após o uso no osso (**Fig. 17.7, Fig. 17.8**).

O dissector/raspador/cortador ósseo é usado para remover o osso próximo da dura, raiz nervosa e vasos sanguíneos em descompressão endoscópica bilateral, usando uma abordagem unilateral na coluna lombar, discectomia cervical posterior e descompressão do canal para estenose e discectomia cervical endoscópica anterior.

17.3 Princípios Ultrassônicos

O movimento ultrassônico é medido em Hertz. Por exemplo, 25 kHz são 25.000 Hz, igual a 25.000 ciclos por segundo. Um ciclo é um Hz (**Fig. 17.9**). Menos de 20 Hz é infrassom; 20 Hz a 20 kHz são o espectro audível do som. O ultrassom é de 20 kHz a 20 MHz. As frequências adequadas para dissecção ultrassônica são de 20 kHz a 60 kHz (**Fig. 17.10**).

O gerador converte a voltagem principal em energia elétrica da frequência desejada. A seguir o conversor transforma a energia elétrica em energia mecânica. A compressão de quartzos piezoelétricos transforma a energia elétrica do gerador em vibração mecânica deformacional longitudinal da ponta do sonotrodo. Este é projetado de modo que todo o sistema – conversor, massa final, sonotrodo – está em ressonância. A vibração na ponta distal é de 120 μm. O movimento de deformação é em torno de 10 μm (**Fig. 17.11**).

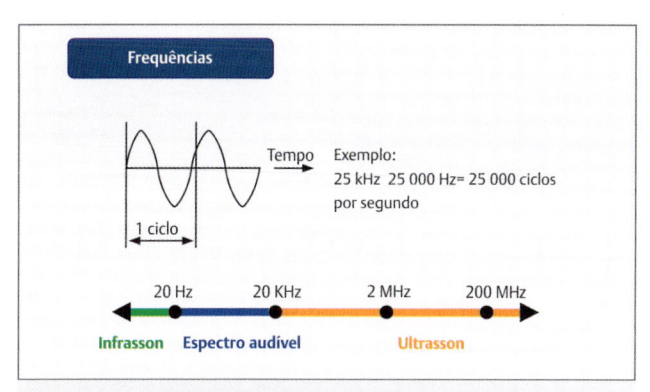

Fig. 17.9 Física básica da energia ultrassônica.

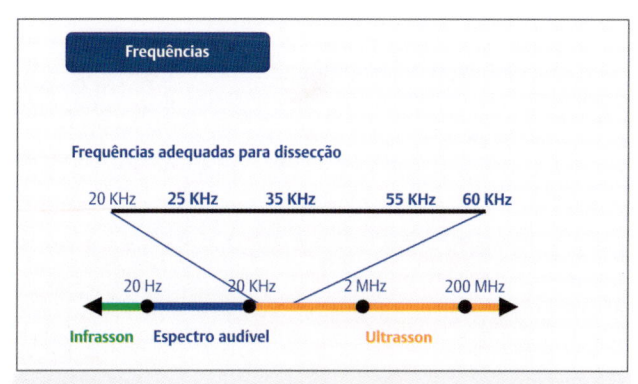

Fig. 17.10 Frequências ultrassônicas usadas para dissecção.

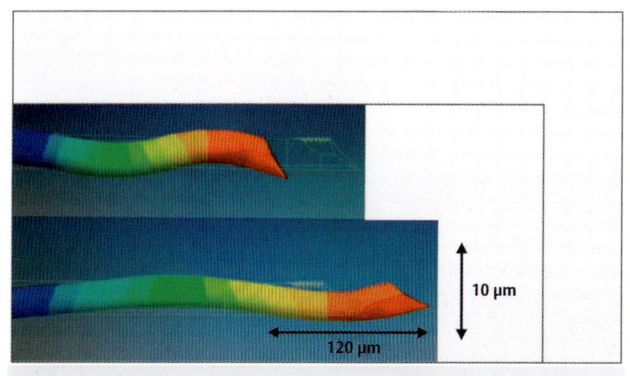

Fig. 17.11 Diagrama mostrando a ponta de movimento vaivém e de deformação.

Três efeitos físicos são usados: cavitação, abrasão mecânica e efeito térmico.

17.3.1 Cavitação

Flutuações de pressão são causadas pela vibração do sonotrodo. O movimento para frente da ponta do sonotrodo desloca o líquido circundante, enquanto o movimento para trás força o líquido a retornar. A pressão do líquido circundante muda rapidamente entre altos e baixos valores. Em razão da alta velocidade e inércia da massa do meio circundante, o volume não pode ser plenamente compensado pelo líquido que retorna. Durante o movimento para trás, a pressão cai tanto que o líquido evapora, e são formadas pequenas bolhas. Durante o movimento para frente, a pressão aumenta e as bolhas colapsam. As bolhas que implodem transmitem pulsos de alta energia na sua proximidade imediata. Assim, a sequência de eventos é a seguinte:

1. São formadas pequenas bolhas de gás.
2. As bolhas de gás crescem porque o líquido circundante evapora.
3. As bolhas então atingem o volume máximo.
4. A implosão começa pela inversão unilateral.
5. O líquido perfura a parede da bolha e gera uma onda de choque.

Abrasão

Sobre uma superfície dura, rígida e firme, o movimento oscilatório do sonotrodo atua como uma lima. O tecido ósseo incapaz de acompanhar a vibração do sonotrodo é pulverizado pela fricção e abrasão nas bordas e pontas. No tecido mole, não ocorre abrasão, porque o tecido mole é afastado da ponta do sonotrodo por causa da elasticidade do tecido. Este é o princípio básico dos dissectores ósseos ultrassônicos.

17.3.2 Efeito Térmico

A vibração do sonotrodo gera calor por fricção no líquido e diretamente no tecido envolvido. O benefício do aquecimento é seu efeito de coagulação no tecido mole. Para o osso, o superaquecimento local é prevenido pela irrigação contínua da ponta.

17.4 Técnicas Cirúrgicas

17.4.1 Descompressão Endoscópica Bilateral do Canal Lombar com o Uso de uma Abordagem Unilateral

O Endospine é usado para descompressão endoscópica bilateral do canal com uma abordagem unilateral em estenose degenerativa do canal lombar. A angulação do Endospine é usada para abordar o recesso lateral contralateral. Aqui o endoscópio e o instrumento de trabalho estão no interior do canal espinal abaixo do processo espinhoso em um recesso lateral estreito. Em estenose degenerativa do canal e recesso lateral decorrente da hipertrofia severa da faceta medial, o recesso lateral está comprometido pela raiz nervosa edematosa comprimida. O uso de uma broca neste corredor estreito é difícil. O deslizamento ou o retorno da broca podem traumatizar a raiz nervosa. Usamos o dissector/raspador/cortador ósseo ultrassônico para escavar a

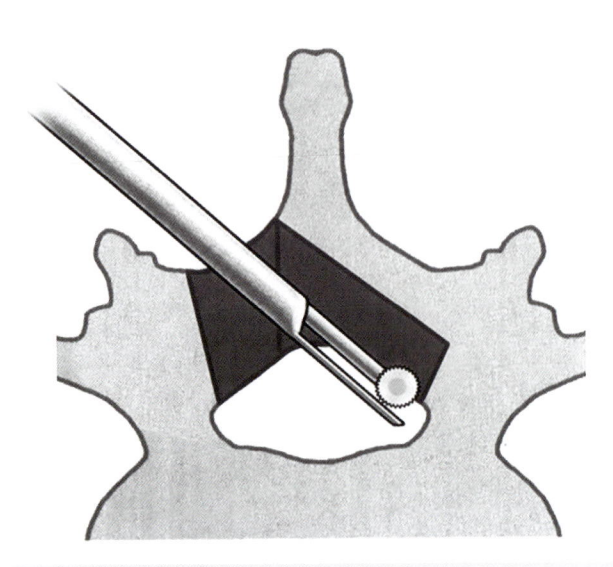

Fig. 17.12 Diagrama do uso da broca para escavar a lâmina oposta em estenose do canal lombar.

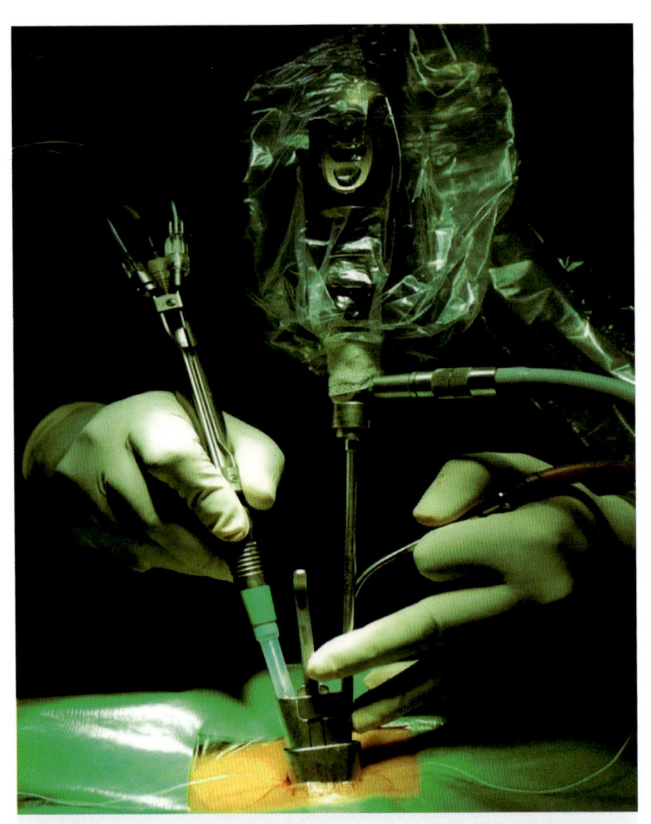

Fig. 17.13 Uso do dissector ósseo ultrassônico com Endospine.

lâmina oposta e a faceta medial. A ponta do dissector/raspador/cortador é mantida próxima do osso, e então o pedal é ligado. O uso de um movimento de raspagem da ponta de lado a lado e vaivém removerá o osso. É usada irrigação a aproximadamente 7 a 9 mL/minuto, com aspiração para o dissector a 80 Torr. A lente do endoscópio fica embaçada por causa do fluido de irrigação e poeira do osso. Durante o uso, a ponta ultrassônica é retirada um pouco para que o fluido de irrigação limpe a lente, e então a dissecção pode ser continuada. Esta manobra não só limpa a lente, mas também a área cirúrgica. Também ajuda a diminuir o aquecimento gerado durante o uso.

Por um período de aproximadamente seis anos, em 755 casos de endoscopia lombar, o autor usou o dissector/raspador/cortador ósseo ultrassônico para 100 casos. O dissector/raspador/cortador ósseo é usado para raspar o osteófito espesso que comprime a raiz nervosa, a lâmina oposta e a faceta medial. Além do mais, na abordagem transforaminal, o forame neural é aumentado no istmo para descomprimir a saída da raiz nervosa. O cortador ósseo ultrassônico é usado para escavar a base espessa do processo espinhoso em um nível lombar mais alto. Na região lombar, a distância interlaminar e a distância interpedicular estreitam-se quando se avança cranialmente, a partir do nível mais baixo, L5-S1. Por causa disso, a base do processo espinhoso também se torna mais espessa. Usamos o cortador para cortar a base do processo espinhoso em um nível lombar mais alto para alcançar o recesso lateral oposto e o canal espinal (**Fig. 17.12, Fig. 17.13, Fig. 17.14**).

17.4.2 Discectomia Posterior e Descompressão Endoscópica do Canal Cervical

Usamos o Endospine com uma abordagem cervical posterior para realizar foraminectomia e descompressão do canal oposto com uma abordagem unilateral. O forame neural é alargado com o dissector/raspador ultrassônico para descomprimir a raiz nervosa. A descompressão do canal cervical é obtida com a escavação da base do processo espinhoso e a lâmina oposta. O endoscópio e o instrumento de trabalho estão dentro do canal espinal. Na região cervical, há muito pouco espaço, e a coluna cervical não pode ser afastada com algodão, ao contrário do que é feito na região lombar, onde o tubo dural pode ser empurrado para criar um pouco mais de espaço. O deslizamento ou retorno da broca sobre a lâmina deslizante neste corredor estreito pode ter complicações sérias, como lesão na coluna, levando à tetraplegia. O dissector/raspador/cortador

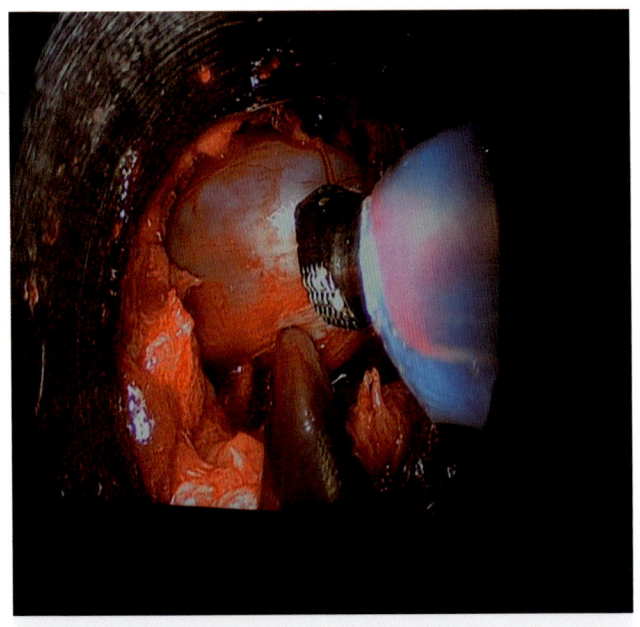

Fig. 17.14 Dissector ósseo ultrassônico e Endospine.

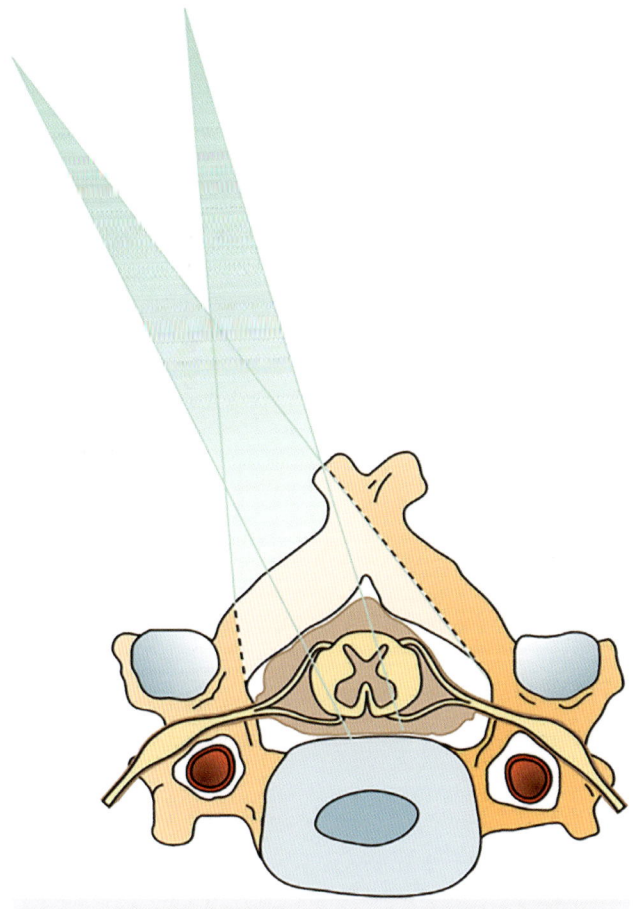

Fig. 17.15 Diagrama da angulação para mostrar a escavação da lâmina oposta em estenose do canal cervical.

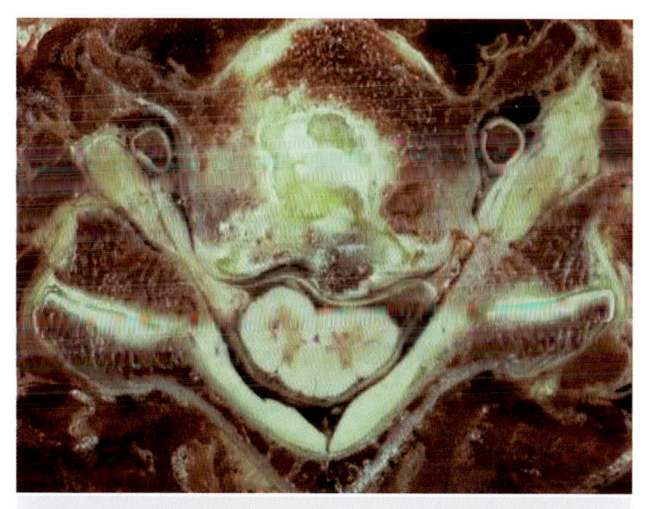

Fig. 17.17 Compressão da coluna cervical e raiz nervosa em patologia degenerativa.

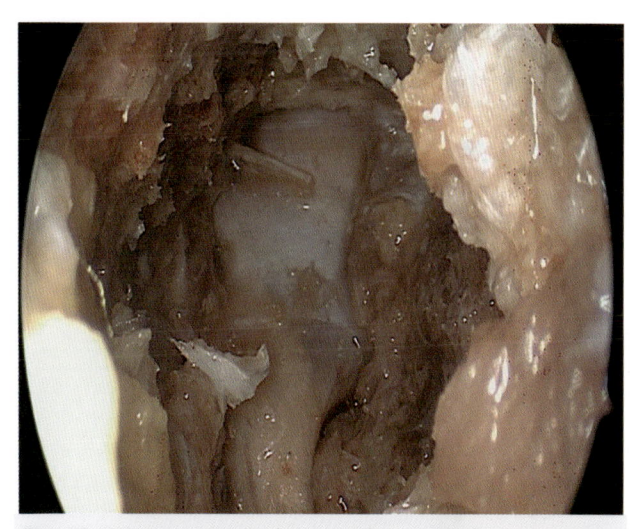

Fig. 17.18 Descompressão da raiz e coluna cervical com uma abordagem transnucal – dissecção de cadáver.

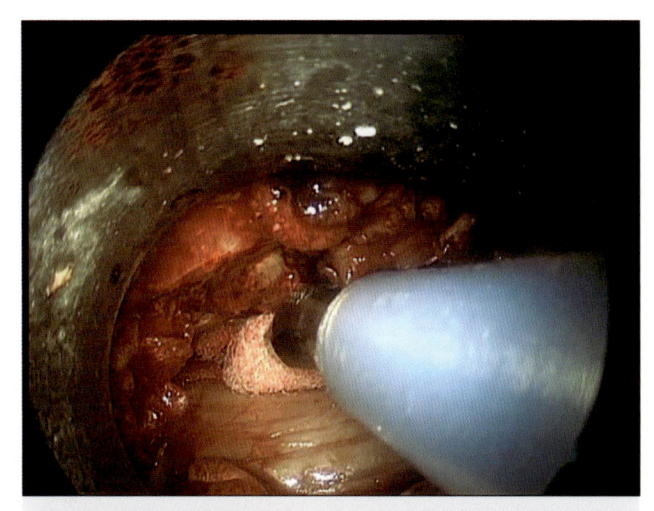

Fig. 17.16 Dissector ósseo ultrassônico usado para escavar a lâmina oposta em estenose do canal cervical. A ponta está no canal espinal oposto sob a lâmina.

ósseo ultrassônico é usado sobre o algodão sem empurrar a coluna cervical. O algodão e o fluido irrigante ajudam a impedir a transferência de calor. Entre 31 casos cervicais posteriores, usamos o dissector/raspador/cortador ultrassônico em 23 casos (**Fig. 17.15, Fig. 17. 16**).

17.4.3 Discectomia Cervical Endoscópica Anterior e Descompressão do Canal

O autor usa Endoscope para abordar hérnia discal por meio de uma abordagem transnucal. Nesta abordagem, a janela operatória está entre 8 e 10 mm. O comprimento da raiz nervosa desde a manga dural até a borda medial da artéria vertebral é em torno de 6 mm. O dissector ósseo ultrassônico é usado para remover o osso sobre a borda medial da artéria vertebral. Isto ajuda a proteger a artéria vertebral e o plexo venoso em torno dela. Para descompressão do canal usando esta abordagem e esta pequena janela, temos de usar sucção e um instrumento de trabalho. Enquanto usamos o instrumento de trabalho, não podemos colocar pressão sobre a medula. Aqui usamos um raspador com uma borda cortante virada para cima para escavar o osso dos corpos vertebrais cranial e caudal. Usar o raspador é seguro, porque a borda cortante está sempre afastada da medula. Em 52 casos de discectomia endoscópica cervical anterior, usamos o dissector/raspador em 44 casos (**Fig. 17.17, Fig. 17.18, Fig. 17.19**).

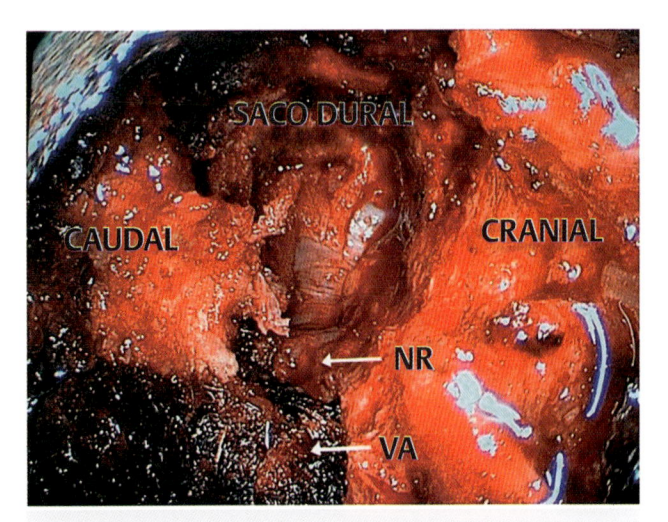

Fig. 17.19 Visão endoscópica da raiz nervosa e coluna descomprimidas em patologia cervical.

17.5 Resultados

Não houve complicações intraoperatórias relacionadas com o procedimento, como lesão medular, lesão da raiz nervosa ou lesão da artéria vertebral. Não ocorreu vazamento do líquido cerebrospinal. Não ocorreu lesão dural intraoperatória nem infecção na ferida em nenhum caso em que foi usado dissector ósseo ultrassônico.

17.6 Discussão

Há relatos de ocorrência de complicações relacionadas com a cirurgia espinal com uma frequência de 8,6% (1.569/18.334).[6] As complicações incluem complicações gerais, neurológicas e meníngeas, complicações vasculares, infecções, falha em enxertos ósseos e problemas mecânicos. Dentre estas, complicações relacionadas com um procedimento de perfuração incluem lesão na medula espinal e raiz nervosa, perfuração esofágica, lesão vascular e vazamento do líquido cerebrospinal. Assim sendo, complicações iatrogênicas são relativamente raras, mas algumas vezes causam perigo de vida, como em lesão medular, lesão vascular e lesão faríngea em cirurgia da coluna cervical anterior. Com a incisão mínima usada em cirurgia da coluna minimamente invasiva, o corredor operatório é estreito. O uso de uma broca endoscópica nesse corredor estreito requer habilidade e treinamento. Por causa do risco de lesões iatrogênicas durante a perfuração, o treinamento de cirurgiões jovens de coluna por endoscopia é uma tarefa muito desafiadora. O uso do dissector ósseo ultrassônico reduz a taxa de complicações cirúrgicas.

O aspirador ultrassônico foi desenvolvido inicialmente, em 1947, para remoção da placa dentária.[3] Flamm *et al.* testaram o aspirador ultrassônico, em 1978, em estudos em cérebros de animais, para avaliar a sua eficácia e segurança. Eles aplicaram o aspirador ultrassônico para a remoção de meningiomas e schwannomas no mesmo ano.[7]

Sempre há algum risco de lesão à dura, tecido neural e vasos ao usar brocas de alta velocidade em cirurgia espinal, e a cirurgia espinal minimamente invasiva não é imune a isso, apesar da visão muito boa que ela possibilita em corredores estreitos por causa das imagens em HD. Para evitar complicações relacionadas com a broca, o cirurgião deve usar as duas mãos para segurar a broca em cirurgia espinal. Ao usar o Endospine, seguramos o eixo da broca como um lápis e a apoiamos sobre o canal de trabalho para que não caia dentro, e, assim, o cirurgião pode usar a broca para os lados, em vez do movimento de vaivém. A ponta da broca está sempre a um ângulo de 12° da sucção e endoscópio, mas é difícil manter o ângulo da broca afastado do cotonoide. É difícil usar cotonoide em um corredor estreito em profundidade.

A peça de mão é muito leve (80 g), o que ajuda a reduzir a fadiga operatória durante seu uso por um longo período. Para prevenir dano térmico direto a tecidos neurais delicados, usamos irrigação contínua. Para ainda mais segurança ao evitar lesão térmica, recomendamos o uso intermitente da broca. Além disso, sempre que possível, usamos cotonoide sobre a raiz nervosa ou medula para prevenir lesão mecânica direta por causa do deslizamento ou retorno da peça de mão. Ao contrário de uma broca mecânica, a broca ultrassônica não tem risco de prender o cotonoide.

A lente do endoscópio fica suja em razão da poeira óssea e do fluido de irrigação durante o uso. O truque simples de puxar a peça de mão ultrassônica limpará a lente do endoscópio, em vez de retirar a broca para limpá-la. Isto é possível com a ponta de raspagem e corte, mas com a ponta do dissector, que tem o canal de aspiração interno, um fragmento ósseo grande pode bloquear o canal de aspiração. Nesta situação, o cirurgião deve retirar a peça de mão e remover o bloqueio. Esta pode ser uma etapa demorada.

O dissector/raspador/cortador ultrassônico não pode substituir a sonda endoscópica de rotina. É muito demorado remover grande quantidade de osso das estruturas neurais. Consequentemente, ele tem de ser usado especificamente para remover o osso próximo ao nervo, sobre a medula ou próximo aos vasos sanguíneos, de modo a reduzir o tempo cirúrgico.

A técnica do dissector/raspador/cortador ultrassônico usada para os procedimentos aqui descritos é a mesma que para outros instrumentos de rotina, como a sonda e a pinça Kerrison. Em estenose do canal lombar, para obter a descompressão do canal bilateral por uma abordagem unilateral, a descompressão do recesso lateral oposto é difícil por causa da faceta medial hipertrofiada que comprime a raiz transversal edematosa. Os desafios incluem a profundidade, o espaço estreito e uma falta de controle sobre a ponta do instrumento. A borda cortante do dissector/raspador está sempre afastada do nervo e da dura. Além da segurança básica do equipamento ultrassônico, o ângulo entre a faceta hipertrofiada e a borda cortante do dissector/raspador ajuda a minimizar o trauma às estruturas neurais. O mesmo é válido para a descompressão do canal cervical posterior e discectomia cervical anterior com descompressão da coluna. Aqui, também, a borda cortante do instrumento ultrassônico está afastada das estruturas neurais. Não é possível usar uma pinça Kerrison numa abordagem cervical posterior porque não há espaço para manobrar a pinça sobre a coluna. O uso de uma broca também é difícil por causa das bordas deslizantes da lâmina e ligamento amarelo. O dissector/raspador ultrassônico é mais seguro porque mesmo que deslize acidentalmente sobre a lâmina, ele não tem efeito na dura, coluna ou raiz nervosa. Além disso, não há possibilidade de prender no cotonoide na ponta da broca.

O uso do dissector/raspador/cortador ósseo ultrassônico é obviamente útil e seguro e reduz as complicações em cirurgia espinal endoscópica. Contudo, o uso desta nova tecnologia envolve uma curva de aprendizagem acentuada.

Referências

1 Flamm ES, Ransohoff J, Wuchinich D, Broadwin A. Preliminary experience with ultrasonic aspiration in neurosurgery. *Neurosurgery* 1978;2(3):240–245
2 Inoue T, Ikezaki K, Sato Y. Ultrasonic surgical system (SONOPET) for microsurgical removal of brain tumors. *Neurol Res* 2000;22(5):490–494
3 Nakamura Y, Fukuchima T, Terasaka S, Sugai I. Development of a handpiece and probes for a microsurgical ultrasonic aspirator: instrumentation and application. *Neurosurgery* 1999;45(5):1152–1158
4 Hadeishi H, Suzuki A, Yasui N, Satou Y. Anterior clinoidectomy and opening of the internal auditory canal using an ultrasonic bone curette. *Neurosurgery* 2003;52(4):867–870
5 5. Inoue H, Nishi H, Shimizu T, et al. Microsurgical ligamentectomy for patients with central lumbar stenosis: a unilateral approach using an ultrasonic bone scalpel. *Spinal Surgery* 17(2)
6 Yamamoto H. Nationwide survey for spine surgery, Japan Spine Research Society, a committee report. *Spine Surgery* 1999;10(2):332–339
7 Epstein F. The Cavitron ultrasonic aspirator in tumor surgery. *Clin Neurosurg* 1983;31:497–505

18 Descompressão Tubular Minimamente Invasiva para Estenose Foraminal

Jung-Woo Hur • Jin Sung Luke Kim

18.1 Introdução

Radiculopatia é mais comumente causada por estenose do canal da raiz nervosa, que pode ser o resultado de várias patologias da coluna, incluindo espondilose, espondilolistese, osteófitos e hérnia discal. A estenose de canal lombar pode ser subdividida com base na localização da patologia estenótica: estenose central (referente à estenose medial que afeta especialmente a cauda equina), estenose lateral e estenose foraminal (**Fig. 18.1**). A estenose foraminal pode ainda ser classificada em estenose intraforaminal e extraforaminal. Estenose de canal lombar foraminal/extraforaminal (LFSS) é uma doença problemática que pode ser facilmente negligenciada pelos cirurgiões, podendo resultar na síndrome do insucesso da cirurgia espinal (FBSS). A descompressão de toda a extensão da raiz nervosa desde o canal espinal até a zona extraforaminal é frequentemente desafiadora por causa da dificuldade na identificação do sítio exato da compressão nervosa, dificultando a preservação dos elementos posteriores.

18.2 Fisiopatologia e Sintomas Clínicos

LFSS é definida como a compressão de um nervo em um sítio entre as bordas medial e lateral do pedículo.[1] Vários tipos de alteração degenerativa podem causar LFSS, como estreitamento do espaço discal intervertebral, escoliose lombar degenerativa, inchaço do disco intervertebral, formação de osteófitos no corpo vertebral, espondilolisteses anterior e posterior e hipertrofia do ligamento amarelo.

Embora LFSS seja considerada uma doença relativamente incomum, Kunogi et al.[1] relataram que 8% dos casos de tratamento cirúrgico de doença degenerativa lombar envolviam LFSS. Além do mais, Burton et al.[2] relataram que 60% dos casos de síndrome do insucesso da cirurgia espinal eram decorrentes de um diagnóstico negligenciado de LFSS.

Os sintomas de LFSS são similares aos de radiculopatia causados por estenose do canal espinal lombar. Os pacientes podem apresentar compressão foraminal unilateral e sintomas clínicos que são caracterizados por dor radicular unilateral com ou sem fraqueza. A dor nas costas geralmente é mínima. É recomendada intervenção cirúrgica para pacientes cujos sintomas persistem apesar do manejo clínico conservador.[3]

18.3 Opção de Tratamento para LFSS

As estratégias cirúrgicas atuais para tratamento de LFSS podem ser separadas em duas categorias: estratégias que requerem fusão da coluna lombar e estratégias que não requerem fusão. A abordagem cirúrgica tradicional para LFSS tem sido realizar uma laminectomia descompressiva bilateral ampla juntamente com a ressecção da porção medial das articulações facetárias para descomprimir os elementos neurais afetados. Embora esta abordagem possa ter sucesso no alívio dos sintomas da compressão nervosa, a abordagem aberta tem suas desvantagens, incluindo a quantidade de dissecção do tecido mole, perda sanguínea, dor pós-operatória e o potencial para instabilidade iatrogênica do segmento espinal. Estes problemas são aumentados ao tratar um paciente idoso e frágil. Geralmente é realizada fusão se a remoção do tecido espinal apresentar um risco de instabilidade da coluna ou na presença de uma deformidade vertebral significativa, como escoliose ou espondilolistese.

Como não há uma técnica de imagem estabelecida para o diagnóstico de LFSS, geralmente é difícil identificar o sítio de aprisionamento nervoso. Consequentemente, toda a extensão do nervo (raiz nervosa, gânglio da raiz dorsal e nervo espinal) desde o interior do canal espinal até o lado externo do forame intervertebral (IVF) deve estar comprimida na maioria dos casos.

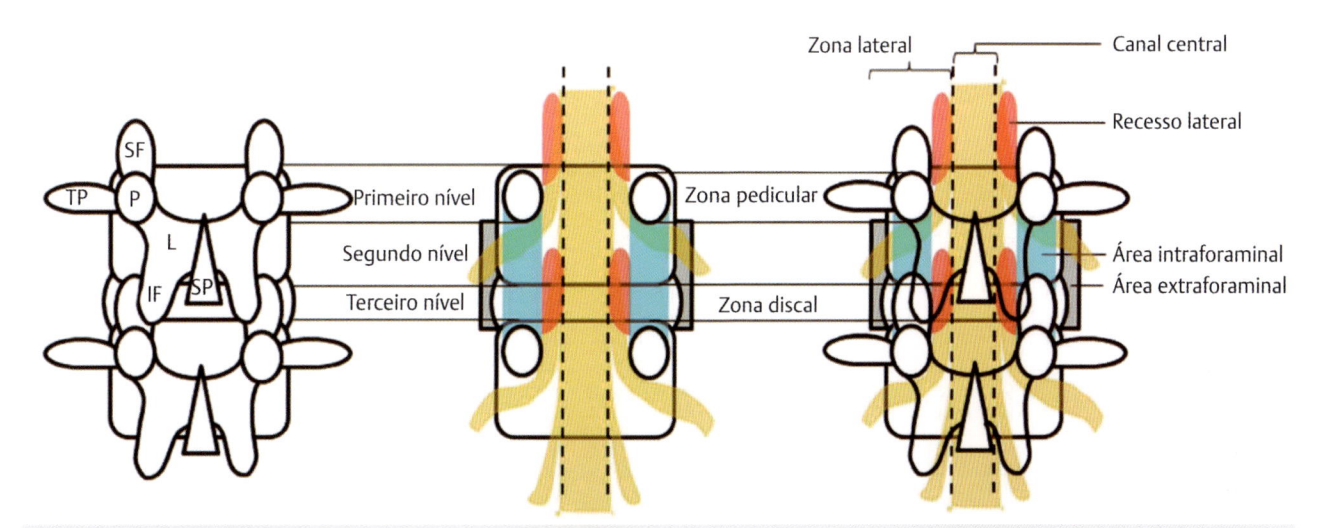

Fig. 18.1 Ilustração da anatomia foraminal lombar. SF: faceta superior; IF: faceta inferior; L: lâmina; P: pedículo; SP: processo espinhoso; TP: processo transversal.

Facetectomia total combinada com fusão da coluna usando instrumentação espinal, que é desnecessária em muitos casos, é, portanto, realizada normalmente. Embora seja possível preservar os elementos posteriores pela combinação de facetectomia medial e fenestração lateral, os nervos que passam abaixo da *pars interarticularis* não podem ser comprimidos com este método.[1] Além disso, a localização profunda das lesões intraforaminais torna a cirurgia tecnicamente desafiadora e mais invasiva.

As estratégias cirúrgicas que evitam fusão incluem a descompressão foraminal aberta convencional, descompressão interlaminar/transforaminal endoscópica percutânea, a técnica relativamente nova de descompressão com raspagem com microlâmina flexível[4] e técnicas menos invasivas usando retratores tubulares ou similares por meio de uma abordagem intertransversal lateral ou abordagem contralateral com preservação facetária.

Descompressão aberta tem sido o padrão ouro para o tratamento de radiculopatia desde a introdução da foraminotomia por Briggs e Krause, em 1945.[5] Os métodos abertos contemporâneos estão fundamentados numa abordagem pela linha média ou paraespinal. Embora seja simples e direta, a abordagem pela linha média historicamente tem sido associada a danos no tecido e perda de sangue (**Fig. 18.2**).

Uma abordagem interlaminar endoscópica completa foi recentemente introduzida para tratamento de estenoses central e foraminal (**Fig. 18.3**). Embora a abordagem endoscópica seja teoricamente a menos invasiva, a mobilidade limitada dos instrumentos, as dificuldades no reparo de alguma lesão dural iatrogênica e as exigências da curva de aprendizagem ainda são problemas a ser superados.

A mais nova técnica em descompressão foraminal lombar é um método de raspagem com lâmina flexível para possibilitar o alargamento do forame de dentro para fora. O principal benefício da técnica é a possibilidade de realizar descompressão de todas as quatro raízes nervosas em qualquer nível do disco (duas raízes nervosas emergentes e duas transversais) com apenas uma incisão e uma laminotomia no espaço interlaminar intermediário. Como na abordagem contralateral minimamente invasiva, muito pouco tecido ósseo é removido para acesso ao sítio da patologia (**Fig. 18.4**). No entanto, a abordagem com microlâmina não é adequada para patologias da parede anterior do forame, nem é adequada para pacientes com estenose central concomitante, a não ser que a estenose seja tratada em primeiro lugar. A impossibilidade de visualizar diretamente a raiz nervosa emergente durante o procedimento é outra limitação importante. São necessários estudos adicionais para estabelecer a eficácia e segurança do método de raspagem com lâmina flexível.

A abordagem paraespinal foi descrita por Wiltse e Spencer, em 1988,[4] e está associada a menos dano ao tecido. Uma abordagem extremo-lateral é eficaz para o tratamento de estenose foraminal, mas não é adequada para patologias centrais combinadas e estenose foraminal em L5-S1 decorrente de obstrução óssea (**Fig. 18.5**).

Com uma abordagem contralateral, o forame contralateral, além dos recessos laterais bilaterais e o canal central podem todos ser acessados e descomprimidos com uma única incisão e com preservação da estabilidade mecânica. A abordagem contralateral, portanto, pode ser aplicada a muitas formas de patologias estenóticas do forame lombar, incluindo hérnias discais, formação de osteófitos ou hipertrofia óssea e espondilolistese grau I. Também é ideal para o tratamento de estenose foraminal em L5-S1, pois a posição do íleo pode inviabilizar abordagens laterais do forame.

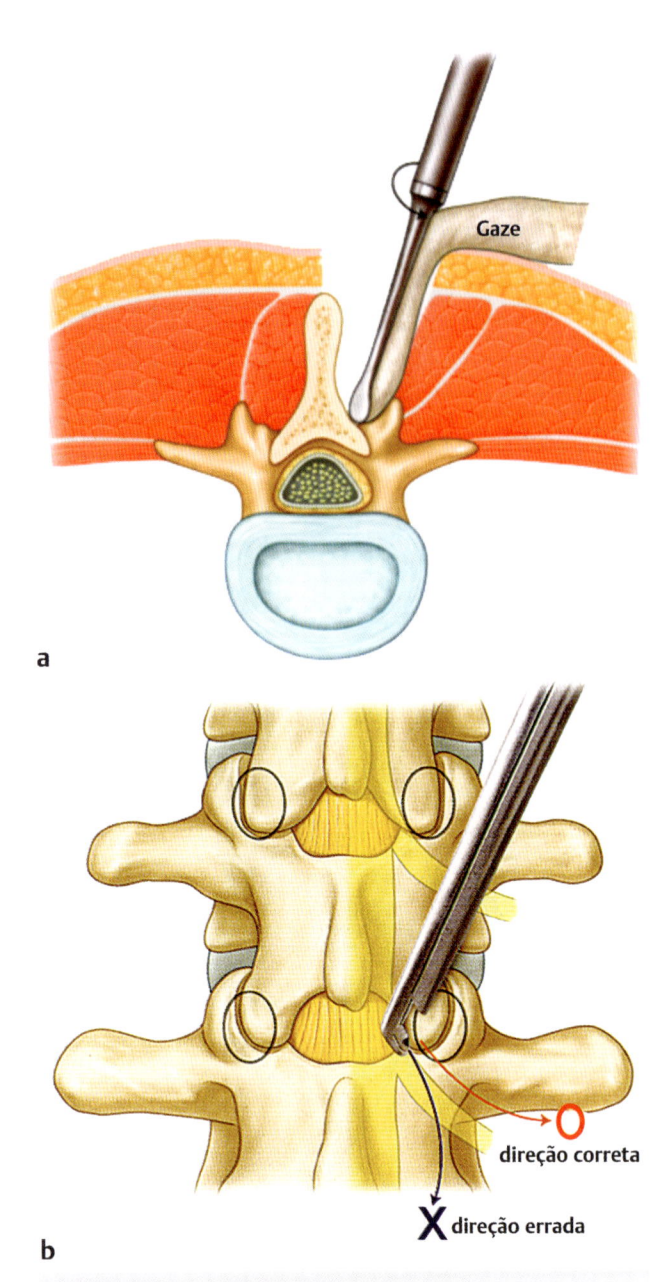

Fig.18.2 (a,b) Foraminotomia aberta convencional na linha média para o tratamento de radiculopatia lombar.

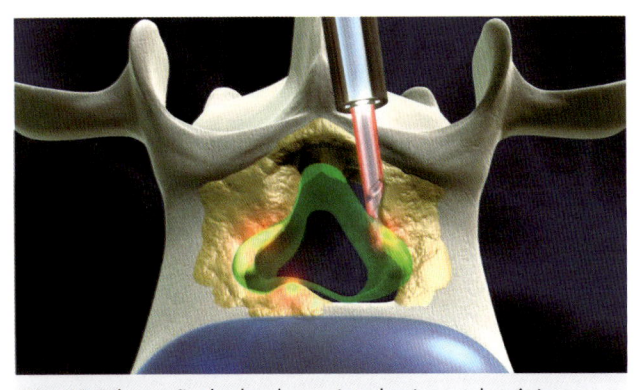

Fig. 18.3 Ilustração da abordagem interlaminar endoscópica completa para estenoses espinal e foraminal.

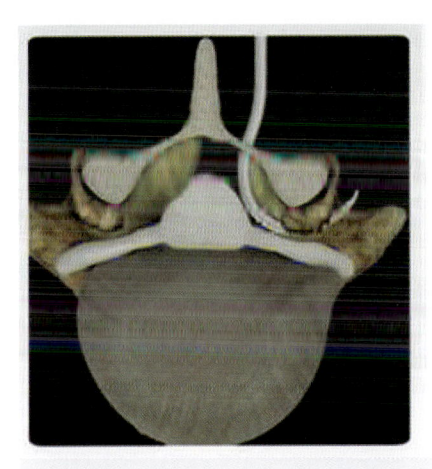

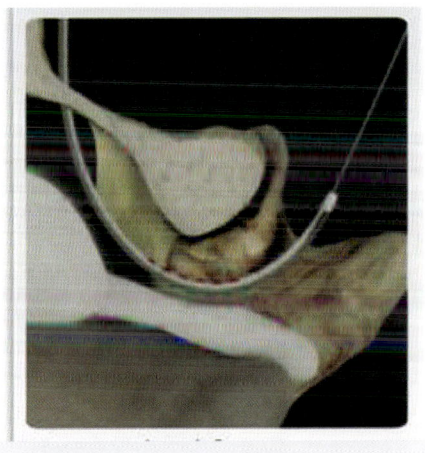

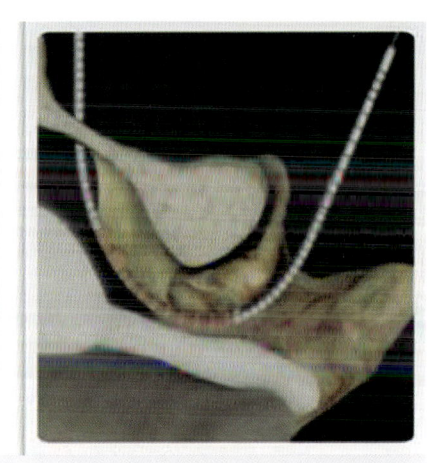

Fig. 18.4 Ilustrações esquemáticas do método de raspagem com lâmina flexível.

18.4 Técnica de Descompressão Minimamente Invasiva

A discectomia microendoscópica (MED), desenvolvida por Foley e Smith,[6] tem sido amplamente usada para o tratamento de hérnia discal lombar. Recentemente, como resultado dos avanços em técnicas cirúrgicas e instrumentos, a microendoscopia espinal também passou a ser aplicada em várias outras condições, como estenose do canal lombar espinal e LFSS. Descompressões centrais e microdiscectomias são agora realizadas rotineiramente em muitas instituições com o uso de técnicas minimamente invasivas.

Para lesões lombares foraminais/extraforaminais, como hérnia discal lombar extremo-lateral (FLDH) e síndrome distante em particular, microendoscopia espinal, que pode alcançar mais profundamente os músculos das costas de forma menos invasiva, está passando à frente de métodos convencionais e se tornando o procedimento padrão. Embora anteriormente não houvesse a possibilidade de evitar fusão da coluna para descompressão em muitos casos de LFSS, com a ajuda da MED, a fusão da mesma pode ser evitada. Os benefícios de uma abordagem minimamente invasiva incluem menos dissecção do tecido, prevenção da fusão, diminuição da perda de sangue, diminuição da dor pós-operatória, redução no tempo de hospitalização e mobilização mais precoce.

18.5 Abordagem Tubular/Transmuscular

Recentemente, foram disponibilizadas novas técnicas minimamente invasivas para descompressão lombar com a utilização de um sistema retrator tubular para limitar trauma muscular paraespinal.[6] Com o uso de um sistema retrator tubular, um cirurgião consegue penetrar mais profundamente no corpo e proporcionar ângulos relativamente livres, tornando o método MED existente ainda menos invasivo. À medida que aumentou a experiência com esta abordagem cirúrgica, os cirurgiões estão tratando rotineiramente pacientes com estenose lombar usando uma combinação de um sistema retrator tubular e um microscópio cirúrgico.

O sistema METRx (Medtronic Sofamor Danek, Memphis, TN) foi o primeiro sistema retrator tubular comercialmente disponível (**Fig. 18.6**). Antes de ter sido introduzido este sistema, era usado um espéculo ou um tubo de polietileno como um tipo de sistema dilatador tubular. A maior vantagem de usar

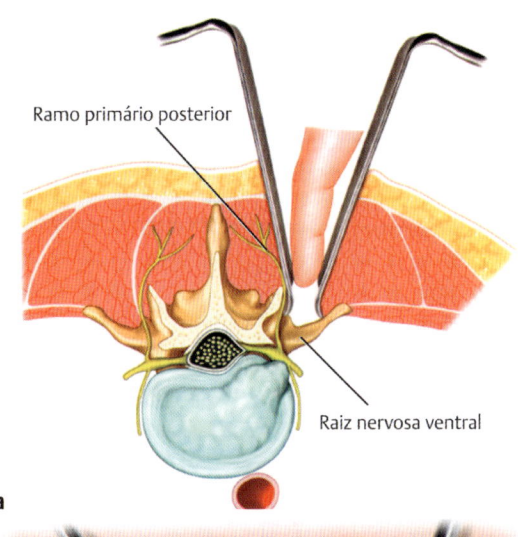

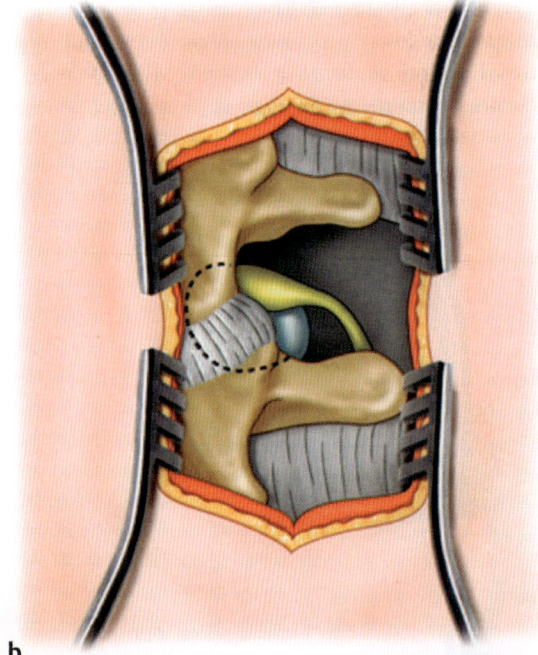

Fig. 18.5 (a,b) Ilustrações da abordagem paraespinal com separação do músculo para o tratamento de estenose lombar foraminal.

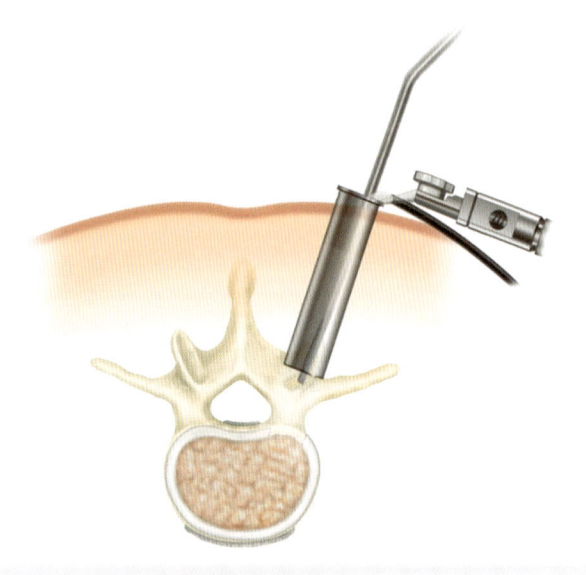

Fig. 18.6 Sistema retrator tubular METRx.

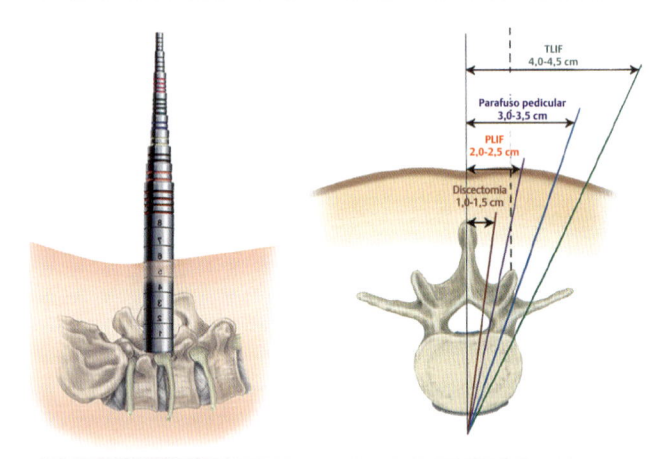

Fig. 18.7 Visão do sistema retrator tubular.

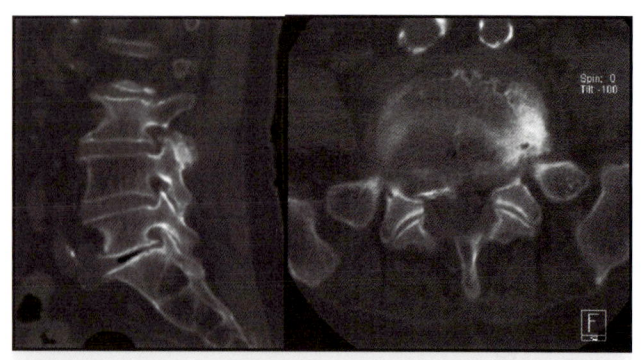

Fig. 18.8 Imagens de CT pré-operatória em um paciente com radiculopatia em L5. A raiz nervosa L5 está comprimida na parte lateral da zona intraforaminal.

este sistema é a aplicação de técnicas endoscópicas à cirurgia convencional. Este sistema possibilita que as imagens endoscópicas e imagens cirúrgicas diretas sejam visualizadas no microscópio. As imagens podem então ser usadas de acordo com os objetivos do cirurgião. Além do mais, como o sistema METRx separa o músculo em vez de cortá-lo, é possível minimizar a dor pós-operatória nas costas pela redução do dano ao músculo.

Quando um sistema retrator tubular é usado para descompressão lombar, uma incisão paramediana é localizada fluoroscopicamente. A dilatação serial dos músculos paraespinais (em vez de remoção dos músculos) é usada para criar um portal de trabalho descendo até a lâmina espinal, o que permite a inserção do retrator tubular (**Fig. 18.6, Fig. 18.7**). O cirurgião pode então usar um endoscópio ou um microscópio para ampliação e iluminação, desta forma proporcionando a visualização da anatomia espinal. O uso de um sistema retrator tubular teoricamente limita o trauma muscular paraespinal, diminui a perda sanguínea operatória e melhora o tempo de recuperação.

Apesar dos benefícios, há alguns inconvenientes a ser superados antes que possam ser obtidos resultados efetivos. Primeiramente, são necessários instrumentos cirúrgicos e habilidades manuais, já que o cirurgião precisa trabalhar em um espaço restrito. Além disso, pode haver confusão em relação às estruturas anatômicas em um espaço tão limitado. Outro problema são as limitações da descompressão efetiva. O cirurgião deve estar ciente de que mesmo que a cirurgia tenha sido concluída efetivamente no espaço restrito, podem ocorrer sintomas imediatamente se for gerado um pequeno hematoma no espaço. Cirurgia com um microscópio pode fornecer imagens cirúrgicas diretas, como nas cirurgias convencionais, porém as imagens podem ser obstruídas ou perturbadas pelo uso de instrumentos em um espaço restrito com iluminação limitada. Para resolver estes problemas, é recomendado o uso de um microscópio de alto desempenho com excelentes capacidades de colimação e boa iluminação. Outra solução é fixar uma fonte de luz por fibra óptica a uma extremidade do tubo para melhorar a visualização, mas isto requer um considerável custo adicional, porque o aparelho é caro, e seus usos são limitados. Há outro problema que não pode ser negligenciado. O propósito original de ser "menos invasiva" é prejudicado pelo uso excessivo de um coagulador monopolar. Além disso, pode ocorrer aumento no dano aos ligamentos fixados e aos músculos na hora de limpar o campo cirúrgico.

18.6 Escolha do Paciente: Critérios de Inclusão e Exclusão

Os critérios de inclusão são: a presença de sintomas radiculares unilaterais correlacionados com hérnia discal ou estenose foraminal/extraforaminal; evidência de estenose foraminal em imagens pré-operatórias, como imagens de CT após radiculopatia revelando aprisionamento da raiz nervosa na zona intraforaminal (**Fig. 18.8**) e MRI parassagital mostrando obliteração do tecido gorduroso que circunda a raiz nervosa na zona intraforaminal (**Fig. 18.9**); e insucesso do manejo clínico conservador por um mínimo de 6 semanas. Em certos casos ambíguos, é realizado bloqueio seletivo da raiz nervosa para obter alívio temporário da dor.

Os pacientes são incluídos se tiverem tido sintomas notadamente mais importantes no lado unilateral com compressão foraminal e/ou extraforaminal.

Os critérios de exclusão são: radiculopatia bilateral; instabilidade, que é definida como uma translação de 4 mm ou 10° de movimento angular; hérnia/estenose discal intracanal concomitante no mesmo nível; e história prévia de cirurgia na coluna. Os pacientes também são excluídos se tiverem apresentado dor mecânica significativa nas costas. Igualmente, entre pacientes sem deslizamento, os casos são excluídos se estiverem principalmente apresentando dor nas costas em vez de radiculopatia unilateral. Eles também são excluídos, se a etiologia dos seus sintomas for cisto, tumor ou trauma na articulação facetária.

Fig. 18.10 Ilustração do procedimento de descompressão por abordagem intertransversal extremo-lateral. A seta indica a área descoberta no forame. É realizada descompressão adicional dependendo da condição estenótica; pediculectomia parcial, discectomia e descompressão extraforaminal.

e do campo cirúrgico, os níveis operatórios são confirmados como uso de um intensificador de imagem de raios X e são marcados na pele com tinta.

18.7.1 Abordagens Intertransversais Laterais

Ver **Vídeo 18.1** e **Vídeo 18.2**. É feita uma incisão cutânea longitudinal de 16 a 22 mm ~2,5 a 3,5 cm lateral à linha média. (Uma incisão cutânea de 16 a 22 mm geralmente é suficiente para descompressão nos três níveis usando uma manobra octogonal. É feita uma incisão cutânea adicional se a pele não se mover suficientemente na direção craniocaudal para permitir a descompressão nos três níveis.) Vários sistemas retratores tubulares podem ser usados para a cirurgia. Após a incisão da fáscia lombossacra, os músculos multífido e longuíssimo são identificados e retirados com dissecção usando a ponta dos dedos. Geralmente não é usado fio-guia. Dilatadores com diâmetros crescentes são inseridos sequencialmente, e um retrator tubular como um diâmetro de 16 a 22 mm é finalmente implantado.

O primeiro passo é expor completamente a metade caudal da base do processo transversal (TP) da vértebra superior e a borda lateral do istmo usando eletrocautério. Como a cirurgia envolve uma abordagem precisa e é difícil visualizar a área inteira, é essencial a exposição completa desta região como um ponto de referência para evitar desorientação do cirurgião na visão operatória estreita.

Usando uma broca diamantada, aproximadamente um terço do pedículo é escavado caudalmente a partir da base do TP até o canal espinal, a partir do lado interno, preservando o córtex medial e caudal. O córtex medial e caudal pedicular é afinado a partir do lado interno, pouco a pouco, usando a broca. A raiz nervosa se torna visível depois que o córtex pedicular foi ressecado. Os fatores de compressão em torno do nervo são removidos do canal espinal até a zona extraforaminal para descomprimir a raiz nervosa, o gânglio da raiz dorsal e o nervo espinal (**Fig. 18.10**). A estenose descendente pode

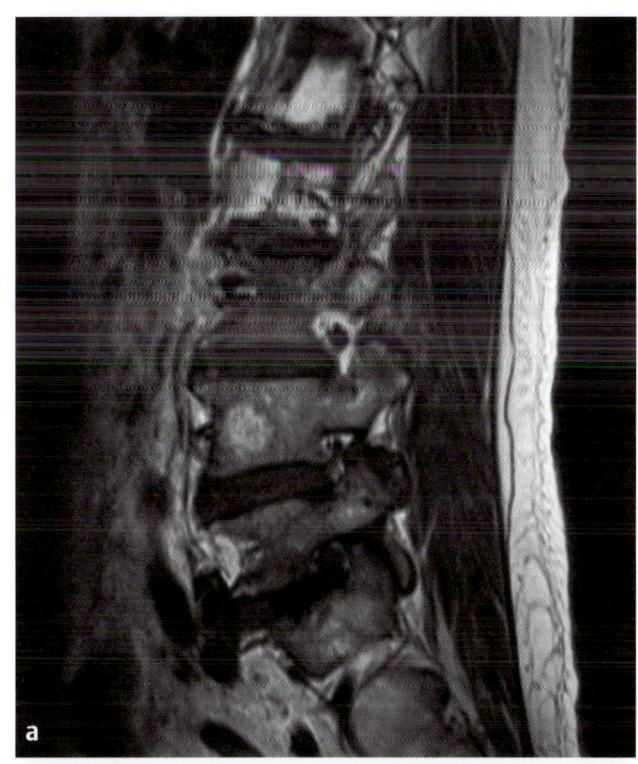

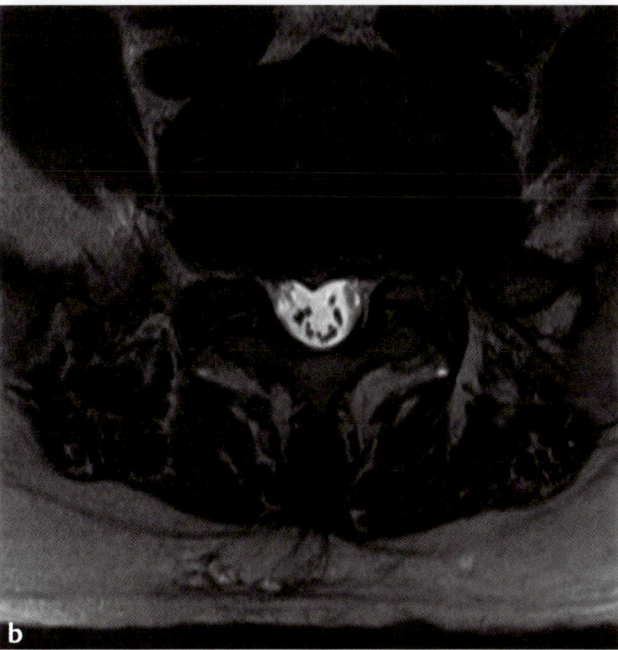

Fig. 18.9 (a,b) A MRI pré-operatória mostra obliteração do tecido gorduroso que circunda o nervo L5 na zona intraforaminal.

18.7 Técnicas e Estratégias Cirúrgicas

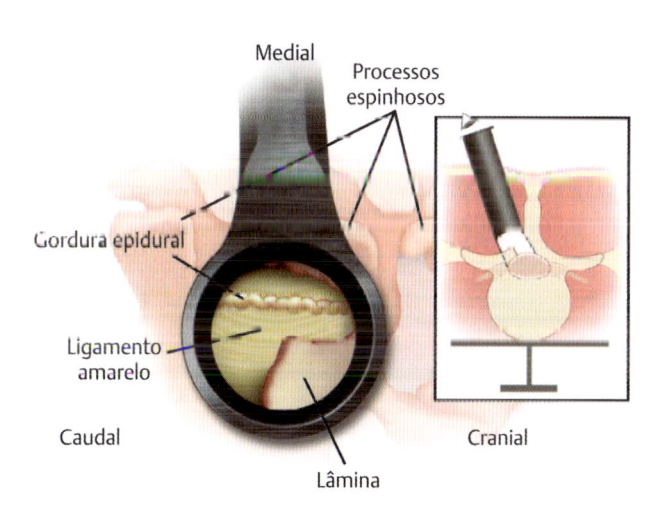

O procedimento é tipicamente realizado sob anestesia geral, embora anestesia peridural ou espinal possa ser usada de acordo com a preferência do cirurgião. Geralmente são dados antibióticos profiláticos no início do procedimento. O paciente é posicionado em posição prona sobre um apoio espinal radiolucente, o que permite a descompressão do abdome e acesso para a imagem fluoroscópica. Depois de uma preparação estéril

ser eliminada pela remoção do aspecto caudal do pedículo, e a estenose anteroposterior pode ser eliminada pela remoção do ligamento amarelo ou a parte cranial do processo articular superior (SAP) da vértebra inferior. A descompressão pode atingir a borda lateral do canal espinal sem prejudicar elementos posteriores, como as articulações facetárias e partes interarticulares, uma vez que o retrator tubular seja colocado de forma inclinada para dentro.

Em pacientes em que L5-S1 está afetada, a crista ilíaca pode-se tornar um obstáculo, limitando as abordagens laterais da lesão. Em tais casos, o retrator tubular é inserido a partir do lado craniano, evitando a crista ilíaca. Deve ser usada CT ou MRI para tomar decisões pré-cirúrgicas referentes à direção da inserção do retrator tubular e o ponto de incisão cutânea. Os pontos de referência cirúrgicos no nível de L5-S1 são o processo transversal L5, *pars interarticularis* e a asa do sacro. Sob visão microscópica, a margem inferior do processo transversal L5, a parte lateral do *pars interarticularis*, a margem lateral da faceta superior e a asa do sacro podem ser removidas por broca de alta velocidade. Após a remoção do ligamento lombossacral, o gânglio da raiz nervosa L5 é exposto.

Neste procedimento cirúrgico, a parte caudal do pedículo pode ser parcialmente escavada primeiramente, e a raiz nervosa é identificada dentro da zona foraminal. Como alternativa, Yoshimoto et al.[7] propuseram um método onde o nervo espinal na zona extraforaminal é identificado primeiro, e então a descompressão é iniciada em direção à zona foraminal. No entanto, é relativamente difícil identificar o nervo espinal na zona extraforaminal em alguns casos por causa do sangramento do ramo dorsal da artéria radicular que provém pelos ligamentos intertransversais até o lado dorsal.[8] Além do mais, a aderência ou compressão ocasionalmente dificulta a identificação do nervo espinal envolvido. A escavação da parte caudal do pedículo em primeiro lugar pode minimizar o risco de sangramento, pode tornar a identificação da raiz nervosa na zona foraminal mais fácil, e assim é mais segura.

18.7.2 Abordagem Contralateral com Preservação Facetária

Com o paciente sob anestesia geral em uma posição prona, é feita uma pequena incisão cutânea suprajacente ao nível-alvo ~1,5 a 2,0 cm lateral à linha média, mais em pacientes obesos. Um retrator tubular de 18 ou 19 mm é colocado sobre uma série de dilatadores tubulares para retração e, sob microscópio, a borda inferior da lâmina e a borda inferior e base do processo espinhoso são expostas. A descompressão é realizada passo a passo, iniciando com uma laminotomia ipsolateral e o uso de uma broca pneumática e brocas Kerrison de 2 e 3 mm. Para obter visualização apropriada das estruturas sublaminares contralaterais, a mesa cirúrgica é inclinada para se afastar do cirurgião, e o retrator tubular é angulado medialmente. A seguir, a base do processo espinhoso e a lâmina contralateral são raspadas com o uso da broca e ruginas. O ligamento amarelo é exposto bilateralmente e cranialmente até a sua inserção sob a lâmina. Durante a perfuração, o ligamento amarelo é preservado para proteger a dura. A seguir, um gancho nervoso é inserido na linha média onde as duas lâminas do ligamento amarelo se encontram, uma área que é tipicamente identificada pela presença de gordura epidural, e o ligamento amarelo é removido com o uso de ruginas Kerrison. A exposição e a descompressão dural são obtidas após a remoção completa do ligamento amarelo. Esta técnica minimiza o risco de lesão à dura. O recesso lateral contralateral e a raiz nervosa contralateral transversal são completamente descomprimidos (**Fig. 18.11**).

Neste ponto, uma pequena sonda com ponta bola é inserida no forame, e o nível e o posicionamento corretos são confirmados com fluoroscopia lateral. Geralmente é necessário inclinar a mesa, afastando-a do cirurgião para possibilitar a angulação medial do retrator e atingir uma melhor trajetória para dentro do forame contralateral. A faceta contralateral é então raspada com a broca enquanto protege a dura com a sucção da ponta estreita. O pedículo superior é palpado, e a raiz nervosa emergente é visualizada. Então é realizada descompressão completa da raiz nervosa emergente com o uso de ruginas Kerrison. A suficiente extensão lateral da descompressão é confirmada com um gancho nervoso e fluoroscopia anteroposterior. Como próximo e último passo, a mesa e o retrator são trazidos de volta à posição inicial e é concluída uma descompressão ipsolateral, se clinicamente indicado. Em pacientes com sintomas na extremidade inferior bilateral, o lado ipsolateral é descomprimido pela angulação do retrator tubular mais verticalmente, e em alguns casos até mesmo na direção do lado do cirurgião (por isso ipsolateral); ocasionalmente, a mesa também é inclinada na direção do lado do cirurgião. Isto permite excelente visualização do aspecto ipsolateral do saco tecal, da raiz nervosa ipsolateral transversal e a descompressão do recesso lateral ipsolateral.

18.8 Cuidados Pós-Operatórios

A fáscia, tecidos subcutâneos e a pele são fechados da forma rotineira. Um selante cutâneo é colocado ao longo das bordas da pele para permitir o banho em seguida. Os tecidos subcutâneos são injetados com um anestésico local de longa duração para reduzir dor ocasional, seguido pela colocação de um pequeno curativo. Os pacientes são encorajados a andar no primeiro dia pós-cirúrgico com uma cinta macia. O dreno geralmente é retirado 2 dias depois da cirurgia. A maioria dos pacientes tem alta do hospital alguns dias após a cirurgia. É encorajado o retorno imediato à deambulação e às atividades normais da vida diária. O manejo da dor geralmente é feito por meio de

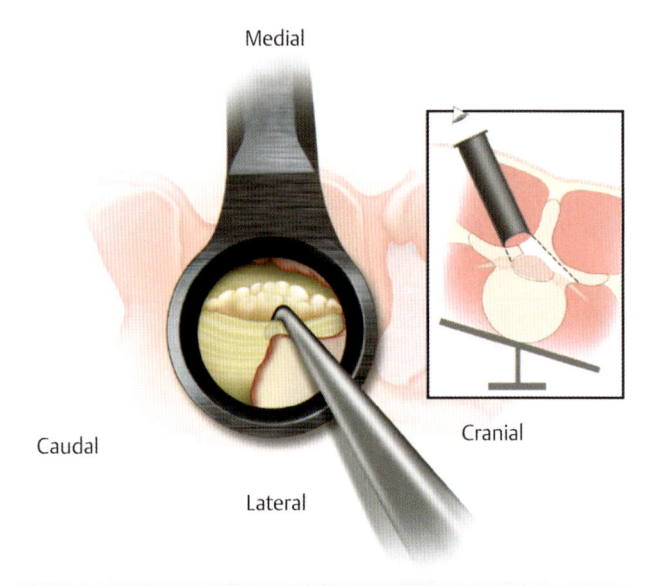

Fig. 18.11 Ilustração mostrando o retrator tubular na posição vertical em uma posição medialmente angulada para acessar o lado contralateral.

um narcótico oral leve ou um analgésico NSAID, dependendo das preferências do paciente. É encorajada a reabilitação com estabilização dos músculos principais e atividades aeróbicas logo no começo do período pós-operatório, geralmente sendo iniciada no dia seguinte à cirurgia.

18.9 Complicações

Embora a lista das complicações potenciais com descompressão tubular não seja diferente da cirurgia aberta tradicional, a taxa de determinadas complicações é significativamente reduzida. Por exemplo, as taxas de perda de sangue, infecção na ferida, instabilidade iatrogênica e deterioração médica após a descompressão lombar usando um sistema retrator são mais baixas do que com laminectomia aberta.[9]

As complicações mais frequentes relacionadas com esta cirurgia são descompressão incompleta e rasgo dural. Deve ser tomado cuidado especial para não rasgar a dura-máter porque a maioria dos pacientes com estenose foraminal é composta de idosos, e a dura-máter é fina. A laceração dural (durotomia incidental) pode ser manejada com reparo da sutura ou selantes durais, dependendo da localização, tamanho e gravidade da durotomia. Como a exposição com o sistema retrator tubular produz "espaço morto" mínimo, o risco de fístula durocutânea pós-operatória é reduzido em comparação à laminectomia tradicional. Rasgos estáveis pequenos podem ser manejados com sucesso com um pequeno *pledget* de um agente hemostático seguido por um selante dural (p. ex., cola de fibrina). Rasgos maiores ou rasgos com a raiz nervosa exposta devem ser tratados por reparo direto com sutura. Embora tecnicamente complexo, isto pode ser obtido com o uso de uma agulha pequena e um instrumento micropituitário como guia para a agulha e um empurrador de nó artroscópico para auxiliar na amarração do nó. Na maioria dos casos, não é necessário repouso prolongado no leito para os pacientes após um reparo dural satisfatório.

É essencial o controle absoluto do sangramento. Mesmo um hematoma mínimo pode causar compressão nervosa séria e pode requerer reoperação, porque a parte operada é estreita e profunda.

As taxas de infecção após a cirurgia com acesso tubular são muito baixas. No raro caso de uma infecção na ferida, deve ser instituído tratamento com desbridamento e terapia com antibiótico. Por causa do fato de ser evitada anestesia prolongada, perda sanguínea pesada e repouso prolongado no leito, complicações médicas após descompressão com acesso tubular são incomuns mesmo na população idosa.

18.10 Vantagens

A maior vantagem do uso da técnica tubular é que ela consegue penetrar mais fundo no corpo com ângulos relativamente livres e de forma menos invasiva. É desnecessário o uso da abordagem paraespinal posterior relatada por Wiltse *et al.*,[10] e o retrator tubular pode ser inserido a partir de uma posição lateral extrema em um ângulo fortemente inclinado. Além do mais, um endoscópio de visão oblíqua torna o campo visual mais amplo. Esta técnica facilita a descompressão de todo o comprimento do nervo desde o canal espinal até a zona extraforaminal sem danificar elementos posteriores, como as articulações facetárias e as partes interarticulares. Além disso, o uso do retrator tubular minimiza a invasão dos músculos. No estudo feito por Yoshimoto *et al.*,[7] os valores de proteína C reativa e escala visual analógica de dor no sítio cirúrgico eram iguais aos de pacientes que se submeteram à MED.

A abordagem convencional da linha média ipsolateral, que é usada para um repertório de intervenções comprovadas, como foraminotomia, laminectomia e laminotomia, tradicionalmente tem sido e continua a ser a abordagem mais comum para o tratamento de todas as formas de estenose de canal vertebral. As limitações importantes das abordagens convencionais incluem a remoção parcial ou completa obrigatória da articulação facetária para acessar o forame (o que pode causar instabilidade), dificuldades na visualização do conteúdo intraforaminal e aumento da perda sanguínea cirúrgica.

18.11 Desvantagens

As desvantagens das cirurgias tubulares incluem curva de aprendizagem acentuada para os cirurgiões, que precisam estabelecer a coordenação entre as mãos e os olhos e não podem contar com a visão tridimensional. Além do mais, neste método os cirurgiões são obrigados a visualizar a zona foraminal num ângulo significativamente oblíquo desde o nível lateral até o medial. Isto não é experimentado durante a cirurgia geral com visualização direta. Portanto, é importante compreender a configuração oblíqua antecipadamente para evitar desorientação durante a cirurgia. É recomendado o uso de um fluoroscópio até que os cirurgiões estejam familiarizados com o método.

18.12 Conclusão

Descompressão tubular minimamente invasiva para estenoses foraminal e extraforaminal pode proporcionar bons resultados clínicos e evitar complicações de fusão lombar.

Referências

1. Kunogi J, Hasue M. Diagnosis and operative treatment of intraforaminal and extraforaminal nerve root compression. *Spine* 1991;*16*(11):1312–1320
2. Burton CV, Kirkaldy-Willis WH, Yong-Hing K, Heithoff KB. Causes of failure of surgery on the lumbar spine. *Clin Orthop Relat Res* 1981; (157):191–199
3. Weinstein JN, Tosteson TD, Lurie JD, et al; SPORT Investigators. Surgical versus nonsurgical therapy for lumbar spinal stenosis. *N Engl J Med* 2008;*358*(8):794–810
4. Lauryssen C. Technical advances in minimally invasive surgery: direct decompression for lumbar spinal stenosis. *Spine* 2010;*35*(26, Suppl):S287–S293
5. Briggs H, Krause J. The intervertebral foraminotomy for relief of sciatic pain. *J Bone Joint Surg Am* 1945;*27*:475–478
6. Foley KT, Smith MM. Microendoscopic discectomy. Techniques in neurosurgery 3. Philadelphia: Lippincott-Raven; 1997:301–307
7. Yoshimoto M, Takebayashi T, Kawaguchi S, et al. Minimally invasive technique for decompression of lumbar foraminal stenosis using a spinal microendoscope: technical note. *Minim Invasive Neurosurg* 2011;*54*(3):142–146
8. Yoshimoto M, Terashima Y, Kawaguchi S, et al. Microendoscopic discectomy for extraforaminal lumbar disc herniations. *Jpn J Spine Research Society* 2008;*19*:305
9. Khoo LT, Fessler RG. Microendoscopic decompressive laminotomy for the treatment of lumbar stenosis. *Neurosurgery* 2002;*51*(5, Suppl):S146–S154
10. Wiltse LL, Spencer CW. New uses and refinements of the paraspinal approach to the lumbar spine. *Spine* 1988;*13*(6):696–706

19 Técnica de Destandau: Abordagem Interlaminar (Discectomia Lombar com Descompressão do Canal)

Shrinivas M. Rohidas

19.1 Introdução

Prolapso do disco intervertebral lombar é uma ocorrência comum. O tratamento cirúrgico padrão é discectomia com uma abordagem posterior. Com o tubo cirúrgico Endospine, a mesma abordagem e técnica cirúrgica podem ser usadas, ao mesmo tempo reduzindo o tamanho da incisão cutânea e trauma no tecido relacionado com a abordagem, especialmente em pacientes obesos. Endospine ajuda em qualquer patologia localizada profundamente na coluna lombar, como hérnia discal, estenose e hérnia discal foraminal. Com Endospine, o olho do cirurgião está focado dentro do corpo próximo à patologia que deve ser tratada. Além do benefício estético do comprimento reduzido da incisão, a rota de acesso curta e o comprimento reduzido da incisão ajudam a reduzir o desconforto pós-operatório na incisão e auxiliam na retomada rápida das atividades de rotina.

19.2 Indicações

A técnica é indicada para hérnia discal lombar – central, paracentral, extrudida e migrada com compressão neural e estenose do canal associada – não aliviada por tratamento conservador adequado. Todos os níveis de L5-S1 a L1-L2 podem ser abordados com a técnica. Extrusões discais lombares centrais e extremo-laterais, além de extrusões discais foraminais e intraforaminais, podem ser tratadas com Endospine. Estenose do canal na região lombar pode ser tratada com uma abordagem unilateral enquanto é obtida a descompressão bilateral dos recessos lateral e central. A versatilidade do Endospine reside na sua habilidade de tratar várias patologias lombares, incluindo hérnia discal de qualquer tipo, juntamente com estenose do canal.[1,2]

19.3 Contraindicações

Instabilidade lombar avançada com radiculopatia.

19.4 Posicionamento do Paciente

Podem ser usadas várias posições do paciente para discectomia lombar, como a posição prona, posição lateral e posição joelhos-tórax. As posições prona e de joelhos-tórax são as posições naturais para o uso de Endospine. Com a posição lateral é difícil apoiar o sistema Endospine. O autor usa a posição joelho-tórax sobre uma mesa cirúrgica plana com flexão nos joelhos e quadris do paciente. Nesta posição, o abdome está completamente relaxado entre as duas coxas ao mesmo tempo em que há distração interespinhosa, o que é necessário em casos de estenose do canal. Com uma almofada sob o tórax do paciente, a cabeça fica mais baixa do que a extremidade caudal, permitindo o fluxo venoso gravitacional natural em direção ao coração, o que ajuda na minimização de hemorragia venosa (**Fig. 19.1**).[3]

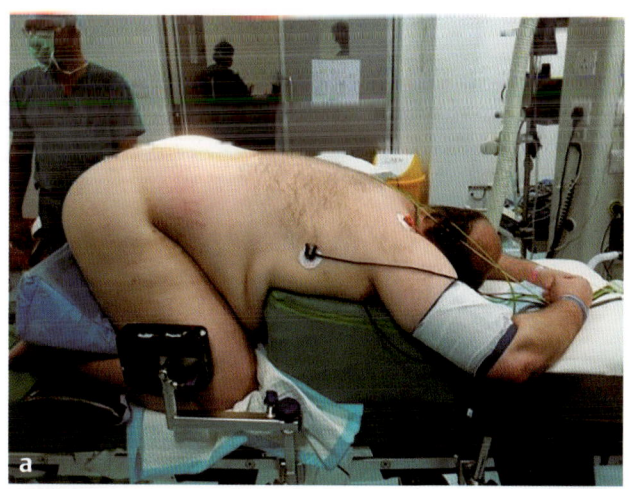

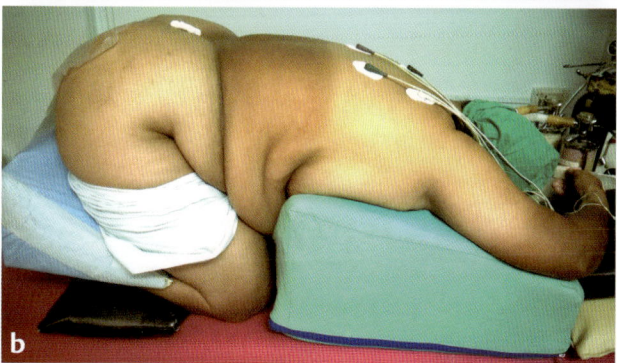

Fig. 19.1 (**a**) Posição joelhos-tórax. (**b**) Posição joelhos-tórax mostrando o abdome completamente relaxado entre as duas coxas.

19.5 Localização do Espaço Discal

Quando o cirurgião limita o tamanho da incisão, é necessário localizar exatamente o espaço discal visado. A localização exata do espaço discal é realizada com a ajuda de um pino localizador disponível no conjunto do Endospine. O pino localizador é usado em fluoroscopia lateral com o paciente colocado na posição joelho-tórax. O pino localizador se movimenta em todos os três planos espaciais, e é necessária apenas fluoroscopia lateral para confirmar a direção até o espaço discal. O ponto de entrada é obtido enquanto é determinada a direção até o espaço discal. Portanto, não há necessidade de separar a localização anteroposterior e lateral (**Fig. 19.2**, **Fig. 19.3**).[4]

19.6 Técnica Cirúrgica

Incisão Cutânea

Enquanto marca o nível do espaço discal em fluoroscopia lateral, o cirurgião também determina o ponto de entrada no plano coronal. A incisão é ~10 a 15 mm do processo espinhoso na linha média. O comprimento da incisão é ~15 a 20 mm. A fáscia é cortada na mesma direção, e então os músculos para-

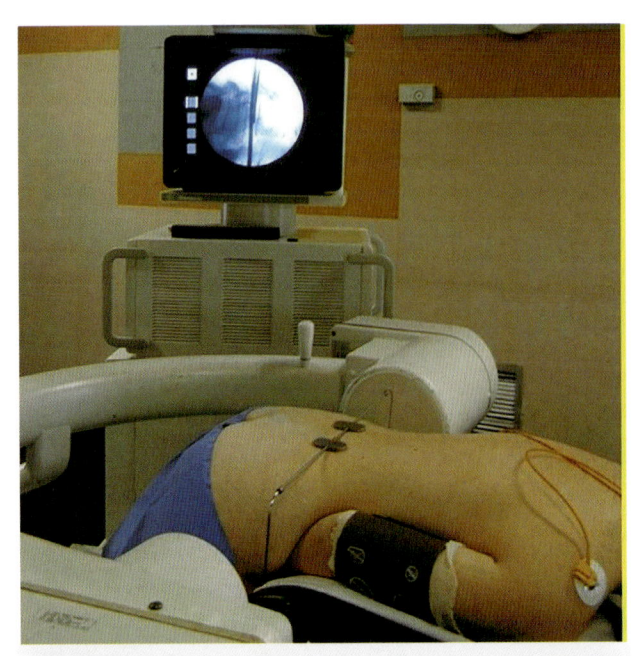

Fig. 19.2 Pino localizador com fluoroscopia com braço-C em visão lateral para localizar o espaço discal.

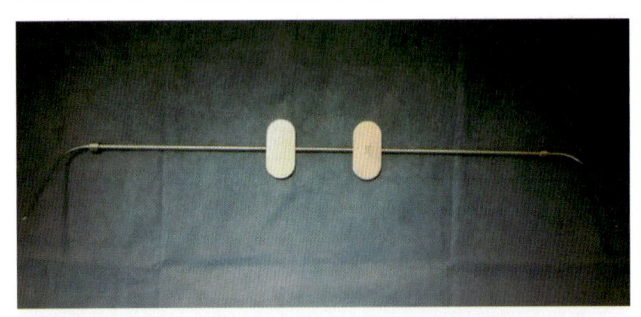

Fig. 19.3 Pino localizador lombar no conjunto Endospine.

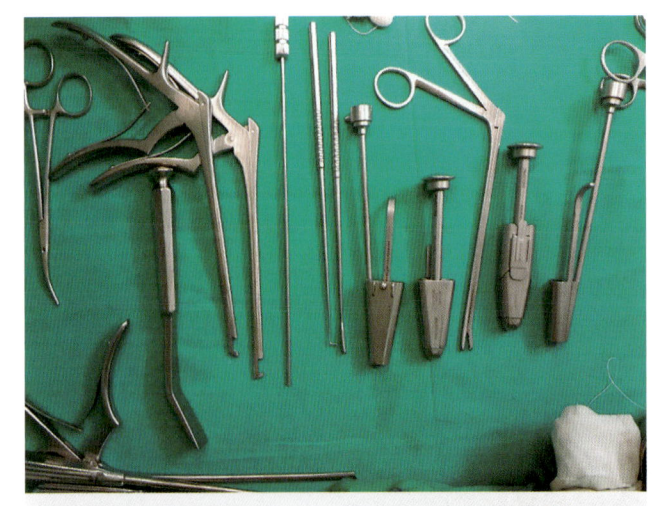

Fig. 19.4 Conjunto Endospine com instrumentos espinais de rotina.

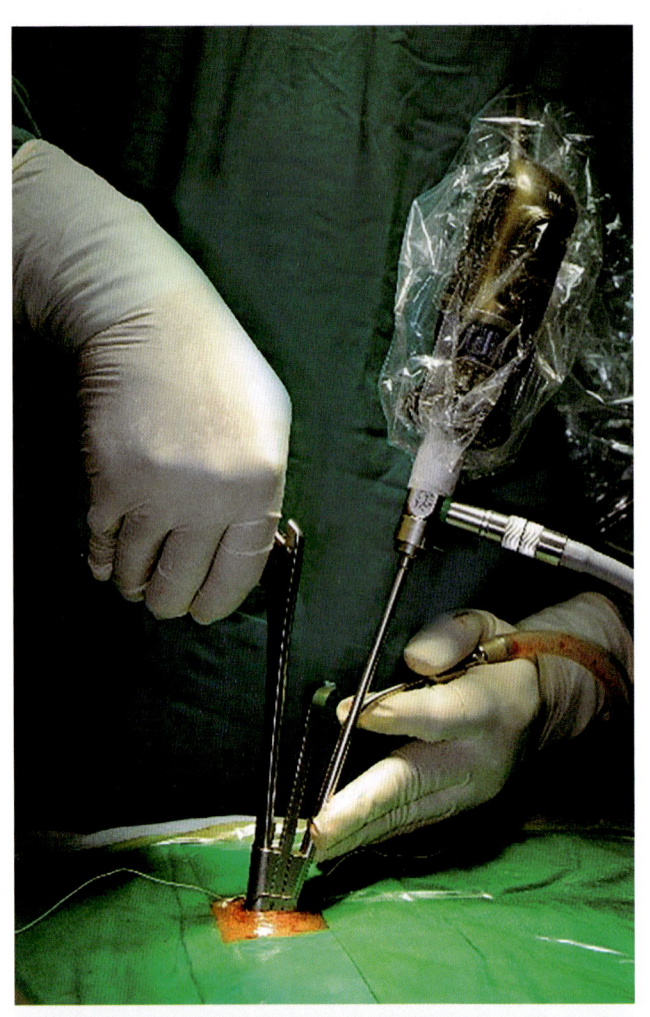

Fig. 19.5 Movimentos das mãos com Endospine.

espinais são separados da linha média do processo espinhoso e ligamento interespinhoso com um osteótomo de 12 mm. O sangramento dos músculos retraídos é controlado com coagulação bipolar.

O autor usa duas peças de gaze para retrair os músculos separados lateralmente. Uma peça de gaze é empurrada cranialmente sobre a lâmina, e outra é usada caudalmente de maneira similar. Então o tubo externo Endospine é colocado entre o processo espinhoso medialmente e os músculos separados lateralmente. O tubo externo deve-se encaixar confortavelmente entre o processo espinhoso e o músculo. Com o tubo externo instalado, o cirurgião deve ver a lâmina exposta na metade cranial do tubo externo e o ligamento amarelo na metade caudal. Então o cirurgião está assegurado da localização exata do espaço discal envolvido.

Preparação do Conjunto Endospine

O tubo externo e o tubo interno/*insert* de trabalho com os instrumentos rotineiros são organizados em um carrinho de instrumentação. A seguir, o tubo interno/*insert* de trabalho do Endospine é colocado no tubo externo e fixado na posição proximal com a trava integrada. Ele deve estar na posição proximal para que seja criado um espaço artificial entre o tubo externo e o tubo interno/*insert* de trabalho. Se o tubo interno for colocado mais distalmente, o endoscópio tocará o tecido subjacente, e o cirurgião não terá espaço para movimentação dos instrumentos. (Este é um dos erros com que o cirurgião se defronta durante a curva de aprendizagem.) Então o endoscópio é colocado no canal do endoscópio e é fixado. É usada sucção

Técnica de Destandau: Abordagem Interlaminar (Discectomia Lombar com Descompressão do Canal)

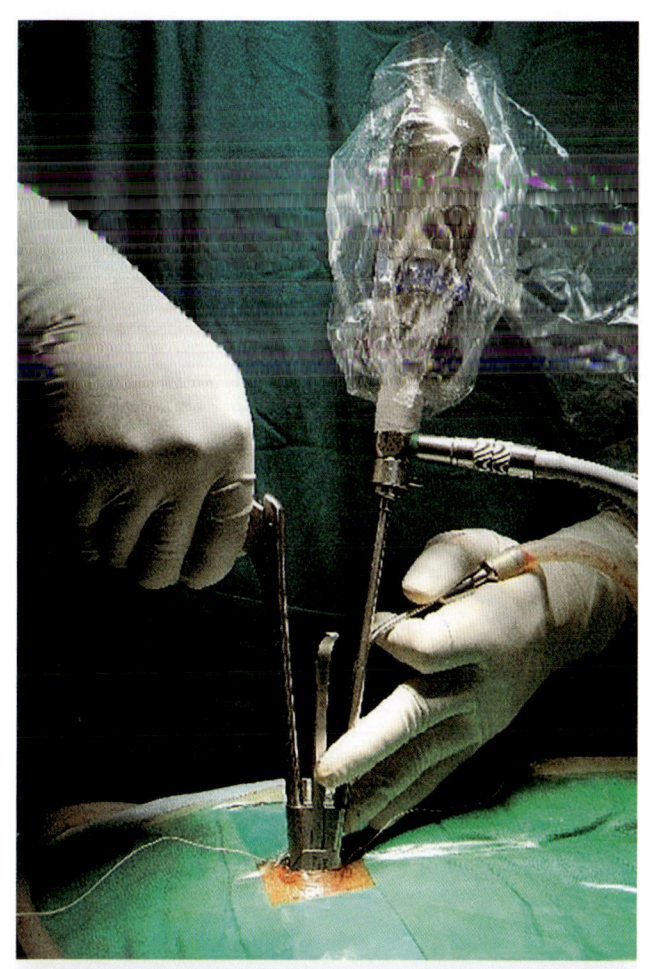

Fig. 19.6 Movimentos das mãos com Endospine.

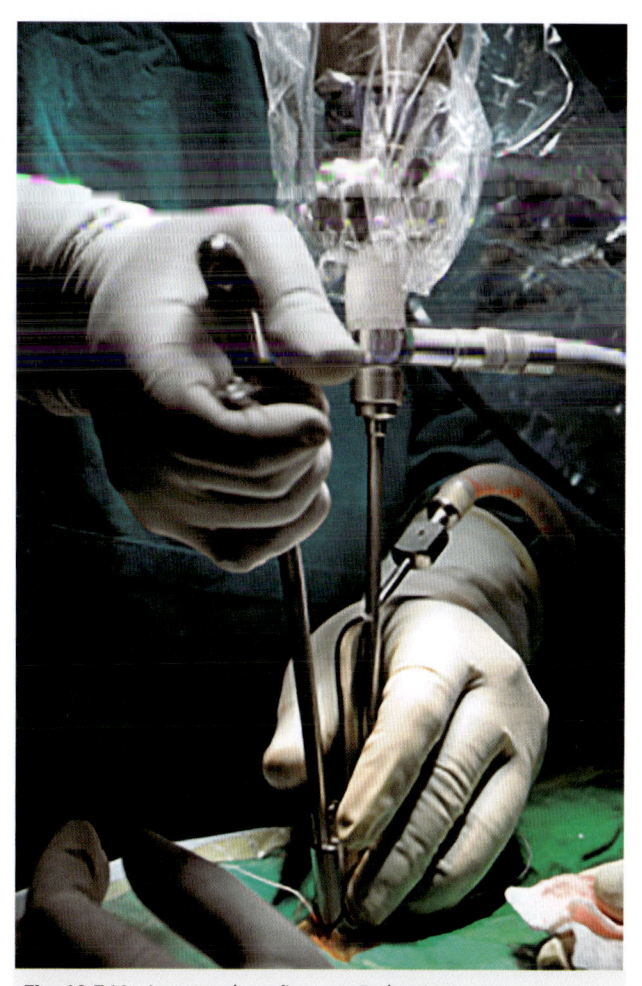

Fig. 19.7 Movimentos das mãos com Endospine.

com a mão esquerda por um canal de 4 mm que é paralelo ao canal de 4 mm para o endoscópio. O canal para os instrumentos de trabalho é o canal mais largo no sistema Endospine: 12 mm. Os dois canais de 4 mm para o endoscópio e sucção são paralelos um ao outro, mas o canal para os instrumentos de trabalho está a um ângulo de 12° dos dois canais de 4 mm. O ângulo de 12° entre sucção/endoscópio e os instrumentos de trabalho evita a mistura dos instrumentos, ao mesmo tempo permitindo que o cirurgião use um endoscópio 0° como um escópio angulado (**Fig. 19.4**).

Filosofia Básica da Mobilidade e Estabilidade do Endospine

Quando o endoscópio e a sucção são acoplados à câmera e ao tubo de sucção, respectivamente, todo o sistema deve permanecer relativamente estável sem qualquer tração nos cabos. A sucção do lado esquerdo é usada para mover todo o sistema com a mão esquerda. O instrumento de trabalho do lado direito é usado para mover o sistema com a mão direita. Com ambas as mãos, o cirurgião pode mover todo o sistema – isto é, endoscópio e instrumentos – em todas as quatro direções, cranial, caudal, medial e lateral. Isto significa que, enquanto usa o sistema Endospine, o cirurgião deve equilibrar as forças de ambas as mãos, de modo que todo o conjunto possa ser movimentado em qualquer direção. Assim, quando o cirurgião move o sistema Endospine com sucção na mão esquerda, o sistema é estabilizado pelo instrumento de trabalho na mão direita (**Fig. 19.5, Fig. 19.6, Fig. 19.7**). Igualmente, quando o sistema Endospine é movido para usar os instrumentos de trabalho na mão direita, o sistema é estabilizado pela sucção na mão esquerda (**Fig. 19.8, Fig. 19.9**).

O cirurgião deve olhar para o monitor enquanto equilibra o Endospine com sucção na mão esquerda e instrumento de trabalho na mão direita. O cirurgião deve aprender os movimentos básicos para equilibrar e ao mesmo tempo estabilizar o sistema (**Fig. 19.10**). Estes são os aspectos básicos da mobilidade do Endospine.[4,5]

Excisão da Lâmina

A excisão da lâmina geralmente é iniciada na junção espinolaminar na base do processo espinhoso. Uma pinça Kerrison 45° é usada para remover a lâmina. A excisão da lâmina é continuada lateral e cranialmente de modo a separar a fixação anteroinferior do ligamento amarelo da lâmina (**Fig. 19.11, Fig. 19.12**). Depois que a curva de aprendizagem estiver dominada, o cirurgião pode mudar a abordagem de acordo com o tamanho da janela interlaminar e interpedicular.

Por exemplo, no nível L5-S1, onde a janela interlaminar é mais ampla, o cirurgião pode primeiro separar o ligamento amarelo e, então, se necessário, parte da lâmina é movida para descomprimir a raiz nervosa transversal. Parte da lâmina cranial e o processo articular são removidos para expor a borda lateral do saco dural e a alça da raiz nervosa transversal.

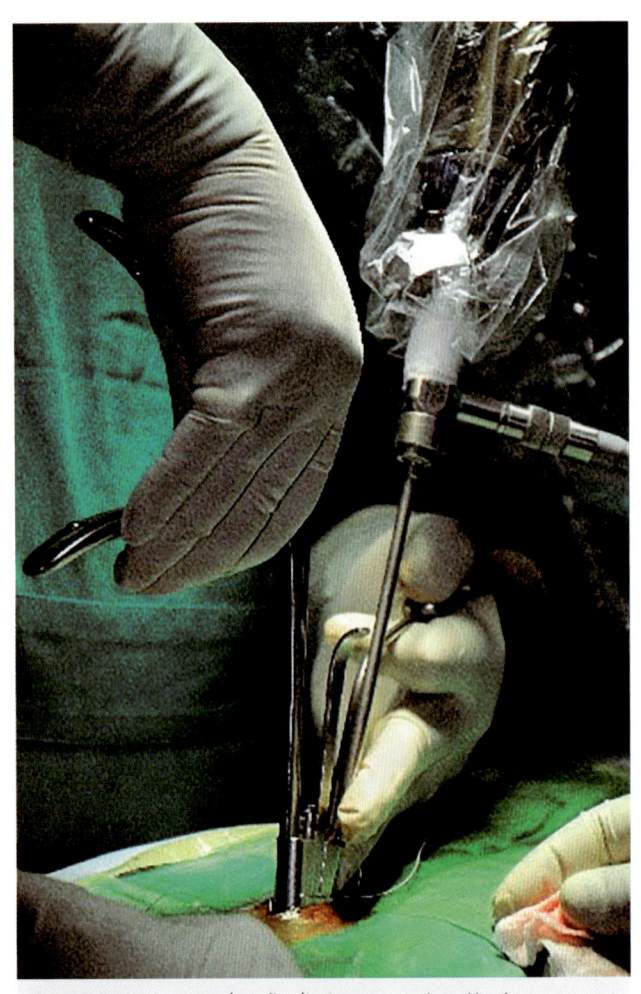

Fig. 19.8 Movimento da mão direita com a pinça Kerrison.

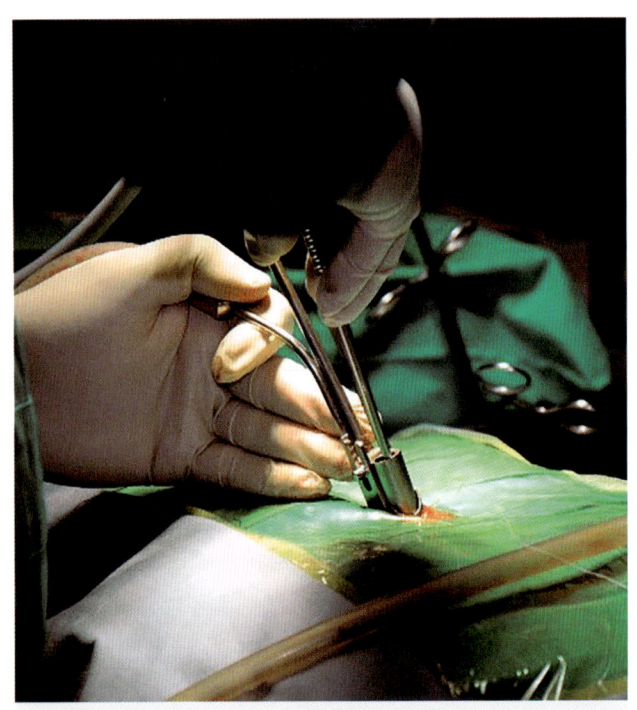

Fig. 19.9 Movimento da mão direita com a pinça Kerrison.

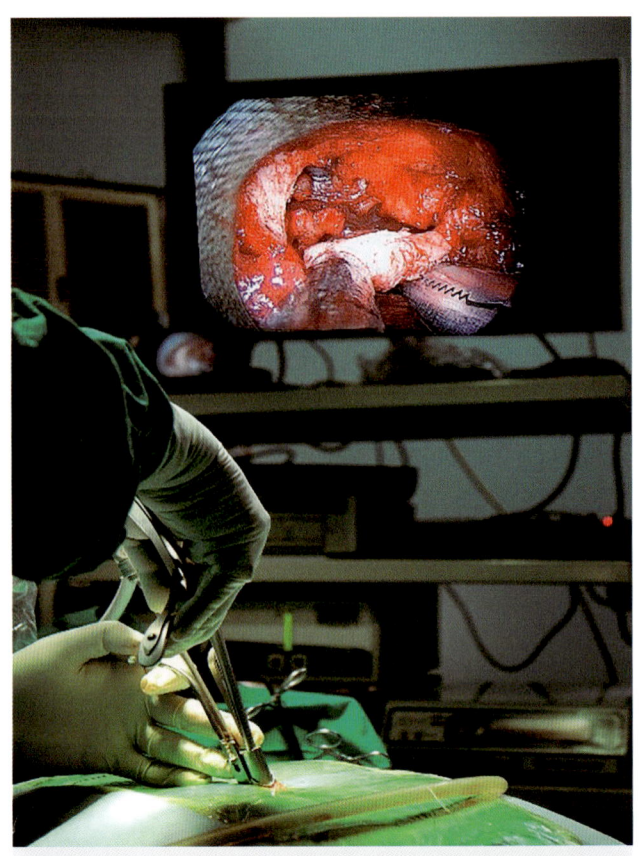

Fig. 19.10 Coordenação entre mãos e olhos com Endospine segurando com as duas mãos.

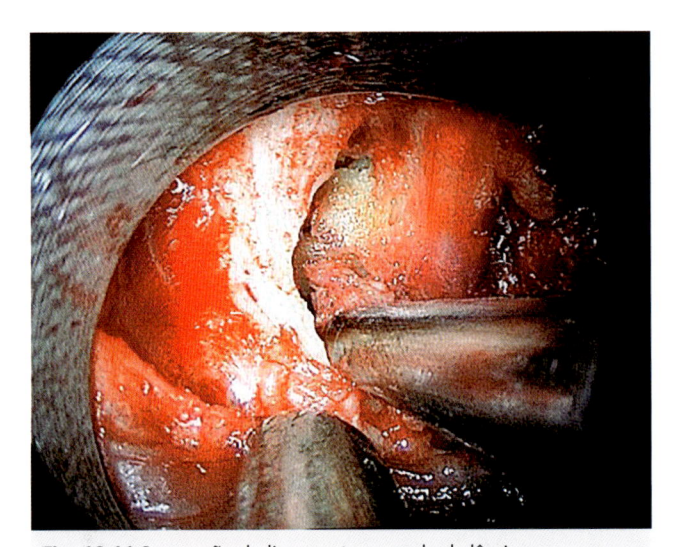

Fig. 19.11 Separação do ligamento amarelo da lâmina.

Excisão do Ligamento Amarelo

A seguir, é usado um cotonoide para empurrar a dura anteriormente para que seja evitada lesão dural acidental durante a excisão do ligamento amarelo. Uma pinça Kerrison 90° é geralmente usada para excisão do ligamento amarelo. A fixação do ligamento amarelo à lâmina caudal e faceta medial é removida para descomprimir a raiz nervosa transversal.

Técnica de Destandau: Abordagem Interlaminar (Discectomia Lombar com Descompressão do Canal)

Fig. 19.12 Uso de broca para remoção da lâmina.

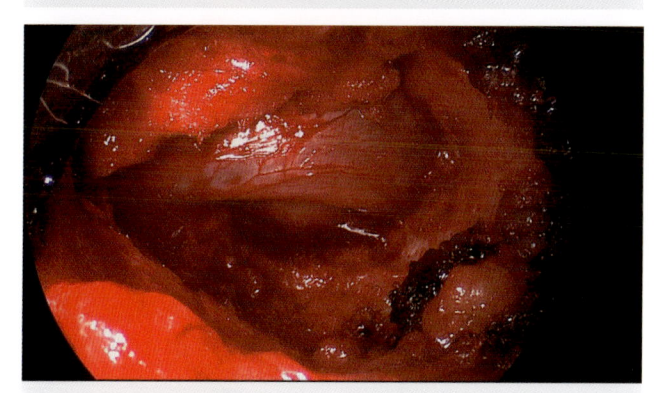

Fig. 19.13 Raiz nervosa transversal do lado esquerdo descomprimida estendida sobre grande inchaço do disco.

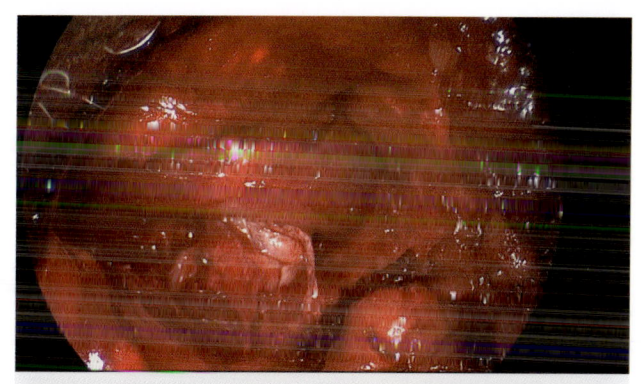

Fig. 19.14 Disco removido lateral à raiz nervosa transversal.

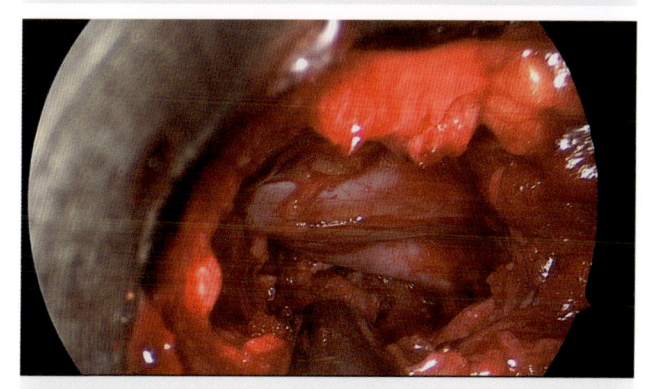

Fig. 19.15 Raiz nervosa transversal adequadamente descomprimida após discectomia.

Descompressão da Raiz Nervosa Transversal

Depois que a borda lateral do saco dural é identificada, a alça da raiz nervosa transversal é identificada. Se necessário, a faceta medial pode ser escavada para descomprimir adequadamente a raiz nervosa transversal. Um cotonoide é empurrado cranial e lateralmente para descomprimir a alça da raiz nervosa. Se a raiz nervosa não for descomprimida adequadamente, o cirurgião não será capaz de passar o cotonoide com facilidade. Logo, é aconselhável escavar a faceta medial para criar um pouco mais de espaço lateral à raiz nervosa. O cotonoide retrairá a alça da raiz nervosa medialmente. Então, com a ajuda de uma pinça Kerrison 45°, a faceta medial formada pelo processo articular superior é escavada de modo que a raiz nervosa seja adequadamente descomprimida até a saída no forame neural. Outro cotonoide é então passado caudalmente, lateral à raiz nervosa descomprimida, de modo que a raiz nervosa seja retraída medialmente. Isto expõe o espaço discal.

O autor usa dois cotonoides para retrair a raiz nervosa depois que ela é adequadamente descomprimida porque, embora haja um retrator nervoso incluso no *insert* de trabalho/tubo interno, é melhor não usar o retrator da raiz nervosa na fase inicial de aprendizagem. Endospine é um sistema móvel, e, quando é usado o retrator da raiz nervosa, o cirurgião está usando três instrumentos de cada vez – isto é, sucção, o instrumento de trabalho (pinça Kerrison ou fórceps discal) e o retrator da raiz nervosa. Enquanto se usam os três instrumentos, o cirurgião deve manter o sistema estável porque se o sistema não permanecer estável, a raiz nervosa retraída pode ser traumatizada durante o movimento. Assim sendo, o autor usa dois cotonoides para julgar a adequação da descompressão da raiz nervosa. Se os dois cotonoides puderem ser passados facilmente lateral à raiz nervosa sobre a alça e caudalmente sobre a raiz nervosa, então a raiz nervosa estará descomprimida adequadamente (**Fig. 19.13**).

Depois da retração da raiz nervosa, as veias epidurais sobre o espaço discal exposto podem ser cauterizadas com cautério bipolar endoscópico. Depois da retração da raiz nervosa, pode ser visto o fragmento discal removido, e é realizada sequestrectomia. Se o ânulo estiver relaxado e ainda intacto, é usado um anulótomo para abrir o ânulo. Uma lâmina de 15 mm também pode ser usada para abrir o ânulo, com a borda cortante da lâmina voltada para longe da raiz nervosa. É aconselhada discectomia adequada, em vez de discectomia agressiva (**Fig. 19.14**).

O espaço discal é irrigado com solução salina para remover algum fragmento discal solto. O endoscópio é passado pelo canal de trabalho dentro do espaço discal para inspecionar o espaço criado após a discectomia. Este é o desfecho da discectomia (**Fig. 19.15**).

Fechamento

O Endospine é retirado com uma única unidade sob visão endoscópica. É usado cautério bipolar endoscópico para atingir hemóstase nos músculos. A fáscia é fechada com Vicryl 3-0, e a pele é reaproximada com Vicryl 3-0. Não é necessário dreno.

Cuidados Pós-Operatórios

O paciente é transferido para a sala de recuperação depois da extubação. Como a maioria dos pacientes não é sondado, quando o paciente deseja urinar, ele é mobilizado e então levado para uma sala. Os analgésicos orais são iniciados após 6 horas, e o paciente tem alta depois de 24 horas. Pacientes com

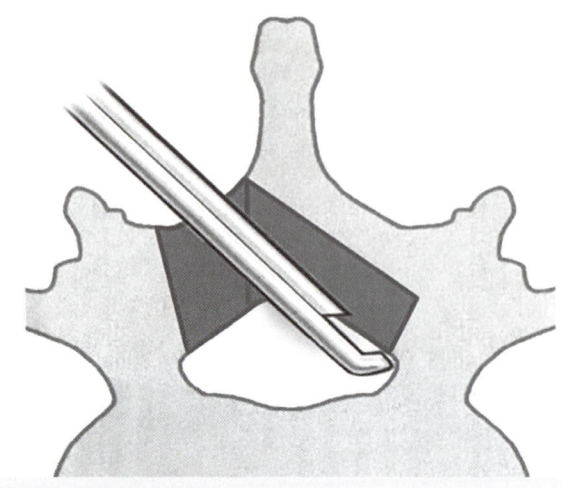

Fig. 19.16 Diagrama da raspagem da lâmina oposta com a pinça Kerrison em estenose do canal lombar.

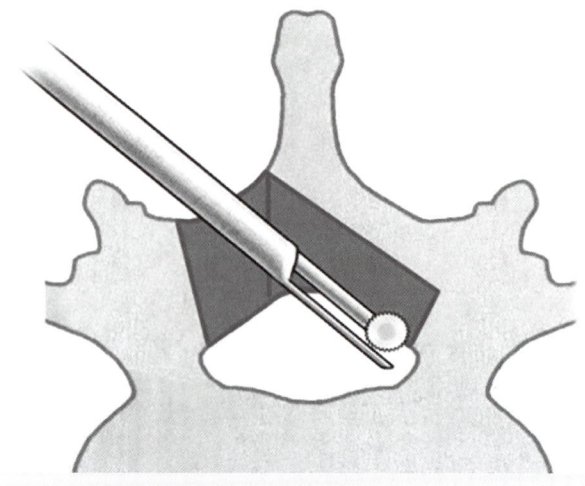

Fig. 19.18 Diagrama esquemático da broca endoscópica para escavar a lâmina oposta.

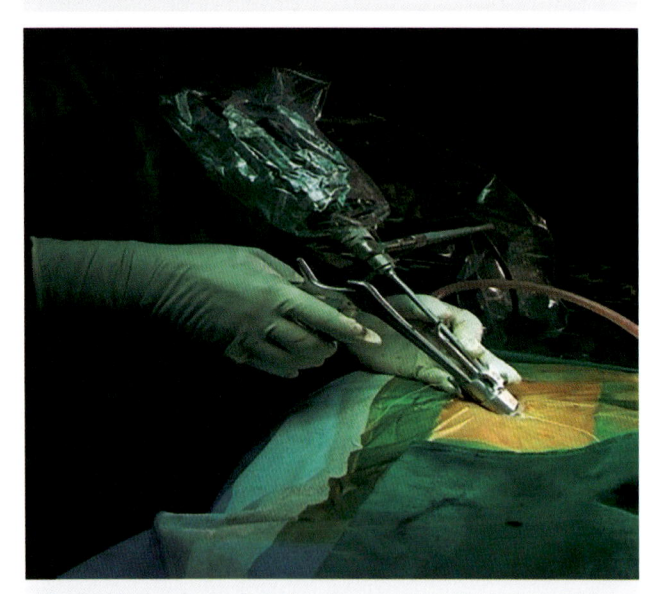

Fig. 19.17 Angulação do Endospine com pinça de Kerrison para escavar a lâmina oposta.

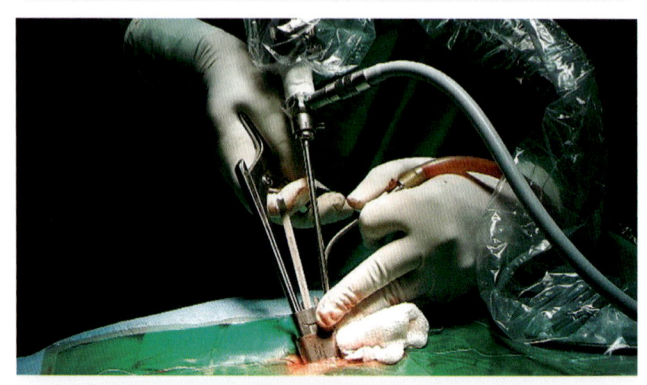

Fig. 19.19 Angulação com Endospine.

comprometimento médico recebem alta somente depois que estiverem medicamente estáveis.

19.7 Técnica Cirúrgica para Estenose do Canal Lombar

É usada uma abordagem unilateral com Endospine para obter a descompressão bilateral do canal. A mesma incisão para discectomia é usada para descompressão do canal (**Fig. 19.16**).[4] A descompressão ipsolateral da raiz nervosa transversal é realizada da mesma maneira que em discectomia com uma abordagem unilateral. A seguir, todo o conjunto do Endospine é angulado para o lado oposto. Primeiramente, a base do processo espinhoso é escavada com o uso de uma pinça Kerrison 45°, de modo que seja criada uma abertura ampla para acomodar o tubo externo. O sistema Endospine é angulado para um ângulo de ~30° (**Fig. 19.17**).

Depois de escavar a base do processo espinhoso com angulação de 30°, a lâmina oposta está tangencialmente no mesmo plano que os instrumentos de trabalho. Uma pinça Kerrison de 45° é usada para escavar a lâmina oposta. Durante a raspagem, da lâmina oposta, o ligamento amarelo é mantido intacto para proteger a dura. A lâmina cranialmente oposta é escavada para separar o ligamento amarelo. Então o ligamento amarelo é separado caudalmente da lâmina caudal. Esta separação prossegue da linha média até a borda lateral oposta. Então a faceta medial do lado oposto é escavada com a ajuda da sonda Kerrison de 45°. Depois que o ligamento amarelo é separado de todas estas ligações, ele é removido com a pinça Kerrison de 90°. É usado um cotonoide sob o ligamento amarelo para proteger a dura. Depois que o ligamento foi ressecado, é passado um cotonoide sobre a alça da raiz nervosa transversal oposta, o que retrairá a raiz nervosa medialmente. A seguir, uma pinça Kerison de 45° é usada para descomprimir a borda lateral da dura e a raiz nervosa. A borda cortante da pinça Kerrison sempre está afastada da raiz nervosa e da dura durante a raspagem da lâmina oposta, faceta e ligamento amarelo. A broca endoscópica pode ser usada para escavar a lâmina oposta e a faceta (**Fig. 19.18, Fig. 19.19, Fig. 19.20**).

O autor usa uma broca endoscópica com uma bainha de proteção que protege a dura; além disso, é usado um cotonoide para proteger a dura. Desde 2009, o autor tem usado um dissector ósseo ultrassônico para escavar a lâmina oposta e a faceta em estenose severa do canal. O dissector ósseo ultrassônico, faca ou raspador emulsiona o osso, mas ao mesmo tempo não lesiona o tecido mole (**Fig. 19.21**).

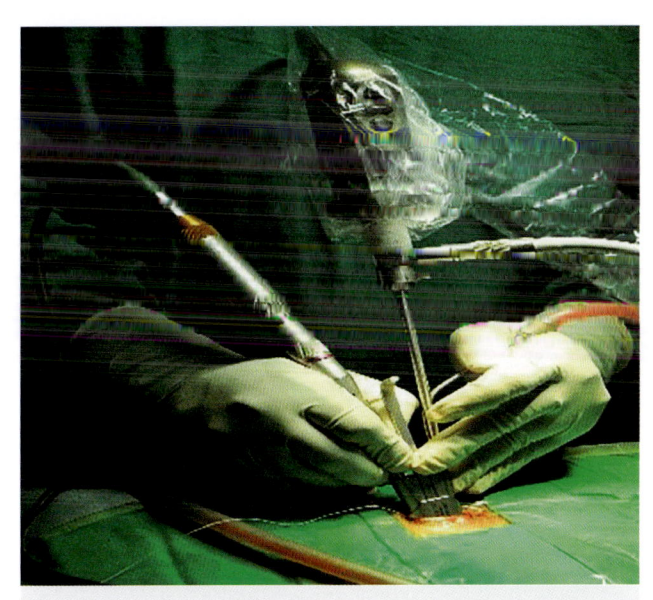

Fig. 19.20 Raspagem da lâmina oposta com broca endoscópica.

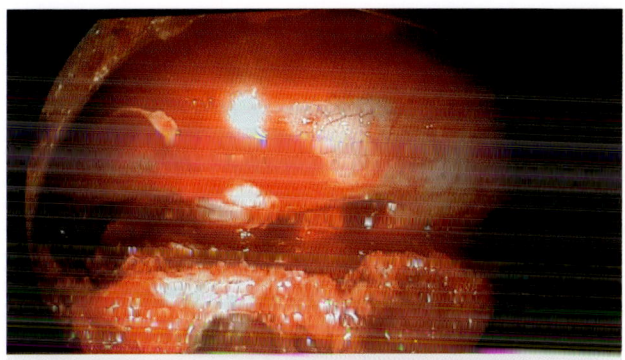

Fig. 19.21 Descompressão endoscópica do canal em dois níveis com uma única incisão.

19.8 Resultados

Na clínica Prakruti, o centro do autor para cirurgia e neurocirurgia espinal minimamente invasiva, entre 2002 e 2014, o sistema Endospine foi usado em 1.000 casos de discectomia da coluna lombar, discectomia com descompressão do canal e descompressão do canal sem discectomia em um nível e, se necessário, dois ou múltiplos níveis. Todas as 1.000 cirurgias foram feitas por um cirurgião. (Desde setembro de 2002, as cirurgias realizadas por ano foram: 2002, 8; 2003, 38; 2004, 47; 2005, 48; 2006, 80; 2007, 83; 2008, 86; 2009, 104; 2010, 129; 2011, 140; 2012, 111; 2013, 105; e antes de março de 2014, 27 casos.) As patologias tratadas foram decorrentes de alterações degenerativas na coluna lombar, mas, aderindo ao princípio básico da descompressão nervosa adequada com preservação da estabilidade para manter o segmento do movimento, alguns pacientes precisaram apenas de discectomia, alguns precisaram de discectomia adequada com descompressão do canal, e alguns precisaram apenas de descompressão do canal. Endospine permitiu a descompressão bilateral do canal e bilateral da raiz nervosa com uma abordagem unilateral.[4,6,7]

Entre 1.000 pacientes, 642 eram do sexo masculino e 358 do sexo feminino, com uma idade mínima de 14 anos e um máximo de 82 anos. Foi usada MRI em 997 casos, com mielografia nos três casos iniciais. Em 990 casos, foi usada anestesia geral, com anestesia espinal em dois casos e anestesia local em oito. Os níveis comuns tratados endoscopicamente foram L4-L5, L5-S1 e L4-L5 com L5-S1 porque as alterações degenerativas são mais comuns nestes níveis. Entre 452 casos no nível L4-L5, foi realizada discectomia em 129, discectomia com descompressão do canal foi realizada em 286 casos, e somente descompressão do canal sem discectomia foi realizada em 37 casos. Em L5-S1, de 239 casos, foi realizada discectomia em 146 casos, discectomia com descompressão do canal em 92 casos, e somente descompressão do canal sem discectomia foi feita em um caso. Nos casos que envolviam L4-L5 e L5-S1, os dois níveis foram abordados endoscopicamente em 89 casos. De 89 casos, 50 foram abordados por uma única incisão, angulando o Endospine caudalmente. Em oito casos foi realizada discectomia, em 77 casos discectomia com descompressão do canal e em quatro casos foi realizada apenas descompressão do canal. Nas cirurgias em L4-L5 e L5-S1 para descompressão do canal por uma única incisão, foi realizada mais frequentemente hemilaminectomia em L5 para descompressão adequada do canal. O nível L3-L4 foi tratado endoscopicamente em 55 pacientes. Destes 55 pacientes, 33 fizeram apenas discectomia, 18 precisaram de discectomia com descompressão do canal, e para quatro pacientes apenas descompressão do canal foi suficiente. Nos 165 pacientes restantes com mais de um nível de cirurgia endoscópica, 85 casos foram nos níveis L3-L4 e L4-L5, e 13 casos foram nos níveis L2-L3 e L4-L5. Para abordar estes níveis, foram usadas duas incisões separadas. Em comparação à incidência de hérnias discais foraminais na literatura ocidental, que é ~8%, usamos a abordagem foraminal para hérnia discal extremo-lateral em apenas cinco casos em 1.000. Destes cinco casos, um caso era de uma hérnia discal recorrente em L3-L4 depois de laminectomia aberta e discectomia em L4-L5, em 1989. Três casos têm cisto sinovial da faceta comprimindo a raiz do nervo – dois em L4-L5 e um em L5-S1. O cisto sinovial em L5-S1 era no lado contralateral da discectomia endoscópica realizada um ano antes, causando radiculopatia compressiva recorrente. Um resumo dos achados é apresentado no **Quadro 19.1**.

Quadro 19.1. Resumo dos resultados de cirurgia com Endospine

- Raiz conjunta foi encontrada em dois casos (0,2%).
T12–L1: (CD + D) = 2.
L1–L2: 5(D), 1(CD + D) = 6.
L2–L3: 7(D), 5(CD + D) = 12.
L3–L4: 33(D), 18(CD + D), 4(CD) = 55.
L4–L5: 129(D), 286(CD + D), 37(CD) = 452.
L5–S1: 146(D), 92(CD + D), 1(CD) = 239.
L4–L5 & L5–S1: 8(D), 77(CD + D), 4(CD) = 89.
- Cirurgia discal lombar em mais de um nível:
T12–L1 & L4–L5 = 1.
L1–L2 & L4–L5 = 1.
L1–L2 & L2–L3: 2(CD + D) = 2.
L1–L2 & L3–L4: 2(CD + D) = 2.
L1–L2, L4–L5, & L5–S1: 1(CD) = 1.
L1–L2 & L5–S1: 1(CD + D) = 1.
L2–L3 & L4–L5: 2(D), 11(CD + D) = 13.
L3–L4 & L4–L5: 4(D), 66(CD + D), 15(CD) = 85.
L2–L3 & L3–L4: 1(D), 6(CD + D), 1(CD) = 8.
L3–L4 & L5–S1: 1(D), 7(CD + D), 1(CD) = 9.
L3–L4, L4–L5, & L5–S1: 7(CD + D) = 7.
L2–L3, L3–L4 & L4–L5: 4(CD + D), 6(CD) = 10.
L2–L3, L3–L4 & L5–S1: 1(CD + D) = 1.
L2–L3, L3–L4, L4–L5, & L5–S1: 1(CD) = 1.
L1–L2, L2–L3, L3–L4, & L4–L5: 1(CD) = 1.
L1–L2, L2–L3, L4–L5, & L5–S1: 1(CD + D) = 1.
S1–S2: 1(CD + D) = 1.

Abreviações: D: somente discectomia; CD + D: discectomia e descompressão do canal; CD: somente descompressão do canal (sem discectomia).

Em sua série, o autor teve 29 punções durais relacionadas com o procedimento endoscópico. Inicialmente, em dois casos onde a abertura dural era significativa, a abordagem foi convertida para um procedimento aberto, e a abertura dural foi fechada. A propósito, nestes dois casos, havia sido realizada laminectomia aberta no passado para discectomia e houve recorrência de hérnia discal. No resto dos casos, envolvimento com pequenas peças de Gelfoam foi suficiente. Pedaços do músculo podem ser usados para inserir no músculo, além de cola de fibrina para selar o rasgo. Tivemos quatro lesões nervosas relacionadas com o procedimento que levaram à fraqueza. Das quatro lesões nervosas, duas foram em casos de listese com estenose do canal. Seis casos tiveram espondilodiscite depois do tratamento endoscópico; quatro receberam antibióticos e repouso, e dois se submeteram à laminectomia descompressiva com desbridamento, antibióticos e completo repouso no leito. Nove casos tiveram infecções na ferida que exigiram desbridamento local e aumento nos antibióticos. De nove casos, quatro eram casos onde um pedaço de gaze foi esquecido abaixo da fáscia no músculo, o que provocou infecção na ferida. Dos 1.000 casos operados endoscopicamete, 12 tiveram recorrência de hérnia discal. Uma hérnia discal estava no lado oposto, e em outro caso um cisto no lado oposto causou sintomas recorrentes. Os dez casos restantes tiveram hérnia discal recorrente no mesmo lado que a abordagem endoscópica no passado. Destes dez casos, oito se submeteram à discectomia endoscópica em nosso centro, e dois passaram por laminectomia aberta em outro centro. Tivemos 11 casos de processo espinhoso na base durante angulação do Endospine para abordar o lado oposto em descompressão do canal. Se a incisão for relativamente próxima ao processo espinhoso e o osso osteoporótico em paciente idoso. Angulação degenerativa do processo espinhoso na direção do lado da abordagem endoscópica é outro fator responsável por isto. Este é um dos fatores que causam dor no sítio da abordagem pós-operatoriamente. Em estenose do canal espinal acima do nível L4-L5, as distâncias interlaminar e interpedicular se tornam cada vez menores. Em 45 casos tivemos que fazer excisão da faceta ipsolateral para descomprimir o canal e a raiz nervosa. Em todos estes casos, a faceta oposta estava intacta, com raspagem da lâmina e ligação do músculo. Isto manteve a estabilidade do segmento de movimento.

Tivemos 95% de resultados excelentes com discectomia endoscópica, discectomia e descompressão do canal e descompressão bilateral do canal com uma abordagem unilateral. Usamos os critérios modificados de McNab para avaliação, com um bom resultado em 2%, resultado razoável em 1% e mau resultado em 1% dos casos.[4]

19.9 Conclusão

Cirurgia espinal endoscópica com Endospine – a técnica de Destandau – é um procedimento seguro, embora com uma curva de aprendizagem muito acentuada. Depois que o cirurgião passou pela curva de aprendizagem com segurança, qualquer patologia lombar degenerativa pode ser tratada com sucesso. A incisão pode permanecer a mesma em pacientes de estrutura magra, mas o retrator tubular móvel ajuda a atingir os mesmos resultados por uma pequena incisão em pacientes obesos e em estenose do canal lombar.

Referências

1. Isaacs RE, Podichetty V, Fessler RG. Microendoscopic discectomy for recurrent disc herniations. *Neurosurg Focus* 2003;*15*(3):E11
2. Maroon JC. Current concepts in minimally invasive discectomy. *Neurosurgery* 2002;*51*(5, Suppl):S137–S145
3. Park CK. The effect of patient positioning on intraabdominal pressure and blood loss in spinal surgery. *Anesth Analg* 2000;*91*(3):552–557
4. Destandau J. Endoscopically assisted lumbar microdiscectomy. *J Minim Invasive Spine Surg Tech* 2001;*1*(1):41–43
5. Nowitzke AM. Assessment of the learning curve for lumbar microendoscopic discectomy. *Neurosurgery* 2005;*56*(4):755–762
6. Khoo LT, Khoo KM, Isaacs RE, et al. Endoscopic lumbar laminotomy for stenosis. In: Perez-Cruet MJ, Fessler RG, eds. *Outpatient Spinal Surgery*. St. Louis: Quality Medical Publishing; 2002:197–215
7. Yadav YR, Parihar V, Namdeo H, Agrawal M, Bhatele PR. Endoscopic interlaminar management of lumbar disc disease. *J Neurol Surg A Cent Eur Neurosurg* 2013;*74*(2):77–81

20 Fusão Intersomática Lombar Transforaminal Endoscópica e Instrumentação

Faheem A. Sandhu

20.1 Introdução

No início da década de 1900, as técnicas de fusão lombar dorsal eram frequentemente malsucedidas. Isto levou Muller a tentar tratar pacientes que tinham doença de Pott por meio de uma abordagem anterior.[1] Na década de 1930, Burns realizou com sucesso uma fusão intersomática lombar transabdominal para espondilolistese.[1] Na década de 1940, as técnicas de fusão intersomática foram mais modificadas para incluir a colocação de um autoenxerto, na forma do processo espinhoso e lâmina removidos, no espaço intervertebral.[2,3] Em 1953, Cloward reintroduziu o conceito da abordagem posterior para fusão intercorporal lombar e defendeu que esta técnica substituía discectomia lombar e laminectomias independentes.[4] Por meio da fusão intersomática lombar posterior (PLIF) de Cloward, era possível ser obtido 360° de estabilização por meio de uma única incisão dorsal, eliminando a necessidade de cirurgia anterior adicional.[5] No entanto, os riscos envolvidos na abordagem não eram insignificantes e incluíam lesão neural pela retração significativa do saco tecal e a raiz nervosa, além de vazamento de CSF.

Numa tentativa de reduzir as complicações associadas à PLIF, Harms e Rolinger introduziram um método alternativo para obter fusão lombar circunferencial, em 1982.[6] Por meio de uma facetectomia, foi criada uma janela transforaminal para a colocação de uma malha de titânio e enxerto ósseo. Em comparação à PLIF, a abordagem transforaminal para fusão intersomática lombar (TLIF) diminui a retração dos elementos neurais e é realizada por meio de uma abordagem unilateral.[6] A TLIF também permite a colocação mais anterior de um enxerto intersomático maior, desta forma obtendo maior descompressão foraminal e restauração da lordose lombar. Além do mais, a TLIF evita ruptura da faceta contralateral e da *pars*, e está associada à perda de sangue significativamente menor.[7,8,9]

O avanço mais recente em fusões intersomáticas lombares é o desenvolvimento de técnicas minimamente invasivas (MI)/endoscópicas.[10,11,12] A abordagem da TLIF aberta causa ruptura do complexo músculo-ligamentoso e requer retração lateral significativa da musculatura para a exposição adequada da anatomia cirúrgica. Isto foi correlacionado negativamente com os resultados em longo prazo de fusão lombar.[13,14] O desenvolvimento dos sistemas retratores tubulares possibilitou a obtenção de artrodese lombar, ao mesmo tempo minimizando os danos ao tecido mole.[15,16,17] Este capítulo examina os candidatos apropriados ao procedimento, a técnica cirúrgica e os detalhes de como evitar as complicações e dificuldades da TLIF MI/endoscópica.

20.2 Escolha do Paciente

Indicações

As indicações para o procedimento incluem:
- Espondilolistese graus I/II com instabilidade dinâmica.
- Pseudoartrose.
- Cifose lombar pós-laminectomia.
- Doença discal degenerativa e dor mecânica nas costas com sintomas reproduzíveis no teste provocativo.
- Hérnia discal recorrente com dor mecânica lombar.
- Colapso nos interespaços com radiculopatia após discectomia.
- Três ou mais hérnias discais recorrentes com radiculopatia.
- Instabilidade secundária a trauma.
- Deformidade lombar com desequilíbrio coronal/sagital.

Contraindicações

As contraindicações para o procedimento são:
- Doença discal degenerativa multinível sem deformidade.
- Doença discal em um nível sem dor mecânica nas costas ou instabilidade.
- Osteoporose severa.

20.3. Técnica

Equipamento Cirúrgico

- É preferível a mesa aberta de Jackson porque promove a lordose lombar e reduz a pressão intra-abdominal e congestão venosa epidural.
- Fluoroscopia com braço-C.
- Retrator tubular expansível.
- Endoscópio, lupa farol ou microscópio.
- Broca de alta velocidade.
- Conjunto cirúrgico padrão para laminectomia/fusão.
- Distratores (7-14 mm), cortadores rotatórios, raspadores de placa terminal.
- Material de enxerto intercorporal (*cage* em poliéter-éter-cetona [PEEK] ou *cage* de titânio).
- Material de enxerto ósseo.
- Fio K.
- Parafusos pediculares canulados.

Configuração do Centro Cirúrgico

- A mesa cirúrgica é colocada no centro da sala.
- A anestesia é posicionada na cabeceira da mesa.
- A base do fluoroscópio com braço-C é colocada no lado oposto à abordagem cirúrgica.
- As mesas com o equipamento devem estar situadas atrás do cirurgião principal, com a mesa de Mayo acima dos pés do paciente.

Anestesia/EMG

- Deve ser solicitada anestesia para evitar paralíticos, óxido nitroso e relaxantes musculares, para prevenir alguma interferência nos registros da EMG.
- Intubação.
- A colocação do cateter de Foley, cabos de EMG nas extremidades inferiores e dispositivos para compressão sequencial deve ser concluída antes de colocar o paciente na posição prona.

- Deve ser administrado antibiótico pré-operatório. (Preferimos cefalozina ou vancomicina, se o paciente tiver alergia à penicilina.)

Posicionamento e Localização

- O paciente é colocado na posição prona sobre uma mesa de Jackson aberta.
- O braço-C é usado para localizar e marcar o(s) nível(eis) da patologia (**Fig. 20.1**) (**Vídeo 20.1**).

Exposição

- É feita uma incisão longitudinal de 2,5 cm a 4 cm da linha média no lado sintomático.
- A incisão deve ser feita até a fáscia lombar dorsal (**Fig. 20.2**).
- Um pino de Steinmann é inserido a 35 a 45° para repousar sobre o complexo facetário, e isto é confirmado com fluoroscopia (**Fig. 20.3**).
- Dilatadores sequenciais do tecido mole e retratores tubulares são usados para separar o músculo (**Fig. 20.4**).
- O retrator tubular é fixado à mesa com uma braçadeira com braço flexível, e o nível correto é confirmado com fluoroscopia com braço-C (**Fig. 20.5**).
- O tecido mole que recobre a lâmina e o complexo facetário é então removido com a utilização de cautério monopolar (**Fig. 20.6**).

Laminectomia/Facetectomia

- O canal de trabalho é então angulado medialmente para a realização da laminectomia e facetectomia.
- Com o uso de uma cureta reta, é definida a borda inferior da lâmina.
- Com o uso de curetas anguladas, é desenvolvido um plano entre a parte de baixo da lâmina e o ligamento amarelo.
- A lâmina é afinada com uma broca de alta velocidade (**Fig. 20.7**) e então é removida com o uso de ruginas de Kerrison anguladas. Esta descompressão deve-se estender de pedículo a pedículo nos níveis acima e abaixo do interespaço.
- Como alternativa, um osteótomo pode ser usado para remover a faceta fazendo cortes ao longo do aspecto medial da faceta e um perpendicular a este na base da *pars* (**Fig. 20.8**). O restante da lâmina é então removido com ruginas de Kerrison.
- Também é realizada uma facetectomia total em preparação para a colocação do *cage* intersomático.
- O osso removido na laminectomia e facetectomia é preservado para uso como parte da massa de fusões intersomática e lateral.

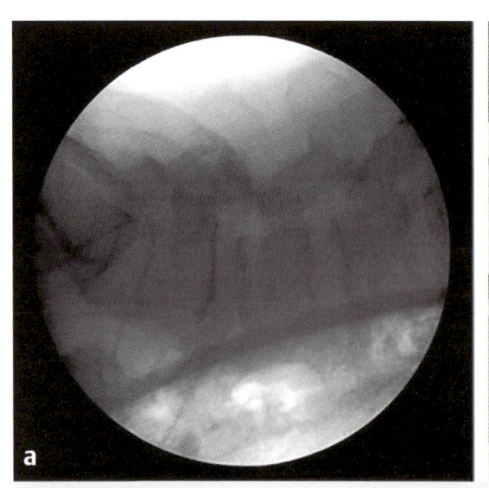

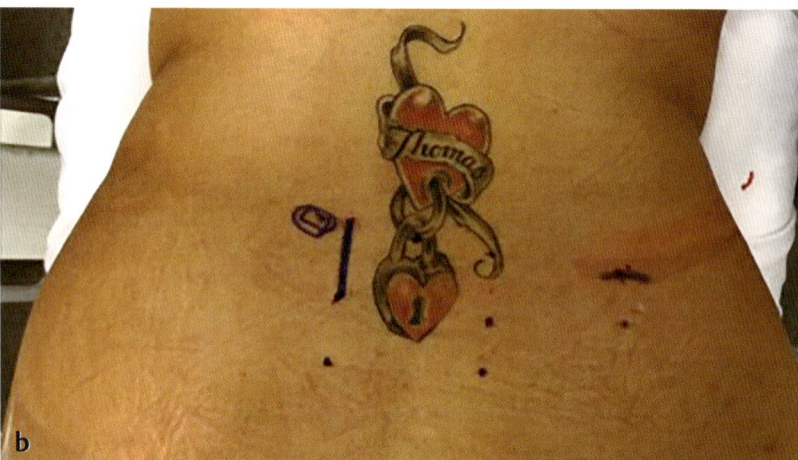

Fig. 20.1 (a,b) Paciente em posição prona, nível da patologia localizado com fluoroscopia com braço-C e incisão de 2,5 cm marcada no lado esquerdo sintomático do paciente.

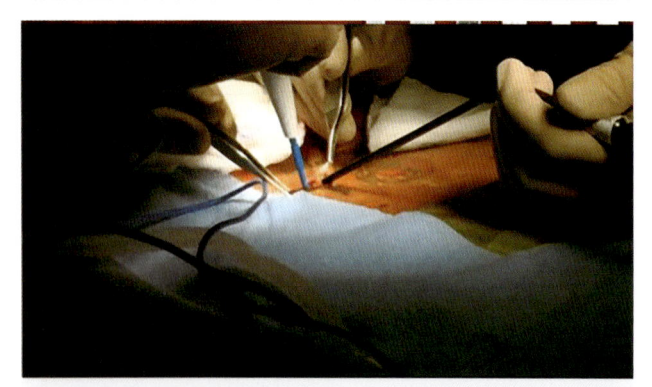

Fig. 20.2 Depois de feita a incisão, a exposição é feita descendente pela fáscia dorsal lombar com eletrocautério monopolar.

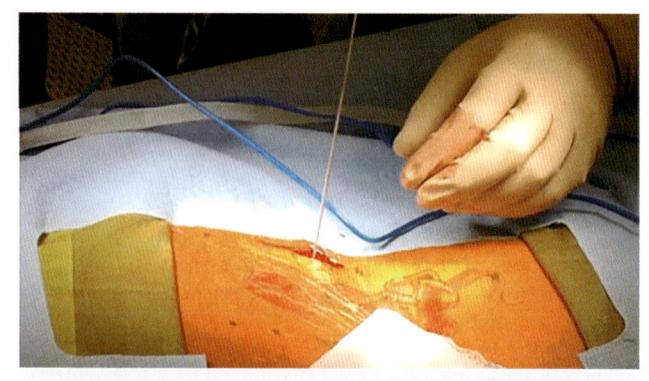

Fig. 20.3 O pino de Steinmann é inserido para descansar sobre o complexo facetário, e o nível operatório correto é confirmado com fluoroscopia.

Fusão Intersomática Lombar Transforaminal Endoscópica e Instrumentação

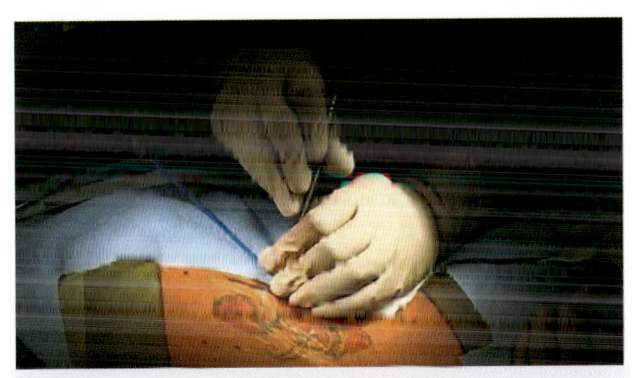

Fig. 20.4 São colocados dilatadores sequenciais para separação do músculo; o retrator tubular é colocado sobre os dilatadores e é fixado à mesa com uma braçadeira.

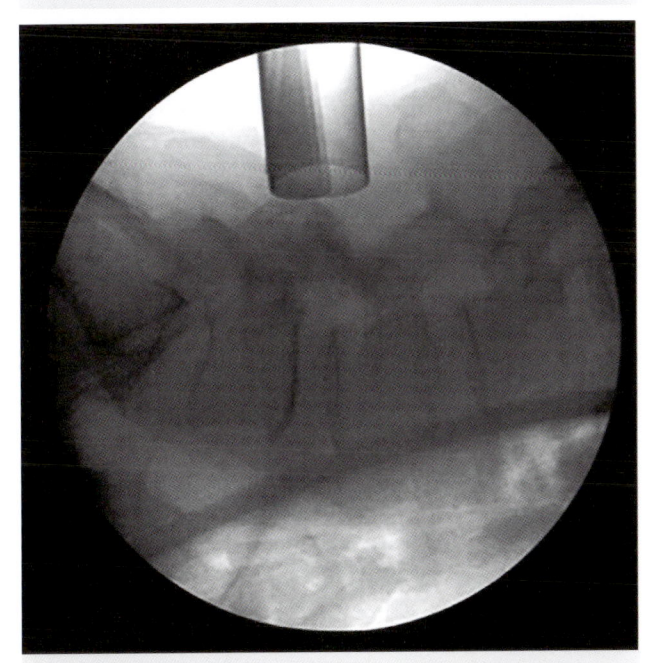

Fig. 20.5 O retrator tubular foi colocado sobre a lâmina e o complexo facetário, e o nível correto é reconfirmado com fluoroscopia com braço-C.

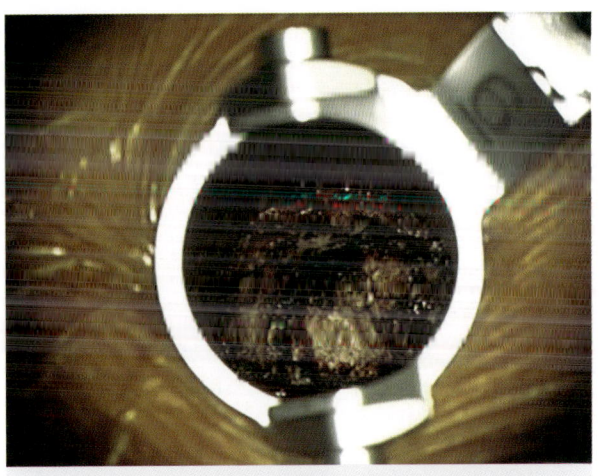

Fig. 20.6 O tecido mole que recobre a lâmina e o complexo facetário foram removidos com eletrocautério monopolar.

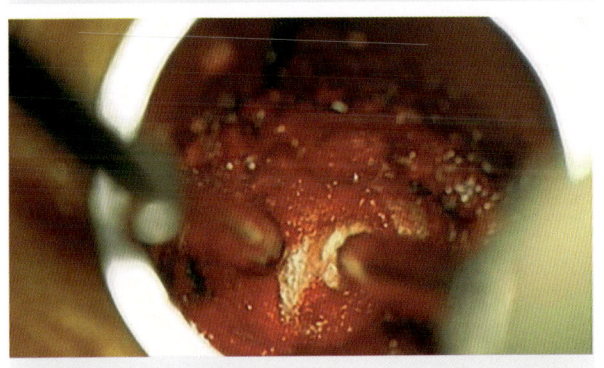

Fig. 20.7 A lâmina é afinada com uma broca de alta velocidade.

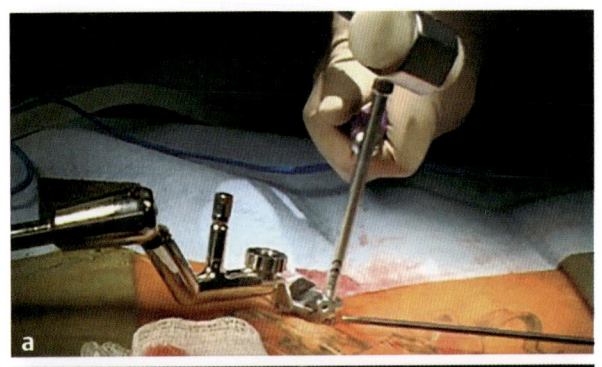

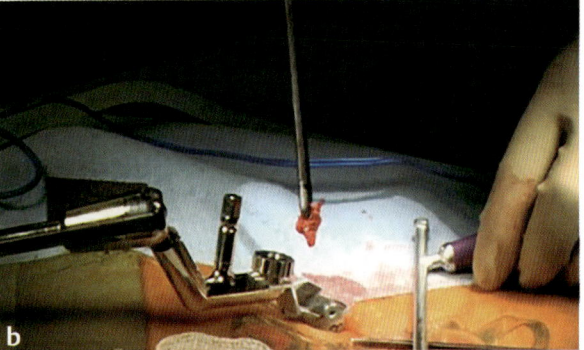

Fig. 20.8 (a,b) Como alternativa, a lâmina e o complexo facetário podem ser removidos com a utilização de um osteótomo fazendo um corte no aspecto medial da faceta e um corte perpendicular na base da *pars*.

- Para completar a descompressão, o ligamento amarelo também é removido com o uso de ruginas de Kerrison (**Fig. 20.9, Fig. 20.10**).
- Neste ponto, o saco tecal lateral, a raiz nervosa transversal e o espaço discal devem ser visualizados. Não tentamos expor completamente a saída da raiz nervosa, uma vez que geralmente já há exposição adequada do espaço discal sem visualizá-la, e isto ajuda a proteger de lesão os gânglios da raiz dorsal durante a colocação do *cage*.

Fusão Intersomática

- As veias epidurais são coaguladas com o uso de um cautério bipolar (**Fig. 20.11**).
- Um bisturi com lâmina n° 15 é usado para incisão no ânulo.
- É removido material discal ipsolateral e contralateral com o uso de ruginas pituitárias retas e anguladas (**Fig. 20.12**).
- É usada uma variedade de raspadores e cortadores rotatórios de placas terminais para limpar as placas terminais cartilaginosas (**Fig. 20.13**).

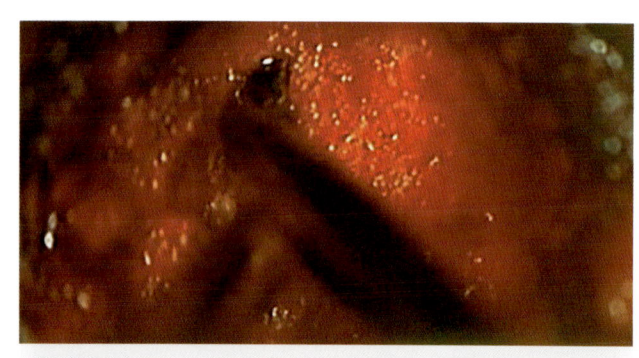

Fig. 20.9 Uma cureta angulada é usada para desenvolver um plano entre o ligamento amarelo e o saco tecal.

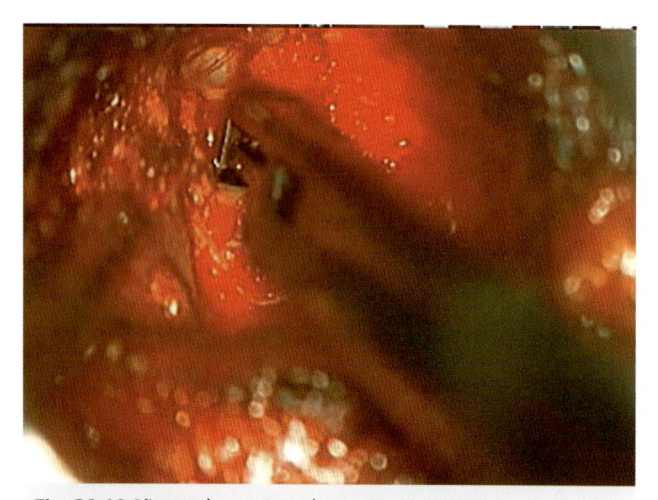

Fig. 20.10 São usadas ruginas de Kerrison para remover o ligamento amarelo e completar a descompressão do saco tecal.

- Os resíduos são removidos com ruginas pituitárias, e o sítio operatório é irrigado abundantemente com solução salina com antibiótico.
- Baseamo-nos fortemente em curetas anguladas para cima e para baixo para garantir que as placas terminais estejam apropriadamente preparadas para artrodese (**Fig. 20.14**).
- Com o uso de dilatadores sequenciais do espaço discal, o espaço intersomático é dilatado até uma altura similar à dos níveis adjacentes.
- Um *cage* em forma crescente é compactado com o material do enxerto ósseo (**Fig. 20.15**).
- O *cage* em forma crescente é então colocado no interespaço, e a colocação correta é confirmada com fluoroscopia (**Fig. 20.16**).
- Então é obtida hemóstase com um agente hemostático para garantir fluidez.
- Os retratores tubulares são então angulados lateralmente, e os processos transversais são expostos, assim como o processo mamilar.
- É usada uma broca de alta velocidade para criar um ponto de entrada no pedículo, estendendo-se até o corpo vertebral com uma sonda. Fluoroscopia lateral é útil quando são colocados parafusos.
- Parafusos, hastes e bloqueadores são então colocados sob visualização direta. Como alternativa, o retrator pode ser removido, e podem ser colocados parafusos peliculares percutâneos.
- Os processos transversais são descorticados com o uso de uma broca de alta velocidade, e é colocado autoenxerto no meio.
- Lascas de osso esponjoso podem ser usadas para complementar o autoenxerto (**Fig. 20.17**).

Instrumentação (Ilustrada no Capítulo 14)

- Outro braço-C é inserido para visualizar o nível de interesse nos planos AP e lateral. Uma agulha Jamshidi é colocada sobre

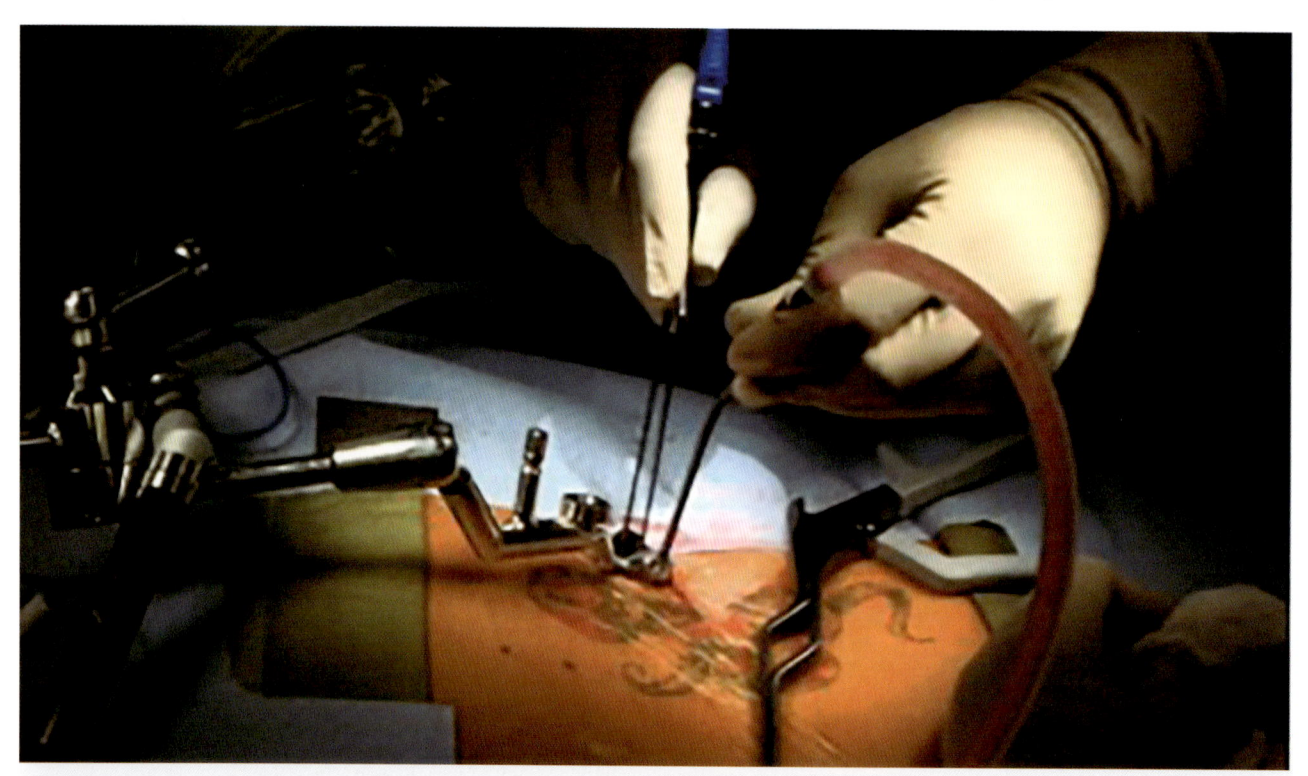

Fig. 20.11 As veias epidurais são coaguladas com o uso de eletrocautério bipolar.

a parede lateral do pedículo (nas posições de 3 e 9 horas nas imagens AP) e é cuidadosamente avançada pelo pedículo com o uso de imagens seriais até entrar no corpo vertebral.
- O estilete é removido, e um fio K é empurrado ~1 cm para dentro do corpo vertebral.
- A agulha Jamshidi é agora removida, com o cirurgião tomando cuidado para não desalojar o fio K, e é feita uma imagem fluoroscópica para confirmar a boa posição do fio K.
- O tecido mole no caminho do fio K é dilatado com o uso de dilatadores sequenciais.
- Os pedículos são explorados, e então os parafusos pediculares canulados são colocados.
- Os fios K são removidos depois que o parafuso canulado atravessa o pedículo.
- O tamanho da haste é determinado com o uso de calibradores.
- A haste é fixada a um sistema de aperto específico do sistema de instrumentação e é empurrado pelo tecido mole e as cabeças de parafuso.
- Uma fluoroscopia AP final é feita para confirmar a boa colocação das hastes se elas não puderem ser visualizadas diretamente nas cabeças dos parafusos.
- São aplicados os bloqueadores, os parafusos pediculares são comprimidos, e a retração final é realizada usando uma chave limitadora do torque.
- Os extensores de parafuso são removidos.
- As feridas são irrigadas adequadamente com solução salina com antibiótico e são fechadas em camadas com o uso de suturas absorvíveis.
- Os curativos são aplicados segundo a preferência do cirurgião. Fazemos o curativo da ferida com Steri-Strips, curativo não aderente Telfa e Tegaderm transparente.

20.4 Prevenção de Complicações

Como em qualquer procedimento cirúrgico, podem ocorrer várias complicações durante TLIF MI/endoscópica. Rasgos durais e lesão nervosa podem ocorrer, se o pino de Steinmann ou os dilatadores deslizarem para dentro do espaço interlaminar. Isto pode ser evitado pela remoção do pino depois que o dilatador inicial é passado e for confirmado por fluoroscopia que ele está ancorado no osso. As mesmas complicações podem ser evitadas durante a descompressão com o uso de curetas retas e anguladas para desenvolver um plano bem definido. Boa iluminação e visualização devem estar presentes durante o curso da cirurgia. O deslocamento anterior do *cage* intersomático pode ser evitado se for tomado cuidado para preservar o ligamento longitudinal anterior durante e preparação do disco.

O osso pode ser quebrado durante a colocação dos parafusos pediculares. Fazer imagens fluoroscópicas adequadas para assegurar que os fios K estão bem centralizados pelo eixo do pedículo e estão paralelos à placa terminal superior do corpo vertebral pode minimizar o risco desta complicação. O monitoramento com EMG intraoperatória também fornece *feedback* contínuo sobre a função nervosa durante a colocação da prótese intersomática e instrumentação. Pseudoartrose, embora não seja uma complicação imediata, pode ser minimizada pela preparação meticulosa das placas terminais. Por esta razão, a preparação do disco é frequentemente a parte mais demorada do procedimento. Em mãos experientes, as complicações podem ser evitadas com grande cuidado e atenção aos detalhes.

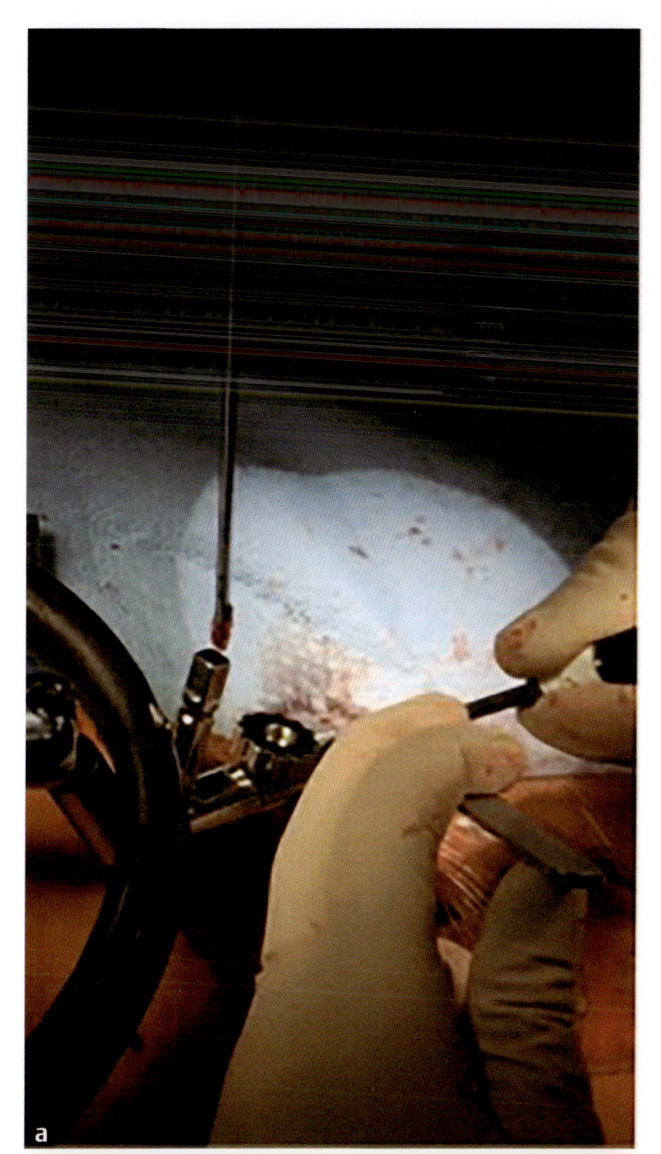

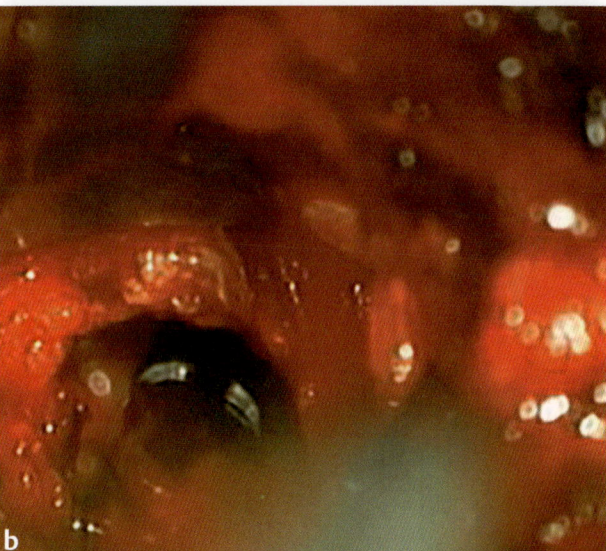

Fig. 20.12 (a,b) Após a incisão no ânulo com uma lâmina nº 15, é usada uma combinação de ruginas retas e anguladas para remover o material do disco.

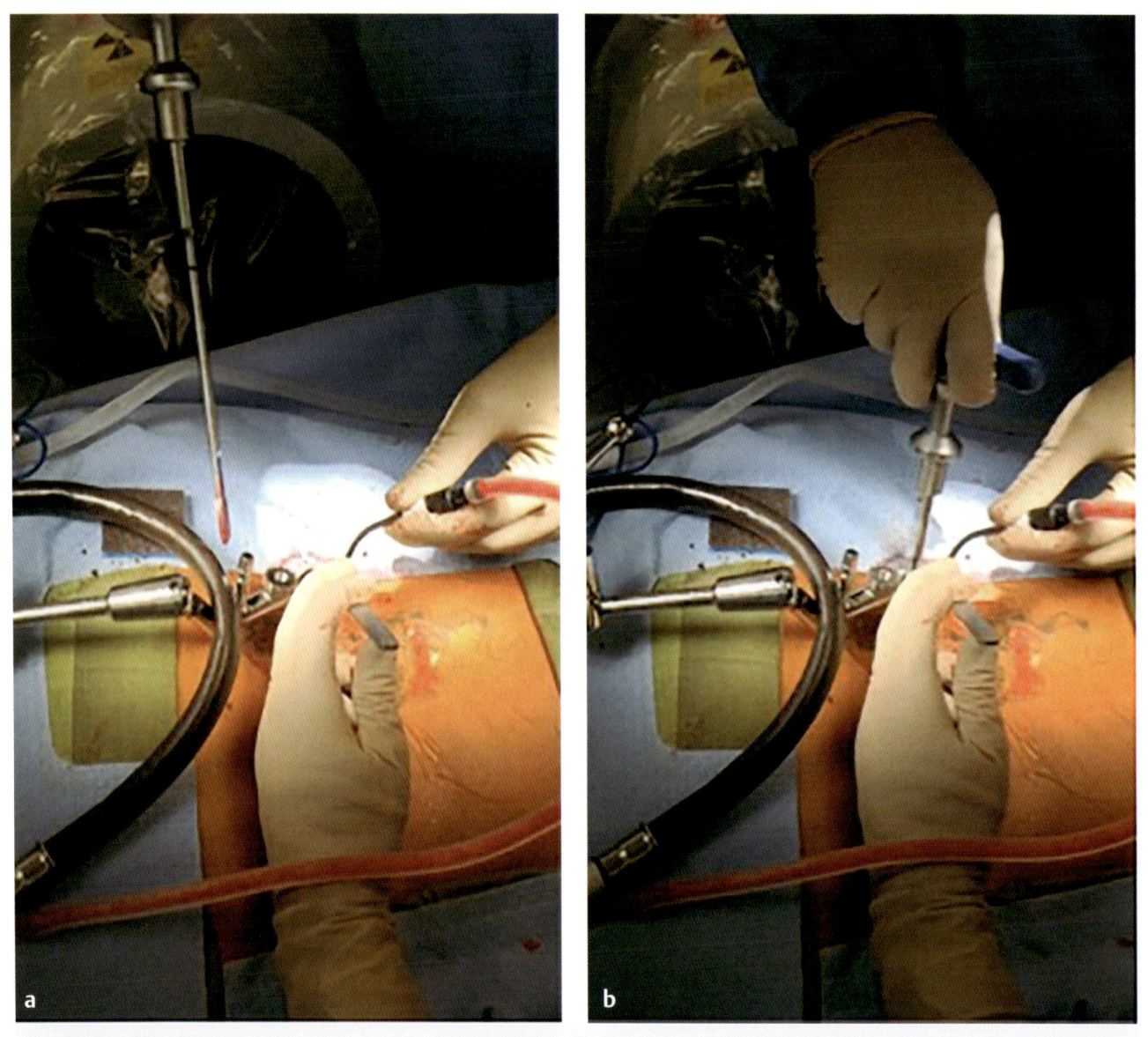

Fig. 20.13 (a,b) A placa terminal cartilaginosa dos corpos vertebrais adjacentes é limpa com uma variedade de raspadores e cortadores.

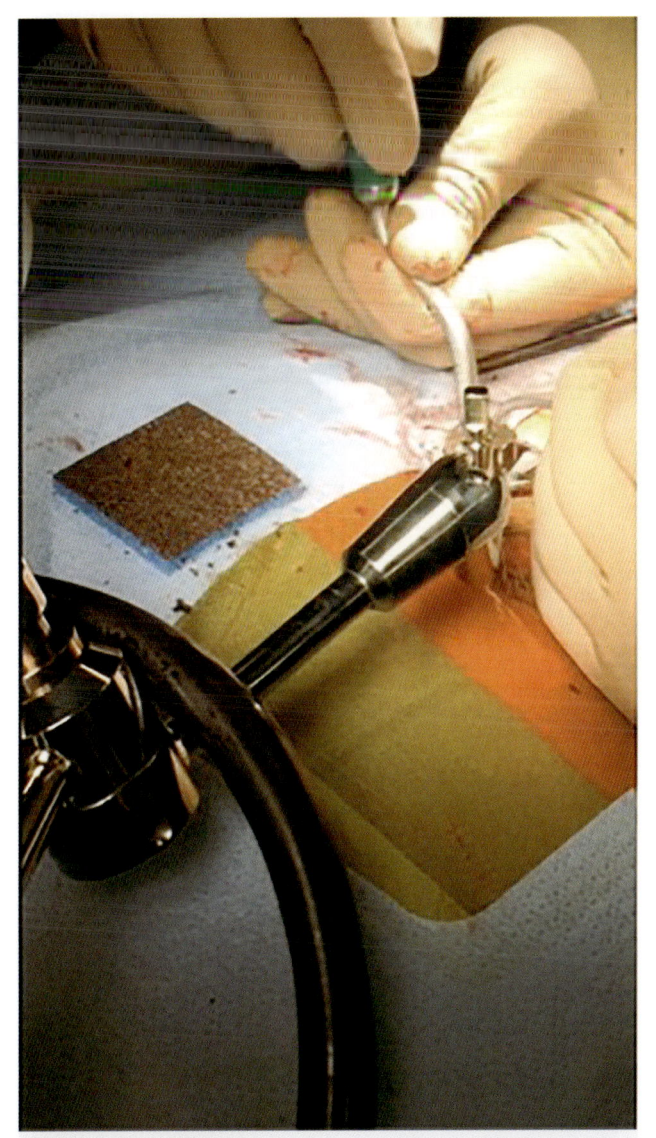

Fusão Intersomática Lombar Transforaminal Endoscópica e Instrumentação

Fig. 20.14 Cortadores angulados para cima e para baixo são usados para confirmar que as placas terminais estão bem preparadas para a artrodese.

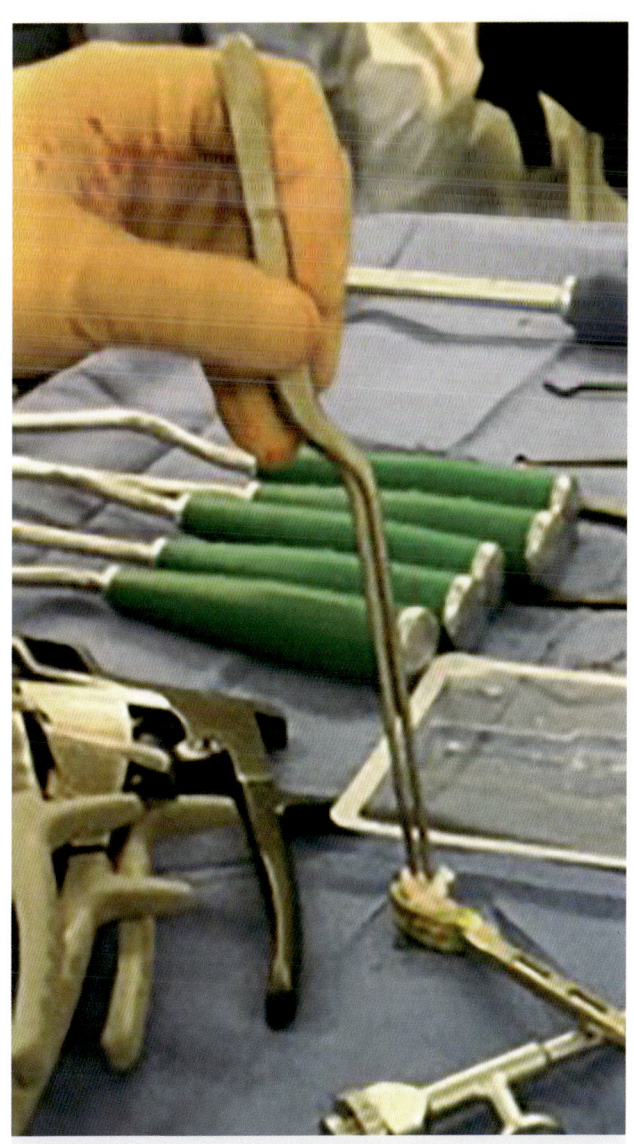

Fig. 20.15 Um *cage* intersomático em forma crescente está preparado com material para enxerto ósseo.

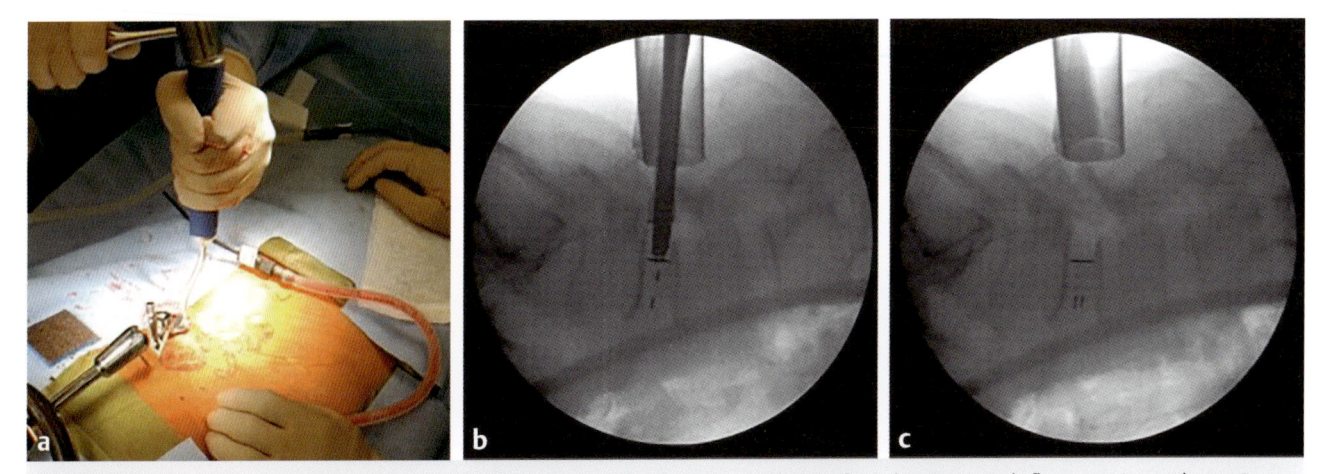

Fig. 20.16 (a-c) O *cage* intersomático está colocado no interespaço. A colocação correta é confirmada com o uso de fluoroscopia com braço-C.

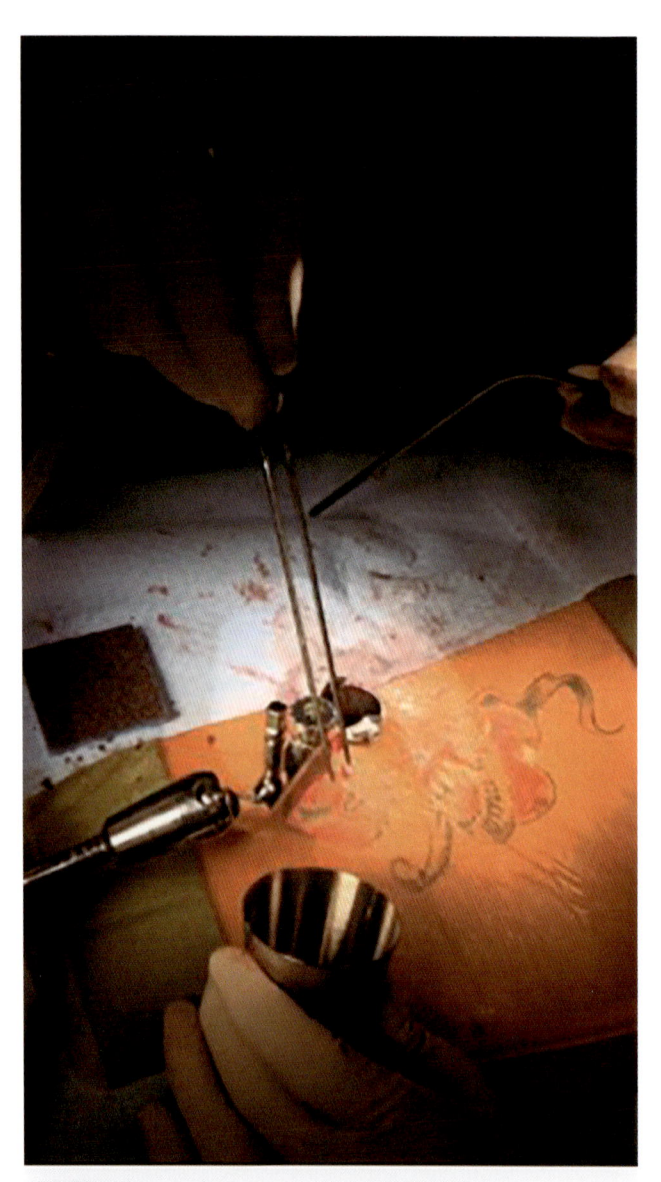

Fig. 20.17 Lascas de osso esponjoso são colocadas para complementar o material do enxerto ósseo.

Referências

1. Mummaneni PV, Lin FJ, Haid RW, et al. Current indications and techniques for anterior approaches to the lumbar spine. *Contemp Neurosurg* 2002;*24*(10):1–8
2. Briggs H, Milligan P. Chip fusion of the low back following exploration of the spinal canal. *J Bone Joint Surg.* 1944;*26*:125–130
3. Jaslow IA. Intercorporal bone graft in spinal fusion after disc removal. *Surg Gynecol Obstet* 1946;*82*:215–218
4. Cloward RB. The treatment of ruptured lumbar intervertebral discs by vertebral body fusion. I. Indications, operative technique, after care. *J Neurosurg* 1953;*10*(2):154–168
5. Cloward RB. Posterior lumbar interbody fusion updated. *Clin Orthop Relat Res* 1985;(193):16–19
6. Harms J, Rolinger H. [A one-stage procedure in operative treatment of spondylolisthesis: dorsal traction-reposition and anterior fusion (author's transl)]. *Z Orthop Ihre Grenzgeb* 1982;*120*(3):343–347
7. Whitecloud TS III, Roesch WW, Ricciardi JE. Transforaminal interbody fusion versus anterior-posterior interbody fusion of the lumbar spine: a financial analysis. *J Spinal Disord* 2001;*14*(2):100–103
8. Humphreys SC, Hodges SD, Patwardhan AG, Eck JC, Murphy RB, Covington LA. Comparison of posterior and transforaminal approaches to lumbar interbody fusion. *Spine* 2001;*26*(5):567–571
9. Hee HT, Castro FP Jr, Majd ME, Holt RT, Myers L. Anterior/posterior lumbar fusion versus transforaminal lumbar interbody fusion: analysis of complications and predictive factors. *J Spinal Disord* 2001;*14*(6):533–540
10. Mummaneni PV, Haid RW, Rodts GE. Lumbar interbody fusion: state-of-the-art technical advances. *J Neurosurg Spine* 2004;*1*:24–30
11. Isaacs RE, Podichetty VK, Santiago P, et al. Minimally invasive microendoscopy-assisted transforaminal lumbar interbody fusion with instrumentation. *J Neurosurg Spine* 2005;*3*(2):98–105
12. Foley KT, Holly LT, Schwender JD. Minimally invasive lumbar fusion. *Spine* 2003;*28*(15, Suppl):S26–S35
13. Kawaguchi Y, Yabuki S, Styf J, et al. Back muscle injury after posterior lumbar spine surgery. Topographic evaluation of intramuscular pressure and blood flow in the porcine back muscle during surgery. *Spine* 1996;*21*(22):2683–2688
14. Wetzel FT, LaRocca H. The failed posterior lumbar interbody fusion. *Spine* 1991;*16*(7):839–845
15. Cloward RB. Spondylolisthesis: treatment by laminectomy and posterior interbody fusion. *Clin Orthop Relat Res* 1981;(154):74–82
16. Hutter CG. Spinal stenosis and posterior lumbar interbody fusion. *Clin Orthop Relat Res* 1985;(193):103–114
17. Branch CL Jr. The case for posterior lumbar interbody fusion. *Clin Neurosurg* 1996;*43*:252–267

21 Técnica Endoscópica/Percutânea de Fixação de Parafuso Pedicular Lombar

Fahveem A. Sandhu ■ Josh Ryan ■ R. Tushar Jha

21.1 Introdução

O desejo de minimizar a morbidade cirúrgica por dissecção e retração musculares, típica dos procedimentos abertos tradicionais, tem sido um grande impulso no desenvolvimento de procedimentos minimamente invasivos da coluna. A primeira descrição de uma abordagem para a divisão do músculo paraespinal entre os músculos multífido e longuíssimo para a inserção de parafusos pediculares foi realizada por Wiltse e Spencer, em 1988.[1] Esse procedimento serviu como um portal pelo qual os cirurgiões continuaram a avançar em técnicas minimamente invasivas de coluna lombar. A inserção percutânea do parafuso pedicular foi descrita pela primeira vez, em 1982, por Magerl, mas destinava-se a ser usada como parte de uma construção de fixação externa.[2] Em 2001, Foley et al. descreveram a inserção de uma haste conectora longitudinal entre os parafusos pediculares percutâneos por uma abordagem minimamente invasiva, que anunciava o uso de parafusos pediculares percutâneos para fixação interna.[3] Outros sistemas para fixação de parafusos pediculares percutâneos (PPSF) surgiram desde então, e o endoscópio pode ser utilizado com esses sistemas de várias maneiras. O método percutâneo tradicional e o método endoscópico de inserção do parafuso pedicular são descritos aqui.

21.2 Escolha do Paciente

21.2.1 Indicações

As indicações para fixação de parafuso pedicular lombar incluem:
- A espondilolistese sintomática grau I ou II, incluindo espondilolistese pós-laminectomia e espondilolistese causada por espondilólise.
- Aumento dos procedimentos de fusão do elemento anterior, como fusão intercorporal lombar anterior (ALIF), fusão intercorporal laterolombar (LLIF), fusão intercorporal transforaminal lombar minimamente invasiva (MI-TLIF), ou fusão intercorporal lombar posterior minimamente invasiva (MI-PLIF).
- Hérnia de disco lombar recorrente levando à radiculopatia que não responde ao tratamento conservador.
- Fraturas do corpo vertebral lombar, pedículo,[4] ou condição que causa instabilidade em um paciente neurologicamente intacto. A fixação do parafuso cirúrgico também foi descrita como uma opção para as fraturas lombares do tipo Chance, a fim de evitar longos períodos de imobilização externa e para facilitar a breve mobilização do paciente.[5]
- Escoliose degenerativa.
- Estabilização de osteotomias.

21.2.2 Contraindicações Relativas

As contraindicações relativas são:
- Obesidade mórbida, pois os tubos retratores podem não ser suficientemente longos, e a anatomia radiográfica pode estar obscurecida.
- Pacientes com osteoporose, pois os fios K podem avançar facilmente pelo osso.
- Pacientes com cirurgia posterior prévia no mesmo nível em quem um procedimento aberto pode ser mais seguro por causa do risco de ser encontrada uma anatomia anormal.
- Pacientes com deformidade multiplanar.
- Infecção sistêmica ou espinal ativa.
- Alergia a metais.

21.3 Técnica Percutânea

21.3.1 Posição e Anestesia

- A anestesia geral é utilizada, e o paciente é colocado em decúbito ventral, com os quadris e joelhos em flexão, e o abdome apoiado em uma mesa de Jackson (**Fig. 21.1**).
- Se o PPSF estiver sendo usado como um aumento ao ALIF ou ao LLIF, o paciente pode precisar ser reposicionado para decúbito ventral após o procedimento prévio antes que os procedimentos possam ser iniciados.
- Inserção percutânea de parafuso transfacetado foi descrita com o paciente em decúbito lateral, após o LLIF, e essa posição também pode ser usada para inserção percutânea de parafuso pelicular, mas a descrição desta técnica está fora do escopo deste capítulo.[6]
- Tanto a imagem 3D intraoperatória quanto a fluoroscopia do braço-C podem ser usadas. Duas máquinas com braço-C podem ser utilizadas simultaneamente nos planos AP e lateral para evitar mover um único braço-C entre os planos (**Fig. 21.1**).
- Se o braço-C for usado, vistas AP e lateral verdadeiras devem ser obtidas. Uma vista AP verdadeira é indicada por uma placa final superior plana com processos espinhosos centrados entre os pedículos. Uma vista lateral verdadeira é indicada por uma placa final superior plana com pedículos sobrepostos.
- Preparar e paramentar o paciente da mesma maneira que para um procedimento aberto.

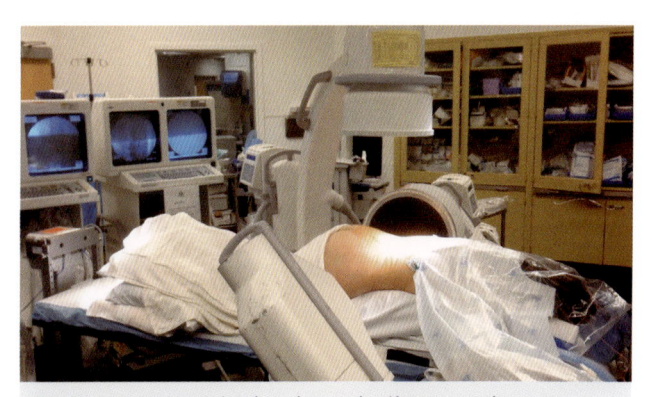

Fig. 21.1 O paciente é colocado em decúbito ventral com os quadris e joelhos flexionados. Dois braços do tipo C são usados nas posições AP e lateral para acelerar o procedimento.

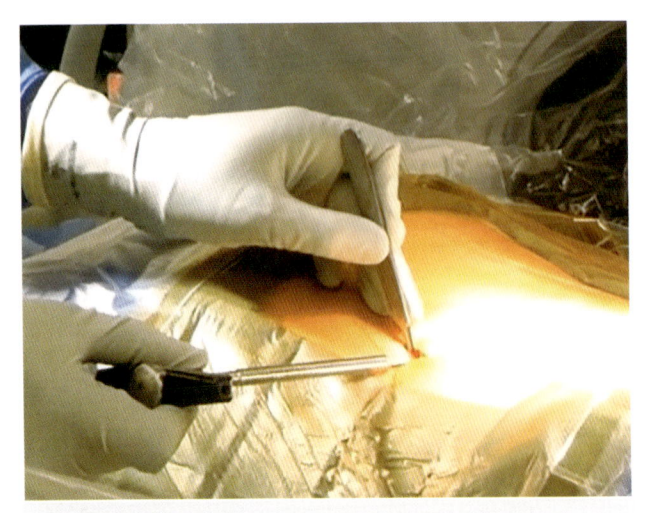

Fig. 21.2 Uma incisão vertical é realizada com um bisturi e é estendida pela fáscia lombodorsal.

Fig. 21.4 Um martelo é utilizado para aproximar a agulha Jamshidi pelo pedículo até a junção deste e o corpo vertebral. A distância é de ~ 20 mm de profundidade a partir do ponto de acoplagem.

21.3.2 Marcação e Incisão da Pele

- Duas incisões verticais são realizadas para cada nível de interesse, cada 1,5 cm de comprimento e ~ 4 cm da linha média de cada lado, centrado ao nível dos pedículos (**Fig. 21.2**).
- Pacientes com maior ou menor hábito corporal podem precisar de incisões mais distantes ou mais próximas da linha média, respectivamente, para compensar a quantidade de partes moles transversas.
- Estenda a incisão pela fáscia lombodorsal usando dissecção aguda ou eletrocautério monopolar.

21.3.3 Inserção e Dilatação da Agulha

- Use o dedo indicador para estender pela incisão fascial e palpar a base do processo transverso.
- Como alternativa, basta inserir uma agulha Jamshidi pela pele e incisões fasciais até a junção da base do processo transverso e a faceta (**Fig. 21.3**).
- A agulha Jamshidi deve ser encaixada na borda lateral do pedículo nas vistas fluoroscópicas AP.
- Bata suavemente na agulha Jamshidi com um martelo (**Fig. 21.4**) até que ela avance pelo pedículo e até a borda do pedículo e corpo vertebral. Intermitentemente, verifique ambas as vistas fluoroscópicas AP e laterais, à medida que a agulha é avançada. A Jamshidi deve ser de ~ 20 mm de profundidade do ponto de encaixe à medida que passa do pedículo para o corpo vertebral. A vista AP final deve mostrar que a ponta da agulha Jamshidi não avança além da borda medial do pedículo.

21.3.4 Inserção do Parafuso

- Com a agulha Jamshidi no lugar, remova a cânula interna (**Fig. 21.5**) e, em seguida, passe o fio K através da agulha Jamshidi (**Fig. 21.6**). Com uma pressão suave, avance o fio K no corpo vertebral.
- Retire a agulha Jamshidi sobre o fio K, certificando-se de não puxar inadvertidamente o fio K para fora (**Fig. 21.7**).
- Todos os passos anteriores até esse ponto são repetidos para cada pedículo, até que os fios K tenham sido colocados em todos os pedículos de interesse. A confirmação AP e lateral fluoroscópica de posição adequada de todos os fios K é agora obtida (**Fig. 21.8**).
- Avance uma ponteira canulada (se desejado) sobre o fio K e bata levemente no pedículo até a sua base. A estimulação eletromiográfica (EMG) da ponteira pode ser usada para detectar rupturas da parede medial ou inferior.

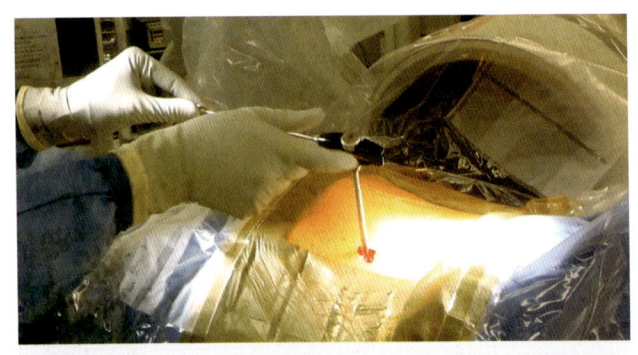

Fig. 21.3 Uma agulha Jamshidi é colocada pela pele e incisão fascial descendente à base do processo transverso e junção facetária.

Fig. 21.5 A cânula interna da agulha Jamshidi é removida.

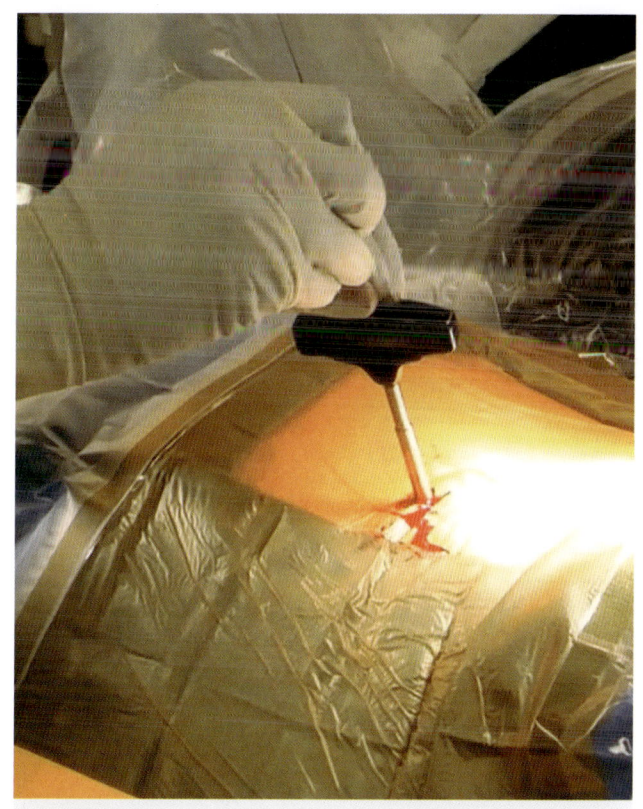

Técnica Endoscópica/Percutânea de Fixação de Parafuso Pedicular Lombar

Fig. 21.6 O fio K é inserido e gentilmente avançando ao corpo vertebral.

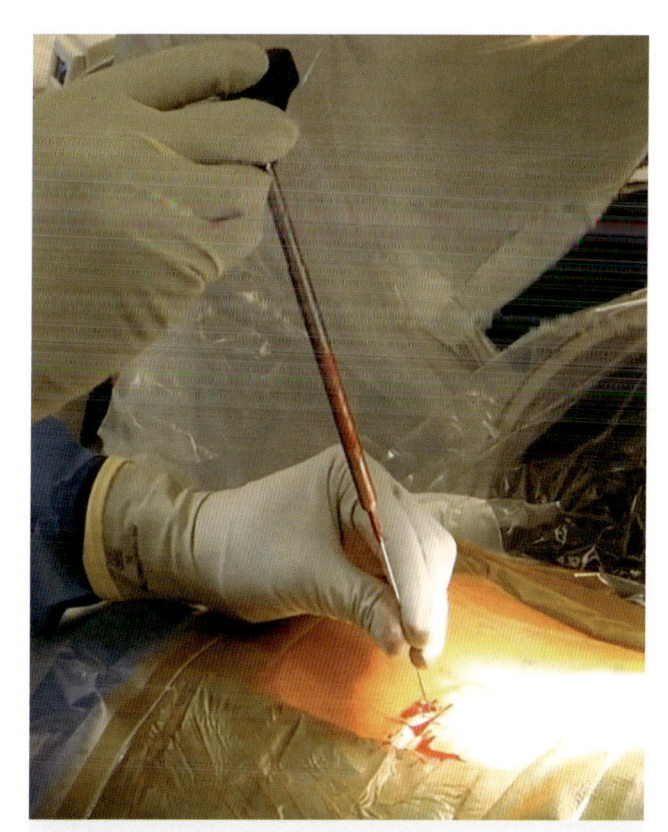

Fig. 21.7 A agulha Jamshidi é removida sobre o fio K.

- Remova a ponteira sobre o fio K. Avance o parafuso do pedículo sobre o fio K, pelo pedículo e para o corpo vertebral (**Fig. 21.9a**). O fio K é removido, quando o parafuso penetra no corpo vertebral (**Fig. 21.9b**). Alinhe as cabeças dos parafusos na direção rostral-caudal para facilitar a passagem da haste. Cada parafuso possui extensores removíveis conectados à cabeça para criar um pequeno canal de trabalho pelo qual a cabeça do parafuso pode ser visualizada e uma haste pode ser passada.

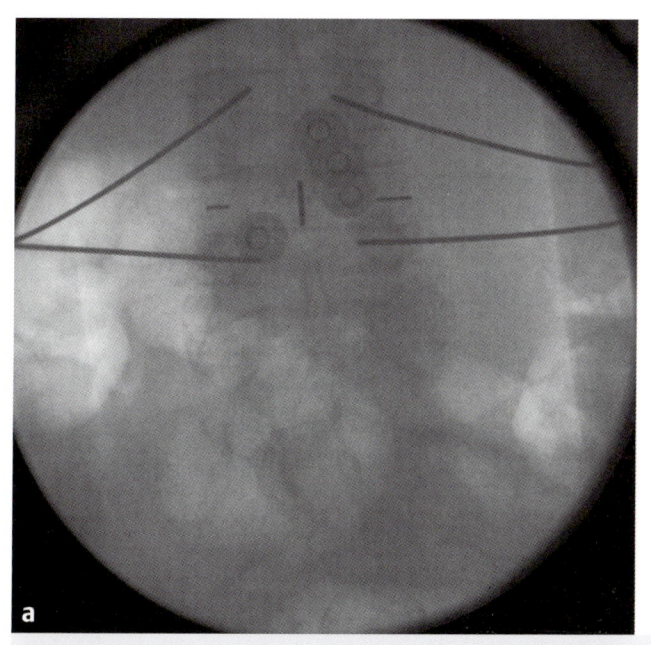

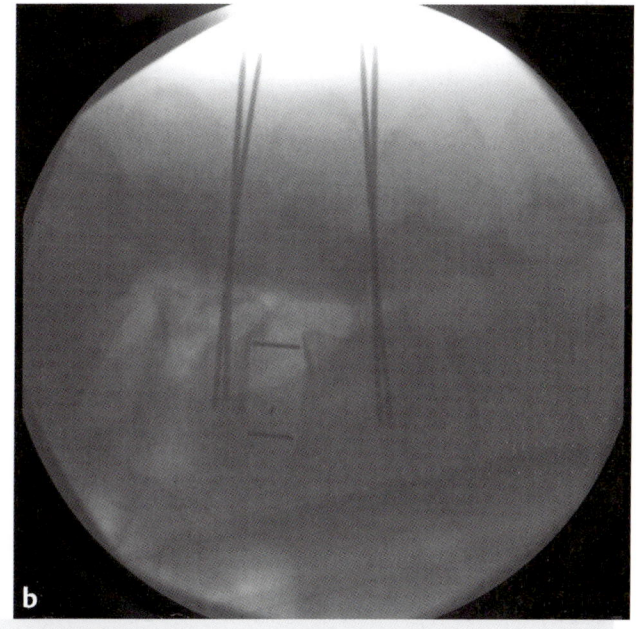

Fig. 21.8 (a,b) Fluoroscopias AP e lateral confirmando colocação apropriada de todos os fios K.

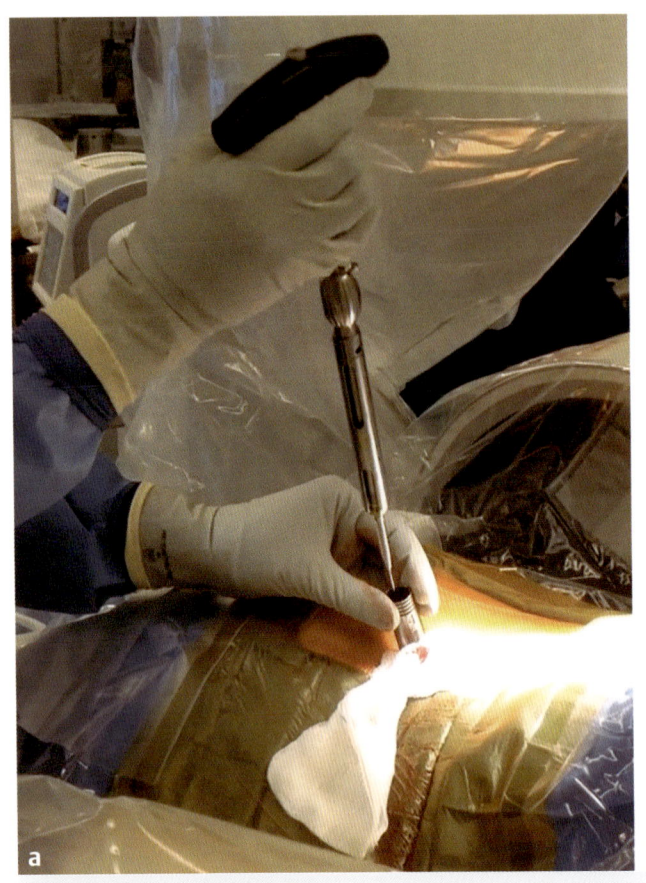

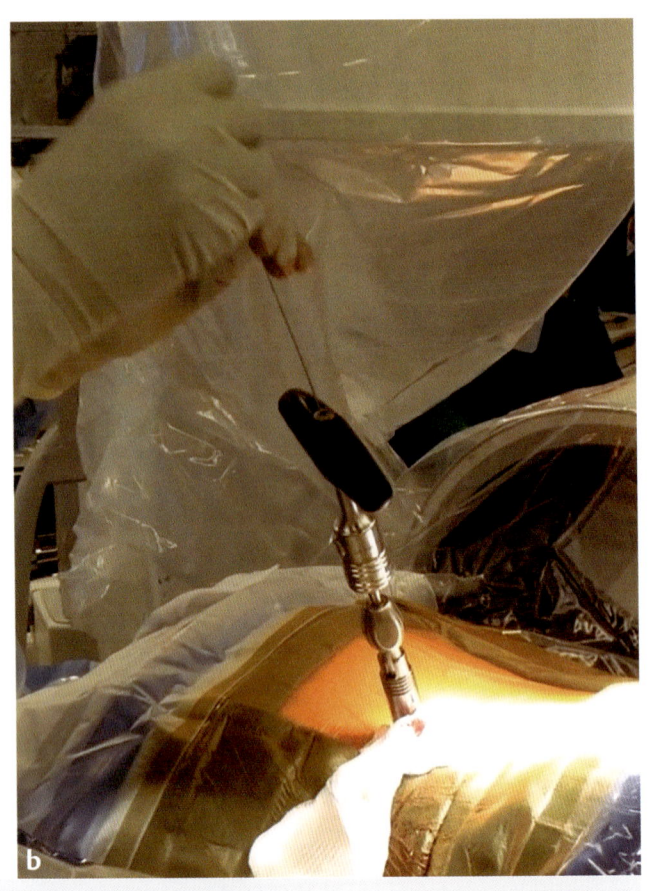

Fig. 21.9 (a,b) O parafuso pedicular é passado sobre o fio K, e este é removido assim que o parafuso pedicular entra no corpo vertebral em fluoroscopia. O parafuso é avançado para sua posição final.

21.3.5 Inserção da Haste

- O comprimento apropriado da haste é determinado colocando-se um paquímetro nas cabeças dos parafusos mais rostral e mais caudal (**Fig. 21.10**). A haste é fixada rigidamente a um detentor de haste, que prende a haste em uma extremidade. Avance a extremidade livre da haste longitudinalmente para a incisão mais superior ou mais inferior (**Fig. 21.11a**) e para baixo até a cabeça do parafuso mais próximo (**Fig. 21.11b**).
- Com um movimento em forma de arco, avance a extremidade livre da haste em direção à próxima cabeça do parafuso enquanto move gradualmente a haste da posição vertical para a horizontal, à medida que ela é avançada (**Fig. 21.12**). Para construções com hastes longas, uma nova incisão remota pode ser necessária para completar o movimento de arco.
- Continue até que a haste esteja assentada adequadamente na cabeça de cada parafuso. Caso uma haste lordótica seja utilizada, uma caneta de marcação pode ser útil para marcar longitudinalmente na haste anterior à inserção para que o lado lordótico do parafuso possa ser visualizado *in situ*.
- Um endoscópio pode ser introduzido no canal de trabalho de cada parafuso para melhor visualização da passagem correta da haste pelas cabeças dos parafusos.
- Com a haste na posição apropriada, coloque a guia sobre a primeira cabeça do parafuso e aperte manualmente uma tampa de rosca sobre a cabeça do parafuso. Se estiver executando uma operação de dois níveis, coloque primeiramente a tampa do parafuso do meio. A maior parte dos sistemas possui ferramentas de redução para ajudar a manipular o alinhamento da coluna, quando necessário. Continue até que todas as tampas dos parafusos tenham sido apertadas manualmente.
- Use uma chave de torque para o aperto final de cada tampa de rosca no lugar, usando a guia para aplicar o contratorque. A imagem final mostra um bom posicionamento dos parafusos e hastes (**Fig. 21.13**).

21.4 Técnica Endoscópica

Esta técnica pode ser usada para cirurgias de até dois níveis e permite ao cirurgião incorporar uma fusão posterolateral juntamente à instrumentação do parafuso pedicular. Isto é decorrente do canal de trabalho expandido pelo qual a descorticação dos elementos posterolaterais pode ser alcançada. A técnica também permite que o cirurgião realize simultaneamente uma descompressão minimamente invasiva ou fusão intercorporal pela mesma incisão (**Vídeo 21.1**).

21.4.1 Posição e Anestesia

A anestesia geral é usada, e o paciente é posicionado, preparado e paramentado do mesmo modo que para a inserção percutânea do parafuso pedicular.

21.4.2 Marcação e Incisão da Pele

- Duas incisões verticais são realizadas, cada uma com 2,5 cm de comprimento e 4 cm da linha média de cada lado, centradas ao nível dos pedículos. A técnica requer apenas duas incisões totais, e não duas incisões em cada nível.

Técnica Endoscópica/Percutânea de Fixação de Parafuso Pedicular Lombar

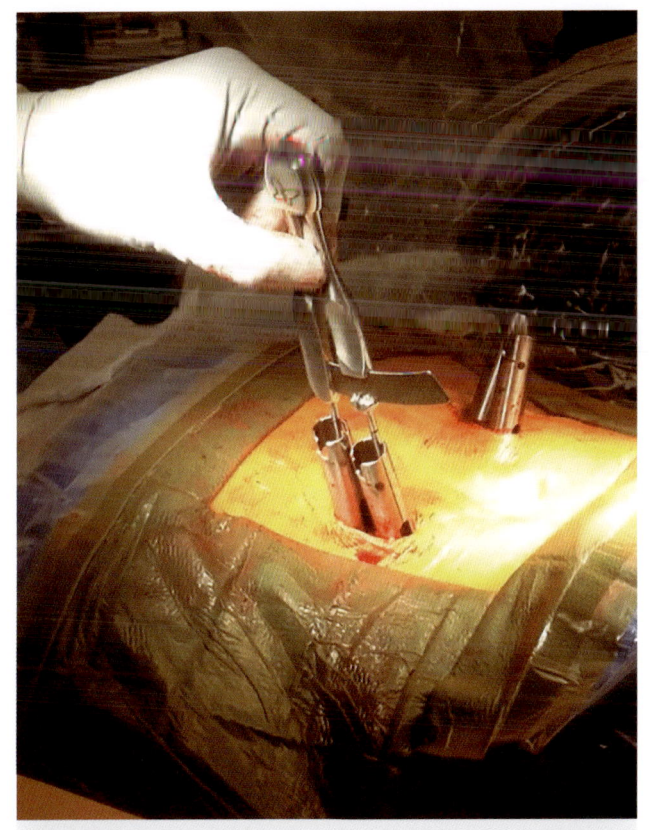

Fig. 21.10 Um paquímetro é inserido nas cabeças dos parafusos mais rostrais e caudais para determinar o comprimento adequado da haste.

- Pacientes com costumes corporais maiores ou menores podem necessitar de incisões mais afastadas ou mais próximas da linha média, respectivamente, para compensar a quantidade de tecidos moles transversos.
- Estenda a incisão pela fáscia lombodorsal usando dissecção aguda ou eletrocautério monopolar.

21.4.3 Inserção e Dilatação da Agulha
- Use o dedo indicador para extensão pela incisão fascial e palpe a base do processo transversal.
- Como alternativa, basta inserir uma agulha Jamshidi pela pele e faça incisões fasciais até a junção da base do processo transversal e da faceta.
- A agulha Jamshidi deve ser encaixada na borda lateral do pedículo nas vistas fluoroscópicas AP.
- Com um martelo, dê leves batidas na agulha Jamshidi até que ela avance pelo pedículo e até a borda do pedículo e corpo vertebral, verificando intermitentemente tanto a vista fluoroscópica AP quanto a lateral, à medida que ela avança. A Jamshidi deve ser de ~20 mm de profundidade a partir do ponto de encaixe quando ela passa do pedículo para o corpo vertebral. A vista AP final aqui deve mostrar que a ponta da agulha Jamshidi não avançou além da borda medial do pedículo.

21.4.4 Inserção do Parafuso
- Com a agulha Jamshidi no lugar, remova a cânula interna e insira o pino fiducial pela agulha. Bata levemente no pino

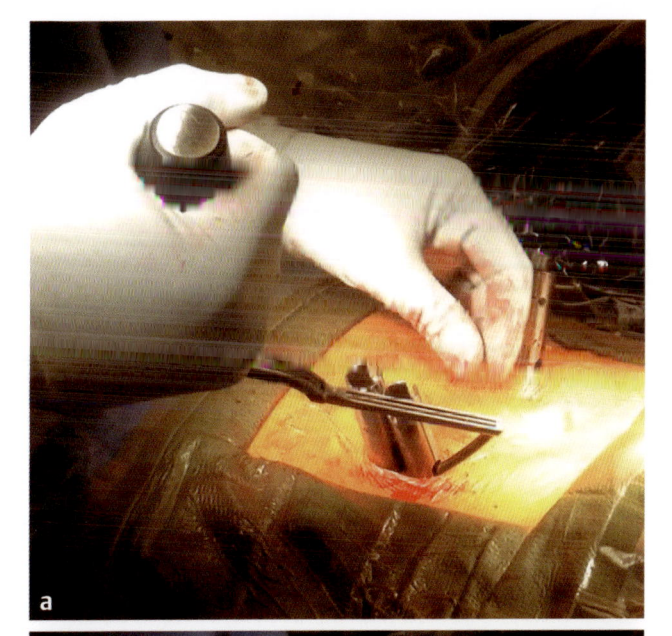

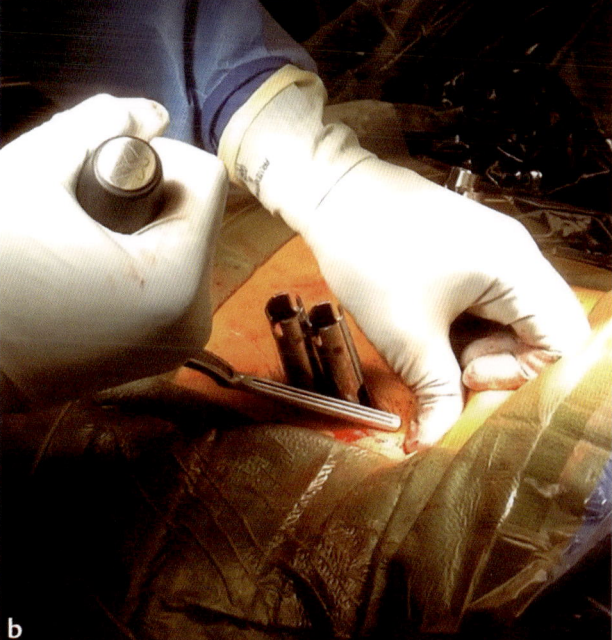

Fig. 21.11 (a,b) A haste é rigidamente presa a um suporte de haste, e a extremidade livre é avançada longitudinalmente até a cabeça do parafuso localizada na incisão mais superior.

com um martelo e avance o pino até que 1 a 2 cm do pino ainda seja visível acima da margem óssea posterior na fluoroscopia lateral.[7]
- Remova a agulha Jamshidi sobre o pino fiducial, tomando cuidado para não puxar o pino para fora inadvertidamente.
- Repita os passos anteriores pelas mesmas duas incisões, até que os pinos fiduciais tenham sido colocados em todos os pedículos de interesse. Obtenha confirmação fluoroscópica AP e lateral da posição adequada de todos os pinos.
- Os dilatadores de tecidos moles em série agora podem ser avançados sobre um fio-guia inserido para criar um canal pela fáscia. Um retrator tubular expansível e minimamente invasivo, como o dispositivo FlexPosure, pode ser usado para

uma cirurgia de dois níveis para visualizar adequadamente todos os níveis de interesse.

- O retrator tubular pode ser usado para realizar uma descompressão ou procedimento de fusão intercorporal nesse momento, ou pode ser centrado sobre os pinos fiduciais para avançar com a inserção do parafuso pedicular.
- Introduza o endoscópio pelo canal de trabalho e limpe o tecido mole ao redor dos locais de entrada do parafuso pedicular com eletrocautério monopolar. Novamente, o endoscópio também pode ser usado para auxiliar na descompressão ou fusão intercorporal nesse momento, se desejado.
- A broca de alta velocidade pode ser usada nesse momento ou após a inserção do parafuso para descorticar os elementos ósseos posteriores para a fusão posterolateral.
- Com os pinos fiduciais visualizados adequadamente, avance uma ponteira sobre cada pino e bata levemente no pedículo até a sua base. A estimulação eletromiográfica da ponteira pode ser usada para detectar rupturas da parede medial ou inferior.
- Remova a ponteira e o pino fiducial. Em seguida, avance o parafuso pedicular no orifício de entrada preparado, pelo pedículo e no corpo vertebral. Alinhe as cabeças dos parafusos na direção rostral-caudal para facilitar a passagem da haste.

21.4.5 Inserção da Haste

- A haste é inserida por cada cabeça do parafuso da mesma forma usada na inserção do parafuso pedicular percutâneo.
- O endoscópio é usado pelo canal de trabalho para visualizar a inserção adequada da haste em cada cabeça do parafuso.

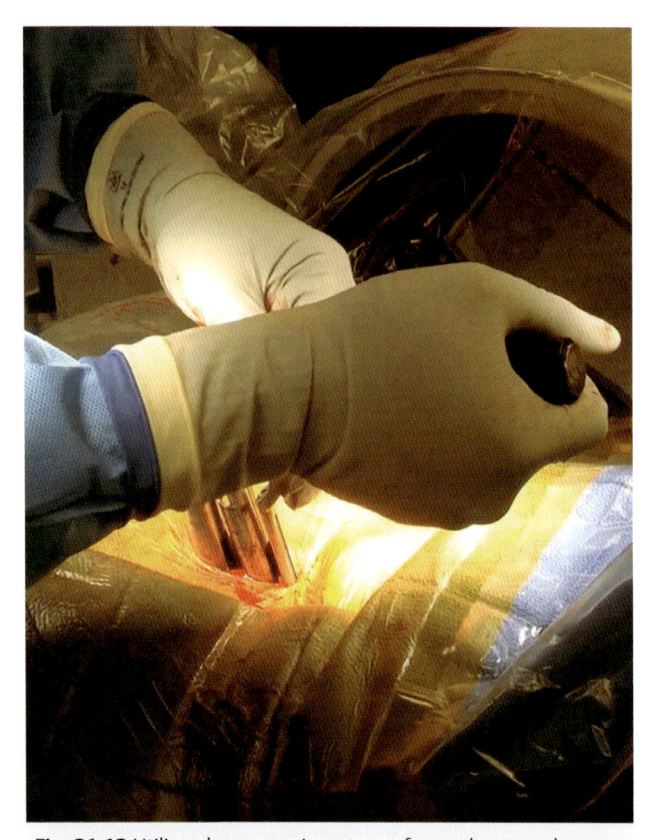

Fig. 21.12 Utilizando um movimento em forma de arco, a haste é avançada pelo tecido mole e está adequadamente assentada na cabeça do parafuso inferior.

21.5 Complicações e Prevenção

Várias complicações potenciais com inserção de parafusos pediculares endoscópica/percutânea foram relatadas na literatura. Uma complicação que é frequentemente discutida na literatura recente é a violação da faceta articular superior durante a inserção do parafuso. A preocupação com a violação de faceta (FV) é que poderia contribuir para a doença do segmento adjacente, embora seja necessária mais investigação para avaliar se esse é o caso. Um estudo de cadáveres realizado por Patel *et al.*, em 2011, avaliou a incidência de FV de nível superior durante a inserção de 48 parafusos pediculares percutâneos lombares por quatro cirurgiões ortopédicos cegos em quatro espécimes.[8] Eles descobriram que 28 parafusos (58%) tinham FV, e que 8 parafusos (16,7%) foram intra-articulares. Um estudo comparativo foi feito por Babu *et al.*, em 2012, para avaliar a incidência de FV de nível superior entre a colocação aberta (N = 126 cirurgias) de parafuso pedicular lombar e percutânea (N = 153 cirurgias).[9]

Esta análise retrospectiva utilizou escaneamento pós-operatório por CT para avaliar a presença de FV. Os pesquisadores descobriram que a incidência de FV grau 3 (intra-articular) foi significativamente maior no grupo percutâneo que no grupo aberto (8,5% *vs.* 2,0%, $p = 0,0059$). Eles não encontraram diferença significativa entre os dois grupos de FV articular grau 1 (extra-articular, 25,0% *vs.* 26,8%, $p = 0,70$) ou grau 2 (penetração articular ≤ 1 mm, 7,1% *vs.* 4,9%, $p = 0,34$). Uma análise retrospectiva similar feita por Jones-Quaidoo, em 2013, mostrou que 36 dos 264 (13,6%) parafusos pedunculares lombares percutâneos *versus* 16 de 263 (6,1%) parafusos pediculares abertos foram intra-articulares ($p = 0,005$).[10]

No entanto, uma análise retrospectiva, em 2013, de Yson *et al.* foi realizada para comparar as taxas de FV entre inserção de parafuso pedicular lombar aberta e percutânea ao utilizar navegação 3D intra-operatória de CT (braço O) (os estudos relatados anteriormente tinham usado fluoroscopia com braço-C).[11] Yson *et al.* descobriram que a taxa de FV foi significativamente maior no grupo aberto que no grupo percutâneo (26,5% *vs.* 4%, $p < 0,0001$) ao usar a orientação intraoperatória 3D. Evitar o nível superior de FV depende de imagem intraoperatória adequada. Se a fluoroscopia biplanar for usada, é crucial conseguir as vistas AP e lateral verdadeiras para evitar mau posicionamento do parafuso. Como sugerido pelo estudo anterior, a orientação intraoperatória em 3D pode levar a taxas menores de FV para casos percutâneos. Além disso, a técnica endoscópica proporciona ao cirurgião uma visualização direta da anatomia circundante e do local de inserção do parafuso pedicular, além de imagens intraoperatórias.

A ruptura do pedículo durante a inserção do parafuso é outra complicação potencial encontrada durante a inserção do parafuso pedicular endoscópica/percutânea. Em 2012, Raley e Mobbs realizaram uma análise retrospectiva de 424 parafusos pediculares torácicos e lombares inseridos percutaneamente com avaliação por CT pós-operatória.[12] No total, 41 dos 424 (9,7%) estavam perdidos, embora apenas duas das rupturas foram grau 3 (ambas causaram fraturas pediculares), e apenas um paciente teve déficit neurológico associado (radiculopatia L4). Um estudo semelhante foi realizado por Heintel *et al.*, em 2013, para avaliar a colocação do parafuso pedicular percutâneo torácico e lombar para pacientes com fraturas traumáticas.[13] Os autores relataram um total de oito parafusos mal posicionados, e apenas três rupturas mediais (todas torácicas) em 502 parafusos inseridos. Um dos pacientes necessitou de reoperação por causa de um déficit neurológico pós-ope-

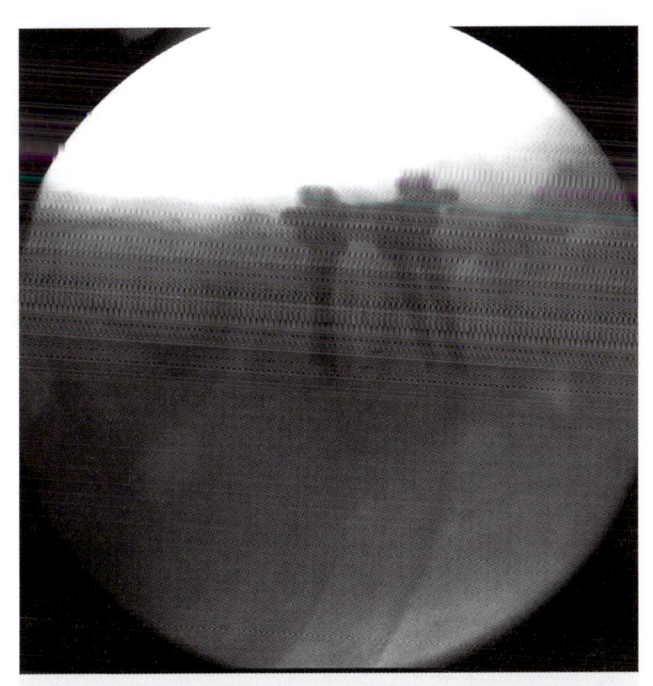

Fig. 21.13 Imagem fluoroscópica mostrando parafusos e hastes pediculares em posição adequada no final do procedimento.

ratório. Em 2013, Oh et al., retrospectivamente, compararam a precisão do parafuso pedicular lombar e percutâneo.[14] Eles não encontraram diferença significativa entre os dois grupos na incidência de penetração da parede do pedículo (13,4% para aberto vs. 14,3% para percutâneo, p = 0,695). Assim como na FV de nível superior, prevenir a ruptura do pedículo durante a inserção de parafuso pedicular endoscópico/percutâneo depende, em grande parte, da obtenção e da utilização de uma adequada navegação radiográfica.

Além de garantir vistas fluoroscópicas AP e laterais verdadeiras (ou usando a navegação em 3D), é fundamental monitorar intermitentemente o plano AP durante o avanço da agulha Jamshidi. A ponta da agulha deve inicialmente ser encaixada no aspecto mais lateral do pedículo na vista AP e não deve exceder três quartos da distância entre a borda dos pedículos lateral e medial, quando a agulha penetra no corpo vertebral.[15] Se a agulha de Jamshidi não passar facilmente, ela pode estar no osso cortical do pedículo ou faceta, e imagens intraoperatórias devem ser usadas para redirecionar a agulha, se necessário. Além disso, o estímulo evocado da ponteira por estimulação EMG uma vez que tenha atravessado o pedículo é outra ferramenta que o cirurgião pode usar para tentar detectar uma ruptura da parede do pedículo, particularmente se a ruptura for medial ou inferior. Wang et al. avaliaram prospectivamente 93 pacientes submetidos à colocação percutânea de 409 parafusos pediculares lombares utilizando estimulação EMG intraoperatória da ponteira com uma manga isolante e um limiar < 12 mA indicando uma violação.[16] Os pacientes foram avaliados com CTs intraoperatórias ou pós-operatórias, e um total de cinco rupturas foi encontrado, nenhuma das quais foi indicada pela EMG intraoperatória (taxa de falso-negativo de 1,2%), três das rupturas foram mediais e duas resultaram em sintomas neurológicos no pós-operatório. Trinta e cinco parafusos estimulados abaixo do limiar de 12 mA encontravam-se na posição correta, indicando uma taxa de falso-positivo de 8,6%. Em dois casos, a trajetória do parafuso foi revisada no intraoperatório em razão da estimulação abaixo do limiar, com subsequente confirmação da posição correta. A estimulação EMG da ponteira é, portanto, uma ferramenta no arsenal do cirurgião para evitar violações do pedículo, mas, por causa de sua natureza não confiável, a orientação radiográfica continua a ser uma ferramenta fundamental para evitar essa complicação. Por último, revisão radiográfica pré-operatória cuidadosa da anatomia óssea e as medidas do pedículo permitem que o cirurgião escolha um parafuso pedicular de tamanho apropriado, evitando assim a indução de uma quebra do pedículo por um parafuso muito grande para o pedículo pretendido.

Uma complicação potencialmente devastadora, mas rara, é a perfuração das estruturas anteriores ao corpo vertebral (aorta, vasos ilíacos, intestino etc.) pelo fio K ou pelo próprio parafuso pedicular. Raley et al. relataram quatro rupturas anteriores detectadas radiograficamente do corpo vertebral com o fio K em 424 parafusos pediculares percutâneos inseridos (0,94%).[12] Apenas um dos pacientes apresentou uma complicação, que foi uma hemorragia retroperitoneal e íleo, que se resolveu com medidas conservadoras. O único fator mais importante na prevenção dessa complicação é estabilizar firmemente o fio K, visto que vários instrumentos são passados e avançados sobre ele. O fio K pode ser inadvertidamente empurrado mais fundo para o osso esponjoso macio, especialmente quando a ponteira é avançada sobre ele, e particularmente em pacientes com osteoporose. Se houver qualquer questão de avanço do fio K durante a passagem ou o avanço de outros instrumentos sobre ele, a imagem fluoroscópica lateral deve ser realizada para confirmar que o fio K não avançou além da borda anterior do corpo vertebral. Mais uma vez, uma vista lateral real é crítica para discernir a posição real da ponta do fio.

Alternativamente, foi desenvolvido um sistema "K-wireless", que consiste em uma agulha Jamshidi com um sistema de ponteira e dilatador conectados. Esse sistema permite a colocação de parafusos pediculares percutâneos sem o uso de um K-wire e, portanto, elimina as complicações associadas ao fio.[17] Finalmente, como o fio K, o próprio parafuso pedicular pode causar lesões às estruturas anteriores ao corpo vertebral, o que pode ser evitado com inserção cuidadosa e confirmação radiográfica intermitente, conforme o parafuso é avançado.

Referências

1. Wiltse LL, Spencer CW. New uses and refinements of the paraspinal approach to the lumbar spine. *Spine* 1988;13(6):696–706
2. Magerl F. External skeletal fixation of the lower thoracic and the lumbar spine. In: Uhthoff HK, ed. *Current Concepts of External Fixation of Fractures*. Berlin: Springer-Verlag; 1982:353–366
3. Foley KT, Gupta SK, Justis JR, Sherman MC. Percutaneous pedicle screw fixation of the lumbar spine. *Neurosurg Focus* 2001;10(4):E10
4. Johnson JN, Wang MY. Stress fracture of the lumbar pedicle bilaterally: surgical repair using a percutaneous minimally invasive technique. *J Neurosurg Spine* 2009;11(6):724–728
5. Schizas C, Kosmopoulos V. Percutaneous surgical treatment of chance fractures using cannulated pedicle screws. Report of two cases. *J Neurosurg Spine* 2007;7(1):71–74
6. Voyadzis JM, Anaizi AN. Minimally invasive lumbar transfacet screw fixation in the lateral decubitus position after extreme lateral interbody fusion: a technique and feasibility study. *J Spinal Disord Tech* 2013;26(2):98–106
7. Kwon JW, Jahng TA, Chung CK, Kim HJ, Kim DH. Endoscope-assisted pedicle screw fixation using the pedicle guidance system. *Korean J Spine* 2008;5(3):190–195
8. Patel RD, Graziano GP, Vanderhave KL, Patel AA, Gerling MC. Facet violation with the placement of percutaneous pedicle screws. *Spine* 2011;36(26):E1749–E1752
9. Babu R, Park JG, Mehta AI, et al. Comparison of superior-level facet joint violations during open and percutaneous pedicle screw placement. *Neurosurgery* 2012;71(5):962–970
10. Jones-Quaidoo SM, Djurasovic M, Owens RK II, Carreon LY. Superior articulating facet violation: percutaneous versus open techniques. *J Neurosurg Spine* 2013;18(6):593–597
11. Yson SC, Sembrano JN, Sanders PC, Santos ER, Ledonio CG, Polly DW Jr. Comparison of cranial facet joint violation rates between open and

percutaneous pedicle screw placement using intraoperative 3-D CT (O-arm) computer navigation. *Spine* 2013;38(4):E251–E258

12 Raley DA, Mobbs RJ. Retrospective computed tomography scan analysis of percutaneously inserted pedicle screws for posterior transpedicular stabilization of the thoracic and lumbar spine: accuracy and complication rates. *Spine* 2012;37(12):1092–1100

13 Heintel TM, Berglehner A, Meffert R. Accuracy of percutaneous pedicle screws for thoracic and lumbar spine fractures: a prospective trial. *Eur Spine J* 2013;22(3):495–502

14 Oh HS, Kim JS, Lee SH, Liu WC, Hong SW. Comparison between the accuracy of percutaneous and open pedicle screw fixations in lumbosacral fusion. *Spine J* 2013;13(12):1751–1757

15 Harris EB, Massey P, Lawrence J, Rihn J, Vaccaro A, Anderson DG. Percutaneous techniques for minimally invasive posterior lumbar fusion. *Neurosurg Focus* 2008;25(2):E12

16 Wang MY, Pineiro G, Mummaneni PV. Stimulus-evoked electromyography testing of percutaneous pedicle screws for the detection of pedicle breaches: a clinical study of 409 screws in 93 patients. *J Neurosurg Spine* 2010;13(5):600–605

17 Spitz SM, Sandhu FA, Voyadzis JM. Percutaneous "K-wireless" pedicle screw fixation technique: an evaluation of the initial experience of 100 screws with assessment of accuracy, radiation exposure, and procedure time. *J Neurosurg Spine* 2015;22(4):422–431

22 Fusão Intercorporal Lombar Transforaminal Minimamente Invasiva Endoscopicamente Assistida em 360°

Alvaro Dowling ▪ Sebastián Casanueva Eliceiry ▪ Gabriela C. Chica Heredia ▪ Jonathan S. Schuldt

22.1 Introdução

Nos últimos anos, tornou-se uma tendência comum na maioria das unidades de cirurgia da coluna vertebral buscar soluções minimamente invasivas e eficazes. Inicialmente, por causa da curva de aprendizado, os resultados da cirurgia minimamente invasiva (MIS) foram semelhantes aos da cirurgia convencional, apresentando algumas complicações.[1,2] Posteriormente, após investimento no desenvolvimento de cirurgia MIS, esse tornou-se comum e com casuística significativa. Atualmente, os resultados de ambos os tipos de intervenções são semelhantes, mas é importante mencionar que a MIS apresenta menores taxas de complicação.[3,4] A fusão intercorporal transforaminal lombar minimamente invasiva (MIS-TLIF) não apresenta desvantagens significativas quando comparada à TLIF aberta ou outras técnicas de fusão lombar padrão.[5] Estudos recentes mostraram que os riscos de perda de sangue, administração de narcóticos, pseudoartrose e infecção, todos diminuíram quando MIS-TLIF foi utilizada.[6] Várias escalas de classificação de recuperação pós-operatória e de dor muitas vezes mostraram melhora consistente.[5]

A combinação da MIS com o endoscópio permite a visualização direta de estruturas anatômicas importantes e a liberação de raízes nervosas de compressão ou aderências. Além disso, é possível criar espaço suficiente para a colocação de *cage* no espaço intervertebral, realizando uma foraminoplastia, que é especialmente relevante para o nível L5-S1.

Nós adicionamos terapia biológica para aumentar a fusão intervertebral do paciente, combinando três pilares essenciais para o procedimento: BMC (células-tronco), PRP (plasma rico em plaquetas e seus fatores de crescimento) e aloenxerto ósseo (**Fig. 22.1**). Esta abordagem obtém uma porcentagem aumentada de fusão somática.[7,8]

Com a MIS TLIF endoscopicamente assistida, geralmente um a três níveis podem ser fundidos, e ocasionalmente quatro, dependendo da anatomia do paciente.[9,10]

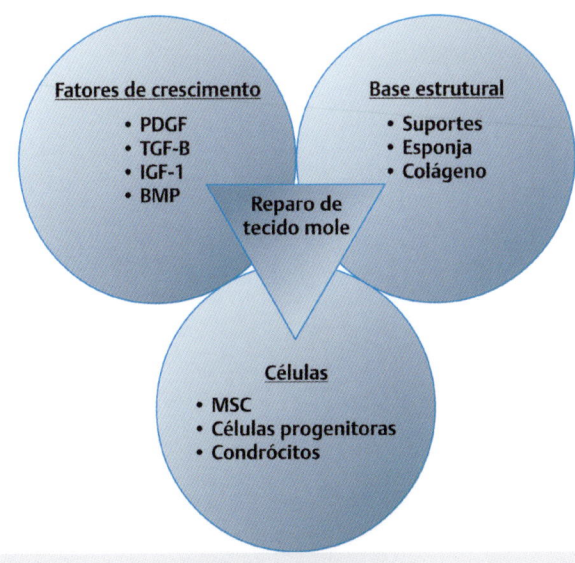

Fig. 22.1 Pilares biológicos. Uma base estrutural, células e fatores de crescimento são necessários para uma reparação ideal de um tecido mole e fusão intervertebral.

22.2 Planejamento Pré-operatório

Para imagens pré-operatórias, os autores preferem usar MRI e radiografias dinâmicas de posição sentada (**Fig. 22.2**, **Fig. 22.3**). Quando viável, usamos CT, já que é mais preciso para avaliar o tamanho das estruturas ósseas. A radiografia neutra (**Fig. 22.4**) fornece informações sobre alterações de curvaturas fisiológicas da coluna vertebral. Estruturas anatômicas a serem consideradas incluem:

1. Pedículo vertebral: os pedículos são medidos em seu diâmetro, comprimento e orientação. As vistas axial e sagital são necessárias para uma mensuração precisa (**Fig. 22.5**). Isto é relevante para o planejamento da colocação do parafuso.
2. Articulação facetária: a orientação da articulação facetária é importante quando os parafusos transfacetários estão sendo utilizados (**Fig. 22.6**).
3. Estenose espinal: a estenose pode ser anatomicamente classificada como central e lateral. A estenose lateral é subdividida em recessos lateral, medial e foraminal (**Fig. 22.7**).[11,12] A descompressão é planejada de acordo com o tipo de estenose.

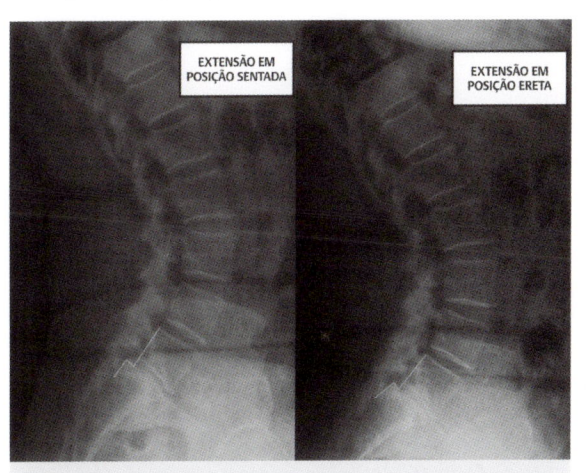

Fig. 22.2 Raios X de extensão dinâmica, mostrando instabilidade significativa.

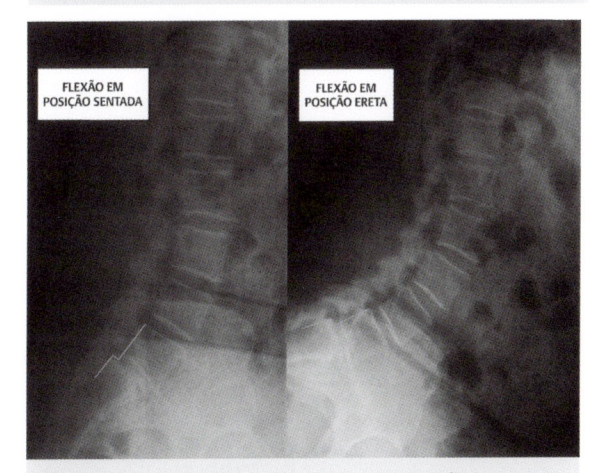

Fig. 22.3 Raios X de flexão dinâmica, mostrando instabilidade significativa.

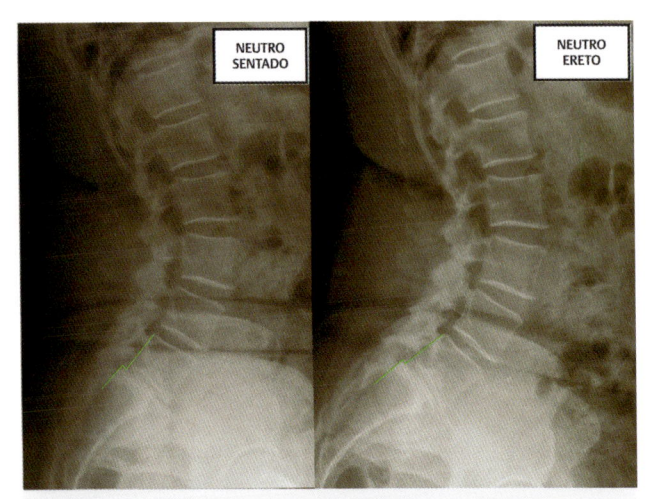

Fig. 22.4 Raios X neutros, não apresentando instabilidade significativa.

Fig. 22.5 MRI axial e sagital. O comprimento, diâmetro e orientação do pedículo são analisados durante o planejamento pré-operatório.

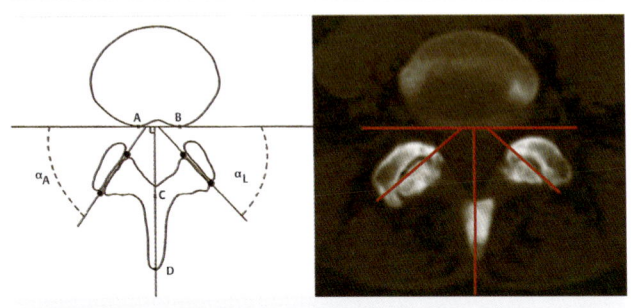

Fig. 22.6 Ângulo da faceta. Um ângulo α maior torna o posicionamento do parafuso transfacetado mais difícil.

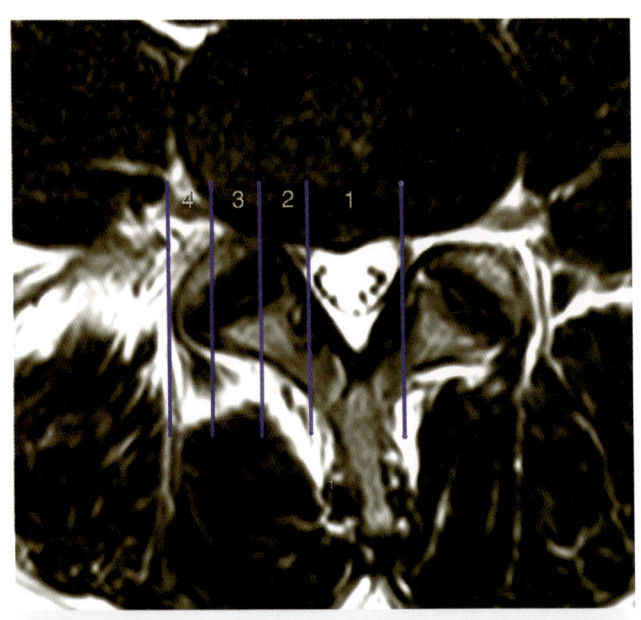

Fig. 22.7 Classificação da estenose do canal: 1, estenose central, 2, estenose de recesso lateral, 3, estenose foraminal e 4, estenose foraminal extra.

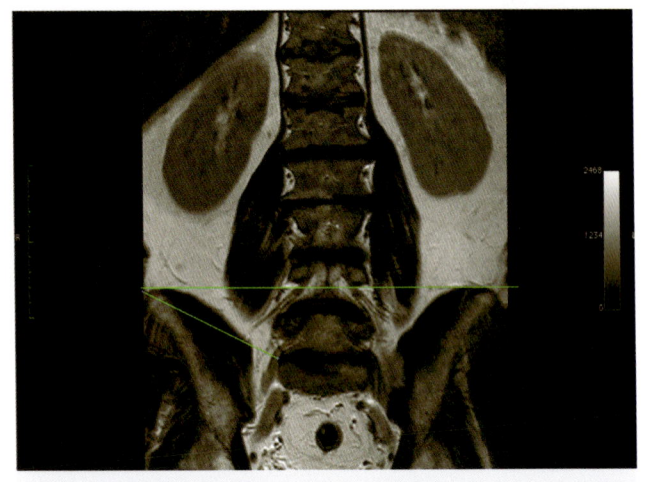

Fig. 22.8 A anatomia da crista ilíaca é estudada no planejamento pré-operatório. Se uma crista ilíaca alta for combinada com uma articulação facetária grande e com um disco horizontal L5-S1, a abordagem transforaminal deve ser reconsiderada.

Considerações para o nível L5-S1 incluem:

1. **Crista Ilíaca:** uma crista ilíaca alta pode obstruir a passagem do trocarte para o disco L5-S1 Ocasionalmente, um amplo ângulo de abertura do ilíaco (avaliado no pré-operatório) permite acesso a esse nível (**Fig. 22.8**).
2. **Obliquidade de disco:** um disco horizontal apresentará mais dificuldade na colocação de um *cage* intersomático. Uma visão de imagem sagital é empregada para avaliar a obliquidade (**Fig. 22.9**).
3. **Tamanho da faceta:** facetas maiores podem exigir uma foraminoplastia manual com uma trefina, se o trocarte não for capaz de alcançar o disco intervertebral. Brocas manuais também podem ser utilizadas. Uma vez que o endoscópio pode acessar o neuroforame, uma broca perfuradora pode expandir a área, liberando a raiz nervosa que sai da compressão e permitindo que o cirurgião alcance o espaço intervertebral.

Em nossa experiência, quando o planejamento pré-operatório é realizado minuciosamente, as complicações e os tempos cirúrgicos são significativamente melhorados.[13] Com um marcador esterilizado e com a ajuda do braço-C, a linha média é traçada seguindo os processos espinhosos, dos quais 8 a 12 cm são marcados lateralmente na pele (**Fig. 22.10**). Os espaços intervertebrais são marcados em uma vista lateral e posteroanterior (PA). Em uma vista PA, marcamos o nível acometido após a lordose ter sido corrigida pela inclinação do braço-C. Pedículos vertebrais também são marcados. Em uma visão lateral, marcamos a obliquidade dos discos.

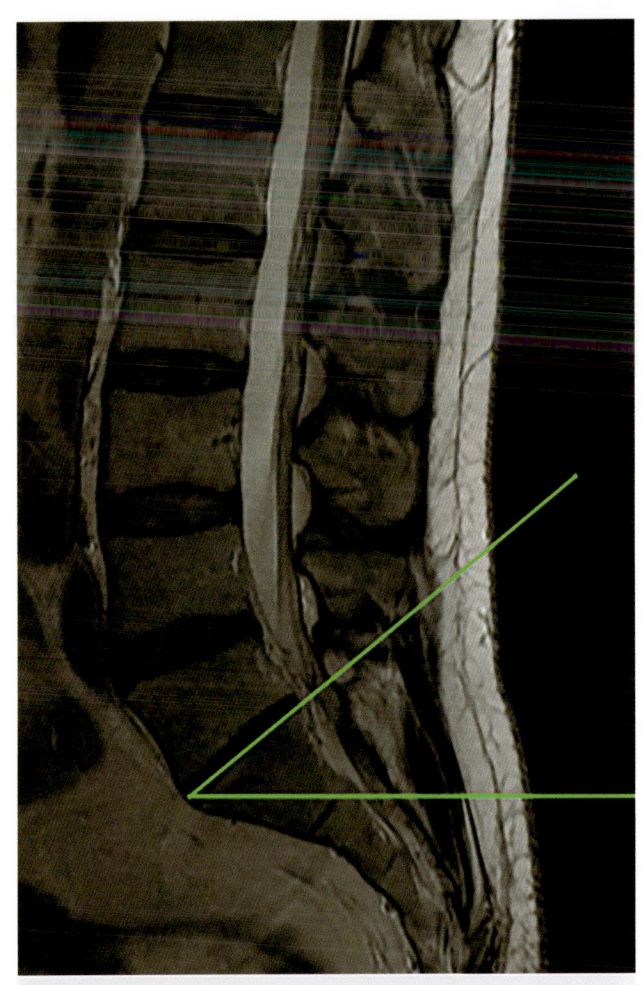

Fig. 22.9 A obliquidade do disco é especialmente relevante quando uma crista ilíaca alta está presente.

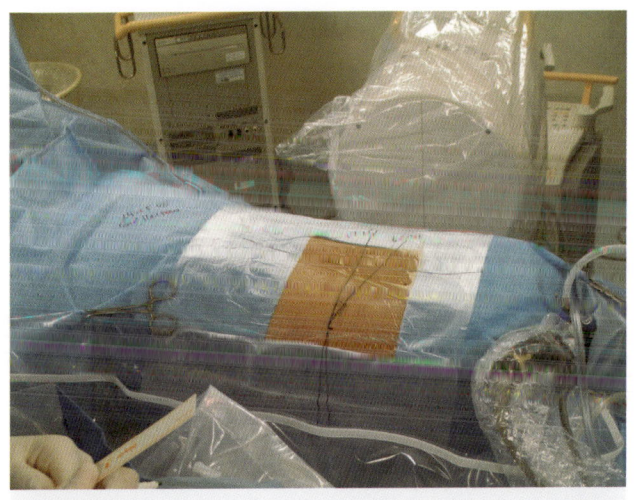

Fig. 22.10 Marcos pré-operatórios. L4-L5 e L5-S1 estão marcados nas vistas PA e lateral.

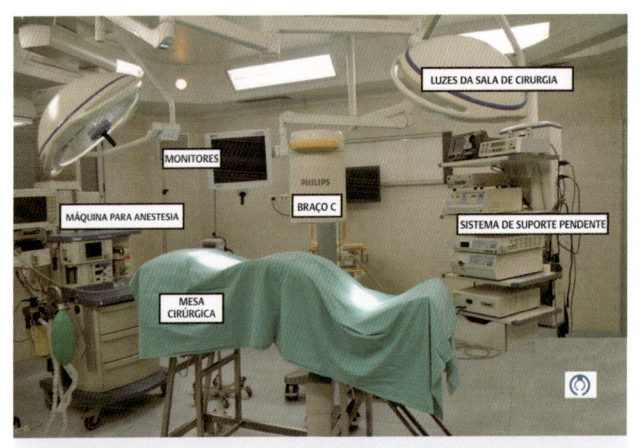

Fig. 22.11 Mesa cirúrgica e diferentes componentes da sala de cirurgia.

22.3 Posição e Anestesia

A evolução da tecnologia de cirurgia da coluna ajudou a melhorar outros campos da medicina. Novas técnicas em anestesia foram desenvolvidas para auxiliar no monitoramento e em melhores resultados para os pacientes. É a preferência dos autores e da equipe do anestesiologista em utilizar infusão contínua de dexmedetomidina e propofol para obter sedação consciente sob o cuidado anestésico monitorado (MAC).[14] Quando o estado de sedação correto é alcançado, o cirurgião pode realizar procedimentos utilizando anestesia local, e, certamente, alcançar ansiólise e analgesia adequada para o paciente.[15,16,17,18] Lidocaína a 2% é usada para fornecer anestesia local na pele, enquanto lidocaína a 1% é usada em todo o trato de trabalho intramuscular.

Os cirurgiões não podem obter uma resposta mais precisa (física e verbalmente) que a do paciente acordado.

Em decorrência do neuromonitoramento contínuo, as complicações podem ser diminuídas, e as taxas de sucesso melhoradas. Embora o paciente possa falar se houver algum problema, o anestesiologista está sempre verificando alterações nos sinais vitais. Vários estudos apoiaram a aliança entre a MIS e esse método anestésico.[18]

O paciente é colocado em decúbito ventral com leve flexão da coluna. Uma mesa cirúrgica especialmente projetada é usada para melhorar o desempenho cirúrgico, permitindo que o braço-C se mova livremente abaixo e acima da mesa. Além disso, há um espaço vazio projetado para receber o abdome do paciente. Isto reduz a pressão intra-abdominal e, portanto, diminui o sangramento decorrente da drenagem adequada do plexo de Batson.[19] A fluoroscopia do braço-C é colocada contralateralmente ao local de cirurgia (**Fig. 22.11, Vídeo 22.1**).

22.4 Descompressão Posterior

Nos casos com estenose central da coluna vertebral, a cirurgia começa com a descompressão central, com a colocação de dilatadores progressivos e retratores tubulares de até 13 mm diretamente no pedículo (**Fig. 22.12**). A descompressão começa com uma hemilaminectomia proximal, depois uma facetectomia completa seguida por uma hemilaminectomia distal. A dissecção do ligamento amarelo é realizada para obter descompressão completa das estruturas neurais.

Por causa do efeito do cone invertido (**Fig. 22.13**), onde por uma pequena incisão giramos e mudamos nosso ângulo de abordagem, podemos usar uma única incisão e obter uma descompressão contralateral da raiz nervosa inclinando os retratores tubulares medialmente. Em razão dessa vantagem, preferimos não fixar os retratores tubulares e executar uma técnica à mão livre (**Fig. 22.14**).[9] Nos casos em que os sintomas

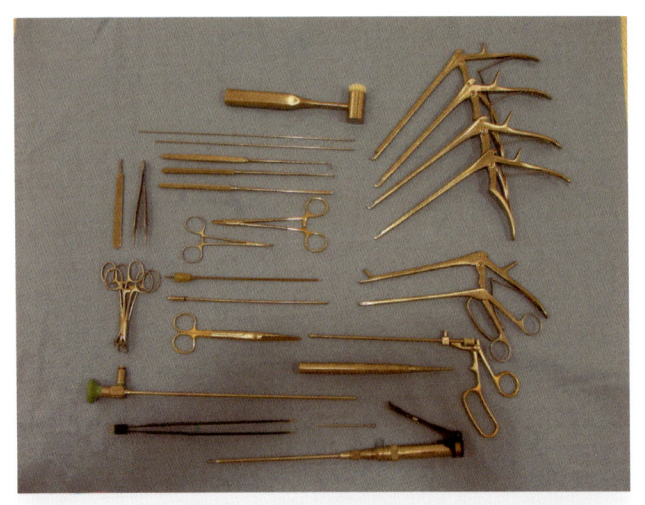

Fig. 22.12 Equipamento cirúrgico para descompressão posterior.

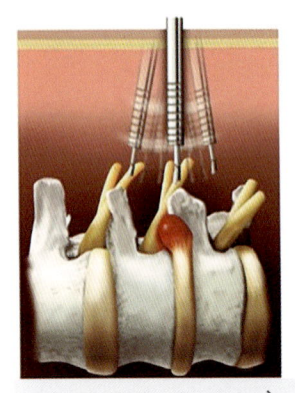

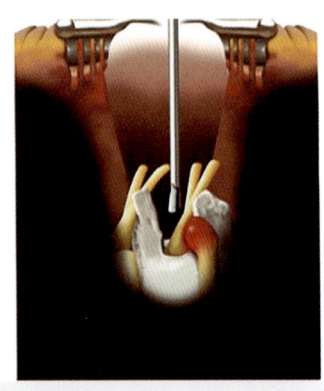

Fig. 22.13 Cone invertido. À esquerda: efeito do cone invertido, menos ruptura dos tecidos moles e ampla área cirúrgica por uma pequena incisão. À direita: Abordagem aberta, lesão dos tecidos moles por retração e área cirúrgica menor.

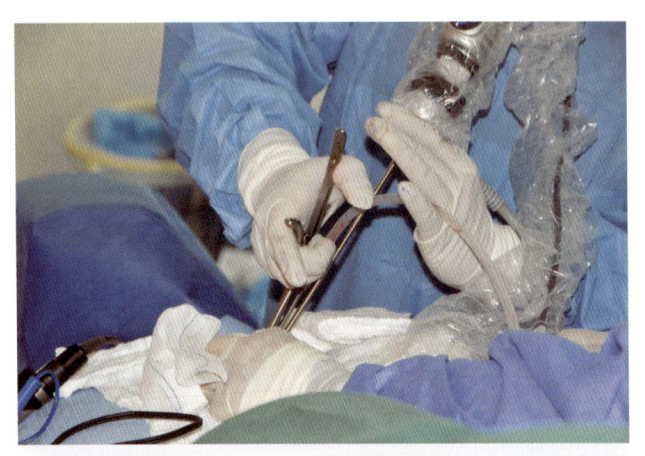

Fig. 22.14 Técnica à mão livre. Isto permite que o cirurgião use ambas as mãos para mover livremente a instrumentação cirúrgica.

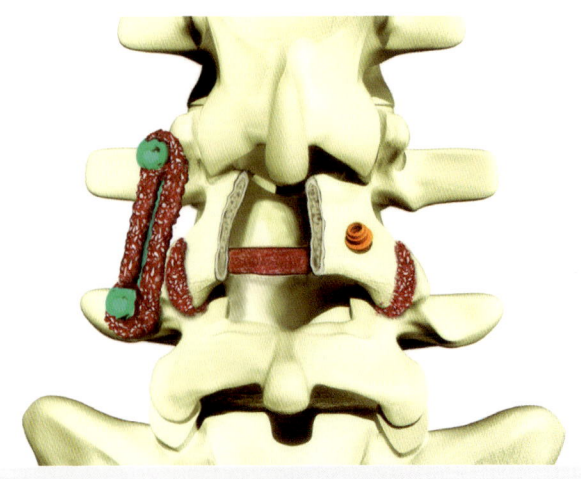

Fig. 22.15 Vista posterior de um sistema híbrido. Descompressão posterior esquerda. Dois parafusos pediculares à esquerda com aloenxerto ósseo na área interpedicular. Um parafuso transfacetado à direita.

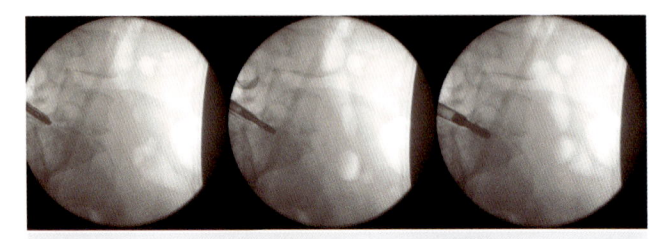

Fig. 22.16 Foraminoplastia manual usando brocas.

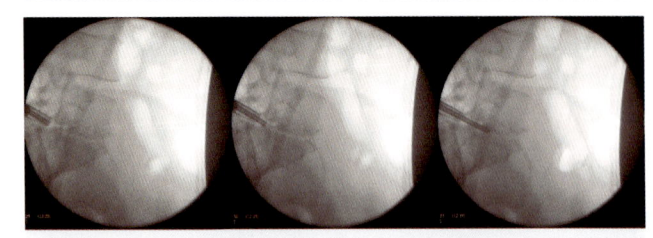

Fig. 22.17 Foraminoplastia manual usando uma trefina.

22.5 Colocação do Instrumento para Abordagem Posterolateral

Um sistema de dilatação padrão é usado para colocar uma cânula de trabalho de 7 mm para um endoscópio de alta definição (HD) de 20°. O endoscópio acessa a área em um ângulo de 45° e, dependendo do tamanho do paciente e do tecido adiposo, a incisão é feita a 8 a 12 cm da linha média.

22.6 Foraminoplastia: Disco e Preparação da Placa Final

A foraminoplastia é realizada para obter a descompressão e liberação adequadas das raízes nervosas que saem e se deslocam, com dois objetivos principais: diminuir os sintomas compressivos e permitir a entrada do *cage* e do aloenxerto no espaço intervertebral.

O paciente está sob sedação consciente, assim qualquer irritação da raiz nervosa decorrente do procedimento será notada. A foraminoplastia é realizada usando a técnica de fora para dentro (**Fig. 22.16, Fig. 22.17**). A descompressão começa

são claramente bilaterais, uma abordagem contralateral com retratores tubulares pode ser realizada, embora seja bastante rara.

A descompressão é finalizada quando somos capazes de mover a raiz nervosa em deslocamento sem dor associada. Uma vista posterior da coluna após a realização de uma laminectomia esquerda é mostrada na **Fig. 22.15**.

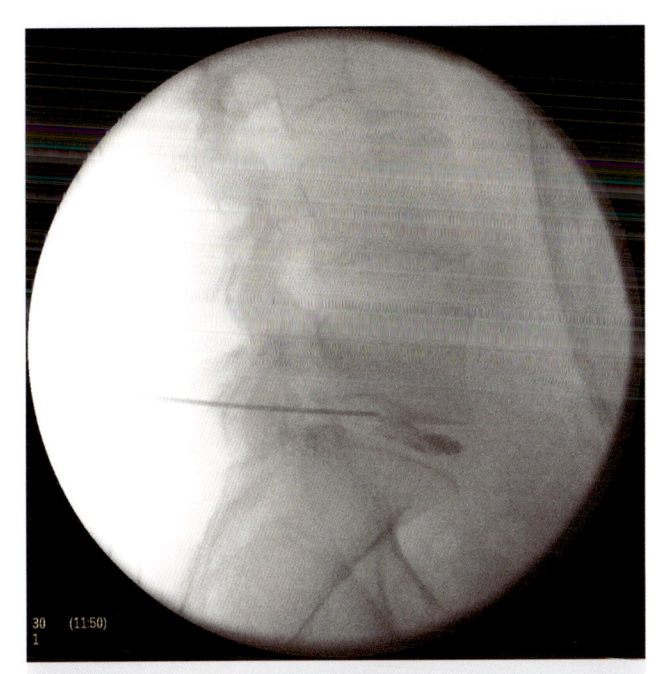

Fig. 22.18 Discografia da L5-S1, Dallas IV.

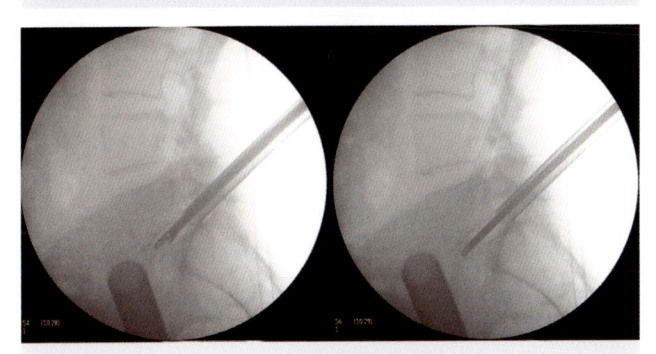

Fig. 22.19 Extração do disco intervertebral usando um *grasper* para punção.

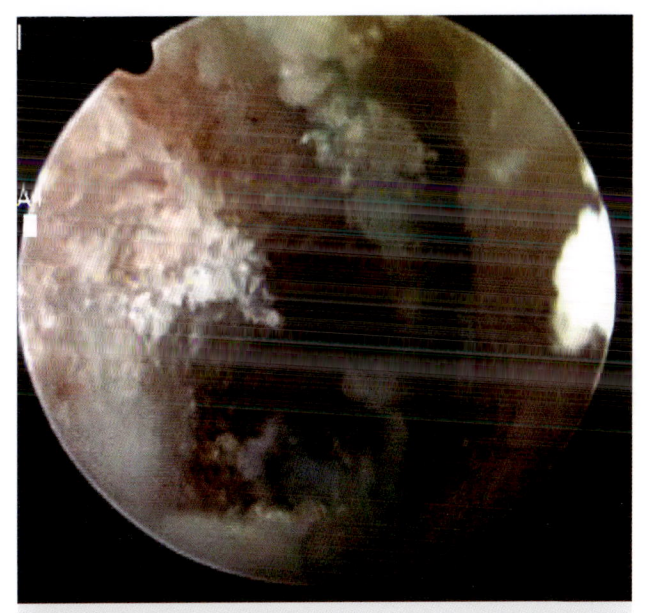

Fig. 22.20 Placas intervertebrais terminais cauterizadas usando trefinas e brocas.

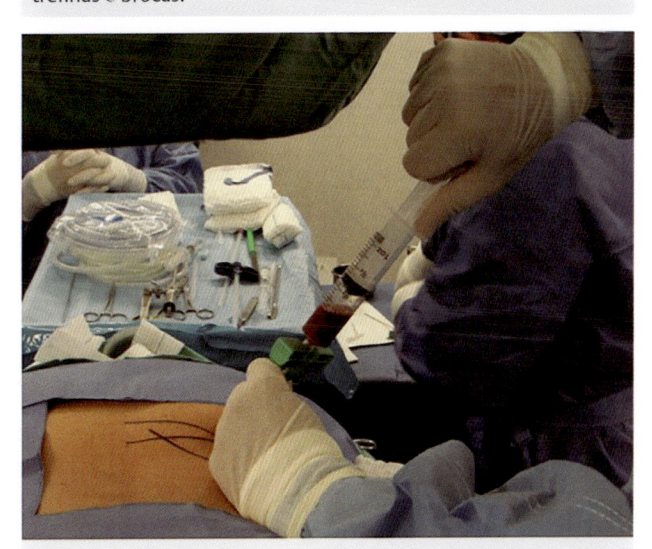

Fig. 22.21 Extração de células da medula óssea a partir da crista ilíaca.

na articulação facetária em direção à *pars articularis*, liberando a raiz nervosa de saída, e concluindo no pedículo caudal, liberando a raiz nervosa que atravessa. A descompressão endoscópica permite uma ampla foraminoplastia e melhora muito o acesso ao disco intervertebral agora exposto. O endoscópio e os instrumentos de fusão intercorporal são bem móveis tanto no plano axial quanto no plano sagital. As raízes nervosas devem ser visualizadas com uma dura pulsátil e coloração adequada.

É a preferência dos autores realizar rotineiramente uma discografia para visualizar e confirmar o nível acometido (**Fig. 22.18**).

A discometria quantitativa pode ser realizada no nível lombar cirúrgico comprometido documentando as pressões de abertura e volumes de preenchimento.

Um *grasper* para punção é usado para extrair fragmentos de disco em projeção ou extrusão (**Fig. 22.19**). Isto é de ajuda particular, uma vez que a colocação do *cage* pode exercer pressão contra quaisquer fragmentos de disco remanescentes, resultando em uma continuação dos sintomas compressivos.

Em algumas situações, especialmente ao acessar o nível L5-S1, se uma crista ilíaca alta for encontrada, e o processo articular interferir na passagem do trocarte, uma descompressão trefina deve ser realizada para criar uma área de trabalho adequada para visualização direta da raiz (**Fig. 22.16**, **Fig. 22.17**).

As placas vertebrais terminais são preparadas com brocas redondas de 4 mm, escareadores e trefinas para cauterizar a placa terminal, rompendo segmentos do sistema haversiano, produzindo assim pontos hemorrágicos pontuados. Este sangue fornece nutrientes necessários para formação óssea (**Fig. 22.20**).[20] Radiofrequência bipolar (RF) e salina fisiológica são utilizadas.

22.7 Fatores Biológicos

Duas seringas são utilizadas para extrair 30 cc do tecido medular da crista ilíaca do paciente (**Fig. 22.21**). (Aspirado de medula óssea parece conter uma maior percentagem de células hematopoiéticas, células endoteliais e células-tronco mesenquimais [MSCs] que o sangue periférico.) A capacidade de MSCs multipotentes para formar osteoblastos para a regeneração óssea faz com que o transplante do aspirado de medula óssea seja uma ferramenta promissora para melhorar a regeneração óssea.[21] Estudos desti-

Fig. 22.22 Aloenxerto ósseo. À esquerda: aloenxerto ósseo antes da mistura. À direita: Aloenxerto ósseo + BMC + PRP.

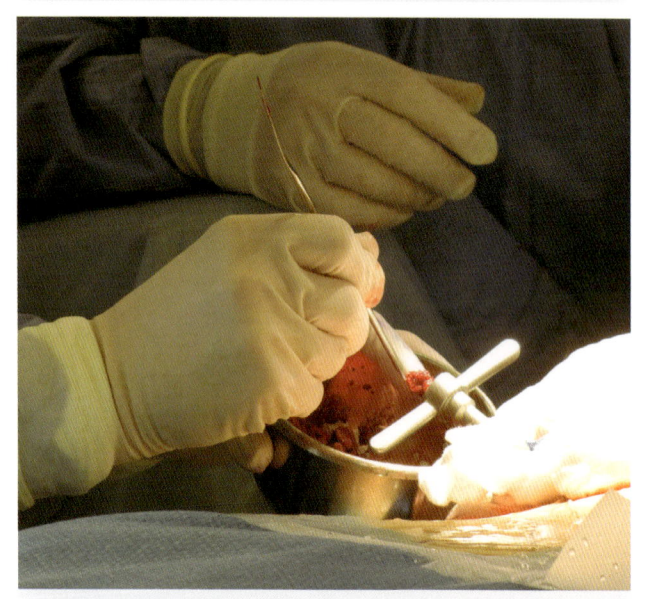

Fig. 22.23 Colocação dos aloenxertos ósseos no espaço intervertebral.

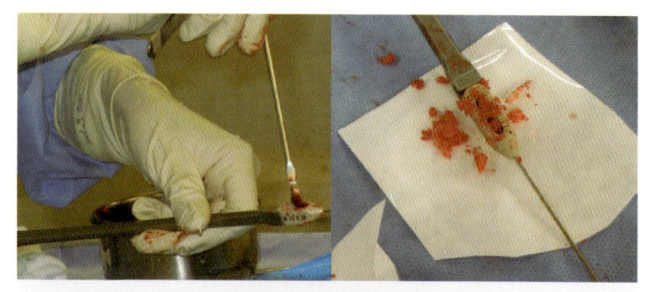

Fig. 22.24 *Cage* intersomático com aloenxerto ósseo.

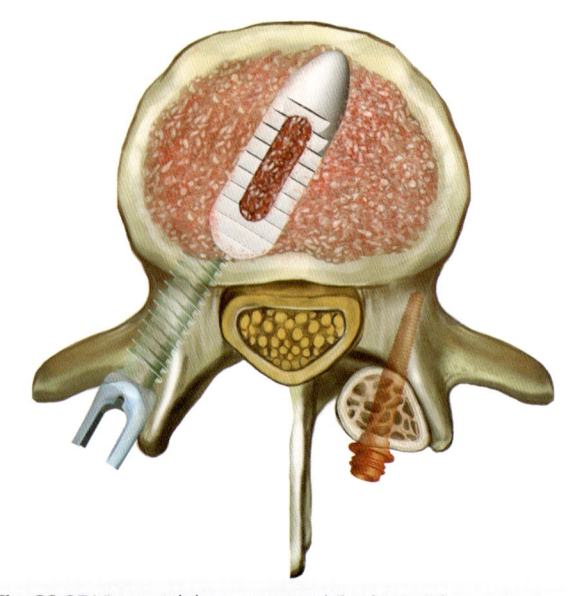

Fig. 22.25 Vista axial de um sistema híbrido. Parafuso pelicular à esquerda e parafuso transfacetado à direita. intersomático colocado aproximadamente a 45°.

nados a quantificar a população da MSC em amostras de medula óssea obtidas para terapia celular utilizaram citometria de fluxo e revelaram baixa percentagem bem como alta variabilidade entre os pacientes, variando de 0,0017 a 0,0201%. Todas as MSC cultivadas aderiram a pratos de plástico e mostraram uma capacidade de diferenciação em linhagens adipogênicas e osteogênicas).[22] O tecido da medula óssea é processado e, em seguida, é levado de volta para a OR para ser misturado ao preparado de aloenxerto e plasma rico em plaquetas (PRP; **Fig. 22.22**).

O PRP é definido como uma porção da fração plasmática do sangue autólogo com concentrações de plaquetas acima da linha de base. A contagem normal de plaquetas no sangue varia entre 150.000/μL e 350.000/μL; com uma média de ~ 200.000/μL. Quando ativadas, as plaquetas liberam fatores de crescimento que desempenham um papel essencial na consolidação óssea, como fator de crescimento derivado de plaquetas, fator de crescimento em transformação, fator-β de crescimento de transformação, fator de crescimento endotelial vascular e outros.[23]

Os fatores de crescimento têm um papel crucial nesse processo, pois influenciam a quimiotaxia, a diferenciação, a proliferação e a atividade sintética das células ósseas, regulando, assim, o remodelamento fisiológico e a consolidação óssea.

Pesquisas recentes em modelos animais demonstraram que o PRP, quando usado em combinação com uma estrutura adequada, é um potente fator de crescimento que promove a formação óssea *in vivo*. O aloenxerto com concentrado de medula óssea e PRP ativado pode atingir as mesmas taxas de fusão que o autoenxerto (**Fig. 22.1**).[24]

22.8 Medição de *Cage*, Aloenxerto Ósseo e Colocação de *Cage*

Um medidor de *cage* é posicionado no espaço intervertebral para medir o tamanho do *cage* intersomático que será empregado. Dependendo da anatomia do paciente, ~ 10 cc de aloenxerto ósseo misturado com concentrado de medula óssea (BMC) e fatores de crescimento (**Fig. 22.23**) são impactados nas áreas anterior e lateral do espaço intervertebral, formando uma âncora e deixando espaço suficiente para colocação do *cage*, que foi previamente preenchido com aloenxerto ósseo (**Fig. 22.24**). Isto aumenta a superfície de contato para o *cage*. As vistas de raios X PA e laterais são usadas para verificar a posição do *cage*, que deve estar na linha média.

Após a colocação do *cage* de fusão intercorporal, a limpeza meticulosa do forame neural é realizada sob visualização direta do *cage* para assegurar que não haja resíduos de enxertos ósseos na área e para reavaliar a posição do *cage*.

Uma posição oblíqua do *cage* deve ser direcionada em um ângulo aproximado de 45° em relação ao anel posterior pelo interespaço para obter melhor estabilidade (**Fig. 22.25**). O interespaço é preenchido com o mesmo material de enxerto. Na experiência clínica dos autores, esta técnica cirúrgica melhora a estabilidade

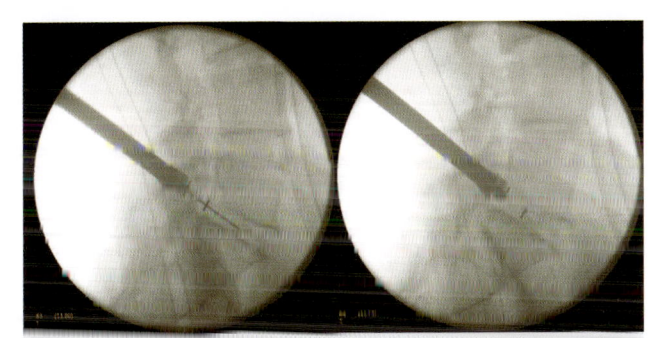

Fig. 22.26 Guia de raios X para colocação do *cage*. Vista lateral da sequência de colocação do *cage*.

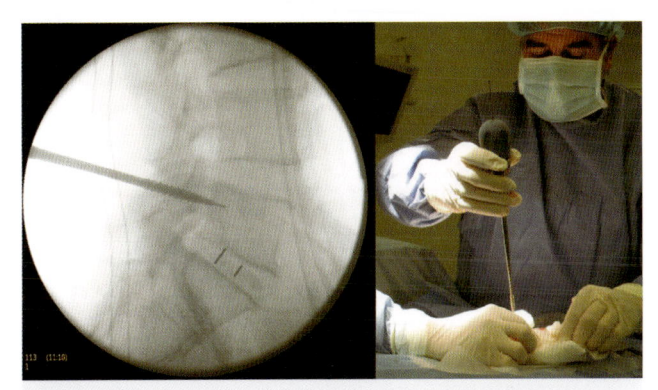

Fig. 22.27 Uma ponteira canulada permite a criação de um caminho em que o parafuso vai ser colocado.

Fig. 22.28 Parafusos pediculares. Comprimentos e diâmetros diferentes são usados dependendo do plano pré-operatório.

Fig. 22.29 Hastes são colocadas entre dois parafusos pediculares para fixá-los.

biomecânica do segmento de movimento reconstruído e diminui a incidência de subsidência do *cage*. As vistas radiográficas PA e laterais são usadas para verificar a colocação correta do *cage* por meio da visualização de dois marcadores de raios X (**Fig. 22.26**). Uma vez que o *cage* de fusão intercorporal seja satisfatoriamente colocado entre os dois corpos vertebrais, a altura intervertebral é aumentada. Dispositivos expansíveis e outros sistemas podem ser usados, atingindo até 9 a 13 mm de altura.

22.9 Preparação para Colocação de Parafusos

Uma agulha de introdução de ponta facetada de 12,7 cm é usada para alcançar o pedículo. Um guia metálico é colocado no pedículo. Um dilatador é usado para alongar o caminho do músculo. Uma ponta canulada usando uma alça de catraca de palma seguirá a guia e criará o espaço necessário para o parafuso (**Fig. 22.27**).

22.10 Parafusos Pediculares e Pediculares Facetários

A colocação do parafuso pedicular é planejada usando imagens axiais pré-operatórias de MRI ou CT pelo nível cirúrgico. Os parafusos pediculares canulados estão disponíveis em tamanhos diferentes, de 5,5 a 7,5 mm de diâmetro e 30 a 65 mm de comprimento (**Fig. 22.28**). As trajetórias dos parafusos lateral a medial e rostral a caudal são determinadas para evitar lesões nas raízes nervosas ou no saco dural. Uma vez que o túnel ósseo seja atingido e controlado por fluoroscopia, o parafuso definitivo é colocado. O controle de raios X pode ser usado, enquanto o parafuso é avançado para manter a direção correta.

Quando a dor irradia, a colocação dos parafusos é verificada, e a orientação é modificada, se necessário.

Após a colocação do parafuso, uma pinça-tesoura é inseria para obter o comprimento da haste que será utilizada. A haste selecionada é então dobrada de acordo com a preferência do cirurgião. Inserção da haste (**Fig. 22.29**) é obtida com um insersor de haste inclinado. O controle por fluoroscopia pode ser usado nesse momento.

Para travar o sistema de fusão, um parafuso determinado é colocado na parte superior da haste, travando-a à cabeça do parafuso pedicular. Torres separatistas podem ser destacadas do sistema (**Fig. 22.30**). A eburniação do processo transverso e da superfície óssea interpedicular é realizada com brocas e curetas. Parte da mistura de aloenxerto ósseo, BMC e PRP é colocada bilateralmente em cima da superfície óssea previamente preparada para aumentar a fusão (**Fig. 22.31**).

Uma alternativa à fixação de parafusos pediculares, mas com a mesma taxa de sucesso, é a fixação transfacetária.[25,26,27,28]

É preferência dos autores utilizar uma fusão transpedicular em 360° quando possível ou, de acordo com o caso clínico ou anatomia do paciente, uma fusão em 270°. Um híbrido das duas técnicas de fusão pode ser desenvolvido,[29,30] colocando os parafusos pediculares de um lado e um parafuso transfacetário contralateralmente (**Fig. 22.25**).

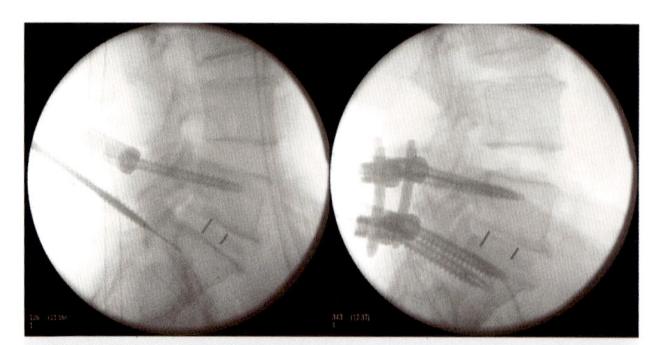

Fig. 22.30 Verificação radiológica. À esquerda: Parafuso pedicular sendo colocado no pedículo S1 direito. À direita: Quatro parafusos pediculares e duas hastes fixando-os. Posicionamento correto do *cage*.

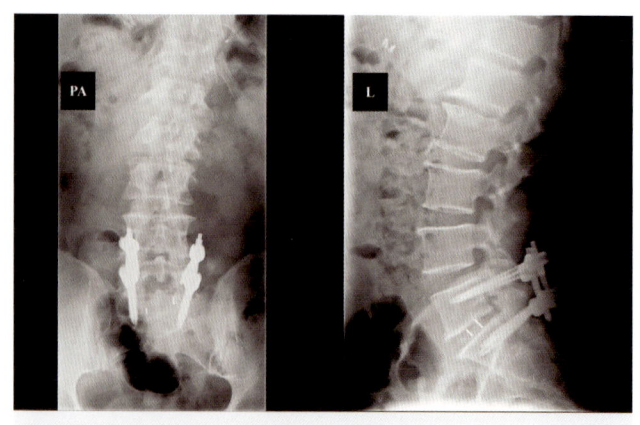

Fig. 22.32 Verificação radiológica após a cirurgia: fusão intercorporal lombar L5-S1 em 360°.

22.11 Experiência Clínica

22.11.1 Materiais e Métodos

Nosso estudo incluiu 65 pacientes que foram submetidos à fusão intercorporal transforaminal lombar (TLIF) em nossa clínica entre 2010 e 2013. No pré-operatório, o funcionamento de cada paciente foi avaliado usando o Oswestry Disability Index (ODI; dois), e a escala visual analógica lombar (VAS) pontuou a dor no glúteo, perna e pé. No pós-operatório, os pacientes foram avaliados em 1 mês, 3 meses, 1 ano e 2 anos. A coleta de dados foi realizada por um funcionário da equipe em nosso ambulatório não envolvido com cuidados clínicos do paciente. Um profissional em estatística certificado analisou os dados.

22.11.2 Pacientes e Análise de Resultados

Sessenta e cinco pacientes foram incluídos no estudo; 62 de 65 atingiram 2 anos de acompanhamento no pós-operatório. Em todos os 62 pacientes, um endoscópio foi usado durante TLIF. Todos os pacientes assinaram um termo de consentimento informado antes de serem incluídos no estudo. Quatro pacientes foram eventualmente excluídos do estudo por falta de visitas de acompanhamento intermitentes. Resultados clínicos dos restantes 58 pacientes TLIF foram analisados. Assim, 89,2% dos pacientes foram finalmente incluídos com 2 anos completos de acompanhamento. Existiam 35 homens e 23 mulheres, com uma idade média de 53 anos.

As variáveis medidas no questionário ODI foram intensidade de dor, atividades da vida diária, levantamento de objetos, andar, sentar, levantar, dormir, atividade sexual, atividades sociais e viajar. Eles foram todos medidos em uma escala de 0 a 5, sendo 0 ausência de dor ou incapacidade, e 5 presença de dor e incapacidade graves. Neste estudo de coorte longitudinal, não houve repetições e nenhum grupo de controle.

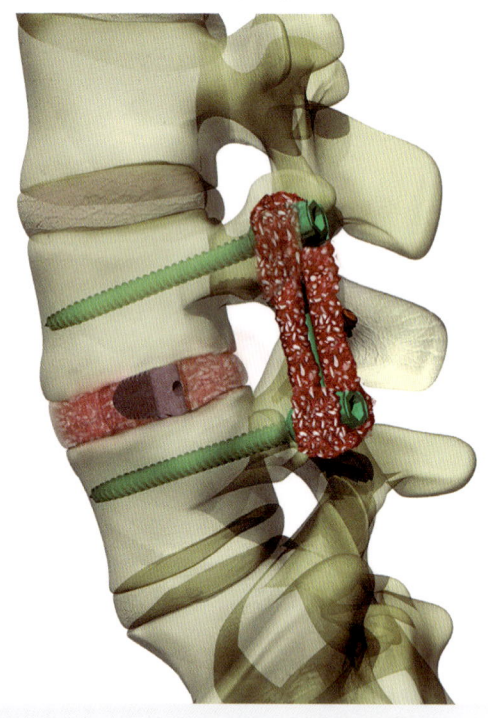

Fig. 22.31 Ilustração de um sistema híbrido em uma visão sagital. Dois parafusos pediculares foram colocados à esquerda e um parafuso transfacetário à direita. O aloenxerto interpedicular é posicionado. *Cage* intersomático com aloenxerto ósseo em torno dele.

Os sistemas de parafusos facetários estão disponíveis em diferentes tamanhos, de 4,3 a 5,0 mm de diâmetro e 20 a 40 mm de comprimento, com marcadores de broca para relação de profundidade. Os parafusos são colocados medial a lateralmente e rostral a caudalmente, fixando a articulação facetária em direção ao pedículo.

É importante mencionar que a fixação do parafuso transfacetário tem suas próprias indicações e contraindicações de acordo com a patologia ou a anatomia do paciente. Pode ser considerada uma alternativa útil quando são encontrados pedículos pequenos ou fraturados, mas não é uma opção viável quando a faceta precisa ser removida ou há espondilólise.[31] A radiologia pós-operatória é realizada para verificar o posicionamento dos parafusos e do *cage*. Vistas PA e laterais são necessárias (**Fig. 22.32**).

22.11.3 Resultados

Diferenças significativas no ODI entre as avaliações pré-operatória e após 1 ano de cirurgia foram anotadas. Os pacientes melhoraram 94,25% do tempo. Avaliando os resultados VAS lombar e VAS glútea, encontramos melhorias pós-operatórias de 86,36%. A melhora média do VAS da perna foi de 95,65%. Nossos resultados com MIS-TLIF endoscopicamente assistida mostraram ODI escores de 50,9; 25,7; 16,3; 13,2 e 9,1 no pré-operatório, 1 mês de pós-operatório, 3 meses de pós-operatório, 1 ano de pós-operatório e 2 anos de pós-operatório, respectivamente. A fusão atingiu 92% em nossos pacientes. CTs foram empregadas para avaliar o *status* de fusão em 3 e 6 meses.

22.12 Complicações

Um paciente sofreu complicações neurológicas com neuropraxia da L5 e queda do pé. A função retornou 3 meses após a cirurgia, com excelentes resultados. Em outro paciente, os parafusos pediculares facetários tiveram que ser convertidos em uma construção de parafuso pedicular não segmentar decorrente do afrouxamento. Um paciente adicional assintomático teve um parafuso pedicular colocado medialmente revelado em uma CT pós-operatória. O paciente foi submetido a uma cirurgia de revisão em até 12 horas para reposicionar o parafuso pedicular. Um rasgo dural foi encontrado em um paciente e foi tratado com um adesivo de colágeno (Duragen). O paciente recebeu alta após 24 horas e foi orientado a cumprir mais 5 dias de repouso no leito em casa. Esse paciente teve uma recuperação não complicada sem dores de cabeça ou desenvolvimento de uma fístula do CSF. Outro paciente apresentou trombose venosa profunda e foi tratado com uma terapia anticoagulante padrão.

Um caso apresentou importante dor lombar axial no pós-operatório. A ressonância magnética mostrou inflamação do disco, enquanto os exames de sangue estavam entre os parâmetros normais. A discite asséptica foi diagnosticada e tratada com analgésicos e um cinturão lombar. O paciente foi trazido de volta ao centro cirúrgico, onde uma amostra foi colhida para cultura microbiológica, e o disco intervertebral foi irrigado com solução salina e antibiótica. Todos os testes voltaram negativos. Os sintomas do paciente diminuíram em menos de 5 dias. Cada uma dessas complicações representou 1,53% de todos os pacientes.

Em pacientes com complicações que necessitam de cirurgia de revisão, fica claro que a revisão da instrumentação com parafuso pedicular MIS é adequada para refixação percutânea de parafusos pediculares em guias de extensão e retratores tubulares. No entanto, a refixação das abas de extensão e dos instrumentos de execução na construção do parafuso pedicular pode apresentar algum grau de dificuldade e pode exigir alguma prática.

Durante a manobra de reposicionamento do parafuso pedicular, usamos tubos de dilatação progressiva para acessar a área com um endoscópio. A reconexão da instrumentação de execução ao parafuso pedicular pode ser monitorada sob visualização direta na tela de vídeo. O reposicionamento da haste do parafuso do pedículo pode aumentar consideravelmente o tempo cirúrgico, mesmo nas mãos de um cirurgião experiente.

22.13 Discussão

A técnica MIS-TLIF demonstrou reduzir o trauma na musculatura paravertebral, recuperação pós-operatória, tempo de internação e risco de infecção. Cria pequenas feridas cirúrgicas, resultando em sangramento reduzido.[32,33] Usando a técnica MIS-TLIF, nossos pacientes recebem alta em menos de 24 horas. Em comparação, um estudo relatou que a média de alta após o TLIF aberto convencional foi de 9,3 ± 2,6 dias.[34]

A anestesia geral com anestesia intravenosa total e em combinação com o uso mínimo de gases anestésicos pode ter algumas vantagens sobre o MAC. Esses incluem náusea pós-operatória reduzida e despertar mais rápido. No entanto, MAC sob anestesia local e sedação oferece a vantagem de se poder comunicar com o paciente durante a cirurgia. A prevenção de lesão neural é obviamente preocupante, e a capacidade de realizar um rápido teste de despertar durante a cirurgia, em vez de depender de neuromonitoramento intraoperatório com EMG ou potenciais sensoriais ou motores evocados, pode ser útil, em especial ao cirurgião novato. Claramente é a preferência dos autores; consideramos a realização de MIS-TLIF endoscopicamente assistida um procedimento arriscado sob anestesia geral. No entanto, cada cirurgião deve discutir a escolha apropriada da anestesia com o paciente e a equipe de anestesia no contexto do padrão da comunidade local.

Na experiência dos autores, um dos aspectos mais relevantes da cirurgia endoscópica assistida é a capacidade de acessar o nível L5-S1. Na tentativa de reduzir o dano tecidual e melhorar a liberação da raiz nervosa comprometida sob visualização endoscópica direta, a descompressão posterior é realizada por um retrator tubular, que é colocado por tubos de dilatação progressiva.

Após nossa experiência com mais de 100 casos até o momento em que usamos um endoscópio durante o MIS-TLIF, recomendamos o seu uso para visualização direta nos níveis L4-L5 e L5-S1 para conseguir uma liberação adequada e descompressão das raízes nervosas sintomáticas.

Acessar o disco intervertebral pelo triângulo de Kambin para realizar a discectomia e preparação da placa terinal para colocação de um *cage* de fusão intercorporal permite o acesso direto e fácil ao interespaço enquanto produz cicatrizes mínimas em torno dos elementos neurais e recesso lateral em particular.

Na opinião dos autores, a visualização direta (DRV) da raiz nervosa de L5 durante a foraminoplastia e sua mobilização pela liberação de aderências decorrente de ligamentos foraminais e do complexo venoso intraforaminal é essencial para o acesso ao espaço entre os corpos para facilitar a colocação do *cage*. A combinação da exposição e mobilização da raiz nervosa durante a foraminoplastia reduz o risco de lesão da raiz nervosa nesse nível de acesso de outra forma difícil. A TLIF endoscopicamente assistida permite a visualização direta dos elementos neurais e das placas vertebrais terminais durante discectomia, bem como a preparação da placa terminal: esta é uma clara vantagem em comparação ao TLIF tradicional ou à versão não visualizada do procedimento.

No nível L5-S1, uma foraminoplastia é praticamente obrigatória em quase todos os casos, dado o estreito ponto de entrada no triângulo de Kambin que pode ser obliterado por um complexo articular facetário hipertrófico, o processo transverso e a asa sacral. A anatomia transicional pode representar um obstáculo adicional para acessar o forame pela técnica de fora para dentro. A foraminoplastia pode reduzir muito o risco de neuropraxia pós-operatória, danos nos nervos e dor, que é frequentemente causada pela irritação do gânglio da raiz dorsal.

A foraminoplastia pode facilitar uma melhor preparação das placas terminais para obter uma fusão intercorporal mais completa. Além do *cage* de fusão intercorporal, os autores advogam o uso de enxerto ósseo, como o aloenxerto, colocado anteriormente ao *cage* e lateralmente nas laterais, para que o enxerto circunde o *cage*. A fixação do parafuso pedicular facetário unilateral posterior pode reduzir o tempo cirúrgico e a dor pós-operatória.

Avaliar a configuração da crista ilíaca é importante tanto para o nível L5-S1 quanto para o nível L4-L5. O último também pode ser problemático quando há uma crista ilíaca alta. O cirurgião deve ser cauteloso com a viabilidade da abordagem transforaminal quando a asa ilíaca se projeta acima do nível do disco L4-L5 na projeção lateral de raios X ou se houver inclinação pélvica posterior com um disco intervertebral L5-S1 horizontal. A abordagem TLIF convencional pode ser mais apropriada para esses pacientes. Uma curva de aprendizado significativa também pode estar associada à MIS-TLIF endoscopicamente assistida e deve ser levada em consideração ao selecionar pacientes para o procedimento.

A técnica dos autores capitaliza a fusão intercorporal lombar transforaminal tradicional. A combinação de incisões menores, redução da dor pós-operatória, menor perda de sangue e MAC permite que os pacientes recebam alta em 24 horas.

22.14 Conclusão

Com base em nossa experiência, os autores recomendam o uso de um endoscópio para auxiliar durante a MIS-TLIF em combinação com parafusos pediculares percutâneos como uma alternativa para abrir o TLIF. Nossos achados clínicos favoráveis foram corroborados por outros, que também relataram menor tempo de internação, menor número de complicações, menor uso de drogas no pós-operatório e menor custo com MIS-TLIF.[35,36]

O *cage* de fusão entre corpos e o sistema de fixação de parafusos transpediculares utilizados em nossos pacientes têm sido amplamente descritos na literatura.[17] O TLIF endoscopicamente assistido pela abordagem transforaminal posterolateral ocorre no neuroforame existente, com o mínimo de rompimento dos músculos paraespinais dinâmicos de suporte e remoção mínima de osso. Em contraste, durante um TLIF clássico, a porção inferior da lâmina e os processos articulares superior e inferior, ou algumas variações disso são tipicamente ressecadas com o ligamento amarelo.

Assim sendo, a abordagem TLIF endoscopicamente assistida parece ser uma técnica cirúrgica avançada, menos invasiva, que na maioria dos casos requer apenas remoção parcial da articulação facetária lombar, ou seja, sua porção anterior diretamente em frente ao disco intervertebral lombar. A tensão total no paciente é significativamente reduzida, tornando esse procedimento mais adequado para os idosos. No geral, o TLIF endoscopicamente assistido pode ser possível em pacientes de alto risco que não considerariam a cirurgia aberta, apesar das síndromes de dor crônica.

Referências

1. Goldstein CL, Macwan K, Sundararajan K, Rampersaud YR. Perioperative outcomes and adverse events of minimally invasive versus open posterior lumbar fusion: meta-analysis and systematic review. *J Neurosurg Spine* 2015:1–12
2. Li YB, Wang XD, Yan HW, Hao DJ, Liu ZH. The long-term clinical effect of minimal-invasive TLIF technique in 1-segment lumbar disease. *J Spinal Disord Tech* 2015
3. Sidhu GS, Henkelman E, Vaccaro AR, et al. Minimally invasive versus open posterior lumbar interbody fusion: a systematic review. *Clin Orthop Relat Res* 2014;472(6):1792–1799
4. Khan NR, Clark AJ, Lee SL, Venable GT, Rossi NB, Foley KT. Surgical outcomes for minimally invasive vs open transforaminal lumbar interbody fusion: an updated systematic review and meta-analysis. *Neurosurgery* 2015;77(6):847–874
5. Wong AP, Smith ZA, Stadler JA III, et al. Minimally invasive transforaminal lumbar interbody fusion (MI-TLIF): surgical technique, long-term 4-year prospective outcomes, and complications compared with an open TLIF cohort. *Neurosurg Clin N Am* 2014;25(2):279–304
6. Phan K, Mobbs RJ. Minimally invasive versus open laminectomy for lumbar stenosis—a systematic review and meta-analysis. *Spine* 2015
7. Gupta A, Kukkar N, Sharif K, Main BJ, Albers CE, El-Amin III SF. Bone graft substitutes for spine fusion: a brief review. *World J Orthop* 2015;6(6):449–456
8. Landi A, Tarantino R, Marotta N, et al. The use of platelet gel in postero-lateral fusion: preliminary results in a series of 14 cases. *Eur Spine J* 2011;20(Suppl 1):S61–S67
9. Lee WC, Park JY, Kim KH, et al. Minimally invasive transforaminal lumbar interbody fusion in multilevel: comparison with conventional transforaminal interbody fusion. *World Neurosurg* 2015
10. Min SH, Yoo JS. The clinical and radiological outcomes of multilevel minimally invasive transforaminal lumbar interbody fusion. *Eur Spine J* 2013;22(5):1164–1172
11. Azimi P, Mohammadi HR, Benzel EC, Shahzadi S, Azhari S. Lumbar spinal canal stenosis classification criteria: a new tool. *Asian Spine J* 2015;9(3):399–406
12. Weber C, Rao V, Gulati S, Kvistad KA, Nygaard ØP, Lønne G. Inter- and intraobserver agreement of morphological grading for central lumbar spinal stenosis on magnetic resonance imaging. *Global Spine J* 2015;5(5):406–410
13. Harasymczuk P, Kotwicki T, Koch A, Szulc A. The use of computer tomography for preoperative planning and outcome assessment in surgical treatment of idiopathic scoliosis with pedicle screw based constructs—case presentation. *Ortop Traumatol Rehabil* 2009;11(6):577–585
14. Das S, Ghosh S. Monitored anesthesia care: an overview. *J Anaesthesiol Clin Pharmacol* 2015;31(1):27–29
15. Avitsian R, Manlapaz M, Doyle J. Dexmedetomidine as a sedative for awake fiberoptic intubation. *Trauma Care J* 2007;17:19–24
16. Chen HT, Tsai CH, Chao SC, et al. Endoscopic discectomy of L5-S1 disc herniation via an interlaminar approach: prospective controlled study under local and general anesthesia. *Surg Neurol Int* 2011;2:93
17. Gertler R, Brown HC, Mitchell DH, Silvius EN. Dexmedetomidine: a novel sedative-analgesic agent. *Proc Bayl Univ Med Cent* 2001;14(1):13–21
18. Tobias J. Dexmedetomidine in trauma anesthesiology and critical care. *Trauma Care J* 2007;17:6–18
19. Shriver MF, Zeer V, Alentado VJ, Mroz TE, Benzel EC, Steinmetz MP. Lumbar spine surgery positioning complications: a systematic review. *Neurosurg Focus* 2015;39(4):E16
20. Johnson RG. Bone marrow concentrate with allograft equivalent to autograft in lumbar fusions. *Spine* 2014;39(9):695–700
21. Smiler D, Soltan M, Albitar M. Toward the identification of mesenchymal stem cells in bone marrow and peripheral blood for bone regeneration. *Implant Dent* 2008;17(3):236–247
22. Alvarez-Viejo M, Menendez-Menendez Y, Blanco-Gelaz MA, et al. Quantifying mesenchymal stem cells in the mononuclear cell fraction of bone marrow samples obtained for cell therapy. *Transplant Proc* 2013;45(1):434–439
23. Rodriguez IA, Growney Kalaf EA, Bowlin GL, Sell SA. Platelet-rich plasma in bone regeneration: engineering the delivery for improved clinical efficacy. *BioMed Res Int* 2014;2014:392398
24. Mayer HM. *Minimally Invasive Spine Surgery: A Surgical Manual*. Springer Science & Business Media; 2005
25. Chin KR, Newcomb AG, Reis MT, et al. Biomechanics of posterior instrumentation in L1-L3 lateral interbody fusion: pedicle screw rod construct vs transfacet pedicle screws. *Clin Biomech (Bristol, Avon)* 2015
26. Kretzer RM, Molina C, Hu N, et al. A comparative biomechanical analysis of stand alone versus facet screw and pedicle screw augmented lateral interbody arthrodesis: an in vitro human cadaveric model. *J Spinal Disord Tech* 2013;1:40–7
27. Agarwala A, Bucklen B, Muzumdar A, Moldavsky M, Khalil S. Do facet screws provide the required stability in lumbar fixation? A biomechanical comparison of the Boucher technique and pedicular fixation in primary and circumferential fusions. *Clin Biomech (Bristol, Avon)* 2012;27(1):64–70
28. Beaubien BP, Mehbod AA, Kallemeier PM, et al. Posterior augmentation of an anterior lumbar interbody fusion: minimally invasive fixation versus pedicle screws in vitro. *Spine* 2004;29(18):E406–E412
29. Zeng ZY, Wu P, Mao KY, et al. [Unilateral pedicle screw fixation versus its combination with contralateral translaminar facet screw fixation for the treatment of single segmental lower lumbar vertebra diseases]. *Zhongguo Gu Shang* 2015;28(4):306–312
30. Awad BI, Lubelski D, Shin JH, et al. Bilateral pedicle screw fixation versus unilateral pedicle and contralateral facet screws for minimally invasive transforaminal lumbar interbody fusion: clinical outcomes and cost analysis. *Global Spine J* 2013;3(4):225–230
31. Hsiang J, Yu K, He Y. Minimally invasive one-level lumbar decompression and fusion surgery with posterior instrumentation using a combination of pedicle screw fixation and transpedicular facet screw construct. *Surg Neurol Int* 2013;4:125
32. Sulaiman WAR, Singh M. Minimally invasive versus open transforaminal lumbar interbody fusion for degenerative spondylolisthesis grades 1-2: patient-reported clinical outcomes and cost-utility analysis. *Ochsner J* 2014;14(1):32–37
33. Peng CW, Yue WM, Poh SY, Yeo W, Tan SB. Clinical and radiological outcomes of minimally invasive versus open transforaminal lumbar interbody fusion. *Spine* 2009;34(13):1385–1389
34. Dhall SS, Wang MY, Mummaneni PV. Clinical and radiographic comparison of mini-open transforaminal lumbar interbody fusion with open transforaminal lumbar interbody fusion in 42 patients with long-term follow-up. *J Neurosurg Spine* 2008;9(6):560–565
35. Shunwu F, Xing Z, Fengdong Z, Xiangqian F. Minimally invasive transforaminal lumbar interbody fusion for the treatment of degenerative lumbar diseases. *Spine* 2010;35(17):1615–1620
36. Morgenstern R, Morgenstern C. *Endoscopically Assisted Transforaminal Percutaneous Lumbar Interbody Fusion. Endoscopic Spinal Surgery*. London: JP Medical Ltd; 2013:138–145

23 Técnica de Fixação Facetária Percutânea Translaminar e Ipsolateral

Ricardo B. V. Fontes ▪ Richard G. Fessler

23.1 Introdução

A descrição pioneira da técnica de fixação facetária ipsolateral foi feita por King, em 1948. Como uma construção autônoma, a técnica foi associada a taxas de falha significativas e a uma necessidade de repouso no leito que eram virtualmente as mesmas para a fusão não instrumentada (Hibbs): particularmente em casos multiníveis, as taxas de fusão caíram para ~ 50%.[1,2] Em 1984, Magerl descreveu uma modificação translaminar da trajetória, mas, com o advento da instrumentação com base em pedículo e suas propriedades biomecânicas mais favoráveis, a fixação facetária caiu em desuso. A fixação facetária recuperou popularidade no século 21 por causa do aumento do número de fusões intersomáticas e sua facilidade de colocação percutânea. É uma forma particularmente atraente de suplementação posterior à fusão intersomática lombar lateral, pois mantém a filosofia minimamente invasiva da última cirurgia (**Vídeo 23.1**).[3]

23.2 Seleção de Pacientes

As indicações para o procedimento são:
- Suplementação posterior para a fusão intersomática, particularmente fusão intersomática lombar anterior (ALIF) e fusão intersomática lombar lateral (LLIF), de L1 a S1.

As contraindicações são:
- Laminectomia ou facetectomia extensivas.
- Espondilolistese degenerativa não reduzida após inserção de enxerto intersomático.
- Espondilolistese ístmica ou espondilólise.
- Mais de dois níveis de fixação.

23.3 Técnica

23.3.1 Planejamento Pré-Operatório

MRI ou mielografia por CT (preferida) da coluna lombar é obtida, bem como radiografias de flexão/extensão da coluna lombar.

23.3.2 Anestesia e Posicionamento

Anestesia geral (sem bloqueio neuromuscular) e monitoramento neurofisiológico (SSEP e EMG) são usados. O paciente é posicionado em decúbito ventral em uma mesa Jackson de estrutura aberta para maximizar a lordose lombar (**Fig. 23.1**). Verificações são realizadas para pressão ocular e pontos de contato.

23.3.3 Localização

A localização fluoroscópica dos níveis a serem operados na coluna lombar é utilizada. A fluoroscopia anteroposterior (AP) é preferida para marcação da incisão; a fluoroscopia lateral é utilizada durante a maior parte do caso.

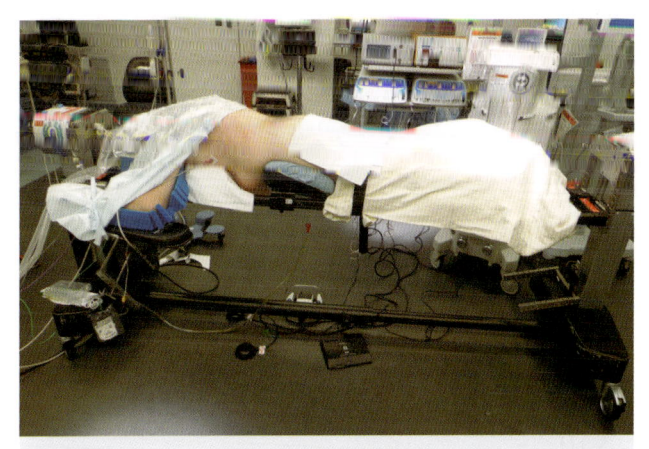

Fig. 23.1 Paciente posicionado em decúbito ventral em uma mesa Jackson de estrutura aberta para maximizar a lordose.

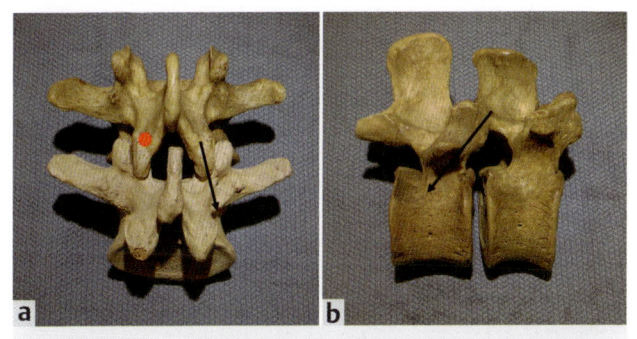

Fig. 23.2 Vértebras lombares demonstrando o ponto de entrada para a fixação facetária (*círculo vermelho*). A seta demonstra a trajetória planejada de fixação pela articulação zigapofisária. (**a**) Vista posterior. (**b**) Vista lateral.

23.3.4 Ponto de Entrada

Sob fluoroscopia AP, a linha média sobre a margem caudal do processo espinhoso do nível cranial a ser operado é marcada longitudinalmente (p. ex., a margem caudal do processo espinhoso de L3 é marcada para fixação de L4-5) (**Fig. 23.2**).

Analgesia da pele e do tecido mole é obtida com lidocaína 2% e com epinefrina 1:1.00.000. É feita uma incisão longitudinal de pele de 1 cm.

23.3.5 Inserção do Fio-Guia

A agulha Jamshidi é inserida com objetivos caudal e lateral até que seja posicionada na margem medial do processo articular inferior do nível cranial a ser fundido (**Fig. 23.3**). A orientação da agulha Jamshidi é então confirmada na fluoroscopia lateral para garantir que ela atinja o pedículo do nível caudal. Sob fluoroscopia, um fio K é inserido e percorre sequencialmente o córtex superficial do processo articular inferior e articulação zigopofisária e prossegue no pedículo (**Fig. 23.4**). Não avance o fio-guia além de 15 mm da parede posterior do corpo vertebral.

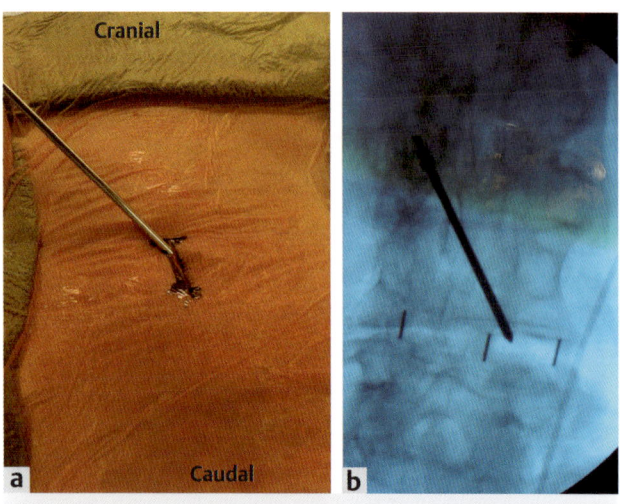

Fig. 23.3 Incisão na linha média sobre os processos espinhosos e o trocarte de Jamshidi angulado caudal e lateralmente para contatar o processo articular inferior do nível cranial a ser fundido. A incisão na linha média é tipicamente localizada em um nível cranial para permitir a trajetória caudal do trocarte.

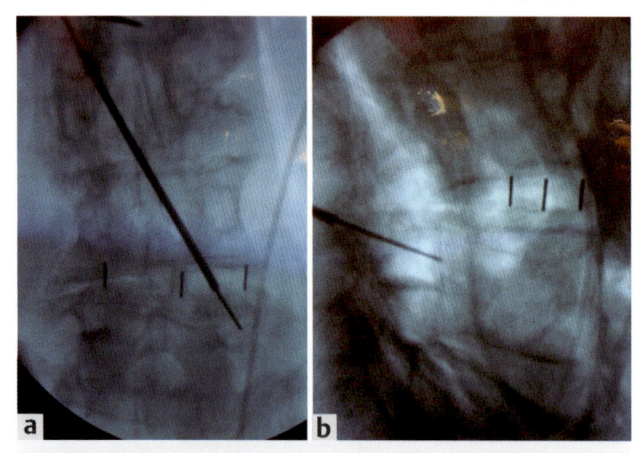

Fig. 23.4 Fio-guia sendo avançado pela articulação e para o interior do pedículo. (**a**) Visão fluoroscópica anteroposterior. (**b**) Vista lateral. É tomado muito cuidado para não avançar o fio-guia após 15 mm da parede posterior do corpo vertebral.

23.3.6 Dilatação, Perfuração e Utilização de Instrumento Pontudo

O canal tubular de trabalho é avançado sobre o fio-guia até ser encaixado no processo articular. Uma broca canulada é avançada sobre o fio-guia e é acionada pela articulação e para dentro do pedículo. Não avance mais de 15 mm além da parede posterior do corpo vertebral (**Fig. 23.5**). O uso de um instrumento pontudo canulado é opcional, mas é útil em pacientes com uma articulação zigopofisária esclerótica, má qualidade do osso ou uso de um parafuso de maior diâmetro (6 mm).

23.3.7 Montagem e Inserção do Parafuso

A fixação facetária é uma forma de fixação com parafuso compressivo. Um parafuso parcialmente rosqueado é utilizado para que os processos articulares possam ser travados juntos. Parafusos de 5 ou 6 mm de diâmetro podem ser utilizados; os autores normalmente empregam um comprimento de parafuso entre 30 e 40 mm.

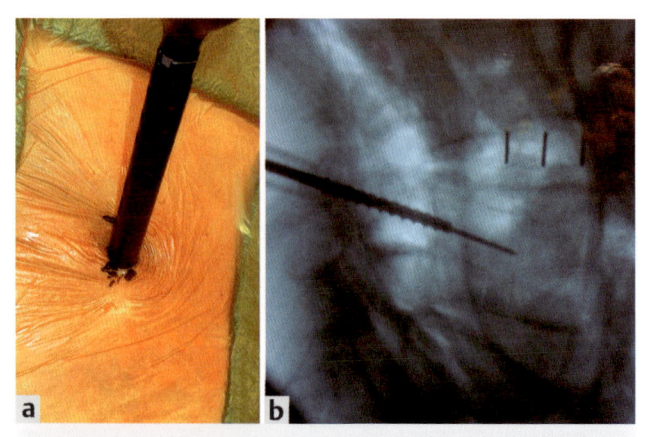

Fig. 23.5 (**a**) O dilatador mostrado passou sobre fio-guia, e (**b**) a broca avançou sobre o fio-guia.

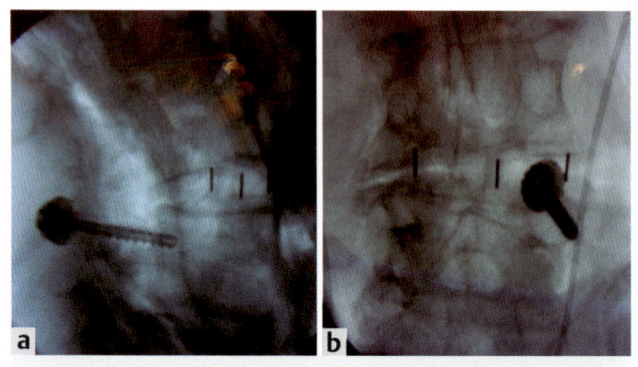

Fig. 23.6 O parafuso e seu anel poliaxial são passados sobre o fio-guia, que é então removido. (**a**) Vista AP. (**b**) Vista lateral.

Um anel poliaxial serve de base para a cabeça do parafuso, de modo que ele possa girar suavemente e realizar a fixação por compressão. O anel poliaxial é montado sobre o parafuso antes da inserção.

O parafuso é inserido sobre o fio-guia sob fluoroscopia lateral. Quando o parafuso estiver no pedículo, o fio-guia pode ser removido com segurança. Uma vez que o parafuso esteja firmemente assentado em sua base poliaxial, o canal de trabalho é removido (**Fig. 23.6**).

A fixação unilateral é possível, porque essa é uma suplementação à fusão intersomática, mas os parafusos bilaterais são preferidos,

23.3.8 Prevenção de Complicações e Tratamento

Nunca avance o fio-guia mais de 15 mm além da parede posterior do corpo vertebral.

Certifique-se de que o fio-guia esteja firmemente assentado no processo articular inferior antes de avançá-lo. Recomendamos tentar os primeiros poucos procedimentos em pacientes com uma lâmina intacta para evitar a colocação inadvertida do fio-guia pela dura-máter.

Evite pressões fora do eixo ao manusear o fio-guia para evitar dobrá-lo.

Evite apertar demais o parafuso, pois ele pode descascar a articulação zigopofisária e resultar em perda de fixação. Se isso ocorrer, insira o fio-guia novamente e gire o parafuso para obter um parafuso de diâmetro maior ou reverta para a fixação com base em pedículo.

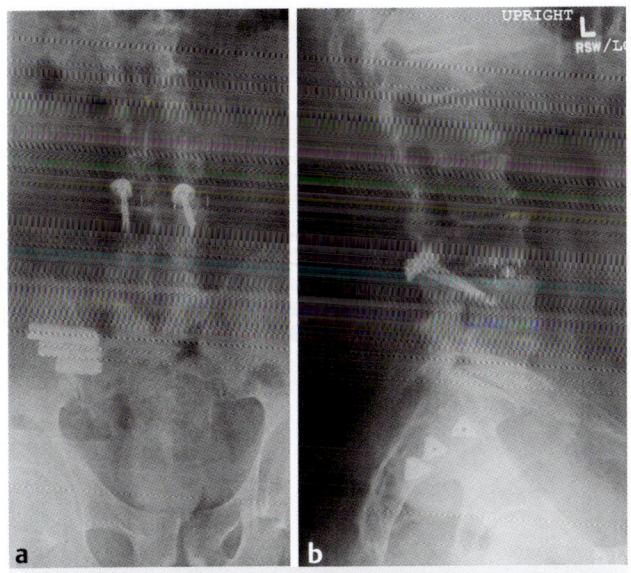

Fig. 23.7 Radiografias finais demonstrando fixação de faceta bilateral complementando uma fusão intersomática transpsoas. (**a**) Vista AP. (**b**) Vista lateral. Na vista AP, a trajetória do parafuso é ligeiramente divergente.

23.3.9 Fechamento

Se a fáscia for visível, ela pode ser aproximada com uma sutura de Vicryl 0. Caso contrário, o plano subcutâneo é aproximado com Vicryl 3-0 interrompido e a pele com uma sutura dérmica contínua com Monocryl 5-0.

23.4 Cuidado Pós-Operatório

Os pacientes podem deambular imediatamente após a cirurgia. A alta é mais dependente do tipo de fusão intersomática e recuperação da maior parte da cirurgia (abordagem anterior ou transpsoas). Os pacientes podem ter alta assim que forem capazes de deambular e urinar sem problemas. Geralmente, eles necessitam de uma internação hospitalar de uma a três noites.

O espasmo muscular pode ser um problema, porque o suprimento nervoso dos músculos paravertebrais é mantido intacto. O espasmo pode ser controlado com a medicação antiespasmo escolhida pelos cirurgiões (p. ex., metocarbamol 500 mg VO quatro vezes ao dia ou baclofeno 10 mg VO três vezes ao dia; **Fig. 23.7**).

Referências

1. Boucher HH. A method of spinal fusion. *J Bone Joint Surg Br* 1959;41-B(2):248–259
2. King D. Internal fixation for lumbosacral fusion. *J Bone Joint Surg Am* 1948;30A(3):560–565
3. Su BW, Cha TD, Kim PD, et al. An anatomic and radiographic study of lumbar facets relevant to percutaneous transfacet fixation. *Spine* 2009;34(11):E384–E390

24 Fusão Endoscópica Lateral Direta de Intercorpo Lombar e sua Instrumentação

Jin-Sung Luke Kim ▪ Choon Keun Park

24.1 Introdução

Os métodos de fusão de intersomática lombar (LIF), como a fusão posterior intersomática lombar (PLIF),[1,2,3] a fusão transformaninal intersomática lombar (TLIF),[4,5,6] a fusão anterior intersomática lombar (ALIF)[7,8] e a fusão axial intersomática lombar (LIF axial),[9] são um tratamento eficaz para a espondilose lombar degenerativa com instabilidade e dor crônica persistente. Desde que Pimenta, em 2006,[10] introduziu a LIF lateral retroperitoneal transpsoas minimamente invasiva, os cirurgiões de coluna vertebral vêm aumentando o número de casos de fusão lateral de intersomática lombar (LLIF). A LLIF tem grandes vantagens, tais como o amplo enxerto córtex-com-córtex do intercorpo, menor lesão de tecidos, preservação dos ligamentos e músculos posteriores, perda sanguínea mínima, tempo de operação mais curto e retorno mais rápido ao trabalho. Por esses motivos, muitos cirurgiões preferem a LLIF, especialmente para pacientes mais idosos e debilitados.

24.2 Seleção do Paciente

As indicações para o procedimento são:
- Doença degenerativa do disco, com instabilidade.
- Herniação recorrente de disco.
- Síndrome da pós-laminectomia.
- Patologia de segmento adjacente, que exige uma cirurgia adicional (problemas em um nível adjacente ao de uma cirurgia de fusão anterior).
- Espondilolistese degenerativa/ístmica.
- Escoliose degenerativa (curvatura da espinha à direita/esquerda).
- Pseudoartrose posterior (cirurgia prévia de fusão, que não fusionou).

As contraindicações para LLIF são:
- Sintomáticos ao nível de L5-S1.
- Sintomáticos ao nível de L4-L5, com crista ilíaca elevada.
- Deformidades lombares com rotação de mais de 30°.
- Espondilolistese degenerativa de grau superior a 2.
- Cicatrizes retroperitoneais em ambos os lados, esquerdo e direito (p. ex., devido a um abcesso ou a uma cirurgia anterior).
- Necessidade de descompressão direta através da mesma abordagem.

24.3 Técnica Cirúrgica

O procedimento é realizado com o paciente sob anestesia geral e em posição de decúbito lateral (**Fig. 24.1**). O disco intervertebral e as margens das vértebras são marcados com auxílio de fluoroscópio com braço-C. O cirurgião pode se posicionar na frente ou nas costas do paciente. É feita uma incisão na pele, com cerca de 2 a 2,5 cm, e executada uma dissecção sucessiva dos músculos: oblíquo externo, oblíquo interno e transversal abdominal, por meio da técnica de separação muscular (**Vídeo 24.1**). O espaço retroperitoneal fica, então, exposto. O cirurgião identifica o músculo psoas, com seu dedo indicador, e um pino guia é inserido no espaço do disco, com ajuda do fluoroscópio

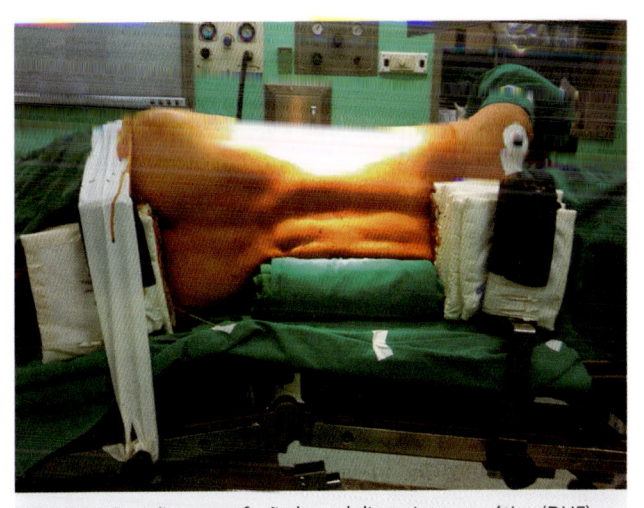

Fig. 24.1 Posição para a fusão lateral direta intersomática (DLIF).

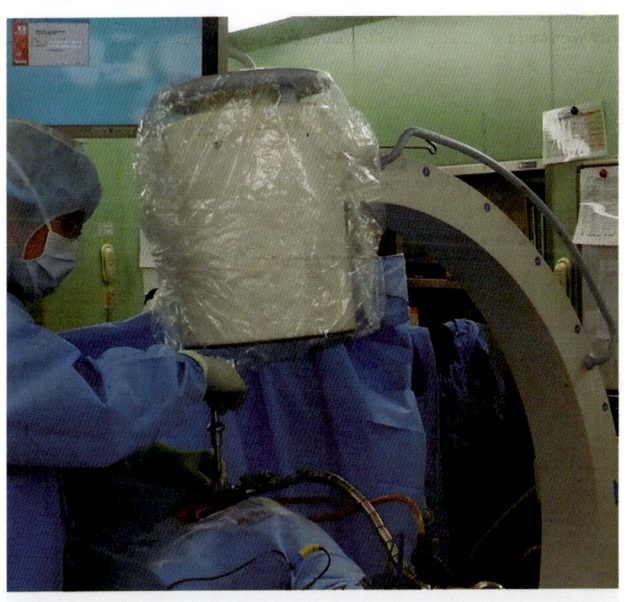

Fig. 24.2 O retrator tubular e o braço flexível montados sobre a mesa de operação.

e com neuromonitoramento. Uma sequência de dilatadores é aplicada e um retrator tubular, com 22 mm de diâmetro, é adaptado à mesa, com auxílio de um braço flexível (**Fig. 24.2**).

O disco intervertebral é removido e a placa final é preparada com o uso de curetas, barbeador e pinça longa para pituitária, pelos métodos usuais, com auxílio de um fluoroscópio com braço-C. Finalmente, uma gaiola lordótica grande (6° ou 12°) é cuidadosamente introduzida no nível afetado, através do corredor da fusão lateral direta do intersomática (DLIF), como um dispositivo intercorporal que contém as placas ósseas do aloenxerto, misturadas com matriz óssea desmineralizada (DBM; **Vídeo 24.2**). Em caso de osteoporose moderada a severa, o osso canceloso pode ser coletado do osso ilíaco.

A ferida é fechada, camada a camada, após a remoção do sistema de retratores. Após mover o paciente para a posição pronada, é feita uma fixação posterior adicional, através de parafusos pediculares percutâneos (**Fig. 24.3**).

Aguarda-se que o paciente se recupere da anestesia, podendo ele ter alta em apenas dois a três dias. Ele recebe um analgésico opioide, um anti-inflamatório não esteroide e um relaxante muscular.

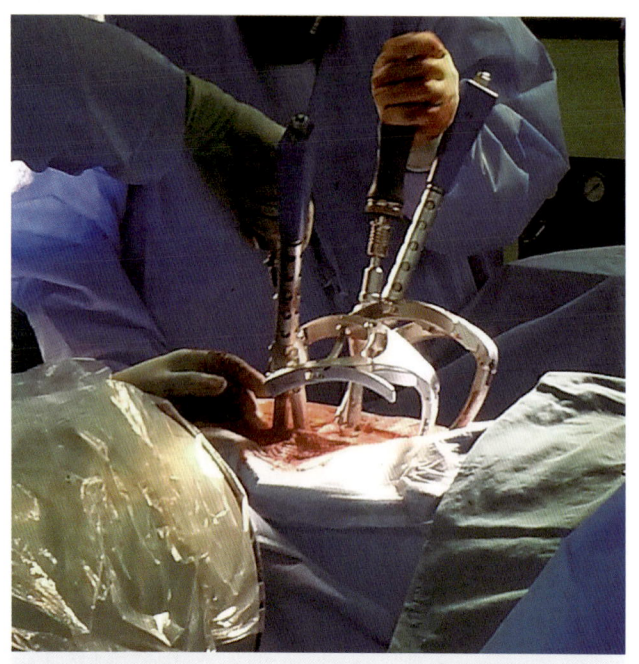

Fig. 24.3 Depois de mover o paciente para a posição pronada, apenas parafusos pediculares percutâneos são usados para a fixação.

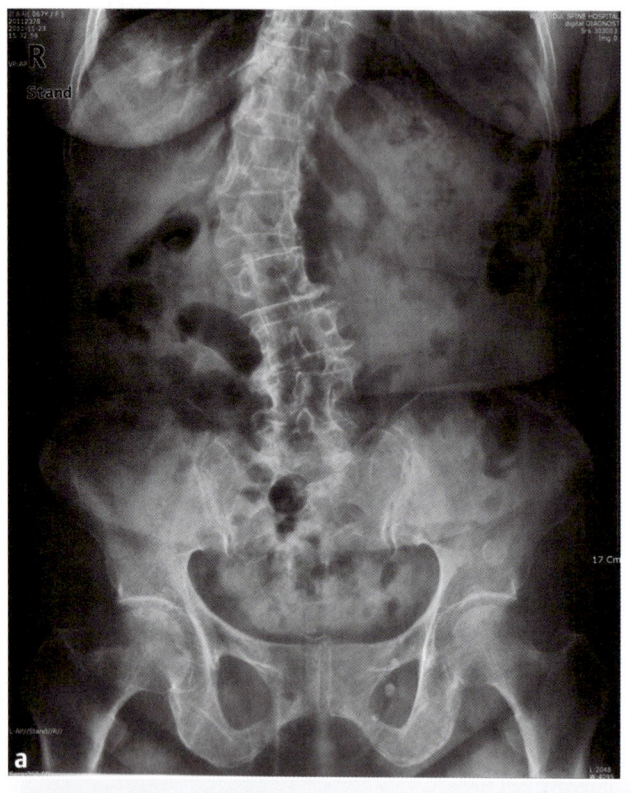

24.4 Caso Ilustrativo

Uma mulher de 67 anos, apresentando dor na perna direita ao longo dos dermatomas L3 e L4, dor crônica na parte inferior das costas e claudicação intermitente neurogênica. O exame físico foi negativo para o sinal de elevação da perna estendida, em ambos os lados, e havia fraqueza, de grau 4, na dorsiflexão do tornozelo. As radiografias e MRIs pré-operatórias revelaram estenose foraminal no lado direito, nos níveis de L3-L4 e L4-L5, espondilolistese e escoliose degenerativa (**Fig. 24.4, Fig. 24.5**).

A estenose foraminal em L3-L4 e L4-L5 foi descomprimida com sucesso (**Fig. 24.6**). A restauração das alturas dos discos e a correção da anterolistese foram confirmadas por MRIs e radiografias do pós-operatório (**Fig. 24.6, Fig. 24.7, Fig. 24.8**). Os sintomas pré-operatórios, que incluíam dor no lado direito da perna e claudicação intermitente, cederam completamente.

24.5 Complicações

Ainda existe alguma discussão sobre as morbidades relacionadas com a técnica de LLIF, por causa da alta possibilidade de lesão ao plexo do psoas, no procedimento, da paresia da parede abdominal, da impossibilidade de descompressão direta da estenose lombar e da subsidência da gaiola nos pacientes com osteoporose (**Fig. 24.9, Fig. 24.10**).[11,12,13,14,15,16]

Para os cirurgiões de coluna, a questão mais importante, contra a LLIF, é a lesão ao plexo lombar, durante o procedimento. Apesar de muitos investigadores terem relatado que essas lesões no plexo do psoas são temporárias,[11,12,13] a maioria dos pacientes não apresentava esses sintomas antes da cirurgia.

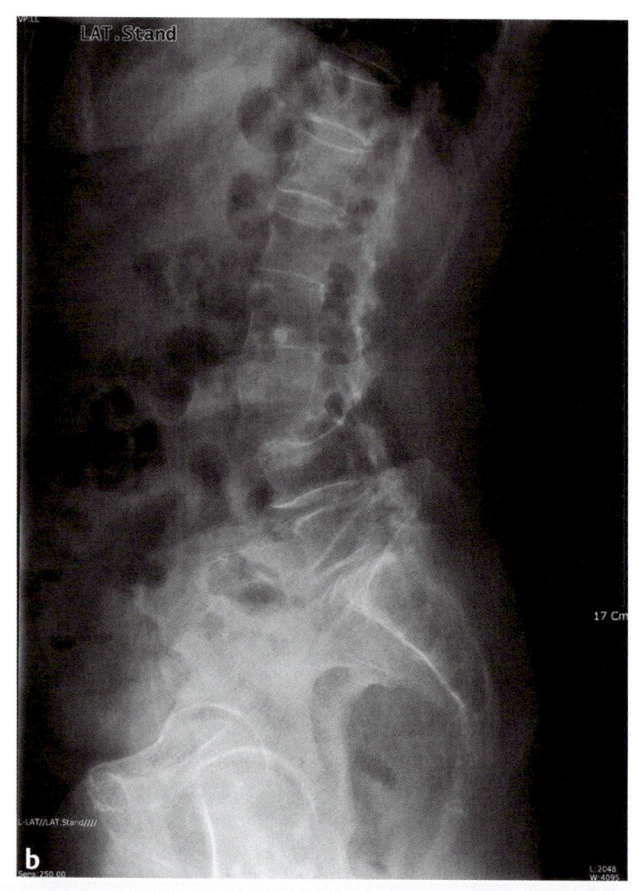

Fig. 24.4 (a,b) As radiografias pré-operatórias apresentam espondilolistese degenerativa nos níveis L3-L4 e L4-L5, com escoliose.

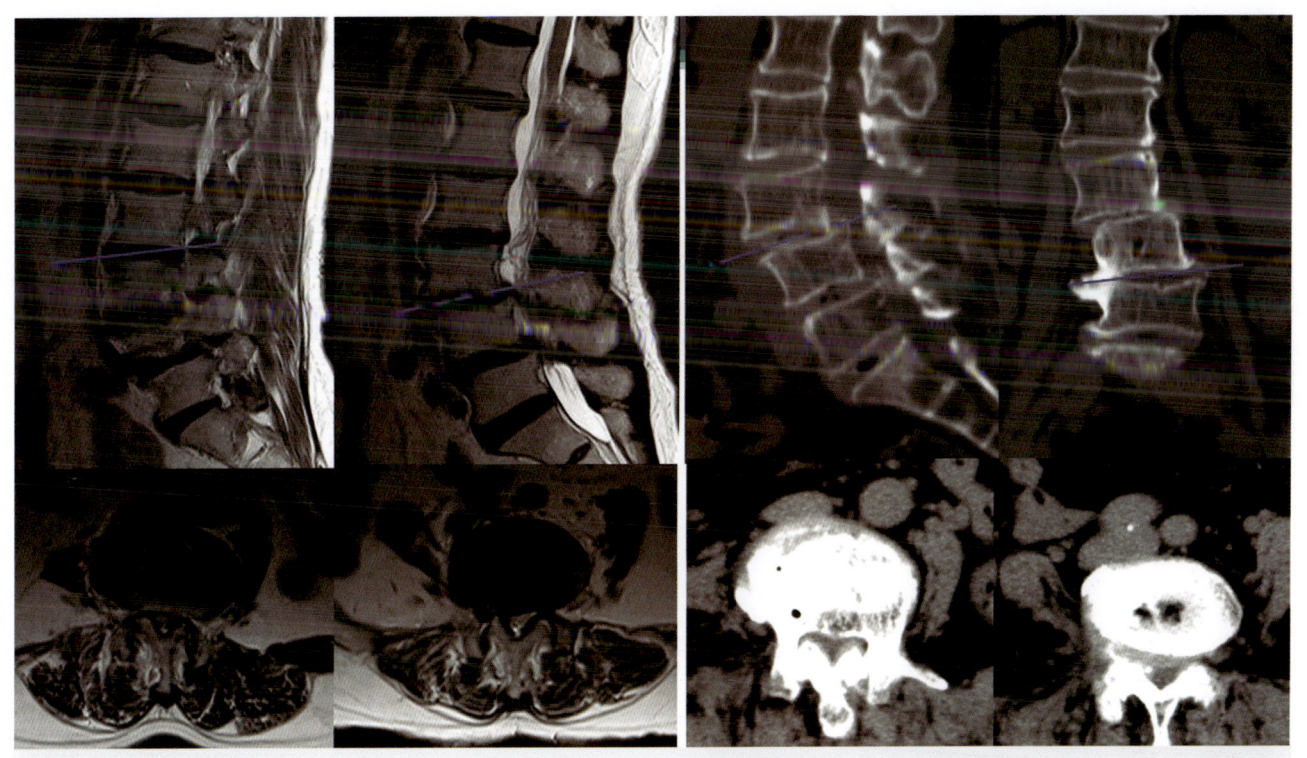

Fig. 24.5 As MRIs pré-operatórias apresentam estenose foraminal, à direita e no centro, em L3-L4 e L4-L5. A CT de L4-L5 revela esporões de tração, calcificados, à direita e estenose foraminal central.

24.6 Discussão

A fusão de intersomática lombar (LIF) é o padrão ouro para o tratamento cirúrgico de segmentos espinhais instáveis, em adultos com sintomas clínicos crônicos e debilitantes. Devido aos avanços recentes em instrumentais espinhais minimamente invasivos, a LIF está sendo executada mais frequentemente do que nunca, e as cirurgia espinhais minimamente invasivas (MISS), especialmente a LIF,[6,7] ganharam popularidade. Entretanto, ainda há significativa variação nas estratégias cirúrgicas, com debates a respeito e evidências limitadas para guiar as tomadas de decisão sobre qual o melhor tipo de LIF. As técnicas cirúrgicas de LIF preferidas têm sido a fusão posterior do intersomática lombar (PLIF), a fusão transforaminal intersomática lombar (TLIF), a fusão anterior do intersomática lombar (ALIF) e a fusão direta ou a fusão pela extremidade lateral, intersomática (DLIF ou XLIF). Recentes avanços sobre técnicas minimamente invasivas geraram muito interesse sobre DLIF e XLIF como variantes técnicas de ALIF, e os cirurgiões de coluna passaram a considerar DLIF e XLIF como sendo menos invasivas.[10] A abordagem lateral direta da espinha lombar foi considerada eficaz para acessar a espinha lombar intervertebral. As duas abordagens laterais diretas, transpsoas, (XLIF, Nuvasive; DLIF, Medtronic, Inc.) foram desenvolvidas, independentemente, a partir das técnicas relatadas por Mayer e por McAfee, em 1997 e 1998.[17,18] A abordagem via psoas baseia-se em penetrar no espaço retroperitoneal, a partir do espaço retroperitoneal lateral, e dividir o músculo psoas. Isso também permite que a espinha lombar anterolateral seja abordada através de uma pequena incisão, de modo minimamente invasivo, com preservação da musculatura paraespinhal.

A abordagem XLIF da espinha evoluiu por causa do trabalho de muitos cirurgiões de coluna e suas equipes, e tem diversas vantagens, tais como o enxerto amplo intersomático, a preservação

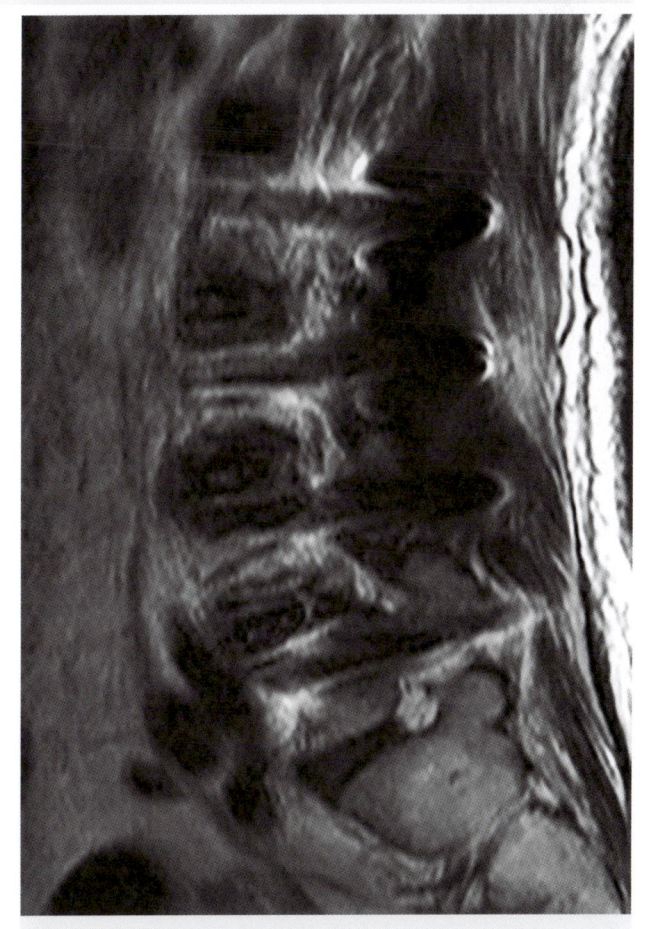

Fig. 24.6 As MRIs pós-operatórias apresentam um canal foraminal bem descomprimido.

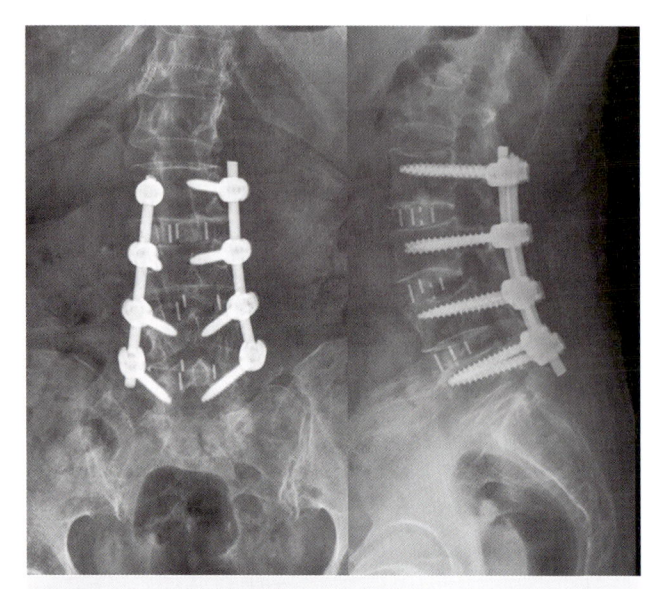

Fig. 24.7 As radiografias pós-operatórias demonstram a correção da modificação escoliótica e a restauração da espondilolistese.

dos músculos posteriores das costas, uma perda sanguínea mínima e o retorno rápido à atividade diária. Entretanto, muitos investigadores relataram uma alta taxa de complicações relacionadas com a técnica de XLIF: lesão no plexo lombar durante a abordagem, paresia da parede abdominal, subsidência da gaiola, em pacientes com osteoporose, e impossibilidade de descompressão direta do canal espinhal. Embora a maioria dos sintomas relacionados com a lesão do plexo lombar tenha sido apresentada como transitória e com recuperação em poucas semanas, em alguns casos a deficiência motora e a dor continuam presentes por mais de um ano. Além disso, considerando a anatomia neural do plexo lombar, após XLIF, as complicações neurais de plexo lombar no nível L4–L5 são maiores do que em outros níveis lombares.

24.7 Conclusão

Embora a DLIF e a XLIF sejam relativamente recentes, as evidências sugerem que elas podem alcançar altas taxas de fusão, diminuindo a morbidade e a mortalidade. Além disso, recentemente foi introduzida a LIF oblíqua, uma variante de D(X)LIF que diminui a lesão de plexo lombar através do uso do corredor oblíquo, mas seus resultados clínicos ainda estão sob avaliação.

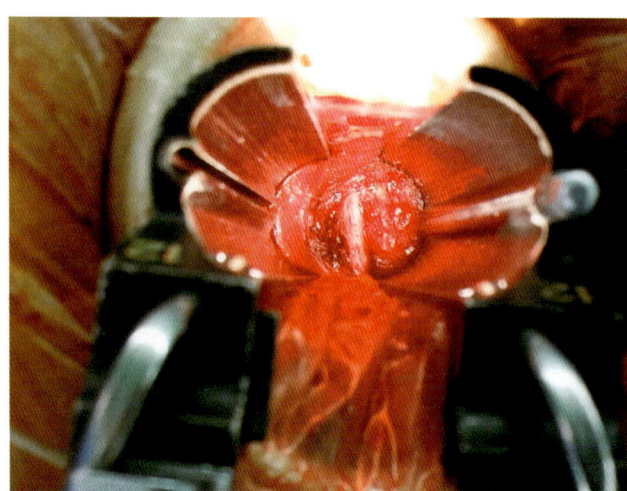

Fig. 24.9 A imagem intraoperatória da cirurgia apresenta uma variante de plexo lombar, no interior do tubo do retrator.

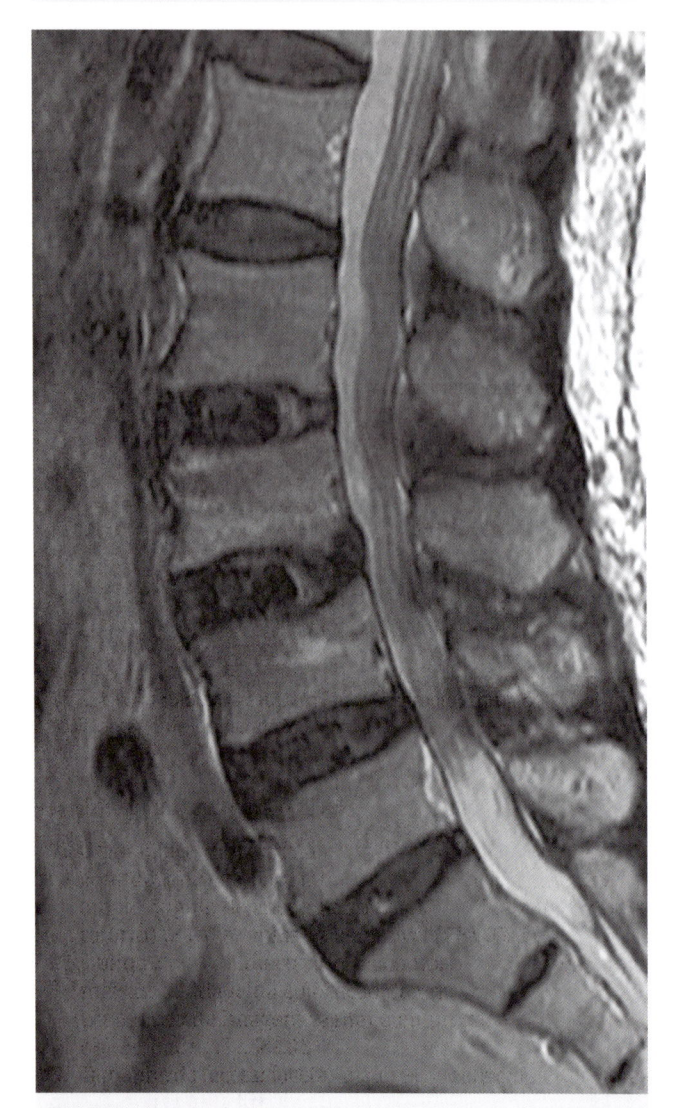

Fig. 24.8 As MRIs pós-operatórias apresentam um canal central bem descomprimido.

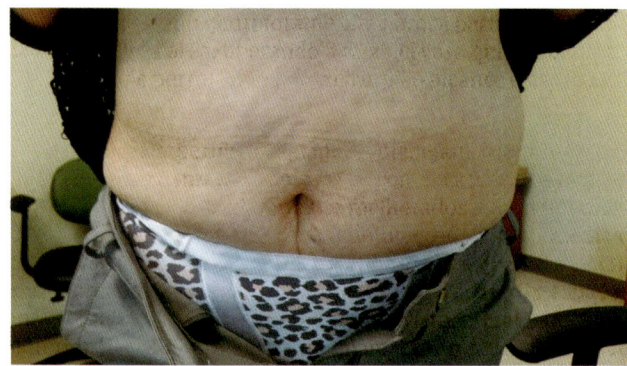

Fig. 24.10 Atonia dos músculos troncais após a fusão lateral direta intersomática (DLIF).

Referências

1. DiPaola CP, Molinari RW. Posterior lumbar interbody fusion. *J Am Acad Orthop Surg* 2008;16(3):130-139
2. Sears W. Posterior lumbar interbody fusion for degenerative spondylolisthesis: restoration of sagittal balance using insert-and-rotate interbody spacers. *Spine J* 2005;5(2):170-179
3. Ekman P, Möller H, Tüllberg T, Neumann P, Hedlund R. Posterior lumbar interbody fusion versus posterolateral fusion in adult isthmic spondylolisthesis. *Spine* 2007;32(20):2178-2183
4. Rosenberg WS, Mummaneni PV. Transforaminal lumbar interbody fusion: technique, complications, and early results. *Neurosurgery* 2001;48(3):569-574
5. Sclafani JA, Kim CW. Complications associated with the initial learning curve of minimally invasive spine surgery: a systematic review. *Clin Orthop Relat Res* 2014;472(6):1711-1717 Review
6. Kim JS, Jung B, Lee SH. Instrumented minimally invasive spinal-transforaminal lumbar interbody fusion (MIS-TLIF); minimum 5 year follow-up with clinical and radiologic outcomes. *J Spinal Disord Tech* 2012;
7. Kim JS, Choi WG, Lee SH. Minimally invasive anterior lumbar interbody fusion followed by percutaneous pedicle screw fixation for isthmic spondylolisthesis: minimum 5-year follow-up. *Spine J* 2010;10(5):404-409
8. Ishihara H, Osada R, Kanamori M, et al. Minimum 10-year follow-up study of anterior lumbar interbody fusion for isthmic spondylolisthesis. *J Spinal Disord* 2001;14(2):91-99
9. Hofstetter CP, Shin B, Tsiouris AJ, Elowitz E, Härtl R. Radiographic and clinical outcome after 1- and 2-level transsacral axial interbody fusion: clinical article. *J Neurosurg Spine* 2013;19(4):454-463
10. Ozgur BM, Aryan HE, Pimenta L, Taylor WR. Extreme lateral interbody fusion (XLIF): a novel surgical technique for anterior lumbar interbody fusion. *Spine J* 2006;6(4):435-443
11. Rodgers WB, Gerber EJ, Patterson J. Intraoperative and early postoperative complications in extreme lateral interbody fusion: an analysis of 600 cases. *Spine* 2011;36(1):26-32
12. Phillips FM, Isaacs RE, Rodgers WB, et al. Adult degenerative scoliosis treated with XLIF: clinical and radiographical results of a prospective multicenter study with 24-month follow-up. *Spine* 2013;38(21):1853-1861
13. Castro C, Oliveira L, Amaral R, Marchi L, Pimenta L. Is the lateral transpsoas approach feasible for the treatment of adult degenerative scoliosis? *Clin Orthop Relat Res* 2014;472(6):1776-1783
14. Ahmadian A, Verma S, Mundis GM Jr, Oskouian RJ Jr, Smith DA, Uribe JS. Minimally invasive lateral retroperitoneal transpsoas interbody fusion for L4-5 spondylolisthesis: clinical outcomes. *J Neurosurg Spine* 2013;19(3):314-320
15. Graham RB, Wong AP, Liu JC. Minimally invasive lateral transpsoas approach to the lumbar spine: pitfalls and complication avoidance. *Neurosurg Clin N Am* 2014;25(2):219-231
16. Ahmadian A, Deukmedjian AR, Abel N, Dakwar E, Uribe JS. Analysis of lumbar plexopathies and nerve injury after lateral retroperitoneal transpsoas approach: diagnostic standardization. *J Neurosurg Spine* 2013;18(3):289-297
17. Mayer HM. A new microsurgical technique for minimally invasive anterior lumbar interbody fusion. *Spine* 1997;22(6):691-699
18. McAfee PC, Regan JJ, Geis WP, Fedder IL. Minimally invasive anterior retroperitoneal approach to the lumbar spine. Emphasis on the lateral BAK. *Spine* 1998;23(13):1476-1484

25 Remoção Endoscópica de Lesões Ocupantes do Espaço Extramedular Intradural

Shrinivas M. Rohidas

25.1 Introdução

As duas últimas décadas viram o surgimento da cirurgia da coluna vertebral minimamente invasiva, visando a prevenção dos traumatismos de tecidos relacionados com a estratégia. Agora, MISS – cirurgia espinal minimamente invasiva – é um termo usado com frequência. Na verdade, é um termo confuso porque, potencialmente, a MISS é extremamente invasiva quanto à área de seu alvo. A MISS não tem compromisso de atingir um objetivo exato - isto é, a descompressão adequada de estruturas nervosas comprimidas – mas, sim, o de minimizar o traumatismo dos tecidos circundantes, que é causado pela abordagem.

Como escreveu MacNab, "Realmente não importa qual a técnica usada para descomprimir uma raiz nervosa; se você falhar em descomprimir totalmente a raiz nervosa, ou se adicionar complicações à equação, você falhou em atender o paciente". Em cirurgia espinal, é aconselhável lembrar desse princípio. Na MISS, cada sintoma, sinal clínico ou radiologia do paciente precisa ser avaliado de forma separada e cuidadosa. Se a descompressão da raiz, ou do cordão nervoso, for inadequada, os sinais e sintomas da compressão persistirão. Se a descompressão for agressiva, ou maior do que o necessário, há chances de que a estabilidade existente seja comprometida. Portanto, deve haver um equilíbrio entre a descompressão adequada e o não comprometimento da estabilidade existente. Esse equilíbrio será diferente para cada paciente, nível a ser operado, grau de estabilidade/instabilidade e patologia a ser tratada. Isto depende de cada cirurgião de coluna, bem como da técnica que ele utilizar. Este é um dos muitos fatores responsáveis pela íngreme curva de aprendizagem da MISS e da cirurgia endoscópica da espinha.

25.2 Técnica de Destandau

Em 1993, Jean Destandau, um neurocirurgião de Bordeaux, na França, desenvolveu uma técnica para cirurgia endoscópica da espinha.[1,2] Sua técnica baseia-se na triangulação entre um endoscópio e sucção com instrumental de trabalho.

Para a técnica de Destandau, os autores usam o Endospine, um conjunto constituído por um tubo externo/inserido e um tubo de trabalho, interno/inserido, com um endoscópio. O endoscópio usado no Endospine é um endoscópio de 18 cm, rígido, reto, de 0° (ou seja, um endoscópio universalmente usado para citoscopia, artroscopia, sinoscopia etc.). Inicialmente, o Endospine foi usado para herniação lombar de disco. A área-alvo, na região lombar, é elíptica, situada entre duas lâminas, medial em relação ao processo espinhoso e lateral em relação à faceta medial, de modo que o tubo externo é mais elíptico do que o redondo. O tubo interno (inserto de trabalho) penetra no tubo externo com uma chave do tipo catraca. Entre esses tubos há um movimento telescópico inerente (**Fig. 25.1**).

O inserto de trabalho tem quatro canais. No lado esquerdo há dois canais, paralelos entre si, com 4 mm de diâmetro. O canal medial de 4 mm recebe o endoscópio, e este é fixado pela chave. O segundo canal de 4 mm é para o tubo de sucção. O canal maior, que tem 9 mm de diâmetro, é para o instrumental de trabalho (**Fig. 25.2**).

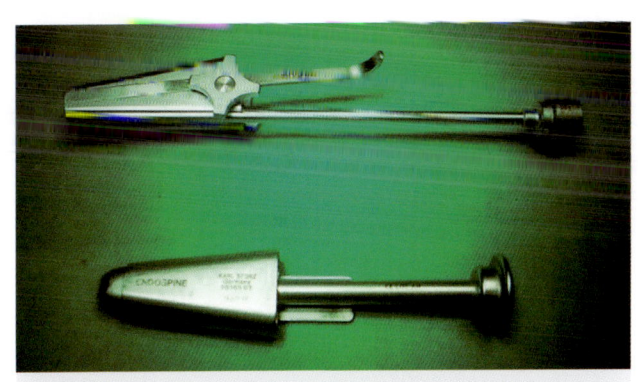

Fig. 25.1. Tubo exterior e tubo interno (inserto de trabalho) do Endospine.

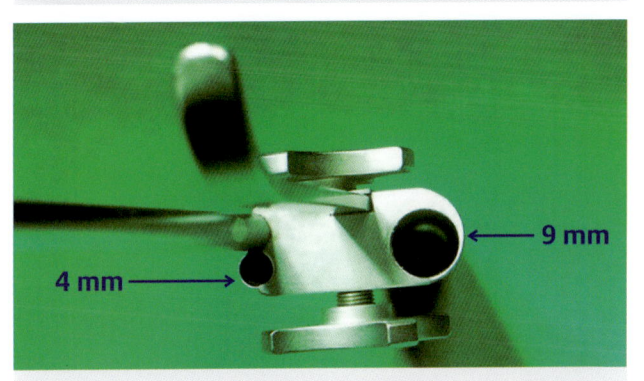

Fig. 25.2 Tubo interno do Endospine, com todos os canais. Um canal de trabalho, de 9 mm, e os canais de 4 mm, para a sucção e o endoscópio.

Os canais do endoscópio e da sucção ficam em um ângulo de 12° em relação ao canal mais largo do instrumento. Por causa desta angulação, o endoscópio de 0° pode ser usado como um telescópio angulado. Isto ajuda a diminuir o embaçamento de sua extremidade. Quando o endoscópio e o instrumental estão sendo usados conjuntamente, ocorre alguma interposição entre os instrumentos, e o cirurgião precisa usar um endoscópio angulado, quando o endoscópio e os instrumentos trabalham em paralelo. O quarto canal é para o retrator da raiz nervosa, que a retrai medialmente para expor o espaço do disco. Os tubos externo e interno são fixados de modo a criar um espaço artificial entre si. Esse é o espaço de trabalho para o instrumental. Uma vez conseguida a excisão do osso, o tubo interno pode ser empurrado para dentro/para baixo. Se não for mantido um espaço entre os tubos externo e interno, o endoscópio tocará o tecido à frente, impedindo a visão do cirurgião. Além disso, se não for mantido um espaço adequado entre os tubos, haverá respingos de fluidos nas lentes do endoscópio.

A sucção é usada com a mão esquerda, e o instrumental de trabalho fica com a mão direita. Tendo a sucção na mão esquerda, o cirurgião pode mover todo o sistema para as direções medial, lateral, cranial e caudal. Os mesmos movimentos são possíveis com o instrumento na mão direita. A sucção na mão

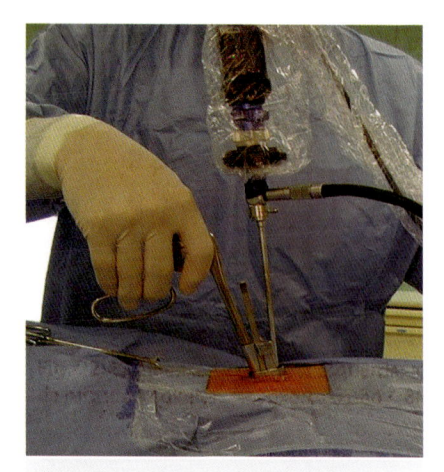

Fig. 25.3 Movimento da mão direita no Endospine, com o furador de Kerrison.

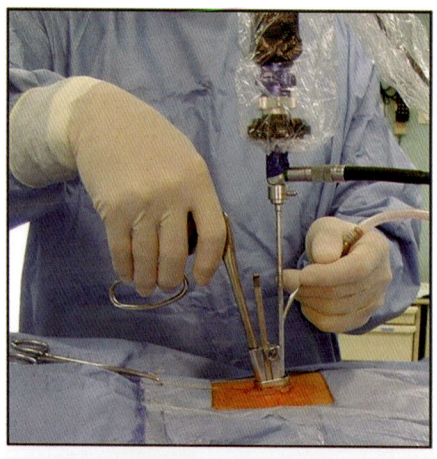

Fig. 25.4 Endospine estável com o Kerrison na mão direita e o tubo de sucção na mão esquerda.

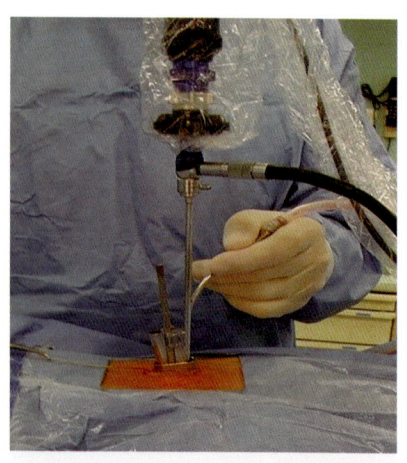

Fig. 25.5 A mão esquerda sustentando o Endospine.

esquerda e o instrumental na mão direita ajudam a manter a estabilidade do sistema. Quando o cirurgião está usando a sucção para limpar a área operativa, o instrumental na mão direita mantém o sistema estável e, vice-versa, – quando o cirurgião está usando o instrumental, a sucção na mão esquerda mantém o sistema estável. A sincronização dos movimentos de ambas as mãos é necessária quando se quer observar a imagem na tela. O cirurgião precisa aprender a sincronizar os movimentos conjuntos das duas mãos, e a usar ambas as mãos, enquanto se observa a imagem na tela. Esses são os fundamentos da técnica de Destandau para cirurgia da espinha (**Fig. 25.3, Fig. 25.4, Fig. 25.5**).

Uma vez adquirida experiência suficiente, o Endospine pode ser usado para a excisão de pequenos tumores extramedulares, intradurais, especialmente os posteriores e os laterais. Tumores localizados anteriormente, na região torácica, são difíceis. A localização exata do nível é feita com um pino de localização e com o fluoroscópio de braço-C. Em vez de incisão paramediana, é preferível uma incisão na linha média. É feita a dissecção periosteal do músculo, com excisão do processo espinhoso. Então, o tubo externo é fixado no sistema de Endospine, com dois pequenos retratores. A laminectomia é feita sob endoscopia, com um perfurador de Kerrison. Em vez de cauterizar as veias epidurais, são colocadas peças pequenas, finas, de Gelfoam, sobre a borda lateral do saco dural, para controlar o corrimento epidural. A dura é aberta com uma faca de 15 mm, e a incisão é prolongada com tesouras. Duas suturas estaiadas são feitas nas bordas durais, pelo tubo aberto. O tubo externo é recolocado, com as suturas estaiadas retraindo as bordas durais. Se a localização estiver correta, sem mudança do posicionamento da lesão ocupante de espaço (SOL), é possível ver a maior parte da SOL comprimindo o cordão. A dissecção da SOL é feita com curetas pequenas e com cautério endoscópico angulado. A anexação da raiz nervosa é ressecada com tesouras ou cautério. A SOL presa cuidadosamente por uma pinça de biópsia, e o sistema Endospine completo são removidos (**Fig. 25.6, Fig. 25.7, Fig. 25.8**).

O fechamento da dura é feito com AnastoClips de titânio, de 2 mm. Eles são usados em cirurgias cardíacas, para fechar paredes arteriais. As suturas durais estaiadas mantêm juntas as bordas durais, e o eixo dos AnastoClips é suficientemente fino para passar pelo canal de trabalho do sistema Endos-

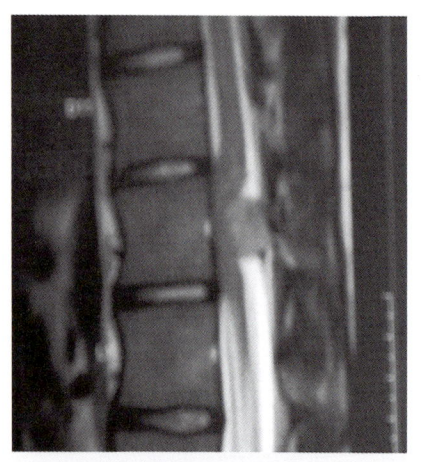

Fig. 25.6 MRI apresentando um neurofibroma ocupante do espaço intradural torácico.

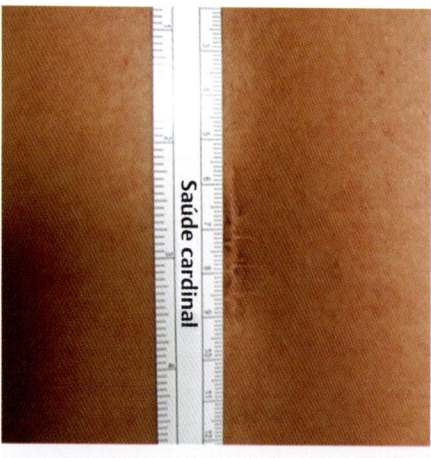

Fig. 25.7 Incisão para a excisão endoscópica da lesão ocupante de espaço.

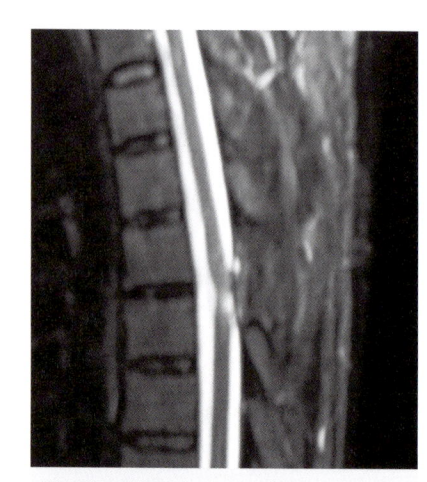

Fig. 25.8 MRI pós-operatória.

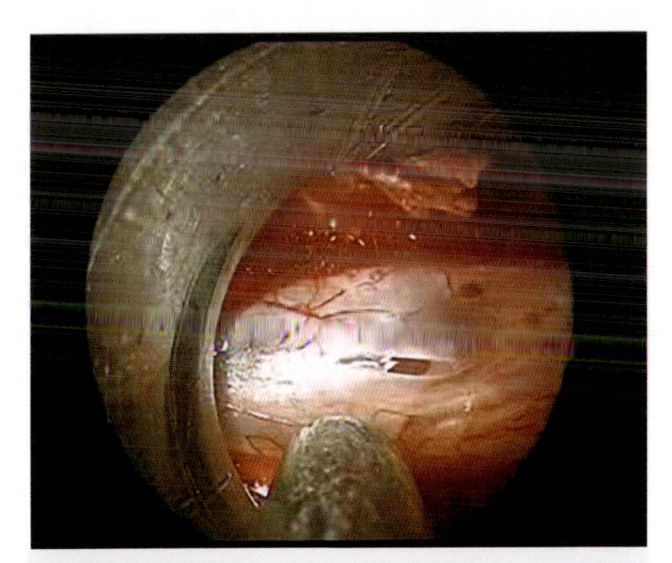

Remoção Endoscópica de Lesões Ocupantes do Espaço Extramedular Intradural

Fig. 25.9 Incisão dural.

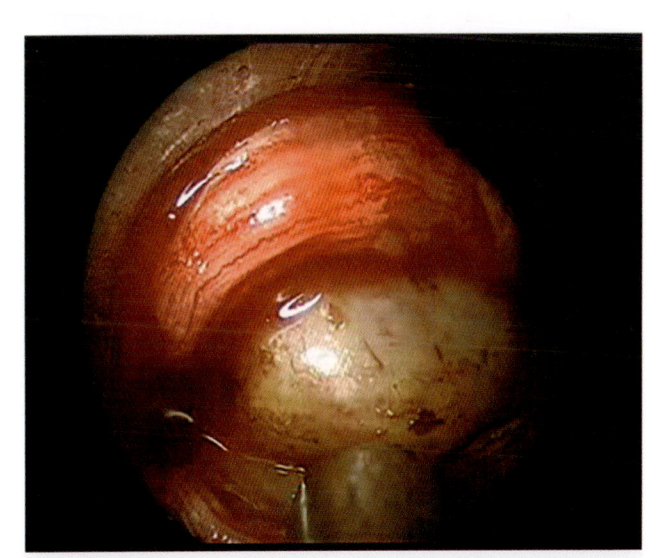

Fig. 25.10 Exposição de neurofibroma ocupante de espaço intradural.

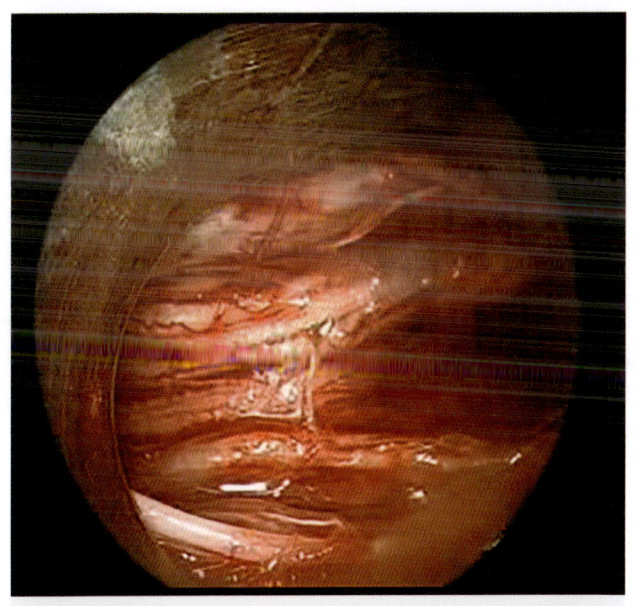

Fig. 25.11 O cordão após a excisão de neurofibroma ocupante de espaço.

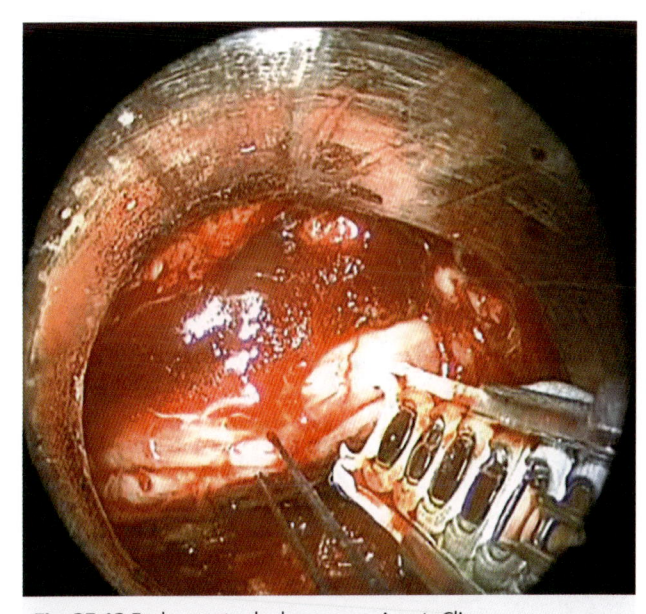

Fig. 25.12 Fechamento da dura com o AnastoClips.

pine. Músculo e pele são fechados com Vicryl 2-0 (**Fig. 25.9, Fig. 25.10, Fig. 25.11, Fig. 25.12**).

De 2004 a 2011, o autor tratou 14 tumores intradurais com o Endospine; os pacientes eram seis homens e oito mulheres, com idade mínima de 22 anos e máxima de 73 anos. Onze tumores eram neurofibromas, nos níveis lombares e torácicos, e três eram meningiomas (**Tabela 25.1**)

Após a cirurgia, 13 pacientes se recuperaram completamente. Uma paciente teve recuperação parcial da paraplegia espástica pré-operatória. Ela consegue caminhar com um mínimo de apoio, mas não recuperou completamente a espasticidade nos dois membros inferiores. Essa paciente tinha um meningioma no nível dorsal T9-T10, já instalado anteriormente. Não foram observados vazamentos pós-operatórios de CSF e nem infecção de ferimentos.

25.3 Conclusão

Neoplasmas extramedulares intradurais podem ser tratados, com segurança e efetividade, com o Endospine – uma técnica móvel, minimamente invasiva. Incisão pequena, perda sanguínea relativamente menor e hospitalização mais curta sugerem que, nas mãos de um cirurgião experiente, o Endospine pode ser uma alternativa para a técnica aberta tradicional.

Tabela 25.1 Dados demográficos de pacientes que sofreram cirurgias para lesão ocupante de espaço

Número	Idade (anos)/Sexo	Localização	Patologia	Sintomas Pré-Operatórios	Revisão Pós-Operatória de 6 Semanas
1. 747/2004	22/M	T12 intradural	Neurofibroma	Paraparesia	Recuperação completa
2. 142/2005	60/F	T8-T9 intradural	Meningioma	Paraparesia com envolvimento de esfíncteres	Recuperação completa
3. 1311/2006	50/M	T4-T5 intradural	Neurofibroma	Paraplegia espástica	Recuperação completa
4. 1317/2006	62/M	T12-L1 intradural	Neurofibroma	Paraparesia	Recuperação completa
5. 821/2007	84/F	T6-T7 intradural	Neurofibroma	Paraparesia	Recuperação parcial
6. 1363/2007	69/F	T7-T8 intradural	Meningioma	Paraparesia	Recuperação completa
7. 256/2009	60/F	L3-L4 intradural	Neurofibroma	Radiculopatia, fraqueza	Recuperação completa
8. 1061/2009	73/F	T6-T7 intradural	Meningioma	Paraplegia espástica, envolvimento de esfíncteres	Recuperação completa
9. 981/2010	48s/M	L2-L3 extradural na axila esquerda	Neurofibroma	Radiculopatia, fraqueza	Recuperação completa
10. 516/2011	41/F	L3 com intradural + extradural em forma de haltere	Neurofibroma	Radiculopatia, fraqueza	Recuperação completa
11. 1479/2011	41/M	L1-L2 intradural	Neurofibroma	Paraparesia	Recuperação completa
12. 1592/2012	58/F	L4-L5 intradural	Neurofibroma	Radiculopatia	Recuperação completa
13. 735/2013	30/M	L5-S1 intraneural direita	Neurofibroma	Radiculopatia, fraqueza	Recuperação completa
14. 1926/2013	65/F	T9-T10 intradural esquerda e anterior	Neurofibroma	Paraplegia espástica	Recuperação parcial

Referências

1 Tredway TL, Santiago P, Hrubes MR, et al. Minimally invasive resection of intradural extramedullary spinal neoplasms. *Neurosurgery* 58(Operative neurosurgery Suppl. 1): 52–57
2 Destandau J. Endoscopically assisted lumbar microdiscectomy. *J Minimally Invasive Spinal Technique* 2001;1(1):41–43

26 Fusão Oblíqua do Intercorpo Lombar Orientada por Laparoscópio e Endoscópio

Ji-Hoon Seong ▪ Jin Sung Luke Kim

26.1 OLIF Orientada por Laparoscópio

26.1.1 Fundamentação

A cirurgia de coluna orientada por laparoscópio, com uma abordagem retroperitoneal, não é uma nova técnica cirúrgica. Em 1996, Peretti et al.[1] apresentaram uma descrição técnica de fusão de intercorpo lombar orientada por laparoscópio em uma abordagem retroperitoneal lateral, em quatro pacientes. Henry[2] e Regan[3] demonstraram que a fusão lombar anterior por abordagem retroperitoneal, orientada por laparoscópio, era segura e efetiva.

O laparoscópio tem sido usado para cirurgias minimamente invasivas, mas sua popularidade diminuiu recentemente, talvez por causa do desenvolvimento de instrumentos cirúrgicos e de instrumentos para cirurgia da espinha lombar, especialmente os sistemas de retratores tubulares, para abordagem retroperitoneal anterior ou lateral. Entretanto, pode haver casos que exigem o laparoscópio, como na fusão oblíqua do intercorpo lombar (OLIF), procedimento em que o retrator tubular precisa ser posicionado em uma localização perigosa. Se o corredor da OLIF estiver bloqueado por vasos retroperitoneais ou pelo trajeto anormal de um ureter ou nervo, um retrator tubular, no procedimento da OLIF, pode lesionar as estruturas anatômicas. Nesses casos, um procedimento cirúrgico orientado por laparoscopia pode proporcionar uma visão do campo cirúrgico e diminuir as complicações relacionadas com a abordagem.

26.1.2 Achados Clínicos

Uma mulher de 72 anos que apresentava dor na parte inferior das costas, que se irradiava para a perna direita, quando ficava

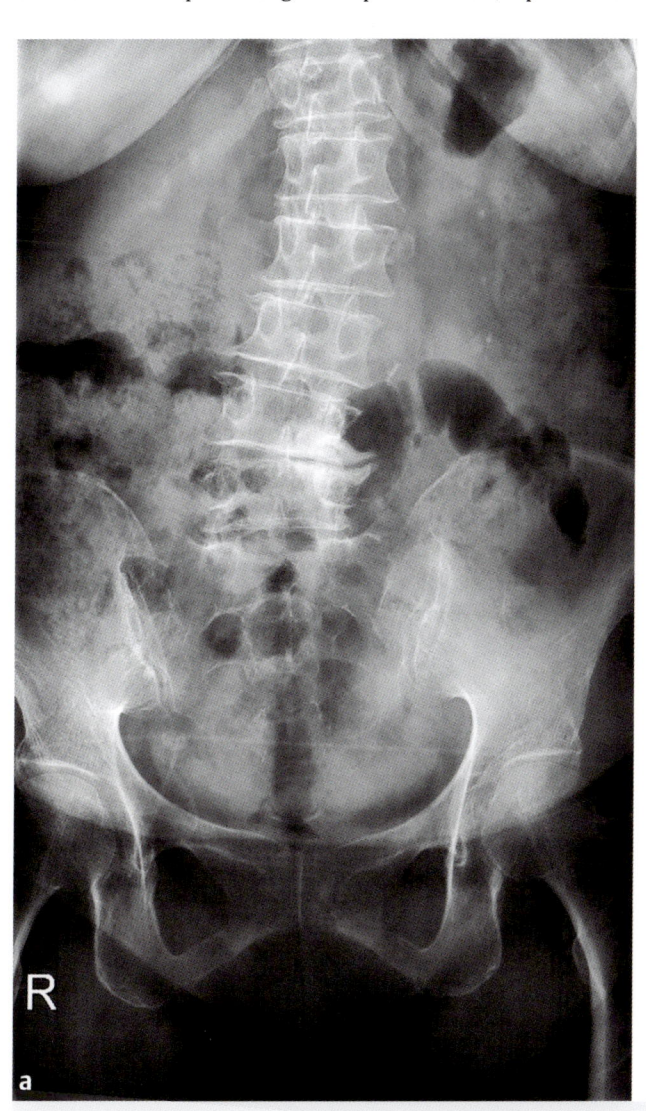

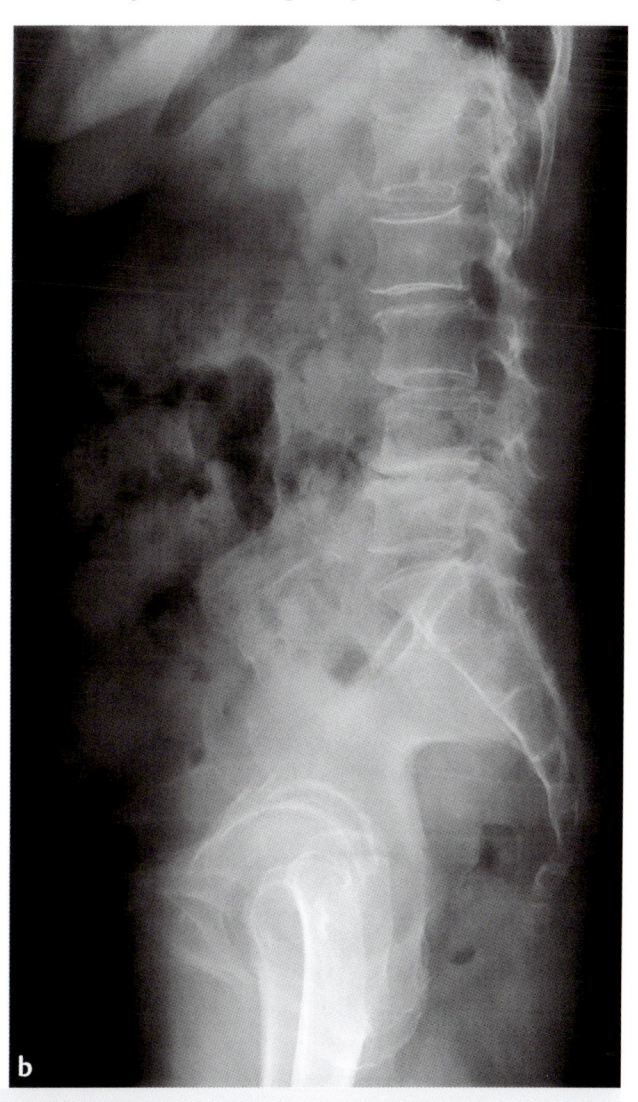

Fig. 26.1 (a,b) Radiografias planas, apresentando cifose e escoliose lombar degenerativa.

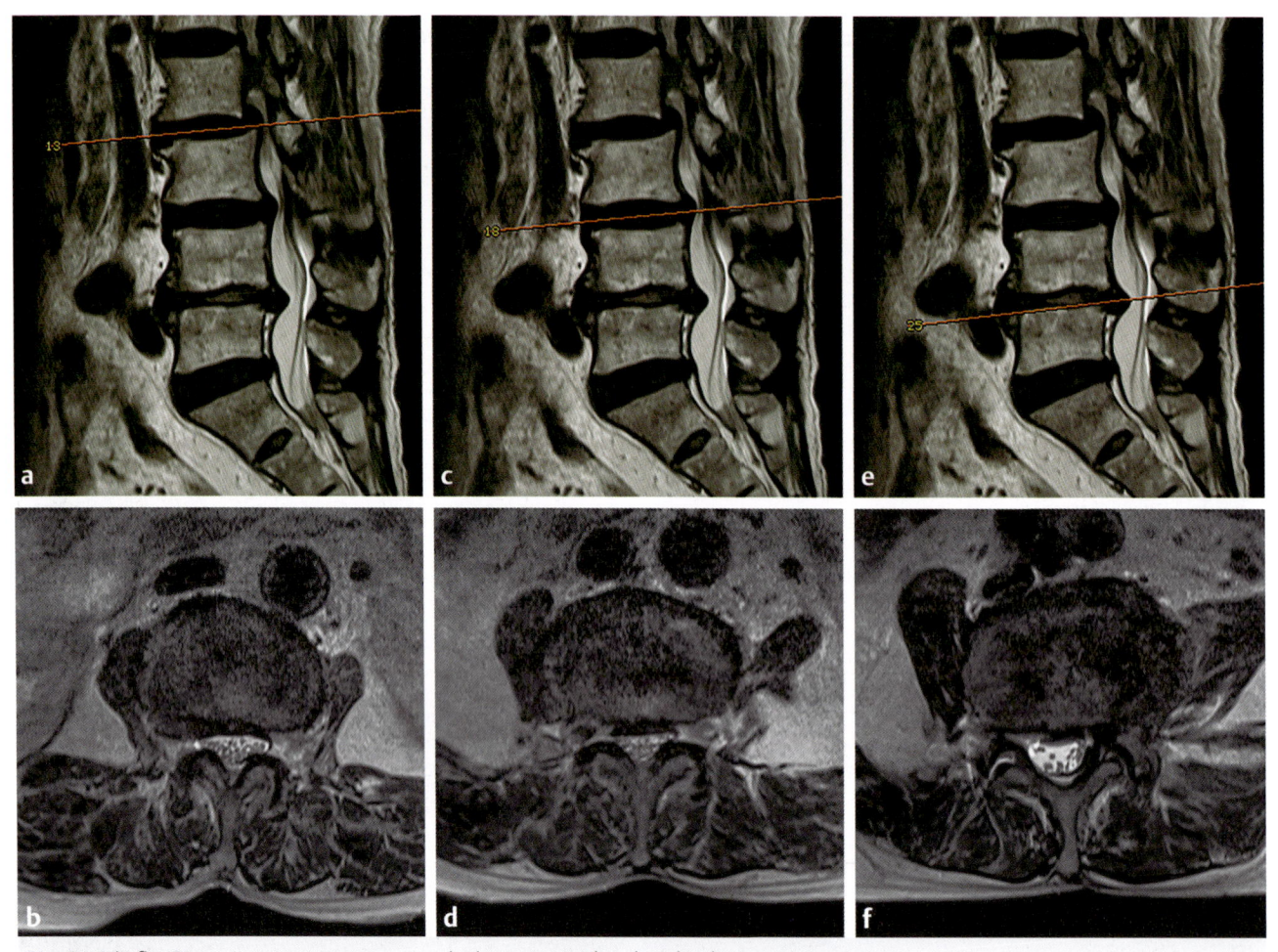

Fig. 26.2 (a-f) MRIs sagitais e axiais, apresentando degeneração da coluna lombar em vários níveis.

muito tempo em pé. Foram realizados estudos das imagens pré-operatórias. As radiografias planas demonstraram modificações de cifose e de escoliose (**Fig. 26.1**). As tomadas sagitais e axiais de MRI apresentaram cifose lombar degenerativa, espondilolistese degenerativa de L2 em L3 e estenose do canal central, com estenose foraminal nos níveis L3-L4 e L4-L5 (**Fig. 26.2**).

26.1.3 Planejamento Pré-Operatório

Foi determinado que a paciente fosse submetida a uma OLIF orientada por laparoscópio, com abordagem retroperitoneal. Foi escolhida a abordagem pelo lado direito.

26.1.4 Procedimentos Cirúrgicos

A primeira incisão foi feita na pele, para a porta laparoscópica, e foi inserida uma agulha de Veress. Em seguida foi confirmado, pela agulha de Veress, que o CO_2 havia enchido todo espaço retroperitoneal.

O trocarte de 10 mm de diâmetro foi cuidadosamente colocado, e o laparoscópico foi introduzido, por ele, no espaço retroperitoneal. O espaço retroperitoneal foi inspecionado, e determinado que não houvesse lesão intraperitoneal. Os locais para o segundo e o terceiro trocartes foram incisados, e foram colocados dois trocartes de 5 mm.

Por meio do braço-C, com orientação laparoscópica, uma série de dilatadores e o retrator para OLIF foram introduzidos acima do espaço do disco (**Fig. 26.3, Fig. 26.4, Fig. 26.5**).

26.1.5 Resultados

O procedimento resultou em descompressão suficiente e, nas radiografias pós-operatórias, foi demonstrada a melhora da escoliose e da cifose (**Fig. 26-6**).

26.2 OLIF Orientada por Endoscópio

26.2.1 Fundamentação

As vantagens da fusão lateral direta do intercorpo (DLIF) incluem a descompressão indireta, com base em um amplo enxerto de intercorpo com menos lesão ao tecido, preservação dos ligamentos e músculos posteriores, perda mínima de sangue, curta duração da cirurgia e rápida recuperação.[4,5]

Por isso, muitos investigadores propõem o uso da DLIF em pacientes idosos e debilitados. Entretanto, muitos autores não concordam quanto à efetividade da DLIF transpsoas, por causa das desvantagens da abordagem lateral: alto risco de lesão ao plexo lombar durante o procedimento, paresia da parede abdominal e impossibilidade de descompressão direta da estenose lombar.[6]

A OLIF foi introduzida como variante da DLIF, para diminuir a lesão ao plexo lombar pelo uso da trajetória oblíqua, ainda que seus resultados clínicos estejam sob avaliação.

Para superar os inconvenientes da DLIF, os autores usam os sistemas endoscópicos espinhais pelo corredor de OLIF. Com a ajuda especializada do endoscópio espinhal, os cirurgiões de

Fig. 26.3 (a-d) Visão fluoroscópica do braço-C durante uma OLIF orientada por laparoscópio.

coluna podem remover o fragmento de disco diretamente, sob visualização endoscópica. A trajetória oblíqua da OLIF pode ajudar os cirurgiões de coluna a acessar diretamente a lesão-alvo e a descomprimir lesões no forame: tanto as lesões no canal quanto as contralaterais.

26.2.2 Planejamento Pré-Operatório

Para restaurar as elevações de disco e corrigir a anterolistese, a OLIF foi recomendada para a paciente.

A remoção do disco rompido foi planejada antes da inserção da gaiola de OLIF. É impossível remover diretamente o disco herniado durante a DLIF ou a OLIF. A localização profunda do disco e o diâmetro raso do retrator tubular comprometem a descompressão e remoção direta do material do disco rompido.

26.2.3 Procedimentos Cirúrgicos

O procedimento é realizado com o paciente sob anestesia geral, em posição correta de decúbito lateral direito. O disco intervertebral e a margem anterior das vértebras são marcados com uma caneta marcadora estéril, sob orientação do braço-C do fluoroscópio. Em contraste com a DLIF, os procedimentos

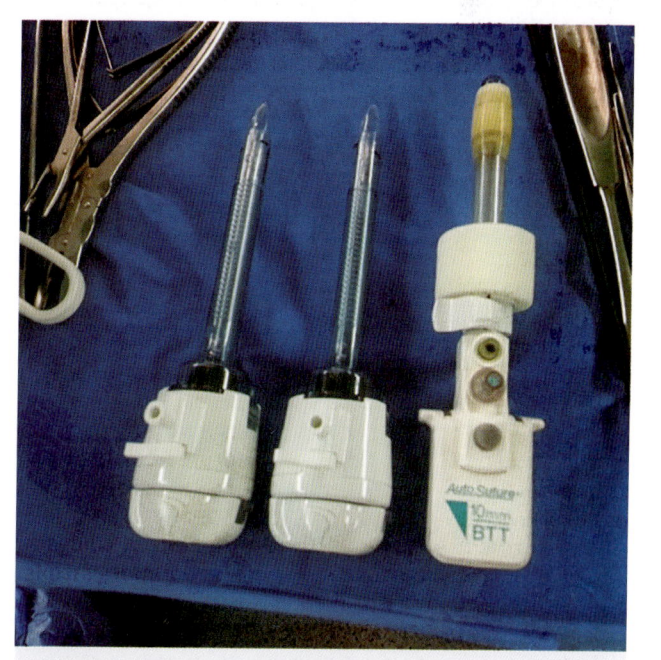

Fig. 26.4 Trocartes laparoscópicos.

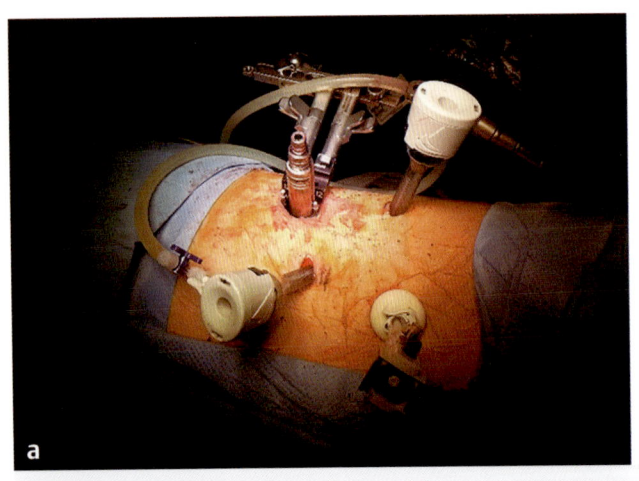

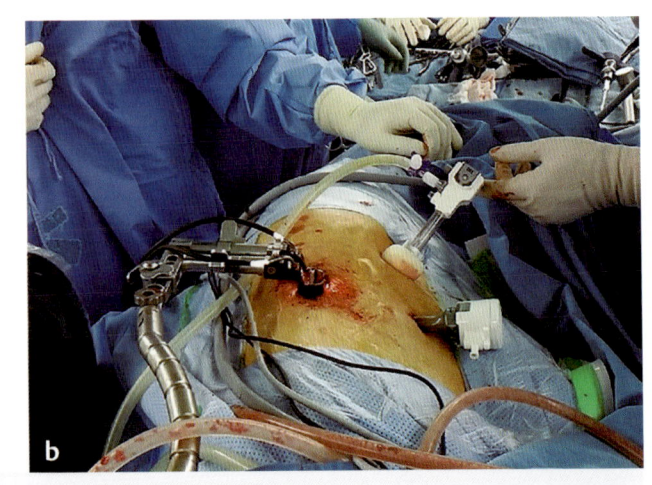

Fig. 26.5 (a,b) OLIF orientada por laparoscópio.

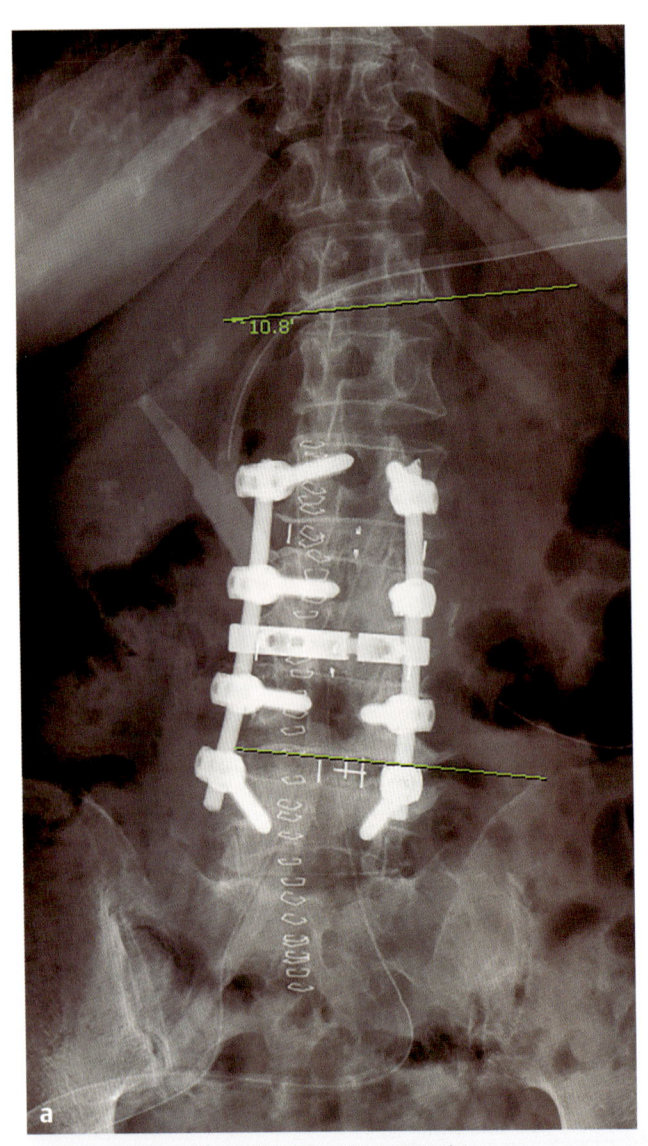

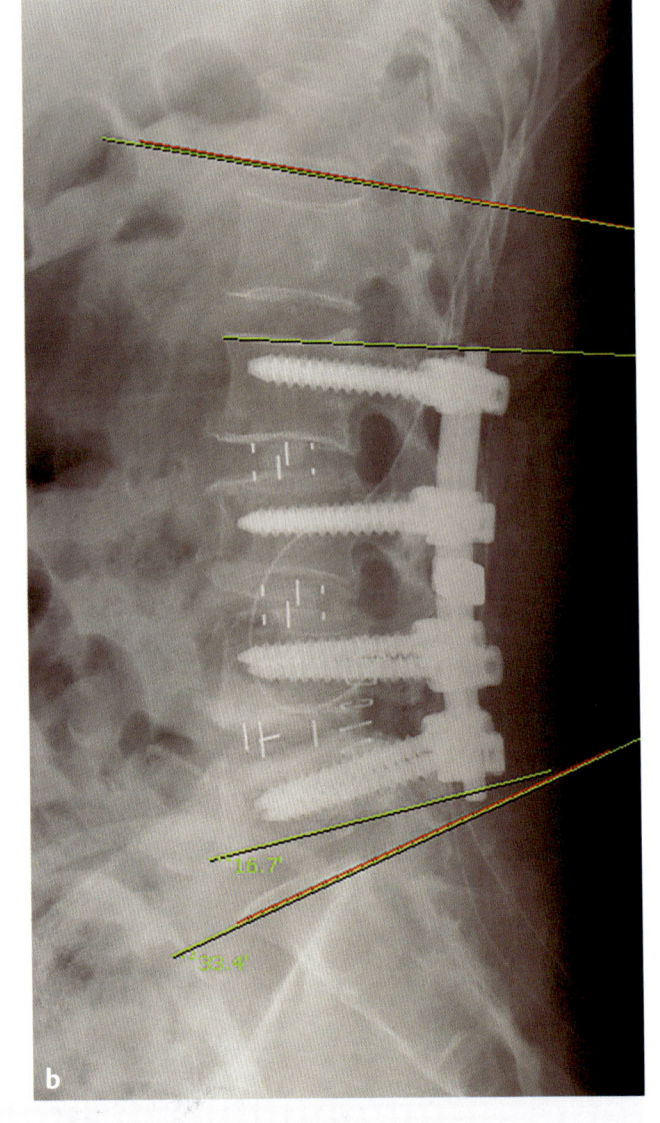

Fig. 26.6 (a,b) Radiografias planas pós-operatórias.

de OLIF são sempre realizados com o cirurgião de frente para o paciente. É feita uma incisão oblíqua na pele, com cerca de 2,0 a 2,5 cm, para uma fusão segmental, e a dissecção muscular em sequência é realizada paralelamente às fibras musculares dos oblíquos externo e interno e dos músculos transversais do abdome. A gordura retroperitoneal e o músculo psoas são identificados, e a porção anterior do músculo psoas é palpada e retraída, para evitar uma lesão ao plexo lombar. Um pino-guia é inserido no espaço intervertebral do disco, sob orientação fluoroscópica, e uma série de dilatadores, com diâmetros crescentes, é aplicada sucessivamente. Um retrator tubular, com 22 mm de diâmetro, é ligado à mesa, com uso de um braço flexível.

Os materiais do disco são removidos, e a placa final é preparada com uso de curetas, um barbeador e uma pinça longa de hipófise, sob orientação do braço-C do fluoroscópio.

Os sistemas endoscópicos espinhais são usados na área da discectomia, para remoção adicional do disco, antes da inserção da gaiola. Após a remoção do disco intervertebral, o obturador e o canal de trabalho são impelidos para a área da discectomia, para remoção adicional de disco, antes da inserção da gaiola (**Fig. 26.7**).

A porção posterior do disco é removida sob visualização magnética endoscópica até se identificar o ligamento longitudinal posterior (PLL). Se o PLL flutuar bem com irrigação salina, o cirurgião remove o disco rompido localizado dorsalmente.

O cirurgião pode explorar não só a parte central do canal vertebral, mas também o lado contralateral do forame neural, para remover partículas rompidas do disco. Se necessário, ele também pode ressecar o PLL para explorar o espaço epidural. Finalmente é inserida a gaiola para a fusão de intercorpo lateral, pelo corredor oblíquo. A ferida é fechada, camada por camada, após a remoção dos sistemas retratores. Depois de o paciente ser colocado em posição pronada, uma fixação adicional posterior é realizada, usando-se sistemas de parafusos percutâneos pediculados.

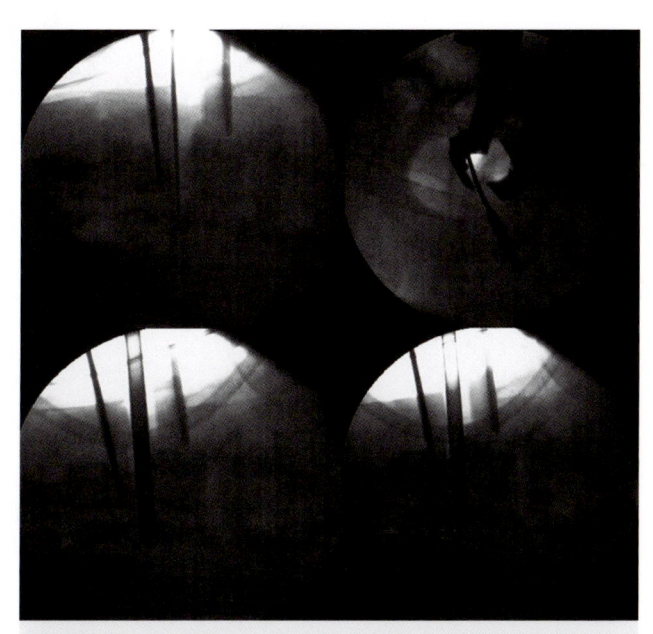

Fig. 26.7 O obturador e o canal de trabalho, para discectomia, progridem sob orientação do braço-C fluoroscópico.

26.2.4 Apresentação de Casos

Caso 1

Mulher de 61 anos, apresentando dor na perna direita ao longo dos dermátomos L3 e L4, dor crônica na parte inferior das costas e claudicação intermitente neurogênica. O exame físico revelou um sinal positivo para a perna estendida a 30°, no lado direito, e havia fraqueza, de grau 4, na dorsiflexão do tornozelo. As MRIs demonstraram herniação foraminal do disco em L3-L4, no lado direito, e estenose foraminal bilateral, com herniação central do disco, em L4-L5 (**Fig. 26.8, Fig. 26.9, Vídeo 26.11**).

- *Resultados do Caso 1*

Os fragmentos foraminosos de disco foram removidos com sucesso em L3-L4. A restauração das alturas de disco e a correção da anterolistese foram confirmadas por MRI e radiografias pós-operatórias (**Fig. 26.10, Fig. 26.11**). Os sintomas pré-operatórios, inclusive a dor na perna direita e a claudicação intermitente, cederam completamente.

Caso 2

O vídeo desse caso está disponível no YouTube (https://www.youtube.com/watch?v=9YCSx9ttTyw&feature=youtu.be).

Mulher de 70 anos, apresentando dor em ambas as pernas, ao longo da parte posterolateral das coxas e panturrilhas. Por causa da intensa dor irradiante, nas pernas, e da claudicação intermitente neurogênica, a paciente não conseguia andar mais do que 10 metros.

O exame físico revelou sinal positivo na elevação das pernas a 30°, em ambos os lados, e havia fraqueza, de grau 4, na dorsiflexão do tornozelo e do artelho maior, em ambas as pernas. As radiografias e MRI demonstraram herniação paracentral de disco, no lado direito, em L3-L4, combinada com estenose central e leve instabilidade em L3-L4. Graus moderados de perda de altura de disco foram observados nos níveis L4-L5 e L5-S1, mas não estavam associados ao início dos sintomas recentes (**Fig. 26.12, Fig. 26.13, Fig. 26.14**).

- *Resultados do Caso 2*

A restauração das alturas dos discos e a correção da anterolistese foram confirmadas pelas radiografias pós-operatórias (**Fig. 26.15**). Os fragmentos de disco, centrais e paracentrais, foram removidos, com sucesso, em L3-L4, o que foi confirmado por MRI pós-operatória (**Fig. 26.16**). Os sintomas pré-operatórios cederam completamente.

Caso 3

Mulher de 72 anos, apresentando ciática e claudicação intermitente neurogênica.

As radiografias e MRIs, pré-operatórias e pós-operatórias, demonstraram mudanças na herniação de disco e restauração do desequilíbrio coronal e da espondilolistese, nos níveis L4-L5 (**Fig. 26.17, Fig. 26.18**)

Imagens intraoperatórias do braço-C apresentam a pinça semiflexível e os ganchos (imagens de cima) e a gaiola inserida (imagens debaixo) (**Fig. 26.19**).

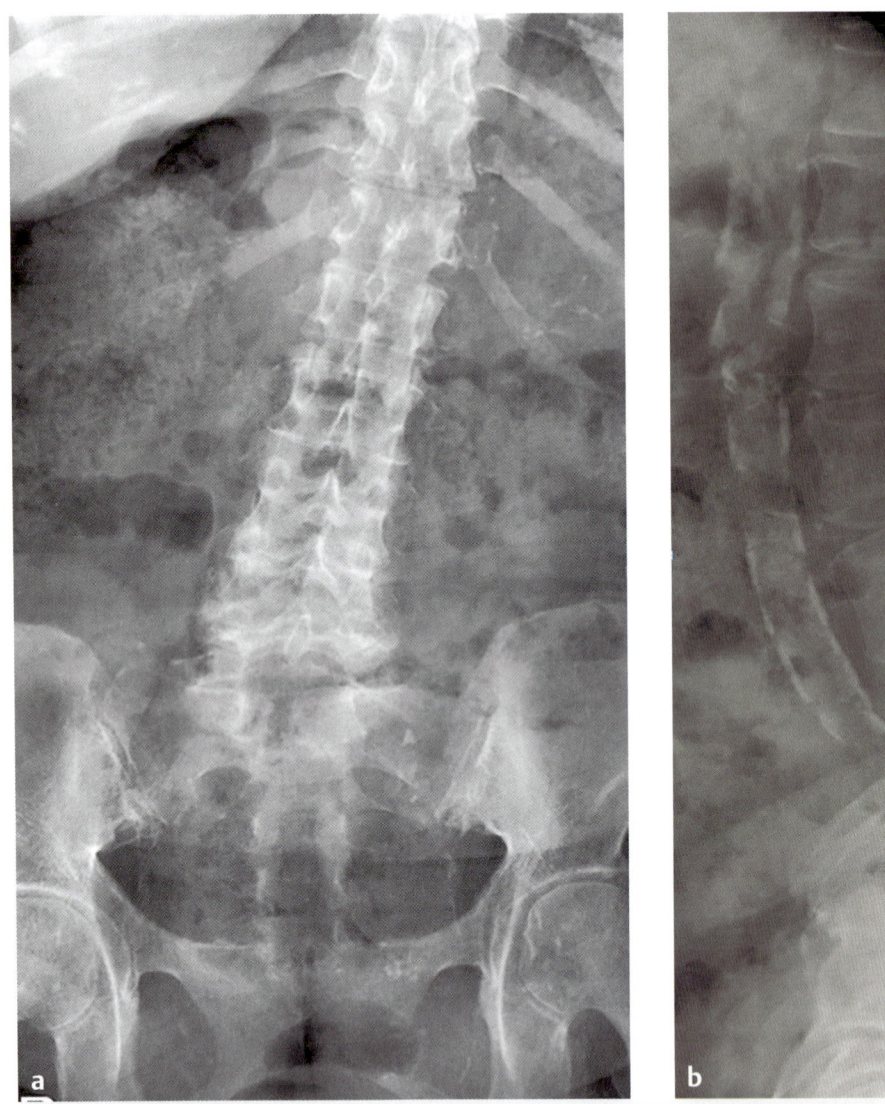

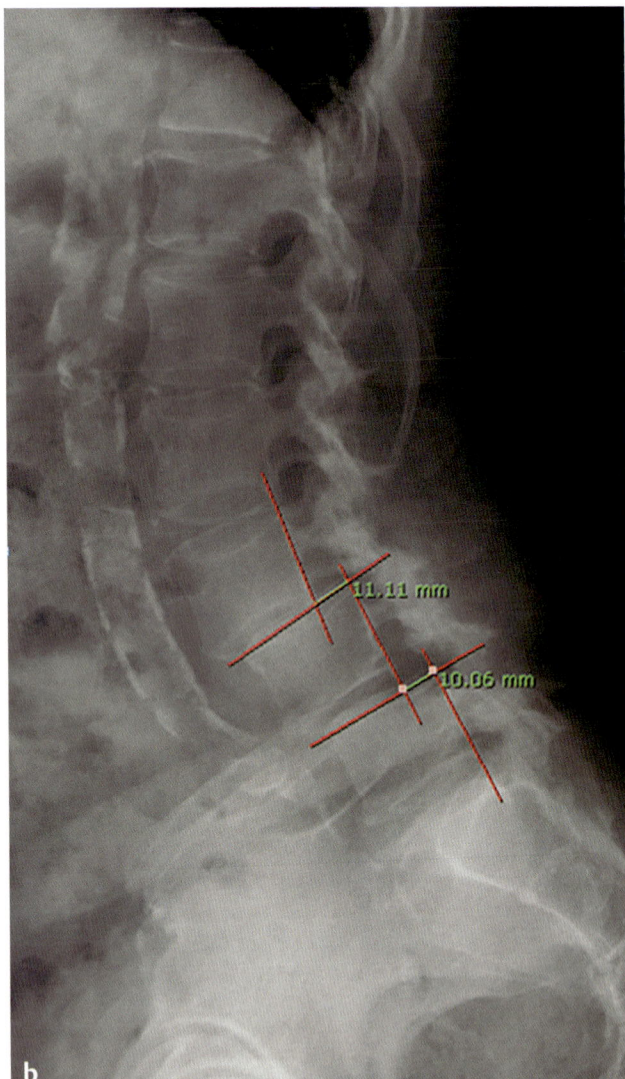

Fig. 26.8 (a,b) Radiografias pré-operatórias demonstram espondilolistese degenerativa em L3-L4 e L4-L5, e modificação escoliótica.

26.2.5 Complicações

As complicações do procedimento incluem disfunção do simpático (**Fig. 26.20**) e do íleo abdominal.

26.2.6 Conclusão

Com ajuda especializada do endoscópio espinhal, em casos selecionados, os cirurgiões de coluna podem remover fragmentos de disco pela visualização endoscópica direta. Em razão da trajetória oblíqua da OLIF, ela pode ajudar os cirurgiões a acessar diretamente a lesão-alvo e a descomprimir uma lesão no canal, ou contralateral, do forame.

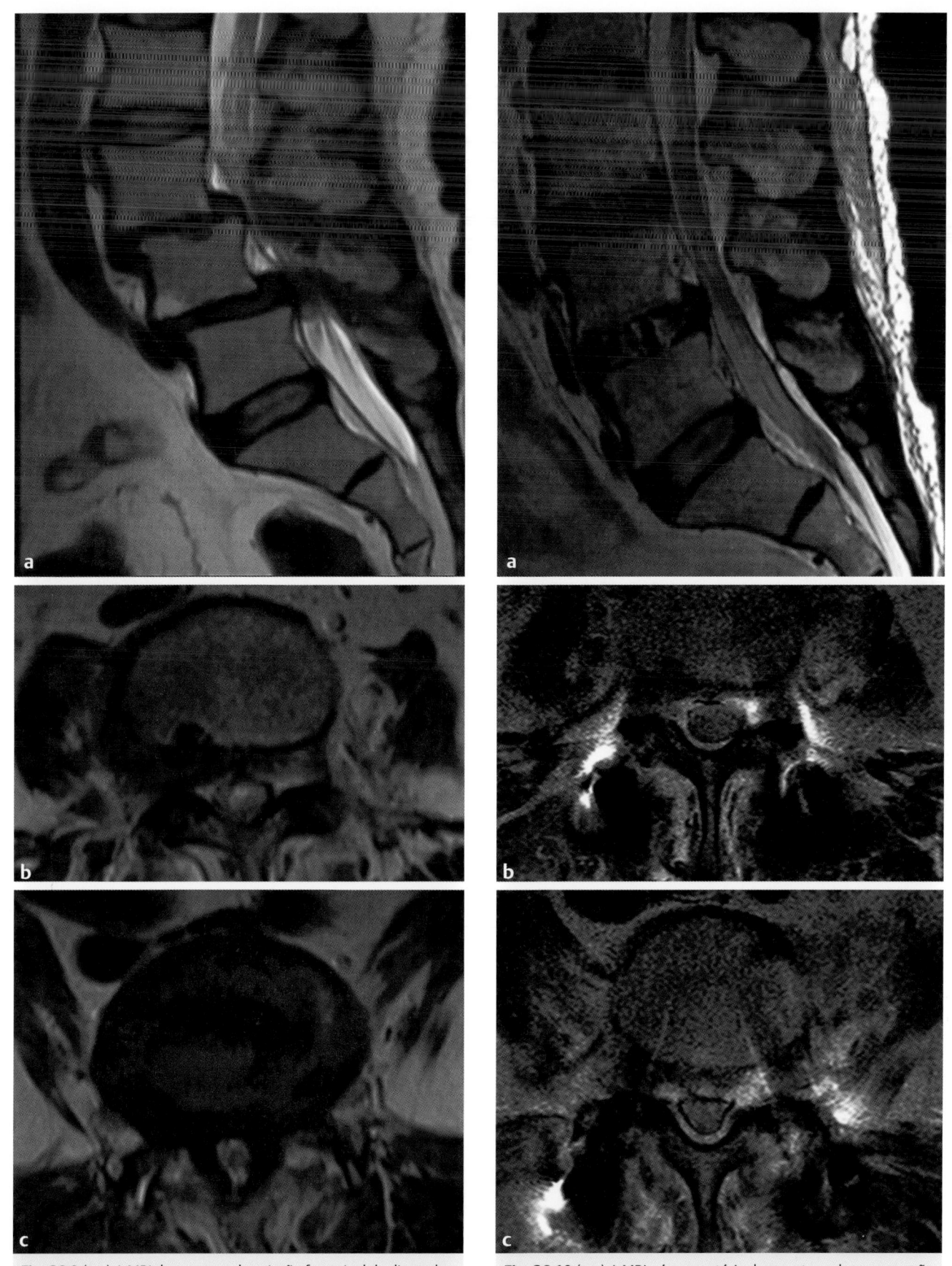

Fusão Oblíqua do Intercorpo Lombar Orientada por Laparoscópio e Endoscópio

Fig. 26.9 (a-c) A MRI demonstrou herniação foraminal de disco, do lado direito, em L3-L4 e estenose foraminal bilateral com hérnia de disco central em L4-L5.

Fig. 26.10 (a-c) A MRI pós-operatória demonstra a descompressão na área central e na foraminal.

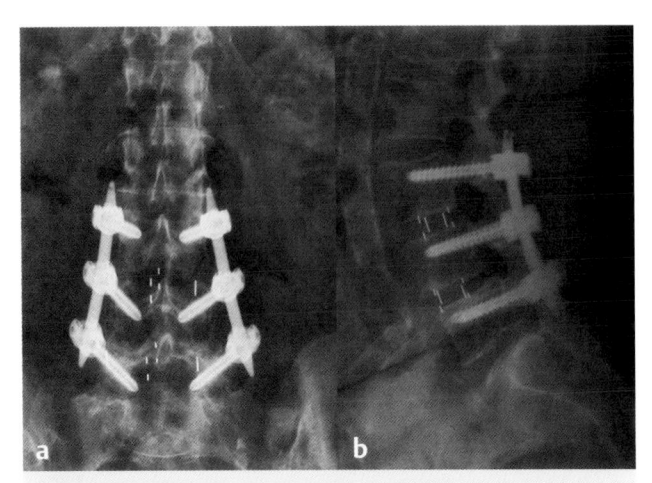

Fig. 26.11 (a,b) Restauração das alturas de disco e correção da anterolistese e da escoliose, em radiografia pós-operatória.

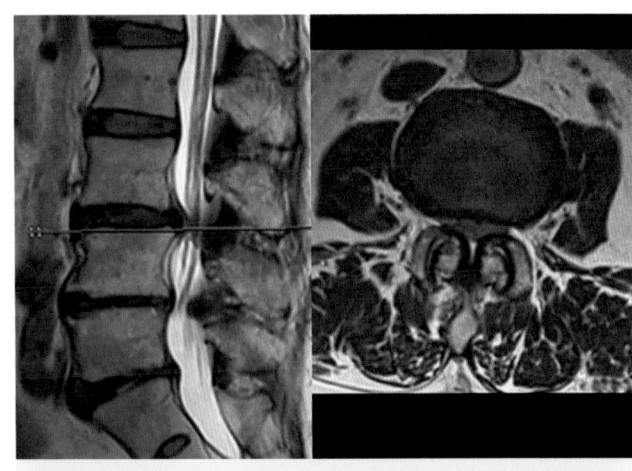

Fig. 26.13 MRIs sagital e axial apresentando herniação de disco lombar em L3-L4.

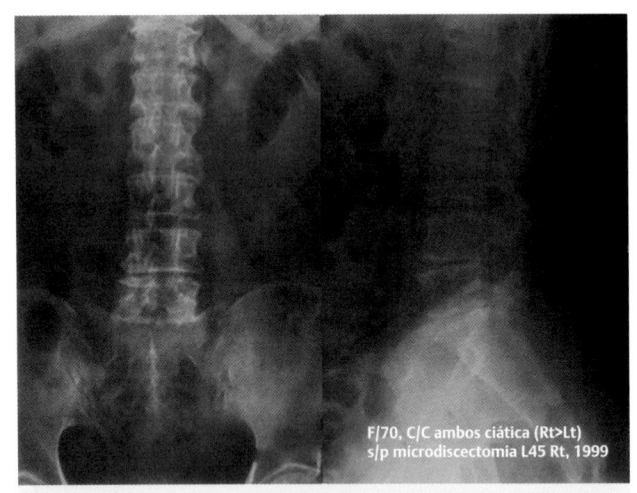

Fig. 26.12 A radiografia pré-operatória demonstra espondilolistese degenerativa em L3-L4 e perda de altura do disco em L4-L5 e L5-S1.

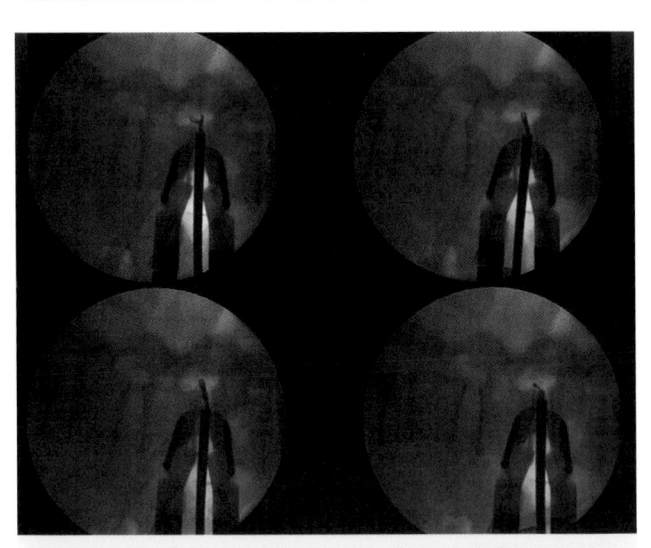

Fig. 26.14 O canal de trabalho e o endoscópio espinhal, para a discectomia endoscópica, são impelidos sob orientação do braço-C. Uma pinça endoscópica semiflexível e a sonda são observadas nas tomadas do braço-C.

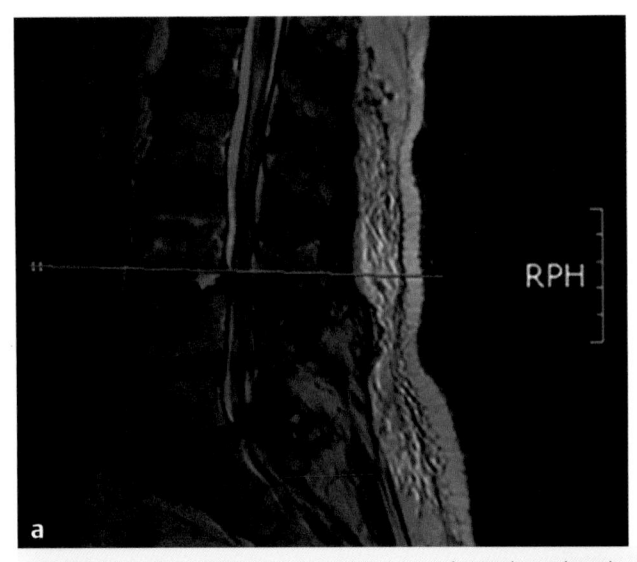

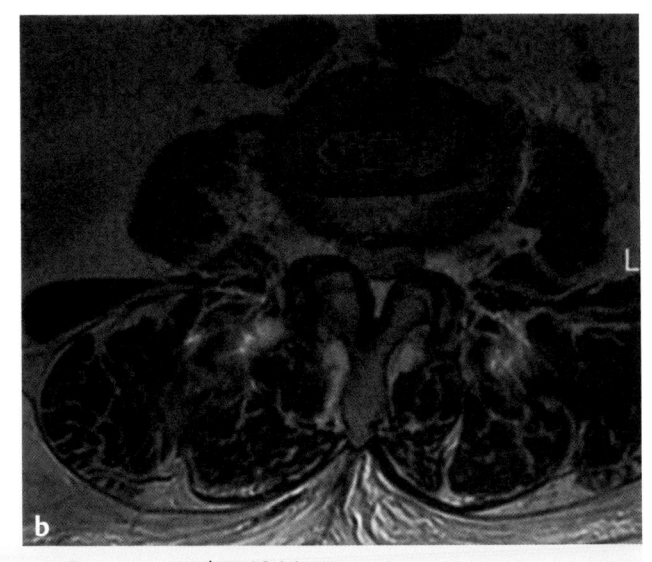

Fig. 26.16 (a-d) As MRIs pós-operatórias, sagital e axial, revelam descompressão no saco tecal em L3-L4.

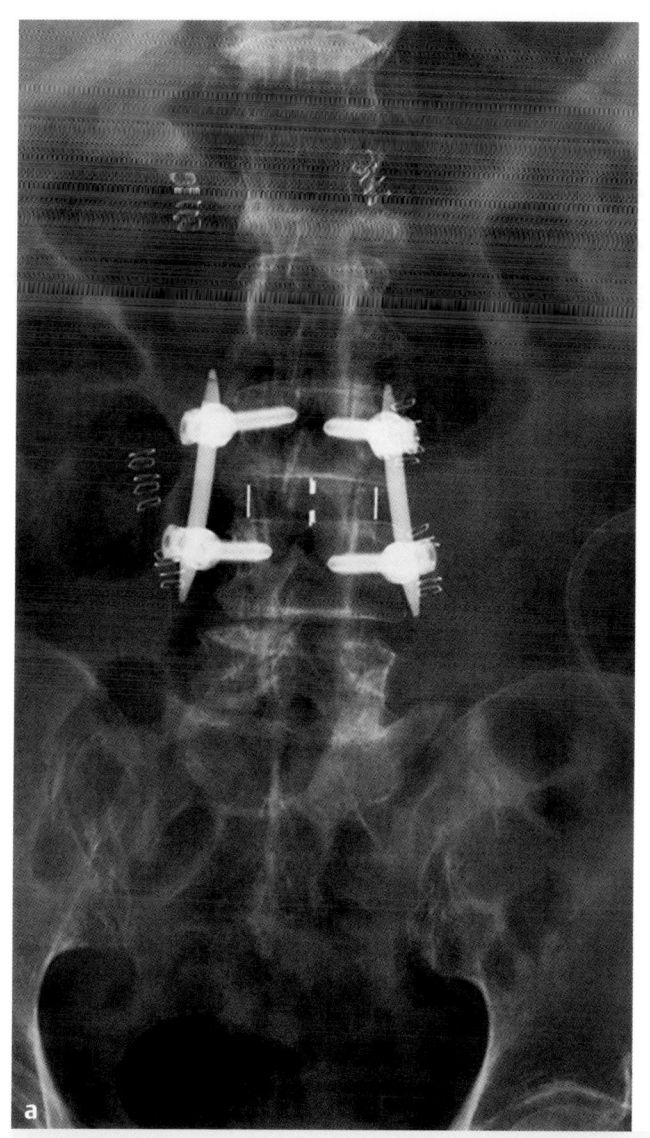

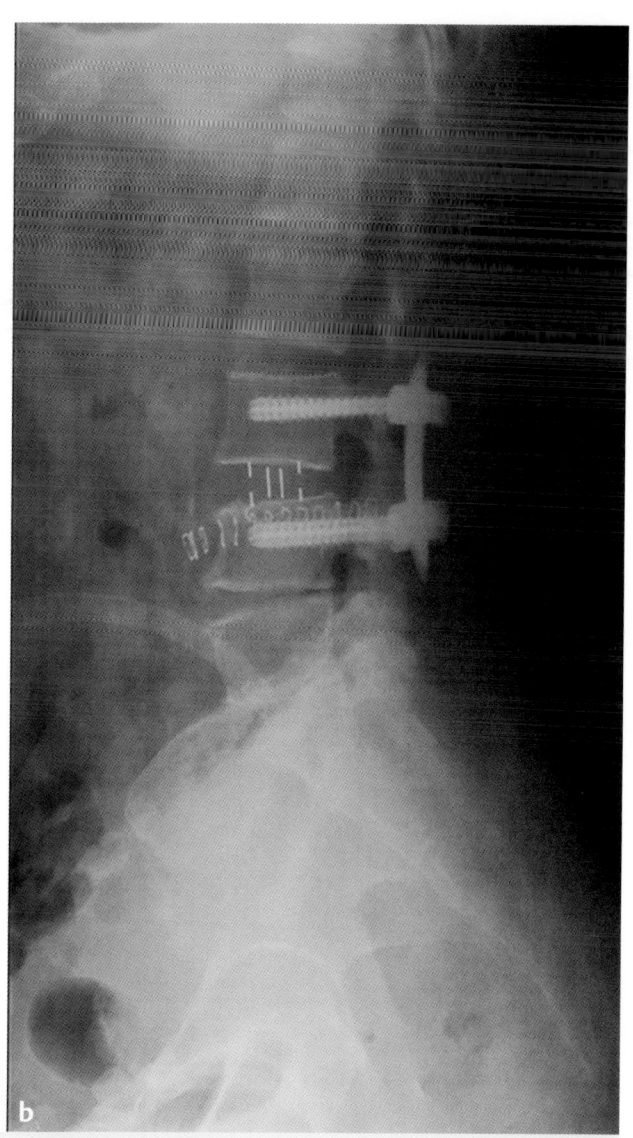

Fig. 26.15 (a,b) A radiografia pós-operatória apresenta gaiola de OLIF e os parafusos percutâneos.

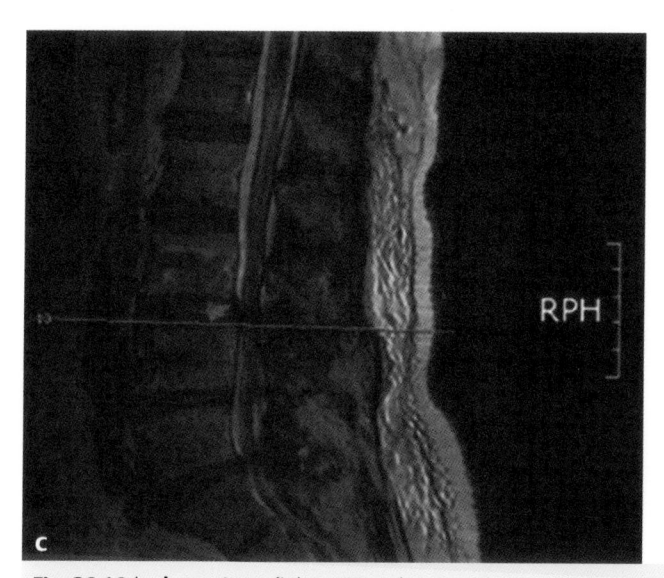

Fig. 26.16 (a-d, continuação) As MRIs pós-operatórias, sagital e axial, revelam descompressão no saco tecal em L3-L4.

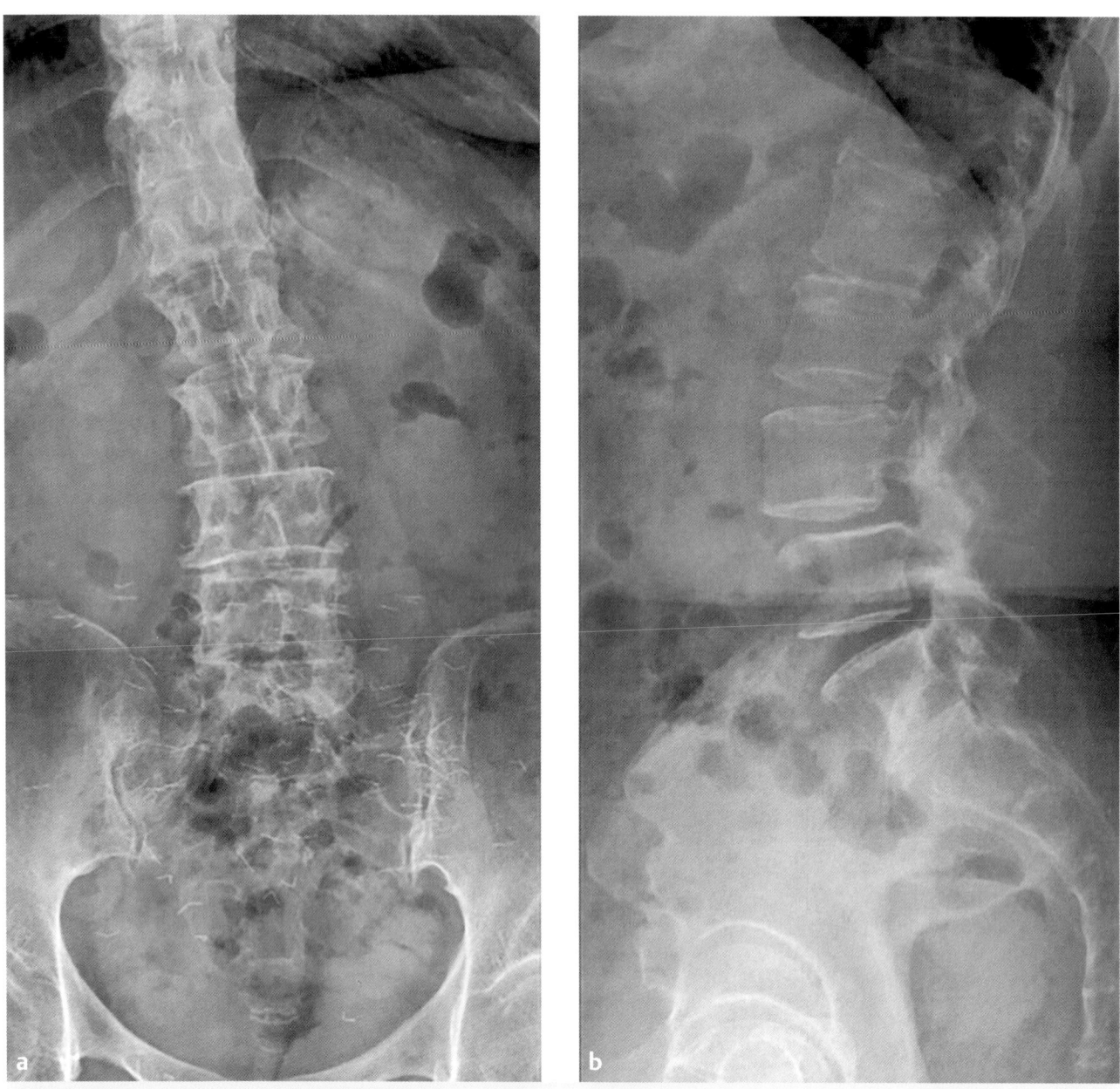

Fig. 26.17 (**a-d**) As radiografias pré e pós-operatórias apresentam a restauração dos alinhamentos coronal e sagital em L4-L5.

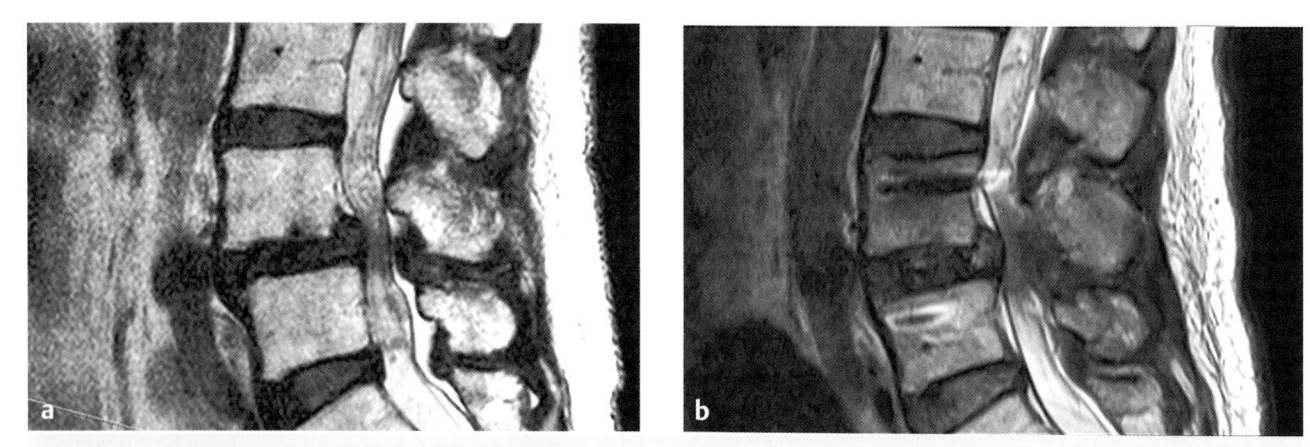

Fig. 26.18 (**a-d**) As MRIs pré (*à esquerda*) e pós-operatórias (*à direita*) apresentam a descompressão do saco tecal e a localização da gaiola pelo corredor da OLIF.

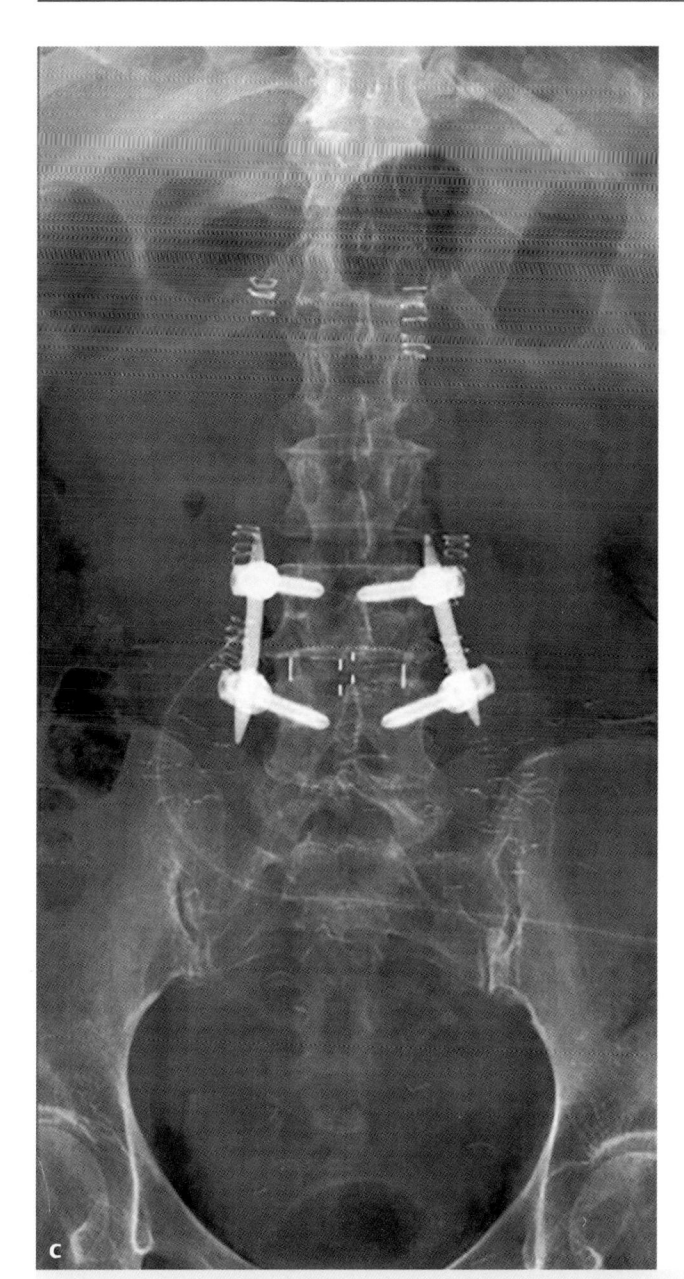

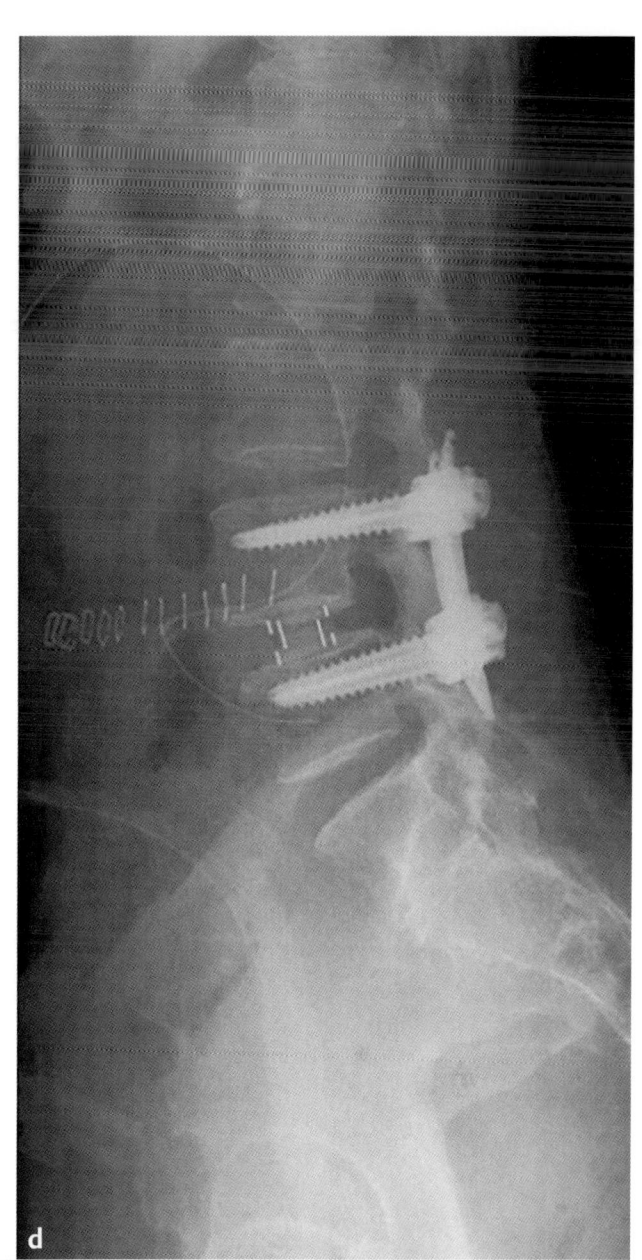

Fusão Oblíqua do Intercorpo Lombar Orientada por Laparoscópio e Endoscópio

Fig. 26.17 (a-d, continuação) As radiografias pré e pós-operatórias mostram a restauração dos alinhamentos coronal e sagital em L4-L5.

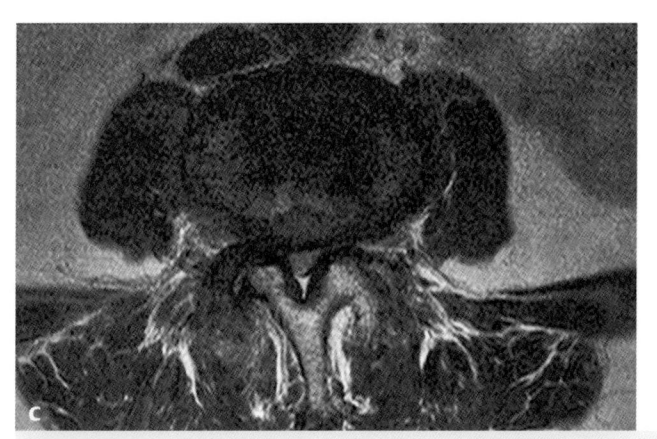

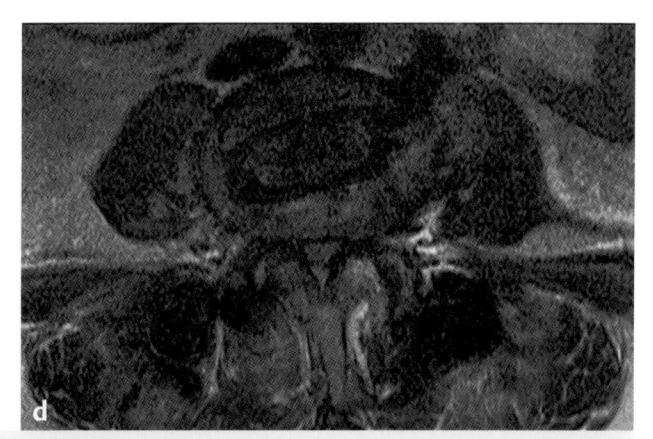

Fig. 26.18 (a-d, continuação) As MRIs pré (*à esquerda*) e pós-operatórias (*à direita*) mostram a descompressão do saco tecal e a localização da gaiola pelo corredor da OLIF.

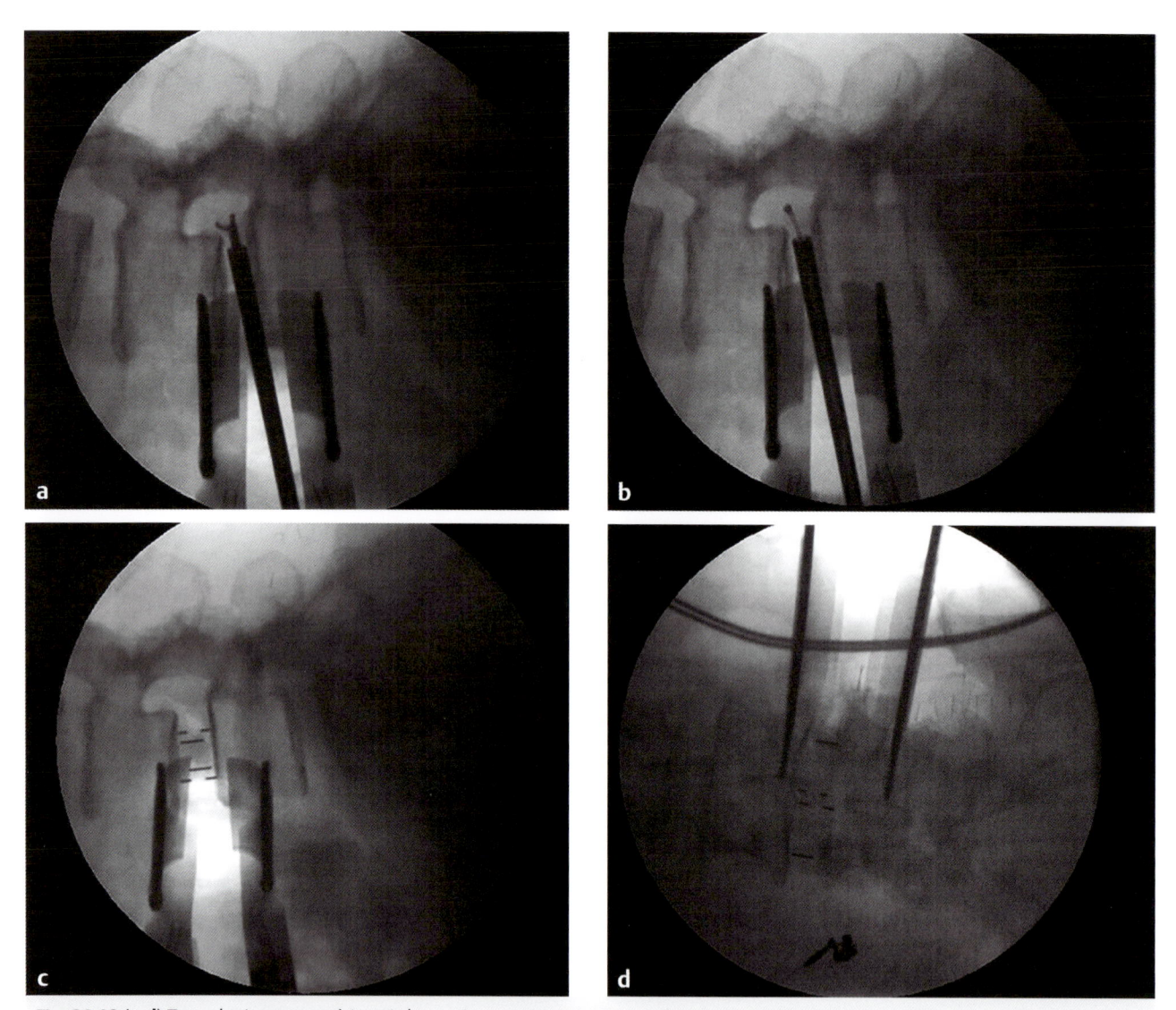

Fig. 26.19 (a-d) Tomadas intraoperatórias, via braço-C, apresentam a pinça endoscópica semiflexível e a sonda (*imagens de cima*) e a localização da gaiola (*imagens debaixo*).

Referências

1. de Peretti F, Hovorka I, Fabiani P, Argenson C. New possibilities in L2–L5 lumbar arthrodesis using a lateral retroperitoneal approach assisted by laparoscopy: preliminary results. *Eur Spine J* 1996;5(3):210–216
2. Henry LG, Cattey RP, Stoll JE, Robbins S. Laparoscopically assisted spinal surgery. *JSLS* 1997;1(4):341–344
3. Regan JP, Cattey RP, Henry LG, Robbins S. Laparoscopically assisted retroperitoneal spinal surgery. *JSLS* 2006;10(4):493–495
4. Kepler CK, Sharma AK, Huang RC, et al. Indirect foraminal decompression after lateral transpsoas interbody fusion. *J Neurosurg Spine* 2012;16(4):329–333
5. Oliveira L, Marchi L, Coutinho E, Pimenta L. A radiographic assessment of the ability of the extreme lateral interbody fusion procedure to indirectly decompress the neural elements. *Spine* 2010;35(26, Suppl):S331–S337
6. Houten JK, Alexandre LC, Nasser R, Wollowick AL. Nerve injury during the transpsoas approach for lumbar fusion. *J Neurosurg Spine* 2011;15(3):280–284

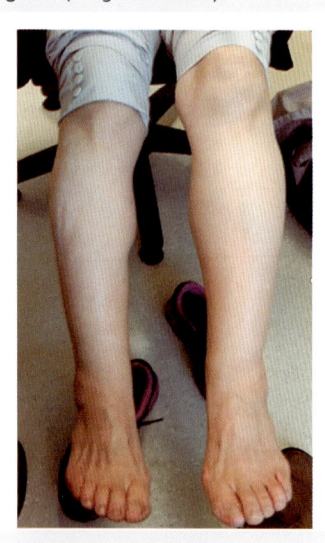

Fig. 26.20 A tumefação da perna esquerda e o desconforto são complicações decorrentes de uma disfunção do simpático, associadas à lesão direta da cadeia do simpático durante a OLIF. A maioria das complicações é transitória.

27 Denervação Endoscópica por Radiofrequência para Tratamento da Lombalgia Crônica

Won-Suh Choi ■ Jin Sung Luke Kim

27.1 Introdução

Estima-se que a prevalência ao longo da vida da dor lombar seja de 60 a 80%.[1,2] A dor lombar crônica (CLBP), que persiste por três meses ou mais, é relatada como tendo uma prevalência vitalícia de 4 a 10%.[3] CLBP pode ser causada por várias fontes de geração de dor, incluindo disco intervertebral, musculatura das costas, articulações facetárias e articulações sacroilíacas. Também pode ser causada por uma combinação desses geradores de dor, e a identificação da origem da dor é o primeiro passo para o sucesso do tratamento da CLBP.

A dor lombar decorrente da articulação facetária, também conhecida como síndrome da articulação facetária (FJS), é uma das principais fontes de lombalgia e é relatada como responsável por 15 a 45% da população total que sofre de CLBP.[4,5] Os sintomas podem ser semelhante aos da hérnia de disco, e a dor pode ser exacerbada pela extensão das costas após a flexão.

O complexo da articulação sacroilíaca (SIJ) é também uma fonte importante, mas frequentemente negligenciada, de CLBP, sendo responsável por cerca de 10 a 33% da CLBP.[1,6,7,8,9,10] Os sintomas são inespecíficos e podem às vezes imitar os sintomas de hérnia de disco lombar, o que dificulta o diagnóstico. A dor da SIJ pode-se desenvolver como uma forma de patologia do segmento adjacente, especialmente após a cirurgia de fusão.

O tratamento padrão atual para a dor FJS e SIJ é a injeção de esteroides da própria articulação, o ramo medial do ramo dorsal no caso de FJS[4,11] ou ramos laterais do nervo sacral no caso de CLBP mediada pela SIJ.[12,13,14] Esses procedimentos podem ser realizados em nível ambulatorial, são fáceis de executar e têm valor diagnóstico adicional. No entanto, os pacientes podem apresentar recorrência dos sintomas por causa da curta duração do efeito,[15] e há sempre riscos de possíveis complicações locais e sistêmicas associadas à injeção repetida de esteroides.

A ablação por radiofrequência guiada por fluoroscopia (RFA) das estruturas mencionadas anteriormente proporciona um efeito mais duradouro.[16,17] No entanto, muitas vezes é necessária uma extensa ablação para obter alívio satisfatório da dor dos pacientes. A ablação extensa também pode causar cicatrizes nas estruturas musculares e ligamentares adjacentes, e a própria cicatriz pode-se tornar uma fonte de dor lombar. Com visualização direta sob orientação endoscópica, lesões mais precisas e ablação neural efetiva são possíveis sem danificar estruturas próximas (**Vídeo 27.1**).

27.2 Indicações e Contraindicações

27.2.1 Ramo Medial de RFA

- Um mínimo de 2 meses de tratamento conservador e médico, incluindo analgésicos e fisioterapia.
- Dois bloqueios de ramo medianos de diagnóstico realizados em ocasiões separadas, com redução superior a 50% da dor após o procedimento em ambas as ocasiões.
- Qualquer paciente com CLBP resultante de fratura, infecção ou origem patológica, ou com problemas de possível ganho secundário, é excluído.

27.2.2 RFA Sacroilíaca Conjunta

- Um mínimo de 2 meses de tratamento conservador e médico, incluindo analgésicos e fisioterapia.
- Dois diagnósticos intra-articulares e/ou periforaminal de bloqueios de SIJ realizados em ocasiões distintas, com redução maior que 50% da dor após o procedimento em ambas as ocasiões.
- Qualquer paciente com CLBP resultante de fratura, infecção ou origem patológica, ou com problemas de possível ganho secundário, é excluído.

27.3 Técnica Cirúrgica

O paciente é colocado em decúbito ventral em uma mesa radiotransparente. Uma pequena dose de fentanil e midazolam por via venosa é administrada para anestesia leve. Antes do início do procedimento, os pacientes são totalmente informados sobre todos os detalhes do procedimento. Os pacientes são monitorados e mantêm a comunicação com o cirurgião durante todo o procedimento.

O paciente é preparado e envolto de maneira estéril. Equipamentos fluoroscópicos, como o braço-C, são necessários para confirmação de pontos de referência e para verificar a posição do endoscópio (**Fig. 27.1**).

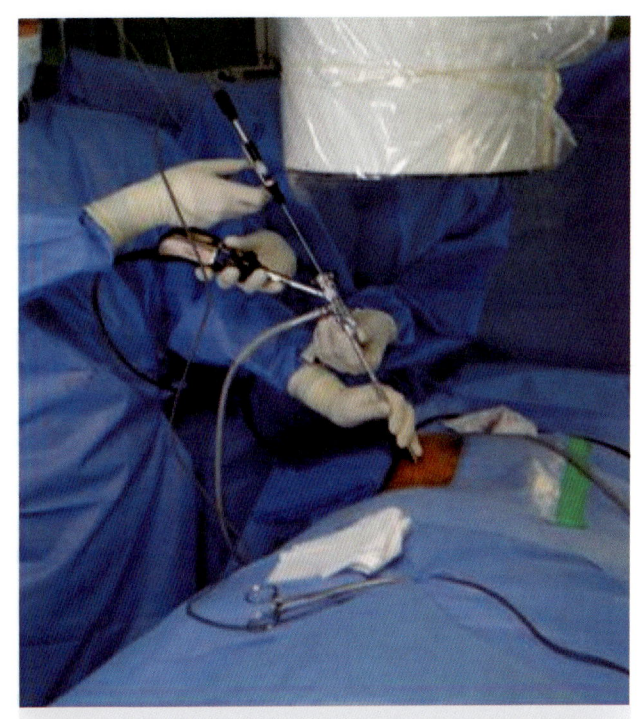

Fig. 27.1 O paciente deve ser preparado e colocado de maneira estéril, como em cirurgia aberta. Um braço-C é configurado para confirmar a posição do endoscópio em vários pontos durante o procedimento. Um assistente pode ajudar a segurar a cânula ou o escopo, o que pode diminuir a fadiga do cirurgião.

27.4 Técnica

27.4.1 Ramo Medial de RFA

A articulação facetária é inervada pelo ramo medial do ramo dorsal no nível vertebral alvo e um nível acima dela (**Fig. 27.2**).[18,19] Portanto, para tratar com sucesso a dor decorrente de uma articulação facetária, o ramo medial, um nível acima do alvo, também precisa ser ablacionado. O ponto-alvo da ablação é a junção do processo transverso e a base do processo articular superior (SAP) (**Fig. 27.3**). Após a verificação do nível-alvo com o braço-C, injeta-se lidocaína a 0,5% no local de entrada da agulha por uma agulha espinal de 22 G. Sob orientação fluoroscópica, uma agulha de 18 G é encaixada no ponto-alvo. Em seguida, a abertura da pele é levemente alargada com um bisturi número 11, e um fio-K, obturador e cânula de trabalho chanfrada são inseridos em série pela abertura (**Fig. 27.4**). Depois que a posição correta da cânula é verificada com a fluoroscopia do braço-C, o endoscópio é avançado pela cânula, e o eletrocoagulador bipolar é avançado pela abertura no endoscópio.

A irrigação contínua é mantida durante todo o procedimento para obter uma visão clara do campo de trabalho e para evitar a carbonização da ponta bipolar. Começamos ablando tecidos moles na base do processo transversal. Fazendo a ablação nesta área deve-se provocar dor, porque o ramo medial e, às vezes, o ramo lateral passam por esta região. O ramo medial é visível neste local com o endoscópio (**Fig. 27.5**), mas não em todos os casos. No entanto, mesmo quando o ramo medial não é visível, podemos ver os pontos de referência ósseos e áreas abladas sob visão endoscópica. Ocasionalmente, a dor provocada

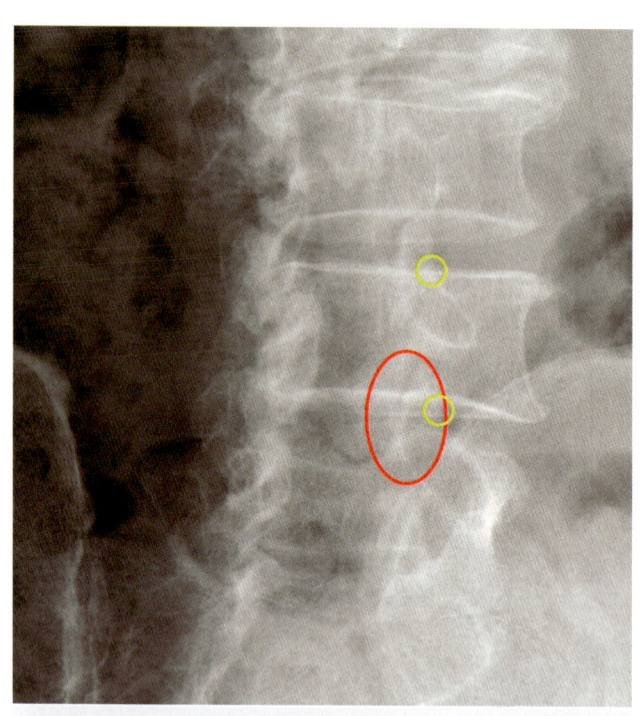

Fig. 27.3 O alvo da RFA está na junção do processo transverso e da faceta articular superior. Esta localização é mais bem visualizada na imagem oblíqua do braço-C. No tratamento da artropatia da articulação facetária L4-L5 (*círculo vermelho*), os alvos para a RFA são dois locais (*círculos amarelos*).

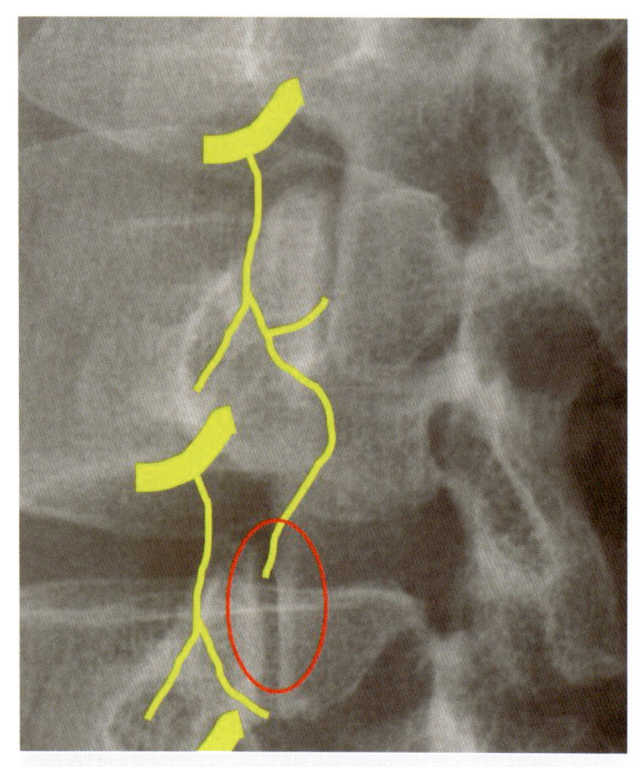

Fig. 27.2 A articulação zigapofisária lombar, ou articulação facetária, tem dupla inervação. É inervada pelo ramo medial ascendente no nível do índice, bem como pelo ramo medial descendente do nível acima dele.

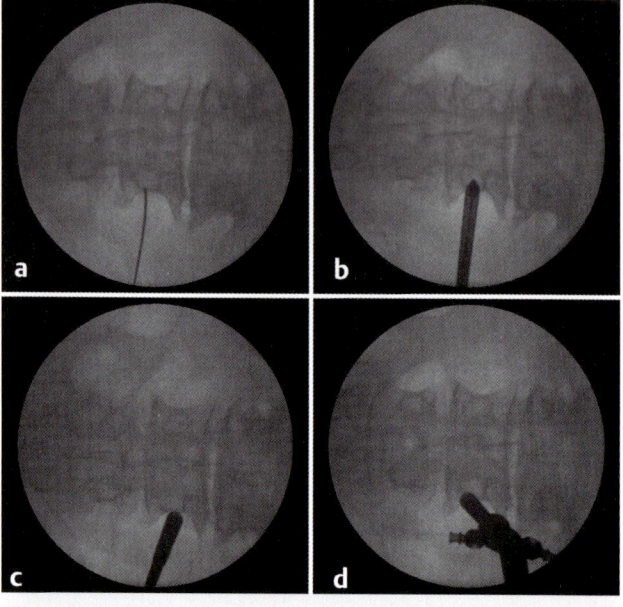

Fig. 27.4 Imagens anteroposteriores do braço-C durante o procedimento. (**a**) Primeiro, uma agulha de 18 G é ancorada no ponto-alvo, na junção do processo transversal e do processo articular superior. (**b,c**) Após o alargamento da abertura com uma lâmina nº 11, o obturador e depois a cânula de trabalho chanfrada são inseridos pela trajetória feita pela agulha 18 G. (**d**) Finalmente, o endoscópio é introduzido pela cânula de trabalho.

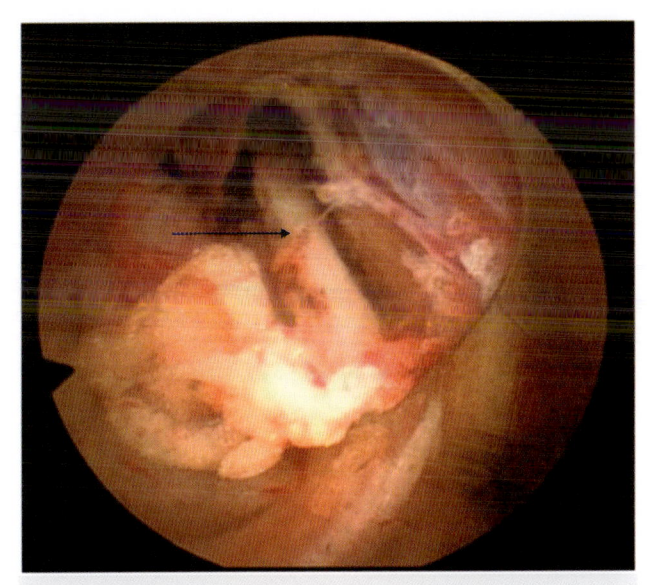

Fig. 27.5 Visão endoscópica do ramo medial, percorrendo caudalmente a junção do processo articular superior (SAP) e do processo transverso (TP). Seta denota ramo medial.

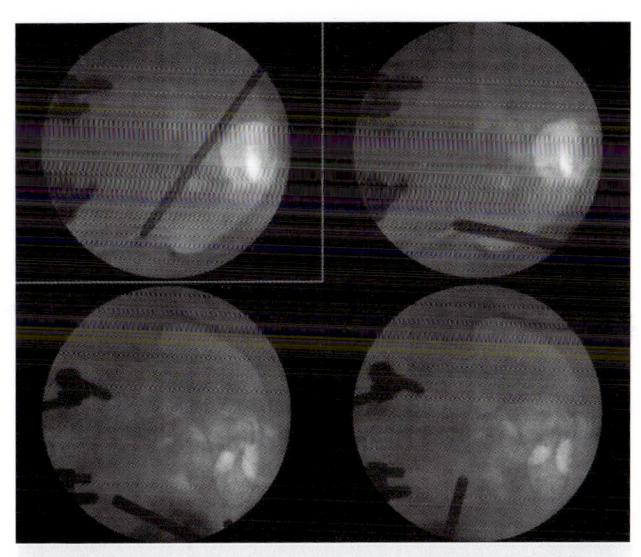

Fig. 27.7 Visão fluoroscópica da ponta da cânula endoscópica em várias partes durante o procedimento. A ponta da cânula pode ser movida no plano subcutâneo e pode ser reposicionada com muito pouco desconforto.

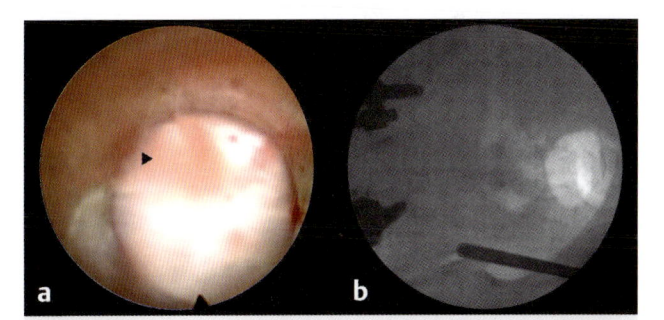

Fig. 27.8 (a) Ligamento posterior longo (*cabeça de seta*) cobrindo a cápsula posterior da SIJ. (b) Posição correspondente da ponta da cânula em uma imagem fluoroscópica anteroposterior.

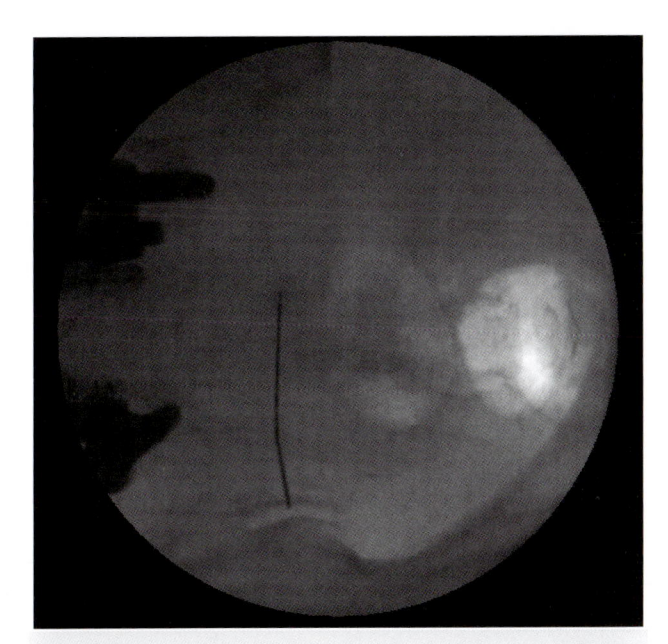

Fig. 27.6 Uma agulha 18 G é encaixada na porção posteroinferior da cápsula da SIJ.

durante a ablação é excessiva para o paciente, e, nesses casos, injetamos 0,5 a 1 mL de lidocaína no alvo por uma agulha de 18 G antes da ablação. A ablação é feita preferencialmente em rajadas curtas de 2 a 3 segundos para evitar carbonização excessiva. O processo é continuado até a estimulação da área previamente ablada não provocar qualquer dor significativa.

27.4.2 RFA Sacroilíaca Conjunta

O transdutor de braço-C é inclinado em sentido cefálico ~ 10 a 15° e oblíquo de 10 a 15° contralateralmente para visualizar de forma ideal o aspecto posterior da SIJ. O ponto de entrada da pele é o aspecto inferior da SIJ posterior (**Fig. 27.6**), e a lidocaína a 1% é injetada no ponto de entrada. Uma agulha de 18 G é ancorada no ligamento interósseo sobrejacente ao SIJ posterior. Em seguida, um fio-guia é avançado pela agulha, esta é removida, e a abertura de entrada é ampliada com uma lâmina nº 11. Um obturador canulado é inserido ao longo do fio-guia pela incisão da pele, e uma cânula de trabalho não chanfrada é avançada ao longo do obturador até que ele toque no SIJ posterior. Depois que o obturador é removido, o endoscópio é introduzido pela cânula. A posição final da cânula é confirmada novamente com fluoroscopia (**Fig. 27.7**).

Sob visão endoscópica, o ligamento sacroilíaco posterior e o tecido mole sobrejacente são retirados usando o eletrocoagulador bipolar introduzido pelo canal de trabalho no endoscópio. Em primeiro lugar, retiramos os ramos perfurantes que inervam a cápsula posterior da SIJ (**Fig. 27.8**). Após a confirmação visual do ligamento sacroilíaco posterior longo, a RFA é realizada ao longo do curso do ligamento na direção cranial até o nível da espinha ilíaca posterossuperior. O fluoroscópio é então inclinado de volta para uma visão anteroposterior, e inclinado cefálico até que o forame sacral S1-S3 seja claramente visível. Em seguida, usando uma manobra de colocação da cânula, a ponta da cânula é movida ao longo do plano subcutâneo em direção à região lateral ao forame sacral S1-S3, e uma longa faixa de lesão é feita ao longo da linha que liga as margens laterais do forame sacral S1-S3.[20]

A posição da ponta da cânula é ocasionalmente verificada com o fluoroscópio. Quando possível, é feita uma tentativa de confirmar visualmente os ramos laterais que saem do forame sacral e seguem em direção ao SIJ para uma lesão precisa do nervo. A comunicação constante com o paciente é mantida para ver quanta dor cada estímulo provoca e em qual área o estímulo causa mais dor. A irrigação salina contínua é mantida durante todo o procedimento para minimizar as lesões térmicas nas estruturas vizinhas e o excesso de carbonização.

Após a conclusão da ablação dos pontos-alvo, o endoscópio e a cânula são removidos, uma sutura de ponto de náilon é feita, e o curativo estéril é aplicado.

27.5 Evitando Complicações

A visão endoscópica pode às vezes ser obscurecida por sangue e detritos. Em tais casos, sempre toque o osso com a sonda bipolar antes de iniciar a ablação. Se não tiver certeza da localização da ponta bipolar, verifique sempre com o braço-C. Não remova a menos que esteja perfeitamente certo da localização. Ablação de raízes nervosas e estruturas vasculares pode levar a consequências devastadoras. Tenha cuidado para não entrar no forame sacral com a ponta bipolar ao realizar RFA periforaminal. Se não tiver certeza, verifique com o braço-C.

27.6 Considerações Pós-Operatórias

- O paciente pode ser mobilizado imediatamente após o procedimento.
- O paciente pode receber alta no dia pós-operatório.
- O paciente pode sentir desconforto nos níveis operados no dia pós-operatório, mas vai se sentir melhor gradualmente. A medicação para a dor deve ser prescrita para aliviar a dor no período intermediário.

Referências

1. Boswell MV, Trescot AM, Datta S, et al; American Society of Interventional Pain Physicians. Interventional techniques: evidence-based practice guidelines in the management of chronic spinal pain. *Pain Physician* 2007;*10*(1):7–111
2. Katz JN. Lumbar disc disorders and low-back pain: socioeconomic factors and consequences. *J Bone Joint Surg Am* 2006;*88*(Suppl 2):21–24
3. Freburger JK, Holmes GM, Agans RP, et al. The rising prevalence of chronic low back pain. *Arch Intern Med* 2009;*169*(3):251–258
4. Poetscher AW, Gentil AF, Lenza M, Ferretti M. Radiofrequency denervation for facet joint low back pain: a systematic review. *Spine* 2014;*39*(14):E842–E849
5. Manchikanti L, Pampati V, Fellows B, Bakhit CE. Prevalence of lumbar facet joint pain in chronic low back pain. *Pain Physician* 1999;*2*(3):59–64
6. Schwarzer AC, Aprill CN, Bogduk N. The sacroiliac joint in chronic low back pain. *Spine* 1995;*20*(1):31–37
7. D'Orazio F, Gregori LM, Gallucci M. Spine epidural and sacroiliac joint injections—when and how to perform. *Eur J Radiol* 2015;*84*(5):777–782
8. Maigne JY, Planchon CA. Sacroiliac joint pain after lumbar fusion. A study with anesthetic blocks. *Eur Spine J* 2005;*14*(7):654–658
9. Sembrano JN, Polly DW Jr. How often is low back pain not coming from the back? *Spine* 2009;*34*(1):E27–E32
10. Bowen V, Cassidy JD. Macroscopic and microscopic anatomy of the sacroiliac joint from embryonic life until the eighth decade. *Spine* 1981;*6*(6):620–628
11. Saito T, Steinke H, Miyaki T, et al. Analysis of the posterior ramus of the lumbar spinal nerve: the structure of the posterior ramus of the spinal nerve. *Anesthesiology* 2013;*118*(1):88–94
12. Cohen SP, Abdi S. Lateral branch blocks as a treatment for sacroiliac joint pain: a pilot study. *Reg Anesth Pain Med* 2003;*28*(2):113–119
13. Hansen HC, McKenzie-Brown AM, Cohen SP, Swicegood JR, Colson JD, Manchikanti L. Sacroiliac joint interventions: a systematic review. *Pain Physician* 2007;*10*(1):165–184
14. Kapural L, Nageeb F, Kapural M, Cata JP, Narouze S, Mekhail N. Cooled radiofrequency system for the treatment of chronic pain from sacroiliitis: the first case-series. *Pain Pract* 2008;*8*(5):348–354
15. Cohen SP, Chen Y, Neufeld NJ. Sacroiliac joint pain: a comprehensive review of epidemiology, diagnosis and treatment. *Expert Rev Neurother* 2013;*13*(1):99–116
16. Cox RC, Fortin JD. The anatomy of the lateral branches of the sacral dorsal rami: implications for radiofrequency ablation. *Pain Physician* 2014;*17*(5):459–464
17. Stelzer W, Aiglesberger M, Stelzer D, Stelzer V. Use of cooled radiofrequency lateral branch neurotomy for the treatment of sacroiliac joint-mediated low back pain: a large case series. *Pain Med* 2013;*14*(1):29–35
18. Cavanaugh JM, Lu Y, Chen C, Kallakuri S. Pain generation in lumbar and cervical facet joints. *J Bone Joint Surg Am* 2006;*88*(Suppl 2):63–67
19. Lakemeier S, Lind M, Schultz W, et al. A comparison of intraarticular lumbar facet joint steroid injections and lumbar facet joint radiofrequency denervation in the treatment of low back pain: a randomized, controlled, double-blind trial. *Anesth Analg* 2013;*117*(1):228–235
20. Roberts SL, Burnham RS, Ravichandiran K, Agur AM, Loh EY. Cadaveric study of sacroiliac joint innervation: implications for diagnostic blocks and radiofrequency ablation. *Reg Anesth Pain Med* 2014;*39*(6):456–464

28 Monitor Operacional do Telescópio de Vídeo para Cirurgia da Coluna Vertebral

Daniel Drazin • Adam N. Mamelak

28.1 Introdução

Um recente advento da tecnologia operacional é o "exoscópio". Trata-se de um sistema de lentes com haste rígida que se parece e funciona de forma muito similar ao endoscópio padrão, mas tem uma distância focal longa de 25 a 30 cm e está posicionado fora da cavidade cirúrgica. O exoscópio é usado com um suporte de escopo mecânico ou pneumático que permite um rápido reposicionamento e refocagem. O dispositivo foi denominado microscópio de operação de telescópio de vídeo, ou VITOM (Karl Storz Endoscopy, Tuttlingen, Alemanha; **Fig. 28.1**). Uma vez que a visualização operatória cirúrgica seja realizada a partir do monitor, o cirurgião é capaz de se sentar ou ficar em posição confortável, com flexão dos braços, com um esforço mínimo no pescoço ou nos braços, reduzindo assim a fadiga cirúrgica e o tremor no ponto final. Os autores relataram previamente suas experiências cirúrgicas com este sistema em aspectos limitados da cirurgia intracraniana (região da pineal, fossa posterior), bem como na cirurgia da coluna vertebral.[1,2,3]

28.2 VITOM: Componentes

O VITOM consiste em um telescópio de lente rígida, cabeça de câmera, fonte de luz e monitor(es) de vídeo.

28.2.1 Exoscópio

O exoscópio é um telescópio de lente rígida autoclavável de 8 mm (Modelo E1051-1, Karl Storz Endoscopy, Tuttlingen, Alemanha) com um diâmetro externo de 10 mm e um comprimento de eixo de 14 cm (**Fig. 28.2**).

28.2.2 Fonte de Luz

Uma fonte de luz de fibra óptica xênon 300-W disponível comercialmente (Xênon Nova 300, Karl Storz) é usada (**Fig. 28.3**).

28.2.3 Cabeça da Câmera

A cabeça da câmera é uma câmera digitalizada de alta definição (HD) esterilizável de 3 chips (HD A3, Karl Storz), com *zoom* óptico e recursos de foco (**Fig. 28.4**).

28.2.4 Exibição de Vídeo e Documentação

É utilizado um monitor de vídeo HD de 23 polegadas (2 milhões de pixels) de grau médico (NDS Surgical Imaging, San Jose, CA) (**Fig. 28.5**).

28.2.5 Suporte do Telescópio

O telescópio é mantido em posição por um suporte de endoscópio pneumático (UniArm, Mitaka Kohki Company, Tóquio, Japão) com uma ampla gama de movimentos. O dispositivo permite o rápido reposicionamento por botão com desvio mínimo (**Fig. 28.6**).

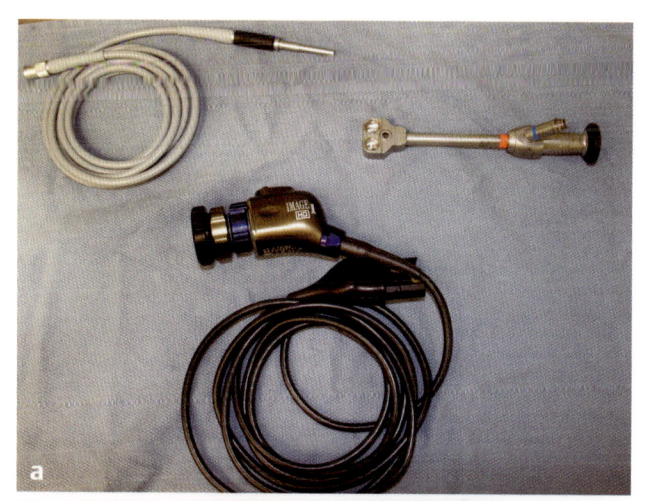

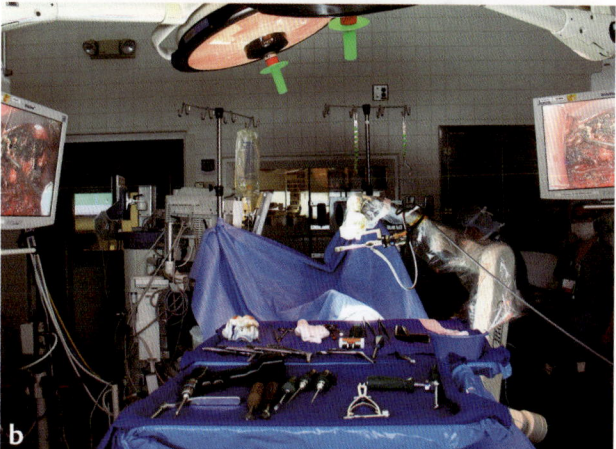

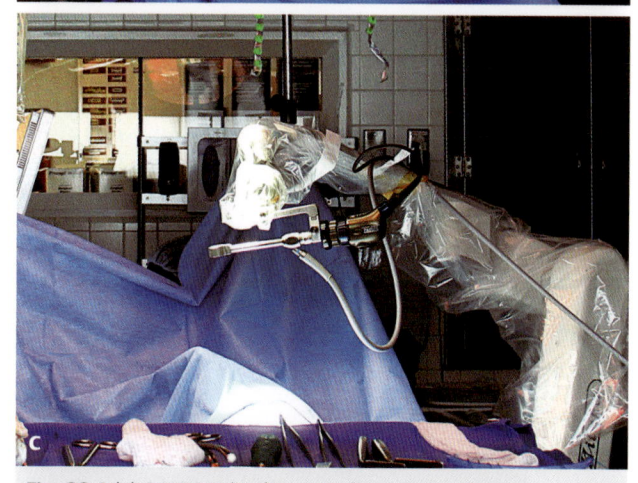

Fig. 28.1 (**a**) O VITOM (Karl Storz Endoscopy, Tuttlingen, Alemanha). (**b**) Sala de cirurgia instalada com o exoscópio, câmera e luz do VITOM conectados a um suporte pneumático e dois monitores de vídeo. (**c**) Uma visão aproximada do sistema VITOM.

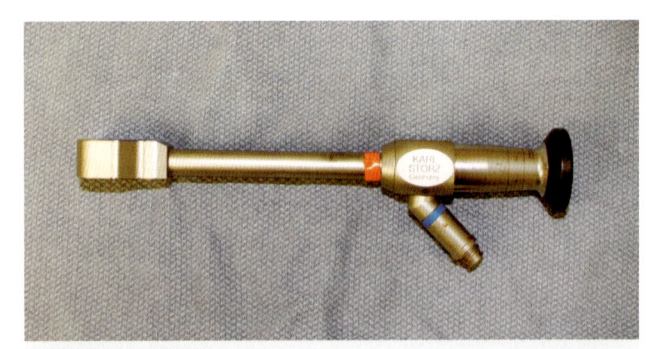

Fig. 28.2 Exoscópio.

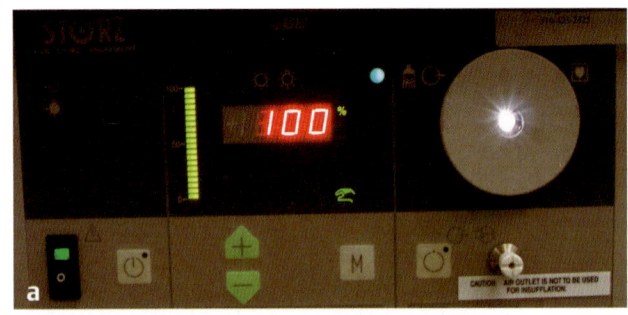

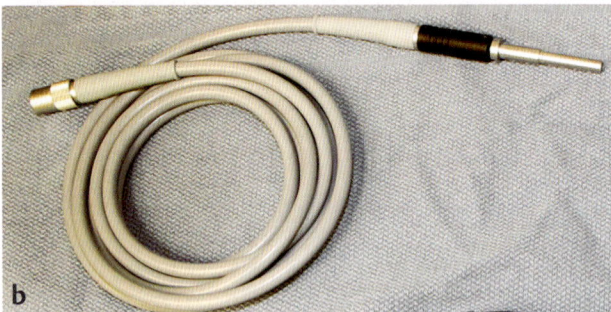

Fig. 28.3 (**a**) Fonte de luz e (**b**) cabo de luz.

Fig. 28.4 Cabeça da câmera.

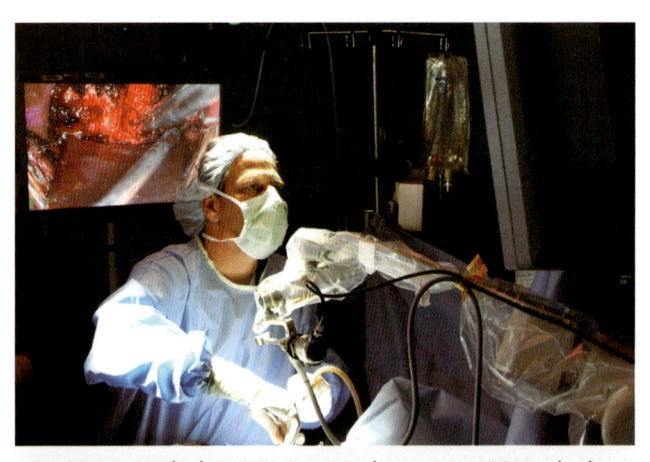

Fig. 28.5 Exemplo de posicionamento do monitor VITOM e de alta definição (HD) no nível dos olhos no lado oposto da mesa cirúrgica. Um segundo monitor HD está atrás do cirurgião para o assistente.

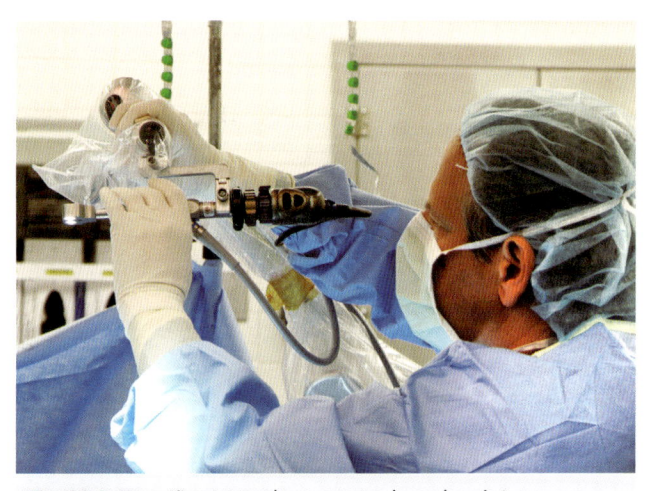

Fig. 28.6 Cirurgião ajustando o suporte do endoscópio pneumático (UniArm, Mitaka Kohki Co., Tóquio, Japão).

28.3 VITOM: Posição e Anestesia

Posicionar o suporte telescópico pneumático é uma parte importante do sucesso operativo. O posicionamento pré-operatório requer uma previsão de como o braço deve ser colocado dentro da sala de cirurgia e colocado no campo cirúrgico. É importante que o braço esteja a uma distância confortável do cirurgião para permitir um fácil reposicionamento. Além disso, o cirurgião precisa verificar se o braço universal giratório está livre para se mover em todas as direções antes da drapejar.

Posicionar o monitor HD é um fator-chave para o conforto do cirurgião e para facilidade de uso. O monitor de vídeo é mais eficaz quando colocado 2 a 3 pés do cirurgião, no lado oposto da mesa de cirurgias, à direita do assistente, ao nível dos olhos. Isto permite que o monitor ocupe a maior parte do campo de visão do cirurgião (**Fig. 28.5**). Um segundo monitor, colocado em uma posição similar logo atrás e à direita do cirurgião, permite ao assistente um campo de visão idêntico (**Fig. 28.7**). O VITOM é posicionado perpendicularmente à superfície da pele durante toda a cirurgia, pois a incisão é direcionada para a medula espinal (**Fig. 28.8**).

Monitor Operacional do Telescópio de Vídeo para Cirurgia da Coluna Vertebral

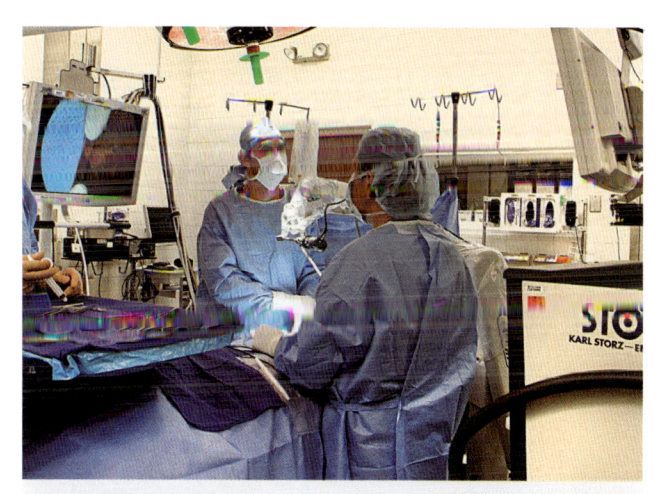

Fig. 28.7 Demonstração da configuração da sala de cirurgia para monitores de alta definição.

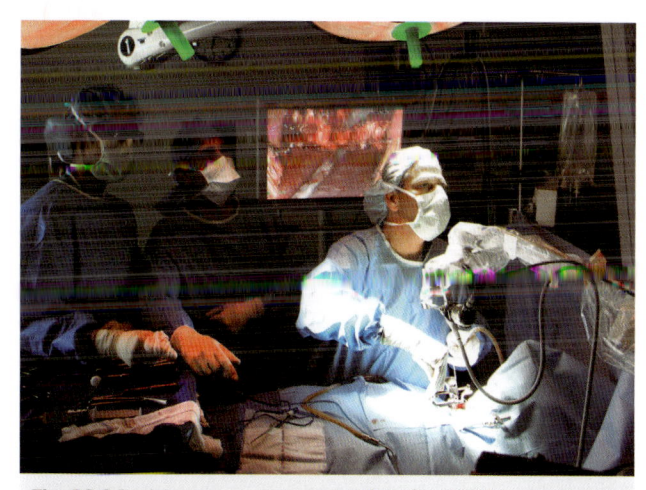

Fig. 28.8 Posicionamento intraoperatório do VITOM, perpendicular à superfície da pele.

28.4 VITOM: Discectomia Cervical Anterior e Fusão no Nível C4-C6

28.4.1 Resultados Clínicos, Caso Ilustrativo (Vídeo 28.1)

Um homem de 40 anos de idade apresentou histórico de dor e parestesia na extremidade superior direita nos dois anos anteriores. Ele havia experimentado dormência e formigamento nas porções laterais do braço e do antebraço direito, bem como no polegar e no quinto dedo. Ele se queixou de dor no pescoço que ocasionalmente irradiava para a extremidade superior direita.

O paciente havia tentado acupuntura, ajustes quiropráticos, fisioterapia e injeções peridurais de esteroides, nenhuma das quais resolveu seus sintomas completamente. Ele estava tomando uma quantidade significativa de medicação para a dor a fim de resolver seus problemas de dor.

Uma ressonância magnética mostrava protuberâncias de disco C4-C5 e C5-C6 com estenose cervical significativa e algumas estenoses foraminais C5-C6 direitas e doença discal degenerativa (**Fig. 28.9**). O paciente solicitou intervenção cirúrgica.

Uma abordagem do lado direito foi selecionada, e o ponto de entrada da pele foi determinado ao nível da cartilagem tireoide (**Fig. 28.10**). Após a remoção completa do fragmento de disco herniado, a dura pulsação descomprimida pode ser vista (**Fig. 28.11**).

Muitas vezes era possível deixar o VITOM em posição sobre o campo cirúrgico enquanto inseria as várias ferramentas espinais para instrumentação (**Fig. 28.12**). O procedimento resultou em descompressão suficiente. A radiografia intraoperatória e o escotismo pós-operatório e filmes de CT mostraram excelente posição da discectomia cervical anterior C4-C6 e fusão (ACDF) (**Fig. 28.13**).

28.5 VITOM: Pérolas

O VITOM é semelhante a um microscópio cirúrgico que está fora da cavidade do corpo e tem uma distância focal maior.

Para a maioria das cirurgias da coluna vertebral, o VITOM pode ser posicionado perpendicularmente à superfície da pele durante toda a cirurgia, pois a incisão é direcionada para a medula espinal.

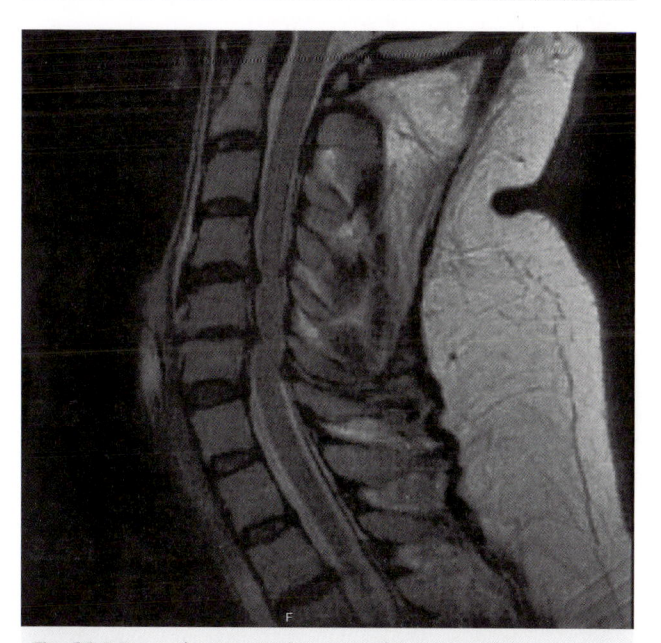

Fig. 28.9 Ressonância magnética sagital pré-operatória mostrando hérnias discais C4-C5 e C5-C6 com estenose cervical.

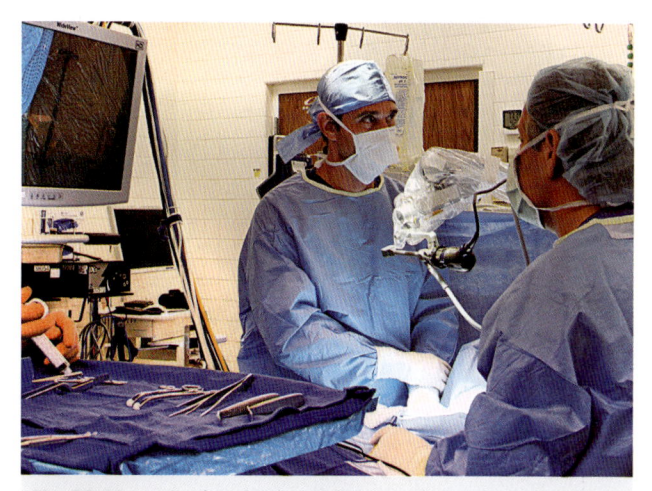

Fig. 28.10 Incisão da pele planejada na cartilagem tireoide para um C4-6 ACDF.

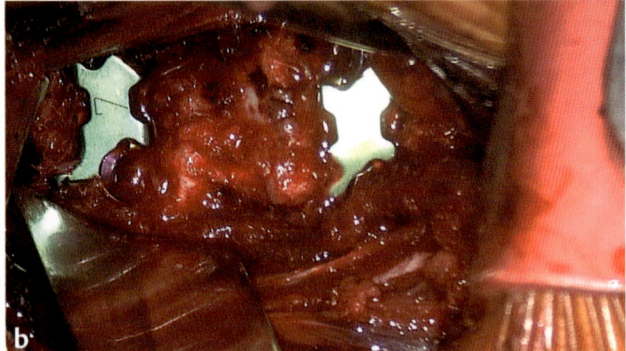

Fig. 28.12 (**a**) Visão VITOM da colocação do gabarito de implante sem reposicionamento. (**b**) Visão VITOM dos implantes finais com parafusos em ambos os níveis.

O VITOM proporciona um campo de visão maior e uma longa distância de trabalho e permite a colocação de instrumentação espinhal tradicional.

As questões de inversão lateral de imagem são evitadas por causa da capacidade de rotação da cabeça da câmera HD em 360°, com a imagem VITOM capaz de ser ajustada para corresponder de forma idêntica a posição do cirurgião em relação à anatomia.

Os residentes e a equipe da sala de cirurgia aprovaram entusiasticamente a qualidade de imagem HD nos monitores, o que beneficiou sua capacidade de observar as nuances da anatomia microcirúrgica na coluna.

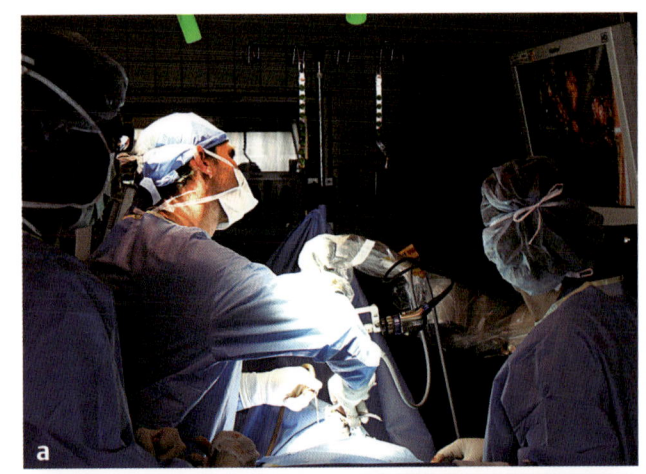

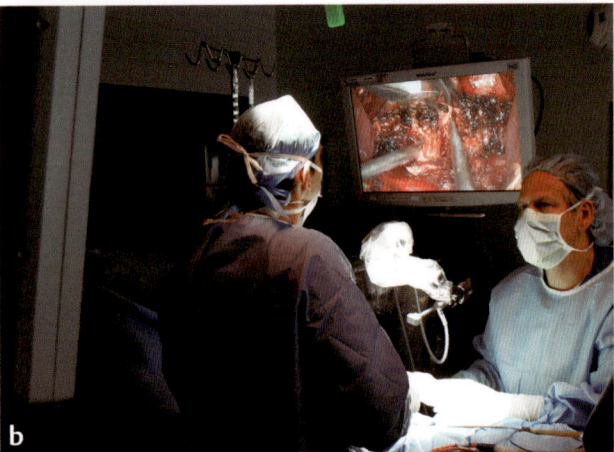

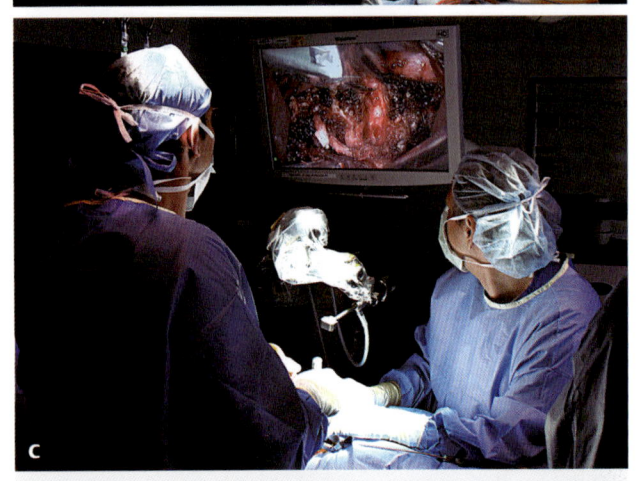

Fig. 28.11 (**a**) Visão VITOM do corador de Kerrison removendo o disco. (**b**) Removendo o fragmento de disco. (**c**) Após a remoção do disco e do ligamento, a dura pulsante subjacente pode ser visualizada.

Referências

1. Birch K, Drazin D, Black KL, Williams J, Berci G, Mamelak AN. Clinical experience with a high definition exoscope system for surgery of pineal region lesions. *J Clin Neurosci* 2014;21(7):1245–1249
2. Shirzadi A, Mukherjee D, Drazin DG, et al. Use of the video telescope operating monitor (VITOM) as an alternative to the operating microscope in spine surgery. *Spine* 2012;37(24):E1517–E1523
3. Mamelak AN, Drazin D, Shirzadi A, Black KL, Berci G. Infratentorial supracerebellar resection of a pineal tumor using a high definition video exoscope (VITOM). *J Clin Neurosci* 2012;19(2):306–309

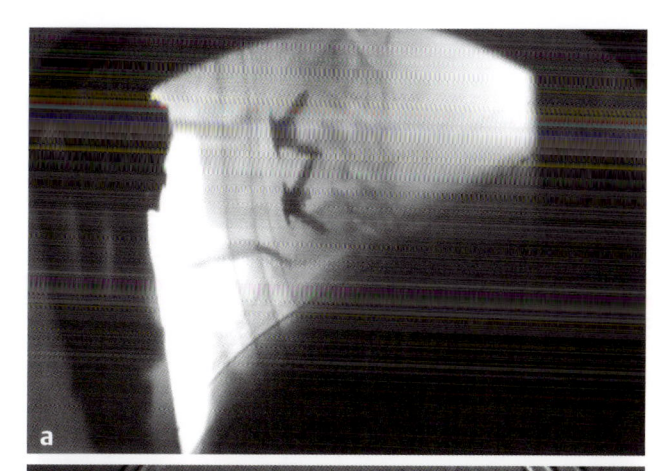

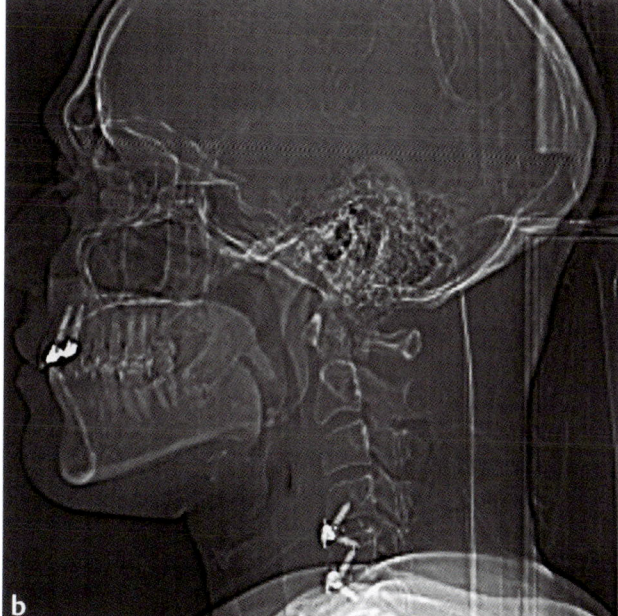

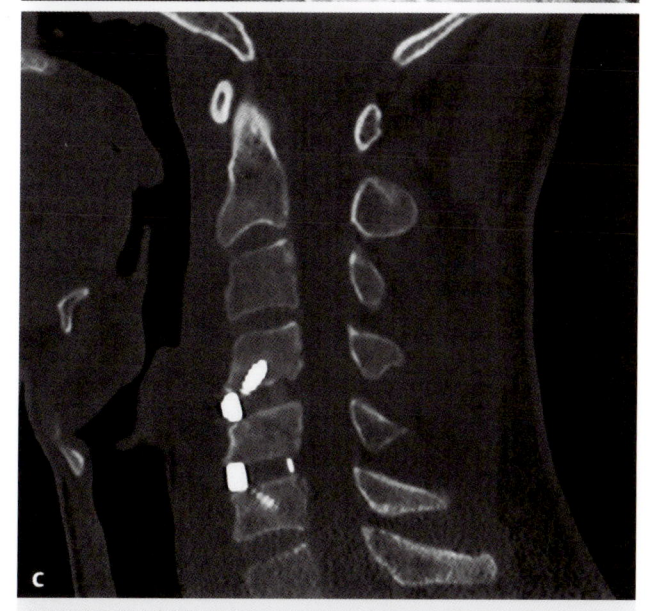

Fig. 28.13 (**a**) Radiografia no intraoperatório, (**b**) filme de escotismo pós-operatório e (**c**) CT mostrando boa posição do C4-C6 ACDF.

29 Anatomia Aplicada e Abordagens Percutâneas da Coluna Torácica

Gun Choi ▪ Alfonso Garcia ▪ Ketan Deshpande ▪ Akarawit Asawasaksakul

29.1 História

Hans Christian Jacobaeus, professor de medicina interna em Estocolmo, Suécia, é considerado o primeiro médico a realizar uma toracoscopia, em 1910. O procedimento inovador era uma técnica idealizada para a lise de aderências pleurais de tuberculose.[1] Em 1990, começou a nova era da toracoscopia, com a introdução do vídeo no procedimento padrão. Mack *et al.*, em 1993, e Rosenthal *et al.*, em 1994, foram os primeiros a relatar a técnica de cirurgia torácica videoassistida (VATS).[2,3] Hérnias de disco torácicas eram tratadas, primeiro, por procedimentos toracoscópicos na coluna.

Em mais uma tentativa de reduzir o trauma tecidual e melhorar o resultado pós-operatório, foi desenvolvida a discectomia endoscópica percutânea torácica (PETD), a fim de tratar discos torácicos herniados a partir de uma abordagem posterior ou posterolateral direta. Jho descreveu a técnica da discectomia torácica transpedicular endoscópica, com endoscópios de 4 mm 0 e 70°, necessitando de incisões relativamente pequenas, de 1,5 a 2,0 cm e dissecção mínima de tecido. A técnica eliminava a necessidade de separar as incisões de pele na parede torácica para drenagem pós-operatória, como utilizado em abordagens toracoscópicas.[4] Além disso, Chiu *et al.* demonstraram a segurança e eficácia da discectomia torácica endoscópica posterolateral seguida de aplicação de *laser* não ablativo de baixa energia, para termodiscoplastia, usando endoscópio de 4 mm e 0°.[5] Para tratamento de hérnias de disco torácicas, a PETD tem sido descrita, atualmente, como um procedimento seguro, com resultados semelhantes ou melhores do que aqueles vistos com os procedimentos clássicos.

29.2 Introdução

Em termos de seleção de paciente, técnica cirúrgica e complicações potenciais, as hérnias de disco torácicas representam um desafio peculiar para o cirurgião de coluna. Hérnias de disco sintomáticas são condições relativamente raras, representando menos de 1% de todas as herniações.[6,7] Aumento de rigidez da caixa torácica, que diminui a extensão, a rotação e a flexão da coluna vertebral, comparada às regiões cervical e lombar, é provavelmente a principal causa da baixa incidência de hérnias de disco sintomáticas (**Fig. 29.1**, **Fig. 29.2**, **Fig. 29.3**).[7,8,9]

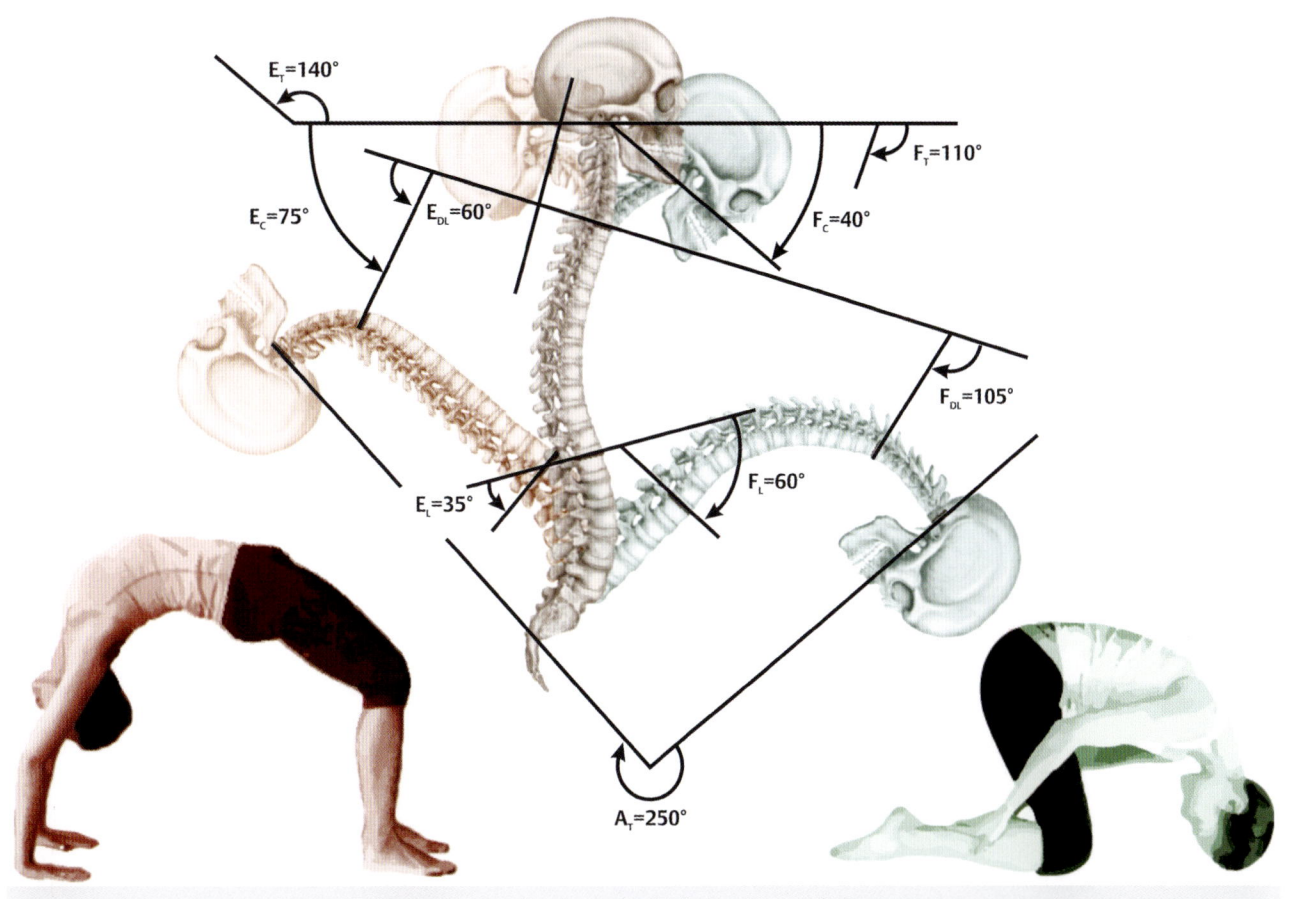

Fig. 29.1 Diagrama mostrando a gama de movimentos da coluna vertebral, com foco na flexão torácica e extensão dos movimentos. Flexão = F_{DL} 105°, Extensão = E_{DL} 60°. (Utilizada com permissão de Kapanji Al. *The Physiology of the Joints: The Spinal Column, Pelvic Girdle and Head*, 6th ed, 2011.)

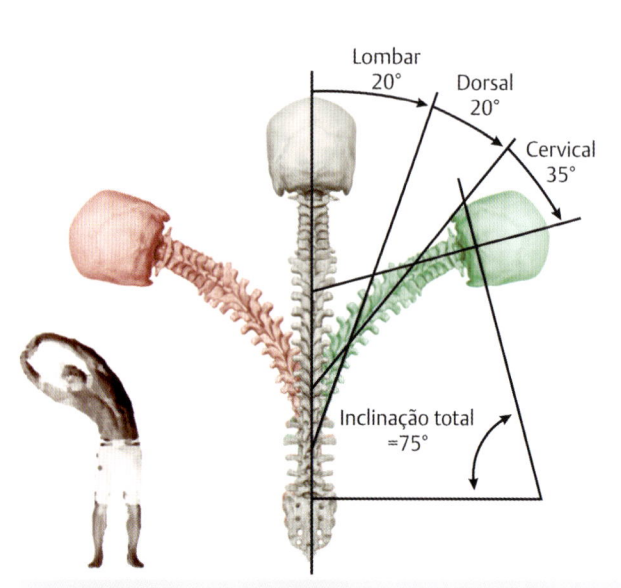

Fig. 29.2 Flexão lateral global da coluna e a gama de movimentos vivenciada nesta ação por cada segmento. A coluna torácica ou dorsal apresenta flexão lateral = dorsal de 20° em cada lado. (Utilizada com permissão de Kapanji Al. *The Physiology of the Joints: The Spinal Column, Pelvic Girdle and Head*, 6th ed, 2011.)

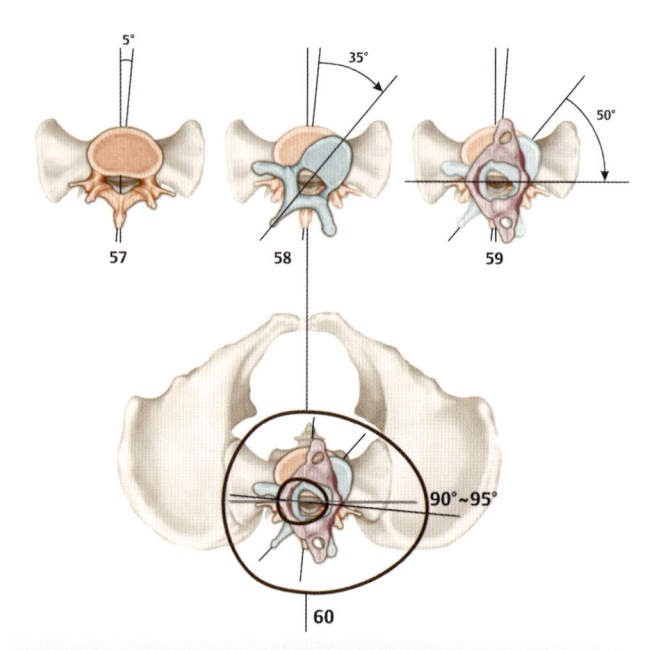

Fig. 29.3 Rotação axial de cada segmento da coluna. Na coluna torácica, o movimento total é de 35°, como mostrado. (Utilizada com permissão de Kapanji Al. *The Physiology of the Joints: The Spinal Column, Pelvic Girdle and Head*, 6th ed, 2011.)

Hérnias de disco torácicas são frequentemente uma ocorrência delicada, apresentando-se clinicamente com paraparesia aguda ou até paraplegia. Consultas à bibliografia indicam que a apresentação dos pacientes é extremamente variável. As hérnias de disco torácicas têm emulado as doenças sistêmicas cardíacas, renais e ortopédicas.[10,11] A claudicação neurogênica é mais comumente atribuída à estenose lombar, embora alguns a tenham relatado como resultado de hérnias de disco torácicas.[12,13]

Alguns pacientes com hérnia de disco torácica podem requerer cirurgia, apresentando-se com variedade de sintomas. Em comparação, uma ampla variedade de abordagens cirúrgicas tem sido desenvolvida para tratar de hérnias de disco torácicas. Entre elas, abordagens posterior, posterolateral e lateral; abordagens transtorácica e toracoscópica.[14,15,16] A dificuldade encontrada por cirurgiões de coluna ao tratar esses pacientes é mostrada claramente pela discrepância entre a pequena porcentagem de pacientes vistos com a doença e o grande número de técnicas cirúrgicas desenvolvidas. Hérnias de disco na região torácica representam uma patologia desafiadora, já que, apesar de o canal espinhal torácico ser o mais estreito em toda a coluna vertebral, o suprimento de sangue da medula espinal torácica é precário, com a abordagem à região sendo mais difícil (**Fig. 29.4**).[17,18] As diversas abordagens a hérnias torácicas mostram vantagens e desvantagens.

As abordagens anterior e lateral fornecem ao cirurgião o maior acesso ao disco intervertebral e ao corpo vertebral; contudo, estas abordagens também colocam os pulmões, coração e grandes vasos em risco. Apesar de a abordagem posterior ser inerentemente mais segura, está relacionada com a expressiva perda de sangue, dor paraespinal e instabilidade potencial.[17,19,20]

A PETD é realizada como uma alternativa à clássica discectomia aberta, com resultados comparáveis, e em alguns casos até melhores. É executada normalmente sob anestesia local, com dor pós-operatória muito baixa, com as estruturas paraespinal e torácica normais, preservadas; podendo ser reduzi-

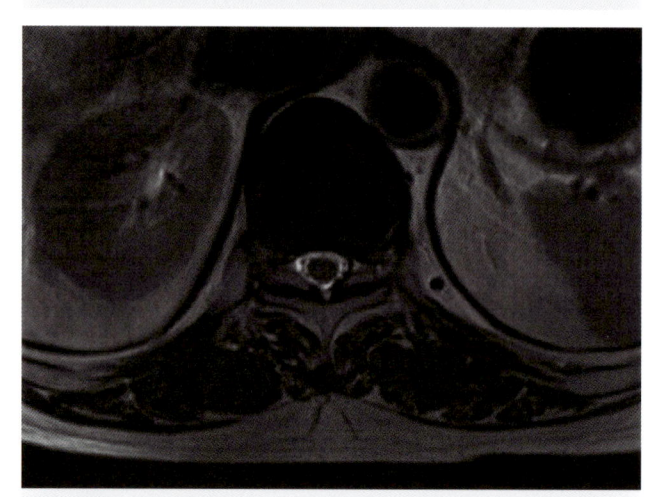

Fig. 29.4 A região torácica apresenta muito pouco espaço para acomodar um núcleo pulposo herniado, que exerce pressão sobre o saco tecal, ao passo que a descompressão pode levar a dano neural.

do o risco de formação de cicatriz epidural pós-operatória e instabilidade. Entretanto, a curva de aprendizado da PETD é íngreme; por isso, o cirurgião deve estar habituado à cirurgia endoscópica lombar, antes que decida realizar PETDs.

Além disso, apesar da baixa taxa de complicações, podem ocorrer problemas menores, como herniotomia ou descompressão incompletas; complicações maiores, como lesões neurovascular, pulmonar, na medula espinal e/ou espondilodiscite. Por estas razões, uma nova abordagem para hérnias de disco torácicas precisa ser desenvolvida.

A PETD permite ao cirurgião de coluna uma abordagem posterior minimamente invasiva no tratamento de hérnias de disco torácicas, resultando em perda mínima de sangue, dispensa no mesmo dia, dor pós-operatória baixíssima e curto tempo de recuperação.

29.3 Considerações Anatômicas

Um conhecimento minucioso da anatomia espinhal é crucial para avaliação e tratamento abrangentes do paciente com hérnias de disco torácicas. Diversos aspectos da anatomia da coluna torácica devem ser levados em consideração antes de se decidir realizar uma discectomia endoscópica:

- O tamanho das vértebras torácicas aumenta à medida que se desce a coluna vertebral.
- A coluna torácica é mecanicamente mais rígida do que o restante da coluna, por causa de sua íntima relação com as costelas.
- O canal da coluna torácica tem menos espaço para a medula espinal do que as regiões cervical e lombar.
- O forame é grande e oval no sentido cefálico-caudal, semelhante ao da coluna lombar superior.
- O componente intramural do nível torácico difere daquele do nível lombar, tendo muitas radículas e menos tampões (*buffer*), tornando-o mais suscetível a lesões na raiz nervosa ou a lágrimas durais por calor de *laser* (**Fig. 29.5**, **Fig. 29.6**, **Fig. 29.7**, **Fig. 29.8**).

29.4 Objetivos

- Excisão de um fragmento de hérnia torácica.
- Preservação de elementos posteriores da coluna torácica.
- Evitar complicações associadas à morbidade maior de abordagem anterior, como dor torácica posterior, efusão pleural, pneumotórax e síndrome de Horner.
- Opção cirúrgica minimamente invasiva para hérnias de disco torácicas.
- Cirurgia sob anestesia local, tornando-a um procedimento ambulatorial.

29.5 Vantagens

- A PETD é um procedimento minimamente invasivo, com anestesia local e sedação consciente.
- Pode evitar complicações associadas à cirurgia aberta.
- Preserva a anatomia normal.
- Mostra satisfatório resultado estético proveniente do pequeno tamanho da incisão.

29.6 Seleção de Pacientes

- Como em qualquer procedimento cirúrgico, a seleção de pacientes é muito importante.
- Um rigoroso exame físico com atenção aos défices sensoriais nas regiões torácicas anterior e posterior pode conduzir ao diagnóstico correto.
- Um histórico detalhado deve ser formulado, com o intuito de elucidar qualquer registro de trauma, infecção recente ou sugestão de malignidade.
- O clínico deve confrontar o histórico do paciente com o exame físico e os achados radiológicos.

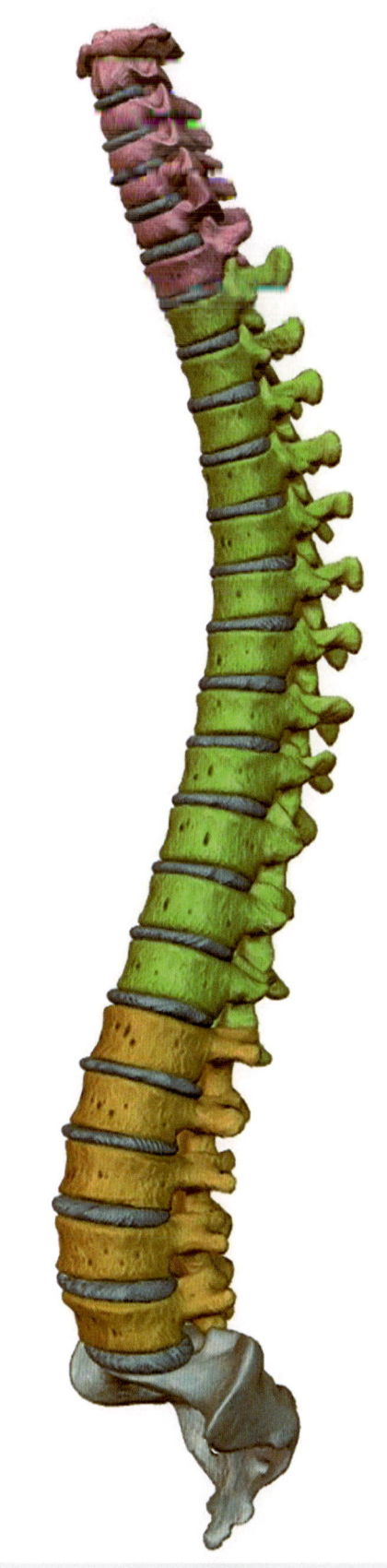

Fig. 29.5 O segmento espinhal torácico é mostrado em verde. É a parte mais rígida da coluna por causa da sua íntima relação com a caixa torácica, que favorece estabilização adicional.

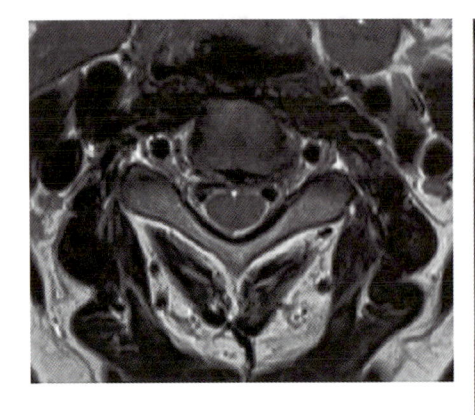

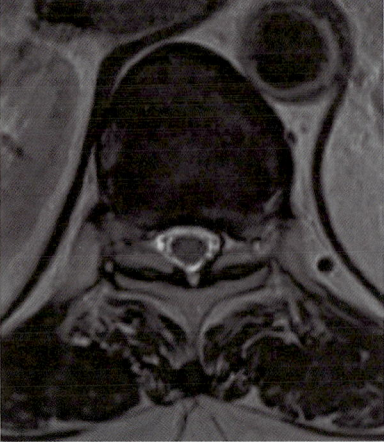

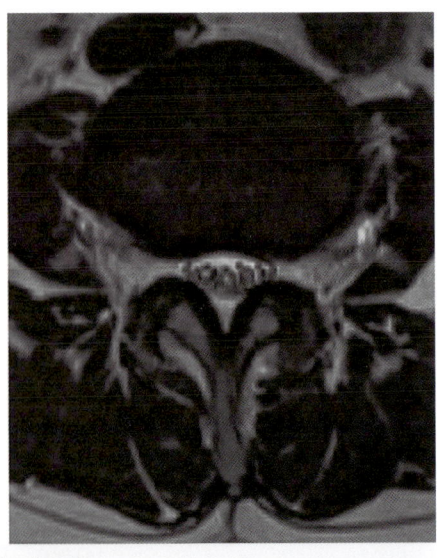

Fig. 29.6 O canal torácico apresenta menos espaço livre do que o canal cervical e segmentos lombares.

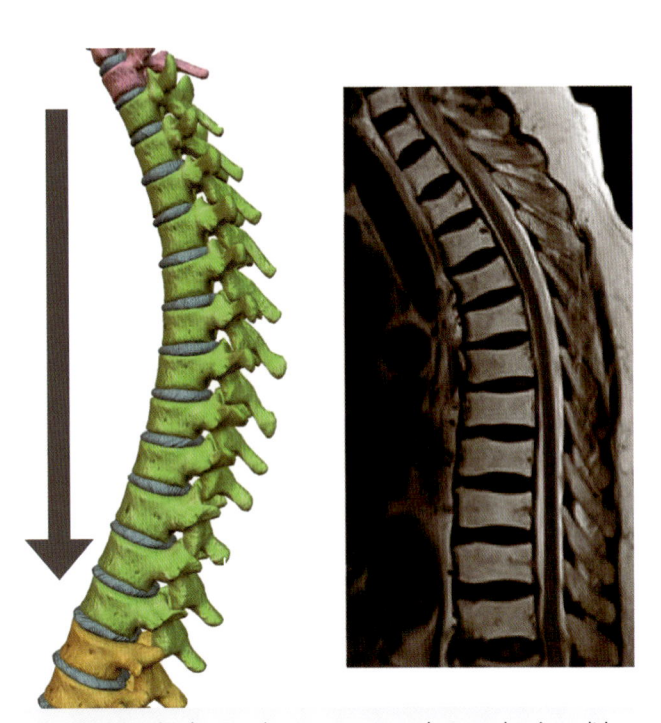

Fig. 29.7 As vértebras torácicas aumentam de tamanho, à medida que descemos a coluna vertebral.

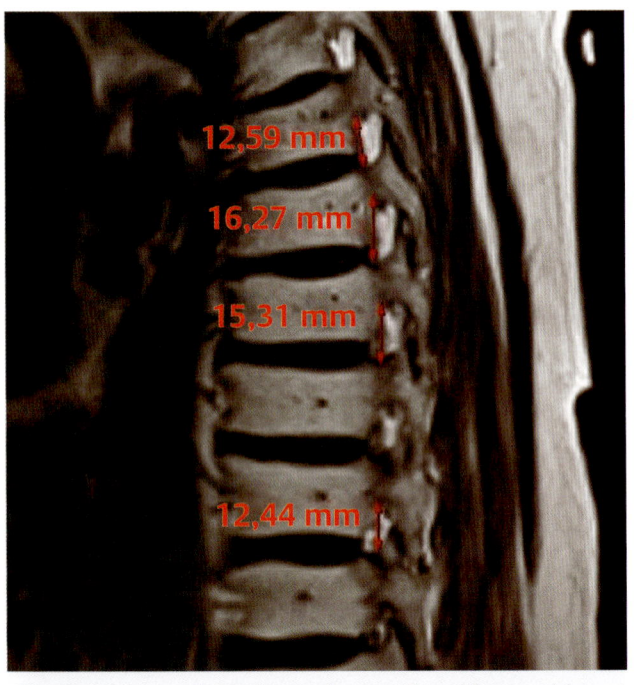

Fig. 29.8 O forame é grande e oval no sentido cefálico-caudal, semelhante ao da coluna lombar superior.

29.7 Indicações

As indicações para PETD incluem:
- Hérnia de disco torácica aguda (sem calcificação) comprovada por CT ou MRI (**Fig. 29.9**).
- Nível confirmado por achados clínicos e radiológicos e com auxílio de seleção dos bloqueios de raízes nervosas.
- Dor axial e/ou dor radicular, inclusive dor interescapular, dor toracolombar; dor no peito, anterior radiante; dor intercostal ou dor nas costas.
- Grau ameno de mielopatia decorrente da hérnia de disco mole sem calcificação.
- Insucesso de terapia conservadora adequada.[21]

29.8 Contraindicações

As contraindicações à PETD incluem:
- Disco intervertebral calcificado ou duro.
- Ossificação torácica do ligamento longitudinal posterior.
- Evidência de doença degenerativa progressiva aguda da medula espinal.
- Redução grave do espaço discal.
- Compressão grave da medula.

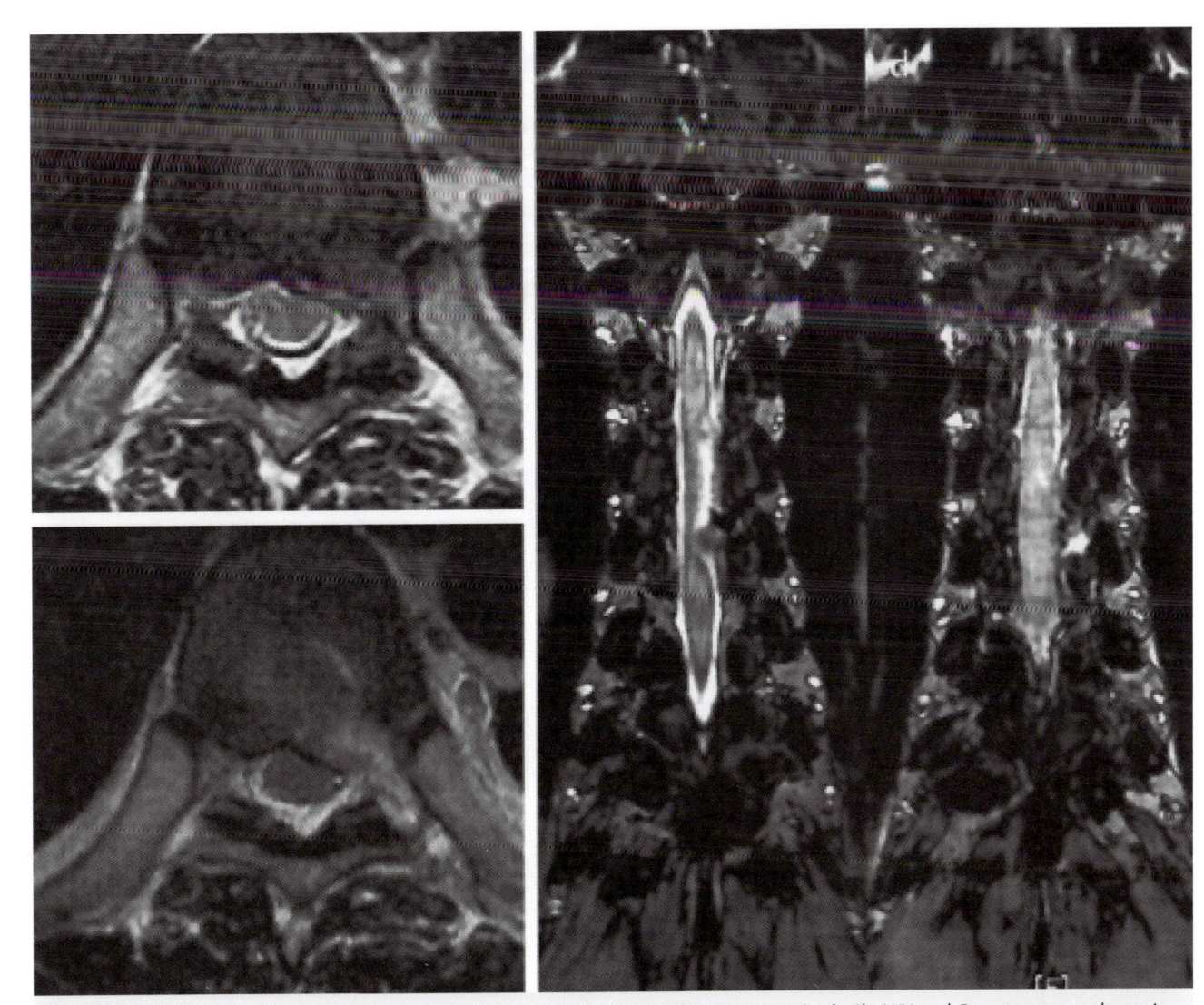

Fig. 29.9 Hérnia de disco torácico mole, em MRI pré e pós-operatória. (Utilizada com permissão de Choi KY *et al.* Percutaneous endoscopic thoracic diskectomy: transforaminal approach. *Minim Invas Neurosurg* 2010;53:25-28.)

Referências

1. Fessler RG, O'Toole JE, Eichholz KM, Perez-Cruet MJ. The development of minimally invasive spine surgery. *Neurosurg Clin N Am* 2006;*17*(4):401–409
2. Mack MJ, Regan JJ, Bobechko WP, Acuff TE. Application of thoracoscopy for diseases of the spine. *Ann Thorac Surg* 1993;*56*(3):736–738
3. Rosenthal D, Rosenthal R, de Simone A. Removal of a protruded thoracic disc using microsurgical endoscopy. A new technique. *Spine* 1994;*19*(9):1087–1091
4. Jho HD. Endoscopic microscopic transpedicular thoracic discectomy. Technical note. *J Neurosurg* 1997;*87*(1):125–129
5. Chiu JC, Negron F, Clifford T, Greenspan M, Princethal RA. Microdecompressive percutaneous discectomy: spinal discectomy with new laser thermodiskoplasty for non-extruded herniated nucleosus pulposus. *Surg Technol Int* 2000;*8*:343–351
6. Lee HY, Lee S, Kim D, et al. Percutaneous endoscopic thoracic discectomy: posterolateral transforaminal approach. *J Korean Neurosurg Soc* 2006;*40*(1):58–62
7. Eichholz KM, O'Toole JE, Fessler RG. Thoracic microendoscopic discectomy. *Neurosurg Clin N Am* 2006;*17*(4):441–446
8. Adams MA, Hutton WC. Prolapsed intervertebral disc. A hyperflexion injury 1981 Volvo Award in Basic Science. *Spine* 1982;*7*(3):184–191
9. White AA, Panjabi MM. *Clinical Biomechanics of the Spine*. Philadelphia, PA: JB Lippincott; 1990
10. Eleraky MA, Apostolides PJ, Dickman CA, Sonntag VK. Herniated thoracic discs mimic cardiac disease: three case reports. *Acta Neurochir (Wien)* 1998;*140*(7):643–646
11. Georges C, Toledano C, Zagdanski AM, et al. Thoracic disk herniation mimicking renal crisis. *Eur J Intern Med* 2004;*15*(1):59–61
12. Hufnagel A, Zierski J, Agnoli L, Schütz HJ. [Spinal claudication caused by thoracic intervertebral disk displacement]. [In German.] *Nervenarzt* 1988;*59*(7):419–421
13. Morgenlander JC, Massey EW. Neurogenic claudication with positionally dependent weakness from a thoracic disk herniation. *Neurology* 1989;*39*(8):1133–1134
14. Isaacs RE, Podichetty VK, Sandhu FA, et al. Thoracic microendoscopic discectomy: a human cadaver study. *Spine* 2005;*30*(10):1226–1231
15. Le Roux PD, Haglund MM, Harris AB. Thoracic disc disease: experience with the transpedicular approach in twenty consecutive patients. *Neurosurgery* 1993;*33*(1):58–66
16. Perez-Cruet MJ, Kim BS, Sandhu F, Samartzis D, Fessler RG. Thoracic microendoscopic discectomy. *J Neurosurg Spine* 2004;*1*(1):58–63
17. Fessler RG, Sturgill M. Review: complications of surgery for thoracic disc disease. *Surg Neurol* 1998;*49*(6):609–618
18. Pait TG, Elias AJ, Tribell R. Thoracic, lumbar, and sacral spine anatomy for endoscopic surgery. *Neurosurgery* 2002;*51*(5, Suppl):S67–S78
19. el-Kalliny M, Tew JM Jr, van Loveren H, Dunsker S. Surgical approaches to thoracic disc herniations. *Acta Neurochir (Wien)* 1991;*111*(1-2):22–32
20. Lee SH, Lim SR, Lee HY, et al. Thoracoscopic discectomy of the herniated thoracic discs. *J Korean Neurosurg Soc* 2000;*29*(12):1577–1583
21. Choi KY, Eun SS, Lee SH, Lee HY. Percutaneous endoscopic thoracic discectomy; transforaminal approach. *Minim Invasive Neurosurg* 2010;*53*(1):25–28

30 Técnicas Cirúrgicas na Discectomia Endoscópica Percutânea Torácica

Gun Choi ▪ Akarawit Asawasaksakul ▪ Alfonso Garcia

30.1 Introdução

Na era anterior à MRI, hérnia de disco torácica sintomática era uma condição rara na coluna vertebral, representando 1% de todas as herniações discais.[1,2] Na era da MRI, a herniação discal pode ser detectada muito mais facilmente do que no passado, porém, o tratamento é muito difícil, visto que uma abordagem transtorácica ou extrapleural pode ser necessária.

Recentemente, com o desenvolvimento dos métodos endoscópicos para a coluna vertebral, a discectomia torácica tornou-se possível por via endoscópica percutânea,[3] contudo, o procedimento é tecnicamente dificultoso. Dois métodos estão atualmente disponíveis:

1. Discectomia endoscópica percutânea torácica (PETD).
2. Anuloplastia endoscópica percutânea torácica usando orientação da CT em tempo real com endoscopia de coluna assistida por *laser* (PETA com *LASER*).

Este capítulo concentra-se na PETD (**Vídeo 30.1**).

30.2 Indicações para PETD

- Hérnias de disco torácicas moles, paramedianas ou foraminais.
- Em nível torácico superior, protrusão discal difusa.
- Dor não responsiva a tratamento conservador.

30.3 Contraindicações à PETD

- Disco calcificado.
- Ossificação do ligamento longitudinal posterior (OPLL).
- Hérnia de disco central.
- Grande compressão ou déficit neurológico.
- Vasculatura anormal.

30.4 Instrumentos Especiais e Planejamento Pré-Operatório

A configuração da sala de cirurgia e instrumentação necessária à PETD são mostradas na **Fig. 30.1** e **Fig. 30.2**. CT e MRI são obrigatórias no planejamento pré-operatório, não apenas para determinar se o paciente é um candidato a procedimento torácico percutâneo, mas também, a fim de planejar a trajetória da agulha. MRI ou CT axial são utilizadas para calcular o ponto de inserção da agulha (**Fig. 30.3**).

30.5 Posição e Anestesia

- O paciente é colocado em decúbito ventral sobre uma mesa de cirurgia radiolúcida, com o lado afetado voltado para o cirurgião. Os braços do paciente são posicionados acima da cabeça.
- Anestesia local usando 1% de lidocaína, junto à sedação consciente com propofol e fentanil, permite contínuo *feedback* do paciente durante todo o procedimento a fim de evitar danos às estruturas neurais.

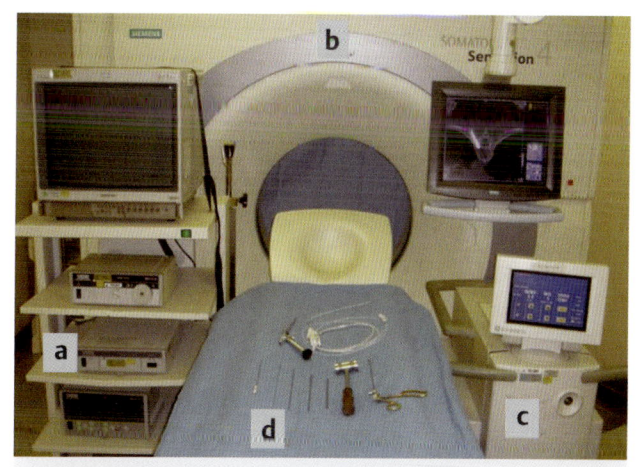

Fig. 30.1 (a) Conjunto endoscópico, (b) CT *scanner*, (c) *Laser* Ho:Yag, (d) Endoscópio (KESS, Richard Wolf Medical Instruments Corporation, Vernon Hills, IL), dilatadores e pinças.

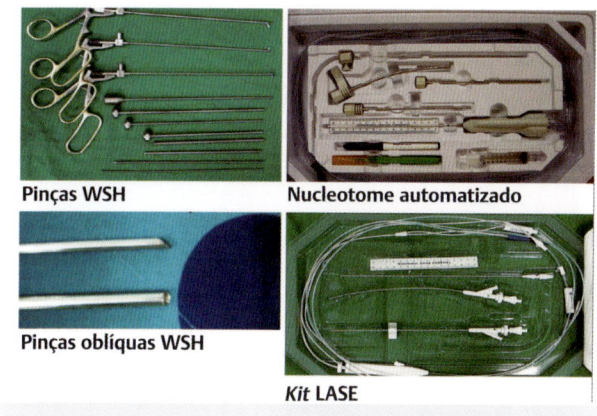

Fig. 30.2 Instrumentos necessários para a realização de discectomia torácica endoscópica percutânea. Necessário explicar detalhes de cada instrumento.

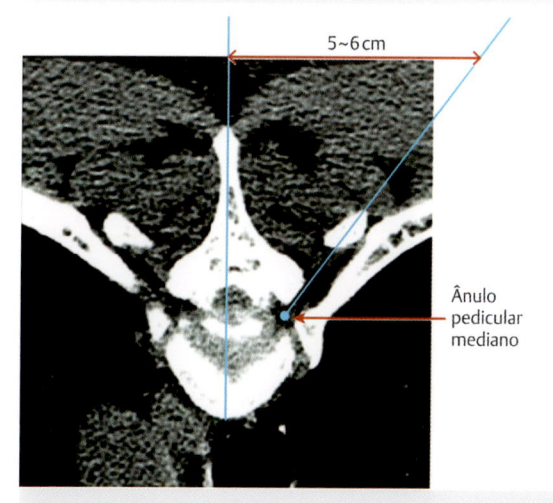

Fig. 30.3 Medições realizadas com CT axial para determinar o ponto de entrada na pele.

- Nível e marcação de reparos anatômicos são feitos por imagem de arco cirúrgico. As coordenadas laterais do ponto de entrada da agulha são determinadas por extrapolação de uma linha média do ânulo peduncular à margem lateral da faceta, estendendo-se à superfície da pele.

30.6 Técnica de Inserção da Agulha

- O posicionamento cirúrgico deve ser localizado com precisão, usando-se fluoroscopias lateral e anteroposterior (AP), determinando o nível a partir do sacro ou C1.
- O procedimento exige monitoramento contínuo ou intermitente de CT. A tomografia computadorizada é mais precisa, porém, não necessária.
- Marcadores anatômicos de discos lombares não podem ser utilizados, já que os discos torácicos são mais côncavos. Por causa da concavidade, as hérnias torácicas só podem ser alcançadas por região foraminal.
- O ponto de entrada da agulha é determinado com base em uma linha imaginária projetada até a pele partindo da área-a-alvo (entre a costela e a faceta). Normalmente, é o ponto calculado com CT axial ou MRI, lateral 5 a 6 cm em relação à linha média.
- A direção da agulha deve ser paralela à placa vertebral terminal no nível correspondente.
- A rota mais segura para passar a agulha até o disco torácico é entre a cabeça da costela e a faceta torácica (**Fig. 30.4**).
- Uma abordagem mais lateral é necessária para pacientes maiores a fim de reduzir manipulação da medula espinal durante a remoção do disco.
- Sempre manter a agulha posterior à cabeça da costela, por causa da localização da pleura, anterior às costelas (**Fig. 30.5**).
- A ponta da agulha avança até o forame, tocando a superfície anular externa. Neste ponto, a infiltração perianular de lidocaína, 1 a 5 mL de 1%, é injetada para mitigar a dor causada pela inserção da agulha, seguindo, então, o avanço (**Fig. 30.6**).
- Neste estágio, é realizada uma discografia como teste provocativo e para corar os fragmentos herniados.

30.7 Discografia

- O estilete é retirado, a discografia é realizada com injeção de 2 a 3 mL de uma mistura de corante radiopaco índigo-carmim e salino normal misturado à razão de 2:1:2 (**Fig. 30.7**).
- A mistura injetada normalmente vaza e tende a seguir a trilha da hérnia sequestrada pela lágrima no ânulo.
- Sendo o índigo-carmim uma base, tinge seletivamente os núcleos pulposos degenerados ácidos, auxiliando a identificação do disco herniado durante a endoscopia.
- A agulha espinal, agora, avança até o centro do espaço discal.

30.8 Obturador e Posicionamento do Canal de Trabalho

- Um fio-guia de ponta arredondada de 0,8 mm é passado pela agulha já inserida, e a agulha é retirada.
- Uma incisão cutânea ~ 5 mm de comprimento é feita.
- O trato subcutâneo é desenvolvido pela passagem de dilatadores seriados de tamanho crescente, de 1 a 5 mm. É aconselhável um leve movimento de torção.
- Após a retirada dos dilatadores, um obturador cônico, arredondado, é passado pelo fio-guia com um leve movimento de torção, sob um intensificador de imagem, sendo dirigido até a margem lateral da faceta (**Fig. 30.8**).
- O acesso é dilatado mais adiante para acomodar a cânula até que a abertura biselada seja medial e inferiormente confrontada; com a ponta da cânula comprimindo o ânulo lateral à linha peduncular mediana, depois disso, passa-se o canal endoscópico (**Fig. 30.9**).

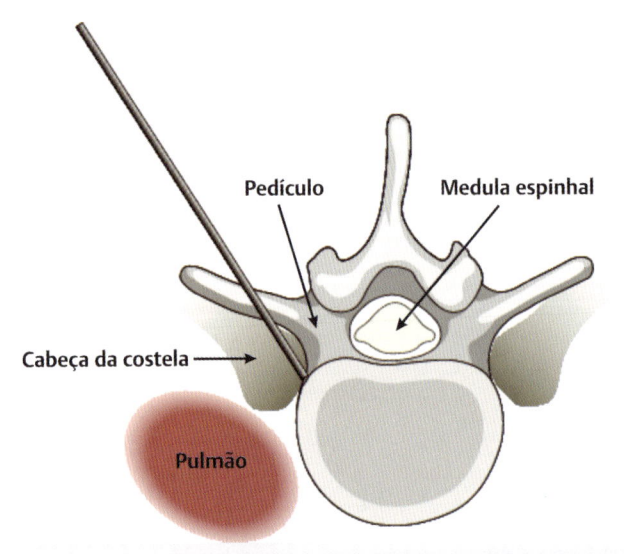

Fig. 30.4 Trajetória da agulha entre a cabeça da costela e a junta da faceta.

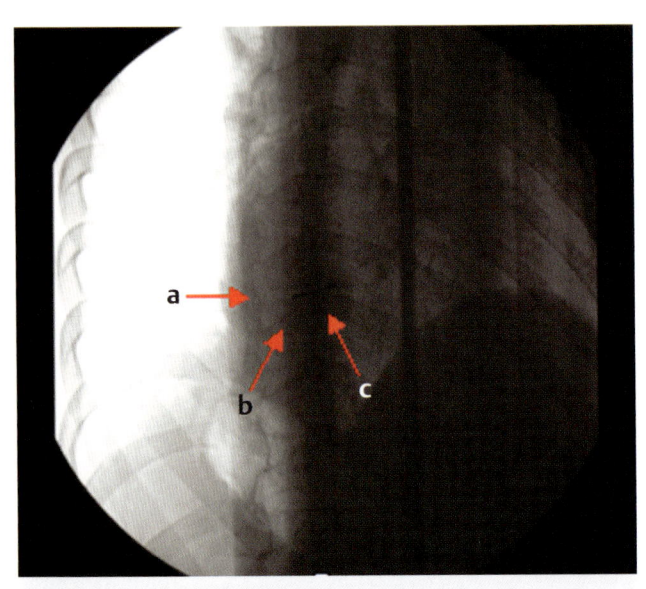

Fig. 30.5 Incidência oblíqua de arco cirúrgico. Observe a agulha (**a**) dentro do espaço discal desejado, (**b**) entre os pedículos e (**c**) posterior à cabeça da costela.

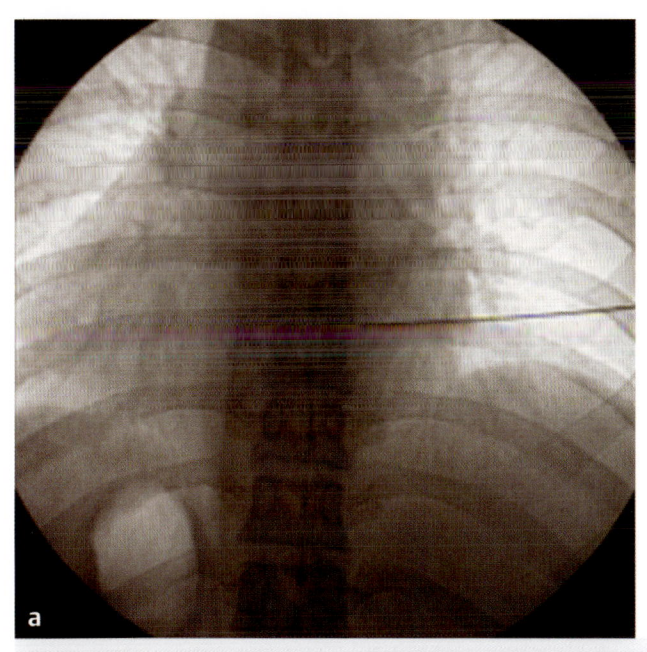

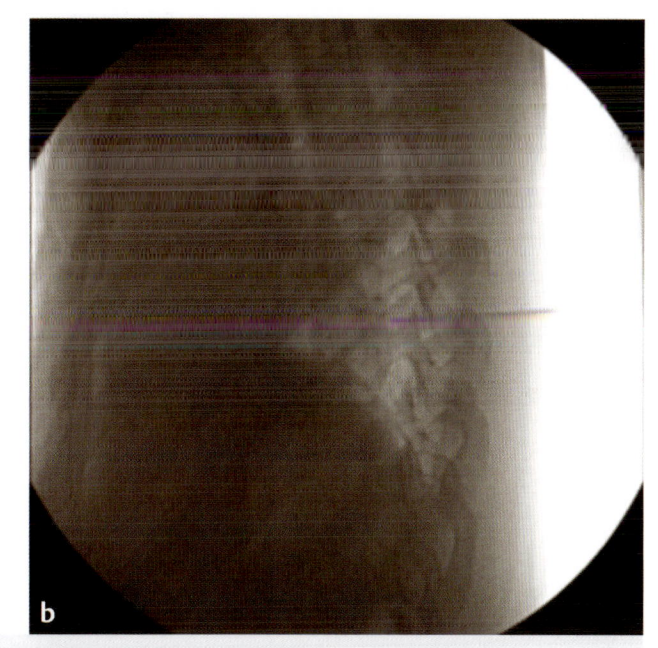

Fig. 30.6 (a) Incidência anteroposterior (AP) de arco cirúrgico mostrando a ponta da agulha posicionada no ânulo externo; (b) incidência lateral mostrando a ponta da agulha na linha vertebral posterior.

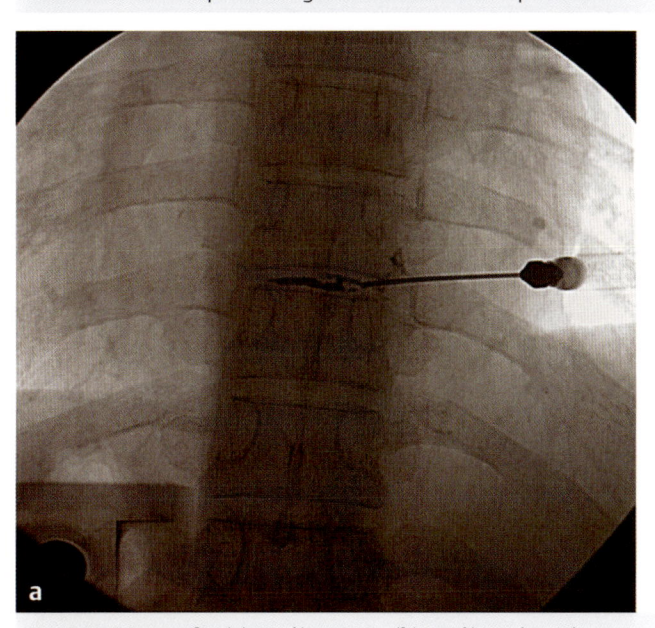

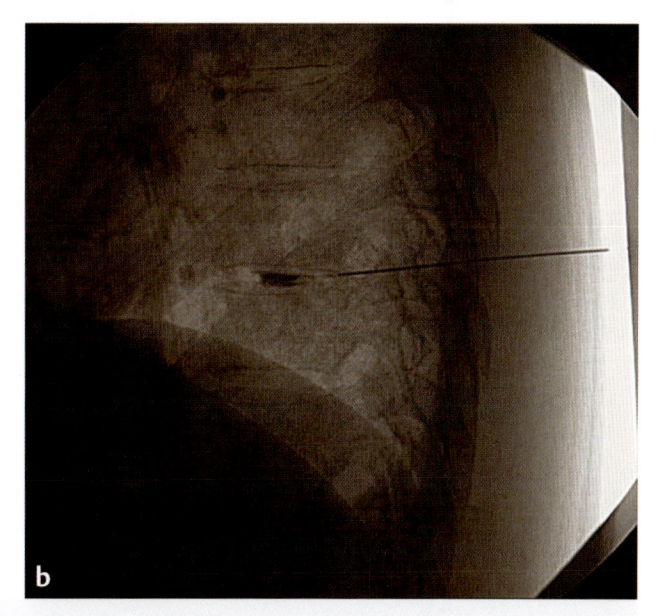

Fig. 30.7 Discografia: (a) incidência AP e (b) incidência lateral.

30.9 Procedimento Endoscópico

- É imperativo manter uma orientação adequada a fim de evitar entrada inadvertida no canal vertebral, com potencial dano à medula espinal ou raiz nervosa emergente.
- Uma vez colocado o endoscópio, músculos e tecido mole cobrindo o campo são removidos com uma sonda bipolar de radiofrequência ou *laser*.
- A exposição deve incluir o processo transverso proximal e a faceta lateral. É essencial limitar a manipulação da medula espinal; portanto, a inserção da agulha e a colocação do dilatador são indispensáveis.
- Uma foraminoplastia pode ser necessária para inserção da cânula, nos níveis torácicos superiores.
- O aspecto lateral da faceta superior é removido mediante uso de broca endoscópica.
- Uma vez visualizado o espaço discal, realiza-se uma anulotomia (**Fig. 30.10**).
- Inicialmente, um espaço é criado na região subanular posterior com ablação do tecido discal por *laser* Ho:Yag (hólmio: ítrio-alumínio-granada) (configuração do *laser*: taxa de repetição 15-25 PPS, 15-25 W e 2000-5000 J).
- Após a descompressão inicial, a cânula é recuada levemente ou inclinada posteriormente para expor o espaço epidural foraminal (**Fig. 30.11**).

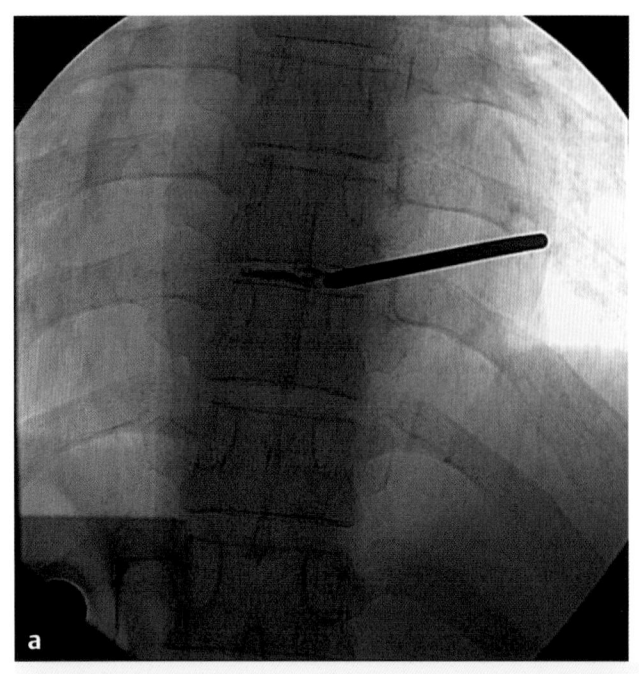

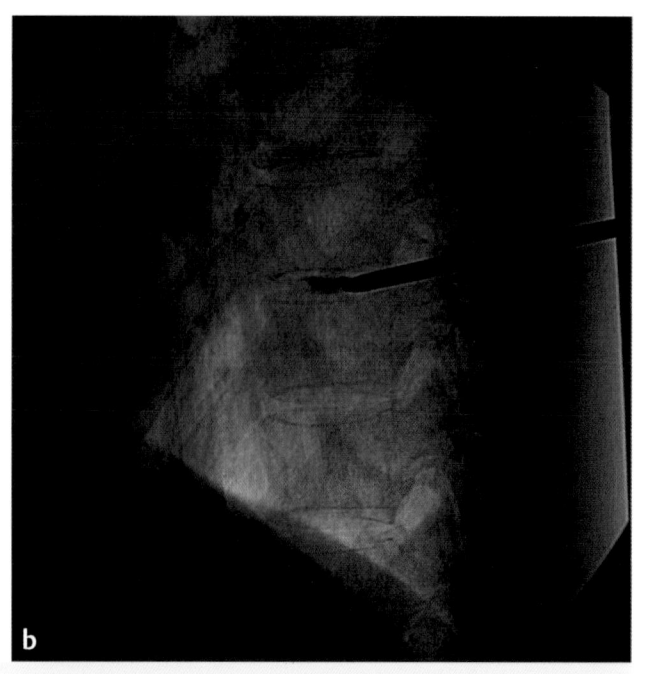

Fig. 30.8 (a,b) Passagem de um dilatador cônico arredondado dentro do espaço discal desejado sob orientação fluoroscópica.

- A porção extruída remanescente da herniação discal torácica pode ser removida por ablação a *laser*, com pinça pelo canal endoscópico, ou por nucleotomia automatizada.
- Com um leve movimento de torção da cânula, o fragmento herniado remanescente é trazido à vista e solto de suas aderências circundantes por uma sonda de *laser* Ho:Yag com disparo lateral.
- O fragmento pode também ser trazido ao campo de visão com auxílio de uma sonda rombuda.
- O fragmento pode ser removido normalmente pela preensão da cauda por pinça endoscópica, puxando-se suavemente.
- A acomodação da descompressão da raiz nervosa emergente pode ser verificada por inspeção visual do saco dural e pela ausência de fragmentos restantes em sua vizinhança.
- Após a remoção do disco herniado, o sítio cirúrgico é irrigado extensivamente, logrando-se cuidadosa hemostasia.

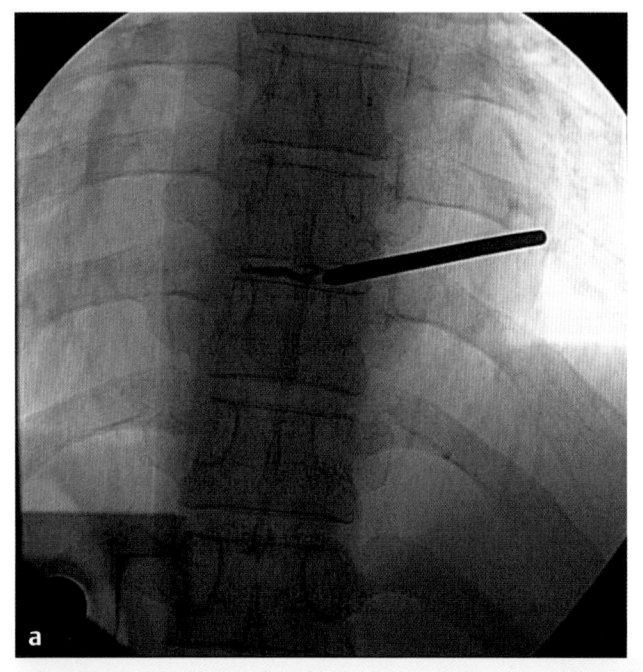

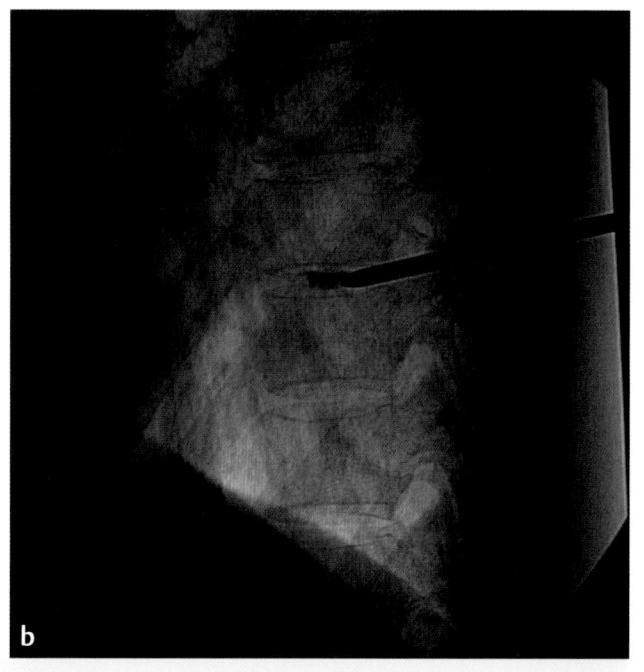

Fig. 30.9 Posicionamento final da cânula de trabalho: (**a**) incidência AP, cânula lateral em relação à linha mediopeduncular; (**b**) incidência lateral, linha vertebral posterior.

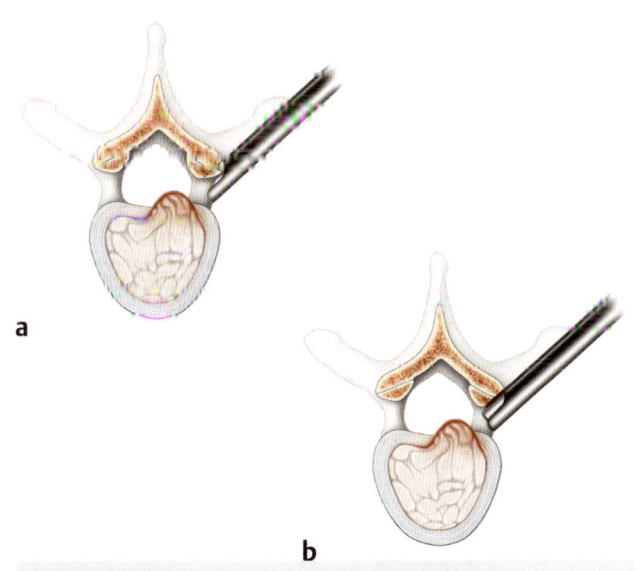

Fig. 30.10 (a,b) Posicionamento adequado da cânula para foraminotomia.

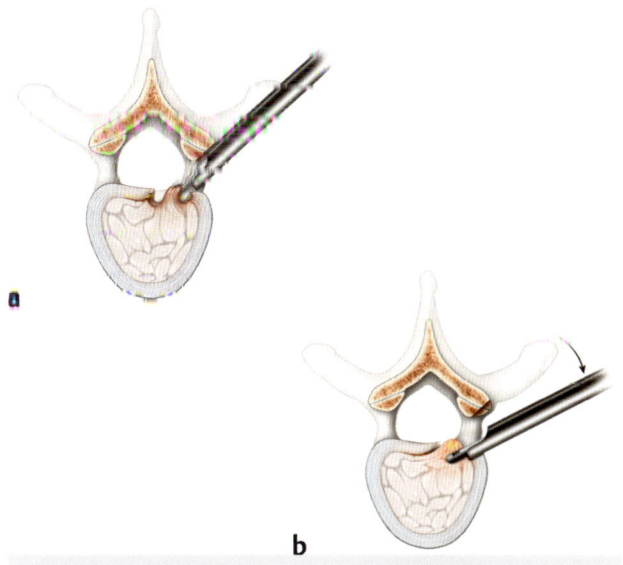

Fig. 30.11 Técnica "meio a meio" (meio intradiscal, meio epidural). Inicialmente, após uma descompressão subanular intradiscal, a cânula é recuada levemente (**a**) ou inclinada posteriormente (**b**) para expor a porção epidural do fragmento discal rompido.

- Por fim, um movimento de torção, suave, circular, é realizado a fim de retirar a cânula gradativamente.
- A incisão cutânea é fechada com uma única sutura de náilon, e compressas estéreis são aplicadas.

30.10 Sugestões de Especialistas
- Somente cirurgiões de coluna bem treinados em cirurgia torácica aberta, com familiaridade em procedimentos endoscópicos percutâneos na coluna, devem realizar PETD.
- Planejamento cirúrgico adequado e diagnóstico detalhado podem prevenir complicações.
- Antes de optar pela PETD, é recomendável ter familiaridade com procedimentos de discectomia endoscópica percutânea lombar.

30.11 Evitando Complicações
- O tratamento cirúrgico das herniações discais torácicas apresenta potenciais complicações avassaladoras.
- A medula espinal torácica, sobretudo a região superior, fica na área de bacias hidrográficas do suprimento vascular espinal, deixando-a propensa a complicações isquêmicas. Apesar de uma lesão na raiz nervosa torácica não apresentar a morbidade e o déficit neurológico das regiões cervical e lombar, danos à medula torácica, com seu tênue suprimento sanguíneo, podem tornar um paciente paraplégico.
- As formas discais e foraminais são diferentes na região torácica (mais côncavas do que na coluna lombar); portanto, há riscos de lesão ao tecido torácico em um descaso com as diferenças anatômicas.
- Deve-se manter a ponta da agulha entre a sombra da cabeça da costela e a sombra do pedúnculo, nas incidências anteroposterior e oblíqua, durante a inserção da agulha.

- A descompressão deve ser realizada primeiro, com a descompressão intradiscal seguida pela herniotomia intracanal após erguer a cânula.
- É essencial monitorar cuidadosamente a reação do paciente a fim de detectar qualquer possibilidade de danos neurais.
- Dor associada ao procedimento deve ser tratada com lidocaína a 1%, à medida que se mantém a reação neural.
- Uma abordagem guiada por CT é mais segura do que se usando somente a fluoroscopia.
- Somente herniações discais moles, confirmadas por bloco de raiz nervosa seletiva, devem ser submetidas a este procedimento.

30.12 Considerações Pós-Operatórias
- O paciente pode ser removido logo que encerrar o procedimento.
- O paciente pode ser dispensado no mesmo dia.
- Uma rotina de fisioterapia é recomendável, junto a três dias de tratamento com antibiótico oral.

Referências
1. Adams MA, Hutton WC. Prolapsed intervertebral disc. A hyperflexion injury. 1981 Volvo Award in Basic Science. *Spine* 1982;7(3):184–191
2. Arce CA, Dohrmann GJ. Thoracic disc herniation. Improved diagnosis with computed tomographic scanning and a review of the literature. *Surg Neurol* 1985;23(4):356–361
3. Lee HY, Lee SH, Kim DY, Kong BJ, Ahn Y, Shin SW. Percutaneous endoscopic thoracic discectomy: Posterolateral transforaminal approach. *J Korean Neurosurg Soc* 2006;40:58–61

31 Discectomia Endoscópica Torácica Posterolateral

John C. Chiu

31.1 Introdução

Um procedimento alternativo bastante eficaz para tratar hérnias de disco torácicas sintomáticas com endoscópio é a discectomia endoscópica torácica posterolateral (PETD), que causa menos trauma tecidual que a atual cirurgia convencional de hérnia torácica e que os procedimentos toracoscópicos. Este capítulo apresenta as bases lógicas, indicações, instrumental, técnicas cirúrgicas, medidas de segurança e eficácia do procedimento de PETD, assim como o *laser* de baixa potência não ablativo aplicado na diminuição e enrijecimento do disco (discoplastia térmica). Essa cirurgia espinal minimamente invasiva apresenta inúmeras vantagens, mas requer conhecimento minucioso do procedimento de PETD e de anatomia cirúrgica, além de treinamento cirúrgico específico, experiência em laboratório e o trabalho com um cirurgião endoscópico experiente ao longo da íngreme curva de aprendizado deste tipo de procedimento.

Historicamente, cirurgiões de coluna buscaram muito tempo por um procedimento terapêutico para hérnias de disco torácicas.[1,2,3,4,5,6,7,8,9,10,11,12] O risco de dano à medula espinal e de danos neurais, vasculares e pulmonares estimulou diferentes abordagens, incluindo a laminectomia posterior (pouco realizada, em razão de sua alta probabilidade de resultar em dano neurológico), a costotransversectomia e os procedimentos endoscópicos transtorácico, transpleural, posterolateral, transfacetário sem remoção do pedículo, transpedicular e, mais recentemente, os procedimentos endoscópicos transtorácico e posterolateral.[1,2,3,4,5,6,11,12,13]

Como resultado, muitos procedimentos torácicos inteligentes e minimamente invasivos foram desenvolvidos, incluindo a cirurgia torácica videoassistida (VATS),[1] a simpatectomia torácica entre outras, com o objetivo de reduzir o trauma operatório. No passado, era comum descartar a possibilidade de cirurgia, exceto se houvesse compressão medular considerável e déficit neurológico,[5,6,11,12] ainda que um número significativo de pacientes se queixasse de dores torácicas espinais e paraespinais, dores intercostais ou na parede torácica, dor na parte superior do abdome, e ocasionalmente dor lombar decorrente de protrusões discais, sem déficit neurológico severo ou anomalias radiológicas dramáticas. Com métodos de diagnóstico avançados, como a MRI[8] (o método de escolha), a mielografia e a tomografia computadorizada, o diagnóstico de protrusão discal torácica é muito mais comum atualmente. Tais pacientes geralmente recebem um período de afastamento e, se não se curam, espera-se que vivam com o desconforto, pois há o temor de potenciais complicações graves no pós-operatório, se o tratamento cirúrgico usual for realizado.

Com o advento da termodiscoplastia a *laser*,[11,12,13] a PETD evoluiu de uma técnica minimamente invasiva aplicada nas áreas lombar e cervical,[10,11,12,13,14,15,16] e da abordagem básica da discografia torácica.[9] O autor utilizou discogramas pré ou intraoperatórios e testes de dor em quase todos os casos para confirmar o diagnóstico e os níveis apropriados para o tratamento. Este capítulo descreve a técnica, as medidas de segurança e a eficácia do método de PETD para tratar protrusões discais torácicas em pacientes não internados.

31.2 Indicações

As indicações cirúrgicas para PETD são:[12]
- Dor na coluna torácica, frequentemente irradiando para a parede torácica, com possível falta de sensibilidade e parestesia em distribuição intercostal decorrente da hérnia de disco torácica.
- Nenhuma melhora dos sintomas após o tempo mínimo de 12 semanas de tratamento conservador.
- MRI ou CT positivas para hérnia de disco, consistentes com o nível de sintomas clínicos.
- Discograma confirmatório pré ou intraoperatório e teste de dor.
- Possibilidade de tratar múltiplos discos torácicos no mesmo procedimento.[17,18,19,20,21]

31.3 Contraindicações

A abordagem de PETD é contraindicada nas seguintes situações clínicas:
- Compressão medular severa ou bloqueio total em estudos radiográficos.
- Espondilose avançada com estreitamento severo do espaço discal ou osteófitos bloqueando a entrada do espaço discal.

31.4 Instrumentos e Preparação

O equipamento e os instrumentos cirúrgicos[11,12,13] necessários para realizar a PETD (similar à microdiscectomia anterior endoscópica cervical) são:
- Equipamento de fluoroscopia digital (arco cirúrgico) e monitor.
- Arco cirúrgico radiotransparente/mesa de cirurgia fluoroscópica de fibra de carbono.
- Torre de endoscopia equipada com monitor digital, aparelho de gravação/documentação digital, fonte de luz, impressora e sistema digital HD de câmeras (**Fig. 31.1**).
- Kit de discectomia endoscópica torácica (Karl Storz, Tuttlingen, Alemanha), incluindo endoscópio 4 mm 0° (**Fig. 31.1**).
- Endoscópio torácico 3,5 mm 6° para cirurgia e endoscópios para diagnóstico de 2,5 mm 0° e 30° (**Fig. 31.1**).
- Kits de discectomia torácica (2,5 e 3,5 mm) (Blackstone Medical, Inc., Springfield, MA) com pinças de discectomia torácicas endoscópicas curtas e longas (**Fig. 31.1**).
- Pinças de apreensão e corte e tesouras endoscópicas (**Fig. 31.1**).
- Sonda endoscópica, bisturi, lima e broca (**Fig. 31.1**).
- Trefinas fortemente dentadas para esporões e osteófitos espondilóticos nos espaços discais anteriores e posteriores (**Fig. 31.1**).
- Gerador de *laser* Holmium:YAG (Trimedyne, Irvine, CA) e fibra nua de hólmio de 550 μm com sonda de ângulo reto (queima lateral) (**Fig. 31.2**).

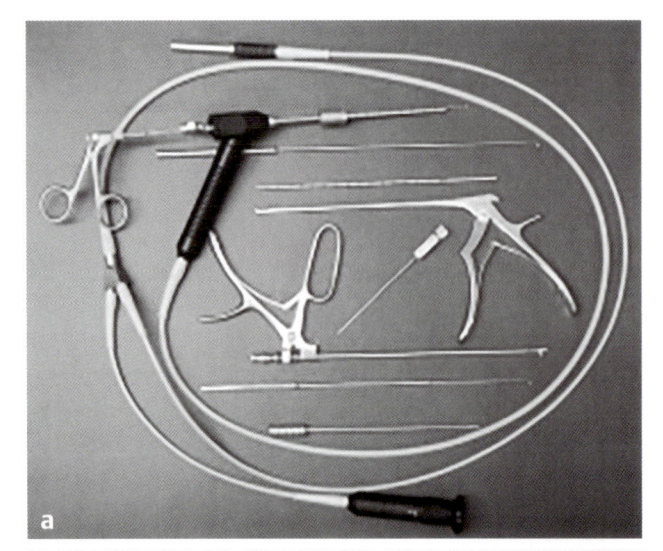

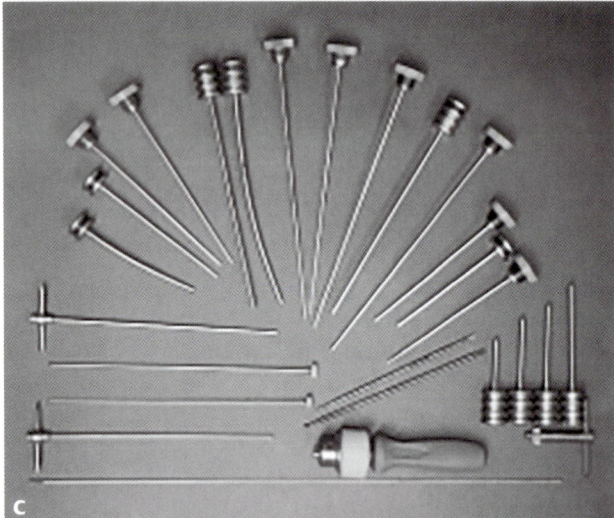

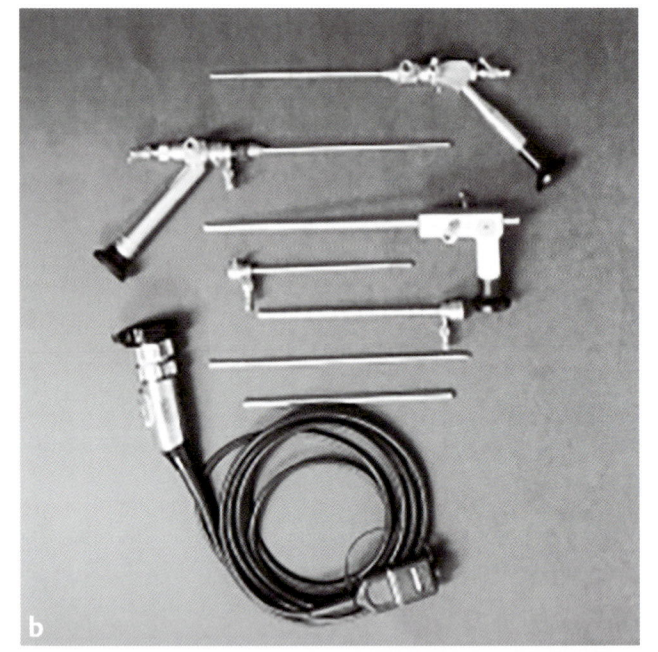

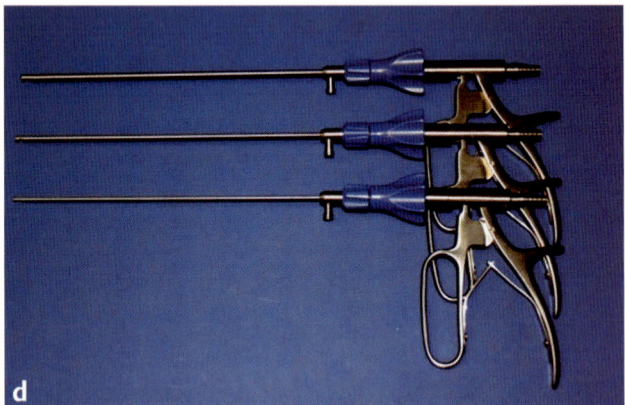

Fig. 31.1 Torre de videoendoscopia digital e instrumentos para discectomia torácica endoscópica posterolateral. (**a**) Torre endoscópica digital de vídeo. (**b**) Endoscópios torácicos (0°, 6° e 30°) e sistema de câmeras HD. (**c**) Sistemas de cânulas de trabalho endoscópicas, trefinas, lima e brocas. (**d**) As pinças de discectomia torácica endoscópica curtas e longas, diversos tipos de fórceps e ruginas.

31.5 Anestesia

O paciente é tratado em uma sala cirúrgica digital (DOR) equipada com tecnologia digital e sistema de controle (p. ex., SurgMatix), sob sedação consciente monitorada e anestesia local. O anestesiologista deve manter sedação leve, de forma que o paciente seja capaz de responder. Dois gramas de Ancef e 8,0 mg de dexametasona são administrados intravenosamente no início da anestesia. A eletroencefalografia superficial (SNAP; Nicolet Biomedical, Madison, WI) pode auxiliar a propiciar um nível ótimo de anestesia.

31.6 Posicionamento do Paciente

O paciente é posicionado em decúbito ventral na mesa, com uma esponja radiolúcida angulada em 20° abaixo do lado sintomático do tórax, em posição oblíqua (**Fig. 31.3a**). Os braços são posicionados em apoios de braço acima da cabeça. Uma vez que apenas a anestesia local e a sedação leve sejam utilizadas, as extremidades, nádegas e ombros devem ser contidos com fita adesiva para evitar movimentos súbitos.

31.7 Localização

Os níveis são identificados pela contagem sob fluoroscopia com arco cirúrgico da décima primeira costela para cima, e da C7 da coluna cervical para baixo, para discectomias torácicas superiores. Marcadores radiopacos são posicionados na pele em locais apropriados.[11,12,13] A linha média, os níveis e o local de entrada (portal de operação) para a cirurgia são marcados na pele com caneta apropriada (**Fig. 31.3b**). Utilizando técnica estéril, o nível do disco pode ser identificado com precisão pela inserção de uma agulha 18 G no disco, sob orientação fluoroscópica (**Fig. 31.3c**, **Fig. 31.4**, **Fig. 31.5**).

O portal de entrada é marcado de 4 a 5 cm de distância da linha média na região torácica média (inclusive T5–T8), no nível do respectivo disco torácico, e de 6 a 7 cm de distância da linha média na região torácica inferior (inclusive T9–T12) e na região torácica superior (inclusive T1–T4). O posicionamento dos instrumentos é checado ao longo do procedimento pela fluoroscopia com arco cirúrgico, em dois planos, de acordo com o necessário. Após os níveis envolvidos serem identificados, eletrodos de agulha estéreis são posicionados nos músculos

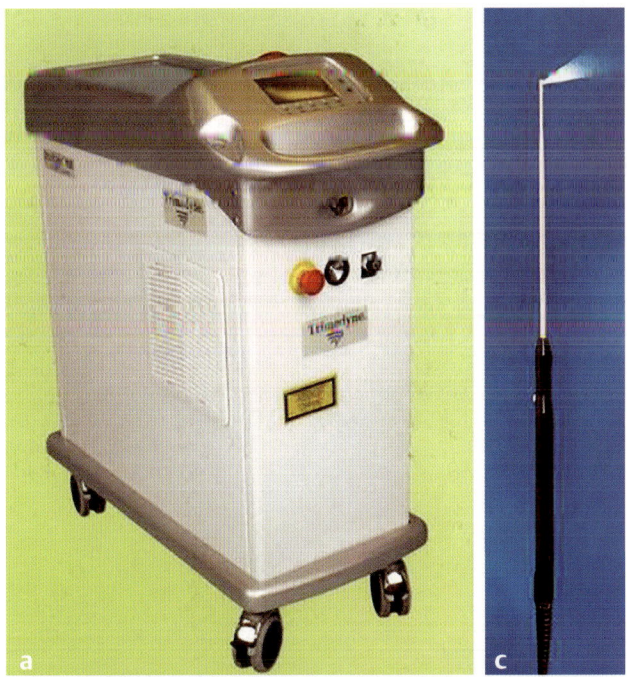

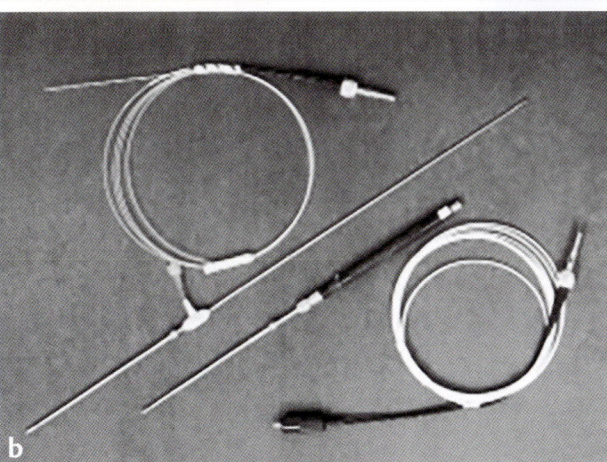

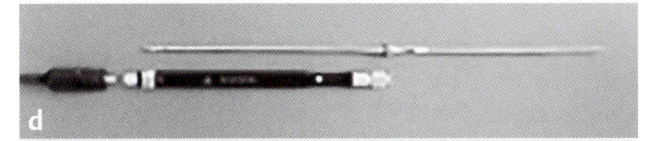

Fig. 31.2 Equipamento de *laser* Holmium: YAG para termodiscoplastia. (**a**) Um gerador de *laser* holmium: YAG de pulso duplo de 85 W. (**b**) Uma fibra nua de hólmio de 550-μm com ponta plana e uma sonda de ângulo reto (queima lateral). (**c**) Sonda de queima lateral de uso único. (**d**) Sondas curtas de queima lateral reutilizáveis.

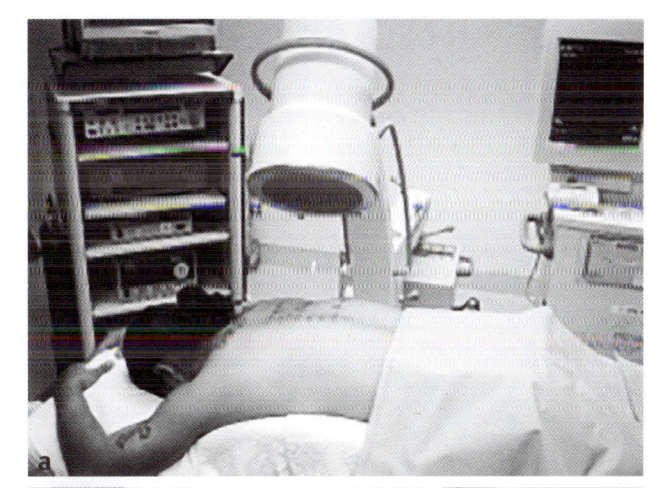

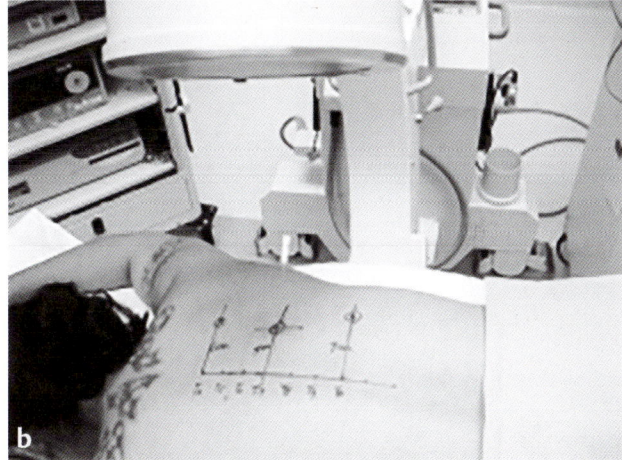

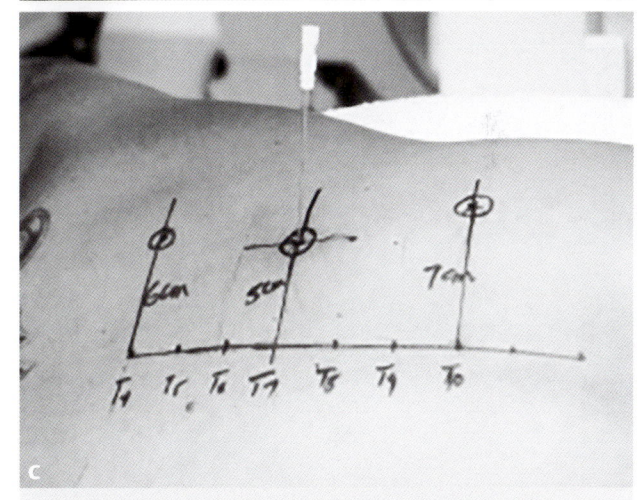

Fig. 31.3 (**a**) Posicionamento do paciente. (**b**) Localização — marcações na pele. (**c**) Localização da agulha (portal).

intercostais enervados a partir desses níveis para monitoramento neurofisiológico contínuo por EMG,[22] com os eletrodos de aterramento previamente posicionados.

31.8 Técnica Cirúrgica

Sob anestesia local, uma agulha espinal com ponta biselada, de 20 G e 3,5 polegadas, é inserida no portal de entrada, conforme descrito na indicação de localização por fluoroscopia (**Fig. 31.5**).

A agulha avança gradualmente com a orientação da fluoroscopia do braço-C em ângulo de 35 a 45° no plano sagital, em direção ao centro do disco, dentro da "área de segurança" entre a linha média interpedicular e a cabeça da costela na articulação costovertebral, de forma lateral,[11,12] e de forma medial à junção costotransversal (**Fig. 31.5**). Durante a inserção, a ponta da agulha deve ser mantida ao longo do aspecto medial da cabeça da costela para evitar que entre de forma média no canal espinal, e mantida de forma medial à junção costovertebral para evitar a punção da pleura. Depois que o ânulo é puncionado, a agulha avança gradualmente em direção ao centro do disco. O estilete da agulha espinal é removido. O contraste Isovue (Bracco Diagnostics, Inc., Princeton, NJ) é injetado, com o cirurgião observando a resistência e o volume da injeção, a aparência fluoroscópica nas projeções laterais e anteroposteriores e a descrição feita pelo paciente da localização, concordância e intensidade da dor produzida. A cirurgia é realizada se o discograma e os testes de dor forem confirmatórios.

Um fio-guia de 12 polegadas, simples, passa pelo centro do disco por meio da agulha espinal posicionada para o discograma. A agulha é, então, removida. Uma incisão cutânea de 3 a 4 mm é feita no local. A cânula de discectomia, junto com o dilatador, é passada pelo fio-guia, avançando até o ânulo. Uma trefina substitui o dilatador e realiza a incisão no ânulo. A cânula, então, avança um pouco para dentro do espaço discal. O disco é descomprimido com curetas, trefina, microfórceps, pinças de discectomia torácica endoscópica e *laser* (**Fig. 31.6**, **Fig. 31.7**, **Fig. 31.8**, **Fig. 31.9**).

A remoção do disco é auxiliada por um balanço da cânula em um arco de 25°, um movimento do tipo "pá de ventilador" de um lado para o outro, que cria uma área cônica de disco removido, totalizando até 50° (**Fig. 31.7**). Durante o procedimento, o endoscópio é utilizado para visualização, e sob aumento, qualquer material adicional do disco e osteófitos são removidos

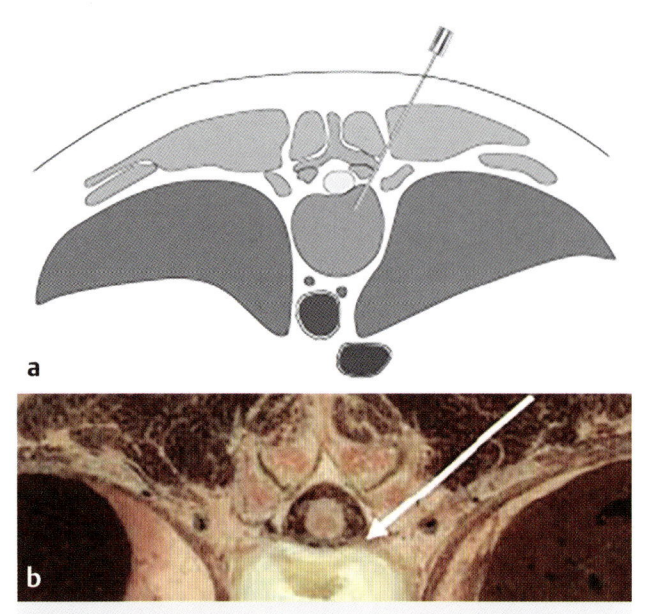

Fig. 31.4 Posicionamento da agulha e do estilete no disco na discectomia torácica endoscópica. (**a**) Vista axial do posicionamento da agulha. (**b**) Seção transversal cadavérica obtida com criomicrótomo: abordagem cirúrgica posterolateral.

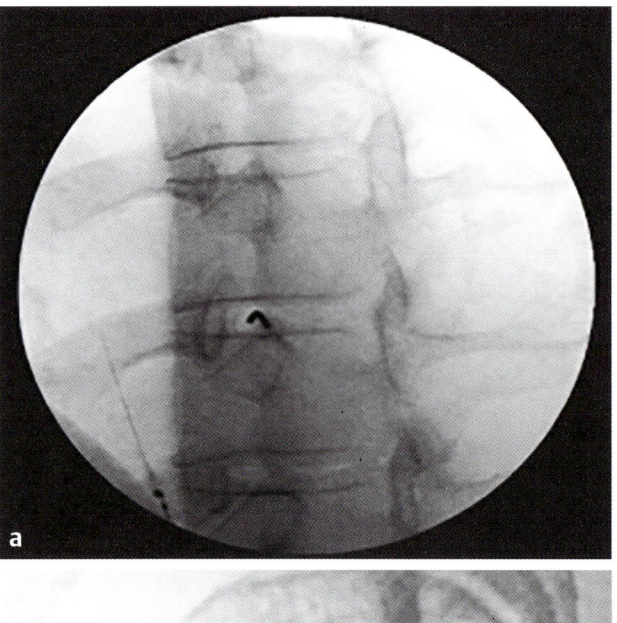

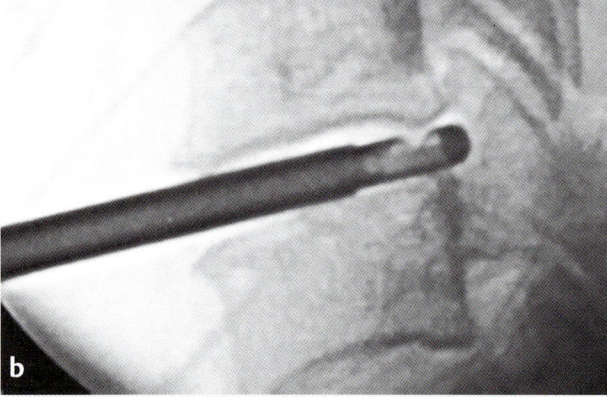

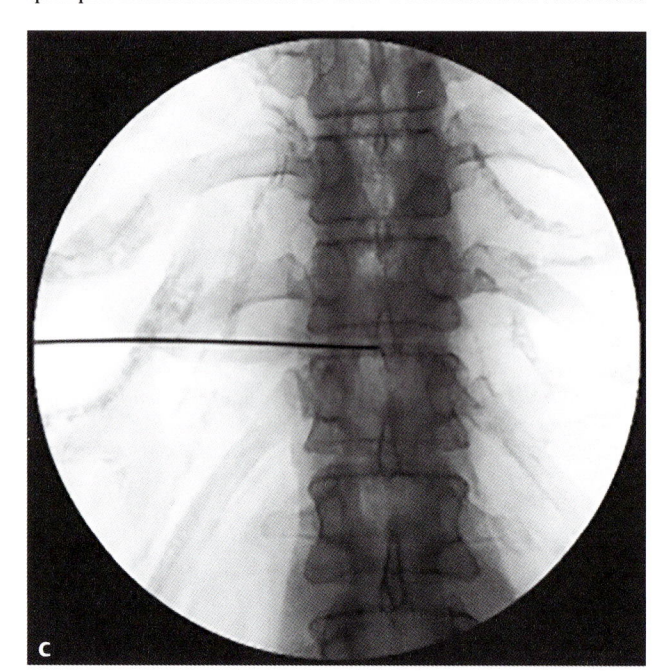

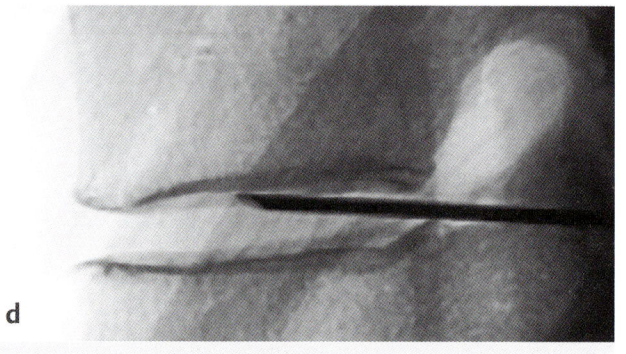

Fig. 31.5 Imagens fluoroscópicas do posicionamento da agulha/estilete. (**a,b**) Posicionamento da agulha na "área de segurança" no neuroforame, entre a linha interpedicular e a cabeça da costela. (**c,d**) Avanço gradual do estilete até o centro do disco.

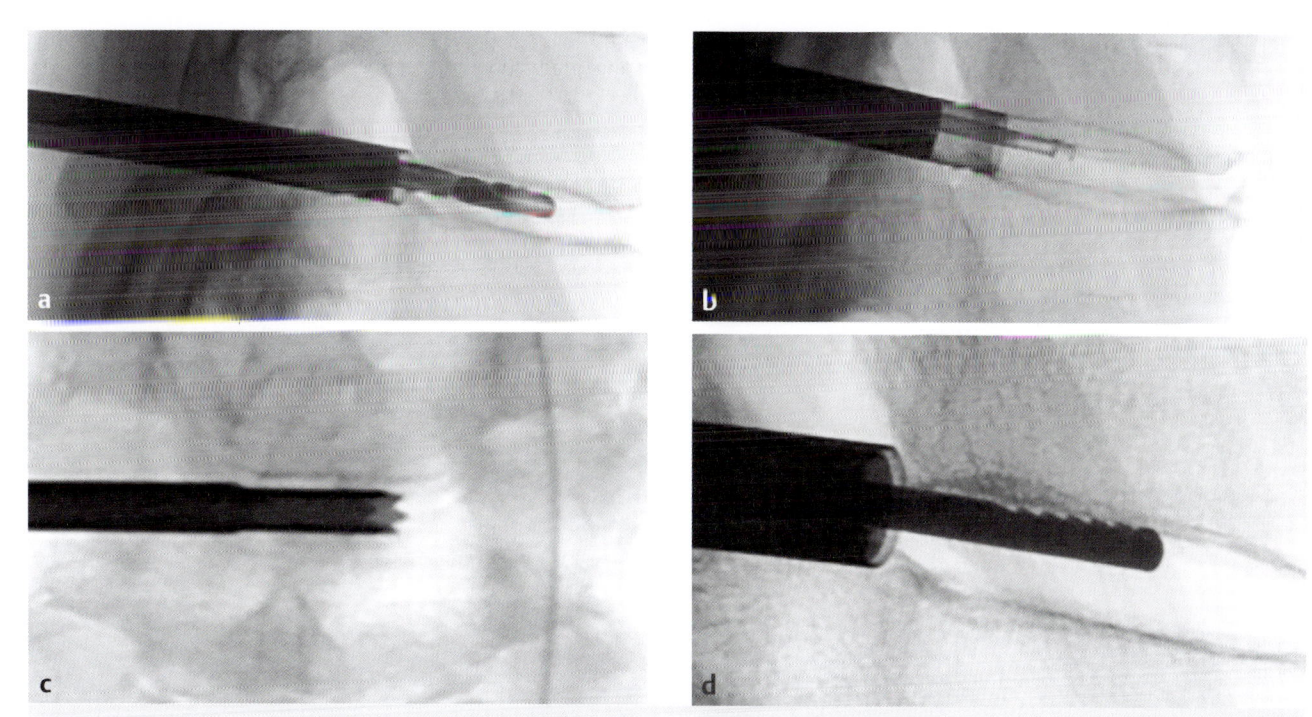

Fig. 31.6 Imagem fluoroscópica dos instrumentos de discectomia torácica endoscópica posterolateral (PETD). (**a**) Micropinça de apreensão. (**b**) Trefina. (**c**) Sonda de queima lateral a *laser* (**d**) Lima endoscópica.

com microcuretas, limas e pinças de discectomia (**Fig. 31.8**, **Fig. 31.9**). Esporões grandes ou a cabeça de uma costela que estejam obstruindo a entrada para o espaço discal podem ser removidos ou perfurados por um conjunto de trefinas mais fortemente dentadas (**Fig. 31.6**). O *laser* Holmium:YAG (**Fig. 31.2**) é utilizado para remoção de disco adicional (500 J a 10 W, 10 Hz, 5 s ligado e 5 s desligado), e então em uma configuração mais baixa (300 J a 5 W; **Tabela 31.1**) para encolher e contrair o disco, reduzindo o perfil de protrusão e enrijecendo o tecido discal — termodiscoplastia a *laser* (**Fig. 31.7**).[9] Este procedimento também pode causar neurólise sinovertebral ou desenervação. A pinça de discectomia torácica endoscópica é usada novamente, de forma breve, para remover fragmentos carbonizados. O espaço discal pode ser visualizado diretamente por endoscopia para confirmação da descompressão do disco (**Fig. 31.9**). A sonda e a cânula são removidas. Infiltra-se marcaína (0,25%) subcutânea em torno da ferida. Um pequeno curativo é aplicado.

Tabela 31.1 Configurações do *laser* para termodiscoplastia torácica*

Fase	Watts	Joules
Primeira	10	500
Segunda	5	300

*Níveis não ablativos de *laser*, a 10 Hz, 5 segundos ligados e 5 segundos desligados.

31.9 Cuidados Pós-Operatórios

O paciente deve ser neurologicamente testado antes de deixar a sala cirúrgica. Raios X verticais do peito devem ser realizados na sala de recuperação para afastar a possibilidade de pneumotórax. A deambulação inicia-se imediatamente após a recuperação, e o paciente tem alta, geralmente, 1 hora após a cirurgia. O paciente pode tomar banho no dia seguinte. Uma compressa de gelo pode ser útil. Analgésicos brandos e relaxantes musculares são, às vezes, necessários. Um programa de exercícios físicos progressivo inicia-se no segundo dia do pós-operatório. Os pacientes, geralmente, podem retornar ao trabalho em 1 ou 2 semanas, contanto que não realizem trabalhos pesados ou permaneçam sentados por muitas horas seguidas. A maioria dos pacientes avalia o procedimento como extremamente benéfico.

31.10 Resultado

Noventa e seis por cento dos 150 pacientes consecutivos com um total de 197 hérnias de disco demonstraram alívio dos sintomas de bom a excelente. Seis pacientes (4%) apresentaram dor torácica persistente, ainda que sua dor, de modo geral, tenha sido aliviada. Os pacientes retornaram a suas atividades usuais em poucos dias após a cirurgia, e retomaram suas vidas de modo completamente ativo em 3 a 7 semanas.[13]

31.11 Discussão

A PETD é um procedimento cirúrgico minimamente invasivo para tratar hérnias de disco torácicas sintomáticas por meio de um endoscópio cirúrgico, com muito menos trauma tecidual e zero mortalidade. Ela apresenta inúmeras vantagens, mas requer conhecimento minucioso do procedimento de PETD e de anatomia cirúrgica, além de treinamento cirúrgico específico, experiência em laboratório e o trabalho com um cirurgião endoscópico experiente ao longo da íngreme curva de aprendizado deste tipo de procedimento para que o cirurgião se torne competente e evite possíveis complicações.

31.12 Complicações e Contraindicações

O conhecimento minucioso do procedimento e da anatomia cirúrgica do tórax e da espinha torácica, a seleção cuidadosa dos pacientes e o planejamento pré-operatório com avaliações

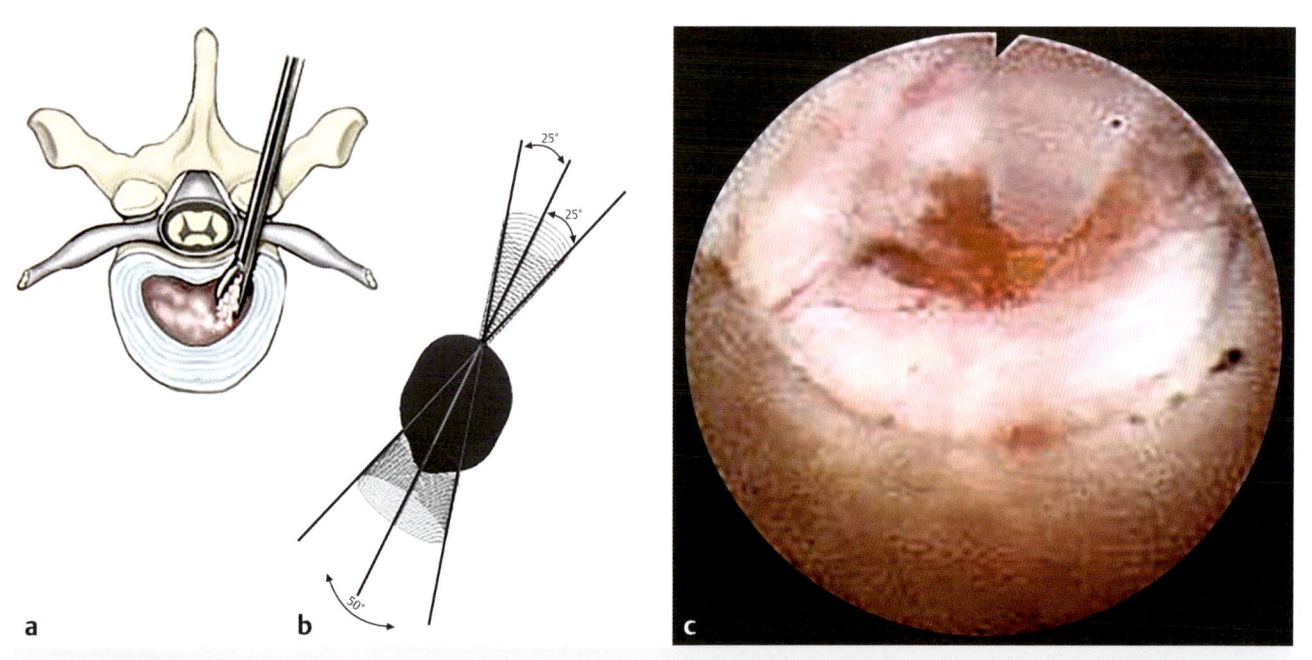

Fig. 31.7 Técnica de discectomia torácica: manobra do tipo "pá de ventilador" e imagem endoscópica da termodiscoplastia a *laser*. (**a**) Discectomia torácica. (**b**) Manobra "pá de ventilador". (**c**) *Laser* de fibra de hólmio com ponta plana em ação.

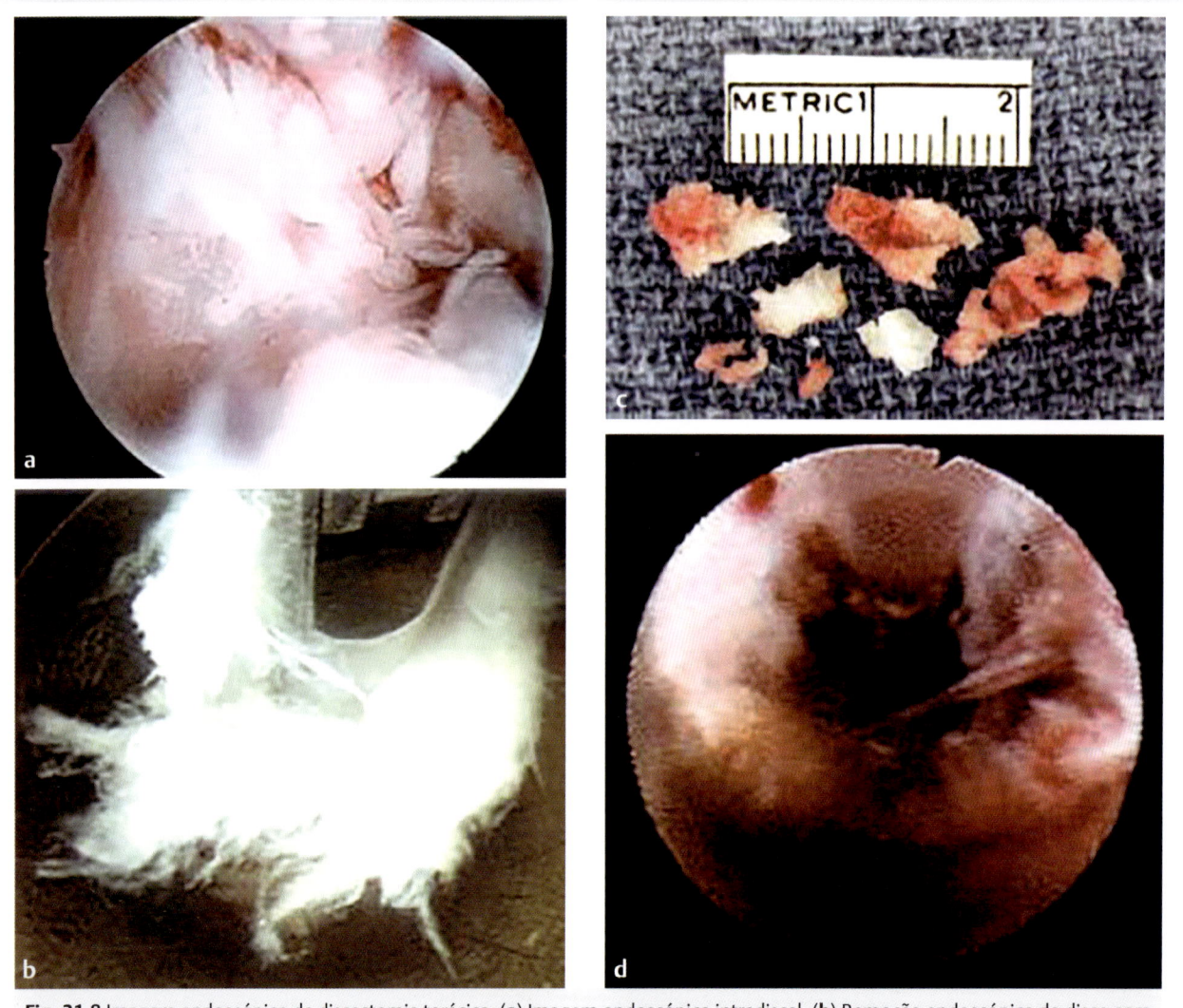

Fig. 31.8 Imagem endoscópica da discectomia torácica. (**a**) Imagem endoscópica intradiscal. (**b**) Remoção endoscópica de disco com pinça de corte. (**c**) Fragmentos de disco removidos. (**d**) Aplicação de *laser* para descompressão do disco.

diagnósticas apropriadas facilitam a PETD e previnem potenciais complicações.²,³,¹¹,¹³ Todas as possíveis complicações encontradas em abordagens abertas para a cirurgia de hérnia de disco torácica podem acontecer, mas são raras ou muito menos frequentes³,⁷,¹⁰,¹¹,²¹,²³ na PETD, sem que seja necessário realizar ressecção da costela ou colapso pulmonar deliberado.

- **Pneumotórax, dano pulmonar e atelectasia pós-operatória**: o pneumotórax é uma potencial complicação em todas as abordagens de tratamento de hérnia discal, incluindo a PETD. A agulha espinal deve ser introduzida na "área de segurança" do disco, com a linha interpedicular de forma medial e a cabeça da costela de forma lateral ao neuroforame, para evitar que ela penetre a pleura. A visualização endoscópica direta ajuda a evitar danos pulmonares. A atelectasia não é um problema. Raios X do peito devem ser realizados imediatamente após a cirurgia para afastar a possibilidade de pneumotórax ou para ensejar o início do tratamento, se presente.
- **Infecção** é evitada pela esterilização cuidadosa, utilizando antibióticos profiláticos IV intraoperatoriamente, e pelo fato de a área da incisão ser muito menor se comparada às abordagens posterolateral e transtorácica, assim como às abordagens toracoscópicas.
- **Discite asséptica** pode ser prevenida apontando o raio *laser* ao modo de uma "gravata-borboleta" para evitar danificar as placas terminais (nas posições de 6 e 12 horas).
- **Hematoma (subcutâneo e profundo)** pode ocorrer na PETD, mas é minimizado por uma técnica cuidadosa, pela pequena incisão (3 mm), que permite que o paciente dispense o uso de aspirina ou de AINEs na semana anterior à cirurgia, e pela aplicação de pressão digital ou de uma bolsa IV sobre o local da operação pelos primeiros 5 minutos após a cirurgia, assim como pela aplicação posterior de compressas de gelo.
- **Dano vascular**: a aorta torácica e seus ramos, a artéria e a veia intercostal e as veias ázigos, hemiázigos e hemiázigos acessórias ficam expostas a risco em procedimentos abertos e nas abordagens lateral, anterior e posterolateral de tratamento de hérnia de disco. A aderência estrita à técnica e o conhecimento da anatomia cirúrgica aplicável evitam tais danos. Não há relatos de dano vascular na PETD.
- **Dano neurológico** é extremamente raro na PETD; nenhum dano de medula espinal foi relatado. Dano na raiz nervosa (nervos intercostais) causando neuralgia intercostal, ou dor no peito, ainda que possível, pode ser evitado por monitoramento neurofisiológico intraoperatório (EMG/NCV)²² dos músculos intercostais e daqueles imediatamente abaixo do nível operado. Com a utilização da visualização endoscópica direta (**Fig. 31.9**), danos intercostais relacionados com cirurgias de peito aberto e cirurgias toracoscópicas podem ser evitados. Não foram observados danos neurais nos mais de 300 casos atendidos em nosso centro. O posicionamento inicial da agulha espinal pode ser na direção das superfícies posterior e superior da costela, atingindo a "área de segurança" no neuroforame, de modo a evitar o nervo intercostal que está localizado na superfície inferior da costela, no sulco costal. Essa manobra e a observação estrita dos limites das linhas interpediculares protegem a medula espinal.
- **Corrente simpatética e ramos communicantes**: a posição de decúbito ventral para a cirurgia evita pressão no plexo braquial, o que poderia causar plexopatia por compressão. Complicações são uma possibilidade remota; observar a anatomia cirúrgica da região paratorácica e manter o posicionamento da agulha dentro da "área de segurança" são medidas suficientes para evitá-las.

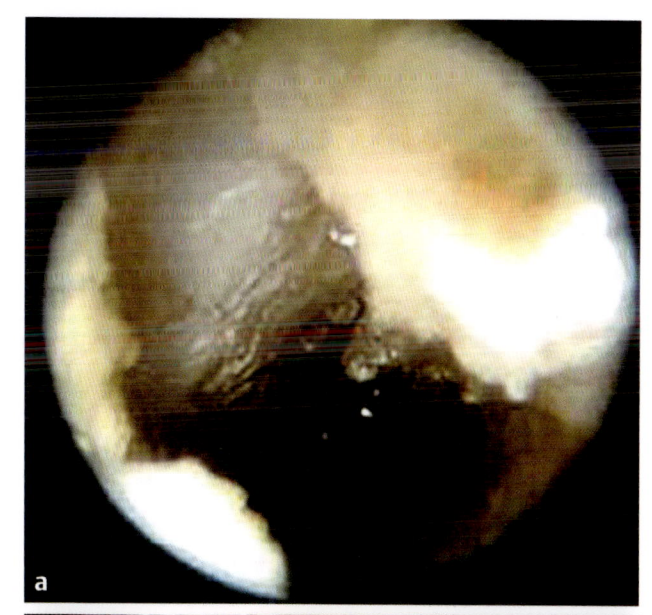

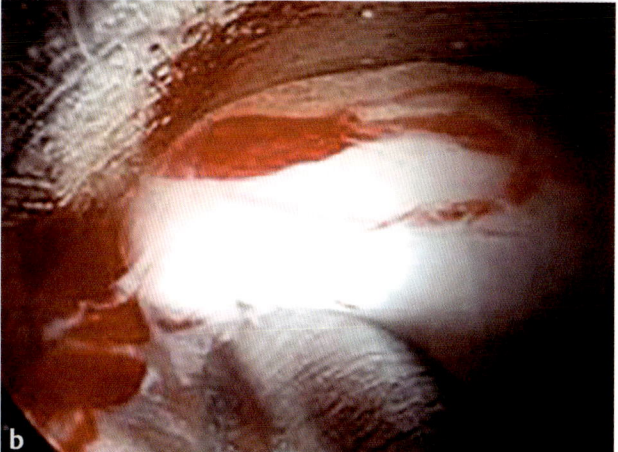

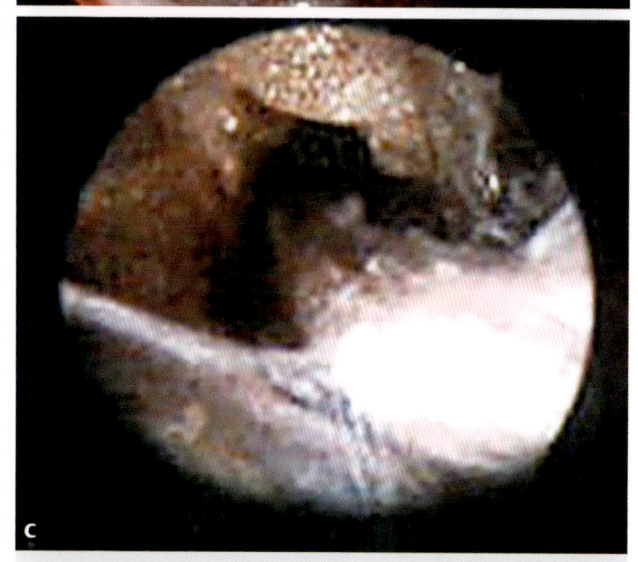

Fig. 31.9 Imagem endoscópica pós-PETD. (**a**) Após PETD, é possível observar o local vazio onde antes estava o disco e as placas terminais. (**b**) Pinças de apreensão para remoção do disco abaixo do nervo intercostal. (**c**) Nervo intercostal após microdiscectomia.

- **Sedação excessiva** é evitada pelo monitoramento superficial por EEG, que fornece uma estimativa mais precisa do nível de sedação e reduz a quantidade de anestésicos, além de prevenir sedação acima do necessário ou insuficiente. Os pacientes são capazes de responder durante o procedimento, o que fornece mais meios de avaliar seu nível de sedação.
- **Localização errônea:** uma grande complicação possível em todas as cirurgias de disco é a operação no nível errado. A utilização correta da fluoroscopia por arco cirúrgico para a localização anatômica evita complicações causadas pelo posicionamento impreciso dos instrumentos ou pela operação no nível errado. Testes de rotina para dor e o discograma fornecem modos de verificação adicionais do nível correto.
- **Lesões durais** são comuns em todas as outras abordagens de tratamento de hérnia de disco torácica, mas não foram reportadas na PETD.
- **Lesões nos tecidos moles** decorrentes do afastamento prolongado e forçado, como ocorre em muitas cirurgias de disco, não são um problema na PETD.
- **Descompressão inadequada do material do disco** pode ser minimizada de diversas maneiras, utilizando instrumentos como pinças, trefinas, pinças de discectomia, broca e lima, e pela aplicação do *laser* para vaporizar o tecido e realizar a termodiscoplastia.

31.13 Vantagens

As vantagens[7,10,11,12,14,21] da PETD são numerosas. Entre elas:
- Dispensa anestesia geral.
- Feita geralmente sob anestesia local.
- Incisão pequena e menos probabilidade de deixar cicatrizes, pois não tem incisões múltiplas ou grandes.
- Ínfima perda de sangue.
- Mortalidade zero.
- Dispensa colapso dos pulmões e abertura da cavidade pleural.
- Não causa derrame pleural pós-operatório, neuralgia intercostal ou pneumotórax.
- Não causa infecções significativas.
- Evita dano aos vasos sanguíneos.
- Dispensa ressecção das costelas.
- Dispensa fusão ou fixação espinal.
- Dispensa dissecção dos músculos, ossos, ligamentos e manipulação do saco dural, medula espinal e raízes dos nervos.
- Pouco ou nenhum sangramento epidural.
- Uso mínimo de analgésicos no pós-operatório.
- Paciente recebe alta no mesmo dia do procedimento.
- Menos traumática, física e psicologicamente.
- Não promove instabilidade posterior dos segmentos espinais.
- Retorno rápido às atividades costumeiras, incluindo o trabalho.
- Custos mais baixos que a discectomia convencional.
- Discectomia em níveis múltiplos é factível e apresenta boa tolerância.[17,18,19,20,21]
- Menos desafiadora para pacientes com altos riscos médicos, como aqueles com problemas cardiopulmonares, idosos e obesos mórbidos.
- Programas de exercício podem iniciar-se no mesmo dia da cirurgia.
- Possibilita visualização endoscópica direta e confirmação da eficácia da cirurgia, o que contribui para um resultado seguro e eficaz.

31.14 Desvantagens

A técnica não é recomendada para pacientes com extrusões discais torácicas severas, que causem compressão medular com déficits neurológicos severos (paraparesia) e para pacientes com estenose severa, congênita ou adquirida, do canal medular. Para pacientes com espondilose e estenose foraminal, a técnica pode não ser aplicável, pois a inserção do endoscópio talvez não seja possível.

31.15 Estudo de Caso

Um homem de 24 anos queixou-se por dois meses de dor não tratável na região mediana das costas e de espasmos musculares. O histórico não contribuiu. O espasmo muscular paratorácico era palpável e adjacente ao local da dor. Exames neurológicos mostraram hipalgesia nos dermátomos T10 e T12. A MRI demonstrou duas protrusões de discos torácicos (nos níveis T10 e T12). Fisioterapia, analgésicos e injeções epidurais de esteroides não aliviaram o desconforto do paciente. Raios X torácicos demonstraram 13 vértebras torácicas com 13 costelas, 7 vértebras cervicais e 5 lombares. O paciente foi tratado por PETD na T10–T11 e na T12–L1. Ele apresentou excelente alívio dos sintomas após a cirurgia. A MRI comparativa entre pré e pós-operatório mostrou o desaparecimento da protrusão dos discos (**Fig. 31.10**).

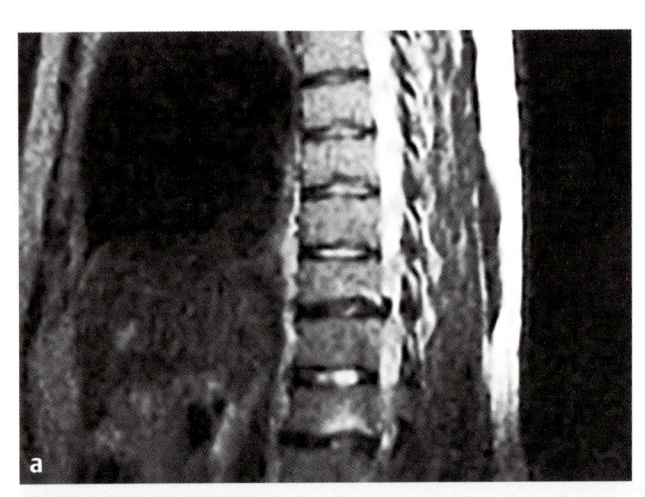

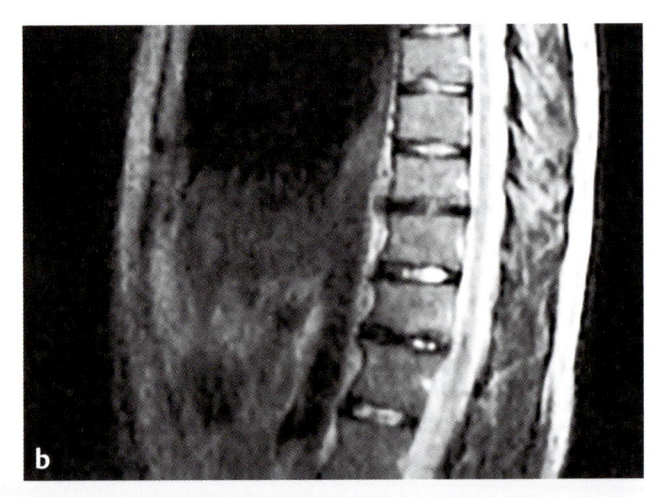

Fig. 31.10 (a,b) Discos herniados de T10 e T12, MRI pré e pós-operatória.

31.16 Conclusão

A discectomia endoscópica torácica posterior lateral realizada em hérnia de disco torácica com enrijecimento do disco a *laser* (termodiscoplastia) é segura, relativamente simples e bastante eficaz. Um procedimento minimamente invasivo, menos traumático e que não exige internação, resulta em menos morbidade, recuperação mais rápida e economia significativa. A taxa de mortalidade foi zero em um estudo multicentrado[23] de discectomia espinal percutânea (26.860 casos), e a taxa de morbidade foi menor que 1%, com satisfação de mais de 92% dos pacientes para casos de discos torácicos. Não houve relatos de dano na medula espinal, neuralgia intercostal ou lesões durais, tampouco infecções significativas, dano vascular ou complicações pulmonares. A PETD requer um cirurgião com conhecimento e competência, com uma apreciação minuciosa da anatomia cirúrgica do tórax e da coluna torácica, dos nervos e vasos intercostais, das cabeças de costelas, pedículos, espaços discais e da medula espinal. Para realizar o procedimento, o cirurgião de coluna deve passar por treinamento cirúrgico específico, com experiência concreta em laboratório e, mais importante, deve dedicar tempo a trabalhar ao longo da íngreme curva de aprendizagem cirúrgica junto a um cirurgião de coluna experiente no procedimento.

Referências

1. Kim D, Choi G, Lee S, eds. *History of Endoscopic Spine Surgery. Endoscopic Spine Procedures.* New York: Thieme; 2011:1:1–7
2. Jaikumar S, Kim DH, Kam AC. History of minimally invasive spine surgery. *Neurosurgery* 2002;51(5, Suppl):S1–S14
3. Perez-Cruet MJ, Fessler RG, Perin NI. Review: complications of minimally invasive spinal surgery. *Neurosurgery* 2002;51(5, Suppl):S26–S36
4. Fessler R, Khoo L. Minimally invasive cervical microendoscopic foraminotomy: an initial clinical experience. *Neurosurgery* 2002;51(5):S37–S45
5. Chiu J. Endoscopy-assisted thoracic microdiscectomy. In: Kim DK, Kim KH, Kim YC, eds. Minimally Invasive Percutaneous Spinal Technique, Philadelphia: Elsevier-Saunders 2011;24:320–327
6. Chiu J, Clifford T, Princenthal R. The new frontier of minimally invasive spine surgery through computer assisted technology. In: Lemke HU, Vannier MN, Invamura RD, eds. *Computer Assisted Radiology and Surgery.* New York: Spring-Verlag; 2002:233–237
7. Simpson JM, Silveri CP, Simeone FA, Balderston RA, An HS. Thoracic disc herniation. Re-evaluation of the posterior approach using a modified costotransversectomy. *Spine* 1993;18(13):1872–1877
8. Schellhas KP, Pollei SR, Dorwart RH. Thoracic discography: A safe and reliable technique. *Spine* 1994;19(18):2103–2109
9. Chiu JC, Clifford TJ, Greenspan M, Richley RC, Lohman G, Sison RD. Percutaneous microdecompressive endoscopic cervical discectomy with laser thermodiskoplasty. *Mt Sinai J Med* 2000;67(4):278–282
10. Chiu JC, Clifford TJ, Sison R. Percutaneous microdecompressive endoscopic thoracic discectomy for herniated thoracic discs. *Surg Technol Int* 2002;10:266–269
11. Chiu J, Clifford T. Percutaneous endoscopic thoracic discectomy. In: Savitz MH, Chiu JC, Yeung AD, eds. *The Practice of Minimally Invasive Spinal Technique.* Richmond, VA: AAMISMS Education; 2000:211–216
12. Chiu J, Clifford T. Posterolateral approach for percutaneous thoracic endoscopic discectomy. *J Min Inv Spinal Tech* 2001;1:26–30
13. Chiu JC, Negron F, Clifford T, Greenspan M, Princethal RA. Microdecompressive percutaneous endoscopy: spinal discectomy with new laser thermodiskoplasty for non-extruded herniated nucleosus pulposus. *Surg Technol Int* 1999;8:343–351
14. Savitz MH. Same-day microsurgical arthroscopic lateral-approach laser-assisted (SMALL) fluoroscopic discectomy. *J Neurosurg* 1994;80(6):1039–1045
15. Yeung AT, Chow PM. Posterior lateral endoscopic excision for lumbar disc herniation: surgical technique, outcome, and complications. *Spine* 2002;27:722–731
16. Boriani S, Biagini R, De Iure F, et al. Two-level thoracic disc herniation. *Spine* 1994;19(21):2461–2466
17. Coleman RJ, Hamlyn PJ, Butler P. Anterior spinal surgery for multiple thoracic disc herniations. *Br J Neurosurg* 1990;4(6):541–543
18. Dickman CA, Mican CA. Multilevel anterior thoracic discectomies and anterior interbody fusion using a microsurgical thoracoscopic approach. Case report. *J Neurosurg* 1996;84(1):104–109
19. Shikata J, Yamamuro T, Iida H, Kashiwagi N. Multiple thoracic disc herniations: case report. *Neurosurgery* 1988;22(6 Pt 1):1068–1070
20. Chiu J, Clifford T. Multiple herniated discs at single and multiple spinal segments treated with endoscopic microdecompressive surgery. *J Min Inv Spinal Tech* 2001;1:15–19
21. Clifford T, Chiu J, Rogers G. Neurophysiological monitoring of peripheral nerve function during endoscopic laser discectomy. *J Min Inv Spinal Tech.* 2001;1:54–57
22. Chiu J, Clifford T, Savitz M, et al. Multicenter study of percutaneous endoscopic discectomy (lumbar, cervical and thoracic). *J Min Inv Spinal Tech* 2001;1:33–37
23. Chiu J, et al. Use of laser in minimally invasive spinal surgery and pain management. In: Kambin P, ed. *Arthroscopic and Endoscopic Spine Surgery Text and Atlas.* 2nd ed. Totowa, NJ: Humana Press; 2005;13:259–269

32 Discectomia Transpedicular Endoscópica Tubular

Ricardo B. V. Fontes ▪ Manish Kusliwal ▪ John O'Toole ▪ Richard G. Fessler

32.1 Introdução

A hérnia de disco torácica sintomática (TDH) é uma patologia relativamente incomum, que pode representar um desafio técnico considerável no tratamento, por causa das restrições anatômicas do estreito canal espinal torácico, da necessidade de minimizar a manipulação da medula espinal e da frequente natureza de calcificação da TDH. A laminectomia foi historicamente associada a resultados ruins, portanto, desenvolveu-se uma variedade de abordagens anteriores e posterolaterais para tratar a TDH, incluindo a abordagem transfacetada-transpedicular, descrita pela primeira vez por Patterson e Arbit, em 1978. Esta técnica tem especial afinidade com conceitos minimamente invasivos e pode ser realizada com sucesso por meio da abordagem endoscópica tubular.[1,2,3,4,5]

32.2 Seleção dos Pacientes

A TDH da linha média que causa mielopatia torácica (**Fig. 32.1**) é a principal indicação para a discectomia transpedicular endoscópica tubular. Há contraindicação absoluta para TDH puramente paramediana (a abordagem transpedicular não é necessária) e contraindicações relativas para TDH de base ampla que cause compressão bilateral (pois pode exigir abordagem bilateral) e TDH intradural.

32.3 Técnica

32.3.1 Planejamento Pré-Operatório

O planejamento pré-operatório inclui mielograma por MRI ou CT da coluna torácica. Se for realizada MRI, então se requer CT sem contraste das colunas torácica e lombar para avaliar a calcificação e a localização da TDH (costelas, níveis lombares de transição). Requer-se avaliação cardíaca para que seja possível manter a pressão arterial durante o procedimento. Realiza-se exame pré-operatório de raios X de tórax para contagem de costelas, e raios X da coluna lombar para confirmar o número de vértebras lombares.

32.3.2 Anestesia e Posicionamento

Aplica-se anestesia geral sem bloqueadores neuromusculares (**Fig. 32.2**). O monitoramento neurofisiológico intraoperatório é feito com SSEP e EMG. O paciente é posicionado de bruços sobre um frame de Wilson com checagem de pressão ocular ou pontos de contato. A pressão arterial média deve ser mantida acima de 80 mmHg o tempo todo. O suporte para o braço retrátil é caudal e oposto ao cirurgião.

32.3.3 Localização

Marcações pré-operatórias são feitas com material radiopaco, ou a localização fluoroscópica deve ser realizada com múltiplas vistas (anteroposterior para contagem, lateral para níveis torácicos mais baixos e para costelas). A orientação por imagem pode ser utilizada com aquisição intraoperatória (*O-arm*), especialmente se a TDH estiver calcificada. Fluoroscopia ou navegação são utilizadas durante o procedimento.

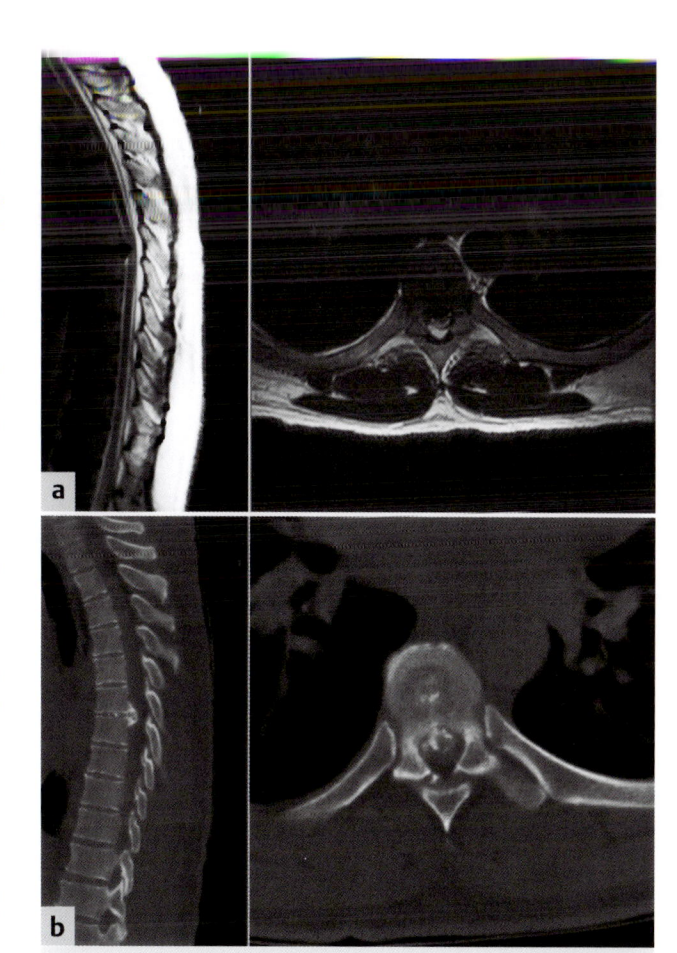

Fig. 32.1 Exemplo de caso, um homem de 45 anos com paraparesia estática progressiva. (**a**) MRI e (**b**) CT demonstram uma grande hérnia de disco em T7–T8, predominantemente na linha média. Este é um bom exemplo de um paciente ideal para discectomia transpedicular por endoscopia. A hérnia é ligeiramente maior à direita.

32.3.4 Ponto de Entrada

O ponto de entrada localiza-se de 2 a 3 cm de distância da linha média, no lado em que se localizar a maior parte da TDH ou os piores sintomas. A posição craniocaudal no nível do interespaço afetado deve ser confirmada com fluoroscopia.

32.3.5 Pele e Tecidos Moles

A anestesia local utiliza lidocaína 2% com epinefrina a 1:100.000. A incisão na pele é realizada, e o fio-K é inserido de modo perpendicular à pele (**Fig. 32.3**). O ponto de contato inicial é a junta zigoapofisária. Depois, a exploração continua medialmente, e o fio-guia é ancorado na junção do processo lâmina-espinhal. O dilatador tubular inicial é inserido, e o fio-K é removido, seguido por dilatação sequencial. Após a colocação do canal de trabalho final, os dilatadores são removidos, e a conexão com o braço retrátil é realizada (**Fig. 32.4**). O endoscópio de 30° e a fonte de iluminação são conectados

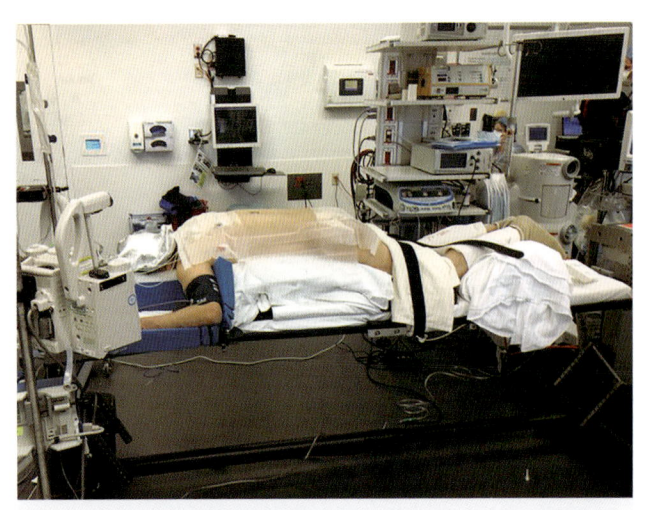

Fig. 32.2 Paciente posicionado em decúbito ventral numa mesa cirúrgica Jackson e frame de Wilson. O material acessório de suporte fica em posição oposta ao cirurgião, na altura dos quadris. Os afastadores tubulares são fixados no trilho durante a cirurgia.

Fig. 32.4 Afastador tubular final fixado pelo braço do afastador. Note a leve angulação medial da parte inicial da laminectomia. O tubo é então posicionado de forma perpendicular ao chão para a abordagem transpedicular.

(**Fig. 32.5**). Tecido muscular residual é resseccionado com cauterizador.

32.3.6 Abordagem Transpedicular (Vídeo 32.1)

O nível correto é confirmado. A descompressão é iniciada com laminectomias parciais ipsolaterais; uma combinação de pinças Kerrison e *drill* de alta velocidade pode ser utilizada. A metade medial da junta zigoapofisária é resseccionada (**Fig. 32.6**). Uma visualização medial aprimorada é obtida pela ressecção seletiva do pedículo da vértebra caudal. Os dois terços medial e cranial do pedículo podem ser removidos sem risco.

32.3.7 Discectomia e Descompressão

- Não tente remover fragmentos calcificados grandes neste ponto.
- Pode-se criar um espaço para mobilizar o fragmento de TDH no sentido *oposto* ao do cirurgião.
- Veias epidurais são coaguladas com cauterização bipolar.
- O ânulo lateral/paramediano pode ser incisionado, e o tecido mole do disco pode ser removido para criar espaço.
- Cinco a 10% dos materiais vertebrais cranial e caudal podem ser resseccionados com um *drill* de alta velocidade.
- Pode-se criar um plano entre o fragmento e a dura, para então realizar uma tentativa de movimentar o fragmento no sentido contrário da dura, para dentro do espaço criado. Deve-se minimizar a manipulação da medula.
- Se intradural, neste ponto pode haver fístula liquórica. Uma vez que o fragmento seja retirado da dura e desalojado do canal vertebral, é seguro removê-lo.
- Deve-se assegurar a adequação da descompressão passando um instrumento angular de forma anterior à dura. O instrumento deve deslizar cranial e caudalmente sem problemas. Um espelho angulado, do tipo que é utilizado às vezes para cirurgia de hipófise, ou um endoscópio de 70° podem ser utilizados para uma inspeção visual, mas achados indicam

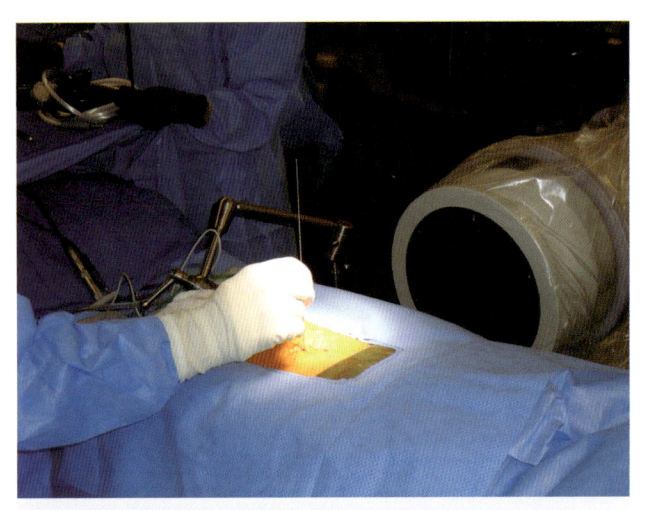

Fig. 32.3 Discectomia em T10–T11 do lado direito. A incisão é marcada de 2 a 3 cm de distância da linha média e um fio-K é inserido inicialmente, chegando à junta zigoapofisária.

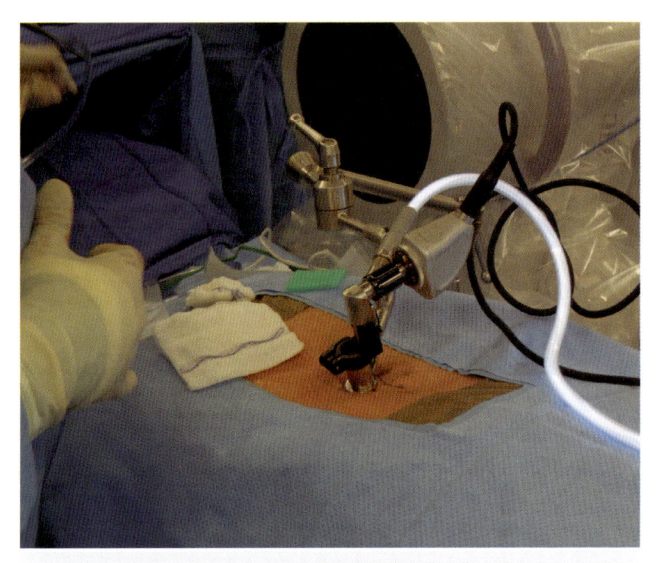

Fig. 32.5 Endoscópio e fonte de luz fixados ao afastador tubular.

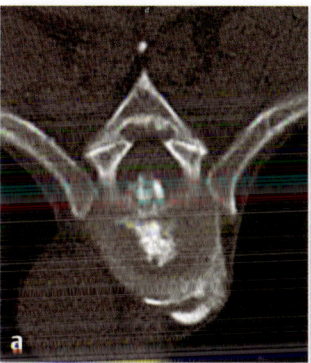

Fig. 32.6 (a) Exemplo de CT em decúbito ventral e (b) peça anatômica demonstrando a extensão da ressecção óssea para a abordagem transpedicular. A área sombreada demonstra a abordagem transpedicular típica, com ressecção da porção medial da junta zigoapofisária e do pedículo. Pode-se resseccionar de 5 a 10% a mais do corpo vertebral para retirar os fragmentos calcificados e permitir sua remoção sem afastamento da medula.

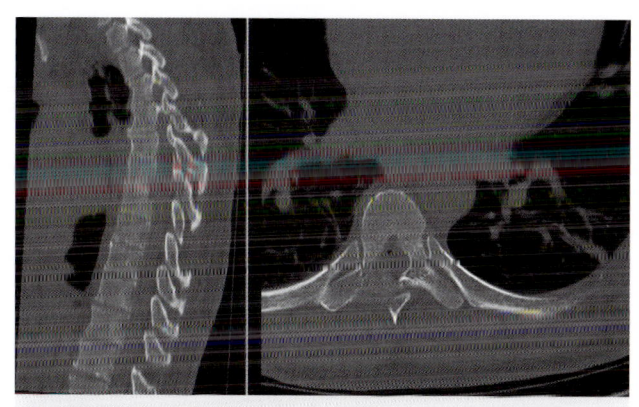

Fig. 32.7 CT pós-operatória do caso demonstrado na Fig. 32.1. Resultados cirúrgicos adequados com a remoção da hérnia de disco e descompressão medular.

que esta técnica é limitada.[3] A orientação por imagem pode ser útil para avaliar a descompressão, especialmente contralateral, mas não pode ser a única fonte de avaliação.

32.3.8 Prevenção de Complicações e Tratamento

- Evite a manipulação da medula a todo custo.
- A secção da raiz geralmente não é necessária, pois ela percorre um curso caudal ao pedículo e, assim, não está próxima às TDHs.
- A síndrome da artéria espinal pode ocorrer como consequência da compressão da artéria espinal anterior pelo fragmento; portanto, é importante manter a pressão arterial média sempre acima de 80 mmHg.
- Certifique-se de que o paciente não está farmacologicamente paralisado, e que o técnico responsável pelo monitoramento está alerta no início da descompressão.
- Durotomia acidental posterior ou posterolateral pode ser resolvida com reparos diretos utilizando-se instrumentos especialmente designados para isso, como descrito em outro ponto da obra.[6]
- O reparo direto de durotomias acidentais ou de defeitos durais maiores decorrentes da TDH não deve ser tentado. Uma vedação cuidadosa com músculo ou esponja cirúrgica (Gelfoam) e a ausência de espaço morto decorrente da abordagem minimamente invasiva são as melhores medidas para avaliar esses problemas. O substituto de dura-máter Onlay e selantes podem ou não ser utilizados, com base nas preferências do cirurgião. Diversores de fluxo de CSF lombar também podem ser utilizados para falhas durais anteriores maiores.
- A hemostasia é alcançada com a matriz hemostática injetável, cera para ossos e coagulação bipolar fina das veias epidurais de maior calibre. Se for realizada uma corpectomia mais extensa, deve-se manter no local um dreno epidural multiperfurado.

32.3.9 Fechamento

O aparato formado por afastador/endoscópio é removido como uma unidade. Pontos de sangramento maiores podem ser coagulados durante o processo de remoção. Os planos fascial e subcutâneo são aproximados com suturas absorvíveis 0 e 3–0. A pele é fechada com uma sutura cutânea contínua 5–0 e/ou adesivo cirúrgico.

32.4 Curso Pós-Operatório

O paciente pode caminhar imediatamente após a cirurgia e pode receber alta assim que consiga andar e urinar sem problemas. Alternativamente, pode ser necessária apenas uma noite de internação, especialmente para homens mais velhos com retenção urinária por causa de efeitos colaterais da anestesia. Prescreve-se repouso de um dia para o outro, se houver durotomia, que pode ser estendido para 3 a 5 dias se realizado dreno lombar externo de CSF. Realiza-se CT sem contraste pós-operatória para avaliar o grau de descompressão atingido; pode-se considerar refazer a cirurgia se o grau não for satisfatório (**Fig. 32.7**).

Referências

1. Eichholz KM, O'Toole JE, Fessler RG. Thoracic microendoscopic discectomy. *Neurosurg Clin N Am* 2006;17(4):441–446
2. Jho HD. Endoscopic microscopic transpedicular thoracic discectomy. Technical note. *J Neurosurg* 1997;87(1):125–129
3. Jho HD. Endoscopic transpedicular thoracic discectomy. *J Neurosurg* 1999;91(2, Suppl):151–156
4. Patterson RH Jr, Arbit E. A surgical approach through the pedicle to protruded thoracic discs. *J Neurosurg* 1978;48(5):768–772
5. Tan LA, Lopes DK, Fontes RBV. Ultrasound-guided posterolateral approach for midline calcified thoracic disc herniation. *J Korean Neurosurg Soc* 2014;55(6):383–386
6. Fontes RB, Tan LA, O'Toole JE. Minimally invasive treatment of spinal dural arteriovenous fistula with the use of intraoperative indocyanine green angiography. *Neurosurg Focus* 2013;35(2, Suppl):Video 5

33 Discectomia Toracoscópica

Victor Lo ▪ Alissa Redko ▪ Ashley E. Brown ▪ Daniel H. Kim ▪ J. Patrick Johnson

33.1 Introdução

A cirurgia toracoscópica videoassistida (VATS) surgiu para tratar transtornos da coluna, em 1993.[1,2,3] Usos atuais da toracoscopia em procedimentos de coluna incluem descompressão do canal espinal (p. ex., discectomia, corpectomia), biópsia medular, correção de deformidades e simpatectomia. A técnica de toracoscopia tem paralelos com a toracotomia aberta, pois ambas são abordagens ventrolaterais pela cavidade peitoral, fornecendo uma visão completa e direta da vértebra e do saco tecal. Os benefícios do procedimento toracoscópico incluem afastamento tecidual mínimo, dor pós-operatória reduzida e permanência mínima no hospital.[4,5,6] A abordagem toracoscópica também pode ser adaptada para instrumentação e fusão, se necessário.[7] Ademais, inovações na tecnologia de navegação intraoperatória levaram à incorporação da VATS guiada por imagem.[8,9] Este capítulo descreve as indicações e o procedimento para a discectomia toracoscópica.

33.2 Indicações para Discectomia Torácica

A incidência reportada de hérnia de disco torácica clinicamente significativa é bastante baixa, algo como uma em um milhão, ou 0,25 a 0,75% de todos os discos lesionados.[10,11] A radiculopatia causada por hérnia de disco torácica, tipicamente, causa dor nas costas tanto axial quanto radicular, que se manifesta como espasmos musculares paraespinais e dor nas paredes torácicas que irradia. O manejo não cirúrgico dessas lesões com anti-inflamatórios não esteroides, injeções epidurais de esteroides e fisioterapia tem sido bem-sucedido no tratamento de muitos pacientes com sintomas apenas radiculares. O tratamento não cirúrgico de radiculopatia torácica tolerável por 3 a 6 meses é razoável, visto que uma grande proporção de casos apresenta melhora sem intervenção cirúrgica.

Ainda que não haja consenso quanto à remoção de discos torácicos, a cirurgia é geralmente reservada a pacientes que não responderam a tratamentos mais conservadores dos sintomas radiculares ou para aqueles que apresentam mielopatia, especialmente se for progressiva ou severa. As abordagens para discectomia são a dorsolateral (p. ex., transpedicular), lateral (p. ex., costotransversectomia, extracavitária lateral, paraescapular), ventrolateral (p. ex., transtorácica/toracoscópica, retropleural) e ventral (p. ex., transesternal). A escolha da abordagem vai depender da localização anatômica da hérnia. Todos os discos herniados agudos, discos com calcificação lateral e discos com calcificação centrolateral leve podem ser, geralmente, tratados com abordagens posterolaterais (**Fig. 33.1**). Discos densamente calcificados centrolaterais ou certos discos levemente calcificados que requerem qualquer afastamento da medula para a discectomia devem ser, inicialmente, considerados para abordagens ventrolaterais ou laterais (**Fig. 33.2**). Quando uma abordagem transtorácica é indicada, pode-se considerar também a abordagem toracoscópica.

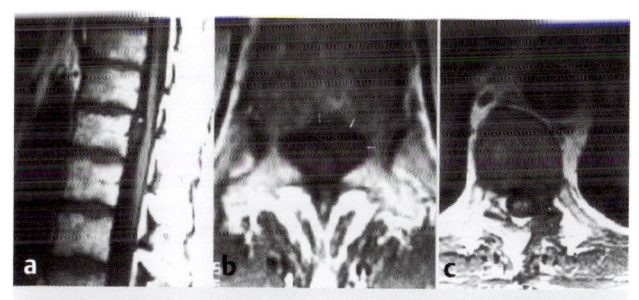

Fig. 33.1 (**a**) MRI sagital em T1 da coluna torácica demonstrando uma hérnia de disco torácica. (**b**) MRI Axial em T1 da coluna torácica demonstrando uma hérnia de disco torácica no aspecto ventrolateral do canal espinal. (**c**) MRI Axial em T2 da espinha torácica demonstrando uma hérnia de disco torácica no aspecto ventrolateral do canal espinal.

33.3 Contraindicações para Discectomia por Toracoscopia

Contraindicações incluem:
- Insuficiência Respiratória (p. ex., incapacidade de tolerar ventilação de apenas um dos pulmões).
- Sínfise da pleura.
- Cirurgia ventral anterior malsucedida.
- Empiema torácico.
- Toracotomia anterior.
- Toracotomia com tubo anterior.
- Doença bolhosa pulmonar com função pulmonar reduzida.

33.4 Diagnóstico por Imagem da Hérnia de Disco Torácica

A MRI é a modalidade ideal para avaliar as vértebras torácicas, discos intervertebrais e elementos neurais. A MRI pode definir a localização do disco herniado em relação ao canal medular (p. ex., central, paracentral, lateral; **Fig. 33.2**). A CT define a anatomia dos ossos e pode mostrar se o disco herniado está calcificado (**Fig. 33.3**) ou se o ligamento posterior longitudinal está calcificado (**Fig. 33.4**). A mielografia por CT é útil quando o paciente não tolera ou apresenta contraindicações à MRI (**Fig. 33.5**). Estudos de imagem das colunas torácica e lombar podem ser utilizados como referência intraoperatória para localização da hérnia de disco.

33.5 Instrumentos Cirúrgicos

O equipamento de endoscopia necessário para uma discectomia por toracoscópico está disponível nas salas de operações de cirurgia geral e laparoscopia ginecológica e/ou endoscopia torácica geral.[12] O equipamento inclui:
- Mesa cirúrgica radiolúcida.
- Equipamento de fluoroscopia (arco cirúrgico).
- Endoscópio.
  - Canal de trabalho óptico com 5 mm ou 10 mm de diâmetro.

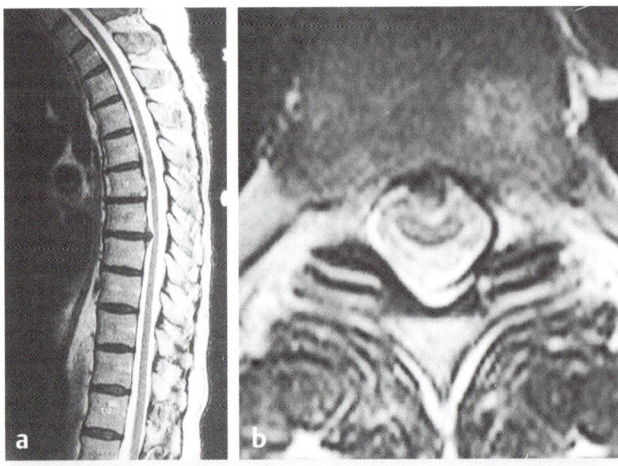

Fig. 33.2 (**a**) MRI sagital em T2 da coluna torácica demonstrando uma hérnia de disco torácica. (**b**) MRI axial em T2 da coluna torácica demonstrando uma hérnia de disco torácica no canal espinal ventral. A localização anatômica desta hérnia de disco sugere a abordagem toracoscópica como uma boa opção.

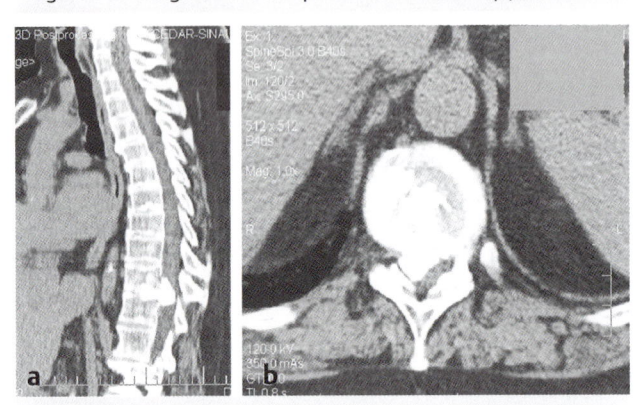

Fig. 33.3 (**a**) CT sagital da coluna torácica demonstrando uma grande hérnia de disco torácica calcificada. (**b**) CT axial da coluna torácica demonstrando a hérnia de disco torácica calcificada causando compressão no canal.

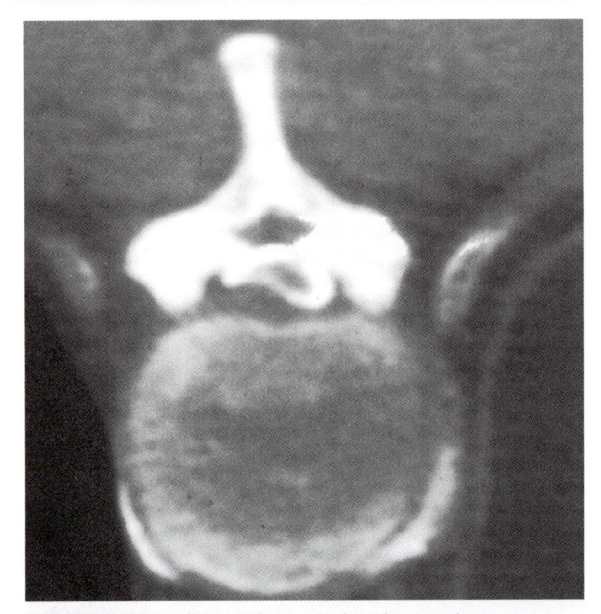

Fig. 33.5 CT axial de mielograma da coluna torácica demonstrando a hérnia de disco resultando em compressão no canal medular.

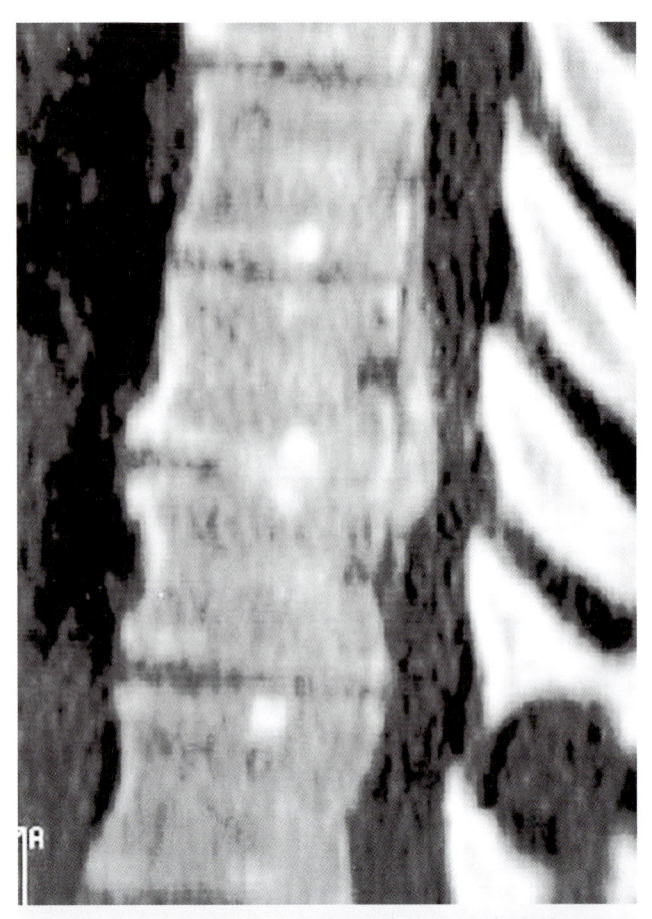

Fig. 33.4 CT sagital da coluna torácica demonstrando ossificação do ligamento longitudinal posterior.

- Câmeras com ângulos de 0°, 30° e 45° (**Fig. 33.6**).
- *Drill* cirúrgico.
  - Extensões do *drill*.
  - Cabo do tipo pistola que fornece estabilidades rotacional e angular (**Fig. 33.7a**).
  - Ponta diamantada e ponta para cortes circulares (**Fig. 33.7b**).
- Instrumentos com cabo longo para cirurgia de coluna (**Fig. 33.8**).
  - Pinças de Kerrison.
  - Curetas retas e anguladas.
  - Pinça de apreensão de hipófise.
  - Gancho cirúrgico para nervos.
  - Dissectores Penfield.
  - Dissector dental.
- Sistema de sucção e irrigação.
  - Disponível no *kit* padrão de endoscopia.
  - Aspirador Frazier estendido também pode ser utilizado.
- Instrumentos de endoscopia.
  - Tesouras para laparoscopia.
  - Bisturi de coagulação bipolar para endoscopia.
  - Bisturi harmônico.
  - Ligas endovasculares em laço e *clip*.
- Diversos aplicadores com ponta de algodão utilizados como dissectores de tecido mole e como aplicadores de cera para osso.

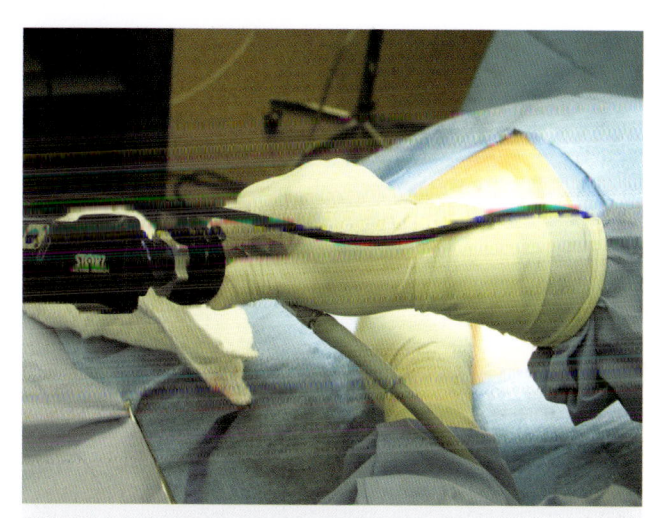

Fig. 33.6 Endoscópio cirúrgico utilizado na toracoscopia.

33.6 Técnica de Discectomia por Videotoracoscopia

33.6.1 Considerações sobre Anestesia

O procedimento requer a indução de anestesia geral. A inserção de um tubo endotraqueal de duplo lúmen para ventilação seletiva do pulmão contralateral, feita pelo lado da abordagem, permite exposição máxima.

33.6.2 Posicionamento

O paciente deve ser retido em decúbito lateral, com o lado a ser operado para cima. A abordagem pelo lado direito é geralmente preferida para acessar T11 a L2, e pelo lado esquerdo para acessar T3 a T10. As pernas devem ficar ligeiramente flexionadas, e um suporte axilar deve ser colocado abaixo da axila. O braço de cima deve ser suportado por um apoio Krause, o que expõe a parede torácica para a toracotomia (**Fig. 33.9**). A fluoroscopia por arco cirúrgico é realizada para assegurar que o posicionamento do paciente e de sua coluna esteja perpendicular à mesa cirúrgica. O monitoramento do potencial somatossensorial e motor da medula espinal deve ser realizado durante o procedimento.

33.6.3 Acesso à Toracoscopia

Os níveis da coluna são localizados com fluoroscopia lateral por arco cirúrgico. Os corpos vertebrais, discos e linhas espinhais anterior e posterior são marcados na parede lateral do tórax. Três portais são marcados na parede do tórax em padrão triangular, com o acesso para o endoscópio perpendicular e centralizado no nível da lesão. Os portais de trabalho e de sucção/irrigação são posicionados na linha axilar anterior. Toda a parede lateral do tórax deve ser preparada, caso seja necessária a conversão para toracotomia. Depois de iniciada a ventilação do pulmão contralateral, o primeiro acesso para o endoscópio é posicionado. É utilizada uma técnica de minitoracotomia, com dissecção romba pelos tecidos subcutâneos e músculos intercostais, até que se exponha e adentre a pleura parietal. A deflação adequada do pulmão é confirmada por visualização direta. Trocartes de ponta romba de 5 ou 10 mm (dependendo do tamanho do instrumento a ser introduzido) são utilizados para diminuir a incidência de lesão dos nervos intercostais

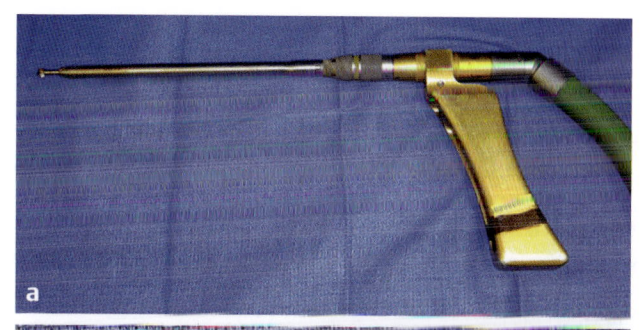

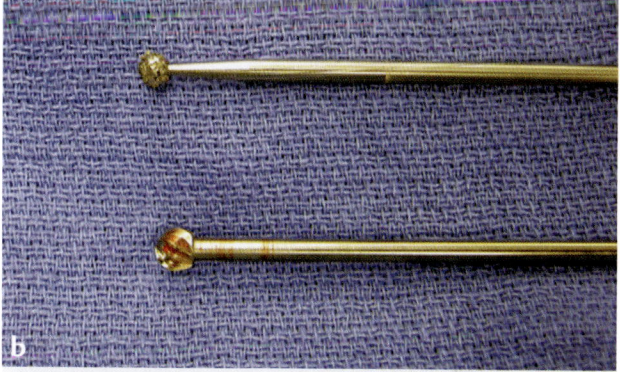

Fig. 33.7 (**a**) *Drill* pneumático com eixo estendido (8 a 10 polegadas) e cabo do tipo pistola. (**b**) Brocas cortantes diamantadas (5 mm de diâmetro) usadas para remoção de osso.

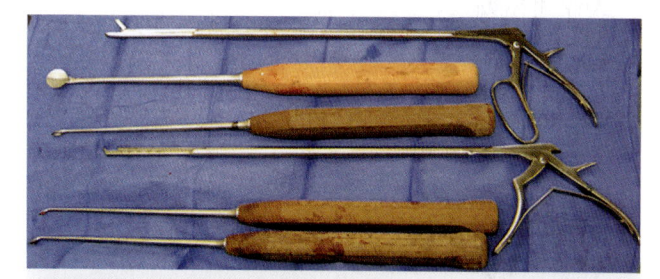

Fig. 33.8 Instrumentos com eixo estendido e instrumentos de toracoscopia com cabo utilizados na discectomia.

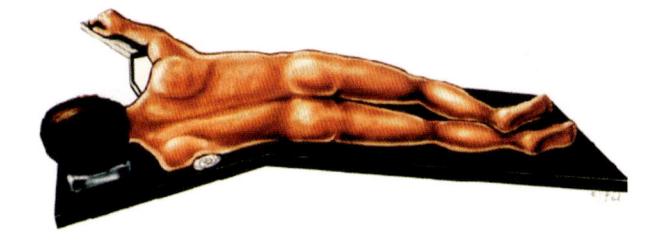

Fig. 33.9 Posição lateral do paciente para toracoscopia.

(**Fig. 33.10**). Após a inserção do trocarte, introduz-se o endoscópio de 30°. A cavidade torácica é inspecionada, e os trocartes subsequentes são inseridos sob visualização endoscópica direta. A imagem por endoscopia é orientada de modo que a coluna fique paralela à borda inferior do monitor. Uma vez que os acessos tenham sido colocados, o pulmão é afastado de modo anterior. Um afastamento adicional do pulmão pode ser conseguido pela rotação da mesa cirúrgica, de modo a permitir que o pulmão se distancie da coluna vertebral. A localização do nível espinal é feita pela colocação de um pino de Steinmann no espaço discal presumível, e é confirmada com fluoroscopia por arco cirúrgico.

33.6.4 Exposição

Os vasos segmentais posicionam-se de modo transversal à região média do corpo vertebral, portanto, a divisão é geralmente desnecessária (**Fig. 33.11**). Entretanto, se preciso, os vasos segmentais podem ser mobilizados, ligados e divididos. Deve-se fazer uma ampla abertura na pleura parietal, sobre a cabeça da costela e sobre o espaço discal (**Fig. 33.12**). A ponta proximal da costela e o espaço discal são colineares e auxiliam na orientação do cirurgião durante o procedimento. Dois centímetros da ponta proximal da costela são removidos com um *drill* de alta velocidade para expor a superfície lateral do pedículo e o forame neural (**Fig. 33.13a**). Após serrar a cabeça proximal da costela, será possível visualizar o pedículo (**Fig. 33.13b**). O forame neural contém gordura epidural e é relativamente pequeno, atravessado por nervos e vasos segmentais.

33.6.5 Discectomia

O pedículo é serrado até que se exponha o canal medular lateral e se visualize a dura-máter (**Fig. 33.14**). A descompressão requer a remoção óssea adequada das placas terminais posteriores, o que pode ser estendido ao pedículo contralateral, se necessário (**Fig. 33.15**). O sangramento do tecido ósseo esponjoso pode dificultar a visualização, portanto, é essencial que se realize a hemostase durante todas as fases do procedimento.

A cera para osso empregada com um aplicador endoscópico com ponta de algodão pode ser eficiente no controle do sangramento ósseo. Um fragmento de disco que tenha migrado tanto cefalar quanto caudalmente vai requerer mais cortes para tornar o canal medular adequado para completa descompressão. O ligamento posterior longitudinal é identificado e aberto com uma sonda de ponta romba e subsequentemente ressecionado com curetas e *rongeurs* de Kerrison (**Fig. 33.16**). Essa parte geralmente requer que se puxe o tecido mole do disco ou que se quebrem partes calcificadas do disco para dentro do vão criado pela descompressão óssea. Antes do fechamento, detritos de osso ou tecido do disco devem ser irrigados para fora. O procedimento realiza a descompressão completa da dura-máter, da medula e do canal espinal de um ponto de vista endoscópico ventrolateral (**Fig. 33.17**). MRI e CT pós-operatórias são demonstradas na **Fig. 33.18**.

33.6.6 Fechamento da Ferida e Cuidados Pós-Operatórios

Um dreno torácico é colocado pelo portal posterior, com orientação endoscópica, e aplica-se sucção 20 cm H_2O enquanto o

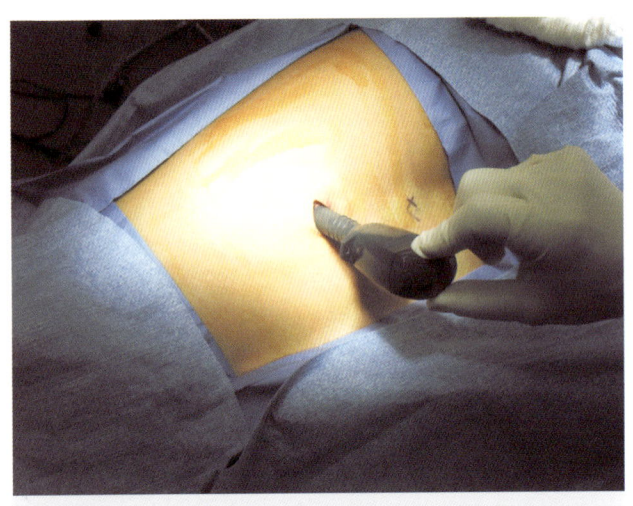

Fig. 33.10 Os trocartes de 5 mm e 10 mm são utilizados para reduzir a incidência de lesões no nervo intercostal.

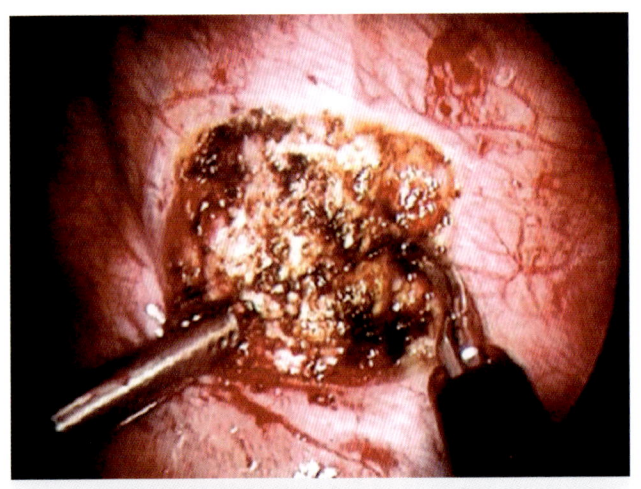

Fig. 33.12 Imagem toracoscópica da pleura parietal aberta sobre a cabeça da costela e o espaço discal.

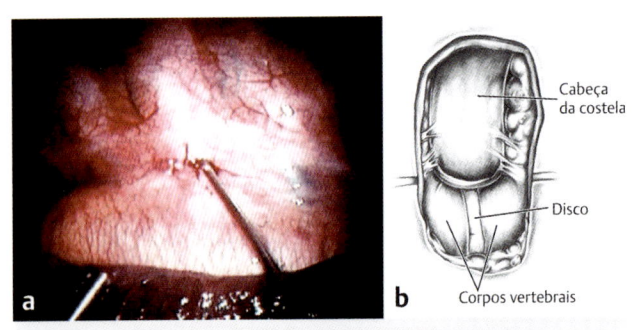

Fig. 33.11 (**a**) Imagem toracoscópica da coluna torácica com pino de Steinmann no espaço discal na localização radiográfica. (**b**) Relação anatômica entre o disco intervertebral e a cabeça da costela.

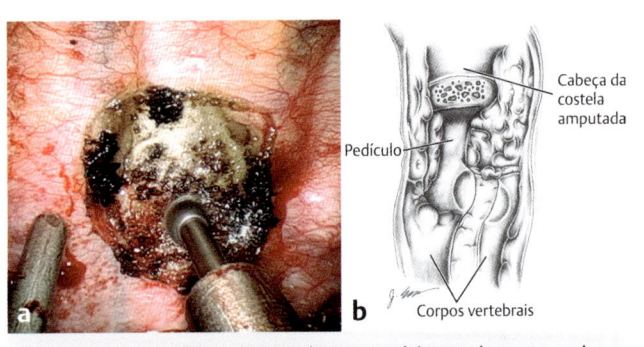

Fig. 33.13 (**a**) A cabeça da costela proximal é serrada para revelar o pedículo. (**b**) Relação anatômica entre o pedículo e o espaço discal depois da remoção da cabeça da costela proximal.

Discectomia Toracoscópica

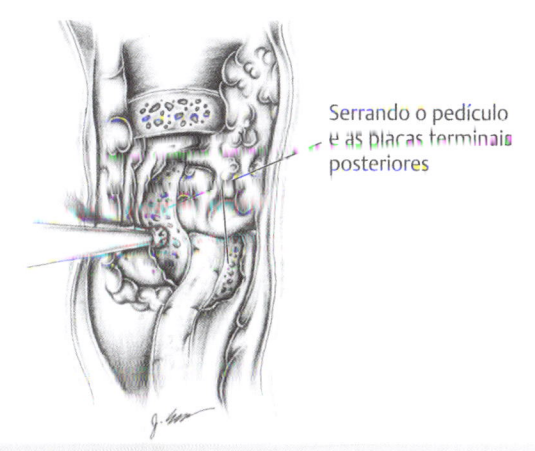

Fig. 33.14 O pedículo e as placas terminais posteriores são serrados para permitir a exposição adequada do disco herniado.

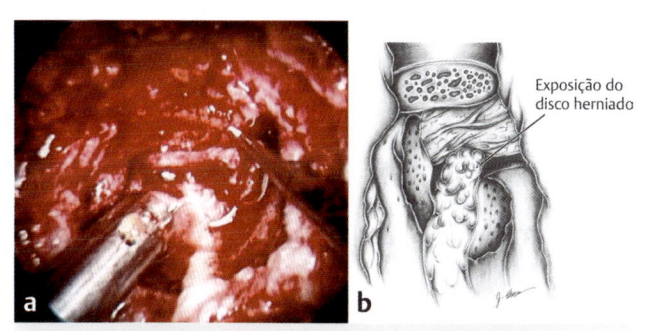

Fig. 33.15 (a) Imagem toracoscópica do disco herniado após a retirada dos pedículos e das placas terminais adjacentes.
(b) Imagem diagramática do disco herniado após a retirada do pedículo e das placas terminais.

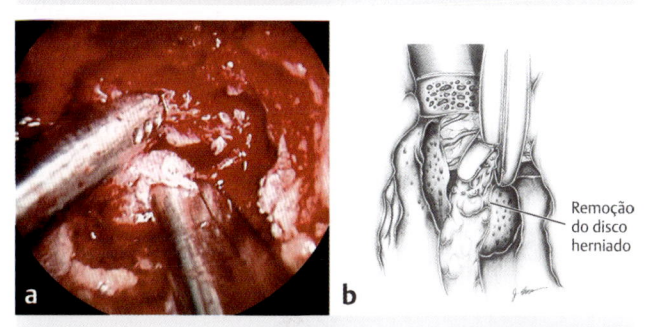

Fig. 33.16 (a) Imagem toracoscópica da discectomia. **(b)** Diagrama da discectomia.

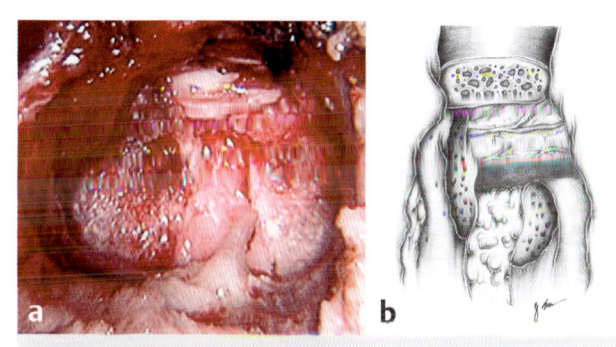

Fig. 33.17 (a) Imagem toracoscópica pós-discectomia. **(b)** Ilustração pós-discectomia.

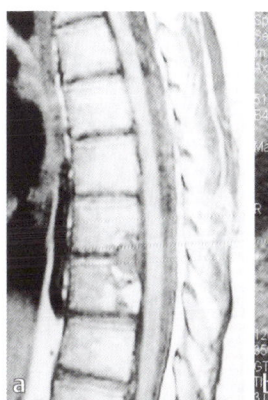

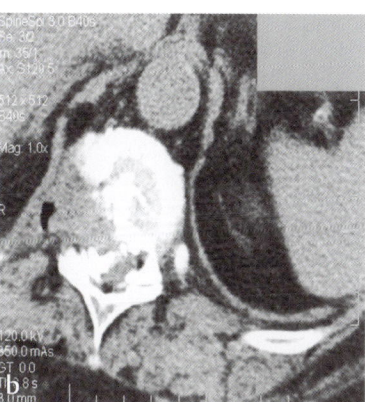

Fig. 33.18 (a) MRI sagital em T1 pós-operatória da coluna torácica demonstrando a descompressão da medula e do canal medular.
(b) CT axial pós-operatória da coluna torácica ilustrando a extensão da ressecção óssea para a discectomia.

anestesiologista reexpande o pulmão. Os portais endoscópicos são removidos, e as incisões são fechadas camada por camada, com suturas absorvíveis. O paciente é extubado ao fim do procedimento, e uma radiografia torácica é realizada na sala de recuperação, para confirmar a reexpansão pulmonar. O paciente é tratado no pós-operatório com higiene brônquica agressiva. O dreno torácico é removido quando a drenagem atingir menos de 100 mL por dia, o que deve levar de 24 a 48 horas. A abordagem toracoscópica para a discectomia gera poucas cicatrizes (**Fig. 33.19**).

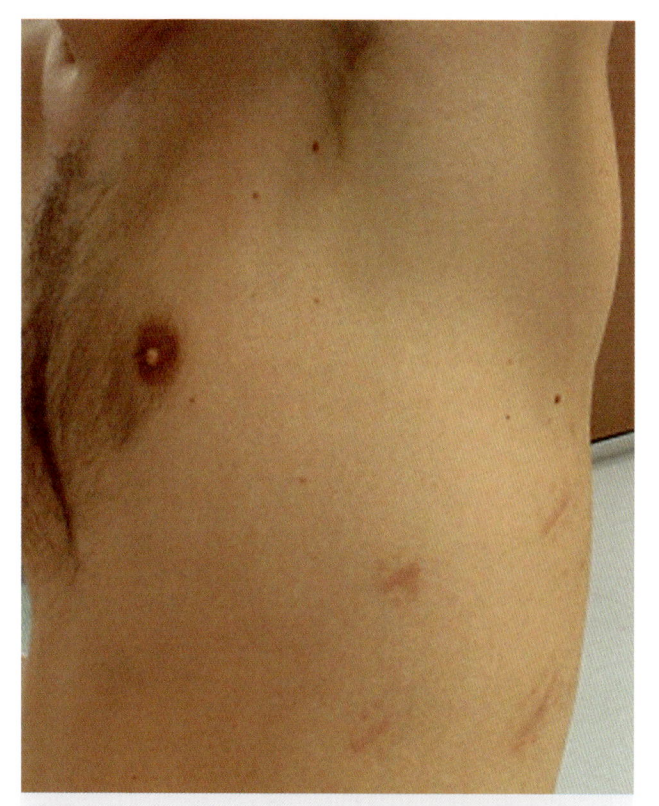

Fig. 33.19 Incisões cicatrizadas após a discectomia via toracoscopia.

33.7 Complicações

As complicações no procedimento de discectomia toracoscópica são incomuns, e a maioria foi transitória e não representou risco de vida.[13,14] As complicações decorrentes da toracoscopia incluem nevralgia intercostal, pneumotórax, derrame pleural, atelectasia, hemotórax, quilotórax e enfisema subcutâneo. As complicações decorrentes da discectomia são a retenção de fragmentos de disco, déficit neurológico e vazamento de líquido cefalorraquidiano. As complicações gerais que podem ocorrer são identificação errada do nível, infecção e perda de sangue > 2.000 mL.

Referências

1. Landreneau RJ, Hazelrigg SR, Mack MJ, et al. Postoperative pain-related morbidity: video-assisted thoracic surgery versus thoracotomy. *Ann Thorac Surg* 1993;56(6):1285–1289
2. Mack MJ, Regan JJ, Bobechko WP, Acuff TE. Application of thoracoscopy for diseases of the spine. *Ann Thorac Surg* 1993;56(3):736–738
3. Horowitz MB, Moossy JJ, Julian T, Ferson PF, Huneke K. Thoracic discectomy using video assisted thoracoscopy. *Spine* 1994;19(9):1082–1086
4. Dickman CA, Detweiler PW, Porter RW. Endoscopic spine surgery. *Clin Neurosurg* 2000;46:526–553
5. Johnson JP, Filler AG, Mc Bride DQ. Endoscopic thoracic discectomy. *Neurosurg Focus* 2000;9(4):e11
6. Oskouian RJ Jr, Johnson JP, Regan JJ. Thoracoscopic microdiscectomy. *Neurosurgery* 2002;50(1):103–109
7. Bisson EF, Jost GF, Apfelbaum RI, Schmidt MH. Thoracoscopic discectomy and instrumented fusion using a minimally invasive plate system: surgical technique and early clinical outcome. *Neurosurg Focus* 2011;30(4):E15
8. Johnson JP, Drazin D, King WA, Kim TT. Image-guided navigation and video-assisted thoracoscopic spine surgery: the second generation. *Neurosurg Focus* 2014;36(3):E8
9. Hur JW, Kim JS, Cho DY, Shin JM, Lee JH, Lee SH. Video-assisted thoracoscopic surgery under O-arm navigation system guidance for the treatment of thoracic disk herniations: surgical techniques and early clinical results. *J Neurol Surg A Cent Eur Neurosurg* 2014;75(6):415–421
10. Carson J, Gumpert J, Jefferson A. Diagnosis and treatment of thoracic intervertebral disc protrusions. *J Neurol Neurosurg Psychiatry* 1971;34(1):68–77
11. Arce CA, Dohrman GJ. Thoracic disc herniations. Improved diagnosis with CT scanning and a review of the literature. *Surg Neurol* 1958;23:356–361
12. Regan JJ, McAfee PC, Mack MJ. *Atlas of Endoscopic Spine Surgery*. St. Louis, MO: Quality Medical Publishing; 1995
13. McAfee PC, Regan JR, Zdeblick T, et al. The incidence of complications in endoscopic anterior thoracolumbar spinal reconstructive surgery. A prospective multicenter study comprising the first 100 consecutive cases. *Spine* 1995;20(14):1624–1632
14. Barbagallo GMV, Piccini M, Gasbarrini A, Milone P, Albanese V. Subphrenic hematoma after thoracoscopic discectomy: description of a very rare adverse event and review of the literature on complications: case report. *J Neurosurg Spine* 2013;19(4):436–444

34 Laminectomia Descompressiva Torácica Endoscópica Tubular

Ryan Khanna ▪ Zachary A. Smith

34.1 Introdução

Cirurgiões de coluna estão optando cada vez mais por instrumentos endoscópicos em razão das vantagens oferecidas por abordagens minimamente invasivas. Avanços na tecnologia permitiram a incorporação dessas técnicas na descompressão torácica. Mesmo que o procedimento ainda esteja evoluindo, há indicações para o uso de endoscópios na descompressão torácica (**Vídeo 34.1**).

34.2 Escolha do Paciente

34.2.1 Indicações

- Compressão sintomática da medula espinal torácica (**Fig. 34.1**).
- Hematoma epidural e infecção.
- Tumores epidurais torácicos.
- Compressão degenerativa: calcificação do ligamento amarelo, cistos sinoviais (**Fig. 34.2**).

34.2.2 Contraindicações

- Instabilidade da coluna vertebral.
- Qualquer procedimento que requeira fusão de vértebras torácicas.
- Escoliose.
- Cicatriz pós-laminectomia significativa (relativa).
- Instrumentação anterior em nível operatório.

34.3 Técnica

34.3.1 Posicionamento e Anestesia

É utilizada anestesia geral (propofol e remifentanil), com monitoramento dos potenciais somatossensórios e motores. O paciente é posicionado em decúbito ventral, com a cabeça em um sistema de fixação Mayfield de três pontos. Os níveis cirúrgicos são identificados e marcados com a ajuda da fluoroscopia lateral e com contagem cefalada a partir do sacro. Os níveis são, então, confirmados com fluoroscopia anteroposterior e contagem das costelas torácicas. Os autores normalmente utilizam marcadores de referência pré-operatórios (**Fig. 34.3**). Por sua experiência, um marcador de referência posicionado no nível do pedículo minimiza o tempo de cirurgia, diminui a exposição à radiação ao longo do procedimento e, adicionalmente, aumenta a segurança quanto à correta localização do nível cirúrgico. Eles são particularmente úteis em casos de apenas um nível, em pacientes com anatomia pouco definida por radiografia. A infiltração na pele é realizada com uma mistura de lidocaína e bupivacaína injetada no local da incisão.

34.3.2 Local de Incisão Cutânea

O ponto de incisão cutânea fica a 2 cm da linha média em sua lateral, e em direção rostrocaudal por 20 a 24 mm.

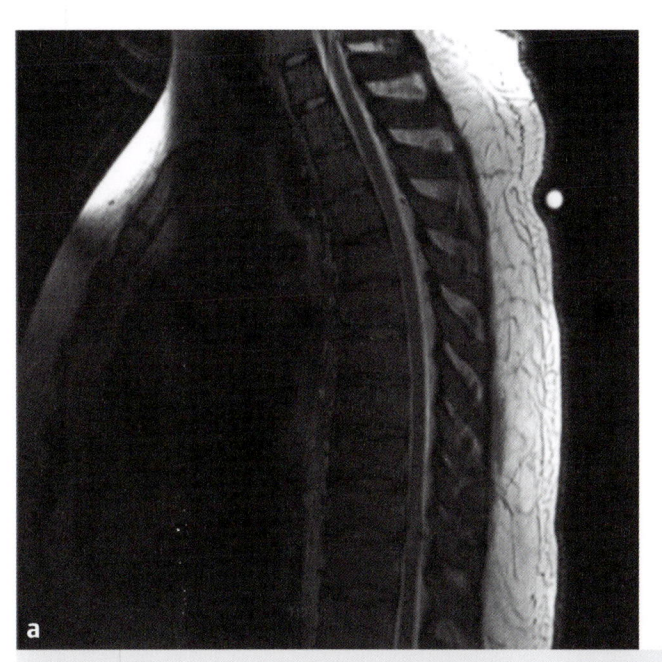

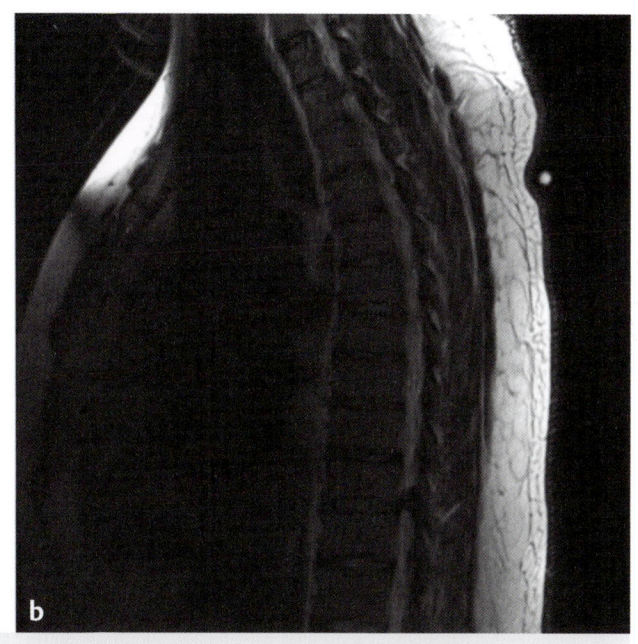

Fig. 34.1 MRI torácica demonstrando mudanças degenerativas multinível na coluna torácica, superimpostas sobre a gordura epidural dorsal. As mudanças são, de modo geral, mais pronunciadas em T10–T11, onde há uma estenose grave do canal espinal, assim como uma estenose foraminal bilateral (lado direito mais acentuado). Há uma compressão medular associada e um sinal em T2 hiperintenso, anormal e focal dentro da medula torácica, centrado no nível de T10–T11. (**a**) Corte sagital na linha média; (**b**) corte sagital no lado direito.

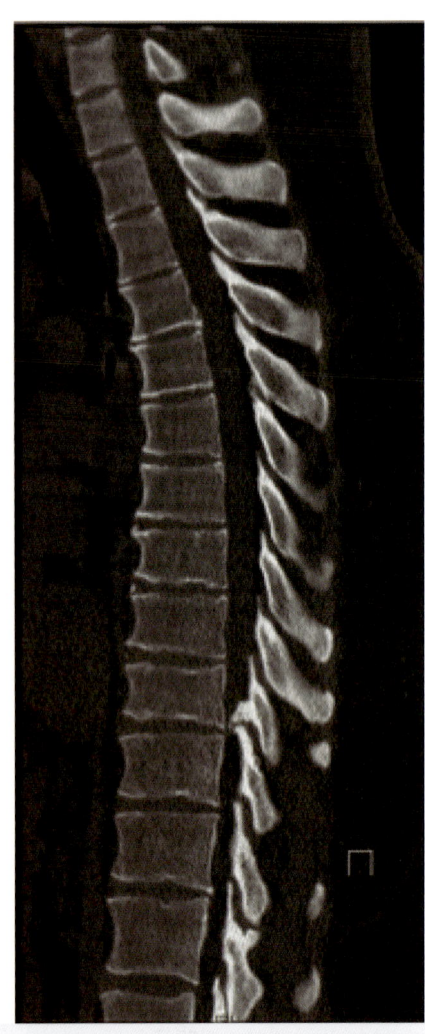

Fig. 34.2 CT torácica demonstra ossificação heterotópica consistente com a potencial ossificação do ligamento amarelo e hipertrofia da faceta. O osso está causando compressão sintomática da medula espinal.

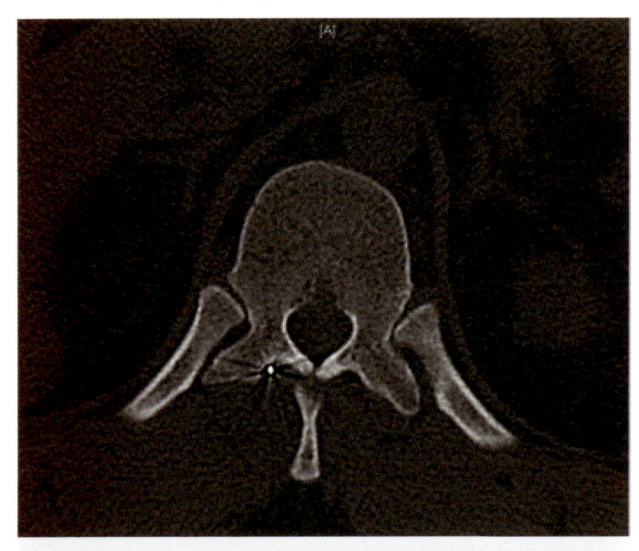

Fig. 34.3 CT axial demonstra marcador de referência posicionado no pré-operatório, que facilitou a ancoragem e a aplicação de técnicas minimamente invasivas. O marcador foi posicionado por radiologia intervencionista um dia antes da cirurgia.

34.3.3 Inserção da Agulha e Dilatação

Para este procedimento, pode-se utilizar tanto um microscópio quanto um endoscópio. Aqui, descrevemos a técnica com a ajuda de um microscópio. Os mesmos passos podem ser seguidos com a inserção de um endoscópio. O compartimento fascial é aberto com uma lâmina n° 15. Não se utiliza uma agulha espinal para acoplamento (como seria feito numa descompressão lombar). Em vez disso, o tecido mole é afastado focalmente, criando um caminho estreito (5–10 mm de largura) em direção à junção lâmina-faceta torácica. O primeiro dilatador METRx (Medtronic Inc., Memphis, TN) é, então, introduzido por este caminho, com angulação medial mínima. O local onde ele deve parar fica antes do osso, e a localização é confirmada com fluoroscopia lateral por braço-C. Após a obtenção das imagens, avançamos até o osso e começamos a dilatação seriada. Ela é realizada com a inserção do sistema de dilatação METRx e com a substituição progressiva por dilatadores cada vez maiores, um em torno do outro, até que o afastador Quadrant (Medtronic, Inc.) passe pelo acesso criado pelos dilatadores (**Fig. 34.4**). Dilatamos até 24 mm de diâmetro em muitos casos de patologia avançada. (Entretanto, em casos de compressão focal, unilateral ou mesmo focal bilateral, um canal de 18 mm é bastante eficiente. Quanto menores forem os canais, mais fácil será realizar angulação e manipulação no tecido mole, e também é menos provável que se "enganche" na faceta.)

O tubo do afastador Quadrant é posicionado e afixado à mesa cirúrgica por um braço flexível. Neste ponto, angulamos o tubo em direção à hemilâmina da linha média. Geralmente, a localização do canal de trabalho (18 a 20 mm para acessos tubulares ou 24 mm para o Quadrant) é confirmada com AP e fluoroscopia lateral.

34.3.4 Descompressão

O afastador Quadrant é inserido pelo acesso e expandido em sentido rostrocaudal para expor as lâminas nas bordas superiores e inferiores (p. ex., T3–T5). Para definir os limites laminares, utilizam-se curetas. O tecido mole é removido com cauterizador Bovie, seguido por hemilaminotomias multinível com pinças Kerrison e um *drill* de alta velocidade. Inicialmente, usamos o *drill* para remover a hemilâmina ipsolateral até o ligamento amarelo. É só depois da remoção ipsolateral que trabalhamos do outro lado. Para tanto, frequentemente ajeitamos o ângulo do canal de trabalho para adicionar 5 a 10° de angulação medial. Então, utilizamos o *drill* na hemilâmina contralateral. Aqui, o cirurgião está essencialmente cortando a lâmina por baixo, de dentro para fora. Durante a remoção do osso do lado oposto, o ligamento amarelo permanece intacto. Isto protege a dura-máter de lesões causadas pelo *drill*. Na coluna torácica, diferentemente da coluna lombar, o cirurgião não pode comprimir a dura-máter durante a exposição contralateral. Também é importante notar que durante a remoção subsequente do ligamento, geralmente há uma abertura ou dobra na linha média do ligamento que pode ser utilizada para auxiliar no acesso ao plano abaixo dele. Para descompressões bilaterais, geralmente nos beneficiamos disso.

Finalmente, os mesmos passos cirúrgicos são repetidos na ponta inferior da lesão (p. ex., T7–T9) de modo contralateral à banda de tensão posterior. Após a descompressão, inspecionamos o local para confirmar que ela ocorreu "de pedículo a pedículo". Entretanto, diferentes patologias vão apresentar diferentes exigências. Para casos multinível, geralmente empregamos dois canais de trabalho separados. Por exemplo, uma infecção/hemorragia epidural de T2 a T8 pode ser acessada por

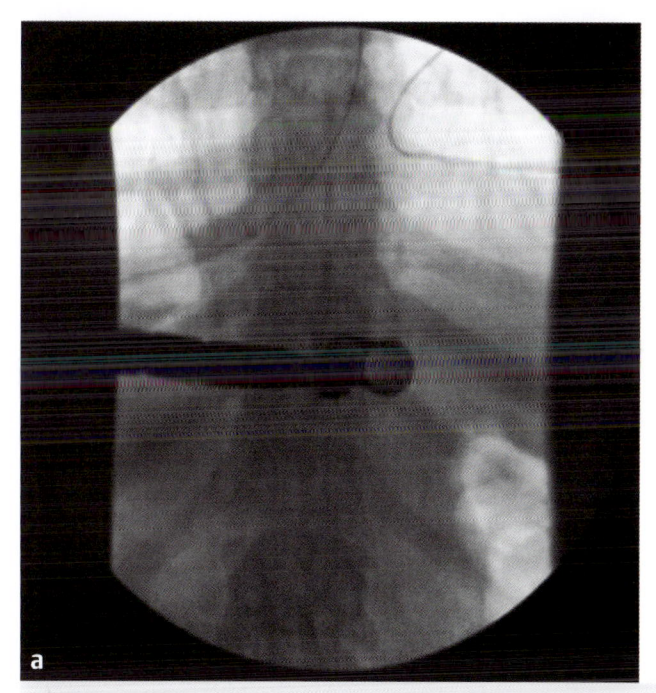

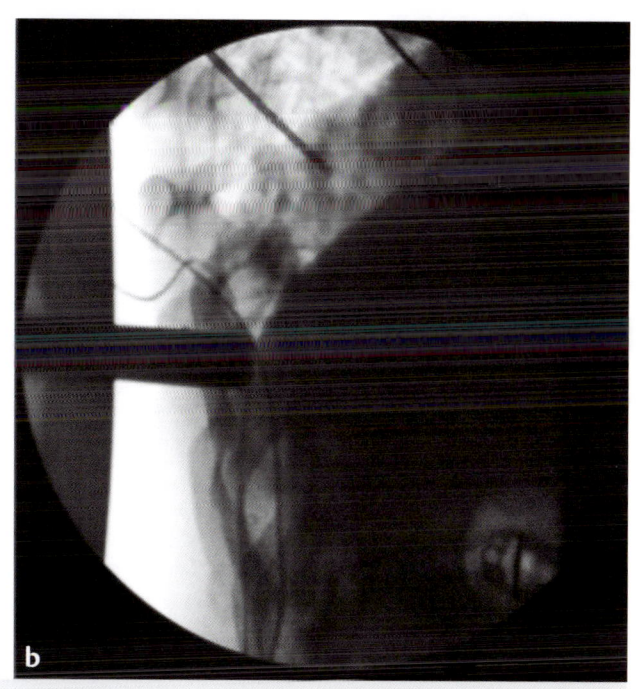

Fig. 34.4 Ancoragem do tubo METRx. Um marcador de referência foi utilizado para ancorar um afastador minimamente invasivo em T10–T11. Ele foi posicionado no pedículo e então usado para ancoragem no local. Um tubo METRx de 18 mm foi ancorado na hemilâmina do mesmo lado. (**a**) Imagens coronal e (**b**) sagital do aparato de ancoragem.

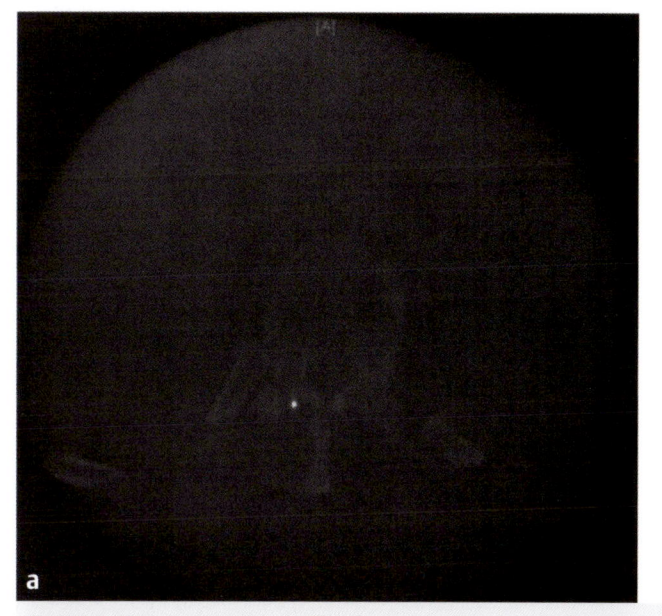

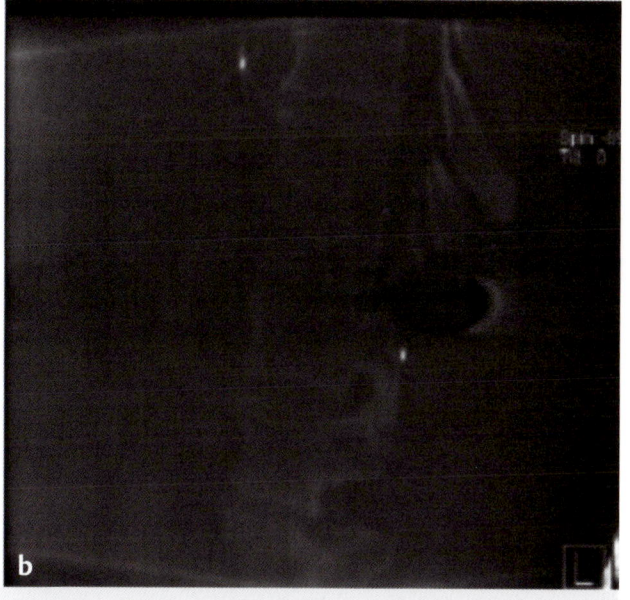

Fig. 34.5 CT intraoperatória é utilizada para confirmar o nível correto: (**a**) corte axial e (**b**) corte sagital confirmando a localização. Após a cirurgia, utilizou-se o *O-arm* para confirmar a remoção óssea completa.

duas incisões. A incisão superior do lado esquerdo vai permitir a descompressão de T2 a T4, enquanto a incisão inferior direita (também a 2 cm de distância da linha média) permite o acesso de T5 a T8. Após a descompressão de cada nível, o tubo METRx é reangulado e acoplado ao local da descompressão (**Fig. 34.5**).[1]

34.4 Prevenção de Complicações

Cirurgias na coluna torácica apresentam riscos específicos, seja na abordagem aberta, seja na minimamente invasiva. No caso da última, o risco de cirurgia no nível errado aumenta. A falta de pontos de referência anatômicos abertos, o ofuscamento da anatomia, afastadores radiopacos e a potencial falta de detalhes na radiografia de pacientes com obesidade ou osteoporose podem aumentar o risco de desorientação. Em alguns casos, utilizamos marcadores de referência pré-operatórios para prevenir problemas com o nível anatômico e com a localização.[2] Acreditamos que isto seja benéfico tanto para o cirurgião novo em abordagens não invasivas quanto para cirurgiões experientes na técnica. Os marcadores de referência pré-operatórios ajudam a minimizar o tempo necessário de fluoroscopia inicial e oferecem uma boa "verificação cruzada" com o planejamento pré-operatório.

Acoplar o acesso minimamente invasivo também pode representar um risco significativo para a coluna torácica. Dificuldades com os fios de Kirschner ou com dilatadores menores podem levar ao posicionamento errado no espaço intralaminar e a potenciais lesões neurológicas. Portanto, não utilizamos os fios-K para descompressões torácicas. A dilatação focal de um canal de trabalho inicial é feita com tesouras curvas, e o primeiro dilatador é o instrumento inicial a ser posicionado no osso. Ademais, frequentemente utilizamos uma técnica de acoplagem "para cima e para baixo". Ela assegura que os dilatadores sejam posicionados na direção da faceta ou da junção lâmina/faceta. Apenas após a acoplagem podemos ajustar o ângulo do canal de trabalho em direção à linha média.

O acesso bilateral em técnicas minimamente invasivas pode ser desafiador. Para evitar afastamento da teca e descompressão contralateral, sugerimos o ajuste de ângulo/reposicionamento frequente do Quadrant ou portal de acesso METRx. Além disso, em certos casos utilizamos ou a ancoragem bilateral de um tubo METRx ou a descompressão sequencial – primeiro do lado esquerdo, depois do lado direito.

Por fim, a hemostase durante o fechamento é crítica para estes casos. Por haver pouco espaço potencial anatômico, mesmo um pequeno hematoma pode causar sintomas severos. Após a descompressão, todo sangramento ósseo deve ser cuidadosamente vedado com cera, veias epidurais devem ser coaguladas e Surgifoam deve ser aplicado nas laterais. Mantemos uma pequena margem para colocação de um dreno Hemovac médio no canal de trabalho, quando necessário. O dreno pode ser mantido no local após a remoção do canal.

Referências

1 Smith ZA, Lawton CD, Wong AP, et al. Minimally invasive thoracic decompression for multi-level thoracic pathologies. *J Clin Neurosci* 2014;*21*(3):467–472

2 Upadhyaya CD, Wu JC, Chin CT, Balamurali G, Mummaneni PV. Avoidance of wrong-level thoracic spine surgery: intraoperative localization with preoperative percutaneous fiducial screw placement. *J Neurosurg Spine* 2012;*16*(3):280–284

35 Descompressão Toracoscópica e Fixação em Lesões do Tórax e da Junção Toracolombar

Ricky Raj S. Kalra ▪ Meic H. Schmidt ▪ Rudolf Beisse

35.1 Indicações

- Reconstrução anterior de fraturas instáveis da coluna torácica e da junção toracolombar.[1]
- Estreitamento pós-traumático e degenerativo do canal medular.[2]
- Instabilidade disco-ligamentar.
- Deformidades pós-traumáticas ou fraturas recuperadas, com ou sem instabilidade.[3]
- Revisão de cirurgia (p. ex., remoção de implante, infecção, rejeição de implante e afrouxamento).[4]
- Preparação e soltura da parte anterior da coluna em tumores e metástase.
- Simpatectomia para hiper-hidrose.[5]
- Remoção de disco protruso decorrente da doença degenerativa do disco na coluna torácica.[6]
- Ressecção de tumores metastásicos espinais.[7]

35.2 Equipamento

35.2.1 Trocartes

São empregados trocartes reutilizáveis, flexíveis e rosqueados, com 11 mm de diâmetro. Os trocartes na cor preta eliminam o reflexo. Insuflamento de ar não é necessário, portanto, não se utilizam válvulas nos trocartes.

35.2.2 Transmissão de Imagens

Uma fonte de luz xênon de alta intensidade é necessária para iluminar a cavidade torácica. Um endoscópio rígido e longo de 30° permite posicionar a câmera distante do portal de trabalho, facilitando o procedimento e o ajustamento variável do ângulo de visão. As imagens intraoperatórias são transmitidas em dois ou três monitores planos.

35.3 Técnica

35.3.1 Requisitos Pré-Operatórios

O teste da função pulmonar e a avaliação por terapia respiratória devem ser feitos no pré-operatório com ventilação monopulmonar. A preparação dos intestinos deve ser feita para diminuir a pressão intra-abdominal e a tensão no diafragma.

35.3.2 Anestesia

A anestesia geral é utilizada, com intubação de duplo lúmen e ventilação monopulmonar. Utiliza-se broncoscopia para confirmar o posicionamento do tubo.

35.3.3 Posicionamento do Paciente

O paciente fica em posição lateral, com o lado a ser trabalhado determinado pelos grandes vasos e pela localização da patologia. O paciente é estabilizado com quatro suportes e uma almofada em U especial para as pernas (**Fig. 35.1**).

35.3.4 Designando os Portais de Entrada

Quatro portais são utilizados: o portal do alcance, o portal de trabalho, o portal de sucção-irrigação e o portal do afastador. Sua localização e, em particular, o posicionamento do portal de trabalho são cruciais para a cirurgia endoscópica. A lesão é demonstrada, em primeiro lugar, na projeção lateral (em referência ao corpo do paciente) sob ajuste preciso do intensificador de imagem, e uma caneta é utilizada para desenhar a porção espinal lesionada na lateral do abdome e na parede torácica. Deve-se prestar muita atenção na projeção correta das vértebras, cujas placas terminais e margens anteriores e posteriores devem ser observadas no foco central, sem contornos duplos. Esta marcação é a única referência para o posicionamento subsequente dos portais.

O portal de trabalho é desenhado diretamente acima da lesão. O trocarte para o endoscópio é marcado de forma caudal ou cranial ao portal de trabalho, dependendo da altura da lesão, e ao longo do eixo da coluna. A distância deste para o portal de trabalho é de aproximadamente dois espaços intercostais. Os acessos para sucção-irrigação e para o afastador são, então, posicionados ventralmente a esses portais (**Fig. 35.1c**).

35.3.5 Localização e Entrada: Abordagem para a Junção Toracolombar

Pontos de Referência de Reconstruções Anteriores

Os pontos de referência são posicionados sob o controle de intensificador de imagem para servir como orientação para o cirurgião e para o operador de câmera ao longo da cirurgia (**Vídeo 35.1**). Para tanto, utilizamos os fios-K associados ao implante; os fios-K definem o posicionamento posterior dos parafusos canulados e são posicionados perto das placas terminais, entre os terços posterior e central da vértebra. Para fazer isso na região da junção toracolombar, o psoas deve ser mobilizado em direção ventrodorsal, evitando a irritação das fibras do plexo lombar. Posicionar os fios-K perto das placas terminais evita danos aos vasos segmentares, e os parafusos devem ser ancorados em uma região de maior densidade óssea (**Fig. 35.2**).

Preparação dos Vasos Segmentares

A pleura é aberta ao longo da linha conectora entre os fios-K, e os vasos segmentares são expostos com um raspador periosteal Cobb. Os vasos são mobilizados de forma subperiosteal de ambos os lados, ligados duplamente com *clips* de titânio, tanto ventral como dorsalmente, e levantados levemente com um gancho para nervos. Os vasos são dissecados com as tesouras em gancho endoscópicas. Os aspectos laterais do corpo vertebral e os discos são expostos com a lima (**Vídeo 35.1**).

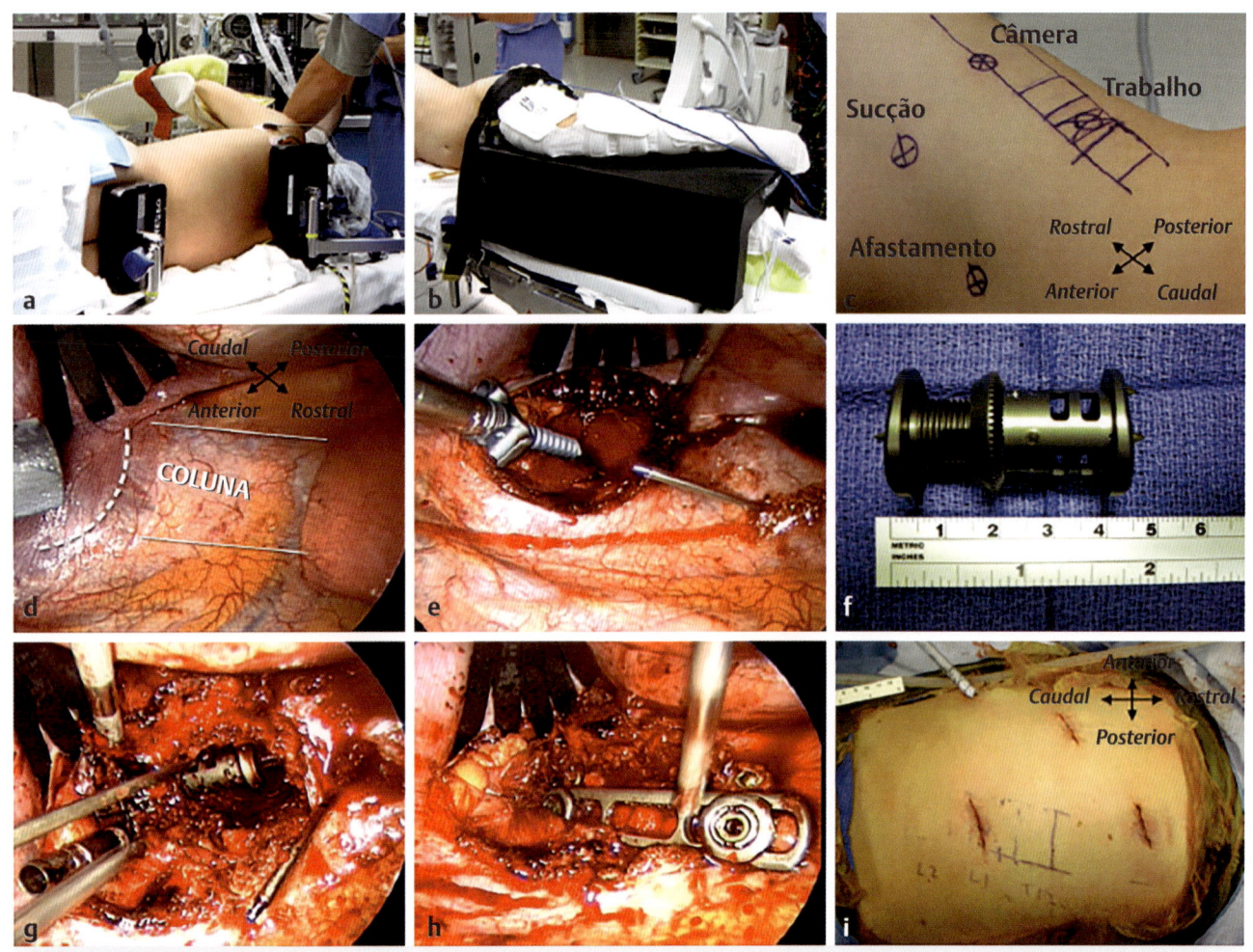

Fig. 35.1 Descompressão e fixação por toracoscopia. (**a**) O paciente é posicionado em uma mesa radiolúcida em decúbito lateral direito para uma abordagem toracoscópica de L1 pelo lado esquerdo. O braço independente fica num apoio de Krause. Enchimentos ajustáveis no púbis, esterno e coluna inferior e superior mantêm o paciente na posição correta. (**b**) A perna independente é flexionada no quadril para facilitar o relaxamento do iliopsoas, facilitando a dissecção deste músculo do aspecto lateral dos corpos vertebrais na junção toracolombar. (**c**) O nível de interesse é marcado, identificando os corpos vertebrais acima e abaixo, e os quatro portais peitorais são planejados. (**d**) Imagem endoscópica da coluna (*linhas sólidas*). O diafragma é empurrado para baixo com um afastador tipo mãozinha e uma incisão diafragmática é planejada (*pontilhados*). (**e**) Um fio de Kirschner é posicionado acima do local planejado para a corpectomia, e uma combinação poliaxial de parafuso e grampo é posicionada abaixo do local. (**f**) Imagem lateral de gaiola totalmente expandida. (**g**) A gaiola é colocada e expandida dentro da corpectomia central. (**h**) Implante anterolateral final. (**i**) Fechamento com sonda torácica saindo do portal de afastamento. (Utilizada com permissão de Ragel BT, Amini A, Schmidt MH. Thoracoscopic vertebral body replacement with an expandable cage after ventral spinal canal decompression. *Neurosurgery* 2007;61(5 Suppl 2):ONS319.)

35.3.6 Instrumentação

Inserção do Parafuso Canulado

Os fios-K são atravessados por uma broca canulada, e o córtex lateral do corpo vertebral é aberto (**Vídeo 35.1**).

O trocarte de trabalho é trocado por um espéculo por meio de uma haste de troca, e o elemento de fixação é apertado com um parafuso. O comprimento do parafuso deve ter sido medido previamente, com base na CT pré-operatória, e define se uma fixação monocortical ou bicortical será feita. A direção do parafuso pode ser alterada depois da remoção do fio-K e checada no monitoramento do arco cirúrgico nos dois planos.

A linha conectora entre os parafusos e o limite anterior dos elementos de fixação define a área de segurança, em que a remoção parcial do corpo vertebral e dos discos é realizada. A extensão ventral e dorsal da corpectomia parcial, assim definida, também corresponde às dimensões do substituto do corpo vertebral, que possui um diâmetro transverso entre 16 mm (torácico) e 20 mm (lombar) (**Fig. 35.3**). Os discos intervertebrais sofrem incisão lateral com um bisturi de cabo longo, e o espaço discal é aberto com um osteótomo ligeiramente curvo (**Vídeo 35.1**).

A osteotomia posterior é realizada com um osteótomo reto, de espaço discal a espaço discal, na linha conectora entre os parafusos. A escala no osteótomo mostra a profundidade correspondente, que, na direção anterior, deve ter cerca de dois terços do diâmetro da vértebra. A linha da osteotomia anterior corre ao longo do limite anterior dos elementos de fixação; um osteótomo ligeiramente curvo para trás é utilizado para certificar-se de evitar perfuramento não intencional da parede vertebral (e vasos adjacentes).

A seção central do corpo vertebral é removida com *rongeurs*, e o osso esponjoso é preservado para enxerto posterior, de modo adjacente ao substituto do corpo vertebral (**Vídeo 35.1**).

Em casos de metástase, o osso é coletado e enviado para biópsia. Com uma cureta e *rongeurs*, os discos intervertebrais são então resseccionados, e as placas terminais são raspadas com estiletes. Quando as gaiolas de titânio são implantadas, qualquer enfraquecimento das placas terminais que estão segurando o peso deve ser evitado. Na fusão monossegmental com enxerto tricortical retirado da crista ilíaca, a lamela óssea subcondral da placa terminal craniana é removida para auxiliar na recuperação do enxerto ósseo.

Inserção do Enxerto Ósseo

Em reconstruções monossegmentais e fusões, é utilizado um enxerto ósseo tricortical retirado da crista ilíaca. Após medir a falha da corpectomia, a crista ilíaca é preparada e exposta. Utilizando uma serra oscilante e um cinzel, o enxerto ósseo é cultivado e firmemente conectado a uma pinça porta-enxerto. Ele é inserido na falha em posição centralizada, que deve ser confirmada por fluoroscopia em ambos os planos (**Vídeo 35.1**).

Para substituição de corpo vertebral em reconstruções bissegmentais, utilizamos principalmente o Hydrolift hidráulico (Aesculap, Center Valley, PA) com distração continuamente variável e adaptação das placas terminais.

Antes de o substituto vertebral ser implantado, a extensão e a preparação do local do implante, na direção sagital anterior, além de sua profundidade, devem ser verificadas por palpação com um gancho de sonda sob intensificador de imagem. Dois ganchos Langenbeck são inseridos na incisão dos portais de trabalho, e ela é levemente alargada. O substituto vertebral é então gradualmente introduzido pela parede torácica e posicionado sobre a falha com um suporte. Novamente, observa-se se nenhum tecido mole, particularmente os vasos segmentares ligados, deslizou para o local entre a corpectomia e o substituto vertebral. O dispositivo de substituição do corpo vertebral é então implantado na posição central. O implante é cercado de tecido ósseo esponjoso cultivado a partir da corpectomia parcial, ou de aloenxerto congelado.

Instrumentação Ventral com Prótese de Placa Constrita

Uma vez que os parafusos e os elementos de fixação pertencentes à prótese sejam posicionados como primeiro passo, antes do início da corpectomia parcial, neste ponto, a placa só precisa ser fixada e os parafusos ventrais dos quatro pontos de fixação inseridos (**Vídeo 35.1**). A distância entre os parafusos é definida com um instrumento de medida especial, para selecionar uma placa do comprimento correto.

A placa é introduzida na cavidade torácica no sentido do comprimento, pela incisão do portal de trabalho, posicionada sobre os elementos fixadores com uma pinça, e fixados definitivamente com porcas, com torque inicial de 15 Nm. A placa pode ter contato direto com o osso, com a parede lateral do corpo vertebral, ao apertar os parafusos. Os parafusos ventrais são inseridos após a fixação provisória de um dispositivo de mira e a abertura do córtex. Por causa do formato de coração do corpo vertebral, os parafusos ventrais são normalmente 5 mm mais curtos que os dorsais. A fixação do implante estável termina com a inserção de um parafuso de trava, que trava o mecanismo poliaxial dos parafusos dorsais (**Fig. 35.4**).

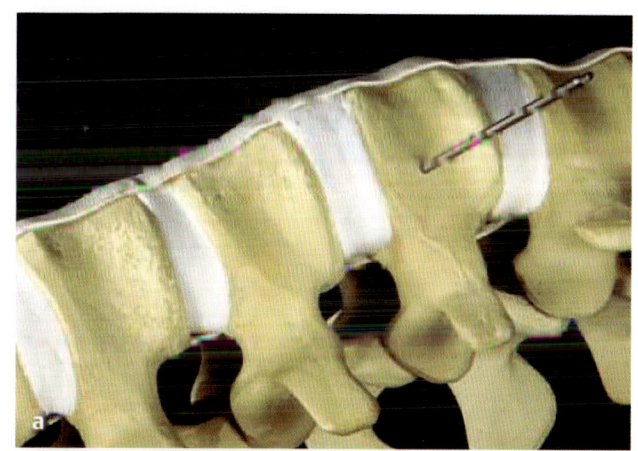

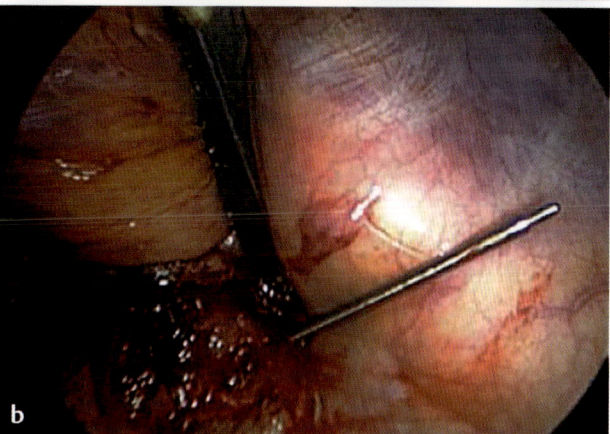

Fig. 35.2 (**a**) O ponto de entrada para o parafuso caudal é posicionado ~ 10 mm ventralmente ao canal medular e a 10 mm de distância da placa terminal, no terço mais superior da vértebra. (**b**) Um fio-K é posicionado longe da porção média do corpo vertebral, onde se encontram os vasos segmentais.

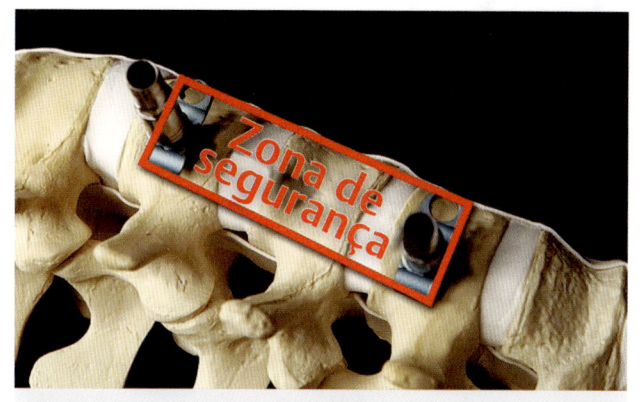

Fig. 35.3 Zona de segurança operatória com parafusos canulados para remoção de lesões anteriores, discos herniados ou tumores. Os parafusos canulados fornecem uma zona segura cranial/caudal. Cortesia do Department of Neurosurgery, University of Utah.

Estágios Finais da Cirurgia Endoscópica

Para todos os casos, são realizadas radiografias nos dois planos com o braço-C para checar a descompressão e a posição dos implantes antes de concluir a cirurgia (**Vídeo 35.1**).

Para cirurgias na junção toracolombar que incluem incisão das ligações diafragmáticas, qualquer incisão maior que 2 cm

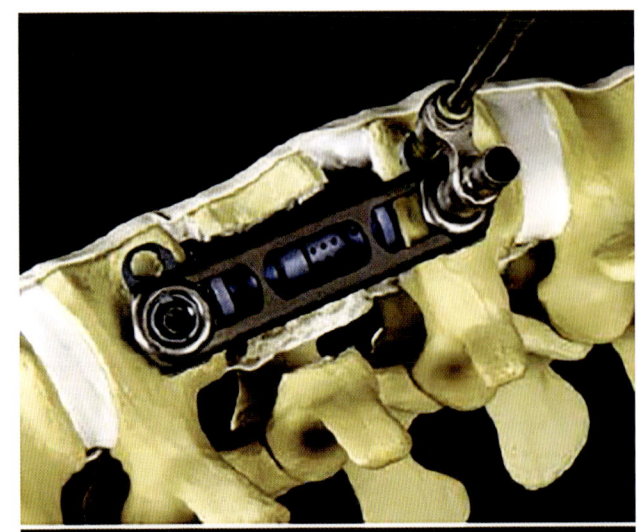

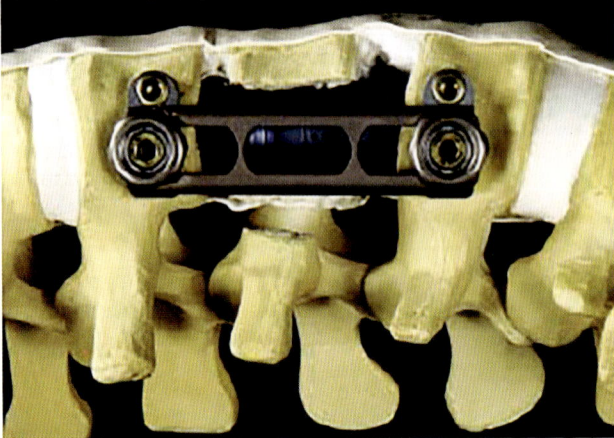

Fig. 35.4 Após as porcas serem fixadas e o sistema inteiro ser apertado, os parafusos de estabilização ventrais são instalados pela manga do parafuso-guia. O construto se completa após a fixação dos parafusos de trava, convertendo o sistema poliaxial de parafuso e grampo em um construto rígido.

deve ser fechada com sutura endoscópica. Dois ou três pontos adaptados são suficientes, dependendo da extensão da incisão. A sutura não precisa ser à prova d'água. Toda a cavidade torácica deve ser inspecionada endoscopicamente, e o local deve passar por irrigação e limpeza de resíduos sanguíneos. Um dreno torácico Charrière 20 é inserido pelo portal de sucção-irrigação. Os instrumentos são removidos sob monitoramento endoscópico.

Após consulta com anestesiologista, o pulmão é reexpandido e ventilado. A reexpansão completa é confirmada por endoscopia, antes de remover o endoscópio. Nas quatro incisões dos portais, suturas são feitas na musculatura, e depois feitas para o fechamento cutâneo. O dreno torácico é conectado a uma câmara de selo d'água, e aplica-se sucção de 15 cm H_2O. O paciente é geralmente extubado ainda na mesa de cirurgia. O dreno torácico é mantido no local por 24 horas. Raios X pós-operatórios são feitos imediatamente e, depois, na manhã seguinte ao procedimento. O dreno torácico é conectado ao selo d'água na manhã seguinte e removido no segundo dia de pós-operatório.

35.4 Conclusão

Nos últimos 10 anos, os procedimentos endoscópicos espinais vêm-se tornando uma alternativa para a cirurgia de coluna padrão. Por meio da abordagem transdiafragmática, tem sido possível abrir a junção toracolombar, incluindo os segmentos retroperineais da coluna, por meio de uma técnica endoscópica. Com a extensão da técnica para as seções retroperitoneais da junção toracolombar, tornou-se possível aumentar o espectro de indicação para a técnica endoscópica substancialmente, de modo a incluir tratamento completo de fraturas com substituição do corpo vertebral e instrumentação ventral, assim como descompressão anterior do canal espinal em processos patológicos pós-traumáticos, metastáticos e degenerativos. A taxa de complicação dos procedimentos endoscópicos está no mesmo nível dos procedimentos abertos, com claras vantagens em termos de morbidade reduzida, associada à técnica minimamente invasiva.

Referências

1. Beisse R. Video-assisted techniques in the management of thoracolumbar fractures. *Orthop Clin North Am* 2007;38(3):419–429, abstract vii
2. Beisse R, Mückley T, Schmidt MH, Hauschild M, Bühren V. Surgical technique and results of endoscopic anterior spinal canal decompression. *J Neurosurg Spine* 2005;2(2):128–136
3. Beisse R, Trapp O. Thoracoscopic management of spinal trauma. *Oper Tech Neurosurg* 2005;8(4):205–213
4. Beisse R. Endoscopic surgery on the thoracolumbar junction of the spine. *Eur Spine J* 2006;15(6):687–704
5. Dickman CA, Rosenthal DJ, Perin NI. *Thoracoscopic Spine Surgery*. New York: Thieme; 1999
6. Rosenthal D, Rosenthal R, Simone A. Removal of a protruded disc using microsurgery endoscopy. *Spine* 1994;19:1087–1091
7. Schmidt M. Minimally invasive thoracoscopic approach for anterior decompression and stabilization of metastatic spine disease. *Neurosurg Focus* 2008; 25(2):E8

36 Abordagens Endoscópicas para Tumores, Traumas e Infecções Torácicas

Christopher C. Gillis ▪ John O'Toole

36.1 Introdução

Uma grande variedade de abordagens cirúrgicas vem sendo proposta e implementada no tratamento das patologias da coluna torácica, e os avanços mais recentes vão no sentido das abordagens minimamente invasivas.[1,2,3,4,5,6] A abordagem posterior aberta direta pode ser usada em casos de transtornos puramente dorsais, mas é desfavorável na região torácica, por conta da exigência de afastamento da medula torácica em vez das raízes da cauda equina.[4,5,6,7] A medula torácica é especialmente sensível até à mínima retração, e esta vem sendo postulada como a causa dos resultados relativamente fracos que são tradicionalmente vistos nas abordagens posteriores para patologias mais centrais e ventrais.[1,4] Isto afastou os cirurgiões das abordagens posteriores diretas, em favor de abordagens posterolaterais, incluindo tanto a costotransversectomia quanto as trajetórias transpediculares, que utilizam maior remoção óssea para minimizar a manipulação de estruturas neurológicas e, portanto, mostraram-se muito mais seguras que a abordagem posterior direta. Essas abordagens posterolaterais, no entanto, resultaram na remoção de estruturas ósseas de apoio que geralmente necessitam de fusão para prevenir instabilidade pós-operatória, e também podem levar ao aumento da dor pós-operatória e à morbidade. Abordagens abertas anteriores e laterais também foram usadas, e são associadas a complicações relacionadas com a abordagem pela cavidade torácica, como risco de dano a estruturas e vasos torácicos vitais, contusão pulmonar, hemotórax, quilotórax, dificuldades intra e pós-operatórias com ventilação, discinesia escapular e dificuldade na cicatrização das feridas.[4]

36.2 Abordagens Minimamente Invasivas

Opções minimamente invasivas incluem descompressão retropleural lateral endoscópica, descompressão transpedicular minimamente invasiva e descompressão torácica microendoscópica (TMED).[4] A TMED é uma modificação da técnica lombar microendoscópica. Benefícios dessa abordagem incluem a preservação da maioria do pedículo, que deve ser removida na abordagem transpedicular, e o evitamento da ressecção da costela, necessária na abordagem retropleural.[4,5,6] O uso do endoscópio não é necessário para visualização nessa abordagem, e uma técnica similar, com afastadores musculares, pode ser utilizada para uma variedade de patologias torácicas, com uso de lupa, microscópio ou visualização endoscópica.[5,6] Se uma laminectomia for realizada por uma abordagem direta posterior ou uma abordagem transpedicular mais lateral, dependendo do ângulo da patologia, pode-se conseguir tanto a descompressão ventral quanto a dorsal, assim como a durotomia e a ressecção de lesões intradurais. Tredway *et al.*[8] adaptaram, com sucesso, uma abordagem de laminectomia unilateral minimamente invasiva para a ressecção de lesões intradurais extramedulares, tanto na coluna cervical quanto na torácica. A abordagem retropleural lateral permite o acesso mais fácil para a descompressão vertebral e pode ser realizada de modo muito similar à fusão intersomática lombar (LLIF), usando o mesmo sistema de afastadores, com lâminas longas. Para casos de trauma ou instabilidade relativos ao tumor ou à abordagem, a instrumentação pode ser conseguida pela colocação de parafusos percutâneos, com orientação por navegação ou fluoroscopia.

36.3 Escolha do Paciente

36.3.1 Indicações

A escolha da abordagem minimamente invasiva depende da área a ser descomprimida, da presença ou ausência de instabilidade e da localização primária da patologia. Por exemplo, a descompressão ventral pode ser realizada tanto pela abordagem transpedicular quanto pela abordagem retropleural lateral direta, sendo a retropleural lateral ideal para patologias ventrais mais centrais do que as que podem ser alcançadas pela abordagem transpedicular. A descompressão dorsal direta ou paramediana pode ser feita por uma abordagem posterior mais direta. Uma vez que a descompressão seja atingida, seja para tumor, trauma ou infecção, o próximo passo é determinar se há presença de instabilidade, o que poderia requerer instrumentação suplementar com parafuso e porca pediculares percutâneos. Na abordagem lateral direta, assim como na LLIF, a vertebrectomia e a colocação de gaiola podem ser utilizadas em casos de fratura do tipo explosão severa ou infiltração tumoral óssea significativa.[9,10] Em casos de metástase, no entanto, a necessidade da ressecção completa do tumor foi minimizada pelo conceito de cirurgia de separação,[11,12] que requer a descompressão dos elementos neurais com radioterapia adjuvante (geralmente estereotática) para o tratamento. Uma corpectomia minimamente invasiva também pode ser realizada pela abordagem posterolateral, por uma trajetória mais lateral (em torno de 6 cm da linha média) e aproximação por um corredor, similar à realizada na costotransversectomia aberta.

36.3.2 Contraindicações

Assim como na maioria dos procedimentos minimamente invasivos, a abordagem é limitada pelo tamanho do afastador e, portanto, é reservada a lesões que abrangem um ou dois níveis espinais. Alguns cirurgiões realizaram laminectomias contralaterais saltatórias em lesões maiores. Para tumores ósseos primários que requerem vertebrectomia completa na área torácica, indica-se uma combinação de abordagens anteriores e posteriores, que podem envolver uma combinação de técnicas abertas e minimamente invasivas.[13]

36.4 Procedimento

36.4.1 Identificação do Nível

Um dos passos mais importantes, independentemente da técnica utilizada, é a identificação apropriada do nível cirúrgico. A identificação do nível na coluna torácica é mais difícil que na coluna cervical ou lombar, em que a contagem dos níveis facilita a identificação do nível correto. Isto ocorre por causa da distância da coluna torácica do crânio ou do sacro, variâncias individuais na anatomia regional, número de costelas que podem ser usadas para a contagem e fraca penetração fluoroscópica nos níveis torácicos superiores—especialmente em pacientes com mais gordura subcutânea. Por nossa experiência, o exame pré-operatório cuidadoso das costelas e níveis, combinado com contagem intraoperatória fluoroscópica, permite a identificação do nível apropriado. Outros modos complementares de identificação do nível incluem o posicionamento percutâneo de marcadores radiológicos, o posicionamento percutâneo de um marcador radiopaco no periósteo do pedículo de interesse, injeção percutânea de azul de metileno e até mesmo vertebroplastia pré-operatória; entretanto, nenhuma dessas técnicas auxiliares ganhou uso amplo.[14] Dependendo do procedimento sendo realizado, a neuronavegação intraoperatória pode auxiliar na identificação do nível, mas requer uma CT intraoperatória e geralmente não ajuda em casos sem instrumentação. Em nosso centro, utilizamos os pontos de referência anatômicos e a contagem de níveis, nas imagens fluoroscópicas laterais e anteroposteriores.

36.4.2 Descompressão

O procedimento de descompressão dorsal direta transpedicular lateral, ou dorsal direta, é feito com o paciente em decúbito ventral e sob anestesia geral, de modo similar à laminectomia minimamente invasiva realizada em outros locais da coluna. Uma mesa Jackson radiolúcida, com suportes apropriados para o peito e os quadris, facilita o uso da fluoroscopia durante o caso. Os braços podem ficar sob os lençóis para casos torácicos superiores, e posicionados em apoios de braço para casos torácicos inferiores, lembrando-se de proteger os cotovelos e especialmente o nervo ulnar, evitando, também, uma extensão dos braços maior que 90°. Muitos cirurgiões testam continuamente o potencial evocado somatossensitivo ao longo do procedimento. Alguns testam os potenciais evocados motores também (MEP).

Uma vez que o nível apropriado tenha sido identificado e marcado conforme descrito anteriormente, uma incisão de 3 a 4 cm é feita de forma lateral à linha média. Em casos de corpectomia torácica, é desejável realizar uma trajetória ainda mais lateral, em média a 6 cm da linha média. Em pacientes obesos ou com quantidade avantajada de tecido subcutâneo, pode ser útil realizar a trajetória mais lateral. O objetivo é minimizar a manipulação do saco tecal e da medula espinal durante o procedimento. Por meio da incisão, um fio-K é inserido no lado rostral do processo caudal transverso no nível de interesse. Dilatadores musculares tubulares progressivos são colocados sobre o fio-K, sob orientação fluoroscópica. Cuida-se para que o fio-K permaneça no osso durante a dilatação, para prevenir migração. Depois que a dilatação for feita, um afastador tubular é colocado pelos dilatadores e fixado no braço rígido do afastador, acoplado à mesa cirúrgica. Pelo afastador tubular podem-se utilizar microscópio, lupas e uma lanterna ou endoscópio com lente 30° para visualização. Ao utilizar o endoscópio, deve-se orientá-lo de modo que a medial se localize na parte superior do monitor, e a lateral na parte inferior, trazendo o eixo rostrocaudal na horizontal.

Músculo e tecido mole remanescente no fundo do afastador tubular são dissecados utilizando cautério monopolar e podem ser removidos com uma pinça. Com essa pequena remoção de tecido mole, o processo transverso proximal e a faceta lateral são expostos. O afastador tubular pode ser ajustado para trazer a junção faceta-processo transverso para o meio do campo de visão, promovendo a exposição ideal para o trabalho. O *drill* de alta velocidade é então utilizado para remover o aspecto rostral do processo transverso interior e a faceta lateral, até que o pedículo do corpo vertebral caudal fique exposto. O pedículo é, então, acompanhado ventralmente para identificar o espaço discal. Perfurar uma porção do aspecto rostral cria um corredor de trabalho até o espaço discal, se isto for necessário, como pode ocorrer em caso de discite. Por causa da trajetória lateral, cuida-se para que ocorra a mínima manipulação possível do saco tecal. Tumores laterais, fragmentos ósseos ou abscessos são prontamente identificados, e patologias mais mediais podem ser dissecadas para longe do saco tecal, abaixo do ânulo, e empurradas para baixo com curetas, na direção do espaço discal ou da cavidade da ressecção, onde podem ser recolhidas de modo seguro.

Na corpectomia torácica pela abordagem posterior, remoções ósseas maiores envolvem a ressecção de um segmento maior da costela, no sentido medial para o lateral. Isto fornece um espaço maior para expansão e angulação de um afastador para visualização. De uma abordagem unilateral, o disco acima, o corpo vertebral e o disco abaixo podem ser resseccionados por uma combinação de curetas e *drill*. Após a remoção óssea, uma gaiola intervertebral pode ser posicionada, apoiada pelo osso cortical remanescente, de modo contralateral. Se for desejável realizar descompressão contralateral, uma abordagem bilateral pode ser utilizada. Uma ilustração do ângulo de abordagem e da remoção óssea é vista na **Fig. 36.1a,** e a CT pós-operatória de uma corpectomia minimamente invasiva é vista na **Fig. 36.1b**. Após a descompressão, o campo é irrigado, e realiza-se hemóstase meticulosa, especialmente nas bordas musculares, que são cuidadosamente inspecionadas durante a remoção do afastador tubular. Suturas absorvíveis Vicryl são utilizadas na fáscia e no tecido subcutâneo. Para a pele, utilizam-se cola cirúrgica, sutura contínua subcuticular ou fita adesiva cirúrgica para aumentar os pontos subcutâneos.

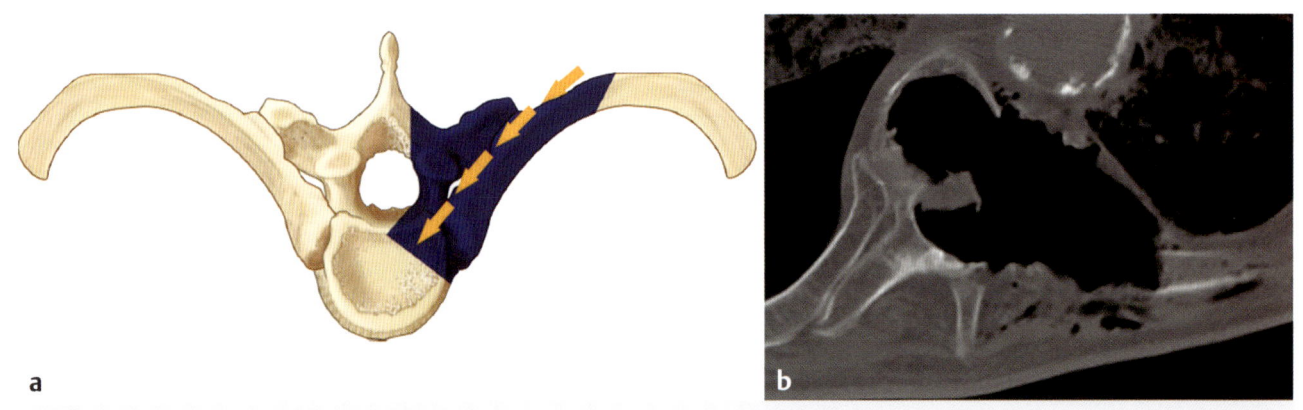

Fig. 36.1 (a) Ilustração da trajetória (*setas*) e da remoção óssea (*coloração*) em abordagem minimamente invasiva posterior para corpectomia torácica. **(b)** CT de modelo cadavérico ilustrando resultados pós-operatórios de uma abordagem minimamente invasiva posterior para corpectomia torácica do lado esquerdo.

36.4.3 Abordagem Retropleural Lateral

Para a abordagem retropleural lateral, o paciente é posicionado em decúbito lateral. O lado superior vai depender do local da patologia e dos grandes vasos. Todos os pontos de pressão devem ser adequadamente protegidos e, como já mencionado, realiza-se monitoramento neurológico. O braço-C para fluoroscopia é posicionado de modo a permitir a aquisição de imagens de raios X laterais e anteroposteriores da área a ser operada. A incisão é marcada com fluoroscopia, de modo a ficar diretamente acima da borda do corpo vertebral do nível envolvido e do canal medular. Seguindo a localização apropriada, uma incisão de 2 cm é feita e levada até a coluna, usando cautério monopolar. O espaço entre as costelas pode ser limitado, e a remoção de uma porção da costela com uma pinça Kerrison pode aumentar o espaço para a colocação do afastador. Realiza-se uma dissecção romba entre a pleura e a costela, o mais longa possível, no sentido da cabeça da costela. Ainda que a exposição possa ser completamente extrapleural, geralmente se adentra na cavidade pleural, e isto não é um problema, contanto que a pleura visceral não seja violada. A cabeça da costela geralmente se encontra sobre o espaço discal do pedículo e o canal espinal. O dilatador inicial é introduzido na cavidade torácica e passado, posteriormente, pelas costelas, no sentido da intersecção entre a cabeça da costela e a coluna.

Após a inserção dos dilatadores seguintes, o portal de trabalho final é introduzido e centralizado sobre a área identificada da patologia—p. ex., o espaço discal ou o corpo vertebral. Os afastadores são, então, fixados à mesa do modo padrão, e podem ser expandidos, se necessário, para aumentar a exposição. O microscópio operatório é trazido para o campo. As cabeças das costelas são identificadas. Após a remoção da cabeça da costela com *drill* pneumático, o pedículo fica exposto. A perfuração parcial do pedículo expõe a dura-máter e o espaço discal. A descompressão pode ser atingida com uma combinação de perfurador Kerrison, curetas e pinças para descomprimir adequadamente a dura-máter. Após a descompressão e, quando necessário, a reconstrução, um cateter de borracha vermelha é inserido na cavidade torácica. A ferida é fechada em camadas, com alguns pontos interrompidos na musculatura, feitos com fio Vicryl 2-0. O cateter é retirado no fechamento do tecido subcutâneo com a manobra de Valsalva, permitindo a evacuação do ar e de produtos sanguíneos da cavidade pleural. O tecido subcutâneo é fechado com sutura absorvível e, em seguida, aplica-se Dermabond sobre a pele. Geralmente, a colocação de dreno torácico não é necessária.

36.5 Medidas para Evitar Complicações

Os raios X torácicos pós-operatórios de rotina são indicados para monitorar pneumotórax pós-operatório. Se presente, o pneumotórax geralmente se resolve com máscara facial 100% oxigênio ou cateter nasal. Durante a anestesia, para pacientes com compressão medular, é prudente manter a pressão arterial em torno de 80 mm Hg ou mais, para manter a pressão de perfusão medular adequada, o que é especialmente importante na área do sofrimento da coluna torácica. Como já mencionado, a identificação do nível correto é crítica na espinha torácica, em que a demarcação de pontos de referência e a contagem podem ser extremamente difíceis, dependendo da morfologia do paciente.

36.6 Exemplos de Caso

36.6.1 Caso 1

Um bombeiro de 27 anos apresentou-se e relatou dor nas costas aguda na altura do tórax após levantar um objeto pesado. Ele não tinha histórico conhecido de infecções, de uso de drogas intravenosas ou quaisquer fatores de risco para imunodeficiência. A MRI mostrou uma coleção de fluido epidural dorsal em T7–T8 (**Fig. 36.2**). Hemoculturas foram negativas, e a dor do paciente não pode ser controlada com analgésicos administrados pelo próprio. As opções de tratamento, incluindo terapias médicas empíricas e cirurgia, foram discutidas com o paciente, e ele escolheu proceder com uma descompressão minimamente invasiva, que também forneceria amostras para cultura. Uma laminectomia torácica posterior do lado direito foi realizada por um afastador tubular fixo de 18 mm e um microscópio de operação. Culturas intraoperatórias foram obtidas.

No pós-operatório (**Fig. 36.3**), a dor do paciente melhorou dentro de 24 horas, e a cultura intraoperatória demonstrou a existência de *Staphylococcus aureus* sensíveis à meticilina. O

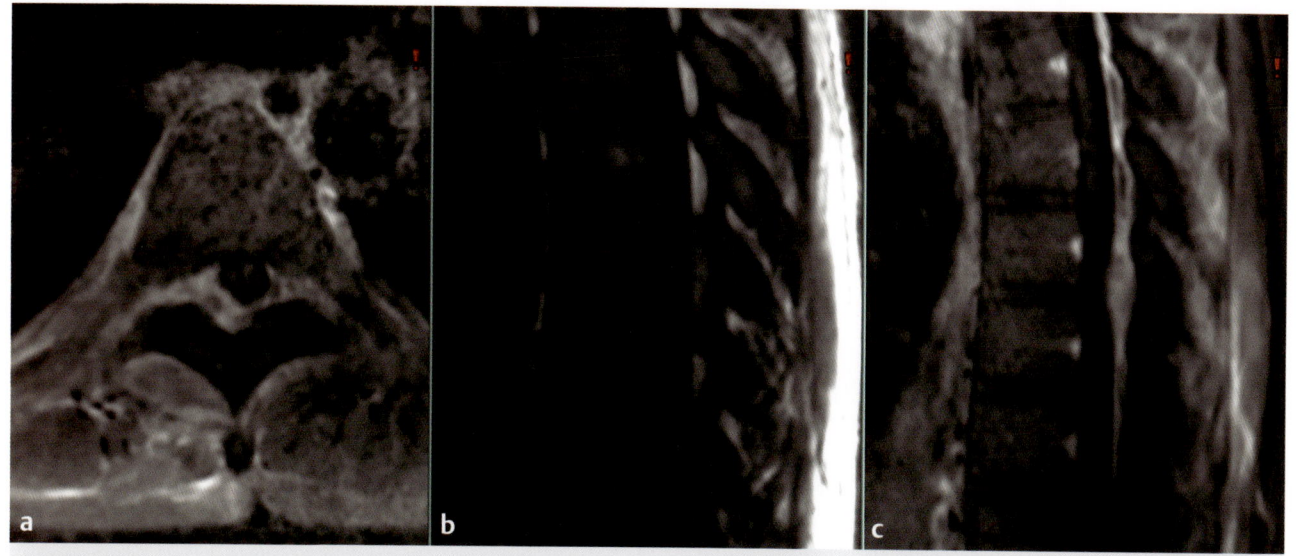

Fig. 36.2 MRI pré-operatória. (**a**) Imagem axial de T1 com contraste de gadolínio mostrando uma pequena fístula liquórica epidural, no lado direito, no nível das facetas de T7–T8. (**b**) MRI sagital de T1 sem contraste de gadolínio e (**c**) imagem sagital de T1 com contraste de gadolínio mostrando uma pequena fístula liquórica no nível de T7–T8.

paciente foi colocado em terapia IV doméstica e apresentou melhoras clínicas e radiográficas na sexta semana de pós-operatório. Por recomendação do serviço de doenças infecciosas, ele permaneceu tomando antibióticos intravenosos por um total de 8 semanas.

36.6.2 Caso 2

Um homem de 18 anos apresentou-se relatando dor no pescoço e nas costas, nas regiões torácica média e lombar, radiando para as nádegas de forma bilateral. Ele tinha histórico de um ferimento com arma de fogo que atingiu a T9, ocorrido 3 meses antes da consulta, sem cirurgia prévia e com a bala alojada. Não apresentou sintomas neurológicos. A CT demonstrou a bala na T9, alojada na junção lâmina/pedículo/processo transverso,

sem comprometimento do canal medular (**Fig. 36.4**). Não foi realizada MRI devido ao metal presente na bala.

Foram discutidos com o paciente o tratamento não operatório e a opção de cirurgia minimamente invasiva para remover o fragmento de bala, com a possibilidade de aumento da dor no meio do tórax. Ele optou pela cirurgia. Foi realizada uma laminectomia minimamente invasiva na T9, do lado esquerdo, com um tubo de retração de 20 mm (**Fig. 36.5**). O tecido ósseo em volta da bala foi perfurado, e uma combinação de curetas foi utilizada para remover o fragmento.

36.6.3 Caso 3

Uma mulher de 19 anos apresentou-se com um histórico de dois anos de dor nas costas na região torácica média, com ra-

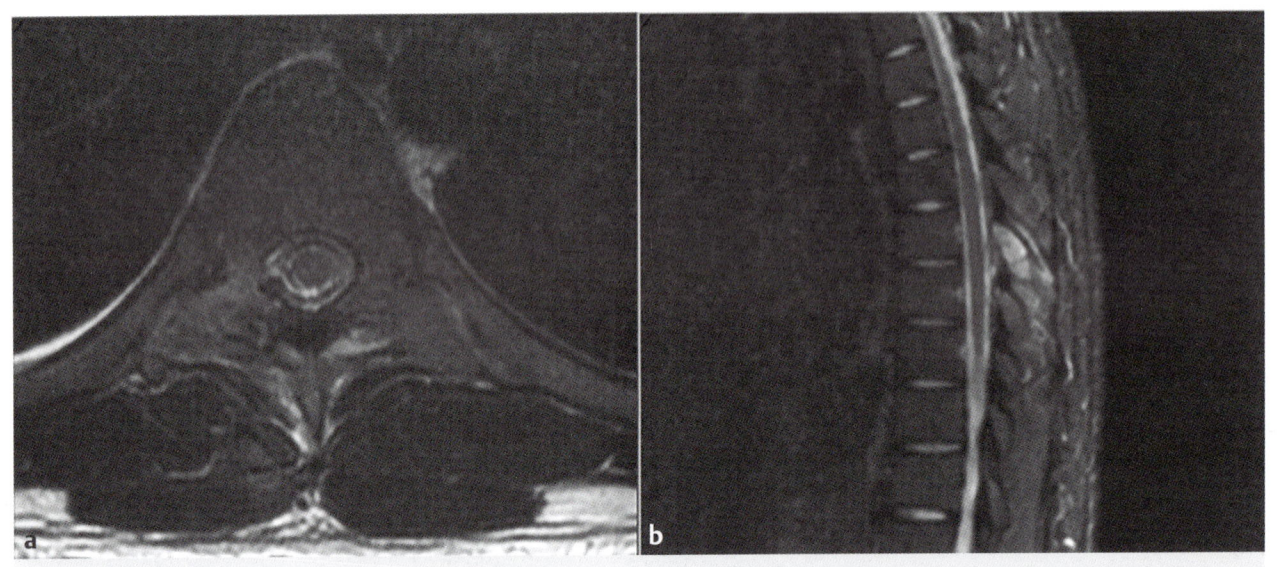

Fig. 36.3 (a) Imagens de MRI pós-operatórias axial e (b) sagital de T2 demonstrando a extensão limitada do rompimento tecidual por conta da abordagem minimamente invasiva feita do lado direito e a melhora na compressão focal do saco tecal.

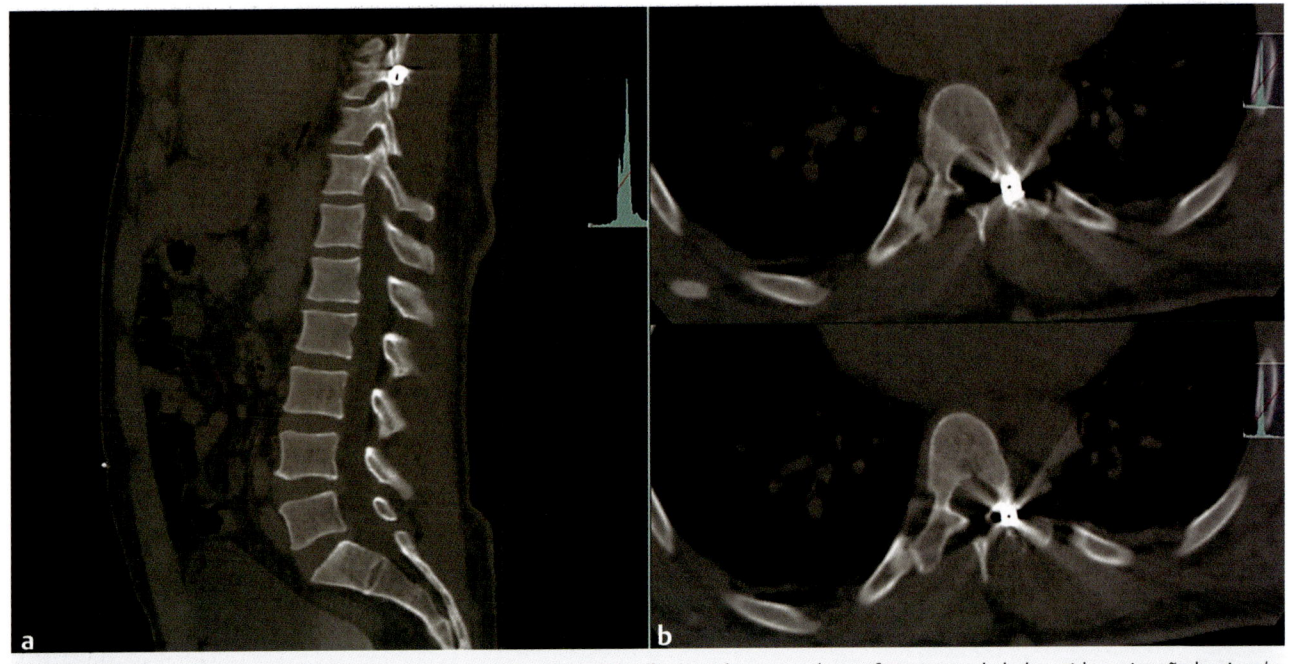

Fig. 36.4 Tomografias computadorizadas pré-operatórias (a) sagital e (b,c) axial mostrando um fragmento de bala retido na junção laminar/pedículo/processo transverso no nível de T9.

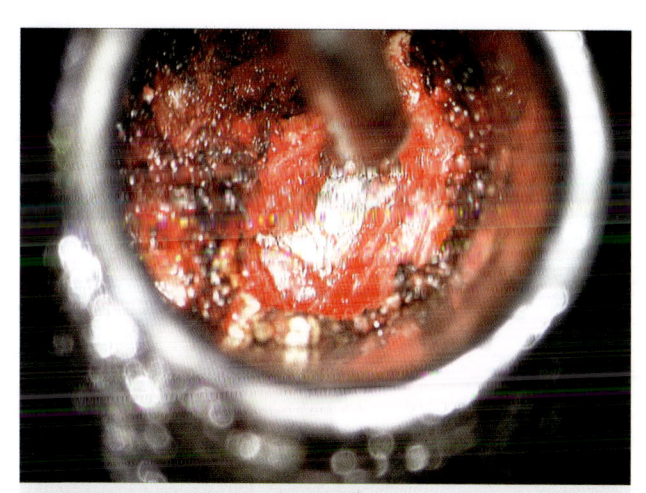

Fig. 36.5 Imagem intraoperatória por um afastador de 20 mm mostrando o fragmento de bala em T9.

diação intercostal ao longo do tórax lateral direito. Ela originalmente tratou a dor com ibuprofeno, mas quando ele não teve mais efeito, ela passou por exames de imagem. A paciente estava neurologicamente intacta. Foram realizadas MRI e CT, demonstrando uma lesão hiperintensa na T2 até a porção posteroinferior direita do corpo vertebral T7. Notou-se que a lesão apresentava um nicho esclerótico (**Fig. 36.6**). Os resultados de uma biópsia guiada por CT foram osteoma osteoide.

Foi realizada uma abordagem retropleural lateral direta, do lado direito, para ressecção da lesão e corpectomia torácica parcial. Com a paciente em decúbito lateral, foi realizada uma incisão de 3 cm, e um sistema de afastadores lombar lateral direto foi utilizado. A costela proximal foi ressecionada para abrir espaço para o afastador, e a dissecção retropleural romba foi realizada; as lâminas do afastador mantiveram o pulmão e os componentes pleurais fora do campo. Após a remoção do tecido mole hipertrófico adjacente à espinha e à lesão, um osteótomo foi utilizado para remover uma porção do corpo vertebral na área da lesão. A curetagem adicional foi realizada pelo espaço resultante, até o espaço extradural ser alcançado.

No pós-operatório, a paciente teve ótima recuperação, com resolução da dor e confirmação de osteoma osteoide. Imagens pós-operatórias são apresentadas na **Fig. 36.7**.

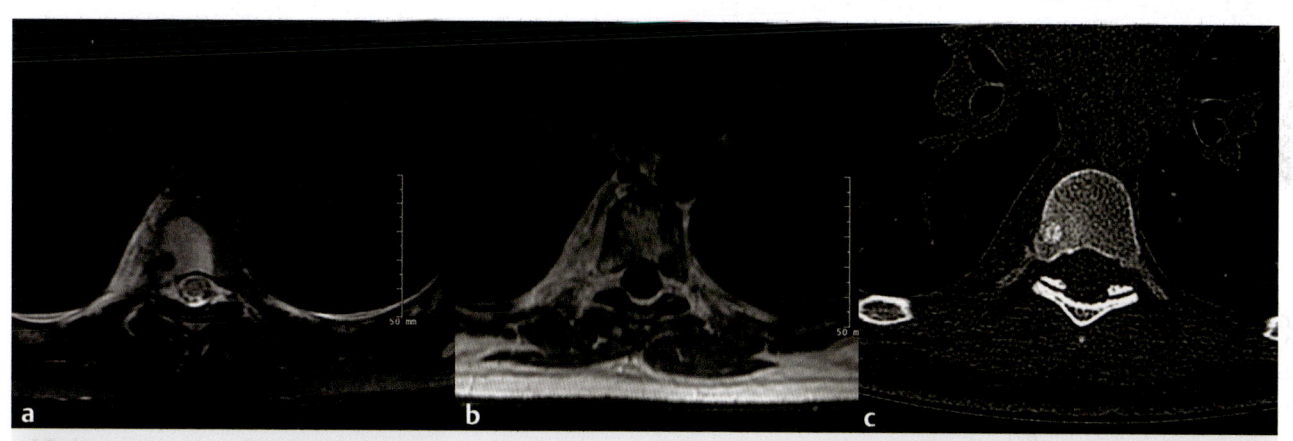

Fig. 36.6 Série de imagens de MRIs axiais. (**a**) Imagem em T2 ilustra o edema dentro do corpo vertebral de T7 com tecido mole hipertrófico e edemático ao longo do lado direito da coluna vertebral; a lesão em si é hipointensa. (**b**) Imagem em T1 com gadolínio mostra que a lesão fica mais visível com contraste. (**c**) Imagem de CT axial mostrando a natureza esclerótica da lesão, consistente com o osteoma osteoide.

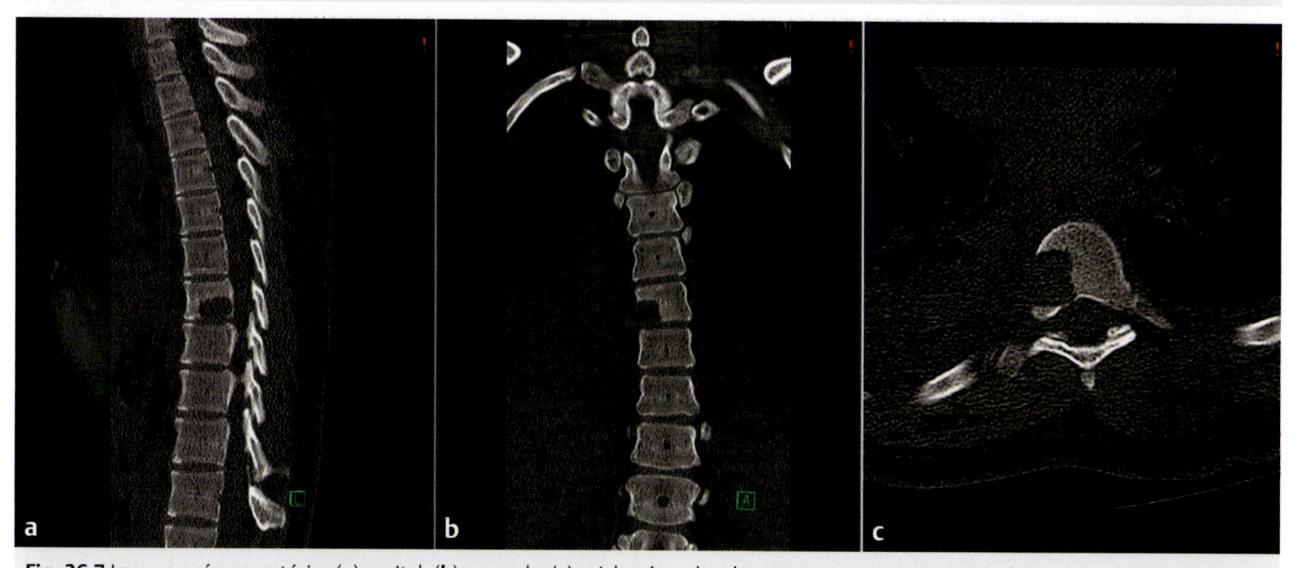

Fig. 36.7 Imagens pós-operatórias (**a**) sagital, (**b**) coronal e (**c**) axial após a abordagem minimamente invasiva, direta, lateral e retropleural para ressecção do osteoma osteoide no corpo vertebral posteroinferior direito de T7.

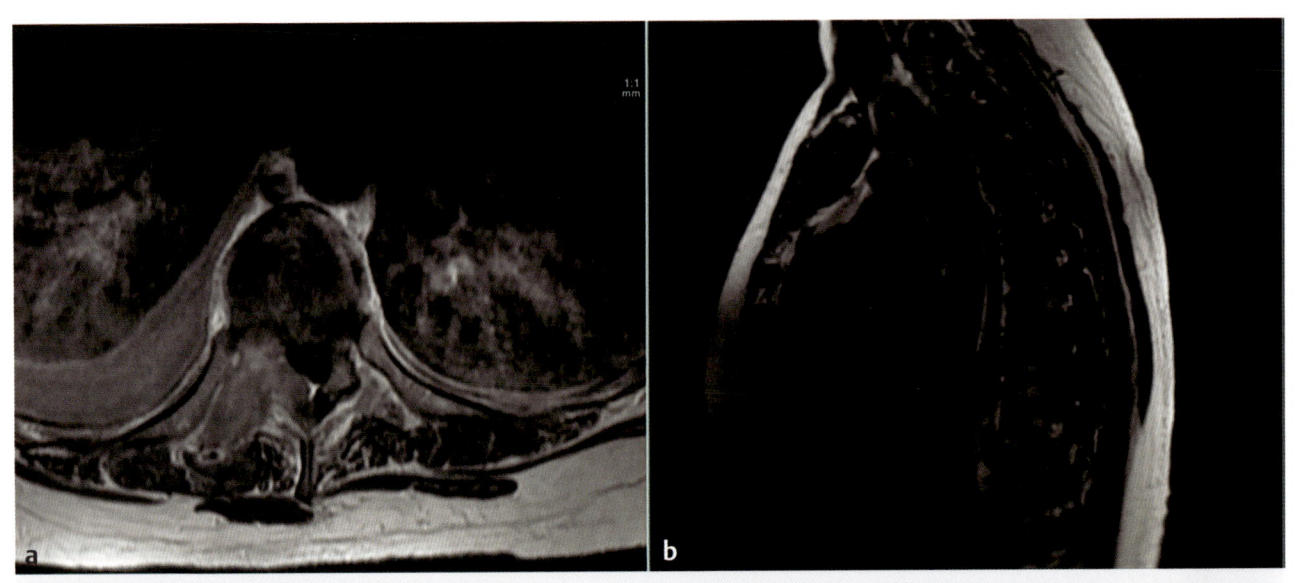

Fig. 36.8 (**a**) MRI axial ponderada em T1 pós-gadolínio em T9 mostrando a lesão realçada por contraste dentro da lâmina, processo transverso e pedículo no lado direito, causando estenose do canal espinal torácico e compressão da medula torácica. (**b**) Imagem sagital em T2 mostrando lesão hipointensa no corpo e elementos posteriores de T8 e nos elementos posteriores de T9, à esquerda.

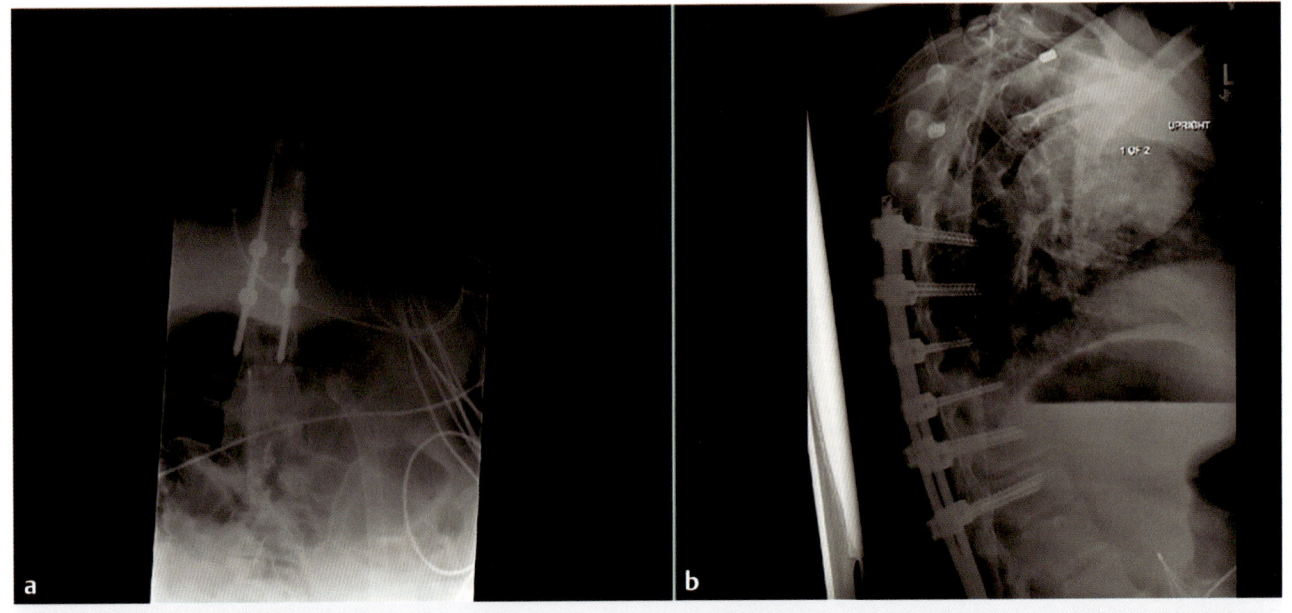

Fig. 36.9 Radiografias pós-operatórias (**a**) anteroposterior e (**b**) lateral mostrando instrumentação de T6 a T11, com parafusos pediculares implantados à direita nos níveis em que a descompressão transpedicular foi realizada.

36.6.4 Caso 4

Uma mulher de 56 anos apresentou-se e relatou tosse persistente por 6 meses. Inicialmente, ela foi tratada para pneumonia, mas exames por imagem subsequentes mostraram nódulos no pulmão e no fígado. Imagens do neuroeixo mostraram múltiplas lesões cerebrais e medulares, com uma grande lesão em T8–T9. Ela não apresentou sintoma neurológico algum.

A MRI (**Fig. 36.8**) mostrou um do lado direito, envolvendo principalmente os elementos posteriores e o pedículo. No nível da T9, a massa da lesão estava causando estenose do canal, mas a compressão e a estenose eram mínimas na T8.

A paciente passou por laminectomias miniabertas, do lado direito, na T8 e T9, e descompressão transpedicular seguida por implante de parafusos pediculares e hastes guiado por imagem percutânea na T6-T11. Uma incisão na linha média foi feita, com abertura da fáscia apenas acima da T8 e T9. A pele foi afastada lateralmente para o implante dos parafusos percutâneos por incisões fasciais separadas. Para realizar a descompressão, a raiz neural da T8 foi sacrificada no lado direito. Imagens do pós-operatório são apresentadas na **Fig. 36.9**.

Referências

1. Stillerman CB, Chen TC, Couldwell WT, Zhang W, Weiss MH. Experience in the surgical management of 82 symptomatic herniated thoracic discs and review of the literature. *J Neurosurg* 1998;88(4):623–633
2. Perez-Cruet MJ, Kim BS, Sandhu F, Samartzis D, Fessler RG. Thoracic microendoscopic discectomy. *J Neurosurg Spine* 2004;1(1):58–63

3 Dalbayrak S, Yaman O, Oztürk K, Yılmaz M, Gökdağ M, Ayten M. Transforaminal approach in thoracal disc pathologies: transforaminal microdiscectomy technique. *Minim Invasive Surg* 2014;*2014*:301945
4 Smith JS, Eichholz KM, Shafizadeh S, Ogden AT, O'Toole JE, Fessler RG. Minimally invasive thoracic microendoscopic diskectomy: surgical technique and case series. *World Neurosurg* 2013;*80*(3-4):421–427
5 Snyder LA, Smith ZA, Dandaleh NS, Fessler RG. Minimally invasive treatment of thoracic disc herniations. *Neurosurg Clin N Am* 2014;25(2):271–277
6 Smith ZA, Lawton CD, Wong AP, et al. Minimally invasive thoracic decompression for multi-level thoracic pathologies. *J Clin Neurosci* 2014;*21*(3):467–472
7 Awwad EE, Martin DS, Smith KR Jr, Baker BK. Asymptomatic versus symptomatic herniated thoracic discs: their frequency and characteristics as detected by computed tomography after myelography. *Neurosurgery* 1991;*28*(2):180–186
8 Tredway TL, Santiago P, Hrubes MR, Song JK, Christie SD, Fessler RG. Minimally invasive resection of intradural-extramedullary spinal neoplasms. *Neurosurgery* 2006
9 Karikari IO, Nimjee SM, Hardin CA, et al. Extreme lateral interbody fusion approach for isolated thoracic and thoracolumbar spine diseases: initial clinical experience and early outcomes. *J Spinal Disord Tech* 2011;*24*(6):368–375
10 Park MS, Deukmedjian AR, Uribe JS. Minimally invasive anterolateral corpectomy for spinal tumors. *Neurosurg Clin N Am* 2014;25(2):317–325
11 Bilsky MH, Laufer I, Burch S. Shifting paradigms in the treatment of metastatic spine disease. *Spine* 2009;*34*(22, Suppl):S101–S107
12 Amankulor NM, Xu R, Iorgulescu JB, et al. The incidence and patterns of hardware failure after separation surgery in patients with spinal metastatic tumors. *Spine J* 2014;*14*(9):1850–1859
13 Fang T, Dong J, Zhou X, McGuire RA Jr, Li X. Comparison of mini-open anterior corpectomy and posterior total en bloc spondylectomy for solitary metastases of the thoracolumbar spine. *J Neurosurg Spine* 2012;*17*(4):271–279
14 Yoshihara H. Surgical treatment for thoracic disc herniation: an update. *Spine* 2014;*39*(6):E406–E412

37 Abordagens Toracoscópicas para a Correção de Deformidades [1]

Leok-Lim Lau ▪ Hee-Kit Wong

37.1 Introdução

A abordagem toracoscópica representa uma abordagem fisiológica para a escoliose idiopática da adolescência com apenas uma curva principal e estrutural, e também para a hipocifose torácica clássica. A abordagem utiliza as cavidades naturais do corpo, por meio de portais estrategicamente posicionados, para avaliar as vértebras, com potencial de resguardar níveis necessários para o implante, de melhorar a cifose torácica e de preservar o complexo muscular espinhal posterior. Ainda que a curva de aprendizagem seja íngreme, o guia a seguir facilita a familiarização com o processo.

37.2 Planejamento Pré-Operatório

A correção de deformidades por toracoscopia pode ser considerada quando as curvas escolióticas apresentarem as seguintes características:
- Curvas estruturais torácicas voltadas para a direita ou para a esquerda. Em pacientes com escoliose idiopática da adolescência, elas são classificadas como curvas Lenke 1.
- A curva torácica é flexível e apresenta menos de 45°.
- A vértebra final (a mais curvada nos raios X) é ou situa-se entre a T4 e a L1.
- A cifose torácica tem menos de 40°.

Contraindicações ao procedimento incluem:
- Pacientes que não tolerem ventilação monopulmonar, especialmente aqueles com doenças pulmonares restritivas preexistentes ou insuficiência cardíaca do lado direito.
- Pacientes que tenham passado por toracotomia prévia ou apresentem adesão pleural.

Raios X completos posteroanterior (PA), lateral ereto e posteroanterior da curva da coluna e/ou filmes de reforço com outras imagens são essenciais para a avaliação e o planejamento da cirurgia.

37.3 Posicionamento e Anestesia

Com o paciente em decúbito dorsal, realiza-se a ventilação monopulmonar com um tubo endotraqueal de lúmen duplo. A posição ideal do tubo é mostrada na **Fig. 37.1**. O posicionamento errado pode resultar em hipoxemia ou hipercapnia. A posição do tubo é verificada com broncoscopia antes e depois do posicionamento. Há uma tendência do tubo endotraqueal em migrar para dentro do brônquio esquerdo, quando o paciente é virado para a posição lateral esquerda.

O paciente é virado para a posição lateral com o lado esquerdo para cima, sobre uma mesa cirúrgica radiolúcida, como a mesa Amsco (Steris Corporation, Mentor, OH), com um suporte axilar (**Fig. 37.2**). A mesa é flexionada na parte central para abrir o intervalo entre a caixa torácica e a pelve, e para facilitar uma abertura entre o telescópio rígido e a câmera durante a cirurgia.

O pescoço é apoiado e mantido em posição neutra. O ombro e o cotovelo direitos são flexionados a 90° e sustentados por um apoio de braço. O acesso adequado à terceira costela na lateral direita da parede torácica deve ser verificado por palpação. O membro superior esquerdo é flexionado e apoiado. O quadril e o joelho esquerdos são flexionados, enquanto o membro inferior direito é mantido esticado, com um travesseiro entre os membros inferiores. Amarras adicionais podem ser utilizadas para estabilizar o paciente e prevenir movimentos excessivos.

Pontos de pressão, como cotovelos, joelhos e calcanhares, são protegidos.

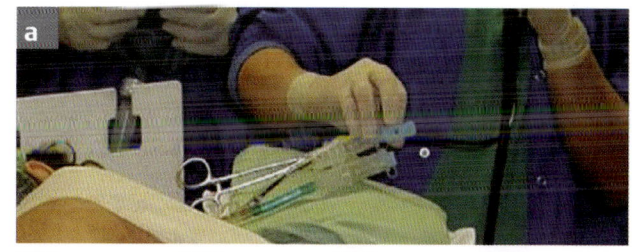

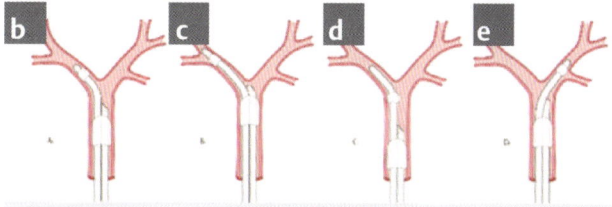

Fig. 37.1 A intubação seletiva bem-sucedida do pulmão esquerdo é essencial para conseguir a ventilação necessária na presença do pulmão direito completamente esvaziado. (**a**) A posição endotraqueal do tubo é confirmada com o broncoscópio. (**b**) Demonstração da posição desejada e (**c-e**) das posições indesejadas.

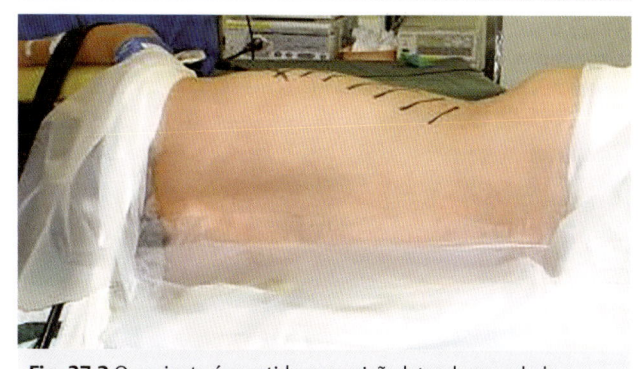

Fig. 37.2 O paciente é mantido na posição lateral com o lado esquerdo para cima. As costelas são marcadas, com início na costela flutuante mais caudal.

37.4 Portais de Entrada

As costelas são identificadas por palpação da última costela flutuante e são marcadas. Um ponto de referência anatômico útil é o ângulo da escápula, que fica sobre a quinta costela.

São necessários quatro portais. Eles são escolhidos com a ajuda de radiografias pré-operatórias. Tipicamente, os portais se situam ao longo da terceira, quinta, sétima e nona costela ou,

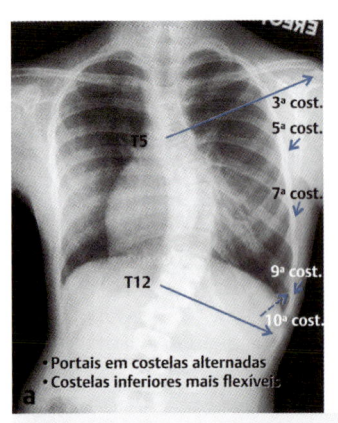

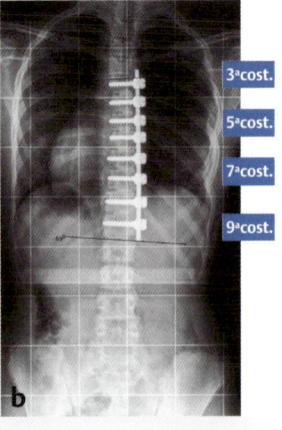

Fig. 37.3 Planejamento para que os portais de toracoscopia abranjam as vértebras finais da curva escoliótica. (**a**) Neste caso, a curva abrange da terceira até a décima costela. (**b**) O posicionamento alinhado de portais em costelas alternadas (terceira, quinta, sétima e nona) é geralmente adequado, já que as costelas inferiores são mais flexíveis.

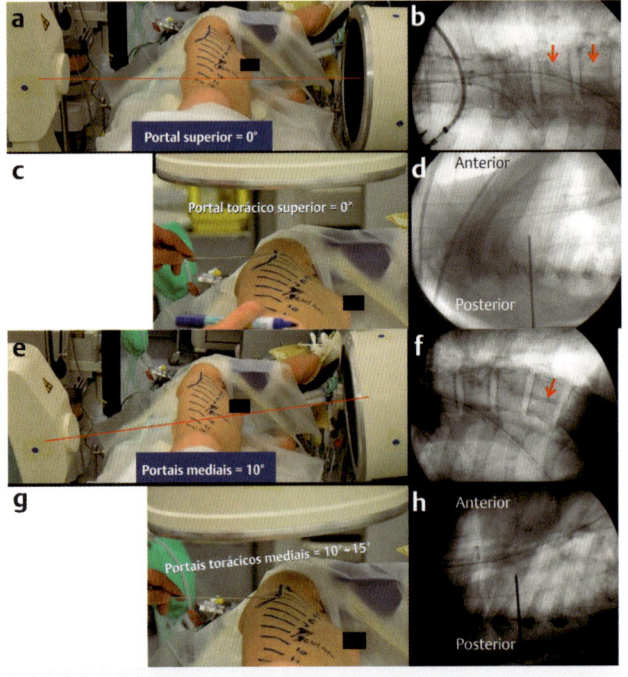

Fig. 37.4 Um portal ideal encontra-se diretamente alinhado com a parte médio-lateral do corpo vertebral. (**a**) No portal torácico superior, a rotação é determinada primeiramente na posição lateral (**b**) sob fluoroscopia. Verifica-se se os processos espinhais (*setas vermelhas*) estão nas posições centrais dos corpos vertebrais. (**c**) O fluoroscópio é, então, girado para a posição lateral, com o radiomarcador apontando para a posição médio-lateral no corpo vertebral. (**d**) Em portais mediais, pode-se requerer rotação de 10 a 15°. O fluoroscópio é posicionado em rotação de 10° (**e, f**) para manter o processo espinhal central em uma imagem anteroposterior. (**g**) Na posição lateral a rotação de 10° é suficiente. (**h**) O marcador radiológico é então posicionado sobre a parte médio-lateral do corpo vertebral. Isto marca o ponto de entrada ideal para o portal.

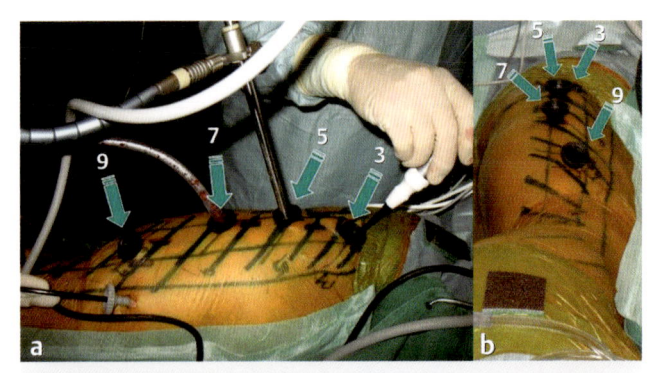

Fig. 37.5 (**a**) Do ponto de vista do assistente cirúrgico, os portais na extensão dessa curva, da terceira até a nona costela. (**b**) Os portais têm um perfil sagital correspondente à rotação atípica da curva torácica.

em vez disso, ao longo da quarta, sexta, oitava e décima costelas. Os portais englobam a curva de vértebra final à vértebra final (**Fig. 37.3**). Um portal ideal situa-se diretamente alinhado e perpendicular à parte médio-lateral do corpo vertebral. Utiliza-se fluoroscopia para ajudar na localização do ponto ao longo da costela, levando em consideração a rotação do corpo vertebral (**Fig. 37.4**, **Fig. 37.5**). Por exemplo, no portal torácico superior, a fluoroscopia fica geralmente em posição neutra; nos portais da região torácica média, pode ser necessária uma rotação de 10 a 15° no ápice da curva, dependendo da rotação axial da vértebra. A visualização direta intermitente pelos portais permite uma percepção mais profunda do campo cirúrgico (**Fig. 37.6**).

Realizam-se a antissepsia e a colocação do campo cirúrgico sobre o paciente, uma vez que os pontos de entrada ao longo das costelas tenham sido identificados e marcados.

37.5 Incisão Cutânea e Estabelecimento dos Portais

O cirurgião posiciona-se atrás do paciente. Uma incisão de 3 cm é feita ao longo da costela no ponto de entrada pré-marcado. A incisão é aprofundada até a costela. O músculo intercostal é separado da borda superior da costela. Cuida-se para não atingir o feixe neurovascular na borda caudal da costela. A costela é separada de modo subperiosteal. Cerca de uma polegada dela é resseccionada e morcelizada para ser aplicada como enxerto autólogo. Realiza-se uma incisão cortante na pleura parietal. Cuida-se para evitar lesionar o pulmão vazio ou o diafragma adjacente. É importante evitar fazer a primeira entrada na cavidade torácica pelo portal mais caudal, situado na nona ou décima costela, pois o risco de lesionar o diafragma e adentrar o espaço subdiafragmático é alto. A primeira entrada deve ser feita pelos portais centrais, situados, na quinta ou sexta costela.

Passos similares são realizados para estabelecer os três portais restantes, e acessos rígidos de 11,5 a 15 mm de diâmetro são colocados (**Fig. 37.6**). Afastadores de incisão, como o Alexis (Applied Medical, Rancho Santa Margarita, CA), são úteis para proteger a pele e prevenir que o sangue do portal adentre a cavidade torácica.

Um quinto portal, menor, que aceite um acesso rígido de 5 mm de diâmetro, é aberto no sétimo ou oitavo espaço intercostal, na linha axilar anterior, sob visão direta. Esse portal permite o uso de uma esponja tipo "peanut" para a retração diafragmática. Ela também é utilizada para a intubação no fim da cirurgia. A retração da cúpula diafragmática expõe o canal espinal subjacente para visualização adequada. A coluna pode, assim, ser exposta lateralmente, da T4 até o espaço discal entre T12 e L1. Com um pouco de separação crural no corpo vertebral com um dissector ultrassônico (Harmonic scalpel—Ethicon En-

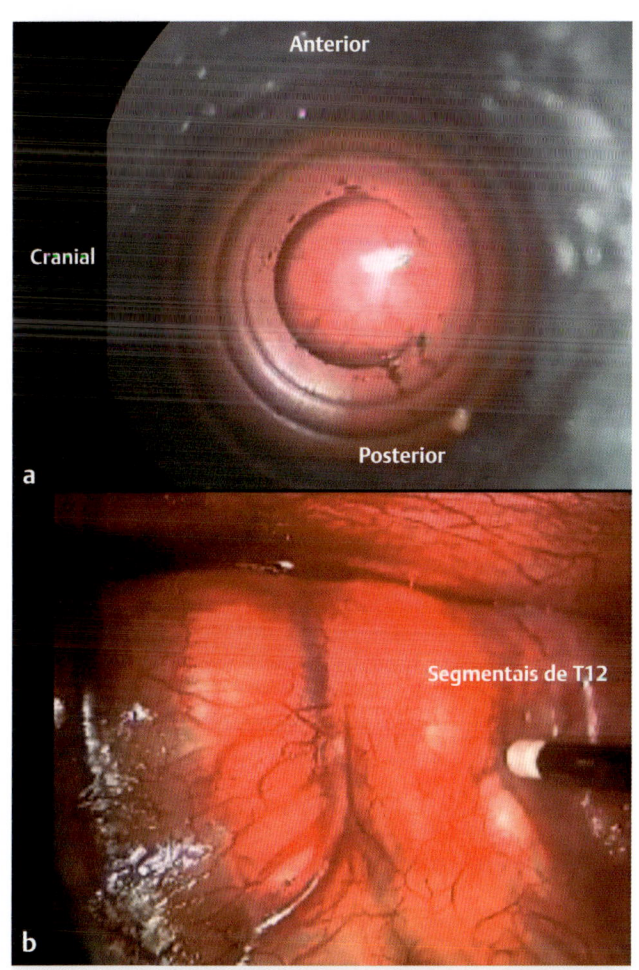

Abordagens Toracoscópicas para a Correção de Deformidades [1]

Fig. 37.6 Vistas (**a**) diretamente do portal e (**b**) do toracoscópio. Vasos segmentais de T12 são identificados. Isto é confirmado posteriormente com fluoroscopia para identificação do nível.

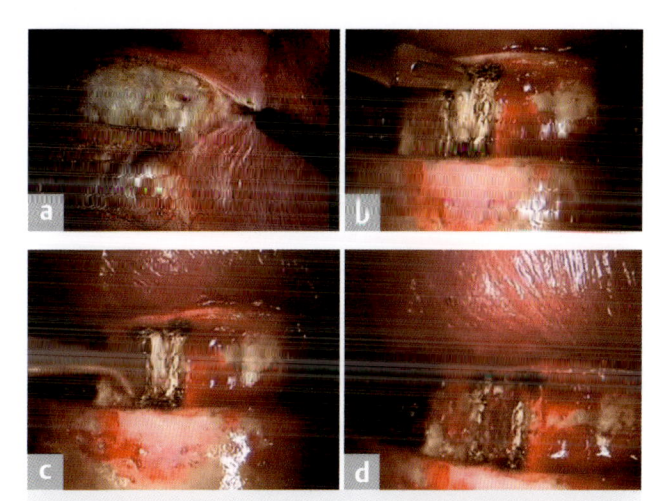

Fig. 37.7 (**a**) A pleura parietal é disseccionada com dissector ultrassônico. Os vasos segmentais são controlados. (**b**) A discectomia é realizada. (**c**) A separação do disco é feita com um elevador Cobb. (**d**) A aparência da placa terminal óssea é claramente ilustrada.

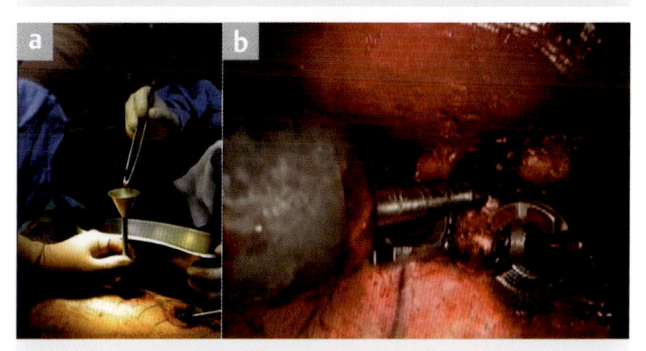

Fig. 37.8 (**a**) Enxertos morcelizados obtidos a partir da costela são posicionados no espaço intervertebral com um funil pelo portal toracoscópico; (**b**) os enxertos são compactados dentro do espaço discal.

do-Surgery Inc.), o corpo vertebral da L1 pode ser exposto no nível em que os vasos segmentais o atravessam.

Se necessário, o acesso à L2 ou à L3 pode ser realizado por uma abordagem retroperineal miniaberta, separada, na área toracolombar.

37.6 Ligação dos Vasos Segmentais, Discectomia e Enxerto Ósseo (Vídeo 37.1)

O nível vertebral é confirmado com fluoroscopia. O dissector ultrassônico (bisturi harmônico) é utilizado para dissecar as pleuras visceral e parietal em um "movimento de pincel" na vértebra posicionada em sentido anterior a posterior, para criar um plano elíptico (**Fig. 37.7**). Vasos segmentais são cauterizados e dissecados ao longo do comprimento com o dissector ultrassônico. A dissecção é mantida em posição anterior às cabeças das costelas e expõe os pontos de entrada dos parafusos para as vértebras.

No caso de sangramento não controlado dos vasos segmentais, uma esponja de toracoscopia é utilizada para tamponar temporariamente os pontos de sangramento, antes de cauterizá-los. A toracotomia aberta para controlar o sangramento raramente é necessária.

Realiza-se a discectomia em cada nível segmental (**Fig. 37.7**). A discectomia é iniciada com uma incisão retangular, usando diatermia, seguida de um bisturi cirúrgico de cabo longo. A margem posterior da incisão é mantida em posição anterior à cabeça da costela correspondente. A remoção do disco é realizada com uma combinação de pinça cirúrgica, cureta e elevador Cobb. Em pacientes com idade óssea madura, um osteótomo pode ser usado para separar as estruturas periféricas aderidas da placa terminal vertebral. A exposição adequada da parte óssea das placas terminais vertebrais é necessária para garantir a fusão e evitar pseudoartrose. O ligamento longitudinal anterior (ALL) e o ângulo fibroso do lado esquerdo são preservados como medida de segurança. Em pacientes pediátricos, a mobilidade segmentar é facilmente atingida após cada nível de discectomia.

O autoenxerto ósseo das costelas é inserido em cada nível com a ajuda de um funil (**Fig. 37.8**). Isto também pode ser feito após a colocação dos parafusos.

Em casos em que a modulação do crescimento é desejada, a discectomia e a fusão espinhal não são necessárias.

37.7 Implante de Parafuso Torácico (Vídeo 37.1)

Cada parafuso torácico de ponta arredondada é inserido de forma perpendicular ao corpo vertebral de modo a ficar bicortical sob o controle de imagem. O ponto de entrada é anterior à cabeça da costela correspondente (**Fig. 37.9**). Nas vértebras da região média torácica, o ponto de entrada é alinhado com a borda anterior da cabeça da costela. Em T11 e T12, o ponto de entrada fica no meio do caminho entre a cabeça da costela e a borda vertebral anterior. O arranjo de parafusos deve ser alinhado para facilitar a redução das barras.

Uma imagem anterior do corpo vertebral é usada para guiar este passo. A rotação axial regional é ajustada adequadamente para uma imagem anatômica anterior. Um furo piloto é criado com um furador e rosqueado adequadamente (**Fig. 37.10**). A trajetória é perpendicular à direção do raio intensificador de imagem. Um parafuso típico tem um diâmetro de 5 ou 6 mm, e seu comprimento varia de 25 a 40 mm.

Em casos em que a modulação do crescimento é desejada, a discectomia e a fusão espinhal não são necessárias. Esses pacientes imaturos são classificados como Risser 0 na apófise da crista ilíaca e podem ter a cartilagem trirradiada aberta dos quadris. Um grampo vertebral é utilizado junto ao parafuso para melhorar a aquisição óssea. Um téter de polietileno é utilizado em vez de uma barra sólida de metal.

37.8 Inserção da Haste e Correção da Curva do Cantiléver

O comprimento da haste é medido com a ajuda do intensificador de imagem, usando uma haste colocada fora do corpo, como exemplo. Uma haste de titânio de 5,5 mm de diâmetro é cortada no tamanho adequado. Uma leve curva é aplicada na ponta cefálica para acomodar os dois ou três parafusos no perfil coronal. Uma pinça fixada na ponta caudada da haste é utilizada para controlar sua rotação.

A haste é instalada nas cabeças em forma de tulipa dos dois ou três parafusos cefálicos (**Fig. 37.11**). A haste é visualizada por toracoscopia para checar seu posicionamento adequado. Os dois ou três parafusos cefálicos são fixados. A redução é feita pelo método cantiléver com a ajuda de torres de redução inseridas pelos portais, com orientação fluoroscópica intermitente. Isto é feito progressivamente, no sentido céfalo-caudal. A derrotação dos corpos vertebrais ocorre durante a manobra de redução (**Fig. 37.12**).

Os raios X ortogonais finais são realizados para checar a posição dos parafusos após a redução, com atenção especial para falha nos parafusos, especialmente nos cefalados. Raios X posteroanterior e lateral são obtidos após a segunda semana do pós-operatório (**Fig. 37.13**).

37.9 Fechamento Cutâneo

A cavidade torácica é banhada com solução salina normal, morna, para remover detritos. Normalmente, não se realizam reparos na pleura.

O acesso de 5 mm é removido. É feita sutura do tipo bolsa de tabaco, com fio absorvível 2/0. Um dreno torácico (tamanho 28 Fr) é inserido na cavidade torácica e tem sua saída pelo acesso de 5 mm ao longo da margem costal. O dreno é ancorado à pele por suturas. O pulmão é reinflado.

As camadas musculares são reaproximadas. A pele é fechada em camadas.

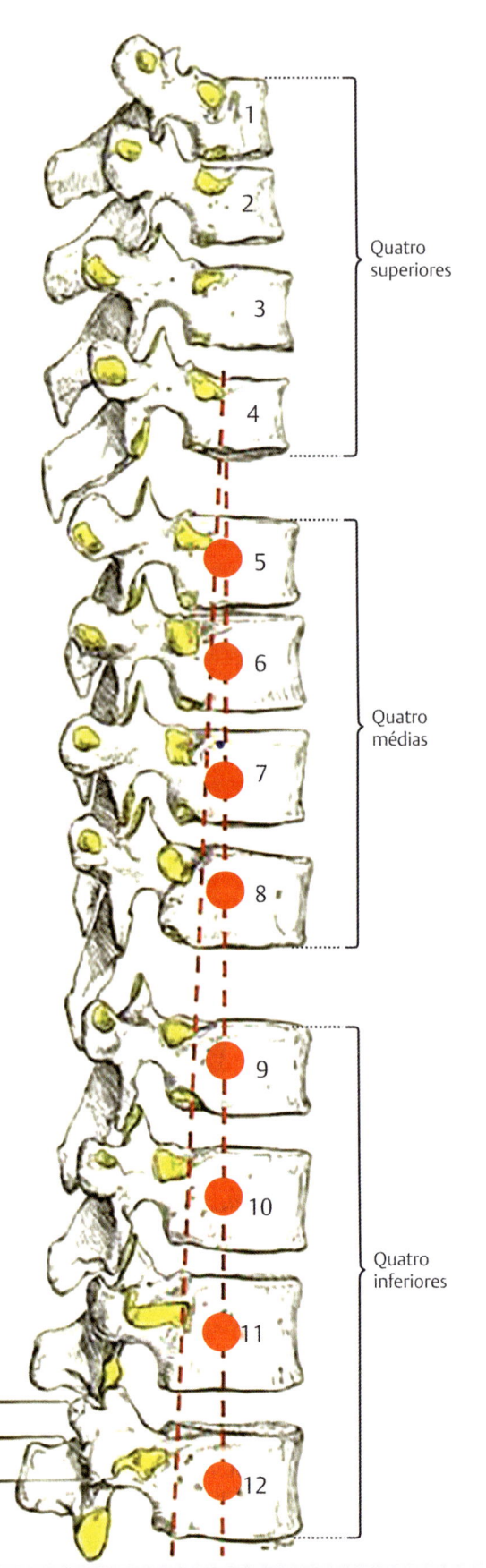

Fig. 37.9 Os pontos de entrada dos parafusos vertebrais são demonstrados.

Abordagens Toracoscópicas para a Correção de Deformidades [1]

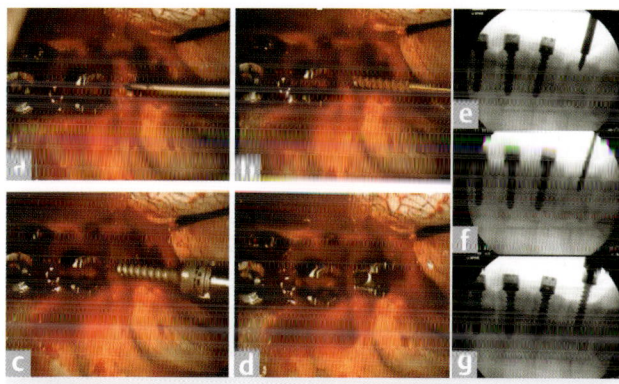

Fig. 37.10 O ponto de entrada do parafuso vertebral é, inicialmente, identificado, e deve estar alinhado com o arranjo de parafusos cefalado. (**a**) Um furador é utilizado no ponto de entrada, (**b**) seguido por uma rosca. (**c**) O parafuso é então inserido. (**d**) A aparência de um arranjo de parafusos alinhados. (**e-g**) Os passos são guiados por fluoroscopia.

Fig. 37.12 Aparência final do implante.

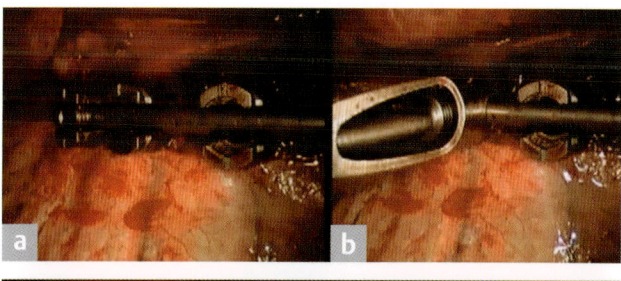

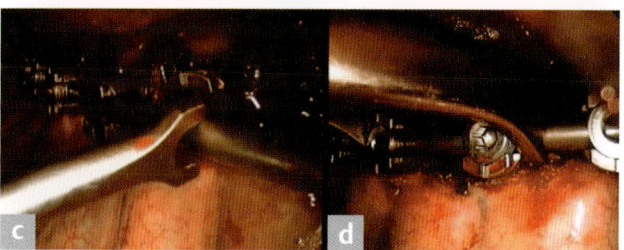

Fig. 37.11 (**a**) O eixo é primeiramente dobrado e colocado dentro dos três parafusos cefalados. (**b**) O parafuso de fixação é inserido com a ajuda de um guia de alinhamento. (**c**) O eixo é reduzido via manobra de redução. (**d**) Redução adicional deve ser feita pela compressão entre os parafusos sob orientação fluoroscópica.

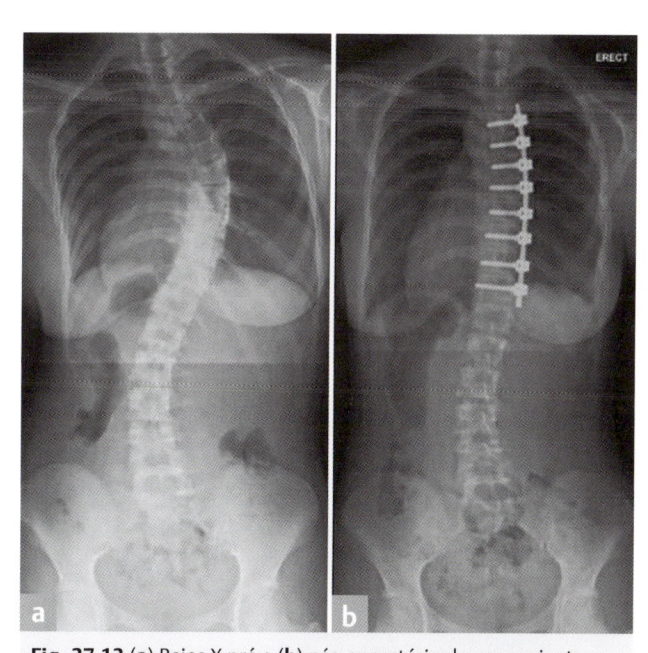

Fig. 37.13 (**a**) Raios X pré e (**b**) pós-operatório de um paciente com escoliose. A curva é balanceada no pós-operatório.

37.10 Cuidados Pós-Operatórios

O dreno endotraqueal de lúmen duplo é substituído por um dreno endotraqueal de lúmen único. É realizada sucção broncoscópica para minimizar o muco. O tubo é conectado a um dreno com selo d'água. O paciente é mantido entubado e é monitorado na UTI por uma noite.

O paciente pode ser extubado no primeiro dia de pós-operatório. O dreno torácico é removido no terceiro dia. Realizam-se raios X de tórax antes da remoção. O paciente é clinicamente monitorado com a ajuda da oximetria de pulso por 24 horas após a remoção do dreno.

Encoraja-se a deambulação logo após a remoção do tubo. Os pacientes podem receber alta no quarto dia de pós-operatório, ou depois. Um colete rígido deve ser utilizado pelos dois meses subsequentes.

Referências

1. Wong HK, Hee HT, Yu Z, Wong D. Results of thoracoscopic instrumented fusion versus conventional posterior instrumented fusion in adolescent idiopathic scoliosis undergoing selective thoracic fusion. *Spine* 2004;29(18):2031–2038
2. Newton PO, Upasani VV, Lhamby J, Ugrinow VL, Pawelek JB, Bastrom TP. Surgical treatment of main thoracic scoliosis with thoracoscopic anterior instrumentation. A five-year follow-up study. *J Bone Joint Surg Am* 2008;90(10):2077–2089
3. Lonner BS, Auerbach JD, Estreicher MB, et al. Pulmonary function changes after various anterior approaches in the treatment of adolescent idiopathic scoliosis. *J Spinal Disord Tech* 2009;22(8):551–558
4. Lonner BS, Auerbach JD, Estreicher M, Milby AH, Kean KE. Video-assisted thoracoscopic spinal fusion compared with posterior spinal fusion with thoracic pedicle screws for thoracic adolescent idiopathic scoliosis. *J Bone Joint Surg Am* 2009;91(2):398–408
5. Kishan S, Bastrom T, Betz RR, et al. Thoracoscopic scoliosis surgery affects pulmonary function less than thoracotomy at 2 years postsurgery. *Spine* 2007;32(4):453–458

38 Abordagens Toracoscópicas para a Correção de Deformidades [2]

Rudolph J. Schrot • George D. Picetti III

38.1 Introdução

Este capítulo apresenta a abordagem toracoscópica na correção de deformidades de forma progressiva, de modo que cada parte se utiliza das técnicas aprendidas nos itens anteriores.

38.2 Artrodese Assistida por Toracoscopia para Correção de Deformidades Posteriores

38.2.1 Indicações

- Curvas escolióticas rígidas com ângulos de Cobb maiores que 75° e com menos de 50° de curvatura lateral em radiografias anteroposteriores.[1]
- Curvas mais suaves em pacientes imaturos com risco de crescimento diferencial anteroposterior (AP) após artrodese posterior ("fenômeno *crankshaft* ou virabrequim").

38.2.2 Estudo de Caso

A paciente era uma menina de 7 anos (20,4 kg) com uma cifose pós-laminectomia progressiva e grave, após a ressecção de um astrocitoma anaplásico (**Fig. 38.1a**). A paciente passou por osteotomia de Ponte de T1 a L1, implante de parafusos pediculares, correção de deformidade e fusão (**Fig. 38.1b**). Uma pseudoartrose resultou na falha dos implantes, com fraturas nos eixos e recriação da deformidade cifótica (**Fig. 38.1c**). A paciente foi submetida a uma nova exploração posterior da fusão, retirada dos implantes, nova correção de deformidade e nova fusão de T4 a T8, com enxerto ósseo da crista ilíaca (**Fig. 38.1d**).

38.2.3 Plano Pré-Operatório

- Determinou-se que, por causa das laminectomias realizadas antes, a paciente não apresentava superfície de fusão posterior adequada e estava correndo grande risco de pseudoartrose repetida. Portanto, foram planejadas discectomias anteriores e fusão com enxerto autólogo da costela.

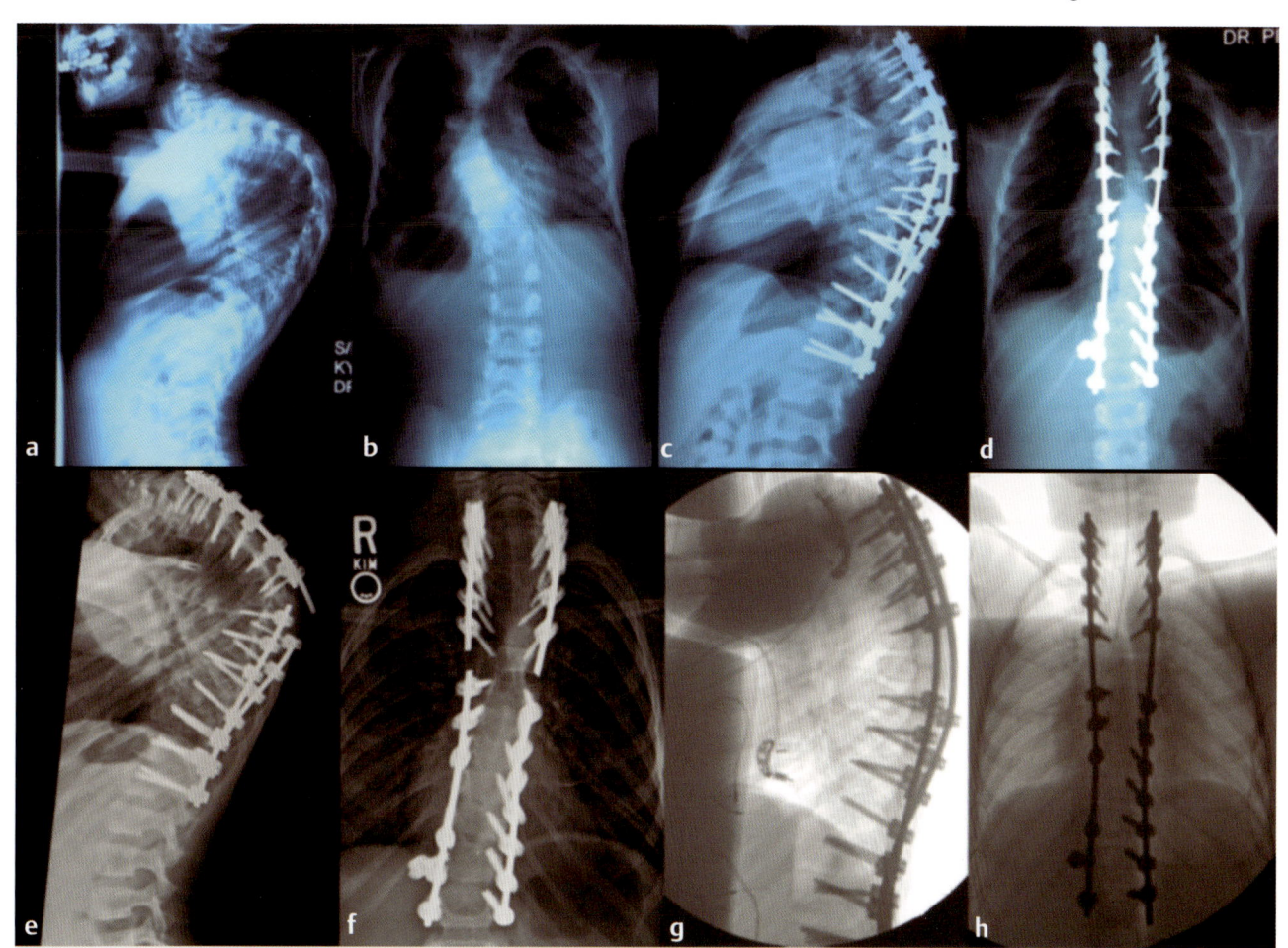

Fig. 38.1 (a,b) Uma menina de 7 anos desenvolveu cifose progressiva pós-laminectomia depois da ressecção de um astrocitoma na medula espinal aos 2 e 3 anos de idade. **(c,d)** Raios X pós-operatório demonstram a correção da deformidade aos 6 anos. **(e,f)** Raios X de acompanhamento posterior demonstram a falha no implante e a perda da correção. **(g,h)** A cirurgia foi posteriormente refeita.

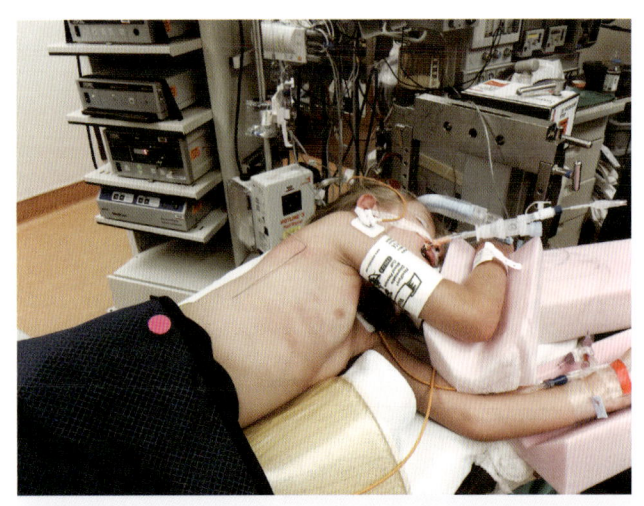

Fig. 38.2 A paciente está em decúbito lateral esquerdo. Os braços e quadris estão fixados na mesa de operação para manter a posição durante o procedimento.

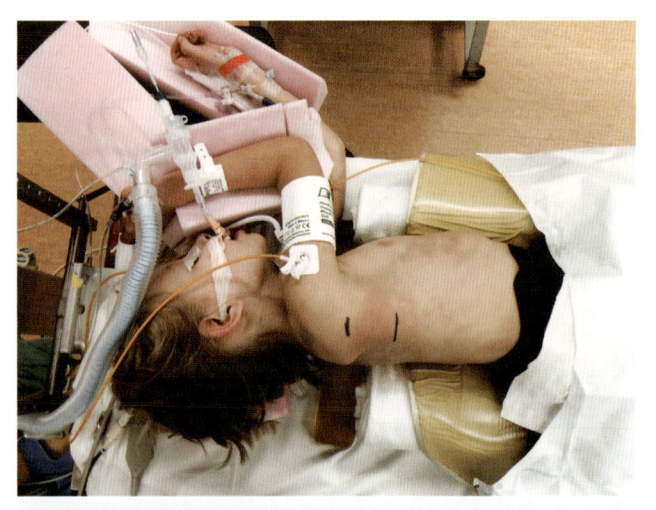

Fig. 38.3 A projeção dos discos intervertebrais é marcada na pele.

- Uma abordagem toracoscópica minimamente invasiva foi escolhida para minimizar a perda de sangue e o tempo de recuperação, e para otimizar a cosmese, a função da cintura escapular e a função pulmonar.

38.2.4 Posição e Anestesia

- Foi feita intubação seletiva do brônquio esquerdo com um tubo endotraqueal de lúmen único. A paciente foi posicionada em decúbito lateral direto, com o lado direito para cima. Um cateter arterial foi colocado. A pelve foi protegida com um avental de chumbo (**Fig. 38.2**).
- Uma fluoroscopia anteroposterior com arco cirúrgico foi utilizada para marcar a projeção dos discos intervertebrais na pele. Neste caso, a escápula e a cintura escapular não puderam ser mobilizadas para acesso a T4–T5. Três locais para portais foram planejados em T4 e T8, com um adicional em T10 para o afastador do pulmão (**Fig. 38.3**).
- Dois monitores de vídeo foram posicionados na cabeceira da cama, separados a 180°, para permitir uma visão endoscópica tanto para o cirurgião, quanto para o assistente operando o endoscópio. O cirurgião posicionou-se de modo posterior à paciente, e o assistente, de modo anterior.

38.2.5 Acesso Toracoscópico (Vídeo 38.1)

- Após a preparação da pele, uma incisão foi feita na altura de T7–T8 e aprofundada até o tecido subcutâneo, sobre a superfície superior da T8, para evitar o feixe neurovascular ao longo da superfície inferior. Um portal de 5 mm foi inserido.
- O endoscópio de 30° foi inserido na cavidade pleural.
- Sob imagem endoscópica direta, um segundo portal para o canal de trabalho foi colocado na T4, e um portal final foi colocado na T10 para acomodar o afastador pulmonar.
- O afastador pulmonar foi posicionado, inflado e manipulado para oferecer uma visão do ângulo pleural anterolateral entre a coluna torácica e as cabeças das costelas.
- Instrumentos e a sucção foram substituídos pelo canal de trabalho na T4, quando necessário.

38.2.6 Dissecção Pleural

- Após a confirmação do nível correto por fluoroscopia, fez-se uma incisão longitudinal na pleura parietal com eletrocautério, iniciando no disco e seguindo ao longo do trecho da espinha que requeria discectomias e fusão. Um eletrocautério em gancho foi posicionado na pleura sobre o disco intervertebral, e foi realizada uma abertura nela. A pleura foi elevada no sentido contrário da espinha e incisionada. Essa manobra permitiu a incisão da pleura ao longo dos segmentos espinhais a serem fundidos e evitou lesões nos vasos segmentais.
- A pleura foi posteriormente dissecada em posição anterior ao ligamento longitudinal anterior e em posição posterior às cabeças das costelas.

38.2.7 Ressecção da Cabeça da Costela e Discectomias

- A ressecção parcial da cabeça da costela foi realizada com osteótomos e pinças *rongeurs* para ganhar acesso à parte posterior do disco. Esta manobra não é necessária em pacientes mais velhos.
- O *annulus* intervertebral foi incisionado com eletrocautério. Uma discectomia completa foi feita com curetas especializadas e pinças *rongeurs* para expor as placas terminais condrais. A remoção do disco e do *annulus* estendeu-se de modo anterior ao ligamento longitudinal anterior e de modo posterior à parte de trás do que restou da cabeça da costela.
- Em casos realizados para soltura anterior antes da fusão posterior, o ligamento longitudinal anterior é afinado para não limitar mais a mobilidade espinhal, mas de modo que ainda forneça suporte estrutural para conter o enxerto ósseo.
- As placas terminais condrais foram removidas, e a porção óssea das placas terminais foi limada até tornar-se uma superfície homogênea com sangramento. O espaço discal foi preenchido com Surgicel para hemostase.
- O canal de trabalho e o portal endoscópico foram intercambiados conforme necessário para fornecer o acesso necessário aos espaços discais.

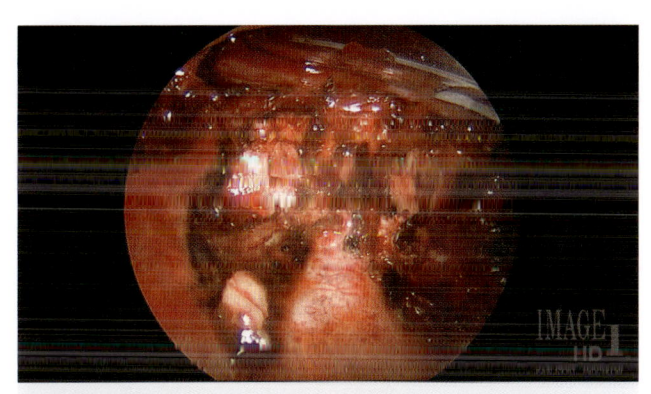

Fig. 38.4 Os espaços discais são preenchidos com autoenxerto morcelizado obtido a partir da ressecção da costela. O dreno torácico pode ser visto na parte superior.

38.2.8 Obtenção do Enxerto Ósseo

- Volta-se a atenção para a obtenção de enxerto a partir da costela. Neste caso, como a paciente era jovem, uma porção completa da costela pôde ser resseccionada com expectativa de recuperação.
- Uma secção proximal da costela de T8 foi disseccionada de modo subperiosteal e circunferencial para evitar o feixe neurovascular.
- A costela foi cortada com um cortador de costelas endoscópico.
- Um segundo enxerto de costela foi obtido na T6, evitando a costela de T7. É crucial pular níveis na obtenção de enxertos a partir de costelas, para evitar tórax instável.
- Os enxertos a partir da costela foram moídos para produzir o autoenxerto ósseo morcelizado.
- Para obtenção de enxerto ósseo em pacientes mais velhos, um corte perpendicular com o cortador de costelas endoscópico é feito no aspecto superior da costela, na extensão anterior e posterior da dissecção. Os cortes são conectados com um osteótomo reto, removendo, assim, a porção superior da costela. Esta técnica mantém a integridade da costela e protege o nervo intercostal.

38.2.9 Artrodese

- Após remover o Surgicel de cada espaço discal, o funil endoscópico foi utilizado para preencher cada um dos espaços discais com autoenxerto ósseo morcelizado (**Fig. 38.4**).
- O disco foi parcialmente preenchido, e o enxerto foi empurrado para o lado oposto para certificar o preenchimento completo do espaço.
- Após o preenchimento, mais enxerto foi colocado sobre o espaço e em sua área adjacente, onde o periósteo havia sido elevado para aumentar a superfície de fusão.

38.2.10 Fechamento

- A cavidade torácica foi irrigada, e o afastador pulmonar foi removido. O pulmão foi reinflado.
- Os portais foram removidos. Um dreno torácico de 20 Fr foi colocado pela abertura do portal inferior.
- Os portais foram fechados em camadas com fio absorvível. Uma sutura do tipo bolsa de tabaco com náilon 2–0 foi feita em volta do local de saída do dreno. A finalização foi feita com Steri-Strips (Nexcare), gaze Xeroform e curativos estéreis. O dreno foi ligado à sucção.

38.2.11 Resultados

- A perda de sangue intraoperatória foi de 30 mL. Não ocorreram complicações intra ou perioperatórias. O dreno foi removido no primeiro dia do pós-operatório, e o paciente teve alta, em condições estáveis, no segundo dia pós-operatório.

38.2.12 Notas

- Ainda que correções de deformidades e fusões totalmente posteriores estejam se tornando mais comuns com o advento do instrumental cirúrgico de coluna de quarta geração, neste caso, uma falta de fusão posterior resultou no fracasso do tratamento inicial, com fusão posterior, e exigiu uma artrodese anterior.
- A discectomia endoscópica transtorácica e a fusão foram uma opção minimamente invasiva que resultou em perda mínima de sangue e baixo tempo de internação.
- O procedimento foi possível mesmo em uma paciente que pesava menos de 30 kg. Não foi necessário tubo endotraqueal de lúmen duplo.
- Para pacientes jovens com classificação de Risser baixa, a fusão e a discectomia anteriores reduzem o risco do fenômeno *crankshaft* causado pela expansão das placas de crescimento anteriores.
- A chave para uma fusão bem-sucedida é a discectomia total e remoção completa da placa terminal.
- Uma revisão retrospectiva (Nível III de evidência) comparou estudos e demonstrou que o tratamento da cifose de Scheuermann foi mais eficiente quando a abordagem foi completamente posterior.[2]

38.3 Correção de Deformidades Totalmente Endoscópica e Transtorácica

38.3.1 Indicações

Escoliose torácica idiopática primária e progressiva (Curvas Lenke tipos 1 e 2).[3]

38.3.2 Posição e Anestesia

- O posicionamento e a anestesia são iguais aos da artrodese assistida por toracoscopia para correção de deformidades posteriores descrita nos tópicos anteriores.
- A intubação com lúmen duplo é realizada em adultos e crianças acima de 45 kg. Crianças com peso inferior a 40-45 kg requerem intubação seletiva do pulmão ventilado.
- São estabelecidos o potencial evocado somatossensitivo (SSEP) e o potencial evocado motor (MEP).
- O paciente é posicionado em decúbito lateral, com o lado côncavo da curva escoliótica para baixo. O arco cirúrgico é utilizado para marcar os locais de criação dos portais, abrangendo as pontas superiores e inferiores do ângulo de Cobb. A localização dos portais deve levar em conta a rotação espinhal, determinada com fluoroscopia por arco em C. São planejadas de três a cinco incisões, dependendo do número de níveis a ser instrumentado (**Fig. 38.5**).

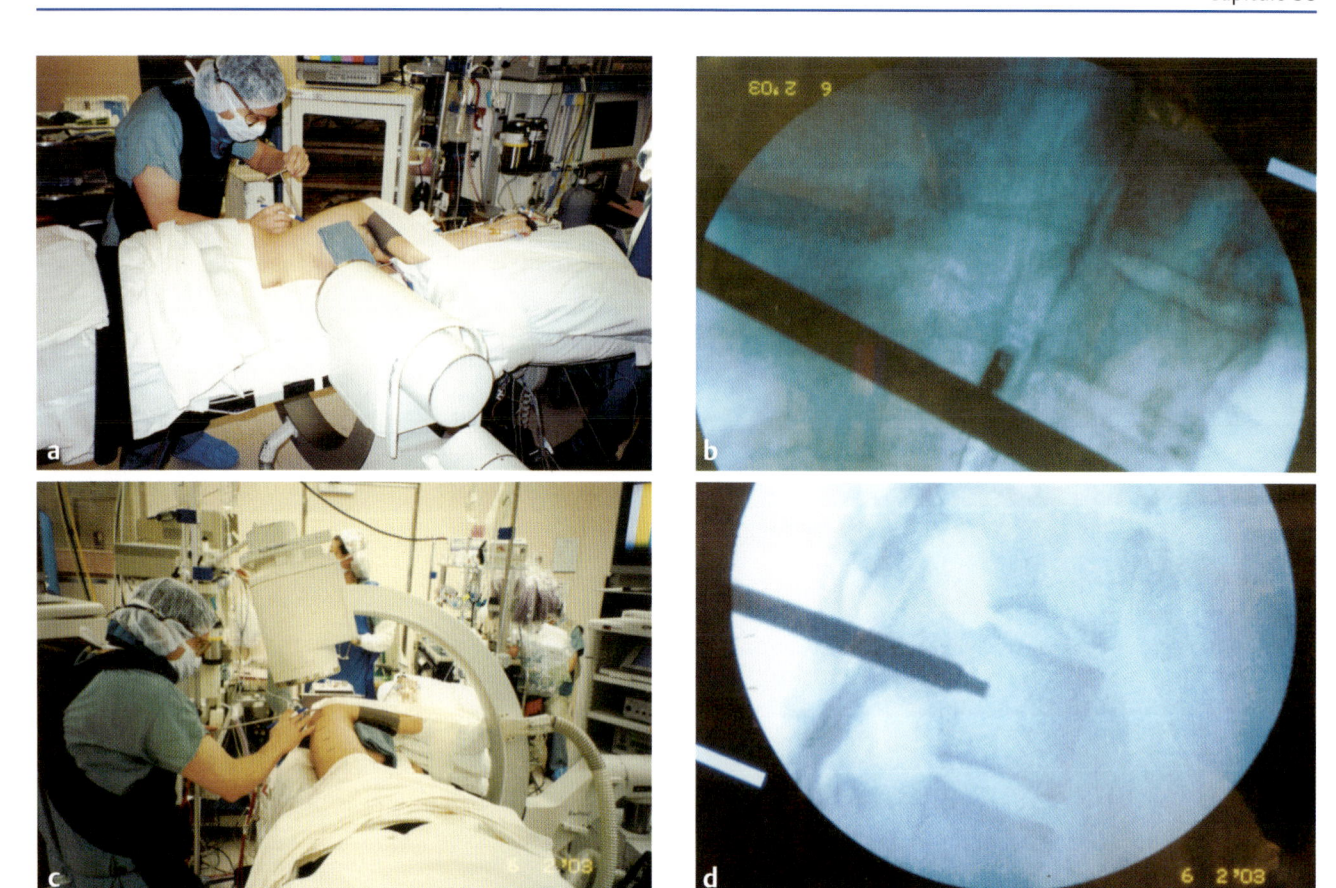

Fig. 38.5 (**a**) O arco cirúrgico é posicionado no plano posteroanterior, no nível distal, para ser instrumentado com um eixo servindo de marcador. Um marcador cutâneo é utilizado para indicar os níveis a serem instrumentados. (**b**) Imagem posteroanterior feita com o arco em C do eixo marcador, paralelo às placas terminais do nível distal. (**c**) Foto demonstrando o arco em C posicionado no plano lateral, usando o eixo marcador para determinar a localização do portal. (**d**) Imagem do arco em C lateral demonstrando o eixo marcador no nível da cabeça da costela; o portal será criado anteriormente a esta marca.

- O posicionamento do cirurgião atrás do paciente permite a orientação anatômica a partir dos pontos de referência visualizados pelo endoscópio, e também permite que os instrumentos sejam direcionados no sentido oposto ao da medula espinal, possibilitando que o cirurgião implante os parafusos nos corpos vertebrais de modo seguro e alinhado à rotação espinhal.

38.3.3 Acesso Toracoscópico

- O pulmão voltado para cima é esvaziado. Uma incisão de 1,5 cm é feita no nível do sexto ou sétimo espaço intercostal, alinhado com a espinha. A localização do portal inicial nesse nível vai evitar lesões na parte mais caudal do diafragma. A palpação digital pelo portal garante a deflação pulmonar e a ausência de adesões pleurais.
- O endoscópio é inserido no portal inicial e usado para colocar portais adicionais sob monitoramento endoscópico. Os portais são posicionados sobre a superfície superior da costela, evitando o feixe neurovascular ao longo da superfície inferior.
- Os portais são separados por dois interespaços. Cada portal dá acesso ao interespaço acima e abaixo da costela.

38.3.4 Dissecção Pleural

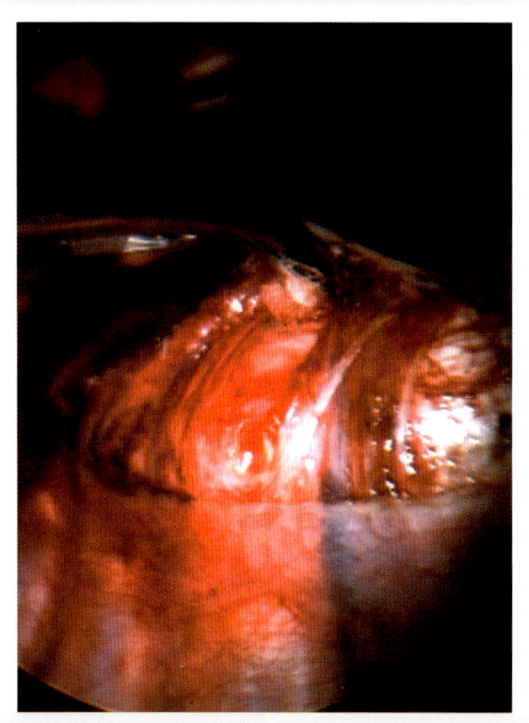

Fig. 38.6 Imagem intraoperatória via endoscópio. A pleura foi incisionada ao longo da linha média dos corpos vertebrais e foi afastada do ligamento longitudinal.

- A dissecção pleural é realizada como já descrito na artrodese assistida por toracoscopia para correção de deformidades posteriores (**Fig. 38.6**).

38.3.5 Discectomia

- A discectomia ocorre como já descrito na artrodese assistida por toracoscopia para correção de deformidades posteriores (**Fig. 38.7**).

38.3.6 Obtenção do Enxerto Ósseo

- O autoenxerto ósseo é obtido a partir das costelas como já descrito na artrodese assistida por toracoscopia para correção de deformidades posteriores.

38.3.7 Implante dos Parafusos

- A posição corporal e a rotação são verificadas novamente. O arco cirúrgico com cobertura estéril é trazido ao campo operatório com sua base paralela ao corpo vertebral na ponta superior do ângulo de Cobb.
- Os vasos segmentais são cauterizados no nível vertebral médio. Os vasos segmentais de maior calibre e o sistema ázigo podem ser ligados com grampos vasculares endoscópicos e transeccionados. Os vasos segmentais intactos são agrupados no nível médio do corpo vertebral e ligados com eletrocautério. Os vasos são localizados no vale ou no meio do corpo vertebral e servem como um guia anatômico para o implante dos parafusos.
- O guia triplo do fio-K é posicionado de modo anterior à cabeça da costela, paralelo às placas terminais e central no corpo vertebral. Uma inclinação ligeiramente posterior à anterior do guia assegura que o fio-K seja direcionado no sentido oposto ao do canal espinal (**Fig. 38.8**).
- Assim que o guia estiver corretamente alinhado, um fio-K é inserido até o corpo vertebral, atingindo o córtex oposto. O monitoramento por fluoroscopia é usado para evitar a penetração do córtex oposto e a potencial penetração do fio-K nos casos segmentares contralaterais e no pulmão (**Fig. 38.9**).
- O comprimento do parafuso é medido na escala na seção superior do fio-K ou se baseia nas imagens pré-operatórias. O guia do fio-K é removido, e a rosca canulada do parafuso é inserida apenas até o córtex proximal do corpo vertebral (**Fig. 38.10**). Se for necessário utilizar um grampo, ele pode ser inserido neste momento. O fio-K é segurado neste momento para evitar penetração cortical durante o rosqueamento e a colocação do parafuso.

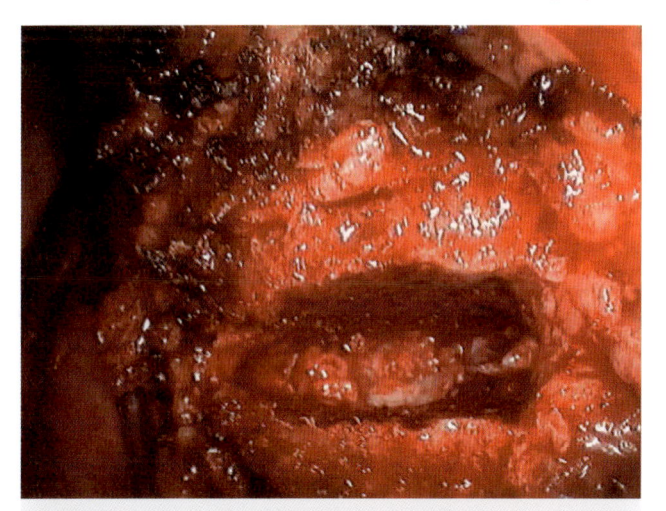

Fig. 38.7 Imagem intraoperatória via endoscópio de uma discectomia. A cartilagem foi removida das placas terminais, e o ligamento longitudinal anterior foi afinado dentro do espaço discal.

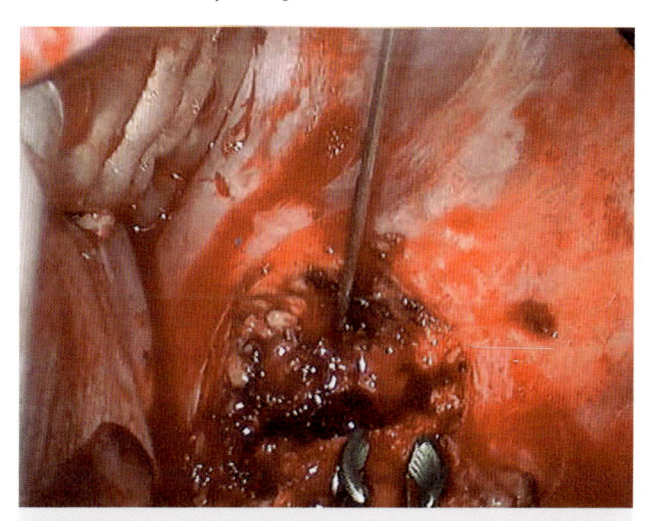

Fig. 38.9 Imagem intraoperatória via endoscópio demonstrando o fio de Kirschner inserido no corpo vertebral.

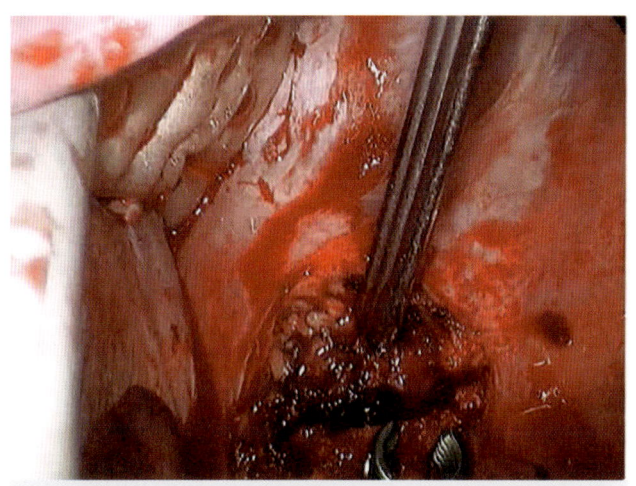

Fig. 38.8 Imagem intraoperatória via endoscópio demonstrando o fio-guia de Kirschner inserido no corpo vertebral.

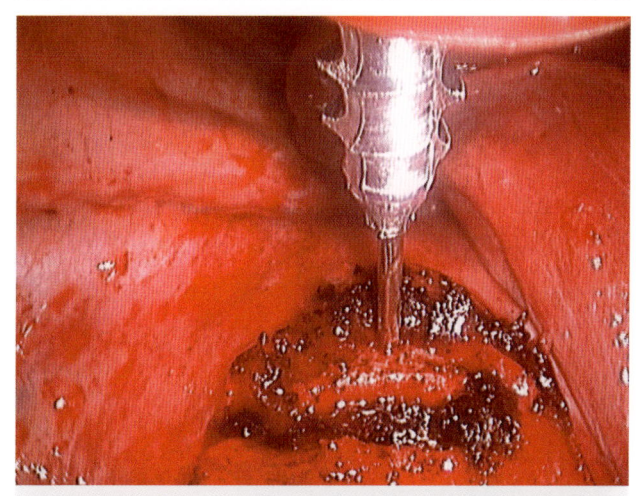

Fig. 38.10 Imagem intraoperatória via endoscópio demonstrando a rosca sobre o fio de Kirschner pronta para ser inserida no corpo vertebral.

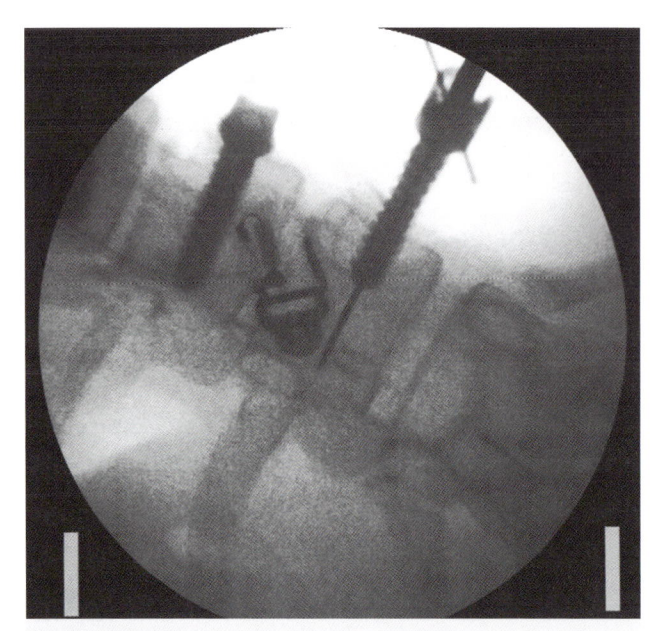

Fig. 38.11 Imagem intraoperatória via fluoroscopia demonstrando um parafuso sendo inserido no corpo vertebral sobre o fio de Kirschner.

- O parafuso de tamanho apropriado avança sobre o fio-guia, chegando ao córtex oposto e fixando sua cabeça contra o vale do corpo vertebral (**Fig. 38.11**). O fio-guia é removido quando o parafuso tiver atravessado três quartos da distância do corpo vertebral.
- O implante sucessivo de parafusos usa as cabeças das costelas como referência para assegurar um alinhamento correto e uma desrotação efetiva durante a redução da haste. Cabeças de parafuso em V ajudam na desrotação.
- A profundidade de cada parafuso deve ser igual em níveis similares; do contrário, a fixação da haste será difícil.

38.3.8 Artrodese
- A colocação do enxerto ósseo é feita como já descrito na artrodese assistida por toracoscopia para correção de deformidades posteriores (**Fig. 38.12**).

38.3.9 Fixação do Eixo e Redução de Deformidades
- A extensão do eixo é medida com o medidor de eixo endoscópico do tipo cabo com esfera (**Fig. 38.13**).
- Um eixo de titânio de 4,5 mm é cortado no comprimento medido anteriormente e posicionado livremente na cavidade peitoral pela incisão inferior. O eixo é posicionado nivelado à bucha do parafuso inferior para evitar a protrusão para o diafragma. O tubo de introdução do *plug* é colocado sobre a bucha, fixando temporariamente o eixo. O dispositivo de inserção do *plug* avança pelo guia, e o *plug* é encaixado dentro do parafuso vertebral, para segurar o eixo. Então, o *plug* é completamente apertado (**Fig. 38.14**).
- O eixo é, depois, encaixado sequencialmente nas buchas dos parafusos que restaram com o empurrador, e os *plugs* são colocados, mas não apertados.
- Forma-se a compressão entre cada parafuso. O compressor é inserido livremente na cavidade peitoral, por sobre as cabeças dos parafusos, na ponta inferior do constructo (**Fig.**

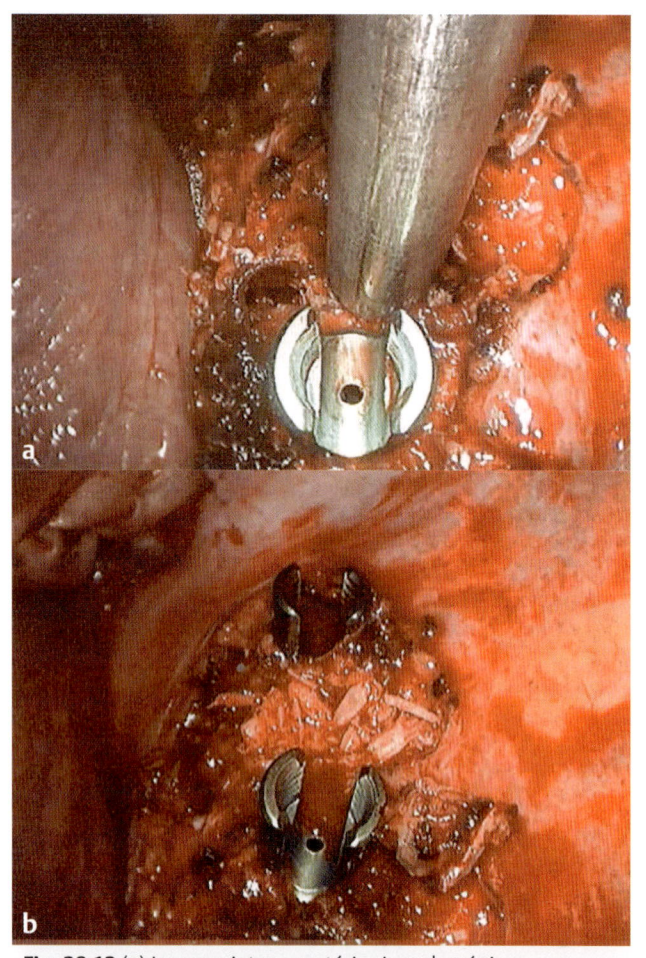

Fig. 38.12 (**a**) Imagem intraoperatória via endoscópio demonstrando o funil com enxerto ósseo inserido no espaço discal. (**b**) Imagem intraoperatória demonstrando o espaço discal preenchido com enxerto ósseo e o enxerto colocado sobre os corpos vertebrais adjacentes.

38.15). Girar o *driver* em sentido horário para aproximar os dois parafusos cria a compressão. A compressão segmental é realizada sequencialmente, de baixo para cima, até que todos os níveis estejam comprimidos. Os *plugs* são completamente apertados após a compressão.

38.3.10 Fechamento
- A fluoroscopia lateral e anteroposterior é feita para confirmar a redução adequada e para construir a integridade.
- A cavidade torácica é irrigada, e o pulmão é ventilado sob visualização endoscópica para confirmar que o pulmão está reinflado como um todo.
- Um dreno torácico é instalado pelo portal inferior, e as incisões são fechadas em camadas, do modo padrão.

38.3.11 Notas
- Os cirurgiões não devem tentar realizar correção de deformidades de modos completamente transtorácico e endoscópico até que tenham experiência suficiente com a discectomia por toracoscopia.
- A correção de modos completamente transtorácico e endoscópico tem-se tornado menos popular atualmente, com as

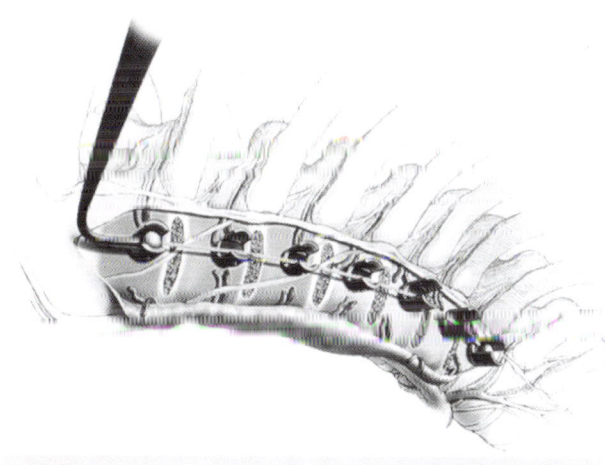

Fig. 38.13 Imagem esquemática dos parafusos posicionados com o medidor de eixo endoscópico inserido em todos eles. O comprimento do eixo é determinado pela leitura da escala na parte de cima do medidor.

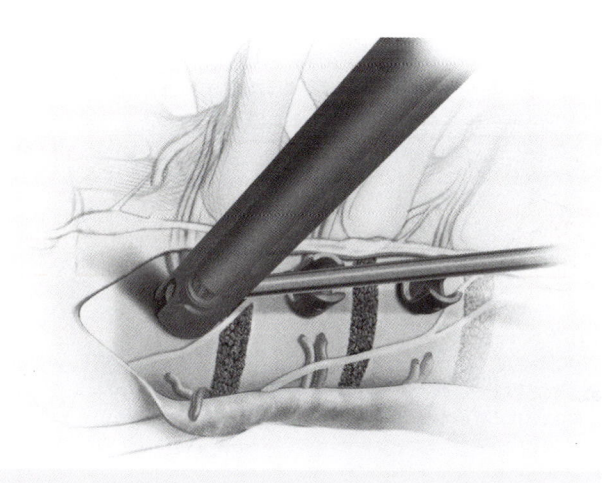

Fig. 38.14 Diagrama do eixo sendo inserido no parafuso mais inferior, com o tubo de introdução do *plug* sobre o parafuso. A abertura na ponta do tubo no parafuso mostra o *plug* inserido no parafuso.

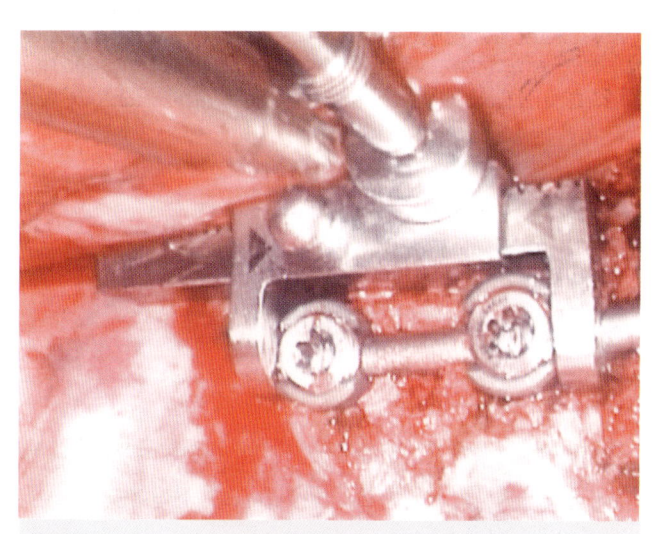

Fig. 38.15 Imagem intraoperatória via endoscópio com o compressor endoscópico no eixo aproximando os dois parafusos.

excelentes reduções que são possíveis usando abordagens posteriores combinadas com osteotomia de Ponte e implantes segmentais de quarta geração.[4]
- A correção de deformidades transtorácica posterior e os implantes podem reduzir o número de segmentos incluídos no constructo em comparação a uma abordagem totalmente posterior.[5]
- A correção de deformidade transtorácica anterior pode ajudar a restaurar a normalidade da cifose torácica após a desrotação de modo mais eficiente que a maioria das abordagens posteriores.[6]

38.4 Correção de Deformidades Toracolombares Retroperitoneais de Modo Parcialmente Endoscópico e Completamente Anterior Combinadas com Toracoscopia

38.4.1 Indicações
- Escoliose estrutural lombar/toracolombar progressiva (tipos Lenke 3, 4 e 6).

38.4.2 Procedimento
- Proceda como já descrito para a correção de deformidades totalmente endoscópica e transtorácica.
- Deve-se usar um mínimo de três portais na cavidade pleural para acomodar o endoscópio, o canal de trabalho e o afastador de pulmão inflável.
- O disco T12–L1 também pode ser removido da cavidade torácica se o diafragma se inserir abaixo do espaço discal de T12–L1. Entretanto, se o diafragma se inserir abaixo do disco T12–L1, ele deve ser removido pela abordagem retroperitoneal.
- Todos os níveis vertebrais que receberão implante devem ser marcados na pele por projeção fluoroscópica lateral (**Fig. 38.16**).

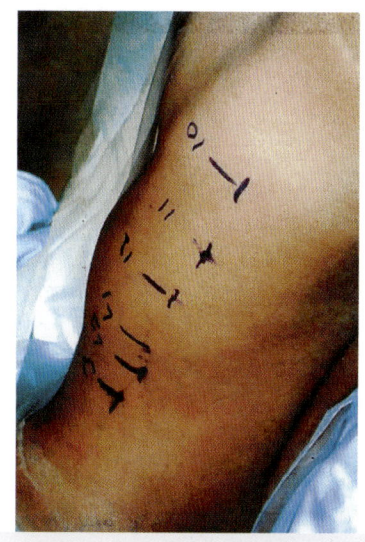

Fig. 38.16 Fotografia de um paciente com marcações cutâneas para um implante minimamente invasivo de T10 a L3 para correção da instrumentação e fusão.

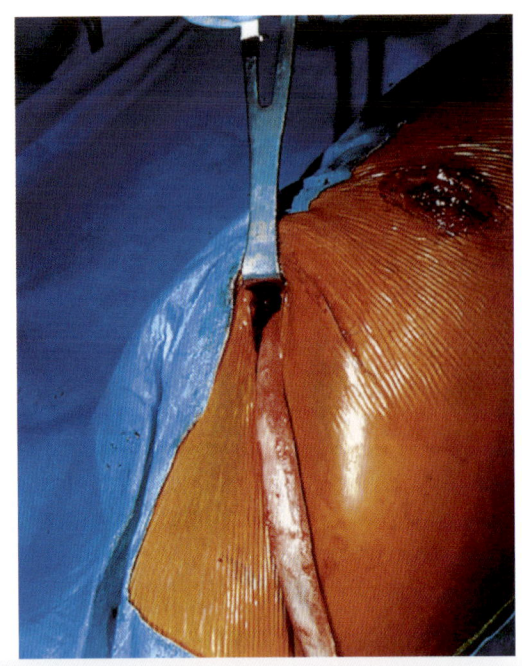

Fig. 38.17 Fotografia da incisão retroperitoneal. A décima primeira costela foi amputada em sua junção cartilaginosa. Com o cortador de costelas endoscópico, a costela pode ser amputada na altura da sua cabeça.

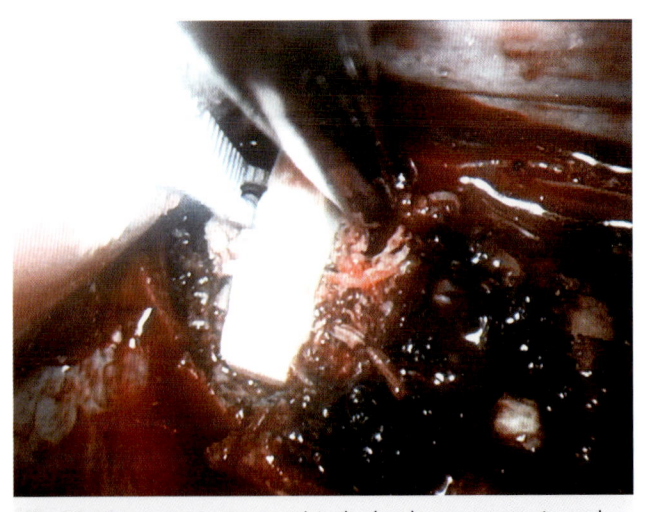

Fig. 38.18 Imagem intraoperatória da abordagem retroperitoneal. Um anel femoral preenchido com autoenxerto é inserido no espaço discal entre L1 e L2. À esquerda do anel femoral encontra-se o diafragma, e abaixo do anel femoral está o peritônio.

38.4.3 Incisão Cutânea e Obtenção de Enxerto Ósseo a Partir da Décima Primeira Costela

- A incisão retroperitoneal lombar é realizada sobre a marcação prévia da pele, via abordagem da décima primeira costela.
- Para implantes que se estendam até a L2, a incisão deve ser feita sobre o espaço discal L1–L2, permitindo o acesso a partir de T12–L1 até L2.
- Para implantes que se estendam até L3, a incisão é feita diretamente sobre o centro do corpo vertebral L2, permitindo o acesso de L1 a L3.
- Para implantes que se estendam até L1, a incisão é feita sobre o espaço discal T12–L1. A abordagem até L1 sempre é tentada, primeiramente, pela cavidade torácica, ainda que se requeira um afastamento extensivo do diafragma.
- Uma incisão pequena, de 3 a 4 cm, é realizada sobre a localização predeterminada.
- Após a dissecção subperiosteal para exposição da décima primeira costela, a décima primeira costela flutuante inteira é preparada para enxerto (**Fig. 38.17**). Após ela ser dissecionada de modo subperiosteal, é quase inteiramente removida com o cortador de costelas endoscópico.

38.4.4 Exposição Retroperitoneal

- A dissecção atravessa o músculo até chegar ao espaço retroperitoneal, e então adentra o psoas. O peritônio é afastado do psoas, da coluna e do diafragma.
- Afastadores com fonte de luz são inseridos. O psoas é afastado posteriormente.

38.4.5 Discectomias Lombar e do Tórax Inferior

- Os discos e as placas terminais são expostos e removidos do modo padrão.
- Após a remoção de todos os discos, mais enxerto da costela pode ser obtido a partir dos portais torácicos, como já descrito na técnica torácica.

38.4.6 Artrodese Lombar e do Tórax Inferior

- Os espaços discais do nível torácico inferior são medidos.
- O autoenxerto femoral é cortado e modelado para lordose. A quantidade de é diminuída para níveis mais proximais (**Fig. 38.18**).
- O centro é preenchido com o enxerto morcelizado e comprimido para dentro do espaço discal. Mais enxerto é inserido no espaço discal antes da colocação do anel femoral e, depois, sobre ele.
- O autoenxerto umeral pode ser utilizado, se os níveis torácicos mais baixos não puderem acomodar um anel femoral.
- Gaiolas preenchidas com autoenxerto ósseo morcelizado podem ser utilizadas no lugar de um osso autoenxertado.

38.4.7 Implante dos Parafusos nos Corpos Vertebrais

- Utilizando o braço cirúrgico, os parafusos são posicionados por toracoscopia, como já descrito no procedimento de correção de deformidades completamente transtorácico e endoscópico (**Fig. 38.19**).
- De modo similar, os parafusos dos corpos vertebrais são implantados nos níveis torácico inferior e lombar, pela exposição retroperitoneal.
- O parafuso deve penetrar o córtex oposto para que haja fixação bicortical e deve fixar sua cabeça no vale do corpo vertebral.

38.4.8 Artrodese Torácica

- O autoenxerto ósseo morcelizado obtido da costela é colocado nos interespaços torácicos usando o funil. Os espaços discais devem ficar completamente preenchidos até o lado oposto.

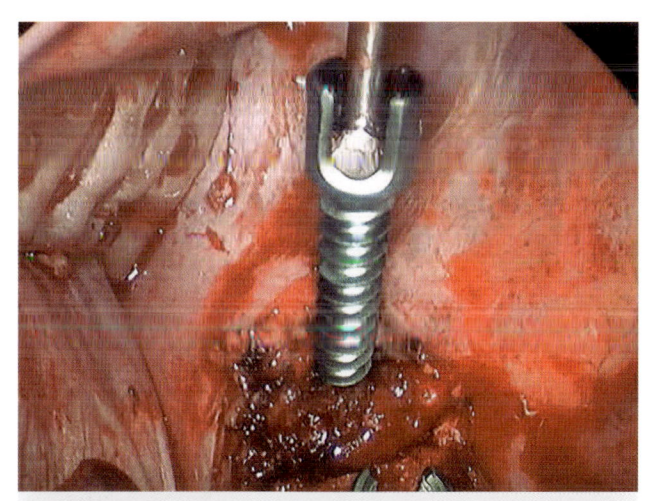

Abordagens Toracoscópicas para a Correção de Deformidades [2]

Fig. 38.19 Imagem intraoperatória via endoscópio demonstrando um parafuso sobre o fio de Kirschner, pronto para ser inserido no corpo vertebral.

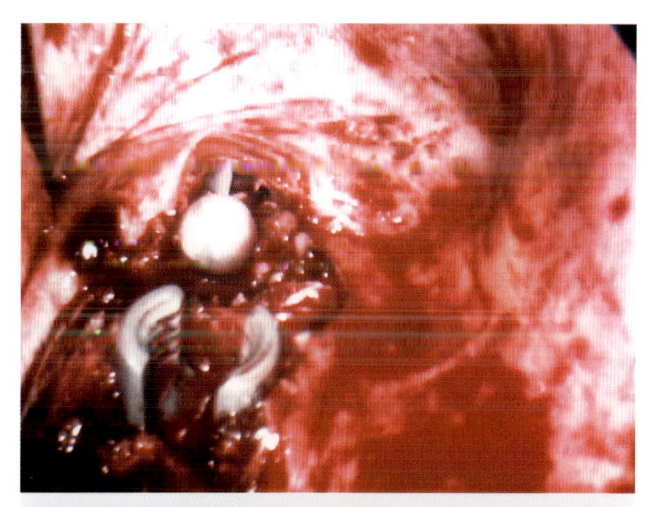

Fig. 38.21 Imagem intraoperatória via endoscópio demonstrando a ponta esférica do medidor de eixo endoscópico passando pela pequena abertura abaixo do diafragma.

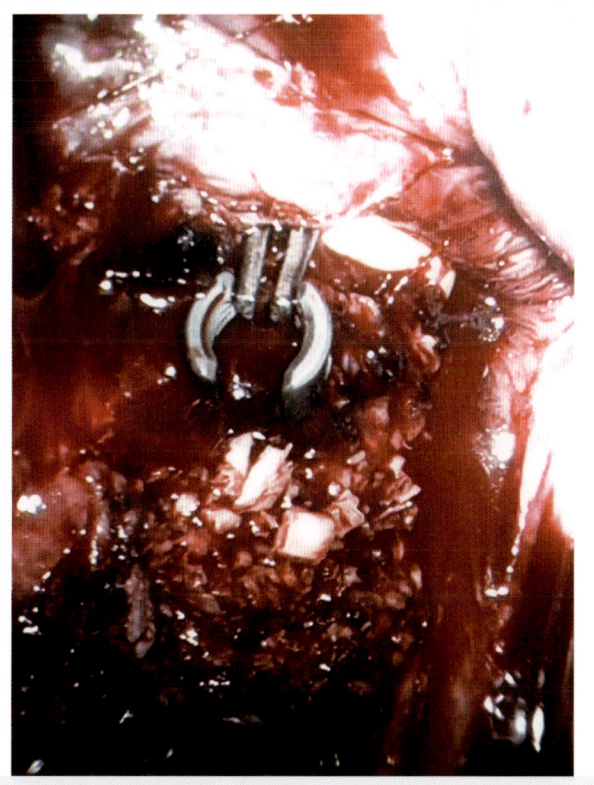

Fig. 38.20 Imagem intraoperatória via endoscópio demonstrando a pinça de ângulo reto abaixo do diafragma, com as pontas no parafuso da T12.

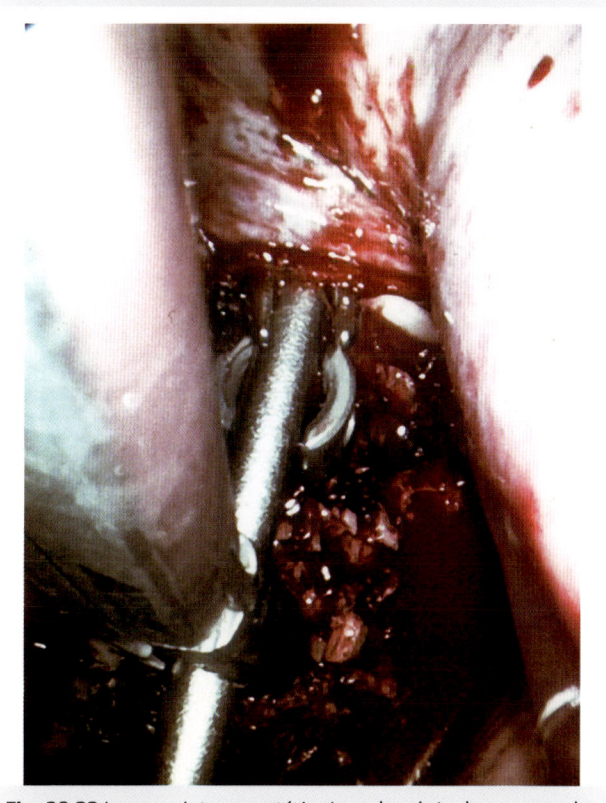

Fig. 38.22 Imagem intraoperatória via endoscópio demonstrando a pinça de ângulo reto abaixo do diafragma, segurando o eixo e puxando-o para o espaço retroperitoneal.

38.4.9 Atravessando o Diafragma para a colocação dos Eixos e Redução da Deformidade

- Com uma visão endoscópica clara da junção do diafragma à coluna por dentro da cavidade pleural, uma pinça de ângulo reto é inserida, a partir do espaço retroperitoneal, na cavidade pleural (**Fig. 38.20**). É feita uma pequena abertura abaixo do diafragma, no centro do corpo vertebral, para permitir a passagem do medidor de eixo, do eixo e do compressor.
- O medidor de eixo endoscópico é utilizado para determinar o comprimento do eixo, como já descrito (**Fig. 38.21**).
- O eixo de 4,5 mm é cortado e inserido na cavidade torácica pelo portal mais inferior, e depois é parcialmente empurrado para o espaço retroperitoneal com a pinça de ângulo reto (**Fig. 38.22**, **Fig. 38.23**).
- O eixo é posicionado dentro da conexão parafuso-haste e é fixado utilizando o tubo de introdução do *plug* e o *plug*.
- O eixo é sequencialmente reduzido dentro das selas dos parafusos e depois os *plugs* são parcialmente apertados.

- A compressão entre os parafusos é feita com o compressor endoscópico. Ela é realizada no sentido caudal a cranial, e os *plugs* são travados após cada compressão sequencial.

38.4.10 Fechamento
- Os portais são removidos, e um dreno torácico é colocado. As incisões torácicas e retroperitoneais são suturadas em camadas.

38.4.11 Notas
- O balanceamento sagital e o suporte anterior da coluna são de importância crítica no tratamento da escoliose toracolombar. Eles podem ser conseguidos com aloenxerto de canal femoral modelado ou com gaiolas (**Fig. 38.24**).
- Os novos parafusos de cabeça dual permitem o implante de um constructo de duas hastes com um único *kit* de parafusos de corpo vertebral e fornecem estabilidade na torção (**Fig. 38.25**).

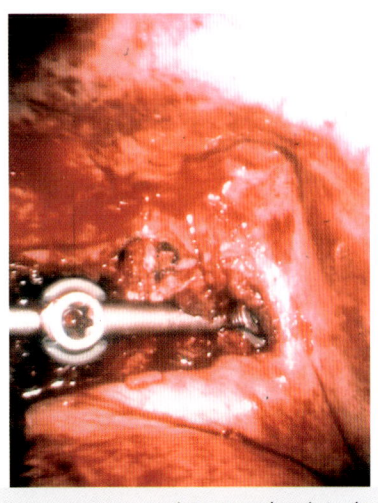

Fig. 38.23 Imagem intraoperatória via endoscópio demonstrando o constructo passando pela pequena abertura abaixo do diafragma, enquanto este é erguido por cima do constructo.

Fig. 38.24 (**a**) Raios X pré-operatórios anteroposterior e (**b**) lateral de uma menina de 14 anos com curvas de 26° em T5–T10, 54° em T10–L2 e 32° em L2–L5. Imagens pós-operatórias (**c**) anteroposterior e (**d**) lateral da mesma paciente após a instrumentação minimamente invasiva, correção e fusão com novos parafusos de cabeça dual.

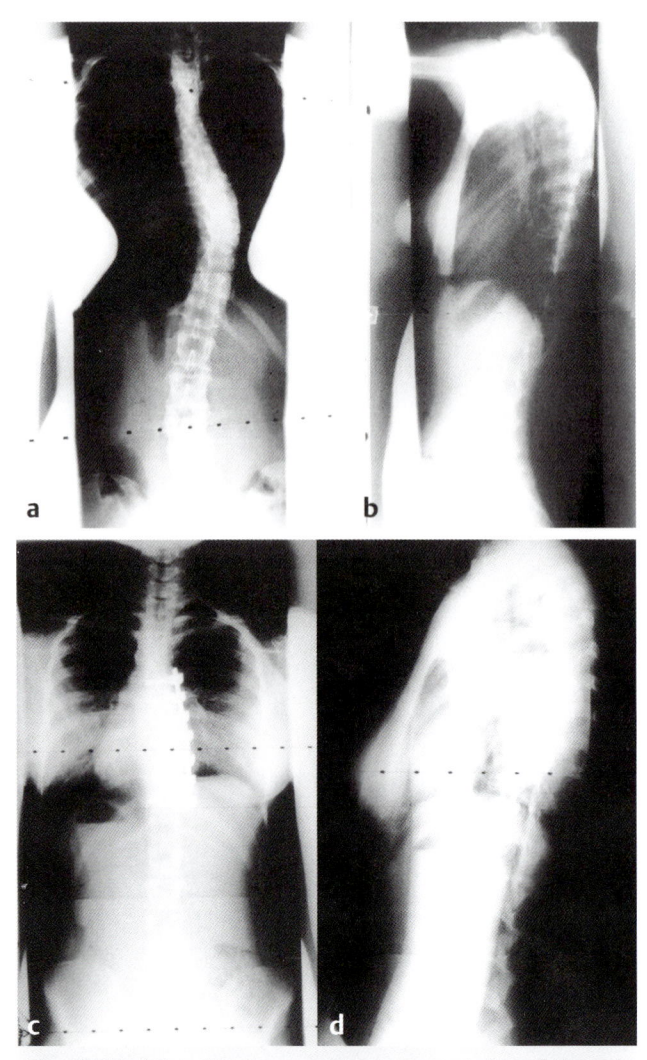

Fig. 38.25 (**a**) Raios X pré-operatórios anteroposterior e (**b**) lateral de uma menina de 14 anos com curva torácica de 48° e lombar de 25°. Imagens pós-operatórias (**c**) anteroposterior e (**d**) lateral da mesma paciente após instrumentação endoscópica, correção e fusão com novos parafusos de cabeça dual.

Referências

1 Arlet V. Anterior thoracoscopic spine release in deformity surgery: a meta-analysis and review. Eur Spine J 2000;9(Suppl 1):S17–S23
2 Lee SS, Lenke LG, Kuklo TR, et al. Comparison of Scheuermann kyphosis correction by posterior-only thoracic pedicle screw fixation versus combined anterior/posterior fusion. Spine 2006;31(20):2316–2321
3 Picetti GD III, Ertl JP, Bueff HU. Endoscopic instrumentation, correction, and fusion of idiopathic scoliosis. Spine J 2001;1(3):190–197
4 Arunakul R, Peterson A, Bartley CE, Cidambi KR, Varley ES, Newton PO. The 15-year evolution of the thoracoscopic anterior release: does it still have a role? Asian Spine J 2015;9(4):553–558
5 Lonner BS, Kondrachov D, Siddiqi F, Hayes V, Schart C. Thoracoscopic spinal fusion compared with posterior spinal fusion for the treatment of thoracic adolescent idiopathic scoliosis. J Bone Joint Surg Am 2006;88(5):1022–1034
6 Lonner BS, Auerbach JD, Levin R, et al. Thoracoscopic anterior instrumented fusion for adolescent idiopathic scoliosis with emphasis on the sagittal plane. Spine J 2009;9(7):523–529

39 Anatomia Aplicada para Abordagens Percutâneas à Coluna Cervical

Gun Choi ▪ Alfonso García ▪ Akarawit Asawasaksakul ▪ Ketan Deshpande

39.1 Introdução

Para compreender a técnica cirúrgica utilizada na discectomia cervical endoscópica percutânea (PECD) e obter resultados bem-sucedidos, é imperativo ter um conhecimento minucioso da anatomia regional do pescoço. A abordagem ao disco cervical na PECD é sempre anterior; portanto, este capítulo se foca no triângulo anterior do pescoço ao descrever a anatomia cirúrgica.[1,2,3,4]

39.2 Anatomia Superficial

A orientação para a anatomia superficial ajuda a localizar o nível cirúrgico e a trajetória adequada da agulha até atingir o espaço discal (**Fig. 39.1**). O músculo esternocleidomastóideo (SCM) separa os triângulos anteriores e posteriores do pescoço. Os pontos de referência são descritos a seguir, a partir da linha média, começando na parte superior do pescoço e seguindo para a parte inferior.

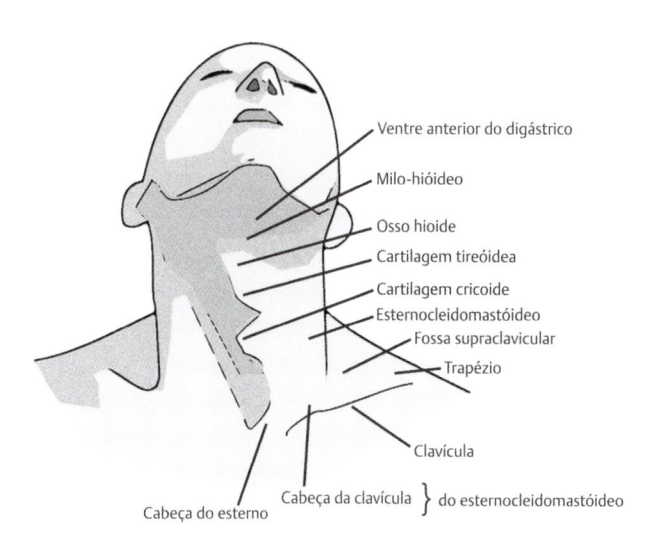

Fig. 39.1 Anatomia de superfície da região cervical.

39.2.1 Osso Hioide

- Certa de 1,5 cm acima da cartilagem tireóidea.
- Corresponde ao nível da vértebra C3.

39.2.2 Cartilagem Tireóidea

- É a estrutura medial mais proeminente, especialmente em homens que já passaram pela puberdade.
- Corresponde ao nível de C4–C5.
- Também corresponde à bifurcação das carótidas externa e interna.

39.2.3 Cartilagem Cricoide

- Localizada logo abaixo da cartilagem tireoide.
- Corresponde ao nível vertebral de C6.
- Um plano horizontal na altura da junção de C6–C7 possui as seguintes associações:
- Junção faringoesofágica.
- Junção laringotraqueal.
- Artéria tireóidea inferior, bainha carotídea e músculo omo-hióideo.
- Entrada do nervo laríngeo inferior (recorrente) na laringe.
- Entrada da artéria vertebral no forame transverso da C6.
- O istmo da tireoide e o ponto mais alto do ducto torácico estão localizados no nível da C7.

39.3 Anatomia Topográfica da Coluna Cervical

O pescoço é dividido em triângulos anteriores e posteriores. As descrições a seguir apresentam a anatomia cirúrgica do triângulo anterior do pescoço (**Fig. 39.2**, **Fig. 39.3**).

39.4 Limites do Triângulo Anterior

- Lateral: músculo esternocleidomastóideo.
- Superior: borda inferior da mandíbula.
- Medial: linha média anterior do pescoço.

O triângulo anterior é, ainda, subdivido nas seguintes secções:
- Submandibular.
- Submental.
- Carotídeo.
- Muscular.

39.4.1 Triângulo Submandibular

Limites

- Superior: borda inferior da mandíbula.
- Inferior: ventre anterior e posterior do músculo digástrico.

Componentes

A glândula submandibular é a maior estrutura do triângulo. O teto é formado por pele, fáscia superficial do platisma e ramos cervicais dos nervos cranianos. Abaixo do teto, do nível superficial até o profundo, encontram-se a veia retromandibular, parte da artéria facial, o eixo submental da fáscia (fáscia cervical profunda), os linfonodos, a camada mais profunda da fáscia cervical profunda e o nervo hipoglosso. Abaixo, encontram-se o músculo milo-hióideo com seu nervo, o músculo hipoglosso e o músculo constritor médio da faringe. Mais abaixo estão a porção profunda da glândula submandibular, o ducto subman-

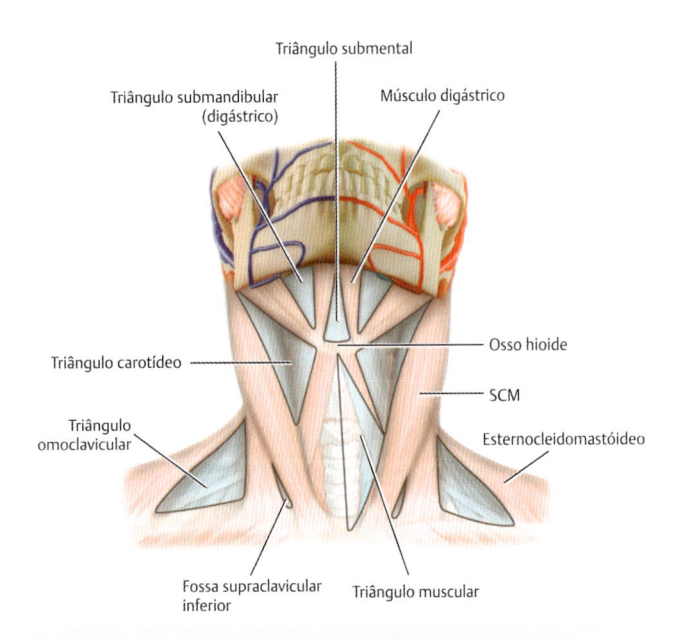

Fig. 39.2 Anatomia cirúrgica do triângulo anterior do pescoço.

- Medial: linha média.
  - Assoalho: músculo milo-hióideo.
  - Teto: pele e fáscia superficial, platisma, nervos cutâneos.
  - Componentes: linfonodos.

39.4.3 Triângulo Muscular

O triângulo carotídeo inferior (triângulo muscular) é delimitado superior e lateralmente pelo ventre anterior do omo-hióideo, inferior e lateralmente pelo SCM e medialmente pela linha média do pescoço, do osso hioide até o esterno. O teto é formado pela fáscia superficial, platisma, fáscia profunda e ramos dos nervos supraclaviculares. Abaixo dessas estruturas superficiais encontram-se os músculos esterno-hióideo e esternotireóideo, que, junto com a borda medial (anterior) do SCM, protegem a parte inferior da artéria carótida comum. Este vaso está envolvido pela bainha carótida, junto com a veia jugular interna e o nervo vago.

As veias ficam laterais à artéria do lado direito, mas a sobrepõem do lado esquerdo. O nervo encontra-se entre a artéria e a veia, em um plano posterior a ambas. Na frente da bainha estão alguns filamentos descendentes da alça do hipoglosso; atrás da bainha encontram-se a artéria tireóidea inferior, o nervo laríngeo recorrente e o tronco simpático; e em seu lado medial estão o esôfago, a traqueia, as glândulas tireoide/paratireoide e a porção inferior da laringe. A maioria das intervenções cervicais anteriores é realizada neste triângulo.

dibular, o nervo lingual, a veia sublingual, o nervo hipoglosso e o gânglio submandibular.

39.4.2 Triângulo Submental

Limites
- Lateral: ventre anterior do digástrico.
- Inferior: osso hióideo.

39.4.4 Triângulo Carotídeo

Limites
- Posterior: limitado pelo SCM.
- Anterior: ventre anterior do omo-hióideo.

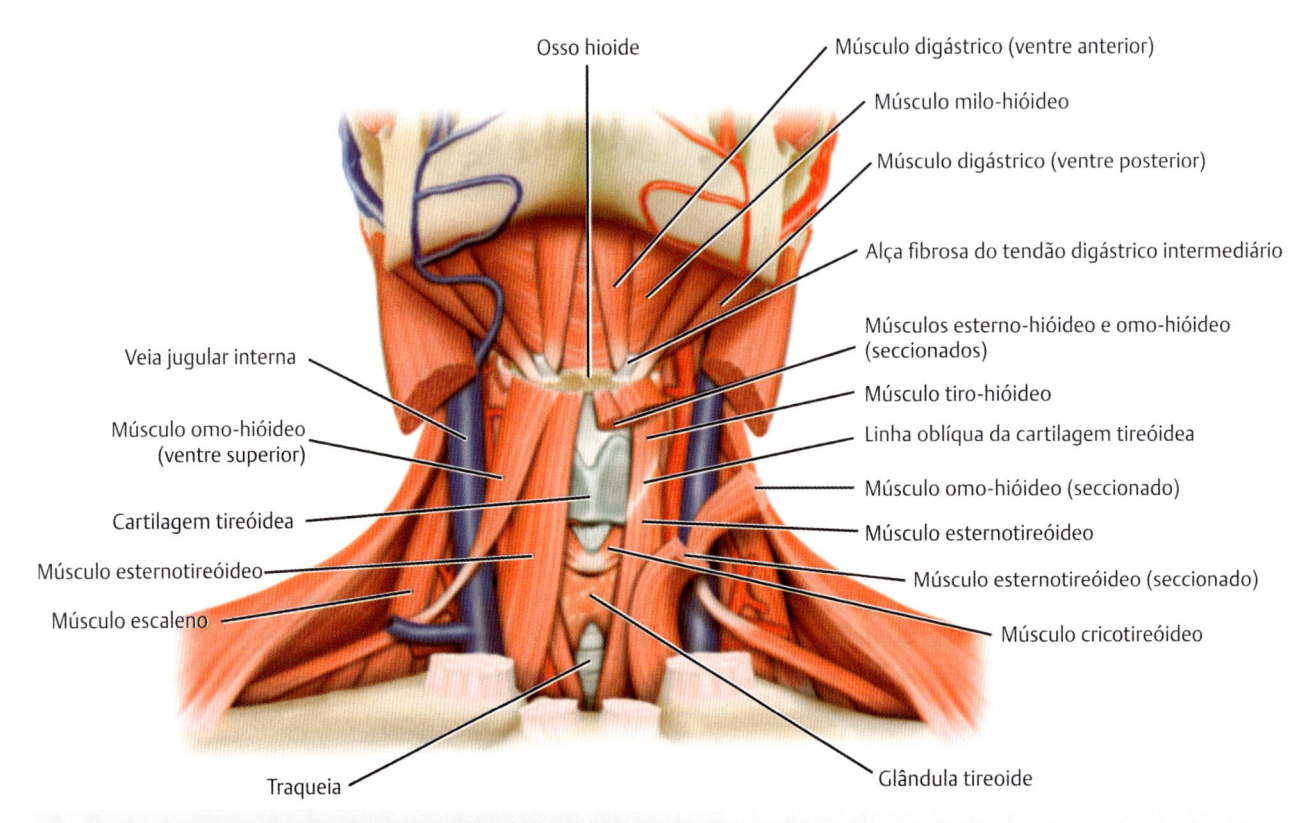

Fig. 39.3 Os músculos infra-hióideo e supra-hióideo do pescoço.

- Superior: ventre posterior do músculo digástrico.
- Teto: Consiste na fáscia superficial, platisma e fáscia profunda com nervo cutâneo superficial.
- Assoalho: Formado por parte do tireóideo, hipoglosso e constritor medial da faringe.
  - O triângulo contém a parte superior da artéria carótida, que se bifurca no sentido oposto à borda superior da cartilagem tireóidea, para dentro das artérias carótidas interna e externa. Estas ficam lado a lado, a carótida externa sendo a mais anterior das duas. Os seguintes ramos maiores da artéria carótida externa estão localizados no triângulo:
- Artéria tireóidea superior: em frente e para baixo.
- Artéria lingual: diretamente em frente.
- Artéria facial: em frente e para cima.
- Artéria occipital: para trás.
- Artéria faríngea ascendente: para cima no lado medial da artéria carótida interna.
  - A veia jugular interna encontra-se na lateral da carótida comum e da artéria carótida interna. Ela recebe a veia tireóidea superior, a veia lingual, a veia facial comum, a veia faríngea ascendente e, ocasionalmente, a veia occipital. Os seguintes nervos são encontrados no triângulo:
- Na frente da bainha da carótida comum estão os *ramus descendens hypoglossi*.
- O nervo hipoglosso cruza as carótidas interior e exterior.
- O nervo vago está na bainha carotídea.
- O nervo acessório e o nervo laríngeo superior também se encontram no triângulo.

A porção superior da laringe e a porção inferior da faringe também ficam nessa região (**Fig. 39.4**).

Fáscias do Pescoço

A fáscia cervical superficial e a fáscia cervical dividem o pescoço em compartimentos separados, mais ou menos móveis. Por conta deste arranjo, o compartimento visceral medial pode ser afastado, e uma trajetória para a agulha pode ser criada entre os compartimentos visceral e vascular (**Fig. 39.5**).

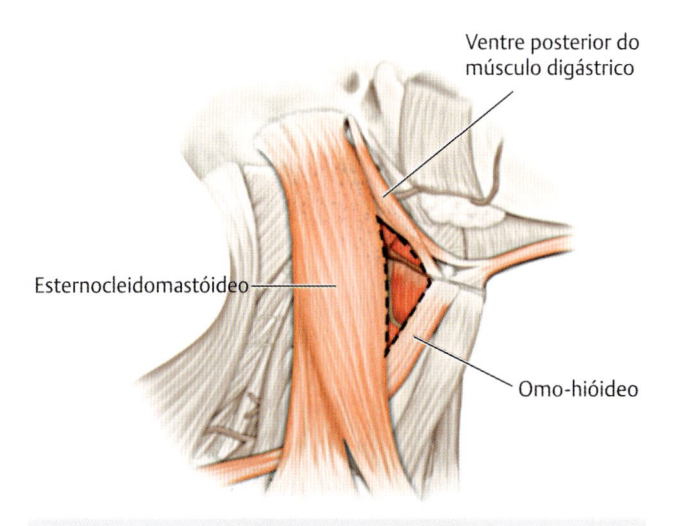

Fig. 39.4 Triângulo carotídeo.

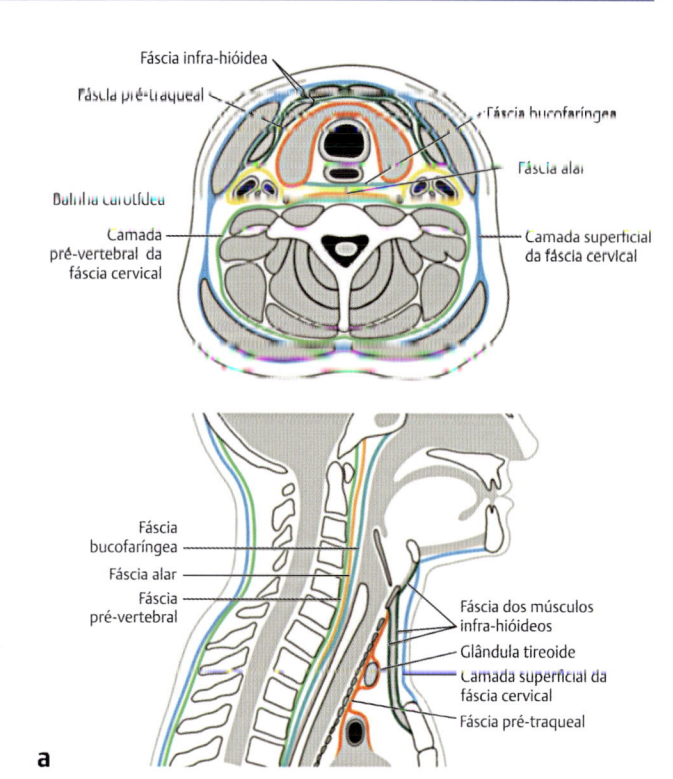

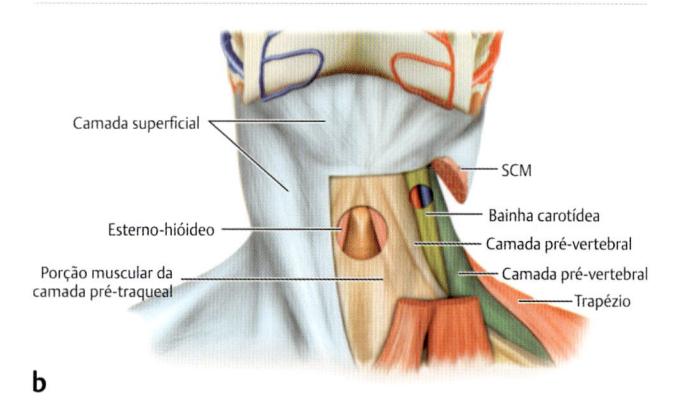

Fig. 39.5 (a) Secção transversal diagramática do pescoço, demonstrando suas camadas fasciais. **(b)** Vista anterior das camadas fasciais.

Fáscia Superficial

A fáscia superficial encontra-se abaixo da pele e é composta por tecido conjuntivo (conectivo) solto, gordura, platisma, ramos cutâneos do plexo cervical, divisão cervicofacial do nervo facial e pequenos vasos sanguíneos cutâneos. É importante lembrar que o nervo cutâneo do pescoço e as veias jugulares externa e anterior estão entre o platisma e a fáscia cervical profunda.

Fáscia Cervical Profunda

A fáscia cervical profunda é dividida em três camadas:
- Camada superficial: origina-se do osso occipital, do osso temporal e da mandíbula. Estende-se posteriormente até os ligamentos espinhal e supraespinhal, e abaixo até a clavícula, escápula e os manúbrios do esterno. Ela se divide para envolver o trapézio, o SCM e as glândulas salivares (submandibular e parótida). Ela forma o teto dos triângulos anterior e posterior.

- Camada pré-traqueal: a camada pré-traqueal estende-se de forma medial, em frente aos vasos carotídeos, e auxilia na formação da bainha carotídea. Ela continua por trás dos músculos depressores do osso hióideo, e depois envolve a glândula tireoide (formando uma pseudocápsula) e se prolonga em frente à traqueia para unir-se à camada correspondente do lado oposto.
- Acima, é conectada ao osso hióideo, e abaixo, se prolonga em frente à traqueia e os grandes vasos no assoalho do pescoço e, por fim, mistura-se ao pericárdio fibroso.
- A camada funde-se em ambos os lados à fáscia pré-vertebral, completando um compartimento composto por laringe, traqueia, glândulas tireoide e paratireoide e faringe-esôfago.
- Fáscia pré-vertebral: a fáscia pré-vertebral estende-se medialmente por trás dos vasos carotídeos, formando uma parte da bainha carotídea e passa em frente aos músculos pré-vertebrais. Ela se fixa acima da base do crânio e, abaixo, estende-se por trás do esôfago e até o interior da cavidade torácica mediastinal posterior.
  - A fáscia pré-vertebral prolonga-se para baixo e de modo lateral por trás dos vasos carotídeos e em frente ao escaleno, e forma uma bainha para os nervos braquiais e vasos subclavianos no triângulo posterior do pescoço; depois, continua por baixo da clavícula como a bainha axilar e se junta à superfície profunda da fáscia coracoclavicular.

39.5 Considerações Anatômicas na Abordagem Cervical Percutânea

Ao realizar a punção do disco cervical, deve-se tomar muito cuidado com a artéria carótida medial ao músculo SCM, lateralmente, e com a traqueia e o esôfago, medialmente. A fáscia pré-traqueal funde-se em ambos os lados com a fáscia pré-vertebral, formando um compartimento composto por laringe, traqueia, glândulas tireoide e paratireoide e faringe-esôfago.

Quando movimentados medialmente, todos esses componentes se movem juntos, aumentando a zona de segurança para a punção inicial do disco. Lateralmente, a artéria carótida segue um caminho quase vertical, sobrepondo-se ao SCM de modo oblíquo. A artéria carótida está localizada mais ao meio em relação ao SCM no nível C3–C4, e mais ao lado no nível C6–C7. Uma punção mais lateral, portanto, aumenta o risco de punção na carótida, enquanto uma punção mais medial aumenta o risco de lesão à hipofaringe e ao esôfago.

O ponto de entrada mais seguro para a agulha é entre a via aérea e o ponto pulsante da artéria carótida.

39.6 Estruturas Anatômicas em Relação a Cada Nível

39.6.1 C3–C4: Borda Inferior do Osso Hióideo

Entre o osso hióideo e a cartilagem tireóidea há uma estreita área de segurança. A hipofaringe é mais ampla, e a artéria carótida está medialmente bifurcada. A artéria tireóidea superior localiza-se na trajetória da punção em C3–C4. Um movimento translacional da fáscia pré-traqueal, envolvendo a glândula tireoide, pode mudar o caminho da artéria tireóidea superior para mais horizontal.

39.6.2 C4–C5: Meio da Cartilagem Tireóidea

A hipofaringe está localizada mais medialmente à margem lateral da cartilagem tireóidea, protegendo-a de dano.

39.6.3 C5–C6: Entre a Cartilagem Tireóidea Inferior e a Cartilagem Cricoide (Túbulo da Carótida: Processo Transverso de C6), e C6–C7: Inferior à Cartilagem Cricoide.

A área de segurança é maior nesses níveis. Com o afastamento correto da artéria carótida e da faringe-esôfago, não há estruturas vitais correndo risco de lesão. O lobo direito da glândula tireoide encontra-se nessa área.

39.6.4 C7–T1

Aconselha-se uma abordagem levemente mais medial, para evitar danos ao ápice do pulmão.

Referências

1. An HS. Anatomy and the cervical spine. In: An HS, Simpson JM, eds. *Surgery of the Cervical Spine*. Baltimore: Williams & Wilkins; 1994:1–40
2. An HS, Gordin R, Renner K. Anatomical considerations for plate-screw fixation to the cervical spine. *Spine* 1988;13:813–816
3. Rauschning W. Anatomy and pathology of the cervical spine. In: Frymoyer JW, ed. *The Adult Spine*. New York: Raven Press; 1991:907–929
4. Zhang J, Tsuzuki N, Hirabayashi S, Saiki K, Fujita K. Surgical anatomy of the nerves and muscles in the posterior cervical spine: a guide for avoiding inadvertent nerve injuries during the posterior approach. *Spine* 2003;28(13):1379–1384

40 Uma Abordagem Endonasal para a Junção Craniocervical

Juan Barges Coll • Luis Alberto Ortega-Porcayo • Gabriel Armando Castillo Velázquez

40.1 Histórico

Diversas abordagens cirúrgicas têm sido utilizadas para atingir a junção craniovertebral (CVJ), que apresenta uma anatomia única e importantes estruturas vitais, que precisam ser preservadas. A abordagem cirúrgica a ser utilizada vai depender do tipo de lesão, sua extensão e localização. A abordagem endonasal endoscópica (EEA) para alcançar a CVJ é ideal para lesões ventrais e ventrolaterais, enquanto abordagens posteriores são melhores para lesões posteriores e posterolaterais. A EEA permite uma exposição medial adequada da crista frontal à CVJ. No caso de cordomas, que podem apresentar uma extensão lateral, o corredor pode ser expandido por osteotomia maxilar ou uma mandibulotomia na linha média.[1] A extensão da exposição ventral pode ser prevista pelas linhas nasopalatina, nasoaxial e palatina, enquanto a exposição da CVJ é delineada pela posição dorsal do palato duro (**Fig. 40.1**).[2,3,4] Em crianças, o tamanho das narinas, em alguns casos, limita a abordagem; elas podem requerer uma incisão sublabial para facilitar a passagem endoscópica dentro do nariz.[5] Depois da descrição da odontoidectomia por via endonasal endoscópica expandida, feita por Kassam *et al.*[6] e do estudo anatômico endoscópico feito por Messina *et al.*,[7] um número substancial de publicações vem descrevendo EEA para atingir a CVJ.

A avaliação da estabilidade e da mobilidade da CVJ deve ser realizada antes da cirurgia. A junção atlantoccipital contribui de 23 a 24,5° para a flexibilidade e a extensão, de 3,4 a 5,5° para a inclinação lateral, e de 2,4 a 7,2° para a rotação axial. A articulação atlantoaxial contribui de 10,1 a 22,4° para a flexibilidade e extensão, em 6,7° para a inclinação lateral, e de 23,3 a 38,9 para a rotação axial.[8,9] A articulação atlantoaxial é a mais móvel de todas do corpo[10] e é potencialmente a mais instável na resposta a traumas, tumores e processos inflamatórios ou degenerativos. A ruptura das articulações craniovertebrais complexas (isto é, atlantoccipital e atlantoaxial) e/ou dos principais ligamentos (isto é., o ligamento transverso cruciforme, o ligamento alar ou a membrana tectórica) determina a necessidade de fixação interna antes ou depois da EEA da CVJ ventral. Recentemente, em casos de processos degenerativos ou inflamatórios, preferimos realizar uma fixação em C1–C2, porque estas patologias estão associadas à instabilidade atlantoaxial, e é desnecessário incluir o osso occipital se não houver envolvimento da articulação atlantoccipital. Além disso, em patologias tumorais em que um dos côndilos tenha sido invadido em mais de 75%,[11] prefere-se a fusão craniocervical à EEA.

40.2 Pontos de Referência Anatômicos da Junção Craniocervical

A CVJ é uma região complexa definida pelos ossos áxis, atlas e occipital. Ela protege a junção cervicomedular e as artérias vertebrais. A maior parte das flexões, extensões e rotações da espinha ocorre na CVJ.[9] Compreender a complexa anatomia da CVJ ventral é essencial para um desempenho seguro na EEA.

A CVJ contém algumas estruturas neurovasculares importantes: a junção cervicomedular, o sistema vertebrobasilar, os nervos cranianos inferiores e o nervo craniano VI, que se localiza medialmente na EEA e parece estar frequentemente envolvido em casos de cordoma.[12] Portanto, é difícil realizar a ressecção total de qualquer tumor envolvendo essas estruturas sem significativa morbidade. Exames pré-operatórios padrão, incluindo angiotomografia computadorizada (CT) e MRI com gadolínio como contraste, ajudam a delimitar precisamente o tumor e sua posição em relação a estruturas neurais e vasculares.

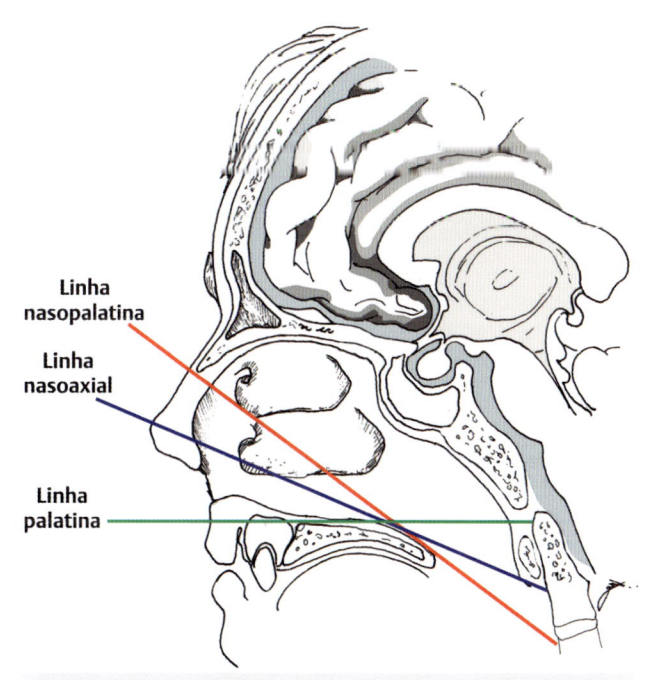

Fig. 40.1 Uma representação esquemática das linhas nasoaxial, nasopalatina e palatina no plano mediossagital. A linha nasopalatina é criada ligando a ponta inferior do osso nasal à ponta posterior do palato duro. A extrapolação da linha mostra a extensão inferior da abordagem endonasal. A linha nasoaxial começa no meio de uma linha entre a junção do osso nasal/cartilagem e a espinha nasal anterior até a borda do palato duro. A linha palatina é desenhada ao longo da borda superior do processo palatino.

40.2.1 Pontos de Referência Anatômicos

Óstio do Seio Esfenoidal e Forame Esfenopalatino

O óstio do seio esfenoidal localiza-se na parede do seio esfenoidal anterior, a aproximadamente 12 mm do canto superior das coanas posteriores, na entrada do seio esfenoidal. O forame esfenopalatino fica a ~7 mm do óstio; é um ponto de referência importante na prevenção de hemorragia da artéria esfenopalatina.[13]

Canal Vidiano

O canal vidiano é um importante ponto de referência abaixo do assoalho do seio esfenoidal, entre o processo pterigóideo e o corpo do osso esfenoidal. O canal segue a borda anterolateral do geno anterior da porção petrosa da artéria carótida. O geno anterior e o forame lacerado são mediais à ponta posterior do canal vidiano.[14]

Toro Tubário e Recesso Faríngeo

O toro tubário é uma elevação derivada da ponta medial cartilaginosa das tubas auditivas. Atrás do toro encontra-se o recesso faríngeo e, no ápice dessa fossa, uma camada de tecido fibroconectivo separa a mucosa nasofaríngea da artéria carótida interna (ICA).[15] Perto da ICA fica a artéria faríngea anterior, que dá origem aos três ou quatro ramos que alimentam as estruturas parafaríngeas.[16] A ICA fica a uma distância média de 23,7 mm da linha média (mínimo de 11,5 mm). A tuba auditiva fica a 23,5 mm da ICA (mínimo de 10,4 mm), e a distância entre o recesso faríngeo e a ICA é mínima, sendo que a mais próxima foi de 0,2 mm.[17] O forame lacerado fica posicionado acima do recesso faríngeo, e os músculos tensor do véu palatino e levantador do véu palatino situam-se lateralmente atrás da lâmina do pterigóideo medial.[16]

O espaço de trabalho medial necessário para acessar a CVJ ventral é limitado caudalmente pelo palato mole, rostralmente pelo assoalho do seio esfenoidal e lateralmente pelas tubas auditivas em torno da mucosa nasofaríngea.[6]

Músculo Longo da Cabeça

Posterior à mucosa nasofaríngea está a fáscia faringobasilar, que cobre o músculo longo da cabeça, um ponto-chave de referência medial à artéria carótida interna. O músculo longo da cabeça origina-se dos tubérculos anteriores do processo transverso, da terceira à sexta vértebra cervical, e insere-se na superfície ventral da parte inferior do *clivus*. Mais profundo e lateral ao músculo longo da cabeça está o músculo reto anterior da cabeça, que tem sua origem no processo transverso e na massa lateral de C1 e sua inserção na superfície inferior do *clivus*. O nervo hipoglosso e ramos ascendentes da artéria faríngea passam pelas bordas laterais desses músculos.[18] Os músculos longos do colo são encontrados mais profundamente, no nível do arco anterior de C1. Atrás desses músculos a junção craniocervical fica exposta, incluindo o *clivus* inferior, o arco anterior de C1 e o processo odontoide.

40.3 Indicações para a Abordagem Endonasal à Junção Craniocervical

- Compressão cervicomedular ventral.
  - Compressão óssea irredutível.
  - Compressão decorrente de *pannus* reumatoide.
  - Lesão acima da linha nasopalatina.
- Tumores extradurais (cordoma, condrossarcoma, carcinoma nasofaríngeo).
- Tumores intradurais com extensão lateral limitada, que não circundam vasos (meningiomas anteriores do forame).

40.3.1 Abordagem Endonasal à Junção Craniocervical

Planejamento Pré-Operatório

Todos os pacientes devem passar por uma avaliação com histórico médico completo, CT, MRI e avaliação otoneurológica. A MRI permite que se identifique e determine a posição dos nervos e das estruturas vasculares. Qualquer instabilidade deve ser abordada antes da cirurgia. Tumores grandes e a perfuração intense do *clivus* inferior podem causar estabilidade crônica. A estabilidade da articulação atlantoccipital é fornecida por sua configuração e pela grossa cápsula articular. Se alguma instabilidade for detectada, uma segunda cirurgia deve ser realizada.

A mucosa nasal é preparada com oximetazolina tópica a 0,05%. O campo cirúrgico é preparado com aplicação de iodopovidona no nariz e na região lateral da coxa, no caso de necessidade de autoenxerto de fáscia lata. Antibióticos perioperatórios de espectro amplo (ceftriaxona 1 g e clindamicina 600 mg) são administrados e tomados pelos 5 dias subsequentes. A organização da sala de cirurgia é demonstrada na **Fig. 40.2**.

Técnica Cirúrgica

Realiza-se a EEA com endoscópio rígido (Karl Storz, 4 mm, 18 cm, Hopkins II) ligado a sistema HD (**Vídeo 40.1**). Procede-se a uma abordagem EEA expandida. A concha nasal média direita é removida apenas se necessário, e a concha nasal média esquerda é comprimida e fraturada lateralmente (**Fig. 40.3a,b**).

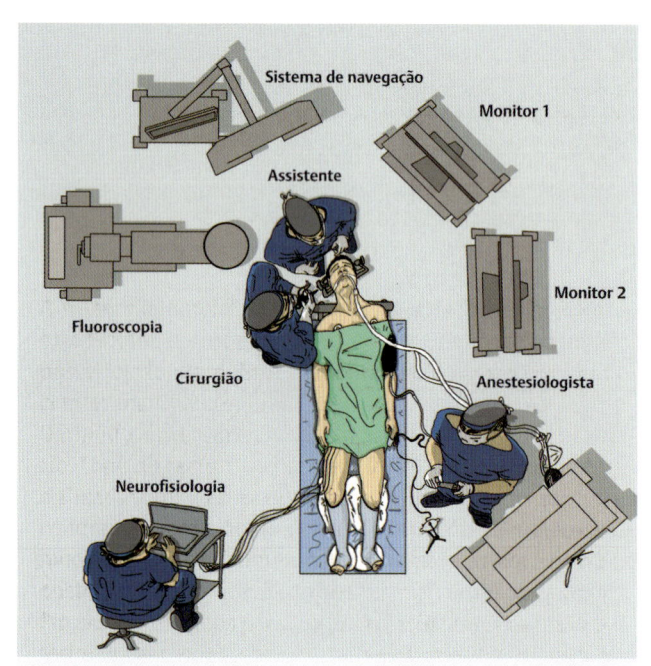

Fig. 40.2 Uma sala cirúrgica eficiente e organizada é essencial para o sucesso. Dois monitores são utilizados para o conforto do cirurgião e do assistente. A neurofisiologia e a anestesia são geralmente realizadas aos pés do paciente para gerar espaço suficiente para a movimentação do fluoroscópio. Usamos uma técnica de dois cirurgiões em ambas as narinas. Não se usa alça endoscópica, e o primeiro assistente opera o endoscópio e irriga, quando necessário. Este modo de organização permite que o assistente fique com uma das mãos livre para ajudar com os instrumentos ou sucção.

Uma septectomia posterior é feita para desarticular o septo posterior do rostro esfenoidal (**Fig. 40.3c,d,e**).

O rostro é inteiramente removido, de modo que as paredes laterais dos seios esfenoidais fiquem no mesmo plano que a parede medial da órbita, e que o teto do seio esfenoidal fique no mesmo plano que o teto da cavidade nasal. As margens laterais das esfenoidotomias são estendidas até o nível das lâminas do pterigóideo medial para expor o canal vidiano, que representa a junção do aspecto mais medial das lâminas do pterigóideo com o assoalho do seio esfenoidal. O recesso esfenoidal lateral (a parte do recesso esfenoidal que fica lateral às lâminas do pterigóideo medio) também é aberto para fornecer uma exposição bilateral ampla das estruturas na parede lateral do seio esfenoidal. Isto expõe o canal vertical da artéria carótida interna paraclival (**Fig. 40.3f**). O canal estende-se pela ponta anterolateral do joelho anterior da artéria carótida petrosa. O joelho anterior e o forame lacerado são mediais à ponta posterior do canal vidiano (**Fig. 40.4**).

Com uma combinação de *drill* de alta velocidade (broca diamantada de 4 mm com comprimento de ao menos 18 cm) e pinças Kerrison, o assoalho esfenoidal e os *clivus* médio e inferior podem ser removidos, dependendo da extensão da lesão. Em pacientes que requerem odontoidectomia, uma abordagem endoscópica focal no *clivus* interior e no arco anterior da C1 é realizada sem expor e retirar os *clivus* médio e superior.

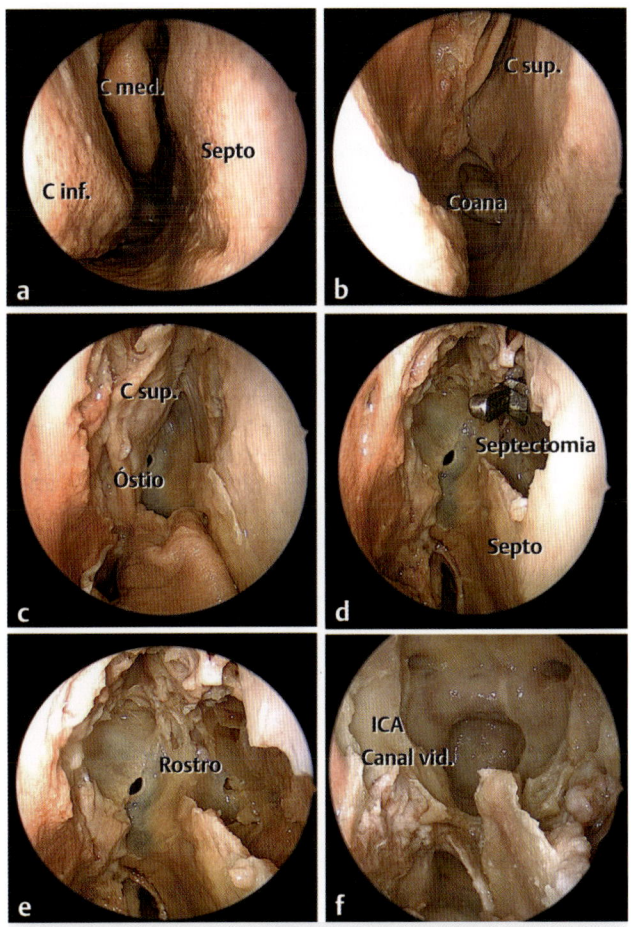

Fig. 40.3 Abordagem endonasal endoscópica. (**a**) O primeiro passo da abordagem endoscópica, a localização das conchas nasais inferiores e médias, revela as coanas no fundo da imagem endoscópica, que são os pontos de referência iniciais para a CVJ. O forame magno e o arco de C1 encontram-se tipicamente entre as coanas, logo atrás da fáscia faringobasilar. (**b,c**) Posteriormente às conchas superiores, o seio esfenoidal entra no campo. (**d**) A septectomia posterior é realizada com uma pinça de Kerrison delicada. Quando o rostro estiver totalmente exposto, ele pode ser removido com *drill* de alta velocidade. (**e**) O vômer também é resseccionado para obter acesso ao assoalho da sela e ao *clivus* inferior. (**f**) A extensão lateral da abordagem é feita, primeiramente, com a localização do canal vidiano no pterigóideo; o canal vidiano leva ao segmento lacerado da ICA. C. med.: concha média; C. inf.: concha inferior; C. sup.: concha superior; Canal vid.: canal vidiano; ICA: artéria carótida interna.

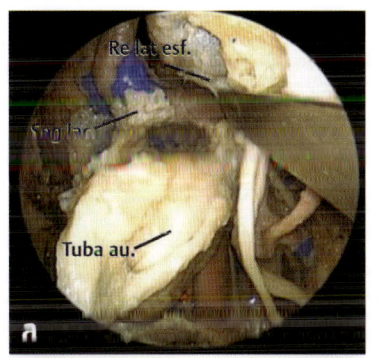

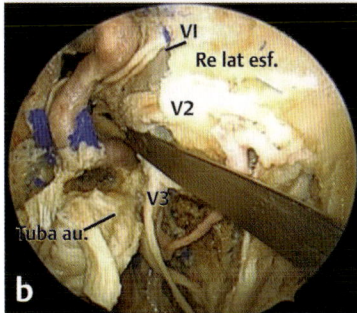

Fig. 40.4 Extensão lateral da EEA. (**a**) A abertura do recesso lateral do seio esfenoide permite a exposição do espaço supracondilar. (**b**) Alguns tumores estendem-se para dentro da fossa infratemporal e da fossa pterigopalatina, que podem ser alcançadas por EEA por drilagem da asa do pterigoide e a parede posterior do seio maxilar. Re lat esf.: recesso lateral do seio esfenoide; Tuba au.: tuba auditiva; Seg lac.: segmento lacerado da artéria carótida interna; VI: sexto nervo craniano; V2: ramo maxilar do nervo trigêmeo; V3: ramo mandibular do nervo trigêmeo.

Odontoidectomia

Após a já mencionada abordagem, o tubérculo da C1 anterior é localizado por navegação cirúrgica entre as coanas (**Fig. 40.5a**). A porção anterior do forame magno é exposta, junto com a transição do processo odontoide e com o corpo da C2 (**Fig. 40.5b**). Uma incisão longitudinal sobre a mucosa da linha média e a fáscia faringobasilar é feita utilizando uma agulha longa de Bovie. A dissecção do músculo longo anterior da cabeça e do músculo longo do colo expõe as estruturas ósseas da CVJ lateralmente, e um *drill* de alta velocidade é utilizado para realizar uma ressecção parcial do arco anterior da C1 e para expor completamente o processo odontoide (**Fig. 40.5c**). O processo odontoide é furado até que uma camada de osso com a espessura de uma casca de ovo seja mantida sobre o ligamento transverso. Então, uma pinça de Kerrison é utilizada para remover a fina camada de osso remanescente (**Fig. 40.5d**). Se houver *pannus* extensivo, ele é facilmente removido com rugina de hipófise. Após a

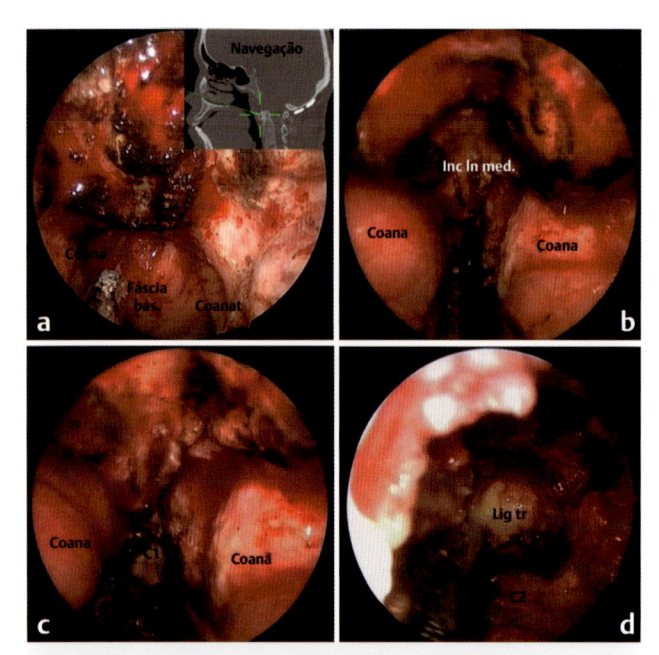

Fig. 40.5 Uma odontoidectomia realizada por EEA. (**a**) A identificação e exposição adequadas da fáscia faringobasilar entre as coanas. (**b**) A incisão medial sobre a fáscia faringobasilar. (**c**) Exposição do arco anterior da C1. (**d**) A remoção completa da parte superior do processo odontoide até que se visualize claramente o ligamento transverso. Inc ln med.: incisão na linha média; Fáscia bas.: fáscia faringobasilar; Lig tr: ligamento transverso.

Fig. 40.6 Um caso de odontoidectomia. (**a**) MRI pré-operatória da T2, mostrando a o rompimento completo dos ligamentos apical e transversal, com uma luxação atlantoaxial severa de 17 mm. (**b**) CT demonstrando luxação atlantoaxial severa. (**c**) MRI pós-operatória demonstrando a descompressão correta após a fusão C1–C2 e odontoidectomia endonasal endoscópica.

remoção completa, o campo cirúrgico é coberto com Gelfoam e cola de fibrina (**Fig. 40.6**). Ainda que já se tenha reportado fuga de líquido cefalorraquidiano como uma complicação, sua ocorrência é pouco provável com a utilização da técnica da casca de ovo (**Fig. 40.7**). A extensão da ressecção odontoide é confirmada usando orientação por imagem e fluoroscopia.[19]

Cordomas

Os cordomas que se estendem até o *clivus* são um desafio cirúrgico. Eles tipicamente alcançam o espaço retrocondilar posterior ao recesso faríngeo. Morera et al.[20] descreveram uma abordagem expandida medial endonasal até o *clivus* inferior que cria um corredor singular até a superfície ventrolateral das junções pontomedular e cervicomedular, e descreveram também os pontos de referência anatômicos para as extensões mediais transcondilar e transjugular.

A abordagem descrita anteriormente é seguida inicialmente, mas, nestes casos, cria-se uma aba nasosseptal na primeira fase da cirurgia, que é deixada no maxilar contralateral de acordo com a extensão do tumor. Após se remover a porção da pterigoide e se isolar a ICA, o centro do cordoma é removido com um aspirador ultrassônico e dissecção. A porção lateral do cordoma que se estende até a fossa posterior requer a ressecção do côndilo, o que é geralmente necessário para se atingir a parte posterior do tumor (**Fig. 40.8a-d**). O XII nervo craniano limita a extensão lateral da ressecção do côndilo; um sulco sobre o côndilo marca a saída do CN XII e pode ser usado como ponto de referência, ainda que às vezes seja difícil de reconhecer. Em alguns casos, um componente intradural é identificado, e o alargamento da abertura na dura-máter é necessário para realizar a ressecção intradural do tumor e sua dissecção do cérebro e das artérias vertebrais (**Fig. 40.8e**). Entretanto, a lo-

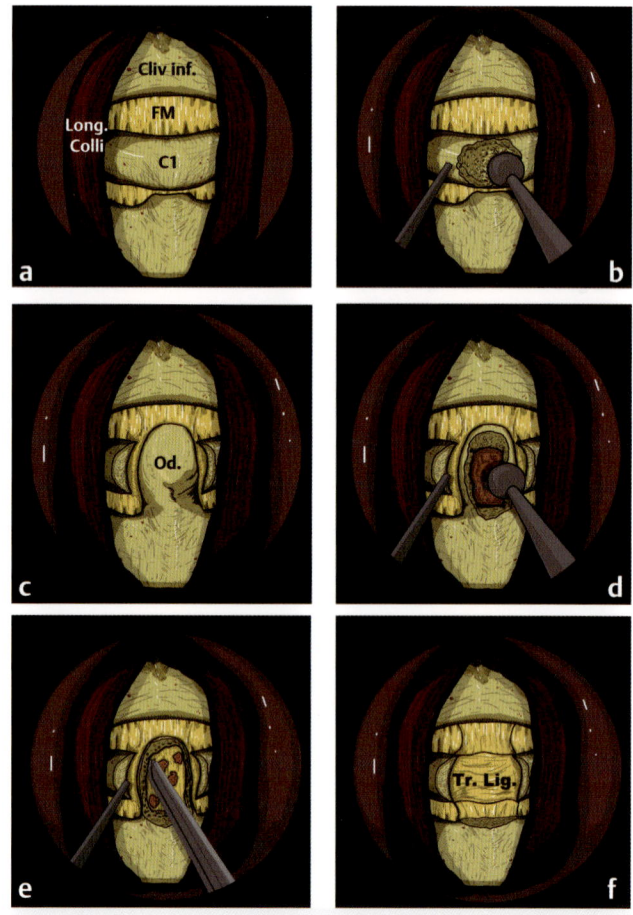

Fig. 40.7 Ilustração esquemática de uma odontoidectomia endonasal endoscópica. (**a**) Após uma incisão longitudinal ao longo da linha média, a dissecção lateral do músculo longo do colo é realizada para expor o forame magno e o arco anterior da C1. (**b,c**) Serra-se o arco anterior de C1 até que o processo odontoide seja exposto. (**d**) Um furo central com uma broca diamantada é realizado até que permaneça apenas uma casca de ovo. (**e**) O osso com espessura de casca de ovo é removido com uma pinça Kerrison de 1 mm. (**f**) Visão adequada do ligamento transverso após odontoidectomia. FM.: forame magno; Cliv inf.: *clivus* inferior; Long. Colli: músculo longo do colo; C1: arco anterior da primeira vértebra cervical; Od.: odontoide; Lig. tr.: ligamento transverso.

calização do sistema vertebrobasilar é essencial, usando a CT e a navegação guiada por MRI (**Fig. 40.8f**). A extensão inferior até a coluna cervical vai depender de planejamento pré-operatório usando a linha nasopalatina (**Fig. 40.1**).

Nos casos em que o palato duro não permitir a manipulação adequada dos instrumentos, uma abordagem transoral será preferida para realizar a ressecção total. Após a remoção do tumor, obtém-se a hemóstase com uma combinação de agentes hemostáticos e coagulação bipolar. A reconstrução é realizada com uma manta de colágeno (DuraGen), com enxerto de fáscia lata colocado sobre a falha dural. A aba nasosseptal é fixada à falha óssea e coberta com cola de fibrina.

40.4 Conclusão

A EEA expandida até a CVJ é um procedimento possível, seguro e bem tolerado. Compreender a complexa anatomia da CVJ ventral é essencial para realizar uma EEA expandida de forma segura. Esta abordagem facilita a criação de uma rota direta para a CVJ ventral, sem precisar mobilizar estruturas neurais e vasculares. Novas técnicas de reconstrução usam aba nasosseptal para diminuir o risco de fuga de CSF, fornecendo uma vantagem sobre as abordagens posterior e posterolateral.

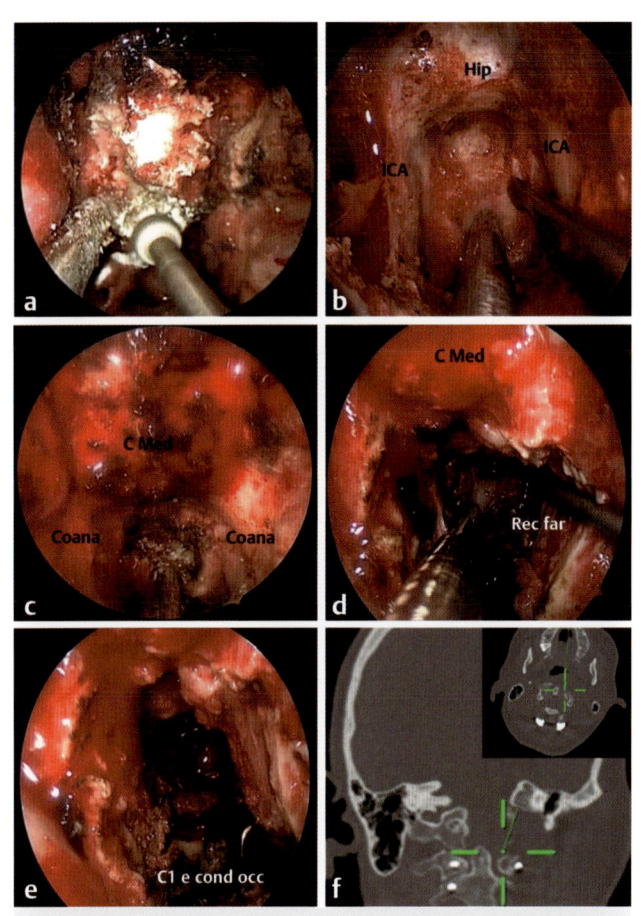

Fig. 40.8 Resecção de um cordoma no *clivus* inferior. (**a**) Remoção do vômer e drilagem do assoalho selar para expor os *clivus* médio e inferior. (**b**) Exposição completa das ICAs paraclivais e do *clivus*. Neste caso particular, o cordoma era inteiramente retroclival. (**c**) Uma incisão em U invertida sobre a fáscia faringobasilar com ponta monopolar. (**d,e**) Resecção do tumor e exposição do côndilo e do arco anterior da C1. (**f**) A navegação mostra o côndilo parcialmente erodido pelo tumor. O côndilo é serrado para ganhar acesso ao espaço retrocondilar, e a remoção do tumor localizado na fossa é realizada. Hip.: hipófise; Rec far.: recesso faríngeo; Cond occ.: côndilo occipital.

Referências

1. Ortega-Porcayo LA, Cabrera-Aldana EE, Arriada-Mendicoa N, Gómez-Amador JL, Granados-García M, Barges-Coll J. Operative technique for en bloc resection of upper cervical chordomas: extended transoral transmandibular approach and multilevel reconstruction. *Asian Spine J* 2014;8(6):820–826
2. vde Almeida JR, Zanation AM, Snyderman CH, et al. Defining the nasopalatine line: the limit for endonasal surgery of the spine. *Laryngoscope* 2009;119(2):239–244
3. El-Sayed IH, Wu JC, Dhillon N, Ames CP, Mummaneni P. The importance of platybasia and the palatine line in patient selection for endonasal surgery of the craniocervical junction: a radiographic study of 12 patients. *World Neurosurg* 2011;76(1-2):183–188
4. Aldana PR, Naseri I, La Corte E. The naso-axial line: a new method of accurately predicting the inferior limit of the endoscopic endonasal approach to the craniovertebral junction. *Neurosurgery* 2012;71
5. Kassam A, Thomas AJ, Snyderman C, et al. Fully endoscopic expanded endonasal approach treating skull base lesions in pediatric patients. *J Neurosurg* 2007;**106**(2, Suppl)75–86
6. Kassam AB, Snyderman C, Gardner P, Carrau R, Spiro R. The expanded endonasal approach: a fully endoscopic transnasal approach and resection of the odontoid process: technical case report. *Neurosurgery* 2005
7. Messina A, Bruno MC, Decq P, et al. Pure endoscopic endonasal odontoidectomy: anatomical study. *Neurosurg Rev* 2007;30(3):189–194
8. Panjabi M, Dvorak J, Duranceau J, et al. Three-dimensional movements of the upper cervical spine. *Spine* 1988;13(7):726–730
9. Lopez AJ, Scheer JK, Leibl KE, Smith ZA, Dlouhy BJ, Dahdaleh NS. Anatomy and biomechanics of the craniovertebral junction. *Neurosurg Focus* 2015;38(4):E2
10. Goel A. Craniovertebral junction instability: a review of facts about facets. *Asian Spine J* 2015;9(4):636–644
11. Perez-Orribo L, Little AS, Lefevre RD, et al. Biomechanical evaluation of the craniovertebral junction after anterior unilateral condylectomy: implications for endoscopic endonasal approaches to the cranial base. *Neurosurgery* 2013;72(6):1021–1029
12. Barges-Coll J, Fernandez-Miranda JC, Prevedello DM, et al. Avoiding injury to the abducens nerve during expanded endonasal endoscopic surgery: anatomic and clinical case studies. *Neurosurgery* 2010;67(1):144–154
13. Wang S, Zhang J, Xue L, Wei L, Xi Z, Wang R. Anatomy and CT reconstruction of the anterior area of sphenoid sinus. *Int J Clin Exp Med* 2015;8(4):5217–5226
14. Osawa S, Rhoton AL Jr, Seker A, Shimizu S, Fujii K, Kassam AB. Microsurgical and endoscopic anatomy of the vidian canal. *Neurosurgery* 2009;64(5, Suppl 2):385–411
15. Amene C, Cosetti M, Ambekar S, Guthikonda B, Nanda A. Johann Christian Rosenmüller (1771–1820): a historical perspective on the man behind the fossa. *J Neurol Surg B Skull Base* 2013;74(4):187–193
16. Wen YH, Wen WP, Chen HX, Li J, Zeng YH, Xu G. Endoscopic nasopharyngectomy for salvage in nasopharyngeal carcinoma: a novel anatomic orientation. *Laryngoscope* 2010;120(7):1298–1302
17. Bergin M, Bird P, Cowan I, Pearson JF. Exploring the critical distance and position relationships between the Eustachian tube and the internal carotid artery. *Otol Neurotol* 2010;31(9):1511–1515
18. Funaki T, Matsushima T, Peris-Celda M, Valentine RJ, Joo W, Rhoton AL Jr. Focal transnasal approach to the upper, middle, and lower clivus. *Neurosurgery* 2013; 73
19. Ponce-Gómez JA, Ortega-Porcayo LA, Soriano-Barón HE, et al. Evolution from microscopic transoral to endoscopic endonasal odontoidectomy. *Neurosurg Focus* 2014;37(4):E15
20. Morera VA, Fernandez-Miranda JC, Prevedello DM, et al. "Far-medial" expanded endonasal approach to the inferior third of the clivus: the transcondylar and transjugular tubercle approaches. *Neurosurgery* 2010

41 Abordagens Endoscópicas Transnasais à Junção Craniocervical

Sarfaraz Mubaruk Banglawala ■ Jenna Rebelo ■ Kesava (Kesh) Reddy ■ Doron Sommer

41.1 Introdução

A junção craniovertebral é considerada uma região anatômica difícil para o acesso cirúrgico em razão da localização profunda e grande proximidade com múltiplas estruturas neurais e vasculares importantes.

German demonstrou pela primeira vez a viabilidade de uma abordagem transoral em cães, em 1930.[1] Contudo, a abordagem não foi usada para o tratamento de patologia espinal até a década de 1940 e ganhou ampla aceitação apenas com o advento do microscópio cirúrgico na década de 1960.[2] A abordagem microscópica transoral prosseguiu até se tornar o padrão ouro para odontoidectomia.[3] Entretanto, apesar de oferecer um amplo campo de visão, a abordagem transoral é limitada verticalmente, muitas vezes exigindo uma divisão do palato e/ou mandibulotomia para permitir o acesso a lesões cervicais e clivais mais altas.[4,5,6] A adição do auxílio endoscópico à via transoral foi então descrita por Frempong-Boadu et al., em 2002, com o objetivo de melhorar a visualização e ao mesmo tempo minimizar a necessidade de divisão do palato e mandibulotomia.[2]

A viabilidade anatômica de uma abordagem endoscópica transnasal foi demonstrada em cadáveres por Alfieri et al.,[7] e uma ressecção odontoide transnasal totalmente endoscópica foi descrita pela primeira vez por Kassam et al. em um paciente com compressão cervicomedular secundária à artrite reumatoide.[8]

Este capítulo descreve a abordagem endoscópica transnasal e suas indicações, vantagens e limitações em relação às abordagens transoral (descrita no Capítulo 32) e transcervical.

41.2 Indicações para cirurgia da Junção Craniovertebral

- Invaginação basilar (**Fig. 41.1**), definida radiologicamente como:
  - Protrusão do processo odontoide,[3] 4,5 mm acima da linha de McGregor (linha desenhada do palato duro posterior até a base do occipício na imagem sagital).
  - Protrusão do processo[3] 6 mm acima da linha de Chamberlain (linha desenhada do palato duro posterior até a margem anterior do forame magno).[9,10]
- *Pannus* de tecido mole decorrente de artrite reumatoide (**Fig. 41.2**).[3,8]
- Biópsia ou ressecção de tumores odontoides (**Fig. 41.3, Fig. 41.4**).[8,11]
  - Primários ou metastáticos.
  - Intradurais ou extradurais.
- Fratura ou não união odontoide.[8]
- Aneurisma vertebrobasilar.[8]
- Outras patologias da junção craniovertebral, incluindo lesões decorrentes de gota, cisto ganglionar e osso odontoide.[12]

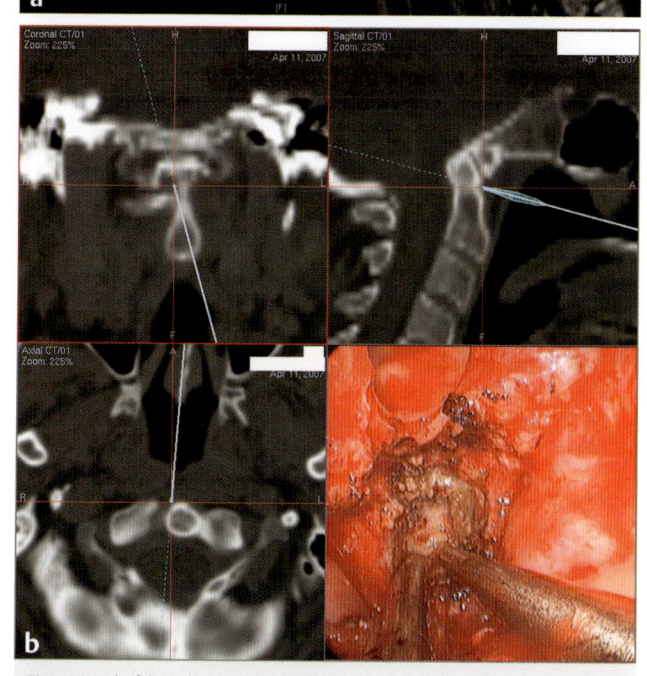

Fig. 41.1 (a,b) Invaginação basilar.

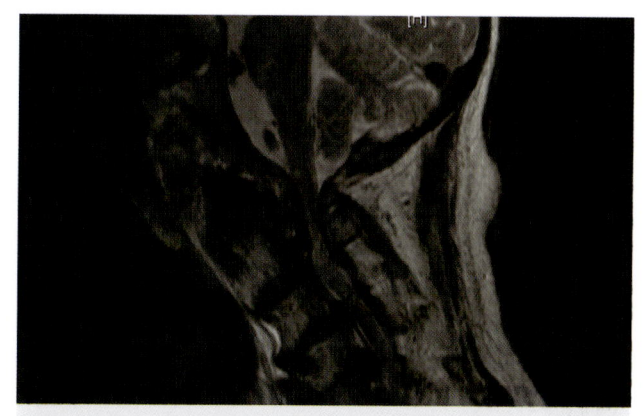

Fig. 41.2 *Pannus* de tecido mole decorrente de artrite reumatoide.

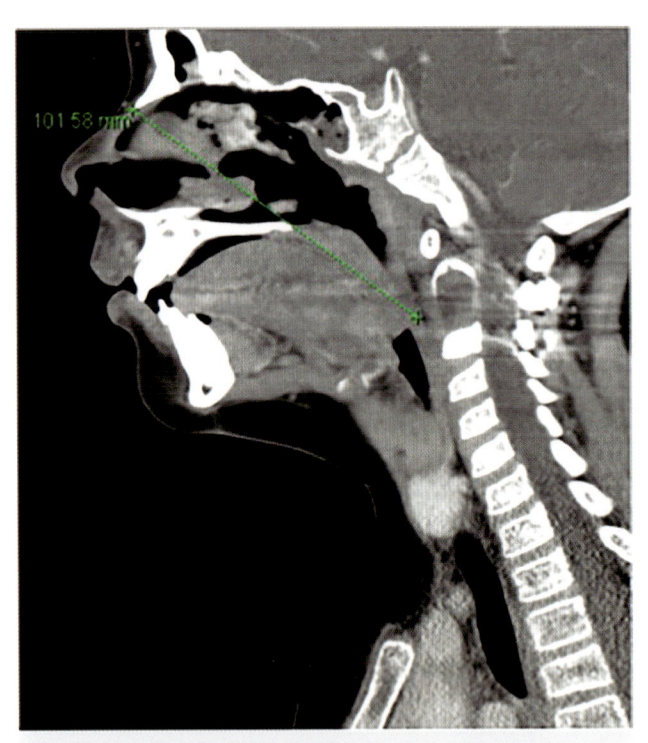

Fig. 41.3 Um menino de 7 anos com uma lesão osteolítica em C2.

41.3 Abordagens
Abordagem Endoscópica Transnasal
Planejamento Pré-Operatório
A angiografia por CT é realizada para estudar a anatomia do tumor e facilitar o uso de orientação por imagem estereotática. O paciente é posicionado com uma discreta flexão do pescoço (conforme o tolerado) para simular a posição do pescoço durante a cirurgia, uma vez que qualquer diferença significativa afetará a exatidão do sistema de orientação por imagem. A extensão inferior do acesso cirúrgico pode ser estimada pela linha nasopalatina (**Fig. 41.3**), uma linha que se estende da parte inferior dos ossos nasais até a região posterior do palato duro.[6]

Preparação Pré-Operatória
O paciente é submetido à intubação endotraqueal.

Usando um fotóforo e um espéculo nasal, o cirurgião prepara a cavidade nasal inserindo delicadamente compressas com gaze absorvente contendo epinefrina a 1:1.000. Isto é realizado logo após a intubação para dar à epinefrina bastante tempo para descongestionar a cavidade nasal antes da cirurgia. Existe a opção de retrair delicadamente o palato mole em direção inferior usando um pequeno cateter de borracha inserido por uma narina e saindo pela cavidade oral.

A cabeça do paciente é fixada de modo rígido (usando fixação por pinos) à mesa cirúrgica em discreta flexão do pescoço (conforme o tolerado, tentando simular a posição da CT pré-operatória do paciente de modo a otimizar o acesso e a exatidão do sistema de orientação por imagem).

A mesa é colocada em posição de Trendelenburg reversa para diminuir o retorno venoso e reduzir sangramento intraoperatório.

As alturas da mesa e dos monitores são ajustadas de acordo com o nível de conforto do cirurgião. O posicionamento do

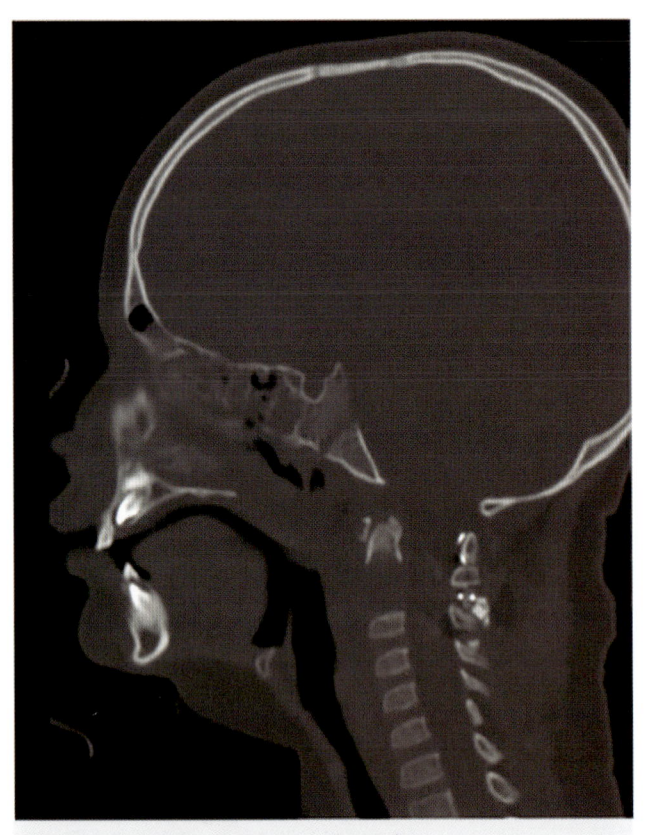

Fig. 41.4 Ressecção de tumores odontoides.

otorrinolaringologista e do neurocirurgião é semelhante ao de outros casos endonasais expandidos (**Fig. 41.5**).

A orientação por imagem é registrada, calibrada e verificada antes da aplicação de campos ao paciente.

O monitoramento neurofisiológico é configurado neste momento.

O paciente recebe antibióticos pré-operatórios para cobertura de contaminação nasal no campo cirúrgico.

Etapas Cirúrgicas
- *Exposição*

1. Usando um endoscópio de 0°, a concha média é lateralizada ou ressecada parcialmente. As conchas inferiores são lateralizadas.
2. As aberturas dos seios esfenoidais são identificadas, e são realizadas esfenoidotomias amplas.
3. O uso de um cautério com agulha longa e isolada permite a opção de desenvolver um retalho nasosseptal grande com base posterior. Isto pode ser realizado rotineiramente ou apenas em casos com probabilidade de vazamento de CSF. O retalho pode ser levantado da face esfenoide até um ponto anterior, imediatamente atrás da columela, estendendo-se inferiormente para incluir parte do assoalho do nariz. Deve-se ter cuidado para não remover a mucosa olfatória superiormente, permanecendo no nível das aberturas dos seios esfenoidais até que a concha média seja atingida, antes de seguir superiormente. O retalho pode ser armazenado no seio maxilar para evitar lesão durante a cirurgia.
4. Uma septectomia posterior e inferior é realizada para permitir maior liberdade de movimento com instrumentação em duas narinas.

5. O rostro é perfurado inferiormente com uma broca de diamante tamanho 4 ou fraturado com ruginas de Kerrison. Pode ocorrer sangramento na região do canal palatovaginal.
6. Uma ampla exposição agora é obtida, com palato mole caudalmente e as tubas auditivas lateralmente ao campo.
7. Deve-se ter cuidado para não lesionar o nervo do canal pterigóideo ou violar os canais caróticos.
8. Um retalho de base inferior em forma de U é levantado na nasofaringe e refletido em direção caudal até o nível do palato mole. O plano do retalho é bem medial às tubas auditivas – ou seja, medialmente às artérias carótidas internas. Ver **Fig. 41.6 e Vídeo 41.1**.
9. A fáscia faringobasilar é elevada do assoalho inferior do esfenoide até o clivo ventral.
10. O assoalho esfenoidal é perfurado no mesmo nível do clivo.
11. Usando um cautério isolado e elevadores periosteais/elevadores de Freer, a fáscia e os músculos paraespinais/longo da cabeça e longo do pescoço são refletidos inferiormente (isto é parcialmente obtido durante a etapa 8, acima). Deve-se ter cuidado para evitar lesão por calor posteriormente à medula espinal, limitando o ajuste do cautério e evitando cauterização prolongada durante esta etapa. Garantir que a trajetória seja inferior (e não posterior ao longo do clivo) na direção de C1.
12. O anel de C1 é identificado e verificado com orientação por imagem.

- *Ressecção*

1. Dependendo da patologia, várias porções do anel de C1 e do processo odontoide são ressecadas (**Fig. 41.7, Fig. 41.8**). Isto geralmente é realizado usando uma broca de diamante alongada e irrigação. É aconselhável realizar a grande maioria da perfuração antes de liberar a maior parte das fixações ligamentosas do odontoide, de modo a evitar a perfuração de uma estrutura móvel. Outros instrumentos, incluindo ruginas de Kerrison, também são utilizados. Ver **Vídeo 41.2 e Vídeo 41.3**.
2. A quantidade do dente do áxis que deve ser removida depende da localização e extensão da compressão. Isto indicará quanto do anel de C1 sobreposto deve ser ressecado.
3. O dente é acompanhado do corpo de C2 até sua extremidade e removido lateralmente. O topo é removido usando dissecção aguda.
4. A perfuração e a dissecção são mantidas em localizações mediana e paramediana (medialmente aos côndilos occipitais). Os pontos de referência anatômicos e a orientação por imagem são usados para garantir a trajetória correta. Pontos de referência substitutos para a artéria carótida parafaríngea incluem o óstio da tuba auditiva. Os pontos de referência na linha média incluem a incisura do palato duro posterior à porção rostral do septo nasal/esfenoide (embora esta seja parcialmente excisada para acesso). O tubérculo de C1 também é confirmado na orientação por imagem.

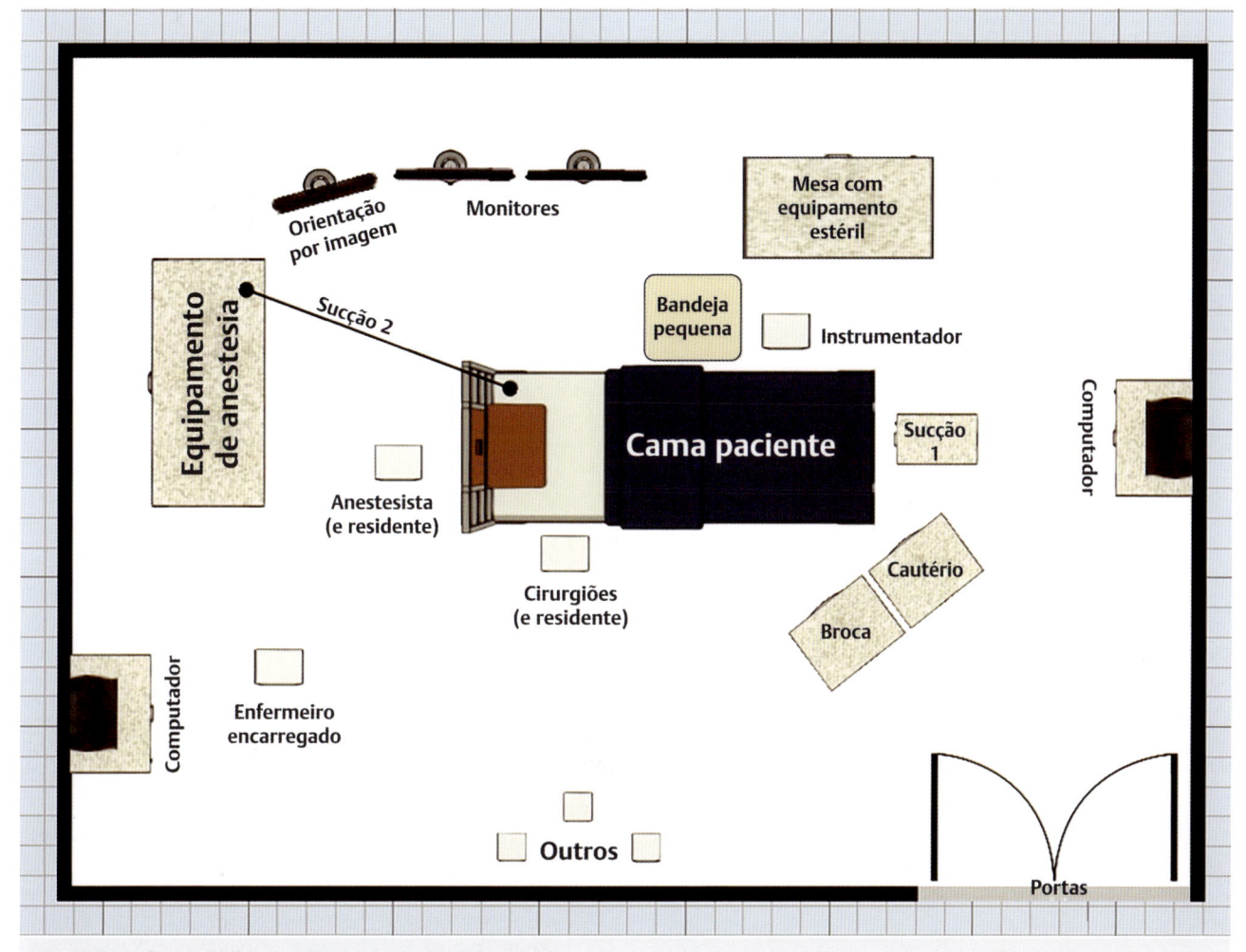

Fig. 41.5 Configuração da sala cirúrgica para a base do crânio.

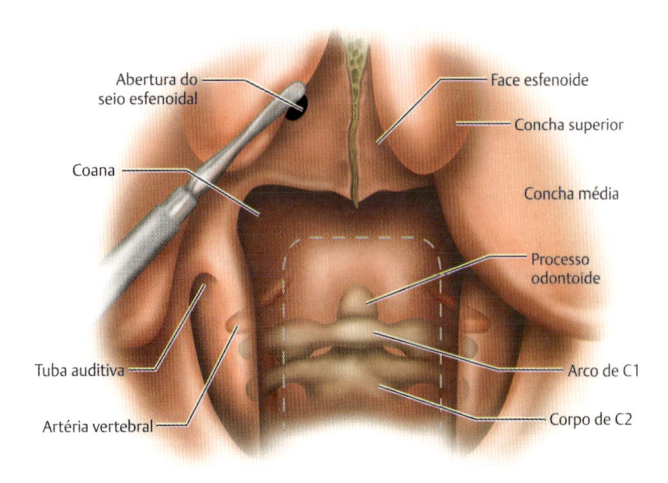

Fig. 41.6 Elevação do retalho.

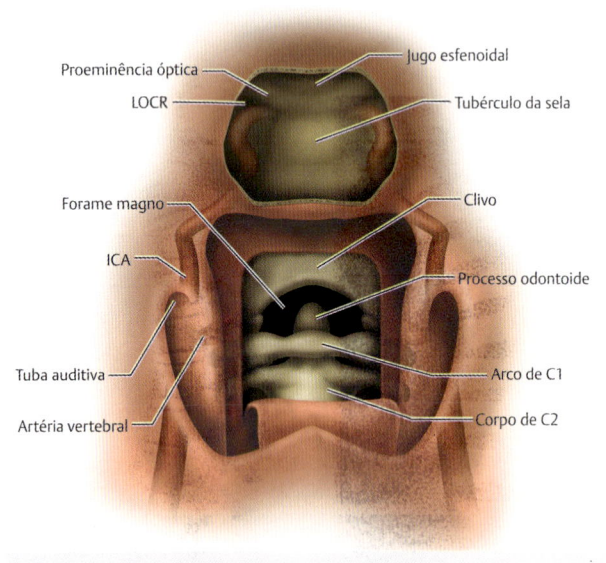

Fig. 41.7 Exposição óssea.

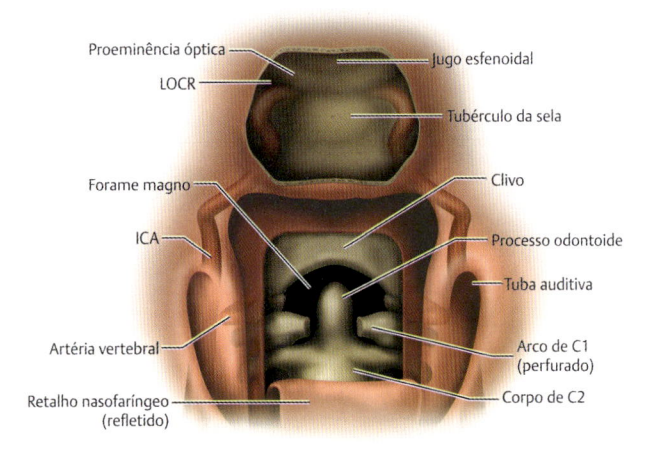

Fig. 41.8 Exposição de odontoide após a perfuração de C1.

5. Na doença reumatoide, quando os ligamentos e o processo odontoide de C1 são removidos, o *pannus* hipertrófico (**Fig. 41.9**) é identificado e removido com um aspirador ultrassônico.
6. A descompressão obtida é adequada quando boas pulsações de CSF (observadas pela dura-máter intacta) são restabelecidas em todo o trajeto da região afetada.
7. O retalho nasofaríngeo é reaproximado com cola de fibrina. O retalho nasosseptal é usado se for encontrado um vazamento de CSF; do contrário, o retalho é reposicionado no septo onde foi levantado originalmente.
8. A nasofaringe posterior é preenchida discretamente com Gelfoam ou outro material de preenchimento absorvível (hemostático).
9. A cavidade nasal pode ser preenchida com vários materiais (folhas de Silastic, *splints* de Doyle, outros curativos nasais removíveis ou absorvíveis) para prevenir sinéquias e facilitar a cicatrização da mucosa. Os autores preferem os *splints* de Doyle, que são cobertos com pomada antibiótica tópica e suturados no septo.
10. O paciente é despertado da anestesia geral, e são feitos esforços para impedir tosse e resistência do paciente durante esta fase.
11. Quando o paciente estiver alerta, ele ou ela será examinado para detectar déficits de nervos cranianos ou periféricos.

Observações Pós-Operatórias

1. A fusão instrumentada posterior em geral está indicada para estes pacientes por causa da instabilidade. Muitos centros realizam este procedimento durante a mesma sessão anestésica ou dentro de 1 semana após a cirurgia inicial. Contudo, o momento e a necessidade variam consideravelmente e dependem de fatores do paciente, grau de instabilidade e preferência individual do cirurgião.
2. Irrigações nasais com solução salina (alto volume — por ex., 100–240 mL) são utilizadas duas a quatro vezes ao dia nas primeiras semanas e então uma vez ao dia por vários meses, até que a formação de crostas tenha acabado.
3. O acompanhamento otorrinolaringológico é programado para remoção dos *stents* nasais de Silastic após 1 a 2 semanas, e então duas ou três visitas a mais serão programadas com intervalos de várias semanas (ou mais, quando indicado), para garantir que não haja formação de crostas, aderências ou outras preocupações sinonasais.
4. A equipe de cirurgia da coluna acompanha o paciente para monitorar qualquer instabilidade ou fraqueza.

Abordagem Transoral

1. A língua é retraída inferiormente, e a úvula e o palato mole, superiormente. Algumas vezes glossectomia, mandibulotomia e divisão do palato duro são necessárias para obter o acesso.
2. A mucosa orofaríngea é incisada na linha média.
3. Os constritores superiores da faringe são divididos.
4. Os músculos longos da cabeça e longo do pescoço de C1 a C3 são expostos, deslocados e retraídos para fornecer acesso do clivo até C3.
5. A ressecção da lesão/descompressão é realizada de modo semelhante ao descrito anteriormente para a abordagem transnasal.

Abordagem Transcervical

1. É realizada uma incisão alta, linear e vertical ao longo da região anterior do pescoço de um ponto acima do nível do hioide até a cartilagem cricóidea.
2. O platisma é dividido, e a face anterior do músculo esternocleidomastóideo é identificada e retraída lateralmente.
3. Os músculos infra-hióideos são retraídos medialmente.
4. A traqueia e o esôfago são retraídos medialmente, e os grandes vasos são retraídos lateralmente. O músculo digástrico é mobilizado para fornecer maior exposição superior.
5. Retratores de autorretenção são colocados após a exposição de a coluna cervical ter sido obtida.
6. Deve-se ter cuidado para não lesionar o nervo laríngeo recorrente nem causar perfuração do esôfago durante a ressecção.
7. A exposição é excelente no nível de C4–C5, mas também pode ser obtida em níveis mais altos em alguns casos.
8. A ressecção da lesão é realizada do modo indicado.

41.4 Abordagem Transoral — Vantagens e Desvantagens

Vantagens
- Procedimento bem estabelecido.
- Campo cirúrgico amplo.
- Acesso caudal até o corpo de C3.

Desvantagens
- A retração oral costuma produzir edema da língua.
- A traqueotomia profilática é comum.
- Contaminação da ferida cirúrgica decorrente de secreções orais (possivelmente causando infecção, deiscência e meningite).
- Divisão do palato ou glossectomia para exposição mais rostral.
- Disfagia exigindo tubo nasogástrico para alimentação.
- Incompetência velofaríngea (VPI).
- Lesão dentária.
- Dificuldade em pacientes com micrognatia.

41.5 Abordagem Transcervical — Vantagens e Desvantagens

Vantagens
- Exposição mais ampla.
- Evita a mucosa aerodigestiva alta (contaminada).

Desvantagens e Complicações
- Exposição limitada da coluna cervical superior.
- Incisão cutânea.
- Risco para as estruturas próximas:
  - Esôfago, traqueia.
  - Bainha carotídea.
  - Nervos cranianos.

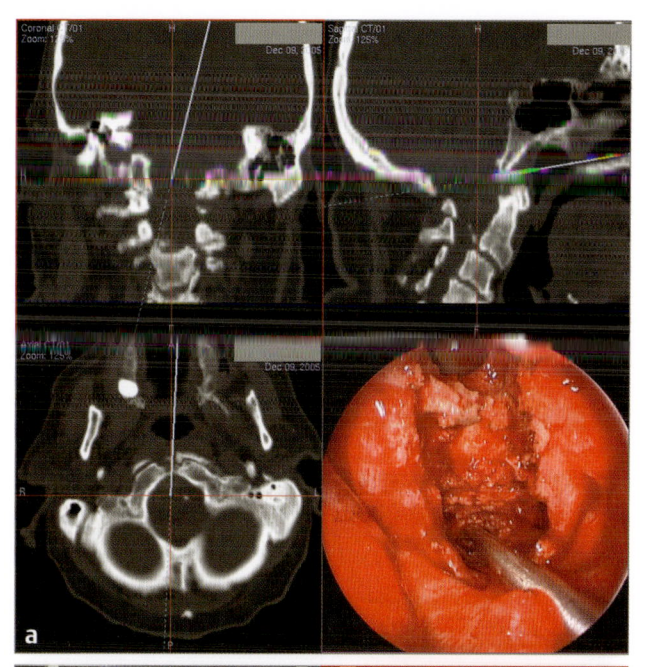

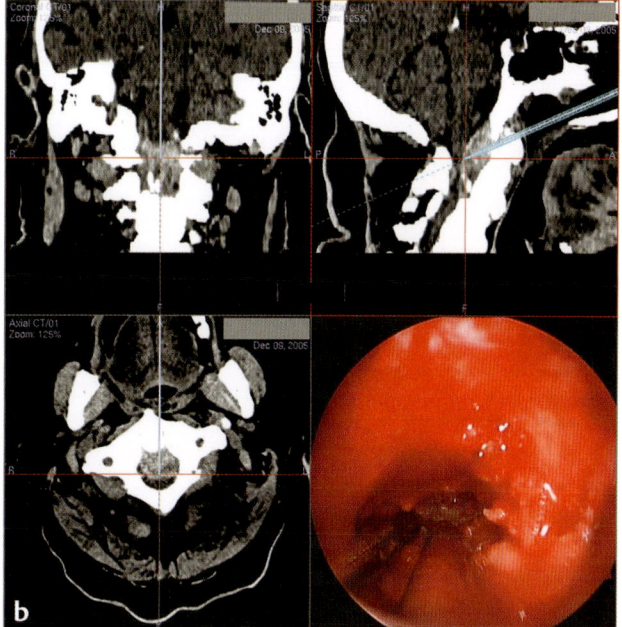

Fig. 41.9 (a,b) *Pannus* hipertrófico.

41.6 Abordagem Transnasal — Vantagens e Desvantagens

Vantagens
- Melhor visualização.
  - Endoscopia.
  - Acesso a lesões clivais altas.
- Evita retração oral.
  - Ausência de edema de língua.
  - Ausência de traqueotomia.
- Evita divisão do palato.
  - Ausência de VPI, ausência de disfonia.
  - Ausência de disfagia e sem necessidade para alimentação nasogástrica.

- Diminuição da exposição à microflora oral no campo cirúrgico.
- Diminuição teórica do risco de infecção, deiscência.

Desvantagens e Complicações

- Curva de aprendizado.
  - Perda da visão 3D.
  - Perda da percepção de profundidade.
  - Duração mais longa da cirurgia.
- Risco para estruturas vizinhas.
  - Tuba auditiva.
  - Carótida parafaríngea.
  - Nervo do canal pterigóideo.
- Complicações intranasais.
  - Formação de crostas, sinusite.
  - Epistaxe.
  - Perfurações do septo.

41.7 Limitações da Abordagem Endonasal

- O palato duro restringe a exposição abaixo de C2. (Observação: usar a linha nasopalatina para definir o limite inferior da ressecção.[6])
- Pode ser difícil para novos cirurgiões, especialmente com a perda da percepção 3D e de profundidade observada com o endoscópio (em comparação ao microscópio).
- Existe uma curva de aprendizagem cirúrgica.
- Requer uma equipe de duas pessoas, consistindo em um neurocirurgião e um otorrinolaringologista. As equipes devem ter experiência no trabalho conjunto e experiência com casos simples, como tumores hipofisários ou reparo de vazamento de CSF.
- Tumores/lesões posteriores a estruturas neurovasculares podem não ser acessíveis, e uma abordagem aberta pode ser justificada em seu lugar.
- Em geral está contraindicada se um vaso maior precisar ser ressecado ou reconstruído.

41.8 Limitações da Abordagem Transoral

- A obtenção do acesso pode ser difícil, dependendo da anatomia orofaríngea, como língua/úvula grande etc.
- Difícil ou às vezes impossível em pacientes com micrognatia.
- Exposição limitada do clivo.
- Complicações, como VPI, preocupações com vias aéreas (possivelmente exigindo traqueostomia) e preocupações com deglutição (possivelmente exigindo tubo para alimentação).
- Possível contaminação do campo cirúrgico por microflora oral.

41.9 Limitações da Abordagem Transcervical

- Exposição limitada da coluna cervical superior.
- Obesidade ou pescoço curto podem dificultar a dissecção e a exposição.
- Risco de lesão de vários nervos cranianos e grandes vasos no pescoço com a dissecção/retração.
- Uma lesão do esôfago acarreta um alto risco de infecção e colapso de qualquer instrumentação colocada.

41.10 Conclusão

Foi demonstrado que a abordagem endoscópica transnasal é efetiva no manejo de patologias da junção craniovertebral, ao mesmo tempo em que evita a morbidade relacionada com as vias aéreas, fala e deglutição da cirurgia transoral.[12] Além disso, a abordagem amplia o campo de visualização superiormente mais do que é possível com outras vias e deve ser considerada no manejo de lesões do clivo e coluna cervical superior.[13]

Referências

1. Greenberg AD, Scoville WB, Davey LM. Transoral decompression of atlanto-axial dislocation due to odontoid hypoplasia. Report of two cases. *J Neurosurg* 1968;28(3):266–269
2. Frempong-Boadu AK, Faunce WA, Fessler RG. Endoscopically assisted transoral-transpharyngeal approach to the craniovertebral junction. *Neurosurgery* 2002;51(5, Suppl):S60–S66
3. Ponce-Gómez JA, Ortega-Porcayo LA, Soriano-Barón HE, et al. Evolution from microscopic transoral to endoscopic endonasal odontoidectomy. *Neurosurg Focus* 2014;37(4):E15
4. Crockard HA. The transoral approach to the base of the brain and upper cervical cord. *Ann R Coll Surg Engl* 1985;67(5):321–325
5. Menezes AH, VanGilder JC. Transoral-transpharyngeal approach to the anterior craniocervical junction. Ten-year experience with 72 patients. *J Neurosurg* 1988;69(6):895–903
6. Menezes AH. Surgical approaches: postoperative care and complications "transoral-transpalatopharyngeal approach to the craniocervical junction." *Childs Nerv Syst* 2008;24(10):1187–1193
7. Alfieri A, Jho H-D, Tschabitscher M. Endoscopic endonasal approach to the ventral cranio-cervical junction: anatomical study. *Acta Neurochir (Wien)* 2002
8. Kassam AB, Snyderman C, Gardner P, Carrau R, Spiro R. The expanded endonasal approach: a fully endoscopic transnasal approach and resection of the odontoid process: technical case report. *Neurosurgery* 2005
9. de Almeida JR, Zanation AM, Snyderman CH, et al. Defining the nasopalatine line: the limit for endonasal surgery of the spine. *Laryngoscope* 2009;119(2):239–244
10. Wu JC, Mummaneni PV, El-Sayed IH. Diseases of the odontoid and craniovertebral junction with management by endoscopic approaches. *Otolaryngol Clin North Am* 2011;44(5):1029–1042
11. Lee A, Sommer D, Reddy K, Murty N, Gunnarsson T. Endoscopic transnasal approach to the craniocervical junction. *Skull Base* 2010;20(3):199–205
12. Goldschlager T, Härtl R, Greenfield JP, Anand VK, Schwartz TH. The endoscopic endonasal approach to the odontoid and its impact on early extubation and feeding. *J Neurosurg* 2015;122(3):511–518
13. Seker A, Inoue K, Osawa S, Akakin A, Kilic T, Rhoton AL Jr. Comparison of endoscopic transnasal and transoral approaches to the craniovertebral junction. *World Neurosurg* 2010;74(6):583–602

42 Abordagens Endoscópicas Transorais à Junção Craniocervical

James H. Stephen ▪ John Y. K. Lee

42.1 Introdução

O acesso cirúrgico à junção craniovertebral (CVJ) é difícil por causa da sua localização profunda e anatomicamente protegida. A patologia que pode envolver a CVJ é diversificada e inclui *pannus* odontoide reumatoide, invaginação basilar, malformações congênitas da base do crânio, cordomas e condrossarcomas clivais inferiores, doença metastática, infecção e até mesmo patologias intradurais, como meningiomas. A via mais direta para CVJ anterior é obtida pela abordagem transoral ventral.[1,2] Esta abordagem foi refinada por Menezes, Crockard e Hadley [3,4,5] e foi adotada como abordagem preferida para o tratamento de patologias da CVJ anterior. Contudo, a abordagem transoral tradicional apresenta várias limitações. Devido ao canal de trabalho profundo e estreito, o microscópio cirúrgico pode não fornecer uma visualização adequada da patologia. Embora as variantes transorais ampliadas possam obter melhor visualização e maior acesso, isto ocorre à custa de maior morbidade.

Considerando a morbidade importante na abordagem transoral tradicional, as abordagens endoscópicas para CVJ foram desenvolvidas. Em comparação à coluna de iluminação e visualização estreita fornecida pelo microscópio cirúrgico, o endoscópio pode fornecer iluminação direta mais profunda e próxima ao alvo. Os endoscópios modernos são capazes de capturar um campo de visão de até 80° e fornecem uma visão panorâmica da anatomia. Outra vantagem atual dos endoscópios é sua disponibilidade mundial. Ao contrário dos microscópios, porém, a maioria dos endoscópios ainda é bidimensional, com a resolução limitada pela câmera e pela tela de exibição, porém estas limitações são abordadas por endoscópios tridimensionais e melhor tecnologia de vídeo. A viabilidade da cirurgia robótica transoral (TORS) como uma ferramenta para abordar a patologia da junção craniocervical foi demonstrada.[6] Na TORS, um endoscópio de duplo canal fornece visualização estereoscópica (3D) com excelente iluminação, e existem dois braços robóticos articulados para trabalhar em profundidade nos canais estreito e profundo. Contudo, existem limitações da TORS que impedem que o procedimento inteiro, em especial a remoção do osso, seja realizado endoscopicamente pelo robô. Conforme os cirurgiões continuarem a desbravar a abordagem endoscópica transoral, as melhorias de tecnologia e instrumentação ao longo do tempo permitirão que uma maior variedade de patologias seja tratada por esta abordagem (**Vídeo 42.1**).

42.2 Anatomia Cirúrgica

- A abordagem endoscópica transoral fornece acesso do terço inferior do clivo até o espaço discal em C2–C3.
- A exposição cirúrgica e o tamanho do canal de trabalho são limitados pela abertura da boca. Além disso, o palato duro é a barreira física que limita o acesso superior, enquanto a mandíbula e a língua limitam o acesso inferior. Contudo, uma vez que o endoscópio forneça iluminação e visualização panorâmicas não limitadas à linha de visão, estas limitações geométricas constituem um impedimento menor que nas abordagens transorais tradicionais.[7]
- A identificação da linha média é muito importante para a abordagem transoral. O arco anterior do atlas pode ser palpado e visualizado atrás da faringe.
- Artérias vertebrais aberrantes ou artérias carótidas retrofaríngeas são uma possibilidade, embora geralmente estejam situadas a mais de 1 cm de distância da linha média. Isto permite uma zona de trabalho segura de até 1 cm lateralmente em cada lado da linha média.

42.3 Planejamento Pré-Operatório

- Pacientes com trismo (impossibilidade de abrir totalmente a boca), lesões prévias da articulação temporomandibular (TMJ) ou cirurgia prévia da TMJ podem não ser candidatos para cirurgia transoral. A impossibilidade de abrir a boca em pelo menos 25 mm (a abertura média da boca corresponde a 40 mm) no pré-operatório constitui uma contraindicação relativa à cirurgia transoral.
- Uma deformidade fixa do tipo queixo-tórax também constitui uma contraindicação à abordagem transoral. Outras contraindicações incluem infecções dentárias/periodontais ou anomalias anatômicas que façam com que estruturas neurovasculares vitais fiquem situadas em posição ventral à patologia.
- Lesões que possam ser reduzidas a partir de uma abordagem posterior devem ser submetidas à descompressão posterior simples e fusão, em vez da realização de uma abordagem transoral.
- A CT pré-operatória pode ser utilizada para avaliar os limites do acesso cirúrgico em cada paciente individual. O comprimento do palato duro e a posição da CVJ em relação ao palato duro ajudam a determinar o acesso. Se a patologia estiver localizada acima do palato duro, então uma abordagem endonasal pode ser a melhor escolha.
- Imagens vasculares com angiografia por CT (CTA) podem ser úteis quando um tumor tiver distorcido a anatomia ou quando for necessária uma dissecção lateral.
- A abordagem transoral é limitada apenas pelo fornecimento de descompressão. A patologia da CVJ pode produzir instabilidade, e ela pode ser ainda mais desestabilizada pelo procedimento. Muitas vezes, a estabilização cirúrgica posterior também pode ser necessária, e uma reconstrução/estabilização deve ser considerada no pré-operatório.
- Traqueotomia ou gastrostomia endoscópica percutânea (PEG) no pré-operatório podem ser necessárias em pacientes com disfunção existente dos nervos cranianos inferiores, e esta possibilidade deve ser avaliada como parte do exame pré-operatório.
- Um dreno lombar também pode ser colocado no pré-operatório se uma patologia intradural constituir o alvo cirúrgico ou se for esperado um vazamento de CSF.
- O paciente deve ser aconselhado de modo adequado no pré-operatório sobre as possíveis complicações e morbidades da abordagem transoral.

42.4 Posicionamento do Paciente e Anestesia

- O paciente é colocado em posição supina com discreta extensão do pescoço. Deve-se ter cuidado para evitar a rotação da cabeça para prevenir desorientação cirúrgica, que pode resultar da rotação do atlas — e da artéria vertebral — em relação à linha média.
- A cabeça do paciente pode ser fixada em um suporte de crânio tipo Mayfield ou um colete-halo, dependendo da estabilidade da CVJ.
- As vias aéreas têm importância crítica, e a colaboração com o anestesista deve garantir a escolha e a técnica apropriadas para o tubo endotraqueal (ETT). Preferimos um ETT reforçado na linha média que saia inferiormente na direção dos pés do paciente.
- O monitoramento intraoperatório, incluindo potenciais evocados somatossensitivos e potenciais evocados motores, é utilizado para prevenir qualquer comprometimento neurológico relacionado com o posicionamento.
- Fluoroscopia lateral é utilizada para localização da anatomia óssea. Neuronavegação também pode ser usada para localização intraoperatória.
- Para procedimentos endoscópicos, os cirurgiões são posicionados em cada lado da cabeça, com o monitor de exibição na cabeceira do leito.
- Para TORS, o robô cirúrgico da Vinci (Intuitive Surgical, Sunnyvale, CA) é posicionado na cabeceira da cama. Um endoscópio de 12 mm e 0° é usado, embora um endoscópio de 30° possa ser usado para melhorar a visualização superior ou inferior, quando necessário. O braço endoscópico binocular é mantido na linha média, com um braço articulado em cada lado.

42.5 Procedimento Cirúrgico

- Existem várias opções para retração durante a abordagem transoral, incluindo o retrator de Dingman ou o retrator de Crowe-Davis.
- Deve-se ter cuidado para não afastar excessivamente a mandíbula, deslocando ou lesionando a TMJ. Limitamos a abertura a 4 cm.
- O palato mole também pode obscurecer a visão, mas pode ser retraído superiormente usando dois cateteres de borracha vermelhos colocados pelo nariz e saindo pela boca (**Fig. 42.1**). Como alternativa, pode ser colocada uma sutura na úvula, que é então retraída pelo nariz.
- Embora isto raramente seja necessário, o palato mole pode ser dividido, com incisão da úvula até o palato duro.
- Protetores de dentes devem ser usados e deve-se ter cuidado para evitar compressão da língua contra os dentes pelo retrator ou pelo tubo de ETT.
- O arco anterior do atlas pode ser palpado com pressão suave.
- Preferimos uma incisão na linha média na mucosa posterior da faringe, onde existe um plano relativamente avascular. Isto evita estruturas vasculares e neurais críticas que podem ser lesionadas com uma incisão em forma de U (**Fig. 42.2**).
- Usando TORS, uma incisão é realizada na linha média descendo até o arco anterior de C1 e então é ampliada inferiormente até o corpo de C2. Neste ponto, a localização é confirmada por fluoroscopia lateral. O ligamento longitudinal anterior é levado para baixo para expor a membrana atlantoccipital anterior, o arco de C1 e a base e o dente de C2 (**Fig. 42.3**).
- As tubas auditivas, relativamente fixas no crânio, constituem um ponto anatômico útil que representa a extensão lateral

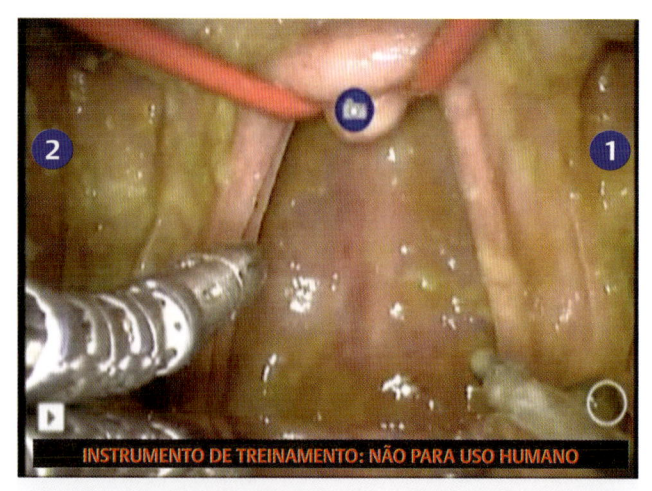

Fig. 42.1 Visão endoscópica com úvula e palato mole retraídos superiormente pelo cateter de borracha vermelha.

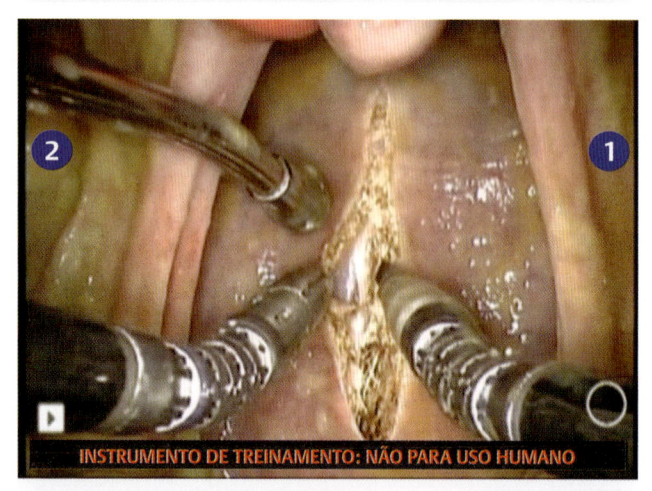

Fig. 42.2 Incisão na linha média realizada na mucosa posterior da faringe.

Fig. 42.3 Visão da junção craniovertebral após remoção do ligamento longitudinal anterior e dissecção subperiosteal do clivo, C1 e base do dente do áxis.

para realização da dissecção subperiosteal ao longo de C2. Contudo, deve-se ter cuidado para evitar a lesão das tubas auditivas.

Abordagens Endoscópicas Transnasais à Junção Craniocervical

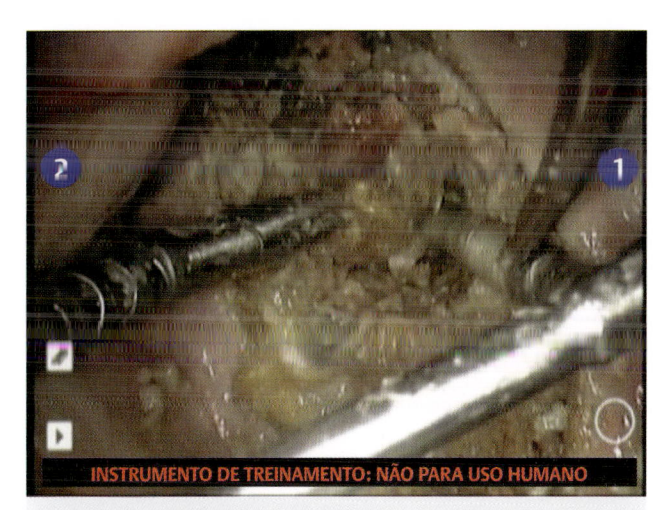

Fig. 42.4 Remoção da ponta do dente.

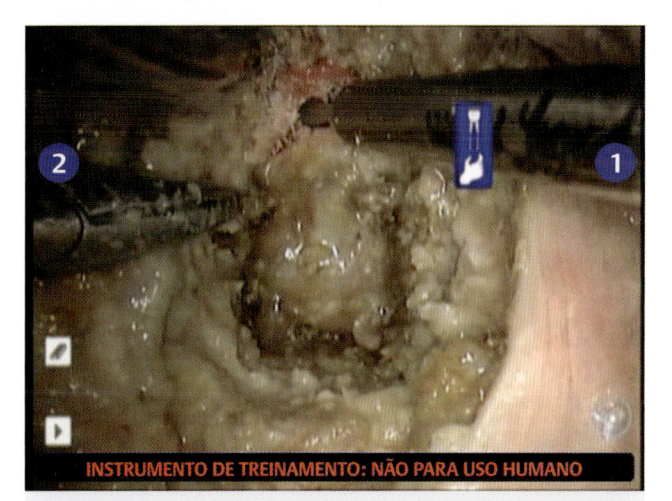

Fig. 42.5 A perfuração do clivo inferior é possível durante o tratamento de patologia intradural.

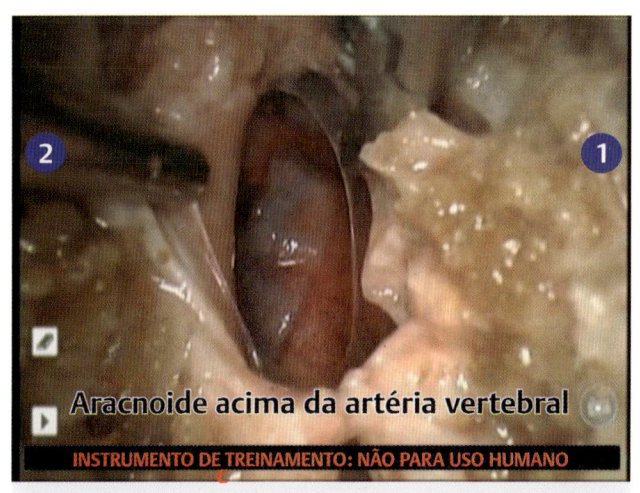

Fig. 42.6 Visão intradural endoscópica da artéria vertebral acima do bulbo.

- Quando a dissecção do tecido mole estiver completa, passamos para um procedimento assistido por endoscopia. Por causa da ausência de uma fixação para a broca no da Vinci, o endoscópio é deixado no local, e a remoção tradicional do osso progride utilizando o monitor endoscópico para visualização. O cirurgião principal pode permanecer na estação robótica para ajudar na remoção óssea com óptica 3D.
- O arco de C1 é removido pela perfuração de duas calhas. A largura máxima da remoção óssea não se deve estender lateralmente além da borda medial da massa lateral (no máximo, aproximadamente 16 mm).
- O dente do áxis é removido após a remoção dos ligamentos apical e alar (**Fig. 42.4**).
- Na presença de patologia clival ou intradural, o clivo inferior pode ser removido por perfuração em alta velocidade adicional (**Fig. 42.5**).
- Na patologia intradural, o cirurgião novamente utiliza TORS, empregando os braços cirúrgicos articulados para continuar o trabalho no canal profundo e estreito com o benefício da visualização 3D (**Fig. 42.6**).
- Com TORS, a dura-máter pode ser fechada com sutura 4–0 utilizando os braços robóticos articulados. Um retalho dural ou cola de fibrina também podem ser usados. Em uma abordagem puramente endoscópica, um retalho de mucosa pode ser usado.
- A mucosa é então fechada com suturas interrompidas.

42.6 Limitações

- A obtenção de fechamento dural hermético em um canal de trabalho profundo e estreito constitui uma limitação importante para abordar a patologia intradural ou para reparo de vazamentos de CSF pela abordagem transoral.
- TORS oferece a capacidade de realizar este fechamento com destreza em profundidade, uma vez que os braços robóticos articulados possam manipular facilmente as suturas nos espaços de trabalho profundo e estreito. Um fechamento hermético em camadas da dura-máter e da mucosa da faringe é essencial para prevenção de vazamentos de CSF e infecções subsequentes.
- Outra limitação da abordagem TORS é a ausência de instrumentos com corte ósseo, como brocas ou ruginas e de ferramentas intradurais para a versão atual do robô da Vinci. Isto limita a utilidade atual de TORS para melhorar a destreza durante a exposição e fechamento. Após o desenvolvimento de instrumentos para remoções óssea e intradural, cirurgiões pioneiros poderão utilizar TORS para abordar patologias mais generalizadas na CVJ.

42.7 Complicações

- As complicações são semelhantes às observadas na abordagem transoral clássica e incluem comprometimento das vias aéreas, edema, disfagia, lesão da TMJ, infecção, vazamento de CSF, lesão neurovascular e maior instabilidade da coluna.
- Pode ser difícil reparar vazamentos de CSF, uma complicação conhecida da abordagem transoral, e isto pode provocar infecções sérias se não for abordado adequadamente.
- Os pacientes devem permanecer intubados no pós-operatório para permitir que o edema desapareça. Antes da extubação, os pacientes devem passar por um teste de vazamento do manguito do ETT. A extubação deve ocorrer em um ambiente monitorado com acesso a equipamento cirúrgico para vias aéreas e um otorrinolaringologista.

- A estabilização pré-operatória com colete-halo ou fusão posterior reduz o risco de instabilidade pós-operatória da coluna na CVJ.

Referências

1. Crockard HA, Pozo JL, Ransford AO, Stevens JM, Kendall BE, Essigman WK. Transoral decompression and posterior fusion for rheumatoid atlanto-axial subluxation. *J Bone Joint Surg Br* 1986;68(3):350–356
2. Sen CN, Sekhar LN. Surgical management of anteriorly placed lesions at the craniocervical junction—an alternative approach. *Acta Neurochir (Wien)* 1991;108(1-2):70–77
3. Menezes AH, VanGilder JC. Transoral-transpharyngeal approach to the anterior craniocervical junction. Ten-year experience with 72 patients. *J Neurosurg* 1988;69(6):895–903
4. Crockard HA. The transoral approach to the base of the brain and upper cervical cord. *Ann R Coll Surg Engl* 1985;67(5):321–325
5. Hadley MN, Spetzler RF, Sonntag VK. The transoral approach to the superior cervical spine. A review of 53 cases of extradural cervicomedullary compression. *J Neurosurg* 1989;71(1):16–23
6. Lee JY, O'Malley BW, Newman JG, et al. Transoral robotic surgery of craniocervical junction and atlantoaxial spine: a cadaveric study. *J Neurosurg Spine* 2010;12(1):13–18
7. Lega BC, Kramer DR, Newman JG, Lee JY. Morphometric measurements of the anterior skull base for endoscopic transoral and transnasal approaches. *Skull Base* 2011;21(1):65–70

43 Descompressão do Forame Magno em Malformação de Chiari, Usando Retratores Tubulares Minimamente Invasivos

Renée Kennedy ▪ Mohammed Aref ▪ Jetan Badhiwala ▪ Brian Vinh ▪ Saleh Almenawer ▪ Kesava (Kesh) Reddy

43.1 Exemplo de Caso Clínico

Um homem de 50 anos apresentava uma história de 6 meses de cefaleias occipitais e parestesias afetando as duas mãos. A cefaleia era agravada pela manobra de Valsalva e não tinha sido aliviada por qualquer tratamento clínico. A CT demonstrou uma descida da tonsila do cerebelo de 12 mm abaixo do forame magno (**Fig. 43.1**). A MRI do encéfalo e coluna sugeriu comprometimento do fluxo de CSF pelo forame magno, secundário à herniação tonsilar (**Fig. 43.2**), sem evidência de siringomielia (**Vídeo 43.1**).

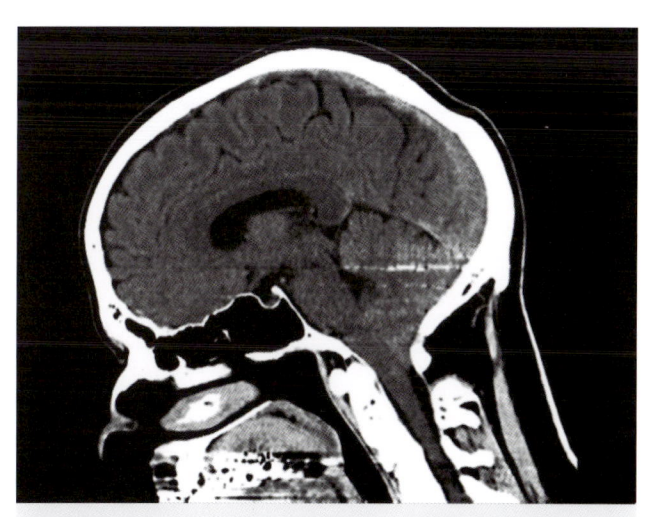

Fig. 43.1 CT de crânio demonstrando descida da tonsila do cerebelo.

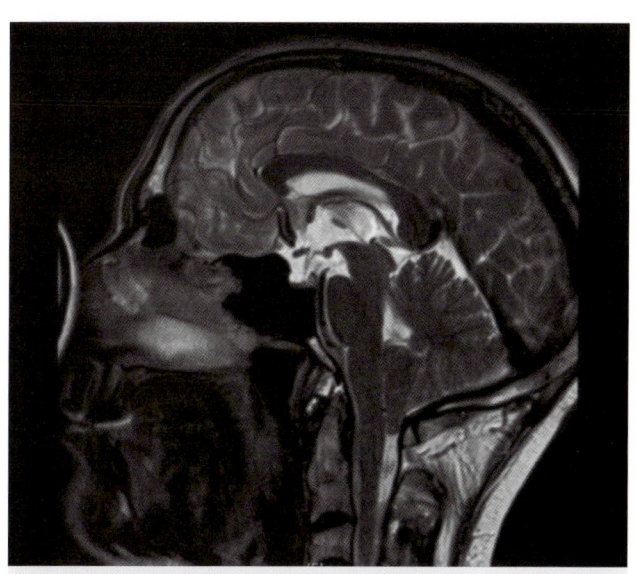

Fig. 43.2 MRI do encéfalo confirmando o diagnóstico de malformação de Chiari I.

43.2 Plano Pré-Operatório

- O paciente foi selecionado para descompressão do forame magno por meio de uma técnica minimamente invasiva usando microscópio cirúrgico e sistema de retrator tubular METRx (retrator tubular de exposição mínima) (Medtronic, Memphis, TN).
- Sob anestesia geral e com intubação endotraqueal, o paciente foi colocado em posição prona com a cabeça em um fixador de Mayfield de três pinos e a coluna cervical discretamente flexionada. Foi tomado cuidado para garantir que a ventilação não fosse comprometida, e que o tubo endotraqueal estivesse acessível para o anestesista.
- O cabelo foi adequadamente tricotomizado, a pele foi preparada da protuberância occipital até o processo espinhoso de C2, e campos foram aplicados de modo estéril usual.
- Os potenciais evocados somatossensitivos (SSEPs) e potenciais motores evocados (MEPs) foram monitorados durante todo o procedimento.

43.3 Procedimento Cirúrgico

- Foi realizada uma pequena incisão na linha média sobre a região suboccipital pela pele, tecido subcutâneo e fáscia.
- Sob orientação fluoroscópica, um fio-K foi introduzido acima do forame magno até o aspecto inferior do osso occipital, tomando cuidado para evitar entrada na junção occipício–C1 (**Fig. 43.3**). Quando a posição apropriada do fio-K foi confirmada em incidências fluoroscópicas, a incisão de pele e fáscia foi estendida para acomodar o primeiro dilatador tubular. O primeiro dilatador foi colocado na posição, e o fio-K foi removido.
- Dilatadores tubulares de diâmetros progressivamente maiores foram colocados sequencialmente até uma profundidade

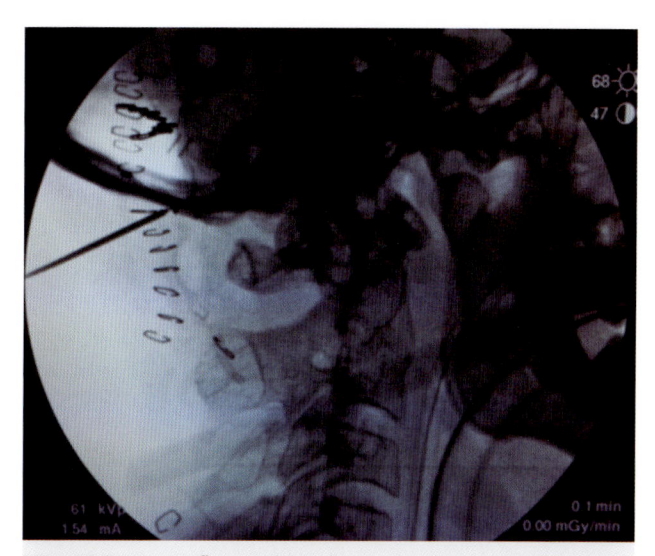

Fig. 43.3 Imagem fluoroscópica demonstrando inserção de um fio-K no aspecto inferior do osso occipital.

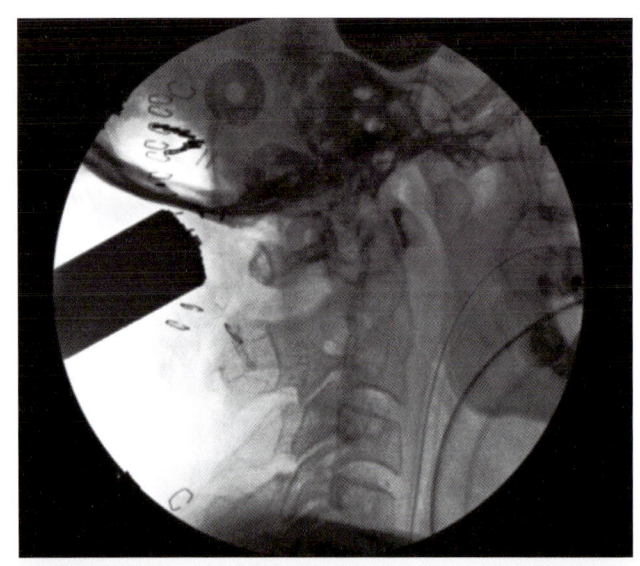

Fig. 43.4 Afastamento gradual do tecido mole usando a técnica de dilatação sequencial com retratores tubulares de diâmetros progressivamente maiores sob orientação fluoroscópica.

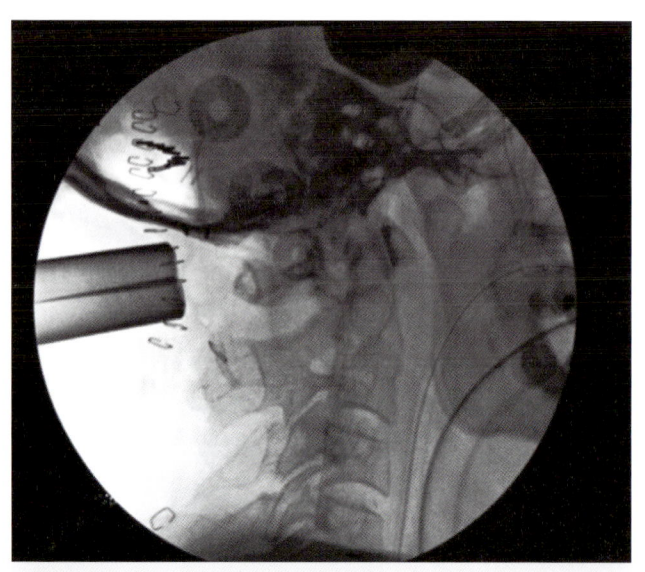

Fig. 43.6 Angulação do retrator tubular final sob orientação fluoroscópica para permitir acesso a uma ampla área de trabalho sem aumentar a exposição do tecido mole.

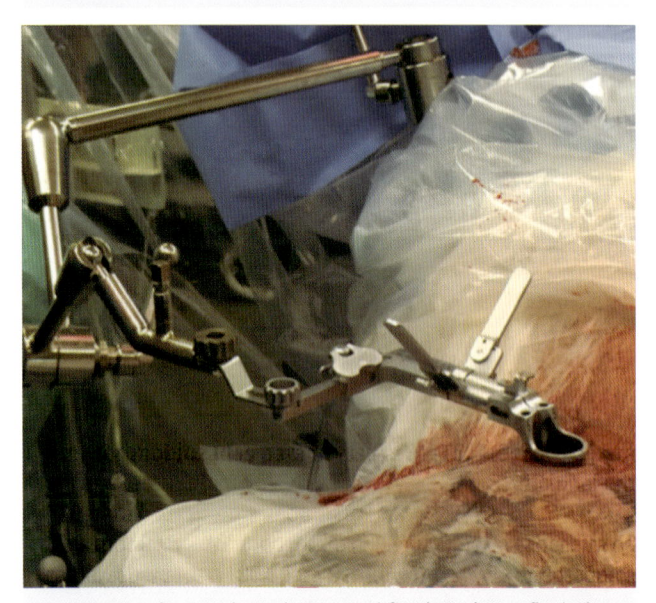

Fig. 43.5 O tubo Quadrant de 22 mm é fixado ao braço flexível para fixação em posição estável.

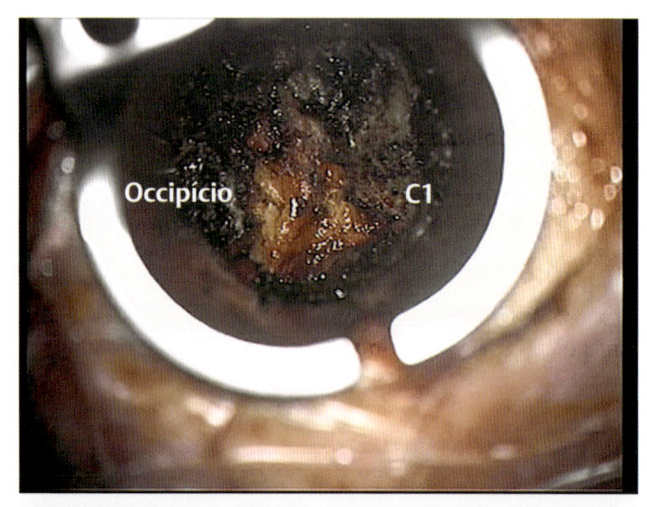

Fig. 43.7 Visão microscópica do occipício (*à esquerda*) e C1 (*à direita*) na junção occipitocervical.

apropriada para a espessura do tecido subjacente e músculos (**Fig. 43.4**). O objetivo foi a afastar gradualmente os tecidos moles para fornecer um diâmetro de visualização final de 22 mm antes de abrir as duas folhas do sistema Quadrant.
- O retrator tubular final (METRx Quadrant) foi fixado ao braço flexível, que mantém o retrator em posição fixa (**Fig. 43.5**) e ao mesmo tempo permite que ele seja direcionado em ângulos variáveis (**Fig. 43.6**) necessários para a remoção óssea e abertura/fechamento da dura-máter.

43.4 Achados Microscópicos
- O microscópio foi trazido para o campo cirúrgico.
- A junção occipício–C1 foi identificada (**Fig. 43.7**), e as bordas ósseas do occipício e C1 foram liberadas do tecido mole vizinho.

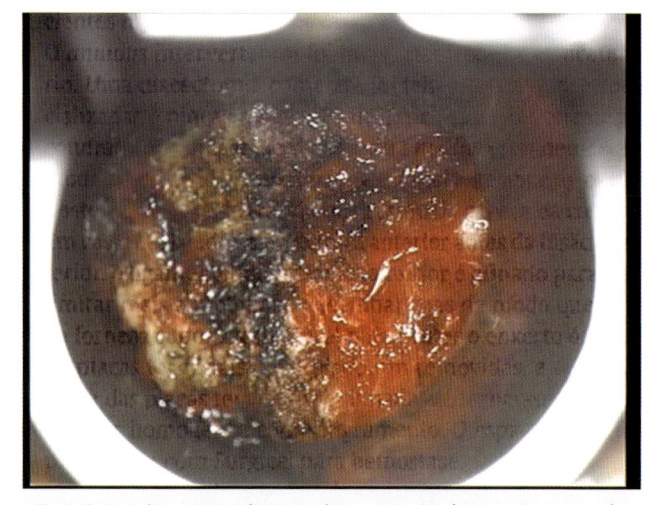

Fig. 43.8 Visão microscópica após a remoção do arco posterior de C1 (*à direita*).

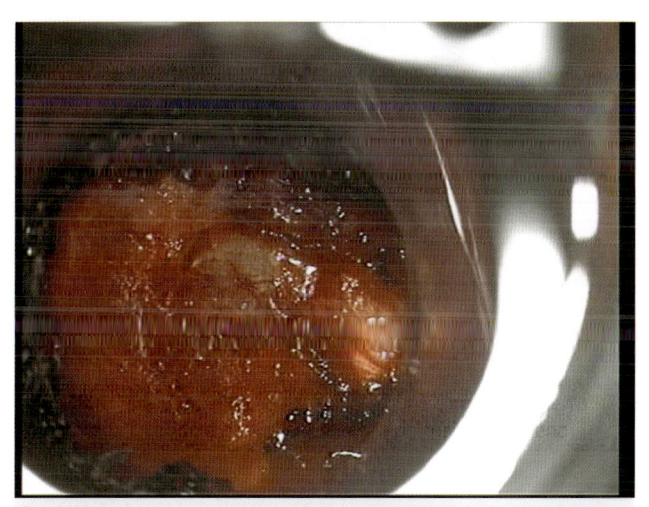

Fig. 43.9 Visão microscópica após remoção do arco posterior de C1 (*à direita*) e do aspecto inferior do osso occipital (*à esquerda*).

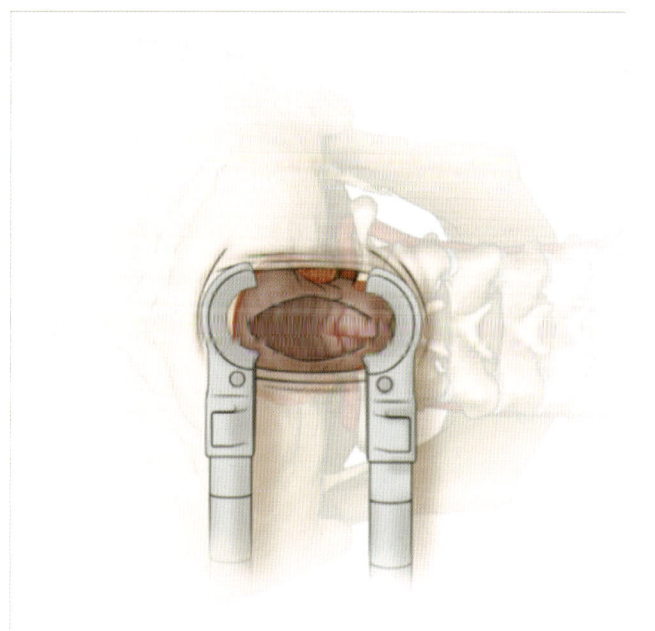

Fig. 43.11 Diagrama esquemático após durotomia elíptica.

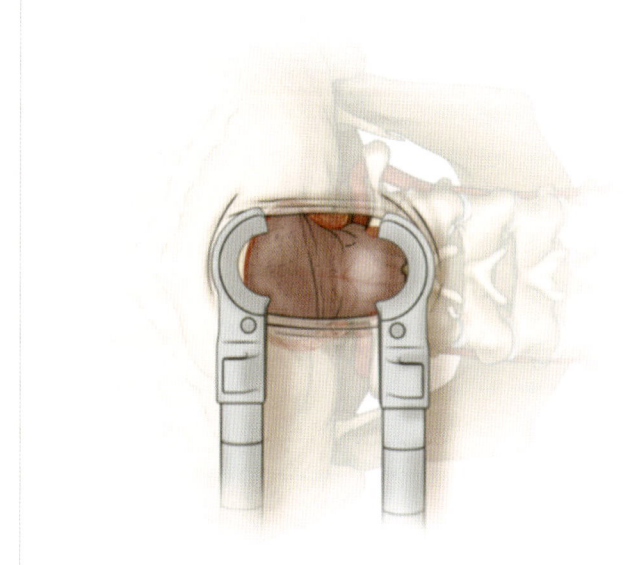

Fig. 43.10 Diagrama esquemático após a remoção do arco posterior de C1 e do aspecto inferior do osso occipital.

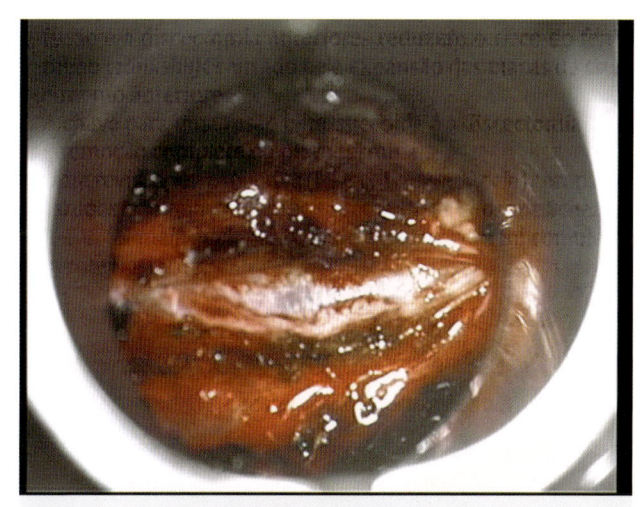

Fig. 43.12 Imagem microscópica mostrando a abertura pela camada externa da dura-máter.

- Usando um trépano de corte, o arco posterior de C1 foi removido cuidadosamente pela técnica de "casca de ovo", com a broca de alta velocidade sendo inserida na direção medial para lateral, para a frente e para trás. Qualquer osso remanescente foi removido com uma pinça de Kerrison, e a dura-máter abaixo foi então totalmente exposta (**Fig. 43.8**).
- O osso occipital foi perfurado em direção inferior usando a mesma técnica para fornecer uma abertura óssea de 3 × 3 cm (**Fig. 43.9**).
- Após a obtenção da uma descompressão óssea satisfatória (**Fig. 43.10**), foi efetuada uma durotomia elíptica usando um bisturi N° 11 (**Fig. 43.11**).
- No caso descrito, apenas a camada externa da dura-máter foi aberta, e isto foi considerado suficiente para descompressão (**Fig. 43.12**). Contudo, uma duraplastia pode ser realizada, se desejado. O objetivo é aumentar o espaço no forame magno para aliviar a obstrução do fluxo de CSF. Usando sutura de Prolene 7–0 com uma agulha muito pequena, o enxerto dural é aproximado até as margens da durotomia de um modo simples e contínuo (**Fig. 43.13**). Um vedante de fibrina é aplicado liberalmente sobre o fechamento.
- Uma manobra de Valsalva foi induzida neste ponto para confirmar o fechamento hermético da dura-máter sob visualização direta.
- As lâminas do retrator tubular foram fechadas, e o instrumento foi retirado.
- A fáscia e a pele acima foram reaproximadas de modo usual (**Fig. 43.14**).

43.5 Resultados

A CT de crânio pós-operatória demonstrou remoção óssea satisfatória (**Fig. 43.15**). A MRI desta área, com estudo de fluxo de CSF, é realizada como rotina para avaliar a alteração do tamanho

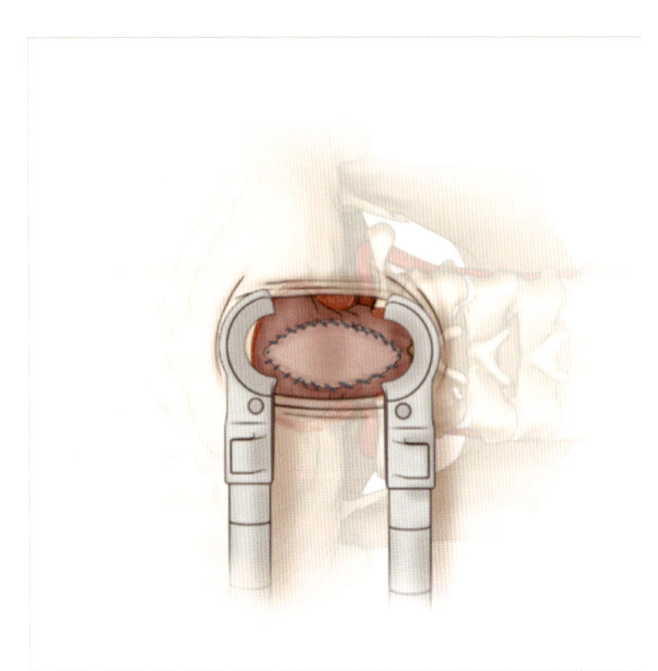

Fig. 43.13 Diagrama esquemático demonstrando o fechamento expansível da duraplastia.

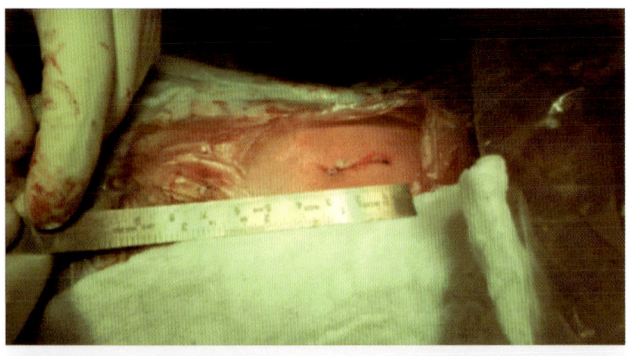

Fig. 43.14 Incisão relativamente pequena com a técnica minimamente invasiva em comparação à incisão necessária para a abordagem aberta convencional.

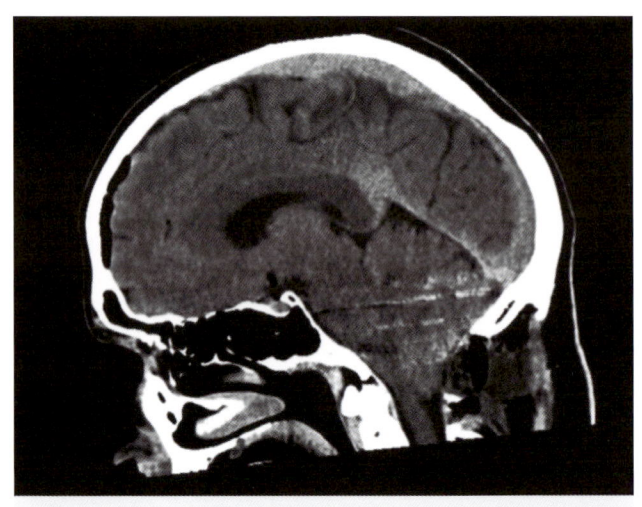

Fig. 43.15 CT pós-operatória demonstrando descompressão da fossa posterior com remoção de C1 e do aspecto inferior do occipício.

da fístula, quando uma está presente no pré-operatório, e para garantir bom fluxo de CSF pelo forame magno.

43.6 Dicas

- Iniciar cuidadosamente acima da área occipital inferior sob orientação fluoroscópica ao inserir o fio- K e dilatadores subsequentes para evitar a entrada na junção occipício–C1.
- Usar o METRx Quadrant como retrator tubular final para fornecer uma exposição ampla que facilitará a descompressão óssea adequada e uma duraplastia expansível.
- O uso de um microscópio, endoscópio ou exoscópio pelo retrator tubular depende da preferência do cirurgião e reconhecimento das limitações de cada sistema.
- Realizar uma manobra de Valsalva para garantir fechamento dural hermético e prevenir vazamento de CSF no pós-operatório.

44 Discectomia Endoscópica Percutânea Cervical

Gun Choi ▪ Alfonso García ▪ Akarawit Asuwasaksakul ▪ Ketan Deshpande

44.1 Introdução

Inicialmente descrita por Robinson e Cloward, a discectomia e fusão cervical anterior transformou-se em uma cirurgia estabelecida, realizada com frequência para prolapso do disco cervical subaxial.[1,2] Embora a discectomia e fusão cervical anterior (ACDF) ainda continue sendo a base das opções cirúrgicas para prolapso do disco cervical, ela requer a entrada no canal vertebral, com o risco associado de complicações, como hemorragia epidural, fibrose perineural, problemas relacionados com o enxerto, disfagia e rouquidão. A descompressão indireta usando laminoforaminotomia minimamente invasiva não consegue abordar a patologia anteriormente. O uso bem-sucedido de discectomia endoscópica percutânea cervical (PECD) foi relatado por vários autores.[3,4,5,6] No resultado em longo prazo, relatado por Lee e Lee, a redução da altura do disco e progressão de degeneração discal não tiveram qualquer efeito sobre os sintomas clínicos.[7] Além disso, Kim et al. declararam que a curvatura cervical não piorou após PECD posterior.[8] Estes achados provaram que a PECD pode constituir uma alternativa excelente para o tratamento de vários problemas dos discos cervicais com uma seleção meticulosa dos pacientes.[9] As indicações de PECD incluem prolapso de disco cervical mole sem instabilidade cervical ou evidência de estenose do canal central ou do forame. PECD e termodiscoplastia podem tratar de modo efetivo cefaleias cervicais discogênicas decorrentes de uma herniação de disco mole.[10] PECD não é aconselhável acima do nível de C3 devido à hipofaringe mais larga e à bifurcação da artéria carótida. Ela também não é recomendada para pacientes com cirurgia anterior prévia, dor axial no pescoço, infecção cervical ou tumor. As contraindicações relativas da PECD incluem radiculopatia cervical bilateral.[11] A vantagem de PECD é que ela pode realizar tanto uma cirurgia descompressiva, quanto uma neurotomia/desnaturação térmica com o uso de radiofrequência (**Vídeo 44.1**).

44.2 Indicações

- Herniação de disco mole cervical baixa (C3–C7) sem instabilidade segmentar.
- Cefaleia cervicogênica.

44.3 Contraindicações

PECD não é recomendada para:
- Pacientes com cirurgia cervical anterior prévia.
- Pacientes com dor axial dominante no pescoço.
- Instabilidade cervical.
- Infecção ou tumor cervical.
- Patologia em um nível de cervical alto (acima de C3).

    As contraindicações relativas são:
- Radiculopatia cervical bilateral.
- Disco calcificado e/ou estenose foraminal.
- Estenose cervical não relacionada com herniação de disco mole.

44.4 Técnica

44.4.1 Considerações Anatômicas

Ao realizar uma punção do disco cervical anterior, deve-se levar em conta e prestar atenção especial à artéria carótida, que está localizada medialmente ao músculo esternocleidomastóideo e lateralmente ao ponto de entrada, e tanto na traqueia quanto no esôfago medialmente. A lâmina pré-traqueal é fundida em cada lado à lâmina pré-vertebral, completando um compartimento composto por laringe, traqueia, tireoide e faringe-esôfago. Quando movidas juntas, todas estas estruturas se deslocam como uma peça única, aumentando a zona de segurança para a punção inicial do disco. A artéria carótida segue medialmente no nível de C3–C4 e mais lateralmente no nível de C6–C7. O ponto de entrada mais seguro é entre as vias aéreas e a artéria carótida pulsante.

44.4.2 Estruturas Anatômicas Relacionadas com os Níveis de PECD

C3–C4: Borda Inferior do Osso Hioide

- Entre o osso hioide e a cartilagem tireóidea.
- Existe uma zona de segurança estreita. A hipofaringe é mais larga, e a artéria carótida é bifurcada medialmente.
- A artéria tireóidea superior está localizada na trajetória da punção de C3–C4.
- Movimentos de translação da lâmina pré-traqueal que envolvam a glândula tireoide podem alterar o trajeto da artéria tireóidea superior mais horizontalmente.

C4–C5: Área Média da Cartilagem Tireóidea

- A hipofaringe está situada mais medialmente à margem lateral da cartilagem tireóidea, protegendo-a de lesão.

C5–C6 (Entre a Cartilagem Tireóidea e o Anel da Cartilagem Cricóidea) e C6–C7 (Inferior ao Anel da Cartilagem Cricóidea)

- A zona de segurança é maior nestes níveis.
- Com a retração correta da artéria carótida e da faringe-esôfago, não há perigo para estruturas vitais.

C7–T1

- Uma abordagem discretamente mais medial é aconselhada para evitar lesão do ápice pulmonar.

44.5 Técnica Cirúrgica

44.5.1 Configurações para PECD

- Configurações do *laser*: Energia de 1 a 1,5 J (Joules), 10 a 15 Hz (pulsos/segundo).
- Cautério por radiofrequência: 35 por ablação e 30 para coagulação.
- Bomba de irrigação: Fluxo a 100% e pressão de 30 mm Hg.

44.5.2 Anestesia

O paciente permanece sob sedação consciente com propofol e remifentanil por via intravenosa usando bomba de infusão com controle (**Fig. 44.1**). Esta modalidade de anestesia é preferível porque permite *feedback* intraoperatório direto do paciente, que torna o procedimento mais seguro ao informar o cirurgião se estruturas neurais estão sendo estimuladas.

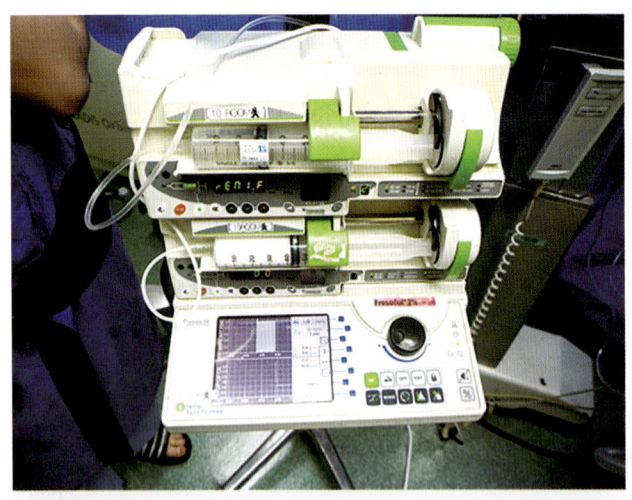

Fig. 44.1 Bomba de infusão controlada.

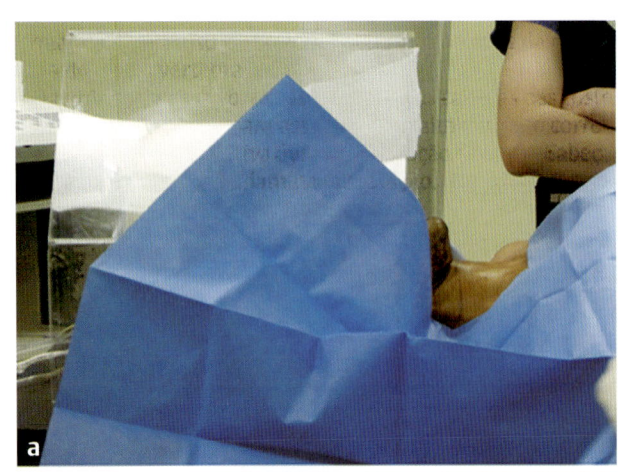

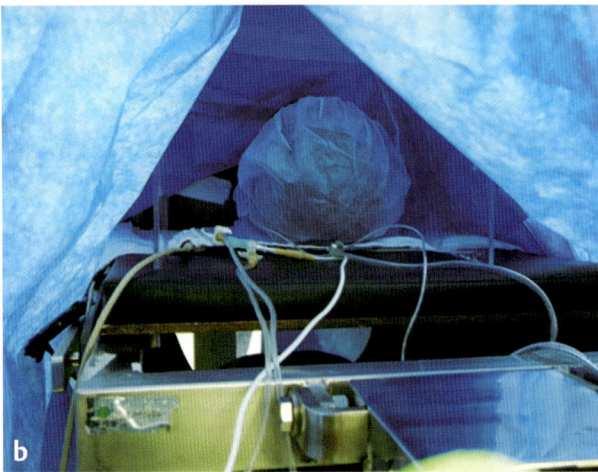

Fig. 44.2 Tenda de plástico para conforto do paciente. (**a**) Visão lateral e (**b**) visão do anestesista.

44.5.3 Posição do Paciente

- O paciente é colocado em posição supina em uma mesa radiolucente.
- O pescoço é estendido discretamente, colocando-se um rolo de toalha sob o pescoço.
- A cabeça pode ser estabilizada pela aplicação de fita adesiva na testa.
- Uma tenda plástica é colocada sobre o rosto do paciente para prevenir a sensação de sufocação após a aplicação dos campos e para facilitar a comunicação durante o procedimento (**Fig. 44.2a,b**).
- O acolchoamento do pescoço e dos ombros é realizado para manter a coluna cervical em discreta extensão (**Fig. 44.3a**).
- Os ombros são empurrados para baixo, e os braços são fixados nas laterais da mesa com fita adesiva para melhor visualização na incidência fluoroscópica lateral (**Fig. 44.3b**).

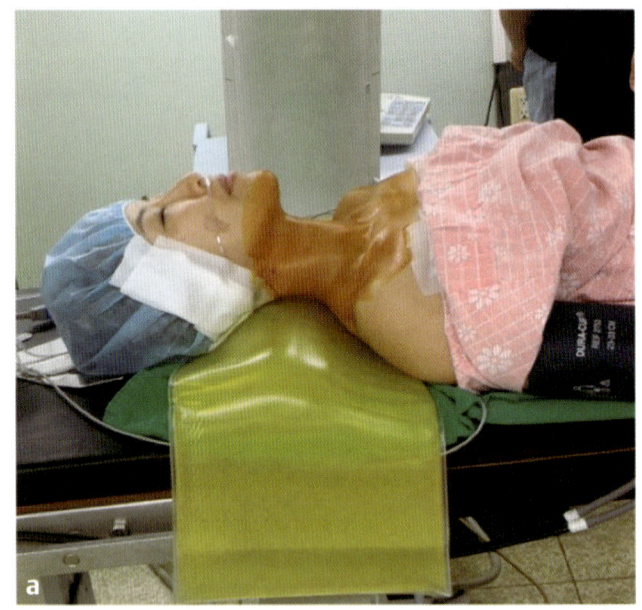

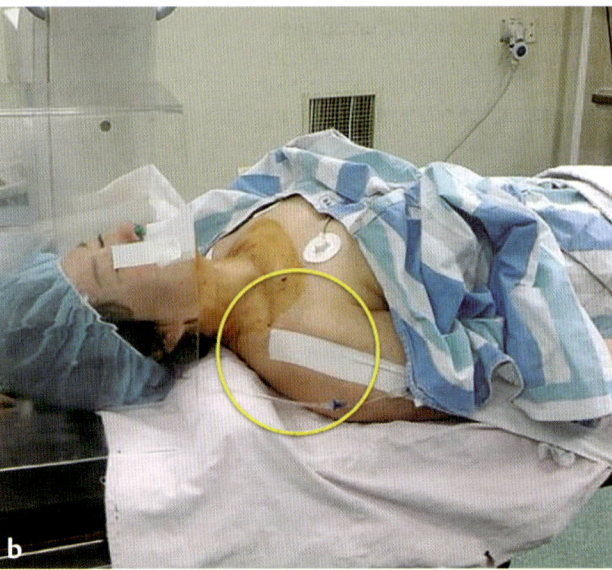

Fig. 44.3 (**a**) Acolchoamento do pescoço e ombro para manter a coluna cervical em discreta extensão. Se o paciente tiver pescoço curto ou (**b**) ao abordar o nível de C6–C7, uma tração bilateral do braço é recomendada. Os autores utilizam fita adesiva.

44.5.4 Procedimento

- O nível e a linha média são marcados com auxílio de um fluoroscópio de braço-C (**Fig. 44.4a,b**).
- Para níveis cervicais mais baixos, o braço-C pode precisar ser inclinado obliquamente para evitar a cintura escapular.
- A pele cervical anterior é preparada, e os campos são aplicados.
- Lidocaína (1%) é infiltrada na pele e tecido subcutâneo neste ponto de entrada (**Fig. 44.5**).
- Na herniação do disco foraminal, a abordagem pelo lado contralateral é preferível; para uma herniação da linha média, a entrada pelo lado direito é preferível para um cirurgião destro.
- O pulso da carótida é palpado com a mão esquerda, e o complexo traqueoesofágico é empurrado delicadamente para longe, ao mesmo tempo em que uma pressão suave e movimentos alternados são aplicados com as pontas dos dedos indicador e médio ou médio e anelar até que a porção anterior do corpo vertebral cervical seja sentida. A relação anatômica do complexo traqueoesofágico possibilita a retração do esôfago e da traqueia como uma única estrutura (**Fig. 44.6**).
- Ao deslocar o complexo traqueoesofágico medialmente, e a bainha carotídea lateralmente, é muito importante manter a posição da mão enquanto se segura a agulha-guia entre o terceiro e o quarto dedo antes da inserção. A confirmação da posição da agulha e pequenos ajustes são realizados com o auxílio da visualização com braço-C, garantindo que a agulha esteja direcionada para o espaço discal pretendido (**Fig. 44.7a,b**).
- Com os dedos mantidos no local, uma agulha de calibre 18 G de 90 mm é inserida no intervalo entre a bainha carótida e o complexo traqueoesofágico até a margem anterior do espaço discal pretendido sob orientação fluoroscópica em incidências AP e lateral (**Fig. 44.7c**).
- O acesso ao disco é realizado entre os músculos longos do pescoço. Isto ajuda a prevenir sangramento e lesão da cadeia simpática. Como lembrete, observar que a cadeia simpática apresenta localização mais medial nas vértebras cervicais mais baixas que nas vértebras cervicais altas.
- A discografia (solução de índigo-carmim misturada com solução salina normal e meio de contraste em uma proporção de 1:2:2) é realizada para corar o fragmento discal patológico e confirmar a posição da agulha (**Fig. 44.8**).
- Um fio-guia é então passado pela agulha, e a agulha é retirada. Enquanto a agulha é retirada, o fio-guia deve ser segurado com firmeza para impedir que ele deslize para fora do espaço discal (**Fig. 44.9**).

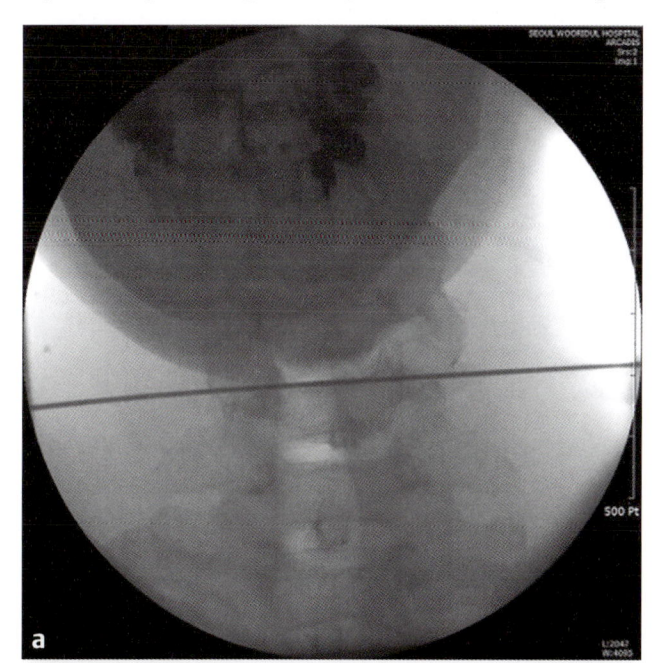

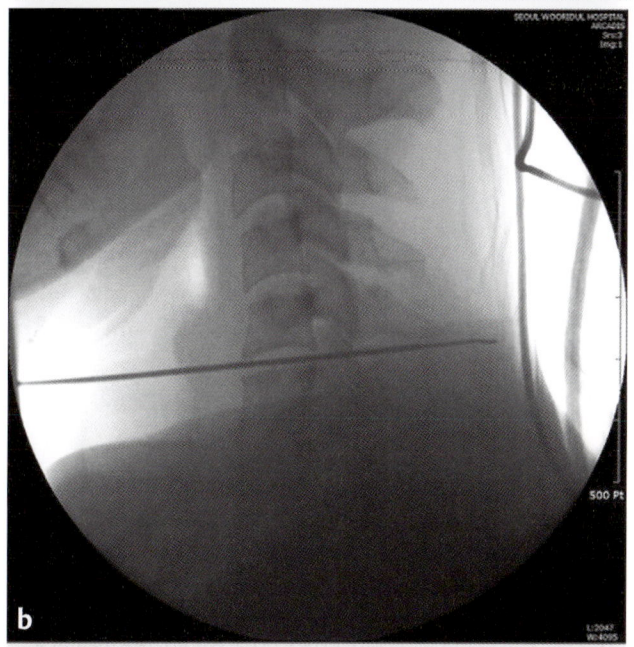

Fig. 44.4 Visão fluoroscópica do marcador de nível entre C5 e C6 com o uso de braço-C intraoperatório. (**a**) Incidência AP; (**b**) incidência lateral.

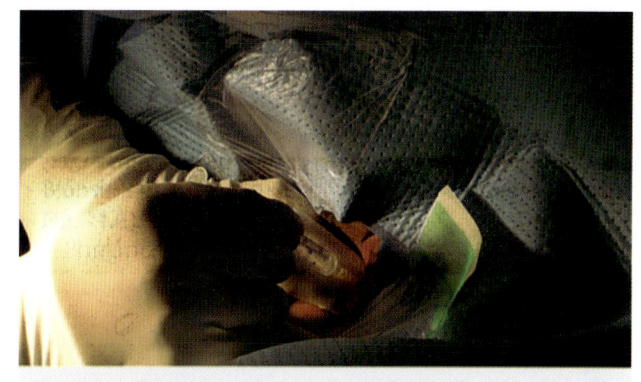

Fig. 44.5 Infiltração da pele e tecido profundo com lidocaína a 1%.

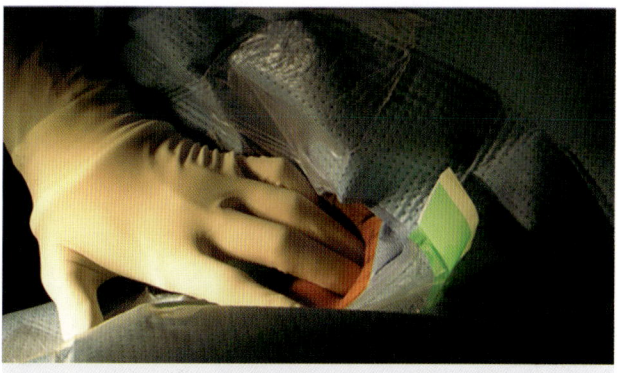

Fig. 44.6 Proteção da artéria carótida lateralmente durante o deslocamento do complexo traqueoesofágico para o lado medial.

- Uma incisão cutânea transversal de 5 mm é realizada seguindo a prega cutânea do pescoço (**Fig. 44.10**).
- Dilatadores seriados (começando com 1 mm) são passados pelo fio-guia. Esta manobra é realizada enquanto a mão esquerda protege com firmeza a artéria carótida lateralmente, e um dedo está deslocando o complexo traqueoesofágico

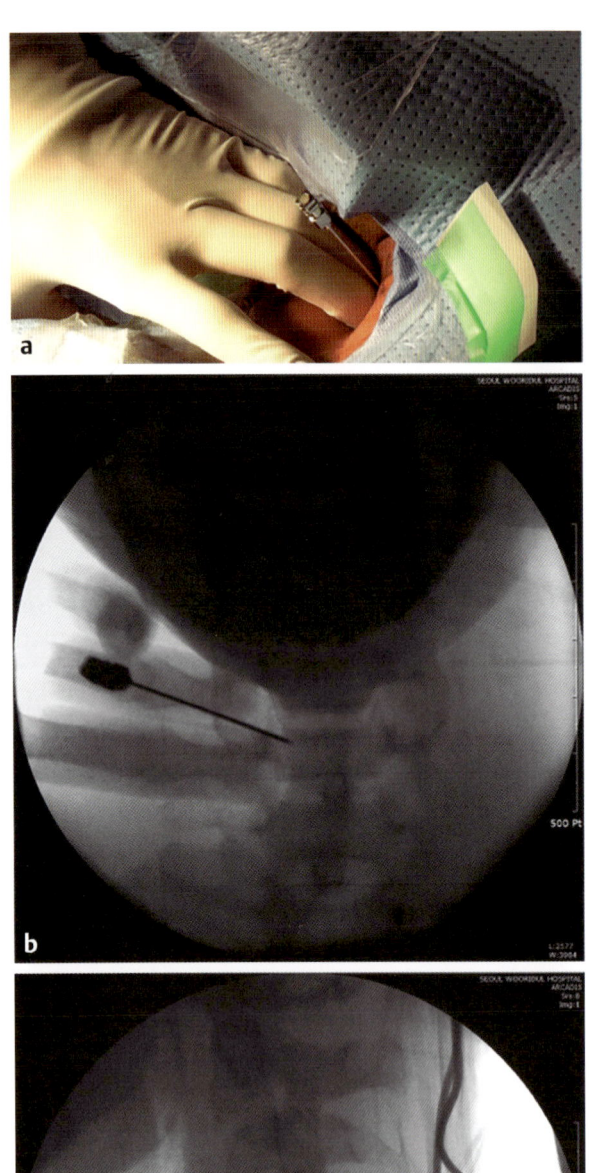

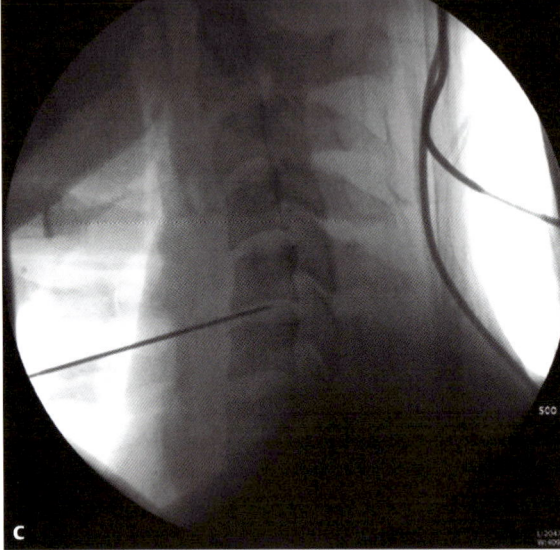

Fig. 44.7 (**a**) Ao deslocar o complexo traqueoesofágico medialmente e a bainha carotídea com a artéria lateralmente, é muito importante manter este posicionamento enquanto a agulha-guia é segurada entre o terceiro e o quarto dedos antes da inserção. (**b**) Observar que, na incidência AP do braço-C, a agulha está próxima ao espaço discal, mas ainda não está exatamente no nível pretendido. (**c**) Incidência lateral do braço-C mostrando uma agulha espinal de calibre 18 seguindo uma linha paralela à lâmina da extremidade superior de C6.

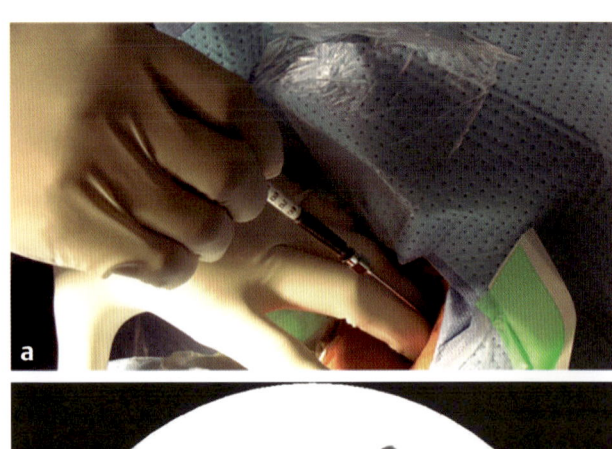

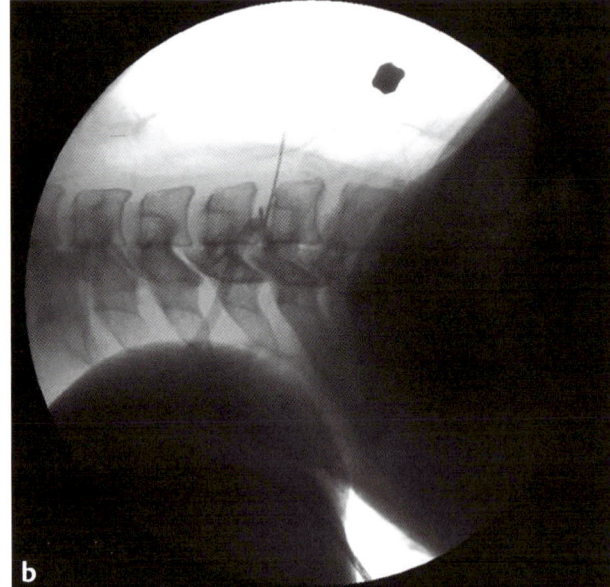

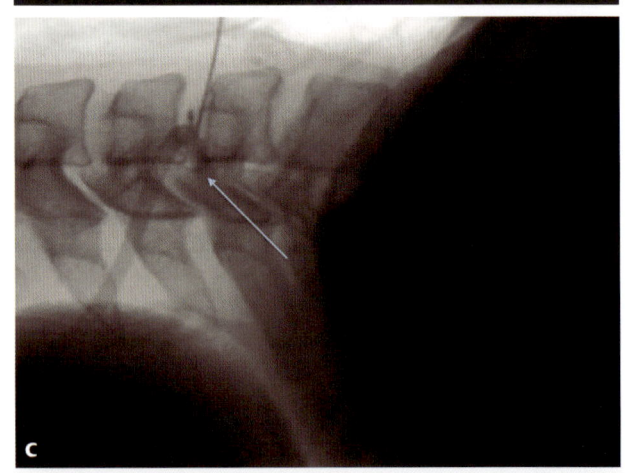

Fig. 44.8 (**a**) A discografia é realizada com uma mistura a 2:1:2 de solução salina normal, índigo-carmim e meio de contraste radiopaco. (**b**) A incidência lateral intraoperatória do braço-C mostra a distribuição de contraste para o disco e fragmento herniado. (**c**) Uma visualização ampliada da mesma imagem mostra o limite do disco herniado (*seta*).

Fig. 44.9 Inserção do fio-guia e remoção da agulha de calibre 18. Este movimento simultâneo deve ser realizado de modo cuidadoso e delicado. O fio-guia é inserido até que seja sentida uma resistência sutil, e a agulha é removida lentamente com movimentos rotatórios.

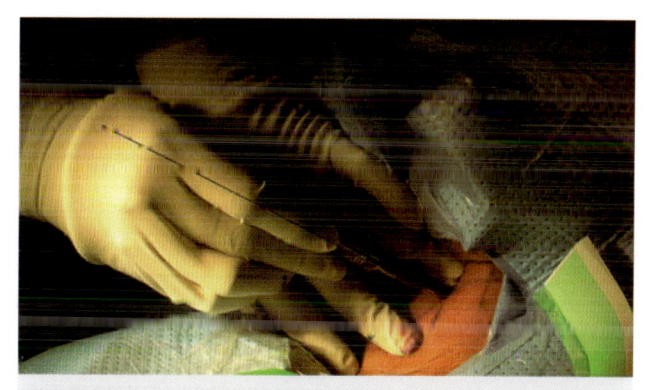

Fig. 44.10 Uma incisão horizontal é realizada seguindo a prega cutânea no pescoço, ao mesmo tempo mantendo a posição do fio-guia.

medialmente. A verificação do posicionamento correto do fio-guia pelo braço-C é obrigatória durante a inserção dos dilatadores. Um segundo dilatador é empurrado levemente até que sua ponta esteja próxima e alinhada com a parede vertebral posterior na visualização lateral do braço-C (**Fig. 44.11**).

- O portal de trabalho pode ser estabelecido agora usando uma cânula de trabalho de ponta circular de 5 mm inserida sobre o dilatador final. A posição final da cânula de trabalho deve corresponder à linha do corpo vertebral posterior na incidência lateral. Na incidência AP, a posição na linha média pode variar discretamente, de acordo com a localização do fragmento discal herniado (**Fig. 44.12**).
- Para qualquer tipo de herniação discal, a ponta da cânula de trabalho deve sempre começar na linha média na incidência AP. Quando for obtida entrada no espaço discal, a ponta pode ser inclinada na direção do respectivo forame, voltada para uma herniação do disco foraminal.
- Para um cirurgião destro, sugerimos que o endoscópio seja segurado com a mão esquerda, e os instrumentos de trabalho com a mão dominante (**Fig. 44.13**).
- O endoscópio cervical (**Fig. 44.14**) é passado pela cânula de trabalho. Uma vez no interior, em geral a primeira estrutura visualizada é uma porção do anel, com o material do disco corado em azul inicialmente (**Fig. 44.15a**).
- É realizada irrigação com solução salina normal fria. A localização inicial do fragmento pode ser difícil. A limpeza de tecido mole com pinças é realizada primeiro, e um *laser* Ho:YAG de disparo lateral é usado para ampliar a abertura anular. Isto ajuda na ablação do anel, criando assim uma abertura para a progressão do endoscópio, o que facilita a localização do fragmento. Quando a abertura do anel e do ligamento longitudinal posterior (PLL) for aumentada, podemos visualizar com clareza o fragmento discal e usar movimentos suaves para segurar e puxar o tecido herniado (**Fig. 44.15b,c,d**).
- A tentação de remover o fragmento neste estágio deve ser evitada até que uma porção suficiente do anel esteja alargada. O fragmento rompido por si só age como um escudo para proteger o tecido neural.
- Ao mesmo tempo em que o fragmento discal é segurado, sempre confirmar a posição da pinça pela incidência lateral no braço-C para evitar uma lesão indesejável do tecido neural (**Fig. 44.15e**). Ao remover o fragmento discal, garantir que o tecido seja retraído lentamente, uma vez que seja criada uma pressão negativa (**Fig. 44.15f**).
- Se o fragmento for muito grande, um *laser* pode ser usado para reduzir a dimensão do fragmento antes da remoção. Algumas vezes a cauda do fragmento herniado é vista com muita clareza (**Fig. 44.15g**). Se houver qualquer fragmento remanescente atrás do PLL, o PLL pode ser cortado parcialmente usando o *laser* Ho:YAG com uma sonda de disparo lateral para sua exposição.
- Pode ocorrer algum sangramento após a remoção do fragmento; isto pode ser controlado por irrigação contínua e aguardando-se 10 a 20 segundos até que ele pare sozinho.
- A adequação da descompressão pode ser confirmada pela visualização do trajeto livre da raiz nervosa/pulsações durais (**Fig. 44.15h**). Lembrar também que os sintomas do paciente podem ser avaliados facilmente em decorrência da sedação consciente.
- O fechamento da pele é realizado com sutura de náilon simples, e um curativo é aplicado como etapa final.

44.6 Possíveis Complicações

- Lesão do tecido neural e laceração da dura-máter: com a manipulação meticulosa do tecido discal, a possibilidade de laceração inadvertida da dura-máter é mínima. Se for observada uma maior laceração da dura-máter, pode ser necessário que PECD seja convertida em um procedimento aberto.
- Punção da artéria carótida: em muitos poucos casos, isto pode ocorrer em decorrência de pulsações fracas.
- Infecção: a taxa de infecção na PECD é menor que 0,1%.
- Edema e hematoma das vias aéreas: a incidência geral de edema é menor que 0,2%.
- Cirurgia de revisão para herniação discal remanescente: por causa do uso de um endoscópio, a óptica e a iluminação apresentam ótima qualidade, o que faz com que fragmentos discais sejam facilmente reconhecidos. Além disso, o material discal é corado em azul, adicionando outro indicador visual. O uso de um *laser* de disparo lateral facilitou o acesso pelo PLL e anel. A incidência relatada de cirurgia de revisão é menor que 5%.

44.7 Protocolo de Manejo Pós-Operatório

- O paciente é transferido para a sala de recuperação pós-operatória para observação.
- A deambulação é permitida 1 hora após o procedimento cirúrgico. Sentar com suporte das costas é permitido imediatamente.
- Pacientes podem ingerir alimentos regulares 1 hora após o procedimento.

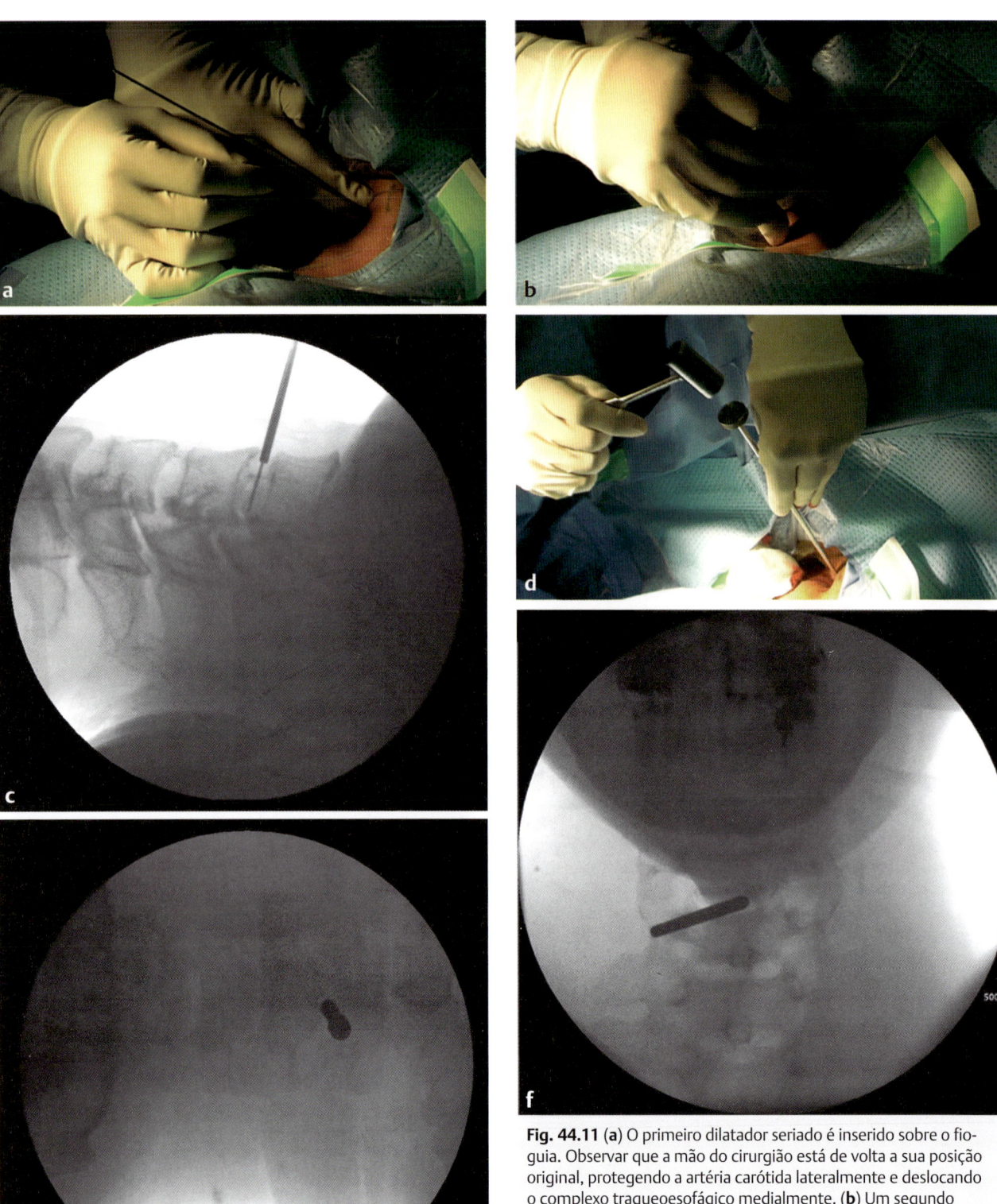

Fig. 44.11 (**a**) O primeiro dilatador seriado é inserido sobre o fio-guia. Observar que a mão do cirurgião está de volta a sua posição original, protegendo a artéria carótida lateralmente e deslocando o complexo traqueoesofágico medialmente. (**b**) Um segundo dilatador é inserido sobre o primeiro e avançado até o espaço discal. (**c**) Verificação do posicionamento correto do fio-guia pelo braço-C durante a inserção do dilatador seriado. (**d**) O segundo dilatador é martelado até que atinja a linha posterior do corpo vertebral em uma incidência lateral, ao mesmo tempo mantendo a posição da linha média na incidência AP no braço-C. (**e**) Incidência lateral no braço-C do dilatador no local. Observar que a ponta está na linha posterior do corpo vertebral. (**f**) Incidência AP do dilatador ainda em posição na linha média.

- Não há necessidade de imobilização pós-operatória.
- O primeiro curativo é realizado no momento da alta, e o curativo final é aconselhado no momento da remoção da sutura (geralmente no sétimo dia pós-operatório).

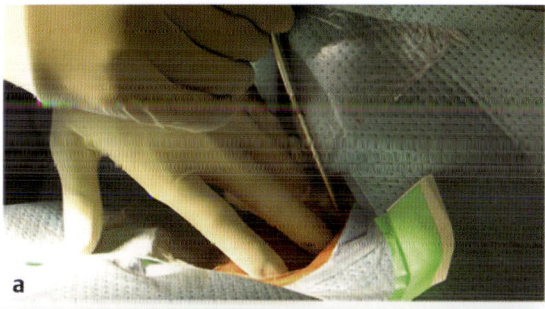

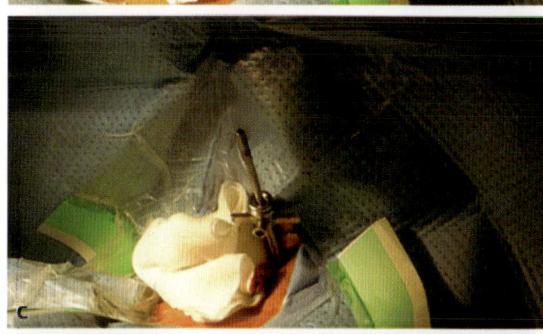

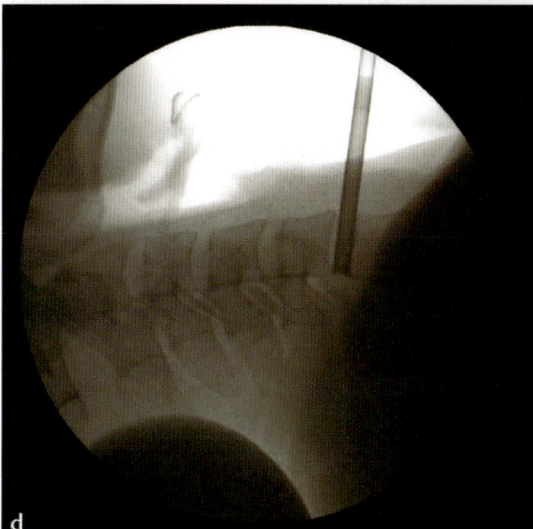

Fig. 44.12 (a) A cânula é inserida sobre o dilatador com movimentos rotacionais lentos, firmes e delicados.
(b) Será necessário martelar a cânula até a posição final. Isto é realizado mais adequadamente com aplicação de pancadas curtas e estáveis e ao mesmo tempo com verificação atenta na incidência lateral do braço-C. Garantir que a ponta da cânula termine na linha posterior do corpo vertebral. (c) Posição da cânula na incidência lateral. Observar que a ponta está exatamente na linha posterior do corpo vertebral. (d) Incidência AP no braço-C, verificando a posição final da cânula de trabalho na linha média.

Fig. 44.13 Cirurgião segurando o endoscópio cervical. Observar a posição da mão usada durante a PECD.

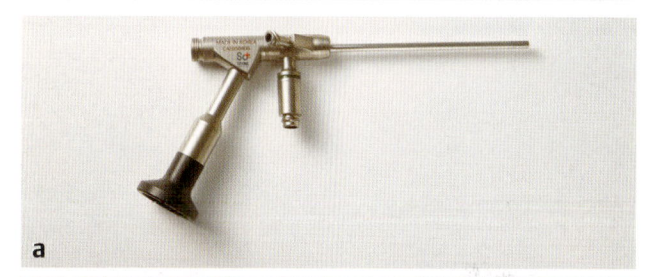

Fig. 44.14 (a) Endoscópio cervical (Spine Doctors, Seul, Coreia do Sul). (b) Ponta do endoscópio cervical.

- Os pacientes são observados no hospital durante as primeiras 24 horas do período pós-operatório e recebem alta no dia seguinte com antibióticos orais e analgésicos.
- A primeira visita pós-operatória ao consultório é recomendada após 1 mês, e o acompanhamento é realizado com radiografias simples e MRI.

44.8 Exemplo de Caso

44.8.1 História

Um paciente do sexo masculino com 24 anos apresentou desconforto no pescoço e dor irradiada no braço à esquerda por 2 meses. Ele não relatava história de trauma ou outras doenças subjacentes. Tinha realizado tratamento conservador sem melhora significativa. Ao exame físico, o paciente demonstrava movimentos limitados do pescoço decorrentes da dor no braço esquerdo, sem déficits neurológios ou sinais de mielopatia.

Os exames de imagem incluíram radiografias simples no plano da coluna cervical, CT e MRI. Uma incidência lateral na radiografia simples mostrou perda da lordose cervical, com cifose focal no nível de C4–C5, porém nenhum outro sinal de degeneração ou instabilidade (**Fig. 44.16a–c**). A CT e a MRI mostraram uma herniação de disco mole paramediana esquerda em C5–C6 sem alteração do sinal de medula (**Fig. 44.17a,b**).

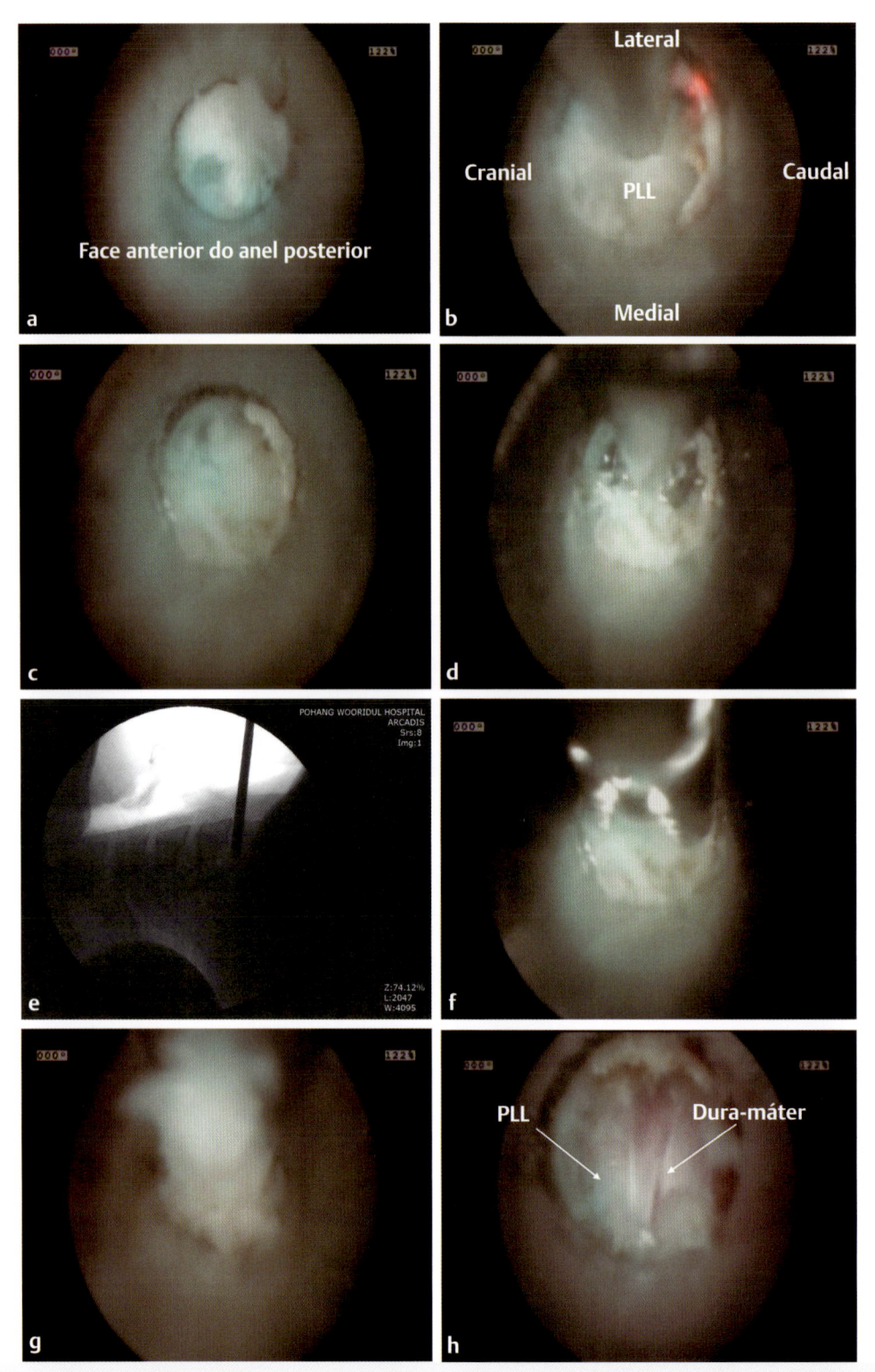

Fig. 44.15 Sequência de imagens imóveis obtidas durante PECD. (**a**) Visualização inicial ao inserir o endoscópio pela cânula de trabalho. Na profundidade do campo de visualização, a parte mais anterior do anel pode ser observada com material do disco herniado corado em azul com índigo-carmim. (**b**) Uso de um *laser* Hólmio:ítrio-alumínio-granada (Ho:YAG) com disparo lateral em 90° é obrigatório para PECD. Aqui a sonda do *laser* é usada para dissecar pelo anel e o ligamento longitudinal posterior (PLL) para obter acesso ao fragmento discal herniado. (**c**) Visualização após a remoção do PLL com *laser* Ho:YAG. Observar o disco corado em azul na parte inferior do campo visual; ele está pronto para ser preso por pinças especializadas. (**d**) Preensão do fragmento discal com pinça. (**e**) Visualização lateral do braço-C da pinça segurando o fragmento discal herniado. É aconselhável confirmar por visualização fluoroscópica, quando a pinça for introduzida pela primeira vez para evitar qualquer lesão indesejável do tecido neural. (**f**) Ao remover o fragmento discal, garantir que o tecido seja retraído lentamente, uma vez que seja criada uma pressão negativa. (**g**) A cauda do fragmento herniado passa a ser visualizada pela cânula. (**h**) Após a descompressão completa, a dura-máter é visível e está livre de qualquer fragmento discal.

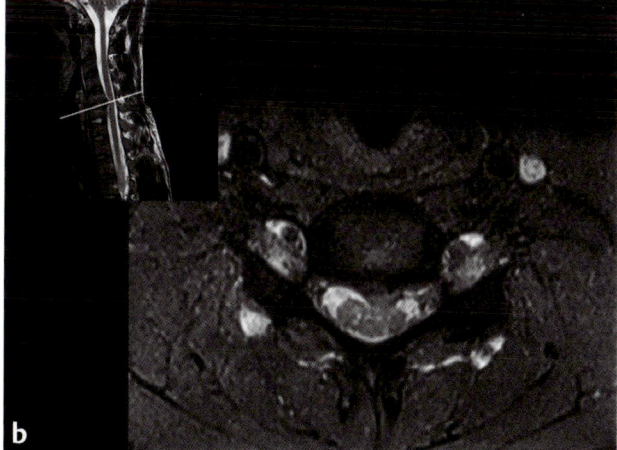

Fig. 44.17 (**a**) MRI sagital em T2 mostra herniação do disco mole no nível de C5–C6. (**b**) Confirmação da herniação de disco mole paramediana esquerda no nível de C5–C6 por MRI axial em T2.

44.8.2 Resultados

Após PECD, a dor irradiada no braço foi aliviada, e a dor no pescoço melhorou clinicamente. A MRI da coluna cervical demonstrou remoção completa do fragmento discal. (**Fig. 44.18a,b**). O acompanhamento aos 3, 6 e 12 meses não demonstrou complicações ou desenvolvimento de novos sintomas.

44.9 Dicas e Sugestões

- Estabeleça uma rotina de confirmar a mobilidade do complexo traqueoesofágico todas as vezes antes da inserção da agulha. Tente simular o posicionamento da mão e faça um esforço para sentir a face anterior da coluna cervical antes de aplicar os campos no paciente.
- Lembre-se de manter a posição de guarda da mão até que o segundo dilatador seja passado.
- Quando a patologia estiver localizada em uma região paramediana ou foraminal, a abordagem pelo lado contralateral facilita o alcance do ponto final desejado.

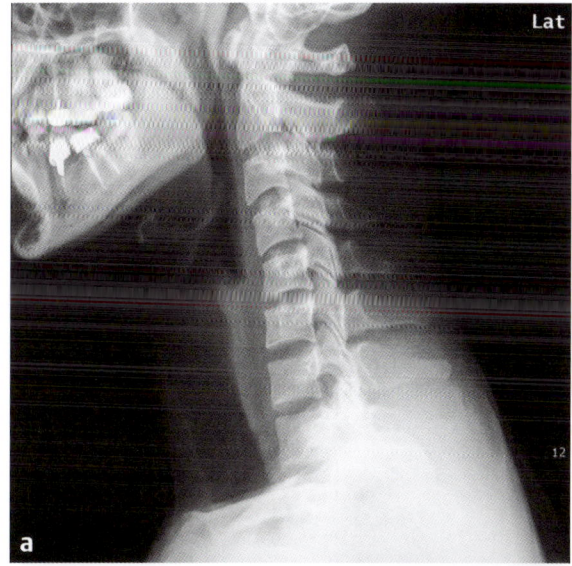

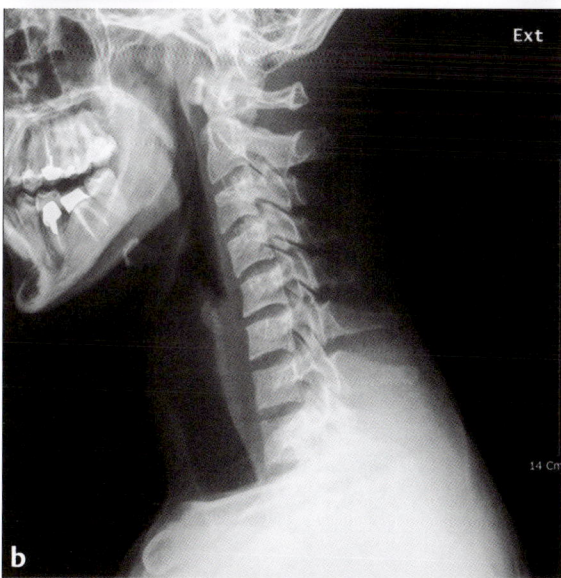

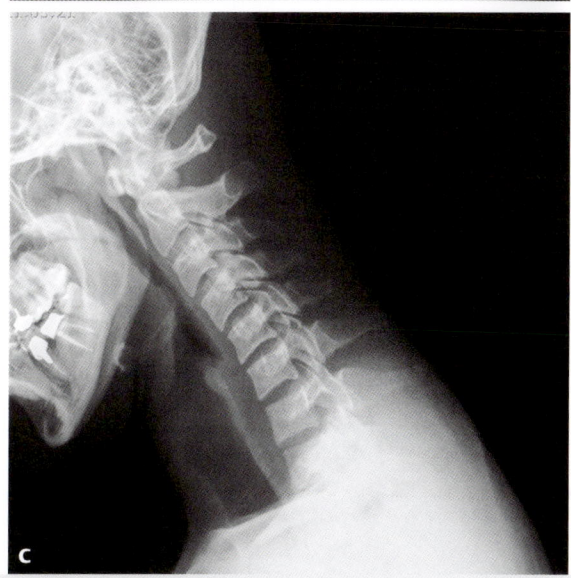

Fig. 44.16 (**a,b,c**) Radiografias laterais simples demonstrando perda da lordose cervical sem instabilidade.

44.11 Conclusão

A PECD é uma alternativa excelente para discectomia e fusão cervical anterior aberta convencional. Esta abordagem minimamente invasiva é projetada para obter uma descompressão direcionada e ao mesmo tempo preservar o movimento do segmento tratado. O desenvolvimento atual dos instrumentos ópticos e endoscópicos possibilita o direcionamento apenas para o fragmento herniado. A sedação consciente possibilita que a resposta do paciente seja elucidada quando ocorrer manipulação inadvertida do tecido neural, eliminando a necessidade de neuromonitoramento.

As contraindicações para PECD são a presença de cristas e esporões ósseos, assim como um fragmento discal que comprima a saída da raiz nervosa, dificultando sua descompressão total. Uma curva de aprendizagem íngreme e a necessidade de equipamento e instrumentos altamente especializados fazem com que esta técnica seja muito exigente. PECD é uma boa alternativa à ACDF em pacientes não adequados para anestesia geral ou com outras comorbidades.

Referências

1. Cloward RB. The anterior approach for removal of ruptured cervical disks. *J Neurosurg* 1958;*15*(6):602–617
2. Smith GW, Robinson RA. The treatment of certain cervical-spine disorders by anterior removal of the intervertebral disc and interbody fusion. *J Bone Joint Surg Am* 1958;*40-A*(3):607–624
3. Choi G, Lee SH. *Textbook of Spine*. Korean Spinal Neurosurgery Society; 2008:1173–1185
4. Lee SH, Lee JH, Choi WC, Jung B, Mehta R. Anterior minimally invasive approaches for the cervical spine. *Orthop Clin North Am* 2007;*38*(3):327–337, abstract v
5. Ruetten S, Komp M, Merk H, Godolias G. Full-endoscopic cervical posterior foraminotomy for the operation of lateral disc herniations using 5.9-mm endoscopes: a prospective, randomized, controlled study. *Spine* 2008;*33*(9):940–948
6. Ahn Y, Lee SH, Shin SW. Percutaneous endoscopic cervical discectomy: clinical outcome and radiographic changes. *Photomed Laser Surg* 2005;*23*(4):362–368
7. Lee JH, Lee SH. Clinical and radiographic changes after percutaneous endoscopic cervical discectomy: a long-term follow-up. *Photomed Laser Surg* 2014;*32*(12):663–668
8. Kim CH, Shin KH, Chung CK, Park SB, Kim JH. Changes in cervical sagittal alignment after single-level posterior percutaneous endoscopic cervical diskectomy. *Global Spine J* 2015;*5*(1):31–38
9. Ahn Y, Lee SH, Lee SC, Shin SW, Chung SE. Factors predicting excellent outcome of percutaneous cervical discectomy: analysis of 111 consecutive cases. *Neuroradiology* 2004;*46*(5):378–384
10. Ahn Y, Lee SH, Chung SE, Park HS, Shin SW. Percutaneous endoscopic cervical discectomy for discogenic cervical headache due to soft disc herniation. *Neuroradiology* 2005;*47*(12):924–930
11. Choi G, Garcia A. Motion preserving techniques for treating cervical radiculopathy. *J Spine* 2015;*4*(4):1–3

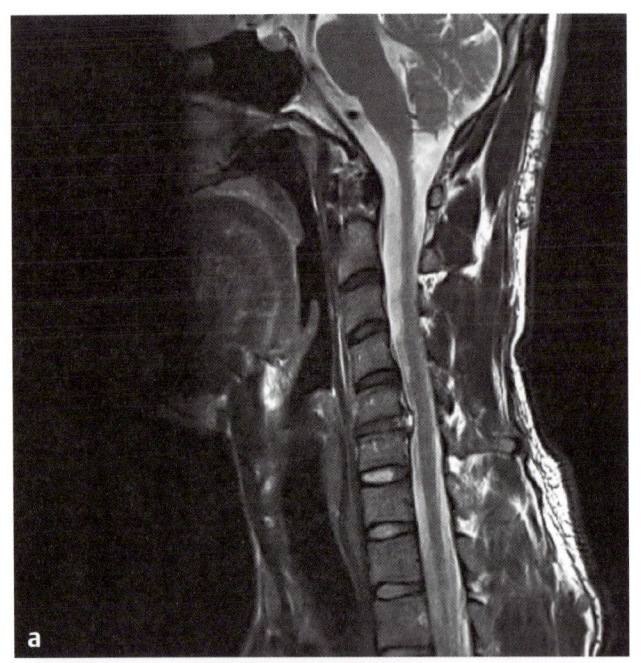

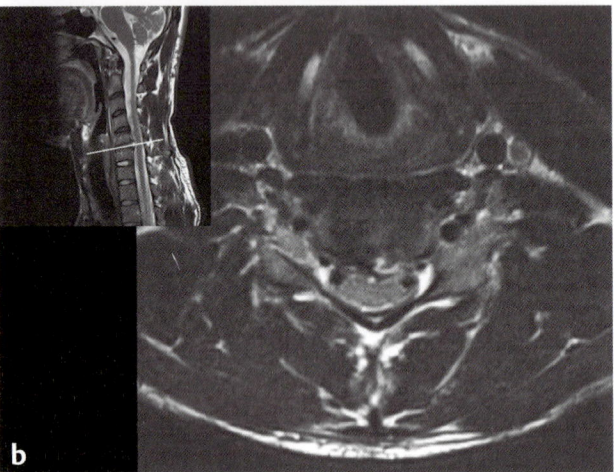

Fig. 44.18 (a) A MRI em T2 pós-operatória, em incidência sagital, mostra com clareza a descompressão completa de C5–C6. **(b)** Remoção completa do fragmento discal herniado confirmada por MRI axial em T2.

44.10 Opinião dos Autores

Para compreender a técnica cirúrgica e produzir resultados efetivos, o conhecimento da anatomia cirúrgica adequada é mandatório. Com uma seleção cuidadosa de pacientes e treinamento, a PECD produz melhores resultados que a ACDF. São necessárias mais pesquisas para provar que os resultados clínicos em longo prazo são superiores aos da discectomia anterior aberta. Um tempo cirúrgico curto, menor perda de sangue, uso de anestesia local e ausência de necessidade de neuromonitoramento intraoperatório contínuo são as vantagens mais notáveis da PECD.[11]

45 Discectomia Endoscópica Anterior Cervical e Descompressão da Medula

Shrinivas M. Rohidas

45.1 Introdução

Alterações degenerativas nas vértebras e discos intervertebrais ocorrem como resultado de desgaste e laceração após uso constante da coluna, entre outros motivos, acelerando a degeneração. As alterações degenerativas da coluna apresentam dois efeitos principais. Um é a compressão de estruturas neurais, e o outro é o aumento do movimento nas articulações envolvidas. A compressão neural pode ocorrer com ou sem instabilidade do segmento de movimentação. Quando houver compressão do nervo ou da medula, o tratamento cirúrgico consiste em criar mais espaço para o nervo ou medula. Ao mesmo tempo, os procedimentos cirúrgicos para descompressão não devem comprometer a estabilidade do segmento de movimentação. Na coluna cervical, o *Endospine* torna possível o tratamento endoscópico do nervo e da medula cervical comprimida. Em 1996, Jho descreveu um procedimento de foraminotomia cervical anterior microscópica, onde o processo transverso e a articulação uncovertebral eram expostos, e a descompressão era realizada com remoção gradual do processo uncinado até atingir a raiz nervosa.[1,2]

45.2 Indicações Cirúrgicas

A patologia cervical degenerativa inclui compressão nervosa, causando radiculopatia, compressão da medula, causando mielopatia, ou compressão do nervo e medula, causando mielorradiculopatia. Em pacientes jovens, na maioria das vezes a compressão é decorrente de herniação de disco mole, e em pacientes idosos a compressão é decorrente de osteófitos, discos duros e ligamento longitudinal posterior endurecido.

O *Endospine* pode ser usado para foraminotomia cervical endoscópica anterior com a abordagem de Jho e foraminotomia cervical endoscópica anterior e vertebrectomia parcial com a abordagem de Jho. Isto é indicado para herniações discais foraminais moles ou duras. Em pacientes idosos, o disco pode ser muito pequeno, duro ou inexistente, mas o nervo e a medula são comprimidos, provocando mielopatia e/ou mielorradiculopatia. Nestas patologias, a foraminotomia endoscópica anterior pode ser facilmente estendida até o lado oposto, até a linha média ou o ponto em que o forame começa (**Fig. 45.1**, **Fig. 45.2**).[3,4,5]

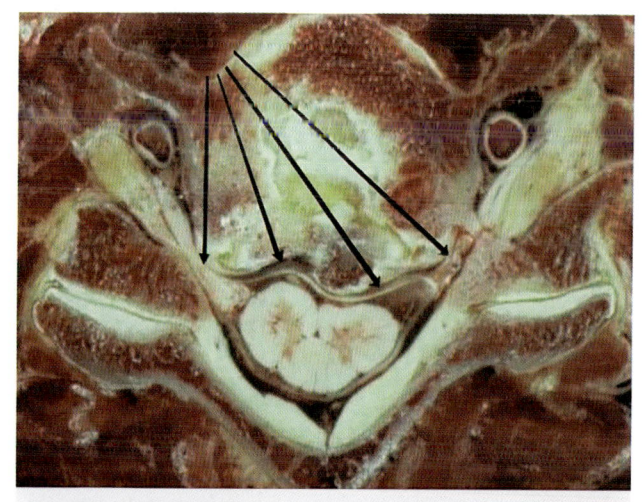

Fig. 45.1 Compressão da raiz do nervo e medula cervical decorrente de alterações degenerativas. Cortesia de Dr. W. Rauschning.

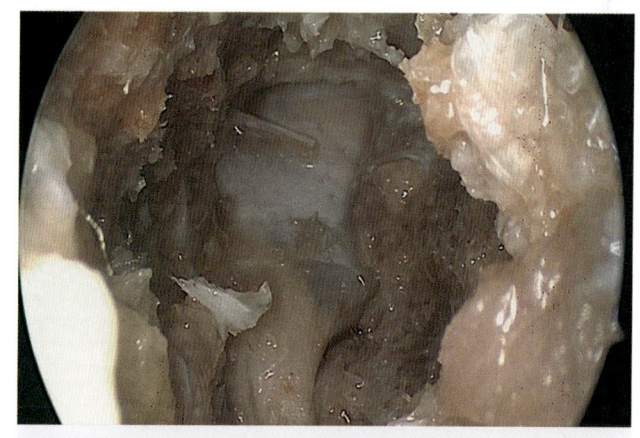

Fig. 45.2 Descompressão da raiz nervosa e medula cervical pela abordagem transuncal com *Endospine* em dissecção de cadáver.

45.3 Técnica

Utilizamos o *Endospine*, um endoscópio reto e rígido, de 0° e 18 cm, uma câmera de alta definição (HD), uma broca endoscópica, trépanos de 2 mm e 3 mm, dissector ósseo ultrassônico e cautério bipolar endoscópico. Os demais instrumentos são semelhantes aos usados na cirurgia convencional da coluna cervical — por exemplo, uma pinça de Kerrison de 2 mm, gancho cirúrgico para nervos de 45° e 90°, dissecador Penfield N° 4, tesouras etc. A remoção do osso é realizada com brocas de corte de alta velocidade de 3 mm e 2 mm, que podem ser usadas pelo canal de trabalho do *Endospine*. O dissecador ósseo ultrassônico é usado para remover o osso próximo à artéria vertebral, raiz nervosa e medula cervical, com o objetivo de proteger estas estruturas importantes. O dissector ósseo ultrassônico emulsifica o osso e não lesiona o tecido mole próximo.

45.4 Posicionamento do Paciente

Todas as cirurgias são realizadas com o paciente sob anestesia geral endotraqueal. O posicionamento do paciente é semelhante ao da discectomia cervical anterior convencional, com a cabeça reta sem rotação e o pescoço neutro sem virar para o lado oposto. Para pacientes com um pescoço curto, usamos tração do ombro bilateralmente para puxar os dois ombros na direção caudal. Em alguns pacientes que apresentam um pescoço curto, uma discreta extensão do pescoço é usada. As precauções durante o posicionamento do pescoço são importantes para prevenir lesão da medula cervical induzida pela posição, especialmente se o paciente apresentar agravamento dos sintomas com a extensão do pescoço no pré-operatório.

45.5 Uso de Pino de Localização Cervical

Para a abordagem endoscópica anterior cervical, a localização exata do nível do disco é muito importante para minimizar o trauma ao tecido relacionado com a abordagem. O pino de localização especial pode ser movido em três planos espaciais. Após a localização exata do nível do disco patológico, o ponto de entrada é determinado, assim como a direção do espaço discal, de modo que a foraminotomia anteroposterior possa ser dirigida para atingir a raiz nervosa e a medula. Apesar da localização exata do espaço discal, o nível é confirmado com ajuda do braço-C após exposição do espaço discal, antes de iniciar a remoção do osso (**Fig. 45.3**, **Fig. 45.4**).

45.6 Incisão na Pele

A incisão cutânea é horizontal, assim como na abordagem cervical aberta. Após a localização exata do nível discal, a incisão é realizada em um ponto localizado cerca de um terço lateral e dois terços medialmente ao músculo esternocleidomastóideo. Em seguida o platisma é cortado, e os tecidos moles são dissecados entre a carótida lateralmente e a traqueia-esôfago medialmente, com auxílio dos dedos. O aspecto anterior da coluna cervical é exposto. Neste ponto, os processos transversos podem ser palpados com o dedo abaixo do músculo longo do pescoço. O processo transverso de C6 pode ser identificado facilmente com auxílio da proeminência óssea do tubérculo carótido. Duas lâminas finas do sistema retrator cervical são usadas para retrair a artéria carótida lateralmente e a traqueia e esôfago medialmente. Em seguida, o tubo externo do *Endospine* com um obturador é colocado entre o comutador da lâmina do retrator retraindo aos eixos vascular e visceral. As lâminas do sistema retrator cervical são usadas sem os braços de suporte do retrator. Pelo tubo externo, com auxílio de tesouras, a parte medial do músculo longo do pescoço é cortada acima do espaço discal envolvido. Um a dois milímetros devem ser removidos da parte medial do músculo longo do pescoço. Isto evitará trauma da cadeia simpática, que está localizada mais lateralmente e exporá o espaço discal e a articulação uncovertebral lateralmente. Neste ponto, mais uma vez o braço-C é usado para confirmar o nível do espaço discal visado.

45.7 Foraminotomia Endoscópica

Agora, a inserção de trabalho é introduzida pelo canal de trabalho do *Endospine* com o telescópio rígido de 4 mm. Com auxílio de visão HD, o espaço discal, a articulação uncovertebral e os processos transversos das vértebras craniais e caudais são definidos (**Fig. 45.5**).

A área de trabalho para o cirurgião está entre os dois processos transversos e medialmente à artéria vertebral. A raiz nervosa que deixa a bainha dural e atinge a artéria vertebral mede aproximadamente 6 mm. Em seguida é realizada a remoção do osso usando uma broca de corte/diamante de alta velocidade de cabo longo de 2 ou 3 mm (**Fig. 45.6**).

A janela óssea mede aproximadamente 8 a 10 mm na direção craniocaudal e 5 a 8 mm na direção transversal. Durante a criação da janela óssea, parte do disco medialmente à articulação uncovertebral é removida. O *Endospine* com endoscópio permanece em um ângulo de 15 a 30°, para atingir a parte lateral do disco e corpos vertebrais. O disco deve ser seguido lateral e cranialmente na direção da articulação uncovertebral. A articulação uncovertebral está localizada cranialmente ao espaço discal envolvido. Durante o alargamento da janela óssea, perfuramos os osteófitos a partir dos corpos vertebrais cranial

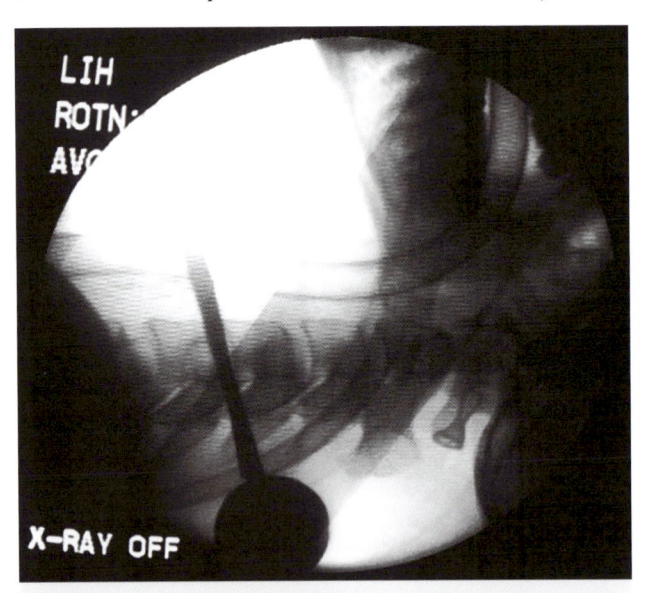

Fig. 45.3 Pino de localização cervical para localizar o espaço discal e a direção do disco.

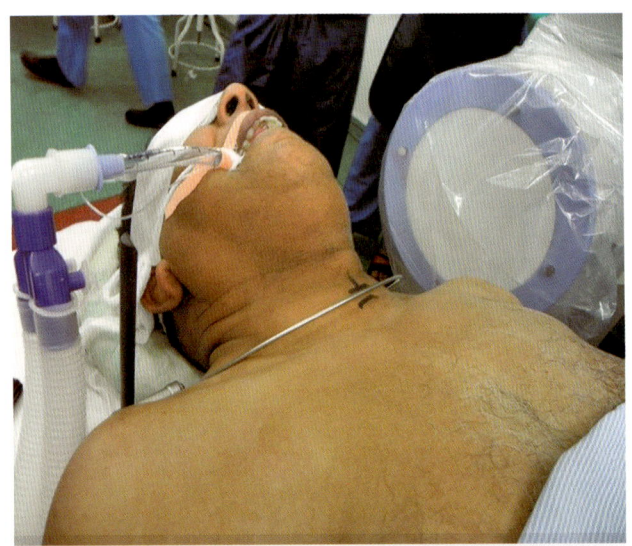

Fig. 45.4 Paciente com pino de localização cervical.

Fig. 45.5 *Endospine* com broca endoscópica.

Fig. 45.6 Inserção de trabalho do *Endospine* com tubo externo sem qualquer sistema de fixação.

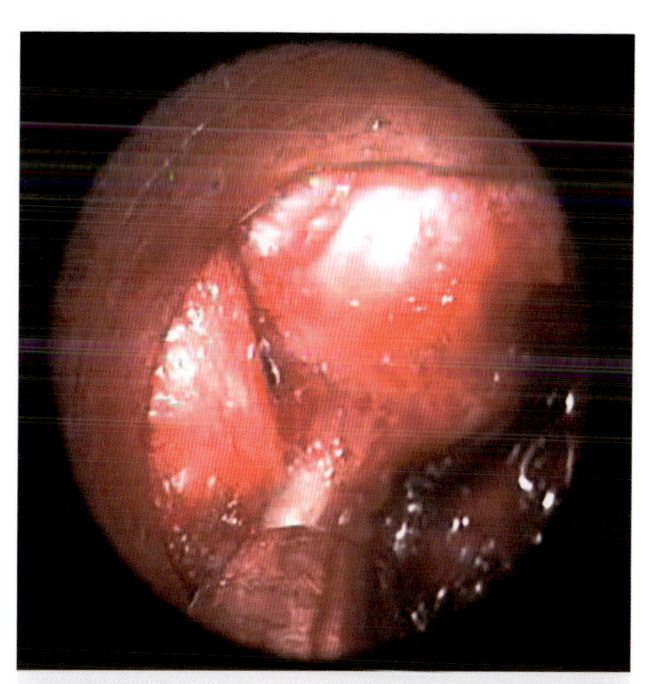

Fig. 45.7 Exposição endoscópica de articulação uncovertebral no lado esquerdo.

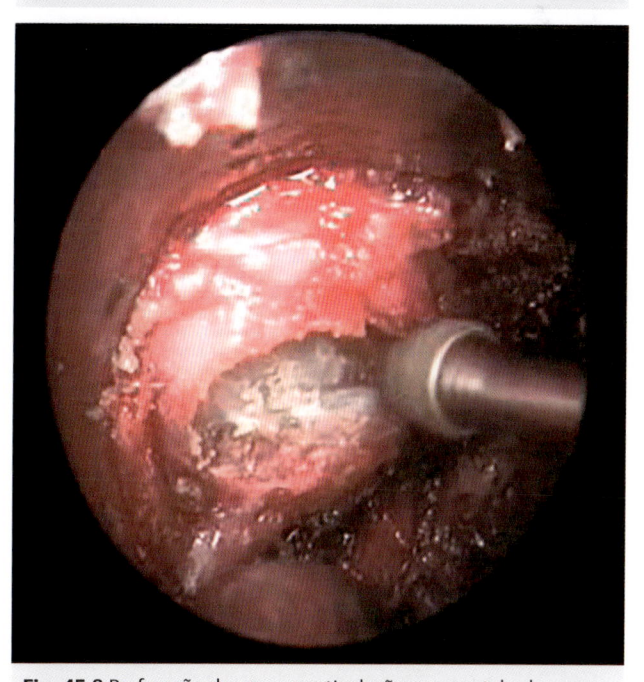

Fig. 45.8 Perfuração do osso na articulação uncovertebral com broca endoscópica.

e caudal, com abertura no forame neural. O canal vertebral é atingido na parte medial do forame neural, onde o disco mole herniado é encontrado com mais frequência. A raiz nervosa é exposta e é descomprimida a partir do canal vertebral ou da borda lateral do saco dural até que o nervo que cruza a artéria vertebral seja atingido. O túnel tem aproximadamente 6 mm de diâmetro e segue a direção oblíqua da raiz nervosa. Portanto, aumenta o forame intervertebral na frente da raiz nervosa (**Fig. 45.7**). A foraminotomia em C4–C5 no lado esquerdo e a raiz nervosa descomprimida do saco dural são mostradas na **Fig. 45.8 e Fig. 45.9**. As incidências sagitais e axiais da herniação discal em C4–C5 do lado esquerdo no pré-operatório são mostradas na **Fig. 45.10 e Fig. 45.11**, e incidências sagital e axial no pós-operatório são mostradas na **Fig. 45.12 e Fig. 45.13**.

45.8 Foraminotomia e Vertebrectomia para Descompressão Endoscópica da Medula

Em pacientes idosos que apresentam mielopatia e/ou mielorradiculopatia compressiva, ocorre compressão da medula cervical decorrente de estruturas duras, como discos duros situados em posição central e/ou lateral, osteófitos espessos, ligamento longitudinal posterior calcificado e/ou espesso etc. Portanto, juntamente com a compressão da raiz nervosa, existe compressão da medula e um sinal hiperintenso na medula decorrente de mielomalacia. Nestes casos, quando a raiz de saída for descomprimida, o *Endospine* com o endoscópio ainda é angulado medialmente para atingir a superfície anterior da medula. Utilizamos uma ponta de broca de 2 mm para que a ponta da broca esteja sob visualização constante durante a perfuração dos corpos vertebrais no sentido craniocaudal. Isto expõe o ligamento longitudinal posterior. A não ser que uma descompressão craniocaudal adequada seja obtida na direção transversal, o ligamento longitudinal posterior não é aberto. Quando houver uma herniação discal central, é possível observar uma laceração no ligamento longitudinal posterior. Em seguida a OPLL é

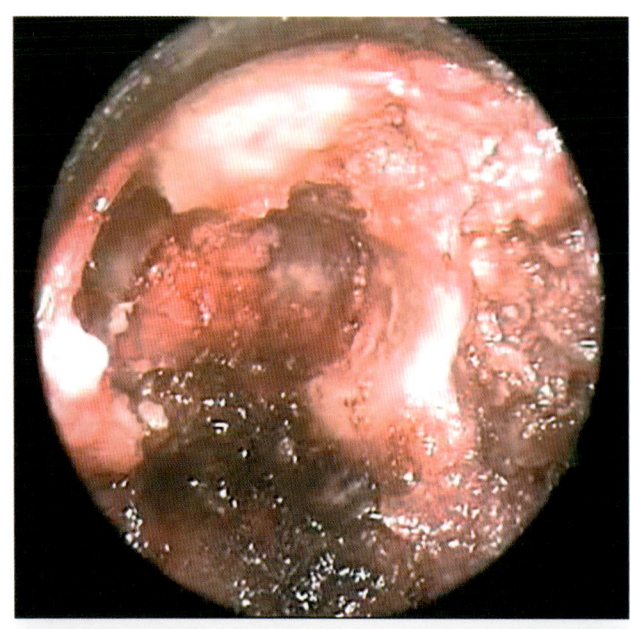

Fig. 45.9 Foraminotomia endoscópica para descompressão da raiz nervosa medialmente à artéria vertebral.

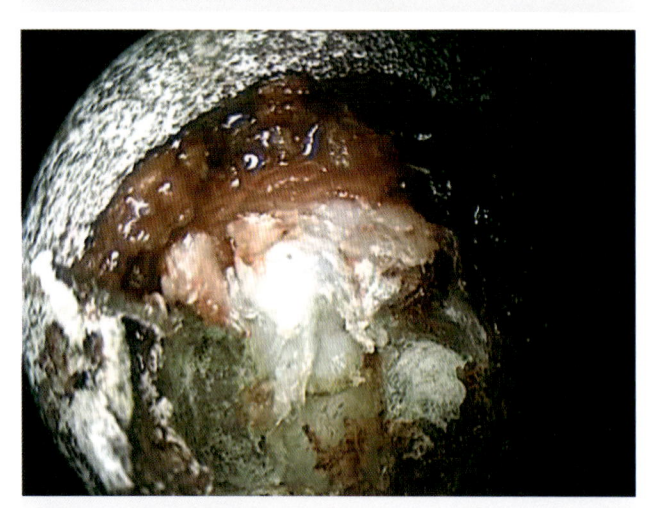

Fig. 45.10 Perfuração transuncal em C4–C5 à esquerda para acompanhar o disco.

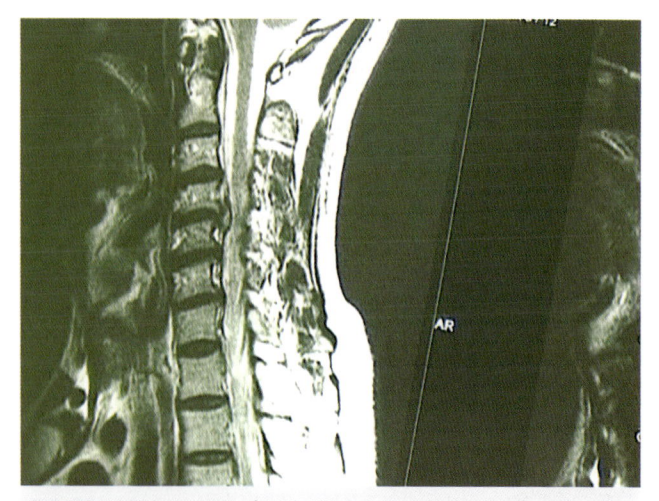

Fig. 45.11 Raiz nervosa de C4–C5 descomprimida à esquerda com medula e artéria vertebral.

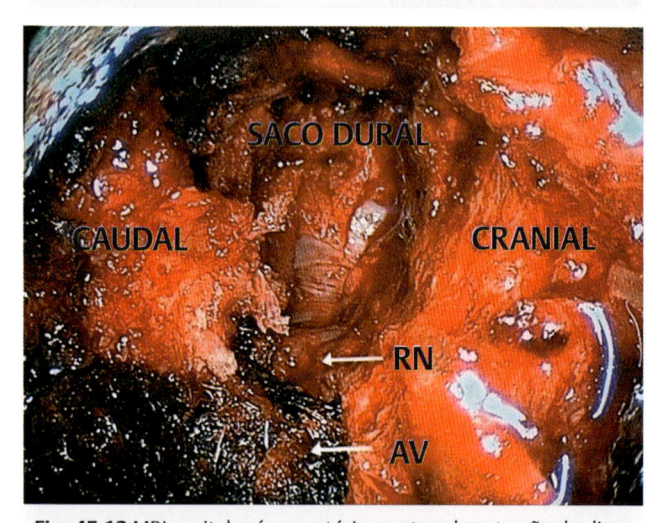

Fig. 45.12 MRI sagital pré-operatória mostrando extrusão do disco em C4–C5 do lado esquerdo comprimindo a raiz nervosa.

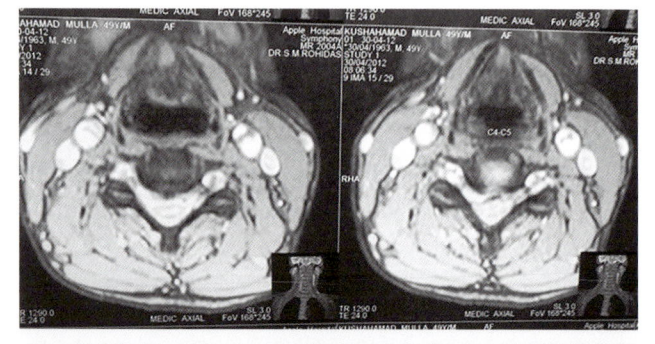

Fig. 45.13 MRI axial pré-operatória mostrando extrusão do disco em C4–C5 à esquerda comprimindo a raiz nervosa e a medula.

removida com auxílio de uma pinça de Kerrison de 2 mm. Aqui, o dissector/raspador ósseo ultrassônico é usado para alargar com segurança a janela óssea. Um deslizamento acidental ou recuo da ponta da broca pode acarretar risco à vida na região cervical quando se trabalha em proximidade à medula. Para a segurança das estruturas neurais e vasculares importantes, o dissector/raspador ósseo ultrassônico é usado para remover osso. A janela óssea é ampliada até que a borda lateral do saco dural oposto seja observada (**Fig. 45.14**, **Fig. 45.15**).

45.9 Fechamento

Uma pequena peça de Gelfoam é mantida na foraminotomia. O tubo externo é retirado. O platisma é suturado com Vicryl 3-0, e a pele é fechada com suturas subcuticulares de Vicryl 3-0 (**Fig. 45.16**, **Fig. 45.17**, **Fig. 45.18**).

45.10 Resultados

Entre 2006 e 2013, utilizamos a técnica de Jho com o *Endospine* para microforaminotomia cervical anterior endoscópica, discectomia e descompressão da medula em 35 casos. Os dados demográficos, apresentações clínicas e dados de resultados cirúrgicos dos pacientes foram registrados. Vinte e um pacientes eram do sexo masculino, e 14 eram do sexo feminino. A idade dos pacientes variou de 24 a 65 anos.

Discectomia Endoscópica Anterior Cervical e Descompressão da Medula 313

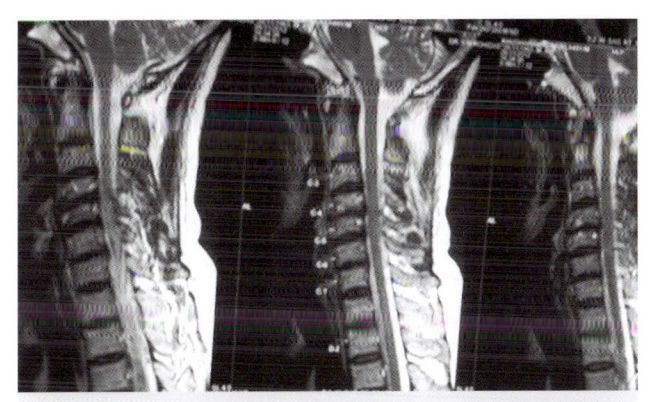

Fig. 45.14 MRI sagital pós-operatória mostrando excisão do disco comprimindo a raiz e a medula.

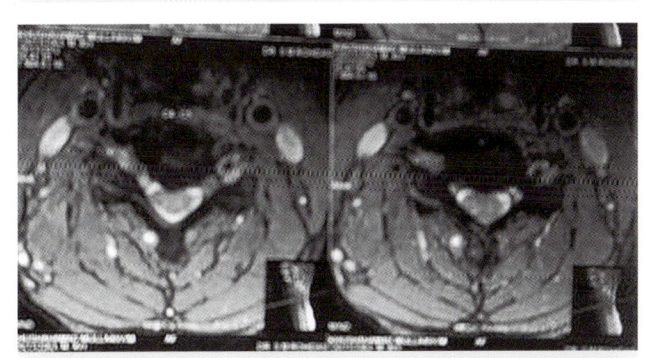

Fig. 45.15 MRI axial pós-operatória mostrando descompressão da raiz nervosa e medula cervical.

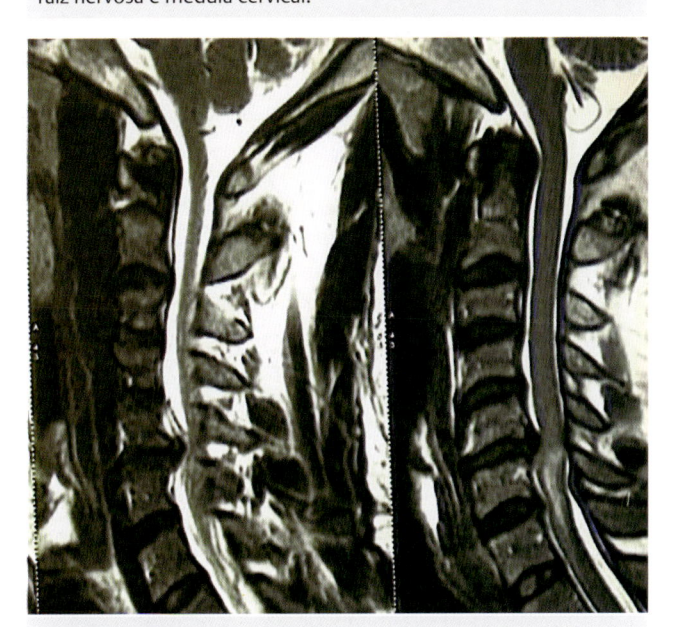

Fig. 45.16 MRI mostrando disco em C5–C6 comprimindo a medula cervical com edema de medula causando mielorradiculopatia compressiva.

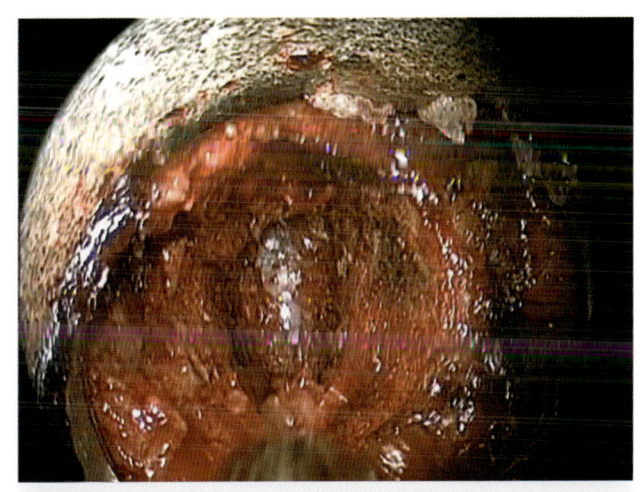

Fig. 45.17 Visão transuncal endoscópica da medula cervical adequadamente descomprimida com os dois terços anteriores do disco ainda intactos.

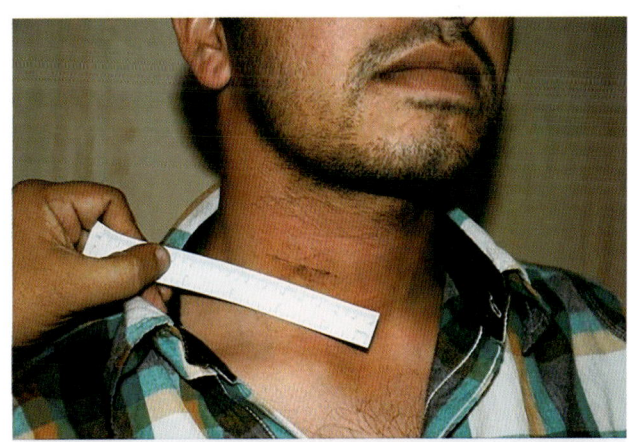

Fig. 45.18 Fotografia mostrando incisão da pele com *Endospine*, uma técnica para preservação do disco.

Houve 16 herniações discais em C5–C6, 10 herniações discais em C4–C5, quatro compressões de raiz nervosa em C6–C7, e um paciente com herniação discal em C3–C4 provocando uma compressão da raiz. Entre estes, três realizaram mielorradiculopatia em C4–C5, e um de cada realizou mielorradiculopatia em C5–C6 e em C6–C7. Três pacientes apresentavam compressão da raiz nervosa em dois níveis em C3–C4 e C4–C5, C4–C5 e C5–C6 e C5–C6 e C6–C7. Um paciente apresentava uma massa no corpo de C6, e realizamos uma biópsia usando esta abordagem com *Endospine*. Dezessete pacientes apresentavam dor no pescoço, 13 apresentavam fraqueza motora, 25 apresentavam dor radicular, e 20 apresentavam parestesias. Cinco apresentavam mielorradiculopatia com espasticidade nos membros inferiores, ataxia, reflexo patelar exagerado, clônus no tornozelo, com reflexo bicipital e braquiorradial invertido e sinal de Hoffman positivo, juntamente com flexão do dedo positiva. Todos os pacientes tinham sido submetidos a um tratamento conservador suficiente (cerca de 6 meses a 1 ano). Todos realizaram MRI da coluna cervical com avaliação de toda a coluna. Radiografias simples da coluna cervical em incidências AP e lateral, em flexão e extensão, e incidências oblíquas direitas e esquerdas foram usadas para avaliar instabilidade e compressão foraminal óssea decorrente de osteófitos foraminais.

Trinta e dois pacientes tiveram resultados excelentes, com bons resultados em dois pacientes, e um apresentou resultados razoáveis. Punção dural foi observada em um paciente. Um retalho muscular com cola de fibrina foi usado para selar a punção. Dois apresentaram síndrome de Horner. Dois pacientes apresentaram paresia transitória do nervo laríngeo recorrente, que se recuperou completamente dentro de 2 a 8 semanas. Um pseudoaneurisma da artéria vertebral foi relatado em um caso. Este caso não foi incluído no estudo relatado aqui, mas é mencionado para fins de cobertura das complicações relacionadas com a técnica.[6]

45.11 Discussão

A cirurgia convencional para disco cervical anterior evoluiu nas últimas cinco décadas até a remoção completa do disco sem enxerto ósseo, com enxerto ósseo para fusão e com uso de implante metálico para sustentar a ideia de fusão. Os avanços mais recentes usando artroplastia com um disco artificial foram tentados para restaurar o segmento de movimentação móvel, mas ainda exigem discectomia. A discectomia e foraminotomia cervical endoscópica anterior é uma nova técnica cirúrgica que utiliza uma trajetória uncovertebral, com o novo conceito de "cirurgia funcional da coluna".[3] O objetivo da cirurgia funcional da coluna é preservar o segmento de movimentação da coluna e ao mesmo tempo obter remoção direta da patologia compressiva, com preservação do restante do disco normal.[7]

Em geral, os discos intervertebrais cervicais no plano sagital se inclinam cranialmente na direção anterior para posterior. Portanto, devemos seguir o espaço discal a partir da região anterolateral até a borda lateral do saco dural. Além disso, de acordo com a migração cranial ou caudal do disco herniado, podemos precisar ampliar a janela óssea para expor a herniação discal.

Embora os riscos cirúrgicos da foraminotomia cervical anterior e da descompressão da medula sejam mínimos em nossa experiência, complicações permanentes e sérias são uma possibilidade, como em qualquer tipo de cirurgia da coluna cervical anterior. As principais preocupações incluem síndrome de Horner, lesão do nervo laríngeo, lesão da artéria vertebral, instabilidade da coluna e herniação discal recorrente. O nervo e a cadeia simpática cervical passam ao longo da margem lateral do músculo longo do pescoço, e a síndrome de Horner pode ocorrer se o nervo simpático for lesionado durante a retração de estruturas ou for seccionado por completo durante a dissecção do músculo longo do pescoço. Portanto, removemos uma pequena parte do músculo longo do pescoço medialmente para expor o espaço discal. Não há tratamento para a síndrome de Horner, e a condição pode ser temporária ou permanente. Tivemos dois pacientes com síndrome de Horner, e ambos se recuperaram completamente ao longo de 6 semanas. Uma lesão da artéria vertebral é um risco em qualquer abordagem cervical anterior. Para evitar esta lesão, devem-se conhecer as variações do ponto de entrada da artéria vertebral, que geralmente entra no nível de C6. O nível de entrada da artéria vertebral no forame transverso deve ser identificado na MRI pré-operatória para evitar esta lesão.

A dissecção medial para lateral é usada na foraminotomia. Primeiro, a perfuração é iniciada a partir da borda medial e, então, quando houver penetração no espaço discal, é possível prosseguir lateralmente, em vez de seguir na direção lateral para medial durante a perfuração. Isto manterá uma camada fina de osso sobre o aspecto medial da artéria vertebral. Para remoção deste, utilizamos uma pinça de Kerrison de 2 mm com a borda de corte do perfurador dirigida medialmente, longe da artéria vertebral. O autor utiliza o dissector ósseo ultrassônico para remover o osso que cobre a artéria vertebral. O dissector ósseo ultrassônico remove com segurança o osso sem qualquer trauma térmico para a artéria vertebral. Durante a remoção do osso medial à artéria vertebral com a pinça de Kerrison, pode haver sangramento significaivo no plexo venoso ao redor da artéria vertebral. Não é útil utilizar um cautério bipolar endoscópico para interromper o sangramento do plexo venoso. A melhor abordagem consiste em inserir um pequeno pedaço de Surgicel medialmente à artéria vertebral entre os dois processos transversos adjacentes.

Outra possível complicação relevante é o vazamento de líquido cefalorraquidiano. O autor teve uma punção dural. Para prevenir vazamento no CSF, é usada cola de fibrina sobre um pequeno pedaço de músculo empurrado levemente e com cuidado para esta punção. Além disso, uma rouquidão pode ser decorrente de trauma do nervo laríngeo causado pelo retrator ou durante a dissecção com os dedos. Uma vez que esta dissecção seja cega, isto pode acontecer. Tivemos dois pacientes com rouquidão pós-operatória. Um desenvolveu rouquidão imediatamente após a cirurgia. Metilprednisolona intravenosa por 3 dias obteve recuperação completa. A outra paciente apresentou rouquidão após 2 semanas quando compareceu para acompanhamento. Esteroides orais por 3 semanas em doses com redução gradual ajudaram a recuperação completa da voz durante as 6 semanas seguintes.

45.12 Conduta Pós-Operatória

Oitenta por cento dos pacientes recebem alta após 24 horas. Não é aconselhada imobilização ou colar cervical. Quatro horas após a cirurgia, os pacientes são mobilizados com pastilhas orais para reduzir a dor na garganta ao redor da traqueia e esôfago. Todos os pacientes são acompanhados a cada 15 dias por 2 meses, a cada 2 meses por 6 meses e então a cada 4 a 6 meses no ano seguinte. São realizadas radiografias pós-operatórias da coluna cervical para avaliação de instabilidade e MRI.

45.13 Vantagens da Abordagem Cirúrgica

- Acesso direto à lesão compressiva, permitindo cirurgia direcionada.
- Preservação da maior parte do disco não compressivo.
- Não requer qualquer tipo de fusão.
- Descompressão direta da raiz nervosa e da medula.
- Pode tratar disco mole ou duro e compressão da raiz e/ou da medula.

45.14 Vantagens Para o Paciente

- Não há necessidade de imobilização ou colar cervical após o procedimento cirúrgico.
- A internação hospitalar é mais curta.
- Menos dor pós-operatória no pescoço ou no braço.
- Rápido retorno à vida normal.

45.15 Vantagens do Sistema Endospine

- Mobilidade do sistema cirúrgico porque o endoscópio, sucção e os instrumentos movem-se como uma peça única com relação constante entre si.
- A visão HD com ampliação fornece visão panorâmica de boa qualidade.
- O cirurgião obtém uma ampla visão do campo cirúrgico e, com ampliação, as estruturas anatômicas podem ser aumentadas.

45.16 Conclusão

A descompressão endoscópica da raiz nervosa cervical anterior com foraminotomia e discectomia constitui uma técnica minimamente invasiva, que permite a remoção da patologia compressiva com remoção mínima de osso e disco. O método evita osteoartrodese e artroplastia com um disco artificial.[8,9,10,11] A técnica é eficiente, com bons resultados e baixa morbidade. A técnica requer uma longa curva de aprendizado, mas é recompensadora por causa de sua vantagem de preservação do disco e segmento de movimentação, com objetivo de desacelerar a degeneração da coluna relacionada com o avanço da idade.

Referências

1. Jho HD. Microsurgical anterior cervical foraminotomy for radiculopathy: a new approach to cervical disc herniation. *J Neurosurg* 1996;84(2):155–160
2. Jho HD, Kim WK, Kim MH. Anterior microforaminotomy for treatment of cervical radiculopathy: part 1—disc-preserving "functional cervical disc surgery." *Neurosurgery* 2002;51(5, suppl):S46–S53
3. Jho HD. Decompression via microsurgical anterior foraminotomy for spondylotic cervical myelopathy. *J Neurosurg* 1997;86:121–126
4. Jho HD. Spinal cord decompression via microsurgical anterior foraminotomy for spondylotic cervical myelopathy. *Minim Invasive Neurosurg* 1997;40(4):124–129
5. Jho HD, Ha HG. Anterior cervical microforaminotomy. *Oper Tech Orthop* 1998;8:46–52
6. Kuttner H. Die Verletzungen und traumatischen Aneurysmen der Vertebralgefässe am Halse und ihre operative Behandlung. *Beitr Klin Chir* 1917;108:1–60
7. Bruneau M, Cornelius JF, George B. Microsurgical cervical nerve root decompression by anterolateral approach. *Neurosurgery* 2006;58
8. Edwards CC II, Heller JG, Murakami H. Corpectomy versus laminoplasty for multilevel cervical myelopathy: an independent matched-cohort analysis. *Spine* 2002;27(11):1168–1175
9. Emery SE, Fisher JR, Bohlman HH. Three-level anterior cervical discectomy and fusion: radiographic and clinical results. *Spine* 1997;22(22):2622–2624
10. Lunsford LD, Bissonette DJ, Zorub DS. Anterior surgery for cervical disc disease. Part 2: Treatment of cervical spondylotic myelopathy in 32 cases. *J Neurosurg* 1980;53(1):12–19
11. Wada E, Suzuki S, Kanazawa A, Matsuoka T, Miyamoto S, Yonenobu K. Subtotal corpectomy versus laminoplasty for multilevel cervical spondylotic myelopathy: a long-term follow-up study over 10 years. *Spine* 2001;26(13):1443–1447

46 Discectomia Cervical Anterior Assistida por Vídeo e Instrumentação

Keith A. Kerr ▪ Victor Lo ▪ Ashley E. Brown ▪ Alissa Redko ▪ Daniel H. Kim

46.1 Introdução

A discectomia e fusão cervical anterior foi desenvolvida pela primeira vez na década de 1950 para tratamento da doença do disco cervical.[1] O advento do microscópio cirúrgico (OM) e de microtécnicas cirúrgicas melhorou a visualização, iluminação e facilidade de dissecção desta abordagem e forneceu resultados satisfatórios.[2] O endoscópio tem sido usado com frequência cada vez maior em neurocirurgia para cirurgias tradicionalmente efetuadas com OM, incluindo cirurgia da coluna.[3,4,5] O autor sênior aplicou esta tecnologia em abordagens anteriores da coluna cervical em uma variedade de patologias.

O monitor de operação de vídeo telescópio (VITOM) tem capacidades comparáveis a OM em relação ao comprimento focal (25–75 cm em comparação a 20–40 cm) e ampliação (ambos em 12×), enquanto apresenta a vantagem de maior profundidade de campo (3,5–7,0 cm *versus* 1,2 cm). Além disso, o sistema fornece vantagens de custo, ergonômicas e educacionais. O custo do microscópio neurocirúrgico típico corresponde a mais de US$ 200.000, enquanto o sistema VITOM custa menos de US$ 75.000.[6] Isto faz com que esta seja uma tecnologia mais acessível. Ergonomicamente, o sistema VITOM é muito menor e é fixado à mesa cirúrgica, o que faz com que possa ser utilizado em salas cirúrgicas menores. Outras vantagens ergonômicas incluem ajustes menos frequentes do escopo por causa da maior profundidade do campo e ausência de necessidade de ajustes da postura da pessoa para observação nas oculares. Uma vez que o OM seja utilizado apenas durante a porção mais profunda das dissecções, o campo é visualizado por outras pessoas na sala por um período apenas muito breve da cirurgia. O VITOM pode ser usado mesmo na porção mais superficial da dissecção, fazendo com que seja uma ferramenta educacional superior.

Este capítulo descreve o uso do VITOM para discectomia cervical anterior e instrumentação (**Vídeo 46.1**).

46.2 Equipamento Específico Para Esta Abordagem

- Telescópio de lentes rígidas de 0° autoclavável (VITOM SPINE HOPKINS; Karl Storz Endoscopy, Tutlingen, Alemanha).
- Acoplador com montagem C (Stryker, São Jose, CA).
- Câmera de alta definição de 1280 × 1024 (1288 HD Videocâmera; Stryker).
- Sistema de diodo emissor de luz (LED) (L9000; Stryker).
- Dois monitores de 26 polegadas de 1 bilhão de cores, resolução de 1920 × 1080 (Vision Pro 26" LED; Stryker).
- Suporte de endoscópio pneumático (Point Setter, Mitaka Kohki, Tóquio, Japão).
- Sistema de arquivamento opcional (SDC3; Stryker) para documentação.

46.3 Procedimento

46.3.1 Configuração da Sala Cirúrgica

- Além da configuração típica da sala cirúrgica, uma torre incluindo uma tela de alta definição (HD) e uma fonte de energia para o escopo, a câmera e o braço Mitaka são colocados de frente para o cirurgião. Uma tela HD adicional é colocada de frente para o assistente (**Fig. 46.1**).
- O paciente é colocado em posição supina em uma mesa cirúrgica regular com a cabeça mantida em discreta extensão. O uso de suportes ou de um rolo abaixo da escápula facilita o posicionamento.
- A incisão é então marcada de um ponto próximo à linha média até a borda do esternocleidomastóideo no nível apropriado, identificado com o uso de pontos de referência externos ou orientação radiográfica. O uso de uma prega ou dobra da pele pode fornecer um resultado cosmético superior.
- O Mitaka Point Setter é fixado ao trilho lateral ou adaptador de mesa antes da preparação estéril e aplicação de campos ao paciente. A fonte de nitrogênio é então conectada aos cabos fornecidos e é realizada uma verificação operacional e de variação de movimentos antes da aplicação dos campos (**Fig. 46.2**).
- Além dos campos normais, antes da fixação do VITOM, o braço do Mitaka é envolvido por uma bolsa estéril fornecida pelo fabricante e fixada com fita adesiva.
- O endoscópio e a câmera acoplada são então fixados ao braço pelo suporte endoscópico, e os cabos de fibra óptica da iluminação são conectados à sua fonte de energia. O endoscópio e o braço podem então ser posicionados para fora do caminho do cirurgião durante a dissecção superficial (**Fig. 46.3**).

46.3.2 Dissecção Superficial

- Após um período apropriado, é realizada uma incisão usando uma lâmina N° 10, chegando até o nível da gordura situada acima do platisma.
- É obtida uma hemostasia cuidadosa e um retrator de Weitlaner é posicionado sobre o platisma. O platisma é dissecado na orientação da incisão agudamente ou com cautério monopolar e é amplamente erodido tanto na direção superior quanto inferior.
- Os músculos esternocleidomastóideo e omo-hióideo são então identificados. A dissecção prossegue entre os músculos, com muita atenção para não lesionar a traqueia e o esôfago medialmente e a bainha carotídea e seu conteúdo lateralmente. O omo-hióideo pode ser mobilizado superiormente para acesso aos níveis mais caudais da coluna cervical.

46.3.3 Dissecção Profunda e Colocação do Retrator

- A lâmina pré-vertebral e músculo longo do pescoço são encontrados em seguida, e um retrator manual pode ser colocado no topo dos corpos vertebrais e discos intervertebrais para afastar com delicadeza o esôfago e traqueia do lado contralateral.
- A lâmina pré-vertebral pode então ser dissecada da porção anterior dos corpos vertebrais de modo rombo, usando um *Kittner*.
- Após a confirmação do nível correto pelo uso de raios X e uma agulha espinal, o músculo longo do pescoço pode ser dissecado para fora do corpo vertebral anterior usando o cautério monopolar nos níveis necessários. Isto é realizado até a

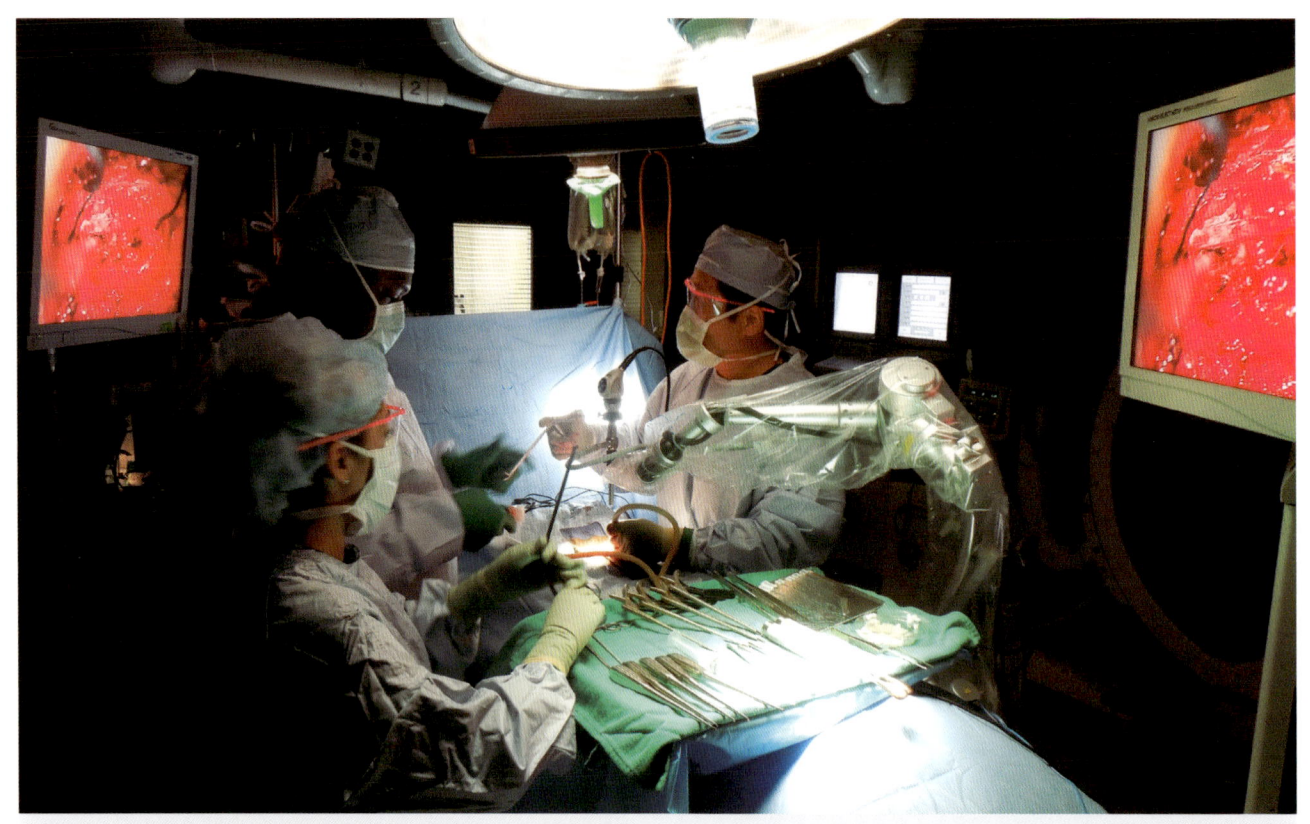

Fig. 46.1 Configuração da sala cirúrgica com monitores em oposição ao operador e ao assistente. Uma torre contendo uma fonte de energia para a câmera, braço Mitaka e telas HD é posicionada na extremidade do leito em cada lado.

articulação uncovertebral medial, facilitando a formação de um lábio muscular que manterá o sistema retrator no local.
- Parafusos de Caspar podem ser colocados na porção média dos corpos vertebrais dos níveis envolvidos para auxiliar no afastamento. Quando o processo estiver completo, o braço do Mitaka e o VITOM podem ser movidos para o local.

46.3.4 Posicionamento Ideal do Braço Mitaka e VITOM

- A distância de trabalho do escopo é situada em algum ponto entre 25 e 75 cm acima do campo cirúrgico. Ele deve ser colocado acima do campo, com espaço suficiente para os instrumentos mais longos (como a broca de alta velocidade, as ruginas de Leksell e perfuradores de Kerrison) que serão usados abaixo (**Fig. 46.4**).
- A profundidade de campo está situada entre 3,5 a 7 cm, dependendo de uma distância de trabalho mais curta ou mais longa. Isto permite que uma maior profundidade do campo cirúrgico permaneça em foco com o posicionamento inicial, exigindo ajuste e ampliação mínimos.

46.3.5 Discectomia

- É realizada uma incisão transversal no espaço discal com uma lâmina N° 15. O disco pode ser curetado usando uma combinação de curetas retas e anguladas e pode ser removido com uma rugina hipofisária de tamanho adequado. O lábio acima da placa final pode ser removido por ruginas de Kerrison. A remoção do disco por este método é realizada

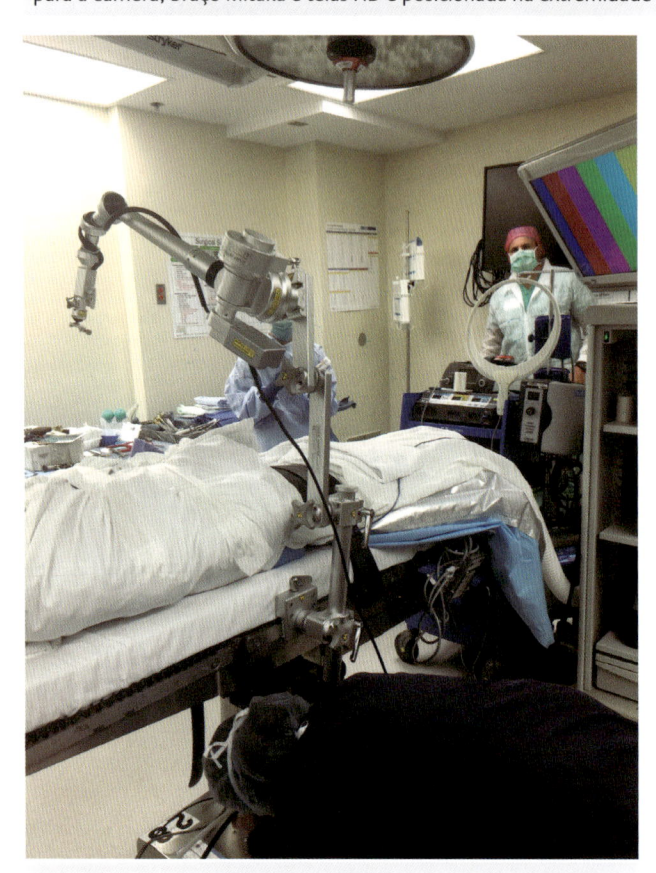

Fig. 46.2 O braço Mitaka é fixado diretamente ao leito antes da aplicação dos campos ao paciente.

Discectomia Cervical Anterior Assistida por Vídeo e Instrumentação

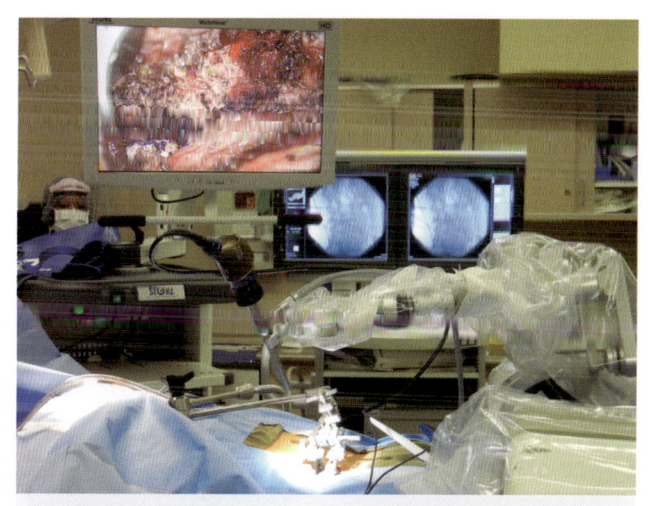

Fig. 46.3 O braço é envolvido por material estéril, e a câmera é fixada.

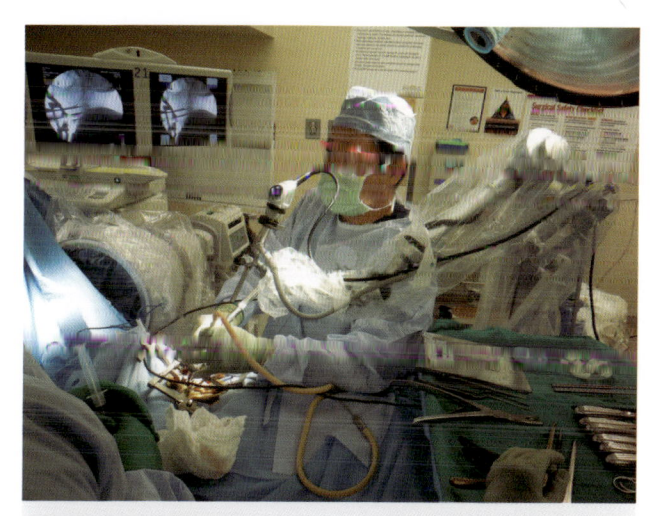

Fig. 46.4 O VITOM apresenta um comprimento focal longo, permitindo que seja posicionado a uma distância do campo cirúrgico suficiente para permitir que instrumentos sejam passados e usados abaixo do escópio.

até que o ligamento longitudinal posterior (PLL) seja encontrado (**Fig. 46.5**).
- Quando o PLL for a fonte da compressão da medula espinal ou a patologia estiver presente posteriormente ao PLL e sua remoção for necessária, ele pode ser penetrado e elevado por um gancho cirúrgico para nervos. Perfuradores de Kerrison Números 1 e 2 podem ser usados subsequentemente para removê-lo e qualquer material osteofítico acima da dura-máter.
- As etapas acima são repetidas em todos os níveis planejados. Em decorrência de um amplo campo da objetiva do VITOM, é necessário um ajuste mínimo do escópio durante a mudança de níveis.

46.3.6 Colocação do Hardware
- Implantes PEEK de tamanho apropriado, autoenxertos ou discos artificiais podem ser colocados nos espaços discais. Quando isto for concluído, o VITOM é movido para fora de posição durante o restante do procedimento, e as demais etapas são concluídas sob visualização direta (**Fig. 46.6**).
- Neste momento, os parafusos de Caspar são removidos, e o orifício deixado para trás é vedado com cera óssea.
- Uma placa de tamanho apropriado é selecionada para atravessar os níveis necessários. Grandes osteófitos anteriores geralmente requerem remoção por uma rugina de Leksell para que a placa possa ficar plana ao longo da coluna anterior. Uma curvatura suave correspondente à lordose cervical deve ser empregada em construções mais longas.
- Parafusos são então colocados para fixar a placa na posição. Uma trajetória medial de 5 a 10° e uma trajetória superior ou inferior de 15° são favorecidas para os parafusos mais superiores e inferiores, respectivamente (**Fig. 46.7**).

46.3.7 Fechamento
- A ferida é então irrigada copiosamente com antibióticos. Os retratores são removidos, e todo o campo cirúrgico é pesquisado para qualquer evidência de hemorragia. A hemostasia é obtida.
- O platisma é a primeira camada fechada, o que é realizado com sutura absorvível interrompida. Um fechamento subcutâneo de uma ou duas camadas é então usado para aproximar a pele. Steri-Strips são aplicados à ferida e uma bandagem completa o curativo.

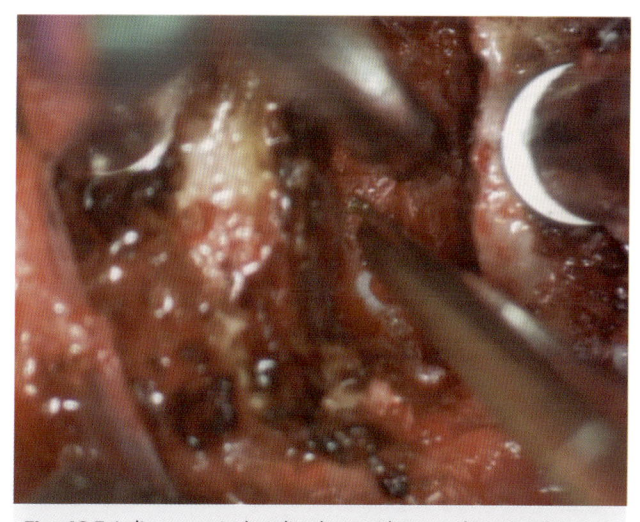

Fig. 46.5 A discectomia é realizada usando a combinação de brocas de alta velocidade e ruginas hipofisárias e de Kerrison.

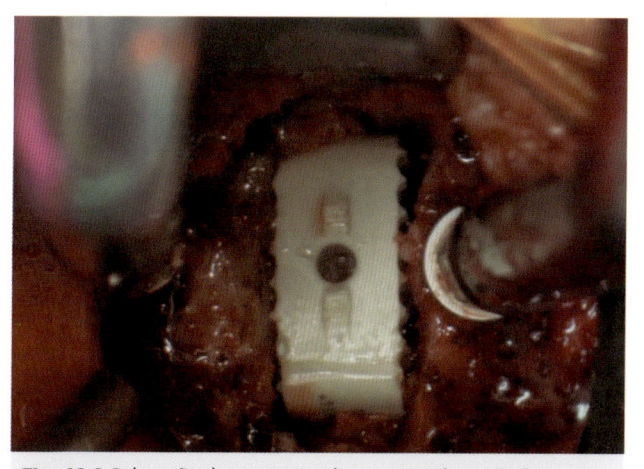

Fig. 46.6 Colocação de um espaçador apropriado antes da remoção dos pinos de Caspar e colocação da placa e parafusos.

Fig. 46.7 Posicionamento final da instrumentação antes do fechamento.

46.4 Conclusão

O uso do endoscópio constitui uma alternativa ao uso de lupas cirúrgicas ou de um microscópio cirúrgico. Seus pontos fortes incluem uma posição cirúrgica mais ergonômica para o cirurgião, a possibilidade de que outros membros da equipe cirúrgica visualizem o campo cirúrgico, seu desenho compacto e uma grande profundidade de campo. Estas características aumentaram sua popularidade em neurocirurgia, e este capítulo apresenta outra abordagem em que ele pode ser usado.

Referências

1. Cloward RB. The anterior approach for removal of ruptured cervical disks. *J Neurosurg* 1958;*15*(6):602–617
2. Hankinson HL, Wilson CB. Use of the operating microscope in anterior cervical discectomy without fusion. *J Neurosurg* 1975;*43*(4):452–456
3. Dickman CA, Karahalios DG. Thoracoscopic spinal surgery. *Clin Neurosurg* 1996;*43*:392–422
4. Khoo LT, Fessler RG. Microendoscopic decompressive laminotomy for the treatment of lumbar stenosis. *Neurosurgery* 2002;*51*(5, Suppl):S146–S154
5. Sandhu FA, Santiago P, Fessler RG, Palmer S. Minimally invasive surgical treatment of lumbar synovial cysts. *Neurosurgery* 2004;*54*(1):107–111
6. Shirzadi A, Mukherjee D, Drazin DG, et al. Use of the video telescope operating monitor (VITOM) as an alternative to the operating microscope in spine surgery. *Spine* 2012;*37*(24):E1517–E1523

47 Laminoforaminotomia Cervical com Endoscópio no Canal de Trabalho

Gun Choi ■ Akarawit Asawasaksakul

47.1 Introdução

A foraminotomia cervical posterior é amplamente aplicada no tratamento de radiculopatias cervicais unilaterais, sejam recorrentes de um disco foraminal ou de esporões ósseos que se projetam para o forame.[1] A laminoforaminotomia em *keyhole* com o uso de um microscópio cirúrgico limitou a morbidade no tecido mole paraespinal e melhorou a segurança para as estruturas neurais.[1,2,3] Sistemas de dilatadores sequenciais, como o METRx, também reduziram o sangramento intraoperatório e os tempos cirúrgicos. Os resultados são equivalentes entre abordagens abertas e minimamente invasivas.[3,4,5,6,7] Para abordar o benefício para o paciente em termos da abordagem mais minimamente invasiva possível, combinamos a cirurgia *keyhole* com o endoscópio no canal de trabalho (**Vídeo 47.1**).

47.2 Técnica Cirúrgica

47.2.1 Posição e Anestesia

- O paciente é colocado em posição prona, e a anestesia geral é preferível (**Fig. 47.1**).
- O paciente é posicionado em uma mesa radiolucente com o pescoço em flexão neutra ou discreta para facilitar a abordagem e perfuração interlaminar.
- Os ombros devem ser fixados com cintas e empurrados caudalmente para permitir a visualização de níveis cervicais mais baixos na incidência lateral da fluoroscopia.
- A marcação de nível é realizada antes assepsia/aplicação de campos, para facilitar a mudança da posição, se necessária.

47.2.2 Inserção da Agulha

- O ponto-alvo para a ponta da agulha é o ponto V da lâmina cranial no lado sintomático — ou seja, a parte mais lateral da lâmina aproximadamente correlacionada com a localização dos pedículos (**Fig. 47.2**).
- Sempre é seguro dirigir a agulha para a margem inferior da lâmina cranial porque, na coluna cervical, as lâminas apresentam sobreposição importante, e o direcionamento para a lâmina caudal pode provocar a entrada inadvertida da agulha no espaço interlaminar na direção da medula espinal.
- Uma agulha espinal de calibre 18 e 90 mm é dirigida ao ponto-alvo sob fluoroscopia em incidência lateral (**Fig. 47.3**).
- A inclinação da trajetória da agulha varia muito, dependendo do nível, mas a agulha deve estar perpendicular à lâmina, no plano mediolateral, e discretamente cranial para caudal.
- O avanço da agulha é interrompido, quando o osso é encontrado, e a agulha é substituída por um fio-guia de 0,9 mm.

47.2.3 Colocação do Instrumento

- Uma incisão cutânea de 1 cm permite a passagem de dilatadores sequenciais sobre o fio-guia (**Fig. 47.4**).

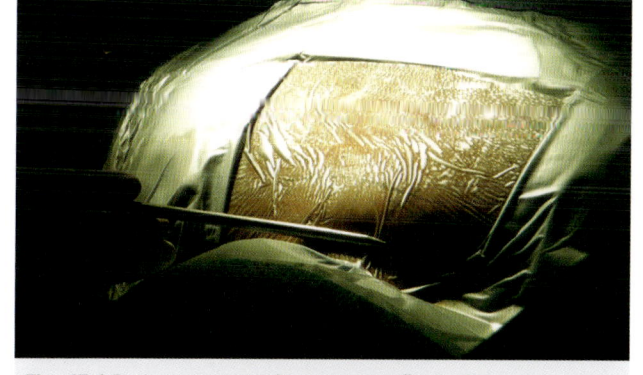

Fig. 47.1 Paciente em posição prona com flexão discreta do pescoço. Também é mostrada a marcação de nível inicial.

Fig. 47.2 O ponto V da lâmina cervical é formado no local em que a borda inferior da lâmina superior e a borda superior da lâmina inferior convergem.

Fig. 47.3 Ponto de entrada na pele para inserção da agulha.

- É essencial garantir que os dilatadores seriados sejam segurados com segurança contra a lâmina para garantir que nenhum tecido mole oblitere a visão endoscópica.
- Os dilatadores seriados evitam a necessidade de dissecção do tecido mole ao empurrar o tecido para longe, produzindo redução da dor e sangramento pós-operatório.
- Os dilatadores são seguidos pela passagem de uma cânula de trabalho redonda de 7,5 mm, que acomoda o endoscópio no canal de trabalho e irrigação fria em pressão contínua de solução salina normal instilada com antibiótico (**Fig. 47.5**).

47.2.4 Laminoforaminotomia
- O restante do procedimento é semelhante à foraminotomia aberta ou *keyhole*. A hemostasia inicial e a eliminação de tecido mole são efetuadas com uma sonda de radiofrequência (RF) (**Fig. 47.6**).

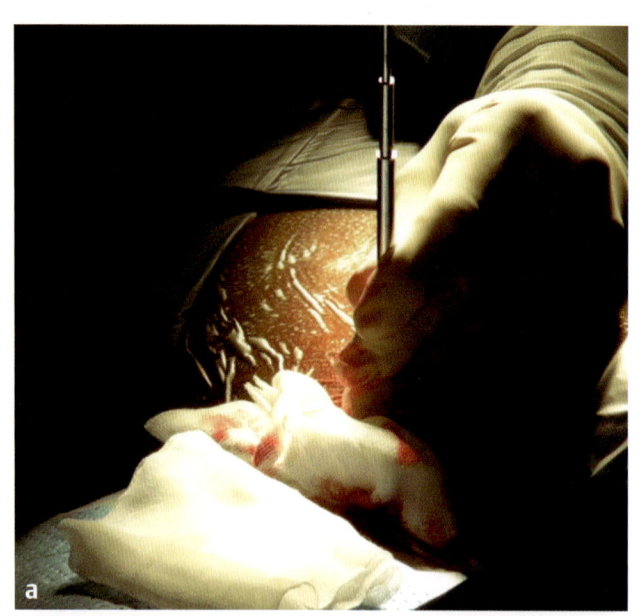

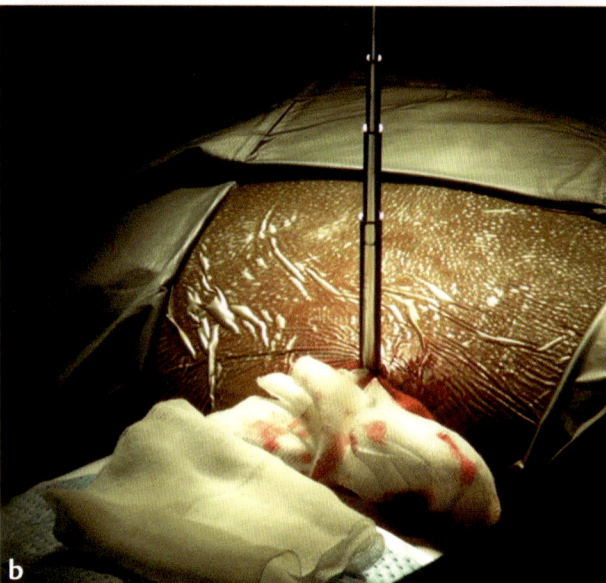

Fig. 47.4 (**a,b**) Dilatadores seriados sequenciais são usados para dividir os músculos paraespinais antes de estabelecer o portal de trabalho.

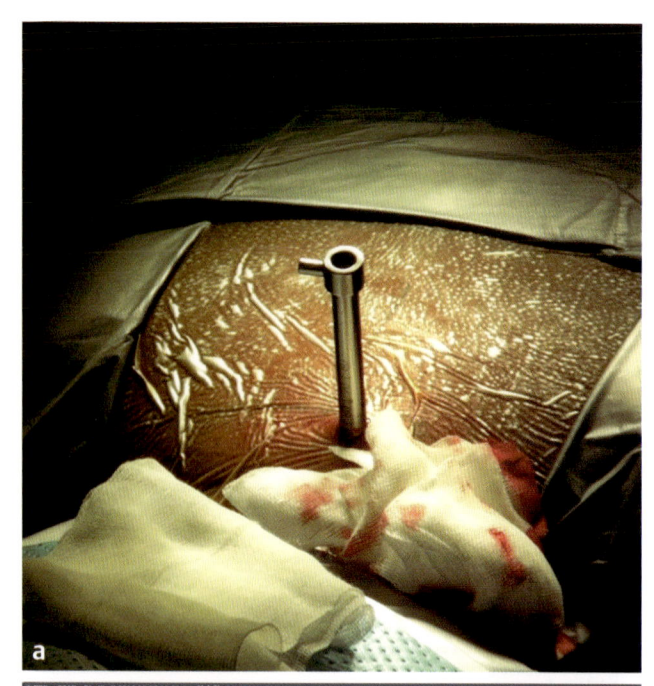

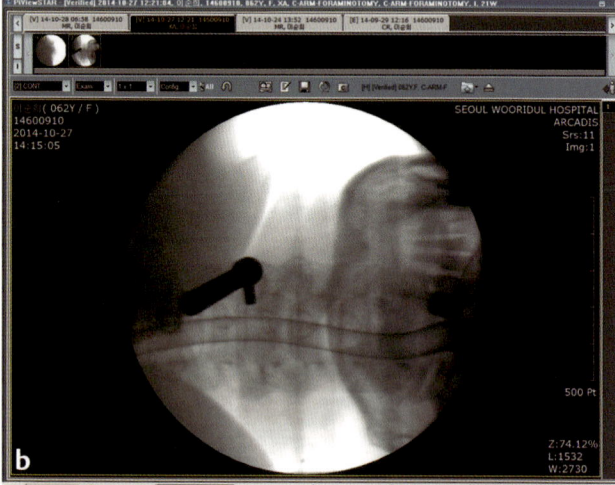

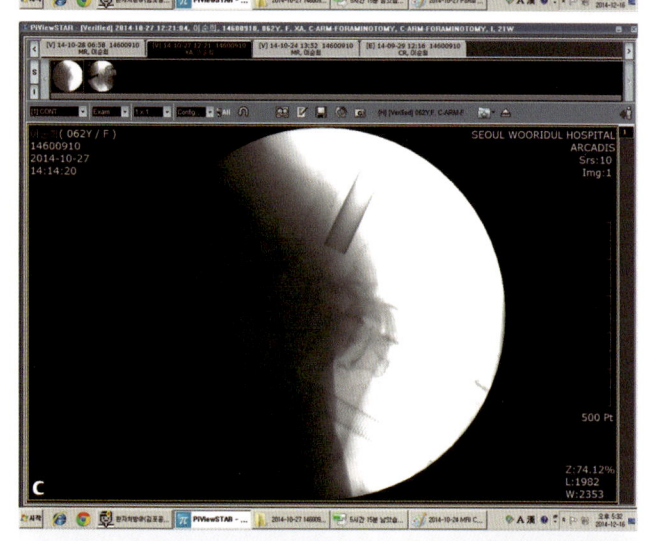

Fig. 47.5 (**a**) A cânula de trabalho, (**b**) o ponto de ancoragem na incidência AP e (**c**) o ponto de ancoragem na incidência lateral.

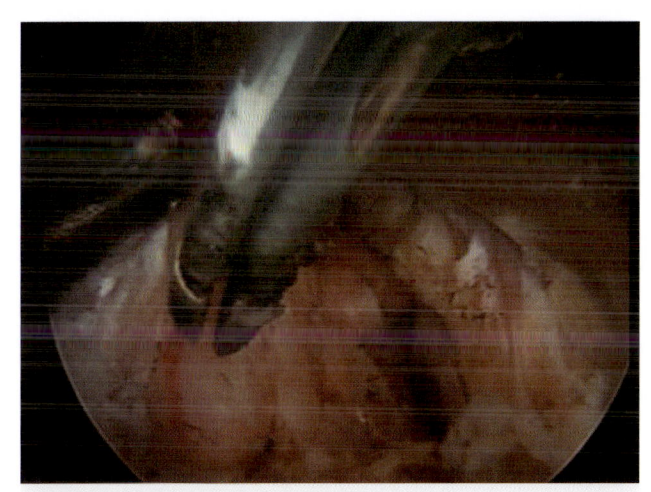

Fig. 47.6 Visão endoscópica do controle de sangramento usando a sonda de RF bipolar.

- Uma broca endoscópica (trépano) é usada para começar a descompressão a partir do ponto V da lâmina cranial que se estende lateralmente na direção do ápice do espaço interlaminar e caudalmente até a lâmina inferior (**Fig. 47.7**).
- A elasticidade da pele é usada para movimentar a cânula de trabalho, juntamente com o endoscópio e a broca, para melhor visualização e segurança na obtenção de uma descompressão óssea suficiente.
- Recomendamos que a raiz seja abordada a partir da axila, e a descompressão óssea deve ser limitada apenas à exposição da região envolvida.
- Outra dica para prevenir a facetectomia excessiva consiste em inclinar o canal de trabalho para desgastar a faceta, em vez de realizar a remoção completa. Pelo mesmo motivo, o autor prefere ficar no lado contralateral, o que facilita o acesso ao ápice.
- Isto expõe o ligamento amarelo, que necessita ser removido em pequenos pedaços com auxílio de um perfurador endoscópico (**Fig. 47.8**).
- A margem lateral da dura-máter e a raiz podem ser identificadas. Uma sonda de ponta romba é usada para palpar a axila da raiz para quaisquer fragmentos discais soltos, e uma pinça hipofisária é usada para remover a mesma (**Fig. 47.9**).
- Além disso, é usado um *laser* de hólmio:ítrio-alumínio-granada (Ho:YAG) de disparo lateral para ampliar ainda mais a dissecção de tecido mole na axila e ao longo da raiz nervosa lateralmente (**Fig. 47.10**).
- O ponto final do procedimento é determinado quando a confirmação endoscópica direta visual de uma raiz nervosa livremente móvel é realizada. A pele é fechada com sutura simples não absorvível, com ou sem um dreno (**Fig. 47.11**).

47.3 Prevenção de Complicação

- Destacamos a importância da inserção da agulha e da trajetória até o ponto-alvo. O direcionamento da agulha até o ponto V juntamente com a lâmina inferior previne a lesão do saco dural e da medula cervical.
- Ficar no lado contralateral à lesão é mais confortável e ergonômico na descompressão foraminal.
- O *laser* Ho:YAG ajuda muito na dissecção do tecido mole abaixo do ligamento amarelo.
- A limpeza de uma axila da raiz nervosa com a sonda de ponta romba também pode remover alguns fragmentos discais aprisionados sem lesionar a saída da raiz.

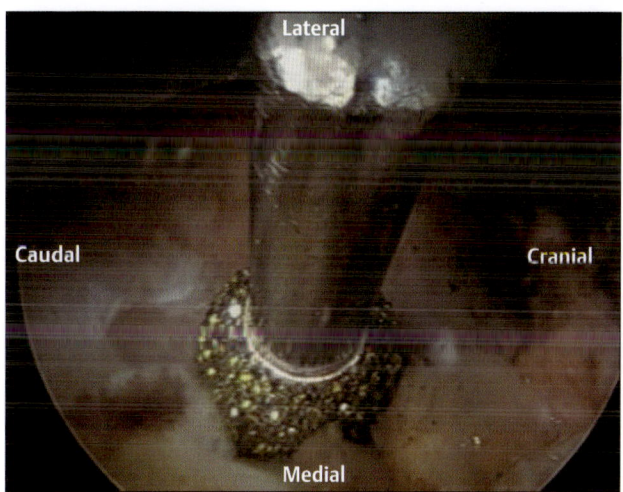

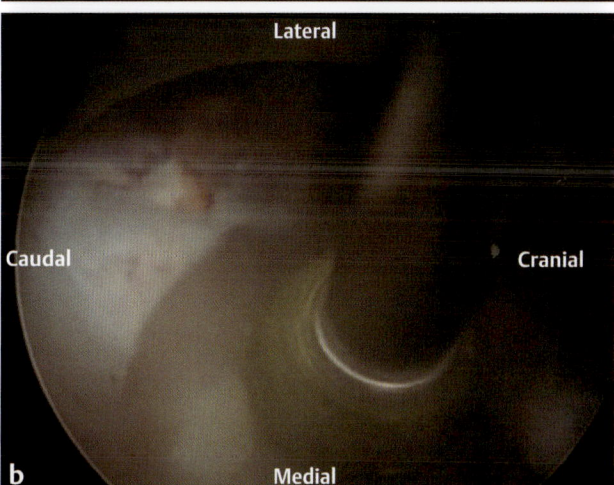

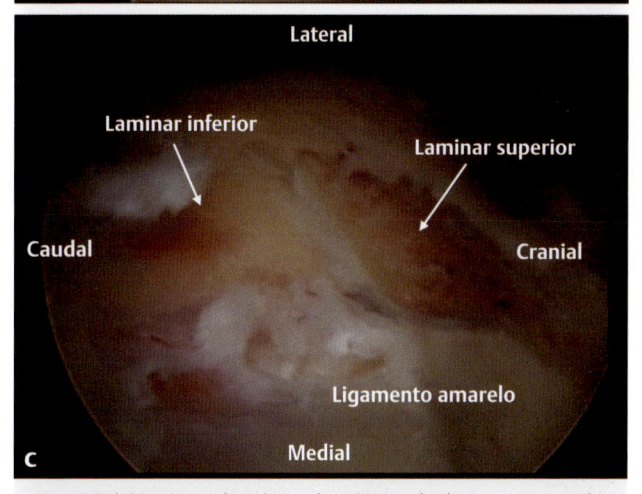

Fig. 47.7 (a) Visão endoscópica do trépano de diamante tocando as lâminas no ponto V; (b) ponto inicial e perfuração; (c) visão após remoção parcial da lâmina.

47.4 Demonstração de Caso

47.4.1 História

Uma mulher de 62 anos apresentava uma história de 2 meses de dor no braço direito e desconforto cervical, sem dormência ou déficit neurológico. O tratamento conservador não demonstrou melhora.

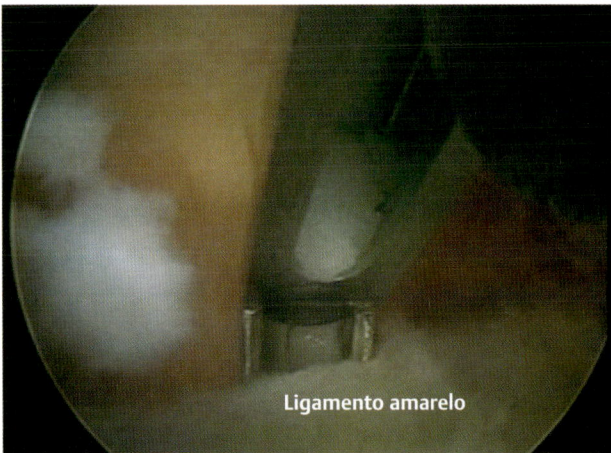

Fig. 47.8 Remoção do ligamento amarelo com o uso de um perfurador endoscópico especializado.

Não havia sinais de mielopatia durante o exame físico. A MRI da coluna cervical demonstrou herniação discal foraminal à direita em C6–C7 (**Fig. 47.12**). A CT não demonstrou calcificação.

As opções terapêuticas foram discutidas com a paciente, as vantagens e desvantagens foram explicadas cuidadosamente e, por fim, a paciente decidiu ser submetida à foraminotomia endoscópica posterior.

47.4.2 Procedimento Cirúrgico

- A paciente foi colocada em posição prona com flexão discreta do pescoço sobre uma mesa cirúrgica radiolucente. Ela recebeu anestesia geral.
- A fixação do ombro com cintas foi realmente importante neste caso, porque a patologia estava nas vértebras cervicais mais baixas. Além disso, a cabeça foi estabilizada antes da colocação dos campos.
- A marcação de nível foi realizada por fluoroscopia com braço-C.
- Sob a orientação por braço-C na incidência AP, identificamos o ponto V adequadamente. A inserção da agulha foi dirigida para este ponto. Com base na incidência lateral, a agulha foi dirigida para a borda superior da lâmina inferior.
- Após a lâmina ser atingida, o fio-guia foi inserido pela agulha e então foi seguido por dilatação com dilatadores seriados.
- O ponto de ancoragem final do canal de trabalho foi posterior à lâmina na incidência lateral e correspondeu ao ponto V na incidência AP.

47.5 Achados Endoscópicos

- A eliminação de tecido mole e o controle de sangramento foram realizados antes que a lâmina fosse atingida.

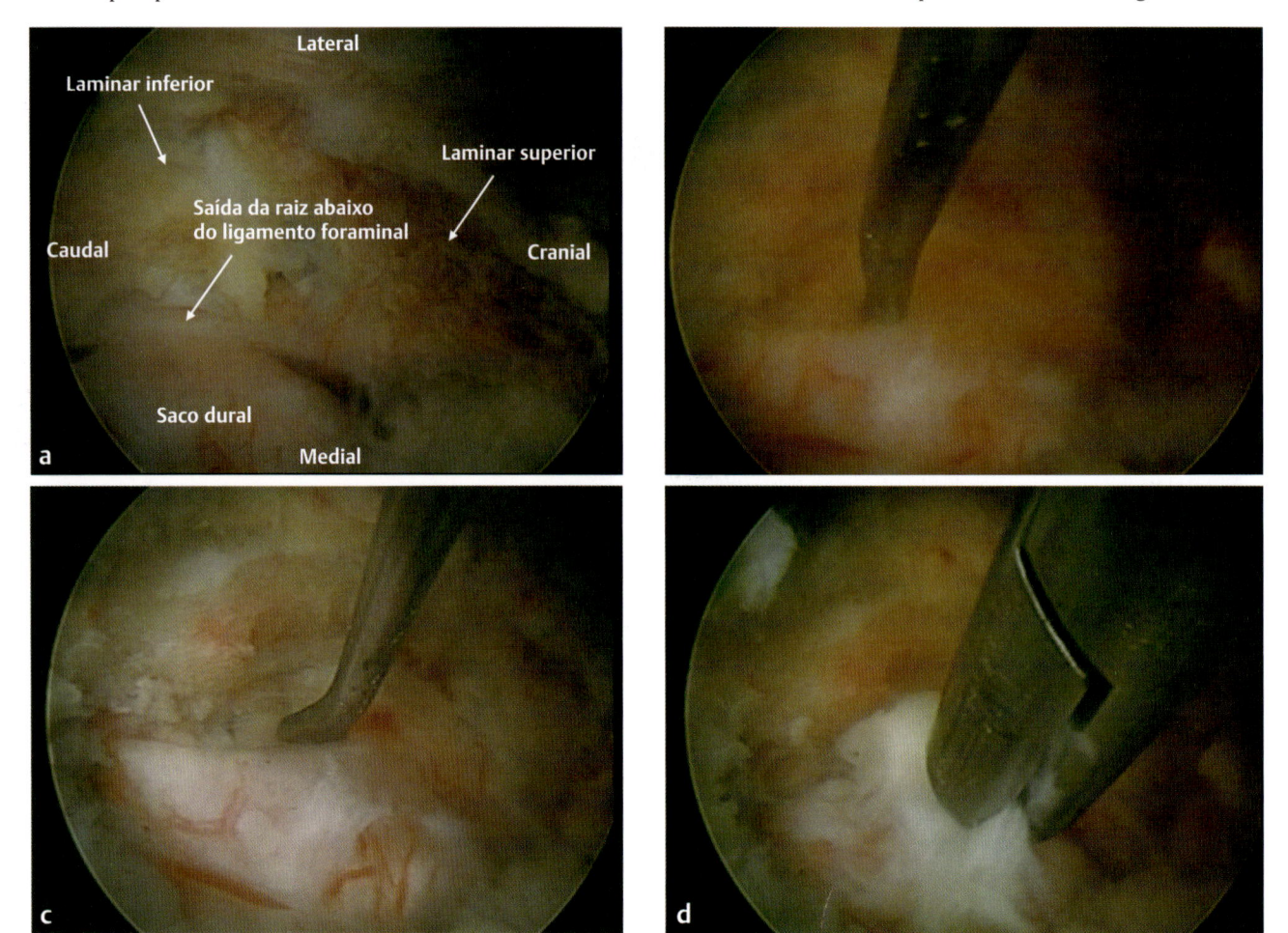

Fig. 47.9 (**a**) Anatomia endoscópica; (**b,c**) sonda de ponta romba palpando na axila da saída da raiz; (**d**) remoção de fragmentos discais por pinças endoscópicas.

Laminoforaminotomia Cervical com Endoscópio no Canal de Trabalho

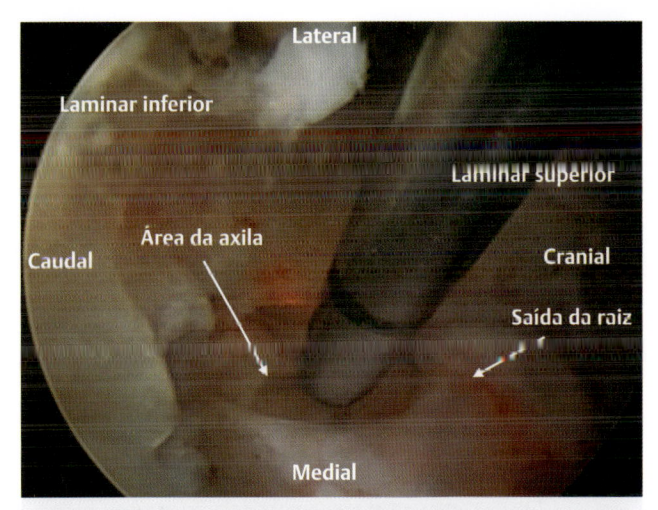

Fig. 47.10 Visão endoscópica do *laser* Ho:YAG com disparo lateral usado para dissecar lateralmente o tecido mole.

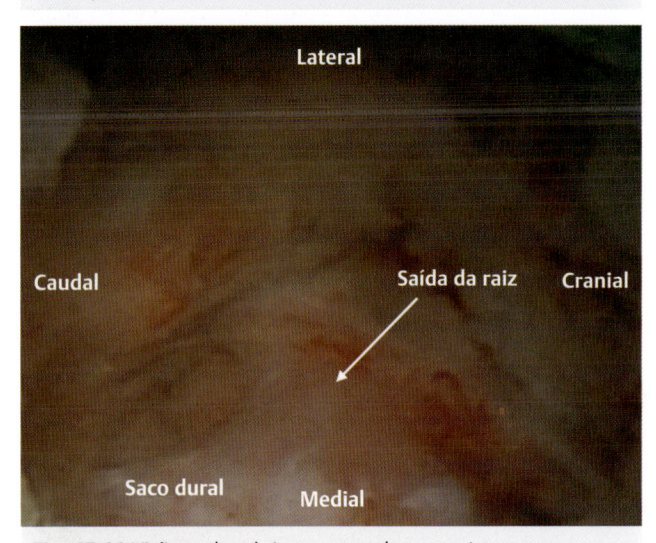

Fig. 47.11 Visão endoscópica mostrando uma raiz nervosa totalmente descomprimida.

- A descompressão óssea começou com o uso de um trépano de ponta de diamante, começando na lâmina cranial onde o ponto V estava localizado, continuando pela porção lateral e terminando na lâmina caudal.
- Após a remoção parcial da lâmina, pudemos ver o ligamento amarelo e agora era seguro removê-lo usando uma rugina de Kerrison especializada para expor a raiz nervosa.
- Neste ponto, pudemos ver a saída da raiz em C7 e identificamos com clareza outras estruturas relacionadas (**Fig. 47.13**).
- Na maioria de nossos casos, uma abordagem axilar é escolhida, e uma sonda de ponta romba é então usada para trazer os fragmentos para um ponto de visualização onde possam ser removidos com segurança usando pinças endoscópicas (**Fig. 47.14**).
- Após a remoção do disco, também removemos parcialmente o ligamento foraminal, que estava comprimindo a saída da raiz com auxílio de *laser* Ho:YAG (**Fig. 47.15**).
- Após a descompressão, a raiz nervosa estava claramente livre de compressão.

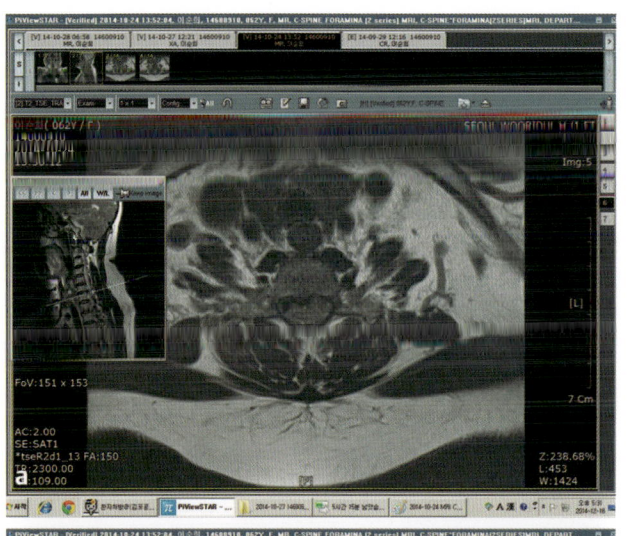

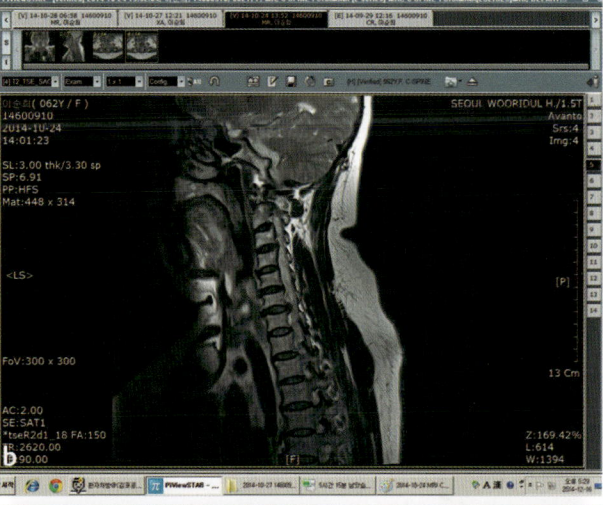

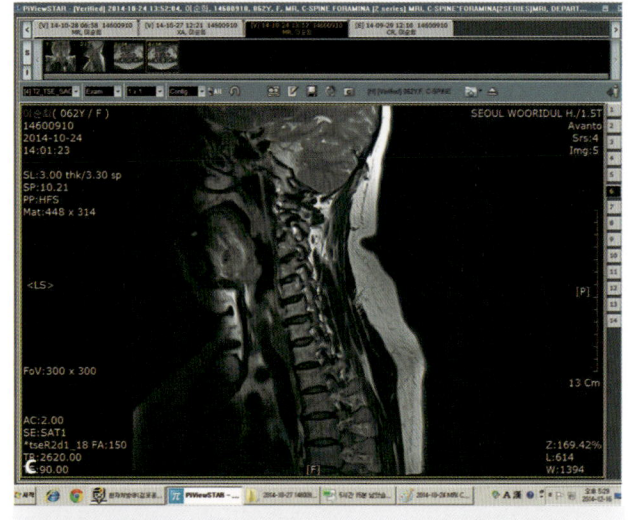

Fig. 47.12 MRI da coluna cervical mostra um disco foraminal à direita em C6–C7. (**a**) Incidência AP, (**b,c**) incidência oblíqua sagital direita.

47.6 Resultados

- A MRI pós-operatória demonstrou um forame em C6–C7 à direita totalmente descomprimido (**Fig. 47.16**).

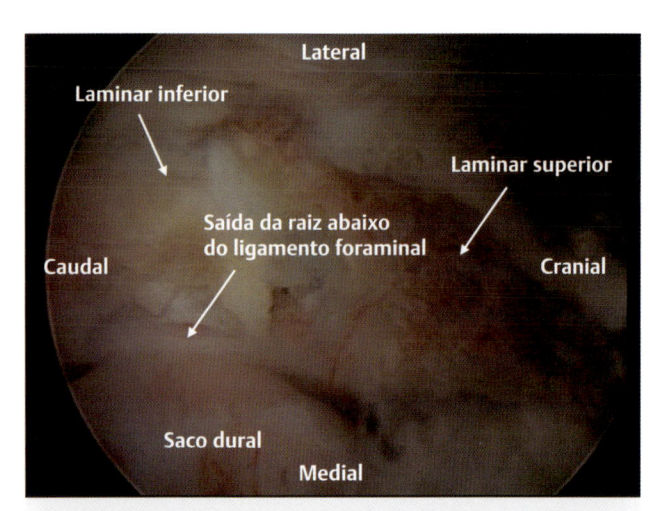

Fig. 47.13 A raiz é claramente visualizada após a remoção do ligamento amarelo.

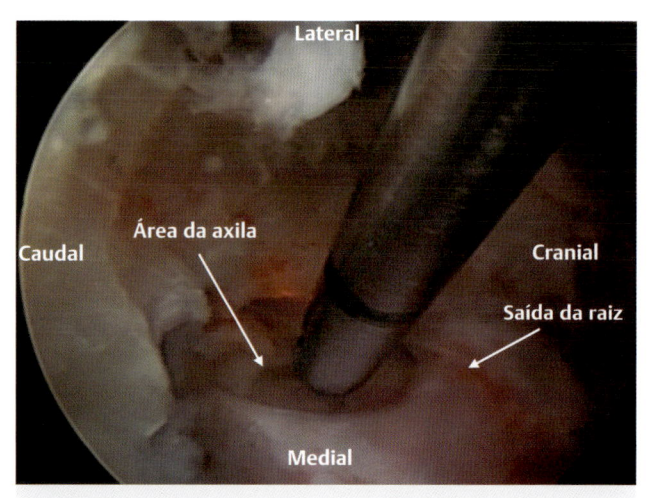

Fig. 47.15 Uso do *laser* Ho:YAG com sonda de disparo lateral para remover o ligamento foraminal.

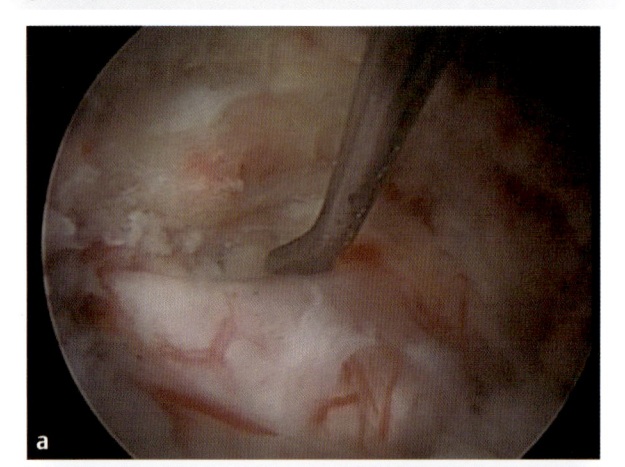

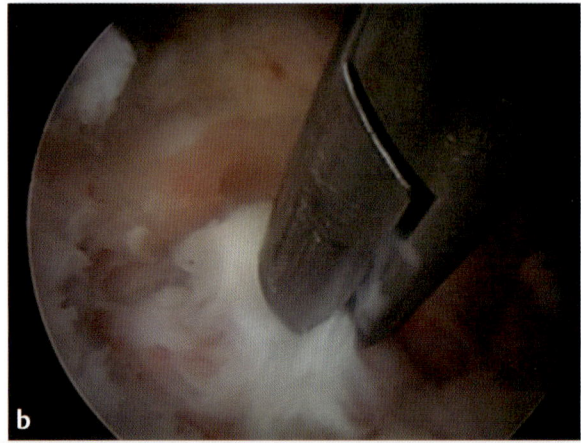

Fig. 47.14 (a,b) Remoção do fragmento discal por pinças endoscópicas e com auxílio de uma sonda de ponta romba.

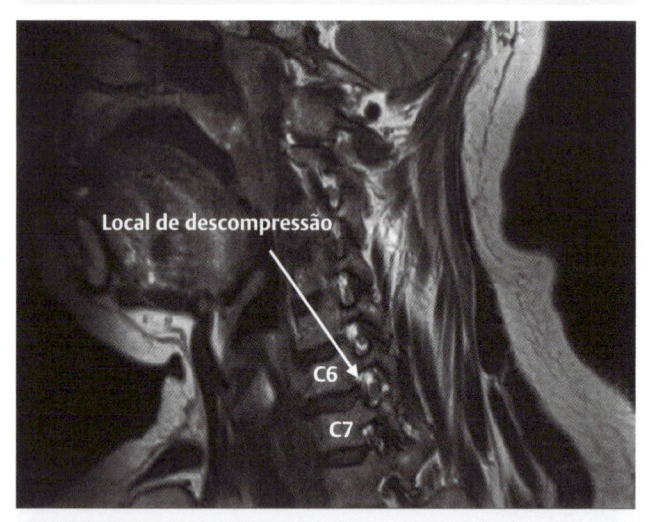

Fig. 47.16 MRI pós-operatória confirma o forame em C6–C7 totalmente descomprimido à direita.

- A dor no braço direito da paciente foi aliviada, e não foram observadas complicações.

47.7 Dicas

- A posição da agulha na lâmina cranial é crucial para evitar a penetração acidental no espaço interlaminar.
- Começar no ponto V e seguir lateralmente, evitar remoção excessiva da parte medial da lâmina.
- Deve-se ter ciência de que uma facetectomia parcial pode ser necessária.
- Os autores recomendam a abordagem axilar porque existe um espaço mais amplo.

Referências

1. Celestre PC, Pazmiño PR, Mikhael MM, et al. Minimally invasive approaches to the cervical spine. *Orthop Clin North Am* 2012;43(1):137–147, x
2. O'Toole JE, Sheikh H, Eichholz KM, Fessler RG, Perez-Cruet MJ. Endoscopic posterior cervical foraminotomy and discectomy. *Neurosurg Clin N Am* 2006;17(4):411–422
3. Winder MJ, Thomas KC. Minimally invasive versus open approach for cervical laminoforaminotomy. *Can J Neurol Sci* 2011;38(2):262–267
4. Burke TG, Caputy A. Microendoscopic posterior cervical foraminotomy: a cadaveric model and clinical application for cervical radiculopathy. *J Neurosurg* 2000; 93(1, Suppl):126–129
5. McAnany SJ, Kim JS, Overley SC, Baird EO, Anderson PA, Qureshi SA. A meta-analysis of cervical foraminotomy: open versus minimally-invasive techniques. *Spine J* 2015;15(5):849–56
6. Ruetten S, Komp M, Merk H, Godolias G. A new full-endoscopic technique for cervical posterior foraminotomy in the treatment of lateral disc herniations using 6.9-mm endoscopes: prospective 2-year results of 87 patients. *Minim Invasive Neurosurg* 2007;50(4):219–226
7. Ruetten S, Komp M, Merk H, Godolias G. Full-endoscopic cervical posterior foraminotomy for the operation of lateral disc herniations using 5.9-mm endoscopes: a prospective, randomized, controlled study. *Spine (Phila Pa 1976)* 2008;33(9):940–948

48 Foraminotomia Cervical e Discectomia Endoscópica Percutânea Posterior: Apresentação de Caso e Técnica Cirúrgica

Chi Heon Kim ▪ Chun Kee Chung

48.1 Apresentação de Caso

A paciente, uma mulher de 41 anos, apresentou as queixas principais de dor no braço direito e fraqueza no tríceps (o início tinha ocorrido 6 meses antes). Várias injeções epidurais tinham sido realizadas, mas sua dor não foi aliviada. A intensidade de dor correspondia a 10/10 no pescoço/braço, e o índice de incapacidade do pescoço era de 35/50.

O exame neurológico revelou fraqueza no tríceps direito (teste motor manual IV/V), e o teste de Spurling foi positivo. A MRI revelou protrusão discal e discreta migração superior do forame neural direito em C6–C7 (**Fig. 48.1**).

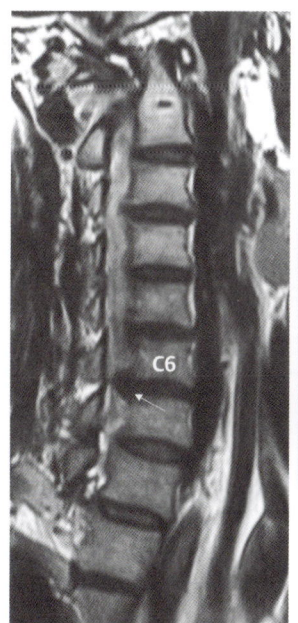

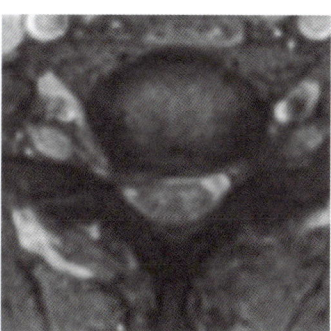

Fig. 48.1 MRI pré-operatória. À esquerda, visão foraminal; à direita, visão axial.

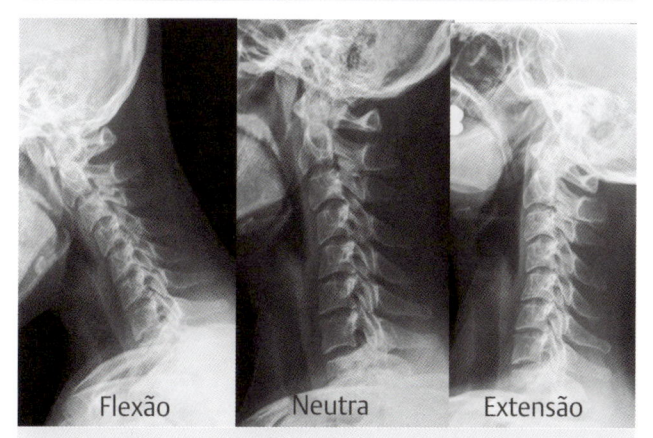

Fig. 48.2 Radiografias simples pré-operatórias. Da esquerda para a direita: flexão, posição neutra e extensão.

Radiografias simples laterais da região cervical em pé mostraram cifose em posição neutra e extensão limitada (**Fig. 48.2**).

48.2 Revisão da Literatura

- A discectomia e fusão cervical anterior (ACDF) atualmente representa o tratamento padrão para doença do disco cervical.[1,2] Contudo, há problemas associados à fusão, como limitação do movimento e possível patologia em segmentos adjacentes.[1,2]
- A substituição por um disco artificial foi introduzida para abordar os problemas da ACDF. Contudo, foram relatadas várias questões associadas aos discos cervicais artificiais, como ossificação heterotópica, falha mecânica e fusão espontânea.[3,4,5,6]
- Cirurgias com preservação de movimento podem constituir uma alternativa, dependendo da idade e nível de atividade do paciente. A foraminotomia e discectomia posterior tradicional pode ser realizada com técnicas totalmente endoscópicas.[7,8,9,10,11,12,13]
- Se a cifose cervical for causada por dor, a curvatura pode ser melhorada com alívio da dor no pescoço/braço.[7] Portanto, neste caso, a foraminotomia e discectomia (P-PECD) cervical endoscópica percutânea posterior podem ser consideradas.

48.3 Técnica Cirúrgica[7,8,9] (Vídeo 48.1)

48.3.1 Posição e Anestesia

- A P-PECD é realizada sob anestesia geral em posição prona com dispositivos de fixação por pinos de três pontos e um suporte montado na mesa (sistema Mayfield, Integra, Plainsboro, NJ) ou tração craniocervical com um sistema de fixação esquelética usando a pinça de Gardner-Wells (**Fig. 48.3**).[7]

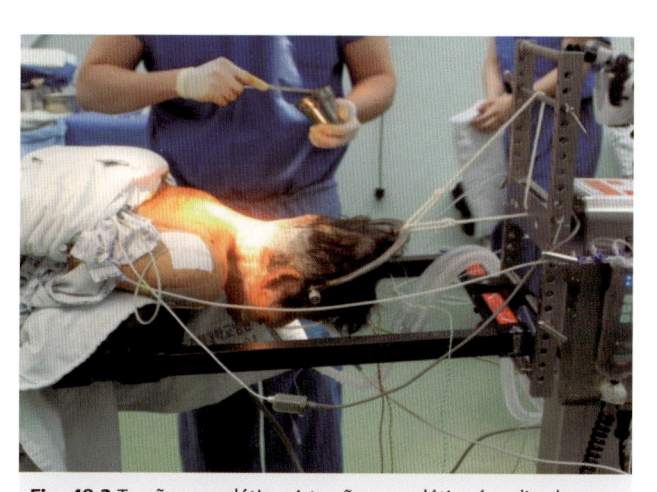

Fig. 48.3 Tração esquelética. A tração esquelética é realizada para aumentar o espaço interlaminar.

48.3.2 Incisão Cutânea e Introdução de Endoscópio

- O ponto V é limitado pela margem inferior da lâmina cefálica, a junção medial das articulações facetárias e a margem superior da lâmina caudal (**Fig. 48.4**).[7,8]
- Após a identificação do ponto V com o fluoroscópio, a incisão cutânea é realizada com um bisturi e, então, o obturador, o canal de trabalho e o endoscópio são introduzidos sequencialmente (**Fig. 48.5**).
- O endoscópio e o canal de trabalho são segurados em uma das mãos e os instrumentos endoscópicos são aplicados com a outra mão (**Fig. 48.6**).

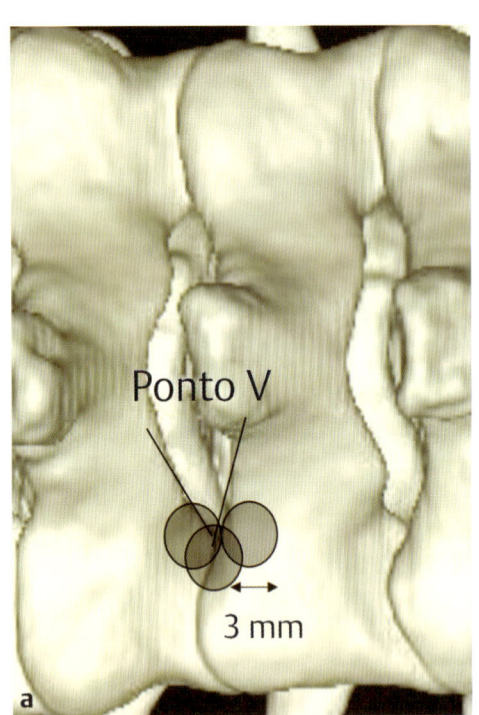

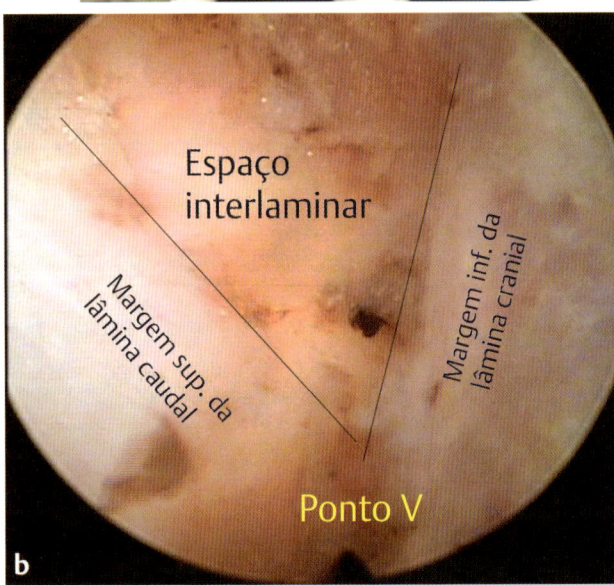

Fig. 48.4 (**a**) O ponto V em uma CT com reconstrução 3D. (**b**) Visão operatória.

48.3.3 Preparação do Ponto V

- Os músculos fixados ao redor do ponto V são afastados com fórceps e coagulador. O ligamento amarelo (LF), a margem inferior da lâmina cranial, a margem superior da lâmina caudal e o ponto inicial da articulação facetária são visualizados (**Fig. 48.4b**).

48.3.4 Perfuração de Lâmina e Articulação Facetária

- Toda a cirurgia é realizada sob controle visual e irrigação contínua com solução salina normal.[7,8,10,11] O bisel aberto do canal de trabalho é dirigido para o lado medial com objetivo de evitar compressão acidental da medula espinal.[7,8]
- A perfuração óssea é iniciada a partir do ponto V com a broca endoscópica. Pode ser utilizada uma broca de corte lateral (fresa), coberta por um protetor.
- A extensão da perfuração óssea depende do tamanho e da localização do material discal herniado e geralmente está dentro de um raio de 3 a 4 mm ao redor do ponto V.[7,8] A extensão da remoção óssea pode ser avaliada pelo diâmetro do instrumento endoscópico.[7,8]
- A sequência de perfuração corresponde a lâmina cranial, lâmina caudal e articulação facetária.
- O córtex interno adelgaçado da lâmina é removido com uma pinça de Kerrison.
- Em geral, a remoção da articulação facetária corresponde a menos de 10% de toda a articulação para discectomia (**Fig. 48.7**).

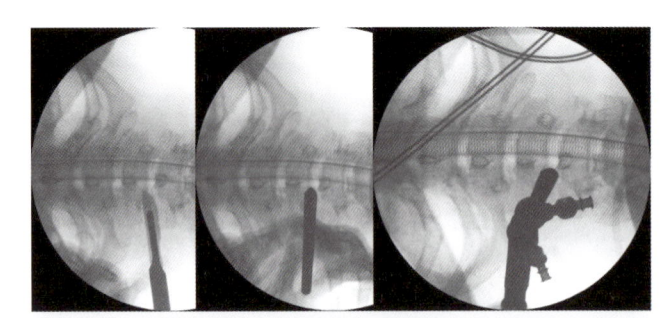

Fig. 48.5 Introdução do endoscópio. Da esquerda para a direita: incisão cutânea com bisturi, inserção do obturador e inserção do endoscópio após a inserção do canal de trabalho.

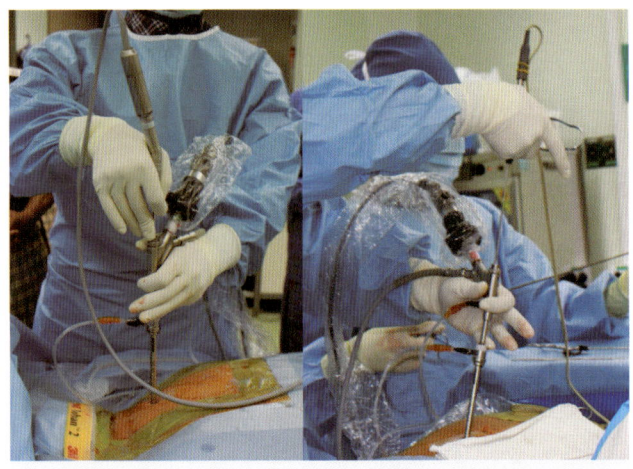

Fig. 48.6 A posição da mão durante a cirurgia. À esquerda, broca endoscópica; à direita, coagulador endoscópico.

48.3.5 Preparação do Espaço Epidural

- Após a remoção da lâmina, o LF delgado é removido com uma pinça de Kerrison
- O espaço discal é exposto e limpo com dissecador e pinça.
- Em geral, o disco rompido está localizado na axila da raiz nervosa (**Fig. 48.8**).

48.3.6 Discectomia

- A margem lateral da dura-máter é identificada primeiro e dissecada a partir do disco e da margem posterior do corpo vertebral com o dissecador. Então o dissecador é movido ao longo da margem lateral e da margem inferior da raiz nervosa para delinear o tecido neural.
- O disco rompido é removido com pinças endoscópicas.
- Para o disco contido, a anulotomia é realizada usando um anulótomo, e o material discal é removido.
- A descompressão é confirmada nas margens superior (ombro) e inferior (axila) da raiz nervosa (**Fig. 48.9**).
- Em geral, o material discal rompido é removido, e a descompressão interna de disco não é realizada (**Fig. 48.10**).

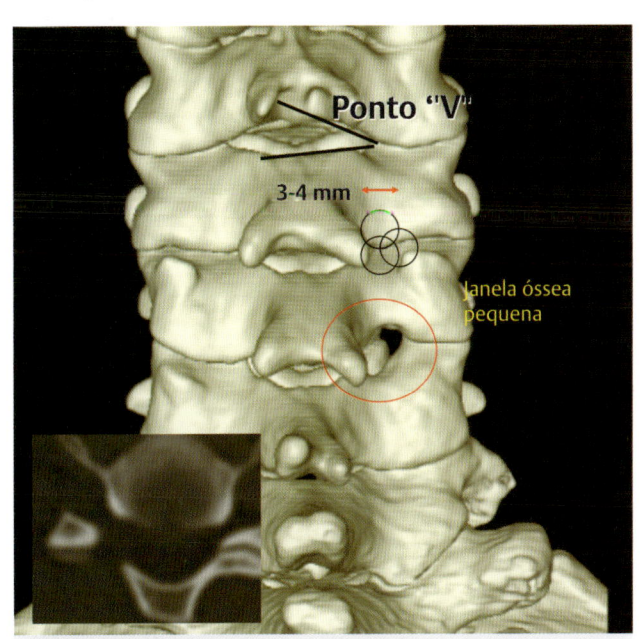

Fig. 48.7 Tamanho da foraminotomia. A quantidade de articulação facetária removida corresponde a aproximadamente 1 mm (10% da articulação facetária).

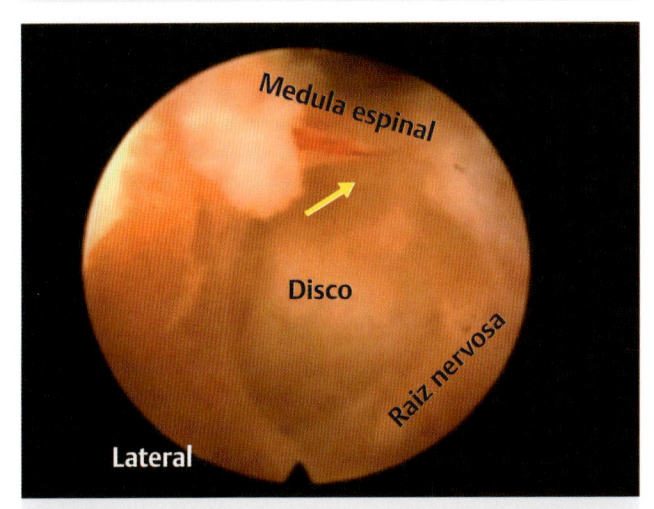

Fig. 48.8 Disco e raiz nervosa após foraminotomia. O anel saliente comprime a raiz nervosa. O material do disco rompido está localizado abaixo da dura-máter (*seta*).

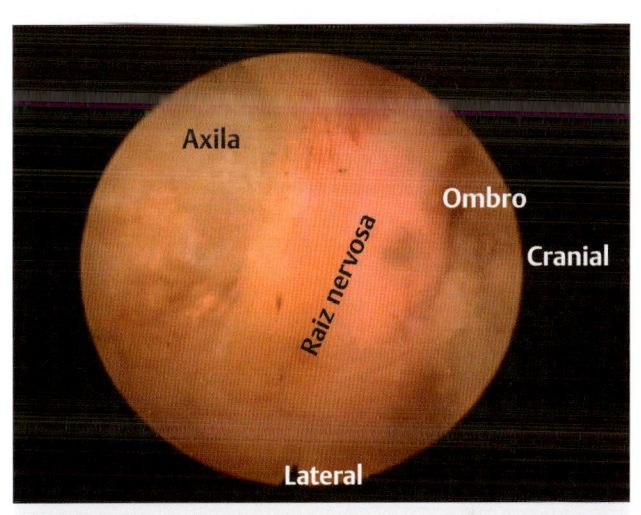

Fig. 48.9 Raiz nervosa após discectomia.

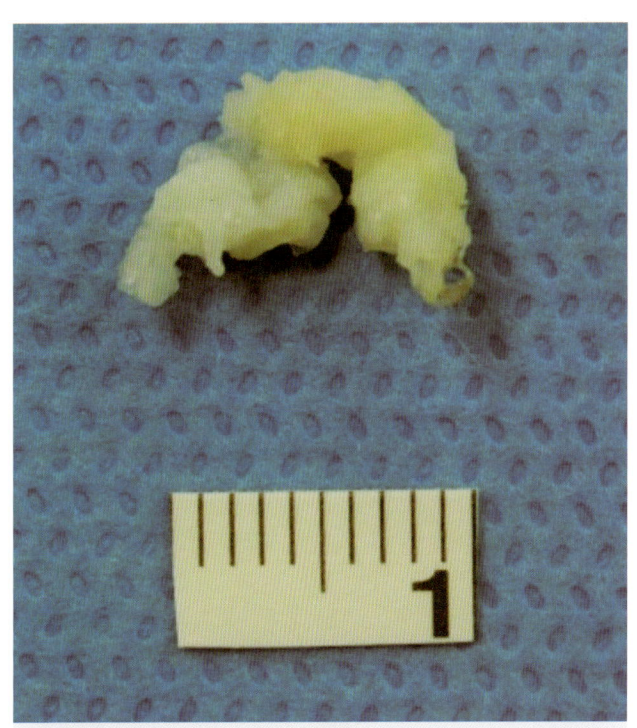

Fig. 48.10 Material discal removido.

48.3.7 Fechamento

- Após a cirurgia, um dreno de sucção fechada pode ser inserido ao longo do canal de trabalho, se necessário.
- A ferida é fechada com náilon (**Fig. 48.11**).

48.4 Evolução Hospitalar

- Neste exemplo de caso, a dor no pescoço e braço da paciente melhorou diretamente após a cirurgia, com dor incisional mínima.
- A MRI pós-operatória mostrou um tecido nervoso bem descomprimido (**Fig. 48.12**).
- A paciente recebeu alta no dia seguinte sem um suporte para o pescoço. O movimento cervical não foi restringido.
- A fraqueza no tríceps foi normalizada 1 semana mais tarde.
- Radiografias cervicais em pé obtidas 1 mês após a cirurgia mostraram que a extensão cervical não foi limitada (**Fig. 48.13**).
- Um ano após a cirurgia, a classificação de dor da paciente correspondeu a 0/0 no pescoço/braço e o índice de incapacidade do pescoço correspondeu a 0/50.

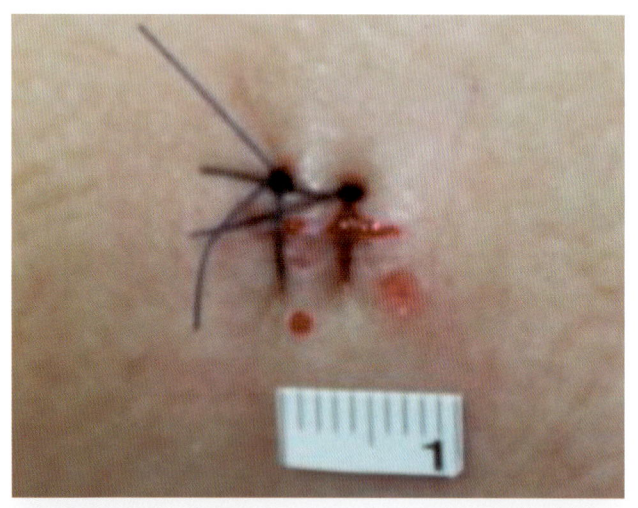

Fig. 48.11 Ferida cirúrgica. A incisão na pele é menor que 1 cm.

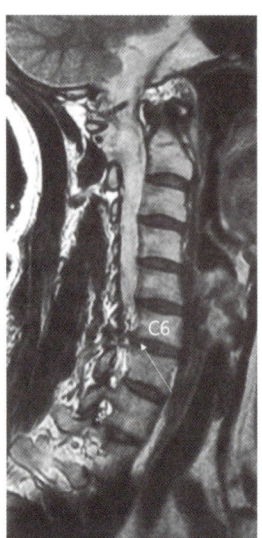

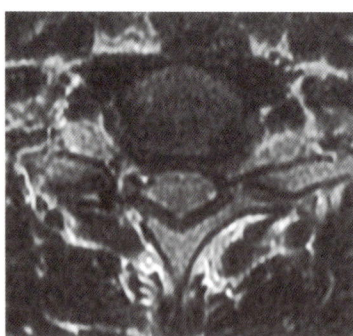

Fig. 48.12 MRI pós-operatória. À esquerda, incidência foraminal; à direita, axial.

48.5 Dicas

48.5.1 Controle de Sangramento

- O posicionamento cirúrgico é o mais importante. A redução da pressão abdominal pode reduzir o sangramento venoso derivado da veia epidural.
- Geralmente, a irrigação contínua elimina o sangramento, e o sangramento dos plexos venosos perineurais pode ser controlado com um coagulador.
  - Se a hemorragia não for controlável, a aplicação de uma membrana no endoscópio é efetiva. Contudo, o aumento da pressão de água pode causar lesão da medula espinal ou um aumento da pressão intracraniana. A aplicação da membrana deve durar menos que alguns minutos. O aumento da pressão de água com a bomba de água não é recomendado rotineiramente.

48.5.2 Raiz Duplatyt

- Uma raiz dupla é relatada em 20% dos pacientes (**Fig. 48.14**).[11]
- Para prevenir lesão na raiz motora ventral, a margem lateral da dura-máter é identificada inicialmente e dissecada a partir do disco e da margem posterior do corpo vertebral com um dissecador. Em seguida, o dissecador é movido ao longo da margem lateral e inferiormente à margem da raiz nervosa para delinear o tecido neural.

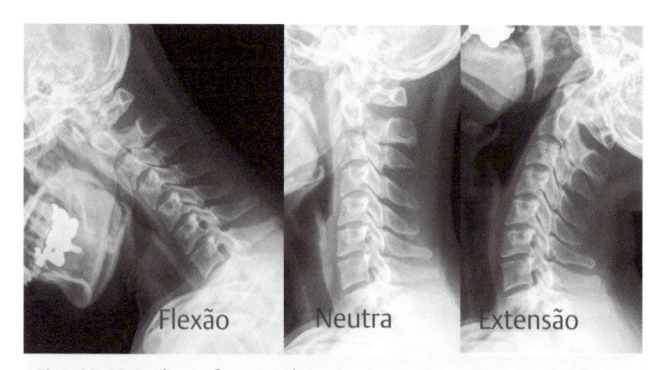

Fig. 48.13 Radiografias simples pós-operatórias. Da esquerda para a direita: flexão, posição neutra e extensão.

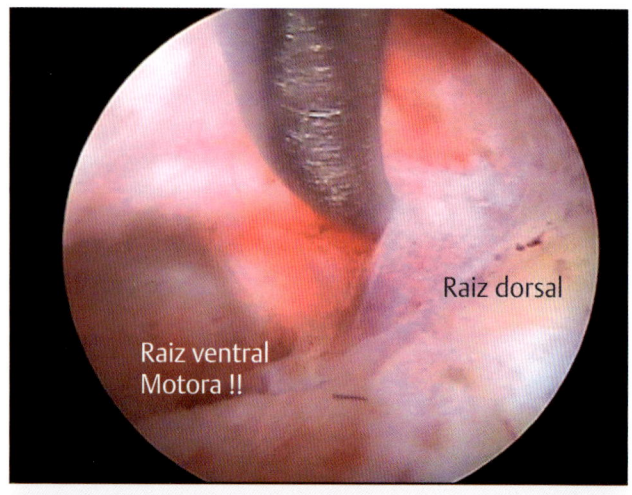

Fig. 48.14 Raiz nervosa dupla. Raízes motoras central e sensorial dorsal.

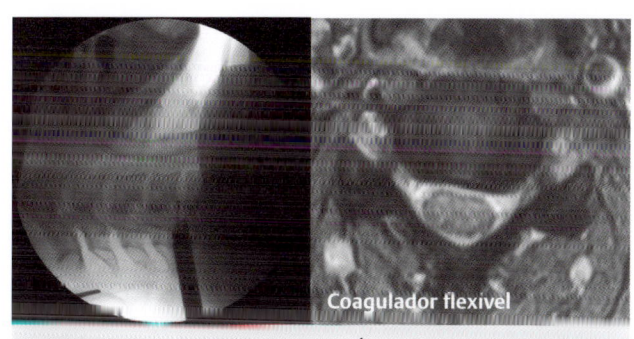

Fig. 48.15 Lesão da artéria vertebral. À esquerda: o coagulador flexível pode ser inserido até o forame vertebral. À direita: trajeto do coagulador flexível.

48.5.3 Lesão da Artéria Vertebral

- Uma vez que a ponta do coagulador seja flexível, a inserção forçada no forame vertebral pode irritar ou lesionar a artéria vertebral (**Fig. 48.15**).

48.5.4 Cifose

- Uma vez que a articulação facetária seja violada, a progressão da cifose cervical pode representar uma preocupação.[14]
- Se a extensão da remoção da articulação facetária for de aproximadamente 1 mm (menos de 10% da articulação facetária), ela pode não causar cifose.[8]
- A cifose causada por dor pode ser melhorada com o alívio da dor.[7]

Referências

1. Hilibrand AS, Carlson GD, Palumbo MA, Jones PK, Bohlman HH. Radiculopathy and myelopathy at segments adjacent to the site of a previous anterior cervical arthrodesis. *J Bone Joint Surg Am* 1999;81(4):519–528
2. Kraemer P, Fehlings MG, Hashimoto R, et al. A systematic review of definitions and classification systems of adjacent segment pathology. *Spine* 2012;37(22, Suppl):S31–S39
3. Richards O, Choi D, Timothy J. Cervical arthroplasty: the beginning, the middle, the end? *Br J Neurosurg* 2012;26(1):2–6
4. Park SB, Kim KJ, Jin YJ, et al. X-ray based kinematic analysis of cervical spine according to prosthesis designs: analysis of the Mobi C, Bryan, PCM, and Prestige LP. *J Spinal Disord Tech* 2013; E-pub
5. Lee SE, Chung CK, Jahng TA. Early development and progression of heterotopic ossification in cervical total disc replacement. *J Neurosurg Spine* 2012;16(1):31–36
6. Cho SK, Riew KD. Adjacent segment disease following cervical spine surgery. *J Am Acad Orthop Surg* 2013;21(1):3–11
7. Kim CH, Shin KH, Chung CK, Park SB, Kim JH. Changes in cervical sagittal alignment after single-level posterior percutaneous endoscopic cervical diskectomy. *Global Spine J* 2015;5(1):31–38
8. Kim CH, Kim KT, Chung CK, et al. Minimally invasive cervical foraminotomy and diskectomy for laterally located soft disk herniation. *Eur Spine J* 2015;24(12):3005–3012
9. Kim CH, Chung CK, Kim HJ, Jahng TA, Kim DG. Early outcome of posterior cervical endoscopic discectomy: an alternative treatment choice for physically/socially active patients. *J Korean Med Sci* 2009;24(2):302–306
10. Ruetten S, Komp M, Merk H, Godolias G. Full-endoscopic cervical posterior foraminotomy for the operation of lateral disc herniations using 5.9-mm endoscopes: a prospective, randomized, controlled study. *Spine* 2008;33(9):940–948
11. Ruetten S, Komp M, Merk H, Godolias G. A new full-endoscopic technique for cervical posterior foraminotomy in the treatment of lateral disc herniations using 6.9-mm endoscopes: prospective 2-year results of 87 patients. *Minim Invasive Neurosurg* 2007;50(4):219–226
12. Yang JS, Chu L, Chen L, Chen F, Ke ZY, Deng ZL. Anterior or posterior approach of full-endoscopic cervical discectomy for cervical intervertebral disc herniation? A comparative cohort study. *Spine* 2014;39(21):1743–1750
13. Lubelski D, Healy AT, Silverstein MP, et al. Reoperation rates after anterior cervical discectomy and fusion versus posterior cervical foraminotomy: a propensity-matched analysis. *Spine J* 2015;15(6):1277–1283
14. Jagannathan J, Sherman JH, Szabo T, Shaffrey CI, Jane JA. The posterior cervical foraminotomy in the treatment of cervical disc/osteophyte disease: a single-surgeon experience with a minimum of 5 years' clinical and radiographic follow-up. *J Neurosurg Spine* 2009;10(4):347–356

49 Discectomia Cervical Posterior Endoscópica Tubular

Alejandro J. Lopez • Zachary A. Smith • Richard G. Fessler • Nader S. Dahdaleh

49.1 Introdução

Embora seja realizada com menos frequência que a discectomia cervical anterior, as abordagens posteriores à coluna cervical reduzem os riscos de lesão esofágica, lesão vascular, lesão do nervo laríngeo recorrente ou disfagia relacionadas com a abordagem.[1] Antes da introdução da técnica endoscópica, a abordagem posterior envolvia uma perturbação extensa da musculatura paraespinal, que contribuía para o aumento de complicações, dor e incapacidade.[2,3] A aplicação moderna de retratores tubulares rombos mostrou-se tão efetiva quanto os procedimentos abertos, ao mesmo tempo em que preserva a musculatura, obtendo o alívio dos sintomas em 87 a 97% dos pacientes enquanto diminui perda de sangue, a duração da permanência hospitalar e o uso de medicação analgésica no pós-operatório.[1,4] A aplicação de tecnologia endoscópica melhora a visualização e tem sido aplicada cada vez mais durante a cirurgia minimamente invasiva da coluna. Este capítulo enfoca a descompressão e discectomia cervical posterior endoscópica (**Vídeo 49.1**).

49.2 Seleção do Paciente

49.2.1 Indicações

- Herniação discal cervical lateral (**Fig. 49.1**) ou estenose foraminal causando radiculopatia.[5]
- Sintomas persistentes na raiz nervosa após discectomia e fusão cervical anterior.
- Doença do disco cervical em pacientes em que abordagens anteriores estejam contraindicadas (p. ex., indivíduos com infecção na região anterior do pescoço, traqueostomia, irradiação prévia, cirurgia radical prévia no pescoço decorrente da neoplasia).

49.2.2 Contraindicações

- Dor sem sintomas neurológicos.
- Instabilidade cervical grosseira.
- Herniação discal central.
- Carga da compressão ventral excessiva (ossificação difusa do ligamento longitudinal posterior).
- Deformidade cifótica que torne a descompressão posterior ineficaz ou desestabilize a coluna cervical.

49.3 Preparação

49.3.1 Instrumentos Cirúrgicos Essenciais

- Dispositivo para fixação da cabeça.
- Sistema de retrator tubular.
- Sistema de câmera endoscópica.
- Instrumentos endoscópicos para a coluna, incluindo microcuretas e ruginas de 1 a 2 mm.
- Broca de alta velocidade.
- Fluoroscopia intraoperatória.

49.3.2 Posicionamento

Após indução da anestesia com o paciente em posição supina, o paciente é colocado em um dispositivo de fixação cefálica de três pontos e elevado até a posição sentada (**Fig. 49.2**). A cabeça é então flexionada até que a coluna cervical fique perpendicular ao solo, garantindo um retorno venoso jugular suficiente e ao mesmo tempo prevenindo o comprometimento das vias aéreas. Esta posição também acomoda os equipamentos para imagem fluoroscópica, permitindo que os ombros caiam inferiormente

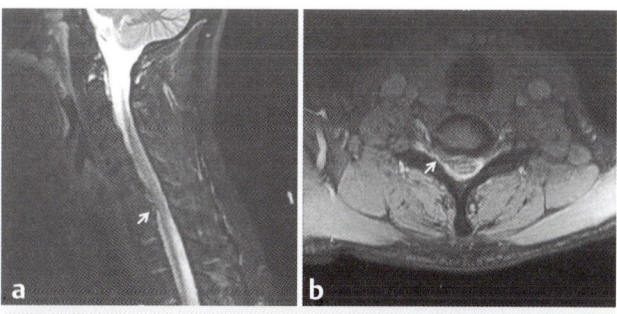

Fig. 49.1 Um homem de 30 anos apresentou dor no pescoço e irradiação para a extremidade superior direita. Ao exame, sua força motora no tríceps direito correspondeu a 4/5. A MRI da coluna cervical mostrou uma herniação discal mole lateral no lado direito em C6–C7, causando compressão do nervo foraminal em C7, observada na incidência parassagital direita em T2 (**a**, *seta*) e na incidência axial em T2 (**b**, *seta*).

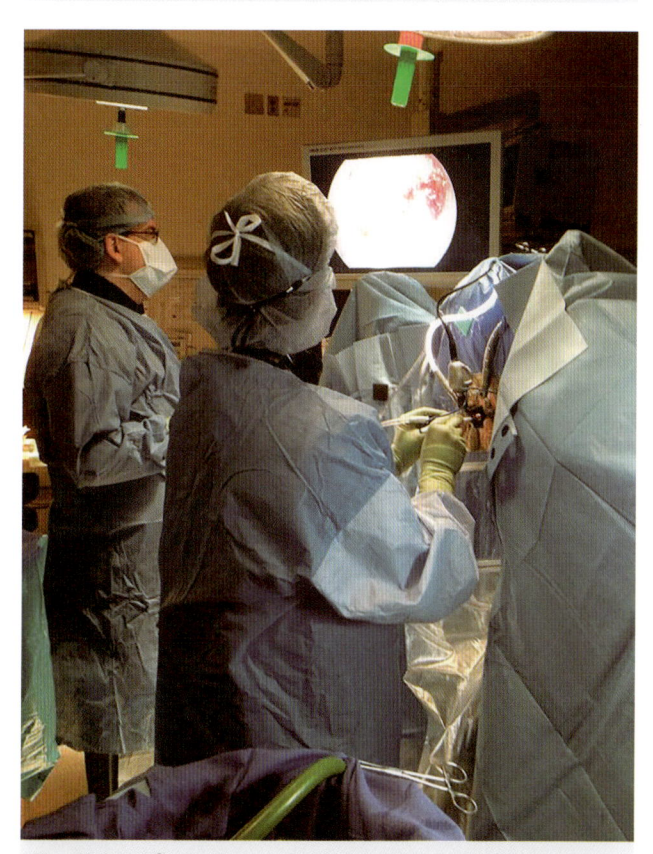

Fig. 49.2 Configuração intraoperatória. Observar que o paciente é colocado na posição sentada. O monitor está voltado para o cirurgião.

com a gravidade, e diminui o acúmulo de sangue no campo cirúrgico. A fadiga do médico também pode ser menor. Êmbolos aéreos não foram relatados como complicação desta posição.[1,4]

Alternativamente, o paciente pode ser colocado em posição prona com a cabeça presa em fixação por pinos de três pontos. O pescoço é então flexionado para expor melhor a janela interlaminar. A irrigação contínua do corredor cirúrgico com solução salina normal pode ser empregada para melhorar a visualização do campo cirúrgico.[6,7,8]

49.4 Técnica Cirúrgica

49.4.1 Preparação

A abordagem e a visualização do nível cirúrgico correto devem ser confirmadas por fluoroscopia antes de começar a esterilização do local. O pescoço é então tricotomizado, limpo, e campos cirúrgicos são aplicados de modo estéril.

49.4.2 Incisão

Após confirmar novamente o nível cirúrgico por fluoroscopia, a incisão é planejada. Para procedimentos de nível único, uma incisão vertical de 8 a 18 mm com desvio de 1,5 cm da linha média (na direção do lado que será operado) é suficiente, dependendo da largura final do sistema dilatador escolhido. O comprimento da incisão deve ser aproximadamente igual a ou discretamente maior que o diâmetro do retrator tubular final. Durante a cirurgia em dois níveis, a incisão deve abranger os níveis afetados. Se um acesso bilateral for planejado, a incisão pode ser realizada diretamente na linha média. O local da incisão planejada recebe anestesia local por injeção, e uma incisão inicial do comprimento da lâmina é realizada no ponto médio da área marcada.

49.4.3 Dilatação

Sob fluoroscopia, um fio de Kirschner (fio-K), fio-guia sobre agulha ou obturador são introduzidos e orientados na direção da borda inferomedial da massa lateral superior no nível afetado e ancorado. O osso deve ser identificado por palpação para garantir que o espaço interlaminar não tenha sido violado. A fáscia cervical é então aberta para permitir uma introdução menos forçosa dos dilatadores musculares.

Sob fluoroscopia, o dilatador inicial é colocado (**Fig. 49.3**). O instrumento pode ser colocado acima de um fio-K ou um fio-guia, se preferido, mas é necessário cuidado adicional para garantir que o fio-K não viole o espaço interlaminar. Para evitar esta possível complicação, introduzimos o menor dilatador, que é ancorado perpendicularmente à faceta/massa lateral, após o que a dilatação seriada prossegue de acordo com o sistema dilatador escolhido até que o retrator tubular final fique situado acima da junção laminofacetária (**Fig. 49.4**, **Fig. 49.5**). Janelas cirúrgicas de 7,9 a 18 mm foram descritas.[5,9] O braço do retrator é então fixado, e os dilatadores internos são removidos, permitindo a introdução e a fixação do endoscópio no retrator final (**Fig. 49.6**).

49.4.4 Exposição

A dissecção endoscópica começa no aspecto lateral do campo, acima do osso palpável. Um cautério monopolar e ruginas hipofisárias são empregados para completar a visualização da lâmina e da massa lateral (**Fig. 49.7**).[1] O ligamento amarelo é

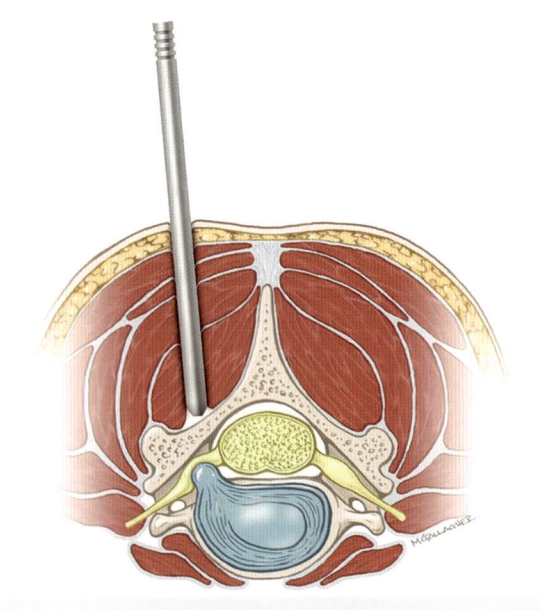

Fig. 49.3 A dilatação inicial é realizada após a exposição da junção laminofacetária. Deve-se ter cuidado para evitar a violação do espaço interlaminar pelo fio-K ou pelo dilatador menor.

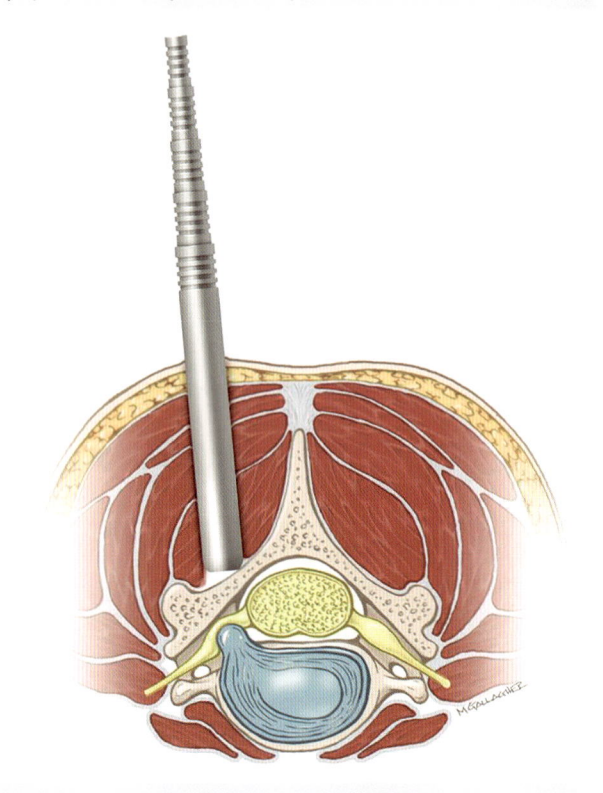

Fig. 49.4 Dilatadores sequenciais são introduzidos sob orientação fluoroscópica para dilatar os músculos paraespinais.

então removido da borda inferior da lâmina usando uma cureta com curvatura para cima.

Uma pinça de Kerrison e uma broca de alta velocidade com ponta fina e bainha protetora ajustável são empregadas para desenvolver a laminotomia. A borda lateral da dura-máter e a porção proximal da raiz nervosa são visualizadas, descolando-se o ligamento amarelo medialmente. O aspecto medial da faceta é então removido ao longo do trajeto da raiz nervosa.

Discectomia Cervical Posterior Endoscópica Tubular

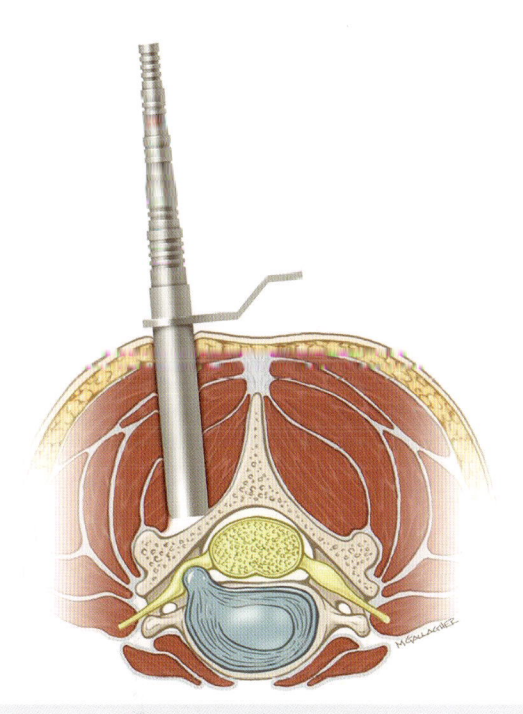

Fig. 49.5 O retrator tubular é ancorado na junção laminofacetária, e os dilatadores são então removidos.

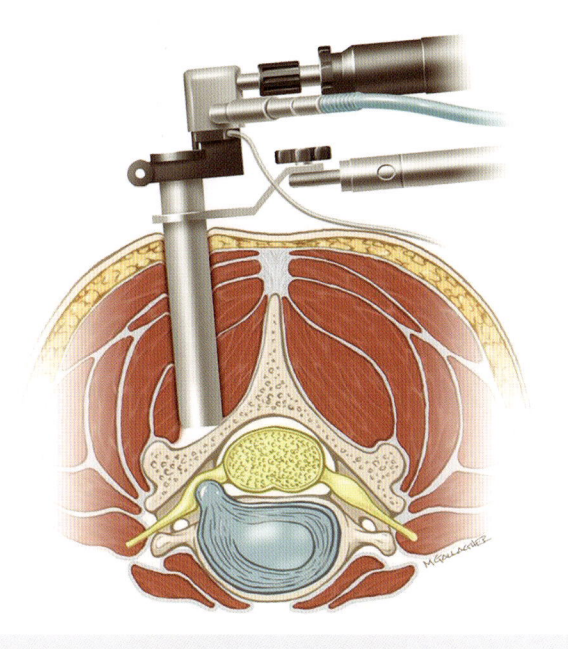

Fig. 49.6 O retrator tubular é montado na mesa cirúrgica e o aparelho endoscópico é então fixado a ele.

A ressecção da faceta deve ser limitada a menos de 50% para preservar a função (**Fig. 49.7**).[2,10]

49.4.5 Descompressão

A raiz nervosa é desnudada de qualquer plexo venoso que cause obscurecimento usando um cautério bipolar. Os fragmentos discais e quaisquer osteófitos agora devem ser palpáveis com um dissecador angulado. A ressecção suplementar do pedículo pode ser necessária para expor adequadamente a patologia e

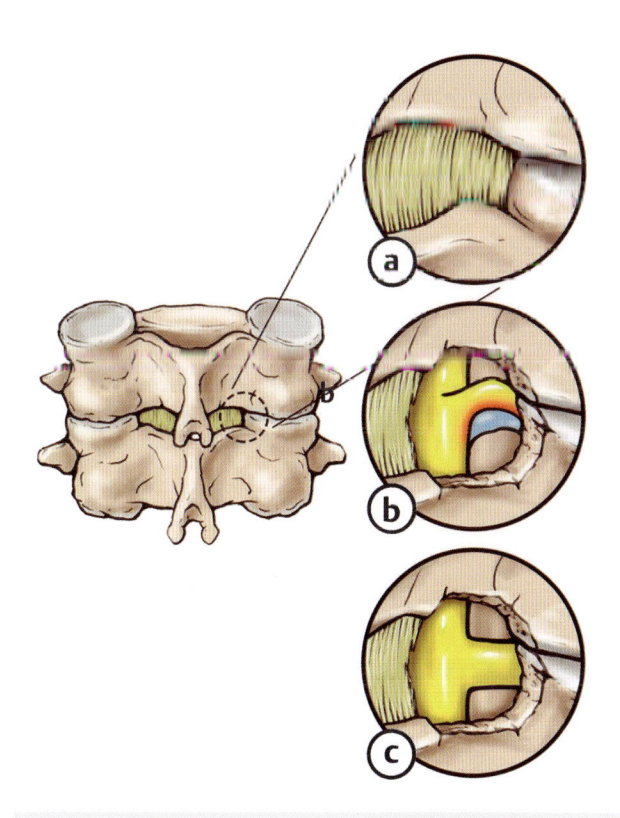

Fig. 49.7 Visão endoscópica após remoção subperiosteal da musculatura paraespinal. (**a**) Observar o espaço interlaminar e a junção da lâmina e faceta. (**b**) Após laminotomia e ressecção do aspecto medial da massa lateral e do ligamento amarelo, a raiz nervosa e a herniação discal mole lateral são expostas no nível da axila do nervo. (**c**) A herniação discal é então ressecada.

reduzir a retração da raiz nervosa. Osteomas osteoides são excisados de modo semelhante.[11] A remoção da herniação discal é realizada pela separação da raiz nervosa e do disco com um gancho para nervo antes de extrair o fragmento com ruginas hipofisárias (**Fig. 49.7**).[3]

49.4.6 Fechamento

Após a inspeção para verificar descompressão suficiente, o corredor cirúrgico é irrigado com solução antibiótica, e a hemostasia é obtida. Foi sugerido que a aplicação à raiz de uma compressa embebida em metilprednisolona reduza a inflamação subsequente. Um dreno de sucção fechada pode ser empregado se for esperado sangramento epidural.

O tubo retrator é removido, e a musculatura e a fáscia visíveis são infiltradas com anestésico local. A fáscia é fechada simplesmente com sutura absorvível, enquanto o tecido subcutâneo recebe pontos invertidos. Uma sutura subcuticular contínua é realizada na pele e coberta com adesivo cutâneo. É realizado o curativo da ferida, e a mesa é nivelada de modo que o paciente retorne à posição pré-operatória. A fixação da cabeça é então removida.

49.4.7 Recuperação

O paciente aguarda a recuperação da anestesia e pode receber alta em 2 a 3 horas com um analgésico opioide, anti-inflamatório não esteroide e relaxante muscular.

49.5 Complicações

A taxa de complicação geral deste procedimento corresponde a 2 a 9%.[1] A complicação encontrada com mais frequência é a durotomia incidental com vazamento de líquido cefalorraquidiano. Quando um corredor cirúrgico pequeno impede o fechamento primário de uma durotomia, pequenos defeitos podem ser passíveis de fechamento usando músculo, gordura ou um substituto dural fixado com cola de fibrina ou vedante sintético. Defeitos maiores podem exigir drenagem lombar do CSF por 2 a 3 dias.

A lesão da raiz nervosa e medula espinal é possível durante os estágios de dilatação e descompressão. A artéria vertebral também pode estar sujeita à lesão, se a dilatação prosseguir lateralmente à faceta ou se a dissecção for realizada em uma posição muito lateral.

A perda em longo prazo do alinhamento sagital não foi demonstrada na abordagem endoscópica posterior,[9] como ocorre nos procedimentos endoscópicos anteriores.[7,12,13] Isto pode ser decorrente da preservação do músculo e da anatomia facetária permitida pela abordagem posterior.

49.6 Discussão

Embora a discectomia e fusão cervical anterior constitua o padrão de tratamento atual para a doença do disco cervical, o procedimento está associado a múltiplas complicações relacionadas com a abordagem.[14,15] A fusão isolada ocorre à custa de perda de movimento e possível risco de doença no segmento adjacente.[16,17] A discectomia cervical endoscópica posterior oferece uma abordagem menos invasiva, que preserva o segmento de movimentação para o tratamento da herniação discal lateral ou estenose foraminal.

Estudos mostraram que 87 a 97% dos pacientes submetidos à discectomia cervical endoscópica posterior demonstram melhora favorável por mais de 2 anos, medida pelo resultado clínico e índices de incapacidade.[6,7,9] Além disso, estudos comparativos mostraram medidas de resultados semelhantes às obtidas com a discectomia cervical endoscópica anterior.[6,13,18,19] Embora nenhum acesso isolado possa abordar a totalidade da doença discal cervical, no paciente correto, o acesso endoscópico posterior para discectomia pode representar uma alternativa valiosa a procedimentos mais invasivos.

Referências

1. Fessler RG, Khoo LT. Minimally invasive cervical microendoscopic foraminotomy: an initial clinical experience. *Neurosurgery* 2002;51(5, Suppl):S37–S45
2. Ratliff JK, Cooper PR. Cervical laminoplasty: a critical review. *J Neurosurg* 2003;98(3, Suppl):230–238
3. Hosono N, Yonenobu K, Ono K. Neck and shoulder pain after laminoplasty. A noticeable complication. *Spine* 1996;21(17):1969–1973
4. Siddiqui AY. Posterior cervical microendoscopic diskectomy and laminoforaminotomy. In: Kim DH, Fessler RG, Regan JJ, eds. *Endoscopic Spine Surgery and Instrumentation: Percutaneous Procedures*. New York: Thieme; 2005
5. Gala VC, O'Toole JE, Voyadzis JM, Fessler RG. Posterior minimally invasive approaches for the cervical spine. *Orthop Clin North Am* 2007;38(3):339–349, abstract v
6. Ruetten S, Komp M, Merk H, Godolias G. A new full-endoscopic technique for cervical posterior foraminotomy in the treatment of lateral disc herniations using 6.9-mm endoscopes: prospective 2-year results of 87 patients. *Minim Invasive Neurosurg* 2007;50(4):219–226
7. Ruetten S, Komp M, Merk H, Godolias G. Full-endoscopic cervical posterior foraminotomy for the operation of lateral disc herniations using 5.9-mm endoscopes: a prospective, randomized, controlled study. *Spine* 2008;33(9):940–948
8. Kim CH, Chung CK, Kim HJ, Jahng TA, Kim DG. Early outcome of posterior cervical endoscopic discectomy: an alternative treatment choice for physically/socially active patients. *J Korean Med Sci* 2009;24(2):302–306
9. Kim CH, Shin KH, Chung CK, Park SB, Kim JH. Changes in cervical sagittal alignment after single-level posterior percutaneous endoscopic cervical discectomy. *Global Spine J* 2015;5(1):31–38
10. Raynor RB, Pugh J, Shapiro I. Cervical facetectomy and its effect on spine strength. *J Neurosurg* 1985;63(2):278–282
11. Nakamura Y, Yabuki S, Kikuchi S, Konno S. Minimally invasive surgery for osteoid osteoma of the cervical spine using microendoscopic discectomy system. *Asian Spine J* 2013;7(2):143–147
12. Yi S, Lim JH, Choi KS, et al. Comparison of anterior cervical foraminotomy vs arthroplasty for unilateral cervical radiculopathy. *Surg Neurol* 2009;71(6):677–680
13. Ahn Y, Lee SH, Shin SW. Percutaneous endoscopic cervical discectomy: clinical outcome and radiographic changes. *Photomed Laser Surg* 2005;23(4):362–368
14. Frempong-Boadu A, Houten JK, Osborn B, et al. Swallowing and speech dysfunction in patients undergoing anterior cervical discectomy and fusion: a prospective, objective preoperative and postoperative assessment. *J Spinal Disord Tech* 2002;15(5):362–368
15. Jung A, Schramm J, Lehnerdt K, Herberhold C. Recurrent laryngeal nerve palsy during anterior cervical spine surgery: a prospective study. *J Neurosurg Spine* 2005;2(2):123–127
16. Hilibrand AS, Carlson GD, Palumbo MA, Jones PK, Bohlman HH. Radiculopathy and myelopathy at segments adjacent to the site of a previous anterior cervical arthrodesis. *J Bone Joint Surg Am* 1999;81(4):519–528
17. Kraemer P, Fehlings MG, Hashimoto R, et al. A systematic review of definitions and classification systems of adjacent segment pathology. *Spine* 2012;37(22, Suppl):S31–S39
18. Yang JS, Chu L, Chen L, Chen F, Ke ZY, Deng ZL. Anterior or posterior approach of full-endoscopic cervical discectomy for cervical intervertebral disc herniation? A comparative cohort study. *Spine* 2014;39(21):1743–1750
19. Riew KD, Cheng I, Pimenta L, Taylor B. Posterior cervical spine surgery for radiculopathy. *Neurosurgery* 2007;60(1 Supp1 1):S57–S63

50 Laminectomia e Foraminotomia Cervical Endoscópica Tubular Posterior

Albert P. Wong • Youssef J. Hamade • Zachary A. Smith • Nader S. Dahdaleh • Richard G. Fessler

50.1 Introdução

A espondilose cervical é uma condição degenerativa da coluna que pode produzir estenose foraminal ou central progressiva da coluna, provocando radiculopatia ou mielopatia espondilótica cervical.[1,2,3] Uma abordagem cervical posterior minimamente invasiva por meio de um retrator tubular pode maximizar os benefícios da descompressão cirúrgica e ao mesmo tempo minimizar o trauma para o tecido mole, resultando em melhores resultados neurológicos com diminuição da morbidade cirúrgica ou instabilidade da coluna.[4,5,6,7,8,9,10,11] Este capítulo descreve a técnica cirúrgica para foraminotomia microscópica (cMEF) e laminectomia (cMEL) cervical posterior minimamente invasiva (**Vídeo 50.1**).

50.2 Seleção dos Pacientes

Antes da intervenção cirúrgica, sempre são obtidos uma história completa e exame físico, com revisão dos exames de imagem pertinentes (radiografias ou MRI da coluna cervical). Qualquer ambiguidade no nível cirúrgico pode ser esclarecida com testes auxiliares: estudos de condução nervosa (NCS), eletromiografia (EMG) e bloqueios seletivos de raiz nervosa podem ser úteis para confirmar o nível da raiz nervosa patológica.[12,13,14,15,16]

50.2.1 Indicações

- Fraqueza, dor, dormência ou formigamento na extremidade superior (cMEF).[17,18]
- Evidência radiográfica de estenose foraminal cervical correlacionada com a apresentação clínica, sem compressão da medula espinal (cMEF).
- Sinais clínicos ou sintomas de compressão da medula espinal (cMEL).
- Evidência radiográfica de compressão da medula espinal cervical, principalmente decorrente de patologia dorsal, como hipertrofia do ligamento amarelo ou hipertrofia de facetas (cMEL).

50.2.2 Contraindicações

- Dor no pescoço axial como queixa primária, com sintomas mínimos na extremidade superior (cMEF ou cMEL).[18]
- Paciente traumatizado com fraturas na coluna cervical (cMEF ou cMEL).
- Instabilidade cervical com base em radiografias em flexão-extensão dinâmicas (cMEL).
- Evidência radiográfica de compressão da medula espinal cervical decorrente primariamente de patologia ventral, como herniação discal central, osteomielite, tumor, ossificação do ligamento longitudinal posterior (OPLL) ou cifose cervical (cMEL).

50.3 Técnica Cirúrgica

Observar que a configuração é a mesma para cMEF e cMEL.

50.3.1 Posicionamento

- O paciente pode ser colocado em posição prona ou posição sentada com a cabeça fixada por um sistema de fixação por pinos de três pontos. A posição sentada permite que o sangue operatório seja drenado para longe do campo cirúrgico.
- O neuromonitoramento pode ser usado para diminuir o risco de possível lesão neurológica.
- O nível cirúrgico é marcado com fluoroscopia lateral.
- O ponto de entrada está a 1,5 cm lateralmente à linha média. A incisão tem aproximadamente 18 mm de comprimento.
- A infiltração da pele é realizada com anestésico local (lidocaína a 1%).

50.3.2 Abordagem Cirúrgica

Ver Fig. 50.1 a Fig. 50.13 e Vídeo 50.1.
- A pele é incisada com um bisturi, e o eletrocautério é usado para dissecar pela fáscia cervical posterior até que as fibras musculares sejam expostas.
- Tesouras rombas são usadas para separar delicadamente as fibras musculares, enquanto o dedo indicador pode ser usado para uma dissecção romba dos planos cirúrgicos até que a junção laminofacetária seja palpada.
- O menor dilatador tubular é orientado para a junção laminofacetária com o dedo indicador, e o nível cirúrgico é confirmado por fluoroscopia.
- Dilatadores tubulares sequenciais são usados para separar de modo rombo as fibras musculares de maneira não traumática, até que o retrator tubular final seja fixado com o braço robótico.

50.3.3 Foraminotomia Microendoscópica

- O tecido mole residual acima da junção laminofacetária ipsolateral é removido por uma combinação de eletrocautério e ruginas hipofisárias.
- Uma broca de alta velocidade e pinças de Kerrison são usadas para realizar uma laminotomia ipsolateral limitada e facetectomia médica.
- Um terço à metade dos processos articulares inferior e superior mediais no nível cirúrgico pode ser removido até que o "ombro" da raiz nervosa seja claramente exposto.
- O ligamento amarelo residual é removido com pinças até que a raiz nervosa esteja completamente móvel.

50.3.4 Laminotomia Microendoscópica

- Quando a laminectomia ipsolateral e a facetectomia estiverem concluídas, o procedimento de cMEL continua com a descompressão da lâmina e ligamento contralaterais.
- O endoscópio é reposicionado medialmente para visualizar a superfície ventral do processo espinhoso e a lâmina contralateral.
- Uma broca de alta velocidade com ponta da broca protegida é usada para cortar a superfície ventral do processo espinhoso e a lâmina contralateral.
- A ressecção óssea continua até que o forame contralateral seja visualizado ou palpado com um Penfield-4 em baioneta.
- Pinças de Kerrison podem ser usadas para completar a descompressão óssea.
- Fluoroscopia pode ser usada para confirmar a entrada no forame contralateral.
- Quando a descompressão óssea estiver completa, o ligamento amarelo contralateral é removido com ruginas.
- Após a remoção do ligamento amarelo contralateral, o endoscópio é reposicionado para remover o ligamento amarelo ipsolateral residual.
- A hemostasia é obtida com eletrocautério e agentes embebidos em trombina.
- O retrator tubular é removido, e o sangramento do tecido mole é coagulado sob visualização direta.
- A fáscia é aproximada com suturas absorvíveis, e a derme é fechada com um adesivo cutâneo.

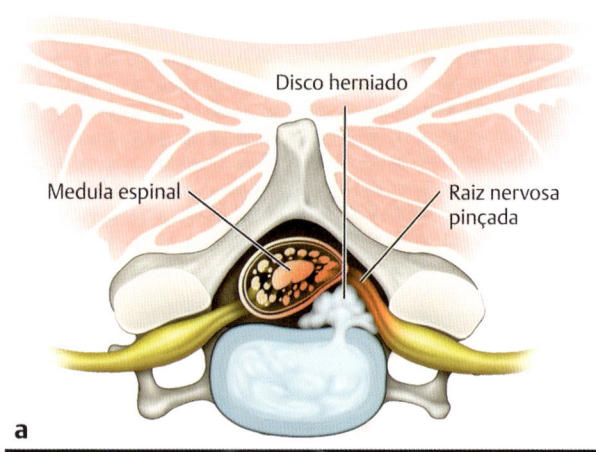

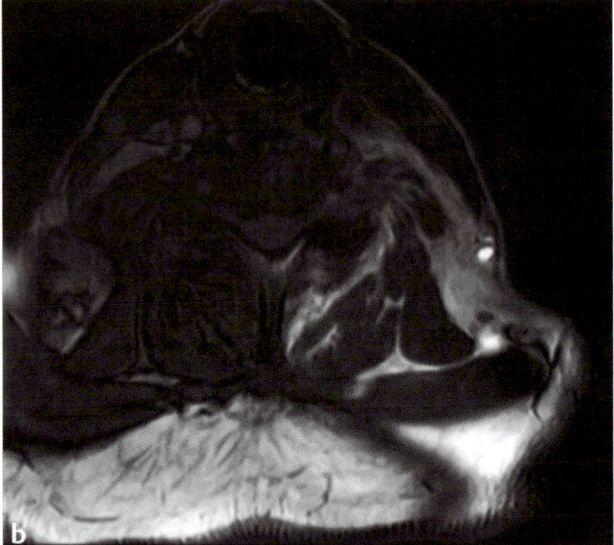

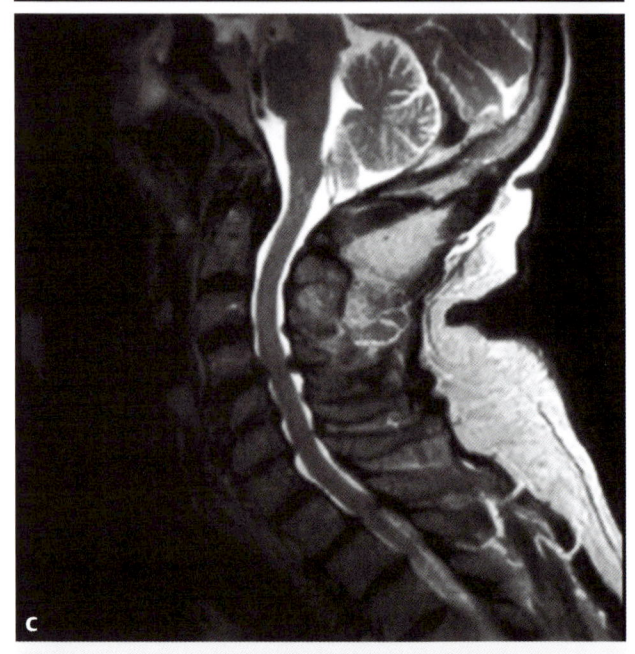

Fig. 50.1 (a-c) Desenho de uma herniação de disco cervical paracentral com compressão da raiz nervosa transversal. Incidências axial e sagital de MRI em T2 demonstram estenose moderada dos recessos central e lateral, tratável por laminotomia/foraminotomia posterior minimamente invasiva.

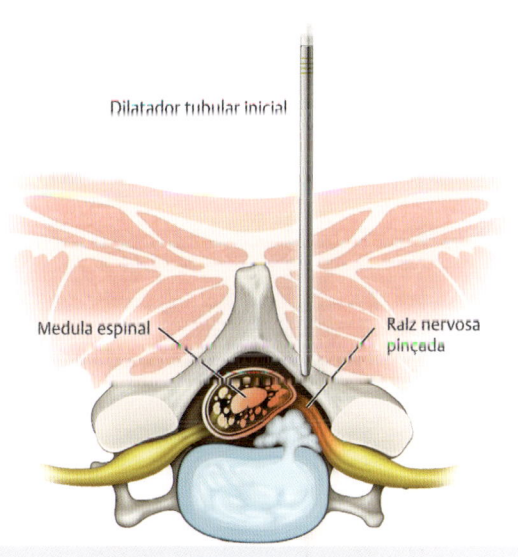

Fig. 50.2 O dilatador tubular inicial é colocado na junção laminofacetária ipsolateral. O fio-K não é usado por causa do possível risco de descida pelo espaço interlaminar.

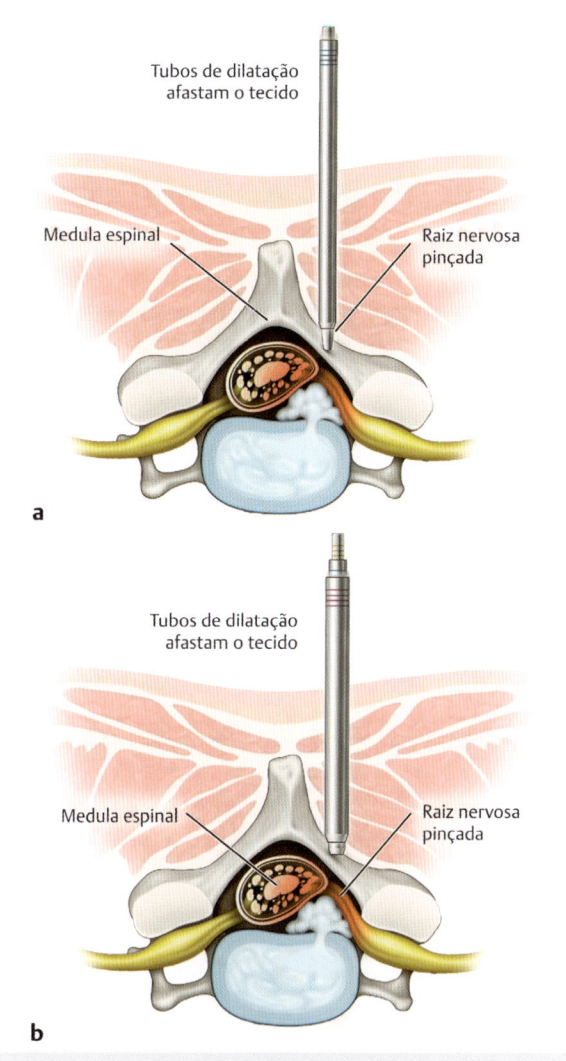

Fig. 50.3 (a,b) Tubos sequenciais para divisão do músculo são inseridos com o objetivo de separar as fibras do músculo paraespinal de modo atraumático.

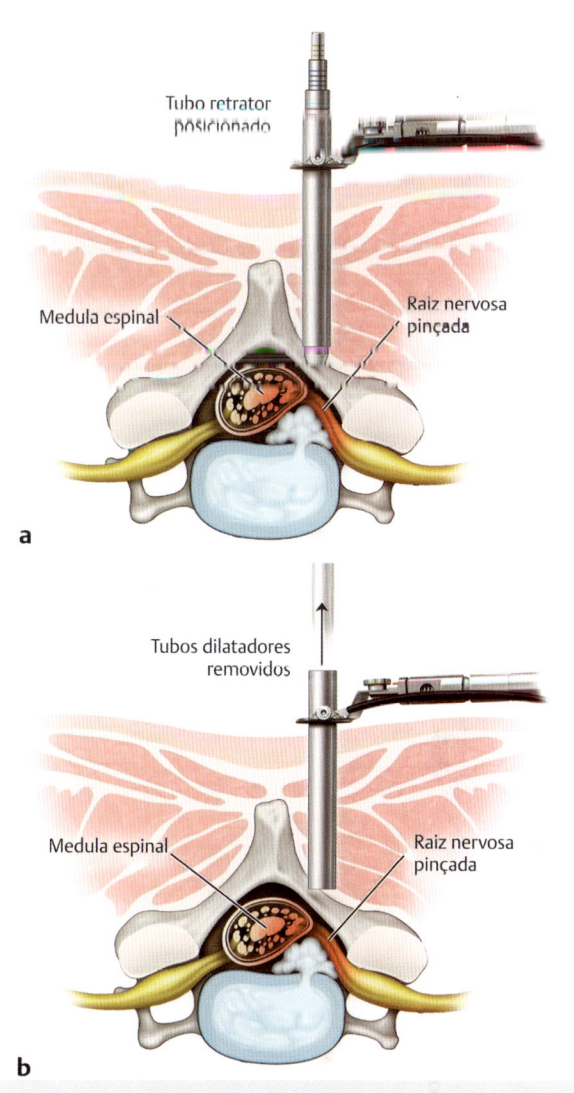

Fig. 50.4 (a,b) Os tubos dilatadores são removidos após o retrator tubular final ser colocado acima do local cirúrgico e fixado à mesa cirúrgica por um braço robótico flexível.

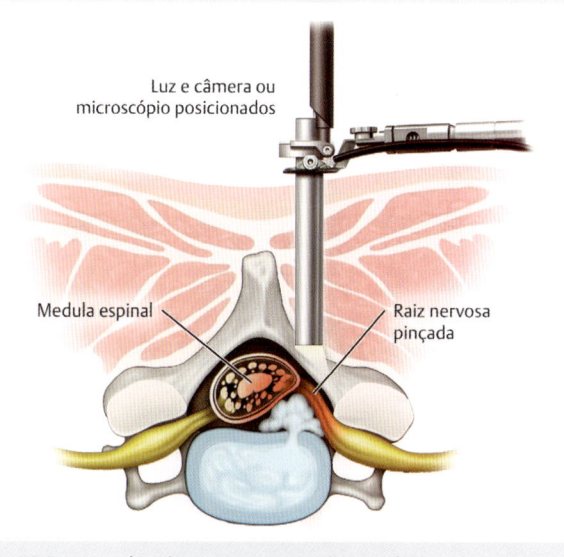

Fig. 50.5 Um endoscópio com a ponta iluminada é posicionado no interior do retrator tubular para visualizar a junção laminofacetária ipsolateral.

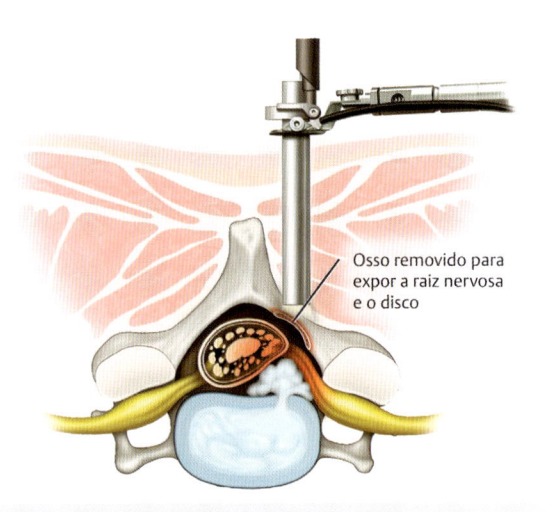

Fig. 50.6 A hemilaminotomia ipsolateral é realizada para expor o ligamento amarelo subjacente. Pinças de Kerrison podem ser usadas para completar a laminotomia e a ressecção do ligamento.

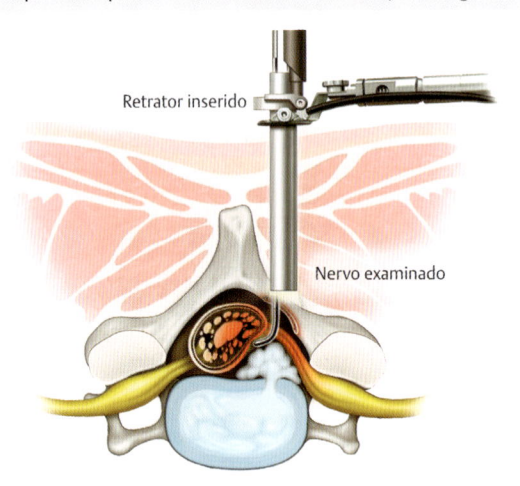

Fig. 50.7 Uma retração delicada com um retrator de raiz nervosa pode ser usada para expor a raiz nervosa transversal comprimida e a herniação discal. Deve-se ter cuidado ao retrair na direção da medula cervical espinal, em razão do possível risco de lesão da medula espinal.

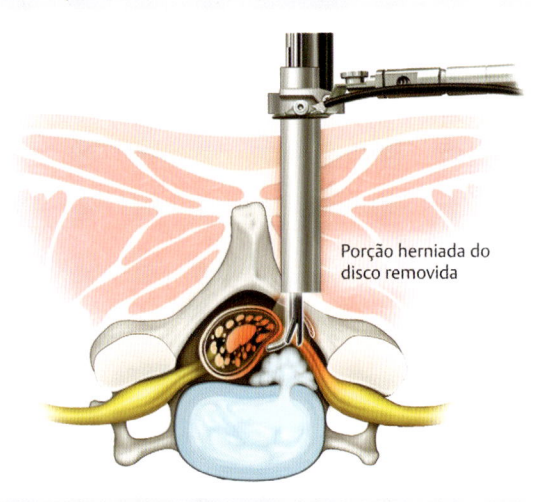

Fig. 50.8 O anel é incisado com um bisturi em baioneta, e a herniação discal é removida com uma combinação de ruginas hipofisárias e curetas.

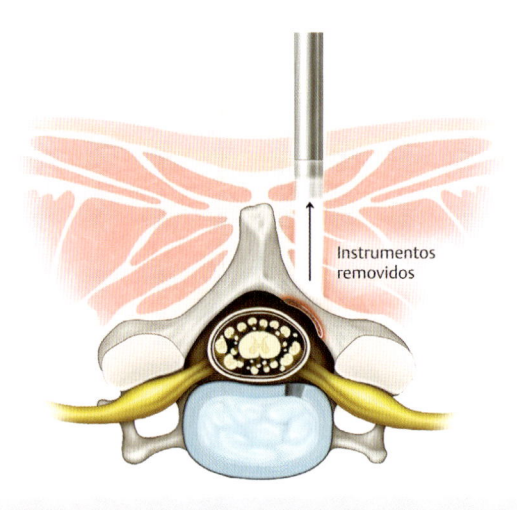

Fig. 50.9 O nervo comprimido retorna à sua posição normal após a ressecção da herniação discal. O retrator tubular é removido, e os músculos paraespinais voltam à sua posição anatômica normal.

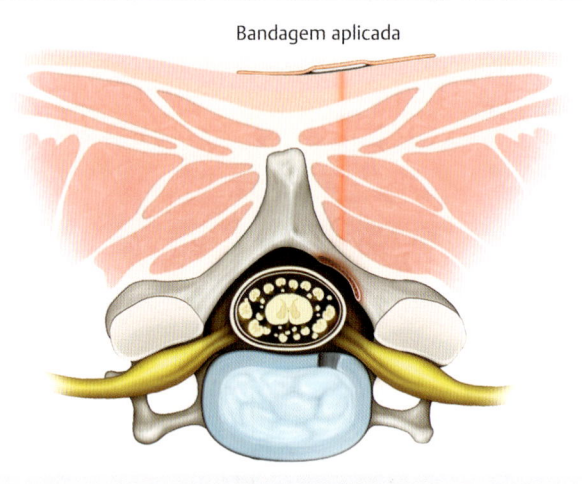

Fig. 50.10 Após o fechamento da fáscia e da pele com suturas absorvíveis, a derme é reaproximada com um adesivo cutâneo. A incisão final tem aproximadamente 18 mm de comprimento.

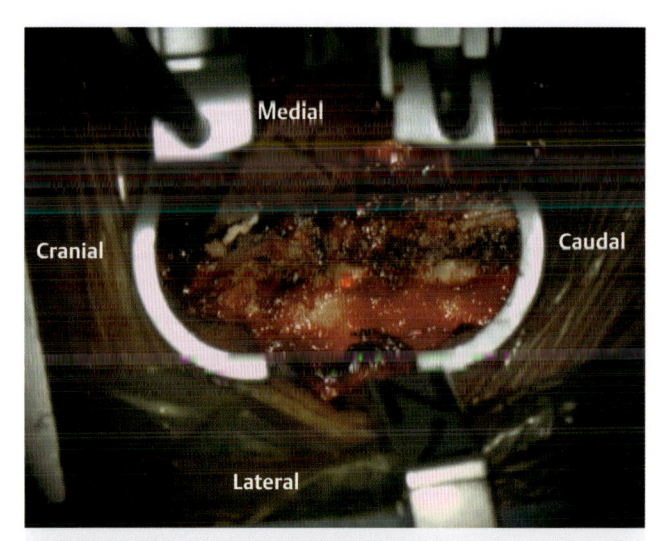

Fig. 50.11 Visão intraoperatória após a conclusão da hemilaminotomia ipsolateral em três níveis. O saco tecal é visível lateralmente às lâminas residuais.

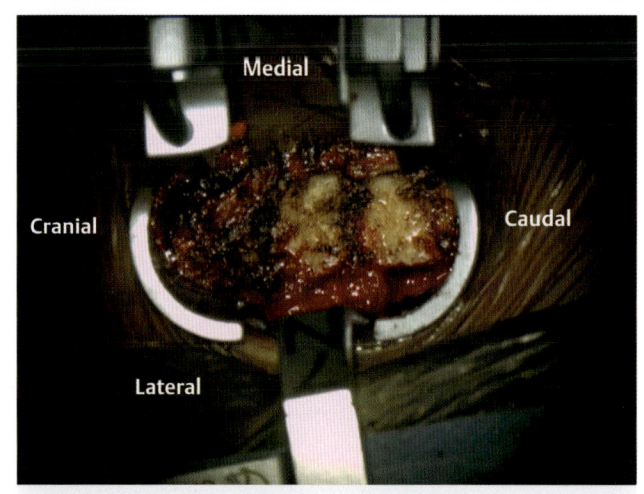

Fig. 50.12 O retrator tubular e o endoscópio são girados medialmente para expor a superfície inferior ventral dos processos espinhosos e lâminas contralaterais.

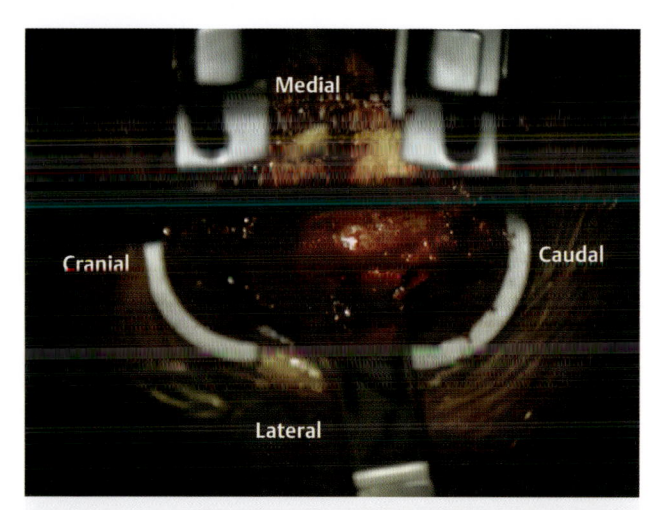

Fig. 50.13 A superfície inferior ventral dos processos espinhosos e lâminas contralaterais são removidas com uma broca de alta velocidade e ruginas de Kerrison para revelar o aspecto dorsal completo do saco tecal cervical.

Referências

1. Karadimas SK, Erwin WM, Ely CG, Dettori JR, Fehlings MG. Pathophysiology and natural history of cervical spondylotic myelopathy. *Spine* 2013;38(22 Suppl 1):S21–S36
2. Shedid D, Benzel EC. Cervical spondylosis anatomy: pathophysiology and biomechanics. *Neurosurgery* 2007;60(1, Suppl 1):S7–S13
3. Tracy JA, Bartleson JD. Cervical spondylotic myelopathy. *Neurologist* 2010;16(3):176–187
4. Caralopoulos IN, Bui CJ. Minimally invasive laminectomy in spondylolisthetic lumbar stenosis. *Ochsner J* 2014;14(1):38–43
5. Clark JG, Abdullah KG, Steinmetz MP, Benzel EC, Mroz TE. Minimally invasive versus open cervical foraminotomy: a systematic review. *Global Spine J* 2011;1(1):9–14
6. McAnany SJ, Kim JS, Overley SC, Baird EO, Anderson PA, Qureshi SA. A meta-analysis of cervical foraminotomy: open versus minimally-invasive techniques. *Spine J* 2015;15(5):849-56
7. Mobbs RJ, Li J, Sivabalan P, Raley D, Rao PJ. Outcomes after decompressive laminectomy for lumbar spinal stenosis: comparison between minimally invasive unilateral laminectomy for bilateral decompression and open laminectomy: clinical article. *J Neurosurg Spine* 2014;21(2):179–186
8. Nerland US, Jakola AS, Solheim O, et al. Minimally invasive decompression versus open laminectomy for central stenosis of the lumbar spine: pragmatic comparative effectiveness study. *BMJ* 2015;350:h1603
9. Popov V, Anderson DG. Minimal invasive decompression for lumbar spinal stenosis. *Adv Orthop* 2012;2012:645321
10. Skovrlj B, Gologorsky Y, Haque R, Fessler RG, Qureshi SA. Complications, outcomes, and need for fusion after minimally invasive posterior cervical foraminotomy and microdiscectomy. *Spine J* 2014;14(10):2405–2411
11. Steinberg JA, German JW. The effect of minimally invasive posterior cervical approaches versus open anterior approaches on neck pain and disability. *Int J Spine Surg* 2012;6:55–61
12. Blankenbaker DG, De Smet AA, Stanczak JD, Fine JP. Lumbar radiculopathy: treatment with selective lumbar nerve blocks—comparison of effectiveness of triamcinolone and betamethasone injectable suspensions. *Radiology* 2005;237(2):738–741
13. Chung JY, Yim JH, Seo HY, Kim SK, Cho KJ. The efficacy and persistence of selective nerve root block under fluoroscopic guidance for cervical radiculopathy. *Asian Spine J* 2012;6(4):227–232
14. Hong CZ, Lee S, Lum P. Cervical radiculopathy. Clinical, radiographic and EMG findings. *Orthop Rev* 1986;15(7):433–439
15. Nardin RA, Patel MR, Gudas TF, Rutkove SB, Raynor EM. Electromyography and magnetic resonance imaging in the evaluation of radiculopathy. *Muscle Nerve* 1999;22(2):151–155
16. Pawar S, Kashikar A, Shende V, Waghmare S. The study of diagnostic efficacy of nerve conduction study parameters in cervical radiculopathy. *J Clin Diagn Res* 2013;7(12):2680–2682
17. Lawrence BD, Brodke DS. Posterior surgery for cervical myelopathy: indications, techniques, and outcomes. *Orthop Clin North Am* 2012;43(1):29–40, vii–viii
18. Rhee JM, Basra S. Posterior surgery for cervical myelopathy: laminectomy, laminectomy with fusion, and laminoplasty. *Asian Spine J* 2008;2(2):114–126

51 Abordagens Endoscópicas a Tumores Cervicais, Trauma e Infecção

Christopher C. Gillis ▪ John O'Toole

51.1 Introdução

Conforme a menor morbidade das abordagens de acesso mínimo (cirurgia minimamente invasiva ou MIS) é cada vez mais apresentada na literatura, as técnicas continuam a evoluir e ser expandidas para incluir abordagens da coluna cervical.[1] As abordagens tradicionais à coluna cervical dorsal continuam a exigir desnudamento periosteal extenso da musculatura paraespinal, provocando maior dor pós-operatória, espasmo e disfunção, que pode levar à isquemia muscular e incapacidade persistente em 18 a 60% dos pacientes.[2,3,4,5] Além disso, a perda pré-operatória da lordose e descompressões de segmentos longos aumentam o risco de deformidade do plano sagital no pós-operatório,[3,6,7] uma complicação que frequentemente exige uma artrodese instrumentada no momento da laminectomia. O emprego destas técnicas de fusão posterior extensa aumenta os riscos operatórios, o tempo cirúrgico e a perda de sangue, exacerba a dor pós-operatória inicial e possivelmente contribui para a degeneração em níveis adjacentes.

Para reduzir a complicação da deformidade e evitar fusão após descompressão cervical, a descompressão cervical minimamente invasiva foi descrita como uma adaptação das técnicas de laminectomia lombar MIS e pode ser adaptada para uma abordagem a lesões intradurais e extradurais da coluna cervical, sejam elas de origem tumoral ou infecciosa.[8,9,10] Além disso, a foraminotomia cervical dorsal minimamente invasiva é uma técnica bem descrita e praticada que pode ser adaptada para a descompressão de raízes nervosas na presença de uma compressiva.[2,3,11,12] Em relação ao trauma, a colocação de um parafuso de massa lateral MIS foi descrita, assim como a colocação de um parafuso MIS para espondilolistese traumática do eixo.[3,5,13] Combinando estas técnicas, uma ampla variedade de patologias traumáticas, infecciosas ou neoplásicas da coluna cervical pode ser abordada de modo MIS, individualizada para o caso específico. Este capítulo discute os princípios básicos destas técnicas e como usá-las.

51.2 Escolha do Paciente

51.2.1 Indicações

Lesões intradurais, lesões extradurais, patologia da coluna dorsal envolvendo as facetas, lâmina, massa lateral ou qualquer elemento posterior, patologia ao longo da raiz nervosa e mesmo lesões ventrais de localização mais lateral são todas apropriadas para uma abordagem minimamente invasiva. Em geral, a abordagem MIS funciona melhor com lesões que se estendam por menos de dois níveis espinais. Em casos onde a fusão é necessária, como no trauma, ela pode ser realizada com parafusos de massa lateral MIS ou parafusos percutâneos.

51.2.2 Contraindicações

Em geral, a abordagem a lesões que se estendem por mais de dois segmentos espinais ou tumores com uma porção ventral significativa é muito difícil usando técnicas MIS, por causa da limitação do tamanho do retrator expansível, mesmo com a angulação do retrator.[8,9,14,15] Em geral, abordagens abertas são consideradas nestes casos. Casos de tumores e traumas localizados no corpo vertebral da coluna cervical são abordados de modo mais adequado pelo acesso anterior, em razão da presença da artéria vertebral. A abordagem cervical anterior tradicional tem a vantagem de planos teciduais naturais e, portanto, é melhor nestes casos.

51.3 Procedimento

As ferramentas básicas de MIS na coluna lombar são adaptadas para uso na coluna cervical. As abordagens são realizadas usando dilatadores musculares e retratores tubulares (que podem incluir retratores tubulares fixos ou expansíveis), e a visualização pode ser obtida com auxílio de um endoscópio, lupas e um fotóforo ou mesmo o microscópio da sala cirúrgica. O paciente geralmente é colocado em posição prona; contudo, a posição sentada representa uma opção ao realizar uma foraminotomia endoscópica.

51.3.1 Foraminotomia

Com o paciente em posição prona, a cabeça é sustentada com um fixador de Mayfield ou pinças de Gardner-Wells, com o pescoço em discreta flexão, o que permite uma sustentação rígida da coluna cervical durante a dilatação muscular. Também na posição prona, a mesa cirúrgica é inclinada em uma posição de Trendelenburg invertida para garantir que a coluna cervical esteja paralela ao solo. Na posição sentada, a cabeça do paciente é fixada no suporte de Mayfield. A mesa é manipulada para colocar o paciente em posição semissentada com o queixo flexionado e o pescoço reto e perpendicular ao solo, e a mesa é virada em 90° ou 180° em relação ao anestesista.

Para a foraminotomia, a abordagem geral é paramediana. Os níveis cirúrgicos e o ponto de entrada são confirmados por fluoroscopia lateral com um fio Kirschner (K) ou um dilatador no músculo interno. Uma incisão longitudinal de 2 cm é marcada em um ponto a aproximadamente 1,5 cm de desvio da linha média no lado operado e recebe uma injeção de anestésico local. Para procedimentos de dois níveis, a incisão deve ser posicionada no ponto médio entre os níveis pretendidos. Quando a trajetória ideal for estabelecida, usando fluoroscopia como guia, por causa das fixações fasciais e musculares mais espessas na coluna cervical, a dissecção é realizada até a fáscia, que então é incisada com um bisturi ou eletrocautério para acomodar os dilatadores. Tesouras de Metzenbaum são usadas de modo rombo para dissecar ao nível das facetas e permitir a inserção dos dilatadores de tecido "sem uso de força". A fáscia é retraída, e o menor dilatador é colocado pela musculatura cervical posterior sob orientação fluoroscópica e ancorado na faceta no nível de interesse. Uma trajetória discretamente lateral é aconselhada para evitar o canal vertebral e garantir o contato com a massa lateral. Dilatadores musculares tubulares sucessivos são inseridos de modo cuidadoso e delicado, lembrando que as forças axiais aplicadas rotineiramente durante a

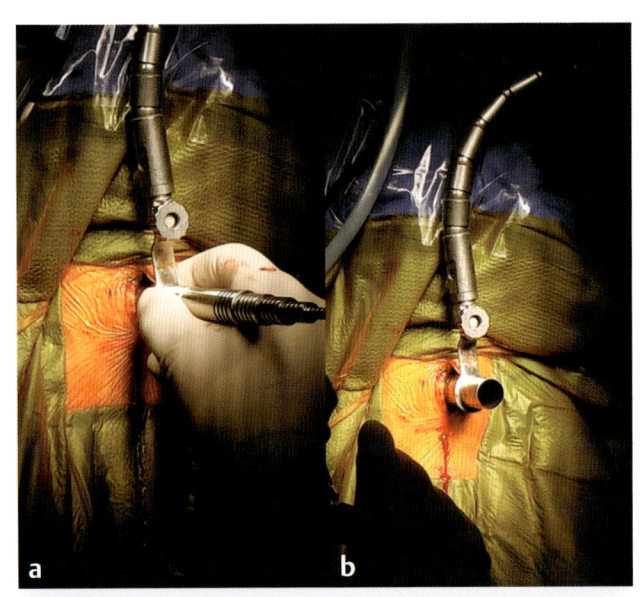

Fig. 51.1 Visão intraoperatória durante foraminotomia cervical endoscópica minimamente invasiva em posição sentada. (**a**) Incisão paramediana na coluna cervical com inserção do retrator fixo sobre os dilatadores. (**b**) O dilatador tubular fixo na posição final após remoção dos dilatadores, afixado ao braço do retrator rígido.

51.3.2 Laminectomia/Descompressão/Ressecção Tumoral

A laminectomia ou descompressão é realizada com mais frequência usando uma abordagem de orientação lateral para medial. Uma incisão na pele é realizada para acompanhar o tamanho do retrator desejado a um dedo de distância da linha média dorsal, com a incisão centralizada no nível do espaço discal. Incisões maiores, estendendo-se sobre dois segmentos, podem ser necessárias para lesões maiores e para permitir angulação do retrator tubular. Os níveis cirúrgicos e o ponto de entrada são confirmados por fluoroscopia lateral. A fáscia é incisada novamente sob visualização direta, e tesouras de Metzenbaum são usadas para realizar a dissecção subfascial para baixo, até o nível do osso, para facilitar a ancoragem dos dilatadores tubulares. A dilatação sequencial de músculos e a inserção do retrator tubular são realizadas em seguida, e, mais uma vez dependendo da lesão, um retrator tubular expansível pode ser colocado. As demais etapas são realizadas sob ampliação microscópica ou usando lupas e um fotóforo ou com um endoscópio fixado. O início próximo à linha média é útil nos casos de distorção anatômica para manter a orientação, em decorrência da visualização limitada.

A laminotomia ipsolateral no nível de interesse é realizada usando uma broca de alta velocidade, e o ligamento amarelo é deixado no local para proteger a dura-máter até que a remoção do osso tenha sido finalizada. O tubo é então angulado a aproximadamente 45° para longe da linha média para que o tubo fique orientado de modo a permitir visualização e descompressão do lado contralateral. A perfuração contralateral pode ser individualizada para a lesão; por exemplo, se a lesão apresentar apenas localização ipsolateral, então uma descompressão contralateral completa não é necessária, e recomenda-se a exposição pelo menos até linha média para permitir espaço suficiente para durotomia e fechamento. Para perfurar ao longo da face inferior do processo espinhoso com segurança, um plano de tecido pode ser desenvolvido entre o ligamento amarelo e a superfície inferior do processo espinhoso por meio de dissecção com uma cureta fina. O uso de sucção para afastar o ligamento da broca ou o uso de uma bainha de proteção ajustável estendida para cobrir a ponta da broca permite uma perfuração segura ao longo da superfície inferior do processo espinhoso e da lâmina contralateral por todo o trajeto até a faceta contralateral. Esta descompressão inicial permite um maior espaço de trabalho para remoção do ligamento hipertrofiado e ao mesmo tempo evita uma pressão para baixo sobre a dura-máter e a medula espinal. A dissecção e a remoção do ligamento amarelo com curetas e pinças de Kerrison agora podem ser realizadas com segurança. Qualquer elemento compressivo da faceta contralateral ou da borda superior da lâmina caudal também pode ser desbastado ou removido com pinças de Kerrison neste momento, porque a compressão da dura-máter é mais aparente após a remoção do ligamento. Depois que a descompressão do forame contralateral é confirmada com uma sonda fina, o tubo é devolvido à sua posição original para completar a remoção ipsolateral do ligamento e do osso. Isto deve então revelar completamente a dura-máter descomprimida e pulsátil. Se indicado, uma foraminotomia ipsolateral, descrita anteriormente, também pode ser realizada neste momento. Descompressão e irrigação podem ser tudo o que é necessário em casos de infecção.

Para o trabalho intradural, é importante garantir descompressão óssea e exposição dural suficientes para permitir a durotomia e seu fechamento. O microscópio na sala cirúrgica é usado em casos de ressecção tumoral. Um ultrassom com ponta longa e pequena pode ser usado para ajudar a orientar

dilatação do músculo na coluna lombar são nocivas na coluna cervical (**Fig. 51.1**).

Após a dilatação, o retrator tubular final é colocado e fixado sobre a junção laminofacetária com um braço retrator flexível montado na mesa. As etapas seguintes são realizadas sob ampliação microscópica ou usando lupas e fotóforo ou um endoscópio fixado ao retrator tubular. O tecido é eliminado do osso para expor a lâmina subjacente e a massa lateral usando um cautério monopolar e uma rugina hipofisária, tendo cuidado para iniciar e manter a dissecção lateralmente e sobre o osso sólido.

A junção entre a faceta medial/espaço interlaminar é identificada. Usando uma broca de alta velocidade, é realizada uma laminotomia-facetectomia parcial, começando na faceta medial/espaço interlaminar e seguindo lateralmente, removendo menos de 50% da faceta para manter a integridade biomecânica. A porção dorsolateral da lâmina superior e a parte medial da faceta articular inferior são removidas primeiro. Isto permitirá a remoção do canto lateral da lâmina inferior e da parte medial da faceta articular superior, expondo a borda medial do pedículo caudal. A raiz nervosa está localizada diretamente acima do pedículo caudal e anteriormente à faceta articular superior. O ligamento amarelo pode ser removido medialmente após a foraminotomia para expor a borda lateral da dura-máter e a porção proximal da raiz nervosa. Uma dissecção lateral progressiva pode então prosseguir ao longo da raiz quando ela entra no forame. O plexo venoso acima da raiz nervosa deve ser coagulado cuidadosamente com um cautério bipolar e incisado. Com a raiz bem visualizada, um dissecador de ângulo fino pode ser usado para palpar ventralmente a raiz nervosa para detectar a lesão ou o tecido compressivo. A dissecção delicada ao longo da raiz pode permitir a remoção de material ventral e inferior à raiz. Se houver uma grande porção de lesão ou fragmento ósseo ventral à raiz, a perfuração adicional do quadrante superomedial do pedículo caudal permite maior acesso e ao mesmo tempo evita a necessidade de uma retração excessiva da raiz nervosa.

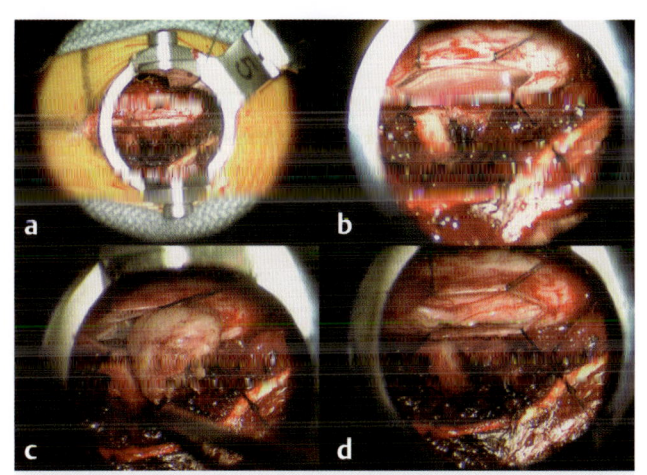

Fig. 51.2 Visões intraoperatórias da ressecção sequencial de tumor extramedular intradural. Em todas as visões, rostral representa a esquerda do leitor, caudal está à direita, medial é superior e lateral é inferior: (**a**) Retrator tubular no local, com a laminectomia realizada e saco tecal visível pelo retrator. (**b**) Visão microscópica pelo retrator tubular, com suturas durais individuais no local saindo do retrator tubular e durotomia já realizada, expondo a aracnoide. (**c**) Lesão extramedular sendo afastada da medula espinal. (**d**) Exposição intradural após remoção da lesão.

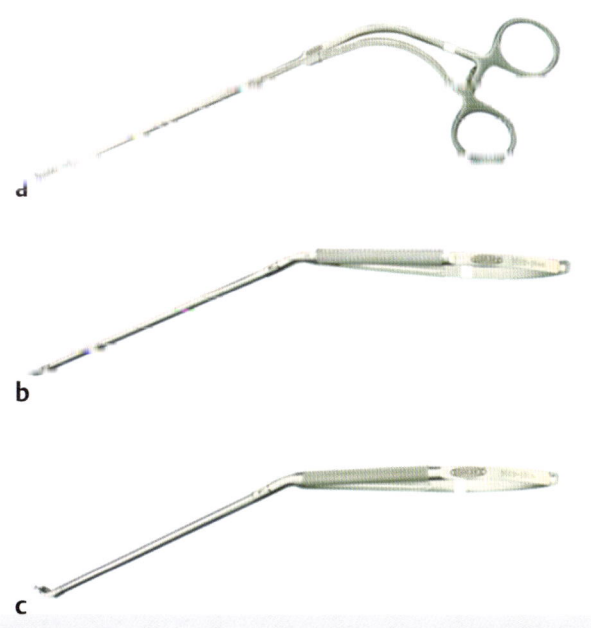

Fig. 51.3 Instrumentos para fechamento dural minimamente invasivo. (**a**) Porta-agulhas curvo com trava. (**b**) Porta-agulhas Jacobson. (**c**) Empurrador de nó.

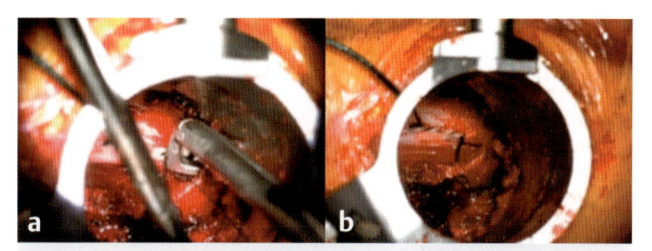

Fig. 51.4 Visão intraoperatória de (**a**) empurrador de nó em uso, empurrando o nó durante o fechamento da durotomia e (**b**) fechamento final da durotomia.

a extensão da descompressão necessária. A durotomia é iniciada cuidadosamente com um bisturi de cabo longo e uma técnica favorecida consiste em usar ganchos retos para abrir a dura-máter longitudinalmente, enquanto o plano aracnoide é preservado. A preservação da aracnoide é ideal para minimizar o vazamento excessivo da exposição por CSF e sangue epidural. As bordas da dura-máter podem ser mantidas abertas com suturas isoladas puxadas para fora do tubo retrator e seguradas com hemostáticos (**Fig. 51.2**).

Após a realização do trabalho intradural de um modo microcirúrgico padrão, instrumentos especializados podem ser usados para o fechamento primário da dura-máter. Estes instrumentos consistem em um porta-agulhas longo e curvo, com trava, um porta-agulhas de Jacobson e um empurrador de nó, que permita a colocação firme do nó sobre a dura-máter (**Fig. 51.3**). O porta-agulhas curvo, seja o porta-agulhas de Jacobson ou de trava, pode ser usado para manobrar a sutura no tubo, e ambos podem ser combinados para ajudar a amarrar a sutura com instrumentos. Os pontos são amarrados com nós colocados para fora do tubo, e o nó é lentamente empurrado para baixo no tubo com o empurrador de nó especializado (**Fig. 51.4**).

O fechamento após a sutura é verificado com uma manobra de Valsalva e, se o reparo não for hermético, um pequeno pedaço de músculo colhido localmente pode ser suturado no local para reforçar o defeito. Após o fechamento da dura-máter, a exposição é coberta com cola de fibrina. Um dreno Hemovac não é usado.

51.3.3 Fixação de Massa Lateral

Após descompressão e foraminotomia ou em casos que exijam apenas fusão, parafusos de massa lateral podem ser colocados por um retrator tubular expansível. Para colocar os parafusos, é importante visualizar as extensões medial e lateral da massa lateral para garantir um ponto de entrada e uma trajetória adequados pelo tubo. Após a exposição da articulação facetária, uma broca manual é usada para criar um orifício piloto com uma broca de 2,5 mm e um comprimento de parada de 14 mm.

Deve-se ter cuidado para evitar a perturbação das cápsulas facetárias que não devem ser fundidas. O retrator tubular deve ser angulado em 15° na direção cefálica para colocação ideal do parafuso. O ponto inicial está 1 mm medialmente ao ponto médio da massa lateral no plano medial-lateral e no ponto médio da massa lateral no plano cefálico-caudal, e a trajetória estará a 15° na direção cefálica e 30° lateral e paralelamente à articulação facetária. Parafusos poliaxiais de 3,5 mm de diâmetro são inseridos após leves pancadas, e uma haste é fixada com parafusos de fixação. O retrator pode ser angulado e ajustado para atingir cada nível que será fundido. Os parafusos são inseridos no lado da descompressão e foraminotomia pela mesma incisão usada para acesso à patologia. Considerando que MIS geralmente é limitada a casos de um a dois segmentos espinais, a haste muitas vezes pode ser colocada nas cabeças do parafuso pelo retrator expansível.

51.4 Fechamento e Cuidado Pós-Operatório

O anestésico local é injetado na fáscia e nos músculos ao redor da incisão. A ferida é fechada usando um ou dois pontos absorvíveis para a fáscia, dois ou três pontos invertidos para a camada subcutânea e um ponto subcuticular contínuo e Dermabond na pele, com ou sem curativo adicional. O paciente geralmente é mobilizado na manhã do dia pós-operatório 1 — mesmo com a durotomia não recomendamos que o paciente seja mantido por um tempo prolongado no leito. Não é necessário um colar.

51.5 Prevenção de Complicações

A complicação mais comum das abordagens MIS ainda é a durotomia. Isto pode ser minimizado pelo fechamento dural meticuloso, cuja técnica é descrita e demonstrada no **Vídeo 51.1**.[8] Quando o vazamento não pode ser reparado, adjuntos durais, como cola de fibrina ou enxertos diretos, podem ser úteis, e o benefício da reexpansão do músculo e tecido remanescentes sobre o defeito muitas vezes deixa o vazamento como uma pseudomeningocele assintomática, que melhora com o tempo.[9,16]

51.6 Exemplos de Casos

51.6.1 Caso 1

Um homem de 47 anos apresenta formigamento no braço esquerdo, dormência e dor no lado esquerdo do pescoço e ombro. A MRI da coluna cervical mostra uma lesão extramedular intradural contrastada por gadolínio à esquerda no nível de C3 (**Fig. 51.5**). O tamanho da lesão na direção rostral–caudal foi limitado a um nível espinal e estava localizada no lado esquerdo da medula espinal.

Em razão da extensão da lesão, uma abordagem cervical MIS foi considerada adequada. Com o uso de um dilatador fixo de 26 mm, foi realizada uma hemilaminectomia em C2–C4 no lado esquerdo, com remoção apenas da porção caudal de C2, C3 inteira e o topo de C4. A visualização foi obtida com o microscópio da sala cirúrgica. Foi realizada uma durotomia na linha média, suturas durais foram usadas para mantê-la aberta, e o tumor foi removido de um modo fragmentado. Após a remoção do tumor, a dura-máter foi fechada usando instrumentos especializados para fechamento da dura-máter, que incluem um empurrador de nó MIS[8] e sutura Gore-Tex 6–0. O monitoramento intraoperatório foi usado durante todo o caso sem alterações. A patologia exibiu como resultado um schwannoma de grau 1. A MRI pós-operatória em seis semanas foi realizada e demonstrou perturbação mínima do tecido, limitada apenas ao lado esquerdo no nível de C3 (**Fig. 51.6**).

51.6.2 Caso 2

Uma mulher de 58 anos apresentou dificuldade crescente de manter o equilíbrio, assim como dormência na perna esquerda e fraqueza na perna direita. Ela também percebeu dormência na parte esquerda do tronco. O exame revelou perda hemissensorial à esquerda do tronco até a perna e fraqueza leve (MRC 4/5) em sua perna direita. A MRI (**Fig. 51.7**) revelou uma lesão extramedular intradural com contraste homogêneo do lado direito em C6, com sugestão de uma cauda dural. A lesão englobava o lado direito do canal vertebral, causando compressão grave da medula espinal.

Considerando o tamanho da lesão, ela foi considerada passível de uma abordagem MIS. A paciente foi submetida à laminectomia MIS do lado direito em C5–C7 e ressecção de um

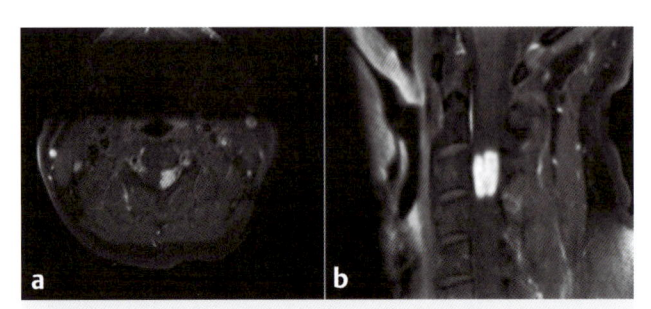

Fig. 51.5 MRI com ponderação em T1 após contraste com gadolínio mostrando (**a**) visões axial e (**b**) sagital de lesão extramedular intradural contrastada no nível de C3.

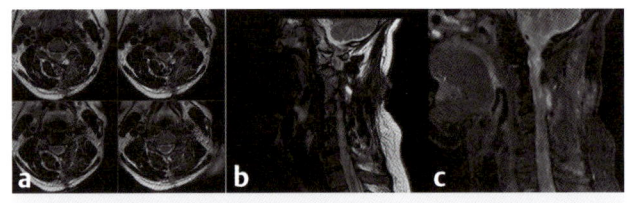

Fig. 51.6 MRI realizada com 6 semanas de pós-operatório: (**a**) Imagens axiais sequenciais com ponderação em T2 no nível de C3 a C4 com apenas perturbação mínima de tecido focal e edema do lado esquerdo; (**b**) imagem sagital com ponderação em T2; (**c**) imagem STIR sagital ilustrando ainda mais a natureza focal da perturbação tecidual pós-operatória com aumento da intensidade de sinal atrás do nível espinal de C3 à esquerda.

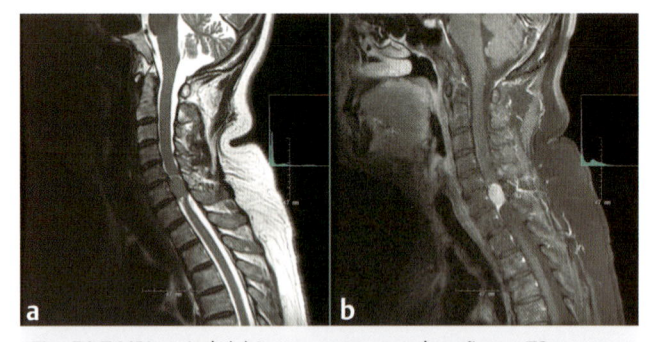

Fig. 51.7 MRI sagital: (**a**) Imagem com ponderação em T2 e (**b**) imagem com ponderação em T1 com gadolínio mostrando lesão homogeneamente contrastada do lado direito em C6 com cauda dural ventral e caudal. Pode ser observado que a lesão se estende até englobar todo o lado direito do canal vertebral.

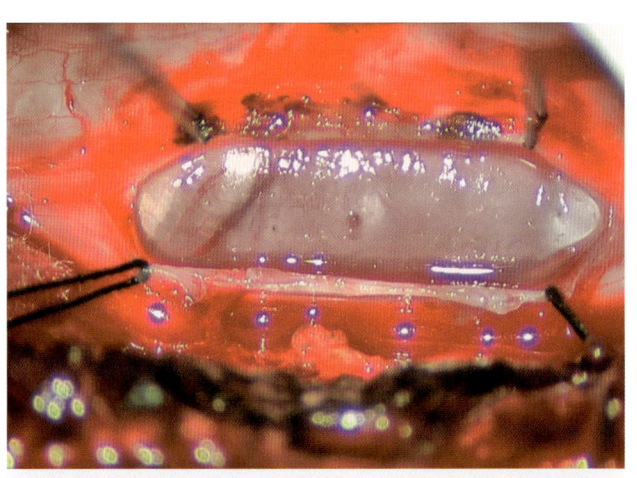

Fig. 51.8 Visão intraoperatória da durotomia na linha média e suturas individuais no local. O tumor é visível como uma massa cinza avermelhada imediatamente após a abertura da dura-máter.

Fig. 51.9 Imagens sequenciais de MRI (**a**) saqital e (**b**) axial ilustrando uma grande herniação discal migrando em direção caudal em C5–C6 juntamente com osteófito discal e hipertrofia do ligamento longitudinal posterior, causando estenose grave da medula espinal e compressão da medula.

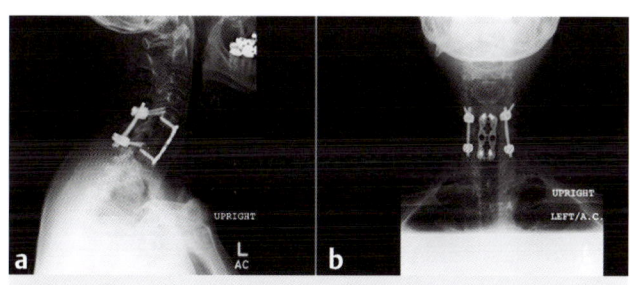

Fig. 51.10 Radiografias (**a**) lateral e (**b**) anteroposterior mostrando a instrumentação após corpectomia cervical anterior e fusão em C6 com placa e inserção de parafuso em massa lateral MIS posterior em C5–C7.

meningioma extramedular intradural. A incisão mediu aproximadamente 3 cm de comprimento, foi realizada a 2 cm da linha média, e um retrator tubular expansível foi usado. A visão intraoperatória do tumor abaixo da durotomia na linha média é mostrada na **Fig. 51.8**.

51.6.3 Caso 3

Uma mulher de 41 anos apresentou sintomas de mielopatia cervical gradualmente progressiva juntamente com dor no pescoço. O exame físico revelou sinal de Hoffman presente à direita e fraqueza leve (MRC 4+/5) nos músculos intrínsecos bilaterais da mão e nas extremidades inferiores. A MRI (**Fig. 51.9**) demonstrou herniação de disco em C5–C6 e complexo osteofitário discal, assim como hipertrofia extensa do ligamento longitudinal posterior atrás de C6.

A paciente foi submetida a um procedimento em estágios com corpectomia cervical anterior padrão em C6 e fusão para descompressão da medula espinal, seguida por instrumentação da massa lateral por MIS posterior cerca de 1 semana mais tarde. A instrumentação de massa lateral MIS foi inserida por uma incisão na linha média realizada em um ponto imediatamente caudal no nível de C7, seguida por incisão bilateral na linha média pela fáscia cervicodorsal e dilatação muscular bilateral (um lado de cada vez) subsequente, inserção do retrator expansível e então colocação da instrumentação. As imagens pós-operatórias são observadas nas **Fig. 51.10**.

Referências

1. Ross DA. Complications of minimally invasive, tubular access surgery for cervical, thoracic, and lumbar surgery. *Minim Invasive Surg* 2014;2014:451637
2. Fessler RG, Khoo LT. Minimally invasive cervical microendoscopic foraminotomy: an initial clinical experience. *Neurosurgery* 2002;51(5 Suppl):S37–S45
3. Mikhael MM, Celestre PC, Wolf CF, Mroz TE, Wang JC. Minimally invasive cervical spine foraminotomy and lateral mass screw placement. *Spine* 2012;37(5):E318–E322
4. Fong S, Duplessis S. Minimally invasive lateral mass plating in the treatment of posterior cervical trauma: surgical technique. *J Spinal Disord Tech* 2005;18(3):224–228
5. Wang MY, Levi AD. Minimally invasive lateral mass screw fixation in the cervical spine: initial clinical experience with long-term follow-up. *Neurosurgery* 2006;58(5):907–912
6. Albert TJ, Vacarro A. Postlaminectomy kyphosis. *Spine* 1998;23(24):2738–2745
7. Deutsch H, Haid RW, Rodts GE, Mummaneni PV. Postlaminectomy cervical deformity. *Neurosurg Focus* 2003;15(3):E5
8. Tan LA, Takagi I, Straus D, O'Toole JE. Management of intended durotomy in minimally invasive intradural spine surgery: clinical article. *J Neurosurg Spine* 2014;21(2):279–285
9. Gandhi RH, German JW. Minimally invasive approach for the treatment of intradural spinal pathology. *Neurosurg Focus* 2013;35(2):E5
10. Hur JW, Kim JS, Shin MH, Ryu KS. Minimally invasive posterior cervical decompression using tubular retractor: The technical note and early clinical outcome. *Surg Neurol Int* 2014;5:34
11. Mansfield HE, Canar WJ, Gerard CS, O'Toole JE. Single-level anterior cervical discectomy and fusion versus minimally invasive posterior cervical foraminotomy for patients with cervical radiculopathy: a cost analysis. *Neurosurg Focus* 2014;37(5):E9
12. Eicker SO, Mende KC, Dührsen L, Schmidt NO. Minimally invasive approach for small ventrally located intradural lesions of the craniovertebral junction. *Neurosurg Focus* 2015;38(4):E10
13. Buchholz AL, Morgan SL, Robinson LC, Frankel BM. Minimally invasive percutaneous screw fixation of traumatic spondylolisthesis of the axis. *J Neurosurg Spine* 2015;22(5):459–465
14. Tredway TL, Santiago P, Hrubes MR, Song JK, Christie SD, Fessler RG. Minimally invasive resection of intradural-extramedullary spinal neoplasms. *Neurosurgery* 2006;58
15. Tredway TL. Minimally invasive approaches for the treatment of intramedullary spinal tumors. *Neurosurg Clin N Am* 2014;25(2):327–336
16. Stadler JA III, Wong AP, Graham RB, Liu JC. Complications associated with posterior approaches in minimally invasive spine decompression. *Neurosurg Clin N Am* 2014;25(2):233–245

52 Cirurgia Tridimensional da Coluna: Aplicação Clínica de Sistemas Endoscópicos Estereotubulares 3D

Dong Hwa Heo ▪ Jin-Sung Luke Kim

52.1 Introdução

Embora tenha havido grandes avanços na biotecnologia e no desenvolvimento de instrumentos especializados, como melhores microendoscópios, equipamentos de videodigital e sistemas percutâneos, a cirurgia da coluna minimamente invasiva (MISS) com base em endoscópio ainda tem desvantagens por causa de suas imagens bidimensionais (2D). Imagens ou técnicas tridimensionais (3D) são usadas popularmente na vida comum, como em televisão, filmes, videogames e programas educativos. Além disso, a visão 3D já é aplicada em cirurgias laparoscópicas assistidas por vídeo em urologia, ginecologia e cirurgia geral.[1,2,3]

A visão ou imagens nos dispositivos cirúrgicos assistidos por vídeo existentes para cirurgias da coluna são bidimensionais. As abordagens espinais toracoscópicas assistidas por vídeo, cirurgia endoscópica percutânea da coluna e cirurgia microendoscópica da coluna utilizam visão 2D no campo cirúrgico. Embora os sistemas endoscópicos tenham a vantagem de amplificação de imagens, a distorção e a ausência de percepção de profundidade são desvantagens dos sistemas endoscópicos 2D.[1,2,3,4]

A cirurgia endoscópica usando visão 3D recentemente foi tentada no campo da cirurgia minimamente invasiva de encéfalo e coluna.[4,5] Em particular, cirurgia endoscópica da coluna com estereovisão 3D foi tentada em MISS usando o sistema de retratores tubulares. As imagens tridimensionais em tempo real permitem a percepção de profundidade e melhoram a coordenação mão-olho durante as cirurgias.[1,2,3]

52.2 Equipamento

- Sistemas de endoscópio 3D: O sistema (VISIONSENSE, Filadélfia, PA) consiste em um endoscópio 3D de alta definição, um console de processamento e óculos 3D. O console processa os dados de imagem por uma câmera endoscópica em informações visuais 3D em tempo real, e as imagens 3D são apresentadas em um grande monitor. O operador usa óculos 3D especializados durante a cirurgia para sensação de visão 3D. O endoscópio 3D para a coluna conta com uma fonte luminosa e uma câmera de 4 mm (**Fig. 52.1**). Existem dois tipos de endoscópio: um é rígido e os outros são flexíveis.
- Sistema de retrator tubular: Existem muitos sistemas de retratores tubulares para cirurgia da coluna. Qualquer sistema de retrator tubular pode ser usado na cirurgia endoscópica estereotubular 3D.
- Braço robótico: Para prevenção de um desvio do endoscópio 3D, os autores recomendam a aplicação de um braço robótico para fixação do endoscópio 3D.

52.3 Procedimentos Cirúrgicos

Os procedimentos cirúrgicos são semelhantes aos da cirurgia microendoscópica da coluna ou cirurgia microscópica da coluna, usando um sistema de retrator tubular. A anatomia e a visualização cirúrgica são as mesmas obtidas com a cirurgia microscópica e são familiares para o cirurgião de coluna. Nas abordagens lombares posteriores, é realizada uma incisão cutânea de 2,5 cm após marcação da pele usando orientação fluoroscópica. Após a incisão da fáscia, dilatadores seriados são inseridos sob orientação do braço-C. Por fim, o retrator tubular é inserido e fixado com o sistema de braço flexível, e o endoscópio 3D é aplicado no retrator tubular e fixado com o braço robótico (**Fig. 52.2a**). A laminotomia e discectomia de rotina são realizadas enquanto se

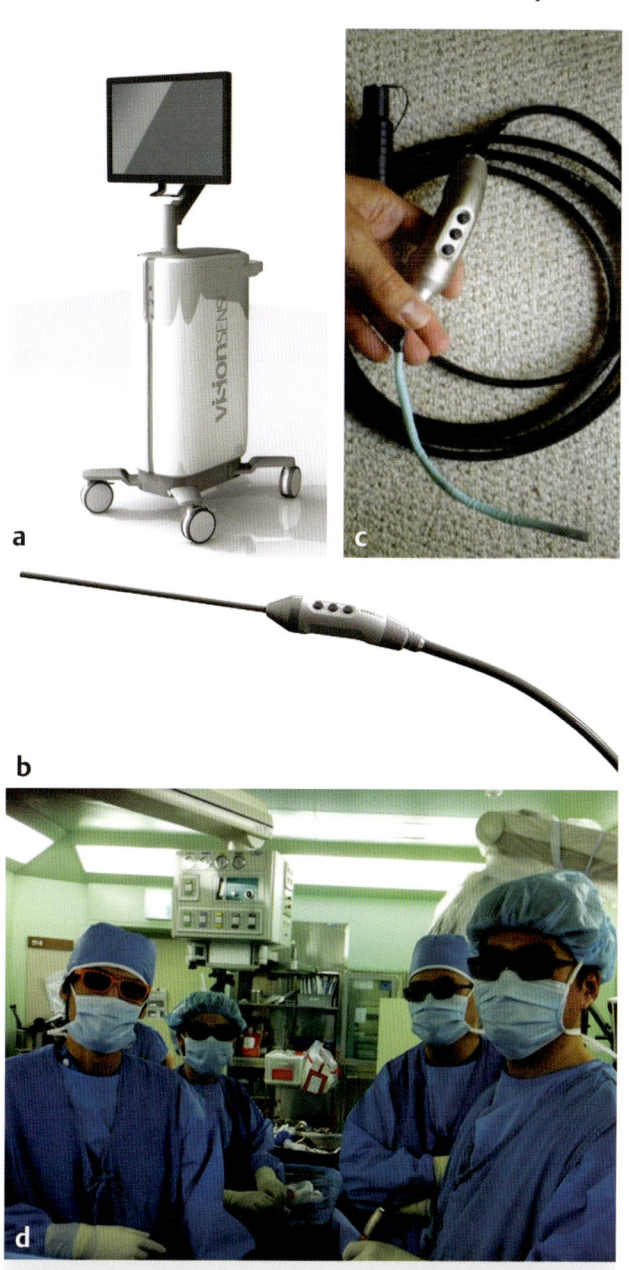

Fig. 52.1 O sistema endoscópico de visualização 3D VISIONSENSE. (**a**) Console de processamento com monitor. O endoscópio 3D tem uma câmera e uma fonte luminosa e há (**b**) um tipo rígido e (**c**) tipos flexíveis. (**d**) Óculos 3D. Os participantes da cirurgia devem usar óculos 3D para visualização estereoscópica durante a cirurgia.

observa o monitor de vídeo 3D (**Fig. 52.2b**). É mais fácil utilizar instrumentos cirúrgicos especializados de tipo baioneta para o retrator tubular. Instrumentos gerais para coluna também estão disponíveis para estes procedimentos (**Fig. 52.3**). Todos os filmes apresentam imagens 3D em tempo real. Todos os participantes, incluindo o cirurgião, o assistente e os enfermeiros, devem usar óculos 3D durante a cirurgia.

52.4 Aplicações Clínicas

Se um retrator tubular estiver disponível, a cirurgia endoscópica da coluna com visualização 3D pode ser aplicada da coluna cervical à lombossacral. A abordagem posterior pode ser melhor que as abordagens anteriores ou laterais nestes procedimentos. Indicações favoráveis para cirurgia endoscópica estereotubular 3D da coluna são laminectomia cervical posterior (**Fig. 52.4**, **Fig. 52.5**), laminoforaminotomia cervical posterior, discectomia cervical anterior, cirurgia toracoscópica assistida por vídeo da coluna, discectomia torácica posterior (abordagem transfacetária-transpedicular), laminectomia ou foraminotomia descompressiva lombar, discectomia lombar, fusão intersomática lombar transforaminal (TLIF) (**Fig. 52.6**) e a abordagem paramediana lombar (abordagem de Wiltse) (**Fig. 52.7**).

52.5 Indicações

- Coluna cervical: laminectomia posterior, foraminotomia posterior, discectomia anterior.
- Coluna torácica: discectomia posterior.
- Coluna lombar: discectomia posterior com laminotomia, abordagem de Wiltse paramediana, laminectomia e foraminotomia

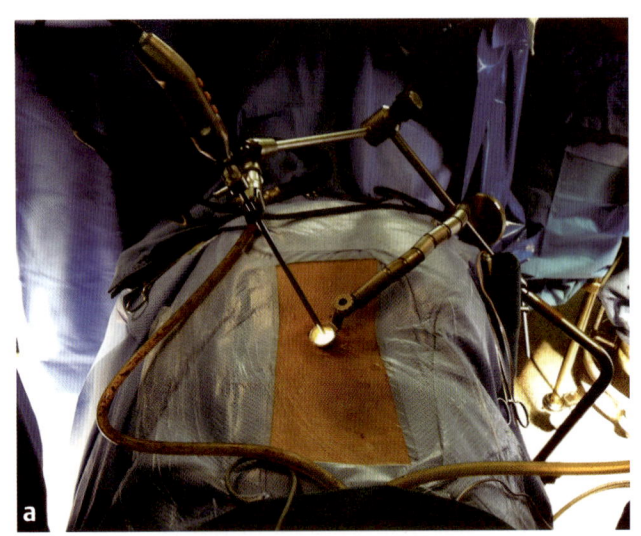

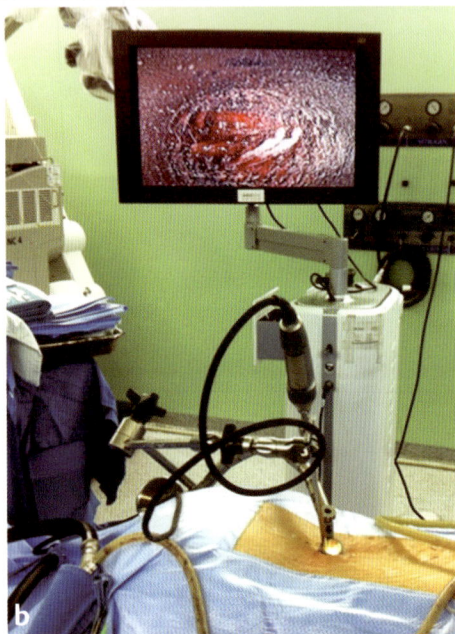

Fig. 52.2 Característica da configuração intraoperatória completa do sistema endoscópico estereotubular 3D. (**a**) O endoscópio 3D foi fixado a um braço robótico e (**b**) a cirurgia foi realizada enquanto participantes assistiam pelo sistema do monitor de vídeo 3D.

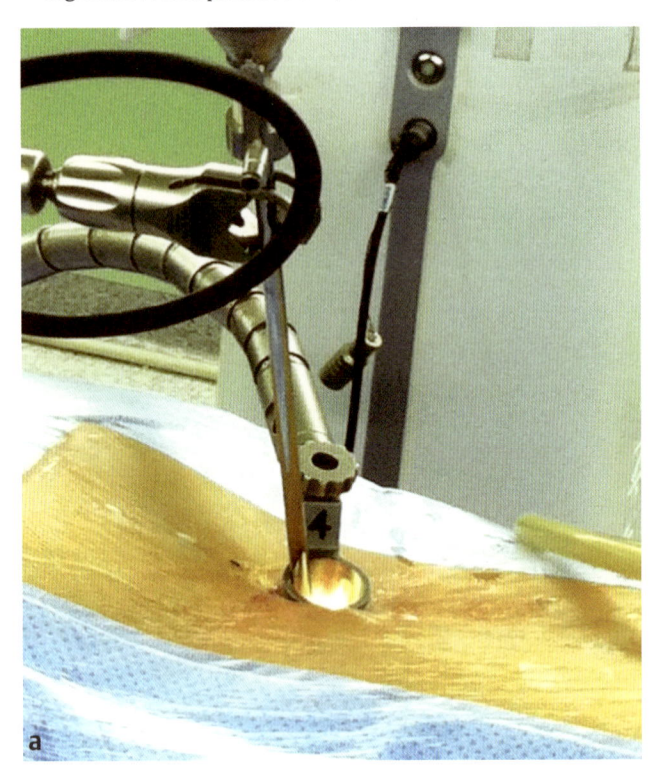

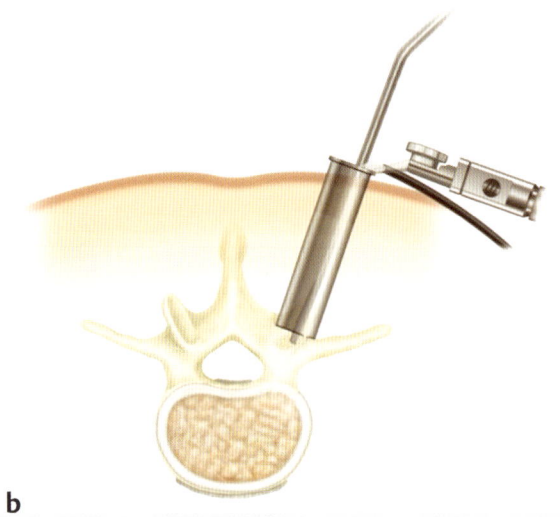

Fig. 52.3 (**a**) O endoscópio 3D é inserido no retrator tubular. (**b**) O pequeno diâmetro do endoscópio 3D permite espaço de trabalho suficiente para os procedimentos e instrumentos cirúrgicos.

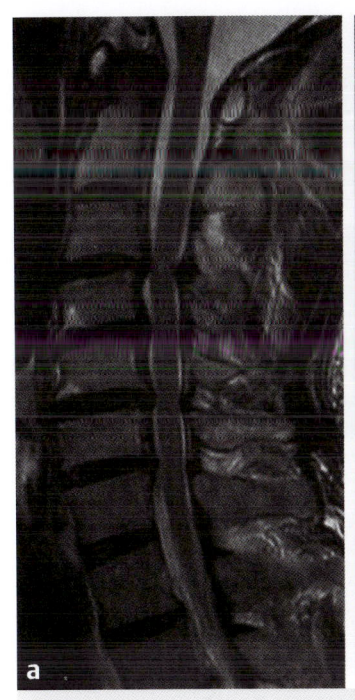

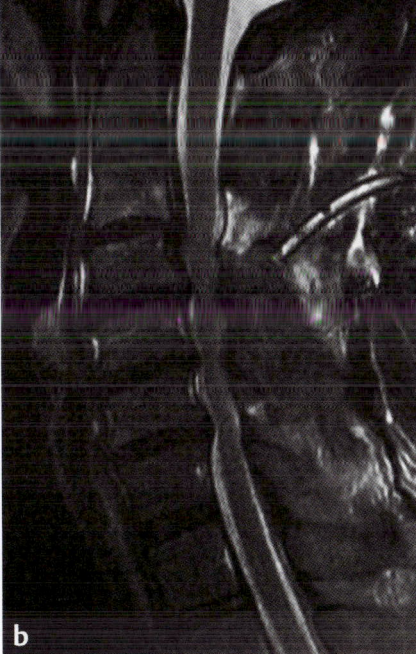

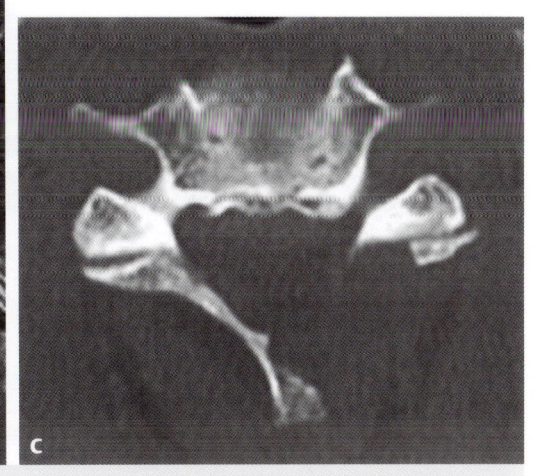

Fig. 52.4 (a) A MRI pré-operatória mostrou estenose do canal vertebral com alteração do sinal da medula decorrente de hipertrofia do ligamento amarelo em C3–C4. **(b,c)** As imagens pós-operatórias revelaram descompressão adequada.

descompressiva posteriores, descompressão bilateral com acesso unilateral para estenose lombar, cirurgias de fusão minimamente invasivas (p. ex., TLIF minimamente invasiva).

52.6 Apresentações de Casos

52.6.1 Caso 1

Um homem de 62 anos apresentou fraqueza bilateral nos braços e sensação de formigamento. A MRI mostrou alteração do sinal de medula com estenose no nível de C3–C4 (**Fig. 52.4a**). Realizamos descompressão posterior usando o sistema endoscópico estereotubular 3D (**Vídeo 52.1**). As imagens pós-operatórias mostravam que a estenose em C3–C4 foi descomprimida por completo (**Fig. 52.4b, c**).

52.6.2 Caso 2

O paciente foi submetido à TLIF minimamente invasiva (**Fig. 52.5**).

52.6.3 Caso 3

O paciente exigiu foraminotomia lateral por abordagem paramediana do lado direito para estenose de L5–S1 com herniação de disco extraforaminal (**Fig. 52.6**).

52.7 Vantagens da Cirurgia com Visualização 3D

As vantagens mais importantes são a percepção de profundidade e a percepção espacial 3D durante a cirurgia.[1,3,5] A percepção de profundidade é difícil na cirurgia endoscópica 2D.[1,4] A orientação fluoroscópica e uma longa curva de aprendizagem podem ser necessárias para percepção de profundidade e orien-

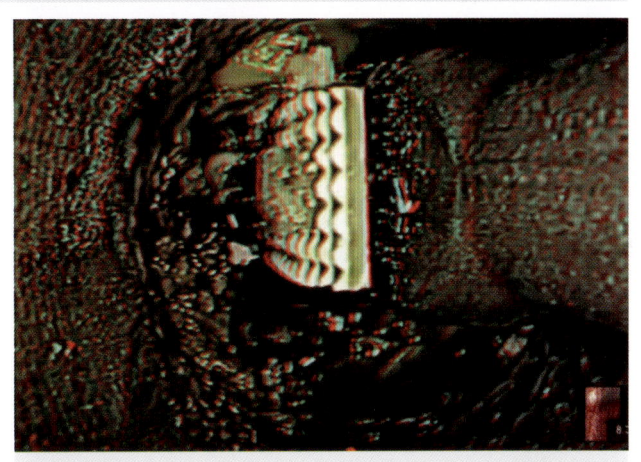

Fig. 52.5 Um caso de TLIF minimamente invasiva em L4–L5 do lado direito. Um *cage* foi inserido após discectomia e facetectomia unilateral pelo retrator tubular.

tação anatômica nas cirurgias endoscópicas 2D da coluna. Uma manipulação muito rasa sob visualização 2D pode resultar em descompressão ou discectomia incompleta, e a manipulação excessiva acarreta o risco de lesão neural ou vascular. A visão intraoperatória em uma cirurgia estereotubular 3D é semelhante à obtida na cirurgia microscópica da coluna. A percepção espacial 3D melhora a coordenação mão-olho e facilita a realização da cirurgia.[1,3] A adoção fácil e precoce da visualização 3D pode resultar em um encurtamento da curva de aprendizagem para MISS usando sistemas tubulares. Imagens 3D em tempo real podem ser compartilhadas no monitor com todos os participantes, como instrumentador, assistentes e estudantes de medicina. Portanto, o sistema de visualização 3D também é bom para fins de ensino. Em resumo, as vantagens da cirurgia endoscópica 3D são:

- Percepção de profundidade e percepção espacial 3D.

- Melhores indicações visuais.
- Orientação volumétrica.
- Fácil adaptação.

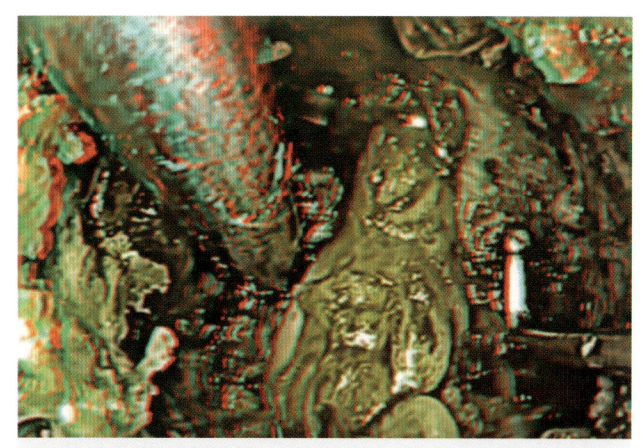

Fig. 52.6 Bom estado de descompressão da raiz nervosa L5 do lado direito após abordagem paramediana a L5–S1.

- Orientação anatômica familiar.
- Curva de aprendizagem mais curta.
- Visualizações 3D ajudam na educação.

52.8 Aplicações Avançadas

Em um futuro próximo, a visualização 3D e sistemas de navegação podem ser integrados e fundidos por completo. O desenvolvimento de softwares avançados e técnica de fusão para navegação e imagens 3D podem permitir medidas volumétricas 2D e 3D intraoperatórias. Por exemplo, o software pode medir o volume remanescente do disco e o tamanho da laminectomia (**Fig. 52.7**). Além disso, o desenvolvimento técnico da integração de navegação ajudará na inserção de instrumentos para coluna, como o disco artificial cervical, *cage* e vários tipos de parafusos.

52.9 Conclusão

A técnica da cirurgia endoscópica estereotubular 3D da coluna pode superar as limitações das cirurgias endoscópicas 2D usando retratores tubulares. Os autores preveem o desenvolvimento de uma câmera 3D para cirurgias lombares endoscópicas percutâneas.

Referências

1. Feng X, Morandi A, Boehne M, et al. 3-Dimensional (3D) laparoscopy improves operating time in small spaces without impact on hemodynamics and psychomental stress parameters of the surgeon. *Surg Endosc* 2015;29(5):1231–1239
2. Sinha RY, Raje SR, Rao GA. Three-dimensional laparoscopy: principles and practice. *J Minim Access Surg* 2016
3. Usta TA, Gundogdu EC. The role of three-dimensional high-definition laparoscopic surgery for gynaecology. *Curr Opin Obstet Gynecol* 2015;27(4):297–301
4. Zaidi HA, Zehri A, Smith TR, Nakaji P, Laws ER Jr. Efficacy of three-dimensional endoscopy for ventral skull base pathology: a systematic review of the literature. *World Neurosurg* 2016;86:419–431
5. Anichini G, Evins AI, Boeris D, Stieg PE, Bernardo A. Three-dimensional endoscope-assisted surgical approach to the foramen magnum and craniovertebral junction: minimizing bone resection with the aid of the endoscope. *World Neurosurg* 2014;82(6):e797–e805

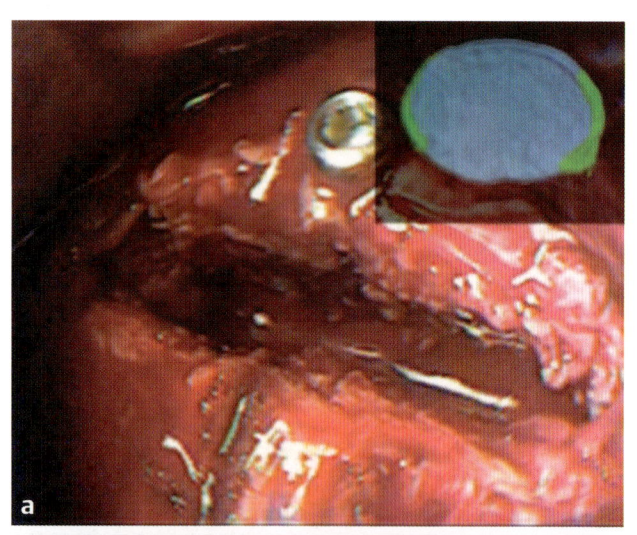

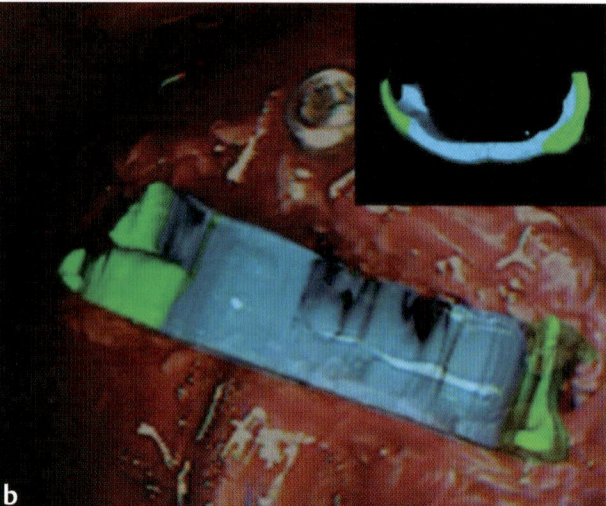

Fig. 52.7 (**a**) Medidas volumétricas da área de remoção do disco na discectomia cervical anterior usando técnica de integração de visualização e navegação 3D. (**b**) O software pode medir o volume remanescente do disco após a discectomia cervical anterior.

53 Ressecção Microcirúrgica Minimamente Invasiva de Lesões Extramedulares Intradurais Espinais

Dragos Catana ▪ Mohammed Aref ▪ Jetan Badhiwala ▪ Brian Vinh ▪ Saleh Almenawer ▪ Kesava (Kesh) Reddy

53.1 Ressecção Minimamente Invasiva de Tumor Espinal Extramedular Intradural em T9–T10

53.1.1 Achados Clínicos

- Um homem de 24 anos apresentou dor abdominal e parestesias no lado esquerdo.
- A dor começou insidiosamente, mas piorou progressivamente ao longo de vários meses. Ela seguia uma distribuição em bandas no nível do umbigo.
- Não havia sinais ou sintomas de mielopatia e não havia história de incontinência urinária ou fecal.
- A MRI da coluna mostrou uma lesão intradural extramedular do lado esquerdo no nível de T9–T10, causando efeito de massa sobre a medula espinal e obliteração quase completa dos espaços de CSF (**Fig. 53.1**). A lesão apresentou contraste ávido após administração de gadolínio (**Fig. 53.2**). Não havia cauda dural óbvia.
- O diagnóstico diferencial incluiu schwannoma, neurofibroma e meningioma (**Vídeo 53.1**).

53.1.2 Plano Pré-Operatório

- O paciente foi selecionado para realização de ressecção microcirúrgica minimamente invasiva de lesão espinal intradural em T9–T10 usando o sistema de retrator tubular METRx (retrator tubular com exposição mínima) (Medtronic, Memphis, TN), com possível sacrifício da raiz nervosa de T9 à esquerda.
- Os potenciais evocados somatossensitivos (SSEP) e potenciais evocados motores (MEP) do membro inferior e esfíncteres foram monitorados durante toda a cirurgia.

- O paciente foi colocado em posição prona sobre uma mesa de Jackson. Os membros superiores foram flexionados na altura do cotovelo, com os antebraços orientados cranialmente. Os pontos de pressão foram acolchoados cuidadosamente.

53.1.3 Procedimento Cirúrgico

- A lâmina de T9 foi localizada usando fluoroscopia lateral e contagem do sacro para cima até a região torácica inferior.
- Sob orientação fluoroscópica, um fio-K de 2 mm foi avançado por uma pequena incisão na pele sob a lâmina de T9 à esquerda, começando com um desvio de 2 cm da linha média e em direção medial. O retrator tubular de menor tamanho foi orientado para o fio-K, e os músculos paraespinais foram dissecados da lâmina no plano subperiosteal de um modo mediolateral. O fio-K foi removido, e retratores tubulares foram colocados sequencialmente um sobre o outro para dilatar e afastar os tecidos moles. A dissecção romba mediolateral foi repetida em cada etapa, juntamente com confirmação fluoroscópica da posição (**Fig. 53.3**).
- A profundidade do corredor cirúrgico foi medida usando marcas nos dilatadores, e um comprimento apropriado de retrator METRx Quadrant tubular final foi escolhido.
- O braço flexível fixado ao trilho da mesa foi usado para segurar o retrator tubular final no local e para permitir a angulação apropriada.

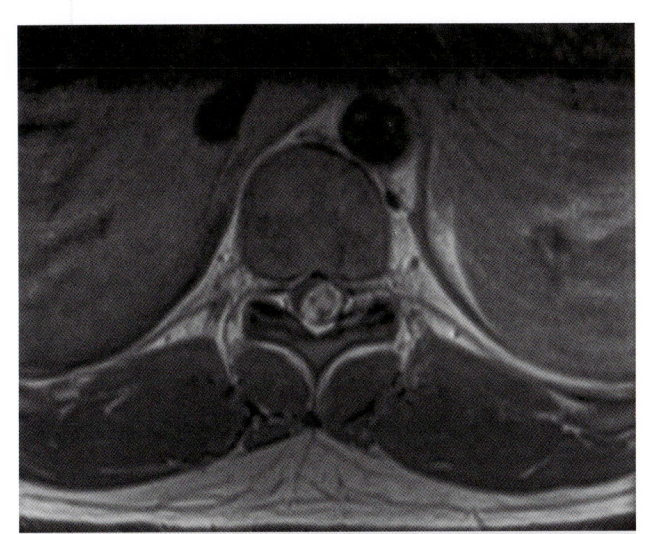

Fig. 53.1 MRI axial com ponderação em T1 e contraste com gadolínio demonstrando uma lesão intradural contrastada excêntrica à esquerda com efeito de massa associado sobre a medula espinal.

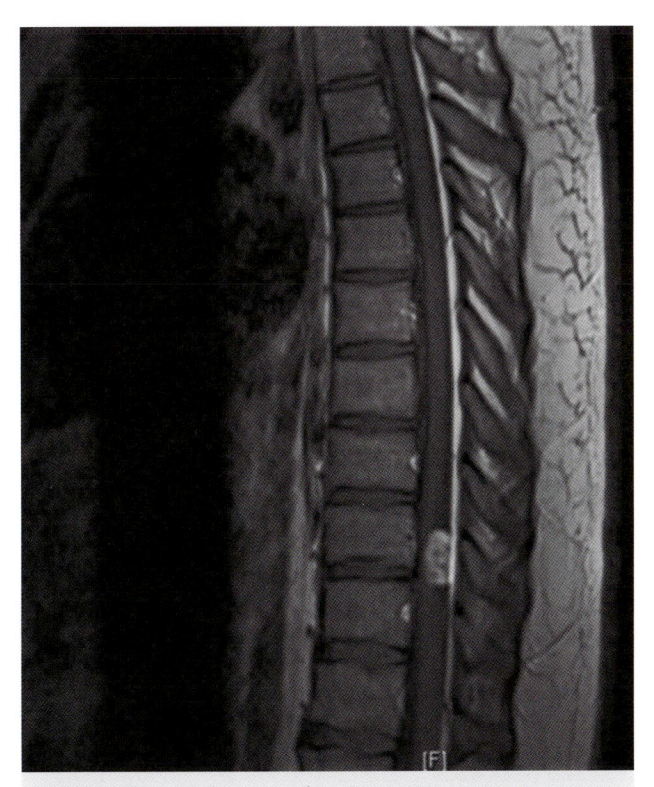

Fig. 53.2 MRI sagital com ponderação em T1 e contraste com gadolínio demonstrando uma lesão intradural contrastada no nível de T9–T10.

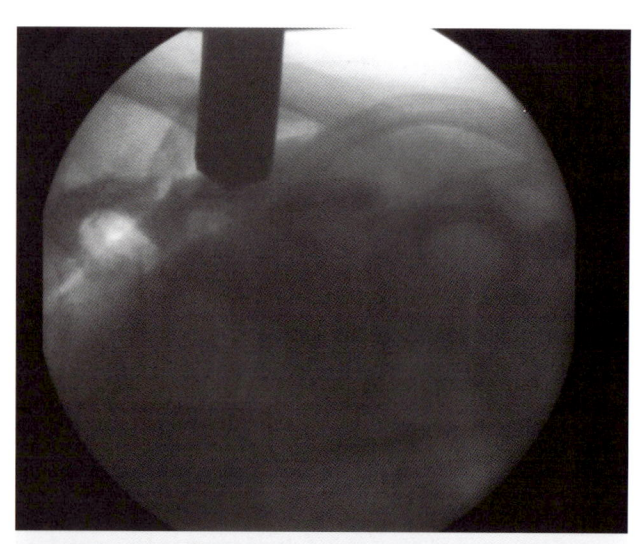

Fig. 53.3 Imagem fluoroscópica demonstrando a inserção do retrator tubular final sobre a lâmina de T9.

53.1.4 Achados Microscópicos

- O microscópio foi levado ao campo cirúrgico e posicionado adequadamente sobre o corredor cirúrgico. Os músculos paraespinais não deslocados pela técnica dilatação sequencial foram dissecados com eletrocautério monopolar para expor a lâmina óssea. A lâmina foi adelgaçada com uma broca pneumática de alta velocidade; o osso adelgaçado foi então ressecado com pinças de Kerrison ao longo do plano epidural. A exposição foi estendida por corte das lâminas superior e inferior. Cera óssea foi aplicada para hemostasia.
- Um gancho afiado e uma lâmina em baioneta foram usados para realizar a durotomia inicial. (Suturas podem ser usadas nas bordas da dura-máter para hemostasia epidural com objetivo de prevenir que o sangue entre no espaço intradural. Alternativamente, a borda da dura-máter pode ser levantada usando um microgancho.)
- Um estimulador de nervos foi usado para identificar o tecido neuronal. As margens do tumor foram identificadas de modo sistemático. A raiz nervosa de T9 à esquerda não pôde ser dissecada com separação da massa tumoral. Portanto, foi tomada a decisão de sacrificar a raiz.
- A cápsula tumoral foi cauterizada com eletrocautério bipolar em baixa configuração e dissecada agudamente. A massa teve o volume reduzido por fragmentação usando técnica bimanual padrão. A cápsula móvel resultante foi dissecada das estruturas vizinhas usando técnica microcirúrgica padrão, e a hemostasia foi obtida.
- As bordas da dura-máter foram reaproximadas com sutura Prolene 7–0, começando imediatamente acima do ápice. Um microporta-agulhas em baioneta angulado foi usado em combinação com uma micropinça. O assistente forneceu uma contração suave usando um empurrador de sutura em baioneta durante o reparo. Uma manobra de Valsalva confirmou o fechamento hermético, e um vedante de fibrina (p. ex., Tisseel) foi usado para otimizar o reparo.
- O retrator tubular foi removido com delicadeza, e a hemostasia do tecido mole foi obtida com eletrocautério bipolar. A fáscia foi reaproximada com suturas interrompidas de Vicryl 2–0. Por fim, a pele foi reaproximada com uma sutura subcuticular contínua de Monocryl 3–0.

- A incisão final mediu aproximadamente 25 mm de comprimento.

53.1.5 Resultados

- O paciente recebeu alta para casa no dia seguinte (dia pós-operatório 1). No acompanhamento, a dor, dormência e parestesias do paciente apresentaram melhora significativa. A MRI pós-operatória mostrou a ressecção completa do tumor.

53.1.6 Dicas

- Um estudo cuidadoso das imagens de MRI e da fluoroscopia é essencial no pré-operatório para identificação do nível exato.
- O menor comprimento possível do retrator tubular final fornece mais graus de liberdade para microinstrumentos durante o trabalho no corredor tubular.
- A remoção lateral do osso é limitada pela faceta para evitar desestabilização da coluna.
- O uso do braço flexível é essencial para angular o tubo nas direções superomedial, superolateral, inferomedial e inferolateral com objetivo de melhorar a visualização durante todo o procedimento.
- É importante usar orientação fluoroscópica ao inserir o fio-K e os tubos subsequentes para evitar a entrada no espaço interlaminar e causar lesão neuronal secundária.

53.2 Ressecção Minimamente Invasiva de Tumor Espinal Intradural em L3

53.2.1 Achados Clínicos

- Um homem de 59 anos com história de ressecção de um tumor dermoide intradural em L3 5 anos antes apresentou uma história de agravamento de dor nas costas, juntamente com dificuldade de deambulação e parestesia nas duas

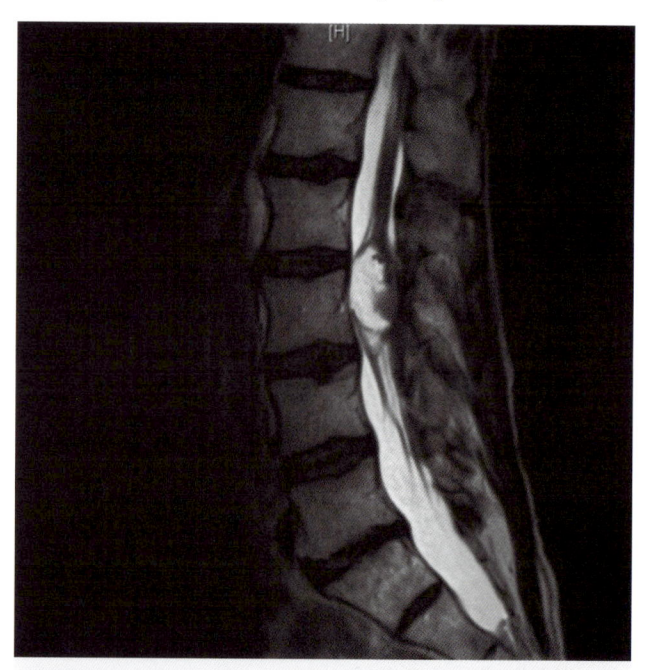

Fig. 53.4 RM sagital com ponderação em T2 demonstrando recorrência do tumor intradural no nível espinal de L3.

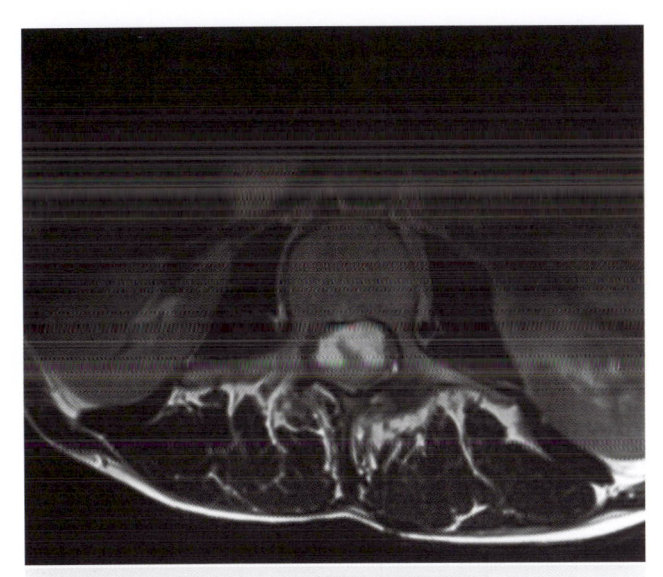

Fig. 53.5 MRI axial com ponderação em T2 mostrando a recorrência do tumor intradural, ocupando a maior parte do saco tecal e comprimindo as raízes nervosas da cauda equina.

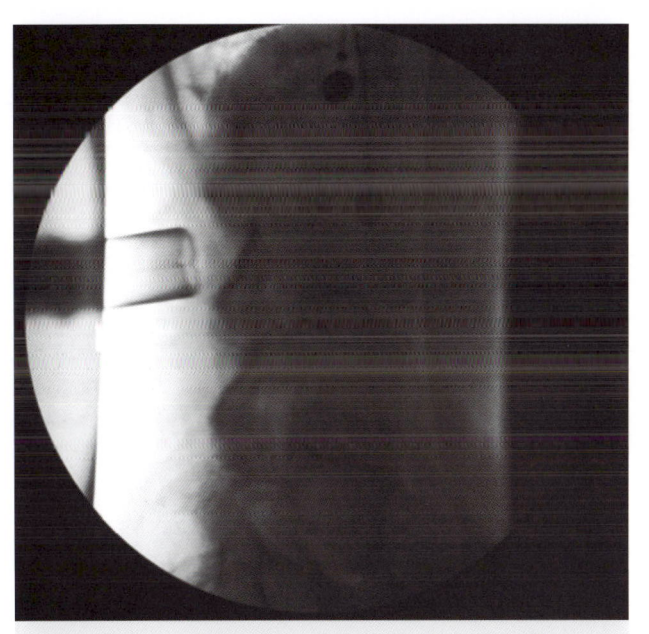

Fig. 53.6 Imagem fluoroscópica demonstrando inserção do retrator tubular final sobre a lâmina direita.

pernas (porém mais intensa no lado direito) e incontinência urinária recente.
- A MRI da coluna lombar mostrou recorrência de lesão intradural em L3 (**Fig. 53.4**, **Fig. 53.5**).

53.2.2 Plano Pré-Operatório
- O paciente foi agendado para ressecção tumoral microcirúrgica minimamente invasiva usando o sistema de retrator tubular METRx. Foi decidido acessar o tumor pelo lado direito, contralateralmente ao local cirúrgico anterior, para evitar aderências fibróticas.
- O monitoramento neurofisiológico foi empregado durante toda a cirurgia, incluindo monitoramento de eletromiografia (EMG), potenciais evocados motores (MEPs) e potenciais evocados somatossensitivos (SSEPs).

53.2.3 Procedimento Cirúrgico
- O paciente foi colocado em posição prona sobre uma mesa de Jackson.
- Foi realizado um corte superficial ao longo da antiga incisão do lado esquerdo, e a pele foi retraída na direção do lado direito. Isto evitou a realização de uma nova incisão.
- Sob orientação fluoroscópica, um fio-K foi inserido sob a lâmina direita, e os dilatadores tubulares sequenciais foram introduzidos, gradualmente dilatando e afastando os tecidos moles (**Fig. 53.6**).
- O tubo METRx Quadrant foi usado como retrator tubular final para fornecer uma visão cirúrgica expandida do tumor previamente ressecado.

53.2.4 Achados Microscópicos
- Usando o microscópio, uma hemilaminectomia do lado direito foi realizada usando um trépano de alta velocidade para adelgaçar o osso, seguido por pinças de Kerrison para ressecar o osso adelgaçado (**Fig. 53.7**).
- A dura-máter foi então aberta usando um gancho agudo e lâmina em baioneta (**Fig. 53.8**).

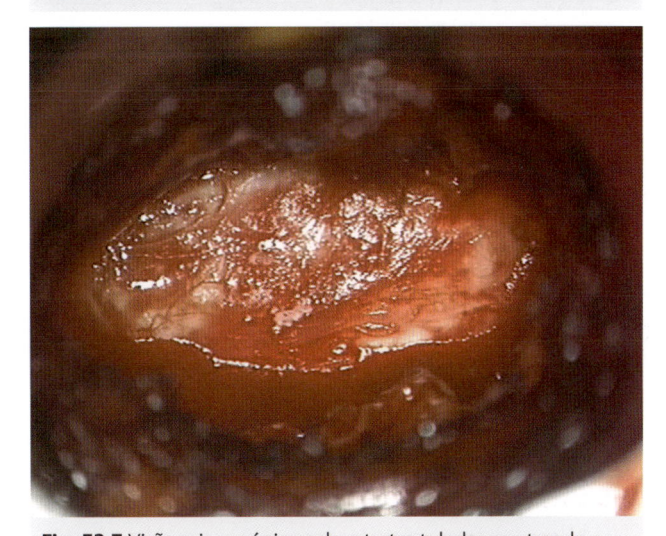

Fig. 53.7 Visão microscópica pelo retrator tubular mostrando a hemilâmina direita removida e a dura-máter exposta.

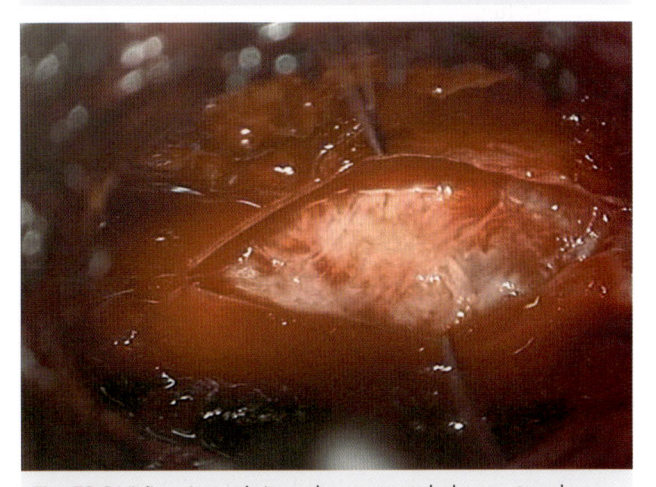

Fig. 53.8 Visão microscópica pelo retrator tubular mostrando a dura-máter aberta e o tumor exposto.

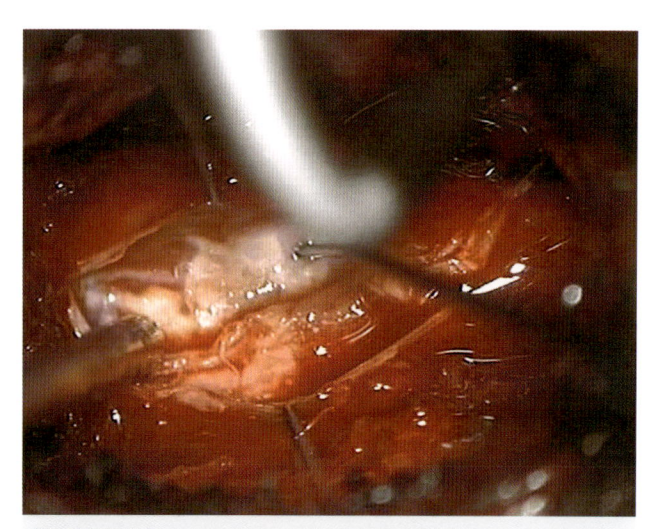

Fig. 53.9 Visão microscópica pelo retrator tubular mostrando o estimulador de nervos sobre o tumor exposto.

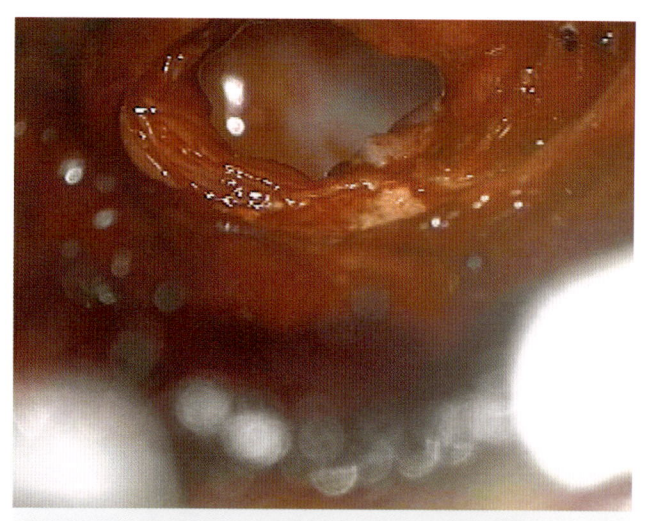

Fig. 53.10 Visão microscópica pelo retrator tubular após a ressecção do tumor.

- Um estimulador de nervos foi usado para identificar o tecido neuronal e delinear as margens do tumor (**Fig. 53.9**).
- A ressecção do tumor foi realizada usando técnicas microcirúrgicas padrão (**Fig. 53.10**).
- A dura-máter foi fechada pelo retrator tubular usando uma sutura contínua de Prolene 7–0 (**Fig. 53.11**).
- Selante de fibrina (Tisseel) foi usado como adjunto para fechamento hermético. Uma manobra de Valsalva foi realizada no fim para garantir ausência de vazamento de CSF.

53.2.5 Resultados
- A MRI pós-operatória mostrou que o tumor foi ressecado por completo.
- O paciente recebeu alta para casa no dia seguinte (dia pós--operatório 1) com melhora significativa de seus déficits motores e sensoriais, além dor mínima nas costas. Sua incontinência continuou presente por 2 meses no pós-operatório.

53.2.6 Dicas
- O planejamento pré-operatório é essencial, incluindo o neuromonitoramento e identificação adequada do nível.
- A fluoroscopia é essencial ao introduzir o fio-K e dilatadores sequenciais para evitar a inserção interlaminar e lesão neuronal resultante.
- O tubo Quadrant facilita uma visão operatória mais ampla, o que ajuda a obter o fechamento dural hermético.

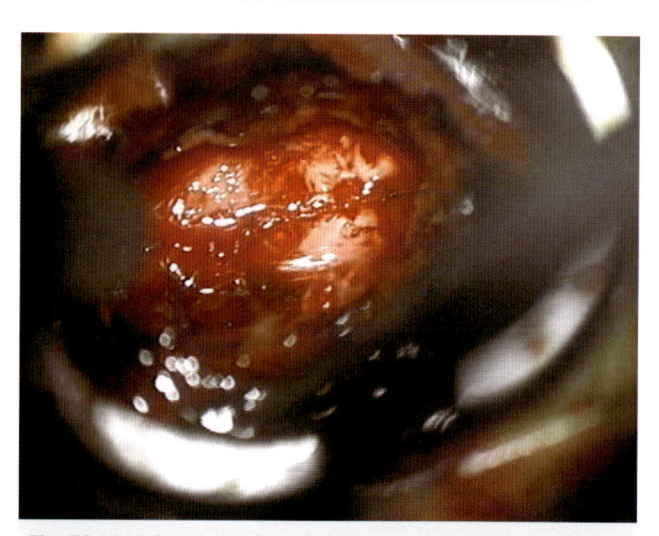

Fig. 53.11 Visão microscópica pelo retrator tubular mostrando fechamento da dura-máter.

Índice Remissivo

Entradas acompanhadas por um *f* ou *t* em itálico indicam figuras e tabelas, respectivamente.

A

Abordagem(ns)
  contralateral, 136
    com preservação facetária, 136
  do anel, 56
    de ressecção, 56
    descompressão, 56
    discectomia, 56
  do ligamento amarelo, 53
    divisão, 53, 54
      direta, 54
    ressecção, 53
  endoscópicas, 132*f*, 249-254, 285-290, 343-347
    endonasal, *ver* EEA
    interlaminar completa, 132*f*
    para infecções, 249-254, 343-347
      cervicais, 343-347
      torácicas, 249-254
    para traumas, 249-254, 343-347
      cervicais, 343-347
      torácicos, 249-254
    para tumores, 249-254, 343-347
      cervicais, 343-347
      torácicos, 249-254
    transnasais, 285-290
      à CVJ, 285-290
  intertransversais, 135
    extremo-lateral, 135*f*
    lateral, 135
  neural, 56
    pela axila, 56
    pelo ombro, 56
  retropleural lateral, 251
    de infecções, 251
    de traumas, 252
    de tumores, 251
  toracoscópicas, 257-261, 263-272
    para correção de deformidades, 257-261, 263-272
      anestesia, 257
      artrodese assistida, 263
      correção da curva do cantiléver, 260
      cuidados pós-operatórios, 261
      discectomia, 259
      enxerto ósseo, 259
      estabelecimento dos portais, 258
      fechamento cutâneo, 260
      implante de parafuso torácico, 259
      incisão cutânea, 258
      inserção da haste, 260
      ligação dos vasos segmentais, 259
      planejamento pré-operatório, 257
      portais de entrada, 257
      posicionamento, 257
      toracolombares retroperitoneais, 269
      totalmente, 265
        endoscópica, 265
        transtorácica, 265
    transforaminal, 53
      cromodiscografia evocativa, 53
ACDF (Discectomia e Fusão Cervical Anterior), 299, 327
ALIF (Fusão Intercorporal Lombar Anterior), 155, 173, 177
Aloenxerto
  ósseo, 168

Anatomia Aplicada
  e abordagens percutâneas, 1-10, 209-213, 275-278
    à coluna cervical, 275-278
      considerações anatômicas na, 278
      estruturas anatômicas em cada nível, 278
      limites do triângulo anterior, 275
      superficial, 275
      topográfica, 275
    à coluna lombar, 1-10
      acesso transforaminal
        ao disco de L5-S1, 10
      anatomia aplicada, 6
      de superfície, 1
      do forame neural, 6
      do IVF, 1, 2*f*
      endoscópica, 7
      nervos, 4
      óssea, 1
      passagem segura da agulha, 6
      vascular da região foraminal, 3
    da coluna torácica, 209-213
      considerações anatômicas, 211
      contraindicações, 212
      história, 209
      indicações, 212
      objetivos, 211
      seleção de pacientes, 211
      vantagens, 211
Anel
  cricoide, 278, 299
    entre a cartilagem tireóidea inferior, 278, 299
    C5-C6, 278, 299
    inferior, 278, 299
    C6-C7, 278, 299
Articulação(ões)
  de faceta, 1
Artrite
  reumatoide, 285*f*
Artrodese
  assistida por toracoscopia, 263
    para correção de deformidades posteriores, 263
      acesso toracoscópico, 264
      anestesia, 264
      discectomias, 264
      dissecção pleural, 264
      estudo de caso, 263
      fechamento, 265
      indicações, 263
      obtenção do enxerto ósseo, 265
      plano pré-operatório, 263
      posição, 264
      ressecção da cabeça da costela, 264
      resultados, 265

B

BoneBac One-Step
  dilatador, 97*f*
Broca
  endoscópica, 26
    foraminoplastia com, 26

C

C3-C4
  borda inferior do osso hióideo, 278, 299
C4-C5
  meio da cartilagem tireóidea, 278, 299

C4-C5
  fusão no nível, 205
  discectomia cervical anterior e, 205
    caso ilustrativo, 205
    resultados clínicos, 205
C5-C6
  entre a cartilagem tireóidea inferior, 278, 299
  e o anel cricoide, 278, 299
C6
  processo transverso de, 278
  túbulo da carótida, 278
C6-C7
  inferior ao anel cricoide, 278, 299
C7-T1, 278, 299
Cabeça
  músculo longo da, 280
Cage
  colocação de, 168
  intersomático, 148*f*
  medição de, 168
Canal
  de trabalho, 321-326
    laminoforaminotomia cervical com endoscópio no, 321-326
      achados endoscópicos, 324
      demonstração de caso, 323
      dicas, 326
      prevenção de complicações, 323
      resultados, 325
      técnica cirúrgica, 321
  lombar, 125
    descompressão endoscópica bilateral do, 125
      com abordagem unilateral, 125
  vidiano, 279
Cantiléver
  curva do, 260
    correção da, 260
    inserção da haste e, 260
Cartilagem
  cricoide, 275
  tireóidea, 275, 278, 299
    inferior, 278, 299
      e anel cricoide, 278, 299
      C5-C6, 278, 299
    meio da, 278, 299
    C4-C5, 278, 299
Célula(s)
  da medula óssea, 167*f*
Cifose, 331
Cirurgia Tridimensional
  da coluna, 349-352
    aplicação clínica de sistemas endoscópicos estereotubulares 3D, 349-352
      apresentações de casos, 351
      avançada, 352
      equipamentos, 349
      indicações, 350
      procedimentos cirúrgicos, 349
      vantagens, 351
CLBP (Dor Lombar Crônica), 199
cMEF (Técnica Cirúrgica para Foraminotomia Microscópica), 337
cMEL (Técnica Cirúrgica para Laminectomia Microscópica), 337
Coluna Cervical
  anatomia aplicada para abordagens percutâneas à, 275-278
    considerações anatômicas na, 278

estruturas anatômicas em cada nível, 278
    C3-C4, 278
    C4-C5, 278
    C5-C6, 278
    C6-C7, 278
    C7-T1, 278
limites do triângulo anterior, 275
    carotídeo, 276
    muscular, 276
    submandibular, 275
    submental, 276
    superficial, 275
        cartilagem, 275
            cricoide, 275
            tireóidea, 275
        osso hioide, 275
    topográfica, 275

Coluna Lombar
    abordagens percutâneas à, 1-10
        acesso transforaminal ao disco, 10
            de L5-S1, 10
        anatomia aplicada, 6
        passagem segura da agulha, 6
    anatomia aplicada à, 1-10
        de superfície, 1
        do forame neural, 6
        do IVF, 1, 2f
            características, 3
            estruturas, 2
            ligamentos acessórios, 3
            limites, 2
            nervos em relação a, 4
        endoscópica, 7
        óssea, 1
            corpos vertebrais, 1
            pedículos, 1
            processos, 1
                articulares, 1
                transversos, 1
        vascular, 3
            da região foraminal, 3
    descompressão por UBE para estenose da, 75-80
        complicações, 79
            imediatas, 79
            tardias, 79
        discussão, 79
        equipamento, 75
        procedimento, 75, 78
            cirúrgico, 75
            de descompressão, 78
        sugestões cirúrgicas, 79

Coluna
    cirurgia tridimensional da, 349-352
        aplicação clínica de sistemas endoscópicos estereotubulares 3D, 349-352
            apresentações de casos, 351
            avançada, 352
            equipamentos, 349
            indicações, 350
            procedimentos cirúrgicos, 349
            vantagens, 351

Coluna Torácica
    abordagens percutâneas da, 209-213
        contraindicações, 212
        história, 209
        indicações, 212
        seleção de pacientes, 211
        vantagens, 211
    anatomia aplicada da, 209-213
        canal torácico, 212f
        considerações anatômicas, 211
        hérnia de disco, 213f
        objetivos, 211
        segmento espinhal, 211f

Corpo(s)
    vertebrais, 1
Correção
    de deformidades, 257-261, 263-272
        abordagens toracoscópicas para, 257-261, 263-272
            anestesia, 257
            artrodese assistida, 263
            correção da curva do cantiléver, 260
            cuidados pós-operatórios, 261
            discectomia, 259
            enxerto ósseo, 259
            estabelecimento dos portais, 258
            fechamento cutâneo, 260
            implante de parafuso torácico, 259
            incisão cutânea, 258
            inserção da haste, 260
            ligação dos vasos segmentais, 259
            planejamento pré-operatório, 257
            portais de entrada, 257
            posicionamento, 257
        toracolombares retroperitoneais, 269
            artrodese, 270
                do tórax inferior, 270
                lombar, 270
                torácica, 270
            colocação dos eixos, 271
            discectomias, 270
                do tórax inferior, 270
                lombar, 270
            exposição retroperitoneal, 270
            fechamento, 272
            implante dos parafusos, 270
            incisão cutânea, 270
            indicações, 269
            obtenção de enxerto ósseo, 270
            procedimento, 269
            redução da deformidade, 271
        totalmente endóscopica e transtorácica, 265
            acesso toracoscópico, 266
            anestesia, 265
            artrodese, 268
            discectomia, 267
            dissecção pleural, 266
            fechamento, 268
            fixação do eixo, 268
            implante dos parafusos, 267
            indicações, 265
            obtenção do enxerto ósseo, 267
            posição, 265
            redução de deformidades, 268

Critério(s)
    de MacNab, 101t
Cromodiscografia
    evocativa, 53
        abordagem transforaminal, 53
Curva
    do cantiléver, 260
        correção da, 260
            inserção da haste e, 260
CVJ (Junção Craniocervical)
    abordagens transnasais à, 285-290
        complicações, 290
        desvantagens, 289, 290
        etapas cirúrgicas, 286
        indicações, 285
        observações pós-operatórias, 2855
        planejamento pré-operatório, 286
        preparação pré-operatória, 286
        transcervical, 289
            desvantagens, 289
            limitações, 290
            vantagens, 289
        transoral, 288, 289
            desvantagens, 289
            limitações, 290
            vantagens, 289
    abordagens transorais à, 291-294
        anatomia cirúrgica, 291
        anestesia, 292
        complicações, 293
        limitações, 293
        planejamento pré-operatório, 291
        posicionamento do paciente, 292
        procedimento cirúrgico, 292
    EEA para, 279-283, 290
        cordomas, 282
        histórico, 279
        indicações, 280
        limitações, 290
        odontoidectomia, 281
        planejamento pré-opertório, 280
        pontos de referencia anatômicos, 279
            canal vidiano, 279
            forame esfenopalatino, 279
            músculo longo da cabeça, 280
            óstio do seio esfenoidal, 279
            recesso faríngeo, 280
            toro tubário, 280
        técnica cirúrgica, 280

D

Deformidade(s)
    correção de, 257-261, 263-272
        abordagens toracoscópicas para, 257-261, 263-272
            anestesia, 257
            artrodese assistida, 263
            correção da curva do cantiléver, 260
            cuidados pós-operatórios, 261
            discectomia, 259
            enxerto ósseo, 259
            estabelecimento dos portais, 258
            fechamento cutâneo, 260
            implante de parafuso torácico, 259
            incisão cutânea, 258
            inserção da haste, 260
            ligação dos vasos segmentais, 259
            planejamento pré-operatório, 257
            portais de entrada, 257
            posicionamento, 257
        toracolombares retroperitoneais, 269
            artrodese, 270
                do tórax inferior, 270
                lombar, 270
                torácica, 270
            colocação dos eixos, 271
            discectomias, 270
                do tórax inferior, 270
                lombar, 270
            exposição retroperitoneal, 270
            fechamento, 272
            implante dos parafusos, 270
            incisão cutânea, 270
            indicações, 269
            obtenção de enxerto ósseo, 270
            procedimento, 269
            redução da deformidade, 271
        totalmente endóscopica e transtorácica, 265
            acesso toracoscópico, 266
            anestesia, 265
            artrodese, 268
            discectomia, 267
            dissecção pleural, 266
            fechamento, 268
            fixação do eixo, 268
            implante dos parafusos, 267
            indicações, 265
            obtenção do enxerto ósseo, 267

Índice Remissivo

posição, 265
redução de deformidades, 268
Denervação Endoscópica
  por radiofrequência, 199-202
    para tratamento da lombalgia
      crônica, 199-202
        considerações pós-operatórias, 202
      contraindicações, 199
      evitando complicações, 202
      indicações, 199
      técnica cirúrgica, 199
Descompressão, 344
  abordagem do anel, 56
    de ressecção, 56
    técnica de fragmentectomia, 57
      de fissura, 57
      de vedação anular, 57
  contralateral, 113
  da medula, 309-315
    discectomia endoscópica anterior
      cervical e, 309-315
        conduta pós-operatória, 314
        discussão, 314
        fechamento, 312
        foraminotomia endoscópica, 310, 311
        incisão na pele, 310
        indicações cirúrgicas, 309
        posicionamento do paciente, 309
        resultados, 312
        sistema *Endospine*, 315
          vantagens do, 315
        técnica, 309
        uso de pinos de localização cervical, 310
        vantagens da abordagem cirúrgica, 314
          para o paciente, 314
        vertebrectomia endoscópica, 311
  da raiz nervosa, 143
    transversal, 143
      na técnica de Destandau, 143
  do forame magno em malformação
    de Chiari, 295-298
      com retratores tubulares minimamente
        invasivos, 295-298
        achados microscópicos, 296
        dicas, 298
        exemplo de caso clínico, 295
        plano pré-operatório, 295
        procedimento cirúrgico, 295
        resultados, 297
  endoscópica, 125, 126, 127
    bilateral, 125
      do canal lombar, 125
        com abordagem unilateral, 125
    do canal, 126, 127
      discectomia anterior e, 127
      discectomia posterior e, 126
  foraminotomia endoscópica de, 67-73
    percutânea, 67-73
      escolha do paciente, 67
      estenose foraminal, 71
  ipsolateral, 112
  laminectomia endoscópica de, 67-73
    percutânea, 67-73
      escolha do paciente, 67
      estenose, 67, 68
        central, 67
        recesso lateral, 68
  lombar, 109
    opções cirúrgicas, 109
    para doença degenerativa lombar, 81-87
      UBED e, 81-87
        benefícios, 85
        complicações, 86
        equipamento, 81
        indicações, 81
        procedimento cirúrgico, 82

toracoscópica e fixação em lesões, 245-248
  da junção toracolombar, 245-248
    anestesia, 245
    designando os portais de entrada, 245
    entrada, 245
    equipamento, 245
    indicações, 245
    instrumentação, 246
    localização, 245
    posicionamento do paciente, 245
    requisitos pré-operatórios, 245
    técnica, 245
    transmissão de imagens, 245
    trocartes, 245
  do tórax, 245-248
    anestesia, 245
    designando os portais de entrada, 245
    equipamento, 245
    indicações, 245
    instrumentação, 246
    posicionamento do paciente, 245
    requisitos pré-operatórios, 245
    técnica, 245
    transmissão de imagens, 245
    trocartes, 245
  tubular minimamente invasiva, 131-137
    para estenose foraminal, 131-137
      abordagem, 133
        paraespinal, 133*f*
        transmuscular, 133
        tubular, 133
      complicações, 137
      cuidados pós-operatórios, 136
      desvantagens, 137
      escolha do paciente, 134
      estratégias cirúrgicas, 135
      fisiopatologia, 131
      opção de tratamento para LFSS, 131
      sintomas clínicos, 131
      técnica minimamente invasiva, 133
      técnicas cirúrgicas, 135
      vantagens, 137
Destandau
  remoção endoscópica, 183
    de SOL extramedular intradural, 183
  técnica de, 139-146, 183
    abordagem interlaminar, 139-146
      contraindicações, 139
      cuidados pós-operatórios, 143
      indicações, 139
      localização do espaço discal, 139
      posicionamento do paciente, 139
      resultados, 145
      técnica cirúrgica, 139
        para estenose do canal lombar, 144
    descompressão, 143
      da raiz nervosa transversal, 143
    Endospine, 140
      estabilidade do, 141
      mobilidade do, 141
      preparação do conjunto, 140
    excisão, 141
      da lâmina, 141
      do ligamento amarelo, 142
    fechamento, 143
    incisão cutânea, 139
Destruição
  da lordose lombar, 11*f*
Dilatador
  One-Step, 97*f*, 111*f*
  BoneBac, 97*f*
Discectomia Cervical
  e descompressão do canal, 126, 127
    anterior endoscópica, 127
    posterior endoscópica, 126

    posterior endoscópica tubular, 333-336
      complicações, 336
      discussão, 336
      preparação, 333
        instrumentos essenciais, 333
        posicionamento, 333
      seleção de pacientes, 333
        contraindicações, 333
        indicações, 333
      técnica cirúrgica, 334
        descompressão, 335
        dilatação, 334
        exposição, 334
        fechamento, 335
        incisão, 334
        recuperação, 335
Discectomia Endoscópica
  anterior cervical, 309-315
    e descompressão da medula, 309-315
      conduta pós-operatória, 314
      discussão, 314
      fechamento, 312
      foraminotomia endoscópica, 310, 311
      incisão na pele, 310
      indicações cirúrgicas, 309
      posicionamento do paciente, 309
      resultados, 312
      sistema *Endospine*, 315
        vantagens do, 315
      técnica, 309
      uso de pinos de localização cervical, 310
      vantagens da abordagem cirúrgica, 314
        para o paciente, 314
      vertebrectomia endoscópica, 311
  lombar tubular, 103-107
    laminoforaminotomia e, 103-107
      anestesia, 104
      apresentação de caso, 104
      critérios de exclusão, 104
      dicas, 106
      indicações, 104
      manejo pós-operatório, 107
      plano pré-operatório, 104
      posicionamento do paciente, 104
      técnica cirúrgica endoscópica, 105
  percutânea posterior, 327-331
    apresentação de caso, 327-331
      revisão da literatura, 327
      dicas, 330
        cifose, 331
        controle de sangramento, 330
        lesão da artéria vertebral, 331
        raiz Duplatyt, 330
      evolução hospitalar, 330
      técnica cirúrgica, 327-331
        posição, 327
        anestesia, 327
        incisão cutânea, 328
        introdução do endoscópio, 328
        preparação, 328, 329
          do espaço epidural, 329
          do ponto V, 328
        perfuração, 328
          de articulação facetária, 328
          de lâmina, 328
        discectomia, 329
        fechamento, 330
  torácica posterolateral, 221-229
    anestesia, 222
    complicações, 225
    contraindicações, 221, 225
    cuidados pós-operatórios, 225
    desvantagens, 228
    discussão, 225
    estudo de caso, 228

indicações, 221
instrumentos, 221
localização, 222
posicionamento do paciente, 222
preparação, 221
resultado, 225
técnica cirúrgica, 223
vantagens, 228
transpedicular tubular, 231-233
curso pós-operatório, 233
seleção dos pacientes, 231
técnica, 231
abordagem transpedicular, 232
anestesia, 231
descompressão, 232
fechamento, 233
localização, 231
pele, 231
planejamento pré-operatório, 231
ponto de entrada, 231
posicionamento, 231
prevenção de complicações, 233
tecidos moles, 231
tratamento, 233
Discectomia, 259
cervical anterior, 205, 317-320
assistida por vídeo, 317-320
procedimento, 317
colocação do *hardware*, 319
colocação do retrator, 317
configuração da sala
cirúrgica, 317, 318*f*
discectomia, 318
dissecção profunda, 317
dissecção superficial, 317
fechamento, 319
posicionamento do braço
Mitaka, 318
posicionamento do VITOM, 318
e fusão no nível C4-C6, 205
caso ilustrativo, 205
resultados clínicos, 205
instrumentação, 317-320
equipamento específico, 317
lombar, 139-146
com descompressão do canal, 139-146
contraindicações, 139
cuidados pós-operatórios, 143
indicações, 139
localização do espaço discal, 139
posicionamento do paciente, 139
resultados, 145
técnica cirúrgica, 139
para estenose do canal lombar, 144
procedimento de, 27
toracoscópica, 235-240
complicações, 240
contraindicações, 235
indicações, 235
instrumentos cirúrgicos, 235
TDH, 235
diagnóstico por imagem, 235
técnica por videotoracoscopia, 237
acesso à torascopia, 237
considerações sobre anestesia, 237
cuidados pós-operatórios, 238
discectomia, 238
exposição, 238
fechamento da ferida, 238
posicionamento, 237
Disco
herniação de, 10*f*
transligamentosa, 10*f*
Discografia, 13

Dissector(es) Ósseo(s) Ultrassônico(s), 123*f*, 124*f*
em cirurgia espinal minimamente
invasiva, 123-128
material, 123
cortador ósseo, 124*f*
Endospine, 124*f*
lâmina fria, 124*f*
raspador ultrassônico, 124*f*
métodos clínicos, 123
princípios ultrassônicos, 125
cavitação, 125
efeito térmico, 125
resultados, 128
técnicas cirúrgicas, 125
descompressão do canal, 125, 126, 127
cervical, 126
lombar, 125
discectomia, 126, 127
cervical endoscópica anterior, 127
posterior, 126
DLIF (Fusão Direta pela Extremidade
Lateral), 179, 188
Doença Degenerativa
lombar, 81-87
UBED e descompressão para, 81-87
benefícios, 85
complicações, 86
equipamento, 81
indicações, 81
procedimento cirúrgico, 82
Dor Discogênica
TELA para, 89-95,96
anestesia, 92
anuloplastia a *laser*, 93
aparelho a *laser*, 91
complicações potenciais, 93
contraindicações para, 89
curvo, 89*f*
endoscópio, 89*f*, 91
equipamento para introdução do, 91
indicações, 89
padrão, 89*f*
posicionamento do paciente, 92
sistema HD *NeedleView*, 90
de visualização, 90
endoscópico, 90
técnica para, 92
DRG (Gânglios da Raiz Dorsal), 4
posição dos, 6*f*
no forame neural, 6*f*

E

EEA (Abordagem Endonasal Endoscópica)
para CVJ, 279-283, 290
cordomas, 282
histórico, 279
indicações, 280
limitações, 290
odontoidectomia, 281
planejamento pré-opertório, 280
pontos de referência anatômicos, 279
canal vidiano, 279
forame esfenopalatino, 279
músculo longo da cabeça, 280
óstio do seio esfenoidal, 279
recesso faríngeo, 280
toro tubário, 280
técnica cirúrgica, 280
Endoscópio
curvo, 89*f*
laminoforaminotomia cervical com, 321-326
no canal de trabalho, 321-326
achados endoscópicos, 324
demonstração de caso, 323
dicas, 326

prevenção de complicações, 323
resultados, 325
técnica cirúrgica, 321
padrão, 89*f*
Endospine, 124*f*
com broca endoscópica, 310*f*
filosofia básica do, 141
da estabilidade, 141
da mobilidade, 141
preparação do conjunto, 140
sistema, 315
vantagens do, 315
Enxerto
ósseo, 247, 259
inserção do, 247
Estenose
central, 67
técnica, 67
anestesia, 67
descompressão, 68
dilatação, 67
entrada na pele, 67
inserção da agulha, 67
posição, 67
de coluna lombar, 75-80
descompressão por UBE para, 75-80
complicações, 79
discussão, 79
equipamento, 75
procedimento, 75, 78
cirúrgico, 75
de descompressão, 78
sugestões cirúrgicas, 79
de recesso alteral, 68
técnica interlaminar, 68
contralateral, 70
ipsilateral, 68
do canal lombar, 144
técnica cirúrgica para, 144
espinal, 109*f*
severa, 109*f*
foraminal, 71, 131-137
descompressão tubular minimamente
invasiva, 131-137
abordagem, 133
paraespinal, 133*f*
transmuscular, 133
tubular, 133
complicações, 137
cuidados pós-operatórios, 136
desvantagens, 137
escolha do paciente, 134
estratégias cirúrgicas, 135
fisiopatologia, 131
opção de tratamento para LFSS, 131
sintomas clínicos, 131
técnica minimamente invasiva, 133
técnicas cirúrgicas, 135
vantagens, 137
técnica de foraminoplastia, 71
anestesia, 71
descompressão, 72
dilatação, 72
entrada na pele, 72
inserção da agulha, 72
posição, 71
lombar, 83, 84
UBED e descompressão para, 83, 84
central, 83
foraminal, 84
Estrutura(s)
ligamentares, 10*f*
ligamentosas filiformes, 10*f*
no IVF, 2

Excisão
　na técnica de Destandau, 141
　　da lâmina, 141
　　do ligamento amarelo, 142

F

Faceta
　articulações de, 1
Fáscia
　cervical profunda, 277
　do pescoço, 277
　superficial, 277
FBSS (Síndrome do Insucesso da Cirurgia Espinal), 131
Fio-Guia
　inserção de, 32, 173
Fixação
　de parafuso pedicular lombar, 155-161
　　técnica endoscópica de, 155-161
　　　complicações, 160
　　　escolha do paciente, 155
　　　prevenção, 160
　　　técnica, 158-160
　　técnica percutânea de, 155-161
　　　complicações, 160
　　　escolha do paciente, 155
　　　prevenção, 160
　　　técnica, 155-158
　em lesões, 245-248
　　descompressão toracoscópica e, 245-248
　　　da junção toracolombar, 245-
　　　do tórax, 245-248
　facetária percutânea, 173-175
　　técnica ipsolateral de, 173-175
　　　anestesia, 173
　　　cuidado pós-opeartório, 175
　　　dialatação, 174
　　　fechamento, 175
　　　inserção, 173, 174
　　　　do fio-guia, 173
　　　　do parafuso, 174
　　　localização, 173
　　　montagem do parafuso, 174
　　　perfuração, 174
　　　planejamento pré-operatório, 173
　　　ponto de entrada, 173
　　　posicionamento, 173
　　　prevenção de complicações, 174
　　　seleção de pacientes, 173
　　　tratamento, 174
　　　utilização de instrumento pontudo, 174
　　técnica translaminar de, 173-175
　　　anestesia, 173
　　　cuidado pós-opeartório, 175
　　　dialatação, 174
　　　fechamento, 175
　　　inserção, 173, 174
　　　　do fio-guia, 173
　　　　do parafuso, 174
　　　localização, 173
　　　montagem do parafuso, 174
　　　perfuração, 174
　　　planejamento pré-operatório, 173
　　　ponto de entrada, 173
　　　posicionamento, 173
　　　prevenção de complicações, 174
　　　seleção de pacientes, 173
　　　tratamento, 174
　　　utilização de instrumento pontudo, 174
FJS (Síndrome da Articulação Facetária), 199
Forame
　esfenopalatino, 279
　limites do, 2
　neural, 6, 7f
　　anatomia do, 6

posição no, 6f
　dos DRGs, 6f
　relação anatômica no, 7f
　　artérias, 7f
　　nervos, 7f
　　veias, 7f
Foraminoplastia
　com broca endoscópica, 26
　com pediculectomia parcial, 24
　com trépanos ósseos, 25
　técnica de, 71
　　anestesia, 71
　　descompressão, 72
　　dilatação, 72
　　entrada na pele, 72
　　inserção da agulha, 72
　　posição, 71
　tipos de, 24
　　convencional, 24
　　estendida, 24
Foraminotomia, 343
　aberta, 132f
　　da linha média, 132f
　cervical, 327-331, 337-341341
　　apresentação de caso, 327-331
　　　revisão da literatura, 327
　　dicas, 330
　　　cifose, 331
　　　controle de sangramento, 330
　　　lesão da artéria vertebral, 331
　　　raiz Duplatyt, 330
　　endoscópica tubular posterior, 337-341
　　　seleção de pacientes, 337
　　　técnica cirúrgica, 337
　　　　abordagem cirúrgica, 337
　　　　microendoscópica, 337
　　　　posicionamento, 337
　　evolução hospitalar, 330
　　técnica cirúrgica, 327-331
　　　anestesia, 327
　　　discectomia, 329
　　　fechamento, 330
　　　incisão cutânea, 328
　　　introdução do endoscópio, 328
　　　perfuração, 328
　　　　de articulação facetária, 328
　　　　de lâmina, 328
　　　posição, 327
　　　preparação, 328, 329
　　　　do espaço epidural, 329
　　　　do ponto V, 328
　e laminectomia descompressiva, 109-115
　　lombar tubular, 109-115
　　　canal de trabalho tubular, 112
　　　contralateral, 113
　　　cuidados pós-operatórios, 115
　　　estenose espinal severa, 109f
　　　fechamento, 115
　　　ipsolateral, 112
　　　opções cirúrgicas para, 109
　　　preparo pré-operatório, 112
　endoscópica, 310, 311
　　para descompressão da medula, 311
　endoscópica percutânea
　　de descompressão, 67-73
　　escolha do paciente, 67
　　estenose foraminal, 71
　　　técnica de foraminoplastia, 71
　lombar endoscópica tubular, 117-121
　　anestesia, 119
　　apresentação de caso, 117
　　critérios de exclusão, 117
　　dicas, 121
　　indicações, 117
　　manejo pós-operatório, 121
　　plano pré-operatório, 117

posição do paciente, 119
　técnica cirúrgica, 119
PELD com, 31-35
　anatomia foraminal, 31
　　distribuição normal, 31
　　obstáculo possível, 31
　evitando complicações, 34
　hérnia de disco migrada, 31
　seleção de pacientes, 31
　técnica cirúrgica, 31
　　adequação da descompressão, 34
　　discografia, 32
　　incisão na pele, 32
　　inserção, 31
　　　de agulha, 31
　　　de cânula de trabalho, 33
　　　de dilatador, 32
　　　de fio-guia, 32
　　planejamento pré-operatório, 31
　　posição do paciente, 31
　　procedimentos endoscópicos, 33
Fragmentectomia
　direcionada, 14
　　raiz transversa livre, 15f
　　sonda, 15f
　　　de radiofrequência, 15f
　　　laser de disparo lateral, 15f
Fragmento
　herniado, 8f
　nucleares, 9f
　　em fibras anulares, 9f
Fusão Endoscópica
　lateral direta, 177-180
　　de intercorpo lombar, 177-180
　　　caso ilustrativo, 178
　　　complicações, 178
　　　e instrumentação, 177-180
　　　seleção do paciente, 177
　　　técnica cirúrgica, 177

G

Gânglio(s)
　da raiz dorsal, 4

H

Hemilaminectomia
　lombar endoscópica tubular, 117-121
　　anestesia, 119
　　apresentação de caso, 117
　　critérios de exclusão, 117
　　dicas, 121
　　indicações, 117
　　manejo pós-operatório, 121
　　plano pré-operatório, 117
　　posição do paciente, 119
　　técnica cirúrgica, 119
Hérnia de Disco
　lombar migrada, 23-30
　　PELD para, 23-30
　　　com migração caudal, 25
　　　com migração cefálica, 27
　　　considerações anatômicas, 23
　　　evitando complicações, 29
　　　técnica cirúrgica, 24
　　　tipos de foraminoplastia, 24
Hérnia Discal
　lombar, 82, 84
　　UBED e descompressão para, 82, 84
　　extraforaminal, 84
Herniação de Disco
　transligamentosa, 10f
HNP (Núcleo Pulposo Herniado)
　de L5-S1, 51-66
　　técnica de preservação estrutural na PEILD para, 51-66
　　　aplicações, 52

avanços em, 59
complicações, 62
considerações anatômicas, 51
indicações, 52
preservação estrutural, 57
procedimentos cirúrgicos, 52

I
IDET (Terapia Eletrotérmica Intradiscal), 89
Incisão
cutânea, 139
na técnica de Destandau, 139
Infecção
abordagens endoscópicas a, 343-347
cuidado pós-operatório, 345
escolha do paciente, 343
contraindicações, 343
indicações, 343
exemplos de caso, 346
fechamento, 345
prevenção de complicações, 346
procedimento, 343
descompressão, 344
fixação de massa lateral, 345
foraminotomia, 343
laminectomia, 344
ressecção tumoral, 344
Infecção(ões) Torácica(s)
abordagens endoscópicas para, 249-254
escolha do paciente, 249
contraindicações, 249
indicações, 249
exemplos de caso, 251
medidas para evitar complicações, 251
minimamente invasivas, 249
procedimento, 249
descompressão, 250
identificação do nível, 249
retropleural lateral, 251
Inserção
da haste, 260
e correção da curva do cantiléver, 260
de fio-guia, 32, 173
do enxerto ósseo, 247
Intercorpo Lombar
fusão endoscópica lateral direta de, 177-180
caso ilustrativo, 178
complicações, 178
e instrumentação, 177-180
seleção do paciente, 177
técnica cirurgica, 177
Invaginação
basilar, 285*f*
IVD (Disco Intervertebral), 2
IVF (Forame Intervertebral)
anatomia do, 1, 2*f*
características, 3
estruturas, 2
ligamentos acessórios, 3
limites, 2
nervos da coluna lombar em relação ao, 4
DRG, 4
espinais, 4
meníngeos recorrentes, 4
raízes, 4
dorsal, 4
ventral, 4
zona triangular de segurança, 4

J
Junção Toracolombar
fixação em lesões da, 245-248
descompressão toracoscópica e, 245-248
anestesia, 245
designando os portais de entrada, 245
entrada, 245
equipamento, 245
indicações, 245
instrumentação, 246
localização, 245
posicionamento do paciente, 245
requisitos pré-operatórios, 245
técnica, 245
transmissão de imagens, 245
trocartes, 245

K
Kambin
triângulo de, 4*f*

L
L5-S1
acesso transforaminal ao disco de, 10
considerações especiais para, 10
anatomia de, 43
hérnia de disco, 44*f*
axilar, 44*f*
cervical, 44*f*
raiz neural de S1, 44*f*
com calcificação parcial, 62
sintomática, 62
técnica de flutuação, 62
técnica de preservação estrutural
para HNP de, 51-66
na PEILD, 51-66
aplicações, 52
avanços em, 59
complicações, 62
considerações anatômicas, 51
indicações, 52
preservação estrutural, 57
procedimentos cirúrgicos, 52
Laminectomia, 344
cervical endoscópica, 337-341
tubular posterior, 337-341
seleção de pacientes, 337
técnica cirúrgica, 337
abordagem cirúrgica, 337
microendoscópica, 338
posicionamento, 337
descompressiva tubular, 109-115, 241-244
lombar, 109-115, 241-244
canal de trabalho tubular, 112
contralateral, 113
cuidados pós-operatórios, 115
e foraminotomia, 109-115
estenose espinal severa, 109*f*
fechamento, 115
ipsolateral, 112
opções cirúrgicas para, 109
preparo pré-operatório, 112
torácica endoscópica, 241-244
anestesia, 241
contraindicações, 241
descomplessão, 242
dilatação, 242
escolha do paciente, 241
indicações, 241
inserção da agulha, 242
local de incisão cutânea, 241
posicionamento, 241
prevenção de complicações, 243
técnica, 241
endoscópica percutânea
de descompressão, 67-73
escolha do paciente, 67
estenose central, 67
técnica, 67
estenose de recesso lateral, 68
técnica interlaminar, 68

Laminoforaminotomia
cervical com endoscópio no canal
de trabalho, 321-326
achados endoscópicos, 324
demonstração de caso, 323
dicas, 326
prevenção de complicações, 323
resultados, 325
técnica cirúrgica, 321
anestesia, 321
colocação do instrumento, 321
inserção da agulha, 321
posição, 321
e discectomia endoscópica, 103-107
lombar tubular, 103-107
anestesia, 104
apresetnação de caso, 104
critérios de exclusão, 104
dicas, 106
indicações, 104
manejo pós-operatório, 107
plano pré-operatório, 104
posicionamento do paciente, 104
técnica cirúrgica endoscópica, 105
tubular lombar, 97-102
e discectomia endoscópica, 97-102
abordagem da espinha, 98
com preservação muscular, 98
BoneBac One-Step dilatador, 97*f*
configuração do centro cirúrgico, 97, 98*f*
cuidados pós-operatórios, 100
e remoção do ligamento amarelo, 99
fechamento, 100
MED, 102
preparação do paciente, 97
resultados clínicos, 100, 101*t*
Laser
endoscópico percutâneo, 37-40, 43-49
nucleoplastia, 37-40, 43-49
abordagem cirúrgica interlaminar, 43-49
técnica cirúrgica para, 37-40
PELA, 37-40, 43-49
abordagem cirúrgica interlaminar, 43-49
técnica cirúrgica para, 37-40
Lesão(ões)
osteolítica, 286*f*
Lesão(ões) Extramedular(es)
intradurais espinhais, 353-356
ressecção microcirúrgica minimamente
invasiva de, 353-356
em L3, 354
em T9-T10, 353
LFSS (Estenose de Canal Lombar Foraminal/
Extraforaminal)
opção de tratamento, 131
LIF axial (Fusão Axial Intersomática Lombar), 177
LIF (Fusão de Intersomática Lombar), 177
Ligamento Amarelo
abordagem do, 53
divisão do, 53, 54
direta, 54
indireta, 53
ressecção do, 53
excisão do, 142
laminoforaminotomia do, 99
remoção do, 99
Ligamento(s)
acessórios, 3
do IVF, 3
longitudinal posterior, 9*f*, 10*f*
fibras do, 9*f*
Limite(s)
do forame, 2
Linha(s)
no plano mediossagital, 279*f*
nasoaxial, 279*f*

Índice Remissivo

nasopalatina, 279f
palatina, 279f
LLIF (Fusão Intercorporal Laterolombar), 155, 173, 177
Lombalgia
  crônica, 199-202
    tratamento por radiofrequência da, 199-202
    denervação endoscópica para, 199-202
Lordose
  lombar, 11f
    destruição da, 11f

M

MacNab
  critérios de, 101t
Malformação de Chiari
  descompressão do forame magno em, 295-298
    com retratores tubulares minimamente invasivos, 295-298
      achados microscópicas, 296
      dicas, 298
      exemplo de caso clínico, 295
      plano pré-operatório, 295
      procedimento cirúrgico, 295
      resultados, 297
Massa
  lateral, 345
    fixação de, 345
MEDC (Discectomia Microendoscópica), 117
Medula
  óssea, 167f
    células da, 167f
METRx
  sistema retrator tubular, 134f
MI-PLIF (Fusão Intercorporal Lombar Posterior Minimamente Invasiva), 155
MIS (Cirurgias Minimamente Invasivas), 97, 163
Mitaka
  posicionamento do braço, 318
MI-TLIF (Fusão Intercorporal Transforaminal Lombar Minimamente Invasiva), 155
  endoscopicamente assistida em 360°, 163-172
    abordagem posterolateral, 166
      colocação do instrumento, 166
    aloenxerto ósseo, 168
    anestesia, 165
    Cage, 168
      colocação de, 168
      medição de, 168
    colocação de parafusos, 169
      preparação para, 169
    complicações, 171
    descompressão posterior, 165
    discussão, 171
    experiência clínica, 170
      análise dos resultados, 170
      materiais, 170
      métodos, 170
      pacientes, 170
      resultados, 170
    fatores biológicos, 167
    foraminoplastia, 166
      disco, 166
      preparação da placa final, 166
    parafusos pediculares, 169
      facetários, 169
    planejamento pré-operatório, 163
    posição, 165
Monitor Operacional
  do telescópio de vídeo, 203-207
    para cirurgia da coluna vertebral, 203-207
Movimento
  ultrassônico, 125

Músculo(s)
  do pescoço, 276f
    infra-hióideos, 276f
    supra-hióideos, 276f
  longo, 280
    da cabeça, 280

N

Nervo(s)
  da coluna lombar em relação ao IVF, 4
    DRG, 4
    espinais, 4
    meníngeos recorrentes, 4
    raízes, 4
      dorsal, 4
      ventral, 4
  zona triangular de segurança, 4
Nucleoplastia
  com *laser* endoscópico percutâneo, 37-40, 43-49
    abordagem cirúrgica interlaminar, 43-49
      anatomia de L5-S1, 43
      considerações anatômicas, 43
      hérnia de disco, 44f
        axilar, 44f
        cervical, 44f
      identificação de estruturas anatômicas, 46
      planejamento pré-operatório, 45
      raiz neural de S1, 44f
    técnica cirúrgica para, 37-40
      anestesia, 38
      configuração, 38
      diagnóstico, 37
      estabelecimento do canal de trabalho, 39
      etiologia, 38
      evitando complicações, 40
      indicações para cirurgia, 38
      inserção da agulha, 39
      posição, 38
      procedimento, 39
      sedação consciente, 38

O

OLIF (Fusão Oblíqua do Intercorpo Lombar)
  orientada por endoscópio, 187-198
    apresentação de casos, 191
    complicações, 192
    fundamentação, 188
    planejamento pré-operatório, 189
    procedimentos cirúrgicos, 189
  orientada por laparoscópio, 187-198
    achados clínicos, 187
    fundamentação, 187
    planejamento pré-operatório, 188
    procedimentos cirúrgicos, 188
    resultados, 188
One-Step
  Dilatador, 9f, 111f
  BoneBac, 9f
OPLL (Ossificação do Ligamento Longitudinal Posterior), 337
Osso
  hioide, 275, 278, 299
    borda inferior do, 278, 299
    C3-C4, 278, 299
Óstio
  do seio esfenoidal, 279

P

Parafuso
  colocação de, 169
    preparação para, 169
  de cabeça dual, 272f
    correção com, 272f

    fusão com, 272f
    instrumentação, 272f
      endoscópica, 272f
      minimamente invasiva, 272f
  de pedicular lombar, 155-161
    técnica de fixação de, 155-161
      endoscópica, 155-161
      percutânea, 155-161
  inserção do, 174, 246
    canulado, 246
    montagem e, 174
  pediculares, 169
    facetários, 169
  translaminar, 259
    implante de, 259
  vertebrais, 260f
    pontos de entrada dos, 260f
PECD (Discectomia Endoscópica Percutânea Cervical), 299-308
  contraindicações, 299
  dicas, 307
    e sugestões, 307
  exemplo de caso, 305
  indicações, 299
  manejo pós-operatório, 303
    protocolo de 303
  possíveis complicações, 303
  técnica, 299
    cirúrgica, 299
      anestesia, 300
      configurações para, 299
      posição do paciente, 300
      procedimento, 301
    considerações anatômicas, 299
    estruturas anatômicas, 299
      relacionadas com os níveis de PECD, 299
Pediculectomia
  parcial, 24
  com foraminoplastia, 24
Pedículo(s), 1
PEG (Gastrostomia Endoscópica Percutânea), 291
PEILD (Discectomia Lombar Endoscópica Percutânea Interlaminar)
  técnica de preservação estrutural para HNP de L5-S1, 51-66
    aplicações, 52
    avanços em, 59
      após descectomia lombar aberta, 61
      após PEILD de preservação estrutural, 62
      com calcificação parcial sintomática, 62
      com migração, 59, 60
        caudal de alto grau, 59
        cefálica, 60
        foraminal cefálica, 60
      contralateral, 60
      para comprometimento grave do canal, 59
    complicações, 62
      infecção, 63
      lesão, 63
        neural, 63
        vascular, 63
      relapso precoce, 62
    considerações anatômicas, 51
      base lógica, 51
      classificação, 51
      limitações da PETLD, 51
    indicações, 52
    preservação estrutural, 57
    procedimentos cirúrgicos, 52
      abordagem, 53, 56
        do anel, 56
        do ligamento amarelo, 53
        neural, 56

anestesia, 52
configuração da sala de cirurgia, 52
cromodiscografia evocativa, 53
incisão da pele, 53
inserção do canal de trabalho, 53
marcação da pele, 52
posicionamento, 52
PELA (Anuloplastia Endoscópica Percutânea a *Laser*)
abordagem cirúrgica interlaminar, 43-49
anatomia de L5-S1, 43
considerações anatômicas, 43
hérnia de disco, 44*f*
axilar, 44*f*
cervical, 44*f*
identificação de estruturas anatômicas, 46
planejamento pré-operatório, 45
raiz neural de S1, 44*f*
técnica cirúrgica para, 37-40
anestesia, 38
configuração, 38
diagnóstico, 37
estabelecimento do canal de trabalho, 39
etiologia, 38
evitando complicações, 40
indicações para cirurgia, 38
inserção da agulha, 39
posição, 38
procedimento, 39
sedação consciente, 38
PELD (Discectomia Lombar Endoscópica Percutânea), 89
abordagem extraforaminal, 17-21
apresentação clínica, 17
evitando complicações, 20
técnica cirúrgica, 17
anestesia, 17
inserção, 17, 18, 19*f*
da agulha, 17, 18*f*
de cânula, 18, 19*f*
de dilatador, 18
ponto de entrada na pele, 17
posição, 17
projeção endoscópica, 19
abordagem transforaminal, 11-16
anestesia, 11
colocação do instrumento, 13
discografia, 13
evitar complicações, 14
fragmentectomia direcionada, 14
raiz transversa livre, 15*f*
sonda de radiofrequência, 15*f*
sonda *laser* de disparo lateral, 15*f*
inserção, 12, 14*f*
da agulha, 12
de cânula, 14*f*
do dilatador, 14*f*
ponto de entrada na pele, 11
posição, 11
destruição da lordose lombar, 11*f*
do paciente, 11*f*
marcação de nível, 11*f*
classificação de, 51*f*
com foraminotomia, 31-35
anatomia foraminal, 31
distribuição normal, 31
obstáculo possível, 31
evitando complicações, 34
hérnia de disco migrada, 31
seleção de pacientes, 31
técnica cirúrgica, 31
adequação da descompressão, 34
discografia, 32
incisão na pele, 32

inserção, 31
de agulha, 31
de cânula de trabalho, 32
de dilatador, 32
de fio-guia, 32
planejamento pré-operatório, 31
posição do paciente, 31
procedimentos endoscópicos, 33
interlaminar, *ver* PEILD
para hérnia de disco lombar migrada, 23-30
com migração caudal, 25
foraminoplastia, 25, 26
com broca endoscópica, 26
com trépanos ósseos, 25
procedimento de dicectomia, 27
com migração cefálica, 27
considerações anatômicas, 23
estruturas de obstáculo, 23*t*
evitando complicações, 29
grau de migração, 23*f*
em relação à altura posterior, 23*f*
técnica cirúrgica, 24
anestesia, 24
de inserção da agulha, 24
discografia, 25
inclinação da trajetória da agulha, 25
planejamento pré-operatório, 24
posição, 24
tipos de foraminoplastia, 24
convencional, 24
estendida, 24
transforaminal, *ver* PETLD
Pescoço
fáscia do, 277
triângulo anterior do, 275, 276*f*
anatomia cirúrgica do, 276*f*
PETD (Discectomia Endoscópica Percutânea Torácica), 209
técnicas cirúrgicas na, 215-219
anestesia, 215
canal de trabalho, 216
posicionamento do, 216
considerações pós-operatórias, 219
contraindicações, 215
de inserção da agulha, 216
discografia, 216
evitando complicações, 219
indicações, 215
instrumentos especiais, 215
obturador, 216
planejamento pré-operatório, 215
posição, 215
procedimento endoscópico, 217
sugestões de especialistas, 219
PETLD (Discectomia Lombar Endoscópica Percutânea Transforaminal)
limitações anatômicas, 51
procedimentos cirúrgicos, 52
cromodiscografia evocativa, 53
Pino(s)
de localização cervical, 310
Placa
constrita, 247
prótese de, 247
instrumentação ventral com, 247
Plexo
venoso, 3
da região foraminal, 3
externo, 3
interno, 3
PLIF (Fusão Intersomática Lombar Posterior), 147, 177
PLL (Ligamento Longitudinal Posterior), 9*f*, 45, 105, 303, 337

PPSF (Fixação de Parafusos Pediculares Percutâneos), 155
Processo(s)
articulares, 1
articulações de faceta, 1
inferiores, 1
superiores, 1
transversos, 1
Prótese
de placa constrita, 247
instrumentação ventral com, 247

R

Raiz Nervosa
transversal, 143
descompressão da, 143
na técnica de Destandau, 143
Raíz(es)
dorsal, 4
gânglios da, *ver* DRG
transversa, 15*f*, 30*f*
livre, 15*f*
neural, 30*f*
ventral, 4
Raspador
ultrassônico, 124*f*
Raspagem
com lâmina flexível, 133*f*
Recesso
faríngeo, 280
Região Foraminal
anatomia vascular da, 3
suprimento, 3
arterial, 3
venoso, 3
Remoção Endoscópica
de SOL extramedular intradural, 183-186
técnica de Destandau, 183
Ressecção Microcirúrgica
minimamente invasiva, 353-356
de lesões extramedulares intradurais espinais, 353-356
tumor em T9-T10, 353
Ressecção
tumoral, 344
Retrator(es) Tubular(es)
descompressão com, 295-298
do forame magno da malformação do Chiari, 295-298
achados microscópicos, 296
dicas, 298
exemplo de caso clínico, 295
plano pré-operatório, 295
procedimento cirúrgico, 295
resultados, 297
METRx, 134*f*
sistema, 134*f*
RF (Radiofrequência), 40
denervação endoscópica por, 199-202
indicações, 199
considerações pós-operatórias, 202
contraindicações, 199
evitando complicações, 202
técnica cirúrgica, 199
para tratamento da lombalgia crônica, 199-202
sonda por, 15*f*
RFA (Ablação por Radiofrequência), 89
ramo medial de, 199, 200
sacroilíaca conjunta, 199, 201

S

SAP (Processo Articular Superior), 28*f*
Seio
esfenoidal, 279
óstio do, 279

Índice Remissivo

SIJ (Articulação Sacroilíaca), 199
Sistema
   de visualização, 90
      NeedleCam HD, 90
   endoscópico, 90
      HD NeedleView, 90
   retrator tubular, 134f
      METRx, 134f
      visão do, 134f
Sistema(s) Endoscópico(s)
   estereotubulares 3D, 349-352
      aplicação clínica de, 349-352
         cirurgia tridimensional da coluna, 349-352
SOL (Lesões Ocupantes do Espaço)
   cirurgias para, 186t
      dados demográficos, 186t
   extramedular intradural, 183-186
      remoção endoscópica de, 183-186
      técnica de Destandau, 183
Sonda
   de RF, 15f
   laser, 15f
      de disparo lateral, 15f
Suprimento
   da região foraminal, 3
      arterial, 3
      venoso, 3

T

TDH (Hérnia de Disco Torácica)
   sintomática, 231
Tecido
   adiposo, 9f
   epidural, 9f
Técnica Cirúrgica
   com laser endoscópico percutâneo, 37-40
      para anuloplastia/nucleoplastia, 37-40
         anestesia, 38
         configuração, 38
         diagnóstico, 37
         estabelecimento do canal de trabalho, 39
         etiologia, 38
         evitando complicações, 40
         indicações para cirurgia, 38
         inserção da agulha, 39
         posição, 38
         procedimento, 39
         sedação consciente, 38
   na PETD, 215-219
      anestesia, 215
      canal de trabalho, 216
         posicionamento do, 216
      considerações pós-operatórias, 219
      contraindicações, 215
      de inserção da agulha, 216
      discografia, 216
      evitando complicações, 219
      indicações, 215
      instrumentos especiais, 215
      obturador, 216
      planejamento pré-operatório, 215
      posição, 215
      procedimento endoscópico, 217
      sugestões de especialistas, 219
Técnica
   de Destandau, 139-146, 183
   de fixação de parafuso pedicular
      lombar, 155-161
      endoscópica, 155-161
         complicações, 160
         escolha do paciente, 155
         prevenção, 160
         técnica, 158-160
      percutânea, 155-161
         complicações, 160
         escolha do paciente, 155
         prevenção, 160
         técnica, 155-158
   remoção endoscópica, 183
      abordagem interlaminar, 139-146
         contraindicações, 139
         cuidados pós-operatórios, 143
         indicações, 139
         localização do espaço discal, 139
         posicionamento do paciente, 139
         resultados, 145
         técnica cirúrgica, 139
            para estenose do canal lombar, 144
      de SOL extramedular intradural, 183
      descompressão, 143
         da raiz nervosa transversal, 143
      Endospine, 140
         estabilidade do, 141
         mobilidade do, 141
         preparação do conjunto, 140
      excisão, 141
         da lâmina, 141
         do ligamento amarelo, 142
      fechamento, 143
      incisão cutânea, 139
TELA (Anuloplastia Epiduroscópica Transforaminal a *Laser*)
   para dor discogênica, 89-95
      anestesia, 92
      anuloplastia a *laser*, 93
      aparelho a *laser*, 91
      complicações potenciais, 93
      contraindicações para, 89
      endoscópio, 89f, 91
         curvo, 89f
         equipamento para introdução do, 91
      indicações para, 89
      padrão, 89f
      posicionamento do paciente, 92
      sistema HD *NeedleView*, 90
         de visualização, 90
         endoscópico, 90
      técnica para, 92
Termodiscoplastia
   torácica, 225t
TLIF (Fusão Intersomática Lombar Transforaminal), 177
   endoscópica, 147-154
      e instrumentação, 147-154
      escolha do paciente, 147
         contraindicações, 147
         indicações, 147
      prevenção de complicações, 151
      técnica, 147
         anestesia, 147
         configuração do centro cirúrgico, 147
         EMG, 147
         equipamento cirúrgico, 147
         exposição, 148
         facetectomia, 148
         fusão intersomática, 149
         laminectomia, 148
         localização, 148
         posicionamento, 148
TMED (Descompressão Torácica Microendoscópica), 249
TMJ (Junção Temporomandibular), 291
Toracoscopia
   artrodese assistida por, 263
      para correção de deformidades posteriores, 263
         acesso toracoscópico, 264
         anestesia, 264
         discectomias, 264
         dissecção pleural, 264
         estudo de caso, 263
         fechamento, 265
         indicações, 263
         obtenção do enxerto ósseo, 265
         plano pré-operatório, 263
         posição, 264
         ressecção da cabeça da costela, 264
         resultados, 265
   correção de deformidades combinadas com, 269
      completamente anterior, 269
      toracolombares retroperitoneais, 269
Tórax
   fixação em lesões do, 245-248
      descompressão toracoscópica e, 245-248
         anestesia, 245
         designando os portais de entrada, 245
         equipamento, 245
         indicações, 245
         instrumentação, 246
         posicionamento do paciente, 245
         requisitos pré-operatórios, 245
         técnica, 245
         transmissão de imagens, 245
         trocartes, 245
Toro
   tubário, 280
TORS (Cirurgia Robótica Transoral), 291
Trauma
   abordagens endoscópicas a, 343-347
      cuidado pós-operatório, 345
      escolha do paciente, 343
         contraindicações, 343
         indicações, 343
      exemplos de caso, 346
      fechamento, 345
      prevenção de complicações, 346
      procedimento, 343
         descompressão, 344
         fixação de massa lateral, 345
         foraminotomia, 343
         laminectomia, 344
         ressecção tumoral, 344
Trauma(s) Torácico(s)
   abordagens endoscópicas para, 249-254
      escolha do paciente, 249
         contraindicações, 249
         indicações, 249
      exemplos de caso, 251
      medidas para evitar complicações, 251
      minimamente invasivas, 249
      procedimento, 249
         descompressão, 250
         identificação do nível, 249
         retropleural lateral, 251
Trépano(s)
   ósseos, 25
   foraminoplastia com, 25
Triângulo
   anterior, 275, 276f
      do pescoço, 276f
         anatomia cirúrgica do, 276f
      limites do, 275
   carotídeo, 276, 277f
      fáscia, 277
         cervical profunda, 277
         do pescoço, 277
         superficial, 277
      limites, 276
   de Kambin, 4f
   muscular, 276
   submandibular, 275
      limites, 275

submental, 276
  limites, 276
Trocarte(s), 245
  laparoscópicos, 189f
Túbulo
  da carótida, 278
    processo transverso de C6, 278
Tumor Espinal
  ressecção minimamente invasiva de, 353-356
    extramedular intradural em T9-T10, 353
      achados, 353, 354
        clínicos, 353
        microscópicos, 354
      dicas, 354
      plano pré-operatório, 353
      procedimento cirúrgico, 353
      resultados, 354
    intradural em L3, 354
      achados, 354, 355
        clínicos, 354
        microscópicos, 355
      dicas, 356
      plano pré-operatório, 355
      procedimento cirúrgico, 355
      resultados, 356
Tumor(es)
  cervicais, 343-347
    abordagens endoscópicas a, 343-347
      cuidado pós-operatório, 345
      escolha do paciente, 343
      exemplos de caso, 346
      fechamento, 345
      prevenção de complicações, 346
      procedimento, 343
        descompressão, 344
        fixação de massa lateral, 345
        foraminotomia, 343
        laminectomia, 344
        ressecção tumoral, 344
  odontoides, 286f
    ressecção de, 286f
Tumor(es) Torácico(s)
  abordagens endoscópicas para, 249-254
    escolha do paciente, 249
      contraindicações, 249
      indicações, 249
    exemplos de caso, 251
    medidas para evitar complicações, 251
    minimamente invasivas, 249
    procedimento, 249
      descompressão, 250
      identificação do nível, 249
      retropleural lateral, 251

U

UBE (Endoscopia Biportal Unilateral)
  descompressão por, 75-80
    para estenose da coluna lombar, 75-80
      complicações, 79
      discussão, 79
      equipamento, 75
      procedimento, 75, 78
        cirúrgico, 75
        de descompressão, 78
      sugestões cirúrgicas, 79
UBED (Discectomia Endoscópica Biportal Unilateral Percutânea)
  e descompressão para doença degenerativa lombar, 81-87
    benefícios, 85
    complicações, 86
    equipamento, 81
    indicações, 81
    procedimento cirúrgico, 82
      para estenose lombar, 83, 84
        central, 83
        foraminal, 84
      para hérnia discal lombar, 82, 84
        extraforaminal, 84

V

Vaso(s)
  segmentais, 259
    ligação dos, 259
VATS (Cirurgia Torácica Videoassistida), 209
Vertebrectomia
  endoscópica, 311
    para descompressão da medula, 311
VITOM (Microscópio de Operação de Telescópio de Vídeo)
  anestesia, 204
  componentes, 203
  discectomia cervical anterior, 205
    e fusão no nível C4-C6, 205
      caso ilustrativo, 205
      resultados clínicos, 205
  pérolas, 205
  posição, 204

X

XLIF (Fusão Intersomática pela Extremidade Lateral), 179

Z

Zona Triangular
  de segurança, 4
    anatomia da, 4